JN441375

# 食品工業의 品質管理와 新製品開發

張 熙 鎭 著

世 進 社

# 머 리 말

식품공업은 농산물, 수산물, 축산물 등을 원료로 하여 여기에 물리적, 화학적 또는 생물학적 변화를 주어서 원료가 본래 갖고 있는 특성을 그대로 살리거나 구성성분이나 형태를 변화시키고 변패하기 쉬운 식품에서는 저장성을 높이는 공업이다.

식품은 시각적으로 선택되고 입을 통해서 섭취되므로 맛, 냄새, 조직감, 외관 등 관능성이 좋아야 함은 물론 생명과 건강에 직결되기 때문에 안심하고 먹을 수 있는 위생적 제품이어야 한다. 이러한 제품을 만들어 공급하는 것이 식품공업에 종사하는 사람들의 기본적인 책임이며, 기업의 사회적인 사명이다. 이 사명을 다하지 못하였을 때 소비자가 사주지 않아 기업은 존속할 수 없다.

따라서 기업에서는 소비자가 바라는 제품, 즉 팔리는 제품을 만들기 위해서 원재료의 확보에서부터 최종제품의 생산에 이르기까지의 모든 과정에서 품질관리, 위생관리를 실시한다.

식품의 관능적 품질이나 위생적 품질에 관련되는 요인은 원료, 기계, 사람, 방법 환경 등이 있다. 이러한 요인 중에 하나 또는 둘 이상의 요인이 복합되어 잘못이 있을 때 좋은 품질의 제품은 생산되지 않는다.

아무리 좋은 설비와 좋은 원료를 사용하더라도 거기에 종사하는 사람들이 식품공업의 업(業)의 본질을 잘 모르고, 작업하는 방법이나 관리수단이 좋지 않으면 위생적인 제품, 맛과 영양이 조화되고 값이 저렴한 제품의 생산은 어렵게 된다. 또한 방법이 좋더라도 원료의 품질에 이상이 있거나 설비에 어떤 결함이 있으며 한계에 부딪친다.

저자는 식품공업의 현장에서 발효, 정제 및 가공식품의 공정관리, 품질관리, 위생관리, 그리고 신제품 개발 등의 일에 21년간 종사하면서 많은 시행착오를 경험한바 있다. 이 중에는 저자 자신이 한 것도 있고, 동료 또는 후배들이 한 간접적인 경험도 포함되어 있다.

사람은 실패의 경험을 통해서 많은 것을 배우는 계기가 된다. 그러나 실패를 통해서 배우는 것은 너무나 값비싼 정신적 물질적 댓가를 치루게 된다. 따라서 식품공업에 종사하는 사람은 본인의 직접적인 실패의 체험이 아닌 타인의 실제 체험을 통해서 자기 것으로 소화하고 또한 식품공업에 직접 관련되는 분야의 지식에 대해 폭 넓게 알아서 처음부터 완벽하게 일을 계획하고 철저하게 시행해서 시행착오를 하지 않으려는 노력이 필요하다.

본서는 새로운 공장을 계획하거나 기존의 공장에서 보다 좋고 위생적인 제품을 만들려는 기술자, 연구자, 경영자에게 다소나마 도움이 되었으면 하는 의도에서 쓰여진 것이다. 광범위한 식품공업 중에서 일부분만 경험했기 때문에 깊은 학식과 재주가 없는 저자의 능력이 식품공업 전체를 다루기에는 미흡하지만 품질관리 위생관리의 기본은 같다고 생각하여 감히 본서를 출간하게 되었다.

저자는 잘못된 내용이 없도록 노력을 기울였으나 제현께서 미흡하거나 잘못된 부분을 지적해 주시면 바로잡도록 하겠습니다.

끝으로 이 책의 출판을 맡아주신 세진사 문형진 사장님과 직원 여러분께 감사를 드립니다.

1995. 2. 저자 드림

# 차　례

## 제 1 편　식품공업의 품질관리

### 제 1 장　식품공업과 품질관리



### 제 2 장　통계적 품질관리



### 제 3 장　검사의 실시 및 관리



### 제 4 장　식품의 품질평가

## 제 5 장 관능검사



## 제 6 장 식품의 포장과 관리



## 제 7 장 식품의 보존과 품질



## 제 8 장 클레임 처리 및 관리

# 제 2 편　식품공업의 위생관리

## 제 1 장　식품공업과 위생관리



## 제 2 장　미생물과 그 오염



## 제 3 장　미생물의 오염관리



## 제 4 장　세정・살균



## 제 5 장　이물관리



## 제 6 장　용수의 수질관리

## 제 7 장　식품위생법과 품질관리



## 제 8 장　미생물 시험법



# 제 3 편　신제품 개발과 공장설계

## 제 1 장　신제품 개발



## 제 2 장　식품공장의 설계 · 시공

# 제 4 편　부　록

제 1 편

# 식품 공업의 품질관리

# 제1장 식품공업과 품질관리

식품공업은 농산물·수산물·축산물을 주원료로 하여 제조·가공하기 때문에 원료나 제품이 변질되기 쉬운 것이 많고, 저장이나 수송상의 제약으로 다른 공업에 비해 상대적으로 그 규모가 작은 상태에 있었다. 그러나 과학기술의 진보로 제약조건이 개선되고 식생활의 변화에 따른 가공식품의 대폭적인 수요확대로 대량생산 대량소비의 시대로 돌입하였다. 가공식품의 수요가 증대되고 제조공정이나 유통경로가 확대될수록 품질관리는 점점 중요하게 된다.

식품은 인간의 입으로 들어간다고 하는 점에서 대단히 미묘한 제품이고 많은 품질특성을 갖고 있다. 식품의 품질 특성으로서는 맛·냄새·외관·촉감 등의 기호성 외에 조리하기 간편하고 보존성이 있어야 하며 특히 그것을 먹었을 때 해가 없어야 한다.

그러나 소비자가 요구하는 것은 제품자체의 품질뿐만 아니라 가격이 적당하고 원할 때에 살 수 있어야 한다. 이러한 제품을 만드는 관리기술이 품질관리이다.

식품공장은 규모의 대소에 관계없이 어떤 형태이든 품질관리라는 용어를 쓰지않을 뿐 품질관리를 해오고 있다. 관리방법이 품질의식을 갖고 과학적이고 조직적이냐 아니냐의 차이 뿐이다. 관리방법이 좋고 나쁨에 따라 회사의 영업실적과 제품의 품질에 영향을 미치게 되고 그 나쁜 정도가 심하게 되면 결국에는 도태되거나 사회적인 물의를 일으키게 된다. 그러므로 잘못된 품질관리는 보다 건강하고 오래 살려는 인간의 바램에 역행하는 죄악이다. 따라서 식품공업의 품질관리는 기업의 사회적 책임과 기업존속을 위해서 당연히 하여야 할 일로서 그 중요성은 아무리 강조하여도 지나침이 없다.

## 1. 품질관리의 역사

품질관리는 대량생산 대량소비 시대에 접어들면서 개발된 많은 관리기술중의 하나로 가장 관리효율이 좋은 것으로 평가받고 있다.

영국의 James Watt가 증기기관을 발명함으로서 비롯된 산업혁명으로 공업제품을 대량으로 생산하게 되자, 관리기술의 필요성이 대두되어 많은 사람들이 이 분야에 눈을 돌려 연구하기 시작했다.

미국의 Fredric W. Taylor가 과학적 관리법을 창안한 이후 많은 유능한 사람들에 의해 관리기술의 기초가 확립되어 IE(Industrial Engineering), OR(Operations research), VE(Value Engineering), QC(Quality Control)등 수많은 관리 기법이 개발되었다.

이중에서 품질관리는 미국 벨 연구소의 W. A. Shewhart가 1927년 경부터 통계학의 원리를 도입하여 관리도라는 것을 생산현장에 적용한 것이 품질관리의 시작이라고 전해지고 있다.

이 관리법은 그 필요성을 인정받지 못하다가 제2차 세계대전을 계기로 미군부에 납품하는 군수물자의 품질상의 문제가 야기되자, 미육군성이 관리도법을 전시규격으로 공포하여 군수산업에 적용 되면서 다른 산업에도 확산되어 품질관리는 급속히 발전하였다. 미국에서의 품질관리가 새로운 관리기술로서 많은 효과를 거두자 유럽 여러 나라가 연구 응용하고 있으며, 아시아에서는 일본이 제일먼저 도입하여 품질관리의 꽃을 피웠다. 우리 나라는 1960년대 초에 도입되어 모든 업종에 점차 확산되어 가고 있다.

## 2. 품질관리의 정의

품질관리의 정의는 여러 가지가 있지만, 그 중 대표적인 것을 소개하면 다음과 같다.

### 2.1 한국공업규격(Korean Industrial Standard, KS)의 정의

품질관리(Quality Control, QC)란 수요자의 요구에 맞는 품질의 물품 또는 서비스를 경제적으로 만들어 내기위한 수단의 체계이다.

근대적 품질관리는 통계적인 수단을 채용하고 있으므로 특히 통계적 품질관리(Statistical Quality Control, SQC)라 한다.

품질관리를 효과적으로 실시하기 위해서는 시장조사, 연구·개발, 제품의 기획, 설계, 생산준비, 구매·외주, 제조, 검사, 판매 및 아프터서비스 또는 재무, 인사, 교육 등 기업활동의 전체단계에 걸쳐서 경영자를 비롯하여 관리자, 감독자, 작업자 등 기업전원의 참가와 협력이 필요하다. 이와같이 실시되는 품질관리를 전사적 품질관리 또는 종합적 품질관리(Total Quality Control, TQC)라 한다.

### 2.2 W. E. Deming 의 정의

미국의 통계학자이며 일본의 품질관리 개발기의 지도자였던 데밍 박사는 다음과 같이 정의하고 있다.

통계적 품질관리란 가장 유용성이 있으며 또한 시장성이 있는 제품을 가장 경제적으로 생산하기 위하여 생산의 모든 단계에서 통계적인 원리와 기법을 적용하는 것을 말한다.

### 2.3 J. M. Juran의 정의

미국의 통계 경영학자이며 일본의 품질관리를 지도했던 쥬란 박사는 다음과 같이 정의하고 있다.

품질관리란 품질규격을 설정하고 이를 달성하기 위한 모든 수단의 총합이다. 통계적 품질관리란 품질규격을 설정하여 이를 달성하기 위한 방법 가운데 통계적 수법이라는 도구를 기초로 한 부분이다.

### 2.4 A. V. Feigenbaum의 정의

미국의 GE(General Electric)의 품질관리부문 책임자였던 피겐바움 박사는 다음과 같이 정의하고 있다.

품질관리란 소비자의 완전한 만족을 고려하여 가장 경제적인 수준으로 생산하기 위해 조직의 여러 그룹이 품질유지와 품질개선의 노력을 협력해서 행하는 효과적인 시스템이다.

통계학은 모든 품질관리 프로그램에 있어 언제 어디서나 유효하게 이용된다. 그러나 통계학은 그 자체의 패턴을 지닌 것은 아니며 오직 경영으로서의 품질관리 전체의 패턴가운데 일부분에 지나지 않는 것이다. 이 피겐바움 박사의 정의가 전사적 품질관리(Total Quality Control, TQC)라고 불리는 유명한 정의이다.

이상의 정의에서 보듯이 품질관리에 대한 설명은 학자에 따라 다소 다르지만 그 주요 골자는

① 수요자 또는 소비자의 요구에 맞는 품질의 물품 또는 서비스이어야 하고

② 경제적인 생산이어야 하며

③ 관리의 수단 및 그 체계를 확립해야 하고 이를 실시하기 위한 수단으로 통계적 수단이 중요하다는 것으로 요약된다.

## 3. 품질과 관리

### 3.1 품질(Quality)이란

품질이란 제품의 좋고 나쁨을 나타내는 성질·모양·기능·성능·효능 등을 가리키는 것으로 여러 가지 품질특성(Quality Characteristics)의 집합에 의해 이루어 진다.

예를 들면 사과를 살 때 사과의 크기·맛·색깔·신선도 등을 생각하며 고르게 되는 데, 이것들이 사과의 품질을 나타내고 있는 셈이고 사과의 품질을 구체적으로 나타내는 크기라던가 색깔·신선도 등이 품질 특성이다. 우리가 가공식품을 살 때에는 자기의 기호에 맞는 것을 고르게 되는 것이 보통이다. 이것은 우리들이 만들고 있는 제품이 "좋다"든가 "나쁘다"고 판단하는 것은 그것을 사는 사람 즉, 고객이 결정한다는 뜻이기도 하다. 따라서 품질은 마케팅에 종사하는 사람의 결정도 기술자의 결정에 의한 것도 아니고 소비자가 실제로 제품에서 느끼는 것이 기본이 되기 때문에 소비자가 만족하게 살 수 있는 상품을 만들어야 한다. 그러기 위해서는 소비자가 바라고 있는 바를 명확히 파악하는 일이 무엇보다 중요하다.

품질관리에서 말하는 좋은 품질이란 일반적으로 생각하는 것과 같이 최고급, 최상급의 의미는 아니고 소비자의 사용목적이나 요구조건에 적합한 최적의 품질을 뜻한다. 소비자의 요구에 맞는 최적의 품질을 생각할 때에는 제품자체의 품질이 좋고 가격이 싸고 필요할 때 필요한 량만큼 입수할 수 있어야 한다.

제품의 품질이 좋은 것이라도 값이 비싸면 살 수 없고 반대로 아무리 값싼 제품이라고 품질이 나쁜 것이어서는 사지않을 것이다.

이와같이 좋은 품질이란 제품의 품질만 좋은 것이 아니라 가격, 수량, 납기, 포장, 서비스 등을 포함해서 종합적인 특성이 최적인 상태를 말한다. 참고로 KS에서 "품질"의 정의를 보면 "물품 또는 서비스가 사용목적을 만족시키고 있는지의 여부를 결정하기 위한 평가의 대상이 되는 고유의 성질·성능의 전체"라고 되어있다.

### 3.2 관리(Control)란

관리란 목표나 표준을 설정하여 그대로 실시하고, 그 실시한 결과를 평가하여 만약 이상이 있으면 적절한 수정 조치를 하는 것을 의미한다. 관리에는 계획(plan), 실시(do), 확인(check) 및 조치(action)의 4단계가 있는 데, 이것을 관리의 사이클(cycle)이라고 하며 영어의 첫 글자를 따서 PDCA 사이클이라고도 한다.

즉, 관리는 다음 그림과 같이 관리의 사이클을 반복하여 돌림으로서 보다 고도의 관리수준으로 발전해 나아갈 수 있다.

관리의 단계를 품질의 관리에 대하여 생각하면 다음과 같이 말할 수 있다.

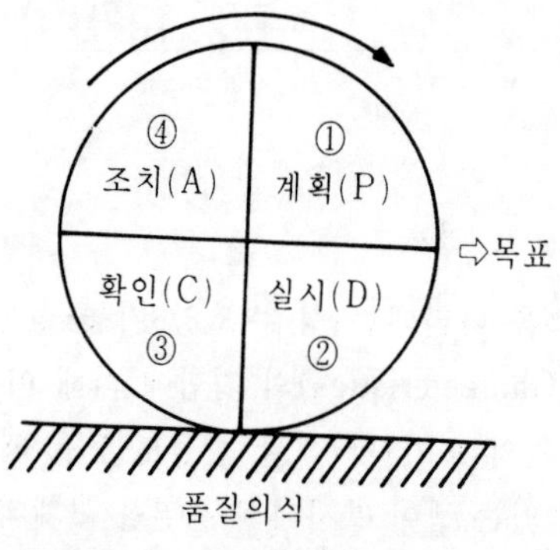


그림 1-1 관리의 사이클

(1) 제1단계 계획(plan)

① 목적을 정한다 : 제품의 품질에 관한 회사의 방침을 정해, 품질의 시방을 결정한다.

② 목적을 달성할 방법을 정한다 : 품질을 만들어 내기위해 "누가", "언제", "어디서", "무엇을"이라는 구체적인 프로그램을 작성한다. 실제로는 조직을 편성하여, 재료·기계·작업방법·작업자에 대해서 올바른 작업의 기준이 될 표준을 만든다.

(2) 제2단계 실시(do)

① 표준에 대해서 교육·훈련한다 : 올바른 작업이란 어떤 것인가를 가르쳐 주고 지키게 한다.

② 작업을 실시한다 : 표준대로 작업을 한다.

(3) 제3단계 확인(check)

① 표준대로 작업이 이루어지고 품질이 만들어져 있는가를 확인한다 : 실제로 만들어진 품질을 측정, 시험하여 그 결과를 기준과 비교해 좋은가 나쁜가를 확인한다.

(4) 제4단계 조치(action)

① 표준으로 부터 벗어나 있을 때에는 시정조치를 취하여 재발방지에 힘쓴다. 여의치 않을 때에는 원인을 조사해서 자기가 조치할 수 있는 것은 조치를 하고, 할 수 없을 때에는 상사에게 보고한다.

② 시정조치를 추적(follow-up)한다. 데이터를 피드백(feedback)한다. 이와 같이 계획·실시·확인·조치의 순서를 되풀이 하여 품질을 유지, 향상시켜 나가는 것이다. 이렇게 하는 것을 품질관리라고 한다.

## 4. 품질관리의 성공원칙

모든 일의 주체가 되는 것은 사람이기 때문에 품질관리 활동도 예외가 될 수 없다. 최고 경영자로부터 말단 종업원에 이르기까지 조직을 구성하고 있는 모든 사람이 품질관리가 무엇인지를 바르게 이해하고, 품질관리에 대한 사상통일이 되어야 한다.

최소한 품질관리에 대한 기본적인 사고 즉, 품질을 중요시하며 고객의 입장에서 설계·제조·판매·서비스하고, 다음 공정은 고객이라는 생각이 확립되어 있어야 한다. 품질관리가 성공하기 위해서는 품질관리의 기본정신으로 무장하고 다음과 같은 원칙에 입각해서 행동하는 것이 필요하다.

### 4.1 경영자, 관리자의 솔선수범원칙

기업의 조직은 사장, 부장, 과장 등 장(長)자가 붙은 사람들의 권한과 책임에 의하여 움직이기 때문에 이들의 자세와 행동이 성공과 실패를 좌우한다. 경영자, 관리자는 대부분의 업무를 부하를 통해서 수행한다. 일반적으로 부하는 상사의 관심사에 민감하므로 상사가 품질관리에 대한 관심과 열의를 갖고 솔선수범하지 않으면 절대로 성공할 수 없다. 품질관리를 처음 도입하면 현재하고 있는 업무와는 전연 별개의 다른 업무로 생각하는 경향이 있는 데, 이것은 품질관리를 이해하지 못하는데서 오는 오해이므로, 사전에 충분한 교육과 계몽을 통해서 품질관리가 무엇인지. 왜 필요한지를 이해시켜야 한다.

조직구성원 전체가 품질관리에 대한 사상통일을 하려면 품질관리를 추진하는 참모부서에서의 교육 홍보도 중요하지만, 직속 상사가 업무를 통해서 교육 훈련시키는 OJT교육이 필요하기 때문에 과장, 직장, 반장 등 장자가 붙은 사람들은 언제 어디서나 부하를 지도할 수 있을 정도로 품질관리 내용을 숙지하고 있어야 한다. 품질관리가 잘 되지 않는 것은 경영자와 관리자가 무관심하고 의욕이 없기 때문이다. 경영자, 관리자는 방침을 정했으면 그 방침이 완벽하게 시행 될 때까지 PDCA관리 사이클을 끈기있게 돌려야 한다.

### 4.2 예방의 원칙

처음부터 올바르게 일을 할 수 있도록 모든 종업원에게 불량 및 과오의 영향을 인식시켜 예방의 견지에서 업무를 수행케 하고, 좋은 제품을 만들고자 하는 의욕을 갖도록 해야 한다는 사고이다.

불량품을 만들고 나서 뒤치닥거리 하는 것은 처음부터 올바르게 하려는 노력보다 몇 배의 노력이 들어가고 일의 보람보다는 짜증만 난다. 문제가 생긴 후에는 누구나 느끼는 일이지만 좀더 신경을 써서 하였더라면 하는 아쉬움이 남는다. 예방은 정신 위생면에서도, 경제적인 면에서도 큰 유익이 된다. 재료의 구입시나 공정에서의 검사, 설비의 예방보전 계측기기의 교정 등은 이와 같은 사고에 입각한 것이다.

식품은 사람의 생명과 밀접한 관계가 있고 제품 품질의 문제로 소비자가 인체에 입은 피해에 대해서는 그 제품을 만드는 생산자가 책임을 져야 하기 때문에, 사용하는 원료로부터 최종 제품이 나오기까지의 과정은 물론 유통 과정도 고려하여 관련되는 사람들이 모여 충분히 사전 협의하는 것이 문제를 예방하는 데 큰 도움이 된다. 알고 있는 지식과 경험에 온 정성이 더해질 때 모든 문제는 예방된다. 품질관리는 사후관리가 아닌 사전관리이다.

### 4.3 과학적 방법의 원칙

과학적 방법이란 사실에 입각해서 관리해 나가는 것을 말한다. 사실을 알려 주는 것이 데이터이다. 데이터는 그저 모으기만 하면 되는 것이 아니고 그것이 지니고 있는 여러 가지 성질을 잘 알고 활용하지 않으면 잘못된 판단을 하기 쉽다. 통계적 품질관리는 이러한 사고 방식에서 출발한 것으로 이것은 다음의 6단계에 의해 이루어진다.

① 우선 문제점이 무엇인가를 명확히 한다.
② 그 문제점에 관한 모든 사실을 파악한다.
③ 그 사실에 입각해서 문제해결의 계획을 세운다.
④ 계획대로 샐행한다.
⑤ 계획대로 실행되었는가 어떤가 그 결과를 확인한다.
⑥ 계획대로 안되었을 때는 원인을 조사하여 조치를 취한다.

상기의 ③④⑤⑥은 계획－실시－확인－조치 즉, Plan－Do－Check－Action 사이클이라고 부르는 데, 이것이 바로 관리활동이다. 이 활동은 당연히 하여야 할 일로 알고 일상업무에서 실행할 수 있도록 습관을 들여야 한다.

### 4.4 참모(staff) 원조의 원칙

품질관리가 무엇인지를 알지못하고는 품질관리 그 자체를 해나아갈 수 없으므로, 관리활동의 효율을 올리기 위해서는 그 관리기술에 전문적인 지식이 있는 사람(staff)을 활용하면서 품질을 만드는 사람(라인)을 통해 품질을 관리해 나가지 않으면 안된다.

전문적 지식이 있는 참모는 자체적으로 양성하여 활용하는 것이 바람직하나, 이것이 여의치 않을 때는 외부의 전문기관이나 전문가에 의뢰하여 지도받는 것도 하나의 방법이 될 수있으나, 장기적으로 볼 때는 사내에서 많은 교육훈련을 통해서 양성하는 것이 좋다. 또한 일반적으로 사람은 자신의 잘못은 숨기려는 속성이 있으므로 객관적으로 품질을 평가할 수 있는 품질관리 견제부서가 필요하다.

### 4.5 협조의 원칙

몇 몇 사람만이 품질관리를 해야겠다는 생각이 있고 대부분의 사람이 품질관리를 해야겠다는 생각이 없으면 효과를 거두기 어렵다. 품질관리는 단체경기와 같아서 호흡이 잘 맞아야 하므로 회사내의 관계되는 모든 사람들이 협조하여 보다 좋은 품질의 제품을 만들어 내자는 의욕을 갖고 행하는 일이다. 따라서 모든 사람이 주어진 품질과 원가와 수량에 관한 임무를 상호협력하여 수행해 나가지 않으면 효과가 올라가지 않는다.

협조의 이념은 관리활동의 기본이다. 품질관리 참모와 생산현장 기술자와의 협력, 전후공정의 협력, 직반장간의 협력, 직접부서와 간접부서와의 협력 이것이 없으면 절대로 좋은 품질을 만들 수 없다. 그리고 관리활동을 해나가기 위해서는 품질에 영향을 미치는 요소인 사람 기계 원료 방법(Man, Machine, Material, Method:4M)을 표준화하여 책임과 권한을 명확히 하는 것부터 시작된다.

회사안에서 일하는 모든 사람들을 위해 올바른 작업 또, 올바른 일의 기준이 되는 것을 성문화하여 정해두고 그것을 모든 사람들로 하여금 지키게 하는 것이다. 아무리 좋은 생각과 표준이 있더라도 이것을 실행하는 사람들의 마음으로부터의 협력이 없다면 아무 것도 제대로 이루어지지 않기 때문이다.

## 5. 품질관리와 검사

**검사는 원료나 제품의 품질을 어떤 방법에 따라 측정한 결과를 판정기준과 비교하여 합격 불합격의 판정을 내리는 것이다.**

검사는 좋은 재료를 수입하기 위해서 또는 다음 공정에 좋은 물품을 보내거나 고객에게 좋은 상품을 제공하개 위해서 옛날부터 하여 왔다. 그러나 검사를 엄격하게 하는 것이 품질관리를 잘 하고 있는 것이라고 생각해서는 곤란하다.

검사에서 아무리 좋은 물건과 나쁜 것을 잘 판별해서 고객이나 다음 공정에 제공한다 해도 이미 공정에서 나온 것이 더 좋게 될 수가 없고 불량품만 증가하게 될 따름이다.

이렇게 되면 불량품을 다시 가공하거나 어쩔수 없는 것은 버려야 하기 때문에 대단히 비경제적이다. 이것을 방지하기 위해서 생산의 첫단계에서 불량품이 발생하지 않도록 제품이 만들어지는 과정을 잘 관리해서 "품질을 공정에서 만들어 넣는다"는 것이 품질관리의 근본적인 정신이다. 따라서 검사는 원료나 제품을 제조공정의 흐름에 따라서 다음 공정이나 소비자에게 흘러가도 좋은가를 결정하는 품질의 확인공정이기 때문에 품질관리업무의 일부에 지나지 않는다.

품질관리를 잘하고 있으면 검사항목이나 검사수량을 줄이면서도 품질 보증도 충분히 할 수 있다. 검사의 수단으로서는 물리적검사, 화학적검사, 위생적검사, 관능검사 등이 있다.

표 1—1 검사의 종류

| 종 류 | 내 용 |
|---|---|
| 1. 제조공정에 의한 분류 | |
| ① 수입검사 | 입고된 원료가 규격기준을 만족하고 있는가를 확인하는검사 |
| ② 공정검사 | 공정과 공정간의 중간과정에서 하는 검사 |
| ③ 제품검사 | 최종제품이 생산되었을 시 하는 검사 |
| ④ 출하검사 | 제품의 출하 시 하는 검사 |
| 2. 검사장소에 의한 분류 | |
| ① 정위치 검사 | 일정한 장소(검사실)에서 하는 검사 |
| ② 순회 검사 | 검사원이 현장을 순회하여 하는 검사 |
| 3. 검사의 성질에 의한 분류 | |
| ① 파괴 검사 | 검사시 물품을 파손하거나 상품가치를 잃어버리는 검사 |
| ② 비파괴 검사 | 물품을 검사한 후에도 그 상품가치가 변하지 않는 검사 |
| 4. 검사방법에 의한 분류 | |
| ① 전수 검사 | 검사로트중의 모든 검사단위에 대하여 하는 검사 |
| ② 샘플링 검사 | 일부분의 물품을 취하고 이것을 조사하여 전체의 물품의 합격인가 불합격인가를 결정하는 검사 |

## 6. 품질관리와 품질보증

품질보증(Quality Assurance, QA)이란 품질이 어떤 정해진 수준에 있다는 것을 보증하는 것으로 품질에 대하여 소비자와의 약속이고 계약이다.

식품은 인간의 생명과 깊은 관계가 있기 때문에 소비자가 안심하고 사서 만족스럽게 먹을 수 있는 품질의 제품을 공급하는 것이 소비자에게 품질을 보증하는 것이요 식품생산 회사의 사회적인 책임이다.

이를 위해서는 소비자의 요구품질의 파악 뿐만 아니라 소비자의 사용방법, 사용조건, 보존조건 등을 충분히 조사하여 이에 적합한 제품을 설계하고 생산할 필요가 있다.

품질보증은 의욕만 있다고 되는 것이 아니고 그 업종에서 필요한 고유기술(固有技術)수준을 꾸준히 개선하여 향상시키는 한편, 체계적인 품질관리 활동을 통해 품질문제 발생을 예방하는 것이 중요하다.

식품의 품질보증에서 가장 중요한 것은 위생학적인 보증이다. 따라서 식품공장의 위생관리는 어떤 것 보다도 우선하여 적절한 배려를 해야 한다. 위생학적인 관리로서는

(1) 미생물학적 관리(부패균, 병원균)

(2) 화학적 관리(식품첨가물, 유해성물질)

(3) 이물 관리

가 있다.

이러한 것은 검사를 엄격히 하여야 할 뿐만 아니라 근본적으로 공장에서 사용하는 원료, 설비, 주위환경 등이 위생적이어야 하고, 여기에 종사하는 모든 사람이 식품위생에 대한 충분한 이해가 필요하다.

품질보증활동의 기본은 품질보증체계의 확립이다. 이 체계는 제품의 종류 생산방식 회사규모 또는 조직에 따라 달라지는 것이지만, 공통적으로 명확히 해야 할 것 중에 가장 중요한 것은 품질보증을 위해 해야할 업무는 무엇이고, 그 업무를 누가 담당하고 이들 업무의 상하 좌우의 관계 및 피드백(Feed back)은 어떻게 하는가이다.

소비자를 만족시키고 회사의 입장에서 바람직한 품질은 무엇인가(목표의 품질), 그것을 어떠한 시방 규격으로 설계에 반영시킬 것인가(설계의 품질), 그것이 생산현장에서 어떻게 만들어지고 있는가(제조의 품질), 시장에 나가게 되면 어떻게 사용되고 어떤 점에 불만이 있는가(시장의 품질)를 관리의 사이클을 따라서 확립하며, 그것을 조직과 어떻게 조화시켜서 운영하는가가 바로 품질보증 체계의 촛점이다.

물론 이렇게 말하는 품질에는 제품품질 이외에 납기와 원가가 포함된다. 이러한 점이 전부 고려된 품질보증 체계는 기획, 연구개발, 기술, 생산, 자재구입, 판매, 서비스가 포함되므로 매우 광범위한 조직분야에 미치게 된다. 품질보증 체계는 이들의 조직을 연결시켜 보다 유기적인 활동이 되도록 편성한 것이다.

## 7. 품질관리와 표준화

품질관리에서는 업무나 작업을 표준화하고 정해진 표준은 지키는 것이 중요하다. 표준과 표준화의 진정한 의미를 알아보기 위해서 한국공업규격(KSA 3001 품질관리용어)에서 정의된 내용을 보면

표준이란

① 관계되는 사람들 사이에서 이익 또는 편의가 공정하게 얻어지도록 통일·단순화를 도모할 목적으로 물체, 성능, 능력, 배치, 상태, 동작, 절차, 방법, 수속, 책임, 의무, 권한, 사고방법, 개념 등에 대하여 정한 결정.

② 측정에 보편성을 주기 위해서 정한 기준으로서 사용하는 양의 크기를 표시하는 방법 또는 일. 보기를 들면, 질량단위의 기준이 되는 킬로그램원기, 온도눈금의 기준이 되는 국제실용 온도눈금을 실현하기 위한 온도정점과 표준백금 저항온도계, 농도의 기준이 되

는 표준물질, 경도눈금의 기준이 되는 표준경도 시험기와 표준압자, 색의 관능검사에 사용되는 색견본 등.

표준화라는 것은 "표준을 설정하고 이것을 활용하는 조직적인 행위"라고 되어 있다.

일반적으로 여러 사람이 모여서 활동하는 조직에는 여러 가지 기준이 있기 마련이다. 이 기준이 잘 정비되어 있으면 문제가 없으나 기준이 모호하거나 없을 경우에는 혼란이 일어나게 되고 이로인해 시간, 인력, 물자의 손실을 가져오게 한다. 따라서 품질관리의 추진에 있어서는 표준류의 정비가 필요하다.

우리가 어떤 일을 할 때 단지 경험이나 직감 또는 전임자의 구전(口傳)과 같은 것에만 의지하여 일을 하고 있으면 사람이 갑자기 바뀐다던지 하였을 때 일을 하는 방법도 바뀌게 된다. 그 결과 제품의 품질 또는 일자체의 질에 큰 산포가 생기고 그것이 발단이 되어 생각지도 않았던 문제가 발생하는 수가 있다. 이러한 상황을 피하기 위해서 일의 방법이나 제품품질의 토대가 되는 표준을 확실히 정해두어야 한다.

표준화의 결과를 보존하기 위해서는 반드시 기록이라는 과정이 필요하다. 이 과정에서 모호했던 내용이 구체적이고 뚜렷한 기록으로서 객관화 되기 때문에, 문서화는 표준화 활동의 기본을 이루는 중요한 업무이다.

기록에 의해서 기술은 축적되고 계승되고 재현된다. 재현성이 없는 기술은 참다운 의미에서 기술이라고 할 수없다.

따라서 표준화는 개인의 기능과 고유기술을 일부 사람의 전매특허가 되지 않게 하는 동시에, 기업의 기술로 보존할 수 있어 회사의 귀중한 재산이 된다. 표준은 그 내용이 아무리 훌륭하더라고 준수되지 않으면 그 역할을 다할 수없기 때문에 표준을 만들 시는 될수록 표준을 사용사는 많은 현장사람들의 의견을 충분히 참작한 뒤 작성해야 한다.

표준은 만드는 것도 중요하지만, 가장 기본적인 것은 그대로 지속적으로 실행하고 수시로 개정 보완해서 관련되는 사람들이 필요해서 찾아서 볼 수 있는 살아 있는 표준으로 만드는 것이다.

기술이나 작업방법은 끊임없이 개선 발전되어 간다. 그때 그때마다 모두 소화하여 항상 최신의 상태로 유지관리 해야 한다. 이러한 활동이 뒤 따르지 못하면 표준은 사장되어 활용되지 않는다.

표준이 항상 생명력을 갖고 철저하게 실행되려면 조직구성원 전원에게 표준화의 중요성을 인식시키기 위해 반복적으로 교육을 시키고 관리자들이 끊임없는 지도 및 확인이 필요하다.

표준은 제정자에 따라 회사표준, 단체표준, 국가표준, 국제표준 등이 있으며, 회사표준은 일반적으로 규정(規程), 규칙(規則), 지침(指針), 규격(規格), 작업표준(作業標準)으로 구분한다. (표1-2, 1-3 참조).

표 1-2 표준의 종류

| 구 분 | 내 용 | 비 고 |
|---|---|---|
| 1. 사내규격 (社內規格) | 회사가 독자적으로 제정하고, 이를 회사내부에서만 적용되는 규격 | |
| 2. 단체규격 (團體規格) | 국내의 사업자 단체, 협회 등에서 제정하고 그 단체원의 내부에서만 적용되는 규격 | ASTM, AISI |
| 3. 국가규격 (國家規格) | 국가에서 제정하고 전국적으로 적용되는 규격 | KS, 식품공전 |
| 4. 국제규격 (國際規格) | 국제조직에 의해서 제정되고, 국제적으로 적용되는 규격 | ISO, 국제식품규격 |

〔주〕 ASTM : AMERICAN SOCIETY FOR TESTING MATERIALS
AISI : AMERICAN IRON and STEEL INSTITUTE
ISO : INTERNATIONAL STANDARDIZATION ORGANIZATION

표 1-3 회사표준의 구분

| 구 분 | 정 의 |
|---|---|
| 규 정 | 비교적 장기간에 걸쳐 적용되는 경영, 조직, 업무, 제조 등 회사의 중요한 운영준칙 사항을 성문화 한 것 |
| 규 칙 | 규정에서 정한 시행절차, 시행요건, 그 구체적 방법, 수단 및 기타 세부사항을 기술한 것이거나, 규정에서 정하지 않는 사항일지라도 회사 경영 활동상 필요에 의해 일정한 업무에 준칙을 성문화 한 것 |
| 지 침 | 동일사업장내에서 일정한 업무에 관해 그 취급요령 및 처리방법에 관한 기준을 정한 것이거나 특정한 업무를 주관 담당하는 부서 상호간에 있어서 업무처리를 위한 요령내지 처리방법의 기준을 정한 것 |
| 규 격 | 제품설계, 구매, 제조, 검사 등 생산활동에 필요한 물품의 재질, 구조, 형상, 외관, 성분, 성능 등에 대하여 기준을 정한 것 |
| 작업표준 | 규격을 실현하기 위하여 필요한 제조, 운전, 점검, 조치, 분석 등에 대한 구체적인 방법을 성문화 한 것 |

# 8. 품질관리의 추진

앞에서 말한 품질관리의 정의에서 품질관리가 어떠한 것을 해야 할 것인가를 대체로 생각할 수 있겠으나, 현장에서 품질관리 활동의 중심적인 과제는 제품의 품질, 제품을 생산하는 과정에서의 능률, 원가, 작업장의 위생과 안전 그리고 조직구성원의 자질향상이다. 품질관리를 도입 추진하는 데 하여야 할 사항은 다음과 같다.

## 8.1 품질관리의 방침수립

조직은 사장, 공장장, 부과장, 직반장등 장(長)자가 붙은 사람의 권한에 의하여 움직인다.

따라서 그 조직장(組織長)의 방침이 명확하게 되어있나 없나에 따라서 결과는 크게 달라지기 때문에 방침이 필요하다.

방침은 세우는 것도 중요하지만 방침을 세운 사람이 선두에 서서 실시를 하지않으면 효과가 없으므로, 방침을 정했으면 부하의 행동이 방침대로 이행되고 있는지의 여부를 정기적으로 체크하고, 방침대로 움직이도록 조치해 나아가는 것이 품질관리에서는 가장 중요하다. 즉, 방침관리도 PDCA의 관리 사이클을 돌려야 한다.

### 8.2 품질관리추진조직의 설치

품질관리는 회사의 모든 기능을 동원하여 실시하여야 하므로 품질관리를 효율적으로 추진할 수 있는 조직이 필요하다. 이 조직은 조직 전체의 품질관리 계획을 입안하고 현장을 지도할 수 있는 능력이 있어야 하기 때문에, 품질관리를 도입 추진하는 데 핵심역할을 할 수 있는 실력있고 적극적이며 각 부문의 업무에 정통한 사람을 선정하여 품질관리 전문가로 양성, 활용하면서 품질을 만드는 현장라인의 사람을 통해서 품질을 관리해 나아가도록 해야 한다.

### 8.3 교육훈련의 실시

일을 하는 것은 사람이다. 조직구성원의 수준이 높으면 그 만큼 품질관리의 효과가 오른다. 경영자에서 부터 말단 작업자에 이르기까지 모든 계층에 대하여 품질관리교육과 훈련을 실시하여 품질의식을 높이고 스스로 하려고 하는 마음가짐을 갖도록 하는 것이 중요하다.

특히, 일과 회사에 대한 종사자들의 자세가 품질을 결정한다고 하여도 과언이 아니다. 그러나 처음부터 종사자들에게서 그것을 바란다는 것은 무리이다. 여기에는 동기부여 및 교육훈련이 필요하다. 동기를 부여함으로서 자진하여 활동하게 하는 지도방법이 중요하다. 교육은 바로 보편적인 동기부여의 방법이다.

교육훈련은 곧 집합교육 훈련을 생각하지만 현장에서 일하는 사람에게는 오히려 일상업무를 통한 교육훈련(OJT, On the job training)이 바람직하다. OJT는 계획성없이 즉흥적으로 해서는 성과를 거두기 어렵고, 사전에 치밀한 계획을 세워 체계적으로 해야만 소기의 성과를 거둘 수 있다. 현장교육을 통해서 부하들과 대화할 기회가 많아져 자연스런 형식으로 상사의 의사소통이 도모되고 상호신뢰를 높이는 점에서 좋다. 그런만큼 상사는 QC를 잘 알아둘 필요가 있다.

품질은 현장에서 만들어지고 이 열쇠를 쥐고 있는 사람이 제일선 감독자인 직반장이다. 직반장은 한마디로 최소단위의 관리자로 소속된 반의 제일선작업자를 직접 지휘하여 실제로 제품을 만드는 중요한 일을 담당하여 품질에 결정적 역할을 하기 때문에, 품질관리교육 훈련을 지속적으로 반복 실시할 필요가 있다.

### 8.4 품질관리에 대한 계몽

품질관리를 하여 효과를 올리고 있는 실례소개나 공장견학, 품질관리권위자의 초청강연이나 쎄미나 및 품질관리분임조발표대회 등을 통해서 품질관리의 중요성을 인식시킨다. 품질관리의 효과를 올리기 위해서는 현장에서 일하는 작업자 전원이 품질의식, 문제의식, 개선의식을 갖고 하려고 하는 마음가짐이 필요하므로, 직반장을 중심으로 한 품질관리분임조를 편성하고 스스로 활동할 수 있도록 하는 배려가 뒤따라야 한다.

이때 주의할점은 "QC는 어려운 것"이라는 생각이 들지 않도록 해야한다. 쉬운교재를 선정해서 교육훈련하고 자기직장의 주변의 예를 들어 이야기하는 편이 이해가 빠르다. 품질관리분임조는 현장 품질관리 활동의 핵이다. 분임조활동을 통해 현장 작업자의 사기를 올릴 수 있도록 부서장의 지속적인 관심과 격려 그리고 지도가 있어야만 분임조활동이 활성화 된다. 이외에 QC관련잡지구독, QC에 관한 교재를 전원에게 배포하고, QC포스터와 표어를 사내에서 모집하여 눈에 잘 뛰는 곳에 붙이는 것도 QC에 대한 계몽활동상 필요하다.

## 8.5 규정·규격등의 표준정비

많은 사람이 모여서 활동하는 조직에는 경험 또는 구전으로 내려오거나 성문화된 여러 가지 표준이 있기 마련이다. 이 표준이 잘 정비되어 있으면 문제가 없으나, 표준이 모호하거나 없을경우에는 혼란이 일어나게 되고 이로인해 시간, 인력, 물자의 낭비를 가져오게 한다. 이를 방지하기 위하여 표준의 정비가 필요하다. 우리가 어떤 일을 할때 단지 경험이나 직감 또는 구전과 같은 것에만 의지하여 일을 하면 사람이 갑자기 바뀐다던지 하였을 때 일을 하는 방법도 바뀌게 된다. 그 결과 제품의 품질 또는 일자체의 질에 큰 산포가 생기고 그것이 발단이 되어 생각지도 않았던 문제가 발생하는 수가있다. 이러한 상황을 피하기 위해서 일의 방법이나 제품품질의 토대가 되는 표준을 확실히 정해두어야 한다.

표준은 그 내용이 훌륭하더라도 그대로 지키지 않으면 그 가치를 발휘할 수 없다. 공정에서 불량품이 발생하는 것은 어려운 기술적인 문제가 해결되지 않아서 나오기 보다는, 정해진 표준이 제대로 지켜지지 않음으로서 나오는 경우가 더 많다.

표준을 새로 제정하거나 개정시에는 될 수 있는한 표준을 사용하는 사람들의 의견이 많이 반영되도록 하고 수시로 개정 보완해서 관련되는 사람들이 필요해서 찾아볼 수 있는 살아있는 표준으로 만들어야 한다.

## 8.6 품질관리 계획의 수립

모든 관리는 계획에서부터 시작된다. 품질관리에 대한 장 단기적인 계획을 세우고 관리의 사이클을 돌리도록 한다. 이 계획에 포함되어야 할 항목은 다음과 같다.

### (1) 품질목표의 설정

품질목표는 기업이 지닌 잠재적 현재적인 경영, 기술, 제조, 설비 등 기업의 모든 능력의 영향을 받는다. 따라서 품질수준의 결정은 소비자가 만족해주는 품질 즉, 팔리는 품질을 자기회사의 공정능력과 회사의 품질방침에 따라서 정한다. 품질수준은 추상적인 것이 아닌 가능한한 수치로 나타내고, 수치화가 어려운 것은 한도견본 등을 만들어 관리토록 한다. 품질이 구체적인 척도로 되어있지 않으면 품질관리를 실행하기 어렵다.

### (2) 공정관리

품질은 공정에서 결정되기 때문에 공정을 잘 관리해야 한다. 공정의 좋고 나쁨의 판단기준은 품질, 원가, 량, 납기이므로, 이들 데이터를 잘 해석하여 공정의 변화여부를 알도록 공정능력을 관리해야 한다. 공정을 관리하는 데는 관리도법, 샘플링검사법, 실험계획법 등의 통계적 수법은 품질관리를 하는 데 큰 도움이 되므로, 자유자재로 활용할 수 있도록 수법을 익혀두어야 한다.

### (3) 원부 재료 관리

원부재료의 품질 가격 납기가 최종제품의 품질, 원가, 납기에 직접적 영향을 미치므로 소비자가 만족할 수 있는 품질의 제품을 만들 수 있도록 원부재료의 규격을 설정하고, 그것을 조달하여 원료특성에 따라 보관을 철저히 하고 선입선출, 로트관리, 이력관리를 하도록 한다. 식품의 원부재료는 특히 외주 이용도의 증대에 따라서 그 품질관리가 중요하게 되었기 때문에, 납품업체에 대한 위생관리 품질관리의 지도가 더욱 필요하게 되었다. 또한 원료의 구매나 외주시에는 요구품질을 명확히 하여 구매자와 판매자 양자간에 만족할만한 평가방법을 계약시에 정해두어야 한다.

### (4) 설비관리

설비는 제품의 생산량, 품질, 원가 등을 좌우하는 큰 요인이고, 근래에는 설비의 자동화와 고도화로 설비관리의 중요도는 더욱 증대되고 있다. 설비의 예방보전이 미흡하면 생산성이 떨어지고 불량품이 발생하여 원가를 상승시킬 뿐만 아니라, 안전에도 영향을 미치기 때문에 계획적인 관리로 고장의 발생을 예방해야 한다.

분석설비도 올바른 데이터를 얻기위해서 정확도와 정밀도가 유지되도록 일상 관리해야 한다. 품질관리는 데이터에 입각한 관리를 원칙으로 하고 있으므로 계축기의 잘못으로 틀린 데이터가 나오면 품질관리는 밑바닥부터 무너진다.

### (5) 검사관리

시험·검사는 생산활동의 관리사이클 즉, PDCA사이클의 C에 해당하며 시험·검사의 정보는 A의 단계에 연결되므로 정확해야 한다.

제품의 품질은 그것이 만들어진 시점에서 결정되므로 엄격한 검사가 되면 될수록 검사비용은 증가하여 원가를 높이는 결과가 되기 때문에 비경제적이다. 이것을 방지하기 위해서 생산의 첫 단계에서 불량품이 발생하지 않도록 제품이 만들어지는 공정을 잘 관리하는 것이 품질관리의 근본적인 생각이다.

따라서 검사는 품질관리의 일부분에 지나지 않으며, 검사의 수단으로서는 물리적, 화학적, 관능적 및 위생적 검사가 있으나, 정확한 검사를 위해서는 검사에 관한 표준을 정해 놓고 검사원을 교육훈련하여 숙달토록 하며, 검사설비는 상상 정확도와 정밀도가 유지되도록 관리해야 한다.

검사에서 얻은 정보 이외에 시장의 품질정보, 클레임정보도 공정에 피드백(Feed back)시키도록 한다.

### (6) 위생관리

식품공장의 사명은 안전하고 위생적인 식품을 소비자에게 제공하는 데 있기 때문에, 식품공장에서의 위생관리는 기업의 사회적 책임과 기업존속을 위한 품질관리이다.

식품과 그 원료는 변질되기 쉬우므로 이러한 현상을 방지하고 안전성을 확보하기 위해 이물의 혼입이나 유해한 미생물이 오염되지 않도록 위생관리의 구체적 계획을 세우고 추진해야 한다. 위생관리에서 중요한 것은 어느 특정한 사람이나 부서 등 단편적으로 해서는 목표달성이 어렵고, 관련되는 모든 사람이 위생관리인이 되어야 한다.

위생관리 계획에 포함되어야 할 항목은 이물혼입방지, 쥐 및 벌레침입방지, 원료, 설비 및 작업장에 대한 세정과 살균 그리고 작업자의 개인 위생관리가 중요한 포인트이다. 이외에 용수의 수질관리도 중요하다.

### (7) 포장관리

포장은 그 내용물의 품질이 일정기간동안 상하지 않고 가장 싼 비용으로 소비자에게 전달되어야 한다. 포장은 식품의 직접적인 품질이 아니라는 생각으로 종래에는 경시되어 왔으나, 근래에는 포장이 식품의 품위를 높여 상품가치를 향상시키기 때문에 대단히 중요한 품질의 하나로서 다루고 있다.

포장상태가 엉성하면 그 내용물이 아무리 좋더라고 그 가치를 인정받기 어려우므로 포장의 품질관리는 상품가치에 큰 비중을 차지한다. 포장관리의 항목으로서는 포장량, 포장의 질, 포장원가에 대하여 관리의 사이클을 돌리도록 한다.

### (8) 클레임 관리

클레임은 생산자 입장에서 보면 많은 제품가운 데 가끔 발생하는 것이라고 생각하기 쉬우나 제품을 구입한 소비자의 입장에서는 그 제품이 전부이므로 100%클레임 제품이 된다. 클레임 처리를 제대로 안할 때 소비자 단체나 관련관청에 고발하기도 하고, 이웃이나 친지에게 이러한 사실을 전하게 되고, 이러한 야기를 들은 사람은 다시 다른 사람에게 전하기 때문에 하나의 클레임 뒤에는 많은 소비자가 있다는 것을 알아야 한다.

그러므로 식품공장은 클레임을 제로(zero)로 가져가도록 하는 노력도 중요하지만, 일단 클레임이 제기되었을 때 성심성의껏 신속하게 처리하는 것도 중요하다. 클레임관리는 클레임 처리규징을 만들어 이것에 다라 처리하고 중요 클레임은 개선과제로 등록하여 문제의 근본원인이 제거될 때까지 사후관리가 필요하다.

#### (9) 작업장 환경 및 안전관리

작업장환경이 정리 정돈되어 있지 않고 불결하면 작업능률도 오르지않고 위생적 제품이 생산되지 않을뿐만 아니라 안전도 확보할 수 없다.

실제로 작업장에서 상해사고가 발생하면 사고당사자나 그 가족의 불행은 말할것도 없고, 같이 일하는 동료들의 사기도 떨어져 생산능률이 나빠져 원가가 높아지는 결과가 되므로, 식품공장의 환경은 항상 정리정돈·청결이 유지되고 불완전 설비가 없도록 되어야 한다.

#### (10) 원가관리

원가는 품질관리활동의 효과를 종합적인 수치로 나타내 주는 지표이다. 그러므로 일상의 품질관리활동이 활성화되면 제품의 원가는 절감될 것이며 또, 그와 반대일 때는 높아지게 된다.

일상의 품질관리활동은 전술한 (1)에서 (9)까지의 항목에 대하여 이들을 좋은 상태로 유지하고 또한 보다 한층 나은 상태로 개선하는 것이다. 이들 항목은 어느 것이든 모두 똑같이 중요한 것이며 또, 어느 하나든 독립된 것이 아니고 서로 밀접한 관련을 갖고 있다. 원가절감의 좋은 성과를 얻기 위해서는 평범하게 현상만 유지해서는 아니되며, 조직구성원 모두가 협력하여 창의력을 발휘하므로서 끊임없이 공정개선을 해나가는 것이 중요하다. 제안제도는 종업원의 창의력을 이끌어 내는 좋은 수단이다.

#### (11) 고유기술수준의 향상 및 신제품개발

식품제조기술은 업종마다 고유기술이 있다. 이 고유기술이 정체되어 있으면 경쟁에서 낙후되고 결국은 도태되고 만다. 현대와 같은 기술혁신의 시대에는 새로운 기술 새로운 제품의 개발로 다양화되어 가는 소비자의 욕구를 충족시켜 주고 또한, 원가절감으로 이익도 확보해야만 살아 남을 수 있다.

고유기술이 확고할 때 품질관리의 기술이 위력을 발휘하며, 관리기술은 고유기술의 축적과 수준향상에 대해 기술표준의 형태로서 기여하게 된다.

#### (12) 품질관리활동의 평가

어떤 일이든 일을 계획하고 실행했으면 그 결과를 확인해서 미흡한 점은 시정해 나아가는 것이 필요하다. 일정기간마다 품질관리실시 상태를 평가하고 문제가 있는 것은 공개하여 해결하는 것이 중요하다. 문제를 덮어두면 그것이 원인이 되어 다른 문제를 야기시키므로 그 원인이 되는 뿌리를 뽑아 버려야 한다.

품질관리 활동의 평가는 품질관리의 수준을 향상시키는 데 없어서는 아니되는 관리항목이다.

## 9 표준화 사례

### 9.1 제품의 표준화

제품의 표준화는 표준화의 중심이 되는 사항으로서 원안작성부서(原案作成部署)가 제조,

검사, 영업, 구매 등 각 부문에서 필요한 정보를 모아서 원안을 작성하고, 위원회(표준화 위원회, QC운영위회 등)에서 심의하여 최종책임자에 의해 정해지는 것이 일반적이다. 표준화 시 고려해야 할 중요한 내용을 열거하면 다음과 같다.

### (1) 표준화의 요건

① 안전성을 만족시킬 수 있어야 한다.

② 제품의 품질수준을 파악한다.

③ 공정능력(工程能力, process capability)을 파악한다.

④ 사용자의 요구품질을 파악한다.

⑤ 국제규격, 국가규격 등 다른 규격과 합치되어야 한다.

⑥ 경쟁사 제품과 경쟁할 수 있는 품질수준을 갖고 있어야 한다.

⑦ 낮은 원가(原價)로 경쟁시장가격을 만족하는 것이어야 한다.

### (2) 제품규격의 정리방법

① 품질은 계량적(計量的)으로 표현될 수 있도록 한다.

② 품질특성의 규격치는 샘플링오차, 측정오차, 로트내의 산포 등을 포함하는 측정치를 대상으로 정하도록 하고 기준치와 허용치를 주도록 한다.

③ 허용치는 요구성능과 공정능력을 잘 조사하여 분포의 개념을 넣어서 결정토록 한다. 허용치는 일반적으로 다음과 같이 정한다.

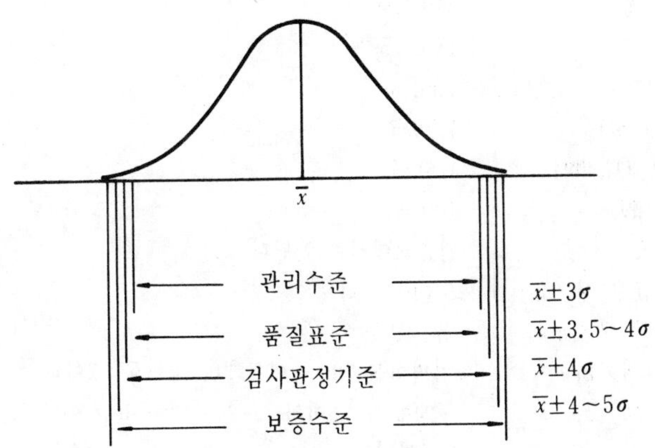


④ 품질특성의 규격치는 품질의 항에서 규정하고 그 시험방법 및 검사방법의 항을 인용하는 것이 좋다.

⑤ 외관은 외관상의 결점중 주로 그것이 있으면 제품의 가치를 감소시키는 점에 대하여 그 정도를 규정한다. 외관의 규정은 보통 추상적인 표현이 되기 쉽지만, 다루는 결점항목을 분명히 지시하고 결점정도를 수량화하는 등 구체적으로 규정한다. 수량화가 어려운 경우에는 한도견본(限度見本)을 만들어 이것을 기준으로 한다.

### (3) 제품규격에 포함되어야 할 항목

① 적용범위

② 품질항목 및 기준(외관, 크기, 기능, 수분, 식염 등의 성분품질특성)

③ 시험 및 측정방법

④ 검사방법

⑤ 포장방법

⑥ 표시방법

⑦ 보관

(사례 1) 사 내 규 격

| 4-01-21 | 제품품질규격 | 제정 : 1978. 10. 4<br>개정 : 1980. 7. 5<br>개정 : 1983. 11. 21 |
|---|---|---|
| | 오징어 풍미 조미료제품 | |

1. 적용범위

이 규격은 오징어풍미 조미료 제품의 품질규격에 대하여 규정한다.

2. 품질규격

| 항 목 | 기 준 |
|---|---|
| 1. 성 상 | · 제품의 색상은 갈색, 모양은 과립상(한도견본 p-21)<br>· 오징어 고유의 맛과 향이 있고, 이미 이취가 없어야 한다. |
| 2. 수 분(%) | 2.5±0.5 |
| 3. 식 염(%) | 35±1.0 |
| 4. 조단백(%) | 15±0.5 |
| 5. 조지방(%) | 1±0.3 |
| 6. L-MSG(%) | 7±0.5 |
| 7. 비소($A_{s2}O_3$, PPM) | 1.5이하 |
| 8. 중금속(PPM) | 10이하 |
| 9. 타르색소 | 검출되어서는 안된다 |
| 10. 일반세균수(개/g) | $5\times10^3$ 이하 |
| 11. 대장균군(개/g) | 음 성 |
| 12. 이 물(개/kg) | 치명이물 : 0, 중이물 : 0, 경이물 : 2이하 |
| 13. 입 도(%) | -24mesh : 5이하, -24+42mesh : 80이상, -42mesh : 5이하 |

3. 시험 및 측정방법 : 제품분석 작업표준(5-04-11)에 따른다.
4. 검사방법 : 제품검사규격(4-08-9)에 따른다.
5. 포장방법 : 포장작업표준(5-04-33)에 따른다.
6. 표시방법 : 제품포장표시규격(4-05-7)에 따른다.
7. 보 관 : 제품창고관리규정(1-17-5)에 따른다.

(사례2) 한국공업규격(KS H 2118)

## 간 장 (Soy Sauce)

1. 적용범위

이 규격은 양조 간장과 혼합 간장에 대하여 규정한다.

2. 종류 및 등급

간장의 종류 및 등급은 다음과 같이 구분한다.

(1) 양조간장

특급, 고급, 표준

(2) 혼합간장

특급, 고급, 표준

3. 용어의 뜻

(1) 양조간장

식물성 단백질(콩 또는 탈지 대두박) 또는 이에 전분질 원료(쌀, 보리, 밀 등)를 혼합한 것을 제국하여, 식염수 등에 섞어 발효 숙성시킨 후 그 여액을 가공한 것을 말한다.

(2) 혼합간장

양조간장 원액과 산분해 간장 원액을 적정 비율로 혼합하여 가공한 것이거나, 산분해 간장 원액에 식물성 단백질 또는 전분질 원료를 가하여 발효 숙성시킨 여액을 가공한 것(신식 양조간장), 또는 이 원액에 양조 간장 원액이나 산분해 간장 원액 등을 적정 비율로 혼합하여 가공한 것을 말한다.

4. 품 질

(1) 양조간장은 표1, 혼합 간장은 표2의 품질 기준에 적합하여야 한다.

표 1 양조간장의 품질기준

| 항목 \ 등급 | 특 급 | 고 급 | 표 준 |
|---|---|---|---|
| 성 상 | 색깔 및 풍미가 우수하고, 이미, 이취 및 이물이 없어야 한다. | 색깔 및 풍미가 양호하고, 이미, 이취 및 이물이 없어야 한다. | 색깔 및 풍미가 양호하고, 이미, 이취 및 이물이 없어야 한다. |
| 총 질 소% | 1.5이상 | 1.3이상 | 1.0이상 |
| 순엑스분% | 15.0이상 | 13.0이상 | 10.0이상 |
| PH | 4.0~5.0 | 4.0~5.5 | 4.0~5.5 |
| 레블린산 반응 | 음 성 | 음 성 | 음 성 |

표 2 혼합 간장의 품질기준

| 항목 \ 등급 | 특 급 | 고 급 | 표 준 |
|---|---|---|---|
| 성 상 | 색깔 및 풍미가 우수하고, 이미, 이취 및 이물이 없어야 한다. | 색깔 및 풍미가 양호하고, 이미, 이취 및 이물이 없어야 한다. | 색깔 및 풍미가 양호하고 이미, 이취 및 이물이 없어야 한다. |
| 총 질 소% | 1.5이상 | 1.3이상 | 1.0이상 |
| 순엑스분% | 15.0이상 | 13.0이상 | 10.0이상 |
| 양조간장혼합비율([1])% | 60이상 | 40이상 | 20이상 |
| PH | 4.0~5.5 | 4.0~5.5 | 4.0~5.5 |

〔주〕([1]) 혼합간장 중 신식 양조 방식에 따라 제조한 신식 양조간장은 양조간장 혼합 비율 항목이 적용되지 않는다.

(2) 표1 및 표2 이외의 위생 요구 사항은 식품위생법에 따른다.

## 5. 시험방법

간장의 시험 방법은 KS H 2155(간장 시험 방법)에 따른다.

## 6. 검 사

5.에 의하여 시험하고 4. 및 7. 의 규정에 합격하여야 한다.

## 7. 포 장

### (1) 포장재

내용물을 충분히 보호할 수 있는 용기를 사용하여야 한다.

### (2) 단위 포장 내용량

내용물의 용량은 포장에 표시한 용량 이상이어야 한다.

## 8. 표 시

### (1) 일괄 표시 사항

다음 사항을 아래 양식에 따라 용기 또는 포장의 보기 쉬운 곳에 일괄 표시하여야 한다.

| | |
|---|---|
| (1) 영업 및 품목허가 번호 | (6) 제조년 월 일 |
| (2) 품 명 | (7) 유통 기한 |
| (3) 등 급 | (8) 보존 방법 |
| (4) 원재료명 | (9) 제조자 명 |
| (5) 내 용 량 | |

비고 ① 표시에 사용하는 문자 및 테의 색은 배경의 색과 대조적이어야 한다.

② 표시에 사용하는 문자는 KS A 0201(활자의 기준 치수)에 규정하는 8포인트 활자 크기 이상의 통일된 활자로 글씨체는 고딕체로 표시한다. 다만, 내용량이 200㎖이하인 것에 대하여는

6포인트 활자 크기 이상의 통일된 활자로 표시하여도 좋다.

③ 원재료명 표시 중 첨가물을 포함하는 경우에는 해당 첨가물에 관한 표시는 다른 원재료의 표시와 줄을 바꾸어 표시한다.

④ 제조년 월 일은 이 양식에 표시하기가 곤란한 경우에는 다른 보기 쉬운 곳에 표시하여도 좋다.

### (2) 표시방법

일괄 표시 사항의 기재는 다음에 정한 방법에 따라 표시하여야 한다.

㉠ 영업 및 품목 허가 번호:허가 관청의 영업 허가 번호 및 품목허가 번호를 표시하여야 한다.

㉡ 품명 : 양조 간장에 있어서는 "양조간장", 혼합간장에 있어서는 "혼합간장"이라고 기재한다. 다만, 혼합 간장 중 신식 양조 방식에 의해 제조한 것은 "혼합간장(신식 양조)"라고 표시한다.

㉢ 등급 : 특급에 있어서는 "특급", 고급에 있어서는 "고급", 표준에 있어서는 "표준"이라고 기재한다.

㉣ 원재료명 : 사용된 원재료는 다음의 구분 및 기재 방법에 따라 그 제품이 차지하는 비율이 큰 것부터 기재한다.

ⓐ 식품첨가물 이외의 원재료 : "탈지 대두", "콩", "밀", "산분해 간장 원액", "식염", "포도당", "캐러멜"등과 같이 제품에 함유된 무게의 크기순으로 기재한다.

ⓑ 식품첨가물 : 식품위생법 시행 규칙에 의하여 인체에 해로움이 없다고 인정된 첨가물을 사용하여야 하며 표시 방법은 식품위생법 시행 규칙에 따라 기재한다.

ⓒ 내용량 : 내용량은 mℓ 또는 ℓ의 단위로 명확하게 기재한다.

ⓓ 제조년 월 일 : 다음의 보기에 따라 기재한다.

보 기 : ○년 ○월 ○일 또는 ○○○

ⓔ 유통기한 : 제품의 품질수준이 KS품질 수준 이상으로 유지할 수 있다고 제조자가 인정하는 기한을 기재한다. 다만, 기간은 "제조 일자로부터 ○개월"로 기재한다.

ⓕ 보존방법 : 보존상의 주의점을 기재하여야 한다.

ⓖ 제조자명 : 제조자 명 및 소재지를 기재한다.

### (3) 표시금지사항

다음에 기재하는 사항을 표시하여서는 안된다.

① "천연" 또는 "자연"의 용어

② "순", "생", "진짜"그외 순수의 의미가 있는 용어

③ 등급을 나타내는 "특급", "고급", "표준"과 비슷한 의미가 있는 용어

④ 품평회 등에서 수상한 것처럼 오인시키는 용어

⑤ 일괄 표시 사항의 규정에 따라 표시된 내용과 모순되는 용어

⑥ 기타 내용물을 오인시킬 우려가 있는 문자, 그림 및 표시

### (4) 규정된 이외의 표시 사항은 식품위생법 시행 규칙에 따른다.

사례3. 국제식품규격(FAO/WHO 식품규격 위원회 권고규격)

## 복숭아 통조림(Canned Peaches)에 대한 코덱스 규격
(범세계적 규격)

### 1. 정 의

(1) 제품의 정의

① Prunus persica L. 과일의 특성과 일치하는 것 중 넥타린종(Nectarine)을 제외한 상업 통조림용의 껍질을 벗기고 줄기를 제거한 신선한 또는 냉동된 또는 전에 통조림된 적이 있는 잘익은 복숭아로부터 만들어진 제품이다.

② 적절한 충전액(당액), 영양 감미제 그리고 필요에 따라 조미료 또는 향신료가 첨가된 제품이며,

③ 변질을 막기위해 용기속에 밀봉전 또는 후에 적당히 열처리된 제품이다.

(2) 종류

복숭아의 종류는 다음과 같이 크게 분류된다.

① 제핵－씨가 몸체에서 분리되어 있는 것.

② 점핵－씨가 몸체에 달라 붙어 있는 것.

(3) 빛깔 종류

복숭아는 품종에 따라서 다음과 같이 구분된다.

① 황도－주색이 엷은 노란색에서 매우 붉은 오렌지 색에 이르는 형

② 백도－주색이 흰색에서 황백색에 이르는 형

③ 홍도－주색이 엷은 노란색에서 붉은 오렌지에 이르는 형과 핵강 부위의 붉은색과는 다른 다양한 붉은색을 띤 형

④ 청도－주색이 완전히 익었을 때 엷은 녹색에서 녹색에 이르는 형

(4) 유형

① 완전형 : 씨가 있는 완전한 복숭아

② 반으로 잘린형 : 대략 똑같은 크기의 두 부분으로 나누어지고 씨가 없는 것.

③ 4등분된 형 : 대략 똑 같은 크기의 4부분으로 나누어지고 씨가 없는 것.

④ 얇게 자른형(Sliced) : 씨가 없고 쇄기 모양으로 잘린 것.

⑤ 주사위형(Diced) : 씨를 빼고 입방체 모양으로 잘린 것.

⑥ 조각형(Pieces)(혹은 불규칙한 조각) : 씨를 빼고 불규칙한 크기와 모양인 것.

(5) 포장의 종류

① 보통포장 : 액체충진물을 첨가.

② 고체포장 : 유동성 있는 액체가 거의 없이 실제로 거의 과일로 채워진 형

## 2. 필수조성 및 품질요소

### (1) 포장 내용물

① 포장매체가 사용되는 경우, 다음과 같은 것으로 이루어져야 한다.

㉠ 정제수－정제수가 유일한 포장매체인 경우

㉡ 과즙－복숭아쥬스나 다른 과즙이 유일한 포장매체인 경우

㉢ 물과 과즙－물과 복숭아 쥬스 또는 물과 복숭아가 아닌 과즙 혹은 물과 둘 이상의 과즙이 포장매체가 되는 경우

㉣ 혼합과즙－복숭아를 포함하여 둘 또는 그 이상의 과즙이 포장매체를 이루는 경우

㉤ 설탕첨가－앞에서 언급하는 중간 포장물이 다음 중 하나 이상의 것과 함께 첨가된 경우 : 설탕, 전화당시럽, 포도당, 건조포도당시럽, 포도당시럽

② 설탕이 첨가될 때 포장매체의 분류기준

㉠ 설탕이 복숭아 쥬스나 다른 과즙에 첨가될 때, 포장매체는 14°Brix이상이 되어야 하며 농도에 따라 다음과 같이 분류될 것이다.

- 약간 달게한(과일명)쥬스－14°Brix 이상
- 매우 달게한(과일명)쥬스－18°Brix 이상

㉡ 설탕이 물 또는 물과 복숭아쥬스 또는 물과 다른 과즙에 첨가될 때 액체매체는 농도에 따라 다음과 같이 분류된다.

기본시럽농도

- 묽은시럽 : 14°Brix 이상
- 진한시럽 : 18°Brix 이상

③ 부포장 매체

판매국에서 금지하지 않을 경우, 다음의 포장매체가 사용될 수 있다.

약간 달게한 물, 약간 달게된 물, 매우 묽은 시럽 －10°Brix 이상 14°Brix 미만

매우 진한 시럽 －22°Brix 이상

④ 가당된 쥬스나 시럽의 농도는 평균 시료로 측정된다. 그러나 Brix값은 최소치 보다 낮아서는 안된다.

### (2) 기타재료

영양 감미제, 조미료, 식초, 복숭아씨, 복숭아핵

### (3) 품질 기준

① 정 의

㉠ 흠 : 전체 빛깔과 명확히 구별되고 복숭아에 스며들 여지가 있는 표면의 변색과 반점, 예를 들면 흠, 딱지 또는 검은 얼룩.

㉡ 손상부위 : 액체매체포장에서 온체, 반으로 잘린, 4등분된 복숭아 통조림의 경우에만

결점으로 간주됨. 각종의 통조림은 일정한 부위로만 만들어져야 하며, 그 총량이 복숭아 한개의 완전한 크기가 될 때 한 단위로 간주한다.

㉢ 과피 : 복숭아에 붙어 있거나 떨어진 채 통조림 속에서 발견되는 것.

㉣ 씨(핵) : 완전품일 경우와 전체 복숭아씨 또는 복숭아핵이 조미성분으로 사용될 경우를 제외하고 모든 유형에서 결함으로 간주된다. 씨에는 성숙한 씨알을 포함하여 딱딱하고 예리한 씨와 씨 조각들이 포함된다. 최대 크기가 5㎜ 이하로 예리한 부분이나 각이 없는 아주 작은씨 조각들은 무시된다.

㉤ 마모 : 액체매체포장에서 완전한, 반으로 잘린, 4등분된 복숭아 통조림의 경우에만 결함으로 간주된다. 지나치게 손질이 되었거나 외관을 그르치는 표면에 난 큰 구멍 등이 포함된다.

② 빛 깔

제품의 색은 정상적인 빛깔 유형에 속해야 한다. 씨에 가까운 것 또는 그 일부, 그리고 통조림한 후에 약간 변색될 수 있는 부분들은 정상적인 빛갈로 간주된다.

특수성분을 함유하고 있는 통조림 복숭아는 사용된 개별성분에 비정상적인 변색이 전혀 없을때 그 독특한 색을 지닌 것으로 간주된다.

③ 향 미

통조림 복숭아는 그 제품과 동떨어진 맛이나 향기가 없는 정상적인 맛과 향기를 지녀야 한다. 그리고 특수한 재료를 포함한 복숭아 통조림은 복숭아와 사용된 그 물질의 맛이 복합된 것이어야 한다.

④ 조 직

복숭아는 다육질이고 그 유연성으로 변형되기 쉬운 것이지만, 그러나 액체매체 포장속에서 무르거나 너무 딱딱해서는 안되며, 고체포장속에서도 너무 딱딱해서는 안된다.

⑤ 크기의 동일성

㉠ "완전한, 반으로 잘린, 4등분된 형" —크기가 거의 동일한 단위들이 총 95%중 가장 큰 단위의 무게는 가장 작은 단위의 무게의 두배를 초과하지 않아야 한다. 그러나 20개 이하에서는 한개 정도는 무시해도 좋다. 한 단위가 통조림 속에서 부서진 경우, 그 조각들을 모은 것은 한단위로 간주된다.

㉡ "기타유형" —크기가 동일할 필요는 없다.

⑥ 결 함

제품은 이물질, 씨부분, 껍질, 흠난 것 그리고 부서진 것 등을 함유해서는 안된다. 다음에 나타나는 일반적인 결과들은 기준 한계치를 넘어서는 안된다.

| 결 함 | 액체매체포장 | 고 체 포 장 |
|---|---|---|
| 흠과 마모 | 30% | 500g 당 3단위 |
| 부서진 것(온체, 2등분된것, 4등분된것) | 5% | (해당없음) |

| 과피(평균) | 1kg당 15㎠ 이하의 집결 부위 | 1kg당 30㎠ 이하의 집결 부위 |
|---|---|---|
| 씨물질(평균) | 5kg당 1개의 씨 또는 그에 상당한 것 | 5kg당 1개의 씨 혹은 그에 상당한 것 |

⑦ "결함있는 것"의 구분

세부항목(②~⑥항까지)에 나타나는 적격품질 요구 사항의 하나 또는 그 이상에 부합하지 못하는 통조림은(평균치에 준하는 과피와 씨는 제외) "결함이 있는것"으로 간주된다.

⑧ 승인 : 다음과 같은 경우에는 대부분이 ⑦항에서 언급된 적격품질 요구에 부응하는 것으로 간주된다.

㉠ 평균치에 준하지 않는 요구에 대해서는 ⑦항에서 정의된 "결함있는것"의 수가 포장식품에 대한 FAO/WHO 국제 식품규격 시료채취 계획의 해당 허용치(c)를 초과하지 않는 경우(1969)(AQL－6.5)(CAC/RM 42－1969 참조)

㉡ 시료 평균치에 근거한 요구사항을 준수하는 경우

## 3. 식품 첨가물

| 향 미 료 | 최대사용량 |
|---|---|
| 천연과일 에센스 | GMP에 의해 제한됨. |
| 독성물질이라고 알려진 것들을 제외한 기타 천연조미료와 그와 유사한 합성제 산화방지제 | GMP에 의해 제한됨. |
| L－아스코르빈산 | 완제품중 550mg／kg |

## 4. 위 생

(1) 이 규격의 규정에서 다루어지는 제품은 과일 및 야채 통조림제품에 관한 국제위생법규에 따라서 제조되도록 권장된다.(CAC 및 RCP 2－1969 참조)

(2) 가능한 한 제조관리수칙에 따라 만들며, 제품에 이상요소가 없도록 한다.

(3) 적절한 시료채취 및 검사법으로 테스트를 거친 제품은

① 정상적인 보관상태에서 발아할 가능성이 있는 미생물을 가지고 있지 않을 것이며,

② 건강에 해를 끼칠 정도로 많은 양의 미생물 대사생성물이 포함되어 있지 않을 것이다.

## 5. 무게 및 용량

### (1) 용기의 용적

① 최소 용적

용기는 복숭아로 잘 충전되어야 하고 제품(포장매체 포함)은 용기의 90%이상을 차지해야 한다. 용기의 물 수용량은 밀봉한 용기에 가득 채울수 있는 20℃ 증류수의 양이다.

② "결함"의 구분

①항의 최소용량(용기용적의 90%)의 요구를 만족시키지 못하는 용기는 "결함이 있는" 것으로 간주된다.

③ 승인

②항에서 정의된 "결함"의 수가 포장식품에 관한 FAO/WHO 국제식품규격 시료채취 계획(1969)(AQL－6.5)(CAC/RM 42－1969 참조)의 해당 허용치(c)를 초과하지 않을 때에는 ①항의 요구조건을 만족시키는 것으로 간주된다.

④ 최소 물기를 뺀 무게

㉠ 제품의 물기를 뺀 무게는 밀봉한 용기가 다음과 같이 취하는 20℃ 증류수의 무게에 근거로 한다. 단, 그 요구조건이 "완전한 유형"에는 적용되지 않는다.

| | 진한 시럽과 매우 진한 시럽 | 묽은 시럽과 매우 묽은 시럽 | 고체포장 |
|---|---|---|---|
| 씨를 제거하지 않은 것 | 57% | 59% | 84% |
| 씨를 제거한 것 | 54% | 56% | 82% |

㉡ 최소 물기를 뺀 무게에 대한 요구를 만족시키는 조건은 개개의 용기가 터무니 없이 부족한 양을 가지고 있지 않을 경우, 모든검사대상 용기의 평균 물기를 뺀 무게가 최소요구량 이상이면 된다.

## 6. 표 시

포장식품의 표시에 대한 일반기준 4항 및 6항(코덱스 규격1－1981참조)과 함께 다음의 특별 조항이 적용된다.

### (1) 식품명

① 제품의 이름

② 감미료 : "x 첨가"

③ 종　류 : "씨를 제거한 것",
"씨를 제거하지 않은 것"

④ 빛　깔 : 이름의 일부로 포함시키거나 제품명 가까이에 표시한다.
"황도", "백도", "홍도" 등등.

⑤ 유형과 포장종류 : 소비자가 쉽게 식별할 수 있도록 표지에 명시한다.

㉠ 유형 : "완전형", "이등분된 형" "사등분된 형", "얇게 저민 것", "주사위 모양", "조각형", "불규칙한 모양의 조각 형"

㉡ 포장종류 : "고체포장" 등

⑥ 포장 매체 : 이름의 일부로서 이름 가까이에 명시한다.

㉠ 포장매체가 물 또는 물과 복숭아쥬스 또는 물과 하나 혹은 그 이상의 과즙으로 이루어진 경우 포장매체는 다음과 같이 명시된다. "물과 함께" 또는 "물과 함께 포장"

㉡ 포장매체가 단지 복숭아쥬스 또는 어떤 다른 한가지 과즙으로 이루어진 경우 다음과 같이 명시한다.

"복숭아쥬스입" 또는 "X쥬스입"

㉢ 포장매체가 복숭아쥬스를 포함해서 둘 또는 그 이상의 과일쥬스로 이루어진 경우, 다음과 같이 명시한다.

"X쥬스입"또는 "과일쥬스입" 또는 "혼합과일쥬스입"

㉣ 설탕이 복숭아쥬스 또는 다른 과즙과 함께 첨가될 때, 포장매체는 다음과 같이 명시된다.

"묽은(과일이름)쥬스" 또는 "진한(과일이름)쥬스" 또는 "묽은과즙" 또는 "진한혼합과즙"

㉤ 설탕이 물 또는 물과 단일과즙(복숭아쥬스 포함) 또는 물과 둘 이상의 과즙에 첨가될 때 다음과 같이 명시된다.

"묽은시럽" 또는 "진한시럽" 또는 "저가당 시럽" 또는 "묽은 시럽" 또는 "매우 진한시럽"

㉥ 포장매체가 물과 복숭아쥬스 또는 물과 하나 또는 그 이상의 과즙으로 이루어져 있고 그 중 과즙이 당액의 50%이상을 차지할 경우, 그러한 과즙이 주를 이룬다는 점을 명시하여야 한다. 예를 들면

"복숭아쥬스와 정제수" 또는 "(과일이름)쥬스와 정제수"

(2) 성분표

① **포장식품의 표시에 관한 일반기준에 따라 고비율순으로 표지에 기입하되 단, 수분은 기입할 필요가 없다.**

② 아스코르빈산이 변색을 막기위해 첨가된 경우엔, 성분표에 아스코르빈산이라고 기입한다.

(3) 실중량

그 제품이 시판되는 국가의 규정에 따라 미터법(국제계량단위) 또는 파운드법 또는 두 계량법을 모두 사용하여 실중량을 표시한다.

(4) 이름과 주소

제조업자, 포장업자, 판매업자, 수입업자, 수출업자 또는 매각업자의 이름과 주소를 명시한다.

(5) 원산지

① 제품의 원산지는 그것을 생략할 때 소비자를 오도하거나 속일 수 있는 경우에 명시한다.

② 제품이 제2국에서 가공되어 그 제품의 성질을 바꾸게 되는 경우 그 가공을 행하는 국가가 표지상에 원산지로 간주된다.

7. 분석 및 시료채취 방법

(1) 시료채취 방법

시료채취는 포장식품에 관한 FAO/WHO 국제식품규격 시료채취계획에 따른다.(1969)(AQL-6.5)(CAC/RM 42-1969 참조)

(2) 물기를 뺀 무게측정

FAO/WHO 국제식품규격방법(가공과일 및 야채에 대한 FAO/WHO 국제식품규격 분석법 CAC/RM 37-1970, 물기를 뺀 무게측정-방법 I)에 따른다. 결과는 밀봉한 용기가 최대로 함유될 수 있는 20℃ 증류수의 양을 근거로 측정하여 %m/m로 나타낸다.

(3) 시럽측정(굴절계 방법)

A.O.A.C.(1965)방법(A.O.A.C.의 공식분석방법 1965. 29·011 : 견고품)에 따라 굴절계를 사용하여 측정한다. 그 결과는 20℃정도로 온도를 조절하여 설탕의 %m/m("Brix단위")로 표시한다.

## 9.2 포장재료의 표준화

포장재료의 표준화 절차는 제품과 동일한 과정을 거쳐서 정해진다. 포장은 제품의 내용물을 보호하고 보관운반을 용이하게 하기위해서 할뿐만 아니라, 제품의 이미지를 돋보이게 하는 효과도 크기때문에 재질, 강도, 인쇄상태는 중요한 품질특성의 하나이다. 포장이 유연포장재인 경우는 접착시 접착강도, 접착상태, 병 등의 용기인 경우에는 뚜껑의 기밀상태, 뚜껑을 닫고 열때의 상태, 투명도 등의 품질도 규정되어야 한다.

포장재의 규격을 정할 때에는 사전에 국내업계의 기술수준을 조사할 필요가 있다. 업계의 기술수준이 낮음에도 불구하고 품질기준을 너무 높게 잡으면 수입검사시 불합격되는 확률이 높아 납품업자와의 트라블 요인이 된다. 특히, 인쇄상태(색상, 핀트, 잉크퍼짐 등)는 보는 관점에 따라 차이가 있기 때문에 검사기기로서 계량화 할 수 없거나 문장만으로 표현하기 어려운 경우에는 한도견본을 만들어 두고 이것에 따라 판정하는 것이 좋다. 한도견본을 만들 때에는 납품업자와 협의하여 똑같은 견본을 두 개 만들어 사용자와 납품자가 각각 보관토록 한다. 한도견본은 환경조건에 따라 달라질 수 있기 때문에 보관조건, 견본을 보는 장소의 조도(照度)등도 규정하여 둘 필요가 있다(포장재료의 품질규격 설정사례는 p31의 사례4참조).

## 9.3 품질관리규정

회사를 합리적이고 능률적으로 운영해 나가기 위해서는 경영, 영업, 구매, 연구, 제조, 관리 등 회사 전반에 관해서 필요한 사항을 통일하고 단순화하여 성문화한 여러 가지의 표준이 있다. 여기서는 품질관리를 잘 하기 위해서 설정한 어느 회사의 품질관리규정사례를 소개한다.

부록의 품질관리규정참조

## 사례 4 사내규격

| 4-04-21 | 포 장 재 품 질 규 격 | 제정 : 1978. 10. 4<br>개정 : 1981. 2. 13<br>개정 : 1984. 5. 2 |
|---|---|---|
| | 새우풍미조미료 낱포장재료 | |

1. 적용범위
   이 규격은 새우풍미조미료를 낱포장하는 데 사용되는 포장필름재료의 품질규격에 대하여 규정한다.
2. 품질규격

| 항 목 | 기 준 |
|---|---|
| 1. 재 질 | PET/PE/Al/PE로 적층(lamination) |
| 2. 두께(μ) | 포장단량 / 두 께 / 재질별두께(PET/PE/Al/PE)<br>100 g / 100±3 / 16/30/7/50<br>500 g / 110±3 / 16/30/7/60 |
| 3. 사이즈 | 포장단량 / 핏 치(mm) / 폭 (mm) / 길 이(mm)<br>100 g / 130±0.5 / 200±1 / 500±1<br>500 g / 210±0.5 / 310±1 / 500±1 |
| 4. 인쇄 | · 그라비아 5색, 지정잉크사용, 색상·핀트·잉크퍼짐등 한도견본 F-21<br>· 핏치폭±0.5mm, 스리트폭±0.5mm, 아이마크핏치±0.5mm<br>· 연결테이프사용 : 1롤당 2개이하, 백색테이프사용 |
| 5. 적층상태 | 포장재를 20회 반복 꾸겼을시 들뜨는 곳이 없어야 한다. |
| 6. 냄새 | 이상한 냄새가 없어야 한다. |
| 7. 위생 | 식품위생법에 저촉되지 않을 것(첨가제, 색소 등 명세데이터) 년1회 공공기관의 검사성적서 제출 토록 한다(납품자). |
| 8. 이물 | 필름에 벌레, 머리칼, 기름 등 오염이 없을 것 |
| 9. 대장균군 | 음 성 |
| 10. 롤포장상태 | 필름이 감긴 롤은 kraft지로 포장하고 그 표면에 품명, 단량, 제조업체명, 로트번호가 기재되어야 한다. |

3. 시험 및 측정방법 : 포장재시험작업표준(5-05-15)에 따른다.
4. 검사방법 : 포장재검사규격(4-06-9)에 따른다
5. 보 관 : 포장재 창고에 단량, 로트를 구분하여 적재한다.

# 제2장
# 통계적 품질관리

품질관리는 사실에 기초를 두고 있기 때문에 사실을 파악하지 않고서는 올바른 품질관리를 할 수 없다. 제조공정에서 사용되는 원료나 반제품 및 제품의 사실을 알려주는 것은 우리가 잡고 있는 데이터(data)이다. 이 데이터로서 제조현장의 파악, 공정의 해석 및 조절, 로트(lot)의 품질추정 등을 하기 위해 데이터를 잡는다.

사실을 나타내는 데이터는 그저 모으기만 하는 것으로는 큰 의미가 있는 것이 아니다. 데이터가 지니고 있는 여러가지 성질을 잘 알고 적절하게 이것을 활용하지 않으면 잘못된 판단을 하게 하는 데이터가 되기 쉽다. 데이터는 반드시 산포가 있다. 그러나 이 산포는 아주 무질서하게 변동하는 것이 아니고 어떤 법칙에 따라서 움직인다. 이 성질을 이용해서 그 배후에 있는 원래의 사실을 올바르게 파악, 활용함으로서 효과를 올리는 도구가 통계적 방법이다.

## 1. 데이터의 채취 및 수량화

### 1.1 데이터의 채취 목적

품질관리에서 데이터를 취하는 목적은 그 데이터에 의해 어떤 행동이나 조치를 취하는 데 있고 주로 다음과 같은 목적에서 데이터를 채취한다.

(1) 공정의 관리
공정의 조건이 표준과 같이 되어 있는가의 여부

(2) 공정의 해석
불량이나 산포를 줄이려면 공정의 어느 조건을 변경하면 좋은가의 모색

(3) 검 사
제품, 원료 등 로트의 합격, 불합격 판정

(4) 성분의 추정
액체, 고체 등에 들어 있는 성분함량을 구함

### 1.2 데이터와 오차

샘플을 뽑아 이것을 측정(또는 분석)해야 비로서 데이터를 얻을 수 있다. 그러나 이 데이터는 오차(誤差)를 갖고 있다. 오차란 측정치에서 참값을 뺀 차를 뜻하며 이 오차는 샘플링할 때 생기는 오차와 측정시에 발생하는 오차를 포함하고 있다.

즉, 데이터＝참값＋오차

＝참값＋샘플링오차＋측정오차

따라서 이 오차를 충분히 작게 해두지 않으면 목적으로 하고 있는 공정이나 로트에 대한 그릇된 조치를 하게 된다.

측정오차를 검토할 때에는 오차를 치우침(bias)과 정밀도(精密度, precision) 두가지로 나누어 생각할 필요가 있다.

측정을 여러번 되풀이 할 때의 평균치와 참값과의 차이를 치우침이라 하고 평균치에서 개개의 측정치의 흩어짐(散布)의 정도를 정밀도라고 한다.

치우침은 정확성(正確性, accuracy)이라고도 부르며, 그것을 알면 그것을 0으로 되게끔 교정을 한다던가 데이터에서 그 값을 수정함으로서 제거할 수 있다. 한편 정밀도는 측정하는 사람, 측정기기, 측정하는 날자 등의 상이(相異)등 여러 원인에 영향을 받으므로 어느 원인이 큰가를 조사하여 그 원인을 일정한 범위내에 억제하는 측정방법의 표준을 정하는 것이 필요하다.

## 1.3 데이터의 종류

데이터를 크게 나누면 계수치(計數值)데이터와 계량치(計量值) 데이터가 있다.

계수치 데이터는 불량품의 갯수, 결점의 수, 사고 건수처럼 1개, 2개, 3개라고 하는 불연속적(不連續的)인 값만 취하는 데이터를 말한다. 불량갯수를 전체의 갯수로 나눈 불량률도 계수치이다.

계량치 데이터는 제품의 길이, 중량, 인장강도 등과 같이 연속적(連續的)인 값을 취할 수 있는 것이 계량치이다.

## 1.4 데이터의 중심위치와 산포

데이터의 산포의 양상 즉, 분포(分布)의 모습을 히스토그램을 만들어 보면 개략적인 상태는 알게 된다. 그런데 2개 이상의 분포를 비교하고자 할 때에 개개의 히스토그램을 그려서 늘어 놓는다든지 겹쳐서 그려 보면 그것들의 분포모습의 차이를 시각적으로 알 수 있지만, 그 차이를 정량적(定量的)으로 나타낼 수 없다. 그래서 분포의 모습으로서 표시되고 있는 성질을 수량적으로 집약해서 표시하면 편리하다. 보통 데이터 전체를 대표하는 위치 즉, 분포의 중심위치와 산포의 정도를 표시하는 척도가 필요하다. 많은 경우 전자에는 평균치, 후자에는 표준편차가 쓰인다.

## 1.5 평균치와 표준편차의 의미

평균치 $\overline{x}$(엑스바)는 데이터의 분포의 중심위치를 표시하는 것이고, 표준편차 $\sigma$ (시그마)는 평균치에서 데이터의 산포정도(散布程度)를 표시하는 것이다. 정규분포(正規分布)의 경우라면 평균치 $\overline{x}$의 양측(兩側)에 각각 표준편차의 1배폭을 취하면 $\overline{x}\pm1\sigma$ 사이에 데이터의 68.2%가 들어가고, 2배폭을 취하면 $\overline{x}\pm2\sigma$ 사이에 데이터의 대부분인 95.4%가 들어간다. 또 구간폭을 표준편차의 3배로 하면 $\overline{x}\pm3\sigma$ 사이에 데이터는 거의 전부인 99.7%가 들어간다(그림2-1 참조).

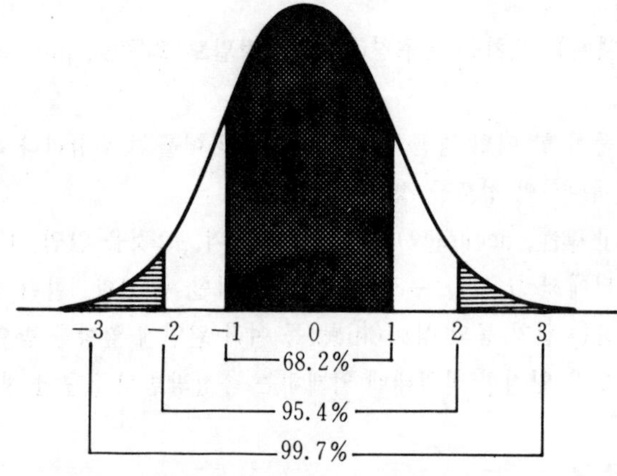


그림 2-1 정규분포곡선의 면적

## 1.6 평균치와 분포의 계산

### (1) 분포의 위치표시법

일반적으로 산술평균치로서 분포의 위치를 나타내는 데 널리 쓰인다. 이 밖에 중앙치(메디안)나 최다치(모우드) 등이 있다.

① 평균치(平均値)

개개의 데이터의 합을 전체 데이터수로 나눈 것을 평균치(산술평균)라 하고 $\overline{x}$로 나타낸다.

$$\overline{x}=\frac{x_1+x_2+\cdots+x_n}{n}=\frac{\sum_{i=1}^{n}x_i}{n}=\frac{\sum x_i}{n}$$

여기서 $x_1, x_2, \cdots x_n$은 각측정치, n은 측정치의 수

예 12.24, 12.18, 12.21, 12.14, 12.25의 평균치

$$=\frac{12.24+12.18+12.21+12.14+12.25}{5}=12.204$$

② 중앙치(中央値, median)

측정치를 크기의 순으로 늘어 놓았을 경우, 측정치의 수가 홀수개인 때는 꼭 중앙에 해당하는 값이 중앙치이며 $\tilde{x}$로 표시한다. 측정치의 수가 짝수 일때는 꼭 중앙에 해당하는 값이 없으므로 중앙에 있는 2개의 값의 평균치를 구해서 중앙치로 한다.

예 8.24, 8.18, 8.21, 8.14, 8.25의 중앙치

$\tilde{x}=8.21$

③ 최다치(最多値, mode)

많은 측정치를 도수분포로 표시했을 경우 도수(度數)가 가장 많은 값을 최다치라고 한다.

### (2) 분포의 산포 표시법

산포를 수량적으로 나타내는 방법에는 여러가지가 있으나 잘 쓰이는 것으로 분산(分散), 표준편차(標準偏差), 범위(範圍) 등이 있다.

① 분산(分散, variance)

각 측정치와 그 평균치 차의 제곱의 합(S)을 데이터의 수 n으로 나누어 데이터 1개당의 산포의 크기로 표시한 것으로 $\sigma^2$으로 나타낸다.

$$\sigma^2=\frac{S}{n}=\frac{(x_1-\bar{x})^2+(x_2-\bar{x})^2+\cdots+(x_n-\bar{x})^2}{n}$$

$$=\frac{1}{n}\left[\sum_{i=1}^{n}x_i^2-\frac{(\sum x_i)^2}{n}\right]$$

분산의 값의 단위는 측정치 단위의 제곱이 된다.

예 12.24, 12.18, 12.21, 12.14, 12.25의 분산은?

$$\sigma^2=\frac{1}{5}[(12.24-12.204)^2+(12.18-12.204)^2+(12.21-12.204)^2+(12.14-12.204)^2+(12.25-12.204)^2]$$

$$=\frac{0.00812}{5}=0.00162$$

② 불편분산(不偏分散), unbiased variance)

각 측정치와 그 평균치 차의 제곱의 합을 (n−1)로 나눈 값을 불편분산이라고 하고 V로 나타낸다. 여기서(n−1)을 자유도(自由度)라 부르고, $\phi$(파이)라는 기호로 표시한다.

$$V=\frac{S}{n-1}=\frac{(x_1-\bar{x})^2+(x_2-\bar{x})^2+\cdots+(x_n-\bar{x})^2}{n-1}$$

$$=\frac{1}{n-1}\left[\sum_{i=1}^{n}x_i^2-\frac{(\sum x_i)^2}{n}\right]$$

구한 불편분산의 값의 단위는 측정치의 단위의 제곱이 된다.

예 12.24, 12.18, 12.21, 12.14, 12.25의 불편 분산은?

$$V=\frac{1}{4}[(12.24-12.204)^2+(12.18-12.204)^2+(12.14-12.204)^2+(12.25-12.204)^2]$$

$$=\frac{0.00812}{4}=0.00203$$

③ 표준편차(標準偏差, standard deviation)

분산이나 불편분산의 제곱의 근을 표준편차라고 하며, $\sigma$로 표시한다. 품질관리에서는 표준편차로서 불편분산(V)의 제곱근 $\sqrt{V}$를 많이 사용하는데, 이것은 품질관리에서 샘플의 크기가 적은 데이터를 쓸 때가 많기 때문이다. 샘플의 크기 n이 대체로 30이상이면 $\sqrt{V}$와 $\sigma$의 값이 큰 차가 없다.

$$\sigma=\sqrt{V}=\sqrt{\frac{1}{n-1}\left[\Sigma x_i^2-\frac{(\Sigma x_i)^2}{n}\right]}$$

예 12.24, 12.18, 12.21, 12.14, 12.25의 표준편차는?

$$\sigma=\left[\frac{1}{5-1}\left\{(12.24)^2+(12.18)^2+\cdots\cdots+(12.25)^2-\frac{(12.24+12.18+\cdots+12.25)^2}{5}\right\}\right]^{\frac{1}{2}}$$

$$=\sqrt{0.00203}=0.0451$$

④ 범위(範圍, range)

측정치 중의 최대치(最大値)와 최소치(最小値)와의 차이를 범위라고 하며 R로 표시한다.

표준편차의 계산에 시간이 걸리기 때문에 측정치의 수가 적은(10이하)경우에는 범위를 써서 산포의 정도를 표시하는 수가 자주있다.

R=최대치－최소치

예 12.24, 12.18, 12.21, 12.14, 12.25의 범위

R=12.25－12.14=0.11

# 2. 분포의 종류

## 2.1 정규분포(正規分布, normal distribution)

안정된 공정에서 나오는 계량적 데이터를 히스토그램으로 나타낼 시 샘플의 수를 점점 많게 하고 계급의 폭을 작게 해 가면 히스토그램은 그림2－2에서 보는 바와 같이 좌우대칭의 매끈한 곡선으로 되는 경우가 많다. 이를 정규분포라고 한다.

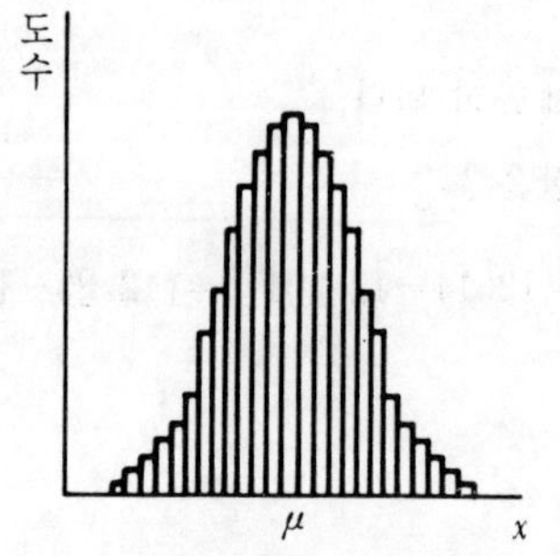


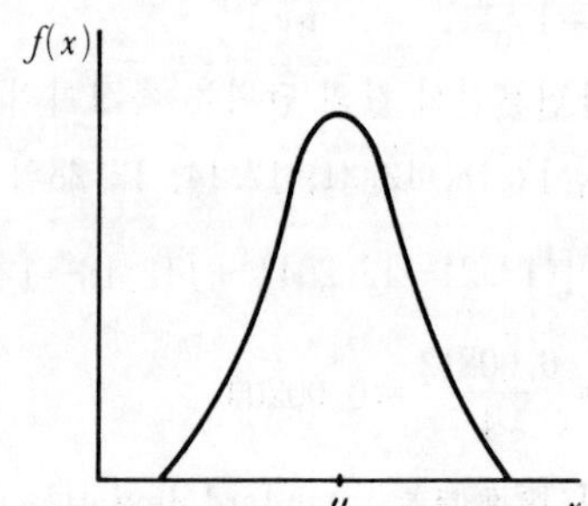


그림 2－2 히스토그램과 도수분포곡선

정규분포는 모집단(母集團)의 평균치 $\mu$(뮤)와 모집단의 표준편차 $\sigma$를 지정하면 정해지고 이런 정규분포를 $N(\mu, \sigma^2)$로 나타낸다. 정규분포에서는 $\mu$를 중심으로 $\pm1\sigma$안에 들어가는 비율은 전체의 68.2%, $\pm2\sigma$안에는 95.4%, $\pm3\sigma$안에는 99.7%가 들어간다.

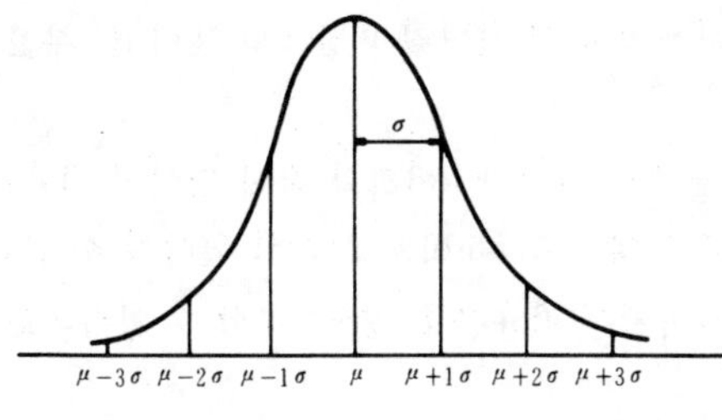


그림 2−3 정규분포

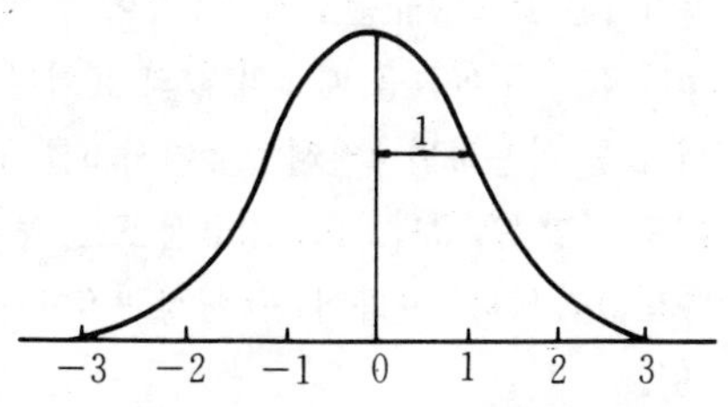


그림 2−4 표준정규분포

이 비율은 어떤 정규분포에서도 일정하다.

$N(10, 1^2)$, $N(10, 2^2)$, $N(15, 2^2)$와 같은 분포를 생각해 보면

$N(10, 1^2)$의 분포에서 9∼11에 들어가는 경우

$N(10, 2^2)$의 분포에서 8∼12에 들어가는 경우

$N(15, 2^2)$의 분포에서 13∼17에 들어가는 경우

는 어느 것이나 9또는 11, 8또는 12 등 그 값은 다르나, 각각의 정규분포에서 모평균을 중심으로 $\pm1\sigma$의 값이므로로 그 범위내에서는 전체의 68.2%가 들어가게 된다.

즉, $\pm u\sigma$로 표시하면 u의 값은 어느 것이나 위의 경우는 1로서, 이 u에 대응하는 확률을 표로 주어 놓으면 $\mu$나 $\sigma$가 위의 예의 정규분포와 같이 변해도 어떤 범위내에 있는 것의 비율을 간단하게 구할 수 있다.

지금 어떤 무게의 데이터 $x$, 모평균 $\mu$에서 편차를 표준편차 $\sigma$를 단위로 해서 나타내고 그 값을 u라고 하면

$$u=\frac{x-\mu}{\sigma} \qquad \begin{matrix}\cdots\cdots\cdots \text{편 차} \\ \cdots\cdots\cdots \text{표준편차}\end{matrix}$$

로 된다. 이 식을 표준화의 식이라고 하며 위의 식에 수치를 대입하면,예로 $N(10, 1^2)$에 있어서의 11에서는

$$u=\frac{11-10}{1}=+1$$

로 된다. 또 9에서는 $u=-1$로 된다.

이와 같이 u값은 어느 것이나 $\pm1$로 되며, 먼저의 범위는 $\mu\pm\sigma$로 표시된다. 이 u의 분포는 평균치 $\mu=0$, 표준편차 $\sigma=1$의 분포로 $N(0, 1^2)$로 표시되는 기본적 정규분포로 이것을 표준정규분포(標準正規分布, standard normal distribution)라고 한다(그림2−4).

표준화의 식 $u=\frac{x-\mu}{\sigma}$를 $x=\mu+u\sigma$로 하면

표준정규분포로부터 원래의 정규분포로 되돌릴 수 있기 때문에 표준정규분포에 대하여 여러 범위에 들어가는 비율을 표(表)로 하여 두면 편리하다.

부표 1은 표준정규분포에서 u값이 주어졌을때 u이상의 값이 얻어질 비율 p의 표이고, 부표2는 p의 값이 주어졌을 때 u의 값의 표이다.

이 표를 이용하면 u에서 p, p에서 u를 구할 수 있을뿐만 아니라 u이하의 값이 얻어질 비율(1−p)도 구할 수 있다. 또, 정규분포는 좌우대칭형이기 때문에 −u이하의 값이 얻어질 수 있는 비율도 p로 된다. 따라서 −u이상 +u이하의 값이 얻어지는 비율은 1−2p로 구할 수 있다(그림 2−5).

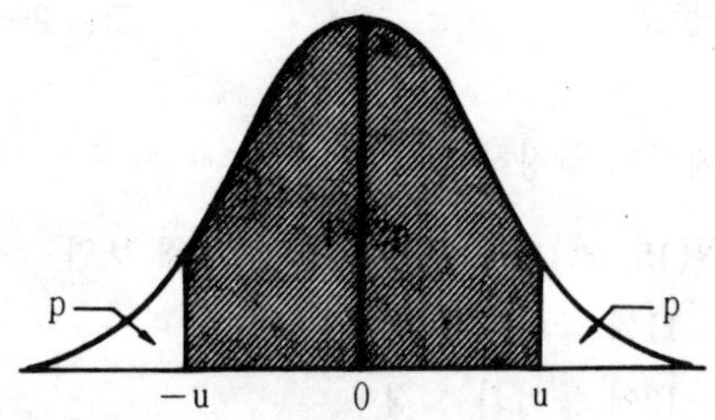


그림 2−5 표준정규분포에서 1−2p의 값이 얻어지는 비율

계산예를 들어 설명하면 다음과 같다.

① $N(10, 2^2)$에서 어떤 데이터 $x$가 14이상의 값을 갖는 비율은?

㉠ 표준화한다. $u=\frac{x-\mu}{\sigma}=\frac{14-10}{2}=2$

㉡ 부표 1로부터 u=2에 대한 p의 값을 구한다.

p=0.0228

따라서 14이상의 값을 갖는 비율은 2.28%이다.

② $N(10, 2^2)$에서 $x$가 8이하의 값이 될 비율은?

㉠ 표준화한다 $u=\frac{8-10}{2}=-1$

㉡ 부표 1로부터 u=1에 대한 p의 값을 구한다.

p=0.1587

정규분포는 좌우대칭이므로 8이하의 값을 갖는 비율은 15.87%이다.

③ $N(10, 2^2)$에서 $x$가 8이상 14이하의 값이 될 비율은?

예 ① 예 ② 로부터

p=1−0.1587−0.0228=0.8185

따라서 8이상 14이하가 될 비율은 81.85%이다.

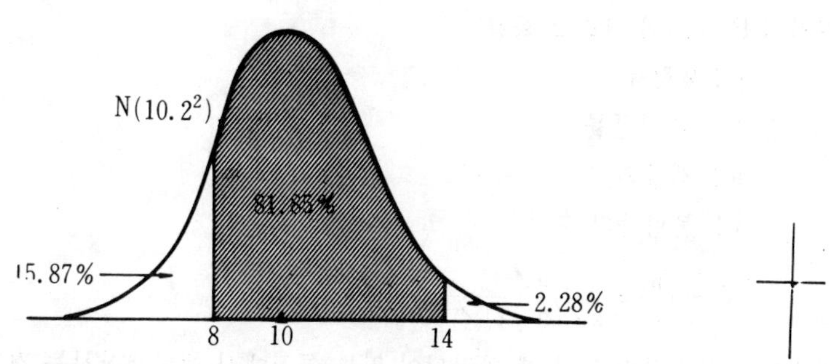


④ N(15, $3^2$)에서 p=0.005일 때의 $x$의 값은?

㉠ 부표 2로부터 p=0.005에 대한 u의 값을 구한다.

u=2.576

㉡ $u=\frac{x-\mu}{\sigma}$의 식을 변형하면 $x=\mu+u\sigma$

$x=15+2.576\times3=22.728$

⑤ 어떤 가공식품의 분포는 평균중량 201g, 표준편차 0.5g의 정규분포 N(201, $0.5^2$)이다. 제품 한 개 한 개의 사내규격 상한치가 202g이라면 202g 이상되는 제품의 비율은 얼마인가?

㉠ 표준화한다.

$$u=\frac{202-201}{0.5}=2.0$$

㉡ 부표 1로부터 u=2.0에 대한 값을 구한다.

p=0.0228

따라서 중량이 202g 이상되는 제품의 비율은 2.28%이다.

## 2.2 2항분포(二項分布, binomial distribution)

2항분포는 불량갯수, 불량률, 결근률과 같은 계수치의 이론적인 분포이다. 이 분포는 2개의 성질 예를 들면 제품 중에 양호품과 불량품이 섞여 있을 때 여기에서 일정량의 샘플을 취해서 조사해 보면 양호품과 불량품이 어떤 분포를 나타내므로 2항분포라고 한다. 2항분포는 모집단의 불량률과 샘풀의 크기에 따라 결정된다. 즉, 모집단의 평균 불량률이 p이고 양품률이 1−p인 로트(불량률 + 양품률=1)로부터 n개의 샘플을 취해서 조사해 보면 샘플 중에 불량품 $x$가 출현될 확률은 다음 식으로 나타낸다.

$$P_{(x)}={}_nC_x\,p^x(1-p)^{n-x}$$

$$=\binom{n}{x}p^x(1-p)^{n-x},\ x=0,\ 1,\ 2,\ 3,\cdots\cdots,\ n$$

여기서 $P_{(x)}$ : $x$가 나타날 확률

$p$ : 불량률

$1-p$ : 양품률

$n$ : 샘플의 수

$x$ : 불량품의 수

$${}_nC_x=\binom{n}{x}=\frac{n!}{x!(n-x)!} \text{(단 } 0!=1\text{이다)}$$

공장에서 품질관리를 할 때 안정되어 있는 공정에서 대량생산하는 경우에 모든 제품을 검사한다는 것은 대단히 비경제적이기 때문에, 그 제품의 일부를 샘플링해서 검사하게 된다. 불량품이 일정비율로 들어있는 제품에서 n개의 샘플을 임의로 취해 검사하면 불량품이 하나도 없는 경우, 불량품이 1개, 2개, ……, 또는 어떤 경우에는 샘플링한 n개가 모두 불량품인 경우도 있다. 이런 경우 불량품이 출현되는 확률은 다르다.

예1 어떤 공장에서 생산되는 제품의 포장불량률이 평균해서 5%이다. 이 공정에서 생산된 제품을 임의로 5개를 샘플링해서 검사하였을 때 불량품이 나올 확률은?

① 불량품이 한개도 나오지 않을 확률

2항분포의 식 $P_{(x)}={}_nC_xp^x(1-p)^{n-x}$에 대입하면

$$P_{(0)}={}_5C_0(0.05)^0(1-0.05)^{5-0}$$

$$=\frac{5!}{0!(5-0)!}\times(0.05)^0(0.95)^5$$

$$=0.7738$$

② 불량품이 1개 나올 확률

$$P_{(1)}={}_5C_1(0.05)^1(1-0.05)^{5-1}$$

$$=\frac{5!}{1!(5-1)!}\times0.05\times(0.95)^4$$

$$=\frac{5\times4\times3\times2\times1}{1\times4\times3\times2\times1}\times0.05\times(0.95)^4$$

$$=0.2036$$

③ 불량품이 2개 나올 확률

$$P_{(2)}={}_5C_2(0.05)^2(1-0.05)^{5-2}$$

$$=\frac{5!}{2!(5-2)!}\times(0.05)^2\times(0.95)^3$$

$$=0.0214$$

④ 불량품이 3개 나올 확률

$$P_{(3)}={}_5C_3(0.05)^3(1-0.05)^{5-3}=0.0002$$

⑤ 불량품이 4개 나올 확률

$$P_{(4)}={}_5C_4(0.05)^4(1-0.05)^{5-4}=0.0000$$

例2 평균불량률이 10%인 공정에서 임의로 20개의 샘플을 취했다. 이 샘플 중에 불량품이 0, 1, 2, …, 19개 있을 확률은?

$$P_{(0)}=20C_0(0.1)^0(1-0.1)^{20-0}=0.1216$$
$$P_{(1)}=20C_1(0.1)^1(1-0.1)^{20-1}=0.2701$$
$$P_{(2)}=20C_2(0.1)^2(1-0.1)^{20-2}=0.28517$$
$$\vdots$$
$$P_{(10)}=20C_{10}(0.1)^{10}(1-0.1)^{20-10}=0.0000064$$

이상과 같은 방법으로 구한 것을 정리하면 다음과 같다.

표 2-1 2항분포표(P=0.10, n=20)

| 불량품수 | 확 률(%) | 불량품수 | 확 률 |
|---|---|---|---|
| 0 | 0.1216 | 6 | 0.0089 |
| 1 | 0.2701 | 7 | 0.0020 |
| 2 | 0.2852 | 8 | 0.0003 |
| 3 | 0.1901 | 9 | 0.00001 |
| 4 | 0.0898 | 10 | 0.000006 |
| 5 | 0.0319 | | |

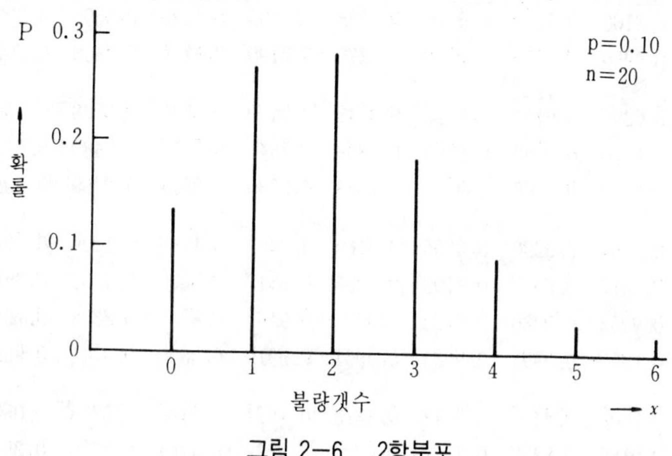


그림 2-6 2항분포

위의 자료를 2항 분포도로 나타내면 그림 2-6과 같다

2항분포는 그림 2-6과 같이 이산적(離散的)인 성질을 갖고 있으며, 계수치 관리도인 P, $P_n$관리도는 2항분포의 성질을 이용한 것이다. 2항분포의 확률계산은 일반계산기를 써서 계산시는 대단히 복잡하나, 과학기술용 계산기(scientific calculator)로 계산시에는 비교적 간단히 구해낼 수 있다. 또한 일일이 확률의 계산을 하지 않아도 이미 계산된 2항분포표를 활용해도 된다(표2-2).

2항분포는 다음과 같은 특징을 갖고 있다.

① p=0.5일 때는 평균치를 중심으로 하여 좌우 대칭한다.

② p≦0.5이고 np≧5일 때에는 정규분포에 가깝다.

③ p≦0.1이고 np=0.1~10일 때는 포아손 분포에 가깝다.

## 2.3 포아손 분포(Poisson distribution)

포아손 분포는 결점수에 대한 이론적인 분포로서 모집단의 평균 결점수만으로 결정된다. 포장필름 등 연속체(連續體)의 일정단위내에 평균 m개의 흠(결점)이 있는 경우, 이 필름가운데서 임의로 일정단위를 샘플링하였을 경우 그 중에 흠이 $x$개 나타날 확률은 포아손 분포에 따른다.

이것을 식으로 나타내면 다음과 같다.

표 2-2 2항분포표(일부분자료)

$$P_{(x)} = \Sigma \binom{n}{x} p^x (1-p)^{n-x}$$

| n | $x$ | 0.05 | 0.10 | 0.15 | 0.20 | 0.25 | 0.30 | 0.35 | 0.40 | 0.45 | 0.50 |
|---|---|---|---|---|---|---|---|---|---|---|---|
| 2 | 2 | 0.9025 | 0.8100 | 0.7225 | 0.6400 | 0.5625 | 0.4900 | 0.4225 | 0.3600 | 0.3025 | 0.2500 |
| | 1 | 0.9975 | 0.9900 | 0.9775 | 0.9600 | 0.9375 | 0.9100 | 0.8755 | 0.8400 | 0.7975 | 0.7500 |
| 3 | 0 | 0.8574 | 0.7290 | 0.6141 | 0.5120 | 0.4219 | 0.3430 | 0.2746 | 0.2160 | 0.1664 | 0.1250 |
| | 1 | 0.9928 | 0.9720 | 0.9392 | 0.8960 | 0.8438 | 0.7840 | 0.7182 | 0.6480 | 0.5748 | 0.5000 |
| | 2 | 0.9999 | 0.9990 | 0.9966 | 0.9920 | 0.9844 | 0.9730 | 0.9571 | 0.9360 | 0.9089 | 0.8750 |
| 4 | 0 | 0.8145 | 0.6561 | 0.5220 | 0.4096 | 0.3164 | 0.2401 | 0.1785 | 0.1296 | 0.0915 | 0.0625 |
| | 1 | 0.9860 | 0.9477 | 0.8905 | 0.8192 | 0.7383 | 0.6517 | 0.5630 | 0.4752 | 0.3910 | 0.3125 |
| | 2 | 0.9995 | 0.9963 | 0.9880 | 0.9728 | 0.9492 | 0.9163 | 0.8735 | 0.8208 | 0.7585 | 0.6875 |
| | 3 | 1.0000 | 0.9999 | 0.9995 | 0.9984 | 0.9961 | 0.9919 | 0.9850 | 0.9744 | 0.9590 | 0.9375 |
| 5 | 0 | 0.7738 | 0.5905 | 0.4437 | 0.3277 | 0.2373 | 0.1681 | 0.1160 | 0.0778 | 0.0503 | 0.0312 |
| | 1 | 0.9774 | 0.9185 | 0.8352 | 0.7373 | 0.6328 | 0.5282 | 0.4284 | 0.3370 | 0.2562 | 0.1875 |
| | 2 | 0.9988 | 0.9914 | 0.9734 | 0.9421 | 0.8965 | 0.8369 | 0.7648 | 0.6826 | 0.5931 | 0.5000 |
| | 3 | 1.0000 | 0.9995 | 0.0078 | 0.9933 | 0.9844 | 0.9692 | 0.9460 | 0.9130 | 0.8688 | 0.8125 |
| | 4 | 1.0000 | 1.0000 | 0.9999 | 0.9997 | 0.9990 | 0.9976 | 0.9947 | 0.9898 | 0.9815 | 0.9688 |
| 6 | 0 | 0.7351 | 0.5314 | 0.3771 | 0.2621 | 0.1780 | 0.1176 | 0.0754 | 0.0467 | 0.0277 | 0.0156 |
| | 1 | 0.9672 | 0.8857 | 0.7765 | 0.6554 | 0.5339 | 0.4202 | 0.3191 | 0.2333 | 0.1636 | 0.1094 |
| | 2 | 0.9978 | 0.9842 | 0.9527 | 0.9011 | 0.8306 | 0.7443 | 0.6471 | 0.5443 | 0.4415 | 0.3438 |
| | 3 | 0.9999 | 0.9987 | 0.9941 | 0.9830 | 0.9624 | 0.9295 | 0.8826 | 0.8208 | 0.7447 | 0.6562 |

| n | x | 0.05 | 0.10 | 0.15 | 0.20 | 0.25 | 0.30 | 0.35 | 0.40 | 0.45 | 0.50 |
|---|---|---|---|---|---|---|---|---|---|---|---|
| | 4 | 1.0000 | 0.9999 | 0.9996 | 0.9984 | 0.9954 | 0.9891 | 0.9777 | 0.9590 | 0.9308 | 0.8906 |
| | 5 | 1.0000 | 1.0000 | 1.0000 | 0.9999 | 0.9998 | 0.9993 | 0.9982 | 0.9959 | 0.9917 | 0.9844 |
| 7 | 0 | 0.6983 | 0.4783 | 0.3206 | 0.2097 | 0.1335 | 0.0824 | 0.0490 | 0.0280 | 0.0152 | 0.0078 |
| | 1 | 0.9556 | 0.8503 | 0.7166 | 0.5767 | 0.4449 | 0.3294 | 0.2338 | 0.1586 | 0.1024 | 0.0625 |
| | 2 | 0.9962 | 0.9743 | 0.9262 | 0.8520 | 0.7564 | 0.6471 | 0.5323 | 0.4199 | 0.3164 | 0.2266 |
| | 3 | 0.9998 | 0.9973 | 0.9879 | 0.9667 | 0.9294 | 0.8740 | 0.8002 | 0.7102 | 0.6083 | 0.5000 |
| | 4 | 1.0000 | 0.9998 | 0.9988 | 0.9953 | 0.9871 | 0.9712 | 0.9444 | 0.9037 | 0.8471 | 0.7734 |
| | 5 | 1.0000 | 1.0000 | 0.9999 | 0.9996 | 0.9987 | 0.9962 | 0.9910 | 0.9812 | 0.9643 | 0.9375 |
| | 6 | 1.0000 | 1.0000 | 1.0000 | 1.0000 | 0.9999 | 0.9998 | 0.9994 | 0.9984 | 0.9963 | 0.9922 |
| 8 | 0 | 0.6634 | 0.4305 | 0.2725 | 0.1678 | 0.1001 | 0.0576 | 0.0319 | 0.0168 | 0.0084 | 0.0039 |
| | 1 | 0.9428 | 0.8131 | 0.6572 | 0.5033 | 0.3671 | 0.2553 | 0.1691 | 0.1064 | 0.0632 | 0.0352 |
| | 2 | 0.9942 | 0.9619 | 0.8948 | 0.7969 | 0.6785 | 0.5518 | 0.4278 | 0.3154 | 0.2201 | 0.1445 |
| | 3 | 0.9996 | 0.9950 | 0.9786 | 0.9437 | 0.8862 | 0.8059 | 0.7064 | 0.5941 | 0.4770 | 0.3633 |
| | 4 | 1.0000 | 0.9996 | 0.9971 | 0.9896 | 0.9727 | 0.9420 | 0.8939 | 0.8263 | 0.7396 | 0.6367 |
| | 5 | 1.0000 | 1.0000 | 0.9998 | 0.9988 | 0.9958 | 0.9887 | 0.9747 | 0.9502 | 0.9115 | 0.8555 |
| | 6 | 1.0000 | 1.0000 | 1.0000 | 0.9999 | 0.9996 | 0.9987 | 0.9964 | 0.9915 | 0.9819 | 0.9648 |
| | 7 | 1.0000 | 1.0000 | 1.0000 | 1.0000 | 1.0000 | 0.9999 | 0.9998 | 0.9993 | 0.9983 | 0.9961 |
| 9 | 0 | 0.6302 | 0.3874 | 0.2316 | 0.1342 | 0.0751 | 0.0404 | 0.0207 | 0.0101 | 0.0046 | 0.0020 |
| | 1 | 0.9288 | 0.7748 | 0.5995 | 0.4362 | 0.3003 | 0.1960 | 0.1211 | 0.0705 | 0.0385 | 0.0195 |
| | 2 | 0.9916 | 0.9470 | 0.8591 | 0.7382 | 0.6007 | 0.4628 | 0.3373 | 0.2318 | 0.1495 | 0.0898 |
| | 3 | 0.9994 | 0.9917 | 0.9661 | 0.9144 | 0.8343 | 0.7297 | 0.6089 | 0.4826 | 0.3614 | 0.2539 |
| | 4 | 1.0000 | 0.9991 | 0.9944 | 0.9804 | 0.9511 | 0.9012 | 0.8283 | 0.7334 | 0.6214 | 0.5000 |
| | 5 | 1.0000 | 0.9999 | 0.9994 | 0.9969 | 0.9900 | 0.9747 | 0.9464 | 0.9006 | 0.8342 | 0.7461 |
| | 6 | 1.0000 | 1.0000 | 1.0000 | 0.9997 | 0.9987 | 0.9957 | 0.9888 | 0.9750 | 0.9502 | 0.9102 |
| | 7 | 1.0000 | 1.0000 | 1.0000 | 1.0000 | 0.9999 | 0.9996 | 0.9986 | 0.9962 | 0.9909 | 0.9805 |
| | 8 | 1.0000 | 1.0000 | 1.0000 | 1.0000 | 1.0000 | 1.0000 | 0.9999 | 0.9997 | 0.9992 | 0.9980 |

$$P_{(x)}=\frac{e^{-m}\cdot m^{x}}{x!}$$

여기서 $P_{(x)}$ : $x$가 나타날 확률

m: 평균 결점수

e : 상수(=2.7183)

$x$:샘플 단위당(개체당)의 결점수

예1 포장재의 단위 면적당 평균결점수 $m=2$인 어떤 모집단에서 샘플링하여 조사시 결점수가 하나도 나오지 않을 확률은?

$P_{(x)}=\frac{e^{-m}\cdot m^x}{x!}$에 대입하면

$$P_{(0)}=\frac{e^{-2}\cdot 2^0}{0!}=e^{-2}=\frac{1}{e^2}=\frac{1}{7.3891}=0.1353$$

例 2 어떤 제품의 1개당에 평균 3개의 결점이 발생되고 있다. 이 제품 1개를 임의로 샘플링 해서 5개의 결점이 나올 수 있는 확률은?

$$P_{(5)}=\frac{e^{-3}\cdot 3^5}{5!}$$

$$=\frac{3^5}{5\times4\times3\times2\times1\times e^3}$$

$$=0.1008$$

포아손 분포의 확률의 계산은 이상과 같이 계산기로 계산해도 되지만, 확률의 계산이 불편한데서 일일이 계산을 하지 않아도 될 상세한 포아손 분포표가 있으므로 이 표를 보면 된다(표2-3).

표 2-3 포아손 분포표(일부분자료)

$$P_{(x)}=\Sigma\frac{e^{-m}\cdot m^x}{x!}$$

| m \ x | 0 | 1 | 2 | 3 | 4 | 5 | 6 | 7 | 8 | 9 |
|---|---|---|---|---|---|---|---|---|---|---|
| 0.02 | 0.980 | 1.000 | | | | | | | | |
| 0.04 | 0.961 | 0.999 | 1.000 | | | | | | | |
| 0.06 | 0.942 | 0.998 | 1.000 | | | | | | | |
| 0.08 | 0.923 | 0.997 | 1.000 | | | | | | | |
| 0.10 | 0.905 | 0.995 | 1.000 | | | | | | | |
| 0.15 | 0.861 | 0.990 | 0.999 | 1.000 | | | | | | |
| 0.20 | 0.819 | 0.982 | 0.999 | 1.000 | | | | | | |
| 0.25 | 0.779 | 0.974 | 0.998 | 1.000 | | | | | | |
| 0.30 | 0.741 | 0.963 | 0.996 | 1.000 | | | | | | |
| 0.35 | 0.705 | 0.951 | 0.994 | 1.000 | | | | | | |
| 0.40 | 0.670 | 0.938 | 0.992 | 0.999 | 1.000 | | | | | |
| 0.45 | 0.638 | 0.925 | 0.989 | 0.999 | 1.000 | | | | | |
| 0.50 | 0.607 | 0.910 | 0.986 | 0.998 | 1.000 | | | | | |
| 0.55 | 0.577 | 0.894 | 0.982 | 0.998 | 1.000 | | | | | |

| m \ x | 0 | 1 | 2 | 3 | 4 | 5 | 6 | 7 | 8 | 9 |
|---|---|---|---|---|---|---|---|---|---|---|
| 0.60 | 0.549 | 0.878 | 0.977 | 0.997 | 1.000 | | | | | |
| 0.65 | 0.522 | 0.861 | 0.972 | 0.996 | 0.999 | 1.000 | | | | |
| 0.70 | 0.497 | 0.844 | 0.966 | 0.994 | 0.999 | 1.000 | | | | |
| 0.75 | 0.472 | 0.827 | 0.959 | 0.993 | 0.999 | 1.000 | | | | |
| 0.80 | 0.449 | 0.809 | 0.953 | 0.991 | 0.999 | 1.000 | | | | |
| 0.85 | 0.427 | 0.791 | 0.945 | 0.989 | 0.998 | 1.000 | | | | |
| 0.90 | 0.407 | 0.772 | 0.937 | 0.987 | 0.998 | 1.000 | | | | |
| 0.95 | 0.387 | 0.754 | 0.929 | 0.984 | 0.997 | 1.000 | | | | |
| 1.00 | 0.368 | 0.736 | 0.920 | 0.981 | 0.996 | 0.999 | 1.000 | | | |
| 1.1 | 0.333 | 0.699 | 0.900 | 0.974 | 0.995 | 0.999 | 1.000 | | | |
| 1.2 | 0.301 | 0.663 | 0.879 | 0.966 | 0.992 | 0.998 | 1.000 | | | |
| 1.3 | 0.273 | 0.627 | 0.857 | 0.957 | 0.989 | 0.998 | 1.000 | | | |
| 1.4 | 0.247 | 0.592 | 0.833 | 0.946 | 0.986 | 0.997 | 0.999 | 1.000 | | |
| 1.5 | 0.223 | 0.558 | 0.809 | 0.934 | 0.981 | 0.996 | 0.999 | 1.000 | | |
| 1.6 | 0.202 | 0.525 | 0.783 | 0.921 | 0.976 | 0.994 | 0.999 | 1.000 | | |
| 1.7 | 0.183 | 0.493 | 0.757 | 0.907 | 0.970 | 0.992 | 0.998 | 1.000 | | |
| 1.8 | 0.165 | 0.463 | 0.731 | 0.891 | 0.964 | 0.990 | 0.997 | 0.999 | 1.000 | |
| 1.9 | 0.150 | 0.434 | 0.704 | 0.875 | 0.956 | 0.987 | 0.997 | 0.999 | 1.000 | |
| 2.0 | 0.135 | 0.406 | 0.677 | 0.857 | 0.947 | 0.983 | 0.995 | 0.999 | 1.000 | |

## 2.4 $x^2$분포(Chi-square distribution)

크기 n의 샘플에 대하여 계산된 제곱의 합 S를 모분산 $\sigma^2$으로 나누어

$$x^2 = \frac{S}{\sigma^2}$$

라는 통계량을 구하면 이것은 동일모집단으로부터 임의로 취해진 샘플이라도 일정한 값이 되지 않고 분포를 한다.

이 $x^2$의 값은 자유도 $\phi = n-1$의 $x^2$(카이제곱이라고 읽음)이라는 분포를 한다. 또 $x^2$에는 가법성(加法性)이 있으며, $x^2_1$, $x^2_2$의 자유도 $\phi_1$, $\phi_2$인 독립적인 $x^2$분포를 할 경우에 $x^2_1 + x^2_2$은 자유도 $\phi_1 + \phi_2$의 $x^2$분포를 한다.

카이제곱($x^2$)분포의 모양은 자유도에 따라서 달라진다(그림2-7). 카이제곱분포에 대해서도 이론적인 연구가 이루어져 카이제곱분포표라는 표가 만들어져 있다(부표 3 참조).

$x^2$분포를 이용한 검정을 $x^2$검정이라 하고, 유의검정(有意檢定)을 할 때 2항분포를 하는 계

수치(計數値)의 경우에 적용된다.

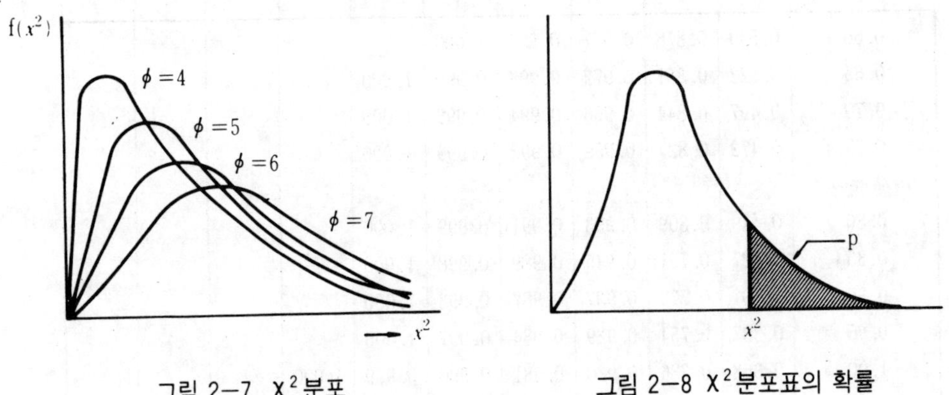


그림 2-7 $\chi^2$분포　　　　그림 2-8 $\chi^2$분포표의 확률

## 2.5 t분포(t-distribution)

평균 $\mu$, 표준편차 $\sigma$인 정규모집단에서 크기 n인 샘플을 랜덤하게 취하면 그 분포의 평균치는 $\mu$, 표준편차는 $\sigma/\sqrt{n}$인 정규분포를 한다(그림2-9 참조).

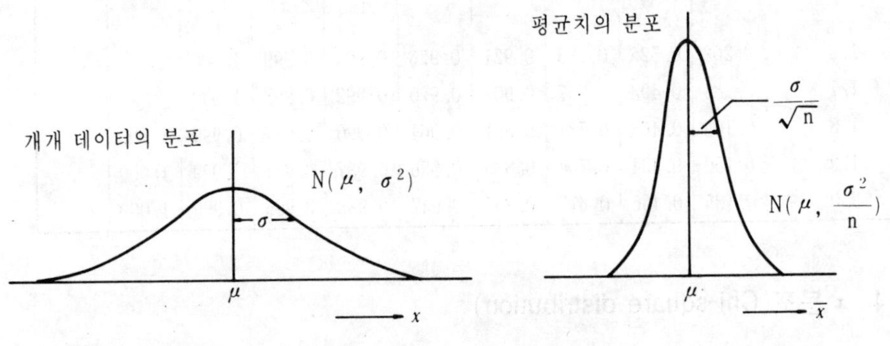


그림 2-9 평균치의 분포

$\bar{x}$를 표준화하여

$$u=\frac{\bar{x}-\mu}{\sigma/\sqrt{n}}$$

라 놓으면 u가 N(0, $1^2$)인 표준정규분포가 된다. 이 u의 값은 모평균과 모표준편차를 알지 못하면 계산할수 없다. 모평균만 알고 있고 모표준편차는 알고 있지 않을 때에는 모표준편차 대신에 샘플에서 구해지는 불편분산의 평방근 $\sqrt{V}$를 대입한 것을 t로 놓으면

$$t=\frac{\bar{x}-\mu}{\sqrt{V}/\sqrt{n}}$$

이 된다.

단, $V=\frac{S}{n-1}=\frac{1}{n-1}\{\sum x_i^2-\frac{(\sum x_i)^2}{n}\}$

이 분포는 이젠 표준정규분포가 아니며, t분포라고 하는 특별한 분포를 보인다. t분포에 대해서는 이론적인 연구가 진보되어 있어서 정규분포표와 마찬가지로 t분포의 성질을 나타내는 표가 만들어져 있다(부표 4 참조). t분포표를 이용할 때 자유도 $\phi$(파이)가 필요한 데 그것은 샘플의 크기 n에서 1을 뺀 것이다. t분포는 자유도에 따라서 형태가 달라지나 어느 것이나 좌우 대칭이다(그림2-10).

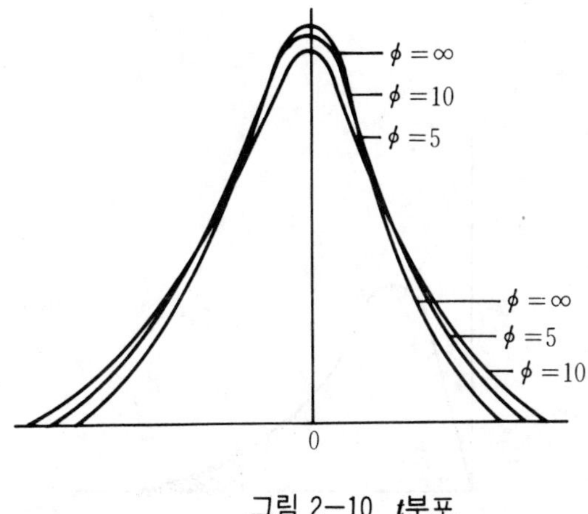


그림 2-10 *t*분포

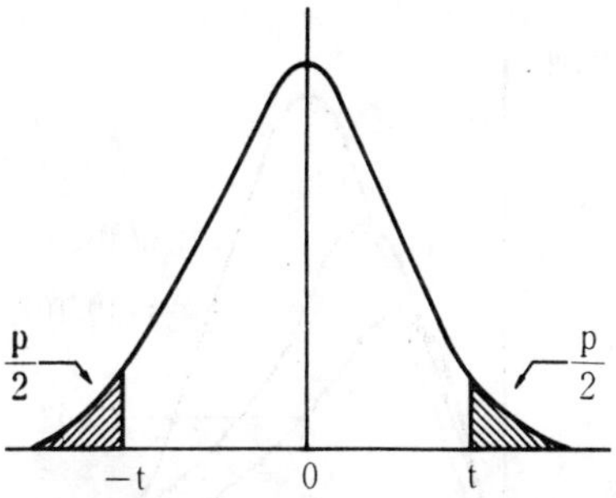

그림 2-11 *t*분포의 확율

t분포는 n이 클 때에는 정규분포를 하나 작을 때는 정규분포를 하지 않는다. 특히 $n<30$일 때에는 이것이 문제로 된다. 이 분포는 W.S.Gosset가 연구하여 발견한 분포로서 필명인 Student를 따서 Student의 t분포(Student's t distribution)라고 한다.

t분포를 이용한 검정을 t검정이라 하고 2개의 평균치 비교에 이용된다. 유의검정(有意檢定)을 할 때 정규분포를 하는 계량치(計量値)에 대하여 t검정을 한다.

## 2.6 F분포(F−distribution)

하나의 정규모집단에서 크기 $n_1$과 $n_2$인 2조의 샘플을 임의로 취해 각각의 불편분산 $V_1$, $V_2$를 구하여 $V_1$과 $V_2$의 비를 다음과 같이 F로 나타내면,

$$F=\frac{V_1}{V_2}$$

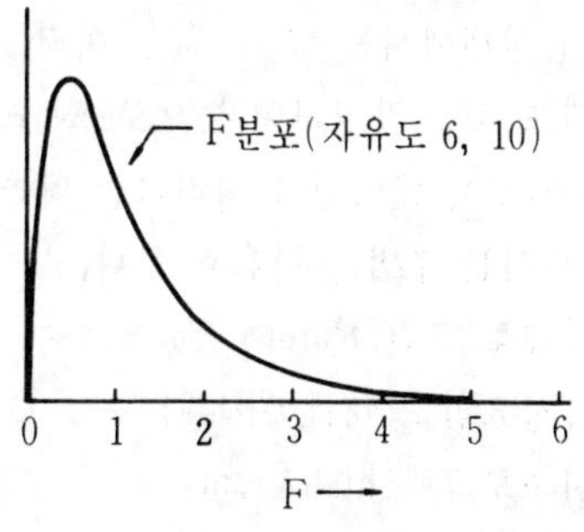


그림 2-12 F분포(자유도 $\phi_1=6$, $\phi_2=10$)

F의 값은 샘플을 취할 때 마다 상이한 값을 보

이며, 어떤 분포를 한다. 이것을 F분포라 한다. 이 분포에 대해서도 이론적 연구가 이루어져 F분포표라는 표가 만들어져 있다(부표 5 참조).

또한 하나의 정규모집단이 아니더라도, 분산이 똑 같은 두 개의 정규 모집단에서 취한, 크기 $n_1$과 $n_2$인 2조의 샘플에서 계산한 불편분산 $V_1, V_2$의 비도 역시 F분포를 한다.

F분포표를 이용할 때에는, 큰쪽의 V를 분자로 가지고 와서 F의 값을 구한다. 또 F분포표를 사용할 때에는 두개의 자유도 $\phi_1$, $\phi_2$가 필요한데, 그것은 각각의 샘플의 크기 $n_1$, $n_2$에서 1을 뺀 것이다.

$\phi_1 = n_1 - 1$(분자)

$\phi_2 = n_2 - 1$(분모)

통상 $F(\phi_1, \phi_2)$로 표시한다.

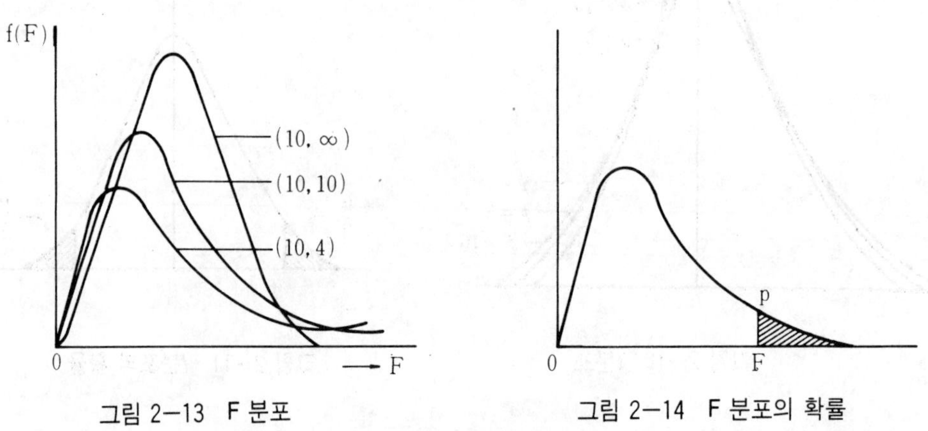


그림 2-13 F 분포

그림 2-14 F 분포의 확률

F분포를 이용한 검정을 F검정(분산분석)이라하고 2개이상의 평균치 비교에 대하여 통상 적용된다(본 책자 제1편 제2장 10 참조).

## 3. 데이터의 정리법

데이터가 얻어지면 그 데이터를 정리, 가공처리함으로서 원래의 생 데이터를 그저 나열한 그대로의 상태에서는 알 수 없는 여러 가지 사실을 알 수 있게 된다. 파레토 그림, 히스토그램, 그래프 등을 작성하여 눈으로 볼 수 있는 형태로 하면 전체의 상황을 판단하는데 큰 도움이 되기 때문에 데이터를 정리하는 데는 품질관리 수법이 많이 이용된다.

주로 쓰이는 수법은 다음과 같다.

(1) 파레토 그림(Pareto 圖)

(2) 특성요인도(特性要因圖)

(3) 히스토그램(histogram)

(4) 그래프(graph)

(5) 관리도(管理圖)
(6) 체크시이트(check sheet)
(7) 층 별(層別)
(8) 산포도(散布圖)

### 3.1 파레토 그림(Pareto 圖)

데이터를 항목별로 분류해서 크기 순서대로 나열한 그림이다. 파레토 그림을 보면 "어떤 항목에 문제가 있는가", "그 영향은 어느 정도인가"를 알아볼 수 있다. 파레토 그림은 데이터만 있으면 간단하게 작성할 수 있고 또한 모든 분야에서 대단히 도움이 되는 것 중의 하나이다.

#### (1) 파레토 그림 작성법

순서 1 데이터의 분류항목을 결정한다.
결과의 분류 : 불량항목별, 장소별, 공정별
원인의 분류 : 재료별, 기계장치별, 작업자별, 작업방법별

순서 2 분류항목별로 데이터를 집계한다.
(예) 조미료 1㎏ 단량의 포장검사에서 발견된 데이터의 불량을 내용별로 분류한다.

| 분 류 항 목 | 데 이 터 수 |
|---|---|
| 1. 접착불량 | 30 |
| 2. 라미네이숀 불량 | 4 |
| 3. 인쇄불량 | 18 |
| 4. 중량미달 | 2 |
| 5. 제조일자표시불량 | 3 |
| 6. 기타 | 3 |
| 계 | 60 |

순서 3 분류항목을 데이터의 크기의 순으로 항목을 바꾸어 놓고, 전체에 대한 각항목의 백분률 계산과 누적수, 누적백분률을 낸다.

| 항 목 | 데이터수 | 백분율(%) | 데이터누적수 | 누적백분율(%) |
|---|---|---|---|---|
| 1. 접착불량 | 30 | 50 | 30 | 50 |
| 2. 인쇄불량 | 18 | 30 | 48 | 80 |
| 3. 라미네이숀 불량 | 4 | 6.7 | 52 | 86.7 |
| 4. 제조일자 표시불량 | 3 | 5 | 55 | 91.7 |
| 5. 중량미달 불량 | 2 | 3.3 | 57 | 95 |
| 6. 기타 | 3 | 5 | 60 | 100 |
| 계 | 60 | 100 | | |

순서 4 그래프용지에 세로축 가로축을 긋고, 세로축에 데이터의 수를 매기고 데이터의 크기 차례대로 막대그래프를 그린다.

다음에 데이터의 누적수를 꺾은선으로 기입한다.

* 오른편 끝에 세로축을 그리며 꺾은선의 끝점에 100%라 쓰고, 0－100%의 사이를 10등분하여 %의 눈금을 매긴다.

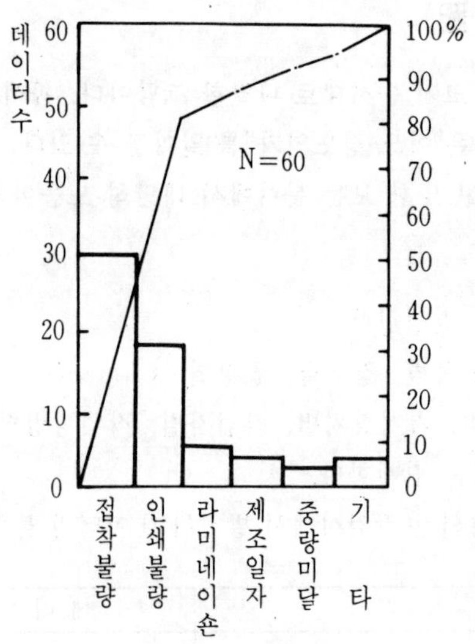


순서 5 필요사항을 기입한다.

데이터의 경력(기간·장소), 기록자 등

(2) 그릴 때의 주의할점

① 세로축은 될 수 있는대로 금액으로 표시한다.

② 기타라는 항목이 있을 때는 이것을 제일 마지막에 놓는다.

## 3.2 특성요인도(特性要因圖)

문제의 요인과 결과의 관계를 그림으로 나타낸 것이 특성요인도이다. 이 특성요인도는 현장, 사무,연구 등 모든 분야에서 사용할 수 있으며, 관계자 모두의 경험 및 지식의 정리와 의사를 통일하는 데 쓰이며, 늘 가까운 곳에 붙여놓고 문제가 생기면 관계자들이 그 앞에 모여서 검토하여 새롭게 개정해 나아갈 필요가 있다.

(1) 특성요인도 작성법

순서 1 결과로서 나타난 문제의 품질특성을 정한다.

순서 2 품질특성을 오른쪽에 쓰고 왼쪽에서 오른쪽으로 굵은 화살표를 긋는다.

순서 3 품질특성에 영향을 미치는 요인을 크게 분류하여 공정의 차례대로 왼편으로부터 비스듬하게 화살표로 큰 가치를 치고 요인을 쓴 다음□로 둘러싼다. 이러한 분류는 공정순으로 분류해도 좋고 4M(기계, 사람, 재료, 제조방법)으로 나누어도 좋다.

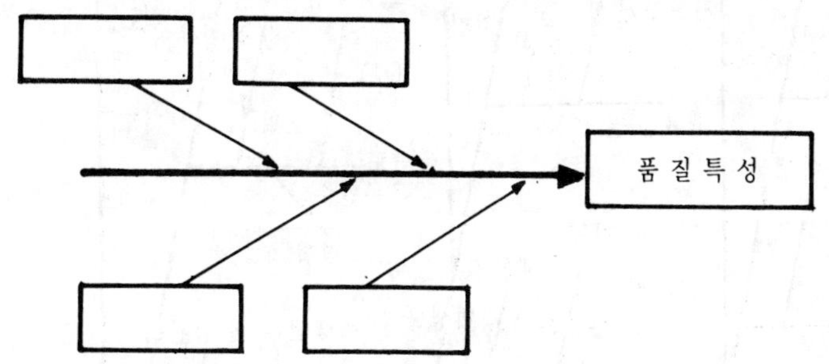


순서 4 요인의 그룹마다 다시 이에 영향을 미친다고 생각되는 요인을 세분하여 아들가지 손자가지 등으로 기입해 나간다.
가장말단의 조처를 취할 수 있는 요인까지 기입한다.

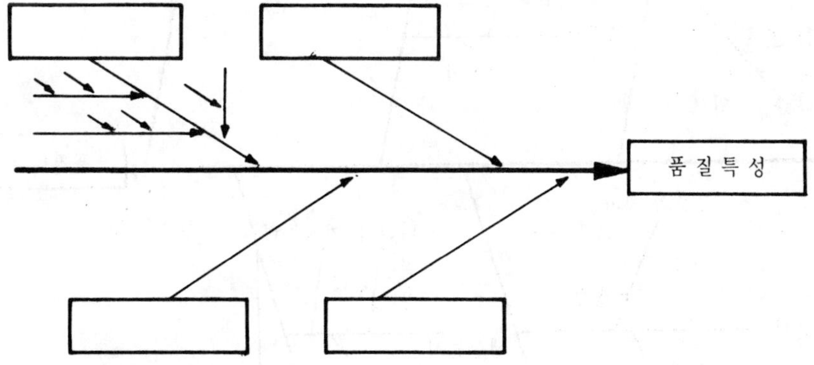


(2) 작성시의 주의사항

가능한한 많은 관계자, 반장·직장·기술자·작업자·전후공정의 관계자들이 모여서 자유로이 발언하게 하여 전원의 지식이나 경험을 모으도록 작성하는 것이 중요하다.

이때는 브레인 스토밍(Brain storming)의 4원칙을 활용함이 좋다.

① 비판하지 않는다.
② 많은 의견을 내어 놓는다.
③ 연상을 활발히 전개한다.
④ 자유분방한 아이디어를 환영한다.

그림 2-15는 "품질보증"에 관한 특성요인도이다.

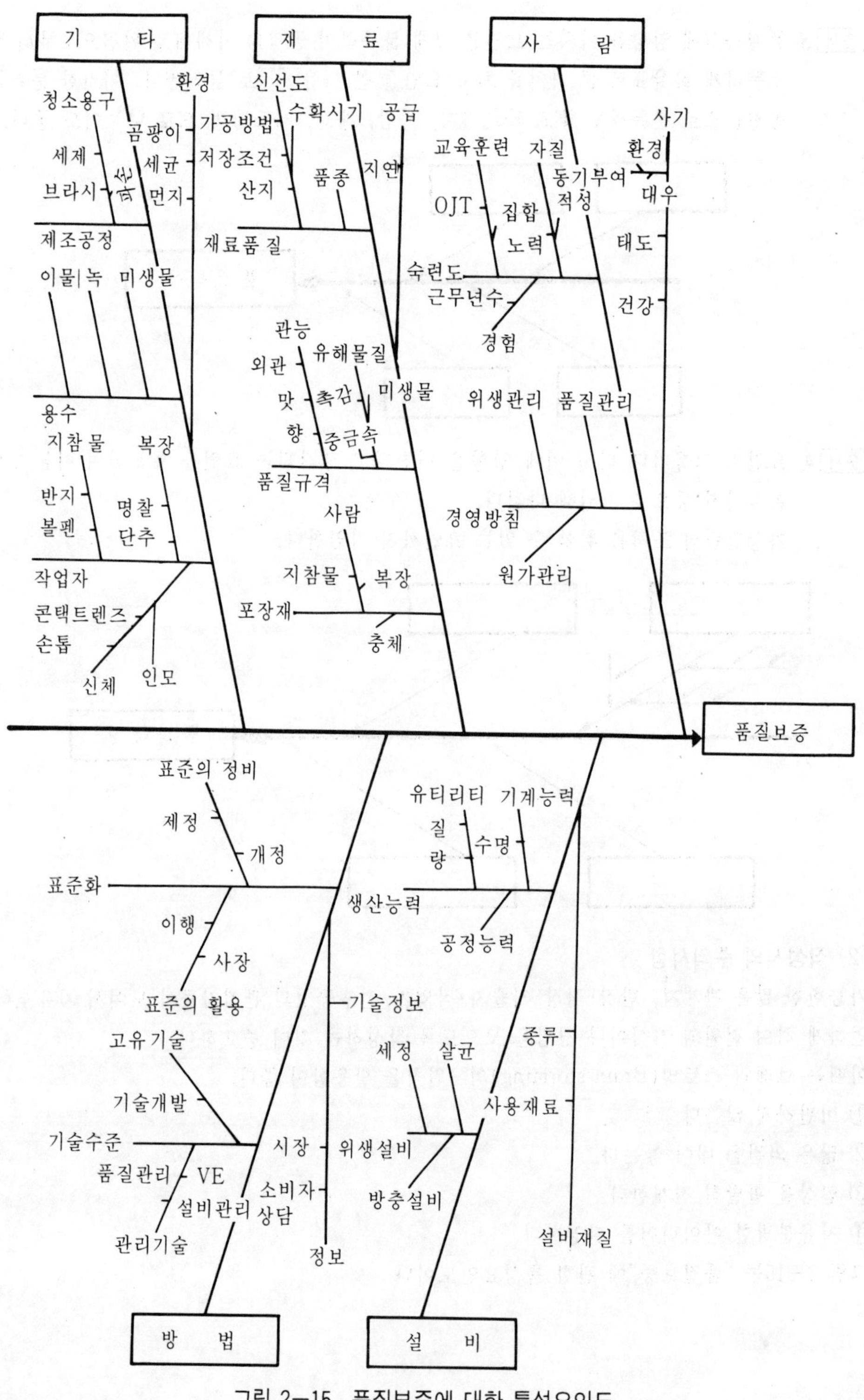


그림 2-15 품질보증에 대한 특성요인도

## 3.3 히스토그램(histogram)

데이터가 존재하는 범위를 몇개의 구간으로 나누어 가로축에 기입하고 각 구간에 들어가는 데이터의 수를 세어 이것을 세로축에 기입하여 만든 그림을 히스토그램이라고 한다. 히스토그램을 사용할 때 도움이 되는 것을 열거하면,

· 분포의 모양을 조사한다.
· 공정능력을 조사한다.
· 규격 또는 표준치와 비교한다.
· 층별하여 비교한다.
· 전체의 분포상황, 이빠진 데이터의 유무를 알아 본다.
· 평균치나 표준편차의 계산에 편하다.

등 현상파악이나 개선에 도움이 되는 여러 가지 정보를 얻을 수 있다.

### (1) 히스토그램의 작성법

히스토그램을 작성하는 데는 데이터의 수 n은 보통 50~100개 정도가 좋다. 그 작성법 순서는

[순서] 1 데이터를 모은다.

표 2-4는 어떤 인스턴트 식품을 하루에 4개씩 샘플링하여 수분함량을 25일간 걸쳐 측정한 n=100의 데이터이다.

표 2-4 수분함량(%)

| 월/일 | 데 이 터 | | | | 월일 | 데 이 터 | | | |
|---|---|---|---|---|---|---|---|---|---|
| | $x_1$ | $x_2$ | $x_3$ | $x_4$ | | $x_1$ | $x_2$ | $x_3$ | $x_4$ |
| 9/2 | 3.8 | 4.2 | 3.9 | 3.7 | 9/17 | 3.5 | 4.1 | 4.0 | 3.6 |
| 3 | 4.2 | 4.1 | 3.5 | 4.3 | 18 | 5.0 | 3.9 | 3.5 | 3.9 |
| 4 | 3.4 | 4.3 | 4.2 | 4.1 | 19 | 3.7 | 4.0 | 4.1 | 3.7 |
| 5 | 4.2 | 3.7 | 3.8 | 4.1 | 20 | 4.0 | 3.2 | 4.5 | 3.9 |
| 6 | 3.9 | 4.5 | 4.0 | 3.3 | 21 | 3.9 | 4.8 | 3.6 | 4.0 |
| 7 | 4.1 | 2.9 | 3.9 | 4.1 | 23 | 3.5 | 3.9 | 4.0 | 4.7 |
| 9 | 3.6 | 4.0 | 4.0 | 4.4 | 24 | 4.4 | 4.5 | 3.8 | 3.3 |
| 10 | 4.6 | 3.7 | 4.7 | 3.6 | 25 | 4.8 | 4.0 | 3.9 | 3.7 |
| 11 | 4.4 | 4.0 | 3.7 | 4.1 | 26 | 3.8 | 3.7 | 4.3 | 4.3 |
| 12 | 3.1 | 4.4 | 4.4 | 4.9 | 27 | 3.9 | 4.0 | 3.8 | 4.7 |
| 13 | 3.6 | 3.8 | 3.8 | 3.6 | 28 | 3.7 | 4.3 | 4.2 | 3.5 |
| 14 | 4.1 | 4.0 | 3.0 | 4.2 | 30 | 4.2 | 4.8 | 4.5 | 4.0 |
| 16 | 4.0 | 3.7 | 3.8 | 4.8 | | | | | |

[순서] 2 최대치와 최소치를 찾는다.

데이터 전체의 최대치 L과 최소치 S를 찾는다.

표 2−4에서 L=5.0 S=2.9 로 된다.

순서 3 계급의 폭을 정한다.

최대치와 최소치 사이를 적당한 간격으로 등분한다. 이 등분된 각각의 구간을 계급(class)이라고 하며 등분된 간격을 계급의 폭이라고 한다. 계급의 폭 h는 측정의 최소단위의 정수배로 잡는다. 계급의 수는 6~15정도가 좋다. 계급의 폭을 정하는 데는 L과 S의 차를 10으로 나누어 어림해 보는 것이 보통이다. 예를 들면 표2−4의 데이터에서는

$$\frac{L-S}{10}=\frac{5.0-2.9}{10}=0.21$$

순서 4 계급의 경계치를 정한다.

계급의 경계치는 측정단위의 1/2에 오도록 가령 위의 예에서 측정단위가 0.1%이므로 0.05%가 되도록 한다. 우선 제일 왼쪽의 계급에 최소치가 포함되도록 정하고 다음은 차례대로 최대치를 포함하는 계급까지 정한다.

이 예에서는 최소치가 2.9이므로 제일 왼쪽의 계급은 2.85−3.05 또는 2.75−2.95로 한다.

순서 5 도수표를 만든다.

표 2−5와 같이 계급의 경계치와 중심치를 넣은 표를 준비하여 데이터를 한쪽끝에서부터 하나씩 어느 계급에 들어가는가를 보면서 체크란에 표기해 간다.

도수의 크기는 다음과 같이 한다.

도 수 : 1 2 3 4 5 6 7 ……

도수마아크 : / // /// //// 𝍸 𝍸/ 𝍸//

여기서 표2−5의 도수(f)란의 합계가 데이터의 수 n과 일치하는가를 확인해 둔다.

**표 2−5 수분함량의 도수표**

| 번 호 | 계급의 경계치 | 중 심 치 | 체 크 | 도수(f) |
|---|---|---|---|---|
| 1 | 2.85−3.05 | 2.95 | // | 2 |
| 2 | 3.05−3.25 | 3.15 | // | 2 |
| 3 | 3.25−3.45 | 3.35 | /// | 3 |
| 4 | 3.45−3.65 | 3.55 | 𝍸 𝍸 / | 11 |
| 5 | 3.65−3.85 | 3.75 | 𝍸 𝍸 𝍸 /// | 18 |
| 6 | 3.85−4.05 | 3.95 | 𝍸𝍸𝍸𝍸//// | 24 |
| 7 | 4.05−4.25 | 4.15 | 𝍸 𝍸 𝍸 / | 16 |
| 8 | 4.25−4.45 | 4.35 | 𝍸 𝍸 | 10 |
| 9 | 4.45−4.65 | 4.55 | 𝍸 | 5 |
| 10 | 4.65−4.85 | 4.75 | 𝍸 // | 7 |
| 11 | 4.85−5.05 | 4.95 | // | 2 |
| 계 | | | | 100 |

순서 6 히스토그램 작성법

계급을 가로축에 잡고 도수를 세로축에 잡아 그림을 그리면 히스토그램이 된다. 그림 2-16은 표2-5의 도수표로부터 작성된 것이다.

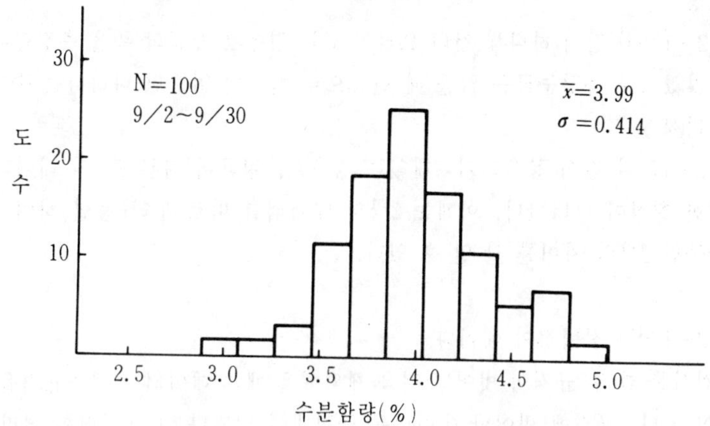


그림 2-16 수분함량의 히스토그램

히스토그램은 현장에서 많이 쓰이므로 미리 도수표 작성용의 체크시이트를 준비해 놓으면 편리하다. 여기에는 평균치와 표준편차의 계산공식을 넣으면 편리하다. 일상 데이터를 잡고 있어 값의 범위를 거의 알고 있을 때에는 체크시이트에 경계치를 미리 기입해 놓고 데이터가 얻어질 때마다 체크해 가면 도수표를 작성하기 위해서 따로 시간을 내지 않아도 된다.

### (2) 히스토그램의 형태

안정된 공정에서 얻어진 데이터이면 일반적으로 그림 2-16에서 보는 바와 같이 중앙이 높고 좌우로 완만하게 경사진 산(山)모양으로 된다.

흔히 볼 수 있는 히스토그램 중에서 특징있는 예를 몇 개 보면 다음과 같다.

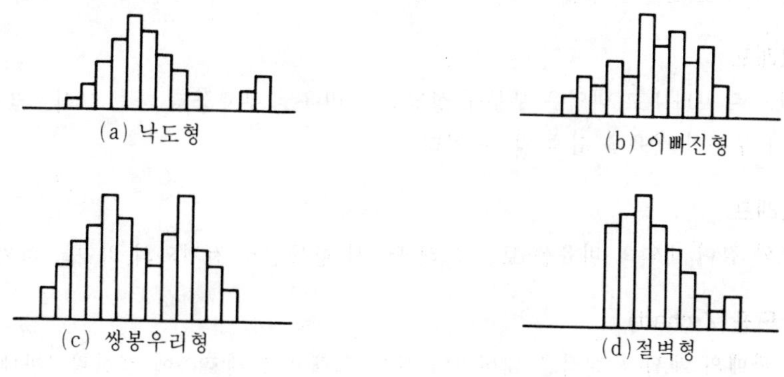


그림 2-17 히스토그램의 형태

① 낙도형(落島形)

공정의 이상, 다른샘플의 혼입 측정미스 등에 의하여 동떨어진 데이터가 나올 때 그림 2−17a와 같이 섬 모양이 나타난다.

② 이빠진형

그림 2−17b와 같이 하나씩 건너 요철이 있는 경우로 계급의 폭을 측정단위의 정수배로 취하지 않았거나 측정눈금을 읽을 때 한쪽으로 치우쳐 읽으면 나타나는 수가 있다.

③ 쌍봉우리형

그림 2−17c와 같이 봉우리가 2개있는 경우로, 평균이 다른 2종의 데이터를 섞어버리면 이러한 현상이 나타난다. 이때는 2쌍의 데이터를 따로 분리(층별)하여 히스토그램을 다시 만들면 2쌍의 차이를 잘 알 수 있다.

④ 절벽형

그림 2−17d는 절벽형의 예이다.

전수검사를 한 후 규격이 벗어난 것을 제외했을 때의 데이터는 제품규격을 경계로 해서 이와같이 된다. 규격에 벗어난 데이터를 규격내에 넣거나 그 데이터를 버리거나 하는 데서 생긴다.

### 3.4 그래프(graph)

데이터를 보기 쉽게 하기 위하여 그린 것이 그래프로서 종류는 다음과 같다.

#### (1) 막대 그래프

수량의 크기를 비교하는 그래프로서 폭이 일정한 막대를 나열하여 그 길이에 따라 수치의 대소를 비교한다.

#### (2) 꺽은 선 그래프

수량의 변화상태를 보는 그래프로서 선의 높고 낮음에 따라 수치의 대조를 비교함과 동시에 시간의 경과에 따른 변화를 나타낸다.

#### (3) 원 그래프

전체를 원으로 나타내고 내역을 부분에 상당하는 비율로 부채꼴로 나눈 그래프로서 전체와 부분, 부분과 부분의 비율을 쉽게 알 수 있다.

#### (4) 띠 그래프

원 그래프와 같이 내역의 비율을 보는 그래프로서 항목별로 전체와의 비교를 하기 쉽다.

#### (5) 제트 도표(Z-chart)

생산이나 판매의 계획과 실적을 대비하여 보는 그래프로 세로축에 생산량 (판매량, 매상액)을 잡고 가로축에 월. 일을 잡는다.

누계의 생산계획을 직선으로 넣는다. 매일의 생산실적과 누계를 꺾은선 그래프로 기입하여 계획과 실적을 대비한다.

### (6) 간트 도표(Gantt chart)

가로축에 시간을 세로축에 항목을 잡아 항목별 계획일정과 현재의 진행상태를 쉽게 보도록 막대그래프로 나타낸 도표이다.

이 도표의 결점은 각 항목간의 연관을 알 수 없고 작업착수가 늦어졌을 때의 공기(工期)에 미치는 영향을 알 수 없다.

### (7) 퍼트 시피엠 도표(PERT-CPM chart)

PERT−CPM은 program evaluation and review technique−critical path method의 약자로서, 하나의 프로젝트 수행에 필요한 다수의 세부사업을 관련된 계획공정표(network)로 묶고 이를 최종목표로 연결시키는 종합관리기법이다. 종래의 계획관리수법을 대표하는 간트도표는 계획사업의 견적기간(見積期間)을 막대의 길이로 표시하며, 일반적으로 총괄적인 작업을 표시하는데 비해 PERT−CPM에서는 일정계획을 계획공정표로 표시하고 있으며, 이들을 비교한 도표는 그림 2−18과 같다.

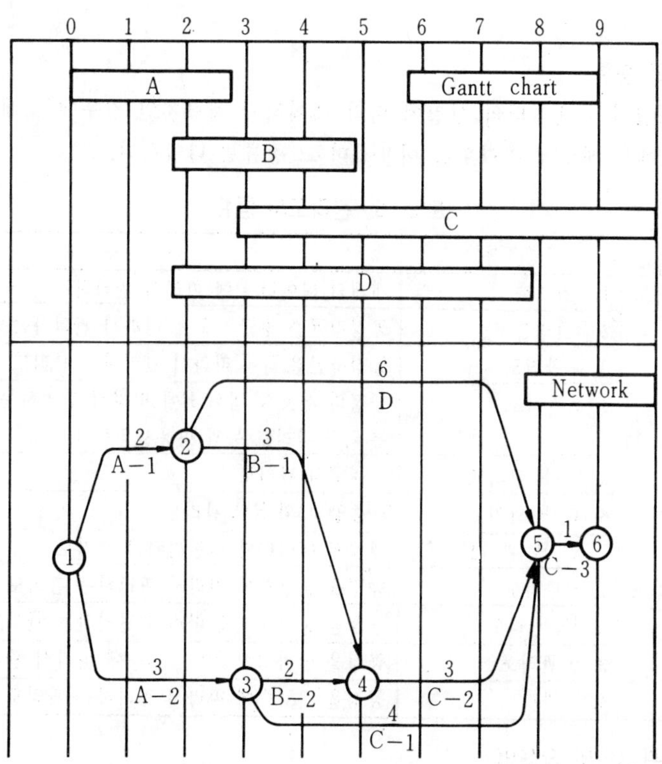


그림 2−18 간트도표와 계획공정표의 비교

간트도표에서는 예기치 않았던 변화나 변경에 대하여 막대의 길이만 변화할뿐 그것이 전체의 계획에 어떤 영향을 미치는지 정확하게 이해하기가 곤란하다. 그러나 PERT－CPM은 계획공정표를 작성하여 분석하므로 상세한 계획을 세우기 쉽고 변화나 변경에 대하여 곧 대처할 수 있다. 또한 작업착수 전에 계획공정표상의 문제점을 명확하고 종합적으로 판단할 수 있어 중점관리가 가능하다.

## 3.5 관리도(管理圖, CONTROL CHART)

관리도는 제조공정이 관리된 상태에 있는지의 여부를 조사하거나 제조공정이 잘 관리된 상태로 유지하기 위하여 사용된다.

동일한 재료, 기계,사람 및 동일한 방법으로 작업하면 똑같은 제품이 되는 것은 과학의 근본원리이다. 그러나 실제로는 똑같은 품질의 제품이 되는 것은 거의 없다. 즉, 데이터는 산포하는 것이다. 데이터를 산포시키는 원인에는 아무리 노력해도 제거할 수 없는 우연원인(偶然原因)과 제거하려고 마음먹으면 제거할 수 있는 이상원인(異常原因)이 있다.

산포가 우연인지 이상인지를 알아보기 위해서 관리도를 활용한다. 관리도에 관한 상세내용은 KS A 3201(관리도법), KS A 3202($x$관리도), KS A 3203(메디안 관리도)에 기록되어 있다.

### (1) 관리도의 종류

관리도는 취급하는 데이터의 성질에 따라 데이터가 계량치인 경우에는 계량치 관리도를, 계수치인 경우에는 계수치 관리도를 이용하며 그 종류는 다양하다.

표 2-6 관리도의 종류

| 구 분 | 종 류 | 내 용 |
|---|---|---|
| 계량치관리도 | 1. $x$관리도 | 개개의 데이터 $x$ 에 따라서 관리하는 관리도 |
| | 2. $\bar{x}$관리도 | 공정평균을 평균치 $\bar{x}$ 에 따라서 관리하는 관리도 |
| | 3. $\tilde{x}$ 관리도 | 공정평균을 $\tilde{x}$ 에 따라서 관리하는 관리도 |
| | 4. R관리도 | 공정의 산포를 범위 R에 따라서 관리하는 관리도 보통 $\bar{x}$, $\tilde{x}$ 관리도 등과 병용사용한다. |
| | 5. $\bar{x}$－R 관리도 | $\bar{x}$ 와 R의 관리도 |
| | 6. $\tilde{x}$－R 관리도 | $\tilde{x}$(중앙치)와 R의 관리도 |
| | 7. $x$－$R_s$ 관리도 | 개개의 데이터와 이동범위의 관리도 |
| 계수치관리도 | 1. P관리도 | 공정을 불량률에 따라서 관리하는 관리도 |
| | 2. $P_n$ 관리도 | 공정을 불량갯수에 따라서 관리하는 관리도 |
| | 3. u 관리도 | 공정을 단위크기당의 결점수에 따라서 관리 |
| | 4. c 관리도 | 공정을 결점수에 따라서 관리하는 관리도 |

### (2) $\bar{x}$－R 관리도의 작성법

공정관리에서 가장 많이 활용하고 있는 $\bar{x}$－R관리도의 작성순서는 다음과 같다.

① 데이터를 취해서 군마다 미리 준비한 데이터 시이트(data sheet)를 시간순으로 기입한다 (표2-4참조).

② 평균치 $\overline{x}$ 를 계산한다.

③ 범위 R을 계산한다.

④ 총평균 $\overline{\overline{x}}$ 를 계산한다.

⑤ 범위의 평균치 $\overline{R}$ 를 계산한다.

⑥ 관리선을 계산한다.

| CL=CENTRAL LINE |
|---|
| UCL=UPPER CONTROL LIMIT |
| LCL=LOWER CONTROL LIMIT |

㉠ $\overline{x}$ 관리도의 관리선을 구한다.

- 중 심 선 : $CL = \overline{\overline{x}}$
- 관리상한 : $UCL = \overline{\overline{x}} + A_2\overline{R}$
- 관리하한 : $LCL = \overline{\overline{x}} - A_2\overline{R}$

단 $A_2$는 군의 크기 n에 따라 정해지는 정수(定數)이다(표2-7).

㉡ R관리도의 관리선을 구한다.

- 중 심 선 : $CL = \overline{R}$
- 관리상한 : $UCL = D_4\overline{R}$
- 관리하한 : $LCL = D_3\overline{R}$

단 $D_4$, $D_3$는 군의 크기 n에 따라 정해지는 정수이다(표2-7).

⑦ 관리도를 작성한다.

㉠ 관리도 용지를 준비한다.

㉡ 세로축에 눈금을 매긴다.

관리도 용지의 좌측 세로축에 $\overline{x}$ 관리도와 R 관리도의 눈금을 매긴다. $\overline{x}$-R 관리도는 반드시 $\overline{x}$ 관리도를 윗쪽에 R관리도를 아래쪽에 그린다. 우선 아래로부터 R관리도, 다음 R관리도의 UCL윗쪽에서 조금 띄어 $\overline{x}$ 관리도의 LCL이 오도록 눈금을 매긴다. 눈금을 매기는 방법은 되도록 UCL 과 LCL의 폭이 2~3cm 정도 되도록 그리면 보기가 쉽다.

R관리도에서는 n이 6이하일 때는 LCL을 고려하지 않으므로 세로축의 가장 아래 눈금을 0으로 해서 R을 표시하면 된다. $\overline{x}$관리도의 눈금의 좌측에 $\overline{x}$를 R관리도 눈금의 좌측에는 R을 표시해 둔다.

㉢ 관리선을 기입한다.

중심선을 실선(——), 관리선을 점선(······)으로 기입한다.

㉣ 가로축에 군번호의 눈금을 매긴다.

군마다 $\overline{x}$와 R을 타점했을 때 타점의 간격이 가로축 방향으로 2~5mm 정도가 되도록 군번호의 눈금을 잡으면 보기 쉬운 관리도로 된다.

⑧ 군마다 $\overline{x}$, R을 타점한다.

$\overline{x}$의 점은 . 표, R의 점은 ×표로 구분해서 타점한다.

관리한계선의 밖에 나간 점은 다시○표를 해서 ⊙, ⊗표로 해서 판별할 수 있도록 한다. 한계선에 걸친 점은 밖으로 나간 점으로 보고 역시 ○표를 한다. 각 타점을 군 번호의 순으로 실선으로 연결해서 꺽은 선 그래프로 한다.

⑨ 필요사항을 기입한다.

$\overline{x}$관리도의 왼쪽위에 군의 크기 n을 기입한다. UCL, LCL, CL 의 값을 각각의 선 근처에 타점과 겹치지 않도록 기입한다(그림 2-18a참조).

또, 데이터의 품질특성 데이터가 취해진 시간, 측정자 측정기 등 데이터의 이력을 나타내는 사항을 기입해 둔다.

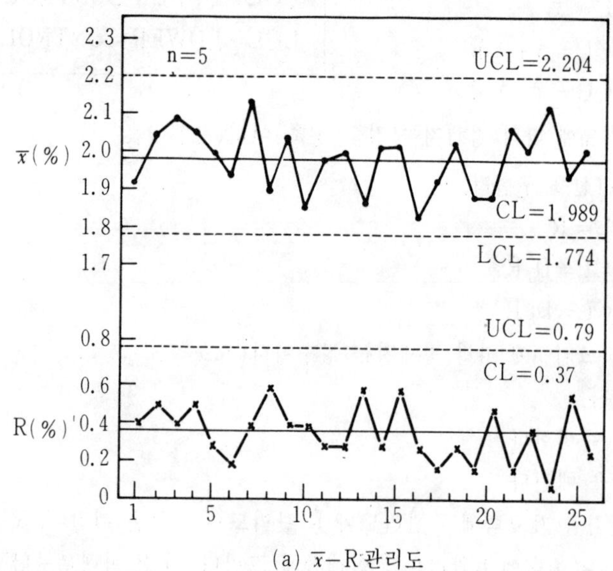


(a) $\overline{x}$−R관리도

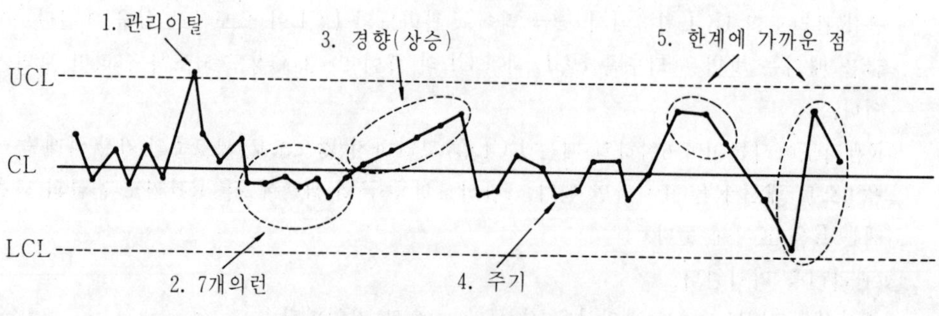


(b) 관리도에서 관리상태가 아닐 때의 예

그림 2-18

* $\overline{x}$관리도의 관리한계가 $\overline{\overline{x}} \pm A_2\overline{R}$인 이유

관리도는 공정평균의 추정치를 중심선으로 해서 표준편차의 추정치의 3배만큼 떨어진 곳에 관리한계선을 그은 그래프이다.

표 2-7 $\bar{x}$-R 관리도용계수표

| 샘플의 | $\bar{x}$관리도 | | R관리도 | | | | | | |
|---|---|---|---|---|---|---|---|---|---|
| 크기n | A | $A_2$ | $d_2$ | $1/d_2$ | $d_3$ | $D_1$ | $D_2$ | $D_3$ | $D_4$ |
| 2 | 2.121 | 1.880 | 1.128 | .8862 | 0.853 | — | 3.686 | — | 3.267 |
| 3 | 1.732 | 1.023 | 1.693 | .5908 | 0.888 | — | 4.358 | — | 2.575 |
| 4 | 1.500 | 0.729 | 2.059 | .4857 | 0.880 | — | 4.698 | — | 2.282 |
| 5 | 1.342 | 0.577 | 2.326 | .4299 | 0.864 | — | 4.918 | — | 2.115 |
| 6 | 1.225 | 0.483 | 2.534 | .3946 | 0.848 | — | 5.078 | — | 2.004 |
| 7 | 1.134 | 0.419 | 2.704 | .3698 | 0.833 | 0.205 | 5.203 | 0.076 | 1.924 |
| 8 | 1.061 | 0.373 | 2.847 | .3512 | 0.820 | 0.387 | 5.307 | 0.136 | 1.864 |
| 9 | 1.000 | 0.337 | 2.970 | .3367 | 0.808 | 0.546 | 5.394 | 0.184 | 1.816 |
| 10 | 0.949 | 0.308 | 3.078 | .3249 | 0.797 | 0.687 | 5.469 | 0.223 | 1.777 |

### (3) 관리도 보는 법

① 관리상태 일 때

㉠ 점이 관리한계선 밖(또는 선상)에 없거나 점의 배열 상태에 버릇이 없을 때 관리상태에 있다고 판정하고, 이와 반대일 때는 공정에 이상이 있다고 판정한다.

㉡ 연속 25점이상이 관리한계선내에 있을 때
연속 35점중 한계선 밖으로 나간 것이 1점 이하 일 때
연속 100점중 한계선 밖으로 나간 것이 2점 이하 일 때

② 관리상태가 아닐 때(그림 2-18b 참조).

| 구 분 / 상 태 | 점의 배열 | 판정기준과 조처 |
|---|---|---|
| 1. 관리에서 벗어남 | 관리한계 밖으로 점이 나간다. | 이상이 있다고 판단하고 즉시 원인을 찾아 조처를 취한다. |
| 2. 런(連, run) | 중심선의 한편에 연속나타난 점 | 7점이상 연속해서 배열되면 공정에 이상이 있다고 판단한다. |
| 3. 경향 | 점이 연속하여 상승 또는 하강하는 상태 | 경향을 나타내는 원인을 찾는다. |
| 4. 주기 | 일정간격으로 같은 점의 움직임이 나타날 때 | 원인을 찾으면 유익한 정보가 얻어진다. |
| 5. 한계에 가까운 점 | 점이 한계 가까이에 접근하는 상태 | 한계폭의 1/3에 연속 3점중 2점 있으면 이상이라고 판정한다. |

## 3.6 체크 시이트(check sheet)

바쁘게 돌아가는 현장에서 데이터를 잡거나 정리해 나가기 위해서는 데이터를 간단히 잡고 그 데이터가 정리되기 쉽도록 간단히 체크만 함으로서 정보가 모아지도록 설계된 것이 체크시

이트이다. 이 체크시이트에 써 놓은 것을 체크함으로서 일의 확인에 도움이 되고 누가 하더라도 틀림을 예방할 수 있다.

### (1) 체크시이트의 종류

① 공정분포조사용 체크시이트

데이터가 어떠한 상태로 분포되어 있는가는 히스토그램을 작성함으로서 알 수 있으나, 히스토그램을 작성하는 데는 많은 데이터를 취해서 우선 도수분포표를 만든다. 그리고 공정의 분포를 조사하는 경우는 분포의 모습과 규격치와의 관계를 아는 것이 좋으므로, 데이터를 잡을 때 미리 분류해 놓는 것이 간단하다. 그러기 위해서는 미리 필요한 수치를 기입한 체크시이트에 체크해 가면 아주 간단하게 히스토그램을 만들 수 있다.

체 크 시 이 트

| 도수 / 수분% | 5 | 10 | 15 | 20 | 25 | 30 | 35 | 40 | 45 | 계 |
|---|---|---|---|---|---|---|---|---|---|---|
| 2.0 | | | | | | | | | | 0 |
| 2.1 | | | | | | | | | ↑ | 0 |
| 2.2 | / | | | | | | | | | 1 |
| 2.3 | /// | | | | | | | | | 3 |
| 2.4 | 卌 | 卌 | | | | | | | | 10 |
| 2.5 | 卌 | 卌 | 卌 | | | | | | | 15 |
| 2.6 | 卌 | 卌 | 卌 | 卌 | 卌 | | | | | 25 |
| 2.7 | 卌 | 卌 | 卌 | 卌 | 卌 | 卌 | 卌 | 卌 | 규 | 40 |
| 2.8 | 卌 | 卌 | 卌 | 卌 | 卌 | 卌 | | | | 30 |
| 2.9 | 卌 | 卌 | 卌 | 卌 | 卌 | | | | 격 | 25 |
| 3.0 | 卌 | 卌 | 卌 | 卌 | | | | | | 20 |
| 3.1 | 卌 | 卌 | | | | | | | | 10 |
| 3.2 | 卌 | | | | | | | | | 5 |
| 3.3 | // | | | | | | | | | 2 |
| 3.4 | / | | | | | | | | | 1 |
| 3.5 | | | | | | | | | ↓ | 0 |

② 불량항목별 체크시이트

작업자가 불량이 발생할 때마다 그에 상당하는 난에 체크 표시를 넣어 작업이 끝나면 어느 항목의 불량이 얼마 만큼 나왔는 가를 확인할 수 있다.

체 크 시 이 트

품　　명 : 쇠고기 스프　　　　　　　　　　　　　　년월일 : 1986.
공　　정 : 포　　장　　　　　　　　　　　　　　　　포장기번호 : 3
검사자명 : 홍길동

| 항　목 | 체　크 | 계 |
|---|---|---|
| 접 착 불 량 | 正 正 正 正 正 | 25 |
| 인 쇄 불 량 | 正 正 正 | 15 |
| 중 량 불 량 | 正 丅 | 7 |
| 합　계 | | 47 |

③ 결점위치조사용 체크시이트

이 체크시이트는 그 제품의 스켓치나 전개도에 체크하도록 되어 있는 것이 많다.

④ 점검확인용 체크시이트

이 체크시이트는 미리 점검할 항목을 전부 기입해 놓고 점검할 때마다 체크해가는 체크시이트이다.

체 크 시 이 트

점검년월일
접　검　자

| 번　호 | 체 크 항 목 | 체　크 |
|---|---|---|
| 1 | 온 도 | ∨ |
| 2 | P H | ∨ |
| 3 | 유 량 | ∨ |
| 4 | 시 간 | ∨ |

## 3.7 층별(層別, stratification)

층별이란 집단을 구성하고 있는 많은 것을 어떤 특징에 따라 몇개의 그룹으로 나누는 것 즉, 모집단을 몇개의 층으로 나눈 것을 말한다.

예를 들면 불량이 발생했을 때 기계별, 작업자별, 재료별, 시간별, 작업방법별 등으로 구분해서 데이터를 잡으면 불량요인을 파악하는 데 많은 정보를 얻을 수 있다.

층별하는 목적은 층별하기 이전의 전체의 품질의 분포와 층별한 다음의 작은 그룹의 분포를 비교하여 봄으로서, 품질에 영향을 미치는 원인을 찾아 내거나 그 원인이 품질에 대한 영향의 정도를 살피는 데 있다.

계량치 데이터는 먼저 히스토그램을 그려 봉우리가 하나인 분포인가 아닌가를 관찰한다. 단봉형(單峰型)이 아닌 경우(쌍봉우리형, 세봉우리형)에는 모집단이 복합되어 있다고 생각하고, 단일 모집단으로 되도록 층별한다.

## 3.8 산포도(散布圖, scatter diagram)

두 종류의 데이터의 상관관계를 그림으로 나타낸 것이 산포도이다. 예를 들면 설탕의 농도와 비중, 반응온도와 수율의 관계 등을 알아보고 싶을 때 이용한다.

### (1) 산포도의 작성법

순서 1 데이터를 모은다.

30쌍 이상의 데이터를 모아서 데이터 시이트에 정리한다.

| 번 호 | 반응온도(℃) | 수율(℃) |
|---|---|---|
| 1 | 78 | 85 |
| 2 | 75 | 76 |
| 3 | 77 | 83 |
| 29 | 74 | 74 |
| 30 | 79 | 86 |
| 31 | 76 | 82 |

순서 2 그래프에 좌표축을 잡는다.

세로축 및 가로축에 눈금을 매기되 세로축에는 위로 갈수록 큰 값을, 가로축은 오른쪽으로 갈수록 큰 값이 되도록 한다. 세로축의 폭과 가로축의 폭이 거의 같도록 눈금을 매긴다. 그러기 위해서는 [가로축의(최대치－최소치)][세로축의(최대치－최소치)]가 대체로 같게 되도록 하면 된다.

순서 3 데이터를 그래프 위에 프롯트(plot, 타점)한다.

데이터를 그래프 위에 점을 찍어 나간다. 이때 같은 데이터가 있어 점이 겹칠 때에는 2중 동그라미 (⊙) 또는 3중 동그라미(◎)로 표시한다.

순서 4 데이터의 기간, 기록자 등을 기입한다.

(2) 산포도의 모양

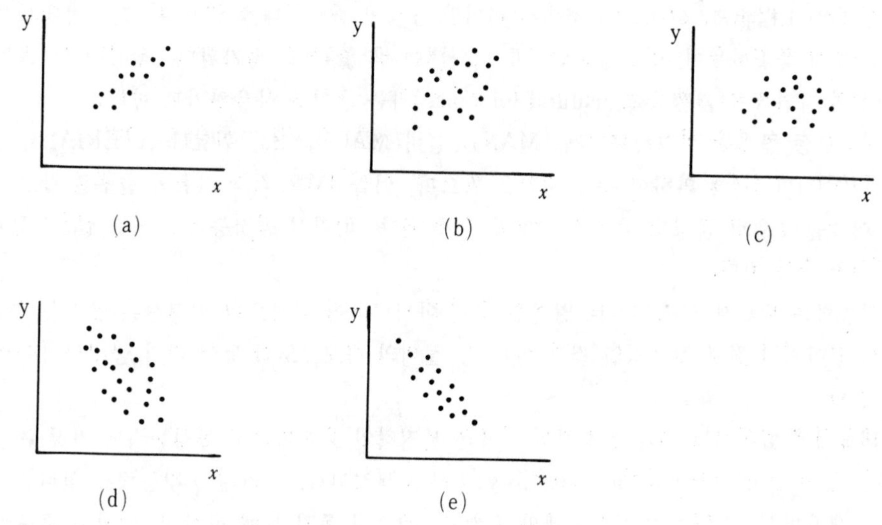


그림 2-19 산포도의 모양

(a) 는 $x$가 증가하면 y가 증가하는 경향으로서 정상관(正相關) 또는 플러스(+, plus)의 상관이 있다고 한다.

(b) 는 $x$가 증가하면 y도 증가하는 경향에 있다. 플러스의 상관이 있음직 하다.

(c) 는 상관이 없는 경우이다.

(d) 는 $x$가 증가하면 y는 감소하는 경향으로서 부상관(負相關) 또는 마이너스(−, minus)의 상관이 있음직 하다.

(e) 는 $x$가 증가하면 y는 감소하는 경향으로서 마이너스의 상관에 있다고 한다.

(3) 산포도 그릴 때 주의점

① 집단과 동떨어진 이상한 점이 있으면 그 원인을 밝히고 원인이 판명되었으면 그 점을 제외한다. 만약 원인을 모를 경우에는 그점까지 포함시켜서 판단한다.

② 전체로 보아서는 상관이 없는듯이 보여도 층별하여 보면 상관이 있는 경우, 이와는 반대로 구분하여 보면 상관이 없는 데 전체로서 보면 상관이 있는 경우도 있다.

# 4. 공정능력

## 4.1 공정능력이란

공정이 정상적으로 가동되고 있는 안정상태에 있을 때 공정에서 생산되는 제품의 품질 변동이 작으면 그 공정의 공정능력은 좋다고 말하고, 품질 변동이 크면 공정능력이 나쁘다고 할 수 있다.

공정능력(工程能力, process capability)이란 공정이 관리상태에 있을 때 그 공정에서 생산되는 제품의 품질변동이 어느 정도인가를 나타내는 량(量)으로 평가된다. 공정능력이라는 용어 대신에 자연공차(自然公差, natural tolerance)라는 용어를 사용하기도 한다.

공정능력은 공정을 형성하는 사람(MAN), 설비(MACHINE), 원료(MATERIAL), 방법(METHOD)의 4M에 의하여 주로 영향을 받으며, 이들 4M은 각각 고유의 산포를 갖고 있으므로 이들을 조합한 공정도 고유의 산포를 갖게 된다. 따라서 공정능력은 이들 4M의 능력으로 분해할 수가 있다.

공정능력은 반드시 시간적으로 일정한 것이 아니다. 어느 정도의 일정성은 공정을 관리함으로서 얻어지나 결코 절대적인 것은 아니다. 설비의 마모, 노화 등에 따라 공정능력은 변화되어 간다.

근대공업에 있어서는 기계나 장치의 사용은 본질적인 요소이므로 공정능력에 가장 큰 기여를 하는 것이 설비능력(machine capability)이라고 생각된다. 그러나 공정능력은 설비능력 이외에도 생산방식, 작업자의 정신자세와 숙련도, 원료의 품질 등에 따라 큰 영향을 줄수 있으므로, 공정능력을 높이기 위해서는 품질변동에 영향을 주는 모든 요소가 관리되어야 한다.

실제의 생산활동에서 일상적으로 제조공정에서의 트라블(trouble)이나 소비자로부터 클레임이 발생한다. 이와 같은 잘못을 예방하기 위해서는 공정능력을 충분히 반영한 품질설계를 하는 것이 필요하고, 산포와 공정능력과의 관계를 알아 두는 것이 중요하다.

## 4.2 공정능력지수

공정능력지수(工程能力指數, process capability index, $C_p$)란 공정능력을 나타내는 척도(尺度)이다. 그 공정능력에서는 어느 정도 규격을 만족할 수 있는지 어떤지를 체크하기 위해서 쓰는 계수이다.

공정능력지수는 일반적으로 다음과 같은 식으로 나타낸다.

- 양쪽규격이 있는 경우

$$C_p=\frac{S_u-S_L}{6\sigma}$$

$S_u$ : 규격상한

$S_L$ : 규격하한

$\sigma$ : 표준편차(공정에서 품질특성의 산포의 크기)

- 한쪽규격만 있는 경우

$$C_p=\frac{S_u-\overline{x}}{3\sigma}$$ (규격상한만 있는 경우

$$C_p=\frac{\overline{x}-S_L}{3\sigma}$$ (규격하한만 있는 경우)

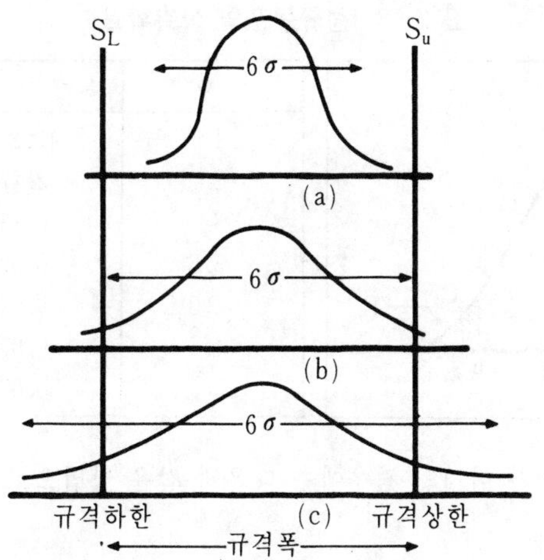


그림 2-20 규격폭과 6σ와의 관계

그림 2-20의 (a)는 $C_p$의 값이 1보다 커서 공정능력이 충분히 좋음을 나타내며 불량률이 영에 가깝다. (b)의 경우는 $C_p=1$로 $S_u-S_L=6\sigma$를 의미하며, 이 때에 규격을 벗어나는 제품은 전체의 0.3%정도에 지나지 않는다. (c)의 경우는 $C_p$의 값이 1보다 작으며 공정능력이 불충분한 경우이다. 일반적으로 공정능력의 등급을 공정능력지수에 따라서 다음과 같이 분류한다.

공정능력의 판정기준

| 공정능력의 범위 | 공정능력의 판단 |
|---|---|
| $C_p \geq 1.33$ | 공정능력 충분 |
| $1.33 > C_p \geq 1$ | 공정능력 양호 |
| $1 > C_p \geq 0.67$ | 공정능력 부족 |
| $0.67 > C_p$ | 공정능력 불량 |

공정능력의 판정기준 $C_p>1.33$은 공정의 품질관리 폭이 양쪽은

$1.33\times 6\sigma = 7.98\sigma \fallingdotseq 8\sigma$

한쪽은 $4\sigma$ 이상을 의미하고 있다.

표 2- 8 정규분포의 상측(上側)확률에 의하면 그 한쪽 발생 확률은

$0.0031671\% \fallingdotseq 3\times 10^{-5}$

즉, 10만개에 3개 발생하는 것을 의미한다.

이것은 한쪽 공정능력 $4\sigma$ 즉, 1.33의 $C_p$를 보유하는 공정에서 불량발생은 10만개당 3개라는 것을 의미하고 있다.

따라서 ppm(part per million)수준의 공정 품질관리라고 하는 것은 공정능력 $C_p \fallingdotseq 1.5$이상 한쪽공정능력 $4.5\sigma$이상으로 한다는 것을 의미한다. 이것은 품질특성치의 평균치를 레벨업(level up)시키고 공정의 산포를 줄임으로서 달성할 수 있다.

표 2-8 정규분포의 상측확률

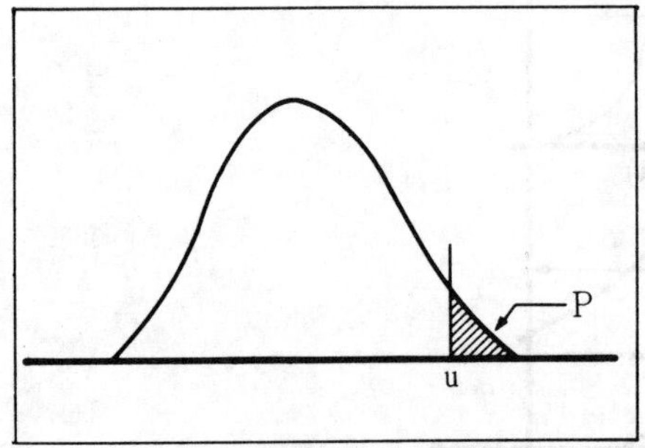


| u | P % |
|---|---|
| 1 | 15.856 ≒$2\times10^{-1}$ |
| 2 | 2.275 ≒$2\times10^{-2}$ |
| 3 | 0.13499 ≒$1\times10^{-3}$ |
| 3.5 | 0.023263 ≒$2\times10^{-4}$ |
| 4.0 | 0.0031671 ≒$3\times10^{-5}$ |
| 4.5 | 0.00033977 ≒$3\times10^{-6}$ |
| 5.0 | 0.000047918≒$5\times10^{-7}$ |

공정능력지수 계산시 $\sigma$가 미지인 경우에는 다음과 같은 방법으로 $\hat{\sigma}$(시그마 헬)을 추정한다.

① 원 데이터를 그대로 이용

$$\hat{\sigma}=\sqrt{V}=\sqrt{\frac{S}{n-1}}$$

② 원 데이터를 이용하여 도수분포표 작성하고 $\sigma$ 추정

③ $\overline{x}-R$ 관리도를 작성하여 추정

$$\hat{\sigma}=\frac{\overline{R}}{d_2}$$

## 5. 공정해석

제품을 효율적으로 생산하기 위해서는 공정의 관리가 필요하다. 공정관리(工程管理)란 원부재료에서부터 최종제품의 생산에 이르기까지 배합·제조·가공공정의 흐름을 관리된 상태로 유지하는 것이다. 공정이 관리된 상태에 있는지 그렇지 않은지를 알기 위해서 공정해석을 한다.

### 5.1 공정해석이란

공정해석(工程解釋)이란 공정에서의 특성과 요인과의 관계를 해석하는 것 즉, 공정의 현황을 파악하여 이것이 목표에 대해서 좋은 상태에 있는가 그렇지 않은가를 판단하고, 좋은 상태에 있으면 그대로 유지하고 나쁜 상태라면 이것을 개선하기 위해 해석을 한다. 따라서 해석의 결과는 당연히 유지또는 개선으로 연결된다.

공정을 해석함으로서 개선책이 얻어지며 또, 관리도 등으로 공정관리를 하기 위해서는 이에 앞서 충분한 공정의 해석이 되어있지 않으면 사용할 수 있는 관리도도 만들 수 없고, 좋은 관리를 할 수도 없으므로 공정해석의 역할은 대단히 중요하다.

### 5.2 공정해석에 활용되는 통계적 수법

공정해석은 일상잡고 있는 수많은 데이터를 사용하여 히스토그램, 관리도 등으로 데이터를

정리해서 총괄적으로 공정의 상태를 알 수 있는 간편한 방법이 많이 사용되고 있다. 최근에는 컴퓨터가 데이터 처리에 이용되어 계산도 쉽게 할 수 있게 되었다. 그러나 현장에서도 쉽게 할 수 있는 간이 분석법을 제대로 활용할 수 있다면 대부분의 해석은 가능하기 때문에, 이들 수법을 습득해서 활용할 수 있도록 평소에 교육·훈련을 하는 것이 중요하다.

공정해석에 활용되는 수법은 파레토그림, 특성요인도, 히스토그램, 관리도, 검정과 추정, 상관분석, 실험계획법 등이 있다.

### 5.3 통계적 해석의 절차

공정을 통계적으로 해석하기 위한 일반적인 절차는 다음과 같다.

① 파레토 그림을 그려서 문제가 된 특성을 골라낸다.

② 특성요인도를 만든다. 기술, 경험에 따라 요인의 중요도를 정하고 데이터의 유무를 조사한다.

③ 데이터를 수집한다.

④ 특성에 대한 히스토그램을 만들고 평균치 표준편차를 구하고, 데이터의 분포상태, 규격과의 비교를 한다.

⑤ 특성요인도에서 선정된 중요하다고 생각되는 요인중 계수적인 요인에 대해서는 층별해서 층간의 차이를 조사한다. 차이가 있으면 차이의 추정, 차이를 없애기 위한 조치를 검토한다.

⑥ 계량적인 요인에 대해서 상관관계를 조사한다. 상관이 있으면 어떻게 조치할 것인가를 검토한다.

⑦ 데이터를 시간순, 로트순 등으로 그래프 또는 관리도를 작성하여 점이 늘어선 모양을 조사한다.

- 한계 밖으로 나간 점이 있는가?
- 점이 늘어선 모양이 랜덤한가?
- 경향이 있는가?
- 주기성이 있는가?
- 상관관계가 있는가?

⑧ 이상한 데이터가 있으면 그 원인을 조사해서 조치한다.

⑨ 층별을 검토해 관리도를 다시 그린다.

⑩ 지금까지의 해석에 따라 관리상태에 있는가, 규격을 만족시키는가의 여부를 검토한다.

⑪ 대체로 만족하고 있으면 이것을 가표준(假標準)으로 하여 실시하고 결과를 체크한 후 표준화 한다. 결과가 만족스럽지 못한 경우에는 다시 해석을 계속한다.

## 6. 샘플링법 (sampling 法)

샘플(sample, 試料)이란 모집단(母集團, population)에서 어떤 목적을 갖고 뽑아낸 것을 말하고, 모집단에서 샘플을 뽑아내는 것이 샘플링이다.

공장에서 원료나 제품에서 샘플링하는 목적은 대상으로 하고 있는 모집단에 대한 특성치를 추정하고 그것에 의하여 모집단 즉, 로트(lot)나 공정(工程, process)에 대해 조치를 하기 위한 것이다. 만약 샘플링의 방법이 나쁘면 원부재료의 입고시 손해를 끼치게 되고, 제조공정의 경우 잘못된 판단이나 조치를 하게 되어 제품의 품질이나 수율(收率)등에 큰 손실을 주게된다.

모집단에서 샘플을 뽑아 측정해서 얻은 데이터는 모두 동일한 값이 아니고 산포(散布)를 지니고 있다. 이것은 제조공정에 산포의 요인이 무한하게 있어서 관리상태(管理狀態)라고 하여도 피할 수 없는 산포가 있기 때문에, 로트간은 물론 로트내의 제품에서도 경우에 따라서는 하나의 제품속에서도 여러 가지 산포가 있다.

이와 같이 모집단이 분포(分布)를 갖고 있으므로 모집단으로부터 샘플을 뽑을 때에는 랜덤샘플링(random sampling)이 되도록 주의해야 한다. 좋은 곳만 골라서 샘플을 뽑는다던지, 나쁜 곳만 골라서 샘플링하여서는 진실로 모집단을 대표하는 샘플이 될 수 없다.

어떤 로트가 어떠한 모양을 하고 있는가를 추정하기 위해서는 그 로트의 분포 즉, 통상은 분포의 평균치 또는 산포를 측정하면 된다. 그러나 로트 전부를 측정하는 것은 기술적 경제적으로 곤란하므로, 로트의 일부를 샘플링하여 그것을 측정해서 그 샘플의 평균치나 산포로서 모집단의 평균치나 산포를 추정하지 않을 수 없다. 따라서 샘플링에 대하여는 통계적인 사고방식과 기술적 경제적인 면을 고려하여 합리적으로 샘플링 방법을 정해야 한다.

## 6.1 샘플링법에서 사용하는 용어와 의미

### (1) 샘플(sample, 試料)

모집단에서 그 특성을 조사할 목적을 가지고 샘플링한 것

### (2) 샘플링(sampling)

모집단에서 샘플을 뽑아 내는것

### (3) 샘플의 크기(sample size)

샘플에 포함되는 단위체(單位體)또는 단위량(單位量)의 수

例 1 껌 1,000개의 로트에서 10개를 샘플링하였을 때 샘플의 크기는 10개이다.

例 2 설탕 1,000톤의 로트에서 100㎏의 샘플을 취했을 때 샘플의 크기는 100㎏이다.

### (4) 로트(lot, batch)

같은 조건하에서 생산되며 또는 생산되었다고 생각되는 물품의 집합

例 1 밀(小麥) 4,000톤이 한 척의 배로 입항하였다. 이것을 1로트로 하여 샘플링을 설계했다.

例 2 결정관 1뱃지(batch)에서 10톤의 제품이 나왔다. 로트의 크기는 10톤으로서 여기에서 100 g 의 샘플을 취하였다.

### (5) 샘플링오차(sampling error)

로트에서 샘플을 취하고 이 샘플에 대하여, 측정, 분석 또는 시험을 하여 어떤 특성치(特性

値)를 얻었을 때, 로트의 참값과 샘플에서 얻은 값은 반드시 일치하지 않는다. 이것은 여러 가지 오차(誤差)가 있기 때문이다. 이 오차 가운데 샘플링에 의해 생긴부분을 샘플링 오차라고 한다.

(6) 랜덤샘플링(random sampling)

모집단에서 랜덤하게 샘플을 뽑는 것. 즉, 모집단을 구성하고 있는 단위체 또는 단위량이 동일한 확률(確率)로 샘플중에 들어가도록 샘플링하는 것.

(7) 층별샘플링(層別, stratified sampling)

모집단을 몇개의 층(層)으로 나누어서 각 층(各層)에서 각각 랜덤 샘플링 하는 것. 올바른 명칭은 층별 랜덤 샘플링이다.

例1 한척의 배에 선적된 옥수수를 1로트하고, 배의 각 햇치(hatch)마다 층별하여 각 햇치에서 샘플을 취한다.

例2 트럭에 실린 물품에서 물품을 상중하(上中下)로 층별하고 각각 상층, 중층, 하층에서 1개씩 샘플을 취한다.

(8) 2단 샘플링(二段, two—stage sampling)

모집단을 몇 개의 부분(1차 샘플링단위)으로 나누어, 우선 제1단으로서 그 중의 몇개의 부분을 샘플(1차샘플)로서 취하고 다음에 제2단으로서, 제1단계에서 취한 부분중에서 각각 몇개인가의 단위체 또는 단위량(2차 샘플링단위)을 샘플(2차샘플)로서 취하는 것.

例1 10상자를 1로트로 하여 로트전체의 유산균음료의 평균 고형분을 알기 위해서 1로트에서 먼저 2상자(이 상자가 1차 샘플링 단위)를 취하고, 다음에 2상자에서 각각 5병(이 병이 2차 샘플링단위)을 취하여 합계 10개의 병을 샘플링하였다.

例2 쌀을 실은 1트럭의 차량에서 먼저 쌀 10가마니(이 쌀가마니가 1차 샘플링단위)를 취하고 각 가마니에서 스콥(scope)으로 3회 (이 스콥이 2차 샘플링)의 샘플링을 하였다.

2차 샘플링 단위를 또 몇 개로 나누어 샘플링을 할 때에는 3단 샘플링이라고 하며 또 몇 단에 걸쳐서 샘플링하는 것을 다단샘플링(多段, multi—stage sampling)이라고 한다.

(9) 집락 샘플링(集落, cluster sampling)

모집단을 몇 개의 부분(이것을 집락이라고 함)으로 나누어 그 나눈부분 가운데 몇 개를 랜덤하게 골라 선택한 부분은 모두 샘플로 하는 것, 집단 샘플링이라고도 한다.

(10) 계통 샘플링(系統, systematic sampling)

모집단에서 시간적 또는 공간적으로 일정한 간격으로 샘플링하는 것.

이 경우 최초의 개체는 그 간격에 상당한 가운데서 랜덤하게 뽑아서 정한다.

(11) 인크리멘트(increment)

모집단이 개품(個品)으로 구성되어 있는 경우에는 1개 1개의 물품이 단위샘플(單位 sample)로 되나, 분괴혼합물(粉塊混合物) 등 집합체나 연속체(連續體)의 경우에는 모집단에서 1회의 동작으로 적당한 량을 취하는 것이 필요하다. 이 1회의 동작으로 채취된 것을 인크리멘트라고 하고, 그 량을 인크리멘트의 크기라 한다. 인크리멘트의 크기는 그 대상물의 입도(粒度)에 따라 정하게 된다.

최대 입경에 따라 인크리멘트를 취하는 스콥(scope, 삽)의 크기는 표 2-9와 같다.

표 2-9 인크리멘트의 크기(용량, 치수)와 로트의 최대입도

| 삽번호 | 최대 입도 [mm] | 삽의 치수 (mm) | | | | | | | | a/c | b/c | 용량 [mℓ] |
|---|---|---|---|---|---|---|---|---|---|---|---|---|
| | | a | b | c | d | e | f | g | 재료의 두께 | | | |
| 1 | 1 | 30 | 15 | 30 | 25 | 12 | 적당하게 | | 0.5 | 1.0 | 0.50 | 약15 |
| 3 | 3 | 40 | 25 | 40 | 30 | 15 | 〃 | 〃 | 0.5 | 1.0 | 0.63 | 40 |
| 5 | 5 | 50 | 30 | 50 | 40 | 20 | 〃 | 〃 | 1 | 1.0 | 0.60 | 75 |
| 10 | 10 | 60 | 35 | 60 | 50 | 25 | 〃 | 〃 | 1 | 1.0 | 0.58 | 125 |
| 15 | 15 | 70 | 40 | 70 | 60 | 30 | 〃 | 〃 | 2 | 1.0 | 0.57 | 200 |
| 20 | 20 | 80 | 45 | 80 | 70 | 35 | 〃 | 〃 | 2 | 1.0 | 0.56 | 300 |
| 30 | 30 | 90 | 50 | 90 | 80 | 40 | 〃 | 〃 | 2 | 1.0 | 0.56 | 400 |
| 40 | 40 | 110 | 65 | 110 | 95 | 50 | 〃 | 〃 | 2 | 1.0 | 0.59 | 790 |
| 50 | 50 | 150 | 75 | 150 | 130 | 65 | 〃 | 〃 | 2 | 1.0 | 0.50 | 1,700 |
| 75 | 75 | 200 | 100 | 200 | 170 | 80 | 〃 | 〃 | 2 | 1.0 | 0.50 | 4,000 |
| 100 | 100 | 250 | 110 | 250 | 220 | 100 | 〃 | 〃 | 2 | 1.0 | 0.44 | 7,000 |
| 125 | 125 | 300 | 120 | 300 | 250 | 120 | 〃 | 〃 | 2 | 1.0 | 0.40 | 10,000 |
| 150 | 150 | 350 | 140 | 350 | 300 | 140 | 〃 | 〃 | 2 | 1.0 | 0.40 | 16,000 |

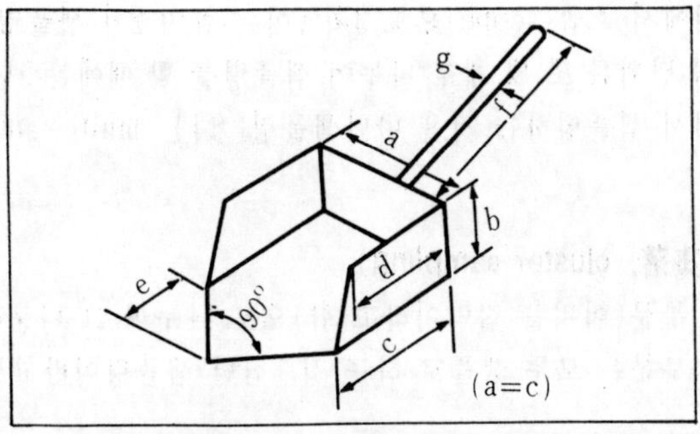


그림 2-21 스콥

例1 콩(大豆) 로트에서 1㎏들어가는 스콥으로 10곳에서 1회씩 샘플링해서 이것을 샘플로 하였다. 이 때 1스콥의 콩이 인크리멘트이고 인크리멘트의 크기는 1㎏이다. 또 인크리멘트의 수는 10이다.

例2 1롤(roll)의 포장필름에서 샘플을 취하는 데 길이 30㎝의 것을 3개 채취했다. 이 30㎝의 것이 인크리멘트이다. 이와 같은 경우는 시장(試長, sample length)이라고 한다.

(12) 대량샘플(大量, gross sample)

인크리멘트를 몇 개 모아서 축분(縮分)을 위한 측정용 샘플을 조제하는 경우에 축분으로 나누기 전에 모은 샘플을 대량샘플이라 한다.

(13) 축분(縮分, reduction)

집합체에서 샘플을 채취할 경우 모은 샘플에서 차례로 량을 줄여서 측정용 샘플을 만드는 것

例 1 설탕의 로트에서 인크리멘트 1㎏으로 10개의 샘플을 취하였다. 이 10㎏의 대량샘플을 축분하여 2.5㎏으로 하였다.

(14) 단위체(單位體, unit)

공장에서 취급하는 자재 물품등을 샘플링 할 때 그 대상의 상태에 따라 단위체, 집합체, 연속체 단위량 등으로 나눈다.

단위체란 갯수로 셀 수 있는 물품의 하나로서 예를 들면 사탕, 껌, 통조림 등이 여기에 속하며, 샘플링단위는 한 개 한 개의 물품이고 그것이 시험측정의 대상으로 된다.

(15) 집합체(集合體, bulk materials)

단위체가 한 개 한 개 셀 수 있는 개체(個體)인데 비하여 집합체는 액체와 액체, 액체와 고체, 고체와 고체 등이 한데 섞여 있어 한 개 두 개로 셀 수 없는 물품의 집합을 말한다.

例 1 물과 알콜이 혼합된 상태

例 2 물에 설탕이 용해된 상태

例 3 물에 소금이 완전히 녹지 않고 있는 상태(slurry 상태)

例 4 설탕, 소금 등의 혼합물

(16) 연속체(連續體)

자동포장용 필름, 실 등과 같이 연속해서 연결되어 있는 것을 말한다. 연속체의 샘플링은 한가운데서 채취하기가 어렵기 때문에 한 끝에서 채취하는 경우가 많다. 끝부분의 데이터를 대용할 수 있기 위해서는 본체(本體)와 끝부분 샘플의 차가 일정해야 한다.

(17) 단위량(單位量, unit quantity)

집합체를 구성하는 물품의 일정량을 말한다. 예를 들면 한삽의 석탄, 5㎝의 동선, 1㎡의 직물 등

## 6.2 각종 샘플링 방법

(1) 랜덤샘플링(random sampling)

랜덤(random)이란 닥치는 대로, 되는대로, 손에 잡히는 대로의 뜻을 갖는 말이고, 랜덤 샘플링은 로트 전체에서 샘플을 랜덤하게 채취하는 방법으로서 실제에는 랜덤하게 채취한다는

것은 대단히 어렵다. 랜덤 샘플링은 로트 전체에서 채취할 경우 외에 층별 샘플링이나 다단 샘플링에서 각 층에서 샘플을 채취할 경우, 집락샘플링에서 많은 집락에서 몇개의 집락(集落)을 샘플링할 경우 등에도 적용된다.

랜덤샘플링하는 데는 다음과 같은 방법에 의한다.

① 대상물(對象物)을 잘 뒤섞어서 샘플링하는 방법

샘플링의 대상이 되는 단위체가 잘 뒤섞여질 수 있는 경우에 로트전체를 잘 섞어서 눈을 감은 기분으로 손에 닿는대로 뽑는 것도 하나의 방법이다. 그러나 이방법은 물품에 따라서는 형상 또는 성능상으로 뒤섞을 수 없는 것 또는, 실제의 조작이 대단히 복잡해서 잘 섞이지 않는 일이 많다.

② 난수표(亂數表)를 이용하여 샘플링하는 방법

난수표란 0~9까지의 숫자가 랜덤하게 즉, 무질서하게 나열된 것이다. 이 난수표는 어떤 숫자가 특히 나오기 쉽거나 또는 나오기 어렵거나 하는 경향이 없도록 통계적인 검정(檢定)에 의하여 만들어진 표로서, 단위체의 번호가 1자리, 2자리, 3자리 또는 그 이상 몇 자리 수라고 하더라도 사용할 수 있다. 이 방법은 난수표를 이용하여 난수를 구하고 그 난수에 상당하는 번호의 물품은 샘플로 하여 채취한다. 샘플링의 대상이 한 개 한개 등의 번호를 붙일수 있는 경우에 적용된다. KS A 3151(랜덤샘플링방법)에서 그 일부를 뽑아 표시하면 표2-10과 같이 된다.

· 난수표의 출발점의 결정방법 :

난수표의 어느 면 어느 숫자로부터 읽기 시작하느냐를 랜덤하게 정한다.

· 난수표의 읽기 :

1자리 또는 2자리수의 난수가 필요한 경우에는 오른쪽으로 읽어나간다. 오른쪽 끝에 이르면 다음행의 왼쪽 끝으로 옮긴다. 3자리 이상의 난수가 필요한 경우에는 아랫쪽으로 읽어 나간다. 아랫쪽 끝에 이르면 같은 면중의 다음열로 옮긴다. 3자리의 경우에는 한별 4개의 숫자중 최후의 1개를 버린다. 면의 오른쪽 아래끝에 이르면 다음면의 왼쪽 위 끝으로 옮긴다. 최후 면의 경우에는 최초의 면으로 옮긴다.

**예 1** : 난수표의 출발점이 난수표의 제10행(난수표에는 표2-10과 같이 행에만 번호가 붙어있다.)의 제1열이라고 정해졌다 하자. 2자리의 난수를 취하고 싶을 때에는 52, 80, 96, 18, 85, 89, 44……가 된다.

**예 2** : 3자리의 난수를 취하고 싶을 때에는 보기1과 같이 제10행 제1열의 왼쪽 끝에서 출발하면 528, 114, 614, 902, 512, 644, 638……이 된다.

난수표를 사용하여 샘플을 채취하는 방법의 보기는 다음과 같다.

**예 3** : 80개의 물품으로부터 5개를 랜덤하게 채취하라.

〔방법〕 우선 난수표의 출발점을 정하여 2자리의 난수를 읽고 나온 숫자에 해당하는 물품을 채취한다. 두번 나온 숫자와 00및 81이상의 숫자는 버린다. 난수는 난수표의 제10행 제1열의 왼쪽 끝부터 시작한다면 52, 80, **18, 44, 02가 된다.**

**예 4** : 320개 물품으로부터 5개를 랜덤하게 채취하라.

〔방법〕 난수표의 3자리의 난수를 읽고 나온 수에 해당하는 물품을 채취한다. 두 번 나온 숫자와 000및 321 이상의 수는 버린다. 난수는 난수표의 제10행 제1열의 왼쪽 끝에서부터 시작한다면 114, 119, 59, 303, 307이 된다.

이와 같이 버리는 숫자가 많은 경우에는 다음 방법에 따르면 좋다.

로트의 크기 이하의 난수일 때는 그대로 사용하고 넘는 경우에는 로트의 크기(이 보기의 경우 320)로 원난수열을 나누어 나머지로 바꾸어 놓은 수열을 만든다. 다만 961 이상 및 000은 버린다. 또한 나머지가 0일때는 320으로 한다. 즉, 208, 114, 294, 262, 192가 된다.

표 2-10 난 수 표

| | | | | | | | | | | |
|---|---|---|---|---|---|---|---|---|---|---|
| 1 | 87 39 | 03 32 | 89 57 | 01 52 | 93 64 | 54 51 | 33 33 | 05 69 | 33 92 | 31 73 |
| 2 | 71 60 | 26 74 | 32 43 | 08 67 | 72 14 | 75 67 | 06 58 | 40 08 | 88 27 | 52 74 |
| 3 | 06 71 | 36 11 | 93 46 | 49 05 | 79 59 | 39 26 | 68 83 | 62 92 | 48 88 | 49 39 |
| 4 | 26 86 | 24 22 | 38 30 | 82 01 | 56 96 | 56 54 | 88 16 | 38 10 | 80 63 | 74 97 |
| 5 | 01 01 | 65 44 | 47 66 | 03 63 | 16 59 | 79 90 | 17 18 | 88 26 | 75 56 | 15 03 |
| 6 | 11 80 | 13 80 | 97 69 | 97 76 | 77 68 | 68 87 | 85 03 | 92 93 | 61 24 | 25 41 |
| 7 | 44 62 | 62 28 | 12 83 | 57 88 | 61 73 | 52 89 | 65 24 | 86 21 | 06 47 | 86 21 |
| 8 | 78 16 | 36 75 | 96 77 | 33 97 | 49 09 | 70 93 | 93 74 | 10 07 | 59 92 | 19 20 |
| 9 | 78 62 | 73 36 | 75 17 | 62 90 | 37 81 | 02 65 | 07 06 | 32 92 | 91 61 | 52 01 |
| 10 | 52 80 | 96 18 | 85 89 | 44 96 | 02 74 | 76 35 | 60 97 | 71 14 | 85 70 | 25 01 |
| 11 | 11 45 | 22 06 | 41 71 | 41 22 | 74 42 | 98 56 | 17 05 | 26 46 | 44 57 | 11 52 |
| 12 | 61 44 | 64 37 | 33 70 | 45 48 | 21 22 | 67 64 | 92 13 | 50 24 | 46 33 | 70 66 |
| 13 | 90 25 | 70 04 | 44 17 | 80 13 | 13 89 | 57 28 | 39 51 | 82 67 | 49 26 | 52 59 |
| 14 | 51 22 | 60 83 | 91 23 | 63 07 | 09 70 | 07 78 | 05 00 | 28 93 | 83 95 | 93 84 |
| 15 | 64 43 | 19 51 | 93 21 | 08 93 | 60 68 | 50 23 | 50 64 | 37 79 | 08 36 | 28 05 |
| 16 | 63 80 | 86 43 | 17 46 | 55 21 | 23 06 | 34 89 | 71 68 | 24 47 | 95 47 | 47 82 |
| 17 | 50 71 | 68 49 | 98 08 | 99 78 | 55 41 | 06 99 | 80 00 | 04 65 | 44 32 | 60 64 |
| 18 | 45 08 | 84 52 | 68 09 | 34 36 | 32 09 | 20 93 | 61 37 | 67 45 | 06 47 | 87 35 |
| 19 | 63 45 | 60 28 | 83 55 | 98 02 | 96 39 | 48 86 | 79 75 | 25 41 | 27 89 | 93 12 |
| 20 | 11 93 | 02 30 | 42 60 | 51 57 | 47 28 | 81 44 | 49 24 | 40 24 | 14 86 | 00 39 |
| 21 | 75 65 | 50 06 | 22 14 | 64 53 | 20 90 | 08 13 | 58 06 | 04 26 | 92 02 | 06 95 |
| 22 | 05 97 | 46 66 | 27 96 | 92 87 | 60 29 | 45 25 | 65 24 | 06 36 | 92 11 | 91 33 |
| 23 | 66 35 | 89 72 | 98 29 | 91 74 | 46 54 | 11 42 | 98 93 | 60 92 | 20 79 | 51 12 |

| | | | | | | | | | | |
|---|---|---|---|---|---|---|---|---|---|---|
| 24 | 30 36 | 92 56 | 25 46 | 51 72 | 04 89 | 82 35 | 51 95 | 48 39 | 60 76 | 88 94 |
| 25 | 70 37 | 97 81 | 83 19 | 96 18 | 07 88 | 25 60 | 95 04 | 20 91 | 15 27 | 68 68 |
| 26 | 30 76 | 68 14 | 00 62 | 55 65 | 97 29 | 74 20 | 84 39 | 53 59 | 66 52 | 34 66 |
| 27 | 79 14 | 14 30 | 98 47 | 97 35 | 11 32 | 79 62 | 99 61 | 78 87 | 56 69 | 08 66 |
| 28 | 29 08 | 65 71 | 75 78 | 48 21 | 44 71 | 43 34 | 76 28 | 70 84 | 95 43 | 12 24 |
| 29 | 43 66 | 82 68 | 26 42 | 24 83 | 92 63 | 30 01 | 67 57 | 08 81 | 66 73 | 73 90 |
| 30 | 17 80 | 91 27 | 50 20 | 45 71 | 71 53 | 29 97 | 53 18 | 43 18 | 30 59 | 51 44 |
| 31 | 99 15 | 28 63 | 96 86 | 84 96 | 31 02 | 31 79 | 91 93 | 65 13 | 35 98 | 87 07 |
| 32 | 74 88 | 00 84 | 14 22 | 14 69 | 63 05 | 05 16 | 77 22 | 80 58 | 09 85 | 93 44 |
| 33 | 10 83 | 19 30 | 07 25 | 75 49 | 28 40 | 47 92 | 83 53 | 22 85 | 15 22 | 26 05 |
| 34 | 50 02 | 25 84 | 49 43 | 93 01 | 59 86 | 00 96 | 21 49 | 81 21 | 19 61 | 53 77 |
| 35 | 13 49 | 64 86 | 78 30 | 14 79 | 53 66 | 39 46 | 14 70 | 88 81 | 81 37 | 66 98 |
| 36 | 19 32 | 71 24 | 86 65 | 59 45 | 94 39 | 74 59 | 27 78 | 10 88 | 68 18 | 99 76 |
| 37 | 47 12 | 36 77 | 33 41 | 74 43 | 91 03 | 03 13 | 14 16 | 41 29 | 30 78 | 21 81 |
| 38 | 43 42 | 39 51 | 51 79 | 54 65 | 11 71 | 56 50 | 82 42 | 32 36 | 13 65 | 83 80 |
| 39 | 35 30 | 77 66 | 91 22 | 29 15 | 70 61 | 50 51 | 33 27 | 31 96 | 84 77 | 12 74 |
| 40 | 77 18 | 24 19 | 79 70 | 20 26 | 20 30 | 31 94 | 39 37 | 09 53 | 09 96 | 06 52 |
| 41 | 30 14 | 52 20 | 56 80 | 17 50 | 41 54 | 64 44 | 86 94 | 18 89 | 42 92 | 00 37 |
| 42 | 16 59 | 01 96 | 46 72 | 47 96 | 17 37 | 27 69 | 83 32 | 45 98 | 59 21 | 58 32 |
| 43 | 79 49 | 52 69 | 44 47 | 05 39 | 65 24 | 36 78 | 45 27 | 17 85 | 22 66 | 45 29 |
| 44 | 41 58 | 85 16 | 74 20 | 66 22 | 97 74 | 46 98 | 60 99 | 83 35 | 09 37 | 25 52 |
| 45 | 43 86 | 32 40 | 65 39 | 26 39 | 51 98 | 61 35 | 51 27 | 49 28 | 22 18 | 89 03 |
| 46 | 65 61 | 44 33 | 80 16 | 00 10 | 49 16 | 41 21 | 24 67 | 16 35 | 22 12 | 52 21 |
| 47 | 75 34 | 75 66 | 51 35 | 44 63 | 49 03 | 59 42 | 87 65 | 04 80 | 60 73 | 32 38 |
| 48 | 73 32 | 14 14 | 18 01 | 80 87 | 74 29 | 11 69 | 05 03 | 95 85 | 48 77 | 48 42 |
| 49 | 39 51 | 41 61 | 55 33 | 47 73 | 52 94 | 33 06 | 46 28 | 00 33 | 81 06 | 00 02 |
| 50 | 70 07 | 23 00 | 02 20 | 76 92 | 80 57 | 45 39 | 28 82 | 68 17 | 01 83 | 27 09 |
| 51 | 90 16 | 11 24 | 16 73 | 97 64 | 12 68 | 93 04 | 14 96 | 88 13 | 12 36 | 75 93 |
| 52 | 43 58 | 44 50 | 06 98 | 58 55 | 28 03 | 27 95 | 31 06 | 70 20 | 17 16 | 64 26 |
| 53 | 69 86 | 79 10 | 57 78 | 05 90 | 80 86 | 28 97 | 82 40 | 17 24 | 88 77 | 04 23 |
| 54 | 42 32 | 03 29 | 05 11 | 31 71 | 13 41 | 14 10 | 35 94 | 40 92 | 24 51 | 45 51 |
| 55 | 04 25 | 31 45 | 23 00 | 25 70 | 28 98 | 48 27 | 01 26 | 19 50 | 51 27 | 72 13 |

| | | | | | | | | | | |
|---|---|---|---|---|---|---|---|---|---|---|
| 56 | 86 40 | 50 85 | 56 33 | 10 30 | 18 84 | 12 99 | 33 87 | 20 57 | 84 86 | 48 36 |
| 57 | 43 23 | 83 82 | 06 62 | 86 97 | 81 69 | 19 96 | 56 16 | 86 86 | 12 35 | 18 73 |
| 58 | 19 87 | 89 47 | 03 61 | 61 06 | 22 20 | 76 18 | 34 60 | 12 49 | 28 04 | 88 18 |
| 59 | 84 01 | 94 59 | 09 68 | 33 23 | 06 61 | 31 84 | 12 01 | 08 56 | 81 36 | 84 86 |
| 60 | 22 92 | 07 85 | 10 63 | 47 35 | 61 46 | 88 52 | 82 06 | 96 62 | 34 44 | 44 86 |
| 61 | 82 33 | 87 15 | 59 31 | 07 85 | 19 40 | 33 67 | 00 13 | 53 74 | 98 61 | 69 50 |
| 62 | 08 34 | 56 35 | 82 23 | 04 60 | 39 06 | 30 12 | 46 98 | 09 45 | 20 36 | 80 26 |
| 63 | 78 23 | 10 47 | 28 94 | 23 15 | 80 17 | 20 86 | 71 29 | 04 03 | 02 51 | 70 69 |
| 64 | 07 45 | 64 24 | 08 25 | 49 18 | 34 48 | 06 36 | 02 53 | 38 38 | 47 42 | 29 48 |
| 65 | 60 32 | 02 77 | 58 21 | 42 63 | 06 94 | 62 11 | 90 09 | 56 12 | 35 50 | 52 85 |
| 66 | 07 33 | 11 09 | 64 82 | 94 98 | 51 79 | 87 46 | 40 85 | 10 16 | 52 31 | 83 65 |
| 67 | 90 10 | 56 18 | 63 56 | 73 27 | 58 85 | 83 39 | 40 38 | 90 76 | 11 09 | 84 75 |
| 68 | 12 28 | 74 31 | 78 77 | 52 82 | 23 01 | 61 16 | 63 78 | 08 77 | 11 00 | 84 15 |
| 69 | 27 00 | 81 26 | 64 66 | 11 78 | 03 09 | 77 27 | 78 52 | 41 78 | 88 63 | 62 15 |
| 70 | 76 12 | 22 22 | 25 88 | 19 11 | 00 54 | 85 00 | 68 10 | 23 50 | 00 82 | 59 23 |
| 71 | 09 96 | 95 22 | 39 35 | 41 09 | 14 73 | 75 31 | 09 13 | 22 45 | 23 52 | 27 96 |
| 72 | 00 14 | 35 89 | 56 52 | 10 78 | 53 94 | 55 31 | 74 31 | 15 57 | 18 32 | 24 44 |
| 73 | 78 97 | 20 25 | 64 42 | 71 23 | 13 37 | 19 92 | 23 74 | 11 43 | 48 28 | 24 04 |
| 74 | 73 60 | 48 69 | 44 97 | 25 36 | 95 66 | 06 74 | 68 84 | 44 62 | 89 46 | 14 52 |
| 75 | 49 60 | 97 22 | 54 30 | 57 90 | 15 34 | 42 77 | 63 06 | 48 70 | 62 42 | 31 10 |
| 76 | 78 43 | 59 09 | 76 15 | 94 47 | 91 66 | 87 06 | 27 17 | 01 41 | 53 62 | 92 05 |
| 77 | 47 81 | 65 81 | 44 55 | 51 93 | 25 07 | 45 90 | 65 29 | 04 65 | 96 22 | 29 43 |
| 78 | 97 58 | 79 03 | 26 64 | 90 92 | 12 81 | 31 98 | 39 17 | 26 86 | 58 83 | 63 61 |
| 79 | 71 65 | 41 00 | 66 93 | 35 75 | 01 93 | 35 02 | 54 23 | 10 77 | 51 07 | 01 36 |
| 80 | 95 32 | 29 52 | 75 52 | 40 80 | 62 69 | 87 82 | 71 74 | 40 38 | 96 39 | 91 55 |
| 81 | 23 04 | 50 65 | 50 51 | 74 29 | 63 42 | 22 31 | 29 09 | 67 36 | 50 22 | 72 51 |
| 82 | 26 06 | 28 45 | 33 65 | 24 99 | 31 28 | 25 10 | 50 24 | 14 66 | 90 92 | 69 09 |
| 83 | 78 07 | 92 28 | 26 52 | 98 10 | 30 39 | 73 67 | 88 59 | 04 49 | 27 67 | 66 27 |
| 84 | 55 23 | 92 23 | 45 86 | 34 10 | 70 32 | 87 38 | 39 12 | 78 30 | 05 43 | 07 57 |
| 85 | 02 03 | 48 05 | 22 16 | 42 81 | 95 86 | 03 27 | 69 40 | 75 39 | 95 14 | 26 45 |
| 86 | 80 29 | 84 54 | 35 31 | 32 42 | 70 52 | 14 80 | 27 24 | 21 32 | 08 27 | 21 49 |
| 87 | 26 74 | 75 11 | 09 60 | 30 70 | 35 46 | 74 09 | 36 06 | 17 06 | 16 50 | 71 00 |
| 88 | 20 33 | 24 23 | 65 38 | 12 97 | 82 81 | 22 29 | 43 17 | 11 30 | 58 95 | 48 19 |

| | | | | | | | | | | |
|---|---|---|---|---|---|---|---|---|---|---|
| 89 | 67 54 | 61 23 | 82 95 | 56 92 | 91 81 | 62 73 | 85 72 | 72 35 | 82 56 | 60 99 |
| 90 | 19 88 | 09 94 | 94 08 | 24 06 | 27 68 | 89 62 | 06 29 | 94 72 | 56 69 | 93 83 |
| 91 | 01 15 | 99 64 | 85 58 | 89 90 | 04 44 | 70 82 | 60 20 | 17 31 | 49 32 | 57 23 |
| 92 | 54 17 | 63 28 | 38 49 | 86 53 | 48 22 | 93 01 | 58 53 | 38 73 | 95 53 | 46 27 |
| 93 | 57 45 | 80 76 | 20 74 | 53 06 | 01 05 | 96 20 | 85 91 | 44 82 | 83 57 | 31 70 |
| 94 | 50 77 | 14 35 | 44 69 | 74 04 | 78 04 | 13 12 | 83 51 | 04 33 | 76 44 | 98 83 |
| 95 | 45 14 | 72 12 | 69 15 | 06 16 | 84 92 | 63 17 | 99 31 | 40 24 | 97 70 | 48 45 |
| 96 | 31 87 | 82 71 | 51 61 | 99 55 | 74 61 | 76 98 | 54 59 | 65 91 | 49 86 | 21 59 |
| 97 | 26 54 | 62 54 | 05 32 | 12 09 | 85 60 | 54 62 | 80 56 | 49 45 | 33 02 | 59 70 |
| 98 | 21 07 | 99 87 | 36 14 | 16 86 | 79 18 | 00 54 | 23 54 | 14 12 | 53 82 | 36 86 |
| 99 | 18 05 | 67 48 | 84 97 | 95 54 | 81 89 | 33 11 | 43 75 | 92 17 | 47 51 | 86 92 |
| 100 | 72 59 | 04 73 | 24 24 | 67 26 | 00 26 | 70 73 | 83 67 | 14 24 | 51 95 | 26 68 |

③ 샘플링용 카아드의 사용방법

상자 등에 언제나 물품이 일정한 양식으로 들어있고, 그것으로부터 n개의 물품을 뽑아내는 작업이 반복될 경우에, 보기에 가리키는 것과 같은 샘플링 카아드를 작성하여 행하면 편리하다.

보기 : 20개의 물품이 다음 표2-11과 같이 상자에 들어 있을때 이 중에서 3개를 랜덤하게 뽑아 내려면

〔방법〕 표2-12와 같은 카아드를 다수 준비하여 놓고 먼저 설명한 방법에 의해 1~20범위의 난수3개를 반복 골라내서 해당숫자에 ○표를 한다.

표 2-11

| | | | | |
|---|---|---|---|---|
| ○ | ○ | ○ | ○ | ○ |
| ○ | ○ | ○ | ○ | ○ |
| ○ | ○ | ○ | ○ | ○ |
| ○ | ○ | ○ | ○ | ○ |

표 2-12

| | | | | |
|---|---|---|---|---|
| 1 | 2 | 3 | 4 | 5 |
| 6 | 7 | 8 | 9 | ⑩ |
| 11 | 12 | ⑬ | 14 | ⑮ |
| 16 | 17 | 18 | 19 | 20 |

| | | | | |
|---|---|---|---|---|
| 1 | 2 | 3 | ④ | 5 |
| 6 | 7 | 8 | 9 | 10 |
| ⑪ | 12 | 13 | 14 | 15 |
| 16 | 17 | ⑱ | 19 | 20 |

| | | | | |
|---|---|---|---|---|
| 1 | 2 | 3 | 4 | 5 |
| ⑥ | 7 | 8 | 9 | ⑩ |
| 11 | 12 | ⑬ | 14 | 15 |
| 16 | 17 | 18 | 19 | 20 |

이와같이 미리 준비된 난수카아드에서 트럼프를 치듯이 1장을 뽑아낸 카아드의 ○표에 상당하는 물품을 뽑아낸다.

(2) 2단 샘플링(two-stage sampling)

로트에서 제1단으로서 1차 샘플링 단위를 몇 개 채취하고 다음에 제2단으로서 각각의 1차 샘플링단위에서 2차 샘플링단위를 채취한다. 공장에서 잘 행해지는 방법으로서, 이 실시를 위해서는 1차 및 2차 샘플링단위 사이에 특정치가 어느 정도 변동하고 있는가, 그 산포의 크기와 샘플링하는 데 소요되는 수고 경비등을 감안하여 1차 및 2차 샘플링단위의 채취 갯수를 결정한다. 일반적으로 정밀도(精密度)를 좋게하기 위해서 1차 샘플링단위를 될수록 많이 취하고, 각1차 샘플링 단위에서는 1개씩의 2차 샘플링단위를 취하는 것이 좋다. 1차 및 2차의 샘플링단위는 각각 랜덤하게 채취한다.

(3) 층별 샘플링(stratified sampling)

로트를 몇개의 층으로 나누어 모든 층에서 샘플을 랜덤하게 채취하는 것이다. 층으로 나눌 때는 기술적인 지식 및 예비조사에 의해 층내(層內)가 될수록 균일하게 되도록 층별하는 것이 좋다. 층내를 균일하게 할수록 전체의 샘플링 정밀도가 좋게 된다. 층별 샘플링은 샘플수를 적게 하여도 동일한 정밀도가 달성되기 때문에 대단히 이용가치가 크고 공장에서 크게 활용될 수 있는 방법이다.

(4) 집락 샘플링(cluster sampling)

모집단을 여러개의 집락으로 나누어서 그 나눈 부분 중 몇 개를 랜덤하게 골라 선택한 부분은 모두 샘플로서 샘플링하는 것. 공장에서 물품을 대상으로 하는 경우에는 별로 쓰이지 않는다. 집락을 잘 만들지 않을 때 정밀도가 나쁘게 된다.

(5) 유의 샘플링(有意 sampling, purposive sampling)

로트 전체의 평균치를 알기 위해서 로트 전체를 대표하도록 샘플을 취하지 않고 일부의 특정부분을 채취하고, 그 샘플의 값으로 전체를 추정하는 방법으로 공장에서는 공정관리나 수입검사 등을 하는 데 사용된다. 예를 들면 다음과 같은 것이 모두 유의샘플링이다.

① 긴 연속체의 한 끝에서의 샘플 : 포장필름, 테이프, 실

② 특정시기의 샘플

③ 특정공간적 위치에서의 샘플

④ 가루와 덩어리가 섞여있는 혼합물에서의 특정 크기의 것 만을 샘플링

이러한 샘플링 방법은 로트마다 관리상태에 있어야 하고 로트내의 산포가 일정해야 한다. 산포가 크면 큰 위험이 따른다.

(6) 평균샘플링과 스냅샘플링(snap sampling)

공간적 또는 시간적으로 계속해서 로트의 평균치를 알기위해서 연속적으로 샘플링을 계속하는 것이 평균샘플링이고, 여기에 대하여 어느 순간적으로 하는 것이 스냅 샘플링이다.

(7) 자동샘플러(自動 sampler)

샘플링 또는 샘플조제를 자동적으로 기계로 하는 방법이다. 이것은

① 사람으로서는 불가능한 경우
② 사람으로서는 경비가 많이 드는 경우
③ 정밀도, 편차 등 자동으로 하는 편이 유리한 경우 등에 이용한다.

(8) 계통샘플링(系統샘플링, systematic sampling)

계통샘플링을 할 때에는 로트나 공정의 주기적 변동에 주의해야 한다. 샘플링의 실시면에서 보면 계통샘플링은 실시하기 쉽고, 작업표준으로서도 명확히 정하기 쉽다.

例 제품 150개에서 샘플 5개를 취할 경우

제품에는 번호를 달고 그 번호를 일정간격으로 샘플을 취한다. 이 때의 샘플링비는 1/30이므로, 난수표에서 1부터 30까지의 수를 찾아 예로서 5를 취하하면 5, 5+30=35, 65, 95, 125번째를 샘플로 취한다.

# 7. 확률과 통계적 과오

## 7.1 확률이란

동전을 하나 던지면 앞면이 되거나 뒷면이 되거나 한다. 이러한 일이 일어나는 경우의 가짓수를「경우의 수」라고 한다. 동전을 한개 던지면 나오는 면은 앞면과 뒷면의 2가지의 경우가 있으므로, 경우의 수는 2이고, 주사위를 한개 굴리면 나오는 눈은 1,2,3,4,5,6의 6가지의 경우가 있으므로 경우의 수는 6이다.

동전을 던질 때 나오는 경우는 앞면이거나 뒷면이거나 2가지이나, 그 중에서 앞면이 나오는 경우는 1가지이다. 그러므로 동전의 면이 나오는 모든경우의 수에 대한 앞면이 나오는 경우의 수의 비율은 $\frac{1}{2}$이다. 같은 이치로 생각하면 뒷면이 나올 가능성도 $\frac{1}{2}$이다.

또한 정육면체인 주사위를 굴렸을 때 나오는 눈은 1,2,3,4,5,6으로 각 눈이 나올 가능성은 각 각 $\frac{1}{6}$이다. 이와 같이「일어나는 모든 경우에 대한 기대되는 경우의 수의 비율」을 확률(確率)이라고 한다.

$$\text{즉, 확률} = \frac{\text{기대되는 경우의 수}}{\text{모든 경우의 수}}$$

확률에는 수학적 확률과 통계적 확률이 있다. 수학적 확률이란 어떤 실험에서 일어날 수 있는 모든 경우와 어느 경우나 일어날 가능성이 같을 때 경우의 수의 비율을 말한다.

예를 들어 주사위를 한번 던지면 1,2,3,4,5,6 중의 어느 한 눈이 나온다. 그리고 주사위가 정확하게 정육면체인 경우에는 6개의 같은 면을 갖고 있으므로 어느 눈이나 나오는 가능성은 같은 정도로 기대된다. 이 때 6개의 눈 중에서 1의 눈이 나올 가능성은 $\frac{1}{6}$이라고 할 수 있다.

또, 주사위를 한번 굴려서 짝수의 눈이 나올 경우의 수는 2, 4, 6의 3가지이므로 짝수의 눈이 나올 확률은 $\frac{3}{6}$ 즉, $\frac{1}{2}$이다.

그러나 위에서 설명한 것과는 달리 일어날 가능성이 달라 그 확률을 알 수 없을 때에는 실험을 통해서 확률을 예측할 수 있다. 이와 같이 같은 조건에서 어떤 실험결과가 각각 다르나 실험횟수를 충분히 크게 할 때에는 어떤 일정한 값에 가까운 비율을 얻게 되는데, 이 때 일정한 비율을 통계적 확률 또는 경험적 확률이라고 한다.

즉, 통계적 확률 $=\dfrac{\text{기대되는 것이 일어난 횟수}}{\text{실험 또는 관측한 총횟수}}$

## 7.2 통계적 과오

동전을 던졌을 때 앞면과 뒷면이 나오는 확률(確率 probability))은 각각 50%이다. 동전을 던져서 승부를 가린다고 할 때에 앞면이 나오면 이긴다고 하자.

첫번에 앞면이 나올 확률은 $\frac{1}{2}$이고, 연이어서 계속 앞면이 두번 나올 확률은 $(\frac{1}{2})^2=\frac{1}{4}$, 세번은 $(\frac{1}{2})^3=\frac{1}{8}$, 네번은$(\frac{1}{2})^4=\frac{1}{16}$, 다섯번은 $(\frac{1}{2})^5=\frac{1}{32}$으로 된다.

이런 경우 성미가 급한 사람은 연거푸 두번 앞면이 나왔을 때 무언가 이상하다고 생각하고, 연이어 세번 나왔을 때에는 속임수라고 판정한다. 그러나 성미가 느긋한 사람은 연거푸 다섯번 앞면이 나와도 그럴 수 있다고 판정한다.

이와 같은 현상은 공정관리에서도 마찬가지로 일어난다. 공정에 이상이 없는 데도 불구하고 성급한 나머지 공정에 이상이 있다고 판정하는 과오(過誤)를 범할 우려가 있다. 이러한 과오를 통계적으로는 제1종의 과오(error of the first kind)라고 하며, 일명 덤벙장이의 과오라고도 한다. 그러나 멍청한 나머지 공정에 이상이 있음을 깨닫지 못하는 과오를 범할 우려도 있다. 이 과오는 공정에 이상이 생겼는 데도 불구하고 공정이 잘되고 있다고 판정하는 과오로서, 이것을 통계적으로는 제2종의 과오(error of the second kind)라고 하며, 일명 멍청한 자의 과오라고도 한다.

이러한 과오는 수입검사를 실시하는 경우에도 똑같이 범하는 수가 있다. 합격 할 수 있는 좋은 로트를 불합격으로 할 확률을 생산자위험(生産者危險, 제1종의 과오, 덤벙장이의 과오), 불합격으로 해야 할 나쁜 로트를 합격으로 할 확률은 소비자위험(消費者危險, 제2종의 과오, 멍청한 자의 과오)이라고 한다.

제1종의 과오(생산자위험)의 크기는 확률로 나타내며 보통 $\alpha$(알파)라는 기호로 나타내고, 제2종의 과오(소비자위험)의 크기도 확률로 나타내며 보통$\beta$(베타)로 표시한다. 제1종의 과오를 범할 확률을 위험률(危險率)또는 유의수준(有意水準)이라고 한다.

위의 동전예에서 처럼 세번 연속해서 앞면이 나왔을 때 속임수라고 판정하면 제1종의 과오를 범할 위험률은 $(1/2)^3=1/8$이다. 즉, 속임수를 쓰지 않아도 평균해서 여덟번에 한번쯤은 틀린 판정을 할 확률이 있다. 이러한 경솔한 과오 즉, 위험률을 0으로 되게 하려면 연속해서 계속 앞면이 나와도 그럴수도 있겠지 하면 된다. 만약 30번이나 앞면이 계속나와도 아직 그 위험률은 0으로 될 수 없고 $(1/2)^{30}$이 된다.

또한 제2종의 과오를 0으로 하려면 첫번째에 앞면이 나와도 속임수를 쓰고 있다고 하면 된다. 그러나 이와같이 하면 너무나 제1종의 과오가 커져버린다. 즉, 제1종의 과오를 작게하면 제2종의 과오를 범할 확률은 커지고, 제2종의 과오를 작게하면 제1종의 과오를 범할 확률이 커진다. 이 때문에 통계적 검사에서는 생산자와 소비자 양쪽을 보호하기 위해서 위험률을 정하고 있다.

보통 $\alpha$는 0.05 또는 0.01로, $\beta$는 0.10으로 검사하는 경우가 많다.

## 8. 샘플링검사

샘플링검사란 로트로부터 샘플을 취해서 조사하고 그 결과를 로트에 대한 판정기준과 비교하여, 로트의 합격, 불합격을 판정하는 것이다. 샘플링검사에는 계수샘플링검사와 계량샘플링검사가 있다.

### 8.1 계수샘플링검사

계수샘플링검사는 로트의 합격 불합격의 판정을 내리는 기준이 계수치(計數値)로 표시된 것이다. 이 방법으로 검사를 하기 위해서는 기초개념을 잘 알고 있어야 한다.

#### (1) 샘플링검사방식

로트에서 샘플을 얼마나 뽑을 것인가 또 로트의 합격, 불합격기준을 어떻게 정할 것인가는 통계적인 뒷받침이 필요하다. 샘플의 크기와 판정기준을 정하는 것이 샘플링검사방식이다.

예를 들어 "로트에서 50개의 샘플을 뽑아서 불량품이 하나도 없으면 그 로트는 합격으로 하고 불량품이 1개 이상 있으면 그 로트는 불합격으로 된다."라고 하는 것도 하나의 샘플링 검사방식이다.

또 다른 예를 들면 "한 로트가 1,000개로 되어 있는 포장용기에서 30개의 샘플을 랜덤하게 뽑아서 조사하자. 샘플 중에 포함되는 불량품의 수가 0개, 1개, 2개인 경우에는 로트를 합격으로 하고, 3개 이상인 경우에는 로트를 불합격으로 한다."라는 것도 하나의 샘플링검사방식이다.

위의 예의 샘플링검사 방식을 기호로 나타내면 다음과 같다.

N=1,000
n=30
c=2

여기서 N: 로트의 크기
n : 샘플의 크기
c : 합격판정갯수

### (2) 검사특성곡선(OC곡선, operating characteristic curve)

샘플링검사시 어떤 불량률을 갖는 로트에서 샘플을 뽑으면 샘플링의 우연성에 의해 불량품이 많이 나올 수도 있으며 양호품만이 나올 수도 있다. 샘플의 불량갯수가 정해진 합격판정갯수 이하이면 그 로트는 합격이 되고 불합격판정갯수 이상이면 불합격이 된다. 이 때문에 어떤 불량률을 갖고 있는 로트에서 샘플링검사를 할 때에 어느 정도의 비율로 합격이 되는가 즉, 합격되는 확률이 문제가 된다.

예를 들면 로트의 크기가 1,000개인 제품에서 랜덤하게 50개를 샘플링하여 합격판정갯수 3개, 불합격 판정갯수 4개의 1회 샘플링검사를 하는 경우, 불량률 4%인 로트는 어느 정도의 비율로 합격하게 될 것인가 이 비율은 확률의 계산으로 구할 수 있다. 이 계산의 결과는 약 85%로 된다. 바꾸어 말하면 불량률이 4%인 100로트를 검사하면 그 가운데 약 85로트는 합격으로 되고, 약 15로트는 불합격으로 되는 것을 나타내고 있다.

이와 같이 로트의 불량률과 로트가 합격하는 비율의 관계를 그림으로 나타낸 것이 OC곡선이다(그림2-22참조).

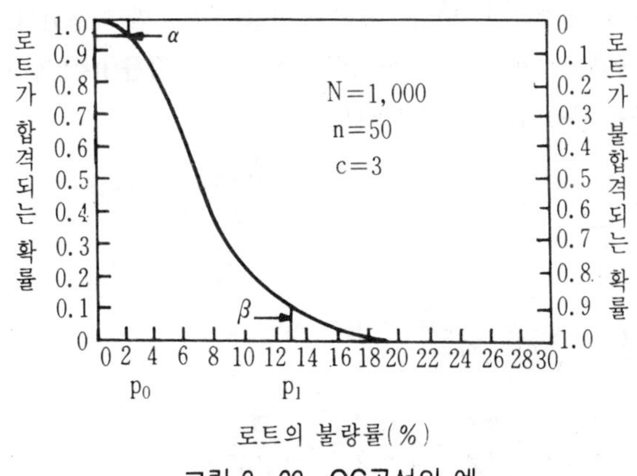


그림 2-22 OC곡선의 예

OC곡선은 하나의 샘플링검사 방식이 정해지면 반드시 이것에 대하여 독특한 것으로 정해진다. OC곡선을 관찰함으로서 그 샘플링검사방식으로는 어느 정도의 불량률을 갖고 있는 로트가 어느 정도의 비율로 합격될 것인가를 알 수 있다.

그림2-22를 보면 불량률 2.8%의 로트는 100회중 약95회는 합격으로 되고, 불량률 13%의 로트는 100회중 약 10회밖에 합격하지 않는 것을 알 수 있다.

지금 합격하고 싶은 로트의 불량률을 $p_0$로 하고, 불합격으로 하고 싶은 로트의 불량률을 $p_1$이라고 하면(그림2-22참조), 샘플링 검사를 했을 때 불량률 $p_0$의 좋은 로트를 잘못하여 불합격으로 할 비율은 $\alpha$이고, 불량률 $p_1$의 나쁜 로트를 잘못하여 합격으로 할 비율이 $\beta$라는 것을 OC곡선에서 쉽게 알 수 있다.

OC곡선은 이상과 같이 $p_0$, $\alpha$ ; $p_1$, $\beta$라고 하는 2점을 지정하면 결정된다.

### (3) 로트가 합격하는 확률($L_{(p)}$)를 구하는 법

샘플링검사에서 OC곡선을 그리거나 로트의 불량률 p에 대한 합격의 확률, $L_{(p)}$를 구할 필요가 있을 때에는 초기하분포(超幾何分布), 2항분포(二項分布) 또는 포아손분포(Possion 分布)를 이용해서 계산한다.

크기 N의 로트로부터 크기 n의 샘플을 채취하여 샘플중의 불량갯수가 c 개이하면 로트는 합격으로 하고, 불량갯수가 (c+1)개 이상이면 로트를 불합격으로 하는 샘플링검사방식에 대하여 로트의 불량률이 p이면, 이 로트가 합격하는 확률은 다음과 같이 하여 구해진다.

① 초기하분포이용

$$L_{(p)}=\sum_{x=0}^{c}\frac{\binom{pN}{x}\binom{N-pN}{n-x}}{\binom{N}{n}}$$

여기서 $x$는 샘플중의 불량갯수

이 방법은 로트의 크기에 대한 영향까지 고려되어 있어 이론적으로는 아주 타당한 방법이나 계산이 대단히 복잡하여 로트의 크기가 작은 경우에만 이용된다.

例 1 N=50, n=5, c=1의 샘플링검사방식에서 로트의 불량률 p=6%인 경우에 이 로트가 합격하는 확률은 다음과 같이 계산된다.

$$L_{(p)}=\sum_{x=0}^{1}\frac{\binom{pN}{x}\binom{N-pN}{n-x}}{\binom{N}{n}}$$

$$=\binom{3}{0}\binom{47}{5}/\binom{50}{5}+\binom{3}{1}\binom{47}{4}/\binom{50}{5}$$

$$=\frac{47!}{5!42!}/\frac{50!}{5!45!}+\frac{3!}{2!}\times\frac{47!}{4!43!}/\frac{50!}{5!45!}$$

$$=0.724+0.253$$

$$=0.977$$

즉, 로트가 합격하는 확률은 97.7%이다.

② 포아손 분포이용

로트의 크기 N이 샘플의 크기 n에 비하여 충분히 크고 (N/n ≧10) 또한, 로트의 불량률 p가 작은 (p=≦10%)경우에는 포아손분포의 누적확률 곡선(그림2-23)을 사용하는 것이 $L_{(p)}$를 구하거나 OC곡선을 그리는데 간편하고 빨라서 큰 도움이 된다.

例 1 누적확률곡선을 이용하여 $L_{(p)}$를 구하는 방법

n=20, c=1이라는 샘플링검사 방식에서 불량률 p=5%의 로트가 합격하는 확률을 구하면

p=5%=0.05

따라서 $pn=0.05\times20=1.0$

누적확률곡선의 가로축 1.0으로 부터 수직으로 위로 올라가서 $c=1$의 곡선과의 만나는 세로축 값을 읽으면 0.74가 된다. 그러므로 불량률 $p=5\%$인 로트가 합격하는 확률은 $L_{(p)}=0.74$ 즉, 74%가 된다.

例 2 누적확률 곡선을 이용하여 로트의 불량률 p를 구하는 방법

$n=100$, $c=3$의 샘플링검사 방식에서 합격할 확률

$L_{(p)}=0.95$로 되는 로트의 불량률 p를 구하면

누적확률곡선의 세로축에서 $L_{(p)}=0.95$의 값을 잡고, 이 점을 왼쪽에서 오른쪽으로 움직여서, $c=3$의 곡선과의 만나는 점을 밑으로 이동해서 가로축의 값을 읽으면 1.3이 된다.

이 예에서 $p=\frac{pn}{n}=\frac{1.3}{100}=0.013$

즉, 로트의 불량률 p는 1.3%가 된다.

例 3 누적확률곡선을 이용하여 샘플링검사방식(n, c)를 구하는 방법

$p_0=1\%$, $\alpha=0.05$; $p_1=10\%$, $\beta=0.10$을 만족시키는 샘플링검사방식(n, c)를 구하면 다음과 같이 한다.

① $\alpha=0.05$를 만족시키는 샘플링검사방식을 구하면

$L_{(p)}=1-\alpha=0.95$의 값을 누적확률곡선의 세로축에 잡고, 이것을 왼쪽에서 오른쪽으로 이동시켜 $c=0$, $c=1$, $c=2$, ……의 각각의 곡선과의 만나는 점을 구하여 각각에 대응하는 pn의 값을 읽어내서 이 값을 $(pn)_{0.95}$라고 하여 정리한다.

$\alpha=0.05$를 만족하는 $n_0$, c

| c | $(pn)_{0.95}$ | $n_0=(pn)_{0.95}/p_0$ | c | $(pn)_{0.95}$ | $n_0=(pn)_{0.95}/p_0$ |
|---|---|---|---|---|---|
| 0 | — | — | 3 | 1.35 | 135 |
| 1 | 0.35 | 35 | 4 | 1.95 | 195 |
| 2 | 0.80 | 80 | 5 | 2.45 | 245 |

② $\beta=0.10$을 만족시키는 샘플링검사 방식을 구하면

$L_{(p)}=\beta=0.10$의 값을 누적확률곡선의 세로축에 잡고, 이것을 왼쪽에서 오른쪽으로 이동시켜서 $c=0$, $c=1$, $c=2$, ……의 각각의 곡선과의 만나는 점을 구하여 각각에 대응하는 pn의 값을 읽어 이들의 값을 $(pn)_{0.10}$라고 하여 정리한다.

$\beta=0.10$을 만족하는 $n_1$, c

| c | $(pn)_{0.10}$ | $n_1=(pn)_{0.10}/p_1$ | c | $(pn)_{0.10}$ | $n_1=(pn)_{0.10}/p_1$ |
|---|---|---|---|---|---|
| 0 | 2.3 | 23 | 3 | 6.7 | 67 |
| 1 | 3.9 | 39 | 4 | 8.0 | 80 |
| 2 | 5.3 | 53 | 5 | 9.2 | 92 |

③ ① 및 ②의 샘플링검사방식을 같은 c에 대해서 살펴보면, c=1의 경우가 가장 샘플의 크기에 근사하다.

따라서 양자의 샘플의 크기를 평균해서 n을 구한다.

$$n=\frac{n_0+n_1}{2}=\frac{35+39}{2}=37$$

그러므로

$p_0=1\%$, $\alpha=0.05$; $p_1=10\%$, $\beta=0.10$을 만족시키는 샘플링검사방식은 다음과 같이 된다.

샘플의 크기 n=37

합격판정갯수 c=1

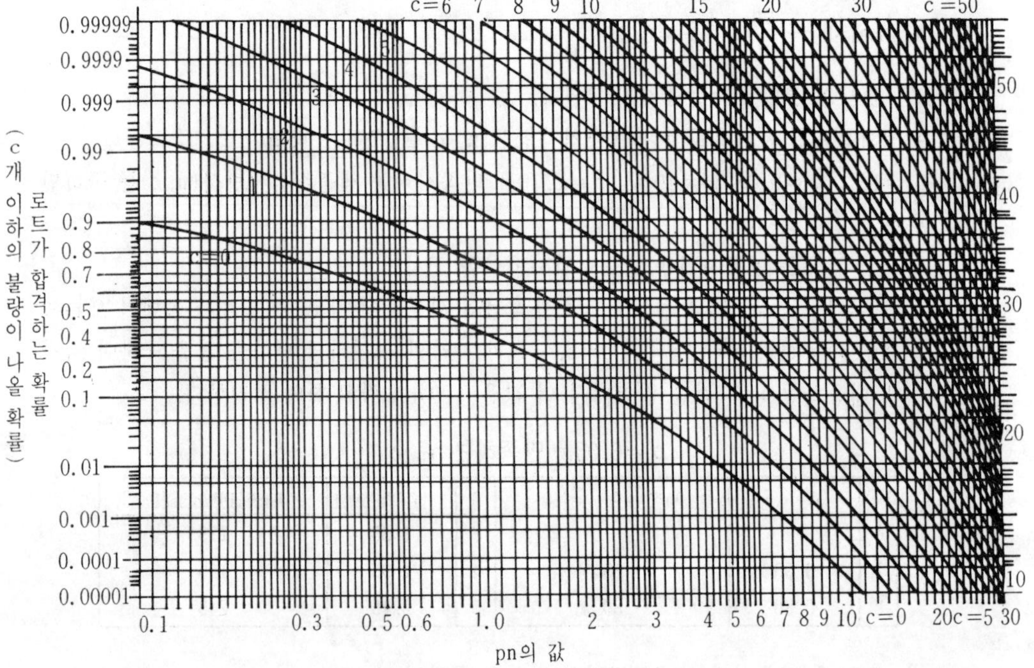


포아손분포, 불량률이 p인 무한모집단에서 채취한 n개의 시료중에 c개 이하의 불량이 나올 확률을 구하기 위한 도표(B. S. T. J, October 1926에 Liss. F. Thorndike에 의해서 만들어진 도표를 수정한 것)

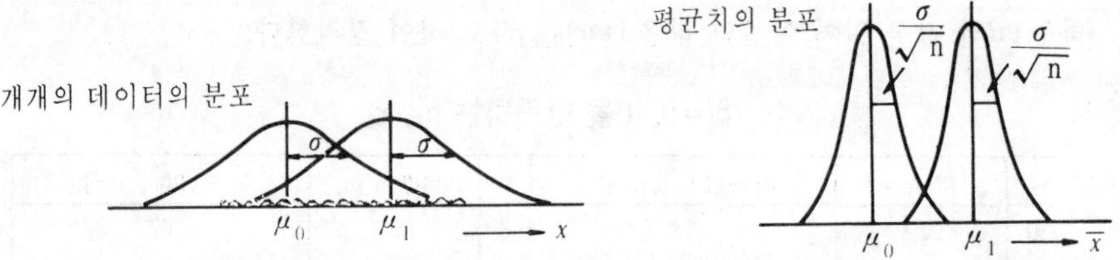


그림 2-23 누적 확률 곡선

### (4) 계수샘플링검사의 종류

계수샘플링검사방법에는 여러 가지의 종류가 있다. 한국공업규격(KS)에는 검사방법에 대하여 상세히 나와 있으며, 그 제목을 열거하면 다음과 같다.

KS A 3102 계수 규준형 1회 샘플링 검사
KS A 3105 계수 선별형 1회 샘플링 검사
KS A 3106 계수 연속생산형 샘플링검사
KS A 3107 계수 규준형 축차 샘플링검사
KS A 3109 계수 조정형 샘플링검사
KS A 3111 계수 조정형 1회 샘플링검사

## 8.2 계량샘플링검사

계량샘플링검사는 로트로 부터 채취한 샘플을 조사한 결과로 로트의 합격, 불합격의 판정을 내리는 기준이 계량치(計量値)로 표시된 것이다.

계량샘플링검사의 기초를 이해하기 위해서는 먼저 정규분포의 성질을 잘 파악하고, 평균치 $\overline{x}$의 분포 등에 대해서도 알고 있어야 한다.

### (1) 정규분포

무게 길이, 인장강도 등 계량치의 데이터를 100개이상 모아서 히스토그램을 그리면 좌우대칭인 종모양의 분포 즉, 정규분포로 된다. 정규분포는 모집단의 평균치($\mu$)와 표준편차($\sigma$)를 지정하면 정해지고, N($\mu$, $\sigma^2$)로 나타낸다(본책자 2.1 참조).

### (2) 평균치 $\overline{x}$의 분포

N($\mu$, $\sigma^2$)의 정규분포에서 크기 n의 샘플을 채취하여 각 각에서 얻어지는 데이터가 $x_1$, $x_2$, ……$x_n$일 때, 이들의 평균치를 구한다. 이것을 여러번 되풀이하여 구한 것을 다시 평균한 $\overline{\overline{x}}$($\overline{x}$의 평균)는 대개 $\mu$와 같게 된다. 또, $\overline{x}$의 분포의 표준편차는 $\sigma/\sqrt{n}$ 으로 된다.

즉, $\overline{x}$의 분포는 N($\mu$, $\sigma^2/n$) 으로 되는 정규분포를 말한다(그림 2-9 참조).

여기에 계량샘플링검사의 문제로서 그림 2-23(B)의 $\mu_0$와 같은 평균치를 갖는 로트는 좋은 로트로서 받아들이고 싶고, $\mu_1$과 같은 평균치를 갖는 로트는 나쁜 로트로 보고 받아들이고 싶지 않다고 하는 경우에 대하여 생각해 보기로 하자.

지금 로트에서 샘플을 1개 뽑은 경우에 그 샘플에서 얻은 측정치 $x$가 그림 2-23(B)의 〰의 범위내의 값을 나타내었다고 하면, 이 $x$로 그 샘플이 $\mu_0$처럼 좋은 로트에 속한 것인지, 또는 $\mu_1$과 같이 나쁜 로트에 속한 것인지를 판단하기가 어렵다. 그래서 현재의 $\sigma$의 상태에서 좋은 로트와 나쁜 로트와의 판정을 될 수 있는 한 착오를 적게 하도록 하려면 어떻게 하면 좋은가 하는 것이 문제로 된다. 이런 경우에 평균치 $\overline{x}$의 분포가 N($\mu$, $\sigma^2/n$)이라는 정규분포를 하는 것을 이용하면 좋다.

즉, 로트에서 랜덤하게 n개의 샘플을 채취하여, 그것의 평균치 $\overline{x}$로 좋은 로트인가 나쁜 로트인가의 판단을 내린다. 이 경우 샘플의 크기 n을 크게하면 크게할수록 2개의 분포가 겹치는 부분이 작아진다. 그러나 겹치는 부분을 없애 버리기 위해서는 엄청나게 큰 샘플의 크기를 필요로 하므로 어느 정도의 겹침(판정의 착오)을 예상해서, 샘플링검사의 우연성에 의하여 **좋은 로트인데도 불구하고 나쁜 로트로 판정하는 위험(생산자 위험 $\alpha$)과, 나쁜 로트인데도 불구하고 좋은 로트로 판정하는 위험(소비자위험 $\beta$)이 작은 값이 되도록 샘플링검사의 샘플의 크기 n이 결정되게 마련이다. 이 경우 보통 $\alpha=0.05$, $\beta=0.10$으로 되도록 한다.**

(3) 계량샘플링검사의 종류

계량샘플링검사 방법에는 여러 가지가 있다. 한국공업규격에는 검사방법이 상세히 나와 있으며, 그 제목을 열거하면 다음과 같다.

KS A 3103 계량규준형 1회 샘플링검사(표준편차를 알고 있을때)

KS A 3104 계량규준형 1회 샘플링검사(표준편차를 모를 때)

KS A 3108 계량규준형 축차 샘플링검사

## 9. 검정(檢定)과 추정(推定)

### 9.1 검정의 개념

(1) 검사원에 대한 분석의 정확도를 알아보기 위하여 갑·을 두 사람에게 같은 샘플로 3회씩 분석시켰더니 다음과 같은 데이터가 얻어졌다. 두 사람사이에 정확도의 차이가 있다고 말할 수 있겠는가.

| 구 분 | 갑 | 을 |
|---|---|---|
| 1회 | 30.4 % | 30.6 % |
| 2회 | 31.3 | 30 |
| 3회 | 32.0 | 29.8 |
| 평 균 | 31.23 % | 30.13 % |

(2) 화학적 합성 공정을 통해서 식품첨가물인 감미료를 만들고 있는 공정이 있다. 1뱃지에서 하루에 제조되는 제품의 양은 지금까지 평균이 100㎏, 표준편차가 5㎏으로 거의 정규분포를 하고 있음을 알고 있다. 최근 뱃지당 생산량을 올리기 위해서 반응조건을 바꾸어 작업하고 변경전과 변경후의 수량이 달라졌는지를 알아보았더니 평균수량은 105㎏이었다. 지금까지 보다 수량이 늘어났다고 판정할 수 있겠는가.

위의 예제에 대하여 판단을 내릴 때에 통계적인 지식이 없는 경우에는 평균치를 가지고 자기에게 유리하도록 주관적으로 판단하게 된다. 이러한 판단을 내릴 때에 객관적으로 데이터에 근거를 두고 통계적으로 판단하는 것이 검정(檢定)이다. 이 검정을 통해서 본래의 모집단의 모습을 알아 볼 수가 있다.

예제에서 1뱃지에서 생산되는 감미료의 양은 지금까지 평균치 $\mu$는 100kg이고 표준편차 $\sigma$는 5kg이라는 모집단이다. 만약 반응조건의 변경에 의해서 양이 달라지지 않았다면 하루의 수량은 $\mu=100$kg, $\sigma=5$kg의 모집단에서 취한 샘플의 값이라고 생각할 수 있다.

10일간(n=10)의 수량의 평균치를 생각하면 그 평균치 $\bar{x}$는

평균치 100kg, 표준편차 $\sigma$는 $\frac{5}{\sqrt{10}}$kg인 정규분포가 됨을 알 수 있다.

따라서 n=10의 평균치는

$$100\pm3\sigma=100\pm3\frac{5}{\sqrt{10}}=100\pm4.74$$

즉, 95.26 ~ 104.74kg의 사이에 거의 확실하게 99.7%의 확률로 들어간다고 할 수 있다.

그런데 반응조건이 변경된 후 10일간(n=10)의 데이터의 평균치는 위의 상한(上限)을 넘는 105kg이다. 따라서 조건변경 후에 취한 데이터는 분명히 변경 전의 공정과 같은 분포에서 취해진 것이 아니다. 바꾸어 말하면 변경후의 공정은 변경전의 공정과는 분포가 분명히 상이한 것이라고 말할 수 있다. 따라서 결론적으로 반응조건을 변경 후에 수량이 늘었다고 분명히 말할 수 있다.

그렇지만 이와 같이 단언해버려도 괜찮을까. 변경전의 공정에서 n=10인 샘플의 평균은 대부분이 95.26kg 과 104.74kg 의 범위에 들어간다고 하였지만 전부는 아니다. 변경 전의 공정에서도 n=10인 샘플의 평균치가 95.26kg 이하가 되기도하고 혹은 104.74kg 이상이 되기도 하는 일이 드물기는 하지만 가끔 있다.

위의 한계는 $\pm3\sigma$의 폭이므로, 그 한계의 바깥쪽에 나가는 확률은 정규분포로서 알 수 있듯이 0.3%이다. 1,000회에 3회정도 밖에는 95.26~104.74kg에서 바깥쪽에 나가는 일이 생기지 않는다. 이와 같이 좀처럼 생기지 않는 일이 일어난다는 것도 생각해야 한다. 그러나 공정이 변하지 않는 경우에도 105kg이라는 값이 얻어지는 수도 있으므로 그 정도를 나타내 둘 필요가 있다. 좀처럼 생기지 않는다고 본 확률을 위험률(危險率)이라 한다. $\pm3\sigma$를 취했을 때에는 위험률이 0.3%이다.

일반적으로 검정의 경우 위험률은 5%(약 $2\sigma$)이나 1%(약 $2.6\sigma$)로 보는 수가 많다. 위험률이 5%라면 엄밀히 말해서 한계의 폭은 $\mu\pm1.96\sigma$가 되고, 1%면 $\mu\pm2.58\sigma$이다. 이 한계의 폭은 검정하기 전에 결정해 둔다. 그리고 이 위험률을 가리켜 유의수준(有意水準 significance level)이라고도 한다.

위의 예제에서 검정한 결과는 다음과 같이 표현한다. "위험률 0.3%(또는 유의수준 0.3%)에서 유의(有意)하다." 또는 "모평균사이에는 위험률 0.3%에서 차(差)가 있다."

KS에서는 검정에 대해서 상세히 나와 있으며 그 제목을 열거하면 다음과 같다.

KSA 3252 모평균과 기준치와의 차의 검정(표준편차를 알고 있을 때, 한쪽검정)

KSA 3253 모평균과 기준치와의 차의 검정(표준편차를 알고 있을때, 양쪽검정)

KSA 3254 모평균과 기준치와의 차의 검정(표준편차를 모를 때, 한쪽검정)

KSA 3255 모평균과 기준치와의 차의 검정(표준편차를 모를 때, 양쪽검정)
KSA 3256 두 모평균의 차의 검정(표준편차를 알고 있을 때, 한쪽검정)
KSA 3257 두 모평균의 차의 검정(표준편차를 알고 있을 때, 양쪽검정)
KSA 3258 두 모평균의 차의 검정(표준편차를 모를 때, 한쪽검정)
KSA 3259 두 모평균의 차의 검정(표준편차를 모를 때, 양쪽검정)
KSA 3264 모분산과 기준치와의 차의 검정(한쪽)
KSA 3265 모분산과 기준치와의 차의 검정(양쪽)
KSA 3266 두 모분산의 차의 검정(한쪽)
KSA 3267 두 모분산의 차의 검정(양쪽)

## 9.2 추정의 개념

조미식품중의 소금성분을 두 번 분석하였더니 36.7%, 37.3%로 나왔다고 할 때, 이 식품중의 실제 소금함량이 두 분석치를 평균한 37.0%일까. 이 값이 참 평균치가 아닌 것은 샘플링오차 분석오차가 있다는 것을 알고 있기 때문에 곧 수긍이 간다. 그러나 통계적인 개념이 없는 사람은 실험결과 37.0%나왔다고 하면 그 데이터를 음미해 보지 않고 당장에 그대로 믿어버리는 버릇이 있다. 즉, 데이터에 약한 것이 기술자의 속성이다.

이를테면 35.1%, 38.4%, 35.5% 의 평균치가 37.0%인것과 36.7%, 37.3%, 37%의 평균치가 37.0%인것과는 평균치는 같으나 그 내용은 상당히 다르다. 즉, 전자는 산포(散布)가 크고 후자는 산포가 작다. 종래의 추정(推定)에서는 데이터의 갯수, 산포도 표시하지 않은 채 다만 소금함량 37.0%라고 추정하였다. 통계적 추정에서는 이러한 차이를 명확히 하고 그 확실성을 숫자로 나타내가면서 추정하는 것이다.

앞의 검정의 개념에서 다룬 예제에서 반응조건을 변경한 후에 공정의 평균치는 변경전의 평균치 100㎏과 차가 있다는 판정을 내렸다. 그러면 변경후에 공정의 평균치는 얼마일까. 만약 하나의 공정 평균치를 추정하려 한다면 그때는 변경후의 데이터에서 구한 10개의 평균치 105㎏을 그대로 공정평균치의 추정치로 한다. 이와같이 그럴듯한 하나의 값으로 추정하는 방법을 점추정(占推定)이라고 한다.

그러나 이것은 변경후의 공정의 모평균(母平均)이 105㎏이라는 의미는 아니고 105㎏이라는 값으로 추정하는 것이 좋다는 뜻이다. 그렇지만 모집단의 평균치가 105㎏이 아니라도 10개의 샘플의 평균치가 105㎏이 되는 일은 가끔 있을 수 있다. 그것은 샘플의 평균치는 산포하기 때문이다. 다만 모집단의 평균치가 105㎏일 때 샘플의 평균치가 105㎏부근이 될 기회가 가장 많으며, 모집단의 평균치가 105㎏보다 크거나 작아질수록 샘플의 평균치가 105㎏이 될 기회는 적어진다.

샘플의 평균치의 상하에 어떤 폭을 잡아 이 구간안에 모집단의 평균치가 있다고 하는 추정법을 구간추정(區間推定)이라 한다. 그리고 구간의 폭을 신뢰구간(信賴區間)이라 한다. 이 신뢰구간을 넓게 잡으면 모평균이 그 구간밖에 있는 일은 거의 없어지지만 너무 넓게 잡으면 추정해 봤자 아무 소용 없다. 이 신뢰구간의 폭이 어느 정도 되는가 또는 점추정한 경우의 오차가 어느 정도 되는가는 통계적으로 계산하지 않으면 구할 수 없다.

추정에서는 통상 95%의 확률로 표시한다. 여기서 95%의 확률은 바꾸어 말하면, 추정을 100번하면 95번은 옳고, 5번은 틀릴 수 있는 확률이다.

앞에서 예제로 설명한 1뱃지의 감미료 생산수량 평균치

$\overline{x} \pm 2\sigma = \overline{x} \pm \frac{5}{\sqrt{10}} = 100 \pm 3.16$이다.

즉, 96.84kg에서 103.16kg까지의 사이에 들어갈 확률은 95%이다. 바꾸어 말해서, 10회의 실험에서 $\overline{x}$를 구하면 $\overline{x} \pm 3.16$kg 사이에 $\mu$의 값이 들어올 확률은 95%이다. 이때 $\overline{x}$의 추정의 정밀도는 확률 95%에서 ±3.16kg이라고 한다.

KS에서는 추정에 대해서 상세히 나와 있으며 그 제목을 열거하면 다음과 같다.

KSA 3260 모평균의 구간추정(표준편차를 알고 있을 때)

KSA 3261 모평균의 구간추정(표준편차를 모를 때)

KSA 3262 두 모평균의 차의 구간추정(표준편차를 알고 있을 때)

KSA 3263 두 모평균의 차의 구간추정(표준편차를 모를 때)

KSA 3268 모분산의 구간추정

KSA 3269 두 모분산비의 구간추정

## 10. 분산분석(分散分析)

분산분석이란 특성치의 산포를 제곱의 합(sum of square)으로 나타내고, 이 제곱의 합을 실험과 관련된 요인마다의 제곱의 합으로 분해하여 오차에 비해 특히 큰 영향을 주는 요인이 무엇인가를 찾아내는 분석 방법이다. 각 요인의 제곱합을 그 요인의 자유도로 나누면 그 요인의 제곱평균이 되며, 오차분산에 비하여 얼마나 큰가를 검토하게 된다. 따라서 분산분석이란 특성치의 산포를 요인별로 분해하여 어느 요인이 큰 산포를 나타내고 있는가를 규명하는 방법이라고 말할 수 있다.

예를 들면 3대의 기계로 가공한 같은 도면의 부품을 5개씩 취해서 치수를 측정해 보았더니 표2－13과 같은 결과가 얻어졌다고 하자. 15개의 데이터전체에서는 최소치 22.97㎜, 최대치

표 2－13 가공부품의 치수(단위㎜)

| 기 계 | $A_1$ | $A_2$ | $A_3$ |
|---|---|---|---|
| 데 이 터 | 23.01 | 23.03 | 22.98 |
| | 23.01 | 23.04 | 22.97 |
| | 23.03 | 23.02 | 22.98 |
| | 22.99 | 23.00 | 22.98 |
| | 23.00 | 23.02 | 23.00 |

23.04㎜사이에 산포되어 있다. 그러나 이것을 도표로 그려보면 그림2－24에서 보는 바와 같이 기계에 따라 차이가 있으며, $A_2$에서는 비교적 크고, $A_3$에서는 작게 만들어져 있는것 같다.

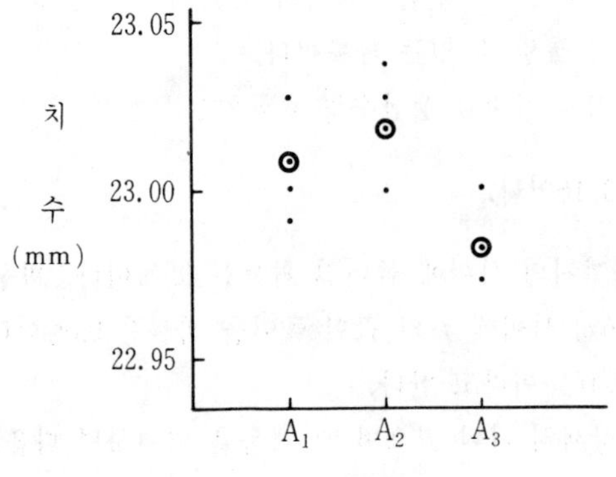


그림 2－24 부품의 치수분포

또 같은 기계로 가공하여도, 꼭 같은 크기로만 되어 있지 않다. 이와 같이 기계사이에도 산포가 있으며, 같은 기계안에서도 산포가 있어, 이들이 합계되어 전체적인 산포가 된다.

표2－13의 데이터 전체의 산포를 $S_T$, 기계가 다르므로 생긴 산포를 $S_A$, 같은 기계속에서의 산포를 $S_E$라고 하면, 위에서 말한 관계는

$$S_T = S_A + S_E$$

라고 하는 식으로 나타낼 수 있다. 이와 같이 전체의 산포를 원인이 다른 산포로 분석하여 가는 것이 분산 분석이다.

평균치 차의 검정에서는 2개만의 군의 평균치 사이에 차가 있는가 없는가 밖에 모른다. 분산분석에서는 표2－13에 나타낸 것과 같이 3개의 군의 평균치 사이에 차가 있는가, 어떤가를 알 수 있다. 또 4개 또는 그 이상의 군(群)이 있어도, 똑같은 생각에 따라 그들의 군의 평균치 사이에 차가 있는가 없는가를 검정할 수 있다.

표2－14는 원료의 배합과 반응온도를 바꾸어서 작업시 1뱃지(batch)당의 생산량을 나타낸다. 원료 배합이 4종류 있고, 3종류의 온도로 반응을 하고 있으니, 합계 4×3＝12의 짜임으로 할 수 있다.

이때, 원료배합이 4수준, 반응온도가 3수준이라한다. 그 짜임의 각각에는 1개씩의 데이터가 있다. 12개 데이터 전체적으로 산포가 있으나, 이 때도 이것을 원료 배합이 다르기 때문에

표 2－14 뱃지당의 생산량(㎏)

| 반응온도 | | $B_1$＝75℃ | $B_2$＝85℃ | $B_3$＝95℃ |
|---|---|---|---|---|
| 원료배합 | $A_1$ | 260 | 260 | 300 |
| | $A_2$ | 300 | 320 | 370 |
| | $A_3$ | 340 | 360 | 420 |
| | $A_4$ | 410 | 440 | 450 |

생기는 산포, 반응온도가 다르기 때문에 생기는 산포, 같은 원료배합과 같은 온도로 반응하여도 생기는 산포의 3종으로 분석할 수 있다. 식으로 나타내면,

$S_T = S_A + S_B + S_E$ 으로 된다.

여기에서 $S_T$는 전체 제곱의 합, $S_A$는 배합이 다르기 때문에 생기는 산포를 나타내는 제곱의 합, $S_B$는 반응온도가 다르기 때문에 생기는 산포를 나타내는 제곱의 합, $S_E$는 같은 배합과 같은 온도로 반응하여도 생기는 산포를 나타내는 제곱의 합이다.

표2－13과 같이 특별하게 생각한 군구분이 기계뿐이라는 것과 같이 한 종류인 분산분석을 일원배치의 분산분석이라하고 표2－14와 같이 특별하게 생각한 군구분이 배합과 반응온도와 같이 2종류인 분산분석을 이원배치의 분산분석이라 한다. 그리고 인자가 3종류이상인 분산분석을 다원배치의 분산분석이라 한다.

## 10.1 일원배치(一元配置)의 계산법

분산분석에서는 제곱의 합을 사용하고 다음식으로 계산한다.

$$S = \sum_{i=1}^{n} (x_i - \overline{x})^2 = \sum x_i^2 - \frac{(\sum_{i=1}^{n} x_i)^2}{n}$$

이중 $(\sum_{i=1}^{n} x_i)^2 / n$ 을 수정항(修正項, correction term)이라한다.

일원배치의 분산분석을 순서에 따라 나타내보면 다음과 같고, 표2－13의 데이터에 대하여 실제로 계산한 것이다.

순서 1 데이터에서 적당한 수를 빼고, 적당한 수를 곱하여, 계산을 하기 쉽게 한다.

예 표2－13의 데이터에서 23.00을 빼고 100배 하면, 표2－15가 얻어진다. 그 값을 X라 하면

$X = (x - 23.00) \times 100$ 이다.

표 2－15 X의 값

| | $A_1$ | $A_2$ | $A_3$ |
|---|---|---|---|
| | 1 | 3 | −2 |
| | 1 | 4 | −3 |
| | 3 | 2 | −2 |
| | −1 | 0 | −2 |
| | 0 | 2 | 0 |
| 계 | 4 | 11 | −9 |
| 총계 | 6 | | |

표 2－16 $X^2$의 값

| | $A_1$ | $A_2$ | $A_3$ |
|---|---|---|---|
| | 1 | 9 | 4 |
| | 1 | 16 | 9 |
| | 9 | 4 | 4 |
| | 1 | 0 | 4 |
| | 0 | 4 | 0 |
| 계 | 12 | 33 | 21 |
| 총계 | 66 | | |

순서 2 X의 값을 제곱하여 $X^2$의 표를 만든다.

예 표 2－15의 값을 제곱하면, 표2－16이 된다.

순서 3 수정항 CT를 계산한다.

$$CT=\frac{(\Sigma X)^2}{N}$$ (데이터의 총계의 제곱을 데이터 총수로 나눈다)

여기서, N은 데이터의 총수를 나타낸 것으로 한다.

예 $CT=\frac{6^2}{15}=2.4$

순서 4 총 제곱의 합 $S_T$를 계산한다.

$S_T=\Sigma X^2-CT$

예 표2－16에서 $\Sigma X^2=66$, 그러므로

$S_T=66-2.4=63.6$

순서 5 군간(群間)제곱의 합 $S_A$를 계산한다.

$$S_A=\Sigma\frac{T_A{}^2}{n}-CT$$

여기서, $T_A$는 각 군마다의 합계, n은 군 안의 데이터의 수로 한다.

예 $T_A$는 각기 표2－15에서 알다시피 4, 11, －9이다. 이들을 제곱하면 16, 121, 81이다. 또, n은 어느 것이나 5이다. 그러므로

$S_A=\frac{16}{5}+\frac{121}{5}+\frac{81}{5}-2.4=41.2$로 계산된다.

순서 6 군내 제곱의 합 $S_E$를 계산한다.

$S_E=S_T-S_A$

예 $S_E=63.6-41.2=22.4$

순서 7 자유도를 구한다.

자유도는 다음식으로 구한다. k는 군의 수(수준수라고도 한다)이다.

총자유도 $\phi_T=N-1$

군간(郡間) 자유도 $\phi_A=k-1$

군내(郡內) 자유도 $\phi_E=\Sigma(n-1)$

각 군의 n이 같으면

$\phi_E=k(n-1)$

이들 자유도 사이에는

$\phi_T=\phi_A+\phi_E$ 의 관계가 있다.

예 $\phi_T=15-1=14$

$\phi_A=3-1=2$

$\phi_E=3(5-1)=12$

순서 8 이상의 결과를 정리하여 분산분석표를 만든다. 불편분산은 그 항(項) 제곱의 합을 자유도로 나누어 구하며, 분산비는 군간의 불편분산을 군내의 불편분산으로 나누

어 구한다.

표2-17은 일원배치 때의 분산분석표의 일반적인 형이다.

표 2-17 일원(一元)배치의 분산분석표

| 요 인 | 제곱의 합 | 자유도 | 불편분산 | 분산비 |
|---|---|---|---|---|
| 군 간 | $S_A$ | $\phi_A$ | $V_A=S_A/\phi_A$ | $F=V_A/V_E$ |
| 군 내 | $S_E$ | $\phi_E$ | $V_E=S_E/\phi_E$ | |
| 계 | $S_T$ | $\phi_T$ | | |

표 2-18 예제의 분산 분석표

| 요 인 | 제곱의 합 | 자유도 | 불편분산 | 분산비 |
|---|---|---|---|---|
| 기 계 간 | 41.2 | 2 | 20.6 | 11.0** |
| 통일기계내 | 22.4 | 12 | 1.87 | |
| 계 | 63.6 | 14 | | |

순서 9 얻어진 분산비의 값을 F표의 $F(\phi_A, \phi_E; \alpha)$의 값과 비교한다. 얻어진 F의 값이 $\alpha=0.05$의 표의 값보다 크면 유의라고 한다. $\alpha=0.01$의 표의 값보다 크면 고도로 "유의"하다. 유의라는 것은 각 군의 평균치가 동일이라고 생각치 못하게 된 것으로, 평균치간에 차이가 있다는 것을 나타내고 있다. $F(\phi_A, \phi_E; \alpha)$는 분자의 자유도 $\phi_A$, 분모의 자유도 $\phi_E$의 위험률 $\alpha$의 F값을 나타내고 있으며, F표(부표5 참조)에서 얻어진다.

**예 F(2, 12 ; 0.05)=3.89, F(2, 12 ; 0.01)=6.93으로 계산된 F=11.0이므로, 고도로 "유의"하다. 유의 때, * 고도로 유의의 경우 ** 표를 F의 값에 붙여 나타낼 때가 많다. 이 예제의 결론은 기계에 의하여 가공된 부품의 치수는 동일하다고 할 수 없다는 것이다.**

## 10.2 이원배치(二元配置)의 계산법

순서 1 데이터에서 적당한 수를 빼고, 적당한 수를 곱하여 계산을 하기 쉽게 한다.

예 표2-14의 데이터에서 350을 빼고 1/10배 한다. 즉, 10으로 나누면 표2-19가 얻어

표 2-19 X의 값

| | $B_1$ | $B_2$ | $B_3$ | 계 |
|---|---|---|---|---|
| $A_1$ | −9 | −9 | −5 | −23 |
| $A_2$ | −5 | −3 | 2 | −6 |
| $A_3$ | −1 | 1 | 7 | 7 |
| $A_4$ | 6 | 9 | 10 | 25 |
| 계 | −9 | −2 | 14 | 3 |

진다. 그값을 X라 하면,

$X=(x-350)\times\frac{1}{10}$ 이다.

순서 2 X의 값을 제곱하여 $X^2$의 표를 만든다.

예 표 2-19의 값을 제곱하면 표2-20이 된다.

표 2-20 $X^2$의 값

| | $B_1$ | $B_2$ | $B_3$ | 계 |
|---|---|---|---|---|
| $A_1$ | 81 | 81 | 25 | 187 |
| $A_2$ | 25 | 9 | 4 | 38 |
| $A_3$ | 1 | 1 | 49 | 51 |
| $A_4$ | 36 | 81 | 100 | 217 |
| 계 | 143 | 172 | 178 | 493 |

순서 3 수정항 CT를 계산한다.

$CT=\frac{(\Sigma X)^2}{N}$(데이터의 총계의 제곱을 데이터의 총수로 나눈다.)

여기서 N은 데이터의 총수를 나타낸다.

예 $CT=\frac{3^2}{12}=0.75$

순서 4 총 제곱의 합 $S_T$를 계산한다.

$S_T=\Sigma X^2-CT$

예 표2-20에서

$S_T=493-0.75=492.25$

순서 5 행간 제곱의 합 $S_A$를 계산한다. 행(行)이란 표2-19의 세로로 있는 숫자를 말한다. 즉, 표2-19에는 4행이 있으며, 1행이 배합 A의 각 수준에 상당한다. 그러므로 예제에서는 배합간 제곱의 합이라는 것이 된다.

$S_A=\frac{\Sigma T_A{}^2}{\ell}-CT$

여기서, $T_A$는 각 줄의 합계, $\ell$은 B의 수준수이다.

예 $T_A$는 표2-19에서, 각각 −23, −6, 7, 25이다. 이들을 제곱하면 529, 36, 49, 625이다. $\ell$는 3이다. 그래서

$S_A=\frac{1}{3}(529+36+49+625)-0.75=412.25$

순서 6 열간(列間) 제곱의 합 $S_B$를 계산한다. 열이란 표2-19의 가로로 있는 수자를 말한다. 즉, 표2-19에는 3줄이 있고, 1열이 반응온도 B의 각 수준에 상당한다. 그러므

로 예제에서는 반응온도간 제곱의 합이라고 하는 수가 있다.

$$S_B=\frac{\Sigma T_B{}^2}{k}-CT$$

여기서 $T_B$는 각 열의 합계, k는 행(行)의 수 즉 A의 수준수이다.

예 $T_B$는 표2−19에서 각각 −9, −2, 14이다. 이들을 제곱하면 81, 4, 196이다. k는 4이다. 그래서

$$S_B=\frac{1}{4}(81+4+196)-0.75=69.50$$

순서 7 오차(誤差)제곱의 합 $S_E=S_T-S_A-S_B$

예 $S_E=492.25-412.25-69.50=10.50$

오차 제곱의 합은 이 예에서는 같은 원료배합, 같은 반응온도로 실험을 되풀이 할 때, 생각되는 산포이며, 실험오차에 상당하는 것이다.

순서 8 자유도를 구한다.

총 자유도 $\phi_T=N-1$

행간 자유도 $\phi_A=k-1$

열간 자유도 $\phi_B=\ell-1$

오차 자유도 $\phi_E=(k-1)(\ell-1)$

이들 자유도 사이에는

$\phi_T=\phi_A+\phi_B+\phi_E$

의 관계가 있다.

순서 9 이상의 결과를 정리하여 분산분석표를 만든다. 불편분산은 그 항의 제곱의 합을 자유도로 나누어 구하고, 분산비는 행간 또는 열간의 불편분산을 같이 오차의 불편 분산으로 나누어서 구한다. 표2−21이 2원 배치때의 분산 분석표의 일반적인 형이다.

표 2−21 이원(二元)배치의 분산분석표

| 요 인 | 제곱의 합 | 자유도 | 불편분산 | 분산비 |
|---|---|---|---|---|
| 행 간 | $S_A$ | $\phi_A$ | $V_A=S_A/\phi_A$ | $F_A=V_A/V_E$ |
| 열 간 | $S_B$ | $\phi_B$ | $V_B=S_B/\phi_B$ | $F_B=V_B/V_E$ |
| 오 차 | $S_E$ | $\phi_E$ | $V_E=S_E/\phi_E$ | |
| 계 | $S_T$ | $\phi_T$ | | |

표 2−22 예제의 분산분석표

| 요 인 | 제곱의 합 | 자유도 | 불편분산 | 분산비 |
|---|---|---|---|---|
| 원료배합간 | 412.25 | 3 | 137.42 | 78.53** |
| 반응온도간 | 69.50 | 2 | 34.75 | 19.86** |
| 오 차 | 10.50 | 6 | 1.75 | |
| 계 | 492.25 | 11 | | |

例 표2－19에 대하여 계산한 결과를 분산분석표로 할 때 표2－22가 된다.

순서 10 얻어진 분산비의 값을 F표의 $F(\phi_A, \phi_E; \alpha)$ 및 $F(\phi_B, \phi_E; \alpha)$의 값과 비교한다. 얻어진 $F_A$, $F_B$의 값이 $\alpha=0.05$의 표의 값보다 크면 유의, $\alpha=0.01$의 표의 값보다 크면 고도로 유의하다.

유의(有意)란, 행 또는 열의 평균치가 동일하다고는 생각되지 않는 것으로 평균치 간에 차이가 있다는 것을 나타내고 있다. $F(\phi_A, \phi_E; \alpha)$등은 분자의 자유도 $\phi_A$, 분모의 자유도 $\phi_E$의 위험율 $\alpha$의 F의 값을 나타내고 있으며, F표에서 구해진다. (부표 5참조)

例 $F(3, 6;0.01)=9.78$

$F(2, 6;0.01)=10.9$

으로 계산된 $F_A=78.53>9.78$, $F_B=19.86>10.9$이므로, 원료배합간, 반응온도간 다 같이 고도로 유의이다. 고도로 유의 때**표를 F의 계산치에 붙여 나타내는 것이 많다. 이 예제의 결론은 원료배합의 방법에 따라서도, 반응온도가 변한 것으로도 생산량에 영향이 있다는 것이다.

## 11. 상관과 회귀

### 11.1 상관관계

2대의 기계에서 만들어진 제품특성의 평균치가 다른가를 알려면 데이터를 층별하여 평균치의 차의 검정을 행하면 좋다. 만일, 3대 이상에 대하여 비교하고 싶다면, 일원배치의 분산분석을 사용하여 해석할 수가 있다. 이들은 어느 것이나 층별하여 그 층 사이의 평균치의 비교를 하는 문제이다.

원인 중에는 이와 같이 층별 할 수 있을 때와 층별을 못하거나, 층별하는 것이 적당하지 않은 때가 있다.

예를 들면, 온도가 올라 가면 수율(收率)이 나빠진다는 관계가 생긴다고 하자. 그 관계를 확실히 알게되면 문제는 없지만, 그와 같은 관계가 있을듯 하고 확실치 않을 때는, 검정을 할 필요가 있다. 이 때도 예를 들면 20℃이상과 20℃미만으로 층별하여, 유의차(差)검정을 할 수도 있다. 그러나, 온도는 연속적으로 변화하는 것이므로, 사람에 따라 층별 할 때와 안할 때와는, 생각하는 법이 다소 달라진다.

오히려 연속적으로 변화 할 요인에 대해서 결과가 변화 할 때는 상관관계를 조사하면 된다. 상관관계를 조사 하려면, 우선 데이터를 잡고 산포도를 그릴 필요가 있다.

표2－23은 온도와 수율에 대한 데이터이다. 이것에 대하여 산포도를 그리면, 그림2－25와 같이 된다. 산포도는 이 "예"와 같이 가로축에 온도, 세로 축에 수율과 같이 척도를 정하고, 각기 데이터에 대응하는 곳에 점을 찍은 것이다. 이 때, 습관상 원인이라고 생각되는 것을 $x$로 하여, 가로축으로 하고, 결과라고 생각되는 것을 $y$로 하여 세로축에 잡는다.

표 2—23 온도와 수율

| x (온도 ℃) | y (수율 %) | x | y | x | y |
|---|---|---|---|---|---|
| 19 | 78 | 18 | 75 | 15 | 79 |
| 21 | 78 | 19 | 78 | 17 | 76 |
| 25 | 75 | 12 | 82 | 20 | 76 |
| 18 | 77 | 14 | 77 | 22 | 76 |
| 16 | 80 | 20 | 78 | 19 | 79 |
| 16 | 78 | 22 | 72 | 19 | 77 |
| 24 | 77 | 26 | 72 | 16 | 74 |
| 18 | 76 | 21 | 75 | 24 | 74 |
| 20 | 77 | 24 | 72 | 22 | 75 |
| 19 | 76 | 23 | 79 | 14 | 72 |
| 22 | 76 | 17 | 79 | | |

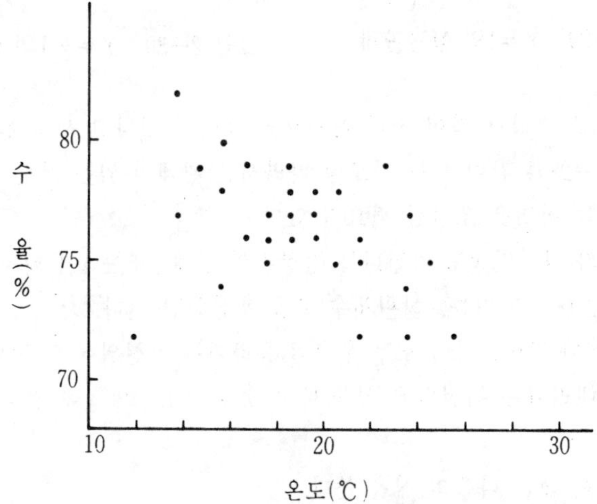


그림 2—25 온도와 수율과의 산포도

그림2--25에서는 온도가 올라가면 수율이 내려간다는 관계가 있을 법하다. 이와같은 관계를 **부상관**(負相關), $x$가 커지면 y가 커지는 관계를 **정상관**(正相關)이라고 한다. 이 때에도, 부상관이라고 해도 좋을지 어떤지는, 상관관계를 계산해보지 않으면 모른다.

## 11.2 상관 계수의 계산

산포도를 그려보면 2개의 양 사이의 관계가 어떠한가를 대강 알 수 있다. 그 관계는 극히 명확하여 그림2—26같은 경우는 그림을 그린것만으로도 바로 알 수 있으며 그림을 그릴것 까지도 없이 그 관계는 알고 있을지도 모른다. 반대로 그림2—27과 같이 2개의 양 사이의 관계가

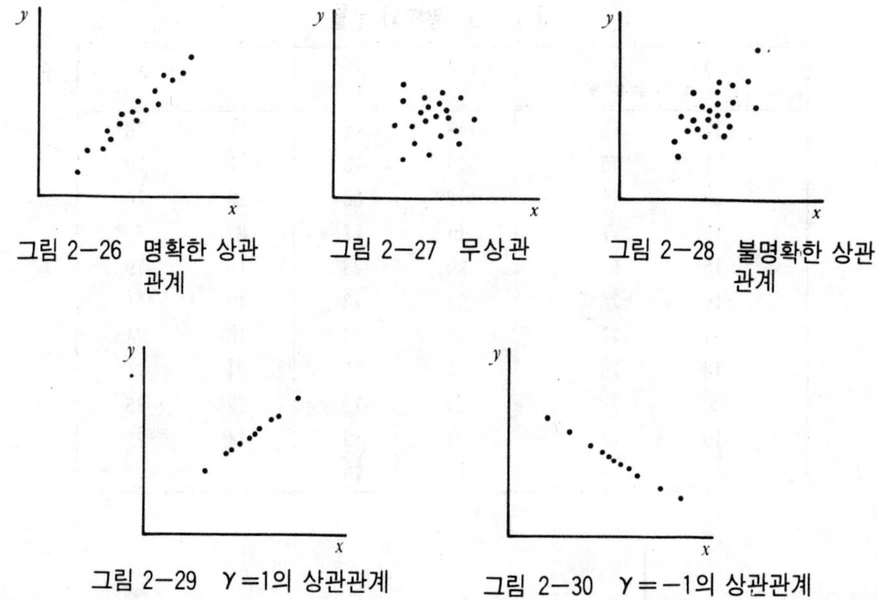

그림 2-26 명확한 상관관계

그림 2-27 무상관

그림 2-28 불명확한 상관관계

그림 2-29 $\gamma=1$의 상관관계

그림 2-30 $\gamma=-1$의 상관관계

전연 없어서, 산포도를 그리면 점이 전혀 랜덤으로 흩어져 있다고 생각 될 때도 판단은 하기 쉽다. 그러나 그림 2-28과 같이 보는 각도에 따라서는 관계가 있는 것도 같고, 그 관계가 특히 현저하지 않을 때는 이것을 조사할 필요가 있다.

2개의 양 사이에 $x$가 커지면 y도 커진다는 정상관의 관계, 또는 $x$가 커지면 y가 작아진다는 부상관의 관계가 있는가 어떤가는, **상관계수** $\gamma$를 계산하면 안다.

산포도는 그림2-29와 같이, 점이 모두 우측이 올라가는 직선위에 있을 때는 $\gamma=1$, 그림 2-30과 같이 우측이 내려가는 직선위에 있을 때는 $\gamma=-1$, $x$와 y에 전혀 관계가 없을 때는 $\gamma=0$으로 된다.

상관계수를 계산하는 데는 다음의 식을 쓴다.

$$\gamma=\frac{S(xy)}{\sqrt{S(xx)\cdot S(yy)}}$$

여기서 $S(xy)$는 공변동(共變動), $S(xx)$, $S(yy)$는 각기 $x$ 및 y의 제곱의 합으로, 다음 식으로 구할 수 있다.

$$S(xy)=\Sigma xy-\frac{\Sigma x\cdot\Sigma y}{n}$$

$$S(xx)=\Sigma x^2-\frac{(\Sigma x)^2}{n}$$

$$S(yy)=\Sigma y^2-\frac{(\Sigma y)^2}{n}$$

또, 데이터에서는 평균치에 가까운 수를 빼고, 소수점이 없어지도록 적당한 수를 곱하여,

계산하기 쉽게 변환된 데이터에 대하여 계산하는 것이 좋다.

계산순서는 다음과 같이 된다. 예로는 표2－23의 수치를 써서 설명한다.

[순서] 1 산포도를 그린다.

[순서] 2 데이터를 표로 하여 X, Y, $X^2$, $Y^2$, XY 등을 계산한다.

여기에 X, Y는 $x$, y를 변환한 값이다.

표 2－24 상관계수를 구하기 위한 계산표

| $x$ | y | X | Y | $X^2$ | $Y^2$ | XY |
|---|---|---|---|---|---|---|
| 19 | 78 | −1 | 3 | 1 | 9 | −3 |
| 21 | 78 | 1 | 3 | 1 | 9 | 3 |
| 25 | 75 | 5 | 0 | 25 | 0 | 0 |
| 18 | 77 | −2 | 2 | 4 | 4 | −4 |
| 16 | 80 | −4 | 5 | 16 | 25 | −20 |
| 16 | 78 | −4 | 3 | 16 | 9 | −12 |
| 24 | 77 | 4 | 2 | 16 | 4 | 8 |
| 18 | 76 | −2 | 1 | 4 | 1 | −2 |
| 20 | 77 | 0 | 2 | 0 | 4 | 0 |
| 19 | 76 | −1 | 1 | 1 | 1 | −1 |
| 22 | 76 | 2 | 1 | 4 | 1 | 2 |
| 18 | 75 | −2 | 0 | 4 | 0 | 0 |
| 19 | 78 | −1 | 3 | 1 | 9 | −3 |
| 12 | 82 | −8 | 7 | 64 | 49 | −56 |
| 14 | 77 | −6 | 2 | 36 | 4 | −12 |
| 20 | 78 | 0 | 3 | 0 | 9 | 0 |
| 22 | 72 | 2 | −3 | 4 | 9 | −6 |
| 26 | 72 | 6 | −3 | 36 | 9 | −18 |
| 21 | 75 | 1 | 0 | 1 | 0 | 0 |
| 24 | 72 | 4 | −3 | 16 | 9 | −12 |
| 23 | 79 | 3 | 4 | 9 | 16 | 12 |
| 17 | 79 | −3 | 4 | 9 | 16 | −12 |
| 15 | 79 | −5 | 4 | 25 | 16 | −20 |
| 17 | 76 | −3 | 1 | 9 | 1 | −3 |
| 20 | 76 | 0 | 1 | 0 | 1 | 0 |
| 22 | 76 | 2 | 1 | 4 | 1 | 2 |
| 19 | 79 | −1 | 4 | 1 | 16 | −4 |
| 19 | 77 | −1 | 2 | 1 | 4 | −2 |
| 16 | 74 | −4 | −1 | 16 | 1 | 4 |
| 24 | 74 | 4 | −1 | 16 | 1 | −4 |
| 22 | 75 | 2 | 0 | 4 | 0 | 0 |
| 14 | 72 | −6 | −3 | 36 | 9 | 18 |
| 계 | | −18 | 45 | 380 | 247 | −145 |

예 표2-23에 대하여 정리하면, 표2-24가 된다. 이 예에 있어서는

$X = x - 20$

$Y = y - 75$

라는 변환을 하였다.

순서 3 공변동, 각 제곱의 합의 계산을 한다.

$$S(XY) = \Sigma XY - \frac{\Sigma X \cdot \Sigma Y}{n}$$

$$S(XX) = \Sigma X^2 - \frac{(\Sigma X)^2}{n}$$

$$S(YY) = \Sigma Y^2 - \frac{(\Sigma Y)^2}{n}$$

예 2-24에서

$$S(XY) = -145 - \frac{(-18) \times 45}{32} = -119.7$$

$$S(XX) = 380 - \frac{(-18)^2}{32} = 369.9$$

$$S(YY) = 247 - \frac{45^2}{32} = 183.7$$

순서 4 다음 식에 의하여 상관계수 $\gamma$를 계산한다.

$$\gamma = \frac{S(XY)}{\sqrt{S(XX) \cdot S(YY)}}$$

예 $$\gamma = \frac{-119.7}{\sqrt{369.9 \times 183.7}} = -0.459^{**}$$

표 2-25 γ 표

| $\phi$ | $\gamma(0.05)$ | $\gamma(0.01)$ | $\phi$ | $\gamma(0.05)$ | $\gamma(0.01)$ |
|---|---|---|---|---|---|
| 10 | 0.576 | 0.708 | 25 | 0.381 | 0.487 |
| 11 | 0.553 | 0.684 | 30 | 0.349 | 0.449 |
| 12 | 0.532 | 0.661 | 35 | 0.325 | 0.418 |
| 13 | 0.514 | 0.641 | 40 | 0.304 | 0.393 |
| 14 | 0.497 | 0.623 | 50 | 0.273 | 0.354 |
| 15 | 0.482 | 0.606 | 60 | 0.250 | 0.325 |
| 16 | 0.468 | 0.590 | 70 | 0.232 | 0.302 |
| 17 | 0.456 | 0.575 | 80 | 0.217 | 0.283 |
| 18 | 0.444 | 0.561 | 90 | 0.205 | 0.267 |
| 19 | 0.433 | 0.549 | 100 | 0.195 | 0.254 |
| 20 | 0.423 | 0.537 | | | |

[순서]5 표2−25의 값과 계산된 상관계수의 값과를 비교하여 보고 계산치의 편이 절대치가 크면 상관관계는 유의(有意)이며, $x$와 y의 사이에 상관관계가 있다고 할 수 있다. 계산치의 편이 작으면 $x$와 y와의 사이에 상관관계가 있다고는 말할 수 없다.

표2−25를 보고 상관 계수를 검정할 때는, 데이터의 조수(組數)를 n으로 한다면 자유도 $\phi$는 $\phi=n-2$에 의해 구해지므로 거기에 상당하는 표의 값을 사용한다.

[예] $\phi=32-2=30$이다. $\phi=30$의 표의 값은 $\alpha=0.05$로 0.349, $\alpha=0.01$로 0.449에 대하여 계산한 상관계수는 $\gamma=-0.459$로 그 절대치는 0.449보다 크므로 고도로 유의(有意)하며 상관관계가 있다고 생각된다.

또, $\gamma$의 값은 마이너스이므로 $x$즉, 온도가 상승하면, y 즉, 수율은 저하한다고 말할 수 있다. $\gamma$의 계산치가 위험율 0.05의 표의 값보다 크면 "유의", 0.01의 표의 값보다 크면 고도로 "유의"라고 하며, $\gamma$의 계산치에 각 기*표,**표를 붙이는 일이 많다.

## 11.3 회귀식

$x$와 y사이에 서로 관계가 있을 때 이 관계를 정량적으로 표시하는 데는 회귀식(回歸式)을 구하면 된다. 여기서는 $x$가 커짐에 따라 y도 커지는 직선관계일 경우에

$$y=a+bx$$

라는 식으로 나타낸다.

이 식에서 a를 절편(切片), b를 회귀계수, 구하는 식을 회귀식 또는 회귀방정식이라 부른다. 회귀식을 구하는 순서는 다음과 같다.

[순서]1 회귀 계수 b를 구한다.

$$b=\frac{S(xy)}{S(xx)}=\frac{S(XY)}{S(XX)}\times\frac{g}{h}$$

여기서 g, h는 $x$ 및 y를 X 및 Y로 변환할 때, 소수점을 털어 버리기 위하여 곱한 수이다.

[예] 표 2−24에서는, g=1, h=1이므로

$$b=\frac{S(XY)}{S(XX)}=\frac{-119.7}{369.9}=-0.324$$

[순서]2 $\overline{x}$, $\overline{y}$를 구한다.

$$\overline{x}=x_0+\frac{\Sigma X}{n}\times\frac{1}{g}$$

$$\overline{y}=y_0+\frac{\Sigma Y}{n}\times\frac{1}{h}$$

여기서 $x_0$, $y_0$는 $x$, y를 X, Y로 변환할 때 뺀 값이다.

[예] 표 2−24를 대입하면,

$$\overline{x}=20+\frac{-18}{32}=19.44$$

$$\overline{y}=75+\frac{45}{32}=76.41$$

순서 3 회귀식을 구한다.

$y-\overline{y}=b(x-\overline{x})$

에 $\overline{x}$, $\overline{y}$, b를 대입하여 정리한다.

예 표 2－24를 대입하면,

$y-76.41=-0.324(x-19.44)$를 정리하면

$y=82.71-0.324x$

순서 4 구한 회귀식을 산포도에 써 넣는다. $x$에 적당한 값을 대입하여, y의 값을 구하면, 넣은 $x$의 값과 구해진 y의 값이 한 쌍이 되어 산포도 위에 하나의 점이 얻어진다. $x$의 값을 바꾸어 같이하여, 또 다른 1개의 점을 산포도 위에 구한다. 얻어진 2개의 점을 직선으로 이으면 회귀 직선이 만들어 진다. 이때 대입하는 $x$의 값에는 산포도 위에 점이 있는 오른 편과, 왼편 끝 근방의 값을 사용하는 것이 바람직스럽다.

예 위에서 구한 회귀식

$y=82.71-0.324x$

으로 $x=10$으로 두면

$y=82.71-3.24=79.47$

$x=30$으로 두면

$y=82.71-30\times0.324=72.99$

로 된다. ($x=10$, $y=79.47$)와 ($x=30$, $y=72.99$)를 연결하면 그림 2－31과 같이 회귀 직선이 구해진다.

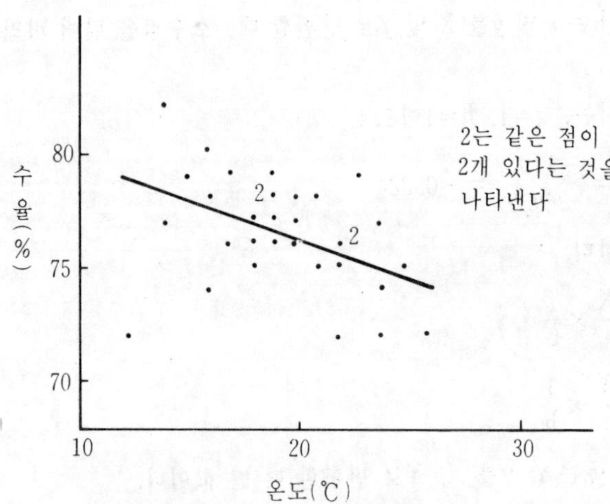


그림 2－31 온도에 대한 수율의 회귀직선

# 12. 실험계획법

## 12.1 실험계획법이란

실험계획법(實驗計劃法, design of experiment)의 기초는 19세기 중엽 영국의 농사 시험장 기사였던 R.A.Fisher에 의해 만들어졌으며, 이것이 발전하여 모든 공업분야에 활용되고 있다.

기존의 작업공정을 바꾸거나 새로운 공정을 개발시에도 최적의 조건을 찾아내기 위해서 실험을 하게 된다. 실험이란 반드시 기대한 대로만 되지 않으며, 뜻하지 않은 나쁜 결과를 가져올 수도 있고 특별한 경비가 들 때도 있다. 또한, 많은 데이터를 잡는 것도 시간적으로나 경제적으로 허용되지 않는 경우가 많다. 그러므로 실험의 계획은 신중히 세워야 한다. 여기에서 필요한 것이 실험계획법이다.

실험계획법이란 무엇인가 일반적인 실험과 대단히 다른 것과 같이 생각하고 있으나, 사실은 합리적이고 경제적인 시험을 하려면 어떻게 하는 것이 좋은가 하는 실험에 관한 계획방법을 의미한다. 해결하려는 과제에 대하여 시험을 어떻게 계획하고, 어떻게 실시하고 데이터를 어떻게 잡아서 어떠한 통계적 방법으로 데이터를 해석하면 최소의 실험 회수에서 최대의 정보를 얻을 수 있는가를 계획하는 것이다.

## 12.2 실험계획법의 순서

실험계획법은 실험하려는 분야에 대한 고유기술(固有技術)과 결부되어야만 비로서 효과가 발휘되며, 통계적 수법만을 안다고 해서 훌륭한 실험계획을 할 수 없다. 따라서 기초가 되는 것은 어디까지나 실험인 것이다. 실험도 하나의 공정으로 생각한다면 일반적인 공정관리와 마찬가지로 취급할 수 있으며, 관리되지 않은 실험에서 얻은 결론은 조치를 잘못하여 큰 손실을 초래할 우려도 있다.

실험계획법의 순서는 그림 2－32와 같이 plan, do, check, action cycle 즉, 관리의 사이클 순서에 따른다.

### (1) 실험의 계획

① 실험의 목적을 명확히 한다.

실험의 목적은 최적조건을 알아내거나 어떤 조치를 취하기 위해서 또는, 표준화를 하기 위해서 실시한다. 실험을 하는 데는 많은 노력과 경비가 들어간다. 따라서 효율적인 실험을 하기 위해서는 실험의 목적을 명확히 하고 그 목적을 달성할 수 있는 계획을 세울 필요가 있다.

② 특성요인의 선정

실험을 할 때에 실험에 대하여 영향을 미치는 것을 요인(要因)이라고 한다. 요인은 실

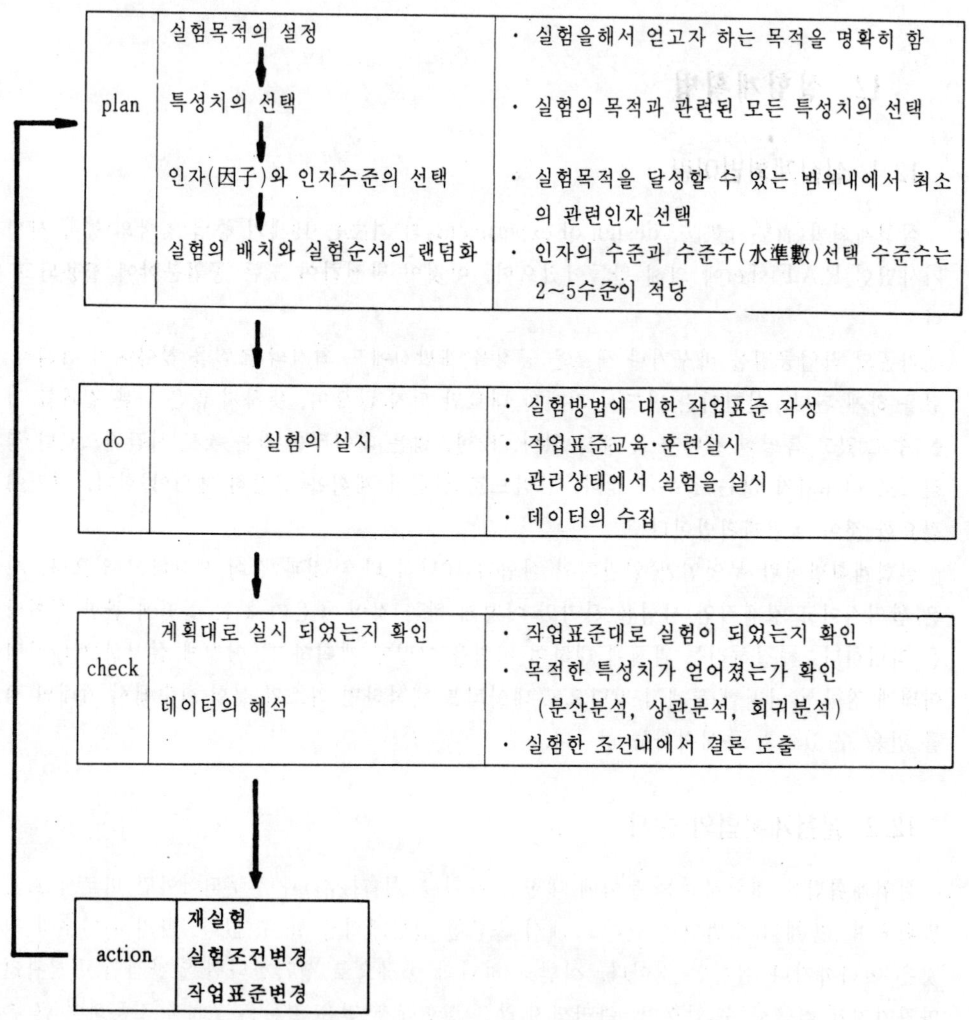


그림 2-32 실험계획법의 순서

험을 계획하는 사람의 기술적 지식, 경험, 과거의 데이터의 해석 등으로 부터 얻어진다. 요인을 크게 분류해 보면 다음과 같다.

· 실험(또는 작업)하는 장소
· 실험(또는 작업)하는 시간, 소요되는 시간
· 실험장치 또는 기계설비
· 재료
· 실험자(또는 작업자)
· 실험방법(또는 작업방법)
· 환경조건(온도, 습도, 기압, 밝기 등)

③ 인자와 인자수준의 선택

실험의 배치나 해석을 할 때에 무수히 존재하는 요인중에서 실험의 목적으로 채택한 것을 인자(因子, factor)라고 하며, 인자를 양적 또는 질적으로 변화시킬 경우의 그 단계를 인자의 수준(水準)이라고 한다.

예를 들면 온도를 인자로 택한 경우 90℃라던가 100℃라던가 하는 것이 수준이며, 이 수준으로 잡은 값을 수준수(水準數)라고 한다 이 예에서 수준수는 2이다.

④ 실험의 배치와 실험순서의 랜덤화

인자와 수준이 선택되면 실험배치의 형(型)을 정한다. 인자의 수가 적을 경우에는 다원배치(多元配置)를 택하는 것이 좋은 경우가 있고, 인자의 수가 많아지면 직교배열표(直交配列表)를 사용하는 계획으로 한다.

실험의 배치와 실험순서가 잘못되면 통계적인 해석을 하여도 여러 가지 원인이 혼동(混同)해서 그 결과를 기술적으로 해석하기가 불가능하기 때문에 실험계획법에서 사용되는 기본원리 즉, 랜덤화의 원리, 반복의 원리, 층별의 원리, 혼동의 원리, 직교화의 원리를 알고 있을 필요가 있다.

### (2) 실험의 실시

실험의 배치와 실험순서가 정해지면 실험하는 방법에 대한 표준을 작성하려 이것을 충분히 숙지한 후에 실험을 실시해야 한다.

실험의 실시에서 반드시 계획대로 실시하는 것이 중요하다. 계획대로 되도록 하기 위해서는 실험계획내용과 실험방법을 실험하는 사람에게 교육·훈련시켜 숙지시킬 필요가 있다. 특히, 실험순서와 인자수준의 조합을 틀리지 않도록 해야 한다. 실험데이터는 미리 정해놓은 용지(format)에 기입토록하고 실험중에 일어난 현상은 전부 상세히 기록하여 두는 것이 좋다. 실험기간중 기록한 특기사항은 실험이 끝나고 실험의 결론을 검토시에 중요한 정보가 되기 때문이다.

실험계획법에서 실험의 계획을 잘 세우는 것도 중요하지만, 실험의 실시도 중요하기 때문에 특히, 계획대로 이행되도록 하기위한 실험의 관리방법에 대해 검토해 두어야 한다. 관리되지 않은 실험에서 얻은 결론은 조치를 잘못하여 중대한 손실을 초래할 수 있기 때문이다.

### (3) 실험결과의 확인

실험계획대로 실험이 진행되었는지를 우선 확인한 다음에 실험결과에서 얻은 데이터를 정리하고 해석순서에 따라 필요한 계산을 하여 판정한다. 소정의 유의수준에서 유의차이가 있다는 결과가 나왔으면 다음에 차이는 어느 정도인가를 추정한다.

판정이 났으면 이 판정에 입각해서 조치를 하게 되는데 이 때 주의할 사항은 계산이 제대로 되어 있는지 재 체크할 필요가 있다. 또한 실험결과의 해석은 실험에서 주어진 조건내에서만 결론을 지어야하며 취급한 인자에 대한 결론도 그 인자수준의 범위내에서만 얻어지는 결론이지 이 범위를 넘게 되면 아무런 결론을 내릴 수 없다.

실험계획법에서 얻어진 데이터의 해석에 많이 사용되는 방법으로서는 분산분석, 통계적 검정과 추정, 상관분석, 회귀분석 등이 있다.

#### (4) 조 치

해석결과에 따라 결론이 나오면 반드시 조치를 취해야 한다. 예를 들면 작업표준을 개정한다 또는 개정하지 않는다. 다시 실험한다 등의 조치를 하고 조치한 결과는 반드시 재 체크한다.

# 제3장 검사의 실시 및 관리

검사란 원료나 제품을 제조공정의 흐름에 따라서 다음공정이나 소비자에게 흘러가도 되는가의 여부를 결정하는 활동으로서, 공장의 생산활동중에서 관리사이클의 일부를 이루고 있다. 즉, 검사는 plan, do, check, action 사이클의 check에 해당하며, 검사의 정보는 곧바로 action의 단계에 연결되므로 정확해야 한다. 무의식적으로 제품을 만들어서는 좋은 제품이 나올 수 없듯이 무의식적으로 검사를 해서는 올바른 검사가 되지 않는다. 올바른 검사를 위해서는 신뢰성있는 샘플링과 신뢰성있는 측정분석이 요구되며, 사용자 즉, 소비자의 입장에서 검사하는 마음가짐이 필요하다.

## 1. 검사개요(檢査槪要)

### 1.1 검사의 정의

한국공업규격(KS, Korean Industrial standard)에 따르면
"검사란 물품을 몇 개의 방법으로 시험한 결과를 품질 판정기준과 비교하여 개개의 물품의 양품·불량품의 판정을 내리고 또는, 로트의 판정기준과 비교하여 로트의 합격, 불합격의 판정을 내리는 것"으로 정의되어 있다.

### 1.2 검사의 목적

검사의 목적은 크게 나누면 다음과 같다.
① 좋은 로트와 나쁜 로트를 구별하기 위해서
② 양호품과 불량품을 구별하기 위해서
③ 공정이 변했는지 어떤지를 판단하기 위해서
④ 제품의 결점의 정도를 평가하기 위해서
⑤ 검사원의 정확도를 평가하기 위해서
⑥ 측정기의 정밀도를 측정하기 위해서
⑦ 제품설계에 필요한 정보를 얻기 위하여
⑧ 공정능력을 평가하기 위하여

### 1.3 검사의 종류

(1) 검사공정에 의한 분류
① 수입검사 또는 구입검사

원재료, 부재료를 입고 또는 구입하여도 좋은지를 판정하기 위해서 하는 검사

② 공정검사 또는 중간검사

공장내에서 반제품을 어떤 공정에서 다음 공정으로 이동해도 좋은가를 판정하기 위해서 하는 검사

③ 최종검사

완성된 물품이 제품으로서의 요구사항을 만족하고 있는가를 판정하는 검사

④ 출하검사

제품을 출하하는 경우에 하는 검사

### (2) 검사장소에 의한 분류

① 정위치 검사(定位置檢査)

검사시 특수한 장치가 필요한 경우와 같이 정해진 장소에 검사할 물건을 운반해서 검사하는 방법

② 순회검사(巡廻檢査)

검사원이 현장을 돌면서 물품을 검사하는 방법

### (3) 검사의 성질에 의한 분류

① 파괴검사

물품을 파괴하지 않으면 검사목적을 달성할 수 없는 것 즉, 검사를 하면 상품가치가 없어지는 검사

예 포장식품의 관능검사나 위생검사 등

② 비파괴 검사

물품을 검사 하더라도 상품가치가 변하지 않는 검사

예 포장식품의 중량검사, 외관검사 등

### (4) 판정대상에 의한 분류

① 전수검사(全數檢査)

검사로트 중의 모든 검사단위에 대하여 하는 검사이다. 여기서 검사단위란 검사의 목적을 위해 선택된 단위체 또는 단위량으로 1개 또는 1조의 물품일 때도 있고 또는 일정한 길이, 일정한 면적, 일정한 체적일 때도 있다. 개개의 검사단위를 양품과 불량품으로 분류할 경우에는 전수선별 이라고도 한다.

전수검사가 필요한 경우는 다음과 같다.

- 전수검사를 않고서는 불량품을 제거할 수 없을 때
- 전수검사가 용이하고 또한 그것이 경제적일 때
- 불량품이 섞이면 치명적 또는 중대한 영향이 있는 경우
- 물품 하나 하나가 양호품이 아니면 안될 경우

② 샘플링 검사

검사로트에서 미리 정해진 샘플링검사방식에 따라서 샘플을 취해서 시험하고, 그 결과를 로트 판정기준과 비교하여 그 로트의 합격·불합격을 판정하는 검사이다. 샘플링검사는 제출된 제품 전체를 선별하는 것이 아니므로 검사에 합격된 로트라도 어떤 허용된 한도내에서의 불량품이 들어 있다.

샘플링검사가 필요한 경우는 다음과 같다.

· 파괴검사의 경우
· 포장필름, 실 등과 같은 연속체
· 설탕, 조미료 등과 같은 대량품
· 다수 다량의 것으로 어느정도 불량품이 섞여도 괜찮을 경우
· 검사항목이 많은 경우
· 불완전한 전수검사에 비해서 신뢰성 높은 결과가 얻어지는 경우
· 검사비용을 적게 들이는 편이 이익이 되는 경우
· 생산자에게 품질향상의 자극을 주고 싶은 경우

## 1.4 샘플링검사의 실시조건

### (1) 제품이 로트로서 처리될 수 있을 것

샘플링검사는 로트의 처리를 결정하는 행동이지, 로트내의 개개의 제품을 개별적으로 처리하는 것은 아니다. 따라서 제품이 로트로서 처리되는 경우가 아니면 샘플링검사를 적용할 수 없다.

### (2) 합격로트속에도 어느 정도 까지는 불량품이 섞여 들어가는 것을 허용할 수 있을 것

샘플링 검사에 의해 합격한 로트라도 그 중에 불량품이 전혀 없는 것은 아니다.

### (3) 시료의 샘플링이 랜덤하게 될 것

샘플링검사는 샘플을 랜덤하게 뽑아내는 것을 기초조건으로 하고 있기 대문에 이 조건이 만족되지 않으면 적용할 수 없다.

### (4) 품질기준이 명확할 것

누가 언제 검사를 하여도 같은 결과가 얻어지도록 적절한 시험방법, 계측방법을 정해두고 또한 판정의 기준도 명확히 정할 필요가 있다.

### (5) 계량샘플링검사에서는 로트의 검사단위의 특성치의 분포를 대략 알고 있을 것

계량샘플링검사에서는 일반적으로 특성치가 정규분포상태에 있어야 하는 것이 전제조건이므로, 이 경우 대략 정규분포로 볼 수 있다는 것을 알고 있어야 한다.

## 1.5 품질의 표시방법

### (1) 검사단위의 결정

샘플링검사를 하려면 우선 무엇을 검사 단위로서 채택할 것인가를 결정하여야 한다. 설탕, 식용유, 간장 등과 같이 계량에 의해서 측정되는 것이나 자동포장 필름, 실과 같이 연속되는 것은 일정한 중량, 용량, 길이 등을 검사단위로 한다. 또한 수동포장용 봉지, 통조림이나 포대 등의 용기에 들어 있어 하나 하나 셀수 있는 것은 한개를 검사단위로 한다.

### (2) 검사단위의 품질판정기준

품질은 검사단위의 성질을 조사하고 이것을 일정한 판정기준과 비교해서 결정한다. 이 경우 검사단위의 성질로서 물리적, 화학적, 기계적, 관능적성질 등의 각종 성질이 있다. 이러한 여러 성질 중에서 어느것을 검사항목으로 정할 것인가. 그것에 대한 시험방법, 사용하는 측정기 및 판정의 기준 등을 검사규격에 명시한다.

외관검사와 같이 객관적 방법에 의한 정확한 표시가 곤란한 경우에는 한도견본의 채택 등 될 수 있는 한 객관적으로 명확히 표시하도록 해야 한다. 한도견본(限度見本)이란 양품 또는 불량품이 되는 품질의 한도를 나타낸 견본이다.

### (3) 검사단위의 품질표시방법

검사단위의 품질표시 방법은 다음과 같다.

① 양호·불량의 구별에 의한 표시방법

물품의 성질을 검사기준과 비교해서 양호, 불량의 어느 쪽인가로 구별하는 표시방법

② 결점수에 의한 표시방법

물품이 갖는 결점의 수로 표시하는 방법으로서, 보통검사단위 마다의 결점수로 표시한다. 이 경우 결점의 기준을 검사규격에 정한다.

③ 특정치에 의한 표시방법

검사단위의 특성을 측정하여 그 측정치에 의해서 품질을 표시하는 방법이다.

### (4) 로트의 품질표시방법

로트의 품질은 다음과 같이 표시한다.

① 로트의 불량률(%)

② 로트내의 검사단위당의 평균결점수

③ 로트의 평균치

④ 로트의 표준편차

### (5) 샘플의 품질표시 방법

로트에서 채취한 샘플의 품질은 다음과 같이 표시한다.

① 샘플내의 불량갯수

② 샘플내의 검사단위당 평균결점수
③ 샘플의 평균치
④ 샘플의 표준편차
⑤ 샘플의 범위

## 1.6 샘플링검사방식을 선정하는 원칙

샘플링검사에서는 로트의 일부를 샘플링하여 조사하고, 그 결과에 따라 그 로트 전체의 품질을 판정하여 합격여부를 결정하는 것이기 때문에, 샘플링에 따른 동요는 피할 수 없다. 이 동요에 의한 위험을 적게 하려는 요구와 검사비용을 적게 하고자 하는 경제적인 요구를 고려하여 샘플링검사방식을 선택한다.

## 1.7 샘플링검사의 형태

샘플링검사의 형태는 규준형(規準型), 조정형(調整型), 선별형(選別型) 연속생산형(連續生産型)의 4가지로 분류한다.

### (1) 규준형(規準型) 샘플링검사

원칙적으로 로트 그 자체의 합격, 불합격을 결정하는 것으로, 파는 쪽에 대한 보호와 사는 쪽에 대한 보호 두가지를 규정해서, 파는 쪽의 요구와 사는 쪽의 요구와의 양쪽을 만족하도록 짜여져 있다.

파는 쪽에 대한 보호는 품질이 좋은 로트가 검사에서 불합격으로 되는 확률 $\alpha$ (생산자 위험이라고 한다)를 일정한 작은 값으로 정하므로서 보호하고, 사는 쪽에 대한 보호는 품질이 나쁜 로트가 합격으로 될 확률 $\beta$ (소비자 위험이라고 한다)를 일정한 작은 값으로 정하므로서 보호한다.

보통 $\alpha=0.05$, $\beta=0.10$의 값을 취한다.

이 형태에 속하는 것으로서 다음과 같은 방법이 있다.

KSA 3102 계수규준형 1회 샘플링검사

KSA 3103 계량규준형 1회 샘플링검사(표준편차를 알고 있을 때, 로트의 평균치를 보증하는 경우와 불량률을 보증하는 경우)

KSA 3104 계량규준형 1회 샘플링검사(표준편차를 모를 때, 상한 또는 하한 규격치중 한쪽만 규정된 경우)

KSA 3107 계수규준형축차 샘플링검사

KSA 3108 계량규준형축차 샘플링검사(표준편차를 알고 있을 때, 로트의 불량률을 보증하는 경우)

### (2) 조정형(調整型) 샘플링검사

사는 쪽에서 샘플링검사를 수월하게 하거나 까다롭게 하거나를 조정할 수 있는 것을 특징으로 한다.

일반적으로 합격으로 하고 싶은 최저한의 로트품질(이것을 합격품질 수준 또는 AQL, acceptable quality level이라고 한다)을 정하고, 이 수준보다 좋은 품질의 로트를 제출하는 한 거의 다 합격시킬것을 파는 쪽에게 보증한다.

한편 사는 쪽에서는 보통 조정의 단계로서 까다로운 검사, 보통검사, 수월한검사의 3단계를 다음과 같이 사용한다. 즉, 품질이 좋다고 추정되는 파는 쪽에 대해서 수월한 검사를 적용하여 파는 쪽에게 장려를 해주고, 반대로 품질이 나쁘다고 추정되는 경우에는 까다로운 검사를 적용하여 파는 쪽에게 품질의 향상을 촉구한다.

이 형태의 샘플링검사로서 다음과 같은 방법이 있다.

KSA 3109 계수조정형 샘플링검사(공급자를 선택할 수 있는 경우의 구입겸사)

KSA 3111 계수조정형 1회 샘플링검사

### (3) 선별형(選別型)샘플링검사

샘플중의 불량품수가 합격판정 갯수를 넘는 경우에, 로트의 나머지를 전수선별하는 것을 특징으로 한다. 따라서 이러한 처리를 할 수 없는 경우(파괴검사등)에는 적용할 수 없다. 이 형태의 샘플링검사에서는 전수선별된 로트는 불량품이 제외되고 양호품과 바뀌지니까, 이 로트와 전수선별을 받지 않고 합격된 로트와를 평균한 불량률은 검사를 받기전과 비교하면 작아진다. 검사 후의 평균불량률을 평균출검품질(平均出檢品質, AOQ, average outgoing quality)이라고 한다.

이것은 검사전의 로트의 불량률의 값에 관계없이 일정한 값을 넘을 수 없다 이 일정한 값을 평균출검품질한계(AOQL, average outgoing quality limit)라고 한다. 이 형태의 대표적인 것이 KSA 3105(계수선별형 1회 샘플링검사)이다.

### (4) 연속 생산형(連續生產型)샘플링검사

이 형태의 샘플링검사는 이미 형성된 로트를 대상으로 하는 것이 아니고, 연속생산으로 물품이 계속해서 흘러나오는 상태에서 그대로 적용하는 것이 특징이다. 이를테면 최초 한 개씩 조사해서 양호품이 일정갯수 계속되면 일정갯수 간격으로 샘플링검사하고, 불량품이 나오면 다시 한 개씩의 검사로 되돌아 가는 방식이다.

이 형태의 샘플링검사에서 대표적인 것이 KSA 3106(계수연속생산형 샘플링검사, 불량갯수의 경우)이다.

## 2. 검사의 실시

검사를 실시함에 있어서는 누가 하여도 같게 되도록 표준화 하는 것이 중요하다. 이를 위해서 검사규격과 이에 따르는 검사의 작업표준이 필요하다. 검사규격에서 규정하여야 할 중요한 항목은 다음과 같다.

(1) 검사단위
(2) 검사항목
(3) 양호, 불량판정의 기준
(4) 검사로트를 정하는 방법
(5) 샘플의 채취방법
(6) 검사방식
(7) 합격, 불합격의 판정방법
(8) 검사후의 로트의 처리
(9) 검사기록
(10) 검사용기기 및 측정기
(11) 시험방법

## 2.1 검사단위를 정하는 법

검사를 할 때에는 그 검사로 보증하려고 하는 것이 무엇인가 하는 것을 항상 고려하여 검사단위를 정해야 한다.

한개 한개의 제품을 문제로 하는 경우 보기를 들면, 간장 한병 한병의 품질을 문제로 하는 경우는 그 한병 한병을 보증하는 것이고, 그러기 위해서 간장 한 병씩 뽑아내서 한 병씩 시험하는 것이므로 검사로 보증하려는 단위는 분명히 간장 한병이다. 이러한 경우에 검사단위는 한 병의 간장으로 된다. 그러나 한개 한개 제조되는 것이라도 몇 개를 모아서 상자에 넣어서 판매하는 경우에는, 상자속에 한개의 불량품이 있더라고 그 상자에 들어 있는 것은 불량품이라고 판정된다. 이런 경우에는 한 상자가 검사단위로 된다.

또 포장필름이나 실과 같이 연속적으로 생산되는 제품은 검사단위의 개념이 명확치 않으나, 공장내에서의 취급의 편의성을 고려하여 검사단위를 정하면 된다. 예를 들면, 자동포장용필름 500m를 1두루마리(roll)로 해서 입고되는 경우에는 그 1두루마리를 검사단위로 한다.

또한 조미료나 밀가루와 같은 집합체의 검사인 경우에는 특히, 검사단위라고 하는 개념이 명확하지 않으므로 보증하고 싶은 단위, 샘플링하는 단위, 측정하는 단위를 명확히 할 필요가 있다.

## 2.2 검사항목을 정하는 방법

(1) 검사에서 다루는 항목으로서는 적어도 다음과 같은 조건을 만족시키는 것이어야 한다.

① 검사항목은 구체적인 측정방법이나 객관적으로 비교하기 위한 평가수단이 있는 것이어야 한다.

② 각 검사항목에는 반드시 규격한계나 그밖에 불량의 판정을 하기위한 기준이 주어져 있어야 한다. 문장만으로 표현하기 어려운 경우에는 한도견본(限度見本, boundary sample)

을 만들어 판단의 객관성을 유지할 필요가 있다.

(2) 검사항목의 일반적인 결정방법에 대한 절차는 다음과 같이 하는 것이 좋다.

① 제품에 일어날 수 있는 결점, 또는 소비자의 요구를 될 수 있는 대로 열거하여 결점의 일람표를 작성한다.

② 이 일람표를 근거로 하여 검사할 필요가 있는 품질특성을 선택한다. 이 선택을 할 때는 과거의 정보를 활용해서 문제가 없다고 생각되는 것은 생략하고, 그 제품을 사용 또는 판매할 때 정말로 필요한 것만을 선택토록 한다.

그러나 식품위생법에서 기준이 정해진 항목에 대해서는 검사항목에 삽입해야 한다.

③ 검사항목이 여러개 있을 때 검사의 판정기준으로서는 각 항목별로 판정기준을 두는 방법과, 각 항목을 종합해서 1개라도 불량항목이 있으면 불량품으로 보아서 불량품 몇개, 양호품 몇개 하는 식으로 합부를 판정하는 방법이 있다.

수입검사인 경우 또는 최종제품의 검사나 출하검사인 경우에는 개개의 검사항목으로 수입하거나 출하하는 것이 아니고, 물품이 완전한 양호품이어야 할 것이 요구되는게 보통이므로, 많은 경우는 총합적 판단인 검사항목을 일괄해서 행하는 방법이 사용된다.

## 2.3 양호 불량판정의 기준

샘플을 각 검사항목에 대하여 시험하였을 때 그 품질특성이 어떠한 값 또는 상태로 되면 그 검사항목을 결점 또는 불량이라고 판정할 것인가를 구체적으로 정해 놓아야 한다. 또 포장재의 외관 등 개인차가 생기기 쉬운 것에 대해서는 한도견본등을 지정해서 잘못이 없도록 해야 한다.

합부의 한계를 합리적으로 규정하기 위한 요점으로는

① 규격한계치는 원칙적으로 타회사의 상품, 고객쪽에서 본 상품가치, 공정 능력 및 법적기준 등에 의해서 정해진다. 여기서 주의할 것은 검사규격은 반드시 제품규격한계치와 일치하지 않는 수가 있다는 것이다.

② 허용품질수준의 결정은 일반적으로 검사합격품을 사용하는 측의 품질요구를 바탕으로 해서 정해지게 되는 것인데, 현실적으로는 제조공정의 능력과 경제성에 의해서 정해지는 게 대부분이다.

허용불량률은 0.몇%부터 몇%의 사이로 하는 것이 타당하다.

## 2.4 검사로트를 정하는 방법

합리적인 로트를 만들려면 거의 같은 생산조건에서 제조된 제품으로서 로트를 만들면 되는데, 그 요령은 다음과 같다.

① 다른원료로 만든 제품을 함께 하지 말것

② 다른 생산라인, 다른 기계설비의 라인에서 나온 제품을 함께 합하지 말것

③ 다른 작업시간 또는 방법으로 만든 제품을 함께 합하지 말것

④ 다른 작업자 또는 작업그룹이 제조한 제품은 함께 합하지 말것

로트의 크기는 제품의 품질이 안정되어 있고 불합격이 되는 비율이 거의 없는 것에 대하여는 로트는 클수록 좋고, 이와 반대의 경우에는 작은 편이 좋다.

## 2.5 샘플의 채취방법

샘플은 로트의 품질을 대표하도록 채취하는 것이 중요하다. 그 때문에 검사규격에도 어떠한 방법으로 채취하는가를 명확히 규정하여 두어야 한다.

샘플을 채취하는 경우, 치우침이 없는 랜덤한 채취방법을 사용해야 한다. 이 랜덤 샘플링의 수단으로서 단위체를 잘 뒤섞어 놓은 다음 눈을 감은 기분으로 손에 닿는대로 뽑는 것도 하나의 방법이다. 그러나 이 방법은 물품에 따라서는 형상 또는 성능상으로 뒤섞을 수가 없는 것 또는, 실제의 조작이 대단히 복잡해서 잘 뒤섞이지 않는 것들이 많다.

그래서 샘플의 채취에는 일반적인 것으로서 0부터 9까지의 숫자가 랜덤하게 즉, 무질서하게 나열된 난수표가 사용된다. 이 난수표는 통계적인 검정에 의하여 만들어진 표로서 몇 자리의 수라하더라도 사용할 수 있으므로, 임의의 크기의 로트에 대하여 사용해도 편리하다.(본 책자 제 1 편 제 2 장 6.2 참조)

난수표의 사용법은 KSA 3151에 상세히 기록되어 있다.

## 2.6 검사방식의 결정방법

검사방식을 정하는 데 있어서의 일반적인 검토사항은 다음과 같다.

### (1) 로트품질의 표시

로트의 품질은 다음 중에서 어느 것으로 나타낼까를 정해둔다.

① 로트내의 단위체의 특성의 평균치(계량검사에 사용)

② 로트의 불량률(계량, 계수검사의 양쪽에 사용)

③ 로트의 단위체당의 결점수(계수검사에 사용)

### (2) 전수검사인가 샘플링 검사인가

검사를 해야할 때 그 정밀도를 높이는 방법으로 전수검사를 하는게 좋은지, 샘플링검사를 하는 편이 좋은지는 경제적인 면과 각각의 이점이나 필요성을 충분히 고려하여 결정하고, 검사규격에 명확히 규정하여 둔다.

또 샘플링검사를 적용하는 경우에는 통상적으로 허용품질로서 다음의 3가지중 어느 것으로 나타내어 어느 것을 적용할 것인가를 표시하여 둘 필요가 있다.

① 합격품질수준(AQL, acceptable quality level)

합격품질수준이란 검사에서 합격시키고 싶은 요구품질로서, 이것보다 좋은 품질의

로트는 되도록 합격되도록 하는 품질수준이고 불량률(%)또는 100개당의 결점수로 나타낸 것이다. 일반적으로 MIL-STD-105D의 표를 사용할 때는 경제적인 면을 고려하여 불량률인 경우 중결점에는 1%전후, 경결점에는 6.5%전후를 지정하는 수가 많다.

② 로트허용 불량율(LTPD, lot tolerance percent defective)

로트허용불량률이란 수입측이 어떤 불량률보다 나쁜 품질의 것은 일정한 비율로 밖에 합격시키지 않는 품질수준으로 지정한 것이다. LTPD의 값을 정하기 위해서는 과거의 품질정보를 기초로 하고 공정평균을 비교검토하여 기술적 경제적으로 검사 비용이 최소로 되도록 정해야 한다. 이 LTPD는 선별형 샘플링검사일 때는 로트별로 품질을 보증할 때에 사용된다.

③ 평균출검품질한계(AOQL, average outgoing quality limit)

장기간에 걸쳐서 검사하는 경우, 검사를 끝낸 제품의 평균품질이 어떤 일정한 값을 넘는 일이 없다고 하는 그 값을 품질수준으로 나타낸 것이다. 즉, 검사 후 평균로트품질(평균출검품질)의 최악의 값이다.

AOQL의 값은 사용할 때에 용이하게, 불량품이 제거될 수 있는 제품에는 수월한 AOQL을 또, 불량품이 있어서는 전체의 작업에 큰 장해를 줄만한 제품에는 까다로운 AOQL을 지정하는 것은 다른 보증수준의 결정방법과 동일하다. 이 AOQL은 특히, 선별형 연속생산형 샘플링검사를 할 경우에 사용된다.

### (3) 샘플링검사방식의 선정방법

① 계수검사인가 계량검사인가를 결정하는 방법

어떤 제품의 검사 또는 특정한 검사항목에 계수검사를 적용하느냐, 계량검사를 적용하느냐는 검사의 목적, 검사설비, 시험방법 및 검사의 수고와 시간, 제품의 단위 등을 고려하여 정할 필요가 있다.

계량검사의 잇점은 계수검사에 비해서 많은 품질정보가 얻어지기 때문에, 적은 샘플로서 판정이 되므로 검사시간이 많이 걸리거나 파괴검사와 같은 것에 대해서는 유리하다. 또한 계수검사의 잇점은 주어진 규격에 대해서 양호품인가 불량품인가를 판정하면 좋으므로, 판정이 용이하고 검사가 까다롭지 않기때문에 특수한 기술을 필요로 하지 않는다.

② 샘플링형식을 정하는 방법

샘플링형식으로서 1회 샘플링형식, 2회 샘플링형식, 다회 샘플링형식 또는 축차 샘플링형식중에서 어느 것을 채택할 것인가는 검사의 목적, 검사작업의 난이, 검사비용 등을 고려하여 검사규격에 정할 필요가 있다.

실시상의 편의성면에서 보면 1회 샘플링형식이 간단하다. 1회 샘플링검사란 검사로트에서 1회만 샘플링하고, 그 시험결과에 따라서 검사로트의 합격·불합격을 판정하는 검사이다.

③ 샘플링표의 결정방법

보증품질수준, 계량검사인가 계수검사인가 그리고 샘플링형식이 지정되면 어느 샘플링표를 사용하면 좋을까 등에 대하여 개개의 제품에 따라 정할 필요가 있다.

공장에 있어서의 수입검사, 공정검사, 출하검사에 사용하는 샘플링표는 특별한 이유가 있는 경우를 제외하고는 이미 발표되어 있는 샘플링표를 사용하면 된다. 그러나 샘플링표에 나타나 있는 여러 가지 주의사항을 그대로 엄수해야 한다.

### 2.7 로트처리의 결정방법

올바른 검사가 되기위해서는 로트가 합격·불합격이 되었을 때의 처리에 대해서 명확히 규정하여 두는 것이 좋다. 이 때는 다음과 같은 점에 주의하여야 한다.

(1) 합격·불합격 로트에 대한 표시

(2) 불합격으로 판정되었으나 제품의 목적으로 보아 그다지 중요하지 않은 결점인 경우에 선별하여 "특채"를 하고 싶을 경우의 처리

(2) 검사로트 중의 불량품 또는 불합격 로트의 처리

### 2.8 재검사의 결정방법

샘플링검사에서는 나쁜 제품의 로트라도 몇번이나 검사를 하게 되면 합격으로 되는 찬스가 있기 때문에, 한번 불합격으로 된 것의 재검사에는 충분한 주의를 기울여 검사할 필요가 있다. 이 때문에 수입검사의 경우에는 불합격 로트가 제출되는 경우의 검사 수속도 정하여 두는 것이 좋다.

### 2.9 검사기록

검사로트마다 작업이 규정된바에 따라 정당하게 실시되었는지의 점검과 품질정보의 파악 등, 관리를 하기 위하여 검사기록이 필요하다. 그러므로 검사기록의 취급, 양식에 관하여 규정할 필요가 있다.

## 3. 검사의 관리

검사도 하나의 작업이고 공정이므로 검사를 적절히 관리하는 것이 중요하다. 관리되어 있지 않은 검사는 오히려 해롭고 품질보증의 면으로도 효과가 없다 따라서 검사의 관리 감독자는 제조공정과 마찬가지로 검사설비를 최적으로 보존하고, 적정한 자료를 사용하여, 잘 훈련된 검사원이 표준작업에 따라서 검사하므로서 검사의 신뢰성, 정확성, 정밀도를 높여야 한다.

### 3.1 검사기기의 관리

애매한 검사기기를 사용하면 정확한 검사는 될 수 없다. 시험기기가 항상 정확하게 관리되

어 있고 정확한 측정이 되도록하기 위하여는 그 정밀도나 사용방법이 표준화되어 있어 오차가 생기지 않도록 해두지 않으면 안된다. 또한 검사미스의 감소와 인력절감을 위해 검사설비의 기계화 추진도 필요하다.

#### (1) 취급방법

모든 검사기기는 완전히 정비되어 있는 상태로 예방보전해 두지 않거나, 정확하게 취급하지 않으면 오류가 발생하거나 고장을 일으켜 신뢰성 있는 데이터를 얻기가 어렵다. 그러므로 기기의 조작은 그 순서를 요약하여 작업표준으로 정하고 작업자에게 충분히 철저를 기하도록 할 필요가 있다. 측정기의 표준작업내용으로는 측정대상과 측정기의 정밀도, 시료의 준비, 측정기의 조정, 측정작업방법, 측정데이터의 기록 보고 연락법 등이다.

#### (2) 점검기준

검사기기는 그것을 사용하는 전후에 있어서 일상의 점검이 간단하게 이루어질 수 있도록 하여 두어야 한다. 점검주기, 체크기준, 체크후의 조처의 기준(기능이 저하되었을 때의 조정 교정 보수 등)을 명확하게 하여 두는 것이 필요하다.

#### (3) 점검기록

점검대장을 준비하고 점검결과를 기록한다. 이 기기 이력이 잘 유지되면 점검주기, 수정, 폐기 등의 기준을 합리적으로 정하는데 큰 도움이 될 뿐만 아니라 스페어파트(spare parts)의 확보, 유지 관리에도 도움이 된다.

### 3.2 검사원의 관리

검사를 하는 사람은 검사의 관리상 중요한 요인이므로 검사원의 의식, 검사원의 기술에 대하여 평소에 교육훈련을 통하여 관리할 필요가 있다.

#### (1) 검사원의 의식

생산과 검사의 인간관계는 트라블이 생기기 쉬운 곳이다. 공정한 검사로 현장으로부터 신뢰를 얻고 유효한 품질 정보를 현장에 피드백하여 생산활동에 도움을 준다는 연대감을 기본으로 해서 협조관계가 유지되도록 하는 것이 중요하다. 특히, 수입검사의 경우는 납품자와 자기회사의 이익에 직접 관련되는 사항을 결정하는 입장에 놓여 있다는 사실을 올바르게 이해시켜 줄 필요가 있다.

#### (2) 검사원의 기술과 기능

검사원의 기술이나 기능은 가장 기본이 되는 항목이다. 제품의 품질기준이나 한도견본에 대하여 정확하게 이해하고 있어야 하며, 계측기의 조작, 측정방법, 교정방법 점검유지 기술이 소정의 수준에 있어야 한다. 정확한 검사결과를 얻으려면 이들 기술이나 기능이 개인으로서 충분한 것은 물론이고, 검사의 집단으로서 산포가 없는 것이 중요하며, 개인차가 생기지 않도록 관리가 필요하다.

체크의 방법으로서는 화학분석에서 사용되는 것은 표준샘플을 작업사이에 끼워 넣고 오차를 조사토록 한다.

관능검사의 경우에는 동일 로트를 검사원 각자에게 판단시켜서 판정의 정밀도나 오류의 유무를 체크하는 방법을 택한다. 사는 사람과 파는 사람사이에 일어나는 트러블(trouble)의 대부분이 이 항목과 관련되므로, 관능검사체재의 확립이 필요하다. 관능검사를 잘 하기 위해서는 납품업자와 구입자 쌍방이 한도견본을 작성하여 대장을 만들고, 판정기준과 한도견본의 보관조건(먼지, 습기, 직사광선 등)을 명확히 하여 두고 검사원들이 이 내용을 숙지토록 한다.

#### (3) 검사제품의 품질특성숙지

검사원은 검사하는 제품이 어떤 품질특성이 중요한 것인지, 소비자가 어떻게 사용하고 있는지 등을 알고 있어야 한다. 또한 공정에서 불량이 나왔을 때 그것이 어떤 공정에서 어떤 이유로 나온 것인지를 잘 알고 있어야 한다.

이상의 지식은 검사의 성적을 피드백하기 위하여 또는 결점의 중요성을 알기 위해서도 필요하기 때문에 검사부문에 종사하는 사람은 될 수 있으면 생산의 경험을 갖도록 하는 것도 바람직하다.

### 3.3. 검사환경의 관리

검사의 환경이 잘 정비되어 있지 않으면 검사결과에 나쁜 영향을 미치게 된다. 그의 요인으로서는 조명, 소음, 진동, 온도, 습도, 냄새 등 외적인 환경과 검사업무를 하는 구성원의 정신적 육체적인 조건도 있다. 따라서 검사하는 장소는 될 수 있는한 쾌적한 편이 좋고 인적구성도 조화가 이루어지도록 해야 한다.

### 3.4 오차의 관리

분석이나 측정에서 나온 데이터는 반드시 오차를 갖고 있기 때문에, 분석치로서 어떤 판정을 내릴 경우에는 오차가 어느 정도인가를 파악해 놓을 필요가 있다. 오차란 모집단의 참값과 분석치(또는 측정치)와의 차로서, 오차에는 샘플링시에 생기는 샘플링오차와 분석시에 생기는 분석오차가 있다. 정확한 검사, 공정의 개선이나 관리를 잘 하기 위해서는 반드시 샘플링오차와 분석오차를 조사하고 그 오차가 작아지도록 관리해야 한다.

#### (1) 분석오차의 조사방법

분석오차의 검토에는 분석기술이나 기능외에 통계적방법이 적용된다. 분석오차의 조사방법은 분석자가 눈치채지 못하게 같은 샘플을 반복하여 2회 분석한다. 이와 같은 반복분석은 적어도 20회 이상한다. 2회의 분석치를 하나의 군(n=2)으로 하여 $\bar{x}-R$관리도를 작성하여 오차의 실체를 분석한다.

$\bar{x}$는 데이터의 평균치의 움직임 즉, 정확성(또는 치우침)을 나타내고, R은 2개의 데이터의 차 즉, 평행분석(또는 반복분석)의 정밀도를 나타낸다. $\bar{x}-R$관리도의 점이 관리한계선을 벗어나 있지 않으면 신뢰성이 있다고 보고, 한계선을 벗어난 점이 있으면 신뢰성이 없는 것으로 본다. $\bar{x}-R$관리도의 관리한계선을 벗어난 경우에 벗어난 데이터의 처리는 그 벗어난 원인을 알고 있으면 버리고, 원인이 분명치 않은 경우에는 버리지 않는다.

$\bar{x}$가 정확성이 있는지를 알아 보기 위해서는 평균치차의 검정을 하게된다. 정확성이 없음이 통계적으로 인정 되었을 경우에는 그 원인을 조사하여 제거하고, 치우침의 크기를 추정하여 보정해 주어야 한다. R이 관리상태에 있으면 정밀도를 추정한다. 정밀도의 표시는 반드시 표준편차로서 0.2%, $\bar{R}$로서 0.1%등 그 정의를 붙여서 나타낸다.

정밀도의 추정은 다음과 같이 한다.

$$\hat{\sigma}_A=\bar{R}/d_2$$

여기서 $\hat{\sigma}_A$ : 추정분석오차(추정표준편차)

$\bar{R}$ : R(범위)의 평균치

$d_2$ : n에 따라 결정되며 $1/d_2=0.886$

예를들어, $\bar{R}=0.51\%$라면

$\hat{\sigma}_A=0.51\%\times0.886=0.452\%$이다.

분석오차를 조사하기 위해서 분석을 반복하여 실시하는 경우에는 다음과 같은 방법들이 있다.

① 같은 사람이 같은 장치로 일시에 2회 분석

② 사람, 장치를 바꾸어서 2회 분석

③ 날자를 바꾸어서 2회 분석

④ 다른 분석실에서 2회 분석

상기의 ①의 방법으로 구한 것을 평행정밀도(平行精密度) 또는 반복정밀도, ②, ③, ④의 방법으로 구한 것을 재현정밀도(再現精密度)라고 한다. 공장에서 분석오차를 구하는 데는 ①의 방법은 안되고, 반드시 ②, ③, ④의 방법으로 구해야 한다.

### (2) 샘플링오차의 조사방법

샘플링오차를 구하기 위해서는 동일한 로트에 대하여 반복샘플링을 하여야 한다. 적어도 20로트 이상에 대해서 반복샘플링하여 분석한다. 이와같이 해서 한 로트에서 두 가지의 데이터가 얻어진다. 이 두가지 데이터를 군(n=2)으로 하여 $\bar{x}-R$관리도를 작성한다.

R관리도가 관리상태에 있으면 다음과 같이 샘플링오차를 추정한다.

오차는 $\sigma_s^2+\sigma_A^2=(\bar{R}/d_2)^2$으로 나타낸다.

여기서 $\sigma_s$ : 샘플링오차

$\sigma_A$ : 분석오차

예를들어, $\overline{R} \fallingdotseq 1.0\%$이고 $\sigma_A = 0.452\%$라면

샘플링오차 $\sigma_s$는 다음과 같이 계산한다.

$$\sigma_s^2 + (0.452)^2 = (1.0 \times 0.886)^2$$

$$\sigma_s^2 = (0.886)^2 - (0.452)^2 = 0.785 - 0.204 = 0.581$$

$$\therefore \ \sigma_s = \sqrt{0.581} = 0.762\%$$

# 제4장 식품의 품질평가

식품의 품질이 좋고 나쁨을 결정하는 것은 소비자이기 때문에 소비자가 요구하는 품질의 제품을 만들어야 한다. 그러나 식품을 제조하는 업체에서는 좋다 나쁘다의 표현 만으로는 품질관리가 어렵기 때문에, 되도록 수량화하여 과학적으로 관리할 필요가 있다.

품질관리는 사실에 기초를 두고 있고 이 사실을 알려주는 것은 데이터이다. 식품공장에서 사용하는 각종 원부재료와 공정에서 가공되어 나오는 반제품 및 제품의 품질을 구성하는 품질특성은 무한히 존재한다. 무한한 품질특성을 전부 평가한다는 것은 불가능한 일이며, 또한 비경제적이기도 하다. 이 때문에 식품에 관한 지식, 경험 및 상식을 기초로하여 품질에 영향을 주는 중점 품질특성만을 잡아서 평가하게 된다.

원부재료는 제품의 품질에 직결되기 때문에 공장에 입고(入庫)되는 것은 거의 대부분 품질검사를 하게 되며, 배합비율이나 수율(收率)의 계산, 제품조성의 예측, 영양, 에너지의 계산 등을 하기 위해서 실시한다. 또한 제품은 품질보증을 확인하기 위해서 주요 품질특성을 정하여 물리화학적, 위생적 관능검사를 실시하여 품질을 평가한다.

품질을 평가할 때 품질을 이루고 있는 하나 하나의 품질특성을 가급적 계량화(計量化)하는 것이 바람직하다. 그러나 특성중에는 계량화하여 수치(數值)로 나타내기 어려운 것이 있다. 예를 들면 색깔, 냄새, 맛, 외관 등이 이 부류에 속한다. 이것은 인간의 5감(五感)에 의하여 그 정도를 판정하는 것으로 이러한 특성을 관능품질특성이라고 한다. 관능품질특성을 평가하는 데는 한도견본(限度見本)과 비교하거나 감각적 숙련도가 높은 사람들의 판정에 의존하게 된다. 품질특성은 소비자가 요구하는 품질인 참특성과 참특성의 원인이 되는 대용특성(代用特性)의 두 가지로 구분할 수 있다.

참 특성은 일반적으로 관능적으로 느끼는 것이 주가 되기 때문에 데이터화하기가 어려우나, 대용특성은 샘플을 채취 측정하여 데이터화하기가 비교적 쉬우므로 수입검사, 제품검사 등에서는 대용특성을 많이 쓰고 있다.

예를 들어 설명하면 설탕의 참특성인 단맛은 당도(糖度)라는 대용특성을 분석하므로서 단맛의 품질을 데이터로 나타낸다. 또한 소금의 참특성은 짠맛이고 염도(鹽度)라는 대용특성을 분석하므로서 짠맛의 품질을 수치로 나타낸다. 그러나 대용특성은 요구특성과의 상호관계를 뚜렷이 파악하지 않으면 문제가 발생할 수 있기때문에 주의가 필요하다. 품질의 최종목표는 소비자의 요구특성이라는 것을 언제나 염두에 두어야 한다.

## 1. 물리화학적 품질평가

식품의 영양소나 열량 등을 계산하기 위해서 단백질, 지방, 탄수화물, 비타민 및 무기염류 등을 화학분석한다. 이러한 영양소들은 외관적으로는 감지 할 수 없는 요소들로서, 제품의 품질관리를 위해서 일상분석한다.

### 1.1 수분(水分, moisture)

식품의 수분은 영양성분은 아니나 품질평가에서 가장 기본적인 측정항목으로 식품의 종류에 따라서는 품질과 보존성에 깊은 연관성이 있다. 식품은 다종 다양하고, 수분이 극히 낮은 것에서부터 대부분의 성분이 수분으로 되어 있는 것이 있어, 식품에 따라서는 정확한 측정이 곤란하기 때문에 식품중의 수분분석도 반드시 정확한 것은 아니고 오차가 많이 발생한다. 그러나 수분함량은 탄수화물함량을 계산하는 데 영향을 미치기 때문에 분석의 정확성이 요구된다.

수분분석은 가열건조에 의한 중량변화를 기초로 하는 방법이 많으며, 최근에는 샘플의 성상의 변화없이 신속히 분석할 수 있는 장치도 개발되어 있다.

일반적으로 이용되는 방법은 다음과 같다.

(1) 가열건조법(열풍, 적외선, 고주파 및 진공가열법)

(2) 증류법(사이클로헥세인 증류법)

(3) 칼 피샤(Karl Fisher)법 (추출법)

(4) 전기수분계법

### 1.2 단백질(蛋白質, protein)

식품중의 단백질 정량은 단백질이 일정의 비율로서 질소를 함유하고, 단백질 이외의 주성분은 질소를 함유하지 않기 때문에 식품중의 단백질 정량은 전질소량을 구하고, 여기에 일정의 계수를 곱하여 단백질 함량으로 하는 것이 일반적이다. 그러나 식품중의 질소화합물은 반드시 단백질뿐만아니고 식품에 따라서는 상당의 아미노산류, 핵산염기류(核酸鹽基類 : purine, pyrimidine) 및 크레아틴(creatine)류 등을 함유하기 때문에, 전질소.함량에 의한 단백질정량은 무기원소정량의 경우와 같이 명확한 **화학량론적인 분석은 아니다.**

전질소 정량법으로서는 킬달(Kieldahl)법이 일반적이다. 질소함량을 단백질 함량으로 환산시 일반적으로 이용하는 계수 6.25는 단백질이 평균 16%의 질소를 함유하고 있다는 것을 전제로 한 값이다.

그러나 식품중의 단백질이 함유하는 질소의 비율은 표4-1과 같이 식품종류에 따라서 상당한 차이가 있기 때문에, 식품마다 다른 환산계수가 적용되어야 한다. 환산계수가 미지(未知)인 개별 식품의 경우에는 6.25를 쓴다.

또한 각종원료를 혼합, 가공한 식품은 전질소량의 대부분을 점하는 식품원료의 환산계수를 쓰고, 조성내용이 불투명한 식품의 경우는 6.25를 일반적으로 쓴다.

이상과 같이 전질소량에 따라 조단백질(粗蛋白質)의 함량을 나타낼 경우에는 반드시 적용한 환산계수를 기록한다.

표 4-1 조단백질을 산출하는 질소 계수

| 식 품 명 | 질소계수 |
|---|---|
| 소맥분(중등질·경질·연질·수득율(100~94%) | 5.83 |
| 소맥분(중등질·수득율(93~83%)또는 그 이하) | 5.70 |
| 쌀 | 5.95 |
| 보리·호밀·귀리 | 5.83 |
| 메밀 | 6.31 |
| 국수·마카로니·스파겟티 | 5.70 |
| 낙화생 | 5.46 |
| 콩 및 콩제품 | 5.71 |
| 밤·호도·깨 | 5.30 |
| 호박·수박 및 해바라기의 씨 | 5.40 |
| 유·유제품, 마아가린 | 6.38 |
| 위 이외의 모든 식품 | 6.25 |

### 1.3 지방질(脂肪質, lipids)

지방질은 탄수화물, 단백질과 함께 식품의 가장 중요한 성분의 하나이다. 지방질은 식품에 특유의 풍미를 준다. 지방질이란 일반적으로 물에 녹지 않으며 에테르(ether), 아세톤(acetone), 클로르 폼(chloroform)등의 용매에 잘녹은 물질 등을 지칭한다. 지방질에는 알카리로 가수분해 되는 지방질과 알카리에 의해서 가수분해 되지 않는 지방질로 크게 분류할 수 있다.

#### (1) 가수분해되는 지방질(검화될 수 있는 지방질 : saponifiable lipids)

① 유지(油脂, fats & oils)

② 왁스(waxes)

③ 인지방질(phospholipids)

#### (2) 가수분해 안되는 지방질(검화될 수 없는 지방질, unsaponifiable lipids)

① 스테롤(sterols)

② 일부 탄화수소(hydrocarbons)

③ 일부 유용성 색소(oil-soluble pigments)

이상의 분류와 같이 지방질은 다양한 물질 등을 포함하고 있으나, 식용으로서 또는 식품가공에 많이 쓰이는 지방질 성분은 유지이다.

유지는 지방산(脂肪酸, fatty acids)과 글리세롤(glycerols)의 에스터(ester) 화합물인 트리

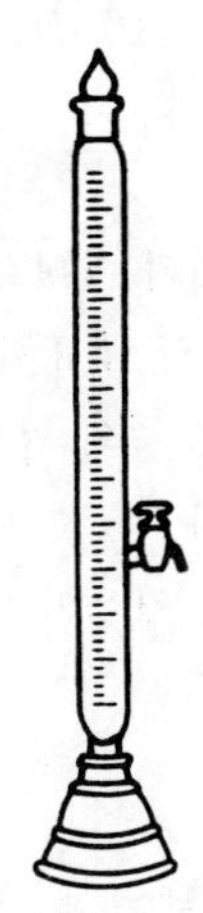
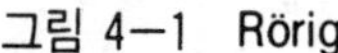
그림 4-1 Rörig

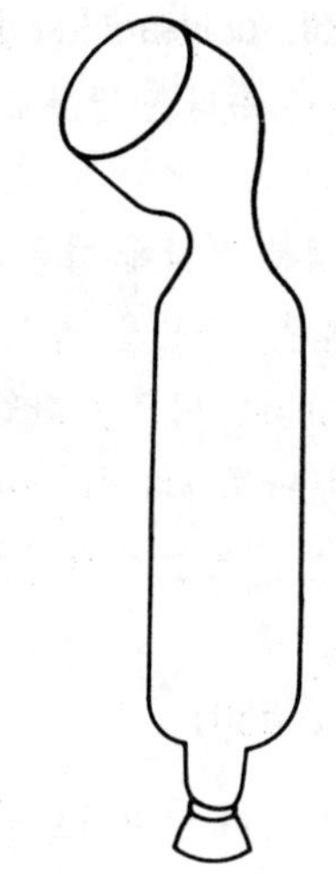
그림 4-2 Mojonnier관

글리세라이드(triglycerides)의 혼합물로서, 유지를 가수분해하면 지방산과 글리세롤로 나누어진다. 식품가공에서 많이 쓰는 유지에 들어 있는 지방산은 올레인산(oleic acid), 리놀레인산(linoleic acid), 팔미틴산(palmitic acid) 그리고 스테아린산(stearic acid)이다.

식품중에 들어 있는 지방질의 정량은 일반적으로 에틸에테르(ethyl ether)를 용제로 하는 쏙스렐(Soxhelt) 추출법이 대표적인 방법이나, 식품에 따라서는 마죠니아관(mojonnier 管) 또는 뢰리히관(Rörig 管)도 이용된다(그림4-1, 4-2).

## 1.4 탄수화물(炭水化物, carbohydrates)

식품의 기본적 성분 중에서 중요한 성분중의 하나인 탄수화물은 탄소, 수소, 산소의 세가지 원소로서 구성되어 있다. 일반적으로 탄수화물은 그 구조를 크게 변형시키지 않고서는 분해할 수 없는 비교적 그 구조가 간단한 당류(糖類)와, 이 당류가 여러개 결합된 형태를 갖고 있는 당류가 있다. 이 당과 당사이의 결합은 산, 알카리, 효소 등의 작용에 의해 가수분해 된다. 따라서 탄수화물은 더 이상 가수분해되지 않는 당류와 가수분해 되었을 경우에 생성되느 당류의 수에 따라 다음과 같이 분류한다.

### (1) 단당류(單糖類, monosaccharide)

가수분해 되지 않는 가장 간단한 구조를 가진 당류

(예) 포도당, 과당

### (2) 2 당류(二糖類, disaccharide)

가수분해될 때 2개의 단당류로 구성된 당류

(예) 설탕, 맥아당, 유당

(3) 다당류(多糖類, polysaccharide)

가수분해될 때 많은 수의 단당류로 구성된 당류

(예) 전분(澱粉)

일반적으로 영양성분 분석에 이용되는 탄수화물량은 직접 정량치가 아니고 전량 100%에서 단백질, 지방질, 회분, 수분을 빼고 남은 것이다. 탄수화물 분석의 대표적인 방법으로서는 Bertrand 법이나 Somogi 법으로 환원당(還元糖)을 정량하고, 식품 중의 당을 분별정량(分別定量)하는 데는 크로마토그라피(Chlomatography)법이 일반적이다.

탄수화물은 단백질 지방질에 대응하여 당질(糖質)이라고 부르는 경우가 있다.

## 1.5 회분(灰分, ash)

식품분석에서 회분이란 일반적으로 식품을 550℃에서 연소하고 남은 재(灰)의 양으로서 정의되고, 식품중에 들어있는 무기질(無機質)의 총량이다. 회분 분석은 영양학적으로 큰 의의가 있는 것은 아니고 탄수화물의 함량을 산출하기 위한 분석항목이고, 품질평가 항목으로서 의의를 갖고 있다. 현재 일반적으로 이용되는 회분 측정방법은 다음과 같다.

(1) 직접회화법(直接灰化法)

(2) 유산 첨가 회화법(硫酸添加灰化法)

(3) 초산(醋酸)마그네슘 첨가 회화법

## 1.6 휘발성 염기질소(揮發性鹽基窒素, volatile basic nitrogen: VBN)

식품이 변질된 경우에 번식된 미생물의 아미노산 탈탄산효소(amino acid decarboxylase)에 의한 아민(amine)류의 생성이나, 분해과정에서 암모니아가 생성된다. 식품중의 휘발성 염기질소가 많이 검출되면 상당히 변질이 심하게 되었다는 지표가 된다. 분석하려는 식품에 물을 넣어 추출하고 이 추출액(抽出液)을 알카리성으로 하였을 때, 휘발하는 질소화합물의 총칭으로서 그 주체는 암모니아이다. 일반적으로 식품 100그램중에 휘발성 염기질소가 30밀리그램(㎎)정도일 때 부패라고 판정한다.

우리나라의 식품공전에는 식육가공에 이용되는 원료육과 포장육의 휘발성염기질소는 20이하로 규정되어 있다.

## 1.7 산가(酸價, acid value) 및 과산화물가(過酸化物價, peroxide value)

유지는 식품가공시 또는 저장중 열이나 효소의 작용 등으로 지방산으로 가수분해되고, 이것은 다시 산소에 의해 산화되어 산패(酸敗, rancidity)가 일어나 불쾌한 냄새와 맛을 형성하므로 식품의 품질저하의 원인이 된다. 식품의 산패정도는 관능적으로 판정하여도 틀림이 없으나, 객관성을 부여하기 위해서 유지 또는 식품중에 존재하는 산가와 과산화물가의 함량을 분석한다.

산가는 유지의 고유특성은 아니며, 유지분자들의 가수분해에 의해서 형성된 유리지방산(遊離脂肪酸)함량의 척도이다. 따라서 정제되지 않은 유지나 오래 사용하거나 저장된 유지에서는 높으며, 정제된 유지에서는 낮기 때문에 산가는 유지의 품질을 나타내는 중요한 지표가 된다.

산가는 유리지방산가(free fatty acid value)라고도 부르며, 1그램의 유지중에 존재하는 유리지방산을 중화하는 데 필요한 수산화칼륨(KOH)의 밀리그람수(number of milligram)로서 표시된다. 보통 샘플 유지를 알콜에 녹인 후 페놀프탈레인을 지시약으로 해서 KOH 용액으로 적정(滴定, titration)한다.

일반적으로 유지중의 과산화물의 함량은 과산화물가(POV)로서 표시된다. 이 과산화물가는 1㎏의 유지에 함유된 과산화물의 밀리 몰수(number of milli moles) 또는 밀리당량(number of milli equivalents)으로서 표시된다.

참고로 식품공전에 수재된 식품별 산가 및 과산화물가기준은 표4-2와 같다.

표 4-2 식품별 산가 및 과산화물가 기준

| 식 품 명 | 산 가 | 과산화물가 | 식 품 명 | 산 가 | 과산화물가 |
|---|---|---|---|---|---|
| 1. 도우넛 | 3.0 이하 | 60 이하 | 19. 해바라기샐러드유 | 0.15 이하 | – |
| 2. 유탕처리건과류 | 3.0 이하 | 60 이하 | 20. 면실유 | 0.2 이하 | – |
| 3. 버터류 | 2.8 이하 | 60 이하 | 21. 면실샐러드유 | 0.15 이하 | – |
| 4. 유탕처리 어육가공품 | 5.0 이하 | 60 이하 | 22. 낙화생유 | 0.2 이하 | – |
| 5. 튀긴가공두부 | 5.0 이하 | 60 이하 | 23. 낙화생샐러드유 | 0.15 이하 | – |
| 6. 콩기름 | 0.2 이하 | – | 24. 올리브유 | 0.6 이하 | – |
| 7. 콩샐러드유 | 0.15 이하 | – | 25. 팜유 | 0.2 이하 | – |
| 8. 옥수수기름 | 1.0 이하 | – | 26. 야자유 | 0.2 이하 | – |
| 9. 옥수수샐러드유 | 0.15 이하 | – | 27. 우지 | 0.3 이하 | – |
| 10. 채종유 | 0.2 이하 | – | 28. 돈지 | 0.3 이하 | – |
| 11. 채종샐러드유 | 0.15 이하 | – | 29. 혼합식용유 | 0.2 이하 | – |
| 12. 미강유 | 0.5 이하 | – | 30. 정제가공유지 | 0.3 이하 | 3.0 이하 |
| 13. 미강샐러드유 | 0.15 이하 | – | 31. 쇼트닝 | 1.0 이하 | – |
| 14. 참기름 | 4.0 이하 | – | 32. 마아가린 | 1.0 이하 | – |
| 15. 들기름 | 5.0 이하 | – | 33. 유탕면 | 3.0 이하 | 30 이하 |
| 16. 홍화유 | 0.2 이하 | – | 34. 기타튀긴식품 | 5.0 이하 | 60 이하 |
| 17. 홍화샐러드유 | 0.15 이하 | – | | | |
| 18. 해바라기유 | 0.2 이하 | – | | | |

## 2. 관능적인 품질평가

물리화학적 위생학적인 품질은 겉으로 보아서는 알 수 없기 때문에, 소비자의 입장에서 식품의 품질을 평가한다면 대부분 관능적인 것이 주가된다. 이것은 사람의 5관을 통해서 느끼는 품질로서, 소비자의 구매동기 유발과 반복구매에 직접 연결되기 때문에 식품공장의 품질관리 업무에서 중요한 의미를 갖게 된다.

계측기술이 발전되어 왔음에도 불구하고 식품공장에서 관능검사가 이용되고 있는 이유는, 기구나 측정기를 이용하는 것보다 관능에 의한 방법이 빠르고 간편하게 비교적 정확한 판정결과를 얻을 수 있으며, 향료의 냄새나 술의 맛과 같이 관능에 의하지 않고는 측정이 안되기 때문이다. 관능검사에서 문제가 되는 것은 검사자의 개인차에 따른 판정의 정확성여부이나 이 대책으로 검사자의 훈련, 한도견본의 설정 등이 행해지고 있다.

일반적으로 식품의 관능적품질특성은 외관(外觀), 풍미(風味, flavor) 및 조직감(組織感, texture)으로 분류한다.

## 2.1 외관(外觀, appearance)

식품은 그 모양 및 크기, 색깔과 결함상태 등 외관을 보고 품질의 좋고 나쁨을 직관적으로 평가하기 때문에, 모양과 색깔이 중요한 품질로 되어있다.

### (1) 색의 표시방법

색깔은 그 종류가 많고 복잡하여 말이나 글로 표시하기가 어렵기 때문에 다음과 같이 두가지 방법으로 표시한다.

첫째는 눈으로 보고 의식되는 색감각을 그대로 심리적으로 표시하는 방법이다. 많이 사용되는 방법에는 문셀색체계(Munsell color system)와 헌타색체계(Hunter color system)가 있다.

둘째는 모든색깔은 세가지의 기본색 즉, 3원색이 어떤 비율로 혼합된것으로 표시할 수 있다. 이 방법은 광학적(光學的)인 방법으로 삼원색의 혼합비율의 원리에서 발전시킨 것이 CIE색체계(국제조명위원회 color system)가 이에 속한다.

① 문셀 색체계(Munsell color system)

이 방법은 많은 표준색(Munsell Book of Color)을 준비하여 두고 번호 및 기호를 붙여서 색샘플(color sample)을 표준색과 비교하여 보고, 그 색의 이름과 어느 번호에 해당하는가를 알아내는 것으로, 식품의 색의 표시에 적합하다.

색에는 3개의 독립된 성질인 명도(明度, value), 채도(彩度, chroma) 및 색상(色相, hue)이 있다. 명도란 가장 어두운 흙색에서 가장 밝은 백색까지의 밝기의 정도를 나타낸다.

채도는 소위 산뜻함 또는 색의 선명함의 정도이고, 색상은 색의 종류로서 적색, 녹색, 청색 등이다.

② CIE 색체계

모든 색깔은 빨강, 파랑, 노랑의 3원색을 어떤 비율의 강도로 변화시키면 어떠한 색깔도 만들 수 있다. 이와같은 3원색의 혼합량을 3자극치(三刺戟値)라고 부르며, 모든 색깔은 3자극치로서 표현할 수 있다.

③ 헌터색체계(Hunter color system)

CIE색체계는 대단히 이론적이나, 그 표시 수치와 색감각(色感覺)이 직선적으로 연결되지 않는 단점이 있다. 또, 문셀색체계는 식품의 색의 표시에는 적합하나 기계적측정에는 적합치 않다. 이러한 점을 보완한 것이 헌터 색체계이다.

이 색체계에 의한 명도, 색상, 채도값은 CIE색체계의 X, Y, Z값으로 환산할 수도 있다. 헌터 색체계는 그림4－3과 같이 세로축에 명도를 잡아 백색(100), 흑색(0)으로 하여 이 축에 수직의 평면상에서 측으로 교차하는 직교좌표 a, b에 의해 색상, 채도를 나타내도록 연구된 것이다. 명도는 L, 색상은 a 및 b로서, 채도는 $\sqrt{a^2b^2}$으로 나타낸다. a, b의 좌표로 나타내는 색의 성질은 a가 ＋(plus)에서는 적색(赤色), 0에서 회색(灰色), －(minus)에서 녹색(綠色)을 나타내고, b가 ＋일 때 황색(黃色), 0에서 회색, －에서 청색(靑色)을 나타내고 있으나, a, b값의 비(比)로서 그 혼합된 색상이 나타나게 된다.

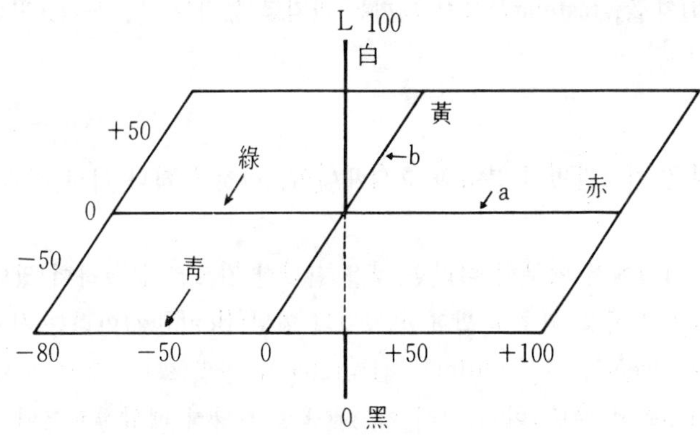


그림 4－3 헌터 색체계의 차원(次元)

(2) 색의 측정

① 육안(肉眼)으로 측정하는 방법

식품의 색을 표준색과 비교하는 방법으로 표준색에는 Munsell book of color 등이 있다. 식품이 액체인 경우에는 한도견본으로 색깔이 조사(照射)한 표준액을 만들어 두고 이것과 비교하는 방법이다.

② 계기(計器)로 측정하는 방법

색의 측정에는 색도계(色度計, colorimeter)가 이용된다. 색도계는 눈의 망막구조를 모방한 구조로서 반사 또는 투과광선의 강도를 측정한다. 이 원리는 가시광선(可視光線)에 대하여 표준눈 곡선과 똑같이 반응하는 세가지 필터(filler)를 만들어 각각 X(빨강필터), Y(노랑필터), Z(파랑필터)로 하고, 조사광선이 물질로부터 다시 반사되어 이들 필터를 투과하는 방사(放射)에너지의 크기를 전기적 에너지로 전환시켜 수치로 나타낸다. 유사한 색차(色差)를 측정하는 경우에 정밀도가 높은 색차계가 필요하다. 유명한 Hunter Color Difference Meter는 그 대표적인것으로, XYZ를 환산하여 L, a, b의 수치로 나타낸다.

## 2.2 맛(味, taste)

### (1) 식품의 맛

우리가 일상 쓰고 있는 맛이라는 것은 음식물을 입에 넣었을 때 느끼는 감각으로서 넓은 의미와 좁은 의미의 두 가지가 있다.

식품이 "맛이 있다"든가 "맛이 없다"라고 할 때는 넓은 의미의 맛이라고 할 수 있다. 이 때의 맛은 미각에 의한 맛뿐만 아니라 후각, 시각, 촉각, 청각 등의 모든 요소를 종합한 것이라고 할 수 있다. "맛이 있다", "맛이 없다"의 갈림길은 대단히 델리케이트(delicate)하기 때문에 이 결정에 관여하는 것은 시각, 후각, 미각, 청각, 촉각 등 외에 식습관, 분위기, 기호, 공복도, 긴장도, 건강상태, 기후 등 여러 요인이 있다. 이에 대하여 좁은 의미의 맛이란 혀의 면에 존재하는 미뢰(味蕾, tastebud)로서 느끼는 미각을 통한맛 즉, 쓰다, 달다 등의 맛을 말한다.

### (2) 맛의 분류

모든 식품의 맛은 천차만별의 복잡한 혼합체이며, 이것을 하나 하나 적합한 용어로 표현하기는 곤란하다.

그러나 동양과 서양에서 옛부터 이러한 맛을 간단한 것으로 분류하여 왔다. 서양의 생리학에서는 맛의 과학적 분류를 최초로 발표한 독일의 헨닝(Henning)이라는 사람은 모든 맛을 네가지 맛 즉, 단맛(sweet), 쓴맛(bitter), 신맛(sour), 짠맛(salty)으로 분류하고, 색에는 빨강, 파랑, 노랑의 3원색(原色)이 있어서 이 3원색을 적당히 배합함으로서 모든 색채를 만들 수 있는 것과 같이, 맛에도 4가지의 기본적인 맛이 있어 모든 맛은 이것들을 혼합하여 만들어 낸다고 하였다.

이외에 최근에는 조미료로 이용되는 L-글루타민산나트륨, 5'-이노신산나트륨 등 구수한 맛(palatable taste : 日本語 旨味 umami)을 추가하여 다섯가지 맛으로 분류하기도 한다.

### (3) 맛의 최소감미농도(最小感味濃度)

정미물질(呈味物質)의 맛과 그 강도 등을 연구할 때 그 물질의 최소감미 농도(threshold concentration)을 측정하는 경우가 많다. 최소감미농도란 어떤 정미물질의 고유한 맛을 느낄

표 4-3 각종물질의 최소 감미량

| 맛 | 물 질 | 최소감미농도(%) |
|---|---|---|
| 짠 맛 | 식 염 | 0.2 |
| 단 맛 | 설 탕 | 0.5 |
| 신 맛 | 초 산 | 0.0012 |
| 쓴 맛 | 키 니 네 | 0.00005 |
| 구수한맛 | 엘-글루타 민산나트륨 | 0.03 |

수 있는 최소농도를 말한다.

예를들면 소금의 고유한 맛은 짠맛이고, 이 짠맛을 느낄수 있는 최소농도는 0.2%이다.(표 4-3참조)

### (4) 맛에 영향을 주는 요소

음식물을 먹었을 때의 미각에 영향을 미치는 요소로는 온도, 용매, 수면과 공복, 년령과 성별, 흡연 등이 있으며, 이외에도 신체적 정신적인 건강상태, 식습관, 분위기, 미각에 관한 훈련과 경험 등이 고려되어야 한다.

### (5) 맛을 내는 물질의 상호작용

일상 식생활에서 단맛, 쓴맛, 신맛, 짠맛, 구수한 맛을 단독으로 맛보는 것은 거의 없고, 음식물중에 들어있는 여러가지 맛 성분이 만드는 복잡한 맛을 종합한 것으로 느낀다. 이와같이 두 종류 또는 그 이상의 맛을 혼합하여 맛을 낼 때에는 맛이 상승, 상쇄, 대비 또는 변조현상 등 복잡한 상호작용이 일어난다.

① 맛의 상승효과

같은 계통의 2종류의 맛을 혼합한 경우 양자를 더한 것보다도 강한 맛을 나타내는 현상을 맛의 상승효과라고 말한다.

예 L-글루타민산나트륨(MSG)과 5'-이노신산나트륨(IMP)의 혼합제품
식염1%용액에 MSG 0.02% 넣은것(A)과 식염 1%용액에 IMP 0.02% 넣은 것(B)의 맛을 보면 A,B 모두 짠맛만 느끼고 구수한 맛은 못느낀다. A, B를 동량씩 혼합(A+B)할때 강한 구수한 맛이 난다.

② 맛의 상쇄효과

상쇄효과라고 하는 것은 상승효과의 반대의 미각 효과로서, 2종류의 맛의 비율을 변경할 때 그 일방 또는 양방의 맛이 약해지는 미각현상이다.

예 · 삭카린의 쓴맛이 글루타민산나트륨 첨가에 의하여 약해짐
· 오렌지쥬스에 소량의 구연산을 첨가한 때에는 단맛이 감소하고 설탕을 첨가할 때 신맛이 감소되었다고 느낀다.

③ 맛의 대비현상

2종류의 맛을 혼합하여 맛을 낼 때 하나의 맛이 다른 맛을 강하게 하는 미각현상이다.

예 설탕용액에 식염을 가할 때 단맛은 보다 강하게 느낀다.

④ 맛의 변조현상

일반적으로 쓴맛을 맛본 직후의 물은 달게 느끼고, 단맛 직후의 신맛은 강하게 느낀다. 이와같이 하나의 맛을 본 직후 다른 맛은 그 맛의 영향을 받아 정상적인 맛과는 현저하게 변한 맛을 느끼는 일이 있다. 이와같은 미각현상을 변조현상이라고 한다.

### (6) 맛의 평가

식품의 관능품질특성 중에서 중요한 것은 맛, 냄새, 색깔, 조직감 등의 기호성이다. 식품의

기호성은 생리적인 감각 특히 미각과 후각의 반응으로 나타난 것이라고 말할 수 있다.

인간의 감각은 보통 5관이라고 하여 시각, 청각, 촉각, 후각 및 미각을 말하며 이 중 후각과 미각은 가장 원시적인 감각으로 식품의 기호성에 대하여는 가장 중요한 감각이다. 식품의 품질이란 전술한 바와같이 소비자의 기호성에 맞는 관능적인 성질이 가장 중요하게 된다. 여기서 문제가 되는 것이 식품의 기호성을 어떻게 측정하느냐하는 방법이다. 맛의 강도를 객관적으로 평가하기 위해서는 주로 맛을 일으키는 화학물질의 농도를 측정한다. 예를들면

- 짠맛은 나트륨(Na), 칼륨(K)의 화학정량법으로 농도를 측정한다.
- 신맛은 pH와 상관관계가 있어 염산, 황산 등 무기산(無機酸)의 경우에는 종류와 관계없이 동일한 pH면 같은 수준의 신맛을 나타냄으로 산의 농도를 측정한다.
- 단맛은 당농도를 정량하여 당도로 나타낸다
- 쓴맛은 정량적인 분석이 용이치 않다.

이상의 방법은 단일성분이 들어있을 경우에는 분석이 가능하나, 식품의 경우는 여러 가지 성분의 맛이 복합되어 있으므로 객관적인 정량평가(定量評價)는 어렵다. 사람이 먹어보고 검사자가 주관적으로 평가하게 되므로 수분, 조단백질, 조지방, 염도, 당도, 비중측정 등과 같이 객관적으로 계측기를 사용해서 빨리 분석하는 것에 비교하면 관능검사법은 불편하다고 생각된다.

최근 식품의 관능적인 성질과 계측기로서 측정가능한 성질과의 상관관계를 연구하여 이화학적 분석으로 대체시키는 것이 시도되고 있다. 그러나 핵심에 들어가서는 주관적이긴 하지만 관능검사를 통하지 않을 수 없다. 식품의 기호성은 어디까지나 사람의 감각과 심리작용에 의하여 결정되므로, 관능특성의 일부가 객관적인 방법으로 측정될 수 있다고 하더라도 최종적으로는 사람의 관능에 호소할 수 밖에 없기 때문이다.

## 2.3 조직감(組織感, texture)

식품의 조직감은 식품을 입에 넣었을 때, 씹었을 때의 느낌 그리고, 삼켰을 때의 느낌을 종합한 것으로, 식품의 중요 품질평가 항목 중의 하나이다. 이에 관한 감각을 보면 식품을 입에 넣었을 때는 촉각(觸覺)이 작용되지만, 식품을 씹을 때는 촉각 이외에 청각(聽覺)도 관여한다. 예를들면 감자칩을 씹을 때의 소리인 바삭거림이 심리적으로 미각에 좋은 영향을 미친다.

### (1) 조직감의 분류

식품의 조직감은 다음과 같이 기계적, 기하학적 및 촉감적 특성의 세가지로 분류한다.

① 기계적 특성

이 성질은 물리적인 것으로 식품을 먹을 때나 가공시에 중요한 특징을 발휘하는 것으로, Szczesniak는 조직감묘사(texture profile)에서 다음과 같이 표현하고 있다.

| 특　　성 | 조직감의 표현용어 |
|---|---|
| 1. 견고성(hardness) | 연하다 ⟶ 단단하다 |
| 2. 응집성(cohesiveness)<br>·깨어짐(britlleness)<br>·씹　힘(chewingness)<br>·뭉　침(gumminess) | <br>부스러진다 ⟶ 깨어진다<br>연하다 ⟶ 질기다<br>푸석푸석하다 → 찐득찐득하다 |
| 3. 점　성(viscosity) | 묽　다 ⟶ 되다 |
| 4. 탄력성(elasticity) | 탄력이 없다 → 말랑말랑하다 |
| 5. 점착성(gooeyness) | 끈기가 없다 → 끈적끈적하다 |

② 기하학적 특성

식품입자의 크기와 모양에 따라서 나타나는 성질로서 거칠다, 부드럽다, 덩어리지다 등으로 표현되는 특성이다. 예를들면 과자의 크림에는 아주 미세한 분말의 설탕이 들어 있으면 부드러우나, 분쇄가 잘안된 설탕입자가 들어 있으면 씹히는 촉감에 있어서 이물이 들어간 것과 같이 거칠게 느끼게 된다.

③ 촉감적 특성

수분과 유지(油脂)함량에 따라서 느껴지는 성질로서 묽다, 질다, 되다, 빡빡하다, 부드럽다, 미끈거리다 등으로 표현되는 특성이다.

### (2) 조직감의 측정

측정방법에는 주관적인 방법인 관능검사법과 객관적인 방법인 기계적인 측정방법이 있다. 기계적인 측정은 관능검사 결과와의 연관성을 확실히 하여야만 활용할 수 있는 방법으로 다음과 같은 계측기들이 있다.

① 침투계(penetrometer)

침(針)모양의 접촉부(接觸部)가 식품샘플을 침투시킬 때 소요되는 힘 또는 일정한 힘에 대한 침투 깊이로서 측정한다. 이 계기는 식품이 질기다, 연하다, 딱딱하다 등의 정도를 측정하는 것으로, 과실의 성숙도(成熟度), 육류(肉類)의 유연도(柔軟度)등을 측정하는 데 사용한다.

② 압축계(compressimeter)

이 계기는 식품을 압축시 모양이 변형될 때까지 소요되는 압력을 측정하는 것으로서, 이 형의 대표적인 것은 빵압축계(baker compressimeter)이며 식빵의 조직감을 측정하는데 사용한다.

③ 자르는 힘을 측정하는 장치(cutting devices)

칼날 또는 쇠줄같은 것으로 식품샘플을 자를 때 소요되는 힘을 측정하는 장치로서 육류, 치즈 및 야채 등의 조직감을 측정하는 데 사용된다.

④ 씹을 때의 특성을 측정하는 기계

식품을 씹을 때의 특성인 견고성, 응집성, 점착성, 탄력성 등을 측정하는 기계이다.

⑤ 점착성(粘着性) 및 점성(粘性)측정기

원료, 반제품 및 제품의 점착성과 점성을 측정하는 장치로서 액체 또는 반고체 식품인 쥬스, 케찹, 크림, 잼, 제리 및 마요네즈 등의 조직감을 측정하는 데 사용한다.

⑥ 다목적 측정기

근래에는 위의 ①에서 ⑤까지의 기능을 하나로 묶어서 간편하게 측정할 수 있는 계측기가 개발되어 활용되고 있다. 대표적인 계측기의 예를 들면 일본에서 개발된 Rheometer, 미국에서 개발된 Instron universal testing machine 등이다.

## 2.4 냄새(odor or smell)

냄새는 비강(鼻腔)상부에 있는 후세포(嗅細胞)가 어떤 물질의 화학적 자극을 받을 때 느낀다. 이것은 완전히 화학적 자극에 의한 것이고, 기계적인 자극으로는 냄새를 느끼지 못한다.

냄새나는 물질은 반드시 그 물질의 냄새성분이 증발하여 가스상의 기체(氣體)로 후각세포에 도달되어야만 냄새를 느끼게 된다. 후각의 예민도는 개인적으로 상당한 차이가 있기 때문에 냄새를 맡는 훈련이 필요하다. 식품은 그 종류에 따라 독특한 향기를 가지고 있으며, 우리는 오랜 동안의 경험을 통해서 식품고유의 향기에 익숙해 있다. 이들의 향기는 식품의 가치를 좌우하는 중요한 품질요소 중의 하나가 되는 것으로서, 식품을 가공처리하거나 저장하는 과정에서 본래의 향기가 변하거나 향기를 상실시켜 식품의 품질을 현저하게 떨어뜨린다.

특히, 차, 커피 등의 기호음료(嗜好飮料), 생강, 후추가루 등의 향신료(香辛料) 과실류 등에 있어서는 그 향기가 생명이다.

식품의 향은 조화(調和)가 중요하다. 잘 조화되었을 때는 쾌감(快感)을 주지만 조화가 안되었을 때에는 불쾌감을 느끼게 한다. 이와같이 식품과 냄새는 밀접한 관계가 있어 식품의 기호성에 크게 영향을 미치기 때문에 식품가공에서는 중요한 문제로 다루고 있다. 식품중의 냄새성분은 미량이지만 냄새의 종류는 다양해서 말로는 적합하게 표현하기는 대단히 어렵다.

냄새의 시험은 다음과 같은 방법으로 한다.

### (1) 관능적인 방법

냄새를 시험하는 제일 간단한 방법으로 냄새나는 물질의 증기를 코로 보내어 코로 숨을 들이쉬면서 냄새를 맡아보는 방법으로 비교적 정확하다. 냄새를 감지하는 인간의 감응도는 대단히 예민하여 최저 감응농도 $10^{-11}$~$10^{-13}$몰(mole)에 상당하는 극미량도 느낄수 있으나, 냄새는 순응이 잘되기 때문에 시험시에는 세심한 주의가 필요하다.

### (2) 기기적인 방법

기체 크로마토그래피(Gas chlomatography, GC)를 이용해서 분석하는 방법이다. 식품 중에는 대단히 많은 냄새성분이 들어 있으나, 한번의 분석으로 수백가지의 휘발성 혼합물에 대한 정성 및 정량분석을 할 수 있다. GC의 검출기는 감도가 좋기 때문에 $10^{-6}$~$10^{-10}$%의 낮은 물질을 성분별로 분리, 확인 및 정량 할 수 있다. 모든 휘발성 성분은 체류시간(retention time)이 다르기 때문에 이것을 이용해서 화합물을 확인하는 정성분석과, 피크(peak)의 높이나 면적을 이용해서 정량적인 정보를 얻을 수 있다. 그러나 체류시간만 가지고 화합물을 확인하는 것은 실제로 이들을 확인할 수 있는 표준샘플을 필요로 하고 있으므로 이용성에 한계가 있다. 이 때문에 최근에는 물질의 분자량과 분자구조의 확인에 결정적인 도움을 줄 수 있는 질량분석기(Mass spectrometer, MS)와 GC를 결합시킨 GC-MS가 많이 이용된다. 이 기기는 GC의 현저한 분리능력과 MS의 확인능력을 결합시킨 것으로 신뢰성이 높고 신속성이 크기때문에 소량의 복잡한 화합물의 정성 및 정량분석에 가장 유용한 분석기기이다. 이 분석법은 전처리조작이 필요하며 다음의 단계를 거치게 된다.

① 샘플의 전처리

② 냄새성분의 분리 및 농축(separation & concentration)

③ 분리물의 동정(identification)

## 3. 위생적인 품질평가

식품이 기본적으로 반드시 갖추어야 할 성질 중에서 가장 중요한 것이 안전성이다. 보통의 품질에 대하여는 일반소비자도 경험적으로 어느 정도 판정을 할수 있으나, 위생적인 품질인 안전성이나 미생물 오염 등에 대하여는 소비자 자신이 판단할 수 없다. 식품이 아무리 영양적으로 좋고 맛, 향 등의 관능특성이 뛰어나더라도 그것을 섭취할 때 피해를 주거나 건강유지에 지장을 주는 독성물질(毒性物質, toxic compounds)이 들어 있어서는 아니된다. 독물이 들어있는 식품을 모르고 섭취시에는 식중독(食中毒)을 일으키고, 심한 경우에는 인간의 생명까지 빼앗아 가는 일이 발생한다.

식품중에 독물이 존해하는 경우는 다음과 같다.

- 식품을 가공하거나 저장하는 동안 미생물(微生物)의 작용으로 생성된 것
- 자연식품에 본래의 구성성분으로 들어있는 것
- 농산물의 재배과정에서 사용하는 농약의 독성물질 잔류
- 제조·가공공정이나 포장과정에서 혼입
- 대기공해나 폐수공해로 인해 간접적으로 오염

### 3.1 세균(細菌, bacteria)

세균 중에는 독성물질을 만드는 세균이 있어 식중독을 일으킨다. 세균성 식중독에는 대량의 세균이 식품과 함께 섭취되어 소화관벽(消化管壁)에 감염되어 위장염(胃腸炎)을 일으키는 경우와, 식품 중에 세균이 증식하는 과정에서 생성된 독소(毒素, enterotoxin)에 의해 중독을 일으키는 경우가 있다.

전자를 감염형 세균성 식중독이라 하고, 대표적인 것으로는 살모넬라(salmonella)와 장염비브리오(腸炎 vibrio)균이 있다. 후자를 독소형 세균성식중독이라 하고 대표적인 것은 황색

포도구균(黃色葡萄球菌), 보틀리늄(clostridium botulinum)균이 있다.

이와같은 세균성 식중독을 일으키는 세균이 사용하는 원료나 공정이나 제품에 들어있는지를 알기위해서는 세균검사를 하게된다. 그러나 이러한 세균을 일상적으로 검사한다는 것은 이론상으로는 가능하나, 실제로는 불가능하고 비현실적이다. 이 때문에 검사하기 쉬운 균을 대표적으로 선정하여 세균검사를 실시한다.

이것이 대장균군(大腸菌群, coliform group bacteria)검사다. 이 검사를 원료나 제품에 대하여 일상검사함으로서 병원성세균이 오염되어 있는지의 여부를 간접적으로 알 수 있다. 대장균은 장내(腸內)에 항상 존재하는 균중의 하나로서, 식품에서 대장균이 검출된다는 것은 병원균에 오염되어 있을 가능성이 있고, 설령 병원균에 오염되어 있지 않더라고 분변(糞便)에 의한 오염의 가능성이 크고 비위생적으로 취급되었다는 것을 의미한다. 대장균은 검사시 정상적으로는 24시간이 소요되나 최근에는 8시간 이내에 분석할 수 있는 검사기기도 시판되고 있다.

### 3.2 곰팡이(mold)

곰팡이 중에는 그 대사생산물로서 유해물질을 생산하는 것이 있다. 이와 같이 곰팡이가 만들어 내는 유독물질을 총칭하여 곰팡이독(mycotoxin)이라고 부른다. 일반적으로 곰팡이독의 오염이 가장 염려되는 식품 및 식품원료는 곡류를 중심으로 하는 식물성 식품이다. 곰팡이독의 대표적인 것이 아프라톡신(aflatoxin)이다. 이것은 aspergillus flavas라는 곰팡이가 만들어내는 것으로 대단히 강한 발암물질(發癌物質)이다. 아프라톡신의 분석방법은 복잡하나 최근에는 손쉽게 분석 할 수 있는 아프라톡신 키트(aflatoxin kit)가 개발되었다.

### 3.3 천연물에 존재하는 독성물질

천연적으로 존재하는 동물 식물 중에는 유독(有毒)한 것이 있다(표4-4). 그러나 부분적으로 유독물질이 들어있는 것도 식용(食用)되는 것이 있다. 일반적으로 천연물질을 섭취하여 식중독이 일어나는 것은 무지하거나 부주의로 발생하는 것이 많다. 이러한 독성물질은 분석하기도 어렵기 때문에 식품원료를 선택시에는 사전에 면밀히 검토하여 안전상 문제가 예상되면 사용치 않는 것이 최선의 방법이다.

표 4-4 독성물질의 분류

| 구 분 | | 예 |
|---|---|---|
| 1. 동물성 유독물 | 1) 유독물질을 함유하는 동물 | 독바지락조개 |
| | 2) 특수한 환경에서 유독물질 함유 | 바지락조개 |
| | 3) 독물이 들어있는 기관(器官)에 한정 | 복어 |
| 2. 식물성 유독물 | 1) 유해물질 함유하고 있는 식물 | 독버섯 |
| | 2) 어느 특정시기에 유독물질 함유 | 복숭화·매화 |
| | 3) 독물의 소재가 특정의 장소에 한정되어 있는 식물 | 감자 |

## 3.4 화학유독물질(化學有毒物質)

식품에 화학성 유독물질이 오염되는 원인은, 식품첨가물의 제조과정에서 정제가 덜 되었거나 작업의 실수로 유독한 이물질이 들어간 것을 식품에 첨가하거나, 농산물재배과정에서 부적당한 생물군(生物群)을 방제하기 위한 목적으로 사용한 농약이 잔류하거나, 산업폐수 및 산업폐기물에 들어있던 미량의 유해물질이 식물연쇄(食物連鎖, food chain)를 통하여 어패류에 축적되어 있는 것을 모르고 사용함으로서 일어난다.

이외에 식품을 제조 가공 보존 운반 등에 이용되는 기구 용기 포장 등의 재질이 부적당하여 유해물질이 식품에 혼입한다. 식품첨가물에 불순물이 들어있던 사례로는 1955년 일본에서 조제분유의 안정제로 사용한 제2인산나트륨에 비소가 다량 들어있는 것을 모르고 사용하여 131명의 사망자와 12,000여명의 중독자가 발생한 사고가 있었다.

농산물재배시 농약사용으로 인한 잔류는 사용농약의 종류, 농작물의 종류에 따라 다르다. 살포된 농약은 시간이 지남에 따라 분해되고 또 비에 씻겨 내려간다. 일반적으로 유기인계(有機燐系)는 분해되기 쉬우나 DDT, BHC 등의 유기염소계(有機鹽素系)는 분해되기 어렵다. 분해되기 어려운 DDT, BHC는 사용금지 되어 있으나, 후진국에서는 아직도 사용하는 국가도 있기 때문에 후진국에서 수입되는 식품은 오염에 주의할 필요가 있다. 또한 용기 및 포장에서 올 수 있는 유해물질은 사용재질에 따라 다르나, 지류(紙類)에서는 형광증백제 도자기류에서는 카드뮴, 납, 금속에서는 카드뮴, 납, 아연, 플라스틱에서는 잔존모노마, 가소제, 포름알데힏 등이다.

이 외에도 특정화학물질인 PCB(polychlorinated biphenyl)가 식품에 혼입시에는 큰 문제가 발생한다. 이 PCB는 화학적으로 안정하고 가열해도 분해되지 않을 뿐만 아니라, 전기 절연성이 뛰어나기 때문에 콘덴사, 트란스 등의 절연유로 사용하기도 하고 진공펌프, 콤프레샤 등의 윤활유로도 사용되기 때문에, 이것이 흘러나와 식품에 혼입되는 경우가 있다. 실제로 일본에서는 1968년 열매체(熱媒體)로 사용된 PCB가 스테인리스관의 작은 구멍에서 흘러나와 미강유(米康油)에 혼입되어 중독사고가 일어난 사례가 있다. 일본에서 식품중의 PCB잠정적 규제치는 우유는 0.1ppm, 육류0.5ppm, 난류(卵類)는 0.2ppm으로 되어 있다.

식품에는 인체에 해로운 유해물질이 들어 있어서는 안되기 때문에, 사용원료는 반드시 화학분석을 하여 유해물질의 혼입여부를 검사해야 한다.

최근에는 식량증산의 수단으로 농약사용이 증가하여 농약오염의 공해가 발생되고 있다. 이러한 농산물의 잔류농약으로 인한 위해를 사전에 예방하고 농산물을 이용한 가공식품의 안전성을 확보하기 위해서 보건사회부에서는 곡물, 채소, 과일류의 농산물에 대해 농약의 잔류허용기준을 정해놓고 있다(표4-5).

### 표 4-5 농산물의 농약잔류허용기준

단위 : mg/kg

| 농약명 \ 식품명 | | 쌀 | 보리 | 옥수수 | 콩 | 감자 | 고구마 | 배추 | 양배추 | 상치 | 시금치 | 쑥갓 | 파 | 무우 | 당근 | 양파 | 풋고추 | 오이 | 가지 | 도마도 | 딸기 | 참외 | 사과 | 배 | 감귤 | 복숭아 | 감 | 포도 | 마늘 |
|---|---|---|---|---|---|---|---|---|---|---|---|---|---|---|---|---|---|---|---|---|---|---|---|---|---|---|---|---|---|
| 유기염소제 | DDT(DDD 및 DDE를 포함) | 0.2 | 0.2 | 0.2 | 0.2 | 0.2 | 0.2 | 0.2 | 0.2 | 0.2 | 0.2 | — | 0.2 | 0.2 | 0.2 | 0.2 | 0.2 | 0.2 | 0.2 | 0.2 | 0.2 | — | 0.2 | 0.2 | 0.2 | 0.2 | 0.2 | 0.2 | 0.2 |
| | BHC(α, β, γ 및 δ-BHC합계) | 0.2 | 0.2 | 0.2 | 0.2 | 0.2 | 0.2 | 0.2 | 0.2 | 0.2 | 0.2 | — | 0.2 | 0.2 | 0.2 | 0.2 | 0.2 | 0.2 | 0.2 | 0.2 | 0.2 | — | 0.2 | 0.2 | 0.2 | 0.2 | 0.2 | 0.2 | 0.2 |
| | 알드린 및 디엘드린(Aldrin & Dieldrin) | 0.01 | 0.01 | 0.01 | 0.01 | 0.01 | 0.01 | 0.01 | 0.01 | 0.01 | 0.01 | — | 0.01 | 0.01 | 0.01 | 0.01 | 0.01 | 0.01 | 0.01 | 0.01 | 0.01 | — | 0.01 | 0.01 | 0.01 | 0.01 | 0.01 | 0.01 | 0.01 |
| | 엔드린(Endrin) | 0.01 | 0.01 | 0.01 | 0.01 | 0.01 | 0.01 | 0.01 | 0.01 | 0.01 | 0.01 | — | 0.01 | 0.01 | 0.01 | 0.01 | 0.01 | 0.01 | 0.01 | 0.01 | 0.01 | — | 0.01 | 0.01 | 0.01 | 0.01 | 0.01 | 0.01 | 0.01 |
| | 캡타폴(Captafol) | — | — | — | — | — | — | — | — | — | — | — | — | — | — | — | 1.0 | 1.0 | — | — | — | — | 5.0 | 5.0 | — | 5.0 | — | 5.0 | — |
| | 캡탄(Captan) | — | 5.0 | — | — | — | — | — | — | — | — | — | — | — | — | — | 5.0 | 5.0 | 5.0 | 5.0 | 5.0 | — | 5.0 | 5.0 | — | — | — | 5.0 | — |
| 유기인제 | EPN | 0.1 | — | — | — | 0.1 | — | 0.2 | 0.1 | 0.1 | 0.1 | — | — | 0.1 | 0.1 | — | 0.1 | 0.1 | 0.1 | 0.1 | 0.1 | — | 0.2 | 0.2 | 0.1 | 0.1 | 0.1 | 0.1 | — |
| | 다이아지논(Diazinon) | 0.1 | — | — | 0.1 | 0.1 | 0.1 | 0.1 | 0.1 | 0.1 | 0.1 | 0.1 | 0.1 | 0.1 | — | — | 0.5 | 0.1. | 0.1 | 0.3 | 0.1 | 0.1 | 0.5 | 0.1 | 0.1 | 0.7 | 0.1 | 0.1 | 0.1 |
| | 디메토에이트(Dimethoate) | — | — | — | — | — | — | — | — | — | — | — | — | — | — | — | — | — | — | — | — | — | — | — | 1.0 | — | — | — | 1.0 |
| | 말라치온(Malathion) | 0.3 | — | — | 0.5 | 0.5 | — | 0.5 | 0.5 | — | 0.5 | — | — | 0.5 | 0.5 | — | 0.5 | 0.5 | — | 0.5 | 0.5 | — | 0.5 | 0.5 | 0.5 | 0.5 | 0.5 | — | — |
| | 파라치온(Parathion) | 0.1 | 0.3 | 0.3 | 0.3 | 0.1 | 0.1 | 0.3 | 0.3 | — | 0.3 | — | 0.3 | 0.3 | 0.3 | 0.3 | 0.3 | 0.3 | — | 0.3 | 0.3 | 0.3 | 0.3 | 0.3 | 0.3 | 0.3 | 0.3 | 0.3 | 0.3 |
| | 페니트로치온(Fenitrothion : MEP) | 0.2 | — | — | 0.2 | — | — | — | — | — | 0.2 | — | — | — | 0.2 | 0.2 | 0.2 | 0.2 | — | 0.2 | 0.2 | — | 0.5 | 0.2 | 0.2 | 0.2 | 0.2 | 0.5 | — |
| | 펜치온(Fenthion : MPP) | 0.1 | — | — | — | — | — | — | — | — | — | — | — | — | — | — | — | — | — | — | — | — | 0.2 | — | — | — | — | — | — |
| | 펜토에이트(Phenthoate : PAP) | 0.05 | — | 0.2 | — | — | — | — | — | — | — | — | — | — | — | — | — | 0.2 | — | — | — | — | 0.2 | 0.2 | 0.2 | 0.2 | 0.2 | — | — |
| 카바메이트제 | 이소프로카브(Isoprocarb : MIPC) | 0.3 | — | — | — | — | — | — | — | — | — | — | — | — | — | — | — | — | — | — | — | — | — | — | — | — | — | — | — |
| | 카바릴(Carbaryl:NAC) | 1.0 | — | — | — | 0.2 | — | 0.5 | 0.5 | — | — | — | — | 0.5 | — | — | 0.5 | — | — | — | — | — | 1.0 | 0.5 | 0.5 | 0.5 | — | 0.5 | — |

# 제5장 관능검사

식품의 품질특성은 물리화학적인 특성과 관능특성으로 크게 구분할 수 있다. 식품의 가치를 과거에는 영양성분분석 등 물리화학적 특성의 평가가 중심이 되고, 인간의 감각을 통해서 알 수 있는 관능품질특성을 경시했다. 그러나 최근에는 소득수준이 향상되면서 관능품질에 대한 비중이 점차 커짐에 따라 식품의 영양성분 등이 좋더라도 관능품질이 나쁘면 식품으로서의 가치를 인정 받지 못하게 되었다. 이러한 사회적인 배경과 소비자의 소비패턴의 변화로 식품의 품질평가에서 관능검사의 중요성이 부각되었다. 따라서 식품공장의 품질관리항목은 식품의 종류에 따라 차이가 있으나, 일반적으로 물리화학적 분석치 보다는 인간의 감각에 의한 관능검사결과가 더 중요시 되고 있다.

## 1. 관능검사의 정의

식품의 맛, 냄새, 색깔 등 관능적 품질특성을 사람의 감각을 이용해서 평가 및 판정하는 것을 관능검사(sensory test, sensory evaluation, sensory assessment, organoleptic assessment)라고 한다.

관능검사에서는 똑같은 식품을 대상으로 하더라도 사람에 따라 다르고 같은 사람이라도 장소와 시간, 심리상태, 생리상태 등에 따라 다르기 때문에 통계적인 방법을 기초로 하여 사전에 충분히 계획된 조건하에서 시행하여야 신뢰성 있는 결과를 얻을 수 있다.

## 2. 관능검사의 목적

식품에서 관능검사를 하는 목적은 일상 생산하는 제품의 품질보증, 기존 제품의 품질개선, 신제품 개발, 다른 원료로 대체, 제품이나 원료의 보존성 시험, 적정사용량의 결정, 수입검사, 제품이나 원료의 등급결정 및 소비자의 기호조사를 위해서 한다.

## 3. 관능검사의 방법

일반적으로 많이 이용되는 관능검사 방법으로 차이식별법(差異識別法, difference test), 순위법(順位法, rank order test), 채점법(採点法, scoring test), 묘사법(描寫法, descriptive test), 기호척도법(嗜好尺度法, hedonic scaling) 등이 있다.

### 3.1 차이식별 시험법

제시된 샘플을 표준샘플 또는 대조샘플과 비교하여 통계학적으로 유의성(有意性,

significant) 차이가 있는지를 판단하는 시험이다.

(1) 단일샘플시험법(單一試料試驗法, single sample test)

하나의 샘플을 제시하여 판정을 내리는 방법으로, 이 방법은 이미 경험으로 머리속에 들어 있는 기억표준과 대비하여 차이가 있는지를 식별하는 방법으로 상당한 훈련이 필요하다.

예를 들면 지금 생산되고 있는 제품이 기존에 생산되고 있는 제품과 품질에서 차이가 있는지를 알고자 할 때 쓸 수 있다. 단일 샘플시험법에서는 찬스에 따른 정답확률은 50%이며 $x^2$ (카이스퀘어)검정, 분산분석 또는 2점대비 시험법의 유의 검정표(부표 6)에 따른다.

(2) 2점대비시험법(2点對比試驗法, paired comparison test)

표준샘플 또는 대조샘플과 시험하고자 하는 샘플을 동시에 제시하여 차이가 있는지를 비교하는 방법으로, 일상의 품질관리에서 많이 이용되나, 선입관에서 오는 기대오차(期待誤差)가 발생될 우려가 있는 것이 단점이다.

이 방법에서 표준샘플이나 대조 샘플은 미리 정해진 방법에 따라 만들어 두었다가 쓰는 방법과 전일(前日)에 생산된 제품을 대조로 하여 비교할 수 있다. 이 방법은 패널원이 경험자나 미경험자에게도 적용되며, 소비자 기호조사에도 응용된다. 이 방법으로 단순차이식별, 차이 지적 및 질선택의 세가지를 동시에 할 수 있다. 정답률은 50%이며, $x^2$검정 및 2점대비시험법의 유의 검정표(부표6)에 따른다.

(3) 1·2점 시험법(1·2点試驗法, duo-trio test)

이 시험은 3개의 샘플이 패널원에게 제시된다. 먼저 표준샘플을 시험한 다음에 두개의 샘플(그 중 하나는 표준샘플과 동일하고 다른 하나는 시험하고자 하는 샘플)을 제시하여 어느 것이 표준 샘플과 동일한가를 찾아내는 방법이다. 찬스에 따른 정답률은 50%이며, $x^2$검정 또는 1·2점 시험법의 유의 검정표(부표7)에 따른다.

(4) 3점시험법(3点試驗法, triangle test)

이 방법은 다른 방법에 비해 가장 정확한 결과를 얻을 수 있다. 이 시험은 3개의 샘플이 패널원에게 제시된다. 두개는 동일하고 나머지 한개는 다른 샘플을 동시에 3개를 제시하여 그 중에서 다른품질의 샘플을 찾아내게 하는 방법으로, 잘 훈련된 사람이라야 쓸 수 있는 방법이다.

샘플의 조합은 AAB, ABA, BAA, BBA, BAB, ABB의 여섯 종류이다. 정답확률은 ⅓이며, $x^2$검정 또는 3점시험법의 유의 검정표(부표8)에 따른다.

## 3.2 질과 양의 시험법

제시된 샘플에 대해서 질적 및 양적으로 시험평가하는 방법이다. 이 방법은 잘 훈련된 패널원이 시험해야만 재현성이 있는 평가를 할 수 있다.

### (1) 순위법(順位法, rank order test)

순위시험법은 2점대비시험법을 확대한 것으로 시험속도가 빠르고 한번에 여러 개의 샘플을 시험할 수 있다.

보통3~5개의 샘플을 동시에 제시하여 어떤 한가지의 관능품질특성을 기준으로, 그것의 강도 또는 기호에 따라서 순위를 정하게 하는 방법이다. 샘플의 품질특성이 여러 개 있을 때에는 이것들을 각각 분리하여 따로 시험해야 한다. 예를 들면 간장의 품질특성은 맛, 향기 색깔로 크게 구분할 수 있는데, 시험시에는 각 특성별로 나누어 순위를 정해야 한다. 이 방법은 잘 훈련된 패널원이 필요하며 신제품개발시에 많이 활용한다.

순위법의 시험결과는 크레머(Kramer)등이 만들어 낸 표(부표 9)를 이용해서 유의차이를 체크할 수 있다.

### (2) 기호척도법(嗜好尺度法, hedonic scaling)

식품을 먹었을 때 맛, 향기, 조직감 등이 좋으면 종합적으로 쾌감을 느끼게 되고, 그렇지 않으면 불쾌감을 느낀다. 이와 같이 쾌, 불쾌를 느끼는 심리상태를 기호(嗜好)라고 하며, 기호의 정도를 측정하는 것이 기호척도이다. 이 때의 척도는 가장 좋아하는 점과 가장 싫어하는 점의 사이를 적당한 거리로 구분하여 좋다, 싫다의 정도를 9단계, 7단계, 5단계로 척도화한 것을 사용하며 표현용어는 다음과 같다.

| 9단계 기호척도 | 7단계 기호척도 | 5단계 기호척도 |
|---|---|---|
| (9) 가장좋다 | (7) 대단히 좋다 | (5) 대단히 좋다 |
| (8) 대단히 좋다 | (6) 보통으로 좋다 | (4) 보통으로 좋다 |
| (7) 보통으로 좋다 | (5) 약간 좋다 | (3) 좋지도 싫지도 않다 |
| (6) 약간 좋다 | (4) 좋지도 싫지도 않다 | (2) 보통으로 싫다 |
| (5) 좋지도 싫지도 않다 | (3) 약간 싫다 | (1) 대단히 싫다 |
| (4) 약간 싫다 | (2) 보통으로 싫다 | |
| (3) 보통으로 싫다 | (1) 대단히 싫다 | |
| (2) 대단히 싫다 | | |
| (1) 가장 싫다 | | |

기호척도법으로 검사한 결과는 분산분석법으로 해석한다.

### (3) 채점법(採点法, scoring test)

식품의 품질특성을 수치척도(數値尺度)로 평가하는 방법으로, 품질의 척도를 나타내는 숫자가 평가하고자 하는 성질과 비례한다는 가정하에 실시하는 것이다. 이 채점법은 다른 방법에 비해 일시에 많은 샘플을 처리할 수 있는 장점이 있으나, 잘 훈련된 패널원이 필요하다.

이 방법으로 검사시 고려해야 할 사항으로는 식품의 품질특성을 구성하는 여러 특성 중 그 중요도에 따라 비중을 달리하여 점수를 배부해야 한다. 예를 들면 간장의 품질 특성 요소를 크게 나누면 맛, 향기, 색깔이 있다. 그러나 이들 품질특성의 중요도는 각각 다르기 때문에 전체의 품질을 100으로 할 때 맛은 60, 향기는 30, 색깔은 10의 비중을 둔다. 채점법의 실례로 미국낙농학회에서 채택하고 있는 우유의 채점표 및 채점지침서를 보면 표 5-1과 같다.

또한 이 채점법에서는 품질수준이 높은 것에 섞여 있는 샘플은 실제보다 낮게 채점되기 쉽고, 품질수준이 낮은 것에 섞여 있는 샘플은 실제보다 높게 채점되기 쉽기 때문에, 이러한 현상을 막기 위해서 샘플의 중간 중간에 점수가 기록된 표준품을 끼워 넣는 것이 오차를 줄일 수 있어 좋다.

채점에 사용되는 척도는 점수(0~10점 또는 0~100점), 그래프(선 또는 그림 위에 좋다, 나쁘다 등을 표시한 것), 용어표시(가장 좋다, 좋다, 나쁘다, 가장나쁘다)등으로 나타내며, 척도위의 표시점은 원칙적으로 등거리여야 한다. 결과의 분석은 t검정, 분산분석을 사용한다.

**표 5-1 우유의 채점표 및 채점지침서**

채 점 표

품 목 시유
등 급 번호

| | 만 점 | 채 점 | 비 고 |
|---|---|---|---|
| 풍 미 및 이 취 | 45 | | 풍미결함………… |
| 세 균 수 | 35 | | 세 균 수…………／㎖ |
| 침 전 물 | 10 | | |
| 온 도 | 5 | | 온 도…………℃ |
| 용 기 및 밀 폐 | 5 | | 용 기……… |
| | | | 밀 폐……… |
| 합 계 | 100 | | |

(채점은 별첨 지침서를 참조할 것)
검사 년 월 일 년 월 일

……………………………

검사원 서명＿＿＿＿＿＿＿＿＿＿

채 점 지 침 서

(1) 풍미 및 이취-45점 만점

우유 특유의 풍미가 부족하거나 이취 또는 이미가 발견되면, 그 정도에 따라서 만점에서 감점한다. 그 내용은 가능한 대로 비고난에 기입한다. 다음은 풍미 채점 지침이 된다.

우 수-40점 이상 : 결점이 없다.

양 호－37～40점 : 고유의 풍미 부족, 아주 미약한 이취

보 통－34～37점 : 이취, 이미, 약간 산화

저 질－25～34점 : 강한 이취 및 이미, 산화 아주 미약한 산패

불 량－25점 이하 : 산패, 강한 산미

0점 : 산패 및 부패, 식용불가

(2)세균수－35점 만점

| 세 균 수 | 점 수 | 세 균 수 | 점 수 |
|---|---|---|---|
| 500이하 | 35.0 | 18,100～ 19,000 | 31.3 |
| 510～ 1,000 | 34.9 | 19,100～ 20,000 | 31.1 |
| 1,010～ 1,500 | 34.8 | 20,100～ 21,000 | 30.9 |
| 1,510～ 2,000 | 34.7 | 21,100～ 22,000 | 30.7 |
| 2,010～ 2,500 | 34.6 | 22,100～ 23,000 | 30.5 |
| 2,510～ 3,000 | 34.5 | 23,100～ 24,000 | 30.3 |
| 3,100～ 3,500 | 34.4 | 24,100～ 25,000 | 30.1 |
| 3,600～ 4,000 | 34.3 | 25,100～ 30,000 | 28.6 |
| 4,100～ 4,500 | 34.2 | 31,000～ 35,000 | 27.1 |
| 4,600～ 5,000 | 34.1 | 36,000～ 40,000 | 25.6 |
| 5,100～ 6,000 | 33.9 | 41,000～ 45,000 | 24.1 |
| 6,100～ 7,000 | 33.7 | 46,000～ 50,000 | 22.6 |
| 7,100～ 8,000 | 33.5 | 51,000～ 55,000 | 20.6 |
| 8,100～ 9,000 | 33.3 | 56,000～ 60,000 | 18.6 |
| 9,100～10,000 | 33.1 | 61,000～ 65,000 | 16.6 |
| 10,100～11,000 | 32.9 | 66,000～ 70,000 | 14.6 |
| 11,100～12,000 | 32.7 | 71,000～ 75,000 | 12.6 |
| 12,100～13,000 | 32.5 | 76,000～ 80,000 | 10.6 |
| 13,100～14,000 | 32.3 | 81,000～ 85,000 | 8.6 |
| 14,100～15,000 | 32.1 | 86,000～ 90,000 | 6.6 |
| 15,100～16,000 | 31.8 | 91,000～ 95,000 | 4.6 |
| 16,100～17,000 | 31.7 | 96,000～ 100,000 | 2.6 |
| 17,100～18,000 | 31.5 | 100,000 이상 | 0 |

(3) 침전물－10점 만점

우유를 여과하여 침전물을 표준품과 비교 채점한다.

온도－5점 만점

10℃ 이하…………5점　　13.5～15.5℃ …………1점

10～12℃ ………4　　15.5℃ 이상 …………0

12～13.5℃……3

(4) 용기 및 밀폐－5점 만점

용기 및 밀폐상태가 불결하거나 불완전한 정도에 따라 감점한다.

주 : 법적 기준에 미달하는 시료는 채점 대상에서 제외된다.

### (4) 묘사법(profile test, descriptive test)

식품의 풍미(맛, 향)와 조직감에 대한 특성과 강도 등을 묘사하는 데 흔히 이용하는 방법으로, 전문가 또는 잘 숙련된 사람(4~6명)에 의해서만 실시할 수 있다. 실시방법은 둘러앉아서 제시된 시료에 대하여 토의·기록하는 형식으로 진행한다.

① 풍미묘사(flavor profile)

풍미(flavor)의 관능특성을 정성적 및 정량적으로 나타낼 때에는 다음과 같이 나누어 묘사한다.

- 풍미특성 : 맛, 냄새에 대해 느껴지는 특성 즉, 달다. 쓰다. 구수하다 쇠고기국물냄새 등의 공통용어를 써서 기술한다.
- 풍미강도 : 풍미특성이 얼마나 강한지를 정량적으로 나타낸다.
- 감응순서 : 감각특성이 나타내는 순서를 나타내는 것으로, 쓴맛 다음에 짠맛이 난다거나 하는 것과 같은 느낌의 순서를 나타낸다.
- 뒷맛 : 샘플을 삼키고 난 다음에 입속에 남는 맛, 냄새 등의 뒷맛을 나타낸다.
- 종합적인 평가 : 샘플의 종합적인 풍미평가로 정량적으로 제품전체의 인상을 나타낸다.

② 조직감 묘사(texture profile)

풍미묘사방법과 마찬가지로 조직감에 대한 특성을 나타낼 때 다음과 같이 나누어 묘사한다.

- 조직감특성 : 기계적특성, 기하학적특성, 촉감적특성에 대해 공통용어를 써서 기술한다(앞의4장 2.3 조직감 참조).
- 조직감의 강도 : 조직감특성이 갖고 있는 강약의 정도를 나타낸다.
- 감응순서 : 샘플을 입안에 넣었을 때 느끼는 순서를 나타낸 것으로, 씹기전에 입안에서의 느낌, 처음 씹을 때의 느낌, 계속해서 씹을 때의 느낌, 다 씹었을 때의 느낌, 목구멍으로 삼킬시의 느낌의 순서를 나타낸다.
- 종합적인 평가 : 샘플전체의 인상을 나타낸다.

### (5) 정량적 묘사법

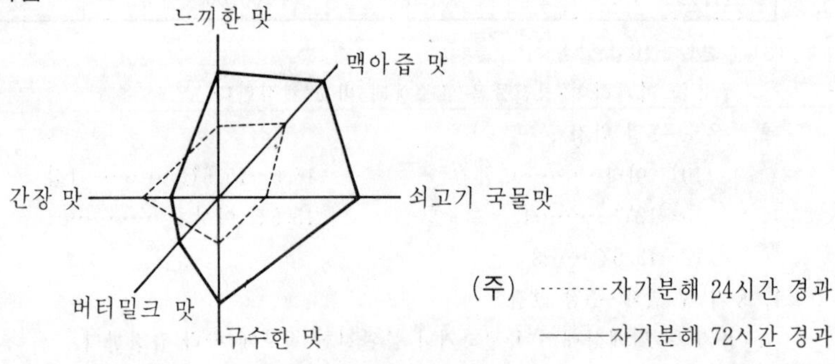


그림 5-1 자기분해시간별 효모 엑기스의 맛

묘사법에서 얻어진 특성과 특성의 강도는 정량적 묘사분석(定量的描寫分析, quantitative descriptive analysis : QDA)도표로서 품질의 변화나 차이를 정량적으로 표시할 수 있다.

이 정량적묘사분석법은 신제품의 개발이나 원료의 대체시에 활용될 수 있다. 그림5-1은 효모엑기스제조시 자기분해(autolysis) 시간별 맛의 변화를 정량적으로 묘사분석한 예로서, 이 그림을 보면 어떤 맛이 어떻게 변화되어 가는 정도를 시각적으로 알아 볼 수 있다.

## 3.3. 기호 및 선택시험

기호시험(嗜好試驗, acceptance test)은 어떤 샘플에 대하여 시식(試食)토록 하고 먹고 싶은 정도「많이 먹겠다」「먹을만 하다」 또는「먹을 수 없다」등을 묻는 시험이며, 새로 개발된 제품에 대하여 시험이 끝나고 소비자 기호조사에 많이 이용된다. 한편 선택시험(選擇試驗, preference test)은 여러개의 샘플중에서 어떤 것을 택하겠는가를 묻는 시험이다. 비슷한 제품중에서 기호도가 높은 것을 선정 할 때 사용된다.

기호 및 선택시험은 어떤 제품에 대하여 소비자가 얼마나 좋아하고 선택하느냐 하는 소비자의 반응을 알아 보기 위해서 하는 것으로 기호 및 선택시험용 패널원은 소비자집단을 대표할 수 있어야 한다는 것이 대단히 중요하다.

### (1) 기호 및 선택에 관계되는 요소

① 제품자체에 귀속되는 요소 : 구득가능성, 이용성, 편리성, 가격, 균일성, 저장성, 안전성, 관능특성

② 소비자 자신에 귀속되는 요소 : 민족성, 지역성, 연령, 성별, 종교, 교육, 사회 및 경제적 지위, 심리적 동기, 생리적 동기

### (2) 조사결과에 영향을 주는 요소

① 조사대상

② 예비조사 실시여부

③ 샘플링 방법

④ 자료수집 및 분석방법

⑤ 결과의 해석

### (3) 조사방법

① 통계자료조사 : 생산, 판매 통계자료로서 조사하는 방법

② 관찰법 : 훈련된 조사원이 직접 시장에서 소비자의 행동을 관찰조사하는 방법

③ 질문법 : 작성된 질문서를 제시하여 회답을 받는 방법으로 전화, 우편을 이용하거나 직접 찾아가서 면접하는 등의 방법

(4) 패널원의 구성

소비자 기호조사 시험시에 패널원의 구성은 규모가 작을 때는 50~100명, 규모가 클 때에는 200명 이상의 인원이 필요하다.

### 3.4 감도시험

감도시험(感度試驗, sensitivity test)은 어떤 물질에 대한 최소감량(最小感量)을 측정하고자 할 때나, 관능검사를 위한 검사요원 즉, 패널의 선발시에 기본 맛 등에 대한 예민도 또는 정상상태를 시험하는 데 이용된다. 이 시험결과 어떤 맛에 대하여 맛을 모르는 미맹(味盲)이 나타나면 이런 사람은 패널에서 제외시킨다. 또한 냄새에 대하여도 시험하여 어떤 냄새인지를 식별하지 못하는 후맹(嗅盲)임이 발견되면 패널원에서 제외시킨다.

## 4. 관능검사의 조직

관능검사를 올바로 실시하기 위해서는 관능검사를 주관하는 조직이 필요하다. 이 조직은 회사의 업종 및 규모, 회사의 품질방침에 따라 다르기 때문에 일률적으로 설명하기는 어렵다.

소비자와 관능품질을 중시하는 회사에서는 본사소속으로 관능평가실을 두고 운영하는 곳도 있고, 그렇지 않은 회사에서는 관능검사를 가볍게 생각하여 관능검사를 실시하는 조직이 없는 곳도 있다. 그러나 관능검사를 실시하는 조직이 있는 회사에서는 그 기능을 대부분 연구실이나 품질관리실에 두고 있다.

표 5-2 관능검사조직의 크기

| 크기 / 구분 | 소 | 중 | 대 |
|---|---|---|---|
| 관능검사참모 | ·전담자 1명<br>·파트타임으로 필요시 도와줄수 있는 사람 1명 | ·전담자 1명<br>·보조원 1~2명 | ·전담자 2명이상<br>·보조원 2명이상 |
| 시험설계 | 단 순<br>·몇개의 질문<br>·전통적인 척도 | 단순 및 복잡<br>·다양한 질문과 척도 | 단순 및 복잡<br>·다양한 질문과 척도 |
| 패널원의 소속 | 회사종업원 | 회사종업원<br>소비자(비회사) | 회사종업원<br>소비자(비회사) |
| 패널의 크기 | 소 : ≤30／시험 | 소 : ≤30／시험<br>대 : 50~100／시험 | 소 : ≤30／시험<br>대 : 50~100／시험 |
| 작업부하 | 3~8회／주 | 5~10회／주 | 6~30회／주 |

관능검사는 관능검사를 하는 패널원도 중요하지만, 관능검사를 계획하고 실시하는 사람도 중요하다. 관능검사를 전담하는 사람의 업무는 질문서의 작성, 샘플의 조제 및 제공, 용기에 코딩, 데이터의 정리 및 통계분석, 패널원의 선정 및 훈련을 해야하기 때문에, 관능검사를 하는 데 필요한 지식과 지혜가 있어야 한다. 관능검사를 잘 실시하기 위해서 전담자는 식품과학, 화학, 통계처리, 제조공정, 심리학, 관능검사 방법 등에 관하여 교육·훈련을 받을 필요가 있다.

관능검사조직의 크기에 대한 예를 보면 표 5-2와 같다.

## 5. 관능검사 패널원의 선정과 훈련

관능검사에서 중요한 것은 판정의 감도(sensitivity)와 재현성(reproducibility)이라고 할 수 있다. 이 관능검사는 실험실에서는 검사원의 집단 즉, 패널(panel)에 의하여 수행된다.

패널이란 용어는 특정의 목적을 위하여 선발된 특정의 자격을 갖는 사람의 집합체를 말한다. 이때 패널을 구성하는 개인을 패널원(panel member)이라고 하며 패널의 구성원수(構成員數)를 패널의 크기라 한다.

### 5.1 패널원의 선발기준

패널원을 선발할 때의 기준을 열거하면 다음과 같다.

(1) 육체적 및 정신적으로도 건강해야 한다.

(2) 식품에 대한 편견과 선입관이 없어야하고 관능검사에 대하여 적극적이고 흥미를 갖는 사람이어야 한다.

(3) 검사시 용이하게 시간을 낼 수 있어야 한다.

(4) 년령은 20~50세 전후가 좋으며 남녀의 차별을 둘 필요는 없다.

(5) 보통정도의 흡연자는 무방하나 과연자는 피하는 것이 좋다.

(6) 기호조사용 패널경우는 직업, 생활정도, 지역 등을 고려해서 선발해야 한다.

(7) 정상적인 미각(味覺)과 후각(嗅覺)을 갖고 있어야 한다.

(8) 조직감 시험시에는 의치(義齒)를 한 사람은 제외시킨다.

### 5.2 패널의 크기

패널의 크기는 시험목적에 따라서 다르나 그 크기를 적어보면 다음과 같다.

#### (1) 일상의 품질관리

일상의 품질관리에서 샘플의 특성차이를 식별하거나 특성을 평가시에는 패널의 훈련정도에 따라 패널의 크기가 달라진다.

① 잘 훈련된 패널 : 5~8명

② 중간정도 훈련된 패널 : 10~15명

③ 덜 훈련된 패널 : 20~30명

### (2) 소비자 기호조사

소비자의 기호조사 시험시에는 조사규모에 따라 패널의 크기가 달라진다.

① 규모가 작을 때 : 50~100명

② 규모가 클 때 : 200명 이상

## 5.3 패널의 선정

패널선정기준에 따라 대상자가 선정되면 감도시험(sensitivity test)을 실시하여 패널원을 선발하게 된다. 감도시험은 보통 네가지 기본맛(단맛, 짠맛, 신맛, 쓴맛)에 대한 최소감미량(最小感味量)을 시험한다.

최소감미량이란 어떤 물질의 맛이 무엇인지 정확하게 인지될 수 있는 최소의 농도를 말한다. 시험용액은 화학적으로 순수한 설탕, 소금, 젖산 및 카페인으로 표 5—3과 같이 최소농도

표 5—3 네가지 기본맛 시험용액표

| 번호 | 맛구분 / 재료 / 분자량 / 용액(0.1M) / 몰농도 | 짠 맛 | 신 맛 | 쓴 맛 | 단 맛 |
|---|---|---|---|---|---|
| | 재 료 | 소 금 | 젖 산 | 카페인 | 설 탕 |
| | 분자량 | 58.45 | 90.08 | 194.19 | 342.30 |
| | 용액(0.1M) | 저장용액 A 5.845 g/L | 저장용액 B 9.008 g/L | 저장용액 C 19.419 g/L | 저장용액 D 34.230 g/L |
| 1 | 0.00005 | 0.5㎖A/L | 0.5㎖B/L | 0.5㎖C/L | 0.5㎖D/L |
| 2 | 0.0001 | 1㎖A/L | 1㎖B/L | 1㎖C/L | 1㎖D/L |
| 3 | 0.0002 | 2㎖A/L | 2㎖B/L | 2㎖C/L | 2㎖D/L |
| 4 | 0.0004 | 4㎖A/L | 4㎖B/L | 4㎖C/L | 4㎖D/L |
| 5 | 0.0008 | 8㎖A/L | 8㎖B/L | 8㎖C/L | 8㎖D/L |
| 6 | 0.0016 | 16㎖A/L | 16㎖B/L | 16㎖C/L | 16㎖D/L |
| 7 | 0.0032 | 32㎖A/L | 32㎖B/L | 32㎖C/L | 32㎖D/L |
| 8 | 0.0064 | 64㎖A/L | 64㎖B/L | 64㎖C/L | 64㎖D/L |
| 9 | 0.0128 | 128㎖A/L | 128㎖B/L | 128㎖C/L | 128㎖D/L |
| 10 | 0.0256 | 256㎖A/L | 256㎖B/L | 256㎖C/L | 256㎖D/L |
| 11 | 0.0512 | 2.994 g/L | 4.612 g/L | 9.943 g/L | 17.526 g/L |
| 12 | 0.1024 | 5.998 g/L | 9.224 g/L | 19.885 g/L | 35.052 g/L |
| 13 | 0.2048 | 11.976 g/L | 18.448 g/L | 39.770 g/L | 70.103 g/L |
| 14 | 0.4096 | 23.953 g/L | 36.897 g/L | 79.540 g/L | 140.206 g/L |

액 1번에서부터 최대농도액 14번까지를 만든 다음 농도가 약한 번호부터 강한 번호순으로 시험케한다.

패널원에게는 네가지 기본맛에 대하여 시험한다는 사실을 알려주되, 어느 맛을 시험할 것인지는 말하지 않는 것이 좋다. 이 때에 표 5—4와 같은 감도 시험표를 사용하면 된다. 이 감도시험결과 어떤 맛에 대하여 미맹(味盲)이 나타나면 패널에서 제외한다. 또한 최소감미량이 너무 높거나 너무 낮은 사람이 있으면 이것도 제외한다.

다음에는 패널원의 식별능력을 테스트한다. 테스트의 방법은 일정한 기준은 없고, 그 때의 형편에 따라서 적절한 방법을 택하면 된다. 다음에 냄새의 차이를 식별시켜 본다. 맛에 대하여 미맹이 있듯이 냄새에 대해서도 냄새를 식별하지 못하는 후맹(嗅盲)이 있다. 냄새시험에 이용되는 기준물질은 정해진 것이 없으나 멘톨, 암모니아수, 알콜, 식초, 페놀 등을 솜에 묻이고 이것을 작은 시험관이나 후라스크에 넣고 코로 냄새를 맡아 어떤 냄새가 나는지를 알아보면 된다. 이 시험에서 후맹임이 발견되면 패널에서 제외한다.

### 표 5—4 기본맛 감도시험표

성 명________ 시험번호________ 년 월 일________

실시지침

1. 시험용액은 번호 1에서 번호14까지이며 각 번호용액은 컵에 각각 약 5c.c.씩 주입되어 있다.
2. 물로 입을 잘 헹군다. 헹군물은 의자옆에 있는 용기에 버린다.
3. 시험용액 번호1의 맛을 본다. 맛을 볼 때는 용액을 입속에서 휘둘러 혀의 전표면이 젖도록 하여야 한다.
4. 맛을 본 결과를 다음과 같이 강도의 해당란에 기입한다.
5. 물로 다시 입을 헹구고 약 30초 기다린다.
6. 시험용액 번호 2의 맛을 번호 1과 같은 요령으로 시험 기록한다.
7. 이상과 같은 요령으로 번호 14까지 계속한다.

0…………아무 맛도 느끼지 않는다. 3…………쉽게 느낄 수 있다.
1…………대단히 희미하다. 4…………강하다.
2…………느낄수 있다. 5…………대단히 강하다.

| 용액번호 | 1 | 2 | 3 | 4 | 5 | ………… | 14 |
|---|---|---|---|---|---|---|---|
| 강 도 | | | | | | ………… | |

A. 맛의 종류는? ________

B. 이 맛이라는 것을 처음 알아 볼 수 있었던 용액번호는? ________

### 5.4 패널의 훈련

실험실에서 활용하는 패널은 다음과 같은 목적에서 반드시 훈련시킬 필요가 있다.

(1) 샘플식품에 익숙케하고 나아가서 그 식품에 대한 전문지식을 갖게 한다. 식품의 품질을 평가하려면 원료, 가공공정, 제품의 화학적 및 관능적인 특성을 충분히 아는 것이 좋다.

(2) 식품의 기호에 대한 지식을 준다. 기호성의 요소가 되는 맛, 냄새, 색깔, 조직감(texture) 등에 관한 기본지식을 교육시킨다.

(3) 관능검사 방법과 판단요령을 숙지시킨다. 차이식별의 여러 가지 방법의 특색, 순위법, 채점법, 기호 척도, 표현 용어 등을 주지시킨다.

(4) 합리적이고 안정된 판단기준을 확립시킨다. 관능검사에 있어서 차이식별이거나 질량적 평가이든 판단결과가 언제나 재현성이 있어야 한다. 패널원이 판정하는 요령은 될 수 있으면 표준샘플을 제시하여 익숙하게 한다.

훈련방식은 일정한 것이 없고 훈련기간도 수 일에서 수개월 간에 걸쳐 초보적인 훈련, 전문가적인 훈련을 실시한다.

## 6. 관능검사의 환경

검사실의 환경은 판정에 영향을 주기 때문에 올바른 검사를 수행하기 위해서는 바람직한 환경이 되도록 설계, 시공 및 유지관리가 되어야 한다. 환경의 요소로서는 실내의 온도, 습도, 조명, 색채, 소음, 냄새 등이 있다.

### 6.1 검사실의 위치

정확한 검사를 수행하기 위해서는 검사실의 위치가 중요하다. 검사원 즉, 패널원의 대다수가 참여하기 편리하고 소음이 적은 곳이면 된다.

### 6.2 검사실의 설계

검사실에는 밀폐식(密閉式)과 개방식(開放式)이 있다. 밀폐식은 검사원 상호간에 의견교환없이 독립적으로 개별실(個別室)에서 검사하는 것이고, 개방식은 여러 검사원이 서로 의견을 교환하면서 검사하는 방법이다. 관능검사는 개방식보다는 밀폐식으로 하는 경우가 대부분이다.

검사실은 검사를 준비하고 실시하는 데 불편함이 없도록 설계해야 한다. 일반적으로 실내는 샘플을 저장하고 조제하는 곳과 실제로 검사를 수행하는 곳으로 나누어 칸막이로 막아서 샘플을 조제시에 발생하는 냄새가 패널에게 영향을 주지 않도록 한다.

또한 패널원이 차례를 기다릴 수 있는 대기실을 배치해둘 필요가 있다. 검사시에는 안락한 의자에 앉아서 하도록 배려하고, 입안의 헹군물을 버릴 수 있는 용기 또는 시설을 설치하는 것이 좋다. 샘플과 질문서는 여유있게 놓을 수 있는 충분한 공간을 갖도록 하고, 검사원 상호간의 영향과 혼란을 피하기 위하여 칸막이를 할 필요가 있다. 칸막이한 개별실에는 샘플을 밖에서 직접 제공할 수 있는 작은 문을 설치하도록 한다.

소음은 검사의 정확도를 떨어뜨리기 때문에 소음이 있는 곳에서는 방음시설을 해야한다. 보통사용되는 관능검사실의 배치 및 내부시설 사례는 그림 5-2와 같다.

관능검사를 하는 데 필요한 비품은 싱크대, 조리대, 냉장고, 저울, 저장캐비닛, 가스레인지, 전자레인지, 조리용구, 믹서, 열판(hot plate), 워터배쓰(water bath), 샘플조제용구, 샘플제공용 용기 등이 기본이나 업종에 따라서 거기에 필요한 설비가 추가된다.

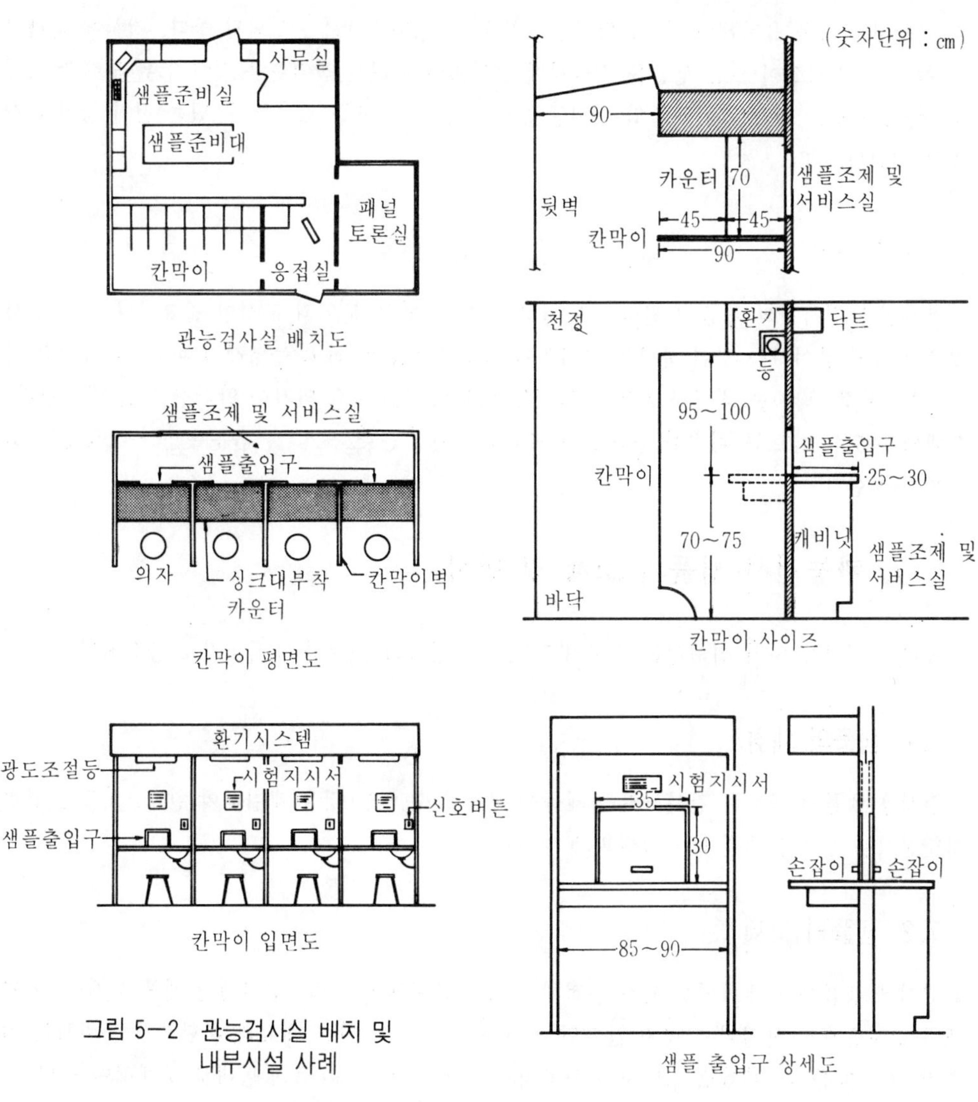


그림 5-2 관능검사실 배치 및 내부시설 사례

### 6.3 냄새관리

냄새는 관능검사의 판정에 영향을 미치기 때문에 검사실에서 냄새가 나서는 아니된다. 따라서 검사실에 사용하는 건축자재나 비품은 냄새가 없는 것으로 선정하고, 샘플에서 발생하는 냄새는 환풍기로서 공기를 환기시켜 검사실에는 냄새가 없도록 유지 관리해야 한다.

### 6.4 조 명

대부분의 검사에는 특수한 조명시설이 필요하지 않고, 너무 어둡거나 밝아도 좋지 않으므로 적당한 조명을 유지해야 한다. 탁상광도가 50~100룩수(lx)정도 되면 좋다. 검사에 따라서는 예를 들면 색깔이 있는 샘플을 검사시에 색깔차이에 따른 선입관을 없애기 위해 색깔 조절용 빨강, 파랑, 노랑 등의 색깔있는 전등을 설치하고, 광도를 조절할 수 있는 전기 장치를 설치하면 된다.

### 6.5 분위기

검사실은 검사원의 마음이 편하고 안정감을 줄 수 있는 분위기 조성이 필요하다. 즉, 검사실은 검사에 참여하는 것이 하나의 즐거움이 되도록 시설을 하고 운영해야 한다. 검사실의 바닥, 벽, 천정, 탁자는 적당하게 밝고 안정된 색깔로 도색하고 의자는 안락한 것을 배치한다. 실내의 온도와 습도는 쾌적한 상태로 유지되도록 온도는 22~25℃, 습도는 50~60%정도 되도록 유지한다.

## 7. 관능검사 샘플의 조제 및 제시

올바른 검사를 하기 위해서는 검사하고자 하는 샘플의 조제와 제시조건도 중요하다.

### 7.1 샘플의 채취

검사용 샘풀의 채취는 검사하려는 제품을 대표할 수 있는 것을 채취해야 한다. 이것은 일반화학분석용 샘플을 채취하는 방법과 동일하다.

### 7.2 샘플의 조제

검사용 샘플을 조제시에는 검사 목적에 맞도록 준비해야 한다. 검사대상 제품은 제품 그 자체를 검사용으로 하거나 그렇지 않으면 조리나 희석 또는 다른 재료와 혼합해서 준비하는 경우가 있기 때문에, 실제로 소비자가 사용하는 방법을 잘 알고 그 방법대로 조제해야 한다.

## 7.3 샘플의 제시

샘플을 제시할 때에는 검사자가 선입관을 갖지 않도록 샘플의 양, 용기, 기구 및 샘플의 온도 등에 주의해야 한다.

### (1) 외 양

시험하고자하는 샘플과 표준품 또는 대조품의 색깔과 외형은 동일하여야 한다. 만약 색깔, 모양, 외양이 다르면 판정에 오차를 가져온다. 색깔로 인해 오차가 발생될 우려가 있는 경우에는 색깔있는 등을 켜서 색깔차이를 모르도록 하고, 이러한 설비가 없을 때에는 안대나 색안경을 끼고 시험토록 한다.

### (2) 샘플의 크기

샘플의 크기는 맛을 보는 데 충분한 양이면 되나, 샘플과 대조품의 양은 같아야 한다. 샘플의 종류가 한꺼번에 많이 제시되면 검사원의 피로가 가중되기 때문에, 맛을 시험시는 한번 검사시 샘플의 수는 6종류 이내로 하도록 하되 2～3회 반복검사하는 것이 좋다.

### (3) 샘플의 온도

사람의 미각은 대체적으로 15～30℃에서 예민하게 작용하며, 저온에서는 미각이 마비되고 고온에서는 둔해진다. 식품은 종류에 따라 그 식품에 적합한 온도가 있으므로, 이 온도에 맞

표 5-5 식품의 관능검사 적합온도

| 식 품 명 | 온 도(℃) |
|---|---|
| 쌀 밥 | 45 |
| 빵 | 20 |
| 된 장 국 | 70 |
| 스 프 | 70 |
| 아이스크림 | −1～1 |
| 탄산음료 | 7～10 |
| 우 유 | 7～10 |
| 쥬 스 | 7～10 |
| 버 터 | 20 |
| 식 용 유 | 45 |
| 마요네즈 | 20 |
| 커 피 | 70 |
| 홍 차 | 70 |
| 맥 주 | 7～10 |
| 포 도 주 | 8～12 또는 20 |
| 청 주 | 8～12, 20 또는 55 |

추어 검사해야 한다. 그리고 같은 샘플이라도 온도가 달라지면 미각의 예민도가 달라지기 때문에 검사샘플의 온도는 일정해야 한다. 식품별 관능검사에 적합한 온도는 표5-5와 같다.

### (4) 샘플용기

사용하는 용기의 크기, 모양, 색깔 등은 모두 샘플·대조품과 동일하여야 하며, 특히 냄새가 없어야 한다. 샘플이 액체로 투명하지만 짙은 색이 있어서 색깔에 다소의 차이가 있을 경우에는, 내면이 검은 색의 용기를 이용하여 색의 차이를 직접적으로 느낄 수 없도록 한다.

### (5) 기호(記號)

제시되는 샘플은 암호로써 기호를 붙이게 된다. 샘플의 기호는 판단에 영향을 미치는 것을 막기 위해 난수표를 써서 100단위 숫자를 사용하는 것이 좋다. 난수표를 쓰는 것은 샘플의 품질특성과 관계없이 기호의 선입관에 영향을 받는 기호효과를 극소화하기 위하여 임의적인 숫자를 사용한다.

### (6) 샘플제시 시기

**식사 전후의 공복시나 만복시는 피하는 편이 좋으며, 오전에는 10시 전후 오후에는 3시 전**후가 바람직하다. 통상 식사 전 후 1시간 이내는 피하고, 담배를 피우는 사람은 관능검사를 하기 1시간 이내에는 흡연도 피한다.

### (7) 제시순서

시료가 2개 이상일 때 샘플의 제시순서는 매우 중요하다. 검사원이 단순히 제시순서 때문에 틀리게 응답할 수도 있다. 이것이「순위오차」이다. 또, 먼저 제시된 샘플 때문에 뒤의 샘플 판정에 영향을 줄 수도 있다. 이것은「대조효과」의 영향이다. 따라서 제시순서는 각 샘플이 전 후 같은 횟수로 제시되도록 균형을 맞추도록 하며, 큰 시험에서는 순서를 랜덤하게 배열한다.

또 3점 시험법 또는 순위법에서와 같이 샘플이 동시에 제시될 때에도 같은 문제가 제기되며, 이것을「위치오차」라고 한다. 이 때에도 배열로 균형을 맞춘다.

### (8) 샘플의 수

한번 검사하는 데 샘플의 갯수가 많아지면 검사원의 판단력이 피로해져서 정확성이 떨어진다. 한번에 검사할 수 있는 샘플의 갯수는 검사하려는 제품의 종류와 검사방법에 따라 다르다. 식품의 풍미검사에는 다음과 같이 적용된다.

- 단일샘플법 : 3~4개
- 2점대비시험법 : 6개(3쌍)
- 3점시험법 : 9개(3쌍)
- 순위법 : 4~6개

### (9) 검사지침

올바른 관능검사를 수행하기 위해서는 관능검사에 대한 상세한 지침이 필요하다. 맛을 보는 방법, 냄새를 맡는 방법, 씹는 방법 등에 대한 상세한 절차가 기록되어 있는 것이 지침이다. 지침의 내용은 검사하려는 제품의 종류와 형태에 따라 다르기 때문에, 해당식품의 품질특성에 알맞는 검사방법을 정해야 한다.

이 지침은 검사원을 교육훈련시키는 데 반드시 필요하다. 교육훈련이 잘 되어 있고 경험이 많은 검사원에게는 지침이 필요없으나, 훈련과 경험이 적은 검사원은 검사를 하기 직전에 다시 한번 지침을 읽고 검사에 임하도록 하는 것이 정확한 검사관리상 필요하다.

## 8. 관능검사실시사례

### 8.1 관능검사용 질문서 및 보고서 양식

관능검사를 할 때에는 관능검사방식에 알맞는 질문서 양식을 미리 만들어 두고, 시험시 마다 관능시험요원에게 배포하여 그 결과를 기록토록 한다. 기록이 끝나면 다시 회수하여 통계처리하게 된다. 이 때 사용하는 질문서와 관능검사결과 보고서의 예는 다음과 같다.

(1) 2점대비시험법의 질문서 예 : 표 5−6
(2) 1·2점 시험법의 질문서 예 : 표 5−7
(3) 3점시험법의 질문서 예 : 표 5−8
(4) 기호척도법의 질문서 예 : 표 5−9
(5) 순위법의 질문서 예 : 표5−10
(6) 채점법의 질문서 예 : 표5−11
(7) 관능검사결과 보고서 예 : 표 5−12

### 8.2 관능검사 결과의 해석

관능검사원을 활용하여 얻어진 결과는 반드시 해석하는 과정을 거치게 된다. 관능검사에서 올바른 데이터가 나와도 그것을 해석하는 방법이 잘못되면 올바른 결론을 얻어내기가 어렵다. 특히, 검사원의 수가 적을 때는 더욱 그렇다. 따라서 정확한 검사를 위해서는 잘 훈련된 패널을 써서 목적에 맞는 검사방법을 선택하여 시험하고, 그 결과를 올바로 해석하는 것이 중요하다. 검사결과의 해석은 주로 통계처리를 하여 보편 타당성 있는 결론을 내는 데 필수적인 것이다.

미국의 주요식품회사 56사를 대상으로 하여 신제품개발시에 이용되는 관능검사방법과 검사결과의 해석에 이용하는 통계적 방법에 대해 조사한 결과를 보면, 가장 많이 이용하는 평가방법은 3점시험법, 기호척도시험법, 2점대비시험법, 단일샘플법 등의 순으로 나타났고 관능검사데이터의 해석시 이용하는 통계적방법은 t검정, 분산분석, $x^2$검정이 많이 이용되고 있는 것으로 나타났다(표 5−13, 표 5−14).

여기서는 일반적으로 많이 쓰이고 통계에 대하여 깊은 지식이 없는 사람도 간단히 사용할 수 있는 관능검사 실례와, 그 결과의 해석법에 대해 열거한다.

표 5-6 2점대비시험법의 질문서 예

2점 대비시험 질문서

1. 성　　명
2. 일　　시
3. 품　　명
4. 설　　명

① 복숭아 통조림 두개 사이에 단맛의 차이가 있는지 없는지를 평가하십시오. 왼쪽에 있는 샘플을 먼저 맛을 보신다음 나머지 샘플을 시식 후 어느 쪽인가를 지적하십시오(해당란에 0표).

| 차이가 없다 | |
|---|---|
| 차이가 있다 | 0 |

② 차이가 있을 경우 귀하는 어느 것을 더 좋아 하십니까?

| 샘플기호 | 해당란에 0표 |
|---|---|
| 524 | |
| 631 | 0 |

③ 의 견

2점 대비시험결과 집계표

| 패 널 원 | 0 표지 적 | | 비　고 |
|---|---|---|---|
| | 524 | 631 | |
| $P_1$ | 0 | | |
| $P_2$ | 0 | | |
| ⋮ | | | |
| $P_{34}$ | | 0 | |
| $P_{35}$ | | 0 | |
| 합　　계 | 22 | 13 | 35회중 22회 524번 지적 |

## 표 5—7 1·2점 시험법의 질문서 예

### 1·2점 시험 질문서

1. 성 명
2. 일 시
3. 품 명
4. 설 명

귀하의 앞에 놓여 있는 쟁반에는 표준샘플이라고 표시된 대조샘플과 번호가 쓰여있는 2개의 샘플이 있다. 한 샘플은 표준샘플과 같고 다른 하나는 다르다.

먼저 표준샘플을 시험한 다음 두개의 샘플을 시험하여 표준샘플과 동일한 샘플에 0표 하십시오

| 샘플기호 | 표준샘플과 같은 것 |
|---|---|
| 461 | |
| 537 | 0 |

### 1·2점 시험결과 집계표

| 패 널 원 | 0 표지 적 | | 비 고 |
|---|---|---|---|
| | 461 | 537 | |
| $P_1$ | 0 | | |
| $P_2$ | | 0 | |
| ⋮ | | | |
| $P_{15}$ | | 0 | |
| 합 계 | 2 | 13 | 15회 시험중 13회 537번 지적 |

## 표 5-8 3점 시험법의 질문서 예

### 3점 시험질문서

1. 성　　명
2. 일　　시
3. 품　　명
4. 설　　명

① 제시된 3개의 샘플중 두개는 동일하고 나머지 한 개는 다릅니다. 시식 후 다른 것을 지적하십시오.

| 샘플기호 | 다른것에 0표 |
|---|---|
| 641 | |
| 357 | 0 |
| 486 | |

② 두 가지 샘플 사이의 차이정도를 나타내시오
약하다( ) 강하다( )
보통이다( ) 대단히 강하다( )

③ 기호성
동일샘플을 더 좋아한다 ( )
다른샘플을 더 좋아한다 ( )

④ 의견

### 3점 시험결과 집계표

| 패 널 원 | 0 표지 적 | | 비　　고 |
|---|---|---|---|
| | 동일샘플 | 다른샘플 | |
| $P_1$ | 0 | | |
| $P_2$ | 0 | | |
| $P_3$ | 0 | | |
| ⋮ | | 0 | |
| $P_{25}$ | 0 | | |
| 합　　계 | 18 | 7 | 총 25회중 18회 동일샘플 지적 |

### 표 5-9 기호 척도법의 질문서 예

기호 척도법 질문서

1. 성　　명
2. 일　　시
3. 품　　명
4. 설　　명

제시된 각 샘플의 맛을 보아 그 샘플에 대해 좋다 싫다의 정도를 가장 잘 나타내는 9단계의 기호 척도의 해당위치에 0표 하십시오.

| 샘플기호 / 구　분 | 929 | 113 | 705 |
|---|---|---|---|
| 1. 가장 좋다 | | | 0 |
| 2. 대단히 좋다 | | 0 | |
| 3. 보통으로 좋다 | 0 | | |
| 4. 약간 좋다 | | | |
| 5. 좋지도 싫지도 않다 | | | |
| 6. 약간 싫다 | | | |
| 7. 보통으로 싫다 | | | |
| 8. 대단히 싫다 | | | |
| 9. 가장 싫다 | | | |
| 이　유 | | | |

표 5-10 순위법의 질문서 예

순위법 질문서

1. 성 명
2. 일 시
3. 품 명
4. 설 명

4개의 샘플에 대해 단맛을 시험하고 순위를 정하시오. 가장 단맛이 강한것을 1번, 두 번째 단맛이 있는 것을 2번 세 번째로단것을 3번, 가장 단맛이 없는 것을 4번의 순위를 매기시오.

| 단맛의 순위 | 샘플기호 |
|---|---|
| 1 | |
| 2 | |
| 3 | |
| 4 | |

표 5-11 채점법의 질문서 예

채점법 질문서

1. 성 명
2. 일 시
3. 품 명
4. 설 명

제시된 각 유산균음료를 마셔보아 맛에 대한 평가를 하여, 샘플의 맛에 대한 귀하의 의견을 가장 잘 묘사한 곳에 ∨ 표를 하시오

| | | 샘 플 기 호 | | | |
|---|---|---|---|---|---|
| | | 461 | 395 | 617 | 503 |
| 가장 좋다. | (9점) | | | | |
| 대단히 좋다. | (8점) | | | | |
| 보통으로 좋다. | (7점) | | | | |
| 약간 좋다. | (6점) | | | | |
| 좋지도 싫지도 않다. | (5점) | | | | |
| 약간 싫다. | (4점) | | | | |
| 보통으로 싫다. | (3점) | | | | |
| 대단히 싫다. | (2점) | | | | |
| 가장 싫다. | (1점) | | | | |

### 표 5-12 관능검사결과 보고서 예

<table>
<tr><td colspan="2">官能檢査結果報告書<br><br>19 년 월 일</td><td>擔當</td><td></td><td></td><td></td></tr>
<tr><td colspan="2"></td><td></td><td></td><td></td><td></td></tr>
<tr><td colspan="2"></td><td>/</td><td>/</td><td>/</td><td>/</td></tr>
<tr><td>1. 샘 플 명</td><td colspan="5"></td></tr>
<tr><td>2. 목 적</td><td colspan="5"></td></tr>
<tr><td>3. 실 시 일 자</td><td colspan="5">19 年 月 日 時</td></tr>
<tr><td>4. 장 소</td><td colspan="5"></td></tr>
<tr><td>5. 검 사 원</td><td colspan="5"></td></tr>
<tr><td>6. 샘플조제방법</td><td colspan="5"></td></tr>
<tr><td>7. 관능검사방법</td><td colspan="5"></td></tr>
<tr><td>8. 검 사 결 과</td><td colspan="5"></td></tr>
<tr><td>9. 판 정 결 과</td><td colspan="5"></td></tr>
<tr><td>10. 비 고</td><td colspan="5"></td></tr>
<tr><td>11. 첨 부 자 료</td><td colspan="5">· 질문서 · 검사자료집계표 · 검사결과의 분석</td></tr>
</table>

### 표 5-13 관능검사방법 이용빈도(미국 주요 식품제조 56개사)

| 사 용 방 법 | 수 | % |
|---|---|---|
| 3점 시험법 | 37 | 66 |
| 기호척도 채점법 | 32 | 57 |
| 2점대비시험법 | 31 | 55 |
| 단일샘플법 | 25 | 45 |
| 다중대비시험법 | 20 | 36 |
| 선택시험 | 19 | 34 |
| 순위법 | 18 | 32 |
| 채점법 | 14 | 25 |
| 1·2점 시험법 | 7 | 12 |
| 기 타 | 10 | 18 |

표 5-14 통계적 방법 이용률

| 사 용 방 법 | % |
|---|---|
| t 검정 | 55 |
| 분산분석 | 47.5 |
| $x^2$ 검정 | 40 |
| kramer 순위검정 | 10 |
| Duncan의 다법위 검정 | 10 |
| F 검정 | 10 |

### (1) 2점 대비시험법

예 1 소금의 수용액은 5%정도의 상대 농도차에는 짠맛의 차이를 관능적으로 식별할 수 있으나, 된장국과 같은 여러가지 성분이 들어 있는 경우에도 똑같은 농도차로서 식별할 수 있는가를 조사하기 위해서 2점 대비시험법으로 관능검사를 실시하였다. 즉, 소금농도 1%의 된장국과 1.05%의 된장국에 대하여 50명의 패널에게 시식시킨 결과, 소금농도 1.05%의 된장국이 짠맛이 강하다고 한 사람이 33명 이었다. 1%와 1.05%의 된장국은 짠맛의 차이가 있다고 할 수 있겠는가?

해설 부표6(2점대비시험법의 유의 검정표)으로부터 n=50의 난을 볼 때 유의수준 5%에서는 32명이면 유의차이가 있는 것으로 되어 있으나, 시험결과는 33명이므로 5%의 유의수준(위험률)에서 유의차가 있다. 따라서 1%와 1.05%의 된장국에서는 위험률(또는 유의수준) 5%에서 짠맛의 차이가 있다고 말할 수 있다.

예 2 멸치맛을 내는 조미료의 효과를 알아보기 위해서 멸치에 물을 넣어 우려낸 국물과 멸치맛을 내는 조미료를 사용한 국물을 만들고 어느것을 선호 하는가를 20명의 패널을 동원하여 2점 대비시험법에 의해 외관, 향, 멸치맛, 전체적인 평가에 대해 기호에 맞는 것을 택하도록 시험하여 다음과 같은 결과를 얻었다.
기호차이가 있다고 할수 있겠는가?

| 항 목 | 기 호 도 수 | |
|---|---|---|
| | 멸치국물 | 멸치맛조미료 |
| 외 관 | 12 | 8 |
| 향 | 11 | 9 |
| 멸 치 맛 | 8 | 12 |
| 종합평가 | 10 | 10 |

해설 부표 6의 n=20의 난을 보면 유의수준 5%에서는 15명이면 유의차이가 있는 것으로 되어 있으나, 시험결과는 각 항목에 대하여 12, 11, 8, 10이므로 5%의 위험률에서는 각 판정항목 모두 유의차이가 없다. 이 결과로부터 멸치로서 멸치국물을 만든 것과 멸치맛을 내는 조미료를 사용해서 만든 것과는 외관, 향, 맛 및 종합평가에서 위험률 5%에서 기호차이가 없다고 말할 수 있다.

### (2) 1·2점 시험법

메치오날향(methional)이 체다치즈에 0.125ppm과 0.250ppm으로 첨가되었을 때 감지될수 있는가를 알아보기 위해서 1·2점 시험법이 이용되었다. 각 쟁반에 R로 표시된 대조샘플과 2개의 기호가 표시된 샘플(메치오날향이 첨가된 것과 첨가되지 아니한 것)이 있다.

1·2점 시험법은 8명의 패널을 이용하여 이틀계속하여 실시되었으며, 패널은 매일 두개의 쟁반(하나는 0.125ppm 다른하나는 0.250ppm의 메치오날향이 첨가된 것)을 제시받았다. 이 시험은 각 수준에서 총 16회의 판정이 이루어 졌으며, 그 결과는 다음과 같다.

| 패 널 | 첫 날 | | 둘 째 날 | |
|---|---|---|---|---|
| | 0.125ppm | 0.250ppm | 0.125ppm | 0.250ppm |
| 1 | X | R | R | R |
| 2 | R | R | R | R |
| 3 | X | R | X | R |
| 4 | R | X | X | R |
| 5 | R | R | R | R |
| 6 | X | R | X | X |
| 7 | R | R | R | R |
| 8 | R | R | R | R |
| 계(정답) | 5 | 7 | 5 | 7 |

X=오답
R=정답
0.125ppm : 16회 시험중 10회 정답
0.250ppm : 16회 시험중 14회 정답

해설 부표 7(1·2점 시험법 유의 검정표)에서 n=16의 난을 보면 유의수준 5%에서는 12회, 유의수준 1%에서는 14회면 각각 유의차이가 있는 것으로 되어 있으나, 시험결과는 0.125ppm이 10회 0.250ppm이 14회 이므로 0.125ppm에서는 유의수준 5%에서도 유의차이가 없고, 0.250ppm에서는 유의수준1%에서도 유의차이가 있다. 결론은 체다치즈에 첨가된 메치오날향은 0.250ppm에서는 위험률 1%에서 감지될 수 있었으나, 0.125ppm에서는 위험률 5%에서 감지할 수 없다고 말할 수 있다.

### (3) 3점 시험법

예 1 수입쇠고기와 국내쇠고기의 양자사이에 맛의 차이가 있는가를 조사하기 위해서 3점 시험법을 적용하여 패널 30명에게 관능검사를 실시한 결과 다음과 같은 결과를 얻었다.

수입쇠고기와 국내쇠고기의 맛은 차이가 있다고 할 수 있겠는가?

| 조 합 | n | 정답자 |
|---|---|---|
| (A, B, B) | 15 | 4 |
| (A, A, B) | 15 | 6 |
| 계 | 30 | 10 |

┌수입쇠고기 : A
└국내쇠고기 : B

해설 부표 8(3점시험법 유의검정표)의 n=30란을 볼 때 15이상이면 유의수준 5%에서 유의차가 있으나, 실험결과의 정답자는 10명이므로 수입과 국내 쇠고기 사이에는 유의차가 없다.

즉, 수입쇠고기와 국내 쇠고기 사이에는 유의수준(또는 위험률)5%에서 맛차이가 없다고 말할 수 있다.

예 2 A, B 두 조건에서 가공된 감자플레이크(potato flake)사이에 차이가 있는지를 알아보기 위해서 3점시험법이 사용되었다. 샘플은 12명의 패널에게 기호를 붙인 접시로 제공되었다. 각 패널은 3개의 기호가 붙은 샘플을 받았다. 즉, 6명의 패널은 A조건에서 가공된 두개의 샘플과 B조건에서 가공된 한개의 샘플을 제공받았고, 나머지 6명의 패널은 A조건에서 가공된 한개의 샘플과 B조건에서 가공된 두개의 샘플을 받아 시험하였다. 3개의 샘플의 순서는 각 패널에게 임의로 하였고, 각 패널이 샘플의 맛을 보는 순서는 질문서에 지시되었다. 시험결과를 집계한 결과 9명이 A샘플을 선호하고 3명이 B샘플을 선호했다. 샘플 A, B사이에 차이가 있다고 할 수 있겠는가?

해설 부표 8에서 12회 시험시 유의수준 5%와 1%에서 정답횟수가 각각 8회, 9회이면 유의한 것으로 되어 있고, 시험결과는 12회 중 9회가 정답이므로 유의수준 1%에서도 차이가 있는 것으로 나타났다. 즉, 결론은 두 조건에서 가공된 샘플사이에는 차이가 있다고 말할 수 있다.

### (4) 순위법

예 1 스파게티의 최적 삶는 시간을 결정하기 위해서 3수준의 삶는 시간을 설정하고, 순위법을 채용하여 패널 10명을 대상으로 관능검사를 실시하여 씹는 촉감(食感)이 좋은 순위를 붙이도록한 결과는 다음과 같다.

| 샘플＼패널 | 1 | 2 | 3 | 4 | 5 | 6 | 7 | 8 | 9 | 10 | 순위합계 |
|---|---|---|---|---|---|---|---|---|---|---|---|
| A | 3 | 3 | 3 | 3 | 3 | 1 | 2 | 3 | 2 | 3 | 26 |
| B | 1 | 1 | 2 | 1 | 2 | 2 | 1 | 1 | 1 | 1 | 13 |
| C | 2 | 2 | 1 | 2 | 1 | 3 | 3 | 2 | 3 | 2 | 21 |

A= 끓는물중에 스파게티를 투입하고 다시 끓기 시작한 후 10분간 삶은 후 곧 꺼내어 실온까지 방냉한 것

B= 동상(同上)에서 16분간 삶은 것

C= 동상(同上)에서 25분간 삶은 것

해설 각 샘플에 주어진 순위합계의 값이 부표9에 나타난 범위밖에 있으면 유의하다.

부표9(Kramer의 점검표)로부터 패널 10, 실험샘플 3일 때 순위합계가 15~25를 벗어나 있으면 유의수준 5%에서 유의차가 있으나, 실험결과로 볼 때 B의 순위합계 13 및 A의 순위합계 26이 범위밖에 있기때문에 삶는 시간 16분의 것은 유의차가 있다.

따라서 스파게티의 최적 삶는 시간은 16분 전 후라고 말할 수 있다.

예 2 4종류의 감미제를 사용해서 만든 과실음료의 단맛을 비교하기 위해서 순위시험법이 사용되었다. 8명의 패널이 질문서에 따라 순위를 정했다. 패널이 정한 순위는 아래와 같다.

| 패널 \ 샘플 | A | B | C | D |
|---|---|---|---|---|
| 1 | 4 | 2 | 1 | 3 |
| 2 | 4 | 3 | 1 | 2 |
| 3 | 3 | 1 | 2 | 4 |
| 4 | 3 | 2 | 1 | 4 |
| 5 | 4 | 1 | 2 | 3 |
| 6 | 4 | 3 | 1 | 2 |
| 7 | 4 | 2 | 1 | 3 |
| 8 | 4 | 1 | 2 | 3 |
| 순위합계 | 30 | 15 | 11 | 24 |

해설 순위합계는 Kramer등이 만든 표의 값과 비교한다. 부표9에서 4개의 샘플과 8명의 패널이 있을 때 순위합계가 13~27을 벗어나 있으면 통계적으로 유의수준 5%에서 유의차이가 있다는 것을 나타낸다. 샘플 C의 순위합계 11은 13보다 작고, A의 순위합계 30은 27보다 크므로 유의차이가 있다. 즉, 결론은 샘플C는 샘플A보다 유의수준 5%에서 더 달다고 말할 수 있다.

### (5) 채점법

5개회사에서 시판되고 있는 유산균음료의 풍미를 알아보기 위해서 제조일자가 거의 비슷한 제품을 구입, 채점법을 적용하여 패널 10명에게 관능검사를 실시하여 다음과 같은 결과를 얻었다. 유산균음료의 풍미는 차이가 있다고 할 수 있는가?

**패널별 5개 샘플의 채점결과**

(9점 만점으로 평가)

| 패널 \ 샘플 | $B_1$ | $B_2$ | $B_3$ | $B_4$ | $B_5$ |
|---|---|---|---|---|---|
| $A_1$ | 6 | 8 | 9 | 8 | 7 |
| $A_2$ | 7 | 7 | 9 | 8 | 9 |
| $A_3$ | 8 | 8 | 9 | 7 | 6 |

| | | | | | |
|---|---|---|---|---|---|
| $A_4$ | 7 | 9 | 9 | 8 | 7 |
| $A_5$ | 9 | 8 | 8 | 6 | 7 |
| $A_6$ | 7 | 6 | 9 | 8 | 9 |
| $A_7$ | 9 | 7 | 8 | 6 | 9 |
| $A_8$ | 9 | 8 | 7 | 6 | 7 |
| $A_9$ | 7 | 9 | 9 | 8 | 6 |
| $A_{10}$ | 8 | 7 | 9 | 6 | 9 |

해설 분산분석으로 해석하기 위해서 데이터를 정리해 보면

| | $B_1$ | $B_2$ | $B_3$ | $B_4$ | $B_5$ | $T_A$ |
|---|---|---|---|---|---|---|
| $A_1$ | 6 | 8 | 9 | 8 | 7 | 38 |
| $A_2$ | 7 | 7 | 9 | 8 | 9 | 40 |
| $A_3$ | 8 | 8 | 9 | 7 | 6 | 38 |
| $A_4$ | 7 | 9 | 9 | 8 | 7 | 40 |
| $A_5$ | 9 | 8 | 8 | 6 | 7 | 38 |
| $A_6$ | 7 | 6 | 9 | 8 | 9 | 39 |
| $A_7$ | 9 | 7 | 8 | 6 | 9 | 39 |
| $A_8$ | 9 | 8 | 7 | 6 | 7 | 37 |
| $A_9$ | 7 | 9 | 9 | 8 | 6 | 39 |
| $A_{10}$ | 8 | 7 | 9 | 6 | 9 | 39 |
| $T_B$ | 77 | 77 | 86 | 71 | 76 | 387 |

$T_A$ : 각행의 합계　　　$T_B$ : 각열의 합계

총제곱의 합

$$S_T = \Sigma x^2 - \frac{(\Sigma x)^2}{n}$$

$$= 3053 - \frac{149,769}{50} = 3053 - 2995.38 = 57.62$$

패널간 제곱의 합

$$S_A = \frac{\Sigma {T_A}^2}{\ell} - CT$$

여기서 $T_A$는 각행의 합계, $\ell$은 B의 수준수

$$S_A = \frac{(38)^2 + (40)^2 + \cdots + (39)^2}{5} - CT$$

$$= \frac{14,985}{5} - 2995.38 = 1.62$$

샘플간 제곱의 합

$$S_B = \frac{\Sigma {T_B}^2}{k} - CT$$

여기서 $T_B$는 각열의 합계, k는 A의 수준수

$$S_B=\frac{(77)^2+(77)^2+(86)^2+(71)^2+(76)^2}{10}-CT$$

$$=\frac{30,071}{10}-2995.38=11.72$$

오차의 제곱의 합

$$S_E=S_T-S_A-S_B$$

$$=57.62-1.62-11.72=44.28$$

총자유도 $\phi_T=n-1=50-1=49$

패널간 자유도 $\phi_A=k-1=10-1=9$

샘플간 자유도 $\phi_B=\ell-1=5-1=4$

오차 자유도 $\phi_E=(k-1)(\ell-1)=(10-1)(5-1)=36$

이상의 계산결과를 정리하여 분산분석표를 만들면 다음과 같다.

| 요 인 | 제곱의 합 | 자 유 도 | 불편분산 | 분 산 비 | F 표 값 |
|---|---|---|---|---|---|
| 패널간 | 1.62 | 9 | 0.18 | 0.15 | 2.15(5%)<br>2.96(1%) |
| 샘플간 | 11.72 | 4 | 2.93 | 2.38 | 2.64(5%)<br>3.90(1%) |
| 오 차 | 44.28 | 36 | 1.23 | | |
| 계 | 57.62 | 49 | | | |

얻어진 분산비의 값을 부표5(F표)에서 $F(\phi_A, \phi_E; \alpha)$ 및 $F(\phi_B, \phi_E; \alpha)$의 값과 비교하여 분산비의 값이 $\alpha=0.05$의 표의 값보다 크면 유의 $\alpha=0.01$의 표의 값보다 크면 고도로 유의하다. 그러나 여기서는 분산비의 값이 F표의 값보다 작으므로 샘플간(회사별 유산균 음료 제품)이나 패널간에는 $\alpha=0.05$에서 유의적인 차이가 없다.

즉, 결론은 5개회사에서 생산되는 유산균음료사이에는 유의수준 5%에서 풍미의 차이가 없다고 말할 수 있다.

### (6) 기호척도법

예 효모엑기스를 제조시 자기분해(autolysis)조건에 따라 쓴맛에 차이가 난다. X, Y, Z 세 조건에서 만들어진 효모엑기스 제품에서 쓴맛의 차이가 있는지를 알아보기 위하여 기호척도법을 사용하였다. 각 제조조건에서 만들어진 효모엑기스 샘플은 기호를 붙여 12명의 패널에게 제공하여 시험하였다.

쓴맛의 정도는 0점에서 5점으로 나누었다.

즉,
- 쓴맛이 전혀없음 : 0점
- 쓴맛이 있는듯 함 : 1점
- 쓴맛이 약간 있음 : 2점

┌쓴맛이 있음 : 3점
├쓴맛이 강한편임 : 4점
└쓴맛이 대단히 강함 : 5점

평가결과는 아래와 같다.

| 패 널 | 샘 플 | | | 합 계 |
|---|---|---|---|---|
| | X | Y | Z | |
| 1 | 3 | 0 | 1 | 4 |
| 2 | 2 | 2 | 2 | 6 |
| 3 | 3 | 1 | 2 | 6 |
| 4 | 1 | 1 | 0 | 2 |
| 5 | 3 | 1 | 3 | 7 |
| 6 | 2 | 1 | 1 | 4 |
| 7 | 3 | 2 | 2 | 7 |
| 8 | 2 | 0 | 1 | 3 |
| 9 | 3 | 1 | 2 | 6 |
| 10 | 4 | 2 | 3 | 9 |
| 11 | 1 | 1 | 0 | 2 |
| 12 | 2 | 2 | 2 | 6 |
| 합 계 | 29 | 14 | 19 | 62 |

해설 분산분석으로 해석하기 위해서 데이터를 정리해 보면

총제곱의 합 :

$$S_T = \Sigma x^2 - \frac{(\Sigma x)^2}{n} = 142 - \frac{3844}{36} = 142 - 106.78 = 35.22$$

패널간 제곱의 합 :

$$S_A = \frac{\Sigma T_A{}^2}{\ell} - CT$$

여기서 $T_A$는 각행의 합계, $\ell$은 열의 수준수

$$S_A = \frac{4^2+6^2+6^2+2^2+7^2+4^2+7^2+3^2+6^2+9^2+2^2+6^2}{3} - 106.78 = 17.22$$

샘플간의 제곱의 합 :

$$S_B = \frac{\Sigma T_B{}^2}{k} - CT$$

여기서 $T_B$는 각열의 합계, k는 행의 수준수

$$S_B = \frac{29^2+14^2+19^2}{12} - 106.78 = 9.72$$

오차의 제곱의 합 :

$S_E = S_T - S_A - S_B$

$= 35.22 - 17.22 - 9.72 = 8.28$

총자유도 $\phi_T = n - 1 = 36 - 1 = 35$

패널간자유도 $\phi_A = k - 1 = 12 - 1 = 11$

샘플간자유도 $\phi_B = \ell - 1 = 3 - 1 = 2$

오차자유도 $\phi_E = (k-1)(\ell-1) = 11 \times 2 = 22$

이상의 계산결과를 정리하여 분산분석표를 만들면 다음과 같다.

| 요 인 | 제곱의합 | 자 유 도 | 불편분산 | 분 산 비 | F 표 값 |
|---|---|---|---|---|---|
| 패널간 | 17.22 | 11 | 1.57 | 4.13 | 2.26(5%)<br>3.19(1%) |
| 샘플간 | 9.72 | 2 | 4.86 | 12.79 | 3.44(5%)<br>5.72(1%) |
| 오 차 | 8.28 | 22 | 0.38 | | |
| 계 | 35.22 | 35 | | | |

분산비의 값이 F표의 값보다 크므로 패널간, 샘플간에 $\alpha = 0.05$, $\alpha = 0.01$에서 유의적인 차이가 있다.

즉, 결론은 세조건에서 만들어진 효모 엑기스 사이에는 유의수준 1%에서 쓴맛의 차이가 있다고 말할 수 있다.

# 제6장
# 식품의 포장과 관리

식품의 포장은 그 내용물이 상하지 않게 적정한 시간동안 맛과 색과 형태가 원형 그대로 보존되면서 가장 값싼 비용으로 신속하게 소비자에게 전달되도록 하여야 한다.

포장은 제품의 직접적인 품질이 아니라는 생각으로 종래에는 경시되어 왔으나, 근래에는 포장이 제품의 품위를 높여 상품가치를 향상시키기 때문에 대단히 중요한 품질의 하나로서 다루고 있다.

## 1. 포장의 정의

포장이라함은 물품의 유통과정에서 그 물품의 가치 및 상태를 보호하기 위하여 적합한 재료 또는 용기 등을 시공한 기술 및 시행한 상태를 말하며, 이것은 낱포장(個裝), 속포장(內包裝) 및 겉포장(外包裝)의 3종류로 분류한다.

식품포장에 있어서 낱포장은 식품과 포장재료가 직접적으로 접촉하고 식품을 최종단위로 하여 식품에 보존성을 주어 품질을 보증하는 것이다. 속포장은 그 외측을 포장하여 낱포장을 보호하고 겉포장은 유통과정에서 수송을 편하게하고 속포장을 보호한다.

포장의 대상이 되는 식품은 표6-1과 같이 가공식품과 가공되지 않은 생식품(生食品)으로 분류할 수 있고, 생식품은 세포조직이 살아있기 때문에 온도에 따라 대사(代謝)나 효소활성이 그대로 있고, 가공식품은 대부분 세포나 효소가 죽어있는 대신에 환경에 따라 미생물학적 물리적 및 화학적 변질을 받기 쉬운 상태에 있으므로, 가공식품과 생식품은 질적으로 전혀 다르다. 따라서 식품의 포장은 그 대상에 따라 적절한 포장이 되도록 해야한다. 여기서는 가공식품의 포장에 한하도록 한다.

## 2. 식품의 포장목적

식품의 포장목적은 다음과 같이 크게 나눌 수 있다.

### (1) 식품의 위생적 취급

식품은 사람이 먹는 것이기 때문에 가공된 식품을 수송, 보관 또는 소비자에게 공급할 때 미생물, 해충(害虫) 및 먼지 등의 오염을 막을 수 있도록 위생적인 취급을 위해서 포장한다.

### (2) 취급의 편리성

적당한 분량으로 나누어 포장함으로서 수송, 보관, 하역, 판매, 소비의 모든과정에서 취급의 편리성을 위해서 포장한다.

표 6—1 포장식품의 분류

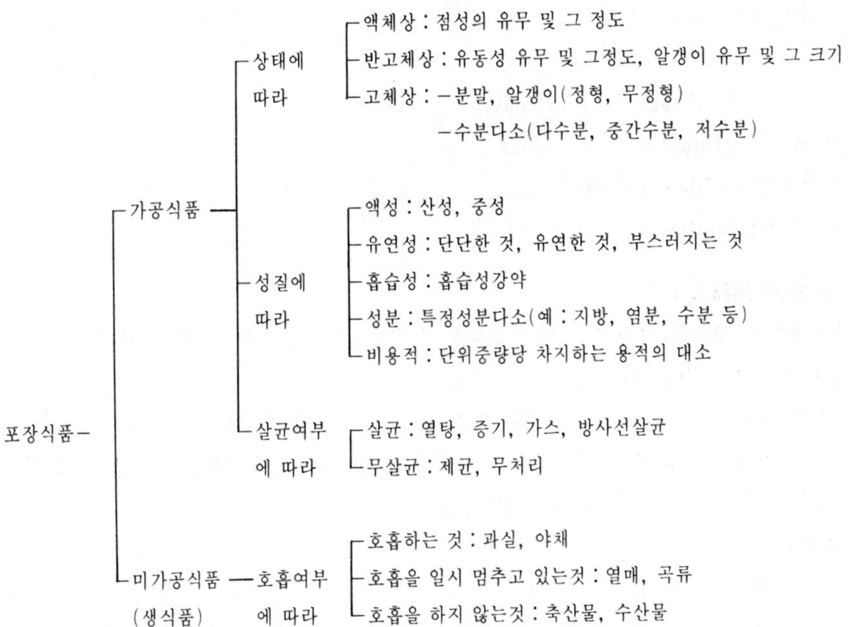


(3) 식품의 저장성을 높임

식품의 변질은 주로 미생물의 증식이나 저장중 흡습, 빛이나 산소 등과의 반응에 의해 일어나므로 이러한 현상을 막아 저장성을 높이기 위해 포장한다.

(4) 상품가치의 향상

식품을 상품(商品)으로 판매하는 데는 포장 내용물의 품질도 중요하지만, 외관적으로도 소비자의 구매의욕을 불러 일으키도록 하는 것도 중요하기 때문에, 제품의 판매를 촉진하기 위해서 포장한다. 포장상태가 엉성하면 그 내용물이 아무리 좋더라도 그 가치를 인정받기 어려우므로, 포장의 품질관리는 상품의 가치를 향상시키는 데 큰 비중을 차지한다.

## 3. 포장재료의 필요조건

(1) 위생성(衛生性)

포장재료는 식품과 직접 접촉하기 때문에 이상한 냄새, 맛이 없어야하고, 인체에 해로운 물질도 있어서는 안된다. 포장재료는 그 종류가 다양하고 제조과정에서 여러 종류의 물질이 첨가되기 때문에, 이들 물질은 식품으로 전이(轉移)될 수 있다. 합성수지 포장재로 식품을 포장시에 전이될 수 있는 물질로는 다음과 같은 것들을 들 수 있다.

① 잔류 단량체(residual monomer)

② 가 소 제(plasticizers)
③ 산화방지제(antioxidants)
④ 정전기 방지제(antistatic agents)
⑤ 윤 활 제(lubricants & slip agents)
⑥ 착 색 제(colorants)
⑦ 잔류용제(residual solvents)
⑧ 안 정 제(stabilizers)

### (2) 보호성(保護性)

제조공정이나 유통과정에서 포장내용물을 보호할 수 있는 재질이여야 한다.

① 물리적 강도(物理的强度)

저장 또는 수송중에 포장이 받는 진동 충격 압축하중 등 외부의 힘에 견딜 수 있는 강도가 있어야 한다. 포장재료의 강도에 관계되는 항목은 인장강도, 파열강도, 인열강도, 충격강도, 내마모성, 신장률 등이 있다.

② 차단성(遮斷性)

식품의 품질저하의 요인인 공기중의 산소 또는 습기, 빛, 열, 냄새 등을 차단하고, 식품이 갖고 있는 성분이 포장밖으로 나가지 않도록 방습성, 방기성(防氣性), 보향성, 단열성, 자외선흡수성 등을 갖고 있어야 한다.

③ 안정성(安定性)

포장재료는 내용물을, 안정하게 보호할 수 있도록 내한성(耐寒性), 내약품성(耐藥品性), 내유성(耐油性) 등을 갖고 있어야 한다.

### (3) 포장작업성

포장공정에서는 포장의 작업능률이 포장원가에 중요한 영향을 미친다. 특히, 포장의 자동화 경우에는 포장방식, 포장재료의 선정은 중요한 문제이다. 여기에 대응하는 포장재료의성능으로서는 성형성(成形性), 열접착성(熱接着性), 열수축성, 내용물 투입의난이(難易), 대전성(帶電性) 등이다.

### (4) 간편성(簡便性)

소비자는 포장이 가벼우며 휴대나 개봉(開封)하기 쉬운 포장을 좋아하기 때문에, 여기에 맞는 포장재료를 선정해야 하고 또 사용 후에도 포장재료의 폐기물 처리성이 좋아야 한다. 개봉성은 포장재료의 중요한 성질로서 강도나 차단성이 충분해도 개봉이 곤란하면 불편하기 때문에, 개봉성을 좋게하는 방법이 고려되어야 한다.

### (5) 상품성(商品性)

포장은 상품의 얼굴이기 때문에 소비자의 구매의욕을 일으킬 수 있는 매력이 있어야 한다. 그 요소로서는 광택, 투명성, 인쇄적성이 좋아야 한다.

(6) 경제성(經濟性)

포장은 최소의 비용으로 그 기능을 발휘할 수 있도록 하여야 한다. 일반적으로 포장비용은 포장재료와 포장작업에 들어가는 비용(費用)의 합계라고 생각하고 포장설계시 그 범위안에서 선택을 해왔으나, 포장에 관한 비용은 이 밖에도 보관비용, 수송비 등을 포함하여 결정하여야 한다.

## 4. 포장재료의 종류

포장재료의 물리적성질은 제조공정이나 유통과정중 외부환경으로부터 내용물의 품질을 보호할 수 있는 성능판단의 지표가 되므로, 식품의 저장성과 관련되는 중요한 기초자료이다. 많이 이용되는 식품의 포장재료로는 합성수지, 유리, 금속, 종이 등이 있다.

### 4.1 합성수지(合成樹指)

합성수지란 중합반응(重合反應)으로 생긴 고분자 합성물질로서 일반적으로 플라스틱(plastic)과 같은 의미로 사용되고 있다. 합성수지는 열적성질(熱的性質)에 따라 다음과 같이 두 가지로 분류된다.

(1) 열가소성수지(熱可塑性樹脂, thermoplastic resin)

열가소성수지는 가열하면 가소성을 나타내고, 냉각하면 가소성을 잃고 굳어지나, 다시 가열할 때 가소성을 재현(再現)한다. 여기에 속하는 수지는 다음과 같다.

① 폴리에틸렌(polyethylene, PE)
② 폴리프로필렌(polypropylene, PP)
③ 폴리스틸렌(polystyrene, PS)
④ ABS 수지(acrylonitrile-butadiene-styrene copolymer)
⑤ 합성고무(synthetic rubber)
⑥ 폴리염화비닐(polyvinyl chloride, PVC)
⑦ 폴리염화비니리덴(polyvinylidene chloride, PVDC)
⑧ 초산비닐수지(polyvinyl acetate, PVAC)
⑨ 폴리비닐알콜(polyvinyl alcohol, PVA)
⑩ 폴리아마이드(polyamide, nylon)
⑪ 포화폴리에스터(saturated polyester, PET)
⑫ 폴리카보네이트(polycarbonate, PC)
⑬ 에틸렌초산비닐공중합체(ethylene polyvinylacetate copolymer, EVA)
⑭ 에틸렌비닐알콜공중합체(ethylene vinylalcohol copolymer, EVAL)

(2) 열경화성수지(熱硬化性樹脂, thermosetting resin)

열경화성수지는 가열하면 연화(軟化)하여 가소성을 나타내고 임의의 형태로 만드는 것이

표 6-2 플라스틱 필름 성능표

| 시험항목 | 단 위 | 시험방법 | PVDC | LDPE (low density PE) | HDPE (high density PE) | PVC a) | 보통세로판 | 방습세로판 b) | PET | PC | NYLON | PP |
|---|---|---|---|---|---|---|---|---|---|---|---|---|
| 두 께 | 1/100 ㎜ | JIS Z 1702 | 3~7 | 3~10 | 3~10 | 3~20 | 2~3 | 2~3 | 1~10 | 3~5 | 2~7 | 3~10 |
| 비 중 | – | – | 1.6~1.7 | 0.91~0.93 | 0.93~0.96 | 1.25~1.4 | 1.4~1.5 | 1.4~1.5 | 1.38~1.39 | 1.20 | 1.1~1.2 | 0.90~0.91 |
| 인 장 강 도 | ㎏/㎠ | JIS Z 1702 | 800~1,200 | 100~200 | 300~450 | 200~500 | 200~1,000 | 200~1,000 | 600~ 1,800 | 850 | 600~1,500 | 200~400 |
| 늘 어 남 | % | 〃 | 25~65 | 150~650 | 600~1,000 | 10~300 | 15~40 | 15~90 | 70~100 | 60~150 | 200~400 | 200~600 |
| 인 열 강 도 | ㎏/㎝ | JIS P 8116 | 4~5 | 30~100 | 10~300 | 40~80 | 2~4 | 2~4 | 2~5 | – | – | – |
| 파 열 강 도 | ㎏/㎠/㎜ | JIS P 8112 | 60~70 | 6~10 | 20~25 | 40~60 | 40~70 | 40~70 | – | – | – | – |
| 내 절 강 도 | 왕복구부림회수 | JIS P 8115 | 80,000 이상 | 30,000이상 | – | – | 1,500~5,000 | 1,000~5,000 | 80,000이상 | 80,000이상 | – | – |
| 내 유 도 | hr | JIS Z 1515 | 50~∞ | 15~ | 40~∞ | 50~100 | ∞ | ∞ | ∞ | ∞ | – | 35~ |
| 흡 수 율 | % | ASTM D 570- 59T | <0.1 | <0.1 | <0.1 | 0.1~ 0.5 | 40~100 | – | <0.1 | <0.2 | 2~2.0 | <0.1 |
| 투 습 도 | g/㎡·24hr | JIS Z 0208 | 1~2 | 16~22 | 5~10 | 25~90 | 대 | 10~80 | 22~30 | 40~50 | 120~150 | 10 |
| 기체투과도 $CO_2$ | c.c./㎡·hr atm | ASTM D1434-58 | 2.12 | 1,480~1,700 | 424~636 | 212~848 | 10.6~106 | 2.12~10.6 | 4.24 | 700 | 2.12 | 530~740 |
| $O_2$ | 〃 | 〃 | 0.88 | 380~470 | 117~175 | 117~467 | 2.92~29.2 | 2.92 | 2.34 | 114 | 0.88 | 146~234 |
| $N_2$ | 〃 | 〃 | 0.33 | 100~133 | 33.3~50.0 | 66.6~266 | 9.99 | 9.99 | – | 20.0 | – | – |
| 연 화 점 | ℃ | ASTM D1525- 58T | 60~100 | 85~95 | 115~125 | 60~90 | – | – | 150 | 130~150 | 110~190 | 100~105 |
| 취 화 온 도 | ℃ | ASTM D746-57T | 0~-30 | -55 | -55~-60 | 0~-30 | – | – | -60 | | -50 | -35 |

〔주〕 a) 가소제의 종류, 함량 등에 따라 다름
b) 방습도포제의 종류, 량 등에 따라 다름

· 투습도, 기체투과도는 모두 두께 0.03㎜로 환산함
· JIS : Japanese Industrial standard

가능하나, 더 가열을 계속할 때 경화하고 일단 경화된 것을 다시 가열하여도 가소성은 재현되지 않는다. 여기에 속하는 수지는 다음과 같다.

① 페놀수지(phenol resin)
② 뇨소수지(urea resin)
③ 키시렌수지(xylene resin)
④ 메라민수지(melamine resin)
⑤ 불포화 폴리에스터(unsaturated polyester)
⑥ 에폭시수지(epoxy resin)
⑦ 규소수지(silicon resin)
⑧ 폴리우레탄수지(polyurethane resin)
⑨ 이온 교환 수지(ion exchange resin)

플라스틱 포장재는 가격이 싸면서도 물성이 뛰어나기 때문에 식품포장분야에서 가장많이 이용되고 있으며, 그 종류도 다양하다.

플라스틱 필름의 성능표(性能表)는 표6-2와 같다. 이들 포장재는 단독으로 사용할 수 있는 것도 있지만, 재질특성상 다른 재질과 적층(積層, lamination)시켜 단점을 보완해 사용하고 있다. 적층시 사용하는 대표적인 필름 기재(基材)의 특징은 표6-3과 같다.

각종 플라스틱 포장재의 위생적 규제는 식품위생법 제9조(기준과 규격)1항의 규정에 의해 고시된 기구, 용기 및 포장의 규격기준을 보면 페놀, 포름알데힌, 중금속, 색소, 납 및 카드뮴, 염화비닐, 증발잔류물 및 과망간산칼륨소비량 등에 대한 기준을 정하여 규제하고 있다.

표 6-3 대표적인 필름 기재(基材)의 특징

| 필름기재 | 특 징 |
|---|---|
| 세 로 판<br>(cellophane) | (1) 투명성, 표면광택이 대단히 좋음<br>(2) 인쇄적성이 대단히 좋음<br>(3) 내열성이 좋아 기계적성이 좋음<br>(4) 대전성(정전기)을 갖지 않음<br>(5) 인열(찢어짐)저항이 작아 개봉하기 쉬움<br>(6) 가스차단성(barrier 성)이 좋음<br>(두께 20$\mu$, $H_2O$=대, $O_2$=100) |
| OPP<br>(延伸 poly propylene) | (1) 투명성, 표면광택이 좋음<br>(2) 방습, 내수성(耐水性)이 대단히 좋음<br>(3) 가스 차단성이 좋지 않음<br>(두께 20$\mu$, $H_2O$=7, $O_2$=1500) |
| CPP<br>(未延伸 poly propylene) | (1) 투명성이 좋음<br>(2) 방습, 내수성이 좋음 |

| 필름기재 | 특　　징 |
|---|---|
| | (3) 가스 차단성이 좋지 않음<br>(두께25μ, $H_2O$=8~10, $O_2$=2000) |
| PET<br>(延伸 PET)<br>*未延伸은 없음 | (1) 투명성이 대단히 좋음<br>(2) 대단히 질김<br>(3) 전기 절연성이 대단히 좋음<br>(4) 내열, 내한, 내수성이 대단히 좋음<br>(5) 기름, 약품, 용제에 대한 내성이 대단히 좋음<br>(6) 싸이즈 안정성이 대단히 좋음<br>(7) 보향성이 대단히 좋음<br>(8) 기계적성이 좋음 |
| ONY<br>(延伸 nylon) | (1) 투명성이 좋음<br>(2) 대단히 질기고 충격강도가 좋음<br>(3) 내열, 내한성이 좋음<br>(4) 내핀홀(耐 pin hole)성이 대단히 좋음<br>(5) 가스투과성이 비교적 좋음<br>(6) 기름, 약품에 대한 내성(耐性)이 좋음<br>(7) 흡수성이 있음<br>(두께15μ, $H_2O$=250, $O_2$=40~45) |
| CNY<br>(未延伸 nylon) | (1) 투명성이 좋음<br>(2) 내열 내한성이 대단히 좋음<br>(3) 내핀홀 내충격성이 대단히 좋음<br>(4) 가스투과성이 비교적 낮음<br>(두께30μ, $H_2O$=80~100, $O_2$=40) |
| EVAL<br>(ethylene vinyl alcohol copolymer) | (1) 투명성, 광택이 좋음<br>(2) 기름, 용제에 대한 내성이 좋음<br>(3) 가스 차단성이 대단히 좋음<br>(두께 17μ, $H_2O$=30~40, $O_2$=0.7~1.0) |

**〔주〕 $H_2O$ : 투습도 g／㎡／24hr, 40℃, 90%**
**$O_2$ : 산소투과도 c.c.／㎡／24hr, 20℃. 60%**

## 4.2 유　　리

유리용기는 내용식품의 보호가 확실하여 옛날부터 많이 사용하고 있다.
이 재질은

① 외관상 투명하고 아름다움.
② 습기·물·약산(弱酸)에 안정하여 녹거나 침식이 안됨.
③ 기체·액체 통과하지 않음.
④ 열에 강함.
⑤ 용도에 따라 개폐가 자유로움.
⑥ 상품성이 좋음.

등의 특징을 갖고 있어 모든 식품의 포장이 가능하나, 무겁고 깨지기 쉬운 결점때문에 플라스틱에 크게 도전 받고 있다. 특히, PET병은 유리병 대용으로 탄산음료, 쥬스, 맥주, 청주, 참기름, 사라다유, 튀김유, 식초, 간장, 소스, 드레싱 등의 포장에 널리 쓰이고 있다.

## 4.3 금속(金屬)

식품포장재료로 이용되는 금속은 통조림관의 자재인 주석(tin)과 박포장(箔包裝)의 알루미늄으로 대표된다. 이 재질은 그 강도와 함께 뛰어난 외계 차단성을 갖고있다.

### (1) 통조림관(tin can)

깡통은 얇은 철판에 주석을 도금(鍍金)한 양철(tin plate)로 만든다. 깡통은 식품의 보존에 뛰어난 포장법이나 산도(酸度)가 큰 식품의 경우에는 관내면을 부식하는 결점이 있기 때문에 이것을 방지하기 위해서 관내면에 도료(塗料)를 칠한다. 도료를 칠한 것을 도장관(塗裝罐, enamelled can, lacqured can)이라 하고, 도장을 하지 않은 것을 백관(白罐, plain can)이라 한다.

### (2) 은박지(銀箔紙, aluminium foil)

은박지는 알루미늄을 종이와 같이 얇고, 판판하게 늘인것으로서, 그 색깔이 은빛 같아서 흔히 은박지라고 부른다. 은박지의 특성은 아름다운 금속광택과 습기, 산소, 광선 등에 대하여 완전에 가까운 차단 효과를 갖고 있는 금속으로서 종이, 플라스틱 필름(plastic film)과 적층(積層, lamination) 시켜 널리 이용된다. 안쪽은 플라스틱 필름, 바깥은 세로판, 종이, 플라스틱필름으로 된 것이 일반적이다. 이 재질은 흡습하기 쉬운 건조식품의 포장재로서 또는 유리병이나 플라스틱병의 주둥이의 밀봉(inner seal)용으로도 사용된다. 알루미늄은 그 자체는 위생상 무해하나 적층한 경우나 가공시의 압연유(壓延油) 등의 첨가제가 위생상 대상으로 된다.

은박지는 경도에 따라서 경질박(硬質箔)과 연질박(軟質箔)으로 나누고 있다. 연질박은 유연포장재로서 사용되고 경질박은 용기포장재로서 많이 사용된다.

## 4.4. 종　　이

종이는 주로 겉포장에 많이 사용되고 있으나, 보호재(保護材)로서의 충분한 강도, 인쇄성,

작업성, 자외선차단성 등이 좋고, 가볍고 가격이 쌀뿐만아니라, 소각이 용이한 것 등의 장점을 갖고 있으나 방습성, 열접착성, 액체나 가스의 차단성, 광택 투명성 등이 좋지않은 단점을 갖고 있다. 그러나 종이는 가공성이 뛰어나 플라스틱 필름이나 은박지와 적층하여 종이의 결점을 보강하여 많이 이용되고 있다.

종이포장재도 플라스틱 포장재와 마찬가지로 위생규제를 받고 있으며 비소, 중금속, 포름알데힏, 형광증백제, 타알색소 및 증발잔류물 등의 기준을 정하여 규제하고 있다.

## 5. 포장용기의 선정조건

식품용기를 선정할 때에는 내용물의 요구조건에 합치되면서 그것을 최적원가로 수송 보관 유통시키도록 상품화를 도모해야 하는데, 이 때 다음과 같은 사항을 미리 결정 또는 가정하여 용기의 재질이나 형상을 검토한 후 정한다.

(1) 소비자가 구입할때에는 금액단위와 량
(2) 소비될 때의 환경이나 조건(사용후의 폐기, 재이용, 재생 등)
(3) 수송중이나 저장시의 취급방법
(4) 생산되어서 소비될 때가지의 시간과 환경
(5) 법적제약(식품위생법, 특허관계 등)
(6) 보존성이나 보호성에 대한 요구정도
(7) 포장설비의 상황
(8) 용기의 생산능력, 공급능력
(9) 포장용기에 주어진 비용의 범위
(10) 상품을 구입하는 층과 구매동기
(11) 사회습관
(12) 업계나 경합품의 동향
(13) 포장작업성(성형, 충진, 밀봉, 살균 등)
(14) 재료의 안전성(위생성)
(15) 포장식품의 간편성, 상품성

## 6. 방습포장(防濕包裝)

### 6.1 방습포장이란

건조된 가공식품은 유통과정에서 공기중의 수증기를 잘 흡수한다. 식품이 흡습되면 눅지거나 덩어리가 지거나 변색 또는 곰팡이가 발생하는 등 식품의 품질을 크게 떨어뜨린다. 흡습이 되는 것을 방지하기 위해서 유리병, 금속용기, 알루미늄박이나 수증기 투과성이 적은 플라스틱 필름을 적층한 것이 포장재료로서 사용되고 있다. 이와 같이 공기중의 수증기가 제품에 흡습되지 않게 하거나 또는, 흡습하여도 어느 한도량 이하로 흡습을 억제하는 기능을 갖는 포장재료로 포장하는 것을 방습포장(防濕包裝)이라고 한다.

## 6.2 방습포장재료의 투습도

### (1) 방습포장재료

일반적으로 기체는 농도가 높은 곳에서 낮은 곳으로 확산하는 성질이 있다. 수증기의 경우에도 습도(수증기분압)가 높은 곳에서 낮은 곳으로 흐름이 일어난다. 이 흐름을 완전히 차단할 수 있는 것은 어느 정도 이상의 두께를 갖는 금속재료와 유리재료로서, 현재 많이 사용되고 있는 플라스틱 필름은 균일한 조성을 갖고 물리적인 구멍이 없어도 공기중의 수증기는 필름속으로 들어가 확산하는 침투성을 갖고 있다. 이 침투성의 정도는 플라스틱재료의 종류, 가공법 및 두께 등에 따라 큰 차이가 있다.

방습포장재료란 투습성이 어느 정도인지 기준이 정해진 것은 없다. 그러나, 포장내용물을 목적하는 저장기간 동안 흡습 또는 탈습(脫濕)을 어느 정도 막을 수 있으면 그 제품에 대한 방습포장재료가 된다.

예를 들면 두께 20$\mu$($\mu$ : 미크론이라고 읽음, 1$\mu$=1/1000㎜)의 폴리에틸렌필름은 식빵이 건조하는 것을 수일간 막는 목적으로는 적당한 방습재료이나, 진공동결건조한 고기나 청과물을 수개월간 보존하고 싶을 경우에는 투습성이 너무 커서 유효한 방습재료는 아니다(∵동결건조한 야채나 건조육은 흡습을 잘하여 변색됨).

### (2) 방습포장재료의 투습성

방습포장재료의 방습성의 정도를 나타내는 척도로서는 투습도(透濕度)가 이용되고 있다. 투습도라함은 일정한 시간에 단위면적의 포장재료를 통과하는 수증기의 양을 말하며, 한국공업규격(KS A 1013)에서는 온도 40±1℃에서 포장재료를 경계로 하여 한쪽의 공기를 상대습도 90±2%로, 반대쪽의 공기를 건조상태로 하였을 때 24시간동안 포장재료 1㎡를 통과하는 수증기의 중량(g)을 그 포장재료의 투습도로 하고 있으며, 일반적으로 투습도의 단위는 g/㎡·24hr로 나타낸다.

실제로 제품을 방습포장재료로 포장하여 저장하는 경우에 온도조건 및 그 때에 포장용기의 내외에서 발생하는 습도차(濕度差)는 각양 각색의 조건이 되기 때문에, 실제의 온습도조건에서 투습도를 알 필요가 있다. 이 투습도는 실제로 될 온습도조건을 시험조건으로하여 투습도를 측정하면 구할 수 있다.

플라스틱 필름 등의 수증기의 투과를 나타내는 일반식은 아래와 같다.

$$q=\frac{P\cdot(p_1-p_2)\cdot s\cdot t}{\ell} \quad \cdots\cdots (1)$$

q : 수증기투과량(g)
P : 투습률(透濕率, g·cm/㎠·sec·cmHg)=투습계수
$p_1-p_2$ : 필름양측의 수증기 분압차(cmHg)
s : 표면적(㎠)
t : 시간(sec)
$\ell$ : 필름의 두께(cm)

또 (1)식을 변형하면

$$P=\frac{q\cdot \ell}{(p_1-p_2)s\cdot t}$$ 로 된다.

이 투습률 P는 단위수증기분압차 및 필름의 단위두께당의 투습도로서 필름의 종류에 따라 정해지는 정수이다. 이것을 각 종 플라스틱필름에 대한 각 종의 온도조건에서 측정하여 볼 때 표6-4에 나타난 값으로 되고, 필름의 종류에 따라서는 대단히 큰 온도의 영향을 받음을 알 수 있다.

**표 6-4 각 온도조건에서 포장용필름의 투습도 및 투습계수**

| 기호 | 필름 | | 두께 (mm) | 40℃ 90~0% RH | | 25℃ 90~0% RH | | 5℃ 90~0% RH | |
|---|---|---|---|---|---|---|---|---|---|
| | | | | R | $P_{40}\times 10^{-11}$ | $Q_{25}$ | $P_{25}\times 10^{-11}$ | $Q_5$ | $P_5\times 10^{-11}$ |
| 1 | 폴리스틸렌 | A | 0.03 | 129 | 9.02 | 55.2 | 8.96 | 15.6 | 9.20 |
| 2 | 폴리스틸렌 | B | 〃 | 126 | 8.80 | 55.0 | 8.93 | 15.1 | 8.95 |
| 3 | 폴리염화비닐 | 연질 | 〃 | 100 | 6.97 | 28.0 | 4.55 | 4.5 | 2.65 |
| 4 | 폴리염화비닐 | 경질 | 〃 | 30 | 2.09 | 11.0 | 1.79 | 2.3 | 1.37 |
| 5 | 폴리에스텔 | | 〃 | 17 | 1.19 | 4.8 | 0.65 | 0.77 | 0.45 |
| 6 | 폴리에틸렌 | 저밀도 | 〃 | 16 | 1.12 | 4.0 | 0.65 | 0.50 | 0.30 |
| 7 | 폴리에틸렌 | 고밀도 | 〃 | 9.0 | 0.63 | 2.2 | 0.36 | 0.26 | 0.16 |
| 8 | 폴리프로필렌 | A | 〃 | 10.0 | 0.70 | 2.3 | 0.37 | 0.24 | 0.14 |
| 9 | 폴리프로필렌 | B | 〃 | 7.3 | 0.51 | 1.7 | 0.27 | 0.21 | 0.12 |
| 10 | 폴리염화비니리덴 | | 〃 | 2.5 | 0.71 | 0.50 | 0.08 | — | — |
| 11 | 폴리에틸렌가공 | 1 | 0.02 | 29.8 | 1.39 | 7.9 | 0.86 | — | — |
| | 크라프트지 | 2 | | 38.1 | 1.77 | 10.6 | 1.16 | — | — |
| 12 | 폴리에틸렌가공 | 1 | 0.04 | 16.9 | 1.58 | 4.5 | 0.97 | — | — |
| | 크라프트지 | 2 | | 20.5 | 1.91 | 6.1 | 1.33 | — | — |
| 13 | 폴리에틸렌가공 | 1 | 0.03 | 16.1 | 1.13 | 4.1 | 0.67 | — | — |
| | 세로판 | 2 | | 19.0 | 1.32 | 5.1 | 0.81 | — | — |
| 14 | 염화비니리덴가공 | 1 | 0.015 | 43.8 | 1.53 | 13.9 | 1.14 | — | — |
| | 크라프트지 | 2 | | 48.7 | 1.71 | 15.7 | 1.29 | — | — |
| 15 | 염화비니리덴가공 | 1 | 0.025 | 10.5 | 0.61 | 3.0 | 0.41 | — | — |
| | 크라프트지 | 2 | | 12.0 | 0.70 | 4.1 | 0.56 | — | — |

〔주〕 R, $Q_{25}$, $Q_5$ : 40°. 25°. 5℃의 각 온도에서 상대습도차 90~0%있어서 투습도( g／m²·24hr)

$P_{40}$, $P_{25}$, $P_5$ : 40°. 25°. 5℃의 각 온도에서 투습계수(투습률; g·cm／cm²·sec·cmHg)

각 적층(積層)재료의 두께는 필름의 가공두께이고 투습계수도 이것에 따라 계산, 각 적층 필름의 1은 필름면을 고습도측으로 하고, 2는 크라프트지 또는 세로판면을 고습도측으로 하여 각각 측정된 것을 나타냄.

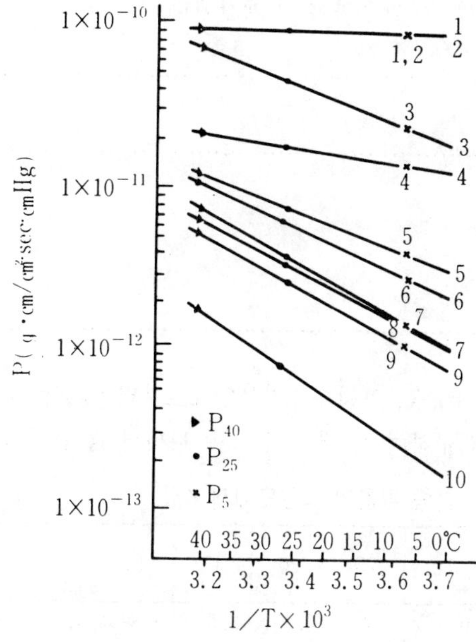


〔주〕 1~10의 수자는 표 6-4참조

**그림 6-1 각종필름의 투습계수와 온도의 관계**

이 투습률과 온도와의 관계는 아레니우스(Arrhenius)상관으로서 알려져 있고, 이것은 그림 6-1과 같은 투습률의 대수(對數)와 절대온도(絶對溫度)의 역수(逆數)와의 사이에 직선관계로서 구해진다.

KS의 투습도 시험방법에 따라 구해지는 어느 재료의 투습도 Rg／m²·24hr은 식(1)의 관계에서

$$R=\frac{P_{40}\cdot(90-0)\cdot p_{40}\times10^{-2}}{\ell}\cdot\alpha \quad \cdots\cdots (2)$$

로 나타내진다.

단, $P_{40}$ : 포장재료의 40℃의 투습률( g·cm／cm²·sec·cmHg )

$p_{40}$ : 온도 40℃의 포화수증기분압(cmHg )

$\ell$ : 포장재료의 두께(cm)

$\alpha$ : R과 $P_{40}$의 표면적 및 시간의 환산계수

한편 포장재료가 임의의 온도 $\theta$℃에서 포장내외의 습도차가 △h%인 경우의 투습도를 $Q_\theta$로 하고, 그 재료의 $\theta$℃에 있어서 투습률을 $P_\theta$, $\theta$℃의 포화수증기분압(飽和水蒸氣分壓)을 $p_\theta$로 하면 식, (2)와 똑같이

$$Q_\theta=\frac{P_\theta\cdot\triangle h\cdot p_\theta\times10^{-2}}{\ell}\cdot\alpha \quad \cdots\cdots (3)$$

식(2) 및 (3)으로부터

$$\frac{Q_\theta}{R}=\frac{P_\theta}{P_{40}}\cdot\frac{p_\theta}{p_{40}}\cdot\frac{\triangle h}{90} \quad \cdots\cdots (4)$$

로 되고 임의의 온습도 조건의 투습도$Q_\theta$는 다음과 같이 계산된다.

$$Q_\theta = R \cdot \frac{P_\theta}{P_{40}} \cdot \frac{p_\theta}{p_{40}} \cdot \frac{\triangle h}{90} \quad \cdots\cdots (5)$$

또 $\frac{P_\theta}{P_{40}} \cdot \frac{p_\theta}{p_{40}} \cdot \frac{1}{90} = K$ $\cdots\cdots$ (6)

로 하면 식(5)는

$Q_\theta = R \cdot K \cdot \triangle h$ 또는

$$R = \frac{Q_\theta}{K \cdot \triangle h} \quad \cdots\cdots (7)$$

로 된다. 그림 6-1의 관계로부터 $P_\theta/P_{40}$을, 포화수증기분압표로부터 $p_\theta/p_{40}$를 계산하여 K의 값을 각종필름 및 각 온도에 대해서 구하여 볼 때 표 6-5에 나타난 바와 같이 된다.

표 6-5 각종 필름의 각온도에서 K값

| 필름 \ θ℃ | 40 | 35 | 30 | 25 | 20 | 15 | 10 | 5 | 0 |
|---|---|---|---|---|---|---|---|---|---|
| 폴리스틸렌 | $1.11 \times 10^{-2}$ | $0.85 \times 10^{-2}$ | $0.64 \times 10^{-2}$ | $0.48 \times 10^{-2}$ | $0.35 \times 10^{-2}$ | $2.57 \times 10^{-3}$ | $1.84 \times 10^{-3}$ | $1.31 \times 10^{-3}$ | $0.92 \times 10^{-3}$ |
| 폴리염화비닐 연질 | 〃 | 0.73 | 0.49 | 0.31 | 0.20 | 1.26 | 0.78 | 0.46 | 0.28 |
| 폴리염화비닐 경질 | 〃 | 0.80 | 0.58 | 0.41 | 0.29 | 1.99 | 1.36 | 0.90 | 0.61 |
| 폴리에스텔 | 〃 | 0.73 | 0.49 | 0.31 | 0.20 | 1.29 | 0.81 | 0.48 | 0.29 |
| 폴리에틸렌 저밀도 | 〃 | 0.70 | 0.45 | 0.28 | 0.18 | 1.05 | 0.63 | 0.36 | 0.21 |
| 폴리에틸렌 고밀도 | 〃 | 0.69 | 0.44 | 0.27 | 0.17 | 1.00 | 0.59 | 0.33 | 0.19 |
| 폴리프로필렌 | 〃 | 0.69 | 0.43 | 0.25 | 0.16 | 0.92 | 0.53 | 0.29 | 0.17 |
| 폴리염화비니리덴 | 〃 | 0.65 | 0.39 | 0.22 | 0.13 | 0.74 | 0.40 | 0.21 | 0.11 |

## 6.3 포장내용물과 수증기와의 관계

방습포장을 합리적으로 하기 위해서는 제품과 수증기(습기)와의 관계를 파악하는 것이 필요하다. 좀더 구체적으로 말하면, 제품의 수분과 품질과의 관계, 예를 들면 방금 구은 김이나 방금 튀긴 다시마튀각은 수분이 적어 바삭바삭하고 촉감이 좋으나, 습기를 빨아들여 눅눅해지면 질기고 촉감이 좋지않다. 또한, 소금 경우는 흡습으로 수분이 증가하면 굳어지거나 조해(潮解)한다. 이와 같이 수분과 품질과는 밀접한 관계가 있기 때문에 제품을 포장시에는 포장의 내부에 습기의 투과가 전혀 되지 않도록 할 것인가 또는 투과되도록 한다면 어느 정도의 양이 허용되어야할 것인가를 결정하는 것이 중요하다.

다음에 문제로 되는 것은 그 제품을 포장하였을 때 포장내부의 습도가 어떻게 될 것인가 이다.

### (1) 건조식품의 흡습특성

건조식품은 보존 중에 흡습하여 수분이 증가하므로서 품질의 저하가 일어난다. 이와같은

제품의 방습포장에서는 그 흡습특성이 중요하다.

건조식품의 예를 들면 녹차(綠茶)의 경우 제조과정에서 건조되어 나온 제품은 약3%의 수분을 갖고 있다. 이 녹차가 흡습하여 수분이 약 5.5%로 될 때 품질저하 속도가 급격히 커진다. 따라서 녹차를 방습포장하는 경우에는 보존기간중에 수분이 5.5%이상되지 않도록 해야 한다. 이 때문에 녹차의 수분과 주변의 습도 또는 품질과의 관계를 아는 것이 필요하다. 수분 3%의 녹차를, 온도 20℃, 상대습도가 각각 20, 40, 60, 80%로 유지된 장소에 보존시 그림6-2와 같이 시간이 지남에 따라 수분도 증가한다.

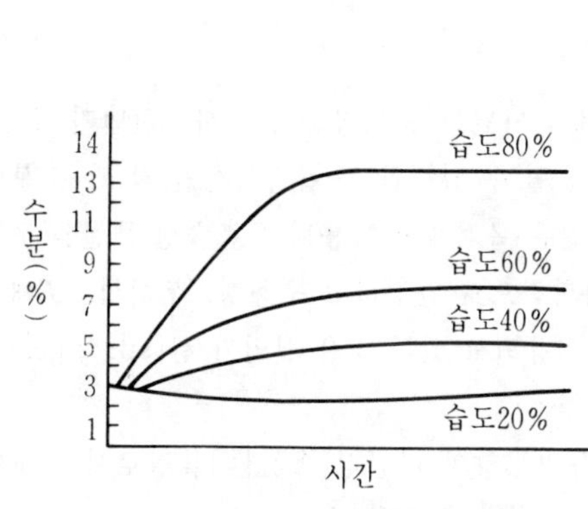


그림 6-2 습도별 녹차의 흡습속도

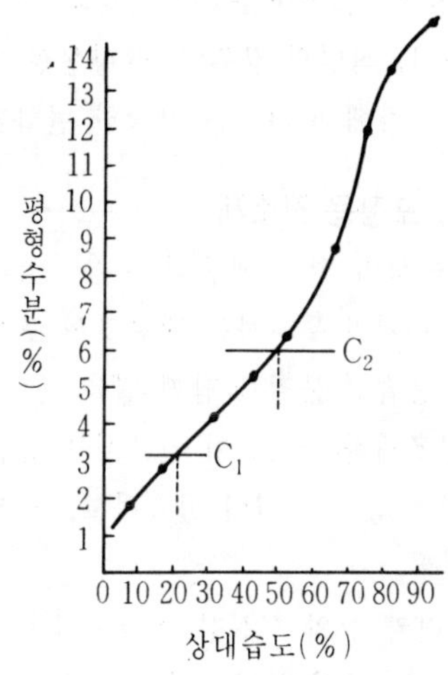


그림 6-3 녹차의 흡습특성

이 수분이 증가하는 속도는 습도 80%의 장소에 보존한 경우가 가장 크고, 또한 수분함량도 가장 높다. 그러나 수분이 높아짐에 따라 흡습속도는 저하되어 약 13%의 수분으로 되었을 때 흡습속도는 0 으로 되고, 수분의 증가는 없게 된다. 이와 같은 상태를 습도 80%에서 수분의 평형상태라고 하고, 평형상태에서의 수분함량을 그 습도의 평형수분함량(平衡水分含量, equilibrium moisture content)이라고 한다. 녹차를 보존한 장소의 습도가 보다 낮은 경우에는 그 흡습속도는 작아져 평형수분함량도 낮아진다.

이와같이 대기중의 수분을 흡수하여 평형수분함량을 이루는 경우 상대습도와 평형수분함량 사이의 관계를 나타내는 곡선을 등온흡습곡선(等温吸濕曲線, water sorption isotherm curve)이라하고, 이와는 반대로 식품의 수분을 대기중에 방출함으로서 평형수분함량에 이르는 경우 얻어지는 곡선을 등온탈습곡선(等温脫濕曲線, water desorption isotherm curve)이라고 한다.

그림 6-3은 녹차의 등온흡습곡선의 예로서, 이것이 녹차의 등온흡습특성이다. 녹차의 포장시점에서 초기수분 및 그 이상 흡습되지 않도록 하는 한계수분을 각각 $C_1$ 및 $C_2$로 하면 이러한 수분에 대응하는 습도를 등온흡습곡선에서 구할 수 있다.

### (2) 무기염류의 평형상대습도

식품 중에 들어있는 무기염류는 그 염의 포화용액이 평형을 이루는 습도를 갖고있다. 예를 들면 식염의 경우 온도 25℃에서는 습도 75%를 경계로 하여 식염이 그 이상의 습도가 되는 장소에 놓은 경우에는 흡습하고, 그 이하의 습도의 장소에 놓은 경우에는 탈습 한다.

이 흡습 또는 탈습은 주위의 습도가 변하지 않으면 식염이 포화수용액으로 될 때까지 또는, 수분이 없어질 때까지 계속되고, 식염이 습도 75%의 장소에 놓은 경우에는 식염이 갖고 있는 수분에 관계없이 흡습도 탈습도 안한다. 이와같은 경우 식염의 포화용액의 평형하는 습도는 75%로서 이 상대습도를 식염의 평형상대습도(平衡相對濕度, equilibrium relative humidity)라 한다. 식염의 경우에 이 평형상대습도는 상온범위에서는 온도에 따른 변화는 거의 없으나, 염의 종류에 따라서는 상당한 변화가 있다.

### (3) 포장용 건조제

흡습성이 있는 제품의 포장에서는 습기를 완전히 차단하는 포장용기를 사용하던가 또는, 다소 습기가 투과하는 재료로서 포장하는 경우에는 될 수 있는한 큰 흡습특성을 갖고, 수분이 낮은 흡습성 물질을 함께 넣을 필요가 있다. 이와같은 목적에서 사용되는 흡습성 물질을 포장용 건조제라 한다. 이 건조제는 흡습성과 함께 화학적으로 안정하고 수용성, 부식성, 조해성이 없는 등의 성질이 필요하고, 가장 일반적으로 이용되고 있는 것은 실리카 겔(silica gel)이다.

실리카 겔의 성분은 $SiO_2 \cdot xH_2O$로 표시되는 유리모양의 다공성(多孔性)물질로서 온도에 따른 흡습특성의 변동이 비교적 작다. 한국공업규격(KSA 1032)에는 표 6-6과 같이 그 성능이 규정되어 있다.

표 6-6 실리카겔규격(KSA 1032)

| 시험항목 \ 등급 | | | 1급 A | 1급 B | 2급 |
|---|---|---|---|---|---|
| 흡수율 (%) | 상대습도 | 20% | 8이상 | 3이상 | 3이상 |
| | | 50% | 20이상 | 10이상 | 8이상 |
| | | 90% | 30이상 | 20이상 | 15이상 |
| 함 수 율 (%) | | | 2이하 | | |
| PH 치 (値) | | | 5~8 | | |
| 수용성물질량 (%) | | | 0.3이하 | | |
| 입 도(mesh) | | | 5~10 | 10~20 | 20~40 |

## 6.4 방습포장설계

방습포장설계란 사용하는 방습재료의 종류, 용기의 형태 등을 합리적으로 설정하는 것을 말한다. 그러나 여기서는 방습포장재료의 방습성계산 등을 중심으로 설명한다.

### (1) 방습재료로 방습포장

어떤 식품을 투습도 R의 포장재료로 포장하고, 일정한 온도와 습도에서 저장하는 경우에 허용한계 수분함량이하로 저장할 수 있는 기간을 구하는 식은

$$t=\frac{W\cdot(C_2-C_1)\times10^{-2}}{R\cdot s\cdot(h_1-h_2)K} \quad \cdots\cdots (8)$$

이다.

여기서 W : 내용물의 중량(g)

$C_1$ : 내용물이 포장될 때의 수분(%)

$C_2$ : 내용물이 상품가치를 유지할 수 있는 한계수분(%)

s : 포장재료의 표면적($m^2$)

t : 허용 한계수분이하로 저장될 수 있는 기간(일)

$h_1$:저장환경의 평균습도(%)

$h_2$ : 포장용기 내부의 습도(%)

R : 투습도(g/$m^2$·24hr)

K : 필름의 종류와 저장온도에 따라 결정되는 정수(표 6-5참조)

$$K=\frac{P_\theta}{P_{40}}\times\frac{p_\theta}{p_{40}}\times\frac{1}{90}$$

$P_{40}$ : 포장재의 40℃의 투습률(g·cm/$cm^2$·sec·cmHg)

$P_\theta$ : $\theta$℃환경에서 투습률(g·cm/$cm^2$·sec·cmHg)

$p_{40}$ : 온도 40℃의 포화수증기 분압(cmHg)

$p_\theta$ : $\theta$℃환경에서의 포화수증기 분압(cmHg)

또한 (8)식을 변형해서 일정기간, 일정수분을 유지하는 데 필요한 포장재료의 투습도도 용이하게 구할 수 있다.

즉, $R=\frac{W\cdot(C_2-C_1)\times10^{-2}}{t\cdot s\cdot(h_1-h_2)}$

### (2) 건조제를 사용하는 방습포장

방습포장에 있어서 포장용 건조제를 사용하는 목적은 다음과 같다.

① 포장내용물이 금속제품과 같이 비흡습성제품인 경우에 포장내에의 투습수증기를 흡수하여 습도상승을 억제하고, 외기온의 변동에 의한 포장내부의 급격한 습도상승 또는 노점현상을 방지한다.

② 포장내용물에 허용되는 수분증가가 대단히 적은 경우에 흡습성이 큰 건조제를 포장내에 넣어 투습허용량을 크게 하며, 보존기간을 연장시킨다.

③ 완전히 수증기를 차단하는 포장의 경우에도 처음에 내용물과 함께 들어간 공기중의 수증기를 흡습시켜 없앤다.

건조제를 사용하는 경우, 실제상의 포장목적 조건에서 어느 정도 량의 건조제를 사용할 필요가 있는가가 문제로 된다.

이 계산은

① 사용하는 방습재료의 투습도 R( g／m²·24hr)을 측정한다.

② 제품과 습도와의 관계에서 포장내부를 $h_2$%이하로 한다고 하는 목표를 설정한다.

③ 사용하는 건조제의 흡습특성을 구하고, 이 특성상에서 $h_2$%에 대응하는 건조제의 수분 $C_2$%와 처음의 건조제의 수분 $C_1$%를 결정한다.

④ 포장의 표면적 sm², 보존기간 t일, 외기조건 θ℃, $h_1$%를 설정하고 방습재료의 종류와 θ℃에서 K의 값을 결정한다.

⑤ 이상의 각 수치를 식(8)에 넣어 W( g )을 구한다. 이 W( g )을 사용하는 건조제의 량으로 한다.

건조제가 방습포장 내부에 있을 때에는, 투과한 수증기를 건조제가 흡수하여 그 수분증가가 일어나기 위해 포장내부의 습도상승의 속도는 일정치 않으나, 식(8)과 같은 계산을 할 경우 포장 내부의 처음의 습도와 목적으로 하는 기간이 경과한 후의 습도와의 평균치를 포장내부의 평균습도로 하는 것이 편리하다.

KS A 1032에는 다음과 같은 건조제의 사용량의 계산식을 들고 있다. 투습도가 R( g／m²·24hr)이고 표면적이 s(m²)인 방습재료로서 만든 포장용기에서 그 용기 내부의 습도를 M개월간 50%이하로 보존하는 것을 목적으로 한 경우, 용기에 들어간 1급 A 건조제의 필요량W(kg)은

$$W=\frac{s\cdot R\cdot M}{K}+\frac{D}{2} \quad \cdots\cdots (9)$$

에 의해 계산된다.

단, D : 포장내의 흡습성이 있는 포장재료의 량(kg)

K : 포장의 보존기간중에 예상되는 외기조건에 따른 계수(표6-7)

표 6-7 식(9)의 K의 값

| 포장된 물건이 위치하는 곳의 외기 조건 | K | 온습도의 정도 |
|---|---|---|
| 몹시 고온 다습한 경우 | 12 | 평균기온 35~40℃<br>평균습도 90%정도 |
| 고온 다습한 경우 | 20 | 평균기온 30℃<br>평균습도 90%정도 |
| 비교적 고온 다습한 경우 | 30 | 평균기온 25℃<br>평균습도 80%정도 |
| 보통 온습도의 경우 | 60 | 평균기온 20℃<br>평균습도 70%정도<br>또는 그 이하 |

다만, 이 식은 건조제 1급 A를 사용하는 데 적용되지만, 포장내의 습도가 비교적 높지 않을 때에는 1급 B를 사용하여도 무방하고, 2급을 사용할 때에는 1급의 2배 정도를 사용한다.

## 6.5 필름의 두께와 투습도

방습포장재료로서 사용되고 있는 플라스틱필름의 두께와 투습도와는 반비례(反比例)한다. 예를 들면, 두께를 달리한 폴리에틸렌필름의 투습도는 표6－8과 같다.

표 6－8 폴리에틸렌필름의 투습도와 두께와의 관계

| 두 께(mm) | 투습도 R ( g/m²·24hr) | 단위두께로 환산한 투습도 ( g ·0.1mm/m²·24hr) | 방 습 성 1/R |
|---|---|---|---|
| 0.018 | 43.7 | 7.89 | 2.3 |
| 0.029 | 17.2 | 4.99 | 5.8 |
| 0.039 | 12.2 | 4.76 | 8.2 |
| 0.052 | 9.0 | 4.68 | 11.1 |
| 0.065 | 7.4 | 4.81 | 13.5 |
| 0.078 | 5.9 | 4.60 | 16.9 |
| 0.102 | 4.6 | 4.69 | 21.7 |
| 0.122 | 3.8 | 4.64 | 26.3 |

위 표에서 나타난 바와같이 단위두께로 환산한 투습도는 거의 일치하고 또, 방습성도 두께에 비례하여 증대되고 있다. 다만, 두께 18μ의 필름에서는 이 관계와는 떨어져 있으나, 이것은 이 정도 두께의 필름에서는 핀홀(pin hole)등의 결함부위가 존재하여 수증기의 투과기구가 다르기 때문이다.

## 6.6 적층(積層, lamination)필름의 투습도

필름을 적층시킨 경우에 그 투습도는 적층시킨 매수에 반비례하고, 방습성도 적층매수에 비례하여 증가한다.

적층시킨 각 필름의 투습도를 각각 $R_1$, $R_2$……$R_n$로 하고 적층시킨 전체의 투습도를 R이라 하면

$$\frac{1}{R}=\frac{1}{R_1}+\frac{1}{R_2}\cdots\cdots+\frac{1}{R_n}$$

로 나타낸다. 이 경우 적층시킨 전체의 투습도는 각 필름의 적층순서에는 영향받지 않는다.

## 6.7 흡습특성 및 온습도의 측정

제품의 흡습특성 또는 포장내부의 습도, 포장보존환경의 온습도 등은 여러 측정방법이 있으나, 값이 비싼 장치나 정밀한 조작을 필요로 하는 것이 많다. 방습포장설계를 하기 위해서

이러한 여러 인자를 측정하는 데에 비교적 쉬운 방법에 대하여 설명한다.

### (1) 포장내부습도의 측정

건조한 제품이나 수분함량이 높은 제품을 방습포장한 경우에, 포장내부에서의 습도는 앞에서 설명한 바와 같이 제품의 흡습특성 또는 평형상대습도를 알고 있으면 이것들로부터 알 수 있다. 그러나, 그것이 불명한 경우에는 폴리에틸렌필름 등의 투습성을 이용하여 포장내부습도를 구하는 방법에 대하여 설명하면 다음과 같다.

표 6-9에 나타낸 것과 같은 여러습도에서 평형하는 염류(鹽類)의 고상공존(固相共存)의 포화용액을 각각 만들고, 이것을 각각 데시케이터에 넣는다. 투습컵에 측정하려고 하는 제품을 넣고 두께 30~50$\mu$정도의 저밀도 폴리에틸렌필름을 씌워 밀봉한다. 투습컵을 평량하여 각 데시케이터에 넣고, 각 데시케이터를 될 수 있으면 온도 25~30℃의 장소에 넣는다. 1~3주 후에 투습컵을 꺼내 평량하여 그간의 각 투습컵의 증량(增量) 또는 감량을 구한다. 그림 6-4에 나타난 바와같이 각 데시케이터 내의 습도와 각각에 대응하는 각 투습컵의 증감량을 타점(plot)하고, 그 각점을 잇는 직선이 증감량 0에서 습도의 축과 교차하는 점의 습도(그림 6-4의 H)를 구한다.

표 6-9 염류의 평형상대습도(25℃)

| 염 의 종 류 | 평 형 습 도(%) | 염 의 종 류 | 평 형 습 도(%) |
|---|---|---|---|
| $K_2Cr_2O_7$ | 98.0 | $NaBr \cdot 2H_2O$ | 57.7 |
| $KNO_3$ | 92.4 | $Mg(NO_3)_2 \cdot 6H_2O$ | 52.8 |
| $BaCl_2 \cdot 2H_2O$ | 90.1 | $LiNO_3 \cdot 3H_2O$ | 47.0 |
| KCl | 85.2 | $K_2CO_3 \cdot 2H_2O$ | 42.7 |
| KBr | 80.7 | $MgCl_2 \cdot 6H_2O$ | 33.0 |
| NaCl | 75.2 | $K(C_2H_3O_2) \cdot H_2O$ | 22.4 |
| $NaNO_3$ | 73.7 | $LiCl \cdot H_2O$ | 11.0 |
| $SrCl \cdot 6H_2O$ | 70.8 | $NaOH \cdot H_2O$ | 7.0 |
| | | $CaCl_2$ | 0.00 |

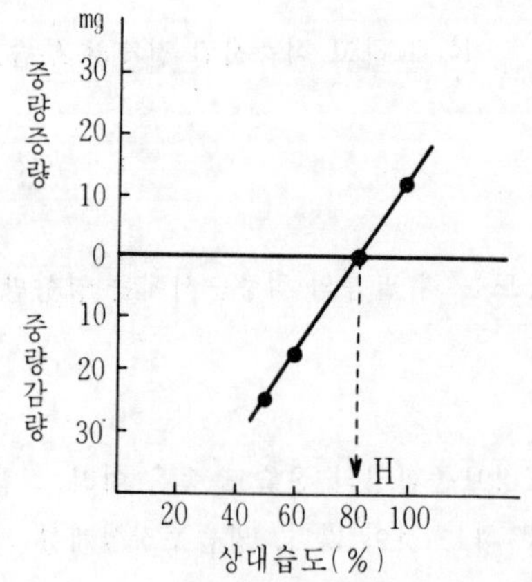


그림 6-4 제품이 나타내는 습도의 측정

이 습도가 그 식품을 방습포장 용기내에 넣은 경우의 포장내부의 습도로 된다. 또 실험 종료 후의 각 투습컵내의 제품을 검사하므로서 그 제품의 수분과 품질과의 관계도 검토할 수 있다. 이 측정을 하는 데 투습컵이 없는 경우에는 폴리에틸렌 필름을 열접착(heat seal)하여 작은 봉투를 만든다. 이 작은 봉투에 제품을 넣어 열접착하여 밀봉하고 이것을 평량하여 데시케이터내에 넣는다. 이 후 투습컵의 경우와 똑같이 하여 측정할 수 있다. 그러나 이 경우에는 각각의 작은 봉투의 표면적(봉지의 크기)은 될 수 있는 한 일정하게 하고 또, 열접착부위는 밀봉이 잘되어 있어야 한다.

#### (2) 외기온습도의 측정

포장된 제품이 어떠한 온습도조건의 환경중에 보존되는가를 예상하는 경우, 일반적으로는 기상연감 등에 나타나 있는 기상관측상의 통계에 의한 평균기온, 평균습도를 기준으로 할 수 있다.

표 6—10 우리 나라의 지역별 온도 및 습도(1986년)

| 지 역 | 온 도(℃) | | | | 상 대 습 도(%) | | | |
|---|---|---|---|---|---|---|---|---|
| | 6월 | 7월 | 8월 | 년평균 | 6월 | 7월 | 8월 | 년평균 |
| 서울 | 21.9 | 23.5 | 24.5 | 11.2 | 74 | 80 | 78 | 69 |
| 대전 | 22.0 | 23.9 | 25.1 | 11.8 | 72 | 78 | 78 | 70 |
| 대구 | 22.0 | 23.6 | 25.8 | 12.9 | 74 | 79 | 76 | 67 |
| 광주 | 22.2 | 24.0 | 25.7 | 12.7 | 78 | 85 | 81 | 74 |
| 부산 | 20.4 | 22.4 | 26.3 | 13.7 | 80 | 85 | 77 | 65 |

## 7. 포장관리

포장관리업무는 관리의 사이클 plan, do, check, action의 흐름을 포장에 대하여 적용하는 것이다. 이 업무중에는 포장량(包裝量)의 관리, 포장질(包裝質)의 관리 및 포장원가의 관리가 있다.

### 7.1 포장량의 관리

판매계획에 따라 생산량이 결정되면 제품별 단량별로 포장해야 할 량이 나온다. 이 때에 고려해야 할 사항은

① 포장능력(설비능력, 인원, 치공구)
② 재 고(포장재, 벌크(bulk) 제품)
③ 포장재 공급능력(업자납품능력, 가격, 재질)
④ 수송능력(수송수단)
⑤ 재고능력(창고공간)
⑥ 포장합리화 계획

등을 감안하여 일정계획(日程計劃)을 작성하고, 이 계획에 대한 진도관리(進度管理)를 한다. 즉, 계획의 실행과 필요한 경우에는 수정을 하여 그 실적을 파악한다.

## 7.2 포장질의 관리

포장질의 관리 방법으로서는 표준치를 설정하고 실적치와 비교 관리한다. 포장질의 관리사항을 열거하면 다음과 같다.

### (1) 작업능률에 관한 사항

① 포장공수(工數)의 결정 : 품종별, 단량별로 인·시／톤으로 표시

② 기계가동률 : 실가동시간／이론가동시간×100

③ 양품률(良品率) : 품종별로 단위시간당 양품률 설정

### (2) 작업성적에 관한 사항

① 덤량 : 원가에 미치는 영향이 크기 때문에 포장기계의 정밀도(精密度)와 덤량의 관계에 대하여 가장 합리적인 값을 계산하고 이것을 기준으로 한다.

② 포장불량률 : 종류별로 불량률을 설정한다.

③ 포장외관 : 접착면의 상태(쭈그러짐, 제품부착오염), 라벨(label)부착위치 인쇄상태 등(제조일자, 유통기간 인쇄 등)의 기준을 설정한다.

④ 청소품발생량 :
포장시 제품을 흘려 제품화하가 어려운 물량이 최소량 발생하도록 관리한다.

## 7.3 포장원가의 관리

표준원가 양식 예

품종명 : (쇠고기스프), 공정명 : (포장, 낱포장)
포장수량 : ( 톤)

| 항 목 | 원 가 | | 비 고 |
|---|---|---|---|
| | 금 액 | 단위당 (₩／ton) | |
| 1. 포장재료비 | | | 로스분 명기 |
| 2. 인 건 비 | | | 수량×인·시／톤×₩／인·시 |
| 3. 에너지비 | | | 전 력 |
| 4. 덤 량 | | | g／개 |
| 5. 로 스 | | | 청소품등 |
| 6. 설비상각비 | | | 가동률에 따라 산출 |
| 7. 보 수 비 | | | |
| 8. 관 리 비 | | | |
| 계 | | | |

표준 포장원가를 미리 작성해 놓고 이것과 비교하여 실적치를 검토한다. 전체 포장원가에 비하여 높을 경우에는 포장원가 항목 하나 하나를 비교 분석할 필요가 있고, 표준치보다 향상시킨 공정에 대해서는 항상 새로운 표준치를 목표로 정한다.

### 7.4 포장작업시의 안전관리

포장작업시에 사소한 안전사고가 많이 발생하므로 안전한 작업을 하도록 작업표준을 정하고 충분히 교육·훈련하여 지키도록 해야 한다. 포장시에 일어나는 안전사고는 포장재가 감긴 롤(roll)을 교체시 롤을 떨어뜨려 발이 상하거나, 필름을 걸 때 손가락이 로라에 끼는 사고로, 경우에 따라서는 손가락이 절단되는 경우도 발생된다. 포장공정의 안전관리는 포장량이나 포장의 질 관리 이상으로 중요한 관리항목이므로 불안전한 설비, 불안전한 행동이 없도록 주의가 필요하다.

## 8. 계량관리(計量管理)

### 8.1 계량관리의 필요성

포장식품은 소비자가 보는 앞에서 계량하여 사고 파는 것이 아니고, 포장지에 표시되어 있는 량을 신용하여 거래가 이루어진다. 그러나 표시량과 실량(實量)사이에는 차이가 있게 마련이고 그 량이 크게 부족하면 클레임으로 제기되기도 한다. 이것을 제조업체에서 보면 대량생산과정에서 간혹 발생할 수 있는 것으로 생각하지만, 소비자측에서 보면 제품을 낱개로 구입하기 때문에 이 하나의 량이 맞지 않으면 100%의 불량이다. 이런 경우 소비자는 그 상품에 대해 신용을 하지 않게되고, 결국에는 그 상품을 기피하는 경우도 발생한다. 따라서 계량관리는 제조업체의 신용을 지키기 위해서 필요한 중요관리 항목이다.

또한 식품위생법에서도 소비자 보호를 목적으로 량에 관한 규제를 하고 있다. 이 규제의 기본 내용은 정확하게 량을 계량하고 표시한다는 것이다. 계량관리는 법(法)이전에 기업과 소비자 사이의 신뢰유지(信賴維持)와 기업의 신용관리를 위해서 필요하다.

### 8.2 계량과 산포(散布)

공장에서 생산된 제품은 정확한 계량기를 이용해서 정확히 계량하여 포장하려고 노력한다. 그러나 계량에는 오차(誤差)가 있고, 그 외에 고장 등 계량착오가 있는 것이 보통이다. 이 때문에 정확히 계량되었는지의 여부(與否)를 체크해볼 필요가 있고 계량관리의 충실이 요구된다. 그러나 아무리 엄중한 계량관리를 실시하여도 계량기기(機器)나 기타 기술적인 면에서 량의 산포를 없앤다는 것은 불가능하기 때문에, 엄중한 계량관리가 비경제적일 경우가 많다. 이런 경우 계량기의 산포를 예상해서 덤으로 그 산포의 폭(幅)만큼 표시량(表示量)에 더하여 계량함으로 량의 부족이 생기는 것을 막도록 한다.

덤으로 더 넣어주는 량은 계량기의 성능, 계량물의 특성, 계량기술의 수준 등 기술면과 상품의 가격, 계량단위, 수량 등의 경제면, 소비자와의 관련사항 등을 고려하여 결정하는 것이 보통이다. 포장식품과 같이 비교적 소량의 계량단위로서 포장되어 그 포장 수량이 대단히 많은 것에서는 덤량이 누적되어 커다란 량으로 된다. 합리적인 계량관리는 덤량을 줄여 수율(收率)을 올리고 제조원가를 절감한다. 이 때문에 덤량의 문제는 제조업자에게는 중요한 문제임에도 불구하고 비교적 등한시 되고 있는 경우가 많다.

좋은 상품이란 품질은 물론 량도 정확해야 한다. 일반 소비자의 입장에서 보면 판매되고 있는 상품 하나 하나가 좋은 품질이고 정확한 량이었으면 하고 바라는 것은 당연하다. 이 점에 대하여 포장식품의 량의 부족은 아무리 계량관리를 충실히 하여 그것을 없애려고 노력하여도 통계학상(統計學上)으로 말하면 피할 수 없는 오차로서 인정해야만 한다. 그러나 이러한 사실을 소비자에게 납득시킬 수 없다. 소비자로서는 자기가 구입한 상품의 하나 하나가 좋은가 나쁜가가 문제이다. 제조업체는 이점을 충분히 고려하여 철저한 품질관리와 품질보증을 위해 노력할 필요가 있다.

## 8.3 법정 허용량 미달포장 방지(法定許容量未達包裝防止)

계량관리에서 문제되는 것은 포장공정이 수동(手動)이던 자동이던간에 법적으로 정해진 허용량에 미달하는 경우이다. 식품의 경우는 초과되는 것은 큰 문제가 없으나, 미달시는 제재를 받기때문에 최소한도 법적으로 문제되는 것이 발생되지 않도록 하는 장치가 필요하다.

이 대책으로 계량기의 정밀도를 조사하여 덤량을 조정함으로서 관리하고 있으나, 계량기의 고장이나 제품호파(hopper)에 제품재고량이 떨어져 돌발적으로 계량에 문제가 발생하는 경우가 발생한다. 이러한 경우에 대비하여 낱포장 하나 하나에 대하여 일정량 이하 미달되는 포장물을 선별할 수 있도록 체크해야하나, 포장식품은 낱포장 단위가 작기 때문에 사람이 일일이 전수 검사한다는 것은 검사비용상 도저히 불가능하기 때문에, 포장라인에서 자동적으로 량을 측정하여 일정량 이하가 되는 것은 가려낼 수 있는 장치를 설치하여 계량으로 인해 발생되는 문제를 예방토록 한다.

계량기의 관리는 매일 포장라인별, 포장단량별로 평균치와 표준편차를 구하고 $\bar{x}$−R관리도로서 일상관리함으로서 포장기의 정확도(正確度)와 정밀도(精密度)의 변동여부를 체크한다. 이 관리는 덤량과 깊은 관계가 있고 곧바로 원가와 직결된다. 일반적으로 이 덤량을 줄이라고 하면 평균치를 낮추어 관리하게 되는 데, 이런 경우에는 표시실량에 못미치는 것이 많이 발생하기 때문에 지나친 요구는 바람직하지 못한결과를 초래한다.

계량관리의 한 예를 들면 다음과 같다.

인스탄트스프를 자동포장기로 포장하고 있다. 포장단량은 100 g 으로, 포장공정이 안정된 상태에서 포장되어 나온 제품 200대(袋, bag)을 샘플링하여 중량을 계량하여 통계처리한결과 평균치가 100.81 g 이고 표준편차는 1.052 g 이었다.

① 이 제품의 표시실량(表示實量)인 100 g 에 미달되는 제품은 몇 %인가?

② 표시실량 99%이상되게 하려면 평균치를 얼마로 하면 되겠는가?

해답

① 표시실량에 미달되는 제품 비율

㉠ 표준화 한다.

$$u=\frac{x-\mu}{\sigma}=\frac{100-100.81}{1.052}=0.77$$

㉡ 정규분포에서 u=0.77에 대한 p는 u란 0.7에서 우측으로가 .07에서 밑으로와서 만나는 값을 읽으면 p=0.2206이다.

따라서 22.06%가 표시실량에 미달되고 있다(부표 1, 정규분포표 참조).

② 표시실량 99%이상되는 평균치 값

㉠ p=1−0.99=0.01

㉡ p=0.01에 대한 u의 값을 구한다.

정규분포에서 p=0.01에 대한 u는 p란 0.1에서 우측으로 가서 1에서 밑으로와서 만나는 값을 읽으면

u=2.326 이다.

$u=\frac{x-\mu}{\sigma}$을 변형하면 $x=\mu+u\sigma$

$=100.81+3.26\times1.052$

$=103.26$

즉, 현재의 평균치 100.81 g 에서 103.26 g 으로 되도록 2.45 g 이 더 계량되도록 계량기의 눈금을 조정한다.

위의 예에서 현재의 표시실량합격률 77.94%일 때 덤량은 0.81%이나 표시실량합격률을 99%로 할 때 덤량은 3.26%로 올라가게 된다. (계산방법에 관한 상세내용은 본 책자의 제1편 2장 2.1에서 정규분포의 예 참조바람).

## 8.4 표시된 실량의 오차기준

포장되어 유통중인 상품은 관련관청에서 정기적으로 수거하여 검량하고, 소비자단체에서도 랜덤하게 시중에서 수거하여 표시된 실량과의 차가 있을 때에는, 소비자단체에서 발간되는 잡지나 신문 등의 매스콤을 통하여 소비자에게 홍보하고 있다. 이런 경우에 불명예스럽게도 자사의 상호(商號)가 들어 있을 때는 회사의 이미지에 큰 타격을 준다.

계량법 및 식품법에서 정해진 표시된 실량의 오차기준은 다음과 같다.

### (1) 계량법상의 허용기준

계량법 제23조(실량 또는 품질의표시) 및 시행령 제39조(실량표시상품)에서 규정된 실량표시 상품의 오차는 표시량에 대하여 100분의 8을 초과하거나 100분의 2에 미달하여서는 아니 된다라고 되어 있다.

계량법에서는 단량이 작건 크건간에 일률적으로 오차범위가 정해져 있어, 중량이나 용량이 작은 상품은 자칫하면 오차기준을 벗어나게 되어 있다.

### (2) 식품위생법상의 허용기준

식품위생법 제10조(표시기준) 및 시행규칙 제5조(표시기준 등)에서 규정된 실량표시 상품의 오차기준은 표 6-11과 같이 되어 있다. 계량법에서는 상품의 종류 및 크기에 관계없이 일률적으로 규정되어 있는 데 반해 식품위생법에서는 상품의 품목과 실량의 단위에 따라 오차기준을 달리하고 있다.

### (3) 계량법과 식품위생법과의 관계

계량법 시행령 제39조(실량표시 상품) 제3항에서는 "실량표시 상품에 대하여 다른 법령에 따로 정함이 있는 경우에는 그에 따른다"라고 명시되어 있기 때문에, 식품위생법에서 규정된 표시된 실량상품에 대하여는 식품위생법에 따른다.

표 6-11 표시된 양과 실제량과의 허용오차(부족)

| 업 종 | 품 목 | 표 시 된 양 | 오차(부족) |
|---|---|---|---|
| 과자류 | 건과류·유과류·초코렛류·알사탕류·빵류 | 50 g 이하<br>50 g 초과 300 g 이하<br>300 g 초과 500 g 이하<br>500 g 초과 | 3 g<br>5%<br>4%<br>3% |
| 당 류 | 포도당·설탕(각설탕제외) | 200 g 초과<br>200 g 초과 1,000 g 이하<br>1,000 g 초과 | 4 g<br>2%<br>1% |
| | 이성화당·물엿 | 500 g 이하<br>500 g 초과 | 4 g<br>2% |
| 유가공품 | 우유·살균산양유·탈지유류·가공유류·발효유(액상) | 500mℓ이하<br>500mℓ초과 2,000mℓ이하<br>2,000mℓ초과 | 10mℓ<br>2%<br>1% |
| | 크림·무당연유·가당연유·가당탈지연유·전지분유·탈지분유·가당분유·조제분유·발효유(호상) | 500 g 이하<br>500 g 초과 2,000 g 이하<br>2,000 g 초과 | 10 g<br>2%<br>1% |
| | 버 터 | 200 g 이하<br>200 g 초과 | 4 g<br>2% |
| | 치즈 | 50 g 이하<br>50 g 초과 100 g 이하<br>100 g 초과 | 2 g<br>3 g<br>3% |
| 식육제품 및 어육연제품 | 식육제품·어육연제품 | 100 g 이하<br>100 g 초과 1,000 g 이하<br>1,000 g 초과 | 2 g<br>2%<br>1% |

| 업 종 | 품 목 | 표 시 된 양 | 오차(부족) |
|---|---|---|---|
| 두부류 | 두부 | 표시된 양에 대하여 | 10% |
| 식용 유지류 | 대두유·채종유·미강유·압착식용유·기타식용유 | 200 g 이하<br>200 g 초과 2,000 g 이하<br>2,000 g 초과 | 4 mℓ<br>3%<br>2% |
| | 마아가린 | 200 g 이하<br>200 g 초과 | 4 g<br>2% |
| | 쇼트닝유 | 500 g 이하<br>500 g 초과, 2,000 g 이하<br>2,000 g 초과 | 15 g<br>3%<br>2% |
| 면 류 | 라면 | 표시된 양에 대하여 | 5% |
| | 기타인스탄트면류·건면 | 200 g 이하<br>200 g 초과 | 6 g<br>3% |
| 다 류 | 볶은커피·인스탄트커피·코코아·홍차·인스탄트홍차·녹차·인스탄트홍차·기타다류 | 100 g 이하<br>100 g 초과 500 g 이하<br>500 g 초과 | 3 g<br>3%<br>2% |
| 청량음료 | 탄산음료·유기산음료 | 200mℓ이하<br>200mℓ초과 | 6mℓ<br>3% |
| | 분말청량음료 | 100 g 이하<br>100 g 초과 500 g 이하<br>500 g 초과 | 3 g<br>3%<br>2% |
| | 유산균음료·살균유산균음료·혼합음료·과채류음료 | 200mℓ이하<br>200mℓ초과 | 4mℓ<br>2% |
| 조미식품 | 된장·고추장·춘장등 | 1,000 g 이하<br>1,000 g 초과 5,000 g 이하<br>5,000 g 초과 | 20 g<br>2%<br>1% |
| | 간장 | 200mℓ이하<br>200mℓ초과 | 4mℓ<br>2% |
| | 소오스 | 100mℓ이하<br>100mℓ초과 1,000mℓ이하<br>1,000mℓ초과 | 2mℓ<br>2%<br>1% |
| | 마요네즈·드레싱류 | 100 g 이하<br>100 g 초과 | 3 g<br>3% |
| | 토마토케찹 | 100 g 이하<br>100 g 초과 1,000 g 이하<br>1,000 g 초과 | 3 g<br>3%<br>2% |
| | 고추가루·후추가루 | 50 g 이하<br>50 g 초과 | 1.5 g<br>3% |
| | 카레·겨자등 | 50 g 이하<br>50 g 초과 100 g 이하<br>100 g 초과 | 2 g<br>4%<br>2% |

| 업 종 | 품 목 | 표 시 된 양 | 오차(부족) |
|---|---|---|---|
| 첨가물 | 글루타민산나트륨·이노신산나트륨·구아닐산나트륨·5'-리보뉴클레오티드·혼합조미료 | 50 g 이하<br>50 g 초과 | 1.5 g<br>3% |
| 주 류 | 발효주 | 200mℓ이하<br>200mℓ초과 | 6mℓ<br>3% |
| 인삼제품 | 전제품 | 3 g 이하<br>3 g 초과 | 5%<br>3% |
| 식품 소분업 | | 1,000 g 이하<br>1,000 g 초과 | 3%<br>2% |
| 기타식품 및 첨가물 | 기준이 정하여지지 아니한 식품 및 첨가물 | 표시된 양에 대하여 | 2% |

# 제7장 식품의 보존과 품질

식품의 대부분은 농산물, 축산물, 수산물로서 이용하는 형태를 보면 병조림, 통조림 식품으로 가공(加工)하는 경우와 건조·절임·냉장·냉동하여 저장(貯藏)하는 경우 및 날것으로 먹는 경우가 있다.

식품을 가공 저장함으로서 식품의 사용기간을 연장할 수 있으며, 식품의 영양과 맛을 개선할 수 있고, 저장과 수송을 간편하게 하는 등 식품의 이용범위를 넓히고 가치를 높이게 된다. 그러나 식품은 많은 성분으로 구성되어 있어 저장중 정미성분이나 향기성분에 무엇인가 화학적인 변화가 생기고 관능적으로도 변화를 일으키게 된다. 식품의 품질을 저하시키는 원인은 미생물에 의한 변질, 광(光), 산소에 의한 화학변화 수많은 요인이 있다.

## 1. 식품의 보존기간

공장에서 생산된 제품이 소비자의 손에 전달되기 까지는 여러 단계의 유통과정을 거치게 된다. 이 과정은 제품의 종류, 판매지역에 따라 다르다. 어떤 제품은 생산되어 수일내에 소비자에게 가는 것이 있는 반면 또, 어떤 제품은 몇 개월이 지난 다음에 전달되게 된다. 제품의 품질은 그림7-1과 같이 제조·가공 저장시 변해간다. 포도주 등을 제외하고는 대부분의 제품은 저장기간이 경과함에 따라 품질이 떨어진다.

보존시의 품질변화는 식품의 특성과 가공방법, 가공전 원료의 신선도, 포장방법, 보존환경조건에 따라 다르다. 예를 들면 빵, 우유류는 보존기간이 짧고, 통조림식품은 보존기간이 길

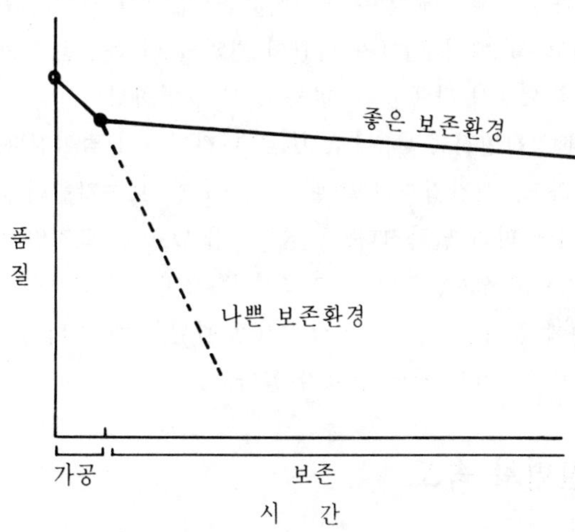


그림 7-1 식품의 제조가공 및 저장중의 품질변화

다. 건조식품의 경우 인스탄트 스프의 예를 들면 수분함량이 2.8%인 제품을 두께 0.1㎜의 방습포장재(防濕包裝材)로 밀봉하여 상온에서 보존하는 경우, 6개월까지는 그 제품의 맛, 향, 색깔등의 품질특성이 거의 그대로 유지되고, 8개월이상에서는 품질특성이 급격히 저하되어 12개월이 되면 상품가치를 상실한다. 이와같이 제품을 보존중에 주변환경의 영향을 받아서 품질이 다소 저하되나, 식품으로서 섭취하는데는 지장이 없는 기간을 보존기간이라고 한다.

위의 예에서 인스탄트스프의 보존기간은 8개월이므로 제조업체는 이 기간이 경과된 것은 회수하고 새로운 제품으로 바꾸어 주어야 한다. 이 보존기간은 제품을 개발시 실험을 하여 결정하고 유통중인 제품을 경과시간별로 수집하여 품질을 평가하여 확인한다. 품질과 보존시간과의 관계를 그림으로 나타내 상세히 설명하면 그림 7−2와 같다.

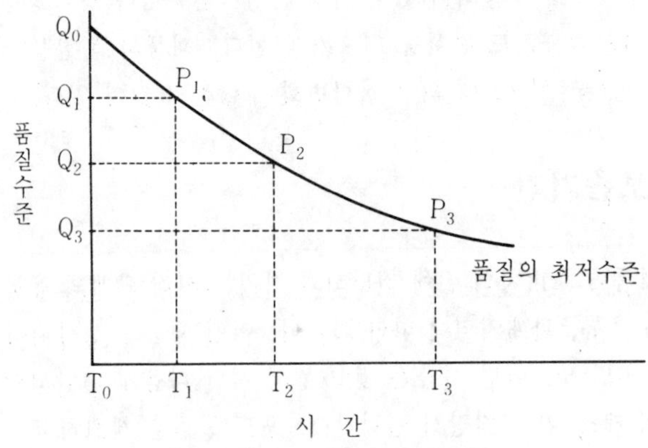


그림 7−2 식품품질의 경시변화

어떤 식품의 품질수준을 세로축으로 잡고 제조시점의 품질수준을 $Q_0$ 품질의 최저수준을 $Q_3$로 한다. 한편 기간의 경과를 가로축에 잡아 제조시점을 $T_0$로 한다. 식품은 시간의 경과에 따라 서서히 품질이 저하하고, $T_0$에서 $T_1$까지 시간이 경과할 때 품질은 $Q_0$에서 $Q_1$으로 떨어지고, $T_3$로 되어 결국에 식품으로서 판매할 수 없는 $Q_3$까지 열화한다.

일반적으로 식품품질의 경시변화는 $Q_0$, $P_1$, $P_3$로 나타나면서 떨어진다. 이 기간 $T_0-T_1$, $T_0-T_2$를 보존기간이라 하고, 시간경과의 한계점 $T_1$, $T_2$를 보존기한이라 한다. 보존기간은 품질수준을 어디에 두느냐에 따라 달라진다. 품질수준을 $Q_1$으로 갈것인가, $Q_2$ 또는 $Q_3$로 갈것인가는 회사의 품질방침과 위생면, 영양 및 기호성 등 소비자의 입장을 고려하여 결정한다. 특히, 식품은 소비자의 손에 들어간 후에도 상당기간 보관된 후에 소비되는 경우가 많기 때문에, 이 요인도 감안하여 보존기간을 정할 필요가 있다.

## 2. 식품의 품질변화 속도

식품을 저장시에는 품질의 변화가 일어나며, 이 변화의 반응속도는 다음과 같은 식으로 나타낸다.

$$\frac{dQ}{dt}=kQ^n$$

여기서Q : 측정한 품질특성

t : 저장시간

k : 온도 및 수분활성에 영향을 받는 반응속도상수

n : 반응차수를 나타내는 지수

$\frac{dQ}{dt}$ : 저장시간(t)에 따른 품질특성(Q)의 변화를 나타내며 품질특성이 저하되면 $-\frac{dQ}{dt}$로 표시한다.

식품의 경우 거의 대부분은 시간이 경과함에 따라 품질이 저하되므로 위 식은

$$-\frac{dQ}{dt}=kQ^n$$

으로 나타낸다. 이 식에서 반응차수를 나타내는 지수n은 0, 1, 2 등으로 나타내는 실수(實數)로서 대부분의 저장식품의 품질의 변화속도는 n=0인 0차반응(零次反應, zero order reaction)이나 n=1인 1차반응(一次反應, first order reaction)을 나타낸다.

## 2.1 0차반응(零次反應)

품질변화의 반응속도식 $-\frac{dQ}{dt}=kQ^n$ 에서 n=0인 식이 0차반응 즉,

$$-\frac{dQ}{dt}=k$$

가 된다.

이 식을 적분(積分)하면

$$-\int_{Q_0}^{Q_e} dQ=\int_0^{\theta_s} kd\theta=k\int_0^{\theta_s} d\theta$$

그러면 $Q=Q_o-k\theta\ (k=\frac{Q_o-Q}{\theta})$또는 $Q_e=Q_o-k\theta_s(k=\frac{Q_o-Q_e}{\theta_s})$

여기서 $Q_0$ : 최초의 품질수준(시간 $\theta=0$일때)

Q : 시간($\theta$)경과 후의 품질수준

$Q_e$:저장기간 종점($\theta_s$)에서의 품질수준

$\theta_s$ : 저장기간(shelf life)

많은 경우 Q는 객관적으로 측정할 수 없고 관능검사에 의지하고 있다. 이 경우 $Q_0$는 품질 100%로 가정하고 $Q_e$는 받아들일 수 없는 품질이다. 그러므로 품질저하속도 상수 k는

$$k=\frac{100\%}{\theta s}=1\text{일간 품질저하량 }\%(\text{constant \% per day})$$

이다. 0차반응하는 품질에서는 품질저하가 처음의 품질수준에 관계없이 일정속도로 일어나는 것으로, 어떤 식품의 품질저하가 0차반응이라는 것이 확인되면 주어진 온도에서 그 식품의 품질수명(shelf life)은 쉽게 계산할 수 있다. 예를 들면 어떤 식품을 일정한 온도로 저장시 100일 동안에 품질이 50%가 저하되었다고 하면

$$k=\frac{Q_0-Q}{\theta_s}=\frac{100-50}{100}=0.5\%/\text{일}$$

즉, 하루에 0.5%씩 품질이 저하되므로 남아 있는 품질수준을 알려면 100−(0.5%×저장일수)=남은품질%가 된다. 이것을 그림으로 나타내면 그림 7−3과 같다.

이 그림에서 40일 저장하면 남아있는 품질수준은 80%이고 160일이면 20%가 남는다.

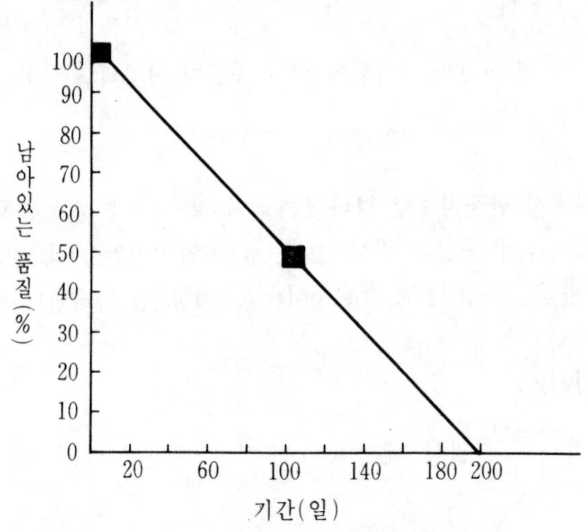


그림 7−3 품질저하속도

보고된 자료에 의하면 다음과 같은 반응으로 품질이 저하 될 때 0차반응하는 것으로 알려지고 있다.

① 효소반응에 의한 품질저하(신선한 과실 및 야채, 일부냉동식품 등)

② 비효소적 갈변(건조곡물, 건조유제품 등)

③ 지방산화(스넥, 건조식품, 냉동식품 등의 산패)

## 2.2 1차반응(一次反應)

품질변화 반응속도식 $\frac{dQ}{dt}=kQ^n$에서 n=1인 식이 1차반응이다.

식품의 품질저하를 일으키는 대부분의 화학반응은 0차반응이 아닌 1차 반응을 나타내며, 이는 품질이 저하되면서 품질저하율이 지수적으로 감소됨을 나타낸다. 1차 반응에 의한 품질변화 반응속도식은

$$-\frac{dQ}{dt}=kQ$$

이며, 이 식을 적분하면

$$\int_{Q_0}^{Q}\frac{dQ}{Q}=-\int_{0}^{\theta}kd\theta=-k\int_{0}^{\theta}d\theta$$

$$\ln\frac{Q}{Q_0}=-k\theta \text{ 또는 } l_n\frac{Q_e}{Q_0}=-k\theta_s$$

여기서 $Q_0$ : 최초의 품질수준

$Q$ : 시간($\theta$)경과후의 품질수준

$Q_e$ : 보존기간 종점($\theta_s$)에서의 품질수준

$k$ : 온도 및 수분활성에 영향받는 반응속도 상수

그림 7-4에서 보듯이 1차반응에서는 저장초기에 품질저하가 상당히 빠르나 반응이 진행될수록 반응속도가 감소한다.

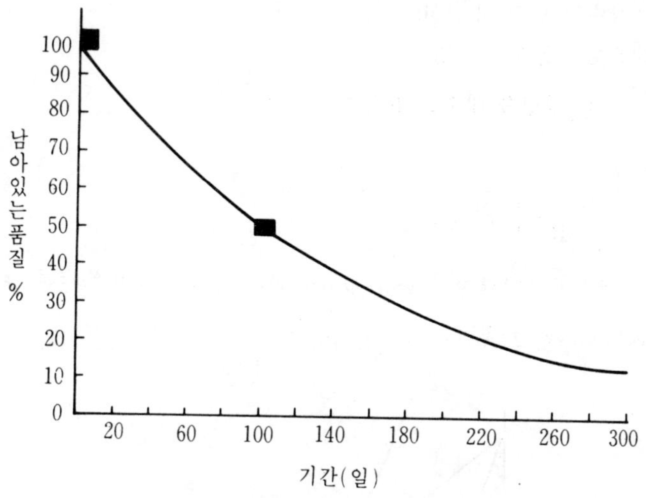


**그림 7-4 1차반응에 의한 품질저하**

그림 7-4에 나타난 바와 같이 남아있는 품질수준대 시간은 직선이 아니다. 앞의 예에서와 같이 100일동안에 품질의 50%가 저하되었다면 40일에서는 76%의 품질이 남고, 160일에서는 33%, 300일에서는 아직도 12.5%가 남는다.

1차반응에 의해 품질변화를 일으키는 경우는 다음과 같다.

① 식용유나 건조야채의 산패

② 생고기나 생선에서의 미생물 증식 및 열처리에 의한 미생물 살균

③ 고기나 생선에 미생물에 의한 이취생성이나 점질물 생성

④ 통조림이나 건조식품에서 비타민 손실

⑤ 건조식품의 단백질 품질 손실

## 2.3 온도가 품질변화반응속도에 미치는 영향

앞에서 설명한 품질변화반응속도 수식 $-\frac{dQ}{dt}=kQ^n$은 모두 온도가 일정하다는 가정하에서 이루어진 것이다. 그러나 화학반응은 온도의 영향을 크게 받으며, 생물학적 반응에서는 온도가 반응속도에 미치는 영향을 $Q_{10}$값으로 흔히 표시한다. 그런데 온도가 화학반응의 속도에 미치는 영향을 수식으로 표현하는 데는 아레니우스(Arrhenius)식을 흔히 사용한다. 이론적으로 반응속도상수 k의 온도의존성은 다음과 같은 아레니우스식으로 표현한다.

$$k = k_0 e^{-E/RT}$$

여기서 k : 반응속도상수($min^{-1}$)

$k_0$ : 빈도계수($min^{-1}$)

E : 활성화에너지(Cal/mole)

R : 기체상수(1.987 cal/mole °K)

T : 절대온도(°K, ℃ +273)

$k=k_0 e^{-E/RT}$ 식의 양변을 대수를 취하면

$$\ln k = \ln k_0^{-E/RT}$$

또는 $\log k = -\frac{E}{2.303R} \cdot \frac{1}{T} + \log k_0$

$\log k$ 대 $\frac{1}{T}$을 반대수지(半對數紙, semilog paper)에 그리면 그림 7-5와 같은 직선이 얻어진다. 이것이 아레니우스도식(Arrhenius plot)이다.

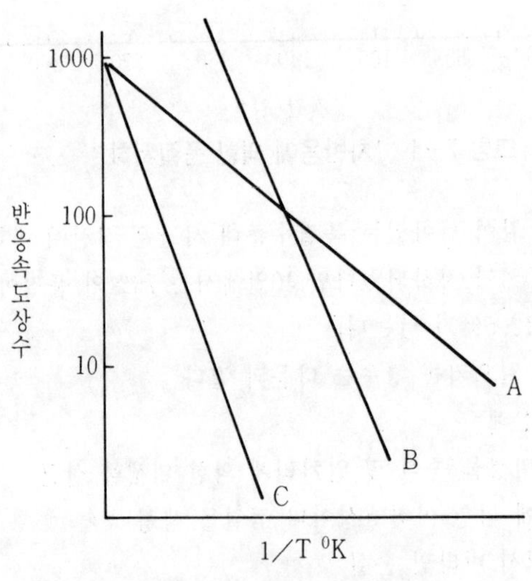


그림 7-5 아레니우스도식

직선의 기울기는 $^{-E}/2.303R$ 이므로 이 기울기로부터 활성화 에너지를 얻을 수 있다. Arrhenius식의 온도적용범위는 20~40℃의 온도범위에서 잘 부합된다.

## 2.4 보존기간 도식

일반적으로 보존기간(shelf life)대 온도를 반대수지(semilog paper)에 그리면 그림 7－6과 같은 직선이 성립된다. 이것을 보존기간도식(shelf－life plot)이라고 한다.

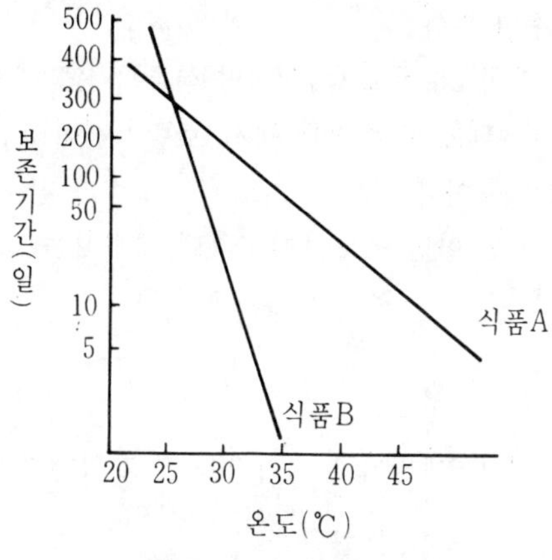


그림 7－6 보존기간 도식

그림에서 알 수 있는 바와 같이 직선의 위치가 윗쪽에 있을수록 보존기간이 길고, 아래쪽에 있을수록 보존기간은 짧다. 이 그림에서 중요한 것은 직선의 기울기이다. 기울기가 클수록 품질변화에 대한 온도의 영향이 크다는 것을 의미한다.

품질저하 반응에서 온도에 대한 민감도를 나타내는 척도는 $Q_{10}$값이다. $Q_{10}$값은 보존온도가 10℃증가함에 따라 품질저하 반응속도가 얼마나 빨라지는 지를 나타낸다. 반응속도와 보존기간은 반비례 관계가 성립되므로 $Q_{10}$은 보존기간 도식으로부터 구할 수 있다.

$$Q_{10} = \frac{\text{T℃에서의 보존기간}}{\text{(T+10)℃에서의 보존기간}} = \frac{\theta_s T}{\theta_s (T+10)}$$

표 7－1은 식품을 고온에서 저장하면 보존기간이 얼마나 단축되는가를 나타내고 있다.

표 7－1 주어진 $Q_{10}$에 대한 주어진 온도에서의 보존기간

| 온 도 | $Q_{10}$ | | | | |
|---|---|---|---|---|---|
| | 2 | 2.5 | 3 | 4 | 5 |
| 50℃ | 2주 | 2주 | 2주 | 2주 | 2주 |
| 40 | 4 | 5 | 6 | 8 | 10 |
| 30 | 8 | 12.5 | 18 | 32 | 50 |
| 20 | 16 | 31.3 | 54 | 128 | 250 |

이 표는 50℃에서의 보존기간은 모두 같으나, $Q_{10}$이 각기 다른 식품의 저온에서의 보존기간을 나타낸다.

예를 들어 $Q_{10}$이 2인 식품의 20℃에서의 보존기간은 16주이다. 따라서 이 식품에 대한 연구를 하려면 20℃에서는 적어도 4개월이상의 저장시험을 하여야 되나, 50℃에서는 2주정도면 된다. 이것이 항온(恒温)에서 가속시험(accelerated test)을 하는 이유이다.

비교적 높은 온도에서 가속실험을 하여 보존기간을 측정함으로서 $Q_{10}$의 값을 구하면 임의의 다른 낮은 온도에서의 보존기간을 예측할 수 있다. 온도차가 10℃인 경우에는 보존기간에 $Q_{10}$값을 곱해주거나 나누어 주면 된다.

예를 들면 50℃에서 보존기간이 2주이고 $Q_{10}$이 4인 식품의 40℃에서의 보존기간은 2×4=8주, 30℃에서는 32주(=8×4)이다. 또한 30℃에서 보존기간이 8주이고 $Q_{10}$이 2인 식품의 40℃에서의 보존기간은 8÷2=4주이다.

만약 온도차이가 10℃차가 아닌 어떤 온도차이 △T에 대하여는

$$Q_{10}^{\Delta T/10}=\frac{\theta_s(T_1)}{\theta_s(T_2)}$$

으로 된다.

예를 들면 $Q_{10}$=3이고 35℃에서 6개월의 보존기간을 갖고 있다면 20℃에서의 보존기간은

$$\theta_{20}=\theta_{35}\times Q_{10}^{\Delta T/10}=6\times 3^{15/10}=31.1(\text{월})$$

## 3. 품질변화의 요인

### 3.1 수 분

식품에는 많건 적건 수분이 있다. 보존중 품질의 변화에는 이 수분의 영향을 무시할 수 없다. 수분이 적은 편이 보존성이 높다는 것은 옛날부터 식품을 건조하여 수분을 제거하는 것이 유효한 수단으로 이용되어 온 것을 보아도 명백하다. 식품중에 존재하는 수분의 영향은 수분함량의 다소에 있는것이 아니라 존재하는 수분의 형태에 따르른다.

식품에 들어있는 물에는 온도와 습도의 변화에 따라 쉽게 이동하거나 증발을 일으키는 자유수(自由水)와, 식품의 구성성분으로 있는 단백질이나 탄수화물과 굳게 결합되어 있는 결합수(結合水)라는 것이 있다. 이 중에서 미생물이나 효소가 이용할 수 있는 것은 자유수뿐이다. 따라서 건조하여 자유수를 제거하면 미생물의 증식은 일어나지 않으나, 보존중에 흡습하면 변질을 받기 쉽게 된다.

### 3.2 미생물의 생육

미생물의 생육은 온도, 습도, PH, 산소 등의 많은 환경인자의 영향을 받는다. 건조식품은 수분활성(water activity)이 낮기 때문에 적정한 포장이 되어 있으면 미생물에 의한 변패가 거

의 문제되지 않으나, 온도가 높은 환경에서 장시간 방치된 경우나 온도변동에 따라 수분이 응축된 경우에는 수분의 상승이 일어나고 미생물에 의한 변패를 받는 일이 있다.

미생물의 생육과 수분의 관계에서 가장 중요한 것은 생육에 필요한 최저수분활성이다. 이것은 미생물의 종류에 따라 다르나, 일반적으로 세균의 생육 최저수분활성은 0.90, 효모는 0.88, 곰팡이는 0.80이다.

## 3.3 효소반응(酵素反應)

식품중에는 가수분해효소, 산화환원효소 등 각종의 효소가 들어있기 때문에 그 효소작용에 의해 색, 향, 조직(texture)이 변화하기 쉽다. 예를 들어 사과나 감자의 자른 부분이 갈변(褐變), 흑변(黑變)하는 것은 폴리페놀옥시다제(polyphenoloxidase)라고 하는 효소가 작용하는 결과이다. 이와같은 효소작용은 건조중 또는 저장중에도 서서히 진행하여 품질을 저하시키는 경우가 있다. 그 때문에 건조하기 전에 브랜칭(blanching)이라고 하는 가열처리에 의해 효소를 실활(失活)시키는 것이 중요하다. 효소활성은 식품중의 이용가능한 자유수(自由水)의 양과 관계가 있다.

## 3.4 비효소적 갈변(非酵素的褐變)

비효소적갈변은 폴리페놀이나 비타민 C의 산화 또는 당의 캬라멜화에 의해 일어나는 경우도 있으나, 특히 중요한 것은 환원당과 아미노산이나 단백질에 의한 아미노-카르보닐반응(aminocarbonyl reaction, Maillard reaction)이다. 이 반응으로 포도당 등의 환원당이나 알데히드(aldehyde), 케톤(ketone)이 아미노산화합물과 반응하여 최종적으로 갈변물질인 메라노이진(melanoidine)을 생성한다.

이 반응은 효소나 철 이온이 공존할 때 촉진되고, 갈변속도도 수분함량에 비례하여 증가한다. 건조식품의 갈변반응은 일반적으로 수분활성을 낮춤으로써 억제되나, 지질(脂質)의 산화가 일어나기 쉬운 식품의 경우, 지질산화생성물인 카르보닐화합물이 갈변반응에 관여하기 때문에 반드시 수분활성이 낮다고 해서 갈변반응이 방지되는 것은 아니라는 보고도 있다.

## 3.5 지질의 산화

불포화 지방산을 포함하는 건조식품에 있어서는 주로 공기중의 산소에 기인하는 산화에 의해 변질을 받기 쉽다. 특히, 동결건조된 식품에서는 다공질구조(多孔質構造)로 되어 있어 산화표면적(酸化表面積)이 확대되어 있기 때문에 이러한 현상이 현저히 나타난다. 식품중의 불포화 지방산은 공기중에서 산소를 흡수하여 자동산화 하기 때문에 향미(香味)가 저하하고, 산화지질의 중합(重合)에 의한 기름쩔은 냄새(酸敗)가 일어나며 산화에 의해 색소, 비타민의 파괴도 진행한다.

지질의 보존조건과 산화는 깊은 관계가 있으며, 온도가 높을수록, 햇빛에 노출될수록 산화반응이 빠르게 진행된다.

# 4. 품질변화의 방지법

## 4.1 미생물오염방지

식품보존중 가장 문제가 되는 것은 미생물의 번식으로, 식품의 맛과 향을 손상시킬 뿐만 아니라 식중독의 원인이 되어 때로는 생명을 빼앗는 중대한 사태를 초래하는 일이 있다. 식품을 보존중에 미생물에 의한 악영향을 막기 위해서는 철저한 위생관리로 제조공정에서 미생물이 오염되지 않도록 하는 것이다. 또한, 식품보존중 미생물의 번식을 막기 위해서 수분활성을 낮추거나 합성보존료를 이용한다.

## 4.2 방습포장

건조식품은 흡습되기 쉽기 때문에 될 수 있는 한 수증기투과성이 적은 포장재료로 포장해야 한다. 금속이나 유리용기는 대단히 기밀성(氣密性)이 높은 포장재료로 오래전부터 사용해 왔으나, 중량이나 가격의 면에서 문제가 있다. 또, 유리는 파손되기 쉬운 결점이 있다. 그 때문에 건조식품의 포장재료로서는 주로 플라스틱(plastic)류가 사용된다.

그러나 고도의 방습성이 요구될 경우에는 알루미늄박(aluminium foil)이 포장기재(基材)로서 많이 이용된다. 알루미늄박은 수증기나 가스를 투과하지 않으나, 미세한 구멍(pin hole)이 있을 때 모세관에 의한 투과현상이 있기 때문에 충분한 주의가 필요하다.

## 4.3 산화방지 포장

산소가 건조식품이나 유지관련제품의 변질에 큰 요인이 되기 때문에 건조식품의 포장에 있어서는 수분은 물론 산소도 될 수 있는 한 통하지 않는 포장재료를 쓰는 것이 중요하다. 더 적극적으로 식품과 산소와의 접촉을 막아줌으로서 식품의 품질을 보존하는 포장기술로는 진공포장, 가스치환포장, 탈산소제(脫酸素劑)등을 넣는 방법이 있다.

유지관련 제품에서는 햇빛에 의해서도 산화가 촉진되기 때문에 차광포장을 하도록 한다. 또한, 식품중에는 산소나 햇빛에 의해 변색되는 경우가 많으므로 제품의 품질설계 및 포장설계시에 보존조건을 고려할 필요가 있다.

## 4.4 적정수분함량의 유지

식품중의 수분은 품질에 큰 영향을 주기 때문에 식품을 저장할 때에는 식품중의 수분을 적절하게 유지하는 것이 중요하다. 저장시에 수분을 흡습하여 수분이 증가하거나 그와 반대로 수분이 줄어드는 경우도 있다. 식품의 수분함량과 상대습도의 관계를 그림으로 나타낸 것을 등온흡습곡선(等温吸濕曲線) 또는 등온탈습곡선(等温脫濕曲線)이라하고, 이 곡선의 모양으로 개략적인 물의 존재상태 즉, 자유수인가 결합수인가를 알 수 있다.

식품중의 물이 결합수로 존재하는 영역이 단분자층(單分子層)으로 식품의 안전한 저장과 관련되는 중요한 값이다. 일반적으로 단분자층값에 해당하는 수분함량에서는 품질의 저하없이 저장이 가능하다. 그러나 단분자층 이하의 수분까지 탈수(脫水)시에는 오히려 산패(酸敗), 색깔의 퇴색, 비효소적갈변이 일어나게 된다.

등온흡습곡선을 알고 있으면 이와같이 식품의 저장시에 중요한 단분자층에 해당하는 수분함량은 BET(Brunauer-Emmet-Teller)방정식에 의해 계산해 낼 수 있다 (계산법은 5.5참조)

## 5. 건조식품의 안전보존과 수분함량

### 5.1 식품중의 물의 존재 상태

모든 식품은 수분을 함유하고 있고, 이 수분이 품질에 큰 영향을 주기때문에 식품을 저장하고자 할 때에는 식품중의 수분을 적절하게 유지하는 것이 중요하다. 소량의 수분차이라도 그 저장수명을 연장하는 데 있어서 큰 영향을 미치는 경우가 있다. 그 예로서 헌(Hearne, J.F. 1964)의 연구에 의하면 15%의 수분을 함유하는 밀가루는 10℃에서 저장될 때에는 수개월의 저장수명을 나타낼뿐이나, 수분함량이 14.5%인 경우에는 같은 온도조건에서 4년으로 그 수명이 연장되며, 수분함량이 13%이하인 경우에는 저장수명이 6~7년으로 연장된다고 한다.

식품중에 함유되어 있는 물은 자유수(自由水, free water)와 결합수(結合水, bound water)의 두가지 형태로 존재한다. 자유수란 염류, 당류, 수용성 단백질 등을 녹이고 있는 물로서 온도와 습도의 변화에 따라 쉽게 이동하거나 증발한다. 결합수란 식품중의 물분자가 탄수화물이나 단백질분자와 결합하고 있는 물을 말한다. 이 중에서 미생물이나 효소가 이용할 수 있는 것은 자유수뿐이다. 따라서 건조하여 자유수를 제거하면 미생물의 증식은 일어나지 않는다. 그러나 한 물질내에 있는 자유수와 결합수는 서로 독립적으로 존재하는 것은 아니며, 일부의 자유수는 상황에 따라 결합수가 될 수 있으며 또, 일부결합수도 자유수로 될 수 있다. 즉, 이들 사이의 이동은 일반적으로 가역적이며 그 평형(平衡)은 온도나 물에 녹아있는 물질들의 종류 및 그 량에 따라 크게 영향을 받는다.

### 5.2 식품의 등온흡착곡선과 평형수분

식품을 저장시 수분을 흡습(吸濕)하여 수분이 증가하거나 그와 반대로 탈습(脫濕)하여 수분이 줄어드는 경우도 있고, 전혀 변동이 없는 경우도 있다. 전혀 수분의 변동이 일어나지 않는 상대습도를 평형상대습도(equilibrium relative humidity, ERH)라고 한다. 상대습도는 실제로 수분활성의 의미와 같으며, 수분활성에 100을 곱한 것으로서 온도에 따라 이 값은 달라진다. 식품의 수분함량은 대기중의 수분함량 즉, 상대습도와 평형을 이루며 그 때의 수분함량을 평형수분함량(equilibrium moisture content)이라고 부른다.

어느 온도에서 식품이 갖는 평형수분함량을 세로축으로 잡고, 그 식품이 놓여진 용기중의 습도를 가로축으로 하여 그린 곡선을 등온흡습곡선(等温吸濕曲線, water desorption isotherm curve)이라 한다(그림 7-7). 이 곡선은 여러가지 식품의 저장이나 포장 또는 건조에 대단히 중요한 의의가 있다. 이 등온흡습곡선이나 등온탈습곡선은 여러가지 방법으로 평형수분을 측정하여 그릴 수 있다. 가장 간단한 방법의 하나는 여러 종류의 습도로 조정된 용기(예를 들면 데시케이터)중에 식품을 넣고 항온기(恒温器)에 방치하여 평형시킨다음 수분량을 측정한다.

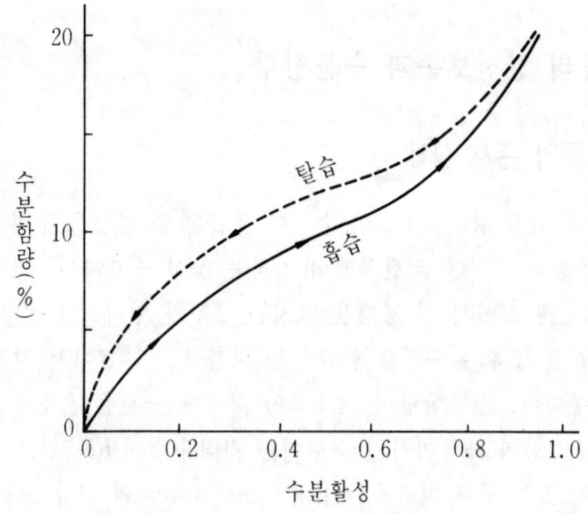


그림 7-7 등온흡습 및 탈습곡선

### 5.3 식품의 안전보존과 물의 단분자층

수분이 식품에 흡수되는 단계를 구분해서 보면 단분자층흡착(單分子層吸着), 다분자층흡착(多分子層吸着), 모세관응축(毛細管凝縮)으로 나눌 수 있다.

식품의 등온흡습 곡선은 그림 7-8과 같이 일반적으로 역(逆)S자형으로 되고 각각의 굴곡점(屈曲点)을 경계로 3구분으로 나뉜다. 이 등온흡습곡선의 모양으로 물의 존재상태를 정확히 판단은 할 수 없으나, 대략 최초의 굴곡점까지는 단분자층흡착, 다음에 완만한 직선에 가까운 범위는 다분자층흡착으로서 가용(可溶)성분의 액화(液化)가 일어나고 또, 그 이상의 영역에서는 모세관응축수가 증가한다. 식품중의 물이 결합수로 존재하는 영역이 단분자층(單分子層, monomolecular layer)으로 식품의 안전한 저장과 관련되는 중요한 값이다. 이론적 단분자층의 값에 해당하는 수분함량이 품질의 저하없이 저장되는 최소의 필요량이자 최대의 허용치이다.

식품의 단분자층을 나타내는 수분함량은 식품의 종류에 따라 다르고 동일식품이라 하더라도 가공방법에 따라 다르다. 이 단분자층 수분량은 건조식품의 저장조건의 결정, 포장 조건의 선택을 위해 유익하다. 일반적인 건조식품은 단분자층 수분함량이 적정한 수분함량이라고 보고되어 있다.

식품저장시 수분이 높은 영역에서는 미생물에 의한 부패나 화학적 변화가 문제로 된다. 이 경우 수분의 절대량보다도 존재하는 물의 자유도에 영향을 받기때문에 수분활성으로 판단하는 경우가 많다. 미생물의 경우에는 세균에서 0.90이상, 효모에서 0.88이상 곰팡이에서 0.80이상이 일반적 번식조건이다. 따라서 식품의 저장성을 높이기 위해서 수분을 낮추기도 하고 소금이나 설탕 등의 용질(溶質)을 가하기도 한다. 옛날부터 내려오는 보존식품은 어류나 야채를 건조시키거나 특히, 소금에 절인 식품이 주종을 이루고 있다. 이것은 수분활성을 낮추기 위한 경험적인 방법이었으나, 근래에는 이 조건설정에 등온흡습곡선의 데이터가 활용된다.

낮은 수분에서도 변질이 문제로 되는 경우도 있다. 건조식품은 저장중에 변질이나 부패가 일어나지 않는 수분까지 탈수(脫水)하는 것이 기본이다. 야채를 예로들면, 적어도 등온흡습곡선에서 습도가 높은 측의 굴곡점이하의 범위로까지 탈수할 필요가 있다. 그러나 건조를 더 계속하여 단분자층이하의 수분으로까지 탈수시킬 때 오히려 불안정하게 되어 산화(酸化)나 지방의 산패, 색깔의 퇴색, 비효소적 갈변반응 등이 일어나게 된다. 또한, 건조식품은 흡습하기 쉽거나 조해성 있는 물질이 존재하기 때문에 대기중에 방치시 흡습으로 물리적 화학적 변화를 일으키는 경우가 있다. 이와같은 문제를 피하기 위해 품질을 보증하는 조건 설정 등의 관리목표를 정하는 데도 등온흡습곡선이 유용하게 이용된다.

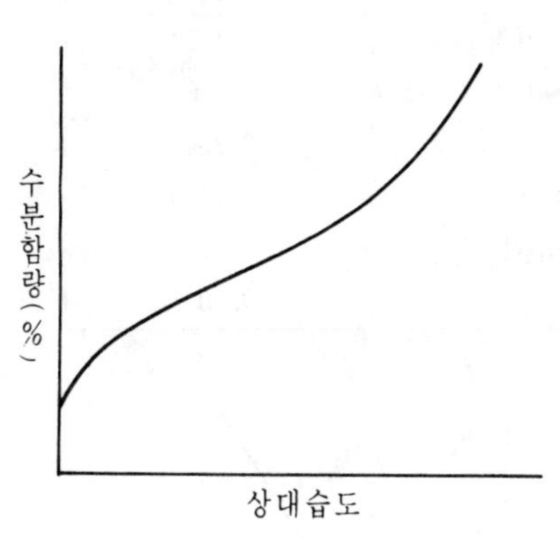

그림 7-8 대표적인 등온흡습곡선

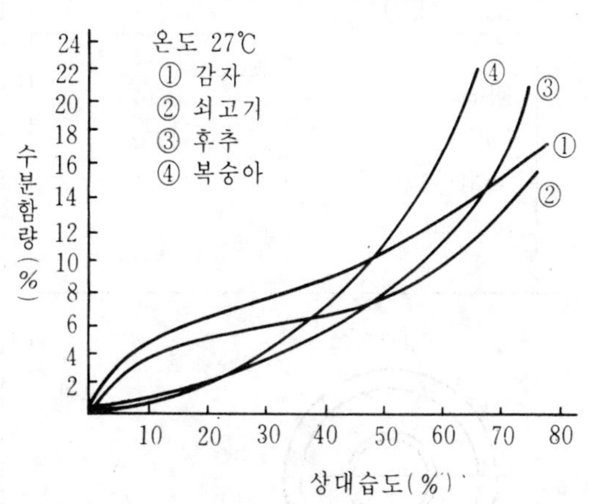

그림 7-9 식품의 등온흡습곡선 사례

## 5.4 수분활성의 측정법

수분활성의 측정은 기기분석(機器分析)방법 등 여러 가지가 있으나, 분석기가 없을 경우에는 Landrock법이 많이 이용된다. 이 방법은 식품을 용기에 밀봉한 경우 그 공간에 나타내는 상대습도가 그 식품의 수분활성이라는 원리를 이용하는 것이다.

표 7－2의 시약은 포화용액이면 항상 일정의 수분활성을 나타낸다. 예를 들면 소금(Nacl)의 포화용액을 용기에 밀봉할 때 그 공간의 상대습도는 75.2% 즉, 수분활성 0.752이다.

용기로서는 무엇이라도 좋으나 입수하기 쉽고 밀봉하기 쉬운 콘웨이유니트(Cornway unit) 등이 편리하다(그림7－10). 유니트의 외실(外室)에는 표 7－2의 시약의 결정(結晶)을 5~10 g 넣고 소량의 증류수를 넣어 습하게 한다. 내실(內室)에는 알루미늄박(aluminium foil)을 깔고 정확히 계량한 샘플을 약 1 g 넣는다. 하나의 샘플의 측정에 6개의 유니트 즉, 6종류의 표준시약을 이용하면 대부분의 샘플은 측정범위내에 들어온다. 용기의 뚜껑에는 바세린(vaseline)을 이용하여 밀봉하고 25℃에서 약 2시간 방치한 후 샘플의 중량을 측정한다. 만약 샘플의 수분활성이 동봉(同封)한 시약의 수분활성보다 높으면 수분을 빼앗겨 중량이 감소한다. 반대로 시약보다 수분활성이 낮으면 흡습으로 중량이 증가한다.

그래프용 방안지(方眼紙)를 이용하여 세로축에는 중량의 증감(增減)을 mg수로 산출하여 타점(plot)하고 그 각점을 잇는 직선이 증감량 0에서 수분활성의 축과 교차하는 점의 수분활성을 구한다(그림 7－11참조).

표 7－2 표준시약 포화용액의 수분활성(25℃)

| 표 준 시 약 | 수 분 활 성 | 표 준 시 약 | 수 분 활 성 |
|---|---|---|---|
| $K_2Cr_2O_7$ | 0.980 | $NaBr \cdot 2H_2O$ | 0.577 |
| $KNO_3$ | 0.924 | $Mg(NO_3)_2 \cdot 6H_2O$ | 0.528 |
| $BaCl_2 \cdot 2H_2O$ | 0.901 | $LiNO_3 \cdot 3H_2O$ | 0.470 |
| KCl | 0.852 | $K_2CO_3 \cdot 2H_2O$ | 0.427 |
| KBr | 0.807 | $MgCl_2 \cdot 6H_2O$ | 0.330 |
| NaCl | 0.752 | $K(C_2H_3O_2) \cdot H_2O$ | 0.224 |
| $NaNO_3$ | 0.737 | $LiCl \cdot H_2O$ | 0.110 |
| $SrCl \cdot 6H_2O$ | 0.708 | $NaOH \cdot H_2O$ | 0.070 |
| | | $CaCl_2$ | 0.00 |

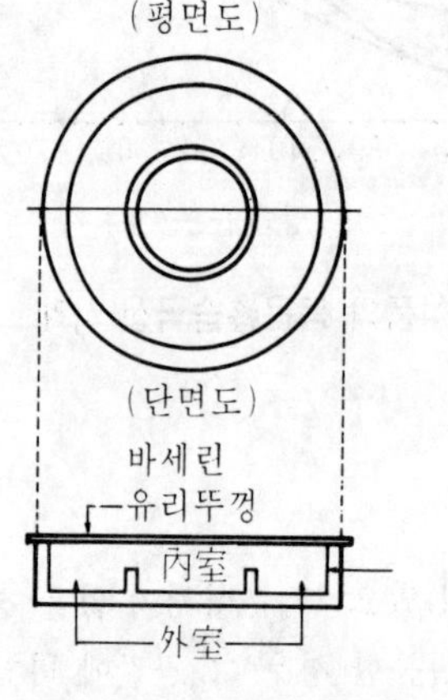


그림 7－10 콘웨이 유니트

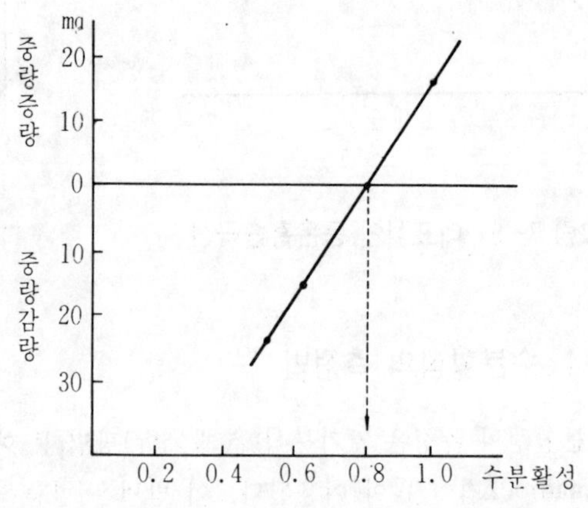


그림 7－11 수분활성측정을 위한 산출법

콘웨이 유니트가 없을 경우에는 그림 7-12와 같이 데시케이터를 사용한다. 이것의 단점은 용기가 커서 시약이 많이 소요되는 것이다. 이 결점을 보완하고 시험공간을 줄이기 위해서는 그림 7-13과 같은 간이 용기를 만들어 사용하면 편리하다.

이 용기는 시판되고 있는 직경 55mm의 여지(濾紙)를 그대로 사용할 수 있도록 아크릴재질로 만들고 여지위에 샘플 1.5~2.5g을 그림 7-13과 같이 2~3mm의 두께로 적층하고 뚜껑을 씌운뒤 바세린으로 밀봉한다. 이외의 사항은 콘웨이유니트 사용시와 동일한 방법으로 실시한다.

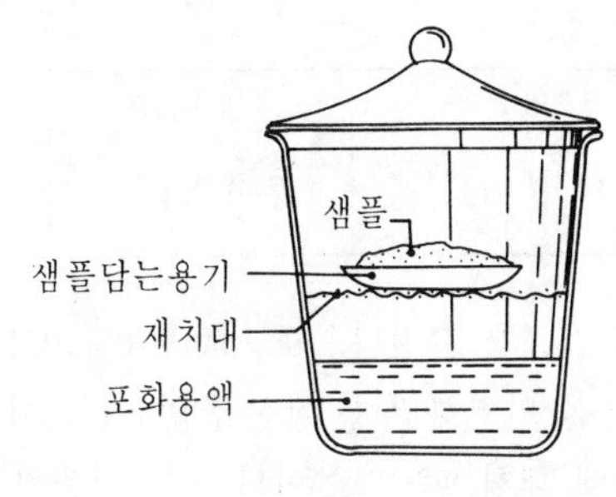

그림 7-12 데시케이터

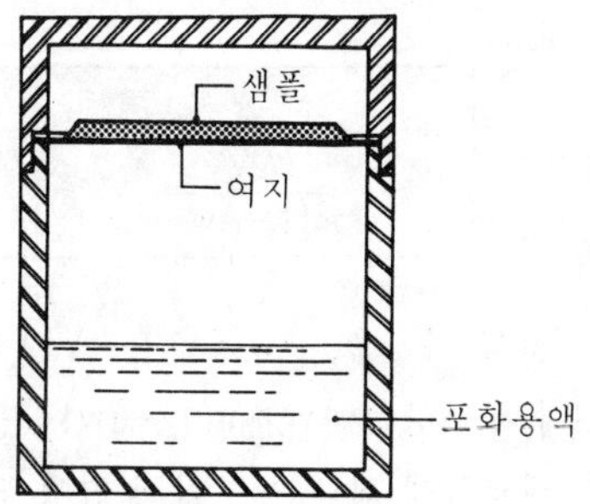

그림 7-13 간이용기

## 5.5 단분자층 수분함량의 계산법

단분자층에 해당하는 수분함량의 계산은 어떤 식품의 상대습도가 5~35%사이에 있을 때의 등온흡습곡선 또는 탈습곡선과 브르나워(Brunauer)가 유도해낸 BET(Brunauer-Emmet-Teller)방정식에 의해 구할 수 있다.

$$\frac{Aw}{m(1-Aw)} = \frac{1}{m_1C} + \frac{C-1}{m_1C}Aw$$

여기서 Aw : 수분활성(水分活性, water activity)

m : 수분함량(%)

$m_1$ : 단분자층의 수분함량(%)

C : 상수

위 방정식에서 Aw는 바로 상대습도를 나타내므로 이것을 직교좌표의 가로축에, $\frac{Aw}{m(1-Aw)}$를 세로축에 타점(plot)하고 이들 점을 연결하면 한 직선을 얻는다. 이 때 얻어진 직선의 기울기(slope)는 $\frac{C-1}{m_1C}$이며, 이 직선의 절편(intercept)은 $\frac{1}{m_1C}$이 된다. 여기서 $m_1$ 즉, 단분자층의 수분함량을 계산할 수 있다.

### (1) 단분자층값(monomolecular layer value)의 계산 사례

분말간장의 단분자층값을 구하기 위해서 20℃에서 상대습도별 수분흡습 데이터를 다음과 같이 얻었다. 이것으로 단분자층의 값을 구하라.

| 상 대 습 도(%) | 5 | 15 | 33 |
|---|---|---|---|
| 수 분 함 량(%) | 1.7 | 3.8 | 6.7 |

해답 BET방정식

$$\frac{Aw}{m(1-Aw)}=\frac{1}{m_1C}+\frac{C-1}{m_1C}Aw \text{ 에서}$$

$\frac{Aw}{m(1-Aw)}$의 값을 계산한다.

| Aw | 0.05 | 0.15 | 0.33 |
|---|---|---|---|
| $\frac{Aw}{m(1-Aw)}$ | 0.031 | 0.046 | 0.074 |

Aw를 가로축, Aw/m(1−Aw)를 세로축으로 한 그래프를 그린다. 즉, Aw 0.05, 0.15, 0.33에 해당하는 Aw/m(1−Aw)값을 타점하고 이 점들을 연결하면 한 직선을 얻는다. 이 직선이 세로축에 만나는 곳이 절편이 되고 가로축의 거리에 대한 y축의 높이의 비가 기울기이다.

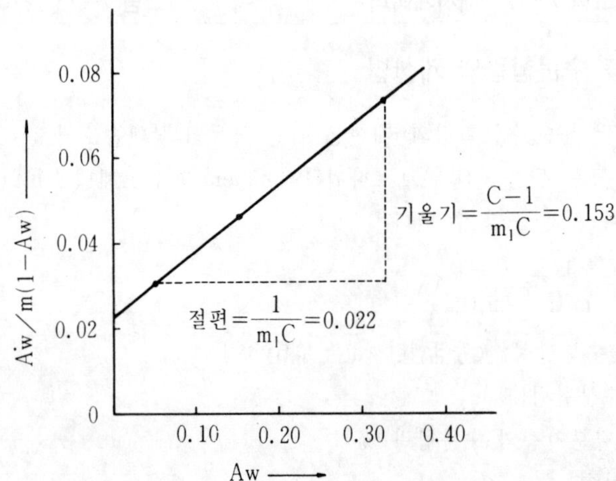


$\frac{1}{m_1C}=0.022$ : $m_1C=\frac{1}{0.022}=45.4$

$\frac{C-1}{m_1C}=0.153$ : $C-1=0.153m_1C$, $C=1+0.153m_1C$

그러므로 $C=1+0.153\times45.4=7.95$

$m_1=45.4/C=45.4/7.95=5.71$

즉, 분말간장의 단분자층의 수분함량은 5.71%이다.

(2) 식품의 단분자층 수분함량 사례

각종 문헌에 게재되어 있는 식품별 단분자층 수분함량은 다음과 같다.

| 품 명 | 온 도(℃) | 수분함량(%) | 비 고 |
|---|---|---|---|
| 고 추 가 루 | 15 | 12.1 | 10~42mesh:77% |
| | 25 | 11.8 | |
| | 35 | 11.3 | |
| 마늘플레이크 | 5 | 6.2 | |
| | 20 | 6.0 | |
| | 35 | 5.8 | |
| 마 늘 가 루 | 35 | 5.5 | 50~70mesh |
| 멸 치 | 5 | 8.2 | 길이 54~59㎜ |
| | 25 | 5.9 | 〃 |
| 쇠 고 기 | 21.1 | 5.9 | 익힌후 냉동건조 |
| | 30 | 4.8 | 익힌후 진공건조 |
| | 19.5 | 5.9 | 생고기 냉동건조 |
| | 30 | 6.4 | 〃 |
| 돼 지 고 기 | 19.5 | 7.0 | 익힌후 냉동건조 |
| 닭 고 기 | 19.5 | 7.0 | 익힌후 냉동건조 |
| | 5 | 8.3 | 생고기 냉동건조 |
| 계 란 | 10 | 4.5 | 분무건조 |
| | 37 | 3.9 | 〃 |
| 난 백 | 10 | 7.1 | 생난백(raw egg white)동결건조 |
| 난 황 | 10 | 7.4 | 생난황(raw egg yolk)동결건조 |
| 우 유(전지) | 24.5 | 3.3 | 분무건조 |
| (탈지) | 24.5 | 3.8 | 〃 |
| 이 스 트 | 16 | 5.9 | Active dried yeast |
| | 27 | 5.6 | 〃 |
| 양 파 가 루 | 10 | 6.5 | 열품건조(90℃) |
| | 30 | 4.5 | 〃 |
| 당 근 | 19.5 | 4.5 | 냉동건조 |
| 양 배 추 | 19.5 | 7.4 | 〃 |
| 감 자 | 19.5 | 7.6 | 〃 |
| | 25 | 5.2 | 〃 |
| | 30 | 4.7 | 열풍건조(71.3℃) |
| | 15 | 5.9 | 익힌후 열풍건조 |
| 양 송 이 | 20 | 4.7 | 냉동건조 |
| | 25 | 6.4 | 〃 |
| 생 강 | 5 | 7.4 | 진공건조 |
| | 25 | 7.0 | 〃 |
| 사 과 | 19.5 | 4.2 | 냉동건조 |
| 아스파라가스 | 10 | 4.9 | 〃 |
| 바 나 나 | 25 | 4.0 | 〃 |
| 코 코 아 | 15 | 3.9 | |
| 무 우 | 25 | 5.4 | 냉동건조 |

| 품 명 | 온 도(℃) | 수분함량(%) | 비 고 |
|---|---|---|---|
| 감자플레이크 | 20 | 5.5 | |
| | 25 | 4.8 | |
| 보 리 | 25 | 8.6 | |
| 쌀 | 25 | 8.6 | Parboiled |
| | 25 | 7.3 | Quick cooking |
| | 20 | 5.2 | α화후 튀긴것 |
| 옥 수 수 | 22 | 7.0 | |
| 옥수수가루 | 25 | 3.5 | 82℃에서 gelatinization 후 열풍건조 |
| | 25 | 4.7 | 옥수수를 40℃에서 건조 분쇄(−40mesh) |
| | 45 | 4.1 | |
| | 25.5 | 7.9 | 배아제거된 옥수수가루, 열풍건조 |
| | 25.5 | 7.3 | 옥수수 전체를 분말화, 열풍건조 |
| 콩 | 25 | 4.9 | 냉동건조 |
| | 25 | 7.0 | Great northern beans |
| 밀 가 루 | 27 | 6.7 | 표백하지 않은 밀가루 |
| 밀 전 분 | 20.2 | 7.0 | 표백하지 않은 밀가루에서 분리 |
| 스 프 | 21 | 5.1 | 여러가지 건조원료 혼합한 스프 |
| 대 두 단 백 | 21 | 6.7 | Soy protein concenteate, 진공건조 |
| 한 천 | 실온 | 13.5 | |
| 계란알부민 | 25 | 6.3 | 실온에서 열풍건조 |
| | 25 | 5.2 | 열수로 응고후 냉동건조 |
| | 25 | 5.6 | 냉동건조 |
| 아미로펙틴 | 10.2 | 9.4 | Corn amyropectin |
| 아 미 로 스 | 10.2 | 9.3 | Corn amylose |
| 김 | 5 | 7.4 | |
| 김 가 루 | 25 | 6.4 | 40℃에서 건조, 분쇄(−40mesh) |
| 통 고 추 | 5 | 9.2 | 일광에서 건조 |
| | 15 | 8.4 | * 통고추는 단분자층수분함량에서 저장시 |
| | 25 | 7.9 | 탈색됨 |
| | 35 | 7.5 | |
| 호 박 가 루 | 25 | 9.4 | 40℃에서 건조, 분쇄(−40mesh) |
| | 45 | 9.1 | |
| 완두콩가루 | 25 | 5.0 | 40℃에서 건조, 분쇄(−40mesh) |
| | 35 | 4.7 | |

## 6. 식품의 보존성 예측

식품의 품질관리에서 중요한 것중의 하나는 보존기간의 결정이다. 식품을 장기간 보존시에는 주변환경의 영향을 받아서 품질이 점차 노화되기 때문에 제품별로 보존기간을 설정하고,

보존기간이 경과된 제품은 수거해야 한다. 이러한 활동이 제대로 안될 때 클레임이나 사고가 발생될 수 있다.

보존기간을 결정하기 위해서는 온도 습도 명암(明暗) 등을 자유로이 조절할 수 있는 보존실에서 보존하면서 일정기간마다 포장내용물의 미생물시험, 관능검사, 이화학적성분분석 및 포장용기 포장재료의 변화등을 체크하여 보존기간을 예측한다. 이 저장기간을 예측하기 위해서 장기시험이 필요하나, 일반적으로 장기간 소요되는 저장시험의 결과를 기다리지 않고 개발의 단계에서 가속시험(加速試驗, accelerated test)을 하여 보존기간(shelf life)을 예측한다.

보존실험은 신제품의 개발이나 기존제품의 품질을 개선하여 발매하는 경우 반드시 하여야 한다. 이 실험을 하지 않았거나 또는 하였더라도 적절하게 되지 않았을 경우에는 생각지도 않았던 트라블(trouble)로 회사의 이미지 손상과 경제적 손실을 초래하게 된다.

## 6.1 보존실험시의 품질체크항목

보존실험에 들어가기전에 먼저 어떤 품질항목을 정하여 체크할 것인가 품질지표를 검토해야 한다. 체크항목은 식품의 종류에 따라 다르나, 측정이 용이하고 재현성이 있어야 한다. 일반적으로 고려되어야 할 사항은 표7—3과 같다.

표 7—3 보존실험시 체크해야할 품질지표항목

| 구 분 | | 체 크 항 목 |
|---|---|---|
| 포장내용물 | 물리적 변화 | 수분증감, 덩어리짐, 깨어짐, 유화분리, 액체식품의 침전물 생성, 분체, 입체(粒體)의 체적변화 |
| | 화학적 변화 | 변색, 산패, 조직의 변화, 효소의 활성, 비타민 변화, 전분의 노화, 향의 변화, 암모니아 |
| | 미생물의 변화 | 일반세균수, 대장균수, 병원성 세균, 곰팡이수, 효모수 |
| | 관능적 변화 | 맛, 향, 촉감, 형상, 색상 |
| 포장용기 및 포장재료 | 용기.포장재료 변화 | 흡습변형, 먼지흡착, 강도, 용기뚜껑(cap)의 개전성(開栓性), 가압 또는 감압(減壓)에 따른 변형, 접착부위변화, 적층필름의 분리, 라벨의 떨어짐, 녹발생, 내용물의 유출, 포장재료에서 용출물의 유무 |
| | 인쇄상태의 변화 | 인쇄잉크의 벗겨짐, 인쇄색상의 퇴색, 일부인(日付印)의 지워짐 |

## 6.2 보존실험방법

실험방법은 실험대상제품을 예상되는 유통환경조건에 가까운 상태로 방치하면서 품질의 변화정도를 판정하는 방법과, 어떤 가혹한 조건에서 대상제품을 보존하면서 짧은 시간에 품질이 떨어지는 정도를 파악하여 보존기간을 정하는 방법이 있다. 보존실험을 할 때에는 실험개시전에 상품의 특성을 잘 검토하여 체크항목을 선정하는 등 구체적인 실험계획을 세우기 위한 정보수집이 필요하다.

이 정보에는 보존실험에 관한 과학문헌, 경쟁제품 및 유사제품의 품질정보, 원료정보, 유통환경정보, 클레임정보 등이 있다. 실험에 들어갈 때에는 실험샘플을 알아 볼 수 있도록 표시를 해야 하며, 또한 실험대상과 대비실험할 대조품(對照品, control)이 꼭 필요하다. 대조품은 실험기간동안 건조식품이나 중간수분식품은 0℃, 가열처리식품은 5℃로 보존한다.

### (1) 주어진 자연환경조건에서의 보존실험

① 상온방치실험(常温放置實驗)

제품을 상온에 방치하면서 경시적으로 품질의 변화정도를 파악하는 실험으로 품질변화정도는 대조구와 비교평가한다.

② 자동판매기에서 실험(vending machine test)

자동판매기에 샘플을 충진하고 실제의 운전조건에서 식품의 흡습성, 덩어리짐(caking)등을 실험한다.

③ 시장유통제품을 입수하여 실험

시장유통제품을 유통기간별로 수집하여 품질변화의 정도를 파악하는 실험으로 유통과정의 진열보관조건에 따라 다를 수 있으나, 가장 현실적인 데이터를 얻을 수 있다.

④ 모의점포 실험(模擬店舗實驗)

실제로 소매점의 진열장소에 실험하려는 제품은 놓을 수 없기 때문에, 대표적인 점포의 실제환경조건(온도, 습도, 조명, 먼지 등)을 조사하여 이 조건을 인위적으로 만들고 보존실험을 한다.

### (2) 인위적인 가혹한 환경조건에서의 보존실험

① 항온기(恒温器)에서 가열 또는 냉각 방치 실험

실험시기(계절)에 관계없이 유통시의 환경조건을 임의로 만들 경우에는, 항온기에 의한 고온이나 저온설정이 편리하게 이용된다. 특정온도에서 샘플의 열화(劣化)진행을 파악하고 싶은 경우나 또는 가속보존실험에도 이용된다. 가장 많이 이용되는 조건은 38℃이다.

이 조건은 반응상수 $Q_{10}$값이 2정도 되는 것으로 가정하고 38℃ 1주일 저장을 상온 1개월로 환산하거나, 38℃ 6개월저장을 상온에서 2년에 상당한다고 판정한다. 이 방법은 식품의 품질지표물질이 식품에 따라 달라질 수 있으므로 정확산 예측을 위해서는 실험에 의해 $Q_{10}$값을 산출해야 한다.

식품별 $Q_{10}$값은 다음과 같다.

· 통조림식품에서 관능품질손실 : 1.5~2.0

· 산패(酸敗) : 1.5~3.0

· 갈변반응 : 4.0~10.0

· 과일 및 음료의 품질손실 : 20~40

② 항습기(恒濕器)에서 가습 또는 건조 방치 실험

흡습에 의한 열화의 유무판정이나 반대로 건조상태에서의 변화의 관찰 등에 항습기를 이용한다. 또 가습열화에 의한 가속실험도 항습기를 이용한다.

③ 항온 항습기에서의 방치실험

포장된 제품을 항온항습기(恒温恒濕器)에 방치하면서 포장재의 차단성과 온도 및 습도조건에 따른 내용물의 품질변화를 조사하여 보존기간을 예측하는 방법이다. 일반적으로 식품의 초기수분함량으로부터 품질한계수분함량까지 도달하는 시간을 계산한다. 실험대상제품을 고온이고 습도조건이 다른곳에 넣어 품질한계 수분함량과 평형상대습도를 구한다. 또한 가속조건(고온, 고습도)에서 방치된 제품의 중량을 일정간격으로 측정하여 내용물이 투습에 의하여 한계수분함량에 도달하는 시간을 구한 후 상온에서의 보존기간을 다음과 같은 Paine의 식으로 계산해 낸다.

$$T_2 = T_1 \left(\frac{p_1}{p_2}\right)^k \left(\frac{h_1 - (h_o + h_c)/2}{h_2 - (h_o + h_c)/2}\right)$$

여기서 $T_2$ : 구하고자 하는 조건에서의 보존기간(일)

$T_1$ : 가속조건하에서의 보존기간(일)

$p_1$ : 가속시험온도의 포화수증기압(mmHg)

$p_2$ : 구하고자 하는 온도조건에서의 포화수증기압(mmHg)

$h_1$ : 가속시험조건의 상대습도(%)

$h_2$ : 구하고자 하는 조건의 상대습도(%)

$h_0$ : 초기의 평형상대습도(%)

$h_c$ : 한계수분함량에서의 평형상대습도(%)

k : 포장재의 투습도 상수

예제 1 보리를 이용한 가공식품을 폴리에틸렌 필름으로 포장하였다. 포장초기의 수분함량은 2.5%이나 보관중에 수분을 흡습하여 수분함량이 5.9%되면 씹히는 촉감이 나빠져 상품으로서의 가치를 상실한다는 것을 알고 있다.

이 식품 50g을 포장재 두께 0.06mm, 포장재의 크기 12×20cm(접착면을 제외한 실제의 크기)인 폴리에틸렌 필름으로 포장하여 온도 40℃, 상대습도 90%의 장소에 보관코자 한다. 몇일간 보관하면 상품의 가치가 없어지는가? 단, 폴리에틸렌 포장재를 KS A 1013방법으로 투습토록 측정한 결과는 8.0g/m²·day이다.

해답 $$\text{투습도}(g/m^2\cdot day) = \frac{\text{흡습량}(g)}{\text{포장표면적}(m^2) \times \text{시간}(day)}$$

윗 식을 변형하면

$$시간(day)=\frac{흡습량(g)}{포장표면적(m^2)\cdot 투습도(g/m^2\cdot day)}$$

여기서 흡습량( g )=50 g (5.9−2.5)／100=1.7

포장표면적(㎡)=12㎝×20㎝×2=0.048

투습도( g ／㎡·day)=8

$$\therefore 시간(day)=\frac{1.7}{0.048\times 8}\fallingdotseq 4.4$$

즉, 4.4일이 경과하면 상품가치가 상실된다.

예제 2 예제1의 식품을 실제로 40℃, 상대습도 90%에서 보관실험을 실시한 결과는 5일이 걸리는 것으로 되었다. 이 제품을 평균기온 10℃, 상대습도 67%의 장소에 보관시 보존기간을 구하시오

단, 이 제품의 초기수분함량 2.5%시의 수분활성은 40℃에서 0.18, 한계수분함량 5.9%시의 수분활성은 0.50이었다.

또한 폴리에틸렌 필름의 K값은 1.0이다.

해답 이것은 다음과 같은 Paine의 식으로 계산이 가능하다.

$$T_2=T_1\left(\frac{p_1}{p_2}\right)^k\left(\frac{h_1-\dfrac{h_0+h_c}{2}}{h_2-\dfrac{h_0+h_c}{2}}\right)$$

부표 15(포화수증기표)에서 10℃일때 포화수증기압 = 9.2㎜Hg

40℃일때 포화수증기압 = 55.3㎜Hg

$$T_2=5\left(\frac{55.3}{9.2}\right)^1\left(\frac{90-\dfrac{18+50}{2}}{67-\dfrac{18+50}{2}}\right)\fallingdotseq 51(일)$$ 즉, 51일이 경과하면 상품가치를 상실한다.

④ 덩어리짐(固化, caking)실험

상온방치, 가습(加濕), 가중(加重)등의 조건에 따른 고결상태(固結狀態)를 실험한다.

⑤ 열(熱)사이클 실험(heat cycle test)

5℃에서 1주간 저장하고 다음에 37℃에서 1주간 저장한다. 이것이 1사이클이다. 반복하여 3사이클(6주, 42일)저장하면 상온에서 1년간에 상당한다고 판정한다.

⑥ 밝은 곳에서의 보존실험

포장식품중에는 내용식품이 투시(透視)되도록 된것이 있기 때문에 유통과정에서 조명광이나 햇빛의 영향을 받기 쉽다.

이런 경우 햇빛의 영향을 조사하고 싶을때 형광등의 인공조명에 의한 광조사실(光照射室)내에서 보존실험 한다. 이 경우 조사레벨을 몇 단계로 나누어 각각 가속비율을 결정해 두고 실시한다. 형광등에서 방사되는 광에너지의 분포는 햇빛과 유사하기 때문에, 형광등의 조명에서 진열된 투명포장형태의 식품은 직접 햇빛에 놓여진 경우와 거의 유사한 영향

을 받는다.

## 6.3 보존실험기간

보존실험기간은 실험방법에 따라 다르나 다음과 같다.

### (1) 보통실험

일반적으로 보존기간이 꼭 찬 기간 또는 포장개봉후에도 소비자가 사용하는 기간을 고려한 "보존기간+$\alpha$"의 기간이 필요하다.

### (2) 가속실험

가속실험의 경우 필요실험기간은 예비시험결과 또는 경험치에서 파악한 가속배수치로서 보존기간을 나눈 기간까지 단축 가능하다. 예를 들면 가속효과(배수)가 3배이고, 1년 보증상품이면 실험기간은 4개월이다.

### (3) 특정항목실험

검토항목의 실험에 필요한 시간을 실험항목마다 결정해 둔다.

## 6.4 보존실험시의 고려할점

신속하고 확실한 보존실험을 완료하기 위해서는 다음과 같은 사항을 고려할 필요가 있다.

### (1) 실험제품의 식별이 되도록 적당한 라벨을 붙인다.

· 실험번호 · 제품명

· 실험조건(온도, 상대습도, 사이클, 공기, 진공, 가스)

· 실험개시일 · 실험완료일 · 보존기간

### (2) 실험온도조건

| 냉 동 식 품 | 건조 및 중간수분식품 | 가열처리식품 |
|---|---|---|
| −40℃(대조품) | 0℃(대조품) | 5℃(대조품) |
| −15 | 23(실온) | 23℃(실온) |
| −10 | 30 | 30 |
| −5 | 35 | 35 |
| | 40 | 40 |
| | 45(만약가능시) | |

일반적으로 가속실험에서 이용되는 상한온도는 통조림식품은 40℃, 건조식품은 45℃, 냉장식품은 7~10℃, 냉동식품은 −5℃이다.

### (3) 실험기간

· 제품의 품질저하 패턴(pattern)에 따라서 $Q_{10}$의 값을 가정한다.

· 샘플링 주기를 설정한다.

샘플수를 될 수 있는 한 적게하기 위해서는 최저 6개의 기간을 샘플링계획표에서 선정토록 한다.

예를 들면 만약 산패가능성이 있는 건조제품에 대한 $Q_{10}$=2이고, 23℃에서 보존기간이 24개월 요구된다면 그 때 샘플링주기는 표 7−4와 같다.

**표 7−4 샘플링계획표**($Q_{10}$=2, 23℃에서 24개월 보존시)

| 샘플링기간(월) | | |
|---|---|---|
| 23℃ | 30℃ | 40℃ |
| 2 | 1 | ⓪.⑤ |
| ④ | ② | ① |
| 6 | 3 | 1.5 |
| ⑧ | ④ | ② |
| 10 | 5 | 2.5 |
| ⑫ | ⑥ | 3 |
| 14 | 7 | 3.5 |
| ⑯ | ⑧ | 4 |
| 18 | 9 | ④.⑤ |
| ⑳ | ⑩ | 5 |
| 22 | 11 | 5.5 |
| ㉔ | ⑫ | ⑥ |

· 각 온도에서 합계 12개의 샘플이 된다.

· 샘플의 수를 줄이기 위해서는 ○으로 둘러싼 것을 선정한다.

## 6.5 보존실험제품의 품질평가

보존실험중 일정기간 간격으로 샘플링하여 품질의 변화정도를 평가하게 된다. 이 때에는 대조품(對照品)과 샘플을 대비하여 변화의 정도를 파악한다.

평가방법은 보존실험계획시에 설정된 체크항목에 대하여 물리화학적시험, 미생물시험 및 관능검사를 통하여 실시한다. 물리화학 실험에서는 품질변화의 차이가 큰 경우에는 문제가 없으나, 미미한 변화는 식별하기 어렵기 때문에 최종적으로는 관능검사로서 판정하는 것이 좋다. 관능검사에서는 맛 냄새 등 미미한 변화도 식별할 수 있다. 관능검사는 일반적으로 기호척도법이 많이 쓰인다.

품질평가자료로서 보존기간을 예측하기 위해서는 실험대상 식품에 따라 사전에 평가항목에 대한 품질변화지표의 한계치(限界値)를 정하고, 그 한계치까지 도달하는 기간을 조사한 후 이를 종합평가하여 보존기간을 예측한다. 일반적으로 보존기간의 예측은 많은 품질지표중 가장 먼저 한계치에 도달하는 것을 기준으로 삼는다. 품질평가항목별 보존한계치의 설정은 법적인 면 회사의 품질방침에 따른 품질규격이 기준이 된다.

보존한계치의 설정사례를 보면

(1) 관능검사의 한계기준은 5점만점중 2점(약간 나쁘다)으로 한다.
(2) 미생물의 변화는 저장기간중 경시적 증가현상의 유무에 따라 가부를 판정한다.
(3) 이화학적 성분의 변화는 관능성에 미치는 영향을 조사 비교하여 한계점을 확정한다.
(4) 건조식품의 경우 관능성을 유지하기 위하여 조직특성을 유지 할 수 있는 수분함량을 기준으로 한다.

## 6.6 보존실험사례

### (1) 가열식품에 대한 시험결과

미국 육군 연구소에서 통조림과 같은 기밀용기에 포장된 가열식품에 대한 시험결과, 37.8℃, 포화습도 조건에서 6개월 저장가능하면 21.1℃, 70%RH에서는 2년간 저장가능하다는 경험적자료를 얻었다.

실험식품은 기밀용기에 포장되어 있기 때문에 내용물은 외부습도에는 전혀 영향을 받지 않고, 미생물 오염도 없으므로 저장성은 식품자체의 특성과 온도에만 의존한다고 볼 수 있다.

### (2) 유탕면에 대한 시험결과

유탕면을 보통의 온도·습도(15~25℃, 55~85%RH)와 높은 온도·습도(39.5~40.5℃, 85~95%RH)에서 6개월간 방치하면서 매월 1회 품질변화를 측정한 결과는 다음과 같다(표 7-5).

표 7-5 유탕면의 저장중 품질변화

| 분석항목 | 저장조건 | 초 기 | 저장 기간 (개월) | | | | | |
|---|---|---|---|---|---|---|---|---|
| | | | 1 | 2 | 3 | 4 | 5 | 6(말기) |
| 관능평점 (점) | A | 4.0 | 3.6 | 3.0 | 2.3 | 2.2 | 2.1 | 2.1 |
| | B | | 2.5 | 2.4 | 1.1 | 1.0 | 1.0 | 1.0 |
| 산 가 (mgKOH/g) | A | 0.29 | 0.31 | 0.31 | 0.32 | 0.33 | | 0.37 |
| | B | | 0.35 | 0.37 | 0.48 | 5.82 | | 15.11 |
| POV (mg당량수/kg) | A | 3.35 | 3.85 | 4.83 | 5.14 | 6.82 | | 7.45 |
| | B | | 5.20 | 5.41 | 6.19 | 7.36 | | 20.82 |
| 총 균 수 (개/g) | A | | | $1.3\times10^4$ | | $1.5\times10^3$ | | $1.7\times10^3$ |
| | B | | | $2.8\times10^2$ | | $5.8\times10^2$ | | $3.4\times10^2$ |
| 대장균수 (개/g) | A | | | 음성 | | | | 음성 |
| | B | | | 음성 | | | | 음성 |

〔주〕 A : 보통의 온도·습도
B : 높은 온도·습도

표 7-5에서 품질변화를 보면 관능평점은 저장초기에는 4.0이었던 것이 보통의 온도·습도에서는 6개월 후에 2.1로 감소하였고, 높은 온도·습도에서는 2개월후 2.4, 3개월 후 1.1로 급

격히 떨어졌다. 본 실험에서 관능검사의 한계기준은 5점 만점중 2점(약간 나쁨)으로 하였다.

산가, POV의 값은 보통의 온도·습도에서는 완만한 상승경향을 보여주고 있으나, 높은 온도·습도에서는 3개월 이 후 급격한 증가경향을 나타내고 있다. 식품공전의 유탕면규격을 보면 산가 3이하, 과산화물가(POV) 30이하로 되어 있으나, 보통의 온도·습도에서 6개월간의 시험결과는 규격을 훨씬 밑돌고 있다.

총균수는 저장중 변화가 없는 것으로 나타났다.

이상의 저장시험결과를 종합해 볼 때 유탕면의 보존기간은 높은 온도·습도에서는 2개월 보통의 온도·습도에서는 6개월 이상으로 예측할 수 있다.

## 7. 식품의 보존기간 설정사례

### 7.1 가공식품의 유통기한 설정사례

가공식품의 포장에는 유통기한 즉, 보존기간을 의무적으로 표시토록 식품위생법 시행규칙 제5조(표시기준)에 규정하고 있다. 따라서 식품제조가공업체에서는 생산하는 제품의 보존기간을 설정하여 제품에 표시해야 한다. 유통중인 가공식품의 사례는 표 7-6과 같다.

표 7-6 가공식품의 유통기한 설정사례

| 구 분 | | 유통기한 | 유통조건 | 포장조건 |
|---|---|---|---|---|
| 식육가공품 | 햄 | 30일 | 10℃ | nylon/PE |
| | 소 시 지 | 30일 | 10℃ | nylon/PE |
| 어육연제품 | 어육소시지 | 60일 | 상온 | PVDC/PE |
| | 어 묵 | 7일 | 10℃ | PE/트레이 랩 |
| 유 제 품 | 시 유 | 4일 | 0~5℃ | PE/종이 팩 |
| | (멸균한것) | (6주) | (상온) | Tetra pack |
| | 유산균음료 | 7일 | 0~5℃ | PS |
| | 버 터 | 3개월 | 0~5℃ | PS/Al/PE |
| | 가 공 치 즈 | 6개월 | 0~5℃ | PET/Al/PE |
| 조 미 식 품 | 마 요 네 즈 | 5~6개월 | 상온 | 유리병, EVOH, PE |
| | 케 찹 | 1~2년 | 상온 | 유리병, EVOH, PE |
| | 마 아 가 린 | 0.5~1년 | 상온 | PET/PE |
| | 식 초 | 2~3년 | 상온 | 유리병, PET |
| 음 료 | 귤과실음료 | 0.5~2년 | 상온 | 종이팩, 유리병 |
| 면 류 | 유 탕 면 | 4~5개월 | 상온 | OPP/PE |
| | 비 유 탕 면 | 6~8개월 | 상온 | OPP/PE |

### 7.2 식품별 권장유통기한

식품공전(食品公典)에 수재되어 있는 식품별 권장유통기한은 표 7-7과 같다.

### 표 7—7 식품의 권장유통기한

| 품 명 | 보존조건 | 유통기한 | 비 고 |
|---|---|---|---|
| ●과자류 | | | 제품은 직사광선을 받지 아니하는 서늘한 곳에서 보관 유통하여야 한다. |
| 1. 빵 및 케익류 | | | |
| ┌냉동제품 | 0℃이하 | 1개월 | |
| └기타제품 | 실 온 | 7일 | |
| 2. 건과류 | | | |
| ┌유당처리식품 | | 6개월 | |
| └기 타 | | 1년 | |
| 3. 캔디류 | | 1년 | |
| 4. 쵸코렡유 | 25℃이하 | 1년 | |
| 5. 츄잉검 | | 1년 | |
| 6. 잼 | | 3년 | |
| ● 당류 | | | |
| 1. 포도당 | | | |
| ┌액상포도당 | | 1년 | |
| └기타포도당 | | 3년 | |
| 2. 과당 | | | |
| ┌액상과당 | 40℃이하 | 2년 | |
| └결정과당 | 40℃이하 | 3년 | |
| 3. 엿류 | | 2년 | |
| ● 아이스크림제품류 | | | |
| 1. 아이스크림분말류 | | 1년 | |
| ● 유가공품 | | | |
| 1. 우유류 | | | |
| 2. 저지방유류 | 살균제품, 0～10℃ | 5일 | |
| 3. 유당분해우유 | 멸균제품, 상온 | 6주 | |
| 4. 가공유류 | | | |
| 5. 산양유 | | | |
| 6. 발효유류 | | | |
| ┌발효유, 크림발효유, 발효버터유 | 0～10℃ | 7일 | |
| └농축발효유, 농후크림발효유 | 0～10℃ | 10일 | |
| 7. 버터유류 | | | |
| ┌살균제품(버터유) | 0～10℃ | 5일 | |
| ├멸균제품( 〃 ) | | 6주 | |
| └분말제품 | | 1년 | |
| 8. 농축유류 | | | |
| ┌농축우유, 탈지농축우유┌살균 | 0～10℃ | 5일 | |
| │　　　　　　　　　　　└멸균 | | 6개월 | |
| └가당연유, 가당탈지연유 | | 1년 | |

| 품 명 | 보존조건 | 유통기한 | 비 고 |
|---|---|---|---|
| 9. 유크림유 | | | |
| ┌살균제품 | 0~10℃ | 5일 | |
| │ | -20℃ 이하 | 6개월 | |
| ├멸균제품 | | 6주 | |
| └분말제품 | | 4개월 | |
| 10. 버터류 | | | |
| ┌냉장 | 0~10℃ | 3개월 | |
| └냉동 | -20℃ 이하 | 1년 | |
| 11. 자연치즈 | | | |
| ┌경성치즈 | 0~10℃ | 1년 | |
| ├반경성치즈 | | 6개월 | |
| ├연성치즈 | | 3개월 | |
| └생치즈 | | 3개월 | |
| 12. 가공치즈 | 0~10℃ | 6개월 | |
| 13. 분유류 | 암소 | 1년 | |
| | 실온 | 6개월 | |
| 14. 유청류 | | | |
| ┌살균제품 | 0~10℃ | 5일 | |
| ├멸균제품 | | 6주 | |
| └분말제품 | | 1년 | |
| 15. 유 당 | | 2년 | |
| 16. 조제유류 | | | |
| ┌조제분유 | | 1년 | |
| └조제유 | | 6개월 | |
| ● 식육제품 | | | |
| 1. 식육가공품 | | | |
| 1)햄류 | 0~10℃ | 30일 | |
| 2)베이컨 | 10℃ 이하 | 25일 | |
| 3)소시지, 혼합소시지 | | | |
| ┌가열제품 | 0~10℃ | 30일 | |
| ├비가열제품┌냉장 | 0~5℃ | 25일 | |
| │ └냉동 | -12~-18℃ | 45일 | |
| └멸균제품 | 실온 | 60일 | |
| 4)건조소시지, 건조혼합소시지, 건조저장육 | 실온 | 3개월 | |
| 5)반건조소시지, 반건조혼합소시지 | 0~10℃ | 3개월 | |
| 6)육지물 | | | |
| ┌곱창전골류 | -12℃ 이하 | 14일 | |
| └편육류 | -2~0℃ | 10일 | |

| 품 명 | 보존조건 | 유통기한 | 비 고 |
|---|---|---|---|
| ┌양념불고기류 | 0~5℃ | 4일 | |
| └냉동햄버그 | 0℃이하 | 25일 | |
| | −12℃이하 | 30일 | |
| 7)분쇄육 | | | |
| ┌가열제품 | 0~10℃ | 30일 | |
| └비가열제품 | −12~ −18℃ | 30일 | |
| 8)포장육 | | | |
| ┌우육 | −2℃~0℃ | 14일 | |
| | −12℃이하 | 4개월 | |
| | −18℃이하 | 6개월 | |
| ├돈육 | −2~0℃ | 10일 | |
| | −12℃이하 | 2개월 | |
| | −18℃이하 | 4개월 | |
| └계육 | −2~0℃ | 10일 | |
| | −12℃이하 | 45일 | |
| | −18℃이하 | 3개월 | |
| 9)냉동육 | | | |
| ┌우육 | −20℃이하 | 12개월 | |
| ├돈육 | −20℃이하 | 6개월 | |
| └양육 | −20℃이하 | 9개월 | |
| 10)튀긴육제품 | 실온 | 10일 | |
| 11)통조림, 병조림 | 실온 | 18개월 | |
| 2. 알가공품 | | | |
| ┌액체식품┌살균제품 | 5℃이하 | 5일 | |
| │　　　　└비살균제품 | 5℃이하 | 3일 | |
| ├동결제품 | −15℃이하 | 1년 | |
| └건조제품 | | 1년 | |
| 3. 어육연제품 | | | |
| ┌살균제품 | 10℃이하 | 15일 | |
| ├멸균제품 | | 2개월 | |
| ├냉동제품 | −15℃이하 | 15일 | |
| └유탕제품 | 10℃이하 | 7일 | |
| ● 통조림 또는 병조림 | | | |
| 통·병조림식품 | | 3년 | |
| ● 두부류 | | | |
| 1. 두부 | 4~10월 | 24시간 | |
| | 11~3월 | 48시간 | |
| | 0~10℃ | 3일 | |
| 2. 가공두부 | | | |
| 튀긴두부(유부) | 10℃이하 | 3일 | |

| 품 명 | 보존조건 | 유통기한 | 비 고 |
|---|---|---|---|
| 기타제품 | 3~11월 | 24시간 | |
| | 12~2월 | 48시간 | |
| | 0~10℃ | 3일 | |
| 3. 묵류 | 4~10월 | 24시간 | |
| | 11~3월 | 48시간 | |
| | 0~10℃ | 3일 | |
| ● 식용유지 | | | |
| 1. 콩기름(대두유) | | 1년 | |
| 2. 옥수수기름(옥배유) | | 1년 | |
| 3. 채종유 | | 1년 | |
| 4. 미강유 | | 1년 | |
| 5. 참기름 | | 6개월 | |
| 6. 들기름 | | 3개월 | |
| 7. 홍화유(사플라워유) | | 1년 | |
| 8. 해바라기유 | | 1년 | |
| 9. 면실유 | | 1년 | |
| 10. 낙화생유 | | 1년 | |
| 11. 올리브유 | | 1년 | |
| 12. 팜유류 | | 1년 | |
| 13. 야자유 | | 1년 | |
| 14. 우지 | | 1년 | |
| 15. 돈지 | | 1년 | |
| 16. 혼합식용유 | | 1년 | |
| 17. 정제가공유지 | | 1년 | |
| 18. 쇼트닝 | | 1년 | |
| 19. 마아가린 | | 1년 | |
| ● 면류 | | | |
| 1. 인스탄트면류 | | 8개월 | 유탕면, 냉면, 건면 |
| 2. 일반면류 | | | |
| ┌건조제품 | | 1년 | |
| └비건조제품┌비살균제품 | 실온 | 2일 | |
| │ | 냉장 | 7일 | |
| └살균제품 | | 1개월 | |
| ● 다류 | | | |
| 1. 잎차류 | | 2년 | |
| 2. 홍차 | | 2년 | |
| 3. 볶은커피─합성수지로 일반포장 | | 6개월 | |
| ─합성수지로 진공포장 | | 1년 | |
| ─관포장 제품 | | 1년 | |
| 4. 인스탄트커피 | | 1년 | 합성수지재포장 제품 |
| 5. 고형차 | | | 기타제품은 2년 |

| 품 명 | 보존조건 | 유통기한 | 비 고 |
|---|---|---|---|
| ┌분말엑기스차 | | 2년 | |
| └분말차 | | 1년 | |
| 6. 액상차 | | | |
| ┌천연농축엑기스차 | | 2년 | |
| └기타 | | 1년 | |
| 7. 분말청량음료 | | 1년 | |
| ●청량음료 | | | |
| 1. 과채류음료 | | | |
| ┌종이재포장제품 | | 6개월 | |
| ├병 및 합성수지재 제품 | | 1년 | |
| └관포장제품 | | 2년 | |
| 2. 탄산음료류 | | | |
| ┌합성수지재 포장제품 | | 1년 | |
| └관 및 병포장제품 | | 2년 | |
| 3. 두유음료수 | | | |
| ┌살균제품 | 0~10℃ | 4일 | |
| └멸균제품 | | 4개월 | |
| 4. 유산균 음료 | 0~10℃ | 7일 | |
| 5. 혼합음료 | | | |
| ┌종이재 포장제품 | | 6개월 | |
| ├합성수지재 포장제품 | | 1년 | |
| └관, 병 포장제품 | | 2년 | |
| ● 인스탄트식품 | | | |
| 1. 클로레라 | | 2년 | |
| ● 영양등 식품 | | | |
| 1. 이유식 | | 2년 | |
| 2. 효소식품 | | 1년 | |
| ● 조미식품 | | | |
| 1. 간장 | | 2년 | |
| 2. 된장 | | 2년 | |
| 3. 고추장 | | 2년 | |
| 4. 춘장 | | 2년 | |
| 5. 식초 | | 3년 | |
| 6. 우스타소스 | | 2년 | |
| 7. 마요네스 | 5~10℃ | 8개월 | |
| 8. 케찹 | | | |
| ┌관 또는 병포장 제품 | | 2년 | |
| └튜부제품 | | 1년 | |
| 9. 카레제품 | | | |
| ┌카레분 | | 2년6개월 | |
| └기타 | | 2년 | |

| 품　　명 | 보존조건 | 유통기한 | 비　　고 |
|---|---|---|---|
| 10. 고추가루 및 실고추 | | 1년 | |
| 11. 천연향신료 | | 2년 | |
| ● 인삼제품류 | | | |
| 1. 농축인삼류 | | 2년 | |
| 2. 인삼분말 | | 2년 | |
| 3. 인삼차류 | | 2년 | |
| 4. 인삼음료 | | 1년 | |
| 5. 인삼통·병조림 | | 2년 | |
| 6. 인삼과자류 | | 1년 | |
| 7. 당침인삼 | | 2년 | |
| 8. 인삼캡슐(정)류 | | 2년 | |
| ● 절임식품 | | | |
| 1. 김치류 | | | |
| ┌살균제품 | | 6개월 | |
| ├기타제품 | 10℃이하 | 28일 | |
| └ 〃 | | 7일 | |
| 2. 젓갈류 | | 1년 | |
| ● 주류 | | | |
| 1. 탁주 | 10℃이하 | 5일 | |
| | 실온┌봄 | 3일 | |
| | ├여름 | 2일 | |
| | ├가을 | 3일 | |
| | └겨울 | 5일 | |
| 2. 약주 | 10℃이하 | 15일 | |
| | 실온┌봄 | 9일 | |
| | ├여름 | 6일 | |
| | ├가을 | 9일 | |
| | └겨울 | 15일 | |
| 3. 청주 | | 1년 | |
| 4. 맥주 | | 6개월 | |
| 5. 과실주 | | 18개월 | |
| 6. 제제주 | | | |
| ┌합성청주·합성맥주 | | 1년 | |
| ├인삼주 | | 3년 | |
| ├기타제제주 | | 1년 | 과채류를 원료로 한것. |
| └기타 | | 3년 | 증류법으로 제조한 제품 |
| ● 기타식품 | | | |
| 1. 전분 | | 3년 | |
| 2. 튀긴식품 | 10℃이하 | 3일 | |
| 3. 벌꿀 | | 2년 | |

# 제8장 클레임 처리 및 관리

품질관리를 하는 이상 소비자에게 품질을 보증하는 활동에 중점을 두어야 한다. 품질보증은 소비자가 안심하고 만족스럽게 섭취할 수 있는 제품을 공급하는 것으로 이것이 제대로 안될 시에 클레임이 발생한다. 클레임은 생산자 입장에서 보면 많은 제품 가운데 가끔 발생하는 것이라고 생각하기 쉬우나, 제품을 구입한 소비자의 입장에서는 그 제품이 전부이므로 100% 클레임 제품이 된다. 이 클레임이 잘 처리되지 않으면 회사의 이미지가 나빠질 뿐만 아니라 많은 고객을 잃게 된다. 그러므로 식품제조업체는 클레임 발생을 제로(zero)로 가져가도록 하는 끊임없는 노력도 중요하지만, 클레임이 제기되었을 때에 성심성의껏 처리하는 것도 중요하다. 클레임은 그것을 처리하기 위한 시간, 경비 및 회사의 신용면에서 가볍게 보아 넘길 수 없는 문제이다.

## 1. 클레임이란

클레임이란 영어단어의 「claim」 즉, 요구한다는 의미이나 근래에는 소비자의 불평, 불만, 고발등 폭넓은 의미로 사용된다. 식품제조업체는 수많은 종류의 제품을 만들어 소비자에게 판매하고 있다. 이미 판매된 제품의 품질에 대하여 어딘가에 잘못이 있다고 소비자가 판단하고 다른 제품으로 교환을 요구하거나, 제품의 가격을 깎거나, 물품가격의 환불 또는 피해보상 등을 요구하는 것이 클레임이다. 클레임중에는 소비자의 정당한 권리를 주장하는 것도 있지만, 소비자의 과잉욕구나 보관 잘못 등 소비자에 원인이 있는 경우도 적지않다. 클레임에는 소비자가 불만을 메이커에 제기하는 현재(顯在)클레임과 불만이 있어도 불만을 제기하지 않는 잠재(潛在)클레임이 있다.

## 2. 클레임처리 목적

클레임처리 목적은 클레임 제기자의 불만을 해소시켜 주는 한편, 클레임정보를 생산공정에 피드 백(feed-back)시켜 제품품질을 개선하는 데 있다. 클레임 처리를 제대로 안할 때 소비자 단체에 고발하기도 하고 이웃사람이나 친지에게 자기가 당한 일을 이야기 하게 되며, 그 이야기를 들은 사람은 또 이웃이나 친지에게 전할 것이다. 그러므로 한건의 클레임 뒤에는 수많은 사람이 있다고 보아야 한다. 가령 클레임의 원인이 사용자측에 있다고 하더라도 성의를 다해서 사용자를 납득시키고 가능한한 불만을 없애도록 하여 시장에서 신용을 유지하는 것이 중요하다. 따라서 클레임 처리는 회사의 이미지(image)관리의 일환으로 생각하고 처리해야 한다.

## 3. 클레임발생원인 및 그 내용

식품제조업체는 소비자가 바라는 제품을 만들려고 노력한다. 그러나 원료의 재배, 수확, 가공, 포장, 수송, 저장, 사용 등의 과정에서 어딘가의 잘못으로 제품을 사간 소비자로부터 클레임을 받는 일이 일어난다. 이러한 현상은 중소기업에서 뿐만 아니라 대기업에서도 마찬가지로 클레임이 발생한다. 클레임의 발생원인이 표8-1과 같이 생산자에 있는 경우, 판매자에 있는 경우, 그리고 소비자에 있는 경우의 3가지로 크게 구분된다.

생산자에 원인이 있는 경우에는 제조기술의 결함이나 관리기술의 미숙 또는 제조기술과 관리기술의 불균형으로 발생하는 경우가 많다. 판매자에 원인이 있는 경우에는 보관의 잘못으로 쥐가 쏠거나 보관조건(적재방법. 보관온도 등)의 불량으로 발생하는 수도 있으나, 유통과정에서의 취급조건의 세밀한 검토가 안되어 제품내용물 및 포장설계의 잘못과 복합되어 발생하는 경우도 있다. 소비자에 원인이 있는 경우에는 포장지의 표면에 사용용도, 사용방법, 보관방법에 대한 표현방법의 잘못이나 모호한 표현으로 인해 발생하는 경우도 있기 때문에, 처음 사용하는 소비자의 입장에서 정확히 표기하는 것도 클레임을 예방하는 한 방법이다. 클레임의 발생원인은 생산자나 판매자 또는 소비자의 잘못으로 주로 발생하나 세가지 원인이 복합되어 발생하는 경우도 있다.

표 8-1 클레임의 발생원인

| 구 분 | 내 용 |
|---|---|
| 1. 생산자에 원인이 있는 경우 | ① 제조공정의 결함<br>② 제조설비의 결함<br>③ 작업자의 실수<br>④ 사용원료의 불량<br>⑤ 작업환경의 불량<br>⑥ 보관조건의 불량<br>⑦ 품질설계불량<br>⑧ 포장설계불량<br>⑨ 표시불량 |
| 2. 판매자에 원인이 있는 경우 | ① 수송조건의 불량<br>② 상하차시의 취급부주의<br>③ 하치장, 대리점, 소매점의 보관불량<br>④ 판매원의 부주의 |
| 3. 소비자에 원인이 있는 경우 | ① 사용방법의 잘못<br>② 사용중 보관 잘못<br>③ 소비자의 과잉품질 요구<br>④ 소비자의 오해 |

클레임중에는 예외적인 것으로 보이는 것이 빙산(氷山)의 일각(一角)에 불과한 것이 있으므로 원인분석시에 주의가 필요하다. 클레임 발생 내용을 보면 같은 경우도 있지만, 하나하나가 모두 다르다. 그러나 하나의 패턴을 이루고 있는 경우가 많기 때문에 이것을 공정개선의 좋은 정보로 활용하여야 한다. 식품제조업체에 제기되는 클레임의 구체적 내용은 다음과 같다.

(1) 맛·촉감·색상·냄새·포장상태 등에 관련되는 관능불량

(2) 실·머리칼·모래·금속편·저울분동·플라스틱조각·벌레·고무밴드 등의 이물질 혼입

(3) 유해물질의 혼입이나 병원성 세균의 오염으로 인한 식중독

(4) 포장에 표시한 내용과 실 내용물에 차이가 나거나 사용방법 주의사항 등을 명확히 게재하지 않는 등의 표시불량

(5) 포장에 표시한 량보다 실량(實量)이 부족

(6) 수송 보관 방법 등의 불량으로 발생하는 유통과정 불량

(7) 소비자의 사용방법 및 보관 잘못으로 발생하는 불량

(8) 제품의 흡습·덩어리짐 및 액체식품 경우에 침전물 생성 등의 품질불량

(9) 포장용기의 사용불편(제품이 잘 안나오거나, 마개나 뚜껑 불량)

(10) 제조일자 표시가 없거나 제조기간이 오래된 것

## 4. 클레임 처리 요령

클레임처리에서 최선의 방법은 먼저 클레임이 제기되지 않도록 만전을 기해두는 것이다. 클레임이 발생될 가능성이 있는 문제를 미리 예측하고 대책을 세워 실시하면 예방할 수 있다. 그러나 이러한 예방활동이 미흡하여 클레임이 종종 발생한다. 일단 소비자가 클레임을 제기해오면 불쾌한 감정을 하지 않고 적극적으로 불만내용을 접수하여 처리토록 한다.

클레임은 클레임 그 자체보다 정보전달의 지연과 원인추구에 시간이 걸려 결과적으로 처리가 늦어지는 등 처리과정의 잘못에서 문제가 생기는 경우가 많다. 클레임 처리는 단순히 불량품을 정상품으로 바꾸어 주거나 심한 경우 피해보상을 해주게 되는데, 처리과정에서 성심성의껏 응대하고 인간적인 설득으로 소비자의 마음을 풀어주어야 한다. 일반적으로 클레임 처리는 소비자 상담실이나 판매 일선에서 하는 경우가 많고, 때로는 공장의 기술자가 직접 소비자를 만나 처리하게 되는 데 이 때의 요령을 열거하면 다음과 같다.

### (1) 성의를 다해 신속하게 처리한다.

클레임 발생시는 성의를 다해 신속하게 소비자의 불만을 풀어주어야 하므로 다른 업무에 우선하여 처리하되 클레임 제기자를 만났을 때 친절하고 정중한 자세로 상대방의 입장을 이해하고 대화한다. 처리할 수 있는 불만은 그 자리에서 즉각 명확하고 신속하게 처리하는 것이 기본이다.

(2) 이유를 충실히 듣는다.

클레임원인을 파악하려면 클레임 제기자의 이야기를 잘 들어야 상대방에 대한 응대방법을 착안할 수 있으므로, 상대방의 말을 충실히 들어야 한다. 그러나 클레임제기자중에는 감정이 나있는 경우가 있어 클레임내용도 추상적 감정적인 표현이 있으므로 주의해야 한다. 또한 클레임정보는 구체적인 내용이어야 하며 반드시 소정의 양식에 기록토록 한다.

(3) 상황을 객관적으로 파악한다.

클레임원인을 파악하려면 제품 내용물은 물론 포장, 보관상태, 사용상황, 함께 사용한 재료 등 주변상황에 대한 정확한 자료를 수집해야 한다. 클레임원인을 조사하다보면 의외로 사용방법, 보관장소, 함께 사용한 재료의 혼입, 냄새나는 물건 근처에 보관하여 냄새가 배어들어가는 등 주변환경의 원인으로 발생하는 경우가 종종 있다.

(4) 끝가지 잘듣고 구구한 변명을 하지 않는다.

아무리 완벽한 품질보증 체제에서도 불량품이 나올 수 있다는 것을 염두에 두고 변명을 하지 않는다. 어설픈 변명은 오히려 상대방의 감정만 나게 하기 쉽다. 잘못이 있을 경우에는 솔직히 인정하고 상대방의 이해를 구하는 것이 효과적이다.

(5) 제조과정을 충실히 설명한다.

클레임 자체를 무조건 부인하는 것보다 제조과정을 친절하고 성의있게 설명하여 좋은 품질의 제품을 만들고 있다는 인상을 심어주어야 한다. 또한, 클레임을 제기해 온 손님이야말로 최대의 고객이 될 기회로 삼아 결점에 대한 고객의 솔직한 충고와 관심에 감사한다.

(6) 클레임 제품을 수거한다.

클레임 제품은 반드시 수거하도록 한다. 이것은 클레임 원인분석을 하는 데 필요하므로, 클레임 당시의 제품상태가 보존되도록 하여야 한다.

(7) 피해에 대하여 기분좋게 교환·환불 보상한다.

소비자가 정당한 피해를 입은 경우에는 싫은 얼굴을 하지 않고 기분좋게 교환·환불 등으로 보상해 준다. 그러나 간혹 질이 좋지않은 소비자도 있다는 것도 인식하고 이에 대처해야 한다. 참고로 소비자 보호법에 명시된 피해보상기준은 표8-2와 같다.

(8) 클레임발생 및 처리결과는 반드시 기록하여 보관한다.

클레임은 중요 품질문제이기 때문에 적극적으로 받아들이고 정해진 절차에 따라 기록, 보관하여 향후 품질개량에 반영토록 해야한다. 기록의 내용은 클레임의 발생원인별, 처리중요도 별로 분류하면 통계를 잡기가 편리하고 재발방지 입안에 도움이 된다.

표 8-2 소비자 피해보상기준(경제기획원고시 제85-7호, 1985. 12. 31)

| 품종 | 소비자피해 유형 | 보상기준 | | |
|---|---|---|---|---|
| | | 교환 | 환불 | 배상 |
| 청량음료 | | | | |
| 과자류 | 1. 이물 혼입 | | | |
| 빙과류 | 2. 함량부족 | 당해제품의 2배 | | |
| 낙농제품류 | 3. 변질제품 | | 구입가격환불 | |
| 통조림 | 4. 유효기간 경과제품 | 교환 | | |
| 제빵류 | 5. 용량부족 | | | |
| 설탕·제분류 | 6. 변질불량식품 및 용기파손으로 인한 상해사고 | | | 치료비배상 |
| 식용유지류 | | | | |
| 조미료 | | | | |
| 장류 | | | | |
| 다류 | | | | |
| 면류 | | | | |
| 고기가공식품류 | | | | |

## 5 클레임 관리

소비자에 대한 클레임 처리가 끝나면 객관적인 입장에서 클레임원인을 정밀 조사하여 문제의 소지를 없애야 한다. 원인이 분명치 않을 경우는 소비자의 잘못으로 돌리는 경향이 있는데, 이러한 사고방식으로는 개선이 되지 않으므로 공장의 어딘가에 문제가 있다는 생각을 갖는 것이 중요하고, 관련되는 기술자들이 함께 모여 현장을 확인하고 공동으로 해결하는 조직적인 개선활동이 필요하다. 클레임 발생시 이를 숨기고 적당히 처리하면 같은 클레임이 계속 발생하게 된다.

따라서 클레임 관리는 클레임 처리규정을 만들어 이것에 따라 처리하고, 중요 클레임은 개선과제로 등록하여 문제가 뿌리뽑힐 때까지 계속 사후 관리하여 근본원인을 제거해야하는 동시에, 클레임발생요인을 찾아 개선함으로써 사전에 예방하는 것이다. 참고로 클레임관리의 일환으로 사용하고 있는 클레임 발생원인 및 처리중요도 등급분류(표8-3), 관리양식은 표8-4, 8-5, 8-6과 같다.

## 표 8-3 클레임의 발생원인 및 처리중요도 등급분류

(1) 발생원인별 분류

| 구 분 | 등 급 | 내 용 |
|---|---|---|
| 사내 결함 | 사내 -1 | 생산로트 전체가 불량하여 공정개선이나 검사방법의 변경이 필요한 것 |
| | 사내 -2 | 설비불량의 원인으로 발생하여 설비개선이 필요한 것 |
| | 사내 -3 | 작업이나 검사실수 또는 표시불량으로 발생한것 |
| 유통 결함 | 유통 -1 | 수송과정에서 수송조건의 불량이나 취급부주의로 발생한 것 |
| | 유통 -2 | 하치장, 대리점, 소매점 등에서 보관 또는 진열 잘못으로 발생한 것 |
| 소비자 결함 | 소비자-1 | 사용방법이나 보관방법의 잘못으로 발생한 것 |
| | 소비자-2 | 소비자의 오해 또는 과잉품질 요구 |

(2) 처리 중요도별 분류

| 구 분 | 등 급 | 내 용 | 처 리 |
|---|---|---|---|
| 중 요 | 중요-1 | 1) 치명적인 인명사고 또는 거래선의 제조공정에 큰피해 발생으로 거래정지<br>2) 직접손실금액 100만원 이상 경우 | 전량회수 및 보상 |
| | 중요-2 | 1) 인명에 상당한 영향을 준 사고 또는 거래선의 제조공정에 상당한 피해를 주어 신용실추<br>2) 직접손실금액 10~100만원인 경우 | 〃 |
| | 중요-3 | 1) 동일품종이 동일원인으로 3개월내에 2회이상 발생<br>2) 직접손실금액 3~10만원인 경우 | 교환·보상 |
| 보 통 | 보 통 | 1) 이물혼입, 냄새발생, 수량부족 등 제품자체의 품질불량<br>2) 직접손실금액이 1~3만원인 경우 | 교환·보상 |
| 경 미 | 경 미 | 1) 접착, 인쇄, 표시등의 불량으로 상품가치를 손상시킨 것<br>2) 직접손실금액이 1만원 이하인 경우 | 해명·교환 |

### 표 8-4 클레임접수 및 관리대장

| 접 수 | | 품명 및 단량 | 발생량 | 생산일자 | 발생장소 | 불만내용 | 발생원인 | 처리결과 | 처리일자 | 처리경비 | 클레임분류 | |
|---|---|---|---|---|---|---|---|---|---|---|---|---|
| 번호 | 년월일 | | | | | | | | | | 원인별 | 중요도별 |
| | | | | | | | | | | | | |

### 표 8-5 클 레 임 발 생 보 고

| 담당 | | | |
|---|---|---|---|
| | | | |

접수일자 :

접 수 자 :

<table>
<tr><td>제 품 명</td><td colspan="2"></td><td>단 량</td><td></td><td>발생일자</td><td></td></tr>
<tr><td>생산일자</td><td colspan="2"></td><td colspan="4"></td></tr>
<tr><td rowspan="3">신<br>고<br>자</td><td>주 소</td><td colspan="5"></td></tr>
<tr><td>성 명</td><td colspan="5"></td></tr>
<tr><td>발 생 처</td><td colspan="5">소비자 2차점 실수요처 수퍼 기타( )</td></tr>
<tr><td rowspan="3">신<br>고<br>절<br>차</td><td>신 고 방 법</td><td colspan="5">전화 서신 내사 거래처방문시 기타</td></tr>
<tr><td>신 고 경 로</td><td colspan="5"></td></tr>
<tr><td>요 구 사 항</td><td colspan="5">제품교환 손해배상 사과 및 회답 기타( )</td></tr>
<tr><td>신<br>고<br>내<br>용</td><td colspan="6"></td></tr>
<tr><td>발<br>생<br>경<br>위</td><td colspan="6"></td></tr>
<tr><td>1<br>차<br>조<br>치</td><td colspan="2"></td><td>2<br>차<br>조<br>치</td><td colspan="3"></td></tr>
<tr><td>비<br>고</td><td colspan="6"></td></tr>
</table>

## 표 8-6 클레임 발생원인 및 대책보고

| 회 담 | | 19 년 월 일 | 담당 | | | |
|---|---|---|---|---|---|---|
| 제품 및 단량 | | 발생일 | | 제조일 | | |
| 발 생 처 | | | | 신고자 | | |
| 신 고 내 용 | | | | 등 급 | 급 | |
| 원 인 | | | | | | |
| 책임부서 | 부 과 | 담당 | | 직장 | | |
| 대 책 | | | | | | |
| 품질관리과 의견 | | | | | | |

## 6. 클레임과 책임한계

클레임이 제기되면 검사부서는 왜 검사를 제대로 하지 않았느냐는 말을 듣는다. 또, 검사부서에서는 제품을 만드는 쪽에서 잘 만들라고 한다. 생산부서에서는 설비나 원료구매쪽으로 돌리는 경우가 있다. 어느 쪽이 정당한 것인가. 품질을 보증할 일차 책임은 그것을 만드는 쪽에 있는 것이 원칙이므로, 생산공정에 종사하는 사람들이 자주검사(自主檢査)를 실시하는 것이 바람직하다. 현재 검사업무는 대부분 생산과 직접 관계가 없는 검사부서에서 하고 있는 경우가 많으나, 이런 제도하에서는 생산부서는 검사만 통과해 버리면 된다는 사고방식이 되어 버리기 때문에 그 제품을 사용해주는 소비자를 의식하지 않게된다. 따라서 적어도 제품을 만드는 사람이 품질을 보증하는 것이 당연하다는 생각을 갖도록 할 필요가 있다. 그리고 검사부서는 생산부서에서 만들어진 제품이 회사규격으로 정해진 기준에 들어가는지의 여부를 확인하도록 하면 된다.

물론 생산부서가 모든 책임을 지고 완벽한 제품을 생산하기 위해서는 자재를 조달하는 부서에서 좋은 원료를 구입토록 해야 하고 검사부서에서는 철저한 수입검사로 불합격되어야 할 원료가 합격으로 되지않도록 정확한 검사가 되어야 한다. 또한 설비를 관리하거나 유티리티를 공급하는 부서의 뒷받침이 절대로 필요하다. 즉, 생산을 하기 위해서 각 부서가 분담하고 있는 일을 완벽하게만 수행해 준다면 클레임은 예방할 수 있다. 물론 모든 부서가 클레임을 예방하기 위한 노력은 하지만은, 어느 한 부서, 어느 한 사람의 불완전한 계획, 불완전한 실시, 불완전한 확인 및 조치로 인해서 클레임이 발생한다.

클레임 내용이 경미할 때에는 별 문제가 안되나, 그 내용이 중대할 때에는 회사의 재산손실, 신용의 실추등으로 큰 물의를 일으키게 된다. 이런 경우에는 책임소재가 반드시 거론되기 마련이다. 클레임 원인은 명확하게 들어나는 경우도 있지만, 어떤 경우에는 대단히 모호하기 때문에 그 원인규명에 애를 먹는 일도 있다. 특히, 책임한계를 밝히는 경우에는 그 한계가 잘 들어나지 않는 경우도 있기 때문에, 이와 같은 경우에는 관련부서가 공동책임을 져야 한다. 문제가 발생되었을시에는 그 조직의 책임자가 모든 책임을 지는 것은 당연하나, 실제로는 관련되는 부서의 간부에서부터 작업자에 이르기까지 책임을 물어 경각심을 갖도록 관리하는 것이 필요하다. 그러나 너무 책임만 강조하다 보면 조직이 경직되어 사기가 저하되고 관련부서간에 심한 갈등을 유발시키기는 역효과도 있다.

## 7. 반품의 품질관리

공장에서 생산된 제품이 출하되어 소비자의 손에 들어가기까지는 여러 단계의 유통과정을 거치게 된다. 이 과정에서 제품의 품질보증기간이 지났거나 제품자체의 변질 또는 포장의 파손 등으로 소비자에게 판매할 수 없는 제품이 발생한다. 이러한 제품은 다시 공장으로 돌아오게 된다. 이 제품이 반품(返品)이다. 반품 중에는 소비자의 불만사항이나 소매점 대리점의 불만이 들어있는 제품이기 때문에, 일반소비자가 직접 불만을 토로하지 않았을 뿐이지 클레임 제품이라고도 볼 수 있다.

반품의 발생률은 제품의 종류, 포장방법, 판매방법, 유통경로, 계절 등에 따라 크게 다르다. 일반적으로 수분함량이 많고 상하기 쉬운 가공식품에서는 4%전 후 발생하고, 건조된 가공식품은 0.5% 전.후로 발생한다. 반품된 제품은 제조하는 데 들어간 원가 이외에 유통과정에서도 많은 경비가 들어갔기 때문에, 반품률이 높은 제품에서는 반품률 자체가 중요한 관리항목으로 된다. 반품이 발생하는 이유는 표8-7과 같이 여러 가지 원인이 있지만, 반품내용을 분석해보면 기간경과품이 큰 비중을 차지한다. 가공된 식품을 장기간 보존하면 점차 품질이 떨어져 어느 시점에 가면 상품으로서의 가치를 잃게 된다. 즉, 소비자에게 일정수준

표 8-7 반 품 원 인

| 1. 제품의 포장내용물 자체에 원인이 있는 경우 | |
|---|---|
| ○쥐, 곤충의 침입<br>○이취발생<br>○먼지혼입<br>○곰팡이 발생<br>○변색, 변질<br>○흡습 | ○이물질 혼입<br>○지방의 산화, 가수분해<br>○침전물생성(특히 투명용기)<br>○유화분리<br>○포장용기와의 상호작용<br>○량부족 |
| 2. 포장에 원인이 있는 경우 | |
| (1)금속용기<br>○관내(罐內) 부식 및 식품에<br>금속 용출<br>○내면도장의 품질저하<br>○외면부식<br>○밀봉불량<br>(2)플라스틱용기<br>○라미네이숀 박리(剝離)<br>○흡습 또는 탈습<br>○인쇄잉크의 용제 냄새<br>○쥐나 곤충에 의한 파손<br>○밀봉 불량 | (3)유리용기<br>○내외면의 흠<br>○파손<br>○밀봉불량<br>○뚜껑의 개전(開栓)불량<br>(4)종이용기<br>○쥐나 곤충에 의한 파손<br>○포장시 또는 취급불량<br>으로 파손<br>○밀봉불량<br>○물에젖음<br>○오염 |
| 3. 품질보증기간이 경과한 경우 | |
| ○선입선출이 제대로 안됨(공장, 판매, 대리점 등의 창고)<br>○무리한 확산 판매로 시장유통재고 누적 | |
| 4. 유통과정에 원인이 있는 경우 | |
| ○보관조건 불량(온도, 습도, 빛)<br>○수송조건 불량(적재방법, 침수) | |

의 품질을 공급할 수 있는 기간이 있으나, 이 기간을 초과한 것이 기간경과품이다.

이외에 기간경과는 되지 않았더라도 제품의 내용물자체가 변했거나 포장이 파손되어 반품되는 것도 상당량된다. 이런 제품이 발생되는 원인은 유통과정에서 제품의 특성에 맞는 보존조건으로 보관되지 않았거나, 제품의 취급잘못으로 포장이 파손되거나 공장에서 불완전한 포장으로 일어난다. 공장에서 많은 경비와 노력을 투입하여 만든 제품이 반품으로 되돌아오면 이것을 만드는 작업자의 사기도 저하되고, 이 반품을 처리하는 데 들어가는 경비도 무시할 수 없다. 일단 공장으로 반품된 제품은 즉시 처리하는 것이 바람직하나, 여의치 않을 때는 일정한 장소에 적재하여 두되 그 내용(제품명, 수량 등)을 기록한 표시판을 붙여 두어야 한다. 이 관리를 잘못하면 어떤 경우에는 제품으로 잘못 알고 다시 반출되는 경우도 생기기 때문에 주의가 필요하다.

반품된 제품은 일정기간마다 처리하게 되는 데, 처리방법은 제품의 종류에 따라 어떤 제품은 포장을 해체, 재가공하여 이용하기도 하지만, 대부분의 경우는 폐기처분하거나 소각해서 버린다. 처리과정에서 발생하는 해체된 포장재는 산업폐기물이기 때문에 환경보존법에서 정한 기준에 맞게 처분해야 한다.

반품처리과정에서 특히 주의할 점은 반품내용물을 그대로 폐기하기에는 아깝다는 생각으로 사료(飼料)로 판매하는 경우가 있으나, 이 때에는 사후관리가 꼭 필요하다. 반품을 이러한 용도로 판매할 때에는 포장을 완전히 해체하여 취급하는 것은 물론이지만, 이 제품을 사간사람이 제품의 외관만보고 정상품과 비슷하다고 생각하여 사료용이 아닌 식용으로 둔갑시킬 수 있다는데 문제가 있다. 또한, 폐기시에는 타용도로 사용할 수 없도록 하여 처분해야 한다. 가장 안전한 방법은 다소 경비가 들지만은 소각 처리하는 것이 최선의 방법이다.

반품을 줄이기 위해서는 반품되는 원인을 상세히 분석하여 그 원인을 제거하는 방법밖에 없다. 품질보증기간이 경과 된 것이 없도록 하기 위해서는 제품의 선입선출이 철저히 이루어지도록 창고 관리를 해야하고, 항상 적정재고 개념을 갖고 생산관리를 해야 한다.

기간경과는 되지 않았다하더라도 포장 내용물이 변질되는 것을 막기 위해서는 , 제조과정에서 사용하는 원부재료에 대해서도 선입선출되도록 하고, 제조공정에서 품질이 확보되도록 관리하는 동시에 제조된 제품은 제품의 특성에 맞는 조건의 창고에 보관해야 한다. 또한 유통과정에서 변질되기 쉬운 제품에 대해서는 포장재에 보관상의 주의점을 명확히 표기하고, 그 제품을 취급하는 사람에게 제품의 특성을 알게하여 보관 잘못으로 품질이 급격히 떨어지는 일이 없도록 계몽하는 것도 필요하다.

제 2 편

# 식품 공업의 위생관리

# 제1장 식품공업과 위생관리

식품공장의 최대의 사명은 안전하고 위생적인 식품을 소비자에게 제공하는 데 있기 때문에 식품공장에서 위생관리의 중요성은 아무리 강조하여도 지나침이 없다. 그러나 식품의 위생관리에 대하여는 귀에 못이 배기도록 듣고, 이야기 하지마는 대부분의 경우 생산현장에서 목적한대로 성과를 얻지 못하고 설비, 환경, 작업방법 관리수법 등 개선의 필요성은 인식하면서도 구체적인 대책이 실시되지 않고 있는 것이 식품공장의 위생관리 현실이다.

생활수준이 향상될 수록 가공식품의 수요는 증가하고 식품공장은 소비자의 요구에 맞는 제품을 만들어 공급하게 되므로, 제품의 종류는 다양해지고 식품의 가공도는 높아지게 마련이다. 여기에 대두되는 것이 가공식품의 안전성 문제이다.

식품은 생명과 건강에 직결되기 때문에 안심하고 먹을 수 있는 제품을 만드는 것이 식품공장에 종사하는 사람들의 기본적인 책임이다.

위생관리는 대기업에서만 할 수 있고 중소기업에서는 실시할 수 없다고 느끼는 사람이 있다면 큰 문제이다. 식품을 취급하는 모든 기업이 실시하지 않으면 안되는 관리사항이다. 기업이 만들어내는 제품은 기업을 존속시키기 위해서 가장 기초가 되는 것이기 대문에 소비자가 제품에 대한 신용, 신뢰를 하지 않으면 기업을 존속할 수 없다.

식품을 제조하는 기업은 사회에 대하여 큰 책임이 있다. 식생활에 만족을 주고 건강한 생활을 영위하는 식품을 제공하는 사회적 책임이다. 따라서 식품 공장에서의 위생관리는 기업의 사회적 책임과 기업존속을 위한 품질 관리이다.

## 1. 위생관리의 정의

식품공장에서 위생처리를 잘하기 위해서는 위생관리(衛生管理)의 개념을 알아둘 필요가 있다.

위생관리의 교과서라고 말하는 MILTON E.PARKER의 식품공장위생(food plant sanitation)에서는 다음과 같이 정의하고 있다.

Sanitary practice in the food industries can be broadly defined as the systematic control of environmental conditions during the transportation, storage and processing of foods in such a manner that their contamination by microorganisms, insects, rodents or other animal pests, and by foreign chemical materials, can be prevented.

「식품산업에서의 위생기준은 식품을 수송·저장·가공하는 중에 미생물, 곤충, 쥐 또는 기타 동물의 배설물과 이물로서의 화학물질에 의한 오염을·막을 수 있는 방법으로 환경상태를 조직적으로 관리하는 것으로 광의로 정의할 수 있다」

또한 WHO(World Health Organization, 世界保健機構) 에서는 다음과 같이 정의하고 있다.

Food hygine means all measures for ensuring the safety, wholesomeness, and soundness of all food at all stage from its growth, production or manufacture until its consumption.

「식품위생이란 식품의 생육, 생산, 제조에서부터 소비될 때 까지의 모든 단계에서 식품의 안전성, 건전성 및 완전성을 확보하기 위한 모든 조치를 의미한다」

상기의 정의에서 나타났듯이 위생관리는 단편적인 관리가 아닌 종합적인 관리의 의미를 내포하고 있다. 즉, 위생관리는 어느 한사람 어느 한부서의 업무가 아니고 식품을 생산하는 기업에 종사하는 사람 모두에게 관련되어 있으므로 모든 종업원이 위생인식을 갖고 실행하는 것이 중요하다.

## 2. 위생관리의 목적

식품공장에서 위생관리를 하는 목적은 제품의 품질이 변질되는 것을 막고 안전성을 확보하기 위해 이물의 혼입이나 유해한 미생물이 오염되지 않도록 하는 데 있다.

예를들어 설명하면 식품공장에서 일상하고 있는 작업장이나, 원료, 설비의 세정 목적은 오물을 제거함은 물론 살균작업의 전처리로서 미생물의 절대수를 줄이는 것이 주목적이고, 쥐나 곤충이 공장내부에 들어오지 못하도록 하는 방서, 방충 설비관리는 곤충자체나 쥐의 털 또는 쥐똥이 식품에 들어가는 것을 막을 뿐만 아니라 이들 유해동물에 의해 매개되는 유해미생물의 오염을 없애는 것을 목적으로 하고 있다.

위생관리에서 중요한 것은 어느 특정한 사람이나 부서 등 단편적으로 해서는 목표 달성이 어렵고, 관련되는 모든 사람이 상호 종합적으로 관리할 때 목적을 이룰 수 있다는 인식이 필요하다.

어느 한 부문의 수준이 낮으면 나머지 다른 부문의 수준이 높다하더라도 그 수준 이상 올라갈 수 없게된다. 이것은 마치 배관의 입구와 출구가 넓다하여도 중간에 좁은 부분이 있으면 병목(bottle-neck)현상이 일어나는 바와같이, 위생관리의 어느 한 부분이라도 미흡하다면 전반적인 위생관리 수준향상은 어렵게 된다. 예를들어 상호 관련사항을 적어보면

곤충과 쥐에 대한 대책이 충분치 못하면 세정 살균 공정에서 잘 해도 곤충이나 쥐가 침입하여 다시 오염되면 세정, 살균의 효과가 없어지게 되고 작업설비의 구조가 세정, 살균하기에 용이하도록 설계 시공되어야 하나 설비자체의 구조적결함이 있으면 세정살균을 잘 하려고 노력해도 안된다.

원료 또는 제품과 직접 접촉하는 설비의 표면이 매끄럽지 못하면 요철(凹凸)부분에 스케일(scale)이 끼고 미생물의 오염이 되기쉽다.

작업장의 바닥이나 배수로가 경사짐이 없어 물이 고여있게 되면 미생물의 서식처가 되어 미생물 오염의 발생원이 된다.

식품공장에서 많이 사용하는 물도 상수도가 아닌 하천수나 지하수를 사용시는 약품으로 살균처리하여 사용하게 된다.

이 과정에서 설비결함이나 작업자의 실수로 약품이 제대로 투입되지 않으면 공정을 오염시키는 원인이 된다. 또한 식품공장에서 유해 미생물의 오염은 작업자에 의해서 일어나는 경우도 많기 때문에 작업자에 관한 위생관리가 선행되어야 한다.

이상에 열거한 바와 같이 식품공장의 위생관리는 건물, 기계설비의 설계부터 시공 운전까지 어느 한 부분도 소홀히 할 수 없다. 식품공장에서는 불결한 작업환경으로 유해미생물이 오염되어 식중독이 일어나기 때문에 여기에 종사하는 종업원은 물론, 경영자와 관리자도 위생면에 충분한 배려를 한 시설의 설치, 종업원의 교육 및 훈련, 정리, 정돈, 청결 청소 등의 실행에 경영자로부터 말단 종업원에 이르기까지 전원이 위생관리인이 되어야 한다.

# 제2장 미생물과 그 오염

미생물(微生物, microorganism)은 눈으로 볼 수 없기 때문에 식품공장의 관리업무 가운데서 가장 곤란한 업무중의 하나이다. 따라서 관리를 잘하기 위해서는 좋은 문헌이나 좋은 상담자를 얻는 것이 중요하다. 왜냐하면 미생물관리는 100점 만점에서 몇 점을 맞았느냐로 평가될 수 없고 1점이라도 마이너스점이 있을 때 식품공장의 사회적 책임을 다하지 못하고 기업의 존속도 할 수 없는 경우가 있기 때문이다.

## 1. 미생물이란

미생물이란 일반적으로 육안으로 볼 수 없고 현미경을 사용하여 볼 수 있는 정도의 아주 작은 생물을 말한다. 이 미생물은 많은 종류로 분류되고 있고 우리 인간에게 대단히 유용한 것이 있는 반면 이롭지 못한 것도 많다.

미생물 가운데서도 식품에 가장 관계가 깊은 것이 세균(bacteria)과 곰팡이(mold)로서 식품에 증식하는 주요한 미생물은 표 2-1과 같다.

표 2-1 식품중에 증식하는 주요미생물

| 구 분 | 세 균 | | 구 분 | 곰팡이 | |
|---|---|---|---|---|---|
| 육류 및 육가공품 | Pseudomonas<br>Proteus<br>Bacillus<br>E. coli | Streptococcus<br>Staphylococcus<br>Micrococcus<br>Serratia | 육 류 | Aspergillus<br>Penicillum<br>Cladosporium<br>Mucor | Rhizopus<br>Altenaria<br>Fusarium |
| 생어패류및 어육가공품 | Pseudomonas<br>Flavobacterium<br>Achromobacter<br>Corynebacter | Bacillus<br>Vibrio<br>E. coli<br>Serratia | 건 어 | Aspergillus<br>Penicillium<br>Cladosporium | |
| 우유 및 유가공품 | Pseudomonas<br>Bacillus<br>Clostridium<br>E.coli | Alcaligenes<br>Flavobacterium<br>Micrococcus<br>Streptococcus | 유유 및 유가공품 | Aspergillus<br>Penicillium<br>Cladosporium | |
| 과실 및 야채류 | Pseudomonas<br>Bacillus<br>E.coli | Clostridium<br>Streptococcus<br>Serratia | 야채류 | Aspergillus<br>Penicillium<br>Rhizopus | Fusarium<br>Altenaria |
| 계 란 | Pseudomonas<br>Aerobacter<br>E.coli | Micrococcus<br>Sallmonella<br>Serratia | 빵 | Aspergillus<br>Penicillium<br>Cladosporium | Mucor<br>Rhizopus |

## 1.1 세균(細菌, bacteria)

세균 가운데서 관리대상으로 가장 중요한 세균은 병원균과 식중독 원인균이다. 이들 세균은 경우에 따라서는 사람의 목숨을 빼앗아 가기 때문에 어떠한 경우든 식품중에 존재해서는 안된다. 이외에 식품을 부패시키는 부패균도 식품에서는 중요한 세균이다.

부패균은 관능적인 면에서 판별이 가능하나 병원균 및 식중독 원인균이 발생한 식품은 관능적으로 통상의 식품과 차이가 나지않기 때문에 전혀 느끼지 못하고 섭취하게 된다.

이러한 세균이 사용하는 원료나 공정이 제품에 들어있는지를 알기 위해서는 미생물 검사를 하게 된다. 그러나 일상검사로서 병원균이나 식중독 균을 검사한다는 것은 이론상으로 가능하나 실제로는 기술적이나 경제적인 면에서 볼 때 불가능하고 비현실적이다.

이러한 것을 감안하여 검사도 비교적 쉽고 장관(腸管)유래의 일부 세균검사를 대표적으로 실시하고 있다. 가장 보편적으로 하는 것이 대장균군(大腸菌群, coliform group bacteria)검사이다. 식품에서 대장균군이 검출된다는 것은 직접 또는 간접적으로 대변 오염을 의심케 하고, 장관계 전염병균이나 식중독균 존재의 가능성이 있다는 데에 기초를 두고 있다.

세균의 형태는 환경상태에 따라 다소 다르나 정상적인 상태에서는 일반적으로 둥근형(球狀), 막대기형(杆狀), 나선형(螺旋狀)의 3가지로 나눈다(그림 2-1 참조).

그림 2-1 세균의 형태

구균(球菌, coccus)은 둥근형의 세균을 총칭하며 분열(分裂) 후의 상태에 따라 단구균(單球菌, monococcus), 쌍구균(雙球菌, diplococcus), 연쇄구균(連鎖球菌, streptococcus), 포도구균(葡萄球菌, staphylococcus) 등으로 구별한다.

간균(杆菌, rod)은 막대기형의 세균을 총칭하며 길이가 폭의 2배인것을 바실러스(bacillus), 길이와 폭의 비가 2 이하인 구균에 가까운 단간균(短杆菌)을 박테리움(bacterium)이라고 한다. bacillus와 bacterium은 또 포자(胞子, spore)를 만드는가 만들지 않는가에 따라서도 나눈다.

나선균(螺旋菌)은 나선상으로 되어 있는 세균을 총칭하며 나선이 짧은 것을 비브리오(vibrio), S자형으로 되어있는 것을 스피리룸(spirillum)이라 한다.

세균의 크기는 균의 종류에 따라 또, 배양조건에 따라서도 현저하게 다르다(표 2-2 참조).

세균중에서 대표적인 식중독균 및 병원균은 다음과 같다.

표 2-2 세균의 크기

| 구 분 | 균 명 | 크기(μ) |
|---|---|---|
| 구 균 | Micrococcus botulinus | 0.9~1.5 |
| | Micrococcus progrediens | 0.15 |
| | Sarcina maxima | 4 |
| 간 균 | Escherichia coli | 1~5×0.4~0.8 |
| | Clostridium botulinus | 4~6×0.9~1.2 |
| | Salmonella enteritidis | 2~3×0.6~0.7 |
| | Streptococcus pyogenes | 0.6~1×0.5 |
| | Bacillus cereus | 2~2.5×0.8 |
| 나선균 | Spirillum volutans | 10×1.5 |

### (1) 식중독 세균

① 살모넬라균(Salmonella)

| 구 분 | 내 용 |
|---|---|
| 1. 균의 특성 | 1. 그람음성(Gram negative)의 간균으로서 편모를 갖고 있어 운동성이 있다.<br>2. 호기성 또는 통성혐기성으로 최적온도 37℃, PH 7~9이다.<br>3. 자연계에 널리 분포되어 있다. |
| 2. 감염시 주요 증상 | 1. 식품내에서 증식한, 살아있는 균을 다량 섭취시 12~24 시간 후에 발병한다.<br>2. 나타나는 증상으로서 구토・복통・설사・발열(39℃ 이상)이 나고 증상은 보통 1~2일 이면 끝난다.<br>3. 사망률은 낮다(1% 이하) |
| 3. 감염원 | 1. 식용의 조수육(鳥獸肉)<br>2. 기타 오염된 식품섭취(쥐도 균에 감염, 분뇨에 배균하여 식품에 오염) |
| 4. 방지법 | 1. 육류는 생으로 먹지 않고 가열한 후 섭취토록 한다(60℃, 20분에서 사멸)<br>2. 조리기구의 세정 살균을 충분히 한다.<br>3. 저장・조리・보관 중 쥐나 바퀴 등의 침입방지 |

② 장염비브리오균(Vibrio parahaemolyticus)

| 구　분 | 내　용 |
|---|---|
| 1. 균의 특성 | 1. 그람음성(Gram negative)의 간균으로 운동성이 있다.<br>2. 염류가 없는 배지에서는 자라지 않고 3~4%의 식염 농도에서 가장 잘 발육하고 최적 발육온도는 27~37℃이다.<br>3. 대단히 증식이 빠르고 최적 조건에서는 10분에 1회 분열된다. |
| 2. 감염시 주요증상 | 1. 살아있는 균을 다량(백만 내지 천만개)섭취시 8~20시간 후에 복통·구토·설상 등 식중독의 전형적인 급성 위장염증상을 나타낸다.<br>2. 발병 후 2~3일 이면 회복하고 사망률은 아주 낮다(0.1% 이하) |
| 3. 감염원 | 1. 어패류 및 어패류 가공품<br>2. 기타 비브리오에 감염된 조리식품 |
| 4. 방지법 | 1. 담수중에서는 곧 사멸하므로 수도물로 세정<br>2. 하절기에 해산물 특히 어패류 생식 않도록 한다.<br>3. 낮은 온도에서 저장(10℃ 이하) |

③ 황색포도구균(Staphylococcus aureus)

| 구　분 | 내　용 |
|---|---|
| 1. 균의 특성 | 1. 그람양성의 구균(球菌)으로 자연계에 널리 분포하고 있다.<br>2. 호기성으로 내염성이 있고 비교적 수분이 적은 식품에서 발육<br>3. 살모넬라균이나 장염비브리오와는 달리 균이 식품중에서 증식하여 장내독소(enterotoxin)를 만들어 낸다.<br>*이 독소는 120℃에서 20분간 가열하여도 완전히 파괴안된다. |
| 2. 감염시 주요 증상 | 1. 잠복기 1~6시간으로 구토가 심하고 설사하나 발열은 없다.<br>2. 발병 후 1~3일이면 치료되고 사망하는 일은 거의 없음(0.1% 이하) |
| 3. 감염원 | 1. 사람의 화농부위에서 오염 되거나 유방염에 걸린 소의 젖이나 그 가공품 섭취 |
| 4. 방지법 | 1. 화농성 질환이나 인후염 걸린 종업원은 일을 못하게 한다.<br>2. 5℃ 이하의 낮은 온도에서 저장 |

④ 보툴리늄균(Clostridium botulinum)

| 구　분 | 내　용 |
|---|---|
| 1. 균의 특성 | 1. 그람양성의 간균으로 물·토양·동물의 배설물에 널리 분포<br>2. 식품중에서 증식하여 보툴리즘(botulism)독소 만든다.<br>*보툴리즘 독소는 80℃에서 수분에서 파괴된다. |
| 2. 감염시 주요 증상 | 1. 잠복기 12~36시간으로 구토·복통·설사<br>2. 신경증상으로 사지마비 호흡곤란을 일으키며 사망률이 높다(25%) |
| 3. 감염원 | 1. 햄·쏘세지·통조림 및 기타 보존식품 |
| 4. 방지법 | 1. 야채 어류 등은 잘 세척(염소 소독한 물 사용하면 좋음)<br>2. 80℃에서 수분만에 독소 파괴되므로 가열하는 것이 유효하다. |

⑤ 병원성 대장균(Enterophathogenic E. coli)

| 구 분 | 내 용 |
|---|---|
| 1. 균의 특성 | 1. 보통 대장균과 생화학적으로는 전혀 구별이 안된다.<br>2. 장관내에 항상 존재하는 균이 아니고 식품과 함께 인간의 체내에 들어가 장염을 일으킨다. |
| 2. 감염시 주요증상 | 1. 잠복기 10~30시간이므로 설사가 주요 증상이다.<br>2. 발열 · 두통 · 복통이 일어나는 일이 많다. |
| 3. 감염원 | 1. 분변에 오염된 식품섭취 |
| 4. 방지법 | 1. 가열조리에 의한 살균<br>2. 낮은 온도에서 저장 |

## (2) 병원성세균

① 이질균(Shigella)

| 구 분 | 내 용 |
|---|---|
| 1. 균의 특성 | 1. 이질균은 장내세균에 속하고 그람음성의 간균이다. |
| 2. 감염시 주요 증상 | 1. 감염 되어서 발병하기까지의 시간(잠복기)은 2~7일<br>2. 발열 · 구토 · 설사(1일2~수십회)<br>3. 사망률 거의 없음 |
| 3. 감염원 | 1. 이질균이 환자나 보균자의 분변, 손을 매개로 하여 식품이나 식기류 오염<br>2. 쥐나 바귀 등이 매개하여 오염 |
| 4. 방지법 | 1. 식품이나 식기류가 오염되지 않도록 한다.<br>2. 가열에 의한 살균(60℃, 30분에서 사멸) |

② 장티프스균(Salmonella typhi)

| 구 분 | 내 용 |
|---|---|
| 1. 감염시 주요증상 | 1. 잠복기는 7~14일이고 발열이 있고 약1주간 39~40℃가 된다. 그후 2주간 정도 열이 지속되면서 서서히 열이 내린다. |
| 2. 감염원 | 1. 환자나 보균자와의 접촉감염<br>2. 음식물 등에 의한 간접감염 |

③ 코레라균(Vibrio cholerae)

| 구 분 | 내 용 |
|---|---|
| 1. 감염시 주요 증상 | 1. 잠복기는 1~5일로서 심한 설사와 구토에 의한 탈수증상<br>2. 체온은 평상시의 온도보다 낮다. |
| 2. 감염원 | 1. 환자나 보균자의 분변이 직접 또는 식품이나 음료수를 매개로 하여 감염된다. |

### 1.2 곰팡이(mold)

식품공장에서 곰팡이로 인해 발생하는 피해는 곰팡이가 식품에 오염되어 품질을 떨어뜨릴 뿐만아니라, 공장에 종사하는 종업원의 건강관리 면에서의 피해도 있다. 곰팡이 피해에서 가장 무서운 것은 곰팡이독이라고 하는 마이코톡신(mycotoxin)이다. 마이코톡신은 곰팡이가 만들어 내는 독으로서 대표적인 것으로서는 간장암의 원인이 된다고하는 아플라톡신(aflatoxin)이다.

이 곰팡이 독은 눈으로 확인할 수도 없고 오염된 경우 열을 가하여 가공하여도 잘 분해되지 않는다.

곰팡이는 주로 농산물원료에 발생이 많고 각종 원료나 제품은 공장에 보관중에 곰팡이가 발생하여 곰팡이독을 만들어 낸다. 특히, 하절기에 습기가 많고 온도가 높은 환경에서는 곰팡이가 증식하기에 적합하므로 원료보관, 제품보관을 포함한 공장전체에 곰팡이가 발생하지 않도록 관리하는 것이 중요하다.

곰팡이가 발생하고 있는 공장내에는 곰팡이 포자가 작업장 공간에 많이 떠다니고 이것이 인체에 들어가 천식의 원인이 된다. 벽면이나 천정 등에 생긴 곰팡이는 100원짜리 동전의 면적에 20억내지 30억개의 포자가 있다고 한다. 따라서 곰팡이가 핀 공장내에서 작업은 곰팡이 포자로 둘러쌓인 곳에서 작업하고 있는 것과 같기때문에 이러한 환경에서 생산한 제품은 곰팡이 오염으로 부패가 되기도 한다.

식품의 부패원인으로서는 세균에 의한 것뿐만 아니라 곰팡이에 의한 것도 많다. 곰팡이가 공장의 벽이나 천정에 오염되어 있으면 미관상으로도 불결하고 제조공장내에서 생산에 종사하는 종업원에게 아무리 위생대책을 강구하여도 소용없는 일이다.

곰팡이 포자는 에어콘(air conditioner)의 속에도 오염되어 내부에서 또 증식하여 닥트(duct)내에 확산시켜 공기를 오염시키고 제품에 포자가 오염된다.

주요방지대책으로는

① 습기가 차지 않도록 한다.

② 환기를 자주 해 준다.

③ 실내를 너무 덥지 않게 한다.

④ 청결한 작업

⑤ 작업장내 살균(자외선등 설치, 초미립분무장치 설치)

## 2. 미생물의 오염원

식품공장에서 미생물오염을 막기위해서는 어디에서 오염되는지를 알고 처리하면 된다. 오염원은 주로 원료, 부재료, 제조설비, 작업환경, 작업자로 인해 오염되므로 이들에 대한 미생물 실험을 하여 오염정도를 파악하면 대책수립시 큰 도움이 된다.

## 2.1 원료에서의 오염

일반적으로 미생물이 많은 장소는 토양과 물이다. 토양은 먼지로 되고 물은 물방울로 되어 공중에도 미생물이 존재한다.

식품공장의 원료는 농산물 수산물 축산물이 주가 되고 있으며, 이러한 원료들은 미생물 오염이 많이된 장소에서 나온 것이다. 이 때문에 미생물이 오염된 원료를 사용하여 제품화하는 과정에서 가열 등의 방법으로 살균하여 제품중에 유해한 균이 없도록 하고 있다. 제품의 모양이 외관상으로는 똑같아도 원료와 제품과는 미생물적으로 볼 때 굉장한 차이가 있으나, 미생물에 대한 지식이 없는 사람은 똑같이 취급하여 살균한 제품을 오염시키는 일이 있다.

원료는 미생물의 오염원이라는 사실을 알고 오염된 것은 미생물적으로 깨끗한 제품의 근처에 놓아서는 안된다. 따라서 오염된 것과 깨끗한 것은 구분하여 취급해야 한다. 이것이 공장의 구획(區劃 zoning)이라는 것으로서, 오염된 원료를 취급하는 장소와 오염되지 않은 깨끗한 제품을 취급하는 장소를 구분하여 관리하여야 한다. 특히, 관능적으로 변화가 없는 원료를 취급하는 사람은 원료가 미생물에 오염되어 있다는 것 조차 생각지 않고 있기때문에 태연히 최종제품이나 살균한 원료근처에 놓는 경우가 있다. 구획은 간단히 구분짓는 것이 아니고 거기에 종사하는 사람들의 활동범위까지 규정해야 한다.

공장의 위생관리자는 원료가 어느 정도로 오염 되어 있다는 것을 알고 있겠으나, 원료를 취급하는 사람은 미생물이 무엇인지, 어느 정도 오염되었고, 어떤 영향을 미치는지 모르고 있는 경우가 많으므로 이에 대한 인식을 갖도록 해야 한다. 또, 동시에 보다 깨끗한 원료를 들여오고, 선입선출의 원칙을 지켜 자기 공장내에서 원료중의 미생물오염을 증식시키지 않도록 원료보관에도 신경을 써야 한다.

가공식품을 만들 경우 사용하는 원료의 좋고 나쁨에 따라 최종 제품의 품질이 결정된다. 따라서 뛰어난 가공기술을 갖고 있어도 나쁜 원료로서는 좋은 제품을 만들 수 없다. 이것은 미생물 관리면에서도 똑같다.

## 2.2 부자재에서의 오염

완성된 제품을 시장에 출하할 때 용기에 넣거나 포장된다. 이 때에 장식품으로서 식품 이외의 것을 넣는 일도 있다. 이러한 부자재도 원료와 똑같이 미생물로 오염되었다고 생각해야 한다. 많은 종이제품 플라스틱필름이나 성형용기, 유리병 등도 무균공장에서 제조 인쇄된 것은 거의 없다.

부자재의 미생물관리의 문제점은 공장에 입고된 후의 보관취급이다. 보관중에는 쥐나 곤충에 의한 오염이 많다. 보관창고에 바퀴가 있을 때 유충이 단보루의 틈에 침입하기도 하고 쥐가 살고 있을 때에는 쥐의 똥이나 오줌이 오염되어 식중독 원인균에 오염 되기도 한다.

포장재 등의 부자재는 인쇄되어 있고 투명한 것 등이 많아 눈으로 보기에 깨끗하게 보이기 때문에 미생물 오염을 생각지 않는 일이 많다. 부자재도 입고시나 보관중 또는 사용중에 미생물 오염을 검사하고 필요에 따라서는 살균 처리할 정도의 주의가 필요하다. 포장까지의 공정에서 세심한 주의를 기울여도 포장용기가 오염되어 있으면 무의미하기 때문에 식품제조자는 용기제조업자와 공동으로하여 오염 방지대책을 세워야 한다.

## 2.3 환경에서의 오염

식품을 제조하는 환경은 공장입지, 건물의 구조, 제조기계로부터 자연계의 흙, 공기, 물에 이르기까지 대단히 넓고, 생산하는 제품의 종류에 따라서도 환경이 변한다. 공장내의 미생물상은 공장마다 다르다. 이와 같은 균상의 차이는 사용원료 공장내온도 분진량의 차이 등 많은 조건이 작용하고 있다.

조미료공장과 육가공공장은 균상의 차이는 있으나 똑같은 균이 발생하고 있다. 곰팡이나 세균이 부유하지 않는 환경은 대단히 고도로 관리된 무균실(無菌室)정도로서, 통상의 제조공장의 경우는 공중에 미생물이 많이 부유(浮遊)하고 있어 이것이 제조라인이나 식품을 오염시킨다.

제조환경의 청정화(淸淨化) 방법으로서 가장 일반적인 것은 살균제의 사용이다. 살균제의 효과적인 사용으로 청정화는 될 수 있으나 살균제를 사용하기 전에 먼저 선행해야 할 일은 정리·정돈·청소·쥐·곤충의 방제 종업원에 대한 교육을 한 후에 살균제를 써야 한다. 먼지투성이에다 쥐나 곤충이 많이 배회하고 있는 곳에서 살균제를 사용하여도 전혀 효과는 없다.

살균제는 수많은 종류가 있으나 자기 공장의 환경 살균에 가장 적합한 것을 선택해서 사용하도록 한다.

살균제를 사용한 후에 그 효과를 체크해야 한다. 눈으로 보는 것만으로는 결코 판정할 수 없기 때문에 시간과 비용이 들더라도 체크하고 정확히 판정하여야 비로서 살균이 되었다고 할 수 있다.

## 2.4 사람에서의 오염

사람은 최대의 오염원이다. 이 점을 식품공장에서 종사하는 모든 사람이 머리속에 새겨두어야 한다. 사람은 체내에 많은 미생물을 보유하고 있고 두발이나 피부, 코, 눈, 귀, 입안에도 미생물이 붙어 있다. 이 미생물 가운데는 식중독을 일으키는 황색포도구균도 포함되어 있고 병원균도 갖고 있으나 별로 주의하지 않는다. 따라서 신체는 항상 깨끗히 해야하고 신체의 어딘가에 이상(설사·화농성 상처)이 있을 때는 작업을 하지않도록 해야 한다.

또한 식품공장에서 일하는 사람은 항상 깨끗한 복장을 착용해야 한다. 따라서 일정한 기간마다 일제히 작업복을 갈아입도록 버릇을 들여야 한다. 평상복과 작업복은 원칙적으로 같은 탈의장에 넣어서는 아니되고, 작업복을 넣는 장소와 평상복을 넣는 장소는 구분하여 평상복에 묻은 미생물이 작업복에 오염되지 않도록 하는 것이 바람직하다.

미생물 관리를 실시할 때 미생물은 눈으로 직접 볼 수 없기 때문에 미생물이 오염되었다는 것을 어떻게 눈으로 볼 수 있도록 하는가가 최대의 교육이다. 시간이 걸리고 비용이 들더라도 교육은 꼭 필요하고 교육을 한 바탕위에 동작과 행동을 표준화하여 관리해야 한다.

## 3. 미생물의 자주검사

미생물검사라고 하면 지금까지는 대부분이 연구실이나 품질관리과의 사람이 제품중심으로 검사하여 합격이냐 불합격이냐를 판정해왔으나, 최종 제품의 미생물 검사만으로는 결코 미생물관리는 할 수 없고 제조공정에 사용되는 물, 원부재료, 기계는 물론 작업자에 이르기까지 검사범위를 확대해야 한다.

그러나 이러한 검사활동을 연구실이나 품질관리 담당자만이 하는것 만으로는 소기의 성과를 거두기 어렵다. 공장에 종사하는 종업원이 자기 스스로 검사하는 체계를 세워 실시하지 않으면 미생물에 대한 인식의 부족으로 미생물 관리형의 습관적 행동을 불러일으키기는 대단히 어렵다.

### 3.1 대장균군 검사

먼저 자주검사(自主檢査)를 하기 위해서는 검사하는 데 필요한 도구가 필요하다. 표준검사법에서는 사용하는 배지나 허용되는 균수의 규정이 있으나, 품질관리 담당자나 연구실담당자 이외의 생산담당자가 직접하는 자주검사에는 간단한 검사도구가 있어 이것을 사용하면 좋다.

자주 검사에서 가장 초보적이고 가장 중요한 검사대상 미생물은 대장균군이다. 대장균군의 존재는 병원균의 오염가능성이 있기 때문에 식품에서는 검출되어서는 안되는 세균이다.

미생물 검사결과는 시료 1그람( g ) 또는 1미리리터(mℓ)당 10의 몇승개로 나타내고 있으나 생산담당자가 하는 자주검사경우는 균이 있다 없다의 편이 중요하다. 균이 있으면 안되고 없으면 좋다라고 하는 판단을 내릴 필요가 있다. 따라서 각 공정의 제조담당자는 검사를 할 수 있는 검사도구를 구비하여 두는 것이 바람직하다. 먼저 자신들의 손가락, 생산라인, 도구는 물론 원료 중간제품, 포장 제품 등 전부를 같은 도구로 검사하므로서 비교가 가능하고 관리할 수 있다.

미생물 검사의 제1보인 대장균군 검사를 할 수 있을 때 그 다음 단계로 일반세균이나 황색포도구균 등의 검사로 확대하여 가면 좋다.

### 3.2 환경미생물검사

자기공장의 환경을 잘 파악하고 있지못하면 환경을 정화하는 방법은 찾아내기 어렵다. 환경 미생물검사를 본격적으로 할 때에는 장치도 많아지고 경비도 많이 소요된다. 그러나 공중의 부유균을 조사하는 것은 어느 공장에서도 가능하다. 요는 미생물을 배양하는 배지가 있으면 된다.

자기공장에 연구실이 있으면 배지를 만드는 것은 간단하다. 배지가 들어있는 샤레(schale)의 뚜껑을 열어 일정시간 방치 후 배양하면 공중의 부유균수를 조사할 수 있다. 이 검사도 생산담당자의 손으로 할 수 있는 검사이기 때문에 대장균검사와 같이 제조담당자 자신이 실시하는 편이 바람직하다.

또 하나의 환경으로서는 천정 벽면에 부착 발생하고 있는 곰팡이 검사가 있다. 공중 부유균 중에 곰팡이가 많이 포함되어 있는 데, 이것은 공장밖에서 들어온 공기에 혼입되거나 공장내부에서 곰팡이가 발생하고 있기 때문이다. 공장내부의 벽이나 천정에 발생한 곰팡이포자는 약한 바람에도 공중에 비산하여 식품에 혼입될 뿐만아니라, 공장종사자에도 기관지천식 등의 피해를 주기때문에 중요한 검사대상이 된다. 그러나 곰팡이검사도 세균검사와 같이 어떠한 곰팡이가 발생하고 있는가, 균의 동정(균의 종명을 결정짓는 것)이 필요하게 된다.

자주검사에 의해 대장균군 검사나 포도구균 검사를 하기도 하고, 공중부유균 검사나 공장내벽면 곰팡이 검사를 하는 중요한 목적은 원인을 찾아서 개선하는 데 있다. 검사는 어디까지나 개선을 위한 원인조사라는 것을 결코 잊어서는 안된다.

## 4. 식품의 미생물 기준

미생물 중에는 식품에서 유용하게 쓰이는 것이 있는 반면 그렇지 않은 것이 있다. 전자의 경우는 간장, 된장, 식초, 김치, 유산균음료와 같은 발효식품이 대표적이며, 후자의 경우는 식품을 저장시 부패(腐敗)시키는 부패미생물과 병원성미생물이 이에 속한다.

식품중의 미생물수는 선도(鮮度)나 보존성에 대한 지표가 된다. 식품 중의 호기성 중온세균수(好氣性 中温細菌數)를 일반세균수 또는 생균수(生菌數)라고 한다. 일반적으로 식품 1 g 중에 $10^5$개(CFU : colony forming unit)정도의 일반세균수는 미생물학적으로는 안전한 한계라고 생각된다. 그러나 보존조건이 나쁠 때 급속히 증가한다. $10^8$ 정도로 되었을 때 초기부패상태라고 생각된다.

그러나 균수가 많은 식품을 섭취하는 것이 식중독과 반드시 결부되는 것은 아니다. 유산균음료나 김치 등의 발효식품 경우는 대단히 많은 미생물이 들어 있으나 이것을 섭취하여도 전연 무해하다.

식품중의 미생물은 식품의 종류, 가공방법 및 가공상태에 따라서 그 수준이 다르기 때문에, 모든 식품을 일률적으로 규격을 정할 수 없으므로 우리 나라의 식품위생법에서는 식품중에서도 특히 오염되기 쉬운 유(乳), 유제품(乳製品), 아이스크림류, 통조림식품, 청량음료수 등에 대하여 세균수나 대장균군 등에 관한 기준이 정해져 있다.

그러나 식품위생법에서 규격 기준이 정해지지 않은 식품이라 해서 대장균이나 살모넬라균 등의 병원성 세균이 오염되어도 된다는 의미는 아니다. 인체에 해를 일으키는 세균은 어떠한 것도 들어 있어서는 아니된다. 규격이 정해지지 않은 다른 식품은 대부분의 경우 섭취전에 가열처리 되므로 규제할 필요성이 없는 식품이 많기 때문이다. 그러나 일반적으로 규격이 없는 식품에서도 1 g 당 또는 1mℓ당의 일반세균수는 $10^6$ 이하이면 안전한 것으로 되어 있다. 따라서 식품제조업체에서는 생산하는 제품종류별 또는 공정별로 미생물에 대한 품질규격 기준을 정하여 자체적으로 관리할 필요가 있다.

참고로 보건사회부에서 고시한 식품 등의 규격 및 기준 중 미생물 기준이정해진 내용을 보면 표 2-3과 같다.

표 2-3 식품중의 미생물 규격

| 품 명 | 세균수 | 대장균군 | 비 고 |
|---|---|---|---|
| 1. 아이스크림 | 100,000개/mℓ 이하 | 10개/mℓ 이하 | 검체를 녹인 것 |
| 2. 아이스밀크, 샤베트<br>비유지방아이스크림 | 50,000 〃 | 10 〃 | 〃 |
| 3. 아이스크림 분말 | 50,000개/g 이하 | 음 성 | |
| 4. 빙과류 | 3,000개/mℓ 이하 | 10개/mℓ 이하 | 검체를 녹인 것 |
| 5. 우유류 | 40,000 〃 | 10 〃 | 멸균제품경우 : 음성 |
| 6. 저지방유류 | 40,000 〃 | 10 〃 | 〃 |
| 7. 유당분해우유 | 40,000 〃 | 10 〃 | 〃 |
| 8. 가공유류 | | | |
| ·가공유 | 40,000 〃 | 10 〃 | 〃 |
| ·저지방가공유 | 40,000 〃 | 10 〃 | 〃 |
| ·유음료 | 30,000 〃 | 10 〃 | 〃 |
| 9. 산양유 | 40,000 〃 | 10 〃 | 〃 |
| 10. 발효유류 | | | |
| ·발효유, 크림발효유 | 10,000,000 〃 | 음 성 | |
| ·농후발효유, 농후크림발효유 | 100,000,000 〃 | 음 성 | |
| 11. 버터유류 | | | |
| ·살균제품 | 40,000 〃 | 10개/mℓ 이하 | 멸균제품경우 : 음성 |
| ·버터유 분말 | 40,000개/g 이하 | 음 성 | |
| 12. 농축유류 | | | |
| ·농축우유, 탈지농축우유 | 40,000 〃 | 10개/g 이하 | 멸균제품경우 : 음성 |
| ·가당연유, 가당탈지연유 | 40,000 〃 | 음 성 | |
| 13. 유크림유 | | | |
| ·유크림 | 40,000개/g 이하 | 10개/g 이하 | |
| ·유가공크림 | 40,000 〃 | 10 〃 | 멸균제품 : 음성 |
| ·분말유크림 | 40,000 〃 | 음 성 | |
| 14. 버터유 | — | 음 성 | |
| 15. 자연치즈 | — | 음 성 | 생치즈는 10개/g 이하<br>크로스트리디움 : 음성 |
| 16. 가공치즈 | — | 음 성 | 효모 또는 곰팡이 10개/g 이하 |
| 17. 분유류 | 40,000개/g 이하 | 음 성 | |
| 18. 유청류 | | | |
| ·유 청 | 40,000개/mℓ 이하 | 10개/mℓ 이하 | 멸균제품 : 음성 |

| 품　명 | 세균수 | 대장균군 | 비　고 |
|---|---|---|---|
| ·농축유청 | 40,000개/g 이하 | 10개/g 이하 | 멸균제품 : 음성 |
| ·유청분말 | 40,000 〃 | 음　성 | |
| 19. 유　당 | 40,000개/g 이하 | 음　성 | |
| 20. 조제유류 | | | |
| ·조제분유 | 40,000개/g 이하 | 음　성 | |
| ·조제우유 | 음　성 | 음　성 | |
| 21. 식육가공품 | − | 음　성 | 베이컨 및 비가열제품제외 |
| 22. 알가공품 | 10,000개/g 이하 | 10개/g 이하 | ·살균제품에 한함<br>·살모넬라균 : 음성 |
| 23. 어육연제품 | − | 음　성 | |
| 24. 통조림 또는 병조림 | 음　성 | 음　성 | |
| 25. 다　류 | | | |
| ·액상차 | 100개/mℓ 이하 | 음　성 | |
| ·분말청량음료 | 3,000개/g 이하 | 음　성 | |
| 26. 청량음료 | | | |
| ·과채류음료 | 100개/mℓ 이하 | 음　성 | |
| ·탄산음료류 | 100개/mℓ 이하 | 음　성 | |
| ·두유음료수 | 50,000개/mℓ 이하 | 10개/mℓ 이하 | 멸균제품경우 : 음성 |
| ·유산균음료 | − | 음　성 | 유산균 또는 효모수 : $10^6$/mℓ이상 |
| ·혼합음료 | 100개/mℓ 이하 | 음　성 | |
| 27. 인스탄트식품 | | | |
| ·클로레라 | − | 음　성 | |
| 28. 영양등 식품 | | | |
| ·이유식 | − | 음　성 | |
| 29. 조미식품 | | | |
| ·카　레 | 음　성 | 음　성 | 액체제품에 한함 |
| ·마요네스 | − | 음　성 | |
| ·케　찹 | − | 음　성 | |
| 30. 얼　음 | 100개/mℓ 이하 | 음성/50mℓ | 대장균수 |
| 31. 인삼제품류 | | | |
| ·농축인삼류 | 100개/g 이하 | 음　성 | |
| ·인삼분말 | 50,000개/g 이하 | 음　성 | |
| ·인삼정차류 | 100개/g 이하 | 음　성 | |
| ·인삼음료 | 100개/g 이하 | 음　성 | |
| ·인삼통·병조림 | 음　성 | 음　성 | |
| ·당침인삼 | 50,000개/g 이하 | 음　성 | |
| ·인삼캡슐(정)류 | 100개/g 이하 | 음　성 | |

# 제3장 미생물의 오염관리

미생물의 오염관리는 공장에 종사하는 모든 사람이 미생물에 대한 인식을 하고 실시해야 효과를 거두지, 어느 한 사람이나 어느 한 부서의 힘으로는 그 목적을 달성하기 어렵다. 미생물 오염을 방지하기 위해서는 하나의 대책으로서는 불충분하고 많은 대책을 유기적으로 종합하여 동시에 추진해야 한다.

미생물관리에서 하여야할 주요한 항목을 열거하면 다음과 같다.

- 관리체제의 구축
- 작업환경의 정리·정돈·청결유지
- 방서 관리
- 방충 관리
- 먼지혼입 방지
- 곰팡이 관리
- 작업자 관리
- 미생물의 증식억제
- 원료, 설비 작업장에 대한 세정과 살균
- 미생물관리 수준의 결정

## 1. 관리체제의 구축

모든 일의 주체는 사람이다. 이것은 미생물오염관리에 있어서도 예외가 될 수 없다. 아무리 좋은 시설과 설비를 갖추어도 이것을 유지하고 조작하는 것은 사람이기 때문에, 공장에 종사하는 사람들의 위생의식과 철저한 실천 여부가 미생물관리의 성패를 좌우하는 열쇠이다.

종업원에 대한 위생의식을 높이기 위해서는 한번만의 교육으로서는 효과가 없고, 반복해서 교육·훈련을 실시하고 지도하는 것이 중요하기 때문에, 조직적이고 계획성 있게 교육·훈련을 실시하여 기본적인 위생지식을 주입시킴은 물론 철저한 실행이 되도록 관리하는 것이다.

식품공장에 종사하는 사람들의 위생 의식이 없으면 안전한 제품을 만들 수가 없다. 안전한 제품을 제조·가공하여 유통시키는 것은 식품을 만드는 사람의 사회적인 책임이기 때문에, 일상의 위생관리를 확실히 할 수 있도록 관리체제를 구축할 필요가 있다.

위생관리체제는 위원회조직을 만들고, 위원회 활동을 보좌할 수 있는 전담 참모(staff)를 두고 위생관리 전반에 관한 종합기본계획을 수립 및 추진하고 현장라인에는 공정별로 위생관리 유지자를 두어 시설, 설비, 환경 및 작업이 위생적인 면에서 정착되도록 지속적으로 관리의 사이클—plan. do. check. action—을 돌리는 것이다.

다른일도 마찬가지이지만 위생관리도 형식적으로 해서는 실효를 거두기 어렵다. 경영자의 의지와 열성, 그리고 각 부문의 장(長)자가 붙은 사람들의 지속적인 관심과 지도하는 자세(姿勢)가 있어야만 목적을 달성할 수 있다.

## 2. 정리 · 정돈 · 청결유지

식품공장의 위생관리의 기초는 정리 · 정돈 · 청결이다. 정리는 불필요한 것을 제거하는 것이고 정돈은 흩어진 상태에 있는 것을 깔끔하게 치우는 의미이다. 정리정돈이 이루어진 상태와 그렇지 않은 상태를 계량적으로 판단하는 것은 어렵지만, 누가보아도 곧 알 수 있다. 정리정돈의 요점은 불필요한 것은 버리고 필요한 물건은 필요에 따라 적시에 빼낼 수 있도록 배치하는 것이다.

그러나 정리정돈은 일시적인 것이 아니라 평소에 그것을 영속시킬 수 있어야 한다. 이 상태를 보면 위생관리가 잘 되고 있는지 어떤지 추정이 된다.

정리정돈과 따로 떼어서 생각할 수 없는 것이 청결청소이다. 불결로 더러워진 작업장은 불안정, 비위생만이 아니고, 그곳에서 장시간 일하는 사람들의 기분을 어둡게 하며 의욕을 저하시켜 생산성이 떨어지고 제품의 품질보증도 어렵게 한다.

청결청소는 작업장 환경은 물론 사용하는 기계기구도 깨끗이 해야 한다. 공장을 깨끗이 하려면 공장출입구에 작업화를 물로 닦을 수 있는 시설을 하면 오염을 줄일 수 있다.

그림 3-1은 신을 닦고 소독하는 시설이다. 여기에는 항상 수도물이 조금씩 흘러들어 가도록 하고 반대편에서 넘쳐 흐르게 되도록하는 한편, 차아염소산소다액이 적하(滴下)되도록 하여 놓을 때 신발에서의 오염되는 것을 막을 수 있다. 또한 식품공장내의 작업동선(作業動線)은 원료가 들어와서 최종제품에 이르기까지 식품의 흐름, 여기에 따른 인간의 움직임, 기계류의 배치를 고려하여 효율적인 동선계획을 세워야 한다.

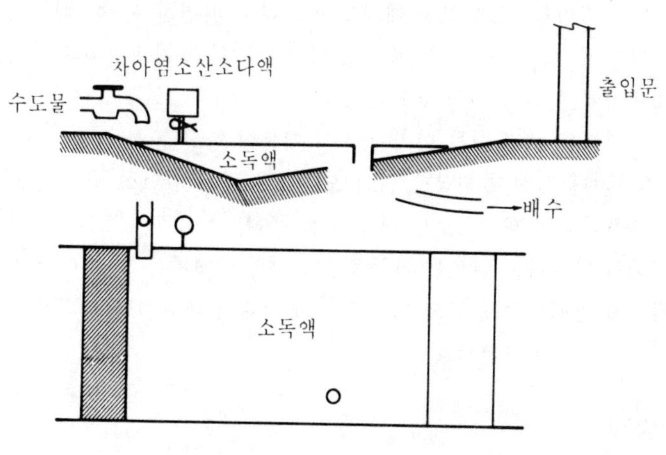


그림 3-1 작업화 소독장치

이 때 고려해야 할 점은 작업능률 및 시설내부의 청소·세정·살균 등의 관점에서 시설의 총면적 특히 제조장의 면적은 제조기계기구의 총면적의 4배정도의 면적이 필요하다. 식품의 종류에 따라서는 기계기구의 세정 소독을 위해 물을 많이 사용하기 때문에, 이런 경우는 바닥의 구배를 1.5/100 내지 2/100가 되도록 하게 하여 물이 잘 빠지도록 하는 것이 필요하다.

식품은 사람이 먹는 것이기 때문에 공장규모가 크던 작던간에 주위환경이 깨끗하고 더욱이 미생물적으로 청결해야 안전하고 좋은 품질의 제품을 만들 수 있다. 정리·정돈·청소·청결은 별도의 경비가 드는 것도 아니며, 조직구성원 개개인의 노력과 마음가짐에 달려 있다.

따라서 경영자나 관리자는 평소에 관심을 갖고 현장을 순회하면서 정리·정돈·청결이 생활화될 때까지 끊임없는 지도가 필요하다. 공장순회시 겉만 슬쩍 훑어보는 것만으로는 현장에 숨겨진 문제를 발견할 수 없으므로, 문제의식을 갖고 일정시간 계속지켜서서 관찰하는 것이 좋다. 숨겨진 문제를 현재화시키는 방법이 이른바 눈으로 확인하는 관리이다.

눈으로 보이는 관리가 안되면 눈에 보이지 않는 미생물관리는 절대로 불가능하기 때문이다.

## 3. 방서(防鼠) 관리

쥐는 우리 인간생활에서 가장 밀착하여 생존하고 있는 동물의 하나이다. 즉, 사람이 생활을 시작하면 거기에는 쥐가 반드시 모인다고 생각하여야 한다. 쥐의 수는 우리나라에서는 인구의 약 3~4배나 된다고 한다.

### 3.1 쥐에 의한 피해

먼저 위생면에서의 피해를 보면 병원균의 매개이다. 특히, 식품 공장에서 가장 중요한 것은 식중독균의 매개이다.

쥐는 주행중이나 먹이를 먹고 있을 때에도 배뇨하고 배변한다. 이 때문에 쥐가 배회할 때 거기에는 똥이 남고 또 털이 빠져서 식품에 혼입하기도 하고 기계장치에 부착하기도 한다. 이것은 분명히 소비자에 의한 클레임 요인이 된다.

위생면 이외의 피해를 보면 쥐는 이가 자라기 때문에 항상 굳은 물질을 갉는다는 것은 주지의 사실이다. 컴퓨터나 전선의 피복을 갉아 오류나 누전의 원인이 되기도 하고 원료, 중간제품, 완성 제품에 가해로 경제상으로도 큰 피해를 준다.

쥐에 의한 피해는 다양하고 때로는 식품공장의 생명을 빼앗는 일도 일어날 수 있으므로, 적어도 공장의 감독자 관리자는 원점으로 돌아가 쥐 방제에 대하여 검토해야 한다. 시간이나 경비가 들어도 절대로 손해는 아니다.

### 3.2 쥐의 방제

쥐는 신축공장에서도 3~6개월되면 침입한다. 인근의 쥐가 활동범위를 넓혀 서서히 침입하기도 하고, 대형의 화물에 붙어오기도하여 생활에 적합한 장소로 될 때 새끼를 낳아 증가한다.

식품공장은 먹이가 많기 때문에 쥐가 생활하기에 적합한 장소이다. 따라서 쥐를 구제하기 위해서는 쥐가 공장에 침입하지 못하도록 하고, 쥐가 살만한 장소를 없애고, 쥐의 먹이가 되는 것을 없애는 것이 중요하다. 쥐의 방제는 전문기업에 맡기는 것이 좋다.

전문가는 먼저 쥐의 종류를 알고.활동범위를 추측하고 쥐가 사는 곳을 찾아낸 후 필요에 따라 쥐약을 놓기도 하고, 쥐틀이나 접착지 등을 사용하여 잡는다. 쥐잡이는 공장이 스스로 관리할 수도 있으나, 전문지식이 있고 전문기능을 갖고 있는 사람에게 맡기는 편이 경제적 기술적으로 유리하기 때문에 전문기업에 위탁하는 일이 있으나, 근본적인 관리책임은 공장이라는 것을 잊어서는 아니된다.

#### (1) 쥐의 침입구 침입로 봉쇄

쥐는 집을 만들거나 먹이를 얻을 목적으로 공장에 침입한다. 침입구는 하수배관이나 문의 틈이다. 침입방지를 위해서는 문의틈이 8㎜ 이하가 되도록 하고 하수관입구는 8㎜ 이하의 금망을 까는 것이 필요하다.

#### (2) 쥐의 보금자리 제거

쥐는 사람의 눈에 띄는 곳에는 거의 나오지 않는 것이 보통이기 때문에 공장내에 쥐가 없다고 잘못 판단하는 경우가 많다. 사람이 그다지 출입하지 않는 장소가 쥐의 보금자리 대상이 된다. 따라서 먼저 이러한 장소를 정리정돈하고 구조적으로 틈이나 구멍이 없도록 점검하고 만약 있으면 빨리 보수한다.

#### (3) 쥐의 먹이가 되는 것을 제거

쥐가 침입하여 보금자리를 만들고 산다는 것은 먹이가 많다는 증거이다. 먹이가 되는 것은 제거해야 한다. 잔반(殘飯)이나 식품부스러기는 철제의 용기에 넣어 완전히 뚜껑을 한다.

## 4. 방충관리(防虫管理)

식품공장의 방충대책은 미생물 오염방지를 위해서도 필요하지만, 충체(虫體)나 그 배설물이 혼입되는 것을 막기위해서도 필요하다. 그 대책으로는 공장내외에서의 발생을 막고, 생산공정내에 침입하지 않도록 하는 동시에 일단 침입하면 살충제나 방제기기 등을 써서 없애야 한다. 식품공장에서 일반적으로 하고 있는 방충방법으로서는 다음과 같다.

(1) 작업장의 모든 창에는 16메쉬(mesh) 이상의 망을 설치하여 침입을 막는다.

(2) 출입문에 합성수지로 만든 발이나 공기카텐(air curtain)을 설치하여 파리, 모기, 하루살이 등의 침입을 줄인다.

(3) 작업자 또는 원재료 제품 등이 실내외에 반입이나 반출시 벌레의 침입을 막기 위해 2중문으로 하되, 자동 또는 반자동으로 하여 항상 밀폐시킨다.

(4) 공장의 외부 또는 실내에서는 생산라인에서 멀리 떨어진 장소에 유인불이나 유인물(먹이·화학물질)을 부착하여 벌레를 유인하고 흡인, 전격, 접착제 등을 써서 잡는다.

(5) 원료창고, 제품창고, 포장재창고는 밀폐하여 벌레의 침입을 막는 동시에 정기적으로 방충제나 살충처리를 실시한다.

(6) 위의 방법중 충을 유인하여 잡을 때에는 사용방법 여하에 따라서는 반대로 벌레를 한데로 모으는 결과가 되고 또 전격살충기(電擊殺虫器) 등에서는 죽은 충제가 낙하하여 식품에 혼입할 염려가 있기 때문에 정기적으로 충제를 제거하여야 한다.

이 외에도 사용하는 원재료 포장재 등이 납품될 때 충체검사를 엄격히 하고 납품업체에서도 방충관리가 되도록 협력을 받아야 한다.

위와 같은 방법을 강구하여도 침입한 벌레에 대해서는 살충처리를 한다. 살충제를 사용할 때는 그 특성을 숙지하여 취급, 사용주의사항을 잘지켜 약제에 의한 식품의 오염이나 인명사고가 일어나지 않도록 주의해야 한다.

## 5. 먼지 혼입 방지

먼지에는 대장균군, 포도구균, 부패균, 곰팡이 등 수많은 미생물이 묻어 있다. 이 먼지가 작업장의 밖에서 들어오거나 작업장에 쌓여 있던 것이 물리적인 작용을 받아서 공중에 부유하여 원료, 반제품, 제품 및 제조설비에 떨어져서 식품을 오염시킨다. 이 때문에 식품공장에서는 먼지를 어떠한 방법으로 적게 할 것인가가 과제로 되어 있다. 작업장내에 먼지를 줄이기 위해서는 필요한 공간을 구획해서

(1) 출입문은 2중으로 한다.

(2) 작업자나 원료가 출입하는 문에는 공기로 샤워하여 먼지를 제거할 수 있는 시설을 한다.

(3) 창문을 밀폐시킨다.

(4) 작업장내부는 항상 양압(陽壓)으로 하여 외부의 공기가 들어오지 못하게 한다.

등의 방법이 있으나, 이것만으로는 부족하고 원칙적으로 고성능의 여과기를 써서 공기의 여과로 청정화(淸淨化)가 필요하다.

여기에 필요한 것이 클린 룸(clean room system)이다. 이 시스템은 작업장의 공기중에 들어있는 먼지를 요구하는 수준으로 조절할 수 있어, 가열살균을 할 수 없는 식품의 제조공정이나 포장공정에서 먼지의 오염을 막을 수 있다.

그러나 식품공장에서 공기중의 먼지를 어느정도로 청결하게 할 것인가는 대단히 어려운 문제이다. 일반적으로 공기를 청정화하는 데 들어가는 비용과 제품중의 미생물오염수준 및 미생물에 의한 제품불량으로 인해 발생하는 비용을 비교하여 결정한다. 식품공장에서 공기의 청정도에 관하여는 법적으로 정해진 것은 없으나, 미국의 항공우주국에서 정한 규격을 보면 표 3-1과 같다.

표 3-1 미국 항공우주국의 클린룸 규격

| 청결도급등 (class) | 미립자 | | 생물입자 | | 압력 | 온도 | 습도 | 기류 |
|---|---|---|---|---|---|---|---|---|
| | 입경 (μm) | 농도 (개/ft³) | 부유량 (개/ft³) | 침강량 (개/ft²·주) | mmAq | ℃ | % | 환기회수 |
| 100 (3.5) | ≧0.5 | 100 (3.5) | 0.1 (0.0035) | 1,200 (12,900) | 1.3이상 | 19.4~25 | 55~40 | ·층류방식 0.35~0.55 m/sec |
| 10,000 (350) | ≧0.5<br>≧5 | 10,000 (350)<br>6.5 (2.3) | 0.5 (0.0175) | 6,000 (64,600) | | | | ·난류방식 20회/H 이상 |
| 100,000 (3,500) | ≧0.5<br>≧5 | 100,000 (3,500)<br>700 (25) | 2.5 (0.0884) | 30,000 (323,000) | | | | |

〔주〕: ( )수자의 단위 : 개/ℓ (단, 침강량의 단위 : 개/m²·주)

위생적인 견지에서 제조공정의 동선(動線)을 고려하면 청결도의 관점에서 오염작업구역과 청결작업구역으로 구분하여 관리할 필요가 있다.

오염작업구역은 원부재료 검수장, 원료보관창고 및 전처리장소 등과 같이 그다지 청결을 요구하지 않는 장소이고, 청결작업구역은 먼지와 균이 제거된 작업환경구역으로 이것은 고도의 청결을 요구하는 구역과 준청결구역으로 나눌 수 있다.

준청결작업구역은 식품을 가공·가열처리하는 공정에 적용하고 청결작업구역은 방냉(放冷), 충전, 포장, 제품을 보관하는 장소에 적용한다.

일반식품공장의 청결도를 보면 최종제품을 충진, 포장하는 청결작업 구역공간은 클라스 1,000 정도로 설계하고 있으며, 준청결구역은 클라스 10,000 정도로 설계되고 있다.

참고로 일본의 도시락 및 반찬의 위생규범에서 환경청정도의 목표기준은 다음과 같다.

| 구 분 | 낙하세균수 | 낙하진균수 | 비 고 |
|---|---|---|---|
| 오염작업구역 | 100개 이하 | — | ·직경 9~10cm 샤레의 1개당의 평균치<br>·샤레노출시간과 배양조건 |
| 준청결작업구역 | 50개 이하 | — | 세균 : 5분, 35±1℃×48±3시간 |
| 청결작업구역 | 30개 이하 | 10개 이하 | 진균 : 20분, 23±2℃×7일간 |

## 6. 곰팡이 관리

곰팡이는 세균에 비해 영양분이 거의 없어도 생육하고, 발육증식은 일반적으로 호기성(好氣性)이며 대기의 상대습도는 80% 이상에서 잘 번식하고, 수분 13% 이상이면 생육이 가능하다. 생육하는 데 적당한 온도는 25~30℃의 것이 많고, 곰팡이에 오염된 후 3~4일 경과하면 눈으로 그 존재를 알 수 있다.

곰팡이 포자는 비산성(飛散性)을 갖고 있어 대기중에 자유로이 확산된다. 작업장 한 구석에 곰팡이 집락(colony)이 발생한 경우에는 그 작업장의 공간 전체가 곰팡이 포자로 오염되어 있다고 생각해야 한다. 곰팡이의 방제에서 어려운 이유의 하나는 이 점에 있다.

식품공장에서 곰팡이의 피해는 식품의 품질을 떨어뜨리고 곰팡이독(mycotoxin)을 생성하기도 하고, 공장의 벽이나 천정 등에 오염되어 환경이 불결하게 되는 원인이 되기도 한다. 식품공장에서 곰팡이가 많이 발견되는 곳은 습도가 높고 건물구조상 통기가 나쁜 장소와 결로(結露)가 생긴 부분이다.

식품공장의 곰팡이 증식대책은 다음과 같다.

| 구 분 | 내 용 |
|---|---|
| 1. 생육증식환경제한 | (1) 실내에서 증기의 발생억제<br>(2) 실내에 환기장치를 하여 환기를 충분히 한다.<br>(3) 결로 발생방지 |
| 2. 세정철저 | (1) 원료 반제품이 비산하여 설비에 부착 축적될 때 곰팡이 증식을 조장하게 되므로, 항상 실내는 정리 정돈하고 충분한 세정을 하여 곰팡이의 영양원이 되는 오물을 제거 |
| 3. 설비대책 | (1) 구조적으로 될 수 있으면 요철이 없어 먼지 식품잔재가 부착 잔류하지 않도록 하고 간편하게 청소·세정·살균할 수 있도록 한다.<br>(2) 결로 방지시공<br>(3) 충분한 환기장치 |
| 4. 살균실시 | (1) 정기적으로 세정하고 살균실시(약제분무, 자외선 조사) |
| 5. 방곰팡이 시공 | (1) 곰팡이가 피지 못하도록 시공시 방곰팡이제 처리한다. |

## 7. 작업자 관리

식품제조시설이 아무리 좋고 청결하더라도 취급하는 사람의 위생관념이 부족하고 위생관리 지침대로 행동하지 않으면 소기의 목적을 달성할 수 없다. 사람은 최대의 미생물 오염원이라는 사실을 식품공장에 종사하는 사람들은 항상 명심해야 한다. 식품공업에 있어서 식품취급자의 건강과 위생에 대한 태도는 식품 위생상 절대적인 조건이다.

미생물은 종사자 자신의 몸에 있는 경우도 있고 몸을 싸고 있는 의복이나 모자 등에도 있기 때문에 공장에 종사하는 모든 사람에게 지속적으로 교육과 훈련을 실시하여 일상생활에서의 동작이나 행동이 미생물오염을 막을 수 있는 버릇이 몸에 배도록 해야 한다.

### 7.1 손의 청결

식품위생은 "손의 청결로 시작해서 손의 청결로 끝난다"고 할 정도로 식품위생의 기본이다. 제조과정이 기계화 자동화 된 공장이라도 사람손이 닿지 않는 곳은 거의 없다. 식품공장의 경우 거의가 중소기업이고 일의 성질상 사람 손을 필요로 하는 작업공정이 많기 때문에 손의 역할은 중요한 반면 직접 또는 간접적으로 식품에 대한 오염원이 될 가능성은 대단히 크다. 손에 의한 오염은 무의식적이고 다른 오염물에 접촉하고 그대로 식품원료나 제품을 더럽히는 것이다.

예를들면 화장실에 갖다와서 그대로 작업에 종사하면 대장균 등의 세균오염이 되고, 작업중 오염된 원료나 포장재를 잡았던 손 그대로 식품을 취급하면 미생물이 오염된다. 이와같은 이유로 제조과정에서 식품에 직접 손이 접촉하는 공정이 많은 공장에서는 화장실이나 창고 등 자기의 작업장소를 이탈한 후 다시 원래의 장소로 돌아왔을 때는 반드시 손을 씻도록 한다.

또 매일 일을 시작하기 전에 손을 점검하여 손톱을 짧게 깍고 있는가, 상처 등이 없는가를 조사하여 조치한 후 작업에 종사시킨다. 손톱밑은 미생물의 집이기 때문에 손톱을 짧게 깎아

**표 3-2 손의 오염사례** : 한쪽손바닥의 수세전 후 1mℓ 당의 균종·균량

| No. | 사 례 | 구분 | 성별 | 일반세균 | | 대장균군 | | 병원성포도구균 | |
|---|---|---|---|---|---|---|---|---|---|
| | | | | 전 | 후 | 전 | 후 | 전 | 후 |
| 1 | 손을 씻은후 3가지 주요균의 어느것이 늘어난 예 | A | 여 | $6.4\times10^2$ | $<1\times10$ | $2.4\times10^2$ | $<1\times10$ | $<1\times10$ | $1\times10^2$ |
| | | B | 여 | $4.2\times10^2$ | $9.5\times10^3$ | $<1.0\times10$ | $4.4\times10^2$ | $1.0\times10^2$ | $<1.0\times10$ |
| | | C | 여 | $4.5\times10^3$ | $1.2\times10^3$ | $<1.0\times10$ | $<1.0\times10$ | $<1.0\times10$ | $4.0\times10^2$ |
| | | D | 남 | $9.5\times10^3$ | $8.2\times10^2$ | $3.0\times10$ | $<1.0\times10$ | $<1.0\times10$ | $5.0\times10^2$ |
| | | E | 여 | $7.6\times10^2$ | $3.8\times10^1$ | $<1.0\times10$ | $<1.0\times10$ | $<1.0\times10$ | $<1.0\times10$ |
| | | F | 여 | $2.0\times10^2$ | $1.3\times10^3$ | $<1.0\times10$ | $<1.0\times10$ | $2.0\times10^2$ | $3.0\times10^3$ |
| | | G | 여 | $7.8\times10^3$ | $4.9\times10^3$ | $<1.0\times10$ | $<1.0\times10$ | $<1.0\times10$ | $2.0\times10^2$ |
| | | H | 남 | $1.8\times10^3$ | $4.9\times10^3$ | $<1.0\times10$ | $<1.0\times10$ | $<1.0\times10$ | $8\times10^2$ |
| | | I | 남 | $1.9\times10^2$ | $2.7\times10^3$ | $<1.0\times10$ | $<1.0\times10$ | $2.8\times10^2$ | $3.7\times10^3$ |
| 2 | 지도하여도 세정의 효과가 올라가지 않는 사람의 3회지도 (비누1분, 유수 20초) | A1회 | 여 | $2.1\times10^5$ | $1.9\times10^2$ | $2.4\times10^3$ | $4.1\times10$ | $2.0\times10^5$ | $<1.0\times10$ |
| | | A2회 | 여 | $3.4\times10^5$ | $3.0\times10^2$ | $1.2\times10^3$ | $<1.0\times10$ | $2.0\times10^2$ | $<1.0\times10$ |
| | | A3회 | 여 | $2.5\times10^5$ | $2.0\times10^2$ | $2.0\times10^3$ | $<1.0\times10$ | $4.0\times10^2$ | $<1.0\times10$ |
| 3 | 병원성포도구균만이 출현한 경우 | A | 여 | $<1.0\times10$ | $<1.0\times10$ | $<1.0\times10$ | $<1.0\times10$ | 4.0 | $10^2$ |
| | | B | 여 | $<1.0\times10$ | $<1.0\times10$ | $<1.0\times10$ | $<1.0\times10$ | 2.0 | $10^2$ |
| 4 | 식당조리원 (46명) | | | $8\times10^2$ | $7.5\times10^5$ | $<1.0\times10$ | $2.6\times10^2$ | $<1.0\times10^2$ | $4.5\times10^5$ |
| | 식당 후로아원 (44명) | | | $7.5\times10^5$ | $1.4\times10^5$ | $<1.0\times10$ | $2.9\times10^3$ | $<1.0\times10^2$ | $1.3\times10^2$ |

서 때가 끼지 않도록 지도해야 한다. 손을 씻을 때는 반지나 시계를 빼고 비누질을 하여 깨끗한 물로 씻은 후에 남아있는 미생물을 살균하기 위해서 살균제로 다시 씻는다. 물로서 손을 씻는것 만으로서는 손에 묻어있는 균이 제거되지 않는다(표 3-2 참조).

손을 씻은 후는 종이타올이나 열풍 등을 사용하는 것이 바람직하다. 손을 씻고 소독한다는 것은 단순한 행위이나 식품위생에서는 대단히 중요하다. 화장실 등 많은 사람이 접촉하는 손잡이는 오염되어 있기때문에 손잡이는 가제를 씌워서 소독액을 묻혀 놓으면 좋으나, 될 수 있으면 손이 접촉하지 않아도 출입할 수 있는 자동개폐식의 문으로 개조하는 편이 좋다.

손의 세정·소독을 확실히 하기 위해서는 먼저 수세설비가 중요하다. 이 설비는 화장실이나 공장출입구에 설치하는 경우가 많으나, 미생물관리의 입장에서는 이외에 오염작업구역에서 비오염작업구역으로 들어오는 입구나 제품을 용기에 넣어 포장하는 장소에도 설치하는 것이 좋다. 손의 세정소독을 제대로 하려면 한사람이 최소 1분은 걸리기 때문에, 이것을 고려하여 세면대를 설치하고 동절기에도 따뜻한 물이 나올 수 있도록 배려되어야 한다.

손의 세정 소독방법은 비누(액상비누)를 먼저 손에 묻혀 거품이 잘 나게 문지르고 흐르는 물에서 비눗물을 깨끗이 씻어 버린다. 다음에 소독액으로 다시 손을 씻던가 양이온 계면활성제인 제4급 암모늄(일명 역성비누)10% 액을 50~100배로 희석한 액에 2분 이상 담가서 씻고, 청결한 타월이나 종이타월(paper towel)로서 물기를 없애거나 또는 온풍건조기(air towel)로 손을 건조시킨다. 불결한 타월로서 손을 닦는 것은 도리어 손을 오염시키는 결과가 되기 때문에 위생상의 관점에서는 공기타월이나 종이타월이 좋다.

그러나 공기타월이나 종이타월이 없을 경우에는 손을 소독하는 싱크대에 미리 깨끗한 흰색의 타월을 소독액에 담구어 놓았다가 이것을 손으로 짜서 물기를 뺀다음 닦는 것도 좋은 방법이다.

만일 식품에 손이 직접 닿는 작업시에는 역성비누액을 물로 수세하여 손을 건조시킨다.

## 7.2 건강관리

작업을 하기전에 개인별 건강상태를 점검하여 설사를 하거나 손에 상처가 있거나 화농성질환이 있을 때는 작업을 시키지 않도록 배려해야 한다.

사람의 성격에 따라 자기 스스로 무엇이든 말을 꺼내는 사람이 있는 반면에 그렇치 못한 사람도 있으므로 몸에 이상이 있을 때는 자기 스스로 신고하는 제도를 갖는 것도 필요하다. 식품공장에서는 개개인의 건강에도 세심한 배려를 하여 관리하는 것이 위생관리상 중요하다. 식품을 직접 취급하는 사람은 식품위생법에서 정한대로 정기적인 건강진단을 받도록 하고 이상이 있을 때는 즉시 격리하여야 한다.

## 7.3 두발·몸의 청결

식품중에 머리카락이 들어있는 것을 보면 대단히 불쾌할 뿐만 아니라 많은 미생물이 오염되어 있다고 생각해야 한다. 이와같은 것이 오염되지 않도록 하기 위해서는 두발과 몸을 청결히 하고 모자를 써서 빠진 머리카락이 혼입되지 않도록 해야 한다.

불결한 몸이나 화농이 있는 상처에는 포도구균이 많이 있기 때문에 항상 청결히 하도록 습관을 들여야 한다. 왜냐하면 작업자는 작업중에 몸을 긁거나 눈을 비비거나, 코를 풀거나 또는 머리를 긁을 때 접촉한 부분으로부터 손이 오염되어 식품에 옮겨지기 때문에 이와같은 나쁜 습관의 동작을 하지 않도록 일상관리가 필요하다. 코를 풀 때는 반드시 종이로 하고 그 후 반드시 손을 물로 씻도록 하며 특히, 가래침을 아무데나 뱉지 않도록 하여야 한다.

## 7.4 청결한 복장

식품공장에서 일하는 사람의 복장은 항상 깨끗해야 한다. 작업복은 공장내의 작업환경에 따라 다르겠으나, 흰 작업복을 입는 것이 관리상 유리하다. 하얀 천위에 오염된 것은 눈에 잘 띄고 눈으로 보기에도 깨끗하기 때문이다.

작업복이나 작업모는 매일 또는 수일마다 깨끗히 세탁하여 일제히 갈아 입는 것이 좋다. 이를 위해 공장내에 대형 세탁기를 준비하여 세탁하면 관리가 용이하다. 식품공장에서 작업복을 갈아입는 것은 위생적인 면에서, 출퇴근시에 입는 평상복은 미생물적으로 청결치 못하기 때문에 깨끗한 작업복으로 갈아입는 데 의의가 있다. 따라서 갱의실은 출퇴근복을 넣는 장소와 작업복을 보관하는 장소를 명확히 구분하여 평상복에 오염되어 있는 미생물이 작업복에 오염되지 않도록 갱의실 관리가 되어야 한다.

## 7.5 임시직작업자의 관리

식품공장은 원료의 계절성·시장수요의 성수기 등으로 일시적으로 임시직작업자를 채용하는 경우가 있으나, 이들은 미생물오염에 대한 기초지식이 없기때문에 생각지않던 사고가 일어날 가능성이 크다. 따라서 시간이 걸리고 경비가 들더라도 작업전에 이들에 대한 위생교육을 실시하여 최소한의 동작기준을 만들어 관리해야 한다.

## 7.6 화장실 관리

위생관리에서 제일 먼저 해야할 곳은 하루에도 몇번씩 드나들어야 하는 화장실의 관리이다. 특히, 생산현장 작업자들이 주로 이용하는 화장실의 상태를 보면 그 회사의 위생관리 수준을 판단할 수 있다.

설비가 잘 갖춰져 있고 깨끗하면 그 회사는 공장내부를 안 보아도 위생관리 상태가 좋다고 생각해도 된다. 그와 반대일 경우는 경영자부터 종업원에 이르기까지 위생에 관한 의식이 결여되어 있다고 보면 틀림없다. 화장실은 관리가 조금만 소홀해도 청결유지가 안된다. 이러한 환경에서는 위생관리를 아무리 강조해도 말로서 끝나고 만다.

화장실이 지저분하면 위생관리 이전에 종업원들의 사기가 떨어지게 된다. 따라서 화장실은 고급호텔의 설비정도로 해주고 일상관리하면 그 효과는 반드시 거두게 된다. 화장실내에 최소한 갖추어야 할 설비는 손을 씻고 소독할 수 있도록 하여야 한다. 화장실을 이용하고 나서는 반드시 손을 씻고 소독하도록 꾸준히 교육훈련시켜서 버릇이 몸에 배도록 할 필요가 있다. 이것은 간단한 것 같으면서도 실행이 잘 안되는 사항이므로 반복적인 지도계몽이 따라야 한다. 또한, 화장실 출입문은 자동개폐식으로 하는 것이 위생관리상 유리하다.

## 8. 미생물의 증식억제

지금까지 1에서 7까지 열거한 미생물의 오염 대책을 실시하면 침입하는 미생물의 절대수는 줄일 수 있으나, 완전을 기할 수는 없기 때문에 미생물이 증식하지 못하도록 할 필요가 있다. 미생물은 생존하는 환경의 영향을 받아서 번식하기도 하고, 번식이 억제되기도 하며 또는 사멸하기도 한다.

미생물의 환경조건은 영양소, 온도, 수분, PH, 산소, 화학물질 등이 있으므로 이러한 요인을 파악하여 제거하면 증식을 억제할 수 있다.

### 8.1 온도

#### (1) 미생물의 발육과 온도

온도조건은 미생물이 자라기 위해서 중요한 요인의 하나이다. 미생물이 발육할 수 있는 온도범위는 일반적으로 −10℃~최고 90℃까지 대단히 넓다. 그러나 이것은 다수의 종류를 포함한 미생물이란 생물군 전체에 대한 것이므로 이 생물군을 구성하는 개개의 종류에 대하여 보면 이 온도 범위는 이 값보다 상당히 좁게 된다.

미생물의 발육온도는 그 발육의 정도에 따라 발육에 가장 적합한 온도를 최적온도, 발육할 수 있는 상한의 온도를 최고온도, 하한의 온도를 최저온도라 부른다. 최적온도보다도 온도가 높거나 낮아도 미생물의 발육정도는 나쁘게 된다. 자연계에 존재하는 미생물은 종류에 따라 이 최적온도가 다르기 때문에, 최적온도의 상위(相違)에 따라 미생물을 다음과 같이 분류하고 있다.

| 종 류 | 최저온도(℃) | 최적온도(℃) | 최고온도(℃) |
|---|---|---|---|
| 저온 미생물 | −5~5 | 25~30 | 30~35 |
| 중온 미생물 | 5~15 | 30~45 | 45~55 |
| 고온 미생물 | 30~45 | 50~70 | 70~90 |

#### (2) 미생물의 발육이 인정되는 최저온도

미생물은 온도가 낮아도 발육은 미약하나 완전히 발육을 정지하는 것은 아니다.

식품에서 미생물의 발육이 인정된 최저온도

| 식 품 | 미 생 물 | 온 도 |
|---|---|---|
| 베 이 콘 | 세균 | −5~−10℃ |
| 농축 오렌지쥬스 | 효모 | −10℃ |

### (3) 식중독균과 온도

식중독균은 일반적으로 중온균에 속하기 때문에 10℃ 이하로 식품을 냉각하면 거의 그 증식은 억제할 수 있다. 예를들면 장염비브리오균은 10℃ 이하에서는 발육하지 않기 때문에 어패류를 어획 후 곧 냉각하면 설령 장염비브리오균이 부착하여 있어도 중독을 일으킬 정도의 균량으로 되지 않는다.

포도구균과 살모넬라균은 6.7℃가 지금까지 보고된 가장 낮은 발육온도이고, 대부분의 보고에서는 10~15℃라고 말하고 있다. 포도구균의 독소생산은 18℃가 최저온도이기 때문에 10℃ 이하에서는 안전하다고 생각해도 좋다. 식중독균가운데서도 가장 무서운 보틀리늄균도 일반적으로 10℃ 이하에서는 발육하지 않는다.

## 8.2 수　분

미생물에서 물은 필수적이고 물이 없으면 발육도 번식도 하지 않는다. 미생물의 물질대사는 전부 물을 매개하여 일어나기 때문이다. 그런데 미생물은 어느정도의 수분이 감소하면 발육이 저지되는가가 문제이고, 이것은 배지나 식품의 종류에 따라 동일하지 않다. 어느 식품은 60%이고, 다른 식품에서는 40%인 경우도 있다. 따라서 미생물의 발육과 밀접한 관계가 있는 것은 수분함량(%)이 아니고 수분활성(水分活性, water activity, $A_W$)이다.

### (1) 수분활성

식품중에 포함된 물은 그 전부가 미생물에 이용될 수 있는 것은 아니고, 그 일부는 식품 성분을 녹이기 위해서 사용되기도 하고 식품성분에 흡착되기도 한다. 따라서 가용성 물질이 적은 식품보다 식염, 설탕, 아미노산 등의 가용성물질이 많은 식품편이 수분활성이 낮고 미생물은 번식하기 어렵게 된다.

수분활성은

$A_W = \frac{P}{P_0}$로서 표현된다.

$A_W$ : 수분활성
$P_0$ : 순수의 수증기압
$P$ : 식품이 나타내는 수증기압

수분활성 $A_W$는 대기중의 상대습도(RH)를 나타내는 경우에도 이용되고, 이 경우에는 %로 표시되기 때문에 $RH = A_W \times 100$의 관계가 성립된다.

### (2) 미생물의 번식과 수분활성

미생물 배지나 식품중의 수분함량을 조절하거나 또는 식염, 설탕 등을 가하여 여러 수분활성의 조건을 만들고, 여기에 미생물을 접종시켜 그 번식을 볼 때에 수분활성이 낮아짐에 따라 균의 번식은 점차로 나빠지고, 수분활성이 어느 수준 이하로 떨어질 때 전혀 번식하지 않게 된다.

일반적으로 세균류는 비교적 수분이 많은 식품에 생육하기 쉽고, 곰팡이나 효모는 건조제품이나 염장제품에 발육한다는 것은 잘 알려진 사실이다.

이것은 각각의 최적 수분활성이나 발육하한 수분활성이 다르기 때문이다(표 3-3, 그림 3-2 참조).

표 3-3 미생물의 최저수분활성치

| 미 생 물 | 발육최저 Aw |
|---|---|
| 보통 세균 | 0.90 |
| 보통 효모 | 0.88 |
| 보통 곰팡이 | 0.80 |
| 호염 세균 | 0.75 |
| 내건성곰팡이 | 0.65 |

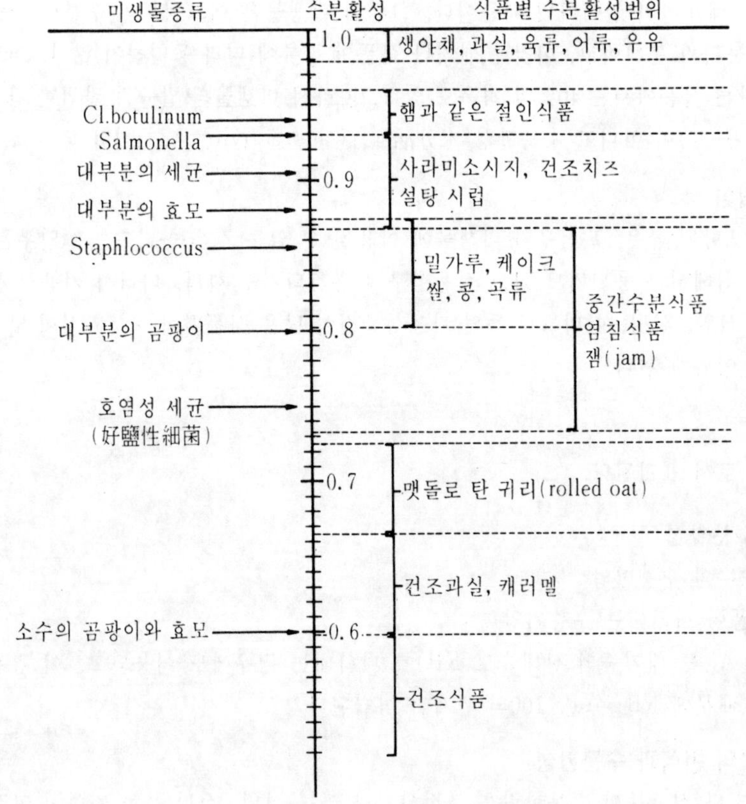


그림 3-2 미생물증식이 최소 수분활성과 전형적인 식품의 수분활성범위

### (3) 식품의 수분활성과 보존성

식품의 수분활성은 저장성에 중요한 영향을 미치기 때문에, 옛날부터 건조, 염장, 당장 등은 어느 것도 식품의 수분활성을 낮추어 미생물의 번식을 막아 그 저장성을 연장하기 위해서 생각된 방법이다(표 3-4).

표 3-4 용액의 최소 수분활성

| 구 분 | 용해도 (%w/w) | 최소수분활성 |
|---|---|---|
| 설탕(sucrose) | 67 | 0.86 |
| 포도당(glucose) | 47 | 0.915 |
| 전화당(invert sugar) | 63 | 0.82 |
| 설탕+전화당 (sucrose.37.6% ; invert sugar. 62.4%) | 75 | 0.71 |
| 소금(NaCl) | 27 | 0.74 |

## 8.3 PH

미생물의 발육은 환경의 PH에 따라 영향을 받고 각각의 미생물에는 발육의 최적 PH가 있다.

일반적으로 세균은 중성(PH 7)내지 약 알카리성 (PH 7~8)에서, 효모 곰팡이는 약산성(PH 6~7)에서 최적이다. 최적 PH보다 알카리성으로 되어도 또, 산성으로 되어도 미생물의 발육은 점차 억제되나 결국에는 발육이 저지된다.

식중독 세균이나 보통의 세균은 PH 4.6 이하에서는 발육하지 않으나 곰팡이, 효모, 유산균 등은 산성에 강하여 PH 2.0 이상에서도 발육한다.

## 8.4 산 소

고등식물은 생존을 위해 산소가 필요하고 산소가 없으면 생육할 수 없다. 그러나 미생물중에는 산소가 없어도 충분히 생육되는 종류도 많다. 미생물을 산소와의 관계로부터 다음과 같이 나눌 수 있다.

### (1) 호기성균(好氣性菌)

산소가 없으면 생육하지 않는 균

### (2) 통성혐기성균(通性嫌氣性菌)

산소가 있거나 없어도 생육하는 균

### (3) 혐기성균(嫌氣性菌)

산소가 없는 곳에서 잘 생육하고 산소가 있으면 오히려 생육하지 않는 균

### 8.5 영 양 소

미생물은 위에서 설명한 온도, 수분, PH, 산소 등의 환경조건이 맞아도 영양소가 없으면 증식하지 못한다. 영양소는 미생물의 종류에 따라 따르나, 일반적으로 탄수화물, 아미노산, 비타민, 무기질 등 다양하다. 이러한 영양분이 제조공정내에 잔류할 때 미생물은 증식하므로 제조설비는 구조적으로 오물이 끼지 않도록 설계 시공하여야 하고, 오물이 끼었을 때는 가급적 빨리 세정하므로서 영양원을 시설밖으로 배출시킨다.

세균은 환경조건이 좋으면 계속해서 분열(分裂)을 반복하여 짧은 시간에 놀라울 정도로 늘어난다. 새로운 세포가 성장하여 다시 분열할 때까지 걸리는 시간을 세대(世代, generation time)라고 한다. 예를들면 대장균은 최적조건에서 1세대는 약 20분, 고초균(枯草菌)은 약 30분이다.

처음의 세균수를 a, 마지막의 세균수를 b, 분열세대를 n, 시간을 t라고 하면, 세균은 항상 2개씩 분열하기 때문에

$2^n a = b$

$2^n = \frac{b}{a}$

분열시간$= \frac{t}{n}$ 이다.

즉, 보통의 구균(球菌)이 30분에 1분열 한다면(a=1 일때)

1시간 후에는 ············ 4

2시간 후에는 ············ 16

3시간 후에는 ············ 64

8시간 후에는 ············ 65,536

15시간 후에는 약 $10^9$(10억)=용적 약 1㎣(세균의 용적을 $1\mu^3$이라 가정하면 1㎣의 용적은 $10^9$개의 세균이 점하게 된다)

23시간 후에는 용적 약 65㎤

35시간 후에는 용적 약 1,000㎥

으로 된다. 그러므로 하루반이 경과하면 10톤 용량의 트럭 100대분으로 되는 것으로 계산된다. 그러나 이것은 이론상의 계산이고, 실제는 세균의 영양분에는 한도가 있고 또, 대사생성물의 축적 등의 이유로 반드시 이 속도로 번식하지는 않는다.

## 9. 세정과 살균

식품공장에서 세정(洗淨)과 살균의 목적은 오염물과 미생물을 제거하여 제품의 품질을 향상시키고 보존성을 높이는 데 있다.

세정은 미생물의 영양원으로 되는 오염물을 제거하여 미생물이 번식하는 것을 막을 뿐만 아니라, 미생물의 절대수를 감소시켜 살균효과를 높인다. 따라서 세정과 살균은 바늘과 실의 관계처럼 밀접한 관련을 갖고 있다.

일반적으로 오염물질은 건조되면 떨어지기 어렵게 되고 오염물질속에 들어 있는 미생물은 생육에 적합한 환경조건이 되면 급속하게 증식되므로, 제조가 끝난 후에는 가능한한 빨리 세정하고 살균해야 한다. 일반적인 살균수단으로서 스팀 · 뜨거운물을 이용하는 열살균, 자외선 조사에 의한 살균, 화학약제나 살균가스에 의한 화학살균법이 있다. 식품공장에서는 안전성과 간편성으로 보아 기기 내벽에 대하여는 열살균이 기본수단으로 채용되고, 열살균이 불가능한 대상에는 약제나 가스살균, 자외선 살균 등이 이용된다.

식품공장에서 살균약제를 사용하는 경우가 많은 데, 살균제는 확실히 미생물 관리를 위해서는 필요하나 잘못 사용하면 식품에 혼입되어 해를 입힐 수도 있고, 때로는 활성오니(活性汚泥)로서 폐수처리시에는 처리효율을 저하시키는 경우도 있기 때문에, 살균제를 사용하기 전에 다른 살균방법을 검토하여 볼 필요가 있다. 살균제의 사용이 불가피하다고 판단되면 적합한 것을 선택하여 사용한다. 살균제를 사용하면 미생물은 완전히 살균되었다고 생각하는 사람이 많으나, 살균대상이나 살균방법에 따라 살균이 잘되기도 하고 안되기도 하기 때문에 기대하는대로 살균되었는지를 체크해야 한다.

## 10. 미생물 관리수준의 결정

어느 공장이든 해결하여야 할 문제는 산적하여 있다. 그러나 이 문제를 일시에 해결하려고 하면 제대로 진행이 안되기 때문에 중요도에 따라 하나 하나 해결해 가지 않으면 미생물은 관리되지 않는다.

현상을 잘 파악한 후 언제까지 어떻게 한다는 목표를 세우고 추진해야 한다. 처음부터 높은 목표수준으로 설정하기보다는 단계적으로 수준을 높여가는 방법이 바람직하다. 최종목표에 빨리 도달할 수 있는가 없는가는 기업의 종합력에 달려 있다. 미생물관리에 있어서는 전체의 수준이 올라가 있어야 하며, 일부분만 높은 수준에 있어서는 위생관리가 되지 않는다.

관리수준을 결정하기 위해서는 우선 관련부문의 데이터를 모아 관리수준을 결정하고 그림 3-3과 같은 관리요령으로 위생관리를 실시한다. 그 후 미생물수를 측정하고 목표수준과의 차를 비교하고 결과가 나쁘면 다시 위생관리의 방법을 개선한다. 개선한 방법으로 실시하고 또 측정하고 목표수준과 비교한다. 이 과정을 반복해서 꾸준히 개선하면 높은 수준에 도달할 수 있다. 위생관리는 일상업무중에 하는 것이 많기 때문에 보다 간단하고 경제적인 방법을 찾는 것이 중요하다.

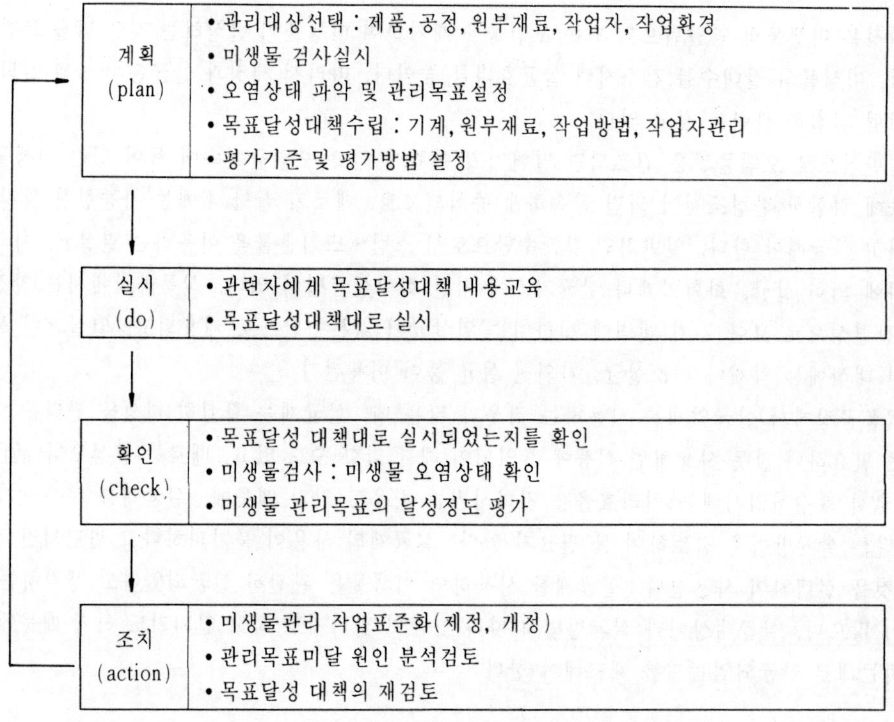


그림 3-3 미생물 관리 요령

# 제4장
# 세정·살균(洗淨·殺菌)

식품을 제조 가공하는 중요한 목적의 하나는 식품의 보존성을 높이는 것으로, 제조 과정에서 독물이나 이물 및 미생물이 오염되지 않도록 하여야 한다.

식품의 원재료는 동식물 등의 천연물이고 이런 것들이 생육하는 자연환경 중에는 많은 이물과 미생물이 존재한다. 원재료는 이러한 환경중에서 성장 수확되기 때문에 자연적으로 1차 오염되고, 수확 후 제조 가공의 과정에서 다시 2차 오염이 일어난다. 1차 오염은 주로 토양이나 물에서 유래하는 이물과 미생물 등 자연환경과 관련되는 물질의 오염이고, 2차 오염은 수송 및 저장기기, 제조가공시 사용하는 기기, 배관, 포장 또는 작업자에게 묻어있는 균과 공기중에 부유하는 균 등이 오염원(汚染源)으로 된다.

따라서 식품을 위생적으로 제조 가공하기 위해서는 원료는 신선하고 품질이 좋으며, 미생물오염이 적은 원재료를 선택하는 것이 필요하고, 원재료를 가공하는 경우에도 제조환경을 청결하게 함은 물론 제조기기에서 작업에 이르기까지 오염물질이 식품에 혼입되지 않도록 해야 한다. 이러한 목적을 달성하기 위해서 사용하는 원재료나 가공기기에 붙어있는 오물이나 미생물 등의 오염물질을 제거하기 위해서 세정과 살균을 실시한다.

일반적으로 오염물질은 건조되면 떨어지기 어렵게 되고 오염물질속에 들어있는 미생물은 생육에 적합한 환경조건이 되면 급속하게 증식되므로, 식품을 제조 가공하는 기계는 제품의 변패를 일으키는 미생물의 증식을 억제하기 위해서 제조가 끝난 다음에는 가능한한 빨리 일정한 스케쥴에 따라 세정하고, 필요에 따라 열탕, 증기, 약제로서 살균해야 한다.

## 1. 세　　정

식품의 원재료에 부착된 흙, 오물, 농약, 비료, 미생물, 기생충과 곤충류 등을 세정하여 버리는 것은, 위생면에서 뿐만아니라 부패를 방지하여 식품의 보존성을 높이는 데도 유효한 수단이다.

또 원재료를 사용하여 여러 종류의 식품을 제조하기 위해서는 가공장치 용기 저장조 기타 관련설비도 세정한다. 세정만으로 완전히 균을 제거한다는 것은 곤란하나 상당량의 균을 감소시키는 효과를 얻는다. 세정함으로서 유해미생물의 증식에 필요한 영양성분이 제거되기 때문에 미생물을 관리하는 데는 중요하다.

식품공장에서 쓰이는 원료에 들어있는 단백질이나 탄수화물 등은 미생물의 영양원으로서 중요한 것이다. 이러한 성분이 가공장치 용기 또는 그 주변의 표면에 붙어 있으므로 이것을 세정하여 제거한다는 것은 유해미생물의 증식억제 효과가 있고, 또, 다음에 실시하는 살균조작 특히, 살균제를 이용하는 경우에는 그 전처리 조작으로서 세정은 중요한 뜻을 갖고 있다.

또한 식품의 온도를 올리거나 농축 또는 살균 시에 사용하는 열교환기(熱交換器, heat exchanger)에는 스케일(scale)이 생성 부착되어 다음과 같은 여러가지 현상이 발생한다.

· 열전달능력의 저하로 소정의 온도까지 올리는데 시간이 많이 걸려 품질이 나빠지고 생산능력이 감소될 뿐만 아니라 에너지 손실도 많아진다.

· 열교환기의 유로(流路)가 막혀 유량이 점차로 줄어든다.

· 부착되었던 스케일이 떨어져나와 혼입되므로 제품의 품질이 저하된다.

· 스케일 내부에는 미생물이 사는 집으로 되고 이 부분은 살균시 열전달이 잘 안되기 때문에 살균이 제대로 되지 않아 오염원이 된다.

이러한 현상을 막기위해서 세정은 필수적이다. 일반적으로 스케일은 스케일부착이 시작될 때 가속도적으로 부착량이 증가하기 때문에, 열교환기나 가열된 액을 저장하는 용기(holding tube)는 일정시간 사용한 다음에는 반드시 세정한다. 세정주기는 열교환기를 통과하는 식품의 성분조성에 따라 다르기 때문에 세정제의 종류, 세정온도 및 세정시간은 시험을 통하여 결정하도록 한다.

## 1.1 세정제의 종류

식품공장에서 세정제로서 가장 많이 이용하는 것이 물이다. 그러나 물만을 쓸 경우에 유지(油脂)오염이나 단백질 오염 등 소수성(疎水性)의 오염물질에는 효과가 없다. 따라서 보다 유효한 물세정을 하기 위해서는 세제의 수용액을 이용하는 것이 통례로 되어 있다. 세정에서 중요한 것은 식품의 잔재 등 오염물질의 종류나 성질에 따른 올바른 세제의 선택이다.

이 때에 고려해야 할 점은 다음과 같다.

· 요구되는 청정도를 만족시키는 세정력이 있어야 한다.

· 가공기기나 식품에 나쁜 영향을 주지 않아야 한다.

· 작업성이 좋고, 안전하고 위생적이어야 한다.

· 폐수처리에 나쁜 영향이 없어야 한다.

· 경제적이어야 한다.

식품공장에서 쓰는 세제의 종류는 그 성질에 따라서 알카리성세제, 중성세제, 산성세제, 살균성세제, 효소세제로 분류하고 있다.

### (1) 알카리성 세제

알카리성 세제는 그 PH에 따라 강알카리성 세제와 약알카리성 세제로 분류되고, 강알카리성 세제는 주로 가성소다, 약알카리성 세제로는 탄산소다, 인산소다, 중합인산소다 등이 주로 이용된다. 이러한 세제들은 단독으로 이용하기도 하고 계면활성제와 함께 쓰기도 한다.

가성소다는 강한 알카리성으로 단백질의 분해나 유지의 검화작용 또한 살균력도 강하기 때문에 주로 병세척, 가열처리장치, 축산물, 수산물 가공장치 등에 강하게 붙어있는 무기·유기의 오염물질을 제거하는 데 쓰인다. 아미노산을 제조하는 공장의 경우 제조설비를 세정 · 살균하기 위해(탱크 · 배관 등) 가성소다 5%용액, 온도 50℃로 30분 경과시 완전히 살균된다. 그러나 이것은 아미노산의 종류 알카리 농도, 온도, 접촉시간과 밀접한 관계가 있으므로 공장 특성에 따라 실험을 하여 결정토록 한다. 이 경우 가성소다 수용액의 표면장력을 떨어뜨려 침투성을 올리기 위해 소량의 계면활성제를 첨가하기도 한다.

유지나 단백질 등의 유기성 오염이 많은 식품공장에서 강알카리성 세제는 난용성의 단백질을 가수분해하여 수용성으로 하고, 유지도 그리세린과 지방산으로 가수분해한다.

또한 약알카리성 세제는 중정도(中程度)의 유지 · 단백질 · 탄수화물 등의 오염물질세정에 이용된다. 알카리성 세제의 세정 성능은 표 4-1과 같다.

표 4-1 주요한 알카리성 세제의 세정성능

| 종 류 | PH (1%) | 세정성 | 침투성 | 분산성 | 유화성 | 내경수성 |  | 활성알카리 | 살균성 | 부식방지성 |
|---|---|---|---|---|---|---|---|---|---|---|
|  |  |  |  |  |  | Mg | Ca |  |  |  |
| 가성소다(NaOH) | 12.0 | B | D | C | C | / | / | A | B | D |
| 탄산소다($Na_2CO_3$) | 11.2 | C | D | D | C | / | / | B | D | C |
| 중탄산소다($NaHCO_3$) | 8.4 | D | D | D | D | E | E | D | E | A |
| 메타규산소다($Na_2SiO_3 \cdot 5H_2O$) | 12.1 | A | B | A | B | D | C | B | C | A |
| 오르소 인산소다($Na_3PO_4 \cdot 12H_2O$) | 12.0 | A | C | A | B | C | C | C | C | C |
| 피로 인산소다($Na_4P_2O_7$) | 10.2 | A | C | D | / | B | B | C | D | B |
| 트리폴리 인산소다($Na_5P_3O_{10}$) | 9.7 | C | C | C | / | B | B | D | / | B |
| 테트라인산소다($Na_6P_4O_{13}$) | 8.7 | B | / | B | / | B | B | E | / | A |
| 헥사메타인산소다($(NaPO_3)_6$) | 6.8 | C | / | A | / | B | A | E | / | A |

A : 대단히 양호 B : 양호 C : 보통 D : 좋지않음 E : 나쁨

### (2) 중성세제

비교적 오염정도가 적거나 식품원료의 세정시에 쓰이는 세제로서는, 일반적으로 계면활성제가 주로 쓰인다. 리니어 알킬벤젠설폰산염(linear alkylbenzene sulfonate, LAS), 고급알콜황산에스텔염 등의 음이온 계면활성제와 폴리에틸렌구리콜형과 다가알콜형에 속하는 비이온 계면활성제가 여기에 속한다. 이러한 계면활성제용액을 세정에 이용할 때에는 잔류성에 주의하여 충분히 물로 씻어 잔류하는 일이 없도록 해야 한다. 이 중성세제는 유지류의 제거에 유효하다.

### (3) 산성세제

산성세제로서 쓰이는 것은 구루콘산, 구연산, 사과산, 인산, 질산 등이 쓰인다. 제조가공기계의 내부에 붙은 유기오물이나 금속스케일의 제거 목적으로 이용된다. 또 구연산, 사과산, 구루콘산 등의 소다염이 중성 또는 알카리성 용액중에서 철의 녹제거나 금속의 봉쇄력을 나타내므로 기계기구의 안전한 세제로서 이용된다.

### (4) 살균세정제

계면활성제 중에는 세정력과 함께 살균작용력을 갖는 것이 있고, 또, 살균제와 세제와를 배합한 살균세정제도 있다.

배합해 사용하는 경우 쓰이는 세제로서는 탄산소다, 살균제로서는 차아염소산염 등의 염소유리화합물 등이 있다. 이 살균성 세제는 가공기기, 작업대 및 손가락의 세정용으로 쓰인다.

### (5) 효소세제

세제의 대상물이 지금까지 논의된 세제로 충분한 효과가 기대되지 않을 때 효소제를 이용하여 오염물질을 효소반응에 의하여 분해할 수 있다. 이 목적으로 쓰이는 효소로서는 아미라제, 프로테아제, 리파제 등이 있다.

| 구　분 | 용　도 |
|---|---|
| 아미라제(amylase) | 당질, 전분질계의 오염물 제거 |
| 프로테아제(protease) | 단백질계의 오염물 제거 |
| 리파제(lipase) | 유지계의 오염물 제거 |

## 1.2 세정수(洗淨水)의 수질

세정에 사용하는 물의 질은 세정에서 중요한 인자 중의 하나이다. 물 중에 칼슘, 마그네슘, 철 등의 양이온이 많이 들어있으면 세정이 불량하게 된다. 이러한 금속이온이 세정시에 미치는 영향은 다음과 같다.

- 비누와 반응하여 금속비누를 생성하여 물에 녹기 어려운 오물(汚物)로 되어 세정하려는 물체의 표면에 부착함은 물론 비누의 활성을 현저하게 저하시킨다.
- 계면활성제류와 착염(錯鹽)을 형성하여 활성을 저하시킨다.
- 칼슘(Ca ), 마그네슘(Mg )이온 등은 규산염, 인산염과 반응하여 물에 녹지 않는 염(鹽)을 형성하여 활성을 저하시키고 기타 세정에 지장을 초래한다.
- 단백질·지방질 성분과 반응하여 물에 녹지 않는 스케일(칼슘유석 : Ca-乳石, 철유석 : Fe-乳石)을 형성하여 세정이 곤란하게 된다.

이상과 같이 물중의 칼슘, 마그네슘 등은 세정시에 나쁜 영향을 미치기 때문에 이러한 성분을 제거한 물을 사용해야 효율 좋고 경제적인 세정을 할 수 있다.

## 1.3 세제의 사용기준

세정의 좋은 효과를 얻기 위해서는 세정수의 수질, 세제의 선택 및 사용농도, 세정에 대한 물리적, 화학적 영향인자 그리고 적당한 세정조작의 적용이 필요하다. 세제의 선택은 식품스케일의 특징(표 4-2), 용해성, 부식성, 침투성, 분해성, 살균성, 안전·위생성 경제성 등을 고려하여 정한다. 선택한 세제의 사용기준은 제조·가공하는 식품의 종류에 따라서 시험을 해서 결정하는 것이 바람직하다. 식품공장에서 일반적으로 채용하고 있는 세제의 사용기준 예는 표 4-3과 같다.

표 4-2 식품스케일 특징

| 성 분 | 용해성 | 제거난이도 | 가열시 변화 |
|---|---|---|---|
| 1. 당 류 (sugar) | 물에 용해 | 용이 | 캬라멜화(caramelization)되어 세척하기 더 어렵게 된다. |
| 2. 지 방 (fat) | 물에 불용해 | 어려움 | 폴리마화(polymerization)되어 세척하기 더 어렵게 된다. |
| 3. 단 백 질 (protein) | 물에 불용해 알카리에 용해,산에 약간 용해 | 대단히 어려움 | 변성(denaturation)되어 세척하기 더 어렵게 된다. |
| 4. 무기염류 (mineral salts) | 물에 불용해는 가변적이다. 대부분의 산에 용해 | 용이~어려움 | 다른 성분과 상호 작용하지 않으면 일반적으로 세척하기 쉽다. |

표 4-3 세제의 사용기준

| 용 도 | 사용세제 | 세제농도(%) | 세정온도(℃) |
|---|---|---|---|
| 배관의 세정 | 강알카리성 | 1~2 | 40~60 |
| | 약알카리성 | 0.5~1 | 60~80 |
| 살균용열교환기 | 강알카리성 | 2~3 | 80 이상 |
| | 산 성 | 1~2 | 80 이상 |
| 기름열처리장치 | 강알카리성 | 1~2 | 70 이상 |
| | 약알카리성 | 0.7~1.5 | 50 이상 |
| 훈연실 세정 | 약 알카리성 | 2~4 | 40~60 |
| 가공기기류 | 중성 또는 약알카리성 | 0.2~0.5 | 상온~45 |
| 우유가공기기 | 약알카리성 | 0.3~0.5 | 50~70 |
| | 산성 | 0.5~1 | 50~70 |
| 작업장바닥 | 약 알카리성 | 1~3 | 상온 |

## 1.4 세정방법

작업이 끝난 후 세정을 제대로 안하여 오염물질이 오랫동안 방치되면 부분적인 부식이나 녹이나고 그 부분은 균이 증식하는 장소로 되기 때문에 사용 후 곧 세정해야 한다.

식품공장에서 세정작업의 기본은 예비수세, 세정, 헹굼(rinse), 살균의 4개의 공정이다. 세정의 효과를 높이기 위해서 교반, 분사, 분무, 브라싱(brushing) 초음파 등이 이용된다.

세정방식으로는 수작업에 의한 분해세정(分解洗淨, clean out of place : COP)과 탱크, 배관 등을 분해하지 않고 자동적으로 세정하는 정치세정(定置洗淨, clean in place : CIP)방식이 있다. CIP라는 것은 설비를 이동하거나 분해하는 것이 아니고 설치된 그 상태에서 세정하는 것을 의미하나, 식품공장에서 CIP는 간단히 세정하는 것 뿐만 아니라 설비의 감균(減菌) 공정을 포함한 일련의 세정시스템을 가리킨다(그림 4-1).

CIP 시스템은 다음과 같은 장점을 갖고 있기 때문에 새로운 식품공장의 건설이나 새로운 장치를 설치할 때에는 제조공정과 같은 개념으로 세정시스템을 포함시킨다.

· 분해세정의 경우 작업자의 개인차에 따라 세정효과가 다르나, CIP에서는 일정한 방법에 따라 하기 때문에 확실하다.
· 밀폐화된 라인에서 세정되기 때문에 실내환경이 위생적으로 유지될 수 있다.
· 제조라인의 밀폐화가 가능하게 되고 제품에 접촉하는 설비내면을 위생적으로 유지하기 쉬워 2차 오염을 억제할 수 있다.
· 분해세정의 경우는 부품의 손실이나 손상이 많으나, CIP에서는 설비나 부품의 수명이 길게 된다.

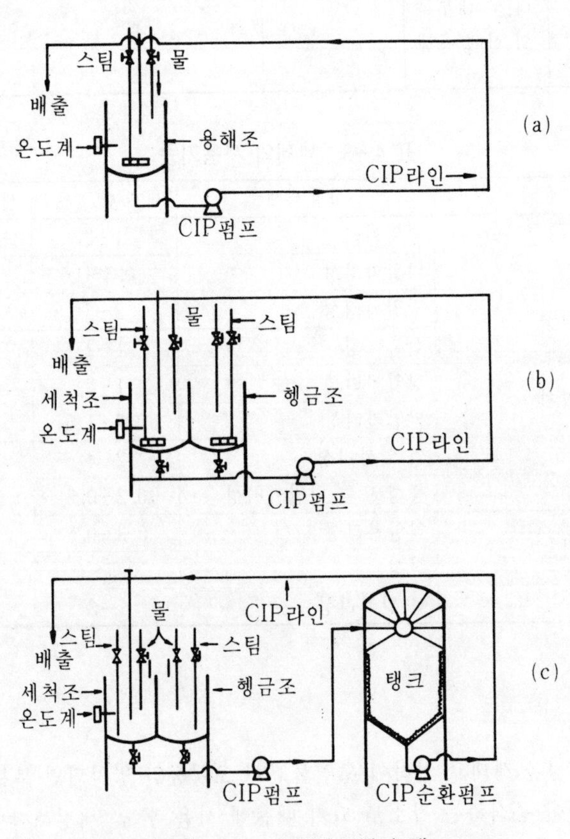


그림 4-1 CIP시스템의 예

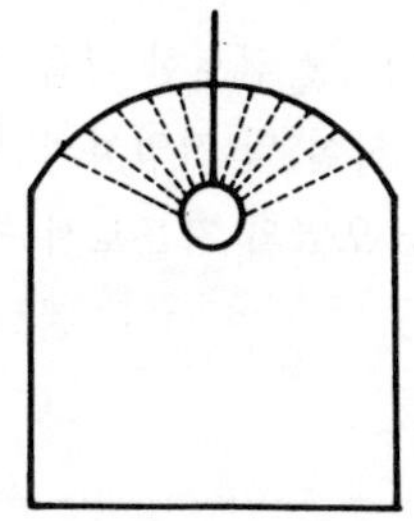
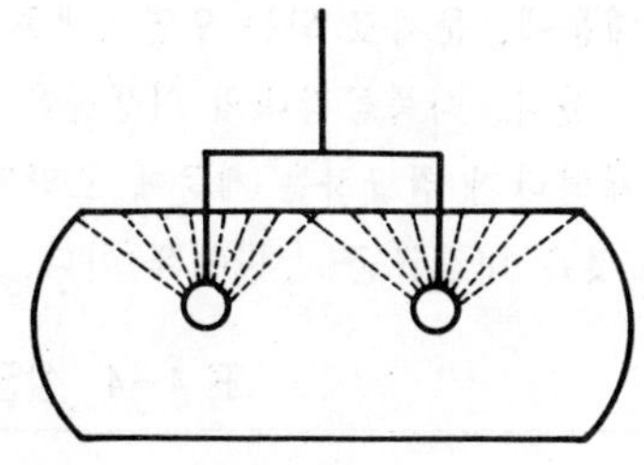

그림 4-2 스프레이볼의 부착 예

식품공장에서는 밀폐형의 탱크가 많이 사용되기 때문에 스프레이 볼(spray ball)을 붙여 세제를 탱크 내벽면의 천정에 분사하여 세정한다(그림 4-2). 세정효과를 좋게 하기 위해서는 탱크의 형상과 내용에 따라서 볼의 크기와 갯수를 결정하고 세정액의 내벽면을 필름(film)상으로 흐르도록 위치를 결정한다

탱크로리(tank lorry) 등 운반용 탱크는 이동식 분무장치를 이용하여 내부를 세정한다. 특히, 맨홀(man hole) 부위는 세정시 세심한 배려가 있어야 한다. 위생관리의 측면에서 보면 식품제조설비를 설계 제작 설치시에는 식품의 잔재나 물이 잔류하지 않고 세정하기 쉽도록 하는 것이 요하다.

## 2. 살균(殺菌)

미생물의 살균방법에는 물리적 살균법과 화학적살균법이 있다(표 4-4). 물리적 방법은 열(熱), 자외선, 방사선 및 고주파 등을 이용하여 살균하는 방법이고, 화학적 방법은 염소, 옥소, 살균성계면활성제, 과산화수소 및 알콜 등이 사용된다.

식품공장에서는 안전성과 간편성으로 보아 기기내벽에 대해서는 열살균이 기본 수단으로 이용되고, 열살균이 불가능한 대상에는 약제나 자외선이 이용된다. 살균제를 선택시에는 다음과 같은 점을 고려할 필요가 있다.

- 살균범위가 넓고 사용조건에서 유효해야 한다.
- 가공기기나 식품의 풍미에 나쁜 영향이 없어야 한다.
- 잔류물이 남지 않도록 쉽게 헹구어 낼 수 있어야 한다.
- 오염물질에 의한 살균효과의 저하가 적어야 한다.
- 만에 하나 식품에 혼입되어도 안전해야 한다.
- 폐수처리에 나쁜 영향이 없어야 한다.
- 사용하기 쉽고 경제적 이어야 한다.

그러나 이러한 조건을 모두 만족시키는 살균제는 생각할 수 없기 때문에 각 공정의 실정에 알맞는 살균제를 사용하도록 한다.

식품공장에서는 취급하는 원료의 종류나 제조 가공조건에 따라 거기에 번식하는 미생물의 종류도 다르기 때문에, 문제로 되는 오염미생물이 무엇인가를 잘 검토한 다음 거기에 맞는 살균제를 선정해야 한다. 식품공장내의 미생물은 공기중이나 시설 및 작업자의 옷이나 몸에 부착된 상태로 존재하다가 취급하는 제품에 오염된다. 미생물 오염의 지표로서 특히, 식품위생상 문제가 되는 것은 대장균군(大腸菌群)이다.

**표 4-4 살균법의 종류**

| 구 분 | | | 내 용 |
|---|---|---|---|
| 물리적 살균법 | 가열살균법(加熱殺菌法) | 화염살균법(火炎殺菌法) | 분젠바나, 알콜램프의 화염 중에서 20초 이상 |
| | | 건열살균법(乾熱殺菌法) | 135~145℃에서 3~5시간<br>160~170℃에서 2~4시간<br>180~200℃에서 0.5~1시간<br>200℃ 이상에서 0.5시간 이상 |
| | | 고압증기살균법(高壓蒸氣殺菌法) | 110℃(0.7kg/㎠·G)에서 30분<br>121℃(1kg/㎠·G)에서 20분<br>126℃(1.4kg/㎠·G)에서 15분 |
| | | 자비살균법(煮沸殺菌法) | 비등수(沸騰水)중에 넣어서 15분 이상 자불 |
| | | 간헐살균법(間歇殺菌法) | 100℃ 수증기로 1회에 30~60분씩 3~5회 가열을 반복, 상압(常壓)살균법 이라고도 함. |
| | 조사살균법(照射殺菌法) | 방사선살균법(放射線) | $^{60}$Co 또는 $^{137}$Cs 등을 이용하여 감마선을 조사 |
| | | 자외선살균법(紫外線) | 200~300nm의 자외선을 이용하여 살균 |
| | | 고주파살균법(microwave) | 915 또는 2,450 메가사이클의 고주파를 조사, 효과는 고주파에 의한 열의 발생 및 자체의 진동파(熱살균) |
| 화학적 살균법 | | 가스살균법(gas) | 에틸렌옥사이드, 포름알데힏 등의 살균성 가스를 이용 |
| | | 약제살균법(藥劑) | 각종의 화학약제를 액상으로 하여 이용하는 살균법으로 보조적 수단임 |

## 2.1 가열살균

식품공장에서 많이 이용되는 가열살균(加熱殺菌)은 열처리로 제조가공설비, 포장용기 및 식품중의 미생물을 죽임으로서 식품의 저장성을 높이는 식품가공의 한 수단이다. 이 가열살균은 그 유용성, 간편성 또는 경제성으로 보아 오늘날의 식품공업 분야에서 유해 미생물을 살균하는 데 핵심적인 방법으로 되었다. 식품을 가열살균하는 동안에는 미생물의 사멸(死滅)

이외에 품질변화도 동시에 일어나기 때문에 가열살균을 유효·적절하게 이용하기 위해서는 살균하려는 미생물의 열특성을 이해함은 물론, 식품에 대한 가열 영향을 충분히 검토해야 한다.

가열살균은 열처리 시의 온도에 따라 저온살균(低温殺菌, pasteurization)과 고온살균(高温殺菌, sterilization)으로 구분한다. 저온살균은 100℃ 이하의 낮은 온도에서 하는 열처리방법으로 식품 중의 병원성세균과 효모, 곰팡이 등 포자(胞子, spore)를 형성하지 않는 세포를 살균하는 데 이용된다. 또한 고온살균은 100℃ 이상의 높은 온도에서 열처리하는 방법으로 식품 중의 모든 미생물을 살균하는 데 이용된다.

그러나 고온살균이라 하더라도 이론적으로는 식품중의 미생물을 완전히 죽이는 것은 불가능하다. 따라서 식품공업에서는 가열처리공정을 거쳤다 하더라도 식품을 보관중에 다시 미생물이 생육하여 부패 또는 식중독의 원인이 될 수 있는 미생물만을 일정한 수준까지 죽이는 방법을 채택하고 있다.

### (1) 미생물의 내열성

온도는 미생물의 생존 및 증식을 위한 가장 중요한 환경인자의 하나이다. 미생물이 증식 가능한 온도는 대략 −10℃에서 90℃의 범위로 최적증식온도에 따라 호냉균(好冷菌, psychrophiles), 중온균(中温菌, mesophiles), 호열균(好熱菌, thermophiles)으로 구분하고 있다. 따라서 미생물의 내열성(耐熱性)도 미생물의 종류, 균수, 환경조건에 따라 변동한다(표 4−5, 4−6, 4−7, 4−8, 4−9). 특히, 미생물은 가열조건에 따라 내열성에 큰 차이가 난다. 즉,건열(乾熱,dry heat)에 의한 살균작용력은 습열(濕熱,moist heat)보다 훨씬 떨어진다.

예를들면 Bacillus subtilis의 경우 습열에서는 120℃에서 0.08∼0.48분(分)이 걸리나 건열의 경우 같은 120℃에서 154∼295분이 걸린다(표 4−10). 이와 같이 큰 차이가 발생하는 것은 열용량(熱容量, heat capacity)이 습열의 경우가 건열에 비해 크기 때문이다.

표 4−5 포자가 없는 세균의 내열성

| 세 균 종 류 | 온도(℃) | 시간(분) | 비 고 |
|---|---|---|---|
| Vibrio marinus | 25 | 80 | 호냉균 |
| Brevibacterium ammoniagenes | 55 | 10 | 단간균(短杆菌) |
| Yersinia enterocolitica | 62.8 | 0.7∼17.8초(D) | 장염균(육제품, 유제품) |
| Serratia marcescens | 60 | 0.17(D) | 적색색소생산균 |
| Escherichia coli | 60 | 0.3∼3.6(D) | 대장균 |
| Salmonella typhimurium | 55 | 10(D) | 살모넬라균 |
| Acetobacter roseus | 50 | 5 | 초산균(醋酸菌) |
| Acetobacter aceti | 60 | 10 | 〃 |
| Staphylococcus aureus | 60 | 0.43∼2.5(D) | 황색포도구균 |
| Streptococcus faecalis | 60 | 0.83∼13.0 | 장구균(腸球菌) |
| Strept. lactis | 60 | 0.11∼0.35 | 유산균 |
| Strept. thermophilus | 70∼75 | 15 | 고온성 유산균 |
| Lactobacillus bulgaricus | 71 | 30 | 〃 |

(D)는 90% 사멸에 요하는 시간

표 4-6 세균포자의 내열성

| 세 균 종 류 | 사멸조건 | |
|---|---|---|
| | 온도(℃) | 시간(분) |
| Bacillus megaterium | 100 | 1~2.1 |
| | 121 | 0.02~0.04 |
| B. cereus | 100 | 0.8~14.2 |
| | 121 | 0.0065 |
| B. subtilis | 100 | 11.3 |
| | 121 | 0.08~5.1 |
| B. stearothermophilus | 100 | 714 |
| | 121 | 0.1~14 |
| Clostridium sprogenes | 121 | 0.84~2.6 |
| PA3679 | 110 | 5.8~15.9 |
| C. thermosaccharolyticum | 132 | 4.4 |
| | 124 | 72.5 |

표 4-7 효모의 내열성

| 종 류 | 현탁액 | 사멸조건 | |
|---|---|---|---|
| | | 온도(℃) | 시간(분) |
| Saccharomyces cerevisiae | 물 | 54 | 5 |
| S. cerevisiae 포자 | 물 | 62 | 5 |
| S. cerevisiae | 인산완충액(PH 4.0) | 50 | 9.1(D) |
| 〃 | 〃 (PH 4.5) | 65 | 10~20 |
| Torula monosa | 포도당 브로쓰 | 60 | 35 |
| Candida utilis | 인산완충액(PH 4.0) | 50 | 9.7(D) |
| Kluyveromyces bulgaricus (포자) | 인산완충액(PH 4.5) | 60 | 15~50 |

표 4-8 곰팡이의 내열성

| 종 류 | 포 자 | 사멸조건 | |
|---|---|---|---|
| | | 온도(℃) | 시간(분) |
| Aspergillus niger | 분생자(分生子) | 50 | 4 |
| 〃 | 〃 | 47.4 | 60.3 |
| A. flavus | 〃 | 55 | 3.1~28.8 |
| A. fumigatus | 〃 | 63 | 2.6 |

표 4-9 병원세균의 발육조건과 사멸조건

| 세균종류 | | 발육최적 PH | 발육온도 범위 | 열사멸 조건 |
|---|---|---|---|---|
| 이 질 균 | Shigella dysenteriae | 6~8 | 10~40℃ | 60℃, 5분 |
| 장 티 프 스 균 | Salmonella typhi | 6~8 | 15~41 | 60℃, 5~15분 |
| 코 레 라 균 | Vibrio cholerae | 6.4~9.6 | 23~37 | 56℃, 15분 |
| 브 루 세 라 균 | Brucella abortus | 6.6~7.2 | 8~43 | 60℃, 10분 |
| 결 핵 균 | Mycobacterium tuberculosis | 4.5~8.0 | 30~44 | 60℃, 20~30분 |
| 탄 저 균 | Bacillus anthrasis | 7.0~7.2 | 12~43 | 100℃, 2~15분 |
| 용혈연쇄구균 | Streptococcus pyogenes | 5.7~9.0 | 20~40 | 60℃, 0.4~2.5분(D) |
| 디프테리아균 | Corynebacterium diphtheriae | 7.2~7.8 | 10~40 | 58℃, 10분 |
| 포 도 구 균 | Staphyrococcus aureus | 4.5~9.8 | 12~45 | 60℃, 30~60분 |
| 장 염 균 | Salmonella enteritidis | 6~8 | 15~41 | 55℃, 5.5분(D) |
| 병원성대장균 | Escherichia coli | 5~9.6 | 10~45 | 60℃, 15분 |
| 장염비브리오균 | Vibrio parahaemolyticus | 6~9 | 10~37 | 60℃, 15분 |
| 녹 농 균 | Pseudomonas aeruginosa | 6~9.3 | 5~42 | 50℃, 14~60분 |
| 변 형 균 | Proteus vulgaris | 4.4~9.2 | 10~43 | 55℃, 60분 |
| 연 쇄 구 균 | Streptococcus faecalis | 4~9.6 | 10~45 | 60℃, 30~60분 |
| 보트리늄균A | Clostridium botulinum | 4.7~8.5 | 10~37 | 110℃, 1.6~4.4분(D) |
| 〃 B | 〃 | 〃 | 〃 | 110℃, 0.74~13.6분(D) |

표 4-10 습열과 건열에서의 내열성 비교

| 종 류 | 열사멸조건(온도, D값) | |
|---|---|---|
| | 습 열 | 건 열 |
| Bacillus subtilis 5230 | 120℃, 0.08~0.48분 | 120℃, 154~295분 |
| Staphylococci | 55℃, 30~45분* | 110℃, 30~65분* |
| Salmonella typhimurium | 57℃, 31분 | 90℃, 36분 |
| Escherichia coli | 55℃, 20분 | 75℃, 40분** |
| Clostridium sporogenes PA 3679 | 120℃, 0.18~14분 | 120℃, 115~195분 |
| Aspergillus niger 분생자 | 55℃, 6분 | 100℃, 100분 |

* : 사멸시간
** : 99% 사멸시간

### (2) 미생물의 내열성에 영향을 주는 인자

미생물의 내열성에 영향을 주는 인자로서는 가열처리온도, 식품의 구성성분, PH, 수분활성 등을 들 수 있다. 가열처리온도는 높을수록 영양세포(營養細胞)나 포자는 내열성이 약해져 살균에 소요되는 시간도 짧아진다. 식품 중의 성분인 지방, 단백질도 포자의 내열성을 증가시키는 역할을 한다. 식품의 PH도 내열성에 큰 영향을 준다. 중성부근의 PH에서 내열성이 가장 강하고 PH 4.0 이하인 강산성 식품에서는 대부분의 Bacillus 및 Clostridium 포자의 발아 및 생육이 전혀 불가능하다.

대부분의 일반 통조림 식품은 약산성식품에 속하기 때문에 식품의 가열살균시에 Clostridium botulinum을 기준으로 한 가장 중요한 PH 값은 4.5이며, PH 4.5 이상의 식품은 일단 고온살균의 대상이 된다.

### (3) 미생물의 사멸속도

미생물을 치사온도에서 가열처리하면 영양세포 또는 포자는 대수적으로 감소한다는 것이 실험적으로 밝혀졌으며, 이것은 화학반응에서 1차 반응식으로 표현된다.

$$-\frac{dN}{dt}=kN \cdots\cdots\cdots\cdots (1)$$

여기서 N : 미생물의 농도

t : 가열시간(min)

k : 사멸속도상수($min^{-1}$)

시간 t=0일 때의 미생물의 초기농도를 No, 시간 t=t일 때의 미생물의 농도를 N이라 하고 식(1)을 적분하면

$$\int_{N_o}^{N}\frac{dN}{N}-k\int_{o}^{t}dt$$

$$\ln\frac{N}{N_o}=-kt \text{ 또는}$$

$$\log\frac{N}{N_o}=-\frac{kt}{2.303} \text{ 또는 } \log N=\log No-\frac{kt}{2.303} \cdots\cdots (2)$$

식(2)를 그림으로 나타내면 그림 4-3과 같이 열처리 시간에 대한 미생물농도의 대수로서 나타낼 수 있다. 이 때 직선이 얻어지는 직선을 생존곡선(生存曲線, survivor curve)이라 부르며, 직선의 기울기는 $-k/2.303$ 이다.

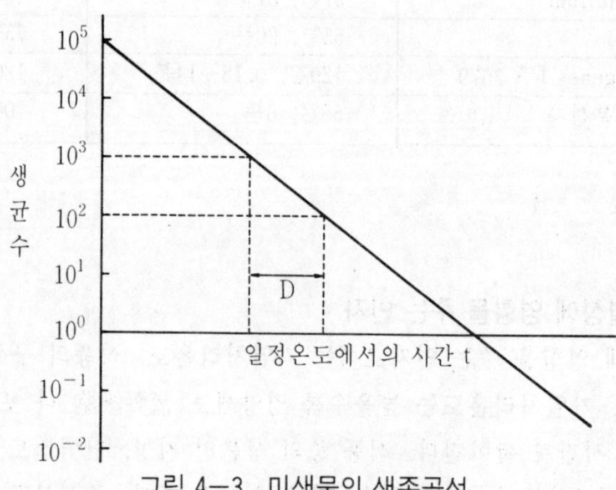


그림 4-3 미생물의 생존곡선

이 k의 값에 따라 미생물의 내열성의 대소를 나타낼 수 있으나, 일반적으로 D값(Decimal reduction time value)이 이용된다. 2,303/k를 D로 대체하면

$$\log\frac{N}{N_o}=-\frac{t}{D}\cdots\cdots\cdots\cdots(3)$$

D는 그림 4-3에서와 같이 미생물의 농도를 1/10로 감소시키는 데 필요한 시간(단위 : 분) 즉, 미생물이 90% 사멸하는 데 걸리는 시간으로 일반적으로 D값이라고 부른다. 이 때 어느 온도에서의 D값인가를 나타내기 위해서 가열온도를 표시한다. 예를들면 $D_{121}$과 같이 표시한다. $D_{121}$은 가열온도를 121℃로 하였을 때의D값이다.

예 D값의 계산

초기농도가 $6\times10^8$개/mℓ인 세균포자현탁액을 121.1℃에서 10분간 가열처리 하였더니 살아남아 있는 생균수가 50개/mℓ로 감소하였다. 이 포자의 $D_{121.1}$을 구하라.

해답 미생물의 사멸속도 식 $\log\frac{N}{N_o}=-\frac{t}{D}$를 이용하여 $\log\frac{5\times10}{6\times10^8}=-\frac{10}{D}$

$$\log5\times10-\log6\times10^8=-\frac{10}{D}\quad\therefore D=1.41분$$

(4) 미생물의 가열온도변화와 내열성

몇개의 다른 온도에서 D값을 구하고 그림 4-4와 같이 세로축에 D의 대수를, 가로축에 가열온도를 취하여 타점(plot)할 때, 많은경우 어떤 온도범위에서 직선관계가 있다. 이 경우 D값을 1/10로 감소시키는 데 필요한 온도 상승값을 수치로 나타낸 것을 z값( z value)이라고 한다.

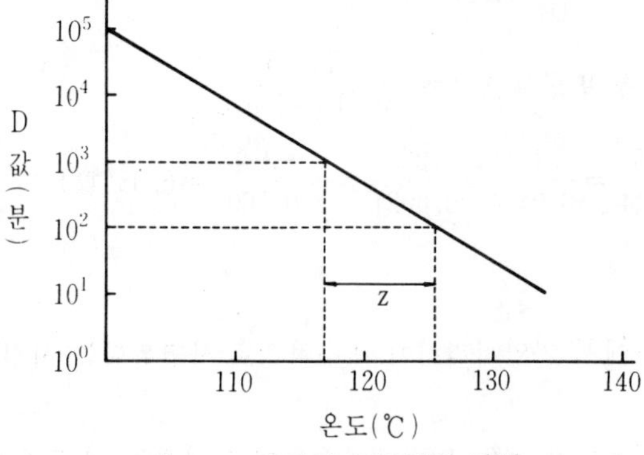


그림 4-4 D값과 온도와의 관계

D값과 온도와의 관계를 수식으로 나타내면 다음과 같다.

$$-\frac{dD}{dT}=k_1D\cdots\cdots\cdots\cdots\cdots\cdots\cdots(1)$$

온도 $T_1$에서의 D값을 $D_{T1}$, 온도가 $T_2$까지 상승 하였을 때의 D값을 $D_{T2}$라 하고 식(1)을 적분하면

$$\log\frac{D_{T_2}}{D_{T_1}}=\frac{k_1}{2.303}(T_1-T_2)$$

2,303/$k_1$을 z라 하면

$$\log\frac{D_{T_2}}{D_{T_1}}=\frac{T_1-T_2}{z}\cdots\cdots\cdots\cdots(2)$$

이 때의 z값은 그림 4-4와 같이 D값을 1/10로 감소시키는 데 필요한 온도이며, 미생물의 상대적 내열성의 지표가가 된다. 이 z값이 클수록 온도상승에 대한 상대적 내열성이 크다는 의미가 된다.

예 z값의 계산

Bacillus균의 포자를 습열로 처리하여 균농도가 초기 농도의 $10^{-5}$로 감소시키는 데 121.1℃에서 20분 소요되었고, 125℃에서는 5.5분이 소요되었다. 이 균의 z값을 구하라.

해답

식(2) $\log\frac{D_{T_2}}{D_{T_1}}=\frac{T_1-T_2}{z}$에서 우선 $D_{T_1}$, $D_{T_2}$를 계산하여 대입한다.

즉, $D_{T_1}$, $D_{T_2}$을 구하는 식

$\log\frac{N}{N_o}=-\frac{t}{D}$에서

$D_{T_1}$ : $\log\frac{1\times10^{-5}}{1}=-\frac{20}{D_{T_1}}$ $D_{T_1}=4$(분)

$D_{T_2}$ : $\log\frac{1\times10^{-5}}{1}=-\frac{5.5}{D_{T_2}}$ $D_{T_2}=1.1$(분)

$\log\frac{D_{T_2}}{D_{T_1}}=\frac{T_1-T_2}{z}$를 변형하면 $z=\frac{T_1-T}{\log D_{T_2}-\log D_{T_1}}$

$$\therefore z=\frac{121.1-125}{\log1.1-\log4}=\frac{121.1-125}{0.0414-0.6021}=\frac{-3.9}{-0.5607}\fallingdotseq6.95(℃)$$

### (5) 가열치사시간

미생물을 일정한 온도에서 가열처리시에 대수적으로 사멸된다는 사실에는 두 가지 개념이 포함되어 있다.

첫째는 미생물의 초기농도가 낮을 수록 최종농도에 도달하는 데 필요한 시간이 짧아진다.

둘째는 미생물의 최종농도가 0이 되도록 살균할 수 없다.

첫째 개념에 의하면 표준살균처리를 한 제품에서도 초기농도에 따라 살균이 충분한 경우와 불충분한 경우가 생긴다 이와 같은 이유 때문에 식품을 제조 가공하는 모든 단계에서 오염을 최소화 시키도록 해야 한다. 두번째 개념은 그림 4-3의 미생물의 생존곡선에서 알 수 있듯이

식 $\log\frac{N}{N_o}=-\frac{k_t}{2,303}$에서

N이 0이 되려면 가열시간이 무한대(無限大)가 되어야 하므로 완전히 사멸시킨다는 것은 이론적으로 불가능하다. 즉, N을 1 이하의 아주 작은 값까지 감소시킬 수 있으나, 절대로 0이 될 수 없다. 여기에서 살균의 확률적 개념과 상업적 살균의 개념이 생긴다.

예를들면 저산성 식품인 통조림 1개 속에 Clostridium botulinum 포자 1개가 들어 있으며, 이 포자는 121℃에서의 D값이 0.23분이라고 가정하자. 이 통조림은 121℃에서 2.76분 살균한 것과 동일한 살균효과를 가질 정도로 가열처리를 하였다고 하면 식

$\log\frac{N}{N_o}=-\frac{t}{D}$에 의하여

$\log\frac{N}{1}=-\frac{2.76}{0.23}$

$\log N-\log 1=-12$

$\log N=-12 \quad \therefore N=10^{-12}$

여기서 $N=10^{-12}$이라는 것은 1개의 Clostridium botulinum 포자가 이 통조림속에 살아 있을 확률은 $10^{12}$개 중에 한개의 기회가 있다는 의미이다.

살균하려는 어떤 식품중의 특정한 미생물 포자의 초기 농도를 No라 하면

$\log\frac{N_o}{N}=m$

여기서 m을 가열살균지수라 한다. 여러 가지 식품 중에 들어있는 변패(變敗)미생물의 m값을 나타내면 표 4-11과 같다. 저산성식품의 살균공정에서는 일반적으로 m=12 즉, 초기 미생물수의 $10^{-12}$배 만큼 미생물수를 감소시키는 것을 기준으로 삼고 있다. 다시 말하면 가열하기 전에 식품 중에 존재하는 미생물의 99.9999999999%를 가열처리로 사멸시킨다는 것이다.

식중독을 일으키는 Clostrridium botulinum균의 121℃에서의 D값은 0.23이므로 $10^{-12}$만큼 감소시키는 데 걸리는 시간(12D)은 2.76분이다. 물론 다른 온도에서 12D값도 구할 수 있으며, 이 시간을 그 온도에서의 가열치사시간(加熱致死時間, thermal death time, TDT)이라 하고 F로 표시한다.

F값은 일정온도에서 일정농도의 미생물을 사멸시키는 데 요하는 가열시간(분)이고, 통상 121.1℃에 있어서 TDT라고 정의하고 있다. 기준온도 121.1℃에서 미생물의 가열치사시간을

**표 4-11 중요한 변패미생물의 개략적인 가열살균자료**

| 세균의 종류 | F(℃) | $D_T$(분) | z(℃) | m | 기준식품 |
|---|---|---|---|---|---|
| Clostridium botulinum | 121.1 | 0.1~0.3 | 8.3~10.0 | 12 | 약산성식품(PH>4.5) |
| C. sporogenes | 121.1 | 0.8~1.5 | 8.9~11.1 | 5 | 육류식품 |
| Bacillus stearothermophilus | 121.1 | 4~5 | 9.4~10.0 | 5 | 채소우유 |
| B. subtilis | 121.1 | ~0.4 | 6.7 | 6 | 우유가공품 |
| C. thermosaccharolyticum | 121.1 | 3~4 | 7.2~10.6 | 5 | 채소 |
| C. coagulans | 121.1 | 0.01~0.07 | 10.0 | 5 | PH4.2~4.5식품 |
| C. pasteurianum | 100 | 0.1~0.5 | 8.3 | 5 | 〃 |

$F_{121.1}$이라 표시하며, $F_{121.1}=mD_{121.1}$이다. 즉, C. botulinum 의 $F_{121.1}$값은 12×0.23=2.76분이다.

가열치사시간을 반대수방안지의 대수축에, 온도를 가로축에 취하면 그림 4-5와 같은 곡선이 얻어진다. 이 곡선을 가열치사곡선(TDT Curve)이라고 한다.

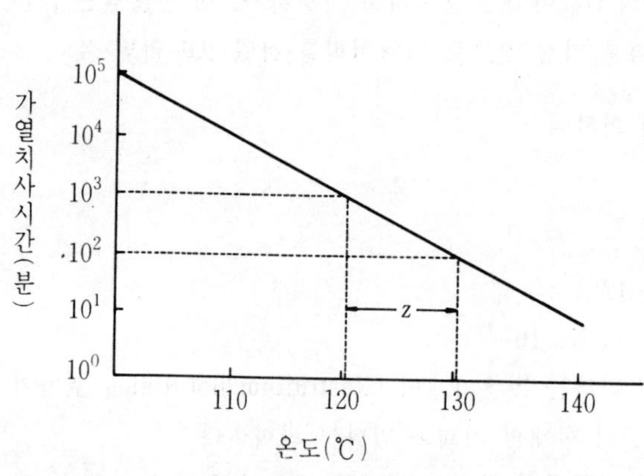


그림 4-5 가열치사곡선

가열치사곡선에서 F, z의 관계는 다음식과 같이 나타낸다.

$$\log\frac{F'}{F}=-\frac{T-121.1}{z}=\frac{121.1-T}{z}$$

여기서 F′는 온도 T에 있어서 가열치사시간(TDT)

例 F값의 계산

$D_{121.1}$이 0.23분, z값이 10℃인 Clostridium 포자를 115℃에서 가열살균하려고 한다. 가열살균지수 m=12로 한다면 가열치사시간 $F'_{115}$는 얼마인가.

해답 $\log\frac{F'}{F}=\frac{121.1-T}{z}$에서

우선 F121.1=12×0.23=2.76(분)

그러므로

$$\log\frac{F'_{115}}{F_{121.1}}=\frac{121.1-T}{z}$$

$$\log F'_{115}=\frac{121.1-T}{z}+\log F_{121.1}$$

$$=\frac{121.1-115}{10}+\log 2.76$$

$$=0.61+0.441=1.051$$

$$\therefore F'_{115}=11.12(분)$$

## 2.2 약제살균

일반적으로 살균제의 강도를 나타내는 방법으로 석탄산계수(石炭酸係數, phenol coefficient)가 이용된다. 살균제는 그 종류에 따라 특징이 다르고, 살균력이 다르기 때문에 그 기준이 되는 것이 석탄산이다.

즉, 석탄산의 몇배의 살균력이 있는가를 나타내는 것이 석탄산계수이다. 예를들어 석탄산계수 100이라고 표현되면 석탄산의 100배의 살균력을 갖는다는 것을 의미한다. 살균제는 종

**표 4-12 식품공장에서 공통적으로 사용되는 살균제의 비교**

| 구 분 | 염소계 (chlorine) | 요도폴 (iodophors) | 제4급 암모늄염 (quaternary ammonium compounds) | 산성음이온 계면활성제 (acid-anionic surfactants) |
|---|---|---|---|---|
| 1. 살균작용 | | | | |
| 그람양성무포자세균 | ++ | ++ | ++ | ++ |
| 그람음성 세균 | ++ | ++ | + | + |
| 세균 포자 | ++ | + | ± | ± |
| 효 모 | + | ++ | + | + |
| 곰팡이 | ++ | + | + | + |
| 박테리오파지 | ++ | + | ± | ± |
| 2. 부 식 성 | 대 | 소 | 무 | 소 |
| 3. 피부에 대한 상해 | 유 | 무 | 무 | 유 |
| 4. 중성PH에서의 유효성 | 유 | 타입에 따라 변동 | 대부분의 경우 | 무 |
| 5. 산성PH에서의 유효성 | 유, 불안정 | 유 | 약간의 경우 | 유, 3.0-3.5이하 |
| 6. 알카리성 PH 에서의 유효성 | 유, 중성PH 보다 소 | 무 | 대부분의 경우 | 무 |
| 7. 유기물에 의한 영향 | 유 | 중정도 | 중정도 | 중정도 |
| 8. 물 경도의 영향 | 무 | 소 | 유 | 유 |
| 9. 항균작용의 잔류 | 무 | 중정도 | 유 | 유 |
| 10. 가 격 | 싸다 | 중정도 | 중정도 | 비싸다 |
| 11. 부적합성 | 산성용액, 페놀, 아민 | 고알카리성 세정제 | 비누, 산 | 양이온 계면활성제 알카리 세정제 |
| 12. 이용용액의 안정성 | 빨리 소실 | 서서히 소실 | 안정 | 안정 |
| 13. FDA허가최고수준 | 200ppm | 25ppm | 200ppm | 400ppm 도데실 벤젠 설폰산염, 200ppm 오레인산 소다 |

++, 효과있다. +, 중정도의 효과있다. ±, 효과가 가변적이다.

표 4-13 살균제의 이용시 요구조건

| 특정 장소 또는 조건 | 추천 살균제 |
|---|---|
| 1. 알루미늄장치(Aluminum equipment) | I, Q |
| 2. 세균 포자(Bacterial spore) | H |
| 3. 음료 공장(Beverage plant) | I,A |
| 4. 양 조 장(Brewery) | I,A |
| 5. 대장균군(Coliform) | H,I |
| 6. 치즈세정수(Cheese wash water) | H |
| 7. 피막생성방지(Prevention of film formation) | I,A |
| 8. 환경에 분무(Fogging atmosphere) | H,I,Q |
| 9. 손소독(Hand sanitizer) | I |
| 10. 경수(Hard water) | A,H,I |
| 11. 철분이 많은 물(High iron water) | I |
| 12. 장기 보존성(Long shelf life) | I,Q,A |
| 13. 낮은 가격(Low cost) | H |
| 14. 부식성이 없음(Noncorrosive) | Q |
| 15. 냄새 억제(Odor control) | Q |
| 16. 유기물 존재하에서의 안정성 | Q |
| 17. 침투성(Penetration) | I,Q |
| 18. 잔류 필름(Residual film) | Q |
| 19. 사용직전의 장치 살균 | I,H |
| 20. 저장된 장치의 살균 | Q |
| 21. 안정성(Stability) | I,Q,A |
| 22. 시각적 제어(Visual control) | I |
| 23. 벽 면 | Q,H |
| 24. 물 처 리 | H |

H : 차아염소산(hypochlorite) I : 요도폴(iodophor)
Q : 역성비누(quaternary ammonium compound)
A:산성음이온 계면활성제(acid-anion surfactant)

류에 따라 각각 다른 작용기구를 갖고 있으므로 이 계수만으로 우열을 결정지을 수 없고, 사용방법 사용조건에 따라 살균력에 상당한 차이가 발생하기 때문에, 살균제를 일상 사용 시에는 그 목적에 가장 적합한 약제를 선정하여 사용하여야 한다(표 4-12, 표 4-13 참조)

식품공장에서 살균제의 이용은 직접 식품자체에 이용되는 것은 없고 용수, 설비 손 등을 살균하는 데 쓰인다. 약제살균이 끝난 다음에는 기대한 대로 효과가 있었는지의 여부를 미생물 검사를 하여 확인하여야만 한다.

### (1) 살균력에 관여하는 요인

**살균력에 관하여는 중요 인자는 미생물의 종류, 살균제의 농도, 작용온도, 수분, PH 등으로 이것들은 각기 밀접한 관계를 갖고 있어 이것 중 어느 한 조건이 부족하여도 살균효과를 충분히 발휘하지 못한다.**

① 살균제 농도

일반적으로 살균제는 농도가 높으면 살균력은 강하게 된다. 실제로 현장에 사용 시에는 여러 가지 요인이 복합되어 살균제 농도가 하락되어 살균력이 약해지는 경우가 있기 때문에, 최악의 조건에서도 살균이 될 수 있도록 유효농도를 유지하는 것이 중요하다.

② 작용온도

살균제의 효력은 온도가 높을 수록 강해지고 온도가 낮아지면 약화된다. 살균제는 통상 20℃ 이상에서 사용하고, 부득이 이 온도 이하에서 사용할 경우에는 미리 그 온도에서 살균효력을 확인할 필요가 있다.

③ 작용시간

살균제가 효력을 발휘하기 위해서는 미생물과 충분한 접촉시간이 필요하고, 접촉시간은 미생물의 종류에 따라 큰 차이가 있으므로 사용전에 시험할 필요가 있다.

④ 수　　분

미생물을 살균시 수분의 존재는 중요한 영향을 미친다. 수분이 많은 것은 그다지 문제가 없으나, 수분이 거의 없는 것은 문제가 된다. 살균제중에 수분의 영향이 가장 큰 것은 알콜(alcohol)과 가스살균제이다.

알콜의 살균작용력은 건조한 상태에서 미생물을 처리하는 경우, 알콜농도가 95% 이상으로 될 때 급격히 살균력이 떨어진다. 또한 가스상의 살균제도 수분의 영향은 대단히 커서 수분의 존재가 필수적이다. 에틸렌옥사이드(ethyleneoxide), 프로필렌옥사이드(propyleneoxide) 등은 습도가 높으면 살균작용력이 상승한다.

⑤ 작용 PH

살균제의 작용은 환경 PH의 영향을 크게 받는다. PH와 살균제의 작용력과의 관계는 살균제의 특성으로서 중요하다.

⑥ 유기물 등 환경 성분

일반적으로 살균력이 강한 것일수록 반응성이 강하여 작용환경에 존재하는 여러 물질과 반응하여 살균력의 저하를 가져오기 때문에 이와같은 경우에는 살균제의 유효성분을 증가시켜야 한다.

### (2) 살균제의 종류

① 알콜계 살균제

살균작용은 다른 살균제에 비하여 현저히 빠르고 침투력이 강하기 때문에 효과가 확실하다. 그러나 세균포자(胞子)에 대한 살균력이 없다.

알콜은 인체에 독성, 피부자극성이 적고 다른 살균제에 비해 안전성이 높고 식품에 접촉하여도 좋은 유일의 살균제이다. 알콜(alcohol, ethanol)의 농도는 보통 70%(v/v)를 사용하고 1분내에 살균된다. 식품공장에서는 손소독에 많이 사용된다.

② 알데히드(aldehyde)계 살균제

알데히드기(aldehyde radical)는 단백질의 활성기(活性基)와 반응하여 불가역적(不可逆的)으로 결합하여 강한 단백질 응고 작용을 일으켜 강력한 살균력을 나타낸다. 이 반응은 알카리성에서 빠르고 살균력은 강하게 된다. 이 살균제의 대표적인 것이 포르말린(formalin)으로 사용농도는 0.1～0.2%이다. 포르말린은 실내를 살균하는 훈증제로서도 이용된다. 훈증살균은 특정공간이나 표면살균처리시에 많이 쓰이는 것으로 세균류, 곰팡이류, 바이러스 뿐만 아니라 곤충의 방제에도 효과가 있다.

③ 염소계(鹽素系)살균제

염소계 살균제는 염소, 차아염소산나트륨 표백분 등이 있고 이 살균제는 식품위생에서 일반적으로 많이 쓰인다.

세균의 포자(胞子)는 내성이 강하여 거의 효과가 없다. 콘베어벨트 기구(器具)는 10～20ppm의 염소수로서 세정살균하고 오염이 심한 배관은 50～100ppm의 염소가 들어 있는 물을 12～48시간 채워서 살균한다.

차아염소산염의 살균력은 PH가 낮을수록 크고 PH 5.0 부근이 최적이다. 차아염소산염을 살균제로서 이용시 가장 중요한 문제의 하나로서유기물 특히, 질소화합물이 존재할 때 작용력이 저하되므로, 공존물질의 종류 농도에 따라 유효염소량을 50배, 100배로 올려야 한다.

차아염소산나트륨을 사용시에는 서서히 염소가스가 발생하여 실내의 금속제 기계장치 기구 배관 닥트 등에 부식을 일으키기 때문에 주의를 요한다. 그러나 통상 적용되는 농도(10ppm 이하)에서는 금속제 장치의 부식은 거의 인정되지 않으나, 용수중에 유산염이나 염화물이 존재할 때에는 장치표면이나 관을 부식한다. 현재 식품공장에서 가장 많이 사용하고 있는 차아염소산나트륨 살균제의 장·단점은 표 4-14와 같다.

표 4-14 차아염소산나트륨의 성질

| 장 점 | 단 점 |
|---|---|
| 1. 살균효과가 신속하고 미생물에 대하여 비선택적으로 살균효력을 발휘한다.<br>2. 기구(器具)표면에 필름을 형성하지 않는다.<br>3. 물의 경도 성분이나 기타 성분에 의해 그다지 영향을 받지 않는다.<br>4. 묽게 만들 살균액은 독성이 없다.<br>5. 농도의 측정이 용이하다.<br>6. 액체이기 때문에 계량이 용이하다.<br>7. 가격이 싸다.<br>8. 고농도의 활성성분을 갖고 있다.<br>9. 악취를 제거한다. | 1. 특유의 냄새가 있다.<br>2. 한냉기(寒冷期)에 동결한다.<br>3. 냉암소(冷暗所)에 보관해야 한다.<br>4. 제품이 알카리성에서는 살균효과가 떨어진다.<br>5. 사용방법이 잘못되었을 때 녹이나 부식의 원인이 된다.<br>6. 유기물이 오염되어 있을 때 살균액의 농도가 떨어진다.<br>7. 색상을 표백한다.<br>8. 철(鐵)을 함유하는 물에 가하여 침전할 경우는 사용할 수 없다. |

④ 옥소(沃素)계 살균제

옥소계 살균제는 화학반응력이 염소에 비하여 대단히 약하나, 살균작용은 강하고 일반 세균, 바이러스, 곰팡이에 유효하다. 살균작용은 옥소(iodine)에 의한 것이기 때문에 중성보다도 산성에서 살균력이 크고, 알카리 용액중에서는 옥소의 갈색이 퇴색하고 살균력도 없게 된다. 옥소는 단백질과 결합하기 때문에 피부점막을 갈색으로 착색하나 서서히 탈색한다.

옥소 살균제로 이용되는 형태는 옥소수용액, 옥소 알콜용해액과 요도폴(Iodophor)로서 물 및 알콜수용액은 피부살균제로서 쓰이고, 요도폴은 식품공장에서 기구, 용기 장치 등의 표면의 세정살균에 쓰인다. 요도폴은 비이온 계면활성제와 옥소가 복합체를 형성한 것으로서 계면활성제에 의해 옥소의 용해도상승 수용액중에서의 안정화, 무취, 염색성, 피부에 대한 자극성도 현저하게 감소된다. 요도폴 제제를 물로서 희석할 때 복합체로서 서서히 옥소가 유리한다. 균종에 따라 다르지만 옥소의 유효살균농도는 25ppm 정도이다.

⑤ 석탄산(石炭酸, phenol)계 살균제

석탄산은 단백질의 응고작용으로 살균력을 발휘하며, 세포막에 침투성이 강하여 일반 세균에 유효하나 포자 및 바이러스에는 효과가 불확실하다. 살균력이 강한 반면 특성도 강하기 때문에 사용시 주의를 요한다. 1 : 80~110 수용액에서 5~10분간에서 병원균은 살균 가능하고, 살균력은 유기물이 존재하여도 저하되지 않고 산성액 중에서는 알카리성 액중보다도 강력하다.

⑥ 계면활성계 살균제

계면활성제라는 것은 계면의 표면장력(張力)을 저하시키는 능력을 갖고 있는 화합물의 총칭이다. 옛날부터 사용되고 있는 비누는 그 대표적인 것이고 오늘날에는 합성에 의해서 다종 다양한 것이 만들어지고 있다. 이것이 물에 용해되었을 때 본체의 전하(電荷)에 따라 양(陽)이온, 음(陰)이온, 비(非)이온, 양성(兩性)의 4가지의 계면활성제로 나눌 수 있다.

보통의 비누나 중성세제는 음이온계면활성제이고 기타 계면활성제는 세정력이 약하나 살균력이 강한 것이 있다. 이들 계면활성제는 유화(乳化), 침투(浸透), 세정, 분산(分散) 기포(起泡) 등의 특성을 갖고 있으나, 미생물에 대하여 발육저해 내지 살균력을 갖는 것이 많다.

㉮ 양이온 **계면활성제**

양이온 계면활성제에는 제4급 암모늄염(quarternary ammonium compound)이 주로 실용화 되고 있다. 수용액 중에선 본체가 양(陽)이온으로 되어 있어 통상의 비누와는 역(逆)의 하전(荷電)을 갖고 있기 때문에, 역성비누 또는 양성비누라고도 부른다. 역성비누는 사용농도에서는 무색 무취이고 용액으로서 안정하고 부식성이 없고 또, 피부에 무독하기 때문에 의료, 환경위생 식품 공장에서 환경살균제로 널리 이용된다.

적용농도는 0.01~0.1%의 범위이다. 양이온 계면활성제의 대표적인 것은 염화벤잘코늄(benzalkonium chloride)과 염화벤제쏘늄(benzethonium chloride)이다.

㉯ 양성(兩性)계면활성제

상품화되고 있는 대표적인 것은 테고(Tego)라는 상품명으로 판매되고 있으며 이것의 응용분야는 제4급 암모늄염과 마찬가지로 의료관계, 식품 공장에서 사용되며 사용농도는 다음과 같다.

| | | |
|---|---|---|
| ·기계기구 용기 등의 살균 | 산포·침지 | 0.01~0.1% |
| ·손 등의 살균 | 산포·침지 | 0.02~0.1% |
| ·작업화 등 살균 | 침지 | 0.1% |
| ·벽면 등의 살균 | 도포·산포 | 0.01~0.1% |
| ·낙하균 방지 | 분무 | 0.1% |

⑦ 과산화물계 살균제

과산화수소($H_2O_2$)나 과망간산카리움($KM_nO_4$)과 같은 과산화물은 분자 중의 산소의 일부를 용이하게 방출하여 강력한 산화작용에 의해 살균작용을 나타낸다. 또 동시에 표백, 탈색, 탈취, 부식작용도 갖고 있다.

과산화수소($H_2O_2$)는 넓은 범위의 미생물에 대하여 살균작용을 나타내고, 단시간에 그 효과를 기대하기 위해서는 고농도 고온조건이 필요하다. 농도는 30% 정도의 것이 사용된다. 식품분야에서 용기.기구의 살균, 탈취, 세정에 이용된다.

⑧ 가스살균제

가스살균은 살균제를 가스상 또는 에어러졸형으로 적용하여 기구, 장치, 식품, 밀폐공간 등에 존재하는 미생물을 사멸시키는 목적으로 이용된다.

## 2.3 가스살균

가스살균은 밀폐공간에 기구, 장치, 포장재료, 식품 등을 넣고 살균제를 가스상으로 하여 미생물을 살균하는 방법으로, 가열이나 수분을 싫어하는 경우에 적용한다. 살균제로는 에틸렌옥사이드(ethylene oxide), 프로필렌옥사이드(propylene oxide)가 주로 이용되고 있다.

식품의 살균에 있어서는 구미(歐美)에서 주로 향신료(香辛料) 및 전분 등의 살균목적으로 사용되고 있으나, 우리 나라에서는 가공한 건조천연조미료에 한하여 사용이 가능하다.

에틸렌옥사이드를 이용해서 식품을 살균처리시에는 반응생성물의 생성 및 잔류 등 안전성이 문제가 되고 있다. 건조천연조미료의 잔존량은 50ppm 이하로 규정하고 있다.

가스살균시는 온도, 습도, 가스농도, 살균시간에 따라 그 처리효과가 크게 다르다.

에틸렌옥사이드는 가연성(可燃性)이기 때문에 사용시 탄산가스와 혼합하여 사용하고 있다. 에틸렌옥사이드를 이용한 향신료의 살균사례를 보면 다음과 같다.

·에틸렌 옥사이드 : 탄산가스=30% : 70%(w/w)의 비율로 된 것 사용

· 가스농도 : 1.77kg/m³
· 온　　도 : 50～55℃
· 습　　도 : 30～50%
· 압　　력 : 0.6～1.0kg/cm² G
· 처리시간 : 8시간

## 2.4 오존살균

오존(ozone)은 산소원자가 3개로 되어 있는 산소의 동위체(同位體)로 강한 산화력과 독특한 냄새를 갖고 있는 기체이다. 자연계에는 지상 25km 부근에 10～20ppm의 오존이 있고, 지상에는 햇빛이나 자외선의 작용으로 공기중의 산소분자가 변하여 오존을 만들어내 해안에서는 0.05ppm, 일반지역에서는 0.005ppm, 산림지역에는 0.1ppm이 존재하는 것으로 알려져 있다.

오존이 공기중이나 물속에서 분해할 때 발생기산소(發生基酸素, 활성산소라고도 함)를 발생한다. 이 발생기산소는 자연계에서는 불소다음으로 산화력이 강하여, 순간적으로 무기물이나 유기물과 접촉 반응하여 산화, 분해시킨다. 오존은 상온에서 서서히 분해되어 산소가 되며, 일반공기중에서의 반감기(半減期)는 1시간 정도이나 건조한 공기에서는 12시간 이상이다. 그러나 오존은 전자(電子)에 의해 쉽게 분해된다은 사실이 알려져, 최근에는 오존의 발생장치와 오존을 효율적으로 분해하는 장치가 개발되어 공기나 물의 살균에 이용되고 있다.

오존을 취급하는데 따르는 문제는 동물의 호흡기에 직접적으로 영향을 줄 뿐만 아니라, 기계 기구의 산화로 부식이 대단히 빠르다는 것이다. 오존의 인체에 미치는 영향을 보면 0.5～1.0ppm의 오존 농도에서 폐(肺)가스의 교환능력이 떨어져 2시간 정도에서 호흡곤란의 상태로 된다고 한다.

각종 미생물에 대한 오존의 살균작용력을 정리해 보면 표 4-15와 같다.

**표 4-15 오존의 살균작용**

| 미생물 | 오존농도 (ppm) | PH | 온도 (℃) | 작용시간 (분) | 사멸률 (%) |
|---|---|---|---|---|---|
| Staph. aureus | 0.5 | — | 25 | 15秒 | 100 |
| Sal. typhimurium | 〃 | — | 〃 | 15秒 | 100 |
| E. coli | 〃 | — | 〃 | 15秒 | 100 |
| Sh. flexneri | 〃 | — | 〃 | 15秒 | 100 |
| B. cereus | 2.29 | — | 28 | 5 | 100 |
| B. megaterium | 2.29 | — | 28 | 5 | 100 |
| B. meacerans | 2.0 | 6.5 | 25 | 1.7 | 99.9 |
| B. stearothermophilus | 3.5 | 6.5 | 25 | 9 | 99.9 |
| C. perfringens | 0.25 | 6.0 | 24 | 15 | 100 |
| C. sporogenes PA3679 | 5 | 3.5 | 25 | 9 | 99.9 |
| C. botulinum 62A | 6 | 6.5 | 25 | 2 | 99.9 |
| C. botulinum 213B | 5 | 6.5 | 25 | 2 | 99.9 |

## 2.5 자외선 살균

### (1) 자외선이란

태양광선에 살균력이 있다는 것은 옛날부터 알려진 사실이다. 이것은 태양광선 중에 자외선(紫外線)이 있기 때문이다. 자외선은 전자파의 일부로서 그 파장이 약 100~380nm의 영역을 점한다. 살균력을 갖는 파장은 210~296nm(나노미터라고 읽음)의 사이로서 가장 강한 것은 260nm이다. 이 파장은 핵산(核酸)의 최대 흡수치와 일치하기 때문에 세균의 핵산에 직접 작용하여 균을 살균한다. 즉, 자외선의 살균작용은 자외선 조사에 의해 DNA (deoxyribonucleic acid)에 화학변화가 일어나 유전자의 기능이 파괴되어 번식력을 잃고 또, 다량의 자외선을 계속 조사할 때 생체의 팽창이 일어나 체내 내용물이 체외에 나와 괴멸한다.

참고로 자외선의 파장별 살균효과는 그림 4−6 및 표 4−16과 같다.

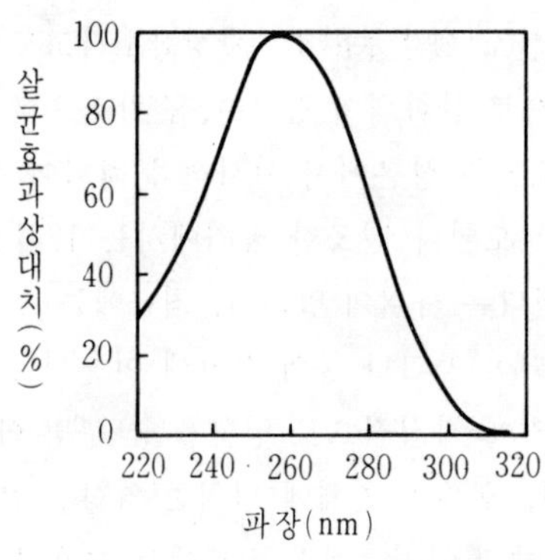


그림 4−6 자외선의 파장별 살균 효과 (동방사력에 대한)

표 4−16 자외선의 파장별 살균효과(동방사력에 대한)

| 파장(nm) | 살균효과상대치 | 파장(nm) | 살균효과상대치 |
|---|---|---|---|
| 220 | 0.25 | 225.0 | 0.33 |
| 230 | 0.40 | 235.3 | 0.50 |
| 240 | 0.63 | 239.9 | 0.62 |
| 250 | 0.91 | 244.6 | 0.73 |
| 260 | 0.99 | 248.3 | 0.84 |
| 270 | 0.87 | 253.7 | 1.00 |
| 280 | 0.60 | 257.5 | 1.00 |
| 290 | 0.30 | 275.3 | 0.72 |
| 300 | 0.06 | 280.4 | 0.57 |
| 310 | 0.013 | 289.4 | 0.31 |
| 320 | 0.004 | 292.5 | 0.23 |
| 340 | 0.0009 | 296.7 | 0.13 |
| 360 | 0.0003 | 302.2 | 0.045 |
| 400 | 0.0001 | 312.9 | 0.008 |
| | | 334.1 | 0.0013 |
| | | 365.4 | 0.00023 |

### (2) 자외선살균의 특성

① 균종류에 따라 저항력은 차이가 있으나 모든 미생물에 유효하다.

② 화학약품이나 가열에 의한 살균과는 달리 피조사물에 조사 후 거의 변화를 주지않고 잔류효과가 전혀 없다.

③ 사용법이 간단하다.

④ 살균효과는 대상물의 자외선 투과율과 관계가 있어 가장 유효한 살균대상은 공기와 물이다.

⑤ 공기나 물이외의 대부분의 물질은 살균선(253.7nm)을 투과하지 않기 때문에 광선이 직접닿는 표면에만 살균된다.

⑥ 살균선을 어느 한도 이상 눈이나 피부에 받을 때 피해를 입기 때문에 적당한 보호대책이 필요하다.

⑦ 지방이나 단백질이 많은 식품을 직접 강하게 조사할 때 이취나 변색을 일으키는 일이 있다.

### (3) 자외선 살균에 필요한 에너지

자외선을 이용하여 살균을 하는 경우, 미생물에 조사(照射)된 자외선의 에너지가 살균에 필요한 에너지보다 많으면 살균이 가능하다. 살균에 필요한 에너지는 균의 종류, 온도, 습도 등의 환경조건 그리고 살균정도(몇%까지 살균할 것인가의 살균률)에 따라서 결정된다. 미생물 가운데는 용이하게 살균시킬 수 있는것이 있고, 저항력이 강한 것도 있다. 저항력이 강한 균을 살균할 때에는 많은 에너지가 필요하게 된다. 또 동일한 균에서도 살균률이 낮을 때 보다도 살균률이 높은 편이 더 많은 에너지가 필요하게 된다.

자외선 에너지는 일반적으로 살균등으로부터 단위면적당 조사된 살균선(殺菌線)의 강도와 조사된 시간을 곱한 것으로 나타낸다. 살균선강도의 단위는 통상 μW/㎠, 시간단위는 s(秒, second)를 쓴다. 즉, 자외선 에너지(=살균선량)=μW/㎠×s=μW·s/㎠이다.

이 식에서 알 수 있듯이 조사시간을 2배로 하면 살균선 강도를 반으로 하여도 같은 살균효과가 있다. 각종 미생물에 대한 자외선의 살균작용력을 보면 표 4-17과 같다.

표 4-17 각종 미생물에 대한 자외선의 살균작용력

| 미 생 물 | | 90%사멸선량 ($\mu$W·sec×$10^3$) |
|---|---|---|
| | E. coli | 2.1~6.4 |
| | Neisseria catarrhalis | 3~4 |
| | Pr. vulgaris | <3 |
| | Sal. typhi | 2.1~4 |
| | Ser. marcescens | 0.8~4 |
| | Sh. flexneri | 3~4 |
| | Agrobacterium tumefaciens | 3~4 |

| 세 균 | Ps. aeruginosa | 5.5 |
|---|---|---|
| | Ps. fluorescens | 3~4 |
| | Fusobacterium nucleatum | <3 |
| | Rhodospirillum rubrum | 5~6 |
| | B. anthracis | 5~6 |
| | B. subtilis(營養細胞) | 6~8 |
| | B. subtilis(胞子) | 8~10 |
| | Coryne. diphtheriae | 5~6 |
| | Micro. piltonensis | 6~8 |
| | Micro. sphaeroides | 10~20 |
| | Micro. luteus | 10~20 |
| | Staph. aureus | 4~5 |
| | Streptococcus sp. | 3~5 |
| | Strept. pyogenes | 2.2 |
| 곰팡이 | Asp. glaucus | 50~100 |
| | Asp. flavus | 50~100 |
| | Asp. niger | 200 |
| | Mucor rancemosus | 20~50 |
| | Geotrichum lactis | 10~20 |
| | Pen. digitatum | 50~100 |
| | Pen. expansum | 20~50 |
| | Pen. roquefortii | 20~50 |
| | Rh. nigricans | >200 |
| 효 모 | Sacch. cerevisiae | 3~8 |
| | Sacch. ellipsoideus | 5~10 |

#### (4) 자외선등

자외선등은 살균등이라고도 하며 저압수은등의 일종으로서 파장 253.7nm의 자외선 광을 방사(放射)한다. 구조는 일반형광등과 거의 같고 다른 점은 형광도료가 없는 점과 유리이다. 일반유리는 자외선을 흡수하나 자외선등의 유리는 자외선을 투과하는 특수한 유리로서 만들어져 있다. 자외선등에서 나오는 파장 253.7nm를 살균선이라고 하며 자외선에 의한 살균효과는 살균선량, μW·s/㎠으로 나타낸다.

① 자외선등의 거리와 살균의 강도

등(lamp)의 중심축에서의 수직거리와 살균선 조도와의 관계는 50㎝ 이상 떨어질 때 역이승 법칙(逆二乘法則)에 가깝고, 그것보다 가까운 거리에서는 거의 거리에 역비례(逆比例)하여 약하게 된다.

② 온도의 영향

자외선등의 출력은 등의 표면온도의 영향을 크게 받는다. 표면온도는 40℃ 전후에서 최고 출력을 나타내고, 그것보다 온도가 내리거나 올라가도 출력은 저하된다.

③ 자외선등의 수명

자외선등은 사용시간의 경과와 함께 방사하는 살균선의 강도가 감소 되어간다. 사용시간과 살균선의 상대 강도는 아래 그림과 같다.

④ 자외선이 인체에 미치는 영향

자외선등에서 나오는 광을 직접 인체에 오래도록 쏘이면 좋지 않다. 인체에 해가 없는 자외선량의 한계는 $1\sim2.5\times10^4$ μW·s/㎠이라고 한다. 따라서 8시간 작업하는 작업장에서는 작업자에게 닿는 자외선 강도는 0.4μW/㎠ 이하이어야 하고 식당 등 1시간이내에서 끝나는 곳은 3.5μW/㎠, 세면장 등 20분 정도에서 끝나는 곳은 10μW/㎠ 이하로 된다.

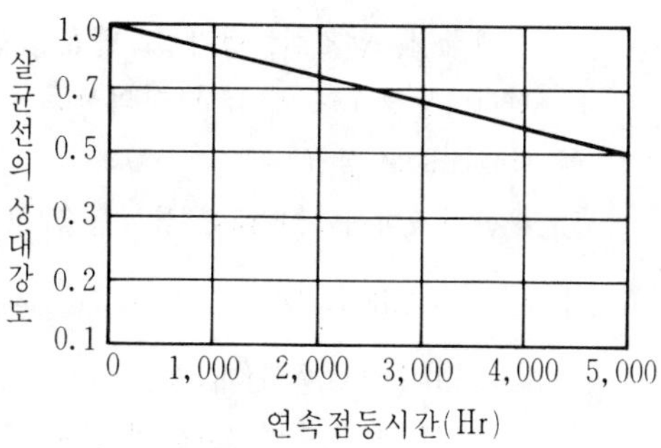


(5)자외선등의 이용

자외선의 살균작용력의 대략적인 지표로서 대장균, 이질균, 티프스균 등은 15W 살균등으로부터 50㎝의 거리에서 1분 이내, 10㎝ 에서는 6초에서 거의 사멸한다. 그러나 다른 세균에서는 그것의 2~5배, 효모는 3~5배, 곰팡이는 5~50배의 시간이 걸린다.

식품공업에서 이용하는 예로서 다음과 같다.

① 원재료에 묻어있는 세균류의 직접조사 살균

· 빵공장에서 빵 표면에 곰팡이 발생의 방지

· 가공에 사용하는 기구의 표면을 조사살균

② 가공실 저장실내 공기살균

㉮ 상층공간의 조사에 의한 간접살균

자외선등은 일반적으로 천정에서 기구(器具)를 등이 위를 향하게 하여 설치하므로, 천정과 등 사이의 공기층이 살균되고 그것이 상하의 대류에 의해서 실내 전체의 공기가 청정화(淸淨化)되는 방법으로, 식품가공의 작업장 및 포장실에 적용된다. 이 경우 기본적인 소요등수의 산출방식은

N=0.05V/HF

N : 살균등수

V : 실(방)용적($m^3$)

H : 등과 천정과의 거리(m)

F : 기구 계수(15W 걸개형 1.5, 15W 벽걸이형 0.72)

이다. 이것은 이상적인 실내공기의 상하대류가 일어나고 외부로부터 오염이 없을 때는 대장균은 5분 후에 $10^{-2}$, 일반잡균은 20분에서 $10^{-2}$ 정도의 균수저하가 기대된다.

그러나 실제로 사람의 출입이나 문의 개폐(開閉)를 고려하여 등수를 추가하여 설치

한다. 엄밀한 공기살균을 필요로 하는 곳(예를들면 무균실)에서는 2배 이상 설치하는 것이 바람직하다.

㈏ 직접조사에 의한 실전체의 살균

제국실, 양조실, 냉각실, 발효실 등 사람이 그다지 출입하지 않는 저장실 등에 적용한다. 통상 10㎡에 15W 자외선등을 2개 이상 설치한다.

㈐ 닥트(duct) 살균

공기조화시 닥트내에 살균등을 설치하여 공기살균시의 소요등수는

$$N=0.18\ L/D$$

L : 닥트풍량($m^3$/분)

D : 닥트단면(斷面)의 단축(短軸)의 길이

이 경우 대장균 바이러스 99% 살균이 기대된다.

③ 용수살균

물은 공기보다도 살균선을 잘 흡수한다. 흡수정도는 물의 맑고 탁함에 따라 다르나, 탁한 물에서 흡수가 잘 되기 때문에 자외선 살균에 쓰이는 용수는 깨끗해야 한다. 깨끗한 물에서도 깊이 5㎝ 마다 조도는 약 2/3씩 떨어진다. 최근에는 용수를 이송하는 사이에 연속적, 자동적으로 살균하기 위해서 수송배관의 일부에 자외선 살균등을 설치하여 사용하고 있다. 또한 투명한 액체식품(예 : 액당, 이성화당, 아미노산액 등)을 살균하는 데도 살균등이 이용된다.

④ 플라스틱 필름(plastic film)의 살균

폴리에틸렌, 세로판포장은 자외선이 투과되기 때문에 포장 밀봉 후에도 직접 살균이 가능하다. 무균포장시 용기재료 표면의 살균에 이용된다.

### (6) 사용상의 주의

① 눈이나 피부에 대한 보호

살균선은 눈이나 피부에 유해작용을 미치므로 자외선등을 켜놓은 것을 쳐다보거나, 등으로부터의 반사살균선이 눈에 들어오는 작업을 계속할 때 눈이 충혈되고 몹시 아프거나 눈물이 나기도 한다. 피부도 한도량 이상 살균선을 받을 때 피부가 붉게 되고 쓰라리다가 수일 후 가라앉게 된다. 예방대책은 유리 판이나 투명플라스틱판으로 살균선을 차단하여 작업하는 것이 기본이다.

② 정기적인 청소

자외선등이나 반사판의 표면에 먼지가 묻어 있으면 살균선투과율 및 반사율이 떨어지기 때문에, 소정의 살균효과를 얻을 수 없으므로 정기적으로 청소하여 항상 깨끗이 유지되도록 할 필요가 있다. 청소시에는 반드시 등을 끄고 한다.

③ 살균선 출력관리

자외선등을 계속 사용하면 점차 그 출력이 저하되므로 살균선 조도계로서 상시 또는 때

때로 계속 관리 함으로서 보다 효력을 발휘한다. 또, 등의 교체시간을 시간미터(hourmeter)로서 관리하고 유효 수명시간이 경과하면 새것으로 바꾸도록 한다.

④ 자외선등과 형광등의 동시점등 금지

자외선의 살균효과는 가시광선에 의하여 현저하게 방해받기 때문에 자외선 등을 켜놓고 있을 때에는 형광등을 반드시 끈다.

## 2.6 마이크로파 살균

마이크로파(microwave)의 유전가열(誘電加熱)을 이용하는 살균방법이다. 즉, 마이크로파를 식품에 조사(照射)할 때 식품 중의 물분자는 마아크로파의 주파수(周波數)에 대응하여 분자의 배향운동(配向運動)이 일어난다.

일반적으로 이용되는 마이크로파의 주파수는 915MHz, 2450MHz(메가 헤르츠라고 읽음)이다. 이러한 주파수의 마이크로파가 식품에 조사될 때 식품중의 물분자는 1초간에 9억 1500만회, 24억 5000만회의 분자배향운동이 일어난다. 이와같은 격한 분자운동이 일어난다는 것은 분자상호간의 격한 마찰이 일어난다는것을 의미한다. 이러한 결과로서 마찰열이 식품자체에서 발생한다. 이것이 마이크로파 유전가열의 원리이다.

이 살균방법은 다른 가열살균방법과는 달리 식품의 외부나 내부 어느 부분도 온도차가 없이 급속히 균일하게 온도가 상승하는 특징이 있어, 통상의 가열살균을 채용하기 어려운 부정형(不定形)의 식품인 빵, 만두, 생야채, 수산연제품 등을 포장한 상태로 살균할 수 있다. 이 방법은 가열속도가 비교적 빠르고 가열장치도 간단하다.

그러나 마이크로파 살균시에는 식품중에 수분이 반드시 필요하고, 곡류나 향신료 등 수분이 10~15% 정도의 분립체(粉粒體) 식품에는 살균효과가 낮다.

## 2.7 방사선 살균

방사선(放射線)을 이용한 농산물의 살균, 살충, 발아방지 및 식품의 살균에 대한 기초 및 응용 연구는 이미 오래 전부터 선진각국에서 완성되었다. 이러한 성과에 따라서 국제식량농업기구(FAO), 국제원자력위원회(IAEA) 및 세계보건기구(WHO)의 합동 전문위원회는 총평균선량(總平均線量) 10KGy(=1Mrad) 이하에서 조사한 식품은 건전성(健全性)의 점에서 문제가 없다는 결론을 1980년에 발표하였다. 그 후 국제식품규격위원회에 가맹한 각국에 통고하여 현재 미국, 일본, 소련 등 수십개국에서 이용되고 있다.

방사선을 식품의 조사(照射)에 이용하는 이유는 감자, 양파 등의 발아를 방지할 수 있고, 농산물을 가열하지 않고 살충 · 살균이 가능하기 때문이다.

우리나라에서는 1987년부터 식품의 발아억제, 살충 및 숙도조절의 목적에 한하여 방사선 조사가 허용되고 있다. 그 내용을 보면, 사용방사선의 선원 및 종류는 코발트 60($^{60}Co$)의 감마선(gamma ray)으로 방사선을 조사처리한 식품은 용기 또는 포장에 조사처리된 식품임을 나타내는 표시 즉, 조사처리업소명 조사연월일 등을 의무적으로 표시하도록 법으로 정해져 있다. 현재 허용된 대상 및 흡수선량은 다음과 같다.

(1) 감자, 양파, 마늘 : 0.15KGy 이하

(2) 밤 : 0.25KGy 이하

(3) 생버섯 : 1KGy 이하

(4) 건조버섯 : 1KGy 이하

(5) 건조향신료(고추, 마늘, 파, 양파, 후추 및 생강) : 10KGy 이하

방사선량의 단위는 래드(rad)와 그레이(Gy)가 사용된다. 1rad는 물질 1g당 100에르그(erg)의 에너지 흡수를 나타내는 선량(線量)이고, 1Gy는 100rad이다.

즉, $1Gy=100rad=10^4 erg/g=1J/kg$이다.

# 제5장 이물관리

이물이란 식품중에 본래 들어있지 않은 것이 들어간 것 즉, 식품에 직접 관련 없는 제품 이외의 물질이 혼입된 것으로서 식품의 품질이나 안전성을 손상시키는 것을 의미한다. 식품공장의 위생관리를 하면서 아무리 주의하여도 잘 안되는 것이 이물혼입이다. 이것을 완전히 없앤다는 것은 대단히 어려운 일이다. 이물은 소비자의 눈에 띄기 쉽고 이것으로 인한 소비자의 클레임은 의외로 많아 이것이 큰 문제를 일으키는 경우가 종종 있다. 이물은 반드시 직접 위생상 유해하다고 말할 수 없는 경우도 있으나 적어도 이물이 존재한다는 것은 식품의 취급상 비위생적인 점이 있었다는 것을 나타낸다. 이들 이물은 제품의 원료, 포장재 등을 사용하여 제품을 만들시 수많은 사람들의 손을 거쳐서 만들어지기 때문에 혼입개소는 무수히 많다.

이물의 종류는 동물성, 식물성, 광물성이물로 크게 나눌 수 있으며, 이들이 혼입 되는 경로를 추정 정리해 보면 표 5-1과 같다.

표 5-1 이물의 혼입경로

| 구 분 | | 이 물 질 종 류 |
|---|---|---|
| 1. 원료에서 유래 | 농 산 물 | 짚프라기, 나무조각, 머리카락, 모래, 돌, 종이, 흙, 쥐똥, 벌레, 금속편, 플라스틱조각, 껍질, 풀, 왕겨, 고무밴드, 유리조각 |
| | 수 산 물 | 돌, 벌레, 금속편, 머리카락, 종이조각, 나무조각, 실 |
| | 축 산 물 | 털, 발톱, 뼈, 머리카락, 벌레, 금속편, 헝겊조각 |
| 2. 제조공정에서혼입 | 용 기 | 종이조각, 모래, 금속편, 나무조각, 찌꺼기, 벌레, 머리카락 |
| | 포 장 | 벌레, 종이, 먼지, 플라스틱조각, 금속편, 유리조각 |
| | 설 비 | 녹, 기름, 페인트, 공구, 볼트, 낫트, 고무조각, 금속편, 패킹 |
| | 가공공정 | 고무밴드, 플라스틱조각, 금속편, 브라시, 헝겁조각, 활성탄 |
| | 용 수 | 모래, 수지, 녹, 지렁이 |
| 3. 작업자의 실수로혼입 | 복 장 | 명찰, 단추, 머리핀, 실조각, 장갑, 반지 |
| | 지 참 물 | 필기용구, 칼, 고무밴드, 동전, 담배, 라이타, 크립, 종이 |
| | 신 체 | 화장품, 머리카락, 손톱, 반창고, 의치, 콘택트 렌즈, 땀, 먼지, 빠진털, 비누, 화장냄새 |
| 4. 환경불량으로혼입 | 제조공정 | 쥐, 지렁이, 달팽이, 모기, 하루살이, 파리, 바퀴벌레 |
| | 창 고 | 먼지, 벌레, 쥐똥, 쥐털 |

## 1. 이물의 검출법

이물은 종류가 다양하고 크기 또한 차이가 많기 때문에, 이물을 검출해내는 데도 많은 시간과 노력이 필요하다. 일단 검출된 것은 그 정체를 밝혀야 한다. 이물 종류의 판단은 육안으로 판별할 수 있는 것과 같은 큰 것은 별도로 하고 보통은 현미경이나 10~20배의 확대경으로 관찰한다.

이물의 정체를 해명한다는 것은 장래의 방지대책상 중요한 정보를 제공한다. 이물을 발견해서 분석될 때까지는 시간이 오래 걸리고 보존이 불완전한 경우가 있기 때문에, 처음 상태를 될 수 있는 한 사진이나 기록으로 남겨 놓을 필요가 있다.

곤충의 경우는 전체의 모양이나 국부의 확대모양 등의 사진을 될수 있는 한 많이 촬영한다. 곤충이나 소동물의 가열이력(加熱履歷)을 알고 싶을 때는 충체(虫體)에 과산화수소를 떨어뜨

표 5-2 이물의 검출법

| 검출방법 | 내 용 |
|---|---|
| 1. 체분별법 | 식품이 분말 또는 작은 입자일 경우에는 체로쳐서 큰 이물을 체위에 모아 육안으로 확인, 필요시 확대경이나 현미경으로 확대하여 관찰 |
| 2. 여 과 법 | 고체나 페이스트상의 물질은 물에 녹이고 액상의 것은 그대로 여과기를 이용하면 여포나 여지상에 이물을 모을 수 있다. |
| 3. 부 상 법<br>(와일드만플라스크법) | 가벼운 이물을 상부로 뜨도록하는 방법으로, 식품의 용액에 소량의 가솔린이나 피마자유 등의 기름을 넣어 격열하게 교반한 후 방치하여 놓을 때 다시 기름이 위로 분리되어 나온다. 이 때 소수성의 동물성 이물은 기름에 묻어서 부상한다. |
| 4. 풍 력 법 | 제품과 이물은 비중이나 형상차이가 다르기 때문에 밑에서부터 바람이 불 때 무거운 이물은 가까운 곳에 모이고, 모발이나 잎사귀 등 가벼운 것은 바람을 타고 멀리 날라간다. |
| 5. 침 전 법<br>(침 강 법) | 부상법과는 반대로 비중차이를 이용하여 광물성이물 쥐똥, 토사 등의 무거운 이물을 침전시키고, 상층액은 기울여 버린 후 잔량은 흡인여과하여 확인, 시료에 3~5배의 비중이 큰 액체를 넣어 교반할 때 비중이 큰 것은 가라앉고 작은 것은 부상. 비중이 큰 액체로서는 보통 클로르포름, 4 염화탄소를 이용한다. |
| 6. 육 안 법 | 식품의 색깔이 희거나 투명할 시 육안으로 이물을 골라낸다. |
| 7. 광 전 법 | 광의 투과성을 이용하여 투과성 액체 중에 이물의 혼입 유무 판단. |
| 8. X선 투과법 | 냉동육 등의 덩어리를 카타(cutter)로 수센티메터의 두께로 자르고 여기에 X선을 투과시켜 그 투과상으로부터 철, 뼈 등 이물의 유무판단. 또한 알루미늄관의 액량이나 알루미늄포장의 제품에 혼입한 이물 검출 |
| 9. 정전기법 | 이물에 강력한 정전기를 대전시키고 정전력에 의해 이물을 흡착시킨다. |
| 10. 형광법 | 우지, 돈지 등에 들어있는 모발이나 어육중에 들어있는 뼈 등은 눈에 띄기 어려우나, 형광을 쪼이면 빛나고 확실히 모발, 뼈, 지방이 구분된다. |

표 5-3 식품별 이물시험법

| 식 품 | 시험방법 |
|---|---|
| 식빵, 라면, 국수, 두부, 건과, 유과, 건빵, 도나스, 전분, 이유식, 된장, 고추장, 춘장, 케찹, 잼, 커피, 차, 고추가루, 후추가루, 카레, 식육제품, 어육연제품, 통조림, 빵 및 생과자류 생지 | 와일드만 플라스크법(침전물 있을 시 침강법) |
| 간장, 식초, 소오스, 청량음료, 유산균음료, 주류, 유류, 살균산양유, 탈지유, 가공유, 발효유 및 유음료 | 검병법, 희석법, 분리법(클로르포름 또는 염산에 의한 분리) |
| 백설탕, 포도당, 물엿, 벌꿀, 분말청량음료, 인삼차, 인스탄트커피, 버터, 마아가린, 쇼트닝유, 참기름, 채종유, 미강유, 대두유, 크림, 아이스크림분말, 무당연유, 가당연유, 가당탈지연유, 전분유, 탈지분유, 가당분유, 조제분유, 마요네즈, 캬라멜, 껌, 알사탕류, 쵸코렛류. | 여 과 법 |
| 아이스크림류 ┌녹였을 시 투명한 액체일 때<br>├녹였을 시 불투명한 액체일때<br>└녹였을 시 침전물 있는 것 | 검병법, 희석법, 분리법, 여과법, 와일드만플라스크법 |

려 카타라제 반응을 본다. 만약 충분한 가열을 받지 않아서 효소작용이 남아있는 경우는 기포를 발생한다. 그러나 이 반응도 2주간 경과하면 명확한 반응이 나타나지 않는다. 학명(學名)이나 생태에 대하여 전문가에게 감정을 의뢰할 때에는 알콜중에 보존하도록 한다.

이물의 검출은 여러 가지 방법이 고안되어 있으나, 이 원리는 각종 이물이 물, 유기용매에 대한 비중차이를 이용하여 이것을 분리하고, 이것을 확대경, 현미경 또는 기타 장치나 시약 등을 이용하여 검사한다. 이물의 검출법을 열거하면 표 5-2와 같으며, 식품공전(食品公典)에서 규정하고 있는 식품별 이물시험방법은 표 5-3과 같다.

## 2. 이물의 혼입방지

식품의 원료는 농산물, 수산물, 축산물이 주가 되기 때문에, 이들 원료의 생육·수확 및 가공처리 과정에서 이물이 혼입되지 않도록 하여야 한다. 식품중의 이물혼입을 막기 위해서는 자기 회사의 제조 공정관리만으로서는 아무리 노력하여도 소기의 성과를 얻기가 어렵다. 따라서 원료를 가공 납품하는 회사에서도 자기화사와 마찬가지로 이물관리를 하도록 해야한다. 일반적으로 납품업체는 영세하여 위생관념이 희박하기 때문에 설비나 작업환경 등이 이물혼입을 막을 수 있는 체계가 미비되어 있는 경우가 많다. 이물혼입을 방지하기 위한 방법으로서는

첫째 이물혼입현황을 파악하여 어떠한 이물이 어디에서 들어가는지 조사할 필요가 있고, 이들 이물을 수집하여 견본을 만들고 원료납품업자나 작업자에게 보여주어 협력을 얻도록 하는 것이 효과적이다. 특히, 납품업체와는 납품계약시에 이물기준 및 검사방법에 대하여 충분

히 협의하여 두는 것이 바람직하다.

둘째 이물선별기를 설치하여 원료의 처리 가공 과정에서 들어간 이물을 제거토록 한다. 이물은 그 종류가 다양하기 때문에 하나의 기계로서 여러 종류의 이물을 동시에 제거하는 기계는 없기 때문에, 업체의 특성에 맞는 간단한 설비를 연구개발하는 것이 최선책이다.

셋째 제조 과정에서 이물이 들어가지 않도록 기계설비를 일상 점검하고 작업환경을 위생적으로 유지하는 동시에 작업자로 인해 이물이 들어가지 않도록 하는 조치가 필요하다.

이상의 내용을 좀더 구체적으로 열거하면 표 5-4와 같다.

표 5-4 이물혼입 방지법

| 구 분 | 제 거 방 법 | 대 상 |
|---|---|---|
| 1. 원료에 들어 있는 이물제거 | (1) 자석에 의한 자화성 물질제거법 | 철편, 철분 |
| | (2) 풍력에 의한 이물의 선별 | 돌, 가벼운 이물 |
| | (3) 진동체에 의한 이물선별 | 비교적 큰 이물 |
| | (4) 금속탐지기에 의한 버자화성(非磁化性)금속선별 | 스테인레스 |
| | (5) 색체선별법 | 표면의 오점이나 착색품 |
| | (6) X선 선별법 | 광물질 이물 |
| | (7) 정전식 선별법 | 먼지, 머리카락 |
| | (8)벨트켄베어에서 육안으로 선별 | 비교적 큰 이물 |
| 2. 제조공정에서 이물 혼입방지 | (1) 기기의 정기적 보수유지 및 작업자에 의한 자주적 점검실시 | 볼트, 낫트 |
| | (2) 용기류의 정기점검실시 | 벌레 |
| | (3) 공사 후 청소 및 수세철저 | 철편, 공구 |
| | (4) 청소 후 살균 및 충분한 수세실시 | |
| | (5) 금속탐지기 설치하여 금속성 이물제거 | 철편, 스테인리스 |
| | (6) 제품이 광투과성 액체인 경우는 광전식 이물검사기설치 | |
| 3. 사람에 유래하는 이물 혼입방지 | (1) 공기샤워실(Air shower room)을 출입구에 설치 | 먼지, 머리카락 |
| | (2) 작업모 밑에 머리망(hair net)착용 | 머리카락 |
| | (3) 작업장내에 개인사물이나 사무용품은 갖고 들어가지 않도록 한다. | 담배, 라이타, 볼펜 |
| | (4) 작업시 장신구, 손목시켜 등은 빼놓음 | 반지, 목걸이 |
| | (5) 작업복에 머리카락 등 이물이 묻어 있는지를 점검하는 거울을 설치하고, 작업원끼리 대면 점검실시 | 머리카락, 실 |
| | (6) 두발·복장을 단정히하고 손을 깨끗히 씻음 | 기름, 화장품 |

| | | |
|---|---|---|
| | (7) 작업도구 및 공구는 사용 후 점검하고 제자리에 둠 | 공구 |
| | (8) 작업장에는 외부인의 출입을 가급적 안하도록 함. | |
| 4. 작업환경에 유래하는 이물제거 | (1) 작업장은 양압(陽壓)으로 함 | 배합실 · 포장실 |
| | (2) 작업장의 입구는 자동개폐식 2중문 설치 | 배합실 · 포장실 |
| | (3) 작업장내에 쥐나 곤충이 들어오지 못하도록 함 | |
| | (4) 전격살충기의 설치와 정기점검실시 | 작업장 및 통로 |
| | (5) 정기적으로 훈증실시 | 작업장, 창고 |
| | (6) 정기적으로 청소 및 소독실시 | 작업장, 창고 |
| | (7) 원료출입구에 공기카텐설치 | 작업장 |

## 3. 금속성 이물의 제거

식품공장에서 금속이물의 혼입은 사용하는 원료에서 따라 오기도 하고 제조과정에서 발생하기도 한다. 식품공업이 점차 대형화 기계화되고 사용기계설비도 많아짐에 따라 공정라인에서 발생하는 이물혼입의 기회도 증가하고 있다.

공정내에서 발생하는 금속성 이물가운데는 기계장치의 마모로 생긴 철분이나 녹, 기계장치를 조립하는 데 사용하는 볼트 낫트가 풀려 빠져 나온 것, 기계설비의 파손된 파편, 설비보수중 용접시 발생한 용접똥, 작업자가 잃어버린 작업도구나 공구, 사용재료의 잔재 등이 주가 된다. 이와같은 이물이 제품에 혼입될 때에는 치명적인 클레임의 요인이 되고, 기계장치에 들어갈 경우에는 기계가 파손되기 때문에, 식품공장에서는 제품의 품질보증과 기계장치의 보호를 위해 금속성 이물제거장치를 설치하게 된다.

### 3.1 자석을 이용한 철분 제거

일반적으로 철분은 자성(磁性)을 갖고 있으므로 자석으로 제거가 가능하다. 그러나 식품공장은 점차 공정에 사용하는 기기에 가능한한 스테인리스(stainless)를 쓰고 있다.

스테인리스 씨리즈의 경우 304 이상의 스테인리스는 자성이 없으나, 체의 망이 짤린 것이나 용접똥이나 분말상의 스테인리스가 자석에 흡착되는 예가 많다. 이것은 스테인리스의 금속조직일부가 강한 기계적 충격에 의하여 오스테나이트(austenite)라고 부르는 상태에서 페라이트(ferrite)화하여 자성을 띤다. 따라서 전 공정이 스테인레스로된 공장에서도 자석을 붙이므로 혼입경로가 분명치 않은 아주 작은 철분이나 마모 스테인레스를 제거할 수 있다. 자석을 이용한 철분제거방법은 다음과 같다.

### (1) 컨베어(conveyorr)에서의 제철(除鐵)

| 구 분 | 내 용 |
|---|---|
| 1. 컨베어위에 자석을 설치 | 벨트 컨베어 위에 자석을 걸어서 그 강력한 자력으로 컨베어 위를 타고 오는 원료중의 철편, 볼트, 낫트를 제거하는 방법으로 대형철편의 혼입으로 손상을 받는 기계장치인 분쇄기등에 주로 기계보호용으로 이용된다. 부착위치는 벨트의 중간이나 선단활차(head pulley)의 윗쪽에 설치한다(그림 5-1 참조). |
| 2. 벨트컨베어의 활차를 자석으로 한다(magnet pulley) | 벨트컨베어의 선단활차 자체가 영구자석으로서 컨베어벨트가 자석활차에 접하고 있는 사이에 그 자력으로 철편을 벨트면에 흡착하고, 벨트가 활차에서 떨어질 때에는 흡착된 철편을 컨베어하부에 떨어뜨린다. 혼입철편은 연속자동적으로 분리할 수 있는 것이 최대의 잇점이다. |
| 3. 컨베어 위에 평판자석(plate magnet)설치 | 흡착면에 원료를 흘러가게 하여 철편, 철분을 흡착분리하는 세파레이타(separator)로서, 식품공업에서 제품컨베어의 경우 제품의 층이 대단히 얇은 경우에 콘베어 상부에 설치하여 사용한다.<br>때때로 부착된 철편이나 철분을 손으로 제거하여야 할 필요가 있다(그림 5-2 참조). |

### (2) 슈트·닥트(chute, duct)에서의 제철

| 구 분 | 내 용 |
|---|---|
| 1. 평판자석(plate magnet) 설치 | 작은 철편 탈락부품 등을 강력한 자력으로 잡아 후속 기계의 손상을 미연에 방지할 목적으로 사용되나, 마모 철분이나 작은 철분도 충분히 흡착한다.<br>작은 철분은 질량이 작아 자석에 달라붙는 힘도 작기때문에 자석면을 흐르는 원료에 눌리워 미끄러 떨어질 가능성이 강하다. 따라서 작은 철분의 혼입이 예상되는 곳에 부착하는 평판 자석은 눌리워 흘러가기 쉬운 철분이 머물게 하기위해 경사지게 하여야 한다. |
| 2. 격자자석 (grate magnet) 설치 | 원통형의 파이프중에 마그넽엘레멘트(magnet element)를 조합해서 그 파이프를 여러단 겹쳐서 에레베이터, 컨베어, 체 등에서 자유낙하하는 원료나 제품이 반드시 자석의 흡착면에 접촉하여 아주 작은 크기의 철분을 잡을 수 있다. 최대의 장점은 철분과 자석의 접촉기회가 많은 것이나, 흡착한 철분은 정기적으로 점검 후 떨어버려야 한다. |
| 3. 드람 세파레이타 (drum separator) 설치 | 드람(drum) 내부에 반원단면의 고정된 강력자석이 있고, 그 외주를 비자석성의 핀이 붙어있는 드람이 회전하여 상부에서 흘러온 원료중의 철분은 자석에 흡착하나, 자석이 없는 곳에서는 이탈한다.<br>철편, 철분의 혼입빈도가 높은 곳, 예를들면 외부로부터 원료 수입라인 또는 밀(mill), 카터(cutter) 등과 같이 기계의 마모 등에 의해 철편혼입이 예상되는 곳에 설치한다. |

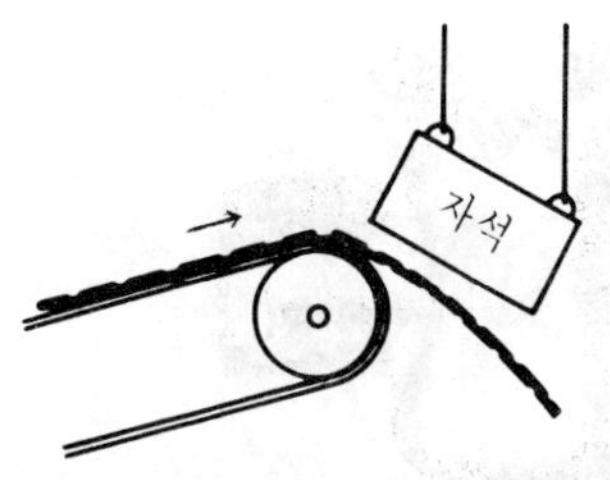


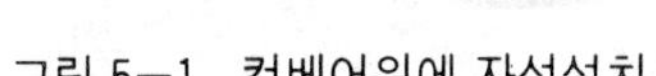
그림 5-1 컨베어위에 자석설치

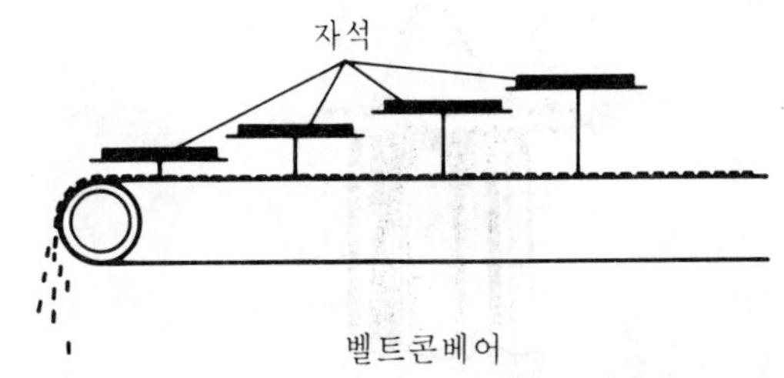


그림 5-2 컨베어위에 평판자석설치

(3) 공기수송라인(pneumatic conveying line)에서의 제철

공기로 원료수송은 대단히 고속으로 수송되기 때문에 어떤 방법으로 원료의 속도(speed)를 느리게 하거나 원료의 운동방향을 변경시켜 자석에 접촉하는 시간을 길게할 필요가 있다. 이를 위해 쓰이는 것이 자석방해장치(magnet hamper)이다. 이것은 닥트를 < 모양으로 만들고 수송되는 원료가 충돌하는 면에 평판자석을 붙여 철분을 제거한다(그림 5-3 참조). 그러나 공기수송라인에서 아주 작은 철분제거는 대단히 곤란하다. 이런 경우에는 공기수송라인의 마지막 부분에 격자자석을 붙이면 좋다.

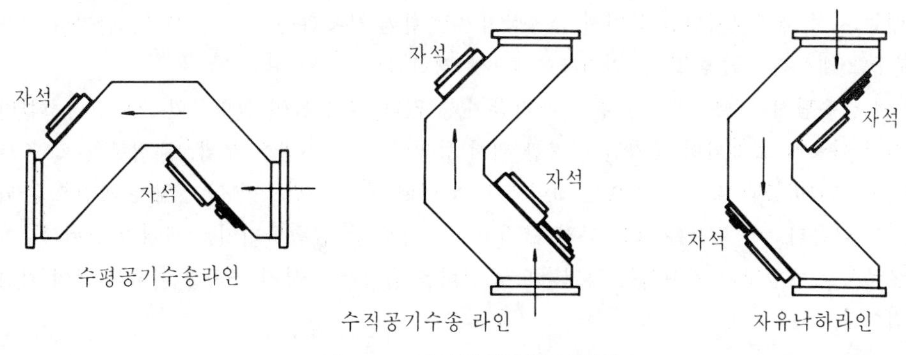


그림 5-3 자석방해장치 설치예

(4) 액체 라인에서의 제철

펌프(pump), 믹서(mixer) 기타 기계장치에서 혼입하는 마모철분 등 액체라인에서 발생한 철분을 제거하는 것은 식품공장에서는 큰 과제이다. 도마도케찹과 같은 페이스트(paste)상의 원료 중에 혼입된 철분이나 결정 스라리(slurry)중에 들어있는 철분은 침전에 의해 제거가 안되기 때문에 자석에 의한 제철이 필요하다.

이러한 목적으로 이용되는 것이 철분을 잡는 덫(ferrous trap)이다. 이 덫은 격자자석과 같은 튜브상의 마그넫엘레멘트를 스테인리스, 주물 또는 파이프구조의 몸체에 넣어 파이프라인(pipe line)에 접속한 것이다. 자석을 넣은 몸체를 접속하는 파이프보다는 훨씬 큰 것으로 하여 철분과 자석의 접촉기회를 많게 하고 있다(그림 5-4 참조).

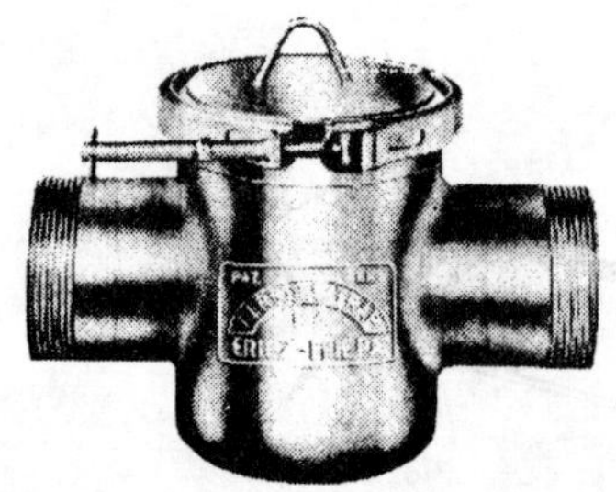

그림 5-4 철분을 잡는 덫

### 3.2 금속탐지기를 이용한 철분제거

식품공장에서 사용하는 기기의 재질은 가능한한 스테인리스를 쓰고있기 때문에, 이러한 기계의 부품이나 마모된 것은 자석에 붙지않는다. 따라서 공정에서 사용하는 설비를 일정기간마다 점검해서 이상이 발생치 않도록 설비관리에 만전을 기해야 한다. 일단 발생된 이물은 자석으로 제거가 안되기 때문에 이런 경우에는 컨베어, 슈트, 파이프라인 등에 금속탐지기(metal detector)를 설치하여 금속이물을 제거한다.

공정이 전부 스테인리스로 되어 있더라도 원료에서 따라오는 이물이 있기때문에, 금속탐지기 앞에는 자석 세파레이타를 붙여서 금속탐지기와 함께 사용하는 것이 금속검출기기의 검출 작동횟수를 대폭적으로 줄일 수 있기때문에 바람직하다.

그러나 금속탐지기라도 모든 파편을 제거할 수는 없다. 예를들어 설명하면 스테인리스설비를 장기간 사용시 노화되어 증자관 결정관 믹서 등의 둥굴게 가공한 부위, 용접부위 및 볼트 낫트는 물고기 비늘과 같은 모양으로 되어 있다가 어떤 충격을 받으면 작고 얇은 파편으로 되어 떨어져 나온다. 이와 같은 작은 파편(크기 0.5㎜ 이하)은 금속탐지기로 제거가 안된다. 이와같은 문제를 예방하기 위해서는 정기적으로 설비를 점검해서 사전 조치를 취하는 것이 최선의 방법이다.

## 4. 곤충의 혼입방지

식품공장의 곤충관리는 미생물오염을 막기 위해서도 필요하지만, 제품에 곤충이 이물로서 혼입되는 것을 막기 위해서 한다고 하여도 과언이 아니다. 예컨대 바퀴벌레나 파리는 병원성 세균을 식품에 오염시켜 이것을 먹게되면 병을 유발시키게 되고, 식품에 혼입시에는 치명적인 클레임 요인이 되기때문에 철저한 관리가 필요하다.

### 4.1 곤충의 발생원인

식품공장에서 벌레의 발생은 외부에서 발생하여 공장내에 침입하는 경우와 공장내부에서 번식하는 경우로 크게 나눌 수 있다.

(1) 외부에서 침입하는 경우

· 조명·건물의 색·냄새 등에 유인되어 날아들어옴

· 구입원료중에 혼입되어 침입

· 구입포장재료 중에 혼입되어 침입

(2) 내부에서 번식

· 공장내의 창고에 잠복

· 보관원료중에 잠복

· 제조설비내에 잠복

· 보관 포장재료 중에 잠복

· 공장내 원료나 제품의 분진 등에 쌓인 곳에 잠복

## 4.2 곤충의 종류

곤충의 종류는 대단히 많지만 식품공장에서 흔히 문제가 되는 것은 바퀴벌레, 파리, 나방 등으로 이들의 식성과 생활습성을 알고 있으면 방제하는 데 큰 도움이 된다.

(1) 바퀴(cockroach)

바퀴는 식품공장에서 최대의 해충이다. 바퀴가 이와같이 악명이 높은 이유는 모든 식품공장에는 생식 가능하며, 계절에 관계없이 년중발생하고 병원균을 매개할 뿐만아니라 구제하기가 곤란하고, 최종제품에 이물로서 혼입되었을 때 받는 인상이 대단히 나쁘기 때문이다.

① 바퀴의 침입경로

바퀴가 공장내에 침입하는 경로는 다음과 같다.

(가) 공장신축시 건축자재에 묻어오는 경우

(나) 기계반입시에 묻어오는 경우

(다) 일상 입고되는 원부재료에 묻어오는 경우

(라) 사람이나 기타 물건에 묻어오는 경우

② 바퀴의 특징

(가) 바퀴의 수명은 파리 등에 비하여 훨씬 길고 종류에 따라 다르나, 3~25개월 정도 산다.

(나) 일년내내 산란하고 월동을 위해 동면하는 일이 없이 년중 번식하고 활동한다.

(다) 인간이 먹는 것이라면 무엇이던지 먹어치우는 잡식성이다.

(라) 바퀴는 눈이 퇴화하여 명암의 구별은 할 수 없고 대부분의 바퀴는 빛을 싫어하고 야간활동을 한다.

(마) 기어다닌다.

(바) 따뜻한 곳을 좋아한다.

(사) 모여있기를 좋아하고 숨는 장소가 정해져 있다.

(2) 파리

파리는 주로 냄새에 유인되거나 따뜻한 실내를 찾아 침입하기 때문에, 파리의 방제에 있어서 중요한 것은 발생원을 없애는 것이다. 발생원으로서는 축사·계사 퇴비 식품찌꺼기 화장실 기타 동물의 분변으로 이러한 것들이 공장주위에 있으면 안된다.

파리의 생태특징의 하나는 단시간에 급격한 생육을 한다는 점이다. 산란하여 성충이 되는데는 파리 종류에 따라 다르나 10~25일이다. 식품공장에서 파리의 피해는 사람, 동물의 배설물이나 기타 오물에 있는 병원균을 발에 묻혀갖고 식품이나 이것을 취급하는 기계에 날라와 오염시키고, 경우에 따라서는 제품포장시에 제품에 혼입되기도 한다.

파리는 눈에 보이지 않는 병원균류의 캡슐(capsule)로 되어 있다. 영국에서 발표된 자료에 의하면 비위생지구에서 포집된 파리의 장관내(腸管內)에는 1마리당 80만 내지 1억개의 세균이 청결한 지구에서는 2만 내지 10만개 정도의 세균이 부착되어 있다. 파리의 다리에 부착된 세균수는 파리의 종류에 따라 다르고, 최고 230만개부터 최저 21만개였다. 살모넬라균 등에 의한 식중독은 세균수 1억 내지 10억개이면 발병하고 이질균이나 장티프스균 등은 1,000 내지 10,000개 정도 있으면 감염하여 발병하기 때문에 한마리의 파리라도 감염의 위험은 충분히 있다. 파리가 일단 실내에 들어온 경우는 살충제를 분무하여 없앤다. 약제사용시에는 제조설비에 파리가 들어가지 않도록 주의해야 한다.

(3) 나방

식품에 해를 주는 곤충으로, 이들 대부분은 식성이 다양하고 발육기간이 짧으며 수분이 낮은 건조식품에서 생육하는 것이 특징이다. 이들 대부분의 곤충이 생육하기에 적당한 온도는 28~30℃, 상대습도는 60~70%이지만, 부적당한 환경조건에서도 견디는 힘이 강하고 다소 발육기간이 길어질 뿐이다. 나방의 종류에 따라 년1회 또는 수회 발생하며 알, 유충, 성충의 단계를 거치며 대부분 유충태(幼蟲態) 또는 성충으로 월동한다.

## 4.3. 곤충의 방제대책

곤충의 방제 대책으로는 공장내에 침입하거나 발생하는 곤충의 수를 줄이는 예방적인 조치를 먼저하고, 예방조치를 하여도 발생한 것은 빨리 살충(殺蟲)하는 것이 기본이다.

(1) 예방대책

① 작업장의 모든 창에는 방충망을 설치

② 출입문은 공기카텐(air curtain)을 설치하거나 자동 또는 반자동 2중문으로 하여 밀폐

③ 식품의 분진이나 부스러기가 설비나 그 주위에 남지 않도록 한다.

④ 원료나 제품창고는 정기적으로 곤충구제(驅除)를 실시

⑤ 제품은 곤충의 차단성이 강한 포장재료로 포장

⑥ 원료나 포장재료를 납품하는 거래선에서도 방충관리하도록 협조를 구한다.

⑦ 원료입고에서부터 출하까지 전공정을 검토하고 의심나는 침입경로를 철저히 차단

⑧ 살충등을 설치

⑨ 공장의 외부에 유인물질이나 유인불을 설치하여 잡음

⑩ 야간 조업하는 공장에서는 곤충이 싫어하는 빛을 발하는 전구사용(표5-5 참조)

표 5-5 각종 광원별 곤충의 유인성

| 구 분 | 유인정도 |
|---|---|
| 황색의 나트륨등 | 싫어함(4~35) |
| 백열전구 | 보통(기준 100) |
| 백색 형광등 | 약간 좋아함(113) |
| 수 은 등 | 좋아함(187~260) |

### (2) 살충대책

실내에서 서식하거나 일단 실내에 침입한 것은 살충처리한다. 살충방법으로서는 전격살충기(電擊殺蟲器)등을 이용하는 물리적인 방법과 약품을 이용한 화학적인 방법이 있다. 화학약품을 이용한 살충은 대상곤충 및 대상중점지구를 정하여 살충방법을 결정하고 실시하도록 규정을 만들어 시행하는 것이 바람직하다.

① 바퀴벌레의 구제법

외부로부터 침입한 바퀴벌레는 침입, 확산, 잠복, 번식의 과정을 거쳐 증가하기 때문에, 공장내에서 바퀴의 번식을 막기 위해서는 먼저 침입을 막지 않으면 안된다.

일단 공장에 침입, 번식한 바퀴벌레의 구제방법으로서는

㉮ 직접 바퀴몸에 약제를 뿌림

㉯ 바퀴의 통행로에 잔효성이 있는 약을 도포

㉰ 독이 들어있는 먹이를 먹임

㉱ 함정을 만들어 잡음

이상 열거한 방법 중에 함정식만이 약품을 사용하지않고 바퀴를 죽이는 방법이고, 나머지 방법은 전부 약제를 사용한다. 그러나 약제를 사용하는 것 중에도 독이 들어있는 먹이를 먹이는 방법은 소극적인 살충방법이므로 약제를 직접 몸에 뿌리는 적극적인 방법에 따라 바퀴를 죽이고 후에 또다시 침입 하더라도 살기 어려운 환경을 만들어 주는 것이 바람직한 구제방법이다.

바퀴의 구제는 자기회사 공장은 당연하나 원부재료를 생산하고 있는 공장, 포장재 납품메이카 등 자기회사를 둘러싸고 있는 외부의 환경에 대하여도 적절한 구제대책을 세워 실시토록 하여야 할 필요가 있다. 구제방법에 대하여 좀더 상세히 설명하면 표 5-6과 같다.

② 파리·나방의 구제법

㉮ 물리적인 방제법

• 점화유살(點火誘殺) : 곤충의 주광성(走光性)을 이용하여 유인등(誘引燈)에 모이게

표 5-6 바퀴벌레의 구제법

| 구 분 | 내 용 | 사용약제 |
|---|---|---|
| 1. 약제에 직접 접촉시킴 | (1) 분무법<br>바퀴가 모여있는 곳이나 통과하는 장소의 전면에 잔효성의 약효있는 살충제를 분무기로 산포하는 방법으로서 효과가 확실하고 구제의 기본적인 방법<br>(2) 훈연법<br>살충제를 함유하는 '스모크'제를 밀폐된 실내에 태워서 바퀴를 죽이는 방법 | 피레드로이드계 살충제 (pyrethroid) |
| 2. 통행로에 약제도포시킴 (도포법) | 바퀴가 통과하는 부분에 살충제를 '브라쉬' 등으로 도포하는 방법으로 비교적 간단한 방법 | 유기인계 살충제<br>· 스미치온<br>· DDVP<br>· 다이아지논 |
| 3. 독이 들어 있는 먹이를 먹임. (독먹이법) | 살충제를 함유하는 먹이를 먹여 죽이는 방법으로, 간단하고 값싸고 독성이 적은 약제로서 사용될 수 있는 것이 붕산이다. 붕산과 소맥분을 같은 량의 물로 개어 조그만 덩어리로 만들어 바퀴가 출몰하는 장소에 배치한다. 독먹이의 조성 및 제법은 다음과 같다.<br>조성 : 붕산 500 g, 양파 300 g, 강력밀가루 140 g, 설탕 35 g, 우유 12 g<br>제법 : 양파를 잘게 썰어 믹서에 갈고 여기에 붕산, 밀가루, 설탕, 우유를 차례로 넣어 반죽을 만든 후 드롭프스의 2~3배 크기로 경단을 만들어 햇빛에서 1주일 정도 건조시킨 다음 경단을 반정도 노출되게 은박지로 쌈. | 붕산<br><br>* 양파의 독특한 향기는 바퀴벌레 유인 |
| 4. 함정을 이용 | (1) 함정법<br>기구로서 바퀴벌레를 잡아서 죽이는 방법으로 컵이나 우유병 등 입구가 넓은 유리병의 안쪽에 가락지 모양으로 버터 또는 마가린을 엷게 바르고 이 병중에 먹이를 놓았을 때 바퀴포집이 가능하다. (버터나 마가린 때문에 일단 떨어진 바퀴는 미끄러워 탈출할 수 없다.)<br>(2) 접착법(끈끈이 종이 덫)<br>두꺼운 종이에 접착제를 바르고 바퀴가 통과하는 곳에 놓아두므로서, 이곳을 지나던 바퀴가 달라붙게 하는 방법 | |

해서 죽이는 방법으로, 일반적으로 유인등은 가시광선(可視光線)보다는 자외선(紫外線)에 더 많이 유인되므로, 고압수은등이 효과적이다.

- 온도처리 : 일반적으로 곤충류는 60℃ 이상의 온도에서는 단시간에 죽게되고 5~15℃ 이면 동작이 활발치 못하게 되며, 0~27℃에서는 그 대부분이 죽게 된다.

㉯ 화학적인 방제법

- 제충국제(除虫菊劑) : 속효성이고 인축(人畜)에 대한 독성이 없고 약해(藥害)도 없으므로 안심하고 사용할 수 있다. 제품에는 제충국분말, 제충국유제 등이 있고 저장곡물해충의 방제용으로 만들어 놓은 PGP(pyrenon grain protectant)도 있다. 제충국제 사용시는 약품의 잔효성이 없으므로 약이 곤충의 몸에 묻도록 강력한 분무기로 뿌려야 한다. PGP 분제는 곡물의 500분의1(0.2%)를 섞어서 저장하며, 또한 포장지 표면에도 뿌려서 벌레의 침입을 막는다.
- DDVP : 저독성 유기인제(有機燐劑)이며 잔효성이 적으므로 곤충의 몸에 잘 묻도록 충분히 뿌려야 한다. 약제를 분무시에는 초미립자(超微粒子)로 하여 공간에 분무하는 소위 ULV(ultra low volume)방식이 일반적이다. 약제의 분무는 야간이나 이른 아침,실내에 사람이 없는 상태에서 분무설비에 타이머(timer)를 설치하여 무인운전하는 것이 좋다.

### (3) 훈증제

보관창고 등의 해충을 없애기 위해서 사용하는 훈증제로서는 취화메틸과 인화수소 등이 일반적으로 많이 사용된다.

① 포스톡신(phostoxin, 인화알루미늄제)

3그람짜리 정제(tablet)는 곡물 1톤에 2~4개 사용하는 데, 20℃ 이상에서 2개를 3일간, 15~20℃에서는 3개를 4일간, 15℃ 이하에서는 4개를 5일간으로 처리하고, 처리 후 2일간은 개방하여야 한다. 가스가 독가스이기 때문에 특별한 주의가 필요하다.

② 취화메틸(臭化메틸, methyl bromide)

1m³당 15~25그람의 약을 16~24시간 훈증한다. 그러나 여름철 고온일 때는 약의 량을 반으로 줄인다. 취화메틸은 살충제로서 널리 이용되나 살균작용도 미약하나마 있다. 살균작용력은 에틸렌옥사이드의 10% 정도에 지나지 않는다. 이 물질은 독성이 잔류하지 않고 일반 재료에 대한 부식작용이 없을 뿐만아니라 인화성, 폭발성이 거의 없으나, 인체에 대한 독성은 상당히 강하다.

# 제6장 용수의 수질관리

물은 식품공업에서 필수적인 기본자재이고 다량으로 소비하기 때문에, 물의확보는 공장입지조건의 하나로 되어 있다. 물은 공장의 가동과 제품의 품질등을 지탱하는 중요한 요인이므로, 물의 량은 물론 질적으로도 안정한 것이 요구된다. 이와같이 식품공업에서 물의 역할은 대단히 크지만 물에 대한 지식과 관심이 부족하여 생각지도 않던 문제가 발생되기도 한다.

물이 없이는 동물이던 식물이던간에 생존이 불가능하다. 사람은 물만먹고도 2~3개월은 생존할 수 있으나 완전히 물을 마시지 않고는 3~7일에서 사망한다고 한다. 인체에는 60~70%가 물로 구성되어 있고, 체내에 물을 공급하기 위해서 성인은 하루에 2~3ℓ의 물이 필요하고, 이 물의 80%는 식품에서 공급된다. 식품공업의 제품은 모두 인간의 체내에 들어가기 때문에 제조공정에 사용되는 물은 시각, 후각뿐만 아니라 위생적으로도 무해해야 한다.

## 1. 식품공업에서 요구되는 수질

식품의 제조과정에서 사용하는 물은 제조공정과 제품의 품질에 많은 영향을 미치기 때문에 업종특성에 맞추어 기준을 정하고 일상관리할 필요가 있다.

미국의 경우는 식품제조용수의 수질허용치를 표 6-1과 같이 공표하고 있다. 여기서 허용치라고 하는 것은 물의 분석치가 이 표에 게재된 수치 이하인 것이 바람직하다는 것이지, 이 수치가 아니면 안된다는 의미는 아니다. 특수한 식품이나 식품첨가물을 제조하는 경우를 제외하면 제조공정에서 상수도를 쓸 경우는 수질이 보증되기 때문에, 위생적으로는 문제가 없으나 지하수나 하천수를 처리하여 사용하는 경우에는 오염되어 있는지의 여부를 확인할 필요가 있다. 상수도의 경우에도 침전물이 발생하는 일이 있기때문에 여과해서 사용하는 것이 안전하다.

법적으로 정해진 상수도의 수질기준은 다음과같다.

(1) 병원생물에 오염되었거나 병원생물에 오염된 생물 또는 물질에 관한 사항

① 암모니아성 질소는 0.5mg/ℓ을 넘지 아니할 것

② 질산성 질소는 10mg/ℓ을 넘지 아니할 것

③ 염소이온은 150mg/ℓ를 넘지 아니할 것

④ 과망간산칼륨 소비량은 10mg/ℓ를 넘지 아니할 것

⑤ 일반세균(보통 한천배지에서 무리를 형성할 수 있는 생균을 말한다)은 1cc 중 100을 넘지 아니할 것

⑥ 대장균군(그람음성의 무아포성의 단간균으로 유당을 분해하여 산과 가스를 만드는 모든 호기성 또는 통성 혐기성균을 말한다)은 50cc 중에서 검출되지 아니할 것.

표 6-1 식품공업용수의 수질허용치(미국)

(단위 : PPM)

| 용도 | 탁도 | 산소소비량+색도 | 경도 | 알카리도 | PH | 전고형물 | Ca | Fe | Mn | Fe+Mn | 황산칼슘 | 일반사항 |
|---|---|---|---|---|---|---|---|---|---|---|---|---|
| 공업용수 | | | | | | | | 0.5 | 0.5 | 0.5 | | A.B |
| 제빵 | 10 | | | | | | | 0.2 | 0.2 | 0.2 | | C |
| 양조 ┌ 엷은색 | 10 | | | 75 | 6.5~7.0 | 500 | 100~200 | 0.1 | 0.1 | 0.1 | 100~200 | C.D |
| └ 짙은색 | 10 | | | | 7.0 | 1000 | 200~500 | 0.1 | 0.1 | 0.1 | 200~500 | C.D |
| 통조림 ┌ 콩류 | 10 | | 25~75 | | | | | 0.2 | 0.2 | 0.2 | | C |
| └ 일반 | 10 | | | | | | | 0.2 | 0.2 | 0.2 | | C |
| 탄산음료 | 2 | 10 | 250 | 50 | | 850 | | 0.2 | 0.2 | 0.3 | | C |
| 제과 | | | | | | 100 | | 0.2 | 0.2 | 0.2 | | |
| 냉각 | 50 | | 50 | | | | | 0.5 | 0.5 | 0.5 | | A.B |
| 식품일반 | 10 | | | | | | | 0.2 | 0.2 | 0.2 | | C |
| 제빙 | 1~5 | | | 30~50 | | 300 | | 0.2 | 0.2 | 0.2 | | C |

〔주〕 A : 부식성 없는 것　　B : 스라임(slime)생성없는 것

C : 음료수 기준에 합격하는 것　　D : NaCl 275PPM 이하

### (2) 시안, 수은 기타 유독물질에 관한 사항

① 시안은 검출되지 아니할 것

② 수은은 검출되지 아니할 것

③ 유기인은 검출되지 아니할 것

### (3) 동, 철, 불소, 페놀, 기타 물질에 관한 사항

① 동은 1mg/ℓ를 넘지 아니할 것

② 철 및 망간은 각각 0.3mg/ℓ를 넘지 아니할 것

③ 불소는 1mg/ℓ를 넘지 아니할 것

④ 납은 0.1mg/ℓ를 넘지 아니할 것

⑤ 아연은 1mg/ℓ를 넘지 아니할 것

⑥ 6가크롬은 0.05mg/ℓ를 넘지 아니할 것

⑦ 비소는 0.05mg/ℓ를 넘지 아니할 것

⑧ 페놀은 0.005mg/ℓ를 넘지 아니할 것

⑨ 경도는 300mg/ℓ를 넘지 아니할 것

⑩ 황산이온은 200mg/ℓ를 넘지 아니할 것

⑪ 카드뮴 0.01mg/ℓ를 넘지 아니할 것

⑫ 세제(음이온 계면활성제)는 0.5mg/ℓ를 넘지 아니할 것

### (4) 과도한 산성이나 알카리성에 관한 사항

수소이온 농도는 PH 5.8 내지 8.5 이어야 할 것

### (5) 냄새와 맛에 관한 사항

소독으로 인한 냄새 및 맛 이외의 냄새와 맛이 있어서는 아니될 것

### (6) 무색투명하지 아니할 것에 관한 사항

① 색도는 5도를 넘지 아니할 것

② 탁도는 2도를 넘지 아니할 것

③ 증발잔류물은 500mg/ℓ를 넘지 아니할 것

## 2. 수질의 표시방법

물의 질을 표현하는 데 쓰이는 중요한 몇가지 용어에 대하여 해설한다.

### (1) 농도 PPM(parts per million)

물중의 용존 또는 현탁되어 있는 물질의 농도는 비교적 미량이기 때문에 % 대신에 PPM을 쓰는 것이 통례이다. 1PPM은 중량 100만분의 1을 나타내는 것으로서 용액(溶液) 1kg중에 용질(容質) 1mg 즉, mg/kg 또는 g/ton과 같다. 수용액의 경우는 1ℓ중의 mg(mg/ℓ)을 PPM으로 사용해도 좋다.

### (2) 경도(硬度)

물에 녹아있는 칼슘(calcium, Ca)및 마그네슘(magnesium, Mg)의 농도를 탄산칼슘($CaCO_3$)의 PPM으로 환산하여 나타낸다.

### (3) 알카리도

물에 녹아 있는 수산화물(水酸化物), 탄산염(炭酸鹽) 또는 중탄산염(重炭酸鹽) 등의 알카리분을 탄산칼슘($CaCO_3$)의 PPM으로 환산하여 나타낸 것으로 그 1PPM을 1도(度)로 한다.

물의 산성, 알카리성을 보는 데는 PH METER를 써서 PH 7 이하의 것을 산성, 그 이상의 것을 알카리성이라고 말하고 있으나, 알카리도는 PH와는 관계가 없고 PH 7 이하의 물에서도 알카리도가 큰 것이 있기 때문에 혼동하여서는 안된다.

### (4) 탁도(濁度)

탁도는 물의 혼탁한 정도를 나타내는 것으로, 백도토(kaoline) 1mg을 물 1ℓ 중에 포함하는 경우의 혼탁함을 1도로 한다.

### (5) 증발잔류물(蒸發殘留物)

증발잔류물은 물을 증발하였을 때 남은 물질이고, 혼탁한 물을 그대로 증발시켜 남은 물질은 현탁물과 용해성 증발잔류물을 합한 것으로 깨끗한 물을 증발시키면 용해성증발 잔류물 만이 남는다.

### (6) 산소 소비량

산소소비량은 물중에 녹아 있는 피산화물질(被酸化物質) 특히 유기물에 의하여 소비된 산소의 량이다.

### (7) 잔류염소(殘留鹽素)

잔류염소는 물중에 녹아있는 유리(遊離)염소와 결합(結合)염소를 합한 것이다. 이것은 소독용으로 물에 가해진 염소가스, 차아염소산소다 또는 표백분 등으로 염소처리에 의해 생긴 것이다.

염소처리는 살균처리 이외에 철 망간의 산화나 탈취 등의 목적에도 이용된다.

### (8) 전기전도율(電氣傳導率, electric conductivity)

용액의 단면 1㎠, 길이 1㎝의 액체가 나타내는 전기저항(電氣抵抗)을 그 용액의 비저항(比抵抗, Ω㎝)이라고 하고, 그 역수(逆數)를 전기전도율이라고 한다. 전기전도율은 도전률 전기전도도 또는 단순히 전도도라고도 한다. 전기전도율은 ℧/㎝로 나타내고 물의 경우는 ℧/㎝의 백만분의 1을 단위로 하여 μ℧/㎝으로 나타낸다.

전기전도율과 용존염류(溶存鹽類)와의 사이에는 비례관계가 성립되기 때문에, 물의 전도율을 알면 이온으로 해리(解離)하고 있는 대강의 염류량을 알 수 있다. 이와같은 이유로 증류수 및 이온교환수 중의 전해질(電解質)의 량을 아는 지표(指標)로서 전기전도율을 측정한다. 전기전도율은 일반적으로 25℃에서 측정하고 표시하는 것으로 되어 있으며, 온도 1℃ 변화에 따라 전기전도율은 약 2% 변화한다. 온도가 높아지면 전기전도율도 높아 진다.

상기에서 사용한 기호 Ω은 옴(ohm)이라 읽고, ℧는 모(mho)라고 읽는다.

## 3. 물의 용도

식품공장에서 이용되는 물을 용도별로 구분하면 직접 제조공정에 원료로서 이용되는 원료용수, 제품처리용수, 냉각용수, 공기조절용수, 보이라용수 등으로 구분할 수 있다.

### 3.1 원료용수(原料用水)

원료용수라고 하는 것은 식품의 제조과정에서 원료로서 그대로 사용되는 물 또는 제조원료의 일부로서 첨가 사용되는 물이다. 청량음료. 맥주 등은 제품중량의 대부분을 물이 차지하고 있기때문에 물이 가장 중요한 원료라고 할 수 있다. 식품원료로서의 물은 제품의 품질에 직접적으로 영향을 미치기 때문에 질이 좋아야 하고 위생적으로도 해가 없어야 한다. 따라서 적어도 수도법에서 정해진 수질기준에 합격한 것이 바람직하고, 수질은 제품의 목적에 부합되어야만 한다. 일반적으로 각 제품별로 수질기준이 정해진 것은 없고 제조업자의 특성에 따라 기준을 정하여 관리하고 있다. 이 용수는 제품의 품질을 좌우하기 때문에 세심한 관리가 필요하다.

### 3.2 제품처리용수(製品處理用水)

제품처리용수란 원료, 반제품의 침지, 용해 등 제품에 물리적 처리를 하기 위해 사용하는 물이다. 이 물은 직접 인체에 들어가는 것은 아니나 식품에 접촉하기 때문에 역시 음료수와 같이 세균적으로 안전하고 해가 없어야 한다. 특히, 아미노산 핵산제품 등을 결정화시 사용하는 물은 질이 좋아야 한다. 예를들면 물에 철분이 많은 것을 사용해서 만든 제품은, 당장은 외관상 표가 안나도 제품보관 중에 변색되어 상품의 질을 크게 저하시킨다.

또한 물속에 미량으로 들어 있는 금속이온이 촉매로서 작용하여 제조과정에서 회수정제하려는 물질을 타성분으로 변성시키기도 한다. 이온교환수지를 통하여 나온 탈염수를 사용시에 재생주기에 따라 물의 질이 다르고 때로는 이러한 영향으로 제품의 품질을 저하시키는 경우도 있다.

### 3.3 냉각용수(冷却用水)

냉각수는 공장설비 또는 제품의 냉각에 사용되는 물로서, 제품과 직접 접촉하는 것은 아니기 때문에 수질이 제품의 품질을 좌우할 정도로 결정적인 요인은 아니나, 사용량이 대단히 많기때문에 냉각수의 수질과 량의 합리적인 관리는 공장관리상 중요한 요소 중의 하나이다. 수질관리가 불완전한 경우 냉각관의 부식으로 단기간내에 배관을 바꾸어야 하고, 관벽에 스케일이 부착하여 전열효율을 떨어뜨려 증기나 전기의 비용이 증가하고, 때로는 제품의 품질을 떨어뜨리는 일도 발생한다.

### 3.4 세정용수(洗淨用水)

식품원료의 처리나 제조설비, 포장용기, 제품 등을 세정하는 물은 직접 인체에 들어가는 것은 아니나, 식품에 접촉하기 때문에 음료수 수준의 수질이 필요하다. 제조설비나 포장용기 등의 세정에는 산·알카리나 세제가 사용되는 일이 많으므로 최종세정에는 충분한 량의 물로 완전히 세정해야 한다.

### 3.5 공기조절용수(空氣調節用水)

공장내의 온도 또는 습도 조정을 위해서 사용되는 물이다.

### 3.6 보이라 용수

보이라내에서 증기를 발생시키기 위해서 사용되는 물이다.

## 4. 물의 처리

공업용수로서 사용하는 수원(水源)을 크게 나누어 보면 지하수, 하천수, 공업용수도, 상수도 등으로 분류되며, 이러한 수원에 따라 수질의 차이가 크게 나기 때문에 각 공장에서는 사용목적에 따라 2종 또는 그 이상의 수원을 사용하고 있다. 상수도는 여과 및 염소처리 하였기 때문에 탁도가 낮고 철분이 적을 뿐만 아니라, 물중의 미생물도 거의 검출되지 않으나, 하천수나 지하수는 대부분 표 6-2와 같이 유기물 무기물 뿐만 아니라 병원성세균도 오염되어 있기 때문에 오염성분에 따라서 일어나는 장해를 방지하기 위해 처리할 필요가 있다. 처리방법은 표 6-3과 같이 여러가지가 있으며, 이들은 단독 또는 몇개의 방법을 조합하여 처리하게 된다.

표 6-2 용수중의 불순물 성분 및 그 장해

| 구 분 | 장 해 | 처리방법 |
|---|---|---|
| 1. 탁 도 | 1. 배관계통, 공정설비, 보이라 등에 스케일 생성<br>2. 탁한물질의 혼입으로 제품의 품질저하<br>3. 이온교환수지층이나 활성탄소립층(活性炭素粒層)의 폐쇄 | 1. 침강분리<br>2. 응집침전<br>3. 여과 |
| 2. 색 도 | 1. 이온교환수지나 흡착제표면의 오염<br>2. 보이라수의 거품<br>3. 연수화 방해 | 1. 응집침전<br>2. 여 과<br>3. 염소투입<br>4. 흡 착 |
| 3. 미생물<br>(세균류, 조류) | 1. 음료용으로 부적<br>2. 배관계통의 폐쇄<br>3. 부식·스라임의 점착에 의한 열전도의 저하<br>4. 제품의 오염 | 1. 동염(銅鹽)·염소 등의 살균성 약품첨가<br>2. 응집침전<br>3. 가열살균<br>4. 증 류 |
| 4. 유 지 | 1. 보이라 스케일 생성<br>2. 보이라수의 거품<br>3. 이온교환수지나 흡착제 표면오염<br>4. 열교환기의 관벽에 부착<br>5. 제품의 오염 | 1. 응집부상<br>2. 규조토, 활성탄 여과 |

| 구 분 | 장 해 | 처리방법 |
|---|---|---|
| 5. 유기산 (휴민산 등) | 1. 보이라수의 거품<br>2. 제품의 착색<br>3. 제철의 장해<br>4. 이온교환수지의 오염 | 1. 응집처리<br>2. 염소산화<br>3. 활성탄 처리<br>4. 이온교환수지에 의한 흡착제거 |
| 6. 경도 ($Ca^{++}$,$Mg^{++}$) | 1. 스케일생성에의한 열전도의 저하와 부분적 과열에 의한 장치손상 (보이라, 열교환기)<br>2. 제품의 품질저하 | 1. 이온교환수지에 의한 연화<br>2. 약품첨가에 의한 침전제거 |
| 7. 철이온 ($Fe^{++}$,$Fe^{+++}$) | 1. 철화합물의 침전생성에 의한 오염<br>2. 배관계통, 보이라 등에 침전물 생성<br>3. 제품의 변색, 착색 | 1. 폭기여과<br>2. 염소산화 여과<br>3. 응집침전<br>4. 석회연화<br>5. 접촉여과 |
| 8. 망 간 ($Mn^{++}$) | 철과동일 | 1. 응집침전<br>2. 접촉여과 |
| 9. 알카리도 $HCO_3^-$ $CO_3^=$ $OH^-$ | 1. 보이라수의 거품과 carry-over<br>2. 증기중에 $CO_2$ 생성하여 부식조장<br>3. PH를 높임 | 1. 산첨가<br>2. 이온교환수지에 의한 알카리제거 |
| 10. 발열성물질 (pyrogen) | 1. 발열(체내) | 1. 이온교환수지처리로서 순수화 한 후 증류, 여과 (ultra filtration) |
| 11. 용존고형물 | 1. 보이라수의 거품・carry over<br>2. 각종 process의 방해 | 1. 이온교환수지에 의한 탈염・순수화 |

표 6-3 공업용수 처리방법

| 처 리 방 법 | 처 리 목 적 | 처 리 방 식 |
|---|---|---|
| 1. 폭기법 | 1. 용존기체의 제거<br>2. $Fe^{++}$,$Mn^{++}$의 산화<br>3. 냄새 맛의 개량<br>4. 부식방지 | 1. 물을 공중에 산포한다.<br>2. 물속에 공기를 불어 넣는다. |
| 2. 응집법 | 1. 부유물질제거 | 1. 응집제,응집조제 사용 |
| 3. 침전법 | 1. 침 강<br>2. 부유물 제거 | 1. 보통침전지<br>2. 약품사용 침전지<br>3. 고속응집 침전지 |

| 처 리 방 법 | 처 리 목 적 | 처 리 방 식 |
|---|---|---|
| 4. 여과법 | 1. 부유물질 제거<br>2. floc 및 포함물제거 | 1. 중력모래여과(완속・급속)<br>2. 가압모래여과 |
| 5. 증류법 | 1. 무균화, 파이로젠제거<br>2. 고순도수 | 1. 보통증기관<br>2. 진공다중효용증기관<br>3. 가압증기관 |
| 6. 염소처리법 | 1. 미생물・균류・조류의 증식방지<br>2. $Fe^{++}$, $Mn^{++}$의 산화 | 1. 염소수 주입 |
| 7. 특수여과법 | 1. 철 및 망간 제거 | 1. 접촉여과(망간사) |
| 8. 이온교환 수지법 | 1. 경수연화<br>2. 탈염<br>3. 순수제조 | 1. 단상식<br>2. 복상식<br>3. 혼상식 |
| 9. 이온교환막법 | 탈 염 | 전기영동투석 |
| 10. 활성탄흡착법 | 1. 탈색, 탈취<br>2. 미량의 용존유독물(페놀등)제거 | 입상활성탄층유하 |
| 11. 자기처리법 | 1. 부식방지<br>2. 스케일 방지 | 영구자석의 자력선에 수직방향으로 물을 흐르게 한다. |
| 12. 초음파처리법 | 1. 가스제거<br>2. 미생물 제거 | 초음파 조사 |
| 13. 약품처리법 | 1. 경수연화, 스케일 방지<br>2. 산소제거・부식방지<br>3. 산화・탈취・탈색<br>4. 생물증식의 억제 | |

## 4.1 탁도 제거

물이 탁하거나 색이 있는 것은 육안으로 보아도 알 수 있기 때문에 용수처리에서는 먼저 이러한 것을 제거할 필요가 있다. 물이 탁하다는 것은 물에 용해되지 않는 물질이 들어있기 때문이다. 그 물질의 크기는 모래와 같이 방치하면 간단히 가라앉는 큰 것으로부터 대단히 작은 코로이드영역(직경 $10^{-4}$~$10^{-7}$cm 정도의 입자)에 들어가는 것도 있다.

물 중의 탁한 물질을 제거하는 원리는 물 중의 탁도 성분을 물과 분리 제거하면 된다. 탁도 성분이 비교적 크고 무거우면 간단히 침전되나, 실제에는 크기가 작고 가벼워서 침전하기 어려운 경우가 많기 때문에, 응집제를 넣어 응집침전후 여과하여 제거한다. 응집제로서는 유산반도, 황산철, 염화철, 소다회, 소석회 등이 이용된다.

## 4.2 불쾌한 냄새의 제거

천연수 중에는 불쾌한 냄새를 갖고 있는 것이 있다. 이것을 제거한다는 것은 용수처리에서 가장 어려운 일 중의 하나이고 특히, 식품공업에서는 중요한 문제이다. 물에서 냄새가 나는 원인은 물속에 번식하고 있는 프랑크톤 등의 미생물물자체나 이들의 사체(死體)에 의해 발생되기도 하고, 공장 폐수의 영향으로 페놀계 물질의 혼입에 의하거나, 철이나 기타 금속이온에 의해 냄새가 나기도 한다. 이러한 냄새를 없애기 위해서는 수원에서 미생물이 자라지 못하게 하거나 오염된 물이 들어가지 않도록 하는 것이 좋다. 이러한 조치를 하기가 어려운 경우에는 완속여과나 활성탄, 염소, 오존 등으로 처리해야 하나, 단독의 방법으로는 효과를 얻기가 어렵다. 가장 좋은 방법은 먼저 원인을 찾고 거기에 따른 적절한 대책을 강구햐는 것이다.

## 4.3 철 및 망간의 제거

대부분의 천연수에는 철이나 망간이 들어 있다. 물 중의 철분이 0.5ppm 이상 들어있으면 불쾌한 냄새를 내고, 이러한 물을 장기간에 걸쳐 사용할 때는 용기 배관 등에 침적하여 붉게 산화되어 미관상으로도 좋지않다. 물중의 망간도 철과 똑같이 영향을 미치므로 망간이 공존하면 그만큼 철의 허용치도 엄격하게 된다.

철분은 제품의 색깔이나 냄새 등에 직접적인 피해를 줄 뿐만 아니라, 철분이 많은 물을 이온교환수지공정에 사용시에는 이온교환용량을 떨어뜨리고 수지의 수명도 단축시킨다. 이외에도 저장조나 배관 등에 스케일을 끼게하는 피해도 있다. 철이 들어 있는 지하수를 처리하지 않고 그대로 사용할 때, 반드시 배관 내벽이나 냉각수의 경우라면 냉각관 내부에 황색 내지 적갈색의 침전물이 생기고 냉각효과도 떨어지며, 심한 경우에는 노즐이나 배관을 막히게도 한다. 물중의 철은 원자가로 보면 $Fe^{++}$ 또는 $Fe^{+++}$의 상태로 수중에 존재하고 있어, 이것을 분리 제거하기 위해서는 철을 물에 불용성의 화합물로서 석출시키고 분리하면 된다.

철의 화합물중에 가장 용해도가 작은것은 $Fe^{+++}$의 수산화물(水酸化物)($Fe_2O_3 \cdot nH_2O$)이다. 따라서 $Fe^{++}$는 $Fe^{+++}$로 산화시켜야 한다. 철이 들어있는 지하수를 퍼서 비카에 넣고 공기중에 방치하여 놓을 때, 처음에는 무색투명하나 시간이 흐름에 따라 탁하게 되고, 나중에는 황색 내지 적갈색을 띄우게 된다. 이것은 $Fe(HCO_3)_2$로서 물에 용해되어 있던 철이 공기중의 산소에 의해 산화되어 $Fe_2O_3 \cdot nH_2O$로 되어 석출하기 때문이다.

이 탁한 물을 여과하면 무색 투명하고 철이 들어있지 않는 물을 얻는다. 이것이 가장 간단한 철을 제거하는 원리이다. 그러나 이와같은 간단한 처리만으로서는 철이 제대로 제거되지 않기때문에, 공기 또는 염소(鹽素)를 투입하여 산화시켜 응집·침전·여과시키거나 망간지오라이트에 접촉산화 또는 이온교환수지를 이용해서 제거한다.

망간은 철과 유사한 성질을 갖는 원소로서 물 중에서 나타내는 현상도 철과 비슷하다. 철은 황색 내지 적갈색의 침전물을 형성하나 망간은 산화되어 검은색의 침전물을 생성한다. 원수

(原水) 중에 망간이 미량 들어있어도 이 침전물에 의한 문제는 일어나기 쉽다. 망간을 제거하는 방법은 산화제인 $KMnO_4$를 이용하여 $MnO_2 \cdot n\ H_2O$로서 응집침전시키는 법과, 망간사(砂)와 염소에 의한 접촉 방법 등이 있다.

## 4.4 경수(硬水)의 연화(軟化)

용수 중의 경도성분인 칼슘(Ca), 마그네슘(Mg)은 배관이나 저장조내에 침전물이나 스케일을 만드는 원인이 되기 쉽고, 기계 기구의 세정시에 세정효과도 떨어뜨리기 때문에 적은 것이 좋다.

경수는 물의 경도를 분석하여 300ppm 이상이면 이에 해당하고, 비누를 사용시 비누거품이 잘나고 안나는 것으로 연수와 경수가 간단히 구별된다.

경도에는 총경도(總硬度)·일시경도(一時硬度) 및 영구경도(永久硬度)의 3가지가 있으며, 총경도는 일시경도와 영구경도를 합한 것이다.

일시경도는 물을 끓이면 경도가 제거되는 것을 말한다. 물을 끓임으로서 경도성분인 칼슘, 마그네슘이 불용성의 탄산칼슘이나 수산화마그네슘으로 변화하여 침전하므로 경도가 떨어진다. 영구경도는 끓여도 경도성분이 침전하지 않고 존재하기 때문에 제거되지 않는 경도이다. 물 중의 경도성분을 제거하는 것을 연화(軟化, softening)라고 하며, 연화법으로는 침전제거법, 이온교환법 등이 있다.

### (1) 침전 제거법

원수(原水)에 소다회(soda ash) 또는 소석회(消石炭)를 첨가여 탄산칼슘·수산화마그네슘으로 침전 제거하는 방법이다. 이 방법은 처리할 원수 중의 일시경도가 높은 물을 다량 연화하는 데 유리하다.

### (2) 이온 교환법

원수 중의 경도가 낮거나 처리물량이 적은 경우에는 일반적으로 이온교환수지를 사용해서 처리한다. 이온 교환수지는 불용성의 합성수지로서 그 특징은 일종의 산 또는 염기로서 작용하는 반응기를 갖고 있어 그것이 이온교환 작용을 한다.

이온 교환수지는 그 기능으로 볼 때 다음과 같이 분류되고 교환반응을 행한다.

- 강산성 양이온 교환수지 : $R-SO_3-H^+$
- 약산성 양이온 교환수지 : $R-COO-H^+$
- 강 염기성 음이온 교환수지 : $R\equiv N^+\ OH^-$
- 약 염기성 음이온 교환수지 : $R\equiv NH^+\ OH^-$

단 : R은 합성수지의 모체

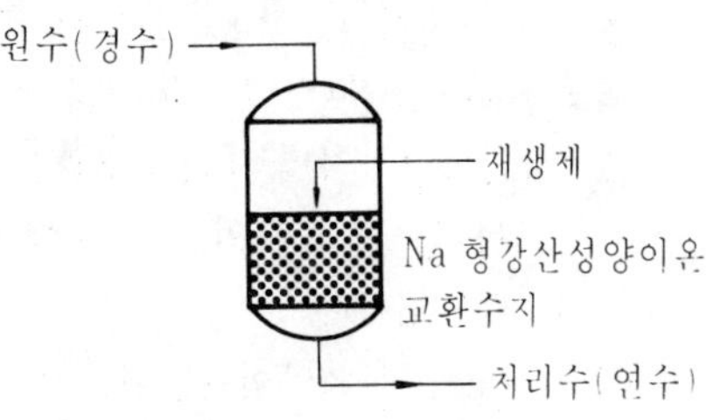

그림 6-1 경수의 연화장치

이온교환수지를 이용할 때는 그림 6-1과 같이 칼럼(column)에 수지를 채우고 수지층 위에서 밑으로 원수를 흘려 보낸다. 이 칼럼법(樹脂床,

resin bed)은 단상식(單床式), 다상식(多床式), 복상식(複床式), 혼상식(混床式)이 있다.

물 중에 들어있는 일정량의 이온과 교환(交換)된 수지는 교환능력을 잃으나, 재생이라고 하는 조작으로 원수처리와 반대의 반응을 시켜, 다시 원래의 형태로 되돌려서 사용한다. 재생제로서는 양이온교환수지에서는 $HCl$, $H_2SO_4$, $NaCl$등이, 음이온교환수지에서는 $NaOH$, $Na_2CO_3$, $NH_4OH$, $NaCl$등이 사용된다.

① 경수연화(硬水軟化)

경수연화는 Na 사이클에 따라 행해진다. Na 사이클이라는 것은 수지의 재생에 $Na^+$를 사용하는 일련의 처리과정을 의미한다.

반응식을 보면 다음과 같다.

연화 : $R(-SO_3Na)_2+Ca(HCO_3)_2 \longrightarrow R(-SO_3)_2Ca+2NaHCO_3$

$R(-SO_3Na)_2+MgSO_4 \longrightarrow R(-SO_3)_2Mg+Na_2SO_4$

재생 : $R(-SO_3)_2Ca+2NaCl \longrightarrow R(-SO_3Na)_2+CaCl_2$

$R(-SO_3)_2Mg+2NaCl \longrightarrow R(-SO_3Na)_2+MgCl_2$

처리조작은 다음의 순서로 행한다.

교환 ⟶ 역세 ⟶ 재생 ⟶ 세척

이온교환에 의해 연화처리가 끝난 수지는 다음의 역세조작에서 원수를 상향(上向)으로 흐르도록 하여, 수지층을 50~70% 팽창시키고 수지층에 막혔던 침전물이나 부유물을 제거하고 재생한다. 재생제로서는 10% NaCl을 사용한다.

수지는 강산성 양이온교환수지(Amberlite 1R-120, Diaion SK1B, Dowex 50 등)을 사용한다. 장치는 단상식으로 충분하다(그림 6-1).

이온교환처리시 원수중에 현탁물이나 코로이드(colloid)상의 물질(특히 Fe, Mn이 많음)이 포함되어 있는 경우에는 전처리하여 이러한 물질을 제거해야 한다. 이러한 물질은 이온교환수지의 표면을 코팅(coating)하여 이온교환 용량을 점차로 저하시켜 수지의 수명을 현저히 단축시킨다. 따라서 탁도, 색도, Fe, Mn 등은 미리 응집, 침전, 여과에 의해 제거할 필요가 있다.

② 탈염(脫鹽) 및 순수제조(純水製造)

양이온교환수지와 음이온교환수지를 이용하여 2상식(二床式), 3상식(三床式) 또는 혼상식(混床式, mixed bed)으로 하여 원수를 통하게 하여 염류(鹽類)를 제거하고 순수를 만드는 방법이다. 탈탄산탑(脫炭酸塔)도 음이온교환수지의 부하를 줄이기 위해서 또는 물중에 탄산이 있어서는 안될시 조합(組合)시켜 이용한다.

㉮ 2상식탈염장치(二床式脫鹽裝置)

그림 6-2와 같이 수지탑을 조합한 것이다. 탈염수의 비저항(比抵抗)은 $10\sim50\times10^1\Omega\cdot cm$이다.

사용수지는 양이온교환수지의 H형(型)인 Diaion SK1B로 $Na^+$, $K^+$ 등의 양이온을 제거하고, 음이온 교환수지는 OH형의 Diaion 10A 또는 20A로 $SO_4^=$, $Cl^-$ 등의 음이

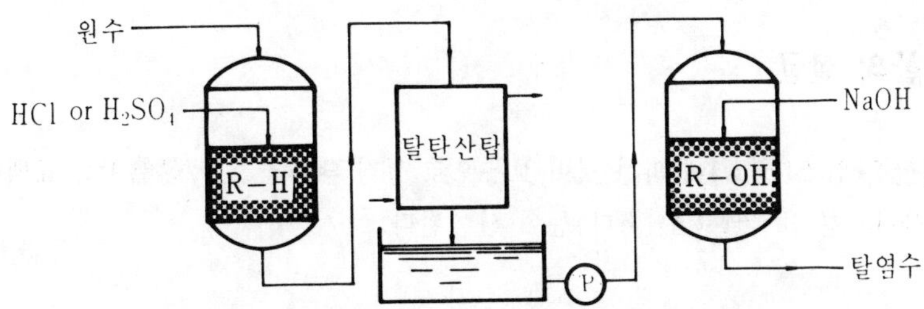


그림 6−2 2상식 탈염장치

온을 제거한다. 이 방식은 원수의 알카리도가 높은 경우에 적용된다.

㉯ 3상식 탈염장치

그림 6−3과 같이 수지탑을 조합한 것이다. 이 방식은 원수의 산도가 높은 경우에 적용된다.

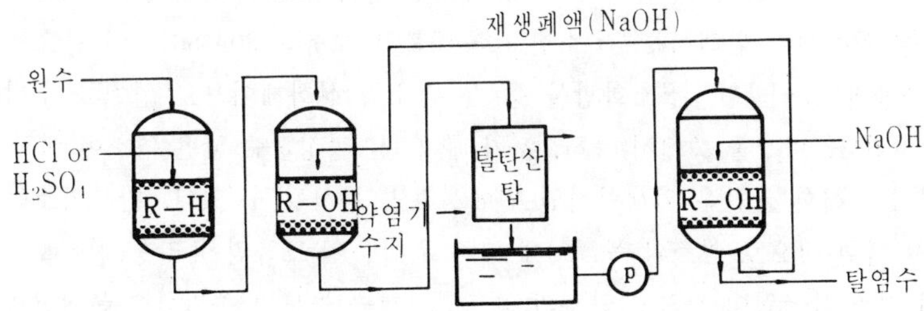


그림 6−3 3상식탈염장치

㉰ 혼상식 순수제조장치

그림 6−4와 같이 강산성 양이온교환수지와 강염기성 음이온교환수지를 하나의 칼럼에 넣고 이것을 균일하게 혼합한다.

이 방식은 2상식이나 3상식 다음에 설치하면 고순도의 순수가 얻어진다. 비저항(比抵抗)은 약 $5 \sim 10 \times 10^6 \Omega \cdot cm$이다.

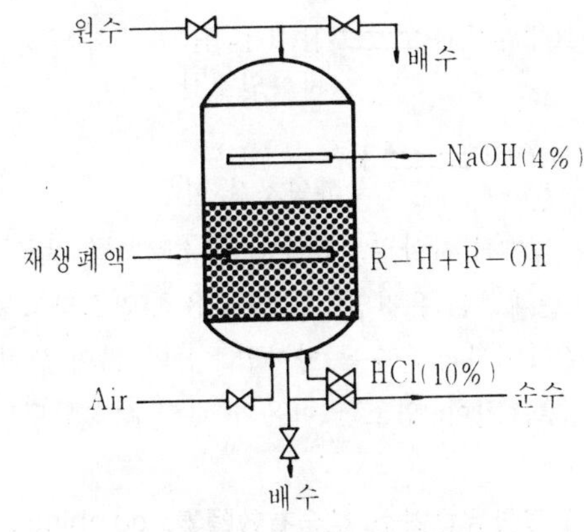


그림 6−4 혼상식 순수장치

# 5. 물의 살균

물의 살균은 염소(鹽素)에 의한 것이 보통으로 통상 액체염소(液體鹽素), 표백분(漂白粉), 차아염소산나트륨(次亞鹽素酸 소다)등이 사용된다.

## 5.1 염소의 살균작용

염소의 살균작용에 관하여는 여러 가지 학설이 있으나, 아직 정설로 인정된 것은 없다. 염소의 살균력을 좌우하는 요인으로는 PH, 온도, 접촉시간, 산화가능물질(酸化可能物質), 질소화합물, 미생물의 종류, 유효염소의 형태, 염소의 농도 등이 있으며 이들 사이에는 상관관계가 있다.

물의 PH는 낮은 편이 살균효과가 높고, 물의 온도가 높을 수록 염소 및 크로라민(chloramine)의 살균력은 증가한다. 접촉시간은 미생물의 종류에 따라서 큰 차이가 있으며, 시간이 길수록 살균효과는 상승하나 물에 과도한 잔류염소(殘留鹽素)가 포함되지 않으면서 유효하게 살균이 되기 위해서는, 최소한 10~15분간(보통은 30~60분)이 필요하다.

산화가능물질(철·망간·질소화합물 등)은 염소가 산화제이므로 염소를 소비하여 살균효과를 감소시킨다. 미생물 중에서 특히, 포자(胞子)를 형성하는 균은 염소에 대한 저항성이 강하나 다행이 그러한 균들은 위생학적인 면에서보면 무시될 수 있다. 잔류염소는 유리염소와 결합염소를 합한 것으로 염소의 형(型)에 따른 효력을 비교하면 유리형(遊離型)이 결합형(結合型)보다 훨씬 살균력이 강하고 염소의 농도면에서는 농도가 증가할수록 살균효과가 증가한다.

(1) 유리유효염소(遊離有效鹽素, free available chlorine)

염소는 물 중에서 다음과 같이 반응이 일어난다.

$$Cl_2 + H_2O \rightleftharpoons HOCl + HCl$$

차아염소산

$$HOCl \rightleftharpoons H^+ + OCl^-$$

차아염소산 이온

윗 식에서 차아염소산(次亞鹽素酸) 및 차아염소산이온으로 존재하는 유리염소를 유리유효 염소라고 한다. 위의 반응은 PH가 낮을수록 차아염소산이 많이 생기고, PH가 높을수록 차아 염소산 이온이 많이 생성된다(그림 6-5 참조).

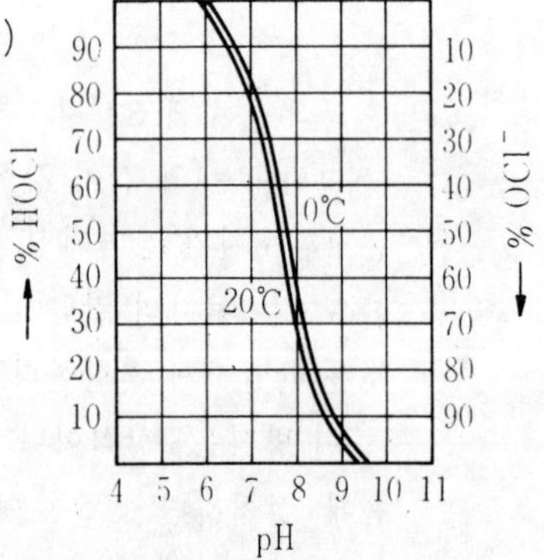


그림 6-5 pH별 HOCl과 OCl⁻의 생성량관계

(2) 결합유효염소(結合有效鹽素, combined available chlorine)

유리유효염소가 물 중의 과잉 암모니아와 결합하면 물의 PH에 따라 살균력이 다른 3종류의 크로라민(chloramine)이 생성된다.

PH>8.5 : 모노크로라민(monochloramine, $NH_2Cl$)
8.5>PH>4.5 : 모노크로라민과 다이크로라민(dichloramine)의 혼합물
PH=4.5 : 다이크로라민($NHCl_2$)
4.4≧PH : 트리크로라민(trichloramine, $NCl_3$)

세가지 크로라민 중 트리크로라민은 살균력이 없으며, 모노크로라민과 다이크로라민을 결합유효염소라 한다.

## 5.2 염소 살균법

염소투입량은 급수전(給水栓)의 물에서 유리잔류염소로 적어도 0.2ppm 이상(결합잔류염소이면 1.5ppm 이상)포함되도록 결정한다.

수도물의 경우 병원성 생물에 의하여 현저하게 오염될 위험이 있을 경우에는, 유리잔류염소를 0.4ppm 이상(결합잔류염소이면 1.8ppm 이상) 포함시켜야 한다.

염소를 물에 투입시에는 그림 6-6에 표시한 바와같이 3가지의 경우가 있다.

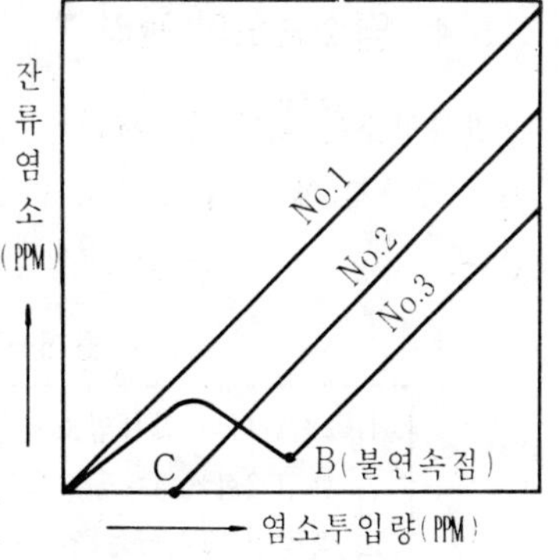


그림 6-6 염소투입량과 잔류염소량과의 관계

NO.1은 염소요구량(鹽素要求量)이 영(零)인 물, 즉 오염물질이 전혀 들어 있지 않은 물이며 자연수에서는 거의 볼 수 없는 것이다. 이러한 물에 염소를 가하면 잔류염소량은 투입염소량과 같으므로 그림과 같이 직선으로 나타난다.

NO.2는 일정한 염소요구량을 갖는 물로서 투입량이 어느 값(그림의 C)으로 되기까지는 잔류염소가 나타나지 않으나, 이 점을 지나면 잔류염소량은 투입량에 비례하여 증가한다. 이 점을 잔류염소 곡선의 임계점이라고 하며, 이 점까지의 투입량을 염소요구량이라 한다. 일반적으로 수도원수(水道原水)에 많은 형이다.

다음은 NO.3와 같은 경우이다. 암모니아성 질소($NH_3-N$)를 함유하는 물에 염소를 계속 투입할 때 잔류염소는 직선적(直線的)으로 증가하지 않고, 어느 점으로부터 급격히 감소하기 시작하여 극소점(極小點)을 거쳐서 다시 증가하고, 그 이후는 투입 염소량에 대하여 잔류염소가 증가한다. 이 극소점을 불연속점(不連續點, break point)이라고 부른다. 불연속점 이하에서 투입된 염소는 암모니아와 반응하여 클로라민을 생성하고 유리염소(HOCl, $OCl^-$)는 존재하지 않고 불연속점을 지나서 비로서 유리염소가 나타난다.

불연속점전의 잔류염소를 결합염소라 부르고, 불연속점 이후의 유리잔류염소를 활성(活性)염소라고도 한다.

## 5.3 물의 사용용도별 잔류염소 농도

용수중의 잔류염소농도는 사용목적에 따라 다르다. 사용용도별 잔류염소 농도의 예를 보면 표 6-4와 같다.

표 6-4 용도별 잔류염소 농도

| 용 도 | 농도(ppm) |
|---|---|
| 음료수(drinking water) | 0.2 |
| 공정수(process water) | 0~0.5 |
| 세 정(cleaning) | 10~20 |
| 살 균(sanitizing) | 100~250 |
| 헹금수(rinse water) | 1.0~5.0 |
| 냉각수(cooling water) | 0.5~10 |

## 5.4 염소농도의 관리

잔류염소는 물의 위생관리상 중요한 관리항목 중의 하나이므로 자주 측정해야하며, 분해되기 쉬우므로 채수(採水)후 곧바로 측정해야 한다. 공장에서 염소농도관리의 예는 표 6-5와 같다.

표 6-5 공장에서 물의 염소농도 관리예

1. 2시간마다 잔류염소수준 체크
2. 매일 2회씩 5개공정을 선택하여 잔류염소체크
3. 측정된 데이터는 일지에 기록 유지
4. 염소투입기의 유량과 잔류염소 농도와의 상관관계 확립
5. 매일 염소투입실린다의 무게측정 및 기록
6. 차아염소산소다 용액 사용시는 매일 공급 탱크의 용량을 체크, 기록하고 유량을 계산

염소농도의 측정법에는 비색법으로 오르쏘토리딘법(orthotolidine method)과 정량법으로 옥도적정법(沃度滴定法, iodometric method)이 있다. 현장에서 잔류염소농도를 대략적으로 측정할 대에는 비색법으로 하는 것이 간편하다. 이 방법은 잔류염소가 들어 있는 물에 오르쏘토리딘 용액을 넣을 때, 잔류염소농도에 따라서 담황색-황갈색을 나타내는 반응을 이용하는 방법으로 그 상세 내용은 다음과 같다.

### (1) 시약준비

① 오르쏘-토리딘 용액 :

오르쏘-토리딘염산염($(CH_3C_6H_3 \cdot NH_2)_2 \cdot 2HCl$ 1.35g을 증류수 500mℓ에 녹인다. 이 용액을 염산(3+7) 500mℓ 중에 혼합하면서 가한다. 이 용액은 갈색병에 넣어 냉암소

(冷暗所)에 보존하고 6개월 이상 경과된 것은 사용하지·않는다.

② 완충액(緩衝液)

미리 110℃에서 건조하고 데시케이타(desiccator)중에서 방냉한 인산2나트륨($Na_2HPO_4$) 22.86 g 과 미리 105℃에서 건조하고, 데시케이타 중에서 방냉한 인산1칼륨($KH_2PO_4$) 46.14 g 과를 탄산(炭酸)이 들어있지 않는 증류수로 용해하여 1 ℓ 로 하고, 수일간 방치하여 침전물이 석출하면 여과하여 이것을 원액으로 한다. 다음에 원액 400㎖에 탄산이 들어있지 않는 증류수를 넣어 2 ℓ 로 하고 이것을 완충액으로 한다. 이 용액의 PH는 6.45이다.

③ 크롬산칼륨－중크롬산칼륨 용액

크롬산칼륨($K_2CrO_4$) 4.65 g 과 중크롬산칼륨($K_2Cr_2O7$) 1.55 g 을 취하여 완충액을 넣어 녹이고, 메스프라스크 1 ℓ 에 옮겨 다시 완충액으로 전량을 1 ℓ 로 한다. 이 액은 어두운 곳에 보존하고 침전물이 생긴 것을 사용해서는 안된다.

④ 염소표준비색액(鹽素標準比色液)

비색관 100㎖를 쓸 경우는 크롬산칼륨－중크롬산칼륨 용액 및 완충액을 다음 표의 비율대로 혼합하여 각각 비색관에 넣어 해당하는 염소의 ppm을 기재한다. 이 표준비색액은 어두운 곳에 보존하고 침전물이 생긴 경우에는 새로 조제해야 한다.

| 염소 (ppm) | 크롬산칼륨－중크롬산칼륨용액 (㎖) | 완충액 (㎖) | 염 소 (ppm) | 크롬산칼륨－중크롬산칼륨용액 (㎖) | 완충액 (㎖) |
|---|---|---|---|---|---|
| 0.01 | 0.1 | 99.9 | 0.70 | 7.0 | 93.0 |
| 0.02 | 0.2 | 99.8 | 0.80 | 8.0 | 92.0 |
| 0.05 | 0.5 | 99.5 | 0.90 | 9.0 | 91.0 |
| 0.07 | 0.7 | 99.3 | 1.00 | 10.0 | 90.0 |
| 0.10 | 1.0 | 99.0 | 1.50 | 15.0 | 85.0 |
| 0.15 | 1.5 | 98.5 | 2.00 | 19.7 | 80.3 |
| 0.20 | 2.0 | 98.0 | 3.00 | 29.0 | 71.0 |
| 0.25 | 2.5 | 97.5 | 4.00 | 30.0 | 61.0 |
| 0.30 | 3.0 | 97.0 | 5.00 | 48.0 | 52.0 |
| 0.35 | 3.5 | 96.5 | 6.00 | 58.0 | 42.0 |
| 0.40 | 4.0 | 96.0 | 7.00 | 68.0 | 32.0 |
| 0.45 | 4.5 | 95.5 | 8.00 | 77.5 | 22.5 |
| 0.50 | 5.0 | 95.0 | 9.00 | 87.0 | 13.0 |
| 0.60 | 6.0 | 94.0 | 10.00 | 97.0 | 3.0 |

* 비색용의 표준색으로서는 크롬산칼륨－중크롬산칼륨 혼합액앰플로 하여 시중에 판매하는 것이 있으므로 이것을 구입사용하면 좋다.

### (2) 기구(器具)

비색관(比色管)

### (3) 시험조작

① 잔류염소

비색관에 오르쏘-토리딘용액 5mℓ를 100mℓ 배색관에 넣고, 여기에 검사할 물 95mℓ를 넣어 혼합하고 5분 후에 염소표준비색액과 비교하여 해당하는 표준비색액에서 잔류염소의 ppm을 구한다.

② 유리잔류염소

비색관에 오르쏘-토리딘용액 5mℓ를 100mℓ 비색관에 넣고, 여기에 검사할물 95mℓ를 넣고 5초 이내에 염소표준비색액과 버교하여 유리 유효염소의 ppm을 구한다.

③ 결합잔류염소

결합잔류염소(ppm)=잔류염소(ppm)−유리잔류염소(ppm)

## 5.5 잔류염소의 제거

염소는 강한 산화제이기 때문에 제품의 색이나 향을 변화시킬 뿐만 아니라 맛에도 영향을 준다. 특히, 청량음료에서는 더욱 그렇다. 이런 경우에는 물 중의 잔류염소를 제거해야 한다. 물 중의 잔류염소를 제거하는 것을 탈염소(脫鹽素, dechlorination)라고 하며, 탈염소방법으로서는 장시간 방치, 폭기(曝氣, aeration), 끓임(boiling), $SO_3^=$ 등의 환원제 첨가, 활성탄으로 여과하는 방법이 있으나, 가장 일반적인 방법은 활성탄으로 여과하는 것이다.

## 5.6 표백분의 사용 및 보관시 주의사항

### (1) 물에 용해시의 주의사항

표백분을 20℃ 이하의 물에 녹여 사용할 때 $Ca(OCl)_2 \cdot CaCl_2 \cdot n\ Ca(OH)_2$ (n=2 또는 4)의 복염(複鹽)을 생성하여 유리소석회(遊離消石灰)의 침강을 막는다. 또, 20℃ 이상의 물을 사용할 경우도 $Ca(OCl)_2 \cdot n\ Ca(OH)_2$의 복염을 생성하여 양자(兩者) 모두 용해불량이 되어 유효염소의 손실을 가져온다. 복염을 피하기 위해서는 2배량 이하의 소량의 물로 용해하던가 또는, 5배량 이상의 다량의 물을 가하여 용해시키면 좋다. 따라서 표백분의 용해에는 20℃ 이상의 물을 6배량 이상 다량으로 이용하여 최초 2배량 이하의 물로서 잘 섞은 후 다량의 물을 가하여 용해시킨 후 정치하여 상등액을 채취한다.

### (2) 보관시의 주의사항

표백분은 불안정하여 저장기간중 광선이나 습기에 의한 분해가 촉진되고 유효염소가 저하되기 때문에, 서늘하고 어둡고 건조한 장소에 저장한다.

### 5.7 염소를 이용한 물의 살균 예

일반적으로 많은 물을 쓰고 있는 공장에서는 염소가스(chlorine gas, $Cl_2$)를 이용하고, 물을 적게 쓰는 소규모 공장에서는 표백분(bleaching powder)이나 차아염소산나트륨을 이용한다.

보건사회부에서 고시된 식품첨가물 규격 및 기준을 보면, 표백분은 유효염소가 25~40%, 차아염소산나트륨의 유효염소농도는 4% 이상으로 규정하고 있다.

예 1 $10m^3$의 물을 유효염소 40%의 표백분으로 살균처리하여 잔류염소농도를 1ppm으로 맞추고자 한다. 표백분을 얼마나 투입하면 되겠는가?

해답 순수한 유효염소량은

$10m^3 \times 1ppm(= g/m^3) = 10g$ 이다.

이것을 유효염소 40% 표백분량으로 환산하면 $10g \div 0.4 = 25g$ 이다.

즉, 표백분 25g을 계량하고 이것을 물에 녹인 후 상등액만 취하여 $10m^3$의 물에 넣고 잘 교반해 주면 잔류염소는 1ppm이 된다.

예 2 $10m^3$의 물을 유효염소 5%의 차아염소산나트륨으로 살균처리하여 잔류염소농도를 1ppm으로 맞추고자 한다. 차아염소산나트륨을 얼마나 투입하면 되겠는가?

해답 순수한 유효염소량은

$10m^3 \times 1ppm(= g/m^3) = 10g$ 이다.

이것을 유효염소 5% 차아염소산나트륨으로 환산하면 $10g \div 0.05 = 200g$ 이다.

즉, 차아염소산나트륨 200g을 계량하여 $10m^3$의 물에 넣고 잘 교반해주면 잔류염소는 1ppm이 된다.

단, 이 때 물의 질에 따라 염소요구량이 다르기 때문에 다소 차이가 있다(염소살균법 그림 6-6 참조).

예 3 1시간에 $100m^3$의 물을 공급하는 라인에 4ppm의 잔류염소가 유지되도록 하려면 염소가스를 얼마나 넣어야 하는가?

해답 순수한 유효염소량은

$100m^3/Hr \times 4ppm(= g/m^3) = 400g/Hr$

염소가스의 유효염소농도를 100%라고 하면 1시간당 400g의 염소가스를 넣어주어야 한다.

## 6. 식품의 품질분석과 수질

분석에 사용되는 물은 분석의 정확도와 정밀도에 영향을 미치기 때문에 정밀한 분석을 하는데는 좋은 질의 물을 사용하여야 한다. 물 중에 들어있는 유기물질이나 무기물질 등의 불순물은 분석기의 기초선(base line)을 흔들리게 하거나 간섭을 일으켜 분석오차를 유발시킬 뿐만 아니라, 분석기용 소모품의 수명을 단축시켜 경제적인 손실도 초래한다.

식품의 분석에 사용되는 것으로는 증류(蒸溜)하여 정제한 물이 사용되고 있다. 증류수를 얻기 위해서는 물을 증발시켜 응축하므로, 한꺼번에 많은 증류수를 필요로 하는 경우에는 큰 증류장치를 설치하고 미리 증류하여 저장해야 한다. 그러나 증류수를 저장할 때 질이 떨어지기 때문에 증류법은 효율이 좋은 방법이라고 할 수 없다. 따라서 근래에는 식품의 분석에 이용되는 물의 정제방법으로 이온교환수지법과 증류법, 역침투법(逆浸透法)과 이온교환법 또는 증류법, 증류법과 이온교환법 및 여과법 등 2가지 이상의 정제방법을 적당히 조합하고 있다.

## 6.1 물의 정제방법

### (1) 증류법

이 방법은 물 중의 불휘발성(不揮發性) 불순물 및 휘발성이 있어도 물보다 끓는점(沸點)이 높은 불순물과의 분리가 가능하다. 원수 중에 현탁물질(懸濁物質) 및 유기물이 포함되어 있는 경우에는 여과 또는 흡착처리(활성탄여과) 등을 하여 불순물을 제거하고 증류한다.

증류시에는 증류상태가 너무 심하게 되면 비등수(沸騰水)가 증기중에 날아가 증류수의 순도를 떨어뜨리게 된다. 또한 원수중에 휘발성물질이 수증기와 함께 유출되어 증류수중에 들어가게 된다. 이런 경우에는 처음에 나오는 수증기는 버리고 중간에서 나오는 수증기만 냉각시켜 받는 것이 좋다.

단 한번만의 증류로서는 원수중의 휘발성물질, 비등수가 증기중에 함께 날아가 증류수의 순도를 떨어뜨리기 때문에, 미량성분의 분석을 하는 경우에 사용되는 물에는 사용할 수 없다. 이 때문에 재증류(再蒸溜)가 필요하게 된다. 증류법에서 주의사항은 수증기를 냉각하는 냉각기(冷却器)에서 나오는 응축수가 물방울이 되어 있기 때문에, 실험실의 공기와 접촉하여 공기중의 불순물을 다시 흡수하여 순도가 떨어진다. 이것을 방지하기 위해서 크린룸(clean room)에서 증류하던가, 실험실의 공기가 직접 접촉하지 않도록 할 필요가 있다.

### (2) 역침투법(逆浸透法)

이 방법은 원수에 압력을 걸고 역침투막(초산세루로즈 등)에 원수를 투과시켜 전해질(電解質), 용존물질 및 코로이드상 물질을 제거하는 것이다. 증류법에서는 많은 열에너지를 필요로 하고 이온교환법에서는 염산 및 가성소다를 사용하나, 역침투법에서는 가압(加壓)하는 것만으로도 비교적 전해질의 농도가 낮은 물이 얻어진다.

그러나 이 방법에서 얻어진 물은 원수(原水)중의 전해질이 2~10% 정도 잔류하기 때문에 정밀분석용으로는 사용할 수 없다. 일반적으로 이 물은 증류장치나 이온교환장치에 공급수로서 이용된다.

### (3) 이온교환법(ion 交換法)

이 방법은 강산성 양이온 교환수지와 강염기성 음이온교환수지를 체적비로 1 : 2의 비율로 혼합한 것을 칼럼(column)에 넣고, 원수를 칼람위에서 밑으로 물이 흐르게 하여 원수중의 전해질을 제거하는 것이다. 이 방법은 원수 중의 전해질을 거의 완전히 제거할 수 있으나, 전해질 이외의 물질(비전해질, 현탁물질 및 코로이드상의 물질 등)은 제거되지 않는다. 따라서 여과법, 흡착법(활성탄 등)과 병용(併用)하는 것이 원칙이다.

### (4) 여과법(濾過法)

식품의 화학분석에 이용되는 물은 증류법, 역침투법 및 이온교환수지법을 적당히 조합하여 수도물이나 지하수를 정제하면 좋으나, 원수 중의 현탁물질, 탁도성분, 코로이드상 물질을 여과하여 제거한 후 정제장치에 공급할 필요가 있다.

여과에는 정밀여과법(精密濾過法, microfiltration) 또는 한외여과법(限外濾過法)이 적용된다. 정밀여과는 원수를 공경(孔徑) 0.2~5μm의 여과막을 이용하여 가압 여과하고, 한외여과법에서는 역침투법과 똑같이 압력을 걸어서 원수를 아주 작은 공경 1~10nm의 여과막을 통하게 한다.

### (5) 흡착여과법(吸着濾過法)

흡착여과는 활성탄 또는 합성흡착제 등의 흡착제를 채운 칼럼에 원수를 통하게 하여 원수중의 유기물을 제거하는 것이다.

활성탄으로 여과할 때 원수중의 잔류염소 및 유기물 등이 제거된다. 이 방법은 증류법 및 이온교환수지법에서 물을 정제하는 경우에 전처리로서 이용된다.

이상 (1)~(5)에서 설명한 방법을 조합하여 증류수를 정제하는 흐름의 예를 나타내면 다음과 같다.

① 원수 ⟶ 활성탄 ⟶ 정밀여과 ⟶ 이온교환 ⟶ 증류
② 원수 ⟶ 정밀여과 ⟶ 역침투 ⟶ 증류
③ 원수 ⟶ 정밀여과 ⟶ 이온교환 ⟶ 증류
④ 원수 ⟶ 정밀여과 ⟶ 이온교환 ⟶ 증류 ⟶ 증류
⑤ 원수 ⟶ 증류 ⟶ 이온교환 ⟶ 정밀여과
⑥ 원수 ⟶ 정밀여과 ⟶ 역침투 ⟶ 이온교환 ⟶ 정밀여과
⑦ 원수 ⟶ 활성탄 ⟶ 정밀여과 ⟶ 이온교환 ⟶ 이온교환 ⟶ 정밀여과

## 6.2 정제수의 수질

정제수(精製水, purified water)를 실제로 사용시에는 전기전도율, 유기물(total organic carbon 등)을 측정하여 사용의 가능여부를 결정할 필요가 있다. 금속원소 및 음이온의 시험에는 전해질이 들어있지 않은 물을 써야 한다. 전해질이 남아있는지의 정도를 확인하는 데는 전기전도율을 측정한다.

순수한 물의 전기전도율은 0.0547~0.0595 μ℧/cm이다. 이것을 비저항(比抵抗)으로 나타내면 18.3~16.8×$10^6$Ωcm이다.

물의 정제장치인 Millipore제의 Milli-Q로서 수도물을 원수로 하여 정제한 물의 질은 표 6−6과 같다.

표 6−6 정제수의 수질 예

| 항 목 | 분 석 치 | 비 고 |
|---|---|---|
| PH(25℃) | 5.75 | |
| $COD_{Mn}$(mg O/ℓ) | 0.1 이하 | chemical oxygen demand |
| 나트륨(mg Na/ℓ) | 0.0005 이하 | |
| 칼슘(mg Ca/ℓ) | 0.002 이하 | |
| 마그네슘(mg Mg/ℓ) | 0.001 이하 | |
| 유산이온(mg $SO_4^{=}$/ℓ) | 0.001 이하 | |
| 염화물이온(mg $Cl^-$/ℓ) | 0.001 이하 | |
| TOC(mg C/ℓ) | 0.25 | total organic carbon |

### 6.3 정제수의 보존

정제수는 경질유리, 석영유리 및 폴리프로필렌 등의 밀폐시킬 수 있는 용기에 넣어 보존한다. 합성수지의 용기를 사용하는 경우에는 전해질 유기물 등이 용출(溶出)되는 일이 있으므로 용출유무를 미리 확인하여 둘 필요가 있다. 또한 정제한 순수한 물을 유리용기에 저장시 미량이지만 중금속이 녹아나와 순도가 떨어지기 때문에, 감도가 높은 측정기에서는 분석오차를 발생시킨다. 따라서 정제수는 장기간 보존을 피하고 될 수 있는한 짧은 기간내에 사용토록 한다. 실험실에는 탄산가스가 존재하기 때문에 정제수를 보존시 탄산가스가 용해될 때 전기전도율이 올라가고 PH는 약산성을 나타내게 된다.

## 7. 물저장 탱크의 관리

물을 저장하는 저수조(貯水槽)는 녹이나지 않고 침투성이 없는 재료를 사용하여 밀폐구조로 하되, 내부는 청소가 용이한 구조로 되어 있어야 한다. 또한 물배관도 녹이 쓸지 않는 자재를 쓸 필요가 있다.

일반 철제로 배관이나 저장탱크를 만들 때에는 오래되면 부식되어 녹물이 생긴다. 저장탱크의 물을 매일 계속 사용시는 그 영향이 미미하게 나타나지만, 공장을 일정기간 가동하지 않다가 다시 가동시에는 녹물이 나와 제품의 품질에 치명적인 영향을 주어 큰 손해를 보는 경우도 발생한다. 이 때문에 물을 이송하는 배관이나 저장탱크는 녹이 나지 않는 스테인리스 재질을 사용하는 것이 바람직하다.

저장탱크를 오랫동안 청소하지 않고 사용하면 침전물이 생기거나 물때(scale)가 끼어 저장탱크내의 모든 물을 오염시키므로 정기적으로 1년에 1회 정도 청소하여 청결하게 유지해야 한다.

또한 저장탱크의 맨홀(man hole)이 열려 있거나 환기공에˙방충망이 유실되었을 경우, 해충이나 쥐가 들어가 오염되는 일도 있기 때문에 평소에 일정한 간격으로 점검해야 한다. 겉으로 보이는 것은 아름다워도 눈에 보이지 않는 중심이 비위생적이라면 위생적인 제품의 생산은 어렵게 된다. 저장탱크를 청소 또는 점검하였을 때에는 결과를 기록해 놓을 필요가 있다.

# 제7장
# 식품위생법과 품질관리

인간은 누구를 막론하고 생명과 건강을 유지하기 위해서 매일 식품을 섭취한다. 이와 같이 식품은 인간과 밀접한 관계가 있기 때문에 안전해야 하고, 이 안전성을 확보하기 위해서 정부에서는 식품위생법을 제정하여 관리하고 있다. 이 법의 제1조(목적)에서는 "식품으로 인한 위생상의 위해를 방지하고 식품영양의 질적향상을 도모함으로써 국민보건의 증진에 이바지함을 목적으로 한다"라고 되어 있다.

식품위생법의 요점은 식품을 제조 판매하는 사람이 최소한 지켜야 할 사항들이 규정되어 있고 또한, 이러한 법적사항들이 그대로 이행되는지의 여부를 확언하기 위해 사후관리를 하는 것으로 되어있다. 사후관리는 정기적 또는 필요에 따라 실시하고 있으며, 이 때에 미비점이 발견되면 행정조치를 받게 된다. 따라서 식품을 제조 가공하는 기업에서는 식품위생법의 목적과 그 내용을 충분히 이해하고 위생적인 제품을 만들도록 원재료로부터 최종제품에 이르기까지 일관된 일상의 업무가 확실히 실시되도록 철저한 품질관리를 해야한다.

식품위생법에서는 원료관리, 제조공정 및 품질관리를 하는 데 있어서 식품 및 첨가물을 제조 또는 가공하는 업자가 지켜야 할 준수사항이 규정되어 있다(표 7-1).

**표 7-1 식품 및 첨가물을 제조 또는 가공업자의 준수사항**

1. 사용한 원료 및 제품은 위생적으로 보관·관리하여야 하며, 특히 부패·변질이 되기 쉬운 원료 및 제품은 냉동·냉장시설에 보관·관리하여야 한다.
2. 시설을 위생적으로 유지·관리하여야 하며, 쥐·해충 등이 없도록 하여야 한다.
3. 자가품질검사의 기록서는 1년간 보관하여야 한다.
4. 생산 및 작업기록에 관한 서류와 원료의 입고, 출고, 사용 등에 대한 원료수불 관계 서류를 작성하여 1년간 보관하여야 한다. 다만, 식품조사처리업자의 경우에는 조사연월일 및 시간, 조사대상식품명칭 및 중량 또는 수량, 조사선량 및 선량보증, 조사목적을 기록하여 2년간 보관하여야 한다.
5. 식품위생관리인이 그 직무를 성실히 수행하도록 하고 식품 등에 대한 자가품질검사를 실시하도록 하여야 한다.
   가. 생산제품 검사 : 월2회(매15일 단위)실시
   나. 원료 또는 기구·용기 및 포장검사 : 구입할 때마다 실시(다만, 당해 원료 또는 용기·포장의 제조·가공업자가 자가품질 검사를 한 것 또는 식품위생검사기관이 검사를 한 후 2월이 경과하지 아니한 것은 그러하지 아니하다)
6. 종업원의 개인위생과 작업과정에 있어서의 위생적 처리를 지도·감독하여야 한다.
7. 수도물이 아닌 물을 음료수로 사용하는 경우에는 공공시험기관에서 1년마다 음료적부 시험을 받아야 한다. 다만, 동일수원을 사용하는 경우에는 하나의 업소에서 시험한 결과로 갈음할 수 있다.

8. 우유와 산양유는 같은 제조시설에서 처리·가공하거나 섞여 넣지 아니하여야 한다.
9. **축산물위생처리법 제12조의 규정에 의하여 검사를 받지 아니한 축산물은 이를 식품의 제조 또는 가공에 사용하지 아니하여야 한다.**
10. 식품 및 첨가물을 제조·가공함에 있어서 고무장갑을 사용하여야 하는 경우에는 살색 또는 백색의 고무장갑을 사용하여야 한다.
11. 청량음료 등의 용기의 위생적·효율적인 사용관리 등 식품위생목적 달성과 식품소비자의 보호 등에 필요하다고 인정하여 보건사회부장관 또는 시·도지사가 지시하는 사항을 준수하여야 한다.
12. 행정처분기준에 의한 처분 중 시정지시, 시설개수 영업 및 품목정지와 병행, 당해 제품 폐기에 해당되는 처분을 받았을 때에는 이를 완료하고 허가관청에 그 사항을 보고하여야 한다.

## 1. 허가사항의 관리

식품을 제조 판매할 때에는 반드시 영업허가를 얻어야 한다. 또한 품목에 따라서는 품목허가를 받아야 하는 것, 품목허가를 받지 않아도 되는 것, 신고만으로 끝나는 것과 자가 품질규격이 필요한 경우가 있으므로 법적절차에 따라야한다. 한 공장에서 몇 종류의 제품만 생산할 경우에는 관련서류를 관리하기가 수월하지만, 업종과 품목이 다양할 때에는 복잡하게 되므로 일목요연하게 알 수 있도록 대장(臺帳)을 만들어 관리할 필요가 있다.

신규로 허가를 받거나 변경허가를 받을 경우에는, 허가조건이 부여되는 경우가 있으므로 이런때에는 그대로 이행해야 한다. 공장에서는 끊임없이 신제품개발, 품질개선, 생산성향상 또는 원가절감을 위해 제조설비가 바뀌고 원료의 종류 또는 성분배합비율 등이 바뀌게 된다. 이런 경우에는 법에서 정해진 대로 신고하거나 변경허가를 받아야 한다(표 7-2). 또한 현장의 작업자도 그 변경내용을 알도록 사전에 교육을 시키고 그대로 시행되도록 하는 것이 중요하다. 이것이 제대로 안되면 허가사항과 실제작업이 다른 경우도 발생한다. 또한 필요한 경우에는 관련되는 부서에 변경되는 내용을 사전에 통보하여 원재료 포장재료 등의 수급이 원활히 되도록 하여야 한다.

표 7-2 허가사항의 변경허가대상내용

| 구 분 | 변경내용 |
|---|---|
| 영업허가사항 변경 | 1. 식품보존업 경우<br>원료처리장, 제조가공장, 포장실, 냉동·냉장실의 변경시<br>2. 업종별 시설기준에서 정한 기본기계 기구류를 감축하는 경우<br>3. 영업소의 소재지 변경 |
| 품목 제조허가 또는 신고사항의 변경 | 1. 제품명 변경<br>2. 원재료 또는 성분배합비율 변경 |

식품위생법에서는 그 목적을 달성하기 위해서 식품위생감시원으로 하여금 년 1회 이상 임

검(臨檢)하여 식품·첨가물·기구와 용기·포장·영업시설과 기타의 물건을 검사하거나 샘플을 수거(收去)할 수 있고 또한, 영업관계의 장부와 서류를 열람할 수 있도록 되어 있다. 참고로 임검시의 중점지도사항은 표 7-3과 같다.

**표 7-3 식품 및 첨가물의 제조가공업 등의 임검지도중점사항**

| 구 분 | 점검사항 |
|---|---|
| 1. 작업장 | (1) 작업장은 독립건물이거나 구획되어 있어서 다른 목적의 시설과 구분되었는가<br>(2) 내구력이 있는 구조로 되었는가<br>(3) 항상 청결이 유지될 수 있는 구조인가<br>(4) 바닥·천정과 내벽(바닥으로부터 1m까지)은 타일·콘크리트 등 내수성 자재로 되어 청소하기 쉬운 구조인가<br>(5) 창문·출입구 등에는 방충·방서설비가 되어 있는가<br>(6) 원료와 제품을 위생적으로 보관할 수 있는 설비를 갖춘 충분한 크기의 창고가 있는가<br>(7) 유해가스·악취·매연 및 증기 등의 배제를 위한 충분한 환기시설로서 바닥면적의 5% 이상의 창구시설(지하실에 작업장이 위치하는 경우에는 이에 상응하는 동력환기시설)이 있는가<br>(8) 충분한 채광 또는 조명시설이 있는가<br>(9) 원재료와 기구 및 용기류를 세척하기 위한 세척설비와 종업원 전용의 손 씻는 시설이 있는가<br>(10) 고정을 요하거나 이동하기 어려운 기계·기구류는 작업에 편리하고 청소 및 세척하기 쉬운 곳에 비치되었는가<br>(11) 기구·기계류 등 식품에 접촉하는 부분은 내수성이 있고 세척하기 쉬운 것인가<br>(12) 열탕·증기 또는 살균제 등으로 소독살균이 가능한 것인가<br>(13) 소기구·용기류·포장류·첨가물 등을 위생적으로 보관할 수 있는 설비가 있는가<br>(14) 보기 쉬운 곳에 온도계·습도계 등을 비치하였는가<br>(15) 종업원수에 상당한 크기의 위생적인 갱의실 또는 옷장이 별도로 있는가<br>(16) 전반적으로 청결한가 |
| 2. 변소시설 | (1) 변소는 정화조를 갖춘 수세식으로 되어 있는가<br>(2) 작업장에 영향을 주지 아니하는 곳에 있는가<br>(3) 변기뚜껑을 비치하고 환기시설이 충분히 있는가<br>(4) 바닥·벽·천정은 타일·콘크리트 등 내수성 자재로 되어 있는가<br>(5) 출입구·창구 등에는 방충·방서를 위한 금속망 기타 적당한 설비를 하였는가<br>(6) 남·여의 구별이 따로 되어 사용하는 데 불편이 없는 구조로 된 충분한 수를 갖추었는가 |

| | |
|---|---|
| | (7) 손 씻는 시설을 갖추었는가<br>(8) 전반적으로 청결한 가 |
| 3. 기타시설 | (1) 급수는 수도물 또는 공공시험기관에서 음용에 적합하다고 인정한 것인가<br>(2) 폐기물 용기는 목재 이외의 내수성 자재로 된 충분한 용량의 것이며, 뚜껑이 있고 운반용일 경우에는 운반에 용이한 것인가<br>(3) 영업장소 내외의 배수구는 방서설비를 하고 하수구에 덮개 설치를 하였는가<br>(4) 주변은 배수가 잘 되도록 설비하였는가?<br>(5) 살충기구와 악취 등을 제거할 수 있는 소독기구 및 소독약제를 항상 비치하고 있는가<br>(6) 작업장의 면적은 시설기준에 적합한가<br>(7) 작업장에는 기본 기계·기구 및 설비가 있는가 |

# 2. 원재료의 품질관리

## 2.1 원재료 구입시의 품질관리

생산을 하기위해서 가장 중요한 요소의 하나가 원재료이다. 특히 식품을 제조·가공시에는 원재료의 품질이 제품의 품질에 결정적인 영향을 미칠뿐만 아니라, 제조원가에도 큰 비중을 차지하기 때문에 생산개시전에 필요로 하는 품질·위생 및 수량에 대한 치밀한 계획을 세워야 한다. 원료는 외관상 같다고 하더라도 가공하기전의 위생, 신선도와 가공방법에 따라 큰 차이가 있기때문에 사용원료는 신선하고 위생적으로 무해(無害)해야 함은 기본이다. 원재료 조달은 자사에서 자체적으로 가공하거나 외부에서 구입 또는 임가공(賃加工)한다. 임가공의 목적은 자기회사의 공정만으로는 필요한 모든 원료의 조달을 해낼 수 없기 때문에 부족되는 것은 외주(外注)에 의해 보충된다. 외부에서 원료를 조달시에는 영업 또는 품목허가가 있는 업체에서 제조한 것을 구입 사용토록 한다. 따라서 처음 거래시에는 영업 및 품목허가증 사본을 받는 동시에 납품업체의 품질관리수준도 파악해둘 필요가 있다. 만약 생산된 제품의 품질에 어떤 문제가 발생시에 사용원료 중 어떤 납품업체의 잘못으로 밝혀진다 하더라도 그것을 사용한 업체에서 책임을 져야 하기 때문이다. 따라서 원재료를 구입할 때에는 다음과 같은 사항을 조사, 종합평가해서 품질관리를 잘하고 있는 업체의 것을 선택해야 한다.

- 견실하고 신뢰할 수 있는 업자인지의 여부
- 품질관리에 필요한 시설이 구비되어 있는지의 여부
- 종업원의 위생관리 및 건강관리가 체크되고 있는지의 여부
- 원료보관시설 및 보관상태의 적정 여부
- 업체의 기술수준 및 관리능력, 작업부하, 단가, 과거의 품질 및 납기 등 실적

원재료에서 문제가 되는 것은 미생물 오염으로 인한 변질과 이물질(異物質)의 혼입이다.

또한 납품 업체중에서 원료의 가공시 사용하는 첨가물의 규격이 변경 또는 첨가물자체의 사용이 삭제 되었음에도 불구하고 이를 모르고 사용하는 경우가 있기 때문에, 원재료 납품업체에서 사용하고 있는 첨가물의 종류를 파악하고 필요시에는 화학분석으로 확인해 볼 필요가 있다. 또한 외주생산시에는 생산관리면과 기술면에 관한 지도도 필요하다. 지도방법은 적임자를 직접 파견하거나 관련되는 정보의 제공 또는 교육훈련 등의 간접적인 방법이 있다. 원료가 입고되면 다음 사항을 점검, 검사하고 검사결과를 남기도록 한다.

- 입고일자, 제조원, 납품업자 및 납품수량
- 형태, 색깔, 맛, 냄새 등 관능검사
- 포장상태 및 표시내용
- 화학검사로 법적기준 및 사내기준으로 정한 성분규격에 적합여부

또한 부재료 및 포장재료도 원재료와 똑같은 차원에서 관리하도록 한다. 그러나 식품첨가물의 제조에 사용되는 원료 중에는 식품위생법의 적용을 받지 않는 것도 있다. 화학적 합성품의 원료가 여기에 해당한다. 그러나 품질관리를 위해서는 제조업체에서 스스로 규격 기준을 만들어 일상적으로 관리할 필요가 있다.

## 2.2 원료 보관 관리

구입한 원재료는 입고되어 바로 사용하는 경우는 드물고, 저장하면서 사용하기 때문에 품질이 저하되지 않도록 보관 및 취급에 주의가 필요하다. 이를 위해서는 충분한 기능이 있고, 위생적이며, 원료의 특성에 맞는 조건에서 보관해야 한다. 사용 원료의 종류는 다양하기 때문에 원료별로 구분해서 보관해야 하며 특히, 외관상 유사한 원료는 장소를 구분하거나 포장이나 표시를 확실히 하여 두도록 한다. 이것이 제대로 안되면 엉뚱한 결과를 가져오기도 한다. 보관시설의 구비요건은 다음과 같다.

- 원재료 보관 장소는 다른 장소와 구획토록 한다.
- 바닥 및 벽은 내수성으로 청소 및 세정이 용이토록 한다.
- 쥐나 벌레가 침입하지 않도록 한다.
- 먼지가 들어가지 않도록 한다.
- 햇볕이 직접 쪼이지 않도록 한다.
- 온도·습도를 조절할 수 있는 장치를 설치하여 원료의 특성에 맞추어 보관토록 한다.
- 원재료가 직접 바닥에 닿지 않도록 한다.
- 필요한 재료를 냉장·냉동할 수 있는 시설.

보관시설은 항상 청결을 유지하고 원료만 적재하되, 쥐나 바퀴벌레 등의 발생상황을 조사하여 년2회 이상 구제작업을 실시하고 그 결과를 기록하여 보관한다. 또한 냉장, 냉동실이 있는 경우에는 그 실내의 온도를 수시로 체크하거나 자동적으로 온도를 체크, 기록할 수 있는 장치를 설치하는 것이 관리상 필요하다.

원료중에 식용유, 물엿 등과 같은 액체벌크(液體 bulk)를 옮기는데 사용하는 호스나 파이

프는 오염되지 않도록 해야 한다. 사용후는 깨끗이 청소하여 물기를 없애고, 곤충이 들어가는 것을 막기위해서 마개를 하여 놓을 필요가 있다.

원재료는 필요한 량을 계획적으로 구입하여 원료 상호간에 오염이 되지 않도록 하되, 원료의 특성에 적합한 방법으로 보관토록 한다. 특히 원료중에는 흡습(吸濕)되기 쉬운 것이 있어 이런 원료는 방습포장(防濕包裝)이 필요하고, 어떤 원료는 적재단수(積載段數)를 많이 할 때 그 하중에 의해 덩어리지는 것도 있기 때문에, 원료의 성질을 사전에 파악하여 대비할 필요성이 있다.

원재료는 보관중에 품질이 점차 떨어지기 때문에 선입선출(先入先出)이 되도록 하는 것도 품질관리상 중요하다. 원재료의 선입선출이 제대로 안될시 이 원료로 제조·가공한 최종제품의 유통기한에도 큰 영향을 미치게 된다.

## 3. 제품의 품질관리

(1) 식품은 인간의 생명과 건강에 직결되기 때문에 맛 등의 관능품질 특성보다도 안전성이 가장 중요하다. 식품위생법 제4조에서는 인체의 건강을 해칠 우려가 있는 식품 또는 첨가물을 판매하거나 판매할 목적으로 채취, 제조, 수입, 가공, 사용, 조리, 저장, 또는 운반하거나 진열하지 못하도록 규정하고 있으며 그 내용은 다음과 같다.

① 썩었거나 상하였거나 설익은 것으로서 인체의 건강을 해할 우려가 있는 것

② 유독(有毒)·유해물질(有害物質)이 들어있거나 묻어있는 것 또는 그 염려가 있는 것. 다만, 인체의 건강을 해할 우려가 없다고 보건사회부장관이 인정하는 것은 예외로 한다. 보건사회부장관이 인정하는 것은

㉠ 식품 또는 첨가물에 유독 또는 유해한 물질이 자연적으로 들어있거나 묻어있는 것으로서, 그 유해의 정도가 일반적으로 인체의 건강을 해할 우려가 없는 것이거나 적정한 처리에 의하여 인체의 건강을 해할 우려가 없게 되는 것

㉡ 유독 또는 유해한 물질이 생산공정상 필수적으로 첨가 또는 혼입되는 식품 또는 첨가물로서, 그 유해의 정도가 일반적으로 인체의 건강을 해할 우려가 없는 것

③ 병원 미생물에 의하여 오염되었거나 그 염려가 있어 인체의 건강을 해할 우려가 있는 것

④ 불결하거나 다른 물질에 혼입 또는 첨가 기타의 사유로 인체의 건강을 해할 우려가 있는 것

따라서 안전한 식품을 만들기 위해서는 사용하는 원료나 첨가물은 인체에 유해한 물질이 함유되어 있어서는 아니되며, 제조공정은 철저한 위생 및 품질관리로 식품·식품첨가물의 규격 및 기준에 맞는 제품을 만들어야 한다.

(2) 제품의 품질을 보증하기 위해서는 사용원료와 공정관리가 중요하다. 공정관리의 경우 각 공정마다 기준을 정해놓고 이 기준에 적합한지를 체크해야 한다. 특히, 최종제품은 로트마다 규격기준(또는 자가 품질규격기준)의 시험항목 및 시험방법에 따라서 품질을 확인하고,

만일 시험결과 부적합한 제품으로 판정 되었을 때에는 그 발생원인을 추적 규명하여 그 원인을 제거하는 동시에, 그 처리결과도 상세히 기록해 놓아야 한다.

제품의 품질기준을 설정시에는 다음사항을 고려해 넣을 필요가 있다. 즉, 법에서 정해진 식품별 기준 및 규격은 제조자가 지켜야 할 최소한의 기준이기 때문에, 제조자는 자기회사의 공정능력(工程能力)을 잘 파악하는 동시에, 제품이 유통하는 기간 중의 품질변화 등을 예측하여 법에서 정한 기준·규격보다 한단계 높게 규격을 정해놓아야 한다. 또한 식품별 기준규격이 법으로 제정되지 아니한 식품은 일반식품성분 기준·규격에 적합하도록 해야하며 그 내용은 다음과 같다.

① 비소〔아비산($As_2O_3$)으로서〕

㉠ 고체식품 : 1.5mg/kg 이하(그 식품에 원래부터 함유되어 있는 비소의 양은 제외한다.)

㉡ 액체식품 : 0.3mg/kg 이하(그 식품에 원래부터 함유되어 있는 비소의 양은 제외한다.)

㉢ 조미식품 : 1.5mg/kg 이하(그 식품에 원래부터 함유되어 있는 비소의 양은 제외한다.)

- 고체식품 : 외형이 고체인 식품과 직접 음용하지 아니하는 시럽상의 식품을 포함한다.
- 액체식품 : 외형이 액체로서 직접 음용하는 식품을 말한다.

② 중금속

10mg/kg 이하(단, 그 식품에 원래부터 함유되어 있는 중금속의 양은 제외함)

③ 항생물질

함유하여서는 아니된다.

④ 이 물

원료의 처리과정에서 그 이상 제거되지 아니하는 정도 이상의 이물과 비 위생적인 이물이 있어서는 아니된다.

⑤ 타르색소를 사용하여서는 아니되는 식품

면류, 김치류, 다류(분말청량음료는 제외), 단무지(식용색소 황색 제4호는 사용할 수 있음), 생과일 쥬스, 묵류, 젓갈류, 천연식품〔식육,어패류,야채류,과실 및 그 단순 가공품(탈피,절단 등)〕, 벌꿀, 조미식품,장류, 식초, 소오스, 케찹, 카레, 후추가루, 고추가루 및 실고추에 한함), 식육제품(소시지는 제외) 어육연제품(어육 소시지는 제외), 식용유, 마아가린, 버터, 클로렐라, 효소식품, 식빵, 마아말레이드, 잼, 유 및 유가공품(아이스크림 및 가공유류는 제외)

⑥ 식육 및 식육제품에서는 결핵균, 탄저균, 불루셀라균이 검출되어서는 아니된다.

## 4. 첨가물의 품질관리

### 4.1 식품첨가물이란

식품공업의 발달과 소득수준의 향상으로 가공식품에 대한 소비자의 요구는 해마다 증가하고 있고, 식품제조업체는 이 요구에 대응하여 소비자의 기호를 만족시키면서 보존성이 높고 안전한 식품을 다양하게 공급할 필요가 있다. 이를 위해서 식품을 제조하는 기술의 향상과 함께 식품첨가물이 큰 역할을 한다.

식품첨가물은 식품의 상품적, 위생적 가치 또는 식품의 본래 특성을 높이기 위해서 필요불가결한 것으로 그 종류와 사용량은 해마다 증가하고 있다. 식품첨가물의 본질에 대해서는 식품위생법 제2조에서 "식품을 제조 가공 또는 보존함에 있어 식품에 첨가·혼합·침윤, 기타의 방법으로 사용되는 물질이다"라고 정의하고 있다. 또한 FAO/WHO의 식품첨가물에 관한 합동전문위원회(The Joint FAO/WHO Expert committe on Food Additives : JECFA)에서는 "식품의 외관, 향미, 조직 또는 저장성을 높이기 위한 목적으로 식품에 미량으로 첨가되는 물질"이라고 정의하고 있다. 이상의 정의를 종합해 보면 식품이 본래 가지고 있는 고유성분 이외에 식품에 첨가되는 것은 모두 식품첨가물이다. 식품첨가물에는 후추, 고추 구아껌 등과 같은 천연물(天然物)이 있는 반면 글루타민산나트륨, 방부제 등과 같은 합성품(合成品)도 있다. 또한 이들 식품첨가물을 2종 이상 혼합하거나 1종 또는 2종 혼합한 것에 전분, 포도당 등 부형제와 혼합 또는 희석한 혼합제제(混合製劑)도 있다.

식품첨가물을 규제하는 법률은 주로 합성품이고 천연물은 일부 규제되고 있는데 불과하다. 왜냐하면 천연물을 대상으로 할 때 그 수는 너무 많아 규제가 대단히 어렵기 때문에 특히 유해한 천연물을 제외하고는 규제대상에서 제외되고 있다. 합성품은 식품위생법에서 화학적 합성품으로 표기하고 있으며, 화학적 합성품(化學的合成品)이란 "화학적 수단에 의하여 원소(元素) 또는 화합물(化合物)에 분해반응 외의 화학반응을 일으켜 얻은 물질을 말한다."라고 정의하고 있다. 여기서 분해반응 이외의 화학반응이란 합성반응(合成反應)을 가리키는 것으로서 축합(縮合)반응, 중화(中和)반응, 산화·환원(酸化·環元)반응 등의 화학반응에 의해 얻어진 화합물은 화학적 합성품이 된다.

예를들면 전분을 가수분해하여 얻은 포도당 또는 단백질을 분해하여 얻은 아미노산은 분해반응으로 얻어진 화합물이나, 화학적 합성품으로서는 취급하지 않는다. 그러나 단백질을 분해하여 얻어진 아미노산을 가성소다로 중화하여 얻은 아미노산의 나트륨염은 화학적 합성품으로 취급된다. 화학적 합성품은 천연물에 비해 인체에 해로운 것이 많기 때문에 보건사회부장관이 위생상 지장이 없다고 인정하여 지정한 것만을 식품첨가물로 허용하고 있으며, 규격과 기준이 식품첨가물공전(食品添加物公典)에 명시되어 있다. 그러나 이들 물질은 그 하나하나는 안전하더라도 다른 여러가지 첨가물과 복합되어 사용되고 있으며, 그 성질상 소량씩 장기간 계속 섭취하기 때문에 장기독성이나 발암성의 유무가 중요하다.

## 4.2 첨가물 사용시의 품질관리

식품첨가물은 그 자체가 허용된 사용량 내에서는 해롭지 않더라도, 제조과정에서 정제가 덜되 유해물(有害物)이 잔류하거나 취급과정에서 유해한 물질이 혼입되면 위생상 문제를 일으킬 수 있다. 대표적인 예로서 일본의 '모리나가' 회사에서 생산된 조제분유에 비소혼입사건이다. 분유에 비소가 혼입된 것은 분유의 안정제로 사용한 제2인산나트륨에 다량의 비소화합물이 불순물로 들어 있었기 때문이었다. 이와같은 사고를 예방하기 위해서는 공장에서 사용하는 식품첨가물에 대하여 식품첨가물공전에 정해진 방법에 따라 규격기준시험을 하여야 한다. 또한 유해한 불순물이 들어있지 않다고 하더라도 사용량이나 사용방법이 잘못되었을 경우는 위생상의 문제가 발생할 수 있으므로 식품첨가물을 사용시는 다음과 같이 그 성질을 잘 알고 올바르게 사용해야 한다.

### (1) 식품첨가물의 성질 효능을 충분히 알고 사용한다.

식품을 제조 가공하는 사람은 누구나 식품위생에 관한 법적 규정을 알고 그대로 지켜야 한다. 따라서 식품첨가물을 사용시에는 최소한 식품첨가물 공전에 수록되어 있는 정도의 기본지식은 충분히 이해하고 있어야 올바르게 사용할 수 있다.

### (2) 신용할 수 있는 메이커에서 생산되는 제품을 사용한다.

식품첨가물을 사용하는 업체는 시중에서 판매되고 있는 제품이 올바른 것이라고 믿고 사용하는 경우가 많으므로, 우선 제품을 선택시에는 품질을 믿을 수 있고 신용할 수 있는 회사의 제품을 쓰는 것이 문제의 소지를 경감시킨다. 첨가물을 구입시 처음으로 거래하는 업체에 대해서는 영업허가증 및 품목허가증을 받아 허가 여부를 확인하고, 필요한 경우에는 공인기관이나 제조업체에서 분석한 시험성적서를 제출토록하여 품질을 확인한다. 법으로 규격 기준이 고시되지 아니한 화학적 합성품인 첨가물과 이를 함유한 물질을 첨가물로 사용치 못하도록 되어 있다.

### (3) 식품첨가물 공전의 규격 기준대로 시험한다.

식품첨가물을 제조하는 업체에서는 좋은 품질의 제품을 만들려고 품질관리를 잘하고 있겠으나, 제조과정에서의 실수로 잘못된 제품이 나올 수 있는 가능성은 배제할 수 없다. 따라서 입고되는 첨가물은 포장에 표시된 내용을 반드시 확인한 다음 검사를 한다. 일반적으로 첨가물의 사용량은 소량이기 때문에 검사를 소홀히 하는 경향이 있으나, 만약에 발생될 수 있는 문제를 예방하기 위해서는 식품첨가물 공전에서 정해진 방법대로 분석할 필요가 있다. 그러나 공전에 수록되지 않은 천연첨가물이나 혼합제제는 식품위생검사 기관의 검사를 거쳐 인정된 자가규격기준에 따라서 시험한다.

### (4) 사용기준을 알고 바르게 사용한다.

현재 지정되어 있는 식품첨가물 중에는 사용할 수 있는 식품의 종류나 사용량을 제한하는 것이 있으므로 사용기준을 알고 정확하게 사용해야 한다.

사용기준에는 식품첨가물을 사용해도 좋은 식품과 그 사용 최대량이 정해져 있다. 사용기준은 그 첨가물의 독성시험 데이타로부터 결정된 것으로 동물시험에서의 1일 허용섭취량(ADI. acceptable daily intake)과 식품의 1일 섭취량과의 상호검토에 의해서 이루어진다.

첨가물은 일반적으로 소량 사용하기 때문에 잘못 사용할 때의 영향은 매우 커질 가능성이 있으므로, 사용시는 정확하게 계량하고 균일하게 원료에 혼합되도록 하여야 한다. 이러한 작업이 잘못되면 첨가물이 한쪽으로 몰려 사용효과를 얻기도 어렵지만, 소비자의 클레임을 받을 가능성이 크고 또한 당국에서 수거하여 분석시에 문제가 발생될 우려가 있다.

### (5) 식품첨가물 사용시는 바르게 표시한다.

일반적으로 소비자는 합성보존료 등 첨가물이 들어 있으면 좋지 않게 느끼는 경향이 있어, 식품제조·가공업체에서는 첨가물을 사용하면서도 포장에 사용표기를 꺼린다. 이러한 이유로 첨가물을 사용해도 표시의 필요성이 없는 천연첨가물을 사용하는 경향이 많다. 그러나 화학적 합성품을 사용시는 법에서 정한 규정대로 표시하지 않을 시 문제가 발생한다. 따라서 식품첨가물은 소비자의 입장에 서서 바르게 사용하고 바르게 표시하여야 한다.

법에서 규정하고 있는 합성 첨가물 가운데서 감미료, 착색료, 보존료, 산화방지제, 살균제, 발색제로 사용되는 첨가물이 함유된 식품에 있어서는 그 함유된 첨가물의 명칭과 용도를 표시하도록 되어있다(표 7-4 참조).

표 7-4 합성첨가물 사용시 명칭과 용도표시대상

| 첨가물의명칭 | 용도 |
|---|---|
| ① 삭카린나트륨 | 합성감미료 |
| ② 아스파탐 | |
| ③ 글리실리진산2나트륨 | |
| ④ 글리실리진산3나트륨 | |
| ① 식용색소녹색 제3호 | 합성착색료 |
| ② 식용색소녹색 제3호 알루미늄레이크 | |
| ③ 식용색소적색 제2호 | |
| ④ 식용색소적색 제2호 알루미늄레이크 | |
| ⑤ 식용색소적색 제3호 | |
| ⑥ 식용색소적색 제3호 알루미늄레이크 | |
| ⑦ 식용색소적색 제40호 | |
| ⑧ 식용색소청색 제1호 | |
| ⑨ 식용색소청색 제1호 알루미늄레이크 | |
| ⑩ 식용색소청색 제2호 | |
| ⑪ 식용색소청색 제2호 알루미늄레이크 | |
| ⑫ 식용색소황색 제4호 | |
| ⑬ 식용색소황색 제4호 알루미늄레이크 | |
| ⑭ 식용색소황색 제5호 | |
| ⑮ 식용색소황색 제5호 알루미늄레이크 | |
| ⑯ 동클로로필린나트륨 | |
| ⑰ 철클로로필린나트륨 | |
| ⑱ 삼이산화철 | |
| ⑲ 황산동 | |

| 첨 가 물 의 명 칭 | 용 도 |
| --- | --- |
| ⑳ 이산화티타늄<br>㉑ 수용성안나토(노르빅산나트륨, 노르빅산칼륨) | |
| ① 데히드로초산<br>② 데히드로초산나트륨<br>③ 소르빈산<br>④ 소르빈산칼륨<br>⑤ 안식향산<br>⑥ 안식향산나트륨<br>⑦ 파라옥시안식향산부틸<br>⑧ 파라옥시안식향산에틸<br>⑨ 파라옥시안식향산프로필<br>⑩ 파라옥시안식향산이소부틸<br>⑪ 파라옥시안식향산이소프로필<br>⑫ 프로피온산나트륨<br>⑬ 프로피온산칼슘 | 합 성 보 존 료 |
| ① 디부틸히드록시톨루엔<br>② 부틸히드록시아니졸<br>③ 몰식자산프로필<br>④ 에리소르빈산<br>⑤ 에리소르빈산나트륨<br>⑥ 아스코르빌파르미테이트<br>⑦ 이디티에이이나트륨<br>⑧ 이디티에이칼슘이나트륨 | 산 화 방 지 제 |
| ① 산성아황산나트륨<br>② 아황산나트륨(결정)<br>③ 아황산나트륨(무수)<br>④ 차아황산나트륨<br>⑤ 무수아황산<br>⑥ 메타중아황산칼륨 | 표백용은 "표백제"로, 보존용은 "합성보존료"로 산화방지용은 "산화방지제"로 한다. |
| ① 고도표백분<br>② 차아염소산나트륨<br>③ 표 백 분 | 살균용은 "합성살균제"로, 표백용은 "표백제"로 한다. |
| ① 아질산나트륨<br>② 질산나트륨<br>③ 질산칼륨 | 발 색 제 |

### (6) 식품첨가물 사용시의 주의사항

식품첨가물 중에는 식품의 성분 또는 그 식품이 갖고 있는 고유성질에 따라 영향을 주거나 받는 일이 있다. 예를 들면 핵산계 조미료인 5'－이노신산나트륨이나 5'－구아닐산나트륨은 간장, 된장, 김치 등 식품 중의 효소의 영향을 받아 효력을 상실하고 합성감미료인 아스파탐은 PH나 열(熱)에 민감하여 그 조건에 따라 기능에 큰 차이가 있다. 따라서 식품첨가물을 사용시에는 사용전에 충분히 검토하여야 한다.

### (7) 오인(誤認)에 의한 유독물질이 첨가되지 않도록한다.

살충제, 살균제 등의 농약이 잘못하여 사용되지 않도록 독성(毒性)이 있는 물질을 음식물의 용기에 넣거나 식품을 취급하는 장소에 놓아서는 아니된다. 유독물을 꼭 사용하여야 할 사정이 있으면 관리자를 지정하여 별도의 장소에 보관해 사용관리토록 하고 사용처, 사용량과 재고량은 일지에 반드시 기록하는 것이 바람직하다.

## 4.3 첨가물의 안전성 평가

천연물인 소금, 설탕을 비롯하여 이 세상에는 절대적으로 독성이 없는 것은 없다. 모든 물질은 어느 량까지는 해가 없으나, 어느 량 이상에서는 해가 있다고 할 수 있다.

유해(有害)하다는 것은 동물에 검체를 투여한 경우에 동물측에 나타나는 생리작용과 검체의 투여량과의 량적 관계로 나타난다. 안전성을 확인하기 위해서는 사람과 유사한 대사기능을 갖고 있는 동물실험에 의해 명확한 유독성을 나타내는 수준까지 검체를 투여하고, 그 생리특징과 표적장기(標的臟器)를 명확히 하여 안전수준을 발견한다. 이것이 독성시험이다. 독성시험에는 급성 독성시험, 아급성 독성시험 및 만성 독성시험으로 구분한다.

식품의 안전성 평가에는 장기 독성시험을 고려하여 먼저 ADI(1일 허용섭취량)을 구한다.

### (1) 급성 독성시험(急性毒性試驗, acute toxicity test)

쥐, 토끼 등의 동물에 여러농도로 다량의 검체(檢體)를 한번만 투여하여, 투여한 동물 모집단의 50%가 죽는 물질의 량으로서 통상 동물체중 ㎏당의 ㎎으로 나타내고 $LD_{50}$(lethal dose 50%)로 표시한다. 일반적으로 투여 후 1주간 관찰된다.

### (2) 아급성 독성시험(亞急性毒性試驗, subacute toxicity test)

소량의 검체를 3개월 이상 연속적으로 동물에 투여하여 독성을 밝히는 시험으로 체중증감 및 장기(臟器)의 변화를 조사한다. 이 시험은 만성독성시험의 투여량을 설정하기 위한 예비시험으로 한다.

### (3) 만성 독성시험(慢性毒性試驗, chronic toxicity test)

아급성 독성보다 소량씩 2년간 연속적으로 동물에 투여하여 독성의 유무를 밝히는 시험으로 체중증감 및 장기의 변화를 조사한다.

### (4) 1일 허용섭취량(1日 許容攝取量, acceptable daily intake, ADI)

동물을 이용한 장기 독성시험을 고려하여 어떤 검체를 일생동안 계속해서 먹어도 장해를 받지 않고 또, 자손에게도 영향을 미치지 않는 량을 의미한다. 그러나 이 실험은 직접 인간을 대상으로 하는 것이 아니고 가장 감수성이 높은 동물을 이용하여 최대무작용량(最大無作用量)을 구하고 여기에 안전계수를 곱한 것이다. 안전계수는 종차(種差)1/10, 개체차(個體差) 1/10을 보아 통상 1/100을 이용한다. 이것은 FAO/WHO 식품첨가물 전문위원회가 권고하는 방법으로 세계적으로 이용되고 있다. 1일 허용섭취량은 ㎎/㎏/day로 표현된다.

### (5) 최대무작용량(最大無作用量, maximum no-effect level, MNL)

어떤 검체를 동물에 일생동안 연속 투여하여도 아무런 영향을 주지 않는 량이다. 이 시험은 식품첨가물의 독성평가를 위하여 가장 중요한 시험이다.

## 4.4 식품첨가물의 사용기준

식품첨가물은 사용용도와 효과에 따라서 표 7−5와 같이 조미료, 감미료, 산미료, 착색료, 착향료, 보존료, 살균제, 산화방지제, 소포제 등으로 분류하고 있으며, 이들 첨가물 하나 하나에 대하여 사용기준이 정해져 있다.

식품의 섭취량은 사람마다 다르기 때문에 식품첨가물의 첨가가 허용된 식품에 대하여 한 사람이 가장 많이 먹을 수 있는 량을 식품별로 정하고, 일생동안 먹어도 이상이 없는 안전한 량의 범위안에서 사용기준이 정해진다. 식품위생법에서 규정한 첨가물의 사용기준은 사용대상식품, 사용한도량, 사용제한 등이 품종별로 정해져 있다.

표 7−5 식품첨가물의 분류

| 분 류 | 내 용 |
|---|---|
| 감미료(甘味料) | 단맛을 내는 물질로 대부분 설탕에 비해 맛이 강하고 값이 싸나, 보습성(保濕性), 탄력성(彈力性)이 적은 제품이 되는 단점이 있다. |
| 강화제(强化劑) | 식품의 영양을 강화하는 데 사용하는 물질로 아미노산, 비타민, 무기염 등이 여기에 해당된다. |
| 껌 기초제 | 껌에 적당한 점성과 탄력성을 갖도록 하고 풍미(風味)를 유지하는 물질이다. |
| 밀가루 개량제 | 밀가루의 숙성을 화학적으로 짧은 시간에 하기 위해서 사용되는 물질이다. |
| 발색제(發色劑) | 식품 중의 성분과 반응하여 식품에 안정한 색깔을 주는 물질로, 색소고정제(色素固定劑)라고도 한다. |
| 방충 및 살충제 | 곡류를 저장시에 해충의 피해를 예방하기 위해서 사용하는 물질이다. |
| 보존료(保存料) | 미생물의 증식을 억제하여 식품의 부패나 변패를 방지하고 식품의 보존효과를 높이기 위해 사용되는 물질로 방부제라고도 한다. |

| 분 류 | 내 용 |
|---|---|
| 산미료(酸味料) | 식품에 신맛을 주어서 청량감을 줄 뿐만 아니라, PH를 조절하여 보존성을 높이고 산화방지의 효과를 높이는 데 사용되는 물질이다. |
| 산화방지제(酸化防止劑) | 식품의 성분이 산화되어 품질이 떨어지는 것을 막기 위해 사용하는 물질로, 항산화제(抗酸化劑)라고도 한다. |
| 살균제(殺菌劑) | 미생물을 살균시키는 목적으로 사용되는 물질이다. |
| 소포제(消泡劑) | 식품제조시 생기는 거품을 꺼주거나 억제시키는 데 이용되는 물질이다. |
| 용 제(溶 劑) | 식품 제조·가공시 사용하는 첨가물을 녹이는 데 사용하는 물질이다. |
| 유화제(乳化劑) | 물과 기름과 같이 잘 섞이지 않는 물질을 섞이도록 하는 물질이다. |
| 이형제(離型劑) | 빵의 제조과정에서 빵 반죽을 분할할 때나 구울 때 달라붙지 않게 하기 위해서 사용되는 물질이다. |
| 조미료(調味料) | 식품이 본래 갖고 있는 맛을 돋우거나 기호에 맞게 조절하여 미각을 좋게하는 물질이다. |
| 착색료(着色料) | 식품에 색깔을 부여하여 식품의 미적감각을 높이는 데 사용되는 물질로, 식용색소라고 부르는 경우가 많다. |
| 착향료(着香料) | 식품에 향기를 부여하여 식품의 풍미를 높이는 데 사용하는 물질로, 일반적으로 향료(香料)라고 한다. |
| 추출제(抽出劑) | 어떤 성분을 용해 추출하기 위해서 사용되는 물질로서, 최종제품에서는 제거해야 한다. |
| 표백제(漂白劑) | 식품의 색깔을 탈색하여 희게하는 데 사용되는 물질이다. |
| 피막제(被膜劑) | 과실이나 야채의 보존성을 높이기 위해서 표면에 피막을 만들어 호흡작용을 제한하고 수분의 증발을 방지하는 물질이다. |
| 호 료(糊 料) | 식품의 점착성(粘着性)을 높이기 위해서 사용하는 물질이다. |
| 식품제조용제 | 식품제조에 사용되는 물질로서 이상의 분류에 포함되지 않는 식품첨가물이다. 여기에 속하는 물질로서는 고결방지제, 두부응고제, 식품가공용제, 양조용제, 유화안정제, 특수용도제, 팽창제, 품질개량제, 흡착여과용제 등이 있다. |

## (1) 강화제

① 사용기준이 정해진 것

| 품 명 | 대상식품 | 사용량 | 사용제한 |
|---|---|---|---|
| 구연산칼슘<br>(calcium citrate) | | 1% 이하<br>(칼슘으로서) | 식품의 제조·가공상 필요불가결한 경우 및 영양의 목적 이외에 사용하여서는 아니된다. |
| 글루콘산칼슘<br>(calcium gluconate) | | | |
| 수산화칼슘<br>(calcium hydroxide) | | | |

| 품 명 | 대상식품 | 사 용 량 | 사용제한 |
|---|---|---|---|
| 염화칼슘<br>(calcium chloride) | | | |
| 젖산칼슘<br>(calcium lactate) | | | |
| 제3인산칼슘<br>(calcium phosphate, tribasic) | | | |
| 제2인산칼슘<br>(calcium phosphate, dibasic) | | | |
| 제1인산칼슘<br>(calcium phosphate, monobasic) | | | |
| D-토코페롤(혼합형)<br>(D-tocopherol concentrate, mixed) | | | |
| D-α-토코페롤<br>(D-α-tocopherol concentrate) | | | |
| 탄산칼슘<br>(calcium carbonate) | 껌 | 2% 이하(칼슘으로서) | |
| | 기타식품 | 1% 이하(칼슘으로서) | |
| 판토텐산칼슘<br>(calcium pantothenate) | | 식품의 1% 이하<br>(칼슘으로서) | |
| 황산칼슘<br>(calcium sulfate) | | | |
| L-시스테인 염산염<br>(L-cysteine monohydrochloride) | 빵·천연과즙 | | |
| 황산동<br>(cupric sulfate) | 조제분유, 이유식 | 0.6mg/ℓ 이하<br>(동으로서) | 표준조유 농도에 대하여 |
| 산화아연<br>(zinc oxide) | | | 영양의 목적이외에 사용하여서는 아니된다. |
| 요오드 칼륨<br>(potassium iodide) | | | |

② 사용기준이 정해지지 아니한 것

- 구연산철(ferric citrate)
- 구연산철암모늄(ammonnium citrate)
- 구연산칼륨(potassium citrate)
- 니코틴산(nicotinic acid)
- 니코틴산아미드(nicotinamide)
- 디벤조일티아민(dibenzoyl thiamine)
- 디벤조일티아민 염산염(dibenzoyl thiamine hydrochloride)

- L-라이신 염산염(L-lysine monohydrochloride)
- DL-메티오닌(L-methionine)
- L-메티오닌(DL-methionine)
- L-발린(L-valine)
- 분말비타민A(dry formed vitamin A)
- 비오틴(biotin)
- 비타민 A 유(vitamin A oil)
- 비타민 $B_1$ 나프탈린-1.5-디설폰산염(thiamine naphtalene-1.5-disulfonate)
- 비타민 $B_1$ 나프탈린-2.6-디설폰산염(thiamine naphtalene-2.6-disulfonate)
- 비타민 $B_1$ 라우릴 황산염(thiamine dilaurylsulfate)
- 비타민 $B_1$ 로단산염(thiamine thiocyanate)
- 비타민 $B_1$ 염산염(thiamine hydrochloride)
- 비타민 $B_1$ 질산염(thiamine mononitrate)
- 비타민 $B_1$ 프탈린염(thiamine phenolphthalinate)
- 비타민 $B_2$ (riboflavin)
- 비타민 $B_2$ 인산에스테르나트륨(riboflavin phosphate sodium)
- 비타민 $B_6$ 염산염(pyridoxine hydrochloride)
- 비타민 $B_{12}$ (cyanocobalamin)
- 비타민 C (L-ascorbic acid)
- 비타민 $D_2$ (calciferol)
- 비타민 $D_3$ (cholecalciferol)
- 비타민 E (DL-$\alpha$-tocopherol)
- 비타민 E 초산에스테르(DL-$\alpha$-tocopheryl acetate)
- L-시스틴(L-cystine)
- 황산아연(zinc sulfate, heptahydrate)
- L-아스코르빈산나트륨(sodium L-ascorbate)
- 염산(hydrochloric acid)
- 용성비타민 P(methyl hesperdin)
- 유성비타민 A 지방산 에스텔(vitamin A fatty acid ester in oil)
- 이노시톨(inositol)
- L-이소로이신(L-isoleucine)
- 인산철(ferric phosdphate)
- 전해철(iron electrolytic)
- 젖산철(ferrous lactate)
- DL-트레오닌(DL-threonine)

- L-트레오닌(L-threonine)
- DL-트립토판(DL-tryptophan)
- L-트립토판(L-tryptophan)
- 판토텐산나트륨(sodium pantothenate)
- L-페닐알라닌(L-phenylalanine)
- 환원철(iron, reduced)
- L-히스티딘 염산염(L-histidine monohydrochloride)

### (2) 껌기초제

① 사용기준이 정해진 것

| 품　명 | 대상식품 | 사 용 량 | 사용제한 |
|---|---|---|---|
| 에스테르껌<br>(ester gum) | 껌 | | 껌 기초제 이외의 용도로 사용하여서는 아니된다. |
| 초산비닐수지<br>(polyvinyl acetate) | 껌, 과실, 과채 | | 껌 기초제 및 과실 또는 과체표피의 피막제 이외의 용도로 사용불가 |
| 폴리부텐<br>(poly butene) | 껌 | | 껌 기초제 이외의 용도로 사용불가 |
| 폴리이소부틸렌<br>(polyisobutylene) | | | |

② 사용기준이 정해지지 아니한 것

- 석유왁스(petroleum wax)

### (3) 밀가루 개량제

| 품　명 | 대상식품 | 사 용 량 | 사용제한 |
|---|---|---|---|
| 과산화벤조일(희석)<br>(diluted benzoyl peroxide) | 소맥분 | 0.3 g/kg 이하 | |
| 과황산암모늄<br>(ammonium persulfate) | | | |
| 브롬산칼륨<br>(potassium bromate) | 빵 | 소맥분에 대하여 0.03 g/kg 이하(브롬산으로서) | |
| 염소<br>(chlorine) | 케익 및 카스테라 제조용 소맥분 | 1.25 g/kg 이하 | |
| 이산화염소<br>(chlorine dioxide) | 케익 및 카스테라 제조용 소맥분 | 30mg/kg 이하 | |

### (4) 발색제

① 사용기준이 정해진 것

| 품 명 | 대상식품 | 사 용 량 | 사용제한 |
|---|---|---|---|
| 아질산나트륨<br>(sodium nitrite) | 식육, 경육제품 | 0.07 g/kg 이하<br>(아질산근으로서 잔존량) | |
| | 어육소시지 및 어육햄 | 0.05 g/kg 이하<br>(아질산근으로서 잔존량) | |

② 사용기준이 정해지지 아니한 것

- 질산나트륨(sodium nitrate)
- 질산칼륨(potassium nitrate)
- 황산 제1철(건조)(ferrous sulfate, exsicatted)
- 황산 제1철(결정)(ferrous sulfate)

### (5) 방충 및 살충제

| 품 명 | 대상식품 | 사 용 량 | 사용제한 |
|---|---|---|---|
| 에틸렌옥사이드<br>(훈증제)<br>(ethylene oxide) | 가공한 건조 천연 조미료 | 50ppm 이하<br>(잔존량) | |
| 피페로닐부톡시드<br>(piperonyl butoxide) | 곡류 | 0.024 g/kg 이하 | |

### (6) 보 존 료

| 품 명 | 대상식품 | 사 용 량 | 사용제한 |
|---|---|---|---|
| 데히드로초산<br>(dehydroacetic acid) | 치즈, 버터<br>및 마아가린 | 0.5 g/kg 이하<br>(데히드로 초산으로서) | |
| 데히드로초산나트륨<br>(sodium dehydroacetate) | | | |
| 안식향산<br>(benzoic acid) | 청량음료 및<br>간장 | 0.6 g/kg 이하<br>(안식향산으로서) | ※소르빈산 : 프로피온산 나트륨 및 프로피온산 칼슘과 병용시 프로피온산 및 소르빈산의 합계 3 g/kg이하 |
| 안식향산나트륨<br>(sodium benzoate) | 알로에 즙 | 0.5 g/kg 이하<br>(안식향산으로서) | |
| 소르빈산<br>(sorbic acid) | 치 즈 | 3 g/kg 이하<br>(소르빈산으로서) | |
| 소르빈산칼륨<br>(potassium sorbate) | 식육제품, 경육<br>제품 | 2 g/kg 이하<br>(소르빈산으로서) | |
| | 성게젓, 피넛트 땅콩버터 가공품, 어육연제품, 모조치즈, 염분 8% 이하의 젓갈류 | 2 g/kg 이하<br>(소르빈산으로서) | |

<table>
<tr><th>품　명</th><th>대상식품</th><th>사 용 량</th><th>사용제한</th></tr>
<tr><td rowspan="4"></td><td>된장, 고추장, 춘장, 어개건제품, 식초절임, 팥앙금류, 야채나 과채의 된장절임, 소금절임 및 알로에 즙</td><td>1 g/kg 이하<br>(소르빈산으로서)</td><td rowspan="18"></td></tr>
<tr><td>잼, 케찹</td><td>0.5g/kg 이하(소르빈산으로서)</td></tr>
<tr><td>유산균음료<br>(살균한 것 제외)</td><td>0.05 g/kg 이하<br>(소르빈산으로서)</td></tr>
<tr><td>과실주</td><td>0.2 g/kg 이하<br>(소르빈산으로서)</td></tr>
<tr><td rowspan="6">파라옥시안식향산부틸<br>(butyl p-hydroxybenzoate)</td><td>간　장</td><td>0.25 g/ℓ 이하<br>(파라옥시안식향산으로서)</td></tr>
<tr><td>식　초</td><td>0.1 g/ℓ 이하<br>(파라옥시안식향산으로서)</td></tr>
<tr><td>청량음료수<br>(탄산함유제외)</td><td>0.1 g/ℓ 이하<br>(파라옥시안식향산으로서)</td></tr>
<tr><td>과일소오스</td><td>0.2 g/ℓ 이하<br>(파라옥시안식향산으로서)</td></tr>
<tr><td>과일 및 과채<br>(표피부분에 한함)</td><td>0.012 g/kg 이하<br>(파라옥시안식향산으로서)</td></tr>
<tr><td>과실주, 약주, 탁주</td><td>0.05 g/ℓ 이하<br>(파라옥시안식향산으로서)</td></tr>
<tr><td rowspan="4">파라옥시안식 향산에틸<br>(ethyl-p-hydroxybenzoate)</td><td>간　장</td><td>0.25 g/ℓ 이하</td></tr>
<tr><td>식　초</td><td>0.1 g/ℓ 이하</td></tr>
<tr><td>청량음료수<br>(탄산 함유 제외)</td><td>0.1 g/kg 이하</td></tr>
<tr><td>과일소오스</td><td>0.2 g/kg 이하</td></tr>
<tr><td>파라옥시안식향산이소부틸<br>(isobutyl p-hydroxy benzoate)</td><td rowspan="3">과일 및 과채<br>(표피부분에 한함)</td><td rowspan="3">0.012 g/kg 이하<br>(파라옥시안식향산으로서)</td></tr>
<tr><td>파라옥시안식향산이소프로필<br>(isopropyl p-hydroxybenzoate)</td></tr>
<tr><td>파라옥시안식향산프로필<br>(propyl p-hydroxybenzoate</td></tr>
<tr><td>프로피온산나트륨<br>(sodium propionate)</td><td>빵 및 생과자</td><td>2.5 g/kg 이하</td></tr>
<tr><td>프로피온산칼슘<br>(calcium propionate)</td><td>치　즈</td><td>3 g/kg 이하</td><td>※프로피온산칼슘 : 소르빈산 및 소르빈산칼륨과 병용시 합계 3 g/kg 이하</td></tr>
</table>

## (7) 산화방지제

| 품 명 | 대상식품 | 사 용 량 | 사용제한 |
|---|---|---|---|
| 디부틸히드록시톨루엔 (dibutyl hydroxy toluene) | 어패건제품<br>어패염장품<br>버터, 유지 | 0.2 g/kg 이하 | 부틸히드록시 아니솔과 병용시 합계 0.2 g/kg 이하 |
| | 어패냉동품, 고래냉동품의 침지액 | 0.1 g/kg 이하 | 부틸히드록시 아니솔과 병용시 합계 1 g/kg 이하 |
| | 껌 | 0.75 g/kg 이하 | 디부틸히드록 시톨루엔과 병용시 합계 0.75 g/kg 이하 |
| 부틸히드록시아니솔 (bytyl hydroxy anisol) | 어패건제품<br>어패염장품<br>버터, 유지 | 0.2 g/kg 이하 | 디부틸히드록 시톨루엔과 병용시 합계 0.2 g/kg 이하 |
| | 어패냉동품, 고래냉동품의 침지액 | 1 g/kg 이하 | 디부틸히드록 시톨루엔과 병용시 합계 1 g/kg 이하 |
| | 껌 | 0.75 g/kg 이하 | 디부틸히드록 시톨루엔과 병용시 합계 0.75 g/kg 이하. |
| 몰식자산프로필 (propyl gallate) | 유지 및 버터 | 0.1 g/kg 이하 | 산화방지 이외의 목적에 사용불가 |
| 아스코르빌 팔미테이트 (ascorbyl palmitate) | | | |
| 에리쏘르빈산 (erythrobic acid) | | | |
| 에리쏘르빈산 나트륨 (sodium erythorbate) | | | |
| 이.디.티.에이 2 나트륨 (disodium ethylene diamine tetra acetate) | 마요네즈, 사라다 드레싱 | 0.075 g/kg 이하 | 이.디.티.에이 칼슘이나트륨과 병용시 합계 0.07 g/kg 이하 |
| 이.디.티.에이 칼슘 2 나트륨 (calcium disodium ethylene diamine tetra acetate) | 마요네즈, 사라다 드레싱, 마아가린 | | 이.디.티.에이 2 나트륨과 병용시 합계 0.075 g/kg 이하 |

### (8) 살균제

| 품 명 | 대상식품 | 사 용 량 | 사용제한 |
|---|---|---|---|
| 고도표백분<br>(calcium hypochlorite)<br>차아염소산나트륨<br>(sodium hypochlorite)<br>표백분<br>(bleaching powder) | | | 참깨에 사용불가 |

### (9) 소 포 제

| 품 명 | 대상식품 | 사 용 량 | 사용제한 |
|---|---|---|---|
| 규소수지<br>(silicone resin) | | 0.05 g/kg 이하 | 거품을 없애는 목적 이외에 사용불가 |

### (10) 식품제조용제 및 기타

① 사용기준이 정해진 것

<table>
<tr><th>품 명</th><th>대상식품</th><th>사 용 량</th><th>사용제한</th></tr>
<tr><td>결정셀룰로오스<br>(cellulose)</td><td></td><td rowspan="8">0.5% 이하<br>(기타 불용성 광물과 혼용시 잔존량으로서)</td><td rowspan="12">식품의 제조·가공상 필요불가결한 경우 이외에 사용불가</td></tr>
<tr><td>규조토(건조품)<br>(diatomaceous earth, natural)</td><td></td></tr>
<tr><td>규조토(소성품)<br>(diatomaceous earth, calcined)</td><td></td></tr>
<tr><td>규조토(용제소성품)<br>(diatomaceous earth, flux-calcined)</td><td></td></tr>
<tr><td>백도토<br>(kaolin)</td><td></td></tr>
<tr><td>벤토나이트<br>(bentonite)</td><td></td></tr>
<tr><td>산성백토</td><td></td></tr>
<tr><td>퍼라이트<br>(perlite)</td><td></td></tr>
<tr><td rowspan="2">탈크<br>(talc)</td><td>일반식품</td><td>0.5% 이하</td></tr>
<tr><td>껌</td><td>5% 이하</td></tr>
<tr><td>염기성 알루미늄 탄산나트륨<br>(basic sodium aluminium carbonate)</td><td></td><td rowspan="2">0.5% 이하</td></tr>
<tr><td>탄산마그네슘<br>(magnesium carbonate)</td><td></td></tr>
</table>

| 품 명 | 대상식품 | 사 용 량 | 사용제한 |
|---|---|---|---|
| 수산<br>(oxalic acid) | | | 최종식품의 완성 전에 제거해야 한다. |
| 이온교환수지<br>(ion exchange resin) | | | |
| 수산화나트륨<br>(sodium hydroxide) | | | 최종식품의 완성전에 중화 또는 제거해야 한다. |
| 염 산<br>(hydrochloric acid) | | | |
| 황 산<br>(sulforic acid) | | | |
| 실리코 알루민산 나트륨<br>(sodium sillicoaluminate) | | 2% 이하 | |
| 스테아릴 젖산칼슘<br>(calcium stearyl lactylate) | 빵 | | |
| 스테아릴 젖산 나트륨 | 빵 및 면류 | | |
| 아크릴 아미드-아크릴산 수지<br>(acrylamide-acrylic acid resin) | 당 액 | 10mg/kg 이하 | 당의 정제 목적 이외에 사용불가 |
| 피틴산<br>(phytic acid) | | | 이유식 및 영양 등 식품에 사용불가 |
| 천연 카페인<br>(caffeine) | 콜라형 음료 | 0.015% 이하 | |
| 폴리비닐 폴리피로리돈<br>(polyvinyl polypyrolidone) | | | 최종식품 완성전에 제거해야 한다. |
| 이산화규소<br>(silicone dioxide) | | | |
| 올레오레진 캡시컴<br>(oleoresin capsicum) | | | 천연식품(식육, 어패류, 과실류, 야채류, 고추가루, 실고추, 김치, 고추장에 사용불가) |

② 사용기준이 정해지지 아니한 것

- 메타인산나트륨(sodium metaphosphate)
- 메타인산칼륨(potassium metaphosphate)
- 분말셀룰로오스(cellulose, powdered)
- 산성피로인산나트륨(disodium dihydrogen pyrophosphate)
- 쉘 • 락(shellac)
- 수산화나트륨액(sodium hydroxide, solution)
- 염화마그네슘(magnesium chloride)
- 염화칼륨(potassium chloride)

- 인산(phosphoric acid)
- 제3 인산나트륨(sodium phosphate, tribasic)
- 제3 인산칼륨(potassium phosphate, tribasic)
- 제2 인산나트륨(sodium phosphate, dibasic)
- 제2 인산암모늄(ammonium phosphate, dibasic)
- 제2 인산칼륨(potassium phosphate, dibasic)
- 제1 인산나트륨(sodium phosphate, monobasic)
- 제1 인산암모늄(ammonium phosphate, monobasic)
- 제1 인산칼륨(potassium phosphate, monobasic)
- 초산나트륨(sodium acetate)
- 초산전분(starch acetate)
- 탄닌산(tannic acetate)
- 탄산나트륨(sodium carbonate)
- D-토코페롤(혼합형)(D-tocopherol concentrate, mixed)
- D-키실로오스(D-xylose)
- 폴리인산나트륨(sodium polyphosphate)
- 폴리인산칼륨(potassium polyphosphate)
- 피로인산나트륨(sodium pyrophosphate)
- 피로인산칼륨(potassium pyrophosphate)
- 활성탄(active carbon)
- 황산나트륨(sodium sulfate)
- 황산마그네슘(magnecium sulfate)
- 황산암모늄(ammonium sulfate)
- 히드록시프로필 인산전분(hydroxypropyl distarch phosphate)

### (11) 용 제

- 글리세린(glycerin)
- 프로필렌글리콜(propylene glycol)

### (12) 유화제

- 글리세린지방산에스테르(glycerin fatty acid ester)
- 대두인지질(soybean phospholipids)
- 소르비탄지방산에스테르(sorbitan fatty acid ester)
- 자당지방산에스테르(sucrose fatty acid ester)
- 폴리소르베이트 20(polysorbate 20)
- 프로필렌글리콜지방산에스테르(propylene glycol fatty acid ester)

### (13) 이 형 제

| 품 명 | 대상식품 | 사 용 량 | 사용제한 |
|---|---|---|---|
| 유동파라핀<br>(liquid paraffin) | 빵 | 0.1% 이하<br>(빵중의 잔존량) | ·빵을 제조하는 과정에서 빵생지를 분할기에서 분할할 때 및 구울 때의 이형의 목적 이외에 사용 불가 |

### (14) 조 미 료

- L－글루타민산나트륨(L－monosodium glutamate)
- 글리신(glycine)
- 5′－이노신산나트륨(sodium 5′－inosinate)
- 5′－구아닐산나트륨(sodium 5′－guanylate)
- 5′－리보뉴클레오티드 나트륨(sodium 5′－ribonucleotide)
- 5′－리보뉴클레오티드 칼슘(calcium 5′－ribonucleotide)
- DL－알라닌(DL－alanine)
- 염화칼륨(potassium chloride)
- 호박산 2 나트륨(disodium succinate)

### (15) 산 미 료

- 구연산(citric acid)
- 구연산나트륨(sodium citrate)
- 글루코노델타락톤(glucono－$\delta$－lactone)
- 빙초산(glacial acetic acid)
- DL－사과산(DL－malic acid)
- DL－사과산나트륨(sodium DL－malate)
- 젖산(lactic acid)
- DL－주석산(DL－tartaric acid)
- D－주석산(D－tartaric acid)
- D－주석산나트륨(sodium D－tartarate)
- DL－주석산나트륨(sodium DL－tartarate)
- 초산(acetic acid)
- 프마르산(fumaric acid)
- 프마르산 1 나트륨(monosodium fumarate)
- 아디핀산(adipic acid)
- 호박산(succinic acid)

## (16) 감 미 료

① 사용기준이 정해진 것

| 품 명 | 대상식품 | 사 용 량 | 사용제한 |
|---|---|---|---|
| 삭카린나트륨 (saccharin sodium) | | | 식빵, 이유식, 백설탕, 포도당, 물엿, 벌꿀 및 알사탕류에 사용불가 |
| 스테비오사이드 (stevioside) | | | 식빵, 이유식, 백설탕, 갈색설탕, 포도당, 물엿, 알사탕류, 유제품, 벌꿀에 사용불가 |
| 아스파탐 (aspartame) | 가열조리를 요하지 않는 식사대용 곡류가공품, 청량음료, 껌, 다류, 식탁용 감미료, 아이스크림, 빙과, 잼, 분말스프, 발효유 | | |
| 글리실리진산 3 나트륨 (trisodium glycyrrhizinate) | 된장 및 간장 | | |
| 글리실리진산 2 나트륨 (disodium glycyrrhizinate) | | | |

② 사용기준이 정해지지 아니한 것

- D－소르비톨(D-sorbitol)
- D－소르비톨액(D-sorbitol solution)

## (17) 착 색 료

| 품 명 | 대상식품 | 사 용 량 | 사용제한 |
|---|---|---|---|
| 동클로로필린나트륨 (sodium copper chlorophyllin) | 야채류, 과실류 저장품 | 0.1 g/kg 이하 | |
| | 다시마(건조품) | 0.15 g/kg 이하 | |
| | 껌 | 0.05 g/kg 이하 | |

| 품 명 | 대상식품 | 사 용 량 | 사용제한 |
|---|---|---|---|
| | 완두콩 통조림중의 한천 | 0.0004 g / kg 이하 | |
| 삼이산화철<br>(iron sesquioxide) | | | 바나나(꼭지의 절단면), 곤약 이외에 사용불가 |
| 수용성안나토<br>(annato. water soluble) | | | 천연식품에 사용불가 |
| 이산화티타늄<br>(titanium dioxide) | | 식품중량의 1% 이하 | |
| 철클로로필린나트륨<br>(sodium iron chlorolpyllin) | | | |
| 카라멜<br>(caramel) | | | |
| β－카로틴<br>(β－carotine) | | | 천연식품에 사용불가 |
| 파프리카 추출색소<br>(oreoresin paprica) | | | 천연식품에 사용불가<br>고추가루, 김치, 실고추, 고추장에 사용불가 |
| β－아포－8′－카로티날<br>(β－apo－8′－carotenal) | | | 천연식품에 사용불가 |
| 식용색소녹색 제3호<br>(food green No.3) | | | 면류, 단무지(황색4호 제외), 생과일쥬스, 묵류, 젓갈류, 천연식품, 벌꿀, 후추가루, 식초, 소오스, 케찹, 카레, 잼, 고추가루, 장류, 실고추, 식육제품(소시지 제외), 어육연제품(소시지 제외), 식용유, 버터, 마아가린, 김치류, 클로렐라, 효소식품, 다류(청량음료 제외), 식빵, 마마레이드유 및 유제품(아이스크림 및 가공유류는 제외)에 사용불가 |
| 식용색소 녹색 제3호 알루미늄 레이크<br>(food green No.3 aluminium lake) | | | |
| 식용색소적색 제2호<br>(food red No.2) | | | |
| 식용색소적색 제2호 알루미늄 레이크<br>(food red No.2 aluminium lake) | | | |
| 식용색소적색 제3호 | | | |
| 식용색소적색 제3호 알루미늄 레이크 | | | |
| 식용색소 적색 제40호 | | | |
| 식용색소 청색 제1호 | | | |
| 식용색소 청색 제1호 알루미늄 레이크 | | | |
| 식용색소 청색 제2호 | | | |
| 식용색소 청색 제2호 알루미늄 레이크 | | | |

| 품 명 | 대상식품 | 사 용 량 | 사용제한 |
|---|---|---|---|
| 식용색소 황색 제4호 | | | |
| 식용색소 황색 제4호 알루미늄 레이크 | | | |
| 식용색소 황색 제5호 | | | |
| 식용색소 황색 제5호 알루미늄 레이크 | | | |

### (18) 착 향 료

착향료는 착향의 목적이외에 사용하여서는 아니된다.

- 개미산게라닐(geranyl formate)
- 개미산시트로넬릴(citronellyl formate)
- 개미산이소아밀(isoamyl formate)
- 게라니올(geraniol)
- 계피산(cinnamic acid)
- 계피산 메틸(methyl cinnamate)
- 계피산 에틸(ethyl cinnamate)
- 계피산 알데히드(cinnamic aldehyde)
- 계피 알콜(cinnamyl alcohol)
- 고급계톤류(higher ketones)
- 낙산(butyric acid)
- 낙산부틸(butyl butylrate)
- 낙산에틸(ethyl butylrate)
- 낙산이소아밀(isoamyl butylrate)
- γ－노나락톤(γ－nonalactone)
- 데실알콜(decyl alcohol)
- 데카날(decyl aldehyde)
- 데카논산에틸(ethyl decanoate)
- 락톤류(lactones)(독성이 있다고 인정되는 것은 제외)
- 리나룰(linalool)
- 말톨(maltol)
- 메틸－β－나프틸케톤(methyl β-naphthyl ketone)
- N－메틸안트라닐산메틸(methyl N-methyl anthranilate)
- DL－멘톨 (DL-menthol)
- L－멘톨 (L-menthol)

- 바닐린 (vanillin)
- 방향족알데히드류(aromatic aldehydes) (독성이 있다고 인정되는 것은 제외)
- 방향족 알콜류(aromatic alcohols)
- 벤즈알데히드(benzaldehyde)
- 벤질알콜(benzyl alcohol)
- 살리실산메틸(methyl salicilate)
- 시클로헥산프로피온산알릴(allyl cyclohexane propionate)
- 시트랄(citral)
- 시트로넬랄(citronellal)
- 시트로넬롤(citronellol)
- 아니스알데히드(anisaldehyde)
- α-아밀신나믹 알데히드(α-amylcinnamicaldehyde)
- 아세토초산에틸(ethyl acetoacetate)
- 아세토페논(acetophenone)
- 안트라닐산메틸(methyl anthranilate)
- 에스테르류(esters)
- 에테르류(ethers)
- 에틸바닐린(ethyl vanillin)
- 옥타논산에틸(octyl aldehyde)
- γ-운데카락톤(γ-undecalactone)
- 유게놀(eugenol)
- 유칼리프톨(eucalyptol)
- 이소길초산에틸(ethyl isovalerate)
- 이소길초산이소아밀(isoamyl isovalerate)
- 이소유게놀(isoeugenol)
- 이소티오시아네이트류(isothiocyanates)(독성이 있다고 인정되는 것은 제외)
- 이소티오시안산 알릴(allyl isothiocyanate)
- α-이오논(α-ionone)
- β-이오논(β-ionone)
- 인돌 및 그 유도체(indole and its derivetives)
- 지방산류(fatty acids)
- 지방족 고급 알데히드류(독성이 있다고 인정되는 것은 제외)
- 지방족 고급 알콜류
- 지방족 고급 탄화수소류(독성이 있다고 인정되는 것은 제외)
- 초산 게라닐(geranyl acetate)

- 초산 리나릴(linalyl acetate)
- 초산 벤질(benzyl acetate)
- 초산 부틸(butyl acetate)
- 초산시트로넬릴(citronelly acetate)
- 초산신나밀(cinnamyl acetate)
- 초산이소아밀(isoamyl acetate)
- 초산에틸(ethyl acetate)
- 초산페닐에틸(phenylethyl acetate)
- 치오알콜류(thioalcohols)
- 치오에테르류(thio ethers)(독성이 있다고 인정되는 것은 제외)
- 카프론산 알릴(allyl caproate)
- 테르펜계 탄화수소류
- P-메틸아세토페논페놀류(독성이 있다고 인정되는 것은 제외)
- 페놀에테르류(독성이 있다고 인정되는 것은 제외)
- 페닐초산에틸(ethyl phenyl acetate)
- 페놀초산이소부틸(isobutyl phenylacetate)
- 푸루프랄 및 그 유도체(독성이 있다고 인정되는 것은 제외)
- 프로피온산 벤질(benzyl propionate)
- 프로피온산 에틸(ethyl propionate)
- 프로피온산이소아밀(isoamyl propionate)
- 피페로날(piperonal)
- 헥사논난에틸(ethyl hexanoate)
- 히드록시시트로넬랄(hydroxy citronellal)
- 히드록시시트로넬랄디메틸아세탈(hydroxy citronellal dimethylacetal)

### (19) 추 출 제

- 헥산(hexane):식용유지를 제조할 때의 유지를 추출하는 목적 이외에 사용불가. 최종식품 완성전에 제거해야 한다.

### (20) 팽 창 제

- 명반(alum)
- 소명반(burnt alum)
- 소암모늄명반(burnt ammonium alum)
- 암모늄명반(ammonium alum)
- 염화암모늄(ammonium chloride)

- D-주석산수소칼륨(potassium-bitartrate)
- DL-주석산수소칼륨(potassium DL-bitartrate)
- 탄산수소나트륨(sodium bicarbonate)
- 탄산수소암모늄(ammonium bicarbonate)
- 탄산암모늄(ammonium carbonate)
- 탄산칼륨(무수) (potassium carbonate, anhydrous)
- 합성팽창제(baking powder)
- 효　　모(yeast)

### (21) 표 백 제

| 품　　명 | 대상식품 | 사 용 량 | 사용제한 |
|---|---|---|---|
| 과산화수소<br>(hydrogen peroxide) | | | 최종식품의 완성 전에 분해하거나 또는 제거한다. |
| 메타중아황산칼륨<br>(potassium metabisulfate) | 당밀 및 물엿<br>엿<br>천연과즙<br>건조과실류<br>(건포도 제외<br>곤약분<br>새우살<br>과실주<br>기타식품 | 0.3 g/kg 이하<br>(이산화황으로서) | |
| 무수아황산 | | 0.4 g/kg 이하<br>(이산화황으로서) | |
| 아황산나트륨<br>(sodium sulfite) | | 0.15 g/kg이하 | |
| 산성아황산나트륨<br>(sodium bisulfite) | | 2 g/kg 이하<br>0.9 g/kg 이하 | |
| 차아황산나트륨<br>(sodium hydrosulfite) | | 0.1 g/kg 이하<br>0.35 g/kg 이하<br>0.03 g/kg 이하 | 참깨, 두류, 서류, 과채류는 제외 |

### (22) 피 막 제

| 품　　명 | 대상식품 | 사 용 량 | 사용제한 |
|---|---|---|---|
| 몰포린지방산염<br>(morpholine fatty acid salt) | 과실·과채의 표피 | | 표피의 피막제 이외의 용도에 사용불가 |
| 초산비닐수지<br>(polyvinyl acetate) | 껌 기초제 및 과실·과채의 표피 | | |

### (23) 호 료

① 사용기준이 정해진 것

| 품 명 | 대상식품 | 사 용 량 | 사용제한 |
|---|---|---|---|
| 알긴산프로필렌글리콜 (propylene glycol alginate) | | 식품의 1% 이하 | |
| 메틸셀룰로오스 (methyl cellulose)<br>카르복시메틸셀룰로오스 나트륨 (sodium carboxymethyl cellulose)<br>카르복시메틸셀룰로오스 칼슘 (calcium carboxymethyl cellulose)<br>카르복시메틸스타치나트륨 (sodium carboxymethyl starch) | | 식품의 2% 이하 | 메틸셀룰로오스, 카르복시 메틸 셀룰로오스 나트륨, 카르복시메틸셀룰로오스칼슘, 카르복시메틸스타치나트륨의 2종 이상을 병용할 때에는 각각의 사용량의 합계가 식품의 2%이하 이어야한다. |
| 폴리아크릴산 나트륨 (sodium polyacrylate) | | 식품의 0.2% 이하 | |

② 사용기준이 정해지지 아니한 것

- 구아검(guar gum)
- 카라야검(karaya gum)
- 로커스트 콩검(locust bean gum)
- 산탄검(xanthan gum)
- 아라비아검(arabic gum, acacia)
- 알긴산(alginic acid)
- 알긴산나트륨(sodium alginate)
- 젤라틴(gelatine)
- 카라기난(carrageenan)
- 카제인(casein)
- 카제인나트륨(sodium caseinate)
- 타마린드 검(tamarind gum)
- 펙 틴(pectin)

# 5. 공정관리

공정관리란 공장에서 원재료로부터 최종제품에 이르기까지 배합, 제조 가공 공정의 흐름을 효율적으로 계획·실시·확인·조치해서 공정을 관리된 상태로 유지하는 것이다. 공정관리의 목적은 가장 저렴한 방법으로 필요한 시기에 적절한 품질과 수량의 경제적인 제품을 생산하는 것이고, 이를 위해서 공정의 단계마다 관리의 사이클을 틀림없이 돌리는 것이다.

식품공장은 일부 대기업의 장치공업을 제외하면 다품종 소량 생산하는 업체가 주류를 이루고 있다. 공정관리는 업종과 업체의 규모에 따라서 그 관리내용이 다소 다르지만 근본적인 차이는 없다. 공정관리에서 필요한 가장 기본적인 일로서는 생산계획, 자재관리, 공정계획, 일정계획, 작업분배, 진도관리 등이다.

## 5.1 생산계획

기업이 생산활동을 할 때에 그 목적을 달성하기 위해서는 생산되는 제품의 종류, 품질, 수량, 가격, 제조방법, 장소 및 생산기간 등에 대하여 가장 경제적이고 합리적인 계획을 세우는 것이 생산계획이다.

생산계획량은 일반적으로 생산에서 판매에까지의 기간을 고려하여 제품의 적정재고를 유지하도록 수립한다. 생산계획의 기초가 되는 것은 판매예측이다. 이것이 잘못되면 과잉재고로 자금부담도 커지지만 재고로 유지되는 기간만큼 제품의 유통기간이 단축되고 심한 경우에는 유효기간의 경과로 폐기되는 경우도 발생한다.

## 5.2 원재료 계획

생산을 하는 데 가장 중요한 요소의 하나가 원재료이다. 식품의 제조·가공에서 원재료의 품질은 제품의 품질에 결정적인 영향을 미칠 뿐만아니라, 제조원가의 50% 이상을 차지하기 때문에 생산개시전에 필요로 하는 수량과 품질에 대한 치밀한 계획을 세워야 한다. 원재료의 품질은 원료의 품종, 수확시기, 저장 조건 및 가공방법 등에 따라 큰 차이가 나기 때문에, 품질기준을 설정시에는 세심한 검토가 필요하다. 또한 확보한 원료를 보관하는 상태에 따라 품질·위생에 영향을 미치므로 원료의 특성을 사전에 파악하고 여기에 맞도록 관리하는 것이 중요하다.

## 5.3 재료관리

식품공업에서 공정관리의 첫단계는 재료관리라고 하여도 과언이 아니다. 재료관리란 생산계획에 따라서 필요한 수량의 원재료를 필요한 시기에 공급할 수 있도록 구매하는 것과 확보한 재료를 품질의 손상없이 적정량으로 재고를 유지하는 것이다.

식품의 재료는 변질되기 쉬운 것이 많기 때문에 창고에 먼저 들어온 것은 먼저 나가도록 하는 선입선출(先入先出)관리가 중요하다. 선입선출을 하기 위해서는 창고내에 재료를 적재시에 충분한 동선(動線)을 확보해야 하며, 적재된 재료에는 입고일자를 표시해 두어야 한다. 재료창고에는 위생동물이나 해충의 침입으로 재료의 손상은 물론 위생적으로도 문제를 일으킬 가능성이 크기 때문에, 쥐나 곤충이 침입하지 못하도록 하는 시설의 설치가 필요하다. 또한 해충이 침입한 경우에는 구제하는 구체적인 방법도 세워 놓아야 한다.

### 5.4 공정계획

공정계획은 작업량을 정하고 여기에 필요한 원재료의 수량과 품질을 결정하고 제조·가공순서에 따라서 설비, 기계 기구와 그 취급법을 명시하여 어느 한계내에서 목표를 세우는 것이다. 즉, 공정마다 기준을 설정하고 그 기준을 달성하기 위한 작업표준을 작성하는 것이다. 이전부터 동일한 제품을 계속 생산시에는 공정계획이 필요하지 않으나, 처음 생산하는 경우에는 신중한 계획의 수립이 요구된다. 이 계획에는 미생물오염방지, 이물혼입방지, 환경오염방지 뿐만아니라 안전사고예방을 위한 계획도 포함되어야 한다.

또한 공정관리는 기계장치의 성능과 밀접한 관계가 있기 때문에 설비관리계획도 포함되어야 한다. 설비관리는 고장난 후에 수리하는 것이 아니라, 고장이 나지 않도록 평상시에 주유, 점검해서 고장을 사전에 예방하는 관리시스템이 중요하다.

### 5.5 배합비율관리

제품의 품질에는 회사의 신용이 반영되어 있기 때문에 소비자로부터 좋은 평판을 얻기 위해서는 철저한 품질관리로 균일한 품질의 제품을 공급해야 한다. 이러한 목적을 달성하기 위한 중요관리 항목의 하나가 배합비율의 관리이다. 배합비율은 작업현장에 게시하여 필요시 관련 작업자가 확인할 수 있도록 해두는 것이 좋다. 품질개선으로 원료의 종류나 배합비율이 달라질 경우에는 법에서 정한 절차에 따라 처리하고, 작업자가 변경내용을 알 수 있도록 해야 한다.

성분배합이 제대로 되었는지의 확인은 원료 중에서 간단히 체크할 수 있는 것을 선택하여 그것의 함량이 계산대로 되어있는지를 분석해 보면 알 수 있다. 예를 들면 20여종의 원료가 배합되는 인스탄트스프는, 이 성분배합중에 소금이 들어있으므로 배합이 끝난 제품에서 샘플을 취하여 소금농도를 분석함으로서 간접적으로 원료의 배합이 잘 되어있는지의 여부를 확인할 수 있다. 또한, 표준품과 대비하여 관능검사를 하는 것도 한 가지 방법이다.

배합비율관리에서 중요한 것은 사용하는 계량기의 정확도 정밀도이고, 계량이 끝난 다음에는 혼합기의 성능과 배합시간이다. 최근에는 마이크로컴퓨터(micro computer)를 이용한 자동계량 및 혼합장치가 있으나, 이런 경우에는 원료를 저장하는 호퍼(hopper)의 관리가 중요하다.

호퍼에 원료의 종류를 잘못 넣었을 때에는 배합비율이 엉망이 되어 버린다. 배합관리는 화학분석이나 관능검사로 파악할 수 있으나, 매일 생산되는 제품과 사용재료의 재고조사를 실시하여 배합비율이 제대로 지켜지고 있는지 확인할 필요가 있다. 이 관리가 제대로 안되면 제품의 품질변동 원가의 변동은 물론 어떤 재료는 남고 어떤 재료는 모자라는 현상이 발생한다. 특히 식품첨가물과 같이 사용량이 적은 것은 혼합이 잘 안될시 한쪽으로 몰리는 경우가 있으므로, 소량 사용하는 재료는 다른 재료와 미리 혼합하여 두었다가 사용하면 이러한 문제는 예방할 수 있다.

## 5.6 일정계획

일정계획은 공정계획이 결정될 때 여기에 맞추어 생산에 필요한 작업이나 업무를 시간적으로 계획하는 것이다. 이 계획을 세우기 위해서는 먼저 원료조달소요시간, 생산설비나 기계의 부하능력을 정확히 알아놓고 원료발주에서 제조·가공 출하까지의 모든 작업이나 업무의 시작과 종료의 시기를 도표로서 나타낸다.

## 5.7 작업분배

작업현장에서 해야할 작업량이 결정되면 작업분배가 이루어진다. 작업분배란 생산을 위해 어느 공정에 어느 정도의 사람을 배치할 것인가의 근무인시(勤務人時)계획으로, 일반적으로 현장의 공정관리를 맡고 있는 사람이 실시한다. 인력이 많이 필요한 작업에서는 작업분배가 중요하나 공정이 콘베아화되어 있고 반복 또는 연속생산되는 공정에서는 작업분배의 중요도가 비교적 경시되고 있다.

다품종 소량생산을 하는 공장이나 일상적인 생산품이 아닌 임가공제품을 수주(受注)받아 생산하는 공장에서는 분배가 잘되고 못되고에 따라 생산성이 크게 좌우된다. 그러나 동일제품을 반복생산시에는 작업량이 대부분 고정되어 있기 때문에 작업배분의 필요성이 거의 없는 공장도 있다.

## 5.8 진도관리

예상치 않았던 원재료의 입고지연, 작업지연, 기계설비의 돌발적인 고장 등을 막고 작업의 원활한 흐름을 보증하기 위해서는 이러한 예상되는 문제점을 사전에 발견하고 예방조치를 해서 예정된 생산활동을 할 수 있도록 해야 한다. 특히, 장치공업에서는 작업이 연속적으로 이루어지기 때문에 어느 한 설비의 이상이 있으면 전체가 가동을 하지 못하기 때문에 설비사고를 예방하기 위한 예방보전이 꼭 필요하다. 진도관리의 업무내용으로서는

- 원재료의 진행상황 체크
- 일정계획대 실적의 체크

• 차질이 발생시 계획대로 진행되도록 필요한 대책 수립
• 품질의 체크
등이다.

### 5.9 기록관리

공장에 입고된 원부재료, 포장재료 등의 품질은 최종제품의 품질과 밀접한 관계가 있기 때문에, 법이나 회사 표준으로 정해진 검사 방법에 따라 시험하고, 그 결과는 반드시 기록해 두어야 한다. 생산된 제품에 대해서도 품질검사를 하는 것은 당연하나, 식품위생법에서는 제품별로 법에서 정해진 검사항목에 대해서는 주1회 이상 자가품질검사를 실시하고, 그 일지를 1년간 보관토록 되어 있다. 일반적으로 어떤 제품을 계속 생산시에는 몇가지 중요한 항목만 일상적으로 검사하고 넘어가는 경우가 대부분이나, 최소한 법에서 정해진 항목대로는 검사하고 그 결과를 기록해 두어야 한다.

시험방법도 최근에는 성능이 좋은 시험기기가 많이 개발되어 법에서 정한 방법보다도 더 신속하고 정확하게 분석할 수 있는 기기를 채용하여 분석하는 경우가 있으나, 자가품질검사일지에 기록되는 분석치는 법에서 정한 방법으로 분석한 것이라야 한다.

이외에 공장에서 사용하는 물이 수도물이 아닌 경우에는 1년마다 공공시험기관에서 분석해서 음료수로서 적합 판정을 받은 성적서 그리고 생산일지 및 재료별 수불일지도 잘 보관해 둔다. 또한 식품 및 첨가물의 생산실적보고는 반기마다 그 반기 종료 후 7일(허가관청이 보건사회부장관인 경우는 10일) 이내에 하도록 되어 있다.

## 6. 개인위생 및 건강관리

### 6.1 개인위생관리

식품을 제조 가공하는 시설이 좋고 식품을 취급하는 기구류가 아무리 청결하여도, 여기에 종사하는 사람들의 위생의식이 결여되어 있고 정해진 행동지표대로 이행하지 않으면 위생적인 제품이 생산될 수 없기 때문에, 작업자의 건강과 위생에 대한 태도는 식품위생상 절대적인 조건이다. 식품공장에서 개인위생이 강조되는 이유는 사람은 많은 미생물로 오염되어 있고, 이 미생물 중에는 질병을 일으키는 세균이 식품을 취급하는 사람에 의해 식품에 오염되고, 이것이 최종적으로는 그것을 먹는 소비자에게 옮겨지는 것을 막기위함에 있다. 따라서 식품공장에 종사하는 사람은 위생적인 측면에서 좋은 습관이 몸에 배이도록 평소에 끊임없는 교육과 훈련이 있어야 한다.

개인위생관리의 내용은 다음과 같이 아주 상식적인 것이나 행동으로 연결이 잘 안된다.

• 손을 청결히 씻고 작업전에는 소독을 한다.
• 머리에는 머리카락보호망(hair net)과 모자를 쓴다.

- 두발과 몸을 청결하게 유지한다.
- 작업복은 자주 세탁하여 항상 깨끗이 한다.
- 손톱은 짧게 깍고 손톱에 매니큐어 등을 바르지 않도록 한다.
- 작업 중에는 손목시계, 반지를 착용하지 않도록 한다.
- 손에 화농성 질환이 있을 때에는 작업하지 않도록 한다.
- 설사가 있을 때에는 작업을 하지 않도록 한다.
- 화장실은 항상 청결하게 유지하고 용변을 본 후에는 반드시 손을 씻고 소독한다.
- 작업장은 정리·정돈 청결을 유지한다.
- 신발을 소독한다.

현장 작업자의 위생적인 행동이 몸에 베게 하기 위해서는 표 7−6과 같은 위생적 행동 지침대로 되도록 계몽과 지도를 반복해야 한다. 식품위생법에서는 위생교육을 의무적으로 받도록 되어 있다. 즉, 위생관리인은 매년 8시간 이상을 보건사회부(또는 식품위생 단체 등)에서 실시하는 교육을 받아야 하고, 종업원에 대한 위생교육은 허가관청 또는 허가관청이 인정하는 교육기관·식품위생단체에서 위생교육을 받은 영업자 또는 식품위생관리인이 실시하되, 매월 1회 1시간 이상 하도록 규정되어 있다.

표 7−6 작업자의 위생적 행동 관리항목

| 항 목 | 위생적 행동 |
|---|---|
| 1. 몸의 청결 | (1) 손톱은 짧게 깍고, 손톱 밑의 때 제거, 매니큐어 제거<br>(2) 머리카락 세발은 주2회 이상 실시 머리카락보호망(hair net)을 착용<br>(3) 손 씻음은 작업전, 용변후, 미생물오염물에 접촉했거나 오염지역에서 돌아왔을 때 실시 |
| 2. 작업복·작업모 등의 청결 | (1) 작업복, 머리카락망, 작업모, 마스크는 항상 청결한 것 착용. 식품을 직접접촉시에는 깨끗한 살색 또는 백색의 고무장갑 착용 |
| 3. 장식품 착용금지 | (1) 반지, 팔지, 시계 등 착용금지 |
| 4. 작업장의 청결 | (1) 손이나 기구를 머리카락, 코, 입, 귀 등 신체에 닿지 않도록 하고 작업 중에는 꼭 필요한 말만 한다.<br>(2) 작업장 내에서 침이나 가래침을 뱉지 않도록 하고 금연, 금식<br>(3) 지정된 장소 이외에서는 옷을 갈아입지 않도록 한다. |
| 5. 외부인 출입제한 | (1) 작업장에는 될 수 있는 한 방문자가 들어오지 않도록 하고, 출입경우에는 작업자와 똑같이 위생규칙을 지키도록 한다. |
| 6. 신발소독 | (1) 공장 입구에 설치한 신발 소독 장치 (차아염소산 액을 넣은 용기)에서 신발바닥을 소독한다. |

## 6.2 건강관리

모든 일의 주체는 사람이다. 품질관리나 위생관리의 계획을 세우는 것도 사람이고, 이것을 실행하는 것도 사람이다. 그러므로 일하는 인간에게 있어 가장 중요한 것 중의 하나가 건강이다. 공장에 종사하는 사람들이 건강치 못하면 올바른 계획 올바른 실행이 될 수 없기 때문에, 평소에 정신적 육체적인 건강관리가 필요하다. 더욱이 식품공장에서는 건강관리가 제대로 안 될시 위생관리면에서 많은 문제점이 야기된다. 따라서 종업원의 건강에 신경을 쓴다든가 환경위생에 관심을 갖고 적극적으로 대책을 세우는 것은 바로 생산공정의 원활화 합리화를 위해서 가장 기본적인 일이다.

작업장의 조명이 좋지 않은 곳이나 소음(騷音)속에서 일을 계속하거나 분진·가스가 발생되는 곳에서 작업하고 있다든가 또는, 온도와 습도가 높은 곳에서 하루종일 서서 일을 해야하는 등 불량한 작업 환경에서 장기간 근무시에는 건강장해나 질병을 일으키고 병에 걸리기 쉬워진다. 그러므로 관리자는 작업자의 입장에 서서 환경을 개선하고 유지해야 한다.

작업환경이 위생적이고 쾌적한 곳에서는 직업병의 발생은 없겠으나, 개개인의 체질 생활여건에 따라서는 질병이 발생할 수 있다. 질병이 있는 사람이 식품을 제조시에는 오염의 가능성이 크기 때문에 식품위생법에서는 6개월마다 건강진단을 받도록 하고 있다.「건강진단 대상자는 식품 또는 첨가물을 채취·제조·가공·조리·저장·운반 또는 판매하는 데 직접 종사하는 자로 한다. 다만, 완전포장된 식품 또는 첨가물을 운반 또는 판매하는데 종사하는 자는 그러하지 아니한다」라고 되어 있다. 건강진단을 받으면 반드시 그 결과가 나오게 된다. 건강에 이상이 없으면 건강진단증만 보관하고 있으면 되나, 건강에 이상이 있는 사람이 있을 때는 즉시 직접생산과 관련이 없는 부서로 전배치하고, 그 증상이 심한 경우에는 휴직(休職)시켜 요양토록 해야한다. 영업에 종사할 수 없는 질병의 종류에는

① 전염병예방법 제2조(전염병의 종류)의 규정에 의한 제1종 전염병 중 소화기계 전염병인 콜레라, 장티프스, 파라티프스, 세균성 이질 및 제3종 전염병 중 결핵 및 성병

② 피부병 기타 화농성 질환

③ B형 간염(단, 감염우려가 없는 비활동성 간염보균자는 제외)이다.

건강진단 결과의 사후관리 잘못으로 식품위생상 엉뚱한 문제가 발생될 수 있으므로 이 점 주의가 필요하다. 또, 일정기간마다 건강진단을 받는 것을 자칫하면 잊어버리는 경우가 있으므로, 새로 채용하거나 복직 및 이미 근무하고 있는 종업원에 대해서는 언제 건강진단을 받아야 하는지 개인별로 관리하거나 또는 일시에 전 종업원이 진단을 받도록 한다. 이러한 일은 간단하지만 위생관리인이 바뀌거나 건강관리증을 관리하는 사람의 소홀로 제대로 관리가 안되는 경우가 발생한다. 인원이 많은 곳에서는 컴퓨터에 입력시켜 누가 언제 진단을 받아야 하는지를 관리항목으로 정해서 일정기간마다 체크하면 누락을 예방할 수 있다.

## 7. 표시사항 관리

식품을 포장한 용기나 포장재에는 식품위생법에서 규정한대로 표기해야 한다. 표시사항은 인쇄용동판(銅版)이 바뀌지 않는한 한번 확정해 놓으면 계속사용으로 문제될 것이 없으나,

허가사항변경이나 포장디자인 변경 등으로 동판을 새로 제작시에는 표시기준에 따라 하나 하나 체크해야 한다. 다른 일도 마찬가지지만, 처음 단계에서 예방보전이 될 수 있도록 계획하고 확인하는 것이 중요하다.

표시사항 중에서 문제가 발생되는 것은 제조일자의 표기이다. 제조일자 표기는 수동적으로 스탬프(stamp)를 찍거나 기계적으로 인쇄 또는 압인(壓印)하게 된다. 일자 표시는 생산날자에 맞추어야 하기 때문에 이 과정에서 일자가 틀리거나 표시하였다 하더라도 희미하여 잘 보이지 않거나 지워지는 경우도 있으므로 잉크는 지워지지 않는 것을 사용토록 한다. 제조일자 표기의 활자 크기는 5호 활자 이상으로 되어 있으나, 포장 표면적이 50㎠ 미만이거나 병마개 표시에는 6호 이상 활자를 사용토록 되어 있다. 한국공업규격 KSA 0201에 규정된 활자의 크기를 보면 1호는 0.3514㎜이고 5호, 6호는 각각 1.757㎜와 2.108㎜이다 소비자가 식품을 구입시에는 대부분 제조일자를 확인하고 있으며, 또한 허가관청에서 식품위생점검시에도 일자를 체크한다. 제조일자 표시는 의도적으로 잘못하는 경우는 없겠으나, 대부분 작업실수나 기계고장으로 일어나기 때문에 포장작업 중 수시로 체크될 수 있는 관리시스템이 필요하다. 식품 중에는 특히 변질되기 쉬운 우유, 소시지, 빵 등의 식품은 제품수급(需給)에 균형이 이루어지도록 생산관리를 하는 것이 제조일자관리상 중요하다.

또한 포장의 표시에서 소홀히 다룰 수 없는 것중의 하나가 사용방법에 대한 설명이다. 제품이 아무리 품질기능이 좋더라도 사용을 정확히 하여야 가치를 발휘할 수 있다. 소비자가 제품의 성능과 사용용도를 잘 알고 만족스럽게 사용할 수 있도록 하는 서어비스가 필요하다. 즉, 구체적인 사용방법의 명시 및 사용상의 주의사항 등을 알기 쉽게 표현하는 소프트(soft)의 품질이 중요하다. 불명확한 표현으로 사용방법이 나쁠시 제품의 기능이 제대로 발휘되지 않아 심한 경우에는 클레임이 제기되기도 하고, 그 제품을 첫번 사용하여 실패시에는 다음부터 사용을 기피하기 때문에 반복구매가 이루어지지 않는다. 특히, 신제품의 경우에는 더욱 그렇다.

또한 법에서는 식품·첨가물·기구·용기 및 포장의 명칭·제조방법·품질 및 사용에 관하여 라디오·텔레비젼·신문·잡지·음곡·영상·색채·인쇄물 및 기타의 방법을 이용하여 사실과 다르게 과대광고, 허위표시 및 과대포장시에는 규제하고 있다. 따라서 식품위생법에서 규정된 사항에 저촉되지 않도록 관리하기 위해서는 표시기준(표 7-7 참조)과 과대광고, 허위표시 및 과대포장의 범위(표 7-8 참조) 등 식품위생법에서 규정된 내용을 숙지하고 있어야 한다.

표 7-7 식품, 첨가물, 기구 및 용기·포장의 표시기준

1. 표시대상

| (1) 식품 및 첨가물 | |
|---|---|
| ① 과자류<br>② 당 류<br>③ 아이스크림류<br>④ 유 및 유가공품<br>⑤ 식육제품<br>⑥ 어육연제품<br>⑦ 절임식품류(김치류 포함)<br>⑧ 통조림 또는 병조림<br>⑨ 건포류<br>⑩ 두부류<br>⑪ 식용유지류<br>⑫ 면 류<br>⑬ 다 류<br>⑭ 청량음료<br>⑮ 보존음료수 | ⑯ 인스탄트식품<br>⑰ 건강보조식품<br>⑱ 특수영양식품<br>⑲ 조미식품<br>⑳ 식품가공업의 제품<br>㉑ 도시락<br>㉒ 인삼제품<br>㉓ 첨가물<br>㉔ 식용얼음<br>㉕ 식품소분업의 제품<br>㉖ 조사처리식품<br>㉗ 김 치<br>㉘ 주 류<br>㉙ ①내지 ㉘외의 용기포장에 넣어진 식품 |
| **(2) 기구 및 용기·포장** | |
| ① 기준·규격이 정하여진 기구 및 용기·포장 | ② 옹기류 |

2. 표시사항 및 기준

| | 구 분 | 표 시 기 준 |
|---|---|---|
| 1. 일반사항 | | ㉠ 표시항목은 용기 또는 포장의 보기 쉬운 곳에 알아보기 쉽도록 표시하여야 한다. 다만, 용기 또는 포장이 투시할 수 있는 것인 때에는 그 내부에 표시할 수 있다.<br>㉡ 표시는 한글로 하여야 한다. 다만, 소비자의 이해를 돕기 위하여는 한자 및 외국어를 제한된 범위안에서 혼용하거나 병기(한자 및 외국어를 병기하는 경우에는 한글보다 크게 할 수 없다) 할 수 있으며 용기 또는 포장의 다른 면에 위 표시사항을 외국어로 동일하게 표기할 수 있다.<br>㉢ 용기 또는 포장을 다시 포장함으로써 본래의 용기 또는 포장의 표시가 투시되지 아니하는 때에는 다시 포장한 것에 대하여 이를 표시하여야 한다. 다만, 운반용의 대포장에 대하여는 이를 생략할 수 있다.<br>㉣ 용기나 포장은 다른 제조업소의 표시가 있는 것은 사용하여서는 아니된다. 다만, 식품에 유해한 영향을 미치지 아니하는 용기로써 일반시중에 유통·판매할 목적이 아니고 다른 회사의 제품원료로 제공하는 등 특수한 목적으로 사 |

| 구 분 | | | 표 시 기 준 |
|---|---|---|---|
| | | | 용하는 경우는 예외로 한다.<br>㉤ 용기·포장의 표면적이 50㎠ 이하인 식품 및 첨가물(수입식품 및 수입첨가물을 포함한다)의 경우에는 2. 품목별 공통사항 중 ①제품명, ②업소명, ③제조연월일 또는 유통기한, ⑤영업허가(신고)번호 및 품목제조허가신고번호(수입식품 및 수입첨가물은 그 중 품목제조 허가번호를 생략할 수 있다)만을 표시할 수 있다. |
| 2. 품목별공통사항 | (1)식품및 첨가물 | ① 제품명 | ㉠ 제품명은 허가를 받았거나 신고한 명칭을 표시하여야 하며, 다음 기준에 적합하여야 한다.<br>㉮ 보건사회부장관이 고시하는 식품 등의 기준 및 규격에 의한 원재료 배합기준 이상인 경우에 특정성분을 제품명으로 사용하고자 하는 때에는 제품명 바로 아래에 그 성분 및 함량을 4호활자 이상으로 표시하여야 한다.<br>㉯ 제품명칭으로 특정성분으로 사용하지 아니하나 그 특정성분을 원재료 배합기준 이상 함유하고 있어 특정성분의 명칭을 용기·포장에 표시하고자 하는 경우에는 그 성분 및 함량을 4호활자 이상으로 나란히 표시하여야 한다.<br>㉰ 특정성분이 들어있지 아니하거나 원재료 배합기준 미만으로 들어 있어 향으로 그 특정성분의 맛을 내게하는 제품으로서 특정성분을 제품명으로 사용하고자 하는 제품은 그 특정성분의 명칭 다음에 제품명의 다른 글자와 동일한 크기의 활자로서 "맛" 또는 "향"자를 표시하여야 하고 "○○향첨가"(또는 함유)의 표시를 제품명 바로 아래에 4호 활자 이상으로 표시하여야 한다.<br>㉱ ㉰의 제품으로서 특정성분을 제품명으로 사용하지 아니하는 제품은 제품명 바로 아래에 그 향을 첨가한 내용을 ㉰의 경우와 같이 표시하여야 한다.<br>㉲ ㉰ 또는 ㉱의 제품으로서 납세병마개에 제품명을 표시하는 경우에는 향을 첨가한 내용을 제품명의 바로 아래에 6호활자 이상으로 표시할 수 있다.<br>㉳ 외국제품 또는 외국과 기술제휴하여 만든 제품이 아님에도 불구하고 외국제품 또는 외국과 기술제휴하여 만든 제품으로 오인할 우려가 있는 내용을 제품명으로 사용하여서는 아니된다.<br>㉡ 화학적 합성품인 첨가물에 있어서는 보건사회부장관이 고시한 첨가물의 명칭을 표시하여야 한다. 다만, 다음의 착향료원료인 화학적 합성품에 있어서는 그러하지 아니하다.<br>○고급 케톤류(ketons)<br>○락톤류(lactones) |

| 구 분 | | | 표 시 기 준 |
|---|---|---|---|
| | | | ○방향족 알데히드류<br>(aromatic aldehydes)<br>○방향족 알코올류<br>(aromatic alcohol)<br>○이소치오 시아네이트류<br>(isothio cyanates)<br>○인도올 및 그 유도체<br>(indoles derivatives)<br>○에스텔류(esters)<br>○에텔류(ethers)<br>○지방산류(fatty acid)<br>○지방족 고급 알데히드류<br>(aliphatic higher aldehyde)<br>○지방족 고급 알코올류<br>(alphatic higher alcohol)<br>○지방족 고급 탄화수소류<br>(alphatic higher hydrocarbons)<br>○치오알코올류(thio alcohols)<br>○치오에텔류(thio ethers)<br>○텔펜계탄화수소류<br>(terpen series hydrocarbons)<br>○훼놀류(phenols)<br>○훼놀에텔류(phenol ethers)<br>○훌후랄 및 그 유도체<br>(furfural derivatives) |
| | | ② 업소명 | ㉠ 제조업소명 및 소재지를 표시하여야 한다.<br>㉡ 제조업소명외에 판매업소명을 병기하여 표시하고자 할 때에는 제조업소명과 같거나 작은 크기의 활자로 표시하여야 하며, 표시기준으로 정한 표시사항외에 판매업소 상호의 일부 또는 전부를 표시하는 경우에 그 표시는 제품명과 같거나 작은 크기의 글자로 표시하여야 한다.<br>㉢ 타인의 제조시설을 이용하여 연질캡슐제품을 성형·충전하는 자는 제조업소명 바로 밑에 제조업소명과 같은 크기의 글자로 캡슐성형 및 충전업소명을 표시하여야 한다. |
| | | ③ 제조년월일 | ㉠ 표시대상식품은 도시락에 한하며 제조시간까지 표시하여야 한다.<br>㉡ 도시락외의 제품에 있어서 제조자가 제조연월일을 표시하고자 할 때에는 다음 기준에 의한다. |

| 구 분 | | | 표 시 기 준 |
|---|---|---|---|
| | | | • 제품포장의 오른쪽 아래에 5호활자 이상(표면적이 50제곱센티미터미만의 포장 또는 병마개에 표시하는 경우에는 6호활자 이상)으로 지워지지 아니하는 잉크 또는 각인을 사용하여 "○년○월○일" 또는 "○·○·○"로 잘 보이도록 표시하여야 한다.<br>다만, 츄잉껌 등 1개 이상의 낱개제품을 포장하여 결합포장된 상태로 판매하는 경우에는 그 낱개 제품에 대한 표시는 생략할 수 있다.<br>• 자동포장기의 사용으로 인하여 제품포장의 오른쪽 아래에 제조연월일을 표시하기가 곤란한 경우에는 당해 위치에 제조연월일의 표시부위를 명시하여야 한다.<br>• 통조림제품에 있어서는 각인으로 표시할 수 있으며, 연의 표시는 끝 숫자만을, 10월·11월·12월의 월의 표시는 각각 O·N·D로, 1일 내지 9일의 표시는 바로 앞에 0를 표시할 수 있다.<br>• 청량음료(유산균음료 및 살균유산균음료는 제외한다)에 있어서 병마개에 표시하는 경우에는 제조 "연월"만을 표시할 수 있다.<br>• 우유·발효유 또는 유산균음료(살균유산균음료를 포함한다)에 있어서는 인쇄 또는 각인으로 제조 "일"만을 표시할 수 있다. |
| | | ④ 유통기한 | 식품은 다음 구분에 따라 그 유통기한을 정하여 표시하여야 한다.<br>㉠ 제품포장의 오른쪽 아래에 4호활자 이상(표면적이 50제곱센티 미만의 포장 또는 병마개에 표시하는 경우에는 6호활자이상)의 크기로 지워지지 아니하는 잉크 또는 각인을 사용하여 표시하여야 한다.<br>㉡ 자동포장기의 사용으로 인하여 제품포장의 오른쪽 아래에 표시하기가 곤란한 경우에는 당해 위치에 유통기한의 표시 부위를 명시하여야 한다.<br>㉢ 유통기한의 표시는 「○○년 ○○월 ○○일 까지」 또는 「○○월 ○○일 까지」로 표시하여야 한다.<br>㉣ 제조일을 표시하는 경우에는 「제조일로부터 ○○일까지」, 「제조일로부터 ○○월까지」, 「제조일로부터 ○○년까지」 또는 「제조일시로부터 ○○시간까지」로 표시할 수 있다.<br>㉤ 도시락은 「○○월 ○○일 ○○시까지」 또는 「○○일 ○○시 까지」로 표시하여야 한다. |

| 구 분 | | | 표 시 기 준 |
|---|---|---|---|
| | | ⑤영업허가(신고)번호 및 품목 제조허가 신고번호 | 허가(신고)관청의 영업허가(신고)번호 및 품목제조허가 신고번호를 표시하여야 한다. |
| | | ⑥중량·용량 또는 개수 | 내용물의 중량·용량 또는 개수를 표시하여야 한다. 다만, 개수로 표시할 때에는 중량 또는 용량표시를 괄호 속에 표시하여야 한다. |
| | | ⑦원료명 및 함량 | ㉠ 유가공품·식육제품·어육연제품·통조림 또는 병조림제품·다류식품·인스탄트식품·건강보조식품·특수영양식품·인삼식품에 있어서는 최종 제품에 함유되어 있는 원료함량순위에 따라 5가지 이상의 원료명과 이 중 3가지 이상의 주요 성분의 함량(백분율)을 표시하여야 한다. 다만, 인삼제품중 인삼과자류의 경우에는 인삼성분 함량만을 표시할 수 있다.<br>㉡ ㉠의 식품을 제외한 표시대상식품은 원료함량 순위에 따라 5가지 이상의 원료명을 표시하여야 한다.<br>㉢ 다음의 용도로 사용되는 첨가물이 함유된 식품에 있어서는 그 함유된 첨가물의 명칭과 용도(식용색소 황색 제5호와 그 알루미늄 레이크를 제외한 착색료는 그 용도만 표시한다)를 표시하여야 한다. 다만, 첨가물을 사용하여 제조·가공한 식품을 원료로 하여 다른 식품을 제조·가공한 경우에는 그 함유된 첨가물의 명칭과 용도를 표시하지 아니할 수 있다. |

| 첨가물의 명칭 | 용 도 |
|---|---|
| 삭카린나트륨<br>아스파탐<br>글리실리진산2나트륨<br>글리실리진산3나트륨 | 합성감미료 |
| 식용색소녹색 제3호<br>식용색소녹색 제3호<br>알루미늄레이크<br>식용색소적색 제2호<br>식용색소적색 제2호<br>알루미늄레이크<br>식용색소적색 제3호<br>식용색소적색 제3호<br>알루미늄레이크<br>식용색소적색 제40호 | 합성착색료 |

| 구 | 분 | | 표 시 기 준 | |
|---|---|---|---|---|
| | | | 식용색소청색 제1호<br>식용색소청색 제1호<br>알루미늄레이크<br>식용색소청색 제2호<br>식용색소청색 제2호<br>알루미늄레이크<br>식용색소황색 제4호<br>식용색소황색 제4호<br>알루미늄레이크<br>식용색소황색 제5호<br>식용색소황색 제5호<br>알루미늄레이크<br>동클로로필린나트륨<br>철클로로필린나트륨<br>삼이산화철<br>황산동<br>이산화티타늄<br>노르빅산나트륨<br>노르빅산칼륨<br>데히드로초산<br>데히드로초산나트륨<br>소르빈산<br>소르빈산칼륨<br>안식향산<br>안식향산나트륨<br>파라옥시안식향산부칠<br>파라옥시안식향산에칠<br>파라옥시안식향산프로필<br>파라옥시안식향산이소<br>부칠<br>파라옥시안식향산이소<br>프로필<br>프로피온산나트륨<br>프로피온산칼슘 | 합성보존료 |
| | | | 디부칠히드록시톨루엔<br>부칠히드록시아니졸<br>몰식자산프로필 | 산화방지제 |

| 구 분 | | 표 시 기 준 | |
|---|---|---|---|
| | | 에리소르빈산<br>에리소르빈산나트륨<br>아스코르빌파르미테이트<br>이디티에이2나트륨<br>이디티에이칼슘2나트륨 | |
| | | 산성아황산나트륨<br>아황산나트륨(결정)<br>아황산나트륨(무수)<br>차아황산나트륨<br>무수아황산<br>메타중아황산칼륨 | 표 백 제 |
| | | 고도표백분<br>차아염소산나트륨<br>표백분 | 살균용은 "합성살균제"로, 표백용은 "표백제"로 한다. |
| | | 아질산나트륨<br>질산나트륨<br>질산칼륨 | 발색제 |
| | | ㉣ 화학적 합성품(착향의 목적으로 사용되는 것을 제외한다)을 혼합한 혼합제제인 첨가물에 있어서는 혼합된 화학적 합성품의 명칭 및 함량(백분율)을 표시하여야 하며, 천연색소류제제, 효소, 비타민제제의 경우에는 색가 및 역가를 표시하여야 한다. | |
| | ⑧ 보관상의 주의 | 부패 또는 변질을 방지하기 위한 주의사항을 표시하여야 한다. 다만 통조림제품·청량음료(유산균음료 및 살균유산균음료를 제외한다) 또는 첨가물로서 부패·변질의 우려가 없는 것은 그러하지 아니하다. | |
| | ⑨반품 또는 교환 | 부패·변질품에 대한 반품 또는 교환장소를 표시하여야 한다. | |
| | ⑩ 사용 또는 보존 기준 | 제품의 사용 및 보존에 관한 기준과 주의사항을 표시하여야 하며, 냉동·냉장 등 저온에 보관하여야 되는 제품은 그 보관온도를 표시하여야 한다. | |
| | ⑪ 자가기준 및 규격 인정 제품 | 제4조의 규정에 의한 자가기준 및 규격이 인정된 제품의 경우에는 그 인정번호를 표시하여야 한다.(예 : 국보원 자가기준 및 규격 제 호) | |

| 구 분 | | | 표 시 기 준 |
|---|---|---|---|
| | | ⑫ 열량 및 영양분표시 | 건강보조식품·특수영양식품, 인스탄트식품 및 유가공품 중 조제우유와 강화우유에 대하여는 제품의 단위중량(용량)당 포함된 열량 및 영양분을 표시하여야 한다. |
| (2)기구 및 용기·포장 | | ① 용기류 | ㉠ 제조업소명 및 소재지와 신고관청의 영업신고번호, 반품 또는 교환장소를 표시하여야 한다.<br>㉡ 표시는 소비자가 알아보기 쉽도록 4호활자 이상으로 표시하되, 떨어지지 않도록 부착 또는 각인하여야 한다. |
| | | ②기타 기구 및 용기·포장 | ㉠ 제조업소명 및 소재지와 신고관청의 영업신고번호를 표시하여야 한다. 다만, 식품 또는 첨가물영업허가를 받은 업소의 주문에 의하여 생산하거나 식품 또는 첨가물제조업소가 그 자신의 제품을 넣기 위하여 제조하는 경우는 제외한다.<br>㉡ 합성수지제의 용기·포장에 있어서는 재질에 따라 합성수지·염화비닐수지·에칠렌수지·프로필렌수지·스틸렌수지·염화비닐리덴수지 등으로 각각 구분하여 표시하여야 한다.<br>㉢ 식품포장용 "랩"은 제조시에 사용하는 주원료명칭, 가소제, 안정제 등의 첨가제 명칭과 다음의 사용상 주의사항을 표시하여야 한다.<br>• 식품포장용으로 사용할 때에는 섭씨 100도를 초과하지 않는 상태에서만 사용할 것<br>• 지방성분이 많은 식품에는 직접 접촉되지 않도록 사용 할 것 |
| (3) 수입식품등 | ① 식품 및 첨가물 | ㉠ 제품명 | • 식품 및 첨가물의 표시기준의①)을 준용한다. |
| | | ㉡ 업소명 | • 수입업소명, 소재지 및 전화번호를 표시하여야 한다. |
| | | ㉢ 영업신고번호 | • 신고관청의 식품판매업의 영업신고번호를 표시하여야 한다. |
| | | ㉣ 유통기한 | • 유통기한을 정하여 표시하여야 한다. |
| | | ㉤ 중량·용량 또는 개수 | • 식품 및 첨가물의 표시기준의⑥)을 준용한다. |
| | | ㉥ 원료명 및 함량 | • 식품 및 첨가물의 표시기준 ⑦을 준용한다. |
| | | ㉦ 반품 또는 교환 | • 식품 및 첨가물의 표시기준의⑨)를 준용한다. |

| | 구 분 | | | 표 시 기 준 |
|---|---|---|---|---|
| | | | ⓞ 사용 또는 보존기준 | • 식품 및 첨가물의 표시기준의 ⑩을 준용한다. |
| | | ② 기구 및 용기·포장 | ㉠ 수입업소명 | 수입업소명 및 소재지를 표시하여야 한다. |
| | | | ㉡ 영업신고 번호 | 신고관청의 식품판매업 영업신고번호를 표시하여야 한다. |
| | | | ㉢ 합성수지제의 용기·포장재질 | 기구 및 용기·포장의 표시기준 중 ② 기타기구 및 용기·포장의 ㉡ 를 준용한다. |
| | (4) 수출식품등 | | | 수출식품에 있어서는 수입자의 요구에 따라 표시할 수 있다. |
| 3. 품목별개별사항 | (1) 인스탄트식품 | | | "인스탄트 식품"으로 표시하여야 한다. |
| | (2)건강보조식품 | | | ㉠ "건강보조식품"으로 표시하여야 한다.<br>㉡ 식용방법을 표시하여야 한다.<br>㉢ 허용된 범위내에서 영양성분 또는 특정성분의 단위중량(용량)당 유용성을 표시할 수 있다.<br>㉣ 단위중량(용량)당 열량 및 영양성분 또는 특수성분의 명칭과 함량(백분율 또는 미리그램 등)을 표시하여야 한다. |
| | (3)특수영양식품 | | | ㉠ "특수영양식품"으로 표시하여야 한다.<br>㉡ 단위중량(용량)당 열량 및 영양성분의 명칭과 함량(백분율 또는 미리그램 등)을 표시하여야 한다. |
| | (4)소분제품 | | | 식품 및 첨가물의 표시기준에 해당되는 내용과 소분업소명 및 소재지를 표시하여야 한다. |
| | (5) 절임식품(단무지에 한한다) | | | 운반용 위생상자를 사용하는 경우에는 업소명·소재지·영업허가번호·품목제조허가번호를 표시하여야 한다. |
| | (6) 두부류 | | | 운반용 위생상자를 사용하는 경우에는 업소명·소재지·영업허가번호·중량(용량 또는 개수)을 표시하여야 한다. |
| | (7) 식용얼음(5킬로그램 이하의 소포장 제품에 한한다) | | | 업소명·소재지·영업허가번호·중량을 표시하여야 한다. |
| | (8)청량음료 | | | ㉠ 인삼을 함유하지 아니한 경우에 인삼을 함유한 것으로 오인될 수 있는 제품명의 표시는 하여서는 아니된다.<br>㉡ 청량음료 용기에는 공병대금의 환불에 관한 사항에 관하여 소비자가 잘 보이는 곳에 표시하여야 한다. 다만, 반복 사용되는 병제품으로서 납세병마개를 사용하는 경우에는 병마개에 그 내용을 6호활자 이상으로 표시할 수 있다. |
| | (9) 첨가물 | | | ㉠ "식품첨가물"의 표시를 하여야 한다.<br>㉡ 혼합제제 제품에 있어서는 "혼합제제"로 표시하여야 한다. |

| 구 분 | | 표 시 기 준 |
|---|---|---|
| | | ㉢ 타알색소를 혼합 또는 희석한 제제에 있어서는 "혼합" 또는 "희석"이라는 표시와 실제의 색깔명칭을 표시하여야 한다.<br>㉣ 화학적합성품인 빙초산 및 초산제품에 대하여는 화학적합성품이라는 표시를 제품명 가까운 곳에 4호활자 이상으로 표시하여야 한다. |
| (10) 기타식품 | | ㉠ 유가공품 또는 식육제품으로 허가받지 아니한 제품은 유 및 유가공품 또는 식육 및 식육제품의 명칭을 사용하여서는 아니된다. 다만, 법 제7조의 규정에 의하여 기준 및 규격이 별도로 정하여진 식품에 있어서는 그러하지 아니하다.<br>㉡ 인삼제품으로 허가받지 아니한 제품은 인삼 또는 인삼을 나타내는 명칭, 도안 및 그림 등을 표시하거나 사용할 수 없다. |
| (11) 조사처리식품 | ① 조사처리 업소명등 | ㉠ 조사처리업소명, 소재지, 영업허가번호 및 조사선원을 표시하여야 한다.<br>㉡ 조사처리식품의 용기 또는 포장에 조사처리된 식품임을 나타내는 표시를 2호활지 이상으로 지워지지 아니하는 잉크 등을 사용하여 잘 보이도록 표시하여야 한다. |
| | ② 조사 연월일 | 조사연월일은 5호활자 이상으로 표시하여야 한다. |
| | ③ 조사도안 | 조사처리된 식품에는 다음과 같은 도안을 제품포장 또는 용기에 직경 5센티미터 이상의 크기로 표시하여야 한다. |
| (12) 인삼제품 | | 인삼제품의 포장 및 도안등은 보건사회부장관이 정하여 고시하는 바에 의한다. |

표 7-8 허위표시·과대광고 및 과대포장의 범위

| 1. 허위표시의 범위 |
|---|
| ① 허가받은 사항이나 신고한 사항과 다르거나 과장된 내용의 표시<br>② 질병의 치료에 효능이 있다는 내용의 표시 또는 의약품으로 혼동할 우려가 있는 내용의 표시 |

③ 제품 중에 함유된 성분과 다른 내용의 표시
④ 제조연월일 또는 유통기한을 표시함에 있어서 사실과 다른 내용의 표시

2. 과대광고의 범위

① 허가받은 사항 또는 신고한 사항과 다른 내용의 광고
② 질병의 치료에 효능이 있다는 내용의 광고 또는 의약품으로 혼동할 우려가 있는 내용의 광고
③ 제조방법에 관하여 연구 또는 발견한 사실로서 식품학·영양학 등의 분야에서 공인된 사항외의 광고. 다만, 식품학·영양학 등에 관한 문헌을 인용하여 그 문헌의 내용을 정확히 표시하고, 연구자의 성명·문헌명·발표연월일을 명시하는 광고는 그러하지 아니한다.
④ 각종의 감사장 또는 상장 체험기 등을 이용하거나, "주문쇄도"·"단체추천" 또는 이와 유사한 내용을 표현하는 광고
⑤ 외래어의 사용 등으로 외국제품으로 혼동할 우려가 있는 광고 또는 외국과 기술제휴한 것으로 혼동할 우려가 있는 내용의 광고
⑥ 다른 업소의 제품을 비방하거나 비방하는 것으로 의심되는 광고이거나, 제품의 성분 또는 효과와 직접 관련이 적은 내용을 강조함으로써 다른 업소의 제품을 간접적으로 다르게 인식되게 하는 광고
⑦ "최고"·"가장 좋은" 또는 "특"등의 표현이나 "특수제법" 등의 모호한 표현으로 소비자를 현혹시키거나 현혹시킬 우려가 있는 광고
⑧ 미풍양속을 해치거나 해칠 우려가 있는 저속한 도안·사진·음향 등을 사용하는 광고
⑨ 화학적합성품의 경우 그 원료의 명칭 등을 사용하여 화학적합성품이 아닌 것으로 혼동할 우려가 있는 광고
⑩ 보건사회부장관이 정하는 기준 미만의 원료를 함유하고 있는 식품에 대하여 그 원료를 표시하는 도안이나 사진을 사용하여 소비자가 제품의 성분을 혼동할 우려가 있는 내용의 광고
⑪ 판매사례품 또는 경품판매 등 사행심을 조장하는 내용의 광고(단, 독점규제 및 공정거래에 관한 법률로 허용되는 경우는 제외)
⑫ 제품 중에 함유된 성분과 다른 내용의 광고

3. 과대포장의 범위

① 내용물이 포장용적의 3분의 2에 미달되는 것.
다만, 제품의 보호를 위하여 공기충전 등의 방법으로 포장하고 그 포장방법을 표시한 것은 제외한다.
② 포장한 2개 이상의 제품을 다시 1개로 재포장한 것에 있어서는 그 실제 내용물이 재포장 용적의 2분의 1에 미달되는 것.

# 8. 시설기준

## 8.1 식품위생법상의 시설기준

우리나라는 1962년에 식품위생법을 제정하여 그 후 수차에 걸쳐 개정되었다. 식품을 제조판매하기 위해서는 이 법에서 정해진 사항을 준수해야 한다. 또, 식품영업허가와 품목허가를 얻을시는 식품제조업소에서 공통적으로 갖추어야 할 시설기준과 업종별 시설기준 이 정해져

있으므로 이 기준에 맞아야 하고, 이러한 시설들이 위생적으로 유지되도록 해야 한다. 법에서 정한 공통시설 기준은 표 7-9와 같다.

표 7-9 식품 또는 첨가물의 제조·가공업의 공통시설기준

| 구 분 | 시 설 기 준 |
|---|---|
| 1. 작업장 | (1) 업종별 시설기준 중 작업장 면적에 포함되는 범위는 다음과 같으며, 각 시설은 각각 구획되어야 한다. 다만, 원료처리장·제조가공장·포장실이 제조공정의 자동화 또는 시설의 특수성으로 인하여 구획할 필요가 없다고 인정되는 경우에는 그러하지 아니하다.<br>① 원료처리장<br>② 제조가공장<br>③ 포장실<br>④ 검사실<br>⑤ 보일러실. 다만, 제조공정상 보일러시설의 설치가 필수적인 제품을 제조·가공하는 경우에 한한다.<br>(2) 작업장은 독립건물이거나 완전히 구획되어서 식품위생에 영향을 미칠 수 있는 다른 목적의 시설과 구분되어야 하며, 취급량에 따른 상당한 넓이를 확보하여야 한다.<br>(3) 작업장은 콘크리트등과 같은 내구력이 있는 구조물로 되어야 한다.<br>(4) 바닥·내벽·천정 및 출입문은 다음과 같은 구조로 설비하여야 한다.<br>① 바닥은 사기타일·인조석현장갈기 또는 시멘트 콘크리트 구조로서 습기가 차지 않도록 배수로를 설치하여야 한다.<br>② 내벽은 내수성자재이어야 하며, 원료처리장·배합실 및 포장실의 내벽은 바닥으로부터 1.5미터까지 밝은 색의 내수성자재로 설비하거나 방균페인트로 도색하여야 한다.<br>③ 천정은 청소하기 쉬운 구조로서 틈이 없고 매끄러워서 이물이나 먼지 등이 떨어지지 아니하는 구조이어야 한다.<br>(5) 충분한 조명시설을 갖추어야 한다.<br>(6) 작업장내에서 발생하는 악취·유해가스·매연 및 증기 등을 환기시키기에 충분한 창문(바닥면적의 5퍼센트 이상)을 갖추거나 환기시설을 갖추어야 하며, 창문에는 쥐 또는 해충을 막을 수 있는 설비를 하여야 한다.<br>(7) 원재료·기구 및 용기류를 세척하기 위한 세척설비를 갖추어야 하며, 수도를 이용할 수 있는 충분한 수의 고정된 손씻는 시설을 갖추어야 한다.<br>(8) 제조가공에 사용되는 소기구·용기류·포장류 및 첨가물 등을 위생적으로 보관할 수 있는 설비가 있어야 한다. |

| 구 분 | 시 설 기 준 |
|---|---|
| | (9) 작업장에 설치하는 기계·기구류의 식품과 직접 접촉하는 부분은 위생적인 내수성재질(스테인리스·알루미늄·FRP·테프론 등)로서 세척하기 쉬우며, 열탕·증기 또는 살균제 등으로 소독살균이 가능한 것이어야 한다.<br>(10) 작업장내의 온도계와 습도계는 종사자가 알아보기 쉬운 곳에 부착하여야 하며, 냉장고·냉장시설 및 가열처리시설은 온도를 측정할 수 있는 설비를 갖추어야 한다.<br>(11) 하나의 업소가 2 이상의 업종의 영업을 할 때 각 업종의 제품이 동일 공정을 거쳐 생산되는 경우에는 그 공정에 따른 시설 및 작업장은 함께 쓸 수 있다.<br>(12) 제조공정의 자동화·제조공정 또는 시설의 특수성으로 인하여 (2) 내지 (10)의 기준 또는 업종별 시설기준에 의한 기본기계·기구 및 설비기준에 적합하게 할 수 없거나 적합하게 할 필요가 없다고 인정되는 경우로서 위생상 지장이 없는 때에는 (2) 내지 (10)의 기준 또는 업종별 시설기준에 의한 기본 기계·기구 및 시설기준에 의하지 않을 수 있다.<br>(13) 다음 제품을 제조·가공함에 있어서 제조 및 위생상 지장이 없는 경우에는 타인의 의약품 또는 식품제조시설을 이용할 수 있다.<br>① 연질 또는 경질 캡슐충전 및 성형<br>② 분사식 건조기<br>③ 동결건조기 |
| 2. 창고 | (1) 창고는 내구력이 있어야 하고, 원료용 창고와 제품용 창고는 구획되어야 하며, 원료와 제품을 위생적으로 보관·관리할 수 있는 충분한 설비 및 면적을 갖추어야 한다. 다만, 가공위탁자로부터 제공받은 재료만을 임가공하는 영업소 또는 창고에 대신할 수 있는 냉장시설을 갖춘 영업소에서는 이를 설치하지 않을 수 있다.<br>(2) 하나의 업소가 2 이상의 업종의 영업을 할 때 각 업종의 제품이 동일공정을 거쳐 생산되는 경우에는 이를 보관하는 창고는 함께 사용할 수 있다. |
| 3. 급수시설 | (1) 급수는 수도물 또는 공공시험기관에서 음용에 적합하다고 인정한 것이어야 한다.<br>(2) 작업과정중 물을 필요로 하는 경우에는 작업장마다 급수시설을 설치하여야 한다.<br>(3) 지하수를 사용하는 경우 취수원은 화장실·오물장·동물사육장 및 기타 지하수가 오염될 우려가 있는 장소로부터 최소한 20미터 이상 떨어진 곳에 위치하여야 한다. |

| 구 분 | 시 설 기 준 |
|---|---|
| 4. 화장실 | (1) 상·하수도가 설치된 지역에서는 정화조를 갖춘 수세식 화장실을 설치하여야 한다.<br>(2) 수세식이 아닌 화장실은 작업장에 영향을 미치지 아니하는 곳에 설치하여야 하며, 변기의 뚜껑과 환기시설을 갖추어야 한다.<br>(3) 화장실은 콘크리트등 내수성자재로 시설하여야 하고, 바닥과 내벽(바닥으로부터 1.5미터까지)에는 타일을 부착하여야 하며, 환기창에는 쥐 또는 해충을 막을 수 있는 설비를 하여야 한다.<br>(4) 화장실은 남녀용으로 구분되어 사용하는데 불편이 없는 구조로서 그 수가 충분하여야 하며, 손씻는 시설을 갖추어야 한다. 다만, 상시 고용하는 종업원이 5인 이하인 영업소는 남녀공용으로 쓸 수 있다.<br>(5) 식품가공업(임가공영업에 한한다) 및 압착식용유제조업(작업장 면적이 33제곱미터 미만으로서 2마력 미만의 원동기를 사용하며, 상시 고용하는 종업원이 5인 이하인 경우에 한한다)의 경우에는 작업장 가까이에 위생적인 화장실이 있으면 따로 화장실을 설치하지 않을 수 있다. |
| 5. 기타시설 | (1) 종업원이 불편없이 이용할 수 있는 위생적인 갱의실이 있어야 한다. 다만, 식품가공업(임가공영업에 한한다) 및 압착식용유지제조업소(작업장의 면적이 33제곱미터 미만으로 2마력 미만의 원동기를 사용하며, 상시 고용하는 종업원이 5인 이하인 경우에 한한다)에서는 설치하지 않을 수 있다.<br>(2) 원료처리장·제조가공장·포장실 등의 폐기물 용기는 내수성 자재로 된 것으로서 뚜껑이 있고 오물·악취 등이 누출되지 아니하도록 설비하여야 한다.<br>(3) 영업장소 안팎의 배수구에는 쥐 또는 해충이 들어가지 못하도록 덮개를 설치하여야 하며, 배수가 잘 되도록 하여야 한다.<br>(4) 영업소 안팎을 수시로 소독할 수 있는 기구류와 약품 및 보관함을 비치하여야 한다. |
| 6. 검사시설 | (1) 업종별 시설기준에서 검사시설을 갖추어야 하는 영업에 있어서는 검사에 필요한 설비와 다음의 기계·기구 및 시약류를 갖추어야 한다. 다만, 업종에 따라 실험검사에 불필요한 기계·기구는 그러하지 아니하다.<br>① 화학천평(1대 이상)<br>② 상명천평(1대 이상)<br>③ 전기항온기(1대 이상)<br>④ 전기회화로(1대 이상)<br>⑤ 전기곤로 또는 가스버너(2개 이상) |

| 구 분 | 시 설 기 준 |
| --- | --- |
| | ⑥ 데시케이터(1개 이상)<br>⑦ 수욕조(1개 이상)<br>⑧ 유발 및 유봉(1개 이상)<br>⑨ 온도계(2종 이상)<br>⑩ 알콜램프(2개 이상)<br>⑪ 환류냉각기(1개 이상)<br>⑫ 리비히냉각기(1개 이상)<br>⑬ 비이커(대·중·소 각 10개 이상)<br>⑭ 삼각플라스크(대·중·소 각 10개 이상)<br>⑮ 메스플라스크(대·중·소 각 3개 이상)<br>⑯ 둥근플라스크(대·중·소 각 3개 이상)<br>⑰ 증류플라스크(2개 이상)<br>⑱ 킬달플라스크(2개 이상)<br>⑲ 피펫(10개 이상)<br>⑳ 뷰우렛(5개 이상)<br>㉑ 깔때기(5개 이상)<br>㉒ 분액깔때기(2개 이상)<br>㉓ 메스실린더(5개 이상)<br>㉔ 50밀리리터 네슬러관(10개 이상)<br>㉕ 아스피레이터(2개 이상)<br>㉖ 시험관(20개 이상)<br>㉗ 평량병(3개 이상)<br>㉘ 시약병(대·중·소 각 20개 이상)<br>㉙ 증발접시(3개 이상)<br>㉚ 비소시험장치(굳사이드법 5조 이상)<br>㉛ 스탠드(3개 이상)<br>㉜ 크램프(5개 이상)<br>㉝ 시험관 꽂이(2개 이상)<br>㉞ 삼발(2개 이상)<br>㉟ 집게(2개 이상)<br>㊱ 유리봉(적당량)<br>㊲ 유리관(적당량)<br>㊳ 고무관(적당량)<br>㊴ 약숟가락(2개 이상) |

| 구 분 | 시 설 기 준 |
| --- | --- |
| | ㊵ 핀셋(2개 이상)<br>㊶ 솔(2개 이상)<br>㊷ 리트머스시험지(적당량)<br>㊸ 여과지(적당량)<br>㊹ 고무마개 및 코르크마개(대·중·소 각 20개 이상)<br>㊺ 진열장(시약보관용)<br>㊻ 시험대(높이 1미터 이상, 넓이 1.5미터×2.0미터 이상)<br>㊼ 시험검사에 필요한 시약<br>(2) 검사에 필요한 급수시설을 갖추어야 한다.<br>(3) 업종별로 단백질정량시험이 필요한 경우에는 드래프트실을 설치하여야 한다. |

〔주〕: 검사설비가 필요없는 업종

1. 당류제조업 중 맥아엿만 제조시
2. 절임식품류 제조업
3. 통조림 또는 병조 제조업 중 선상에서 병·통조림제조시
4. 건포류 제조업
5. 두부류제조업에서 묵류만 제조시
   두부류·유부류 제조업소는 검사실이 있어야 한다.
   이 경우 검사가 가능한 지역내에서 여러 업소가 공동으로 검사실을 둘 수 있다.
6. 식용유지제조업에서 압착식 식용유 중 즉석제조 판매업시
7. 도시락 제조업
8. 식품소분업

## 8.2 식품공장의 GMP

식품으로 인한 위생상의 위해를 방지하기 위해서 식품위생법에서는 식품의 규격기준이나 시설기준이 정해져 있으나, 식품을 제조하는 업자의 자주적인 위생관리지표로서는 완전치 못하다. 그러나 미국의 FDA(Food and Drug Administration, 식품·의약청)에서 제정한 GMP(Good Manufacturing Practice, 좋은 제조기준)에서는 구체적으로 정하고 있다. 그 내용은 식품공장이 위생상태를 확보하기 위해서 건물·시설 및 제조관리를 어떻게 해야하는가를 정하고 있으며, 다음과 같이 4개의 subpart와 10개의 section으로 구성되어 있다. 여기에 기재된 내용은 식품을 제조하는 업자측에서 보면 대단히 상식적인 것이다.

### (1) 일반조항(general provisions)

① 일반적인 좋은 제조기준(current good manufacturing practice)

GMP의 구성내용

| subpart | section |
|---|---|
| (1) 일반조항 | ① 좋은 제조기준 (110. 1)<br>② 정의 (110. 3)<br>③ 작업자 (110.10)<br>④ 예외 (110.19) |
| (2) 건물과 시설 | ① 공장과 부지 (110.20)<br>② 위생시설과 관리 (110.35)<br>③ 위생적인 작업 (110.37) |
| (3) 장　　치 | ① 장치 및 처치(110.40) |
| (4) 생산과 공정관리 | ① 공정과 관리 (110.80)<br>② 건강에 해를 주지 않는 식품에서 자연적 또는 피할 수 없는 결함 (110.99) |

§110.10, 110.19, 110.20, 110.35, 110.37, 110.40, 110.80 및 110.99에 있는 기준은 식품이 안전하고 위생적인 조건에서 제조 포장 보관되고 있는 것을 보증하기 위해서 식품의 제조·가공·포장 또는 보관에 사용하는 시설·방법·실시 및 관리가 좋은 제조기준(GMP)에 따라서 조작 또는 실시되는가를 정하여 적용해야 한다.

② 정의(definitions)

㉠ "적당한(adequate)"이란 좋은 국민보건기준을 유지하는데 있어서 의도한 목적을 달성하는 데 필요한 것을 뜻한다.

㉡ "공장(plant)"이란 식품을 제조·가공·포장·라벨부착 및 보관하는 데 이용되거나 또는 관련되는 건물과 그 부속물을 뜻한다.

㉢ "위생적으로 한다(sanitize)"란 병원세균의 영양세포를 파괴하거나 기타 미생물을 실질적으로 줄이는 데 효과적인 어떤 공정으로 표면의 적당한 처리를 뜻한다. 그러한 처리는 반대로 제품에 영향을 미치지 않아야 하며 소비자에게 안전해야 한다.

③ 작업자(personel)

공장관리는 다음과 같은 것을 보증하기 위해서 합리적인 모든 수단과 예방조치를 취해야 한다.

㉠ 질병관리(disease control) : 전염병 환자, 전염병 보균자, 곰거나 상처가 있거나 또는 기타 미생물 오염의 발생원을 갖는 사람은 식품, 원료 및 개인에 질병을 옮길 가능성이 있는 식품공장에서 일해서는 안된다.

㉡ 청결(cleanliness) : 식품조제, 식품의 원료 또는 식품이 접촉하는 표면과 직접 접촉하는 모든 작업자는

ⓐ 청결한 작업복을 착용하고 고도의 개인청결을 유지하며, 근무 중에 식품의 오염방지에 필요한 위생적인 기준에 따라야 한다.

ⓑ 작업 전후 및 손이 오염되었을 때에는 미생물의 오염을 막기 위해서 적당한 세정설비에서 손을 철저히 씻고 소독해야 한다.

ⓒ 식품을 손으로 다루고 있는 동안에는 모든 불안전한 보석류와 살균할 수 없는 보석류는 착용하지 않는다.

ⓓ 장갑을 사용할 경우에는 청결하고 위생적인 상태로 유지해야 한다. 또한 장갑은 침투성이 없는 재료이어야 한다.

ⓔ 머리카락 보호망(hair net), 모자 또는 머리를 보호할 수 있는 것을 착용해야 한다.

ⓕ 식품 또는 원료가 노출되는 장소 도는 세정장치를 사용하는 장소에 의복이나 개인소유물을 두지 말아야 하고, 음식을 먹거나 음료를 마시거나 흡연을 하지 않아야 한다.

ⓖ 미생물 또는 땀, 두발, 화장품, 담배, 약품 등의 이물 오염을 막기 위해서 필요한 예방조치를 취해야 한다.

㉢ 교육과 훈련(education and training) : 위생관리책임자는 청결하고 안전한 식품을 제조하는 데 필요한 능력을 갖추도록 교육 또는 경험적인 배경을 갖고 있어야 한다. 작업자 및 감독자는 올바른 식품의 처리기술 및 식품보호원리에 대한 적절한 훈련을 받아야 하며, 불량한 위생과 비위생적인 습관의 위험에 대해 알고 있어야 한다.

㉣ 관리(supervision) : 모든 작업자에게 본 part 110의 모든 필요조건을 인식시키는 책임은 유능한 관리자에게 맡겨져야 한다.

④ 예외(exclusion) : 생략

## (2) 건물 및 시설(buildings and facilities)

① 공장과 부지(plants and grounds)

㉠ 부지 (grounds) : 식품공장의 부지에서 다음과 같은 식품오염의 발생조건을 없애야 한다.

ⓐ 쥐·해충의 유인물, 번식장소가 되는 공장의 건물 및 건조물의 주변에 방치된 기구, 폐기물, 자르지 않은 잡초

ⓑ 식품이 노출된 장소에는 오염원인이 되는 먼지가 많이 쌓인 도로, 구내주차장

ⓒ 해충이나 미생물의 번식처가 되어 식품을 오염시킬 우려가 있는 배수가 잘 안되는 장소

㉡ 공장의 구조 및 디자인(plant construction and design) : 공장건물 및 건조물을 유지 및 위생적인 식품의 가공조작을 용이하게 하기 위해 적당한 크기, 구조 및 디자인이 되어 있어야 한다.

공장 및 시설은

ⓐ 위생적인 조작 및 안전한 식품이 제조될 수 있도록 장치의 배관 및 원료의 저장을 위한 충분한 공간을 갖도록 해야 한다. 공장의 바닥, 벽 및 천정은 적당히 세정할 수 있는 구조로 하고 깨끗하고 잘 보수되어 있어야 한다.

정착물, 닥트, 배관은 응축수가 식품, 원료 및 식품과 접촉하는 표면에 오염되지 않도록 작업장에 걸쳐 놓아서는 아니된다. 작업통로 또는 설비와 설비 및 벽사이의 작업공간은 식품접촉표면이 작업복이나 사람의 접촉으로 오염없이 일을 수행할 수 있도록 장해물이 없고 충분한 넓이가 있어야 한다.

ⓑ 유해미생물, 약품, 불순물 또는 이물로 식품을 오염시키는 작업은 칸막이 배치 기타 효과적인 수단으로 분리해야 한다

ⓒ 세면대, 탈의실, 화장실, 식품 및 원료를 검사 가공 저장하는 장소나 설비, 기구가 깨끗해야 하는 모든 장소에는 제조공정상에 노출된 식품을 가로질러 설치된 정착물, 조명설비 및 기타 유리제품은 파손의 경우에 식품오염을 방지하기 위해 안전한 형태로 하여야 한다.

ⓓ 식품을 오염시킬 가능성이 있는 장소에서 냄새, 유해한 발연 및 스팀 등의 증기를 줄이는 환기장치를 설치해야 한다. 환기장치는 공기로 인한 식품오염이 일어나지 않도록 하여야 한다.

ⓔ 필요한 곳에는 새, 동물 및 해충의 침입을 막을 수 있는 망이나 보호장치를 설치해야 한다.

② 위생시설 및 관리(sanitary facilities and controls)

각 공장은 다음과 같은 적당한 위생시설 및 설비를 설치해야 한다.

㉠ 급수(water supply) : 급수는 의도하는 작업에 충분해야 하며 적당한 수원에서 끌어들여야 한다. 식품 또는 식품과 접촉하는 면에 닿는 물은 안전하고 위생적인 품질의 물이어야 한다. 식품을 가공하고 시설, 기구, 용기를 세척하고 종업원의 위생시설이 필요한 장소에는 적당한 온도와 압력이 걸려있는 흐르는 물이 공급될 수 있어야 한다.

㉡ 하수처리(sewage disposal) : 하수는 적당한 하수처리 시스템을 채용하여 처리해야 한다.

㉢ 배관공사(plumbing) : 배관공사는 적당한 크기 및 디자인의 것을 적당히 배치하여 항상 보수된 상태로 유지해야 한다.

ⓐ공장의 필요한 곳에 충분한 용수를 공급할 수 있어야 한다.

ⓑ 공장에 나오는 하수와 액상의 폐기물을 적절히 운반할 수 있어야 한다.

ⓒ 식품, 원료, 급수, 장치 및 기기를 오염되지 않도록 하여야 한다.

ⓓ 바닥에 물이나 액상폐기물이 잘 빠지도록 적당한 바닥의 배수장치가 설치되어야 한다.

㉣ 화장실 시설(toilet facilites) : 각 공장은 종업원용의 적당한 화장실 및 손씻는 부대시설을 설치해야 한다. 화장실에는 화장지가 있어야 한다. 화장실은 항상 위생적인 상태로 유지해야 한다. 화장실 문은 자동개폐식으로 하고 2중문이나 양압(陽壓)으로 되어 있는 곳과 같이 오염을 막을 수 있는 수단이 되어 있는 곳을 제외하고는 식품이 노출된 장소에 직접 개방되어서는 아니된다. 화장실을 이용 후에 손을 씻을 비누나 세제가 있

는 곳에 방향표시를 해야한다.

㉤ 손씻는 시설(hand-washing facilities) : 공장내에 필요한 장소에 종업원이 손을 씻고 소독하고 건조하기 위한 적절하고 편리한 시설을 설치해야 한다. 이러한 설비는 손씻기에 적당한 온수, 소독액, 위생수건 또는 건조장치 그리고 적당한 곳에 쉽게 청소할 수 있는 폐기물통이 설치되어 있어야 한다.

㉥ 폐기물 처리(rubbish and offal disposal) : 냄새발생을 최소화하고, 곤충의 번식을 막고, 식품과 접하는 면, 바닥, 급수의 오염을 막기 위해서 폐기물을 운반, 저장, 처리해야 한다.

③ 위생적인 작업(sanitary operations)

㉠ 일반적인 유지(general maintenance) : 공장건물, 정착물 기타 시설은 항상 양호한 수리상태 및 위생상태로 유지해야 한다. 세정작업은 식품 및 식품과 접하는 면의 오염위험을 최소화하도록 실시해야 한다. 세정 및 살균작업에 사용되는 세정제 및 살균제는 미생물 오염이 없고 안전하고 효과가 있어야 한다.

㉡ 동물 및 해충관리(animal and vermin control) : 식품공장에는 동물, 새, 해충을 구제하고 식품의 오염을 막기 위한 유효한 수단을 취해야 한다. 살충제나 쥐약은 상품 및 포장재가 오염되지 않도록 예방조치를 취하고 사용해야 한다.

㉢ 장치 및 기구의 위생(sanitation of equipment and utensils) : 식품의 오염을 막기 위해서 모든 기구 및 장치가 제품과 접하는 면은 자주 세정해야 한다. 장치가 제품과 접촉하지 않는 면도 먼지나 식품의 분말이 쌓이지 않도록 자주 청소해야 한다. 종이컵, 종이수건과 같은 1회용 물건은 식품 또는 식품과 접하는 면이 오염되지 않도록 적당한 용기에 저장, 사용 및 처리해야 한다. 유해미생물이 식품, 기구 및 장치가 오염되는 것을 막기 위해서 필요한 곳은 사용 전에 세정하고 살균해야 한다. 연속생산작업에 이용되는 장치나 기구는 세정과 살균을 위해 적당한 방법으로 사전 계획된 일정에 따라 세정 및 살균해야 하고 살균제는 살균조건하에서 효과가 있고 안전해야 한다.

㉣ 이동 가능한 장치 및 기구의 세정 후 보관 및 취급(storage and handling of cleaned portable equipment and utensils) : 제품과 접하는 면을 갖는 이동 가능한 장치 및 기구는 세정 소독 후 오염되지 않도록 보관해야 한다.

### (3) 장치(equipment)

① 장치와 처치(equipment and procedures)

㉠ 일반(general) 공장의 모든 장치 및 기구는

ⓐ 목적으로 하는 용도에 맞아야 한다.

ⓑ 적당히 세정할 수 있도록 디자인하고, 재료를 쓰고, 끝마무리를 해야 한다.

ⓒ 적당히 유지될 수 있어야 한다.

디자인, 구조 및 장치·기구의 사용은 윤활유, 연료, 금속편, 오염된 물 또는 기타 어떤 오염물을 갖는 식품 중의 이물을 제거해야 한다. 모든 설비는 장치를 세척하고 인접한 공간을 쉽게 청소할 수 있도록 설치하고 유지해야한다.

㉡ 식품공장에서 PCB의 사용(use of polychlorinated biphenyls in food plants) : PCB는 여러가지 상표로 제조 판매되고 있는 대표적인 독성화학 물질중의 하나이다. 즉, 미국에서는 Aroclor 라는 상표로, 프랑스 Phenoclo, 독일 Colphen, 일본 Kanaclor라는 상표로 판매되고 있다.

PCB는 열에 안정하고 비가연성화학물질로 전기의 콘덴서, 트란스휘머, 유압기유, 윤활유, 코팅제 및 잉크 등에 이용된다. PCB의 독특한 물리화학적 특성과 광범위하고 자유로운 산업의 적용은 지속적이고 광범위하게 환경을 오염시키는 원인이 되었고 또한, 식품에 오염을 일으키는 원인이 되었다. 공장설비에서는 PCB의 누출결과로 PCB가 곧바로 동물사료를 오염시킨 사고가 있었다. 이러한 사고들은 사람이 먹는 고기, 우유 및 계란 등의 식품에 오염을 일으킨다. PCB가 독성화학물질이라는 것이 밝혀진 이래로 식품의 PCB오염은 인간의 건강에 유해함을 대표하고 있다. 그러므로 식품을 생산·취급 및 저장하는 곳에는 PCB의 이용을 제한 할 필요가 있다. 다음의 특별조항은 식품의 PCB 오염사고를 제거하는 데 필요하다.

ⓐ 식품공장내나 주변에 있는 새로운 장치 기구 및 식품취급·가공을 위한 기계는 PCB가 들어 있어서는 아니된다.

ⓑ 1973. 9.4 이전에 설치된 식품공장의 기계에 들어있는 유체 중에 PCB가 들어있는 경우에는 PCB가 없는 유체로 교체해야 한다.

ⓒ 본 조치에서 밀폐된 용기에 PCB가 들어있는 전기용 트란스휘마나 콘덴사는 적용되지 않는다.

### (4) 생산과 공정관리(production and process control)

① 공정과 관리(processes and controls)

식품의 수입, 검사, 운반, 포장, 분할, 제조, 가공 및 저장에 관한 모든 작업은 적당한 위생상의 원칙에 따라서 실시해야 한다. 공장의 전반적인 위생은 책임이 부여된 사람의 관리하에 있어야 한다. 미생물 유해물질 및 기타 바람직하지 않은 물질이 제품에 오염되지 않도록 다음 사항을 포함한 모든 합리적인 예방조치가 취해져야 한다.

㉠ 원료는 깨끗하고 건전하고 식품으로 가공하는 데 적합하다는 것을 보증하기 위해서 검사하고 구획되어야 한다. 또한 오염을 막고 변패를 최소화시키는 조건에 저장해야 한다. 원료는 오물과 오염을 제거하기 위해서 필요하면 세정해야 한다. 식품을 세정하고 헹구고 또는 운반하는 데 쓰이는 물은 적당한 품질이어야 한다. 식품을 오염시키는 결과를 초래하는 방법으로 물은 제품을 세정 헹굼, 운반하는 데 다시 사용하여서는 아니된다.

㉡ 원료의 용기가 제품의 오염 또는 변질의 원인으로 되지 않도록 수입시에 검사해야 한다.

㉢ 제품과 접촉하는 얼음은 음료수로서 제조하고 위생적인 방법으로 저장, 수송 및 취급해야 한다.

㉣ 식품을 가공시에 쓰이는 가공장 및 장치는 동물사료 또는 식품이외의 제품의 가공에 사용치 않도록 해야 한다.

㉤ 가공장치는 세정 및 소독을 실시하여 위생적인 상태로 유지해야 한다. 필요한 경우에는 장치의 완전한 세정을 위해 분해해야 한다.

㉥ 포장과 저장을 포함한 모든 식품가공은 미생물 오염, 독소생성, 변질을 최소화하는 조건과 관리하에서 실시해야 한다.

㉦ 위생상의 결함 또는 식품오염을 확인하기 위해서 화학적, 미생물학적 시험 및 이물질 시험을 실시해야 한다.

㉧ 포장공정과 재료가 제품을 오염시키지 않도록 해야 한다.

㉨ 제조 가공 포장 또는 재포장 되어 판매되었거나, 배송된 제품에 의미있는 부호를 부여하여 오염되었거나, 사용 목적상 부적합한 특수제품을 용이하게 구분할 수 있도록 하여야 한다.

㉩ 최종제품의 저장 및 수송은 유해미생물의 증식을 방지하고 제품 및 용기의 변질을 방지할 수 있는 조건에 있어야 한다.

② 건강에 해를 주지않는 식품에서 자연적 또는 피할 수 없는 결함(natural of unavoidable defects in food for human use that present no health hazard)

ⓐ 일반적인 좋은 제조·가공 기준에서 생산되었지만 어떤 식품은 건강에 해가 없는 낮은 수준으로 자연적 또는 피할 수 없는 결함을 갖고 있다. 이러한 식품에 대해 FDA는 결점에 대한 최고수준을 설정한다.

ⓑ~ⓔ 생략

GMP기본법(Code of Federal Regulation Part 110)에 따라 구체적으로 개별식품로 GMP가 정해져 있으며, 그 현황은 다음과 같다.

- part 113 밀폐용기에 포장된 열처리가공된 저산성식품 (thermally processed low-acid foods packaged in hermetically sealed containers)
- part 114 산성식품(acidified foods)
- part 118 카카오제품과 과자(cacao products and confectionery)
- part 123 냉동 생 빵가루를 묻힌 새우(frozen raw breaded shrimp)
- part 129 병포장음료수의 가공과 포장(processing and bottling of bottled drinking water)

# 9. 식품위생법 불이행시의 행정조치

식품위생법에서는 식품을 제조 판매하는 기업이 지켜야할 사항을 규정해 놓고, 이대로 이행이 안되면 법에서 정한 절차에 따라 행정조치를 받게끔 되어 있다. 그 조치내용은 아주 경미한 것에서부터 최악의 경우에는 영업허가가 취소되고, 체형까지 받을 수 있도록 되어 있다. 행정처분은 법의 내용을 제대로 알지 못해서 발생되는 경우도 있으므로, 식품공장에 종사하는 사람은 경영자부터 작업자에 이르기까지 식품위생법의 내용을 알고 있도록 교육이 필요하다. 특히, 행정처분기준 중 해당사항을 발췌하여 관련되는 사람들이 그 내용을 명확히 숙지할 수 있도록 평소에 관리하는 것이 문제발생을 예방할 수 있다.

## 9.1 행정처분 기준

식품위생법 위반시의 행정처분기준은 표 7-10과 같다.

표 7-10 행정처분기준

1. 일반기준

① 위반행위가 2 이상일 때에는 그 중 중한 처분기준(중한 처분기준이 동일할 때에는 그 중 하나의 처분기준을 말한다. 이하같다)에 의하되, 2 이상의 처분기준이 동일한 영업정지이거나 품목제조정지인 경우에는 중한 처분기준의 2분의 1까지 가중처분할 수 있다. 이 경우 각 처분기준을 합산한 기간을 초과할 수 없다.

② ①의 경우에 2 이상의 위반행위가 각각 다른 품목으로서 그 처분기준이 품목제조허가취소, 품목제조금지, 품목제조정지 또는 당해 제품폐기인 때에는 이를 각각 병과한다.

③ 위반행위의 횟수에 따른 행정처분의 기준은 최근 1년[2. 개별기준 제4호 (2)의 우유(시유)의 경우 3월]간 같은 위반행위로 행정처분을 받은 경우에 적용한다. 다만, 이 경우 기준적용일은 동일위반사항에 대한 행정처분일과 재적발일을 기준으로 한다.

④ 4차위반의 경우에 있어서 3차위반의 처분기준이 품목제조정지인 경우에는 품목제조허가취소 또는 품목제조정지, 영업정지인 경우에는 영업소폐쇄(법 제22조 제5항의 규정에 의하여 신고한 영업에 한한다) 또는 영업허가취소를 하여야 한다.

⑤ 품목제조허가 또는 신고의 대상품목이 아닌 품목에 대한 처분기준이 품목제조허가취소 또는 품목제조 금지에 해당되는 때에는 6월의 품목제조정지를 하여야 한다.

⑥ 식품가공업중 임가공업에 있어서 처분기준이 품목제조정지인 경우에는 품목제조정지기간의 범위안에서 영업정지를 하여야 한다.

한다.
⑦ 이 기준에 의한 3차위반사항에 대한 처분은 법 제65조 제1항의 규정에 의한 과징금 부과대상에서 제외한다.

2. 개별기준

| 위 반 사 항 | 제조가공업행정처분기준 | | |
|---|---|---|---|
| | 1차위반 | 2차위반 | 3차위반 |
| 1. 법 제4조(판매등 금지) 위반 | | | |
| (1) 썩었거나 상한 것으로서 인체의 건강을 해할 우려가 있는 것 | 영업정지 1개월과 당해제품 폐기 | 영업정지 3개월과 당해제품 폐기 | 영업허가취소 또는 영업소 폐쇄와 당해제품 폐기 |
| (2) 설익은 것으로서 인체의 건강을 해할 우려가 있는 것 | 영업정지 15일과 당해제품 폐기 | 영업정지 1개월과 당해제품 폐기 | 영업정지 3개월과 당해제품 폐기 |
| (3) 유독·유해물질이 들어 있거나 묻어 있는 것 또는 병원미생물에 의하여 오염되었거나 그 염려가 있는 것으로 인체의 건강을 해할 우려가 있는 것. | 영업허가취소 또는 영업소 폐쇄와 당해제품 폐기 | | |
| (4) 불결하거나 인체에 해를 미치는 다른 물질이 혼입된 것 | 영업정지 1개월과 당해제품 폐기 | 영업정지 3개월과 당해제품 폐기 | 영업허가 취소 또는 영업소 폐쇄와 당해제품 폐기 |
| (5) 영업허가(신고)를 받아야 하는 경우에 허가(신고)받지 아니한자가 제조·가공한 것을 사용하여 제조·가공·조리·판매할 때 | 영업정지 1개월과 당해제품 폐기 | 영업정지 2개월과 당해제품 폐기 | 영업허가 취소와 당해제품 폐기 |
| (6) 품목제조허가(신고)를 받아야 하는 경우에 그 허가(신고)를 받지 아니하고 제조한 것. | 영업정지 1개월과 당해제품 폐기 | 영업정지 3개월과 당해제품 폐기 | 영업허가 취소 또는 영업소 폐쇄와 당해제품 폐기 |
| 2. 법 제5조(병육등의 판매등 금지) 위반 | 영업정지 1개월과 당해제품 폐기 | 영업정지 3개월과 당해제품 폐기 | 영업허가 취소와 당해제품 폐기 |
| 3. 법 제6조(기준·규격이 고시되지 아니한 화학적 합성품 등의 사용·생산·판매 등 금지)위반 | 영업허가취소 또는 영업소 폐쇄와 당해제품 폐기 | | |
| 4. 법 제7조(식품 또는 첨가물의 기준과 규격) | | | |

| 위 반 사 항 | 제조·가공업 행정처분기준 | | |
|---|---|---|---|
| | 1차위반 | 2차위반 | 3차위반 |
| (1) 비소·중금속·납·항생물질·메칠알콜·유리광산·휴젤유·포스파타제·포름알데히드·올소톨루엔·설폰아미드·방향족탄화수소·시안화물·바륨·폴리옥시에칠렌·롱갈리트·세레늄 시험에서 부적합하다고 판명된 때 | 품목제조허가 취소 또는 품목제조금지와 당해제품 폐기 | | |
| (2) 산가·동·주석·과산화물가·암모니아성질소·아질산근·대장균군·형광착색료·파라핀·왁스류 및 가온 보존시험에서 부적합하다고 판정된 때와 인삼제품이 타알색소·인공 감미료의 사용기준에 맞지 아니하거나 인삼성분이 기준에 비해 부족한 때 | 품목제조정지 1개월과 당해제품 폐기 〔우유(시유)의 경우 시정지시와 당해제품폐기〕 | 품목제조정지 3개월과 당해 제품 폐기 〔우유(시유)의 경우는 품목제조정지 1일과 당해제품 폐기〕 | 품목제조허가 취소 또는 품목제조금지와 당해제품 폐기 〔우유(시유)의 경우는 품목제조허가 취소〕 |
| (3) 첨가물의 사용 및 허용기준을 위반한 때 | 품목제조정지 1개월과 당해 제품 폐기 | 품목제조정지 3개월과 당해 제품 폐기 | 품목제조허가 취소 또는 품목제조금지와 당해제품 폐기 |
| (4) 식품에 있어서 유산균수·효모수·전질소·조단백질·순엑기스·유지방분·당분·무지유고형분·원엑기스분·조지방질·아미노산성질소·인삼성분·인삼고형분이 기준에 비하여 부족(조섬유질 또는 회분은 기준초과) 하거나 첨가물및혼합제제에 있어서는 함량 또는 주성분의 함량이 기준에 비하여 부족하거나 초과한 때로서, | | | |
| ① 30퍼센트 이상 부족하거나 초과한 때 | 품목제조허가 취소 또는 품목제조금지와 당해제품 폐기 | | |
| ② 20퍼센트 이상 30퍼센트 미만 부족하거나 초과한 때 | 품목제조정지 1개월〔우유(시유)의 경우는 품목제조정지 3일〕 | 품목제조정지 2개월〔우유(시유)의 경우는 품목제조정지 5일〕 | 품목제조정지 3개월〔우유(시유)의 경우는 품목제조허가 취소〕 |
| ③ 10퍼센트 이상 20퍼센트 미만 부족하거나 초과한 때 | 품목제조정지 15일〔우유(시유)의 | 품목제조정지 1개월〔우유 | 품목제조정지 3개월〔우유 |

| 위 반 사 항 | 제조·가공업 행정처분기준 | | |
|---|---|---|---|
| | 1차위반 | 2차위반 | 3차위반 |
| | 경우는 1일〕 | (시유)의 경우는 품목제조정지 3일〕 | (시유)의 경우는 품목제조정지 7일〕 |
| ④ 10퍼센트 미만 부족하거나 초과한 때 | 시정지시 | 품목제조정지 15일 〔우유(시유)의 경우는 품목제조정지 1일〕 | 품목제조정지 1개월〔우유(시유)의 경우는 품목제조정지 3일〕 |
| (5) 식품조사처리기준을 위반한 때 | 영업정지 1개월과 당해제품 폐기 | 영업정지 3개월과 당해제품 폐기 | 영업허가 취소 또는 영업소폐쇄와 당해제품 폐기 |
| (6) 식품등의 기준 및 규격 중 원료의 구비요건이나 제조가공기준을 위반한 때 | 품목제조정지 15일 | 품목제조정지 1월 | 품목제조정지 3월 |
| (7) 기타 제품검사결과 (1) 내지 (6)을 제외한 위반사항이 | | | |
| ① 3개항목 이상일 때 | 품목제조정지 1개월 | 품목제조정지 3개월 | 품목제조허가 취소 또는 품목제조금지 |
| ② 3개항목 미만일 때 | 시정지시 | 품목제조정지 1개월 | 품목제조정지 3개월 |
| 5. 법 제8조(유독기구등의 생산·판매·사용금지)위반 | 영업정지 1개월과 당해제품 폐기 | 영업정지 3개월과 당해제품 폐기 | 영업허가 취소 또는 영업소폐쇄와 당해제품 폐기 |
| 6. 법 제9조 (기구·용기·포장의 기준과 규격)위반 | 품목제조정지 1개월과 당해제품 폐기 | 품목제조정지 3개월과 당해제품 폐기 | 품목제조허가 취소 또는 품목제조금지와 당해제품 폐기 |
| 7. 제10조(표시기준) 제11조(허위표시등의 금지)위반 | | | |
| (1) 다른 업소의 표시가 있는 기구·용기·포장을 사용한 때 | 품목제조정지 1개월 | 품목제조정지 3개월 | 품목제조허가 취소 또는 품목제조금지 |
| (2) 제품명의 표시가 기준에 부적합한 때 | 시정지시 | 품목제조정지 1개월 | 품목제조정지 3개월 |
| (3) 화학적합성품을 첨가물로 사용한 경우에 그 함유된 첨가물의 명칭 또는 용도를 표시하지 아니한 때 | 시정지시 | 품목제조정지 1개월 | 품목제조정지 3개월 |

| 위 반 사 항 | 제조·가공업 행정처분기준 | | |
|---|---|---|---|
| | 1차위반 | 2차위반 | 3차위반 |
| (4) 제조연월일 또는 유통기한을 표시하지 아니한 때 | 품목제조정지 1개월 | 품목제조정지 3개월 | 품목제조허가 취소 또는 품목제조금지 |
| (5) 중량·용량 등을 표시하지 아니한 때 | 품목제조정지 1개월 | 품목제조정지 3개월 | 품목제조허가 취소 또는 품목제조금지 |
| (6) 중량·용량·열량 등이 표시된 양과 실제량과의 허용오차(부족)를 가감한 중량·용량·열량에 대하여, | | | |
| ① 50퍼센트 이상 부족한 때 | 품목제조금지 3개월 | 품목제조허가 취소 또는 품목제조금지 | |
| ② 30퍼센트 이상 50퍼센트 미만 부족한 때 | 품목제조정지 1개월 | 품목제조정지 3개월 | 품목제조허가 취소 또는 품목제조금지 |
| ③ 10퍼센트 이상 30퍼센트 미만 부족한 때 | 품목제조정지 15일 | 품목제조정지 1개월 | 품목제조정지 3개월 |
| ④ 10퍼센트 미만 부족한 때 | 시정지시 | 품목제조정지 15일 | 품목제조정지 1개월 |
| (7) 부패·변질되었거나 폐기된 제품 또는 유통기한이 경과된 제품을 정당한 사유없이 교환하여 주지 아니한 때 | 품목제조정지 1개월 | 품목제조정지 3개월 | 품목제조허가 취소 또는 품목제조금지 |
| (8) 질병의 치료에 효능이 있다는 내용이나 의약품으로 오인할 우려가 있는 내용의 표시나 광고로 인정된 때 | 품목제조정지 1개월 | 품목제조정지 3개월 | 품목제조허가 취소 또는 품목제조금지 |
| (9) 제조연월일 또는 유통기한을 표시함에 있어서 사실과 다른내용의 표시를 한 때 | 품목제조정지 1개월 | 품목제조정지 3개월 | 품목제조허가 취소 |
| (10) 사행심을 조장하는 내용의 광고로 인정된 때 | 품목제조정지 1개월 | 품목제조정지 3개월 | 품목제조허가 취소 |
| (11) 화학적합성품의 경우 그 원료의 명칭등을 사용하여 화학적합성품이 아닌 것으로 혼동될 우려가 있는 광고 | 품목제조정지 1개월 | 품목제조정지 3개월 | 품목제조허가 취소 또는 품목제조금지 |
| (12) 내용물이 포장용적의 3분의 2에 미달되는 경우 | 품목제조정지 1개월 | 품목제조정지 3개월 | 품목제조허가 취소 또는 품목제조금지 |
| (13) 포장한 2개 이상의 제품을 다시 1개로 재포장한 것으로 그 실제 내용물이 재포장용적의 2분의 1에 미달되는 경우 | 품목제조정지 1개월 | 품목제조정지 3개월 | 품목제조허가 취소 또는 품목제조금지 |

| 위 반 사 항 | 제조·가공업행정처분기준 | | |
|---|---|---|---|
| | 1차위반 | 2차위반 | 3차위반 |
| ⒁ 조사처리식품의 표시기준을 위반한 때 | 영업정지 15일 | 영업정지 1개월 | 영업정지 2개월 |
| ⒂ (1) 내지 (14)를 제외한 표시기준 및 허위표시 등 위반사항이 | | | |
| ① 3개 항목 이상일 때 | 품목제조정지 1개월 | 품목제조정지 3개월 | 품목제조허가 취소 또는 품목제조금지 |
| ② 3개항목 미만일 때 | 시정지시 | 품목제조정지 1개월 | 품목제조정지 3개월 |
| 8. 법 제15조(불합격품등의 판매등 금지) | | | |
| (1) 제품검사에서 불합격된 제품을 판매한 때 | 영업정지 3개월과 당해제품 폐기 | 영업허가취소 또는 영업소 폐쇄와 당해 제품 폐기 | |
| (2) 제품검사를 받지 아니한 제품을 판매한 때 | 영업정지 1개월과 당해제품 폐기 | 영업정지 3개월과 당해제품 폐기 | 영업허가 취소 또는 영업소 폐쇄와 당해제품 폐기 |
| (3) 제품검사용 봉인제품을 업소임의로 개봉한 때 | 품목정지15일 | 품목정지1개월 | 품목정지2개월 |
| 9. 법 제19조(자가품질 검사의 의무)위반 | | | |
| (1) 제품에 대한 자가품질검사를 2주마다 1회 이상 실시하지 아니한 때로서 | | | |
| ① 시험항목의 전항을 실시하지 아니한 때 | 품목제조정지 1개월 | 품목제조정지 3개월 | 품목제조허가 취소 |
| ② 시험항목의 50퍼센트 이상 실시하지 아니한 때 | 품목제조정지 15일 | 품목제조정지 1개월 | 품목제조정지 3개월 |
| ③ 시험항목의 50퍼센트 미만 실시하지 아니한 때 | 시정지시 | 품목제조정지 15일 | 품목제조정지 1개월 |
| 10. 법 제22조(영업의 허가 등)위반 | | | |
| (1) 허가 또는 신고없이 영업장소를 이전한 때 | 영업허가 취소 또는 영업소폐쇄 | | |
| (2) 변경허가를 받지 아니하고 영업시설의 전부 또는 일부를 철거한 때 | | | |
| ① 시설전부를 철거하여 멸실된 때 | 영업허가 취소 | | |
| ② 시설전부를 철거하여 그 시설을 영업소에 보관하는 때 | 영업정지3개월 | 영업허가 취소 또는 영업소 폐쇄 | |

| 위 반 사 항 | 제조·가공업 행정처분기준 | | |
|---|---|---|---|
| | 1차위반 | 2차위반 | 3차위반 |
| ③ 시설일부를 철거 또는 시설의 일부가 멸실된 때 | 당해시설과 관련되는 품목제조허가 취소 또는 품목제조금지 | 영업정지 3개월 | 영업허가 취소 또는 영업소 폐쇄 |
| (3) 영업시설의 구조 또는 작업장 면적을 변경하여 시설기준을 위반한 때 | | | |
| ① 시설의 구조 또는 작업장 면적을 임의로 변경 축소한 때 | 영업정지1개월 | 영업정지3개월 | 영업허가 취소 또는 영업소폐쇄 |
| ② 작업장 면적을 임의로 변경 확장한 때 | **시정지시** | **영업정지 1월** | **영업정지 3월** |
| (4) 허가조건을 위반한 때 | | | |
| ① 영업의 허가조건을 위반한 때 | 영업정지 2개월 | 영업정지 3개월 | 영업허가 취소 또는 영업소폐쇄 |
| ② 품목허가조건을 위반한때 | 품목제조정지1개월 | 품목제조정지 2개월 | 품목허가취소 또는 품목제조금지 |
| (5) 품목제조허가를 받아야 할 식품 또는 첨가물을 허가(신고)없이 제조한 때 | 영업정지 3월과 당해제품폐기 | 영업허가 취소 또는 영업소 폐쇄와 당해제품폐기 | |
| (6) 제품명칭을 허가(신고)없이 변경한 때 | 품목제조정지 1개월 | 품목제조정지 3개월 | 품목허가 취소 또는 품목제조금지 |
| (7) 제품의 원재료·성상 또는 성분배합비율을 허가(신고)없이 변경한 때 | 품목제조정지 1개월 | 품목제조정지 2개월 | 품목제조정지 3개월 |
| (8) 식품위생에 관련되는 각종 지시사항에 위반한 때 | 시정지시 | 영업정지 15일 | 영업정지 1개월 |
| (9) 기타(1)내지(8)를 제외한 허가 또는 신고사항 중 | | | |
| ① 시설기준에 위반된 때 | 시설개수명령 | 영업정지 1개월 | **영업허가 취소 또는 영업소 폐쇄** |
| ② 기타사항을 위반한 때 | 시정지시 | 영업정지 **1월** 일 | 〃 |

| 위 반 사 항 | 제조·가공업행정처분기준 | | |
|---|---|---|---|
| | 1차위반 | 2차위반 | 3차위반 |
| 11. 법 제26조(건강진단)위반 | | | |
| (1) 종업원의 수가 5명 이상인 업소로서 건강진단 미필자의 수가 | | | |
| ① 50퍼센트 이상일 때 | 영업정지 1개월 | 영업정지 2개월 | 영업정지 3개월 |
| ② 30퍼센트 이상 50퍼센트 미만일 때 | 영업정지 15일 | 영업정지 1개월 | 영업정지 2개월 |
| ③ 30퍼센트 미만일 때 | 시정지시 | 영업정지 15일 | 영업정지 1개월 |
| (2) 종업원의 수가 5명 미만인 업소로서 건강진단 미필자의 수가 | | | |
| ① 50% 이상일 때 | 영업정지 15일 | 영업정지1개월 | 영업정지2개월 |
| ② 50% 미만일 때 | 시정지시 | 영업정지15일 | 영업정지1개월 |
| (2) 콜레라·장티프스·파라티프스·세균성이질·결핵·성병·화농성 질환·B형간염 등 질병이 있는 자를 영업에 종사시킨 때 | 영업정지 1개월 | 영업정지 2개월 | 영업정지 3개월 |
| 12. 법 제27조(위생교육)위반 | | | |
| (1) 영업자가 위생교육을 받지 아니한 때 | 시정지시 | 영업정지 1개월 | 영업정지 2개월 |
| (2) 위생교육을 받지 아니한 자가 영업에 종사한 때 | 시정지시 | 영업정지 1개월 | 영업정지 2개월 |
| 13. 법 제28조(식품위생관리인)위반 | | | |
| (1) 식품위생관리인을 두지 아니한 때 | 영업정지 1개월 | 영업정지 3개월 | 영업허가 취소 또는 영업소 폐쇄 |
| (2) 식품위생관리인의 업무를 방해하거나 정당한 사유없이 업무수행상 필요한 요청에 응하지 아니한 때 | 영업정지 1개월 | 영업정지 2개월 | 영업허가 취소 또는 영업소 폐쇄 |
| (3) 식품위생관리인의 선임 또는 해임을 신고하지 아니한 때 | 영업정지 15일 | 영업정지 1개월 | 영업정지 2개월 |
| 14. 제29조(품질관리 및 보고) 및 제40조(제조 또는 가공업자의 준수사항) | | | |
| (1) 식품 및 첨가물의 제조 또는 가공업자의 준수사항 중 | | | |
| ① 제3호, 제4호, 제7호, 제8호 및 제9호의 준수사항 위반 | 영업정지 15일 | 영업정지 1개월 | 영업정지 3개월 |
| ② ①을 제외한 준수사항위반(별도 처분기준이 있는 경우를 제외한다) | 시정지시 | 영업정지 7일 | 영업정지 15일 |

| 위 반 사 항 | 제조·가공업 행정처분기준 | | |
|---|---|---|---|
| | 1차위반 | 2차위반 | 3차위반 |
| 14. 생산실적 등의 보고 위반 | 시정지시 | 영업정지 15일 | 영업정지 1개월 |
| 15. 수입식품 등의 신고 및 영업의 승계신고 위반 | 시정지시 | 영업정지 7일 | 영업정지 15일 |
| 16. 영업정지처분기간 중에 영업을 한 때 | 영업허가취소 | | |
| 17. 품목제조정지처분기간 중에 품목제조를 한 때 | 품목제조허가 취소 | 영업허가 취소 또는 영업소 폐쇄 | |

## 9.2 보건범죄 단속에 관한 특별조치

부정식품(不正食品)이나 첨가물을 제조하는 등의 범죄에 대하여는 가중처벌 하도록 되어 있는 법이 「보건 범죄단속에 관한 특별조치법」이다. 이 법에서는 식품위생법에 의한 허가를 받지 않고 제조가공하는 자, 이미 허가된 식품 또는 첨가물과 유사하게 위조 또는 변조한 자에 대하여는 다음과 같이 처벌토록 되어 있다.

① 식품 또는 첨가물의 가격이 소매가격으로 년간 500만원 이상이거나, 식품 또는 첨가물이 인체에 현저히 유해한 때에는 무기 또는 5년 이상의 징역에 처한다. 여기서 "인체에 현저히 유해"의 기준은 허용외의 착색료, 방부제 등이 함유한 것을 뜻한다(표 7-11 참조).

② 식품 또는 첨가물의 가격이 소매가격으로 년간 50만원 이상 500만원 미만일 때에는 2년 이상의 유기징역에 처한다.

표 7-11 인체에 현저한 유해의 기준

| 구 분 | 유 해 기 준 |
|---|---|
| 1. 다 류 | 허용외의 착색료가 함유된 경우 |
| 2. 과 자 류 | 허용외의 착색료나 방부제가 함유되거나, 비소가 2ppm 이상 또는 납이 3ppm 이상 함유된 경우 |
| 3. 빵 류 | 허용외의 방부제가 함유된 경우 |
| 4. 엿 류 | 허용외의 방부제가 함유된 경우 |
| 5. 시 유 | 허용외의 방부제가 함유되거나, 포스파타제가 검출된 경우 |
| 6. 식육및어육제품 | 허용외의 방부제가 함유되거나, 납이 3ppm 이상 함유된 경우 |
| 7. 청량음료수 | 허용외의 착색료나 방부제가 함유되거나, 비소가 0.3ppm 이상 또는 납이 0.5ppm 이상 함유된 경우 |
| 8. 장 류 | 허용외의 착색료나 방부제가 함유되거나, 비소가 5ppm 이상 함유된 경우 |
| 9. 주 류 | 허용외의 착색료나 방부제가 함유되거나 메칠알코올이 1mℓ당 1mg 이상 함유된 경우 |
| 10. 분말청량음료 | 허용외의 착색료나 방부제가 함유되거나, 수용 상태에서 비소가 0.3ppm 이상 또는 납이 0.5ppm 이상 함유된 경우 |

③ 유해한 식품·첨가물로 인하여 사람을 사상(死傷)에 이르게 한 자는 사형, 무기 또는 5년 이상의 징역에 처한다.

④ 상기 ①, ②의 경우는 소매가격의 2배 이상 5배 이하에 상당하는 벌금을 과한다.

# 제8장
# 미생물 시험법

미생물 중에는 인간에게 유익한 것도 있지만 유해한 것도 있다. 식품에 미생물이 오염되었을 때는 식품이 부패되거나 품질이 떨어진다. 특히 병원성 미생물이 오염되었을 경우에는 식품을 매개로 한 식중독이나 전염병을 일으킨다. 이 때문에 식품공장에서는 미생물관리가 중요하다. 각종의 미생물 시험법을 구사하여 식품의 미생물학적 품질평가를 하는 목적은 식품의 품질과 위생을 확보하여 품질을 보증하는 데 있다. 특히 병원성 미생물이 오염되어 있는가의 여부를 판정하는 것은 식품위생관리에서 대단히 중요하다. 미생물에 대한 관리는 식품공장의 생명과도 직결되기 때문에 철저한 미생물 관리가 필요하며 여기에 필수적인 도구가 미생물 시험법이다. 미생물실험을 잘하기 위해서는 미생물에 대한 기본지식과 미생물의 취급방법에 대한 교육 훈련이 잘 되어 있어야 한다. 미생물시험에는 특수한 환경과 시설이 필요하고 시험결과를 얻는데도 많은 시간이 소요된다. 최근에는 짧은 시간내에 미생물의 종류와 수를 분석할 수 있는 기기가 일부 개발되어 판매되고 있으나 대부분의 경우 사람의 수작업으로 분석되고 있다.

## 1. 미생물 취급의 기본기술

### 1.1 사용 기기

균주의 분리 배양 보존 등에 쓰이는 기기는 다음과 같다.

(1) 시험관(test tube)
(2) 샤레(schale, petri dish)
(3) 삼각 플라스크(elemeyer flask)
(4) 피펫(pipette)
(5) 건열살균기(dry oven)
(6) 고압살균기(autoclave)
(7) 살균등(ultraviolet lamp)
(8) 무균실(aseptic room)
(9) 항온 배양기(incubator)
(10) 냉장고(refrigerator)
(11) 현미경(microscope)
(12) 백금이 및 백금선(platinum wire loop and needle)
(13) 소독용구

(14) 브러쉬(brush)
(15) 핀셋(pincette)
(16) 스파튜라(spatula)
(17) 깔때기(funnel)
(18) 구부린 유리봉(bent glass rod)
(19) 다람관(durham tube)
(20) 집락계수기(colony counter)
(21) 자석진탕 가온기(magnetic stirring hot plate)
(22) PH미터
(23) 피펫통
(24) 스라이드 및 카바유리(slide & cover glass)

## 1.2 기구의 세정

### (1) 세 제

배양에 쓰이는 기구는 대부분 유리기구이다. 세제로서는 시판의 의료, 이화학용 세정제(유리기구용)가 이용되고 있으며 일반가정용의 세제를 써도 된다.

플라스틱기구의 세정도 유리기구에 준하여 한다.

### (2) 세정용 기기

일반적으로 브러쉬, 스폰지, 가제 등을 써서 세정하고 초음파세정기가 있으면 더욱 효과적이다. 피펫류는 통상의 기구와는 별도로 세정하는 것이 보통이고 특히 수세를 위한 피펫 세정기가 시판되고 있다.

### (3) 배양에 사용한 기구의 처리

균을 분리 배양 보존 등에 쓰이는 샤레(페트리접시, petri dish 라고도 함), 시험관 등의 세정기는 특히 주의가 필요하다. 균중에는 인체에 위험성이 큰 병원균이 있기 때문에 균이 생육한 것은 용기의 뚜껑을 열지말고 그대로 고압살균한 후에 세정한다. 플라스틱 샤레 등은 금속제의 용기에 넣어 별도로 고압살균하여 버린다.

피펫류는 3%크레졸 비누액으로 적어도 하루밤 침지한 후 세정한다.

### (4) 건조와 보관

**세제로서 처리한 기구는 흐르는 물로서 충분히 수세하여 필요에 따라서 증류수로 헹군 다음, 입구를 밑으로 향하게 하여 물기를 뺀다. 이 때에 유리벽에 물방울이 남아 있으며 충분한 세정이 안된 증거이다. 기구를 건조시에는 건조기에 넣어 말리면 편리하다.**

## 1.3 기구의 살균

미생물은 일반적으로 눈에 보이지 않기 때문에 공기 물을 비롯하여 기구 등에 묻어 있어 균류의 분리 배양에는 이 살균조작이 꼭 필요하다. 살균방법도 여러가지가 있고 각각 적용범위가 제한되어 있으므로 대상에 따라서 적절한 방법을 써야 한다.

(1) 화염살균(火炎殺菌)

살균할 대상을 직접 불꽃에 넣어 표면에 묻어있는 미생물의 생명을 없애는 방법이다.

① 백금이, 백금선, 스파튜라, 핀셋 등의 이식기구의 살균

② 면전을 하여 별도의 방법으로 살균한 시험관, 삼각플라스크 등의 마개를 빼어 유리기구의 주둥이 주변이나 표면을 살균하는 데 이용한다. 백금이를 살균할 때는 먼저 백금선(또는 니크롬선)의 부분을 붉은 색이 될때까지 가열하고 백금이자루(holder)의 금속부분을 돌려가면서 3~4회 불꽃을 통과시켜서 살균한다.

반드시 손에 쥔 그대로 방냉하던가 무균적인 배지(培地)에 접촉시켜 식혀서 사용한다. 화염은 분젠바나나 알콜램프를 사용한다.

(2) 건열살균(乾熱殺菌)

내부를 고온으로 할 수 있는 고(庫)내에 살균하려는 것을 넣고 일정시간 고온건조공기 가운데 두어 살균한다. 보통 160℃에서 1~2시간 유지한다. 유리기구, 금속기구, 면전제품 등은 살균이 가능하고, 물이나 배지(培地) 등 물을 갖고 있는 것, 내열성이 없는 고무나 플라스틱 제품에는 적용할 수 없다. 살균에는 건열살균기를 사용한다. 살균이 끝난 기구는 살균기의 문을 열면 외기에 접촉한 부분은 무균성을 잃는다. 이 때문에 시험관이나 삼각플라스크는 면전한다.

샤레는 신문지로 포장하거나 금속제의 살균케이스에 넣어 살균한다. 피펫류는 금속제의 살균케이스에 넣어 살균한다.

살균이 끝난 기구는 될수록 빨리 사용하고 청결한 곳에 보관한다.

(3) 고온살균(高温殺菌)

건열살균한 시험관이나 플라스크에 배지를 넣고 일정시간 고온고압의 수증기 중에 두어 살균하는 방법으로 살균온도와 시간은 121℃에서 15~20분간이 통상적이다.

주로 물, 배지 등의 수분을 갖고 있는 것에 적합하고 이러한 것을 살균할 때에는 고압살균기를 사용한다. 이 방법은 고온에서 변질 분해되지 않는 모든 배지에 적용한다. 살균기의 뚜껑을 열면 외기에 접촉한 부분은 무균성을 잃어버리므로 용기 등에는 통기성이 있는 마개를 하여 놓는다. 마개는 일반적으로 솜을 이용한다.

또한 살균기 뚜껑에서 응축수가 떨어져 면전을 통해 배양기 속까지 물이 들어가기 때문에 이것을 방지하기 위해서는 면전시험관이나 플라스크를 유산지나 알루미늄 포일로 싸는 것이 좋다.

(4) 상압 살균(常壓殺菌)

상압하에서 발생한 수증기(100℃)로 30~60분간 가열해서 살균한다. 1회의 조작으로는 살

균이 불충분하기 때문에 24시간 간격으로 3~5회의 가열을 한다. 1회 가열이 끝날때마다 반드시 실온이 되도록 하여야 한다. 이 방법의 원리는 1회의 100℃ 가열로 죽지 않은 포자를 다음날까지 발아시키고 열에 약한 영양세포를 다시 살균하는 것이다. 그러나 이 방법은 번잡하기 때문에 잘 이용하지 않고 고압으로 살균하는 것이 보통이다. 이 방법은 간헐살균(discontinuos sterilization)이라고도 한다.

(5) 가스살균

가스로 살균하는 방법이다. 주로 쓰이는 약제는 에틸렌옥싸이드(ethyleneoxide), 프로필렌옥싸이드(propyleneoxide), 포름알데히드(formaldelhyde) 등이 이용되며, 이 중 에틸렌옥싸이드가 널리 이용된다. 살균시 고온을 필요로 하지 않는다는 점에서는 좋으나, 피살균물의 성분과 반응을 일으키기도 하고 잔류하는 성질이 있어 그 적용에는 제약이 있다. 따라서 배지의 살균에는 적용하지 않는다.

일반적으로 플라스틱제품, 고무, 피펫 등의 기구 살균에 적용된다.

살균에는 에틸렌옥싸이드 살균기를 사용한다.

(6) 약제살균(藥劑殺菌)

에틸알콜(ethyl alcohol), 크레졸 비누, 석탄산수 용액, 계면활성제 수용액 등을 분무, 도포, 침지 등의 방법으로 살균한다. 알콜은 70%의 수용액이 소독력이 제일 강하고 석탄산 수용액은 3~5%로 하여 사용한다. 이 방법은 무균설비, 샘플이나 오염기구, 실험자의 손가락의 살균에 적용한다.

(7) 조사살균(照射殺菌)

방사선, 자외선 등을 조사하여 살균하는 방법으로, 방사선 사용은 법적인 규제가 있기 때문에 실험실에서는 자외선을 이용하는 경우가 많다. 이것은 주로 무균설비에 설치하여 쓰고, 이와같은 목적으로 자외선을 얻는 것에는 자외선등이 있다.

(8) 기 타

이상 열거한 것외에 금속이나 유리기구를 물에 끓여 살균하는 방법이 있다. 살균이라고 하는 점에서 완전하지는 않다.

## 1.4 배지의 종류

미생물이 생장하는 데에는 일반생물체와 같이 각종의 영양소가 필요하며 이들 영양소를 공급해 주는 물질을 배지(culture medium)라고 한다. 배지는 사용하는 재료, 모양 또는 목적에 따라 여러가지로 부르고 있다. 또 대상으로 하는 미생물에 따라 배지에 들어있는 재료가 대단히 다르다.

(1) 액체배지와 고체배지

액체배지(液體培地)는 문자대로 액상의 배지이고 여기에 한천(寒天)을 가하여 고화(固化)

시킨것이 고체배지(固體培地)이다. 고체배지는 목적에 따라 사면배지(斜面培地, slant), 고층배지(高層培地, stab), 평판배지(平板培地, plate)등으로 나누고 있다(그림 8-1).

사면배지는 보통 호기성세균(好氣性細菌)의 배양에, 고층배지는 유산균 등의 미호기성균(微好氣性菌)의 천자배양(穿刺培養, stab culture)에, 또 평판배지는 집락(集落, colony)을 형성시켜 미생물을 분리할 때에 이용한다.

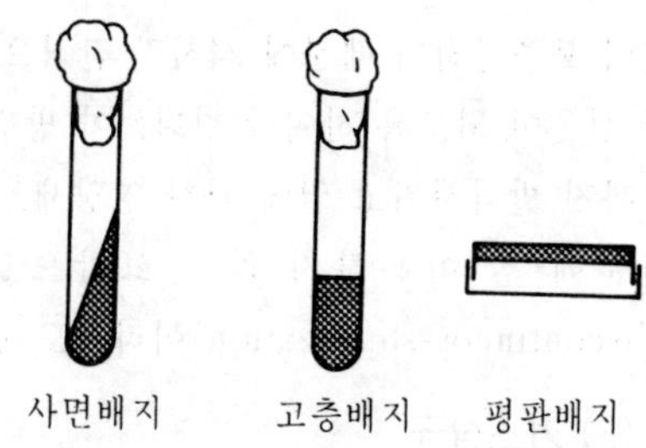


그림 8-1 고체배지의 종류

### (2) 천연배지와 합성배지

육즙(肉汁)이나 맥아즙(麥芽汁)과 같이 들어있는 성분이 천연물인 배지를 천연배지(天然培地)라 하고 화학조성을 알고 있는 물질만으고 되어 있는 배지를 합성배지(合成培地)라고 한다.

### (3) 보통배지와 특수배지

될수 있는 대로 많은 미생물을 생육시키는 것을 목적으로 한 배지를 보통 배지라 하고 특정의 미생물로만 선택적으로 생육시키는 배지를 특수배지라 한다.

특수배지는 증균배지(增菌培地), 선택배지(選擇培地), 분별배지(分別培地, differential media) 등으로 나뉘어 진다.

결핵균은 보통의 세균과 영양요구성이 다르기 때문에 육즙한천배지에는 생육하지 않는다. 이 때문에 증균배지라는 특별한 배지가 고안되어 있다. 또 보통배지에 특수한 물질을 가하여 특정의 미생물군(微生物群)의 생육을 저지하고, 목적하는 미생물의 생육을 조장시키는 배지를 선택배지라 한다. 대장균의 검색에 이용되는 BGLB배지는 배지중에 담즙(膽汁, bile)을 가하여 그림양성(陽性)의 구균(球菌)의 생육을 억제하고 있다. 일반적으로 미생물의 생화학적 성질을 이용하여 미생물을 동정(同定)하고 있는데 이와같은 경우에 이용되는 배지를 분별배지라고 한다.

### (4) 배지재료

① 펩톤(peptone)

펩톤은 우유카제인, 고기, 대두단백 등을 단백분해 효소로서 가수분해 한 것이기 때문에, 각종의 아미노산, 펩타이드(peptide) 등의 가용성 질소화합물이 주성분이다. 그러나 사용원료, 사용효소에 따라 그 조성이 다르고, 같은 메이커에서도 제품로트에 따라 품질이 다르다. 펩톤은 흡습(吸濕)하기 쉽기 때문에 사용한 다음에는 용기의 뚜껑을 꼭 닫아놓아야 한다.

② 육즙(meat extract)

육즙은 수육(獸肉)의 침출액(浸出液)을 농축한 것으로서, 수육 중의 가용성 질소화합물, 비타민 등의 생육촉진인자, 무기염류가 풍부하여 세균의 배양에 널리 이용된다.

③ 효모즙(yeast extract)

**효모즙은 맥주효모나 빵효모를 저온에서 침출하여 저온건조한 것으로서 아미노산, 비타민, 무기염류 등이 풍부히 들어있어, 미생물 배양에 널리 이용된다. 최근에는 육즙 대신에 사용하는 경향이 있다.**

④ 맥아즙(麥芽汁, malt extract)

맥아즙은 곰팡이 효모 등의 미생물 배양에 적합하고 그 주성분은 말토스(maltose)등의 당류이다.

⑤ 기타즙

감자즙은 곰팡이 효모 등의 배양에, 토마토쥬스는 유산균의 배양이나 효모의 포자 형성 배지에 이용된다.

⑥ 한천(寒天, agar-agar)

한천은 홍조류의 하나인 우무가사리나 강리를 원료로 하고 있다. 한천은 투명도, 젤리강도, 점도, 응고수(凝固水)의 량 등을 지표로 하여 품질을 체크한다.

## 1.5 배지의 제조

### (1) 기구의 준비

배지 제조시에 사용하는 기기로는 조제에 쓰이는 기구, 조제된 배지를 넣어 배양에 이용하는 배양용기, 배지를 소분하여 보존할 용기 등의 필요기구를 준비해야 한다.

시험관에 한천배지를 분주하여 보존하고 사용시에 샤레에 옮겨서 평판배지로 이용할 경우, 배지 1ℓ에 대하여 18×180㎜의 시험관 에서 60～70본(약15㎖/본)의 준비가 필요하다.

사면배지로서 사용할 경우도 대체로 이 크기의 시험관 100본이면 좋다. 작업도중 기구가 부족하지 않도록 미리 잘 검토하여 준비하여 둘 필요가 있다.

### (2) 면 전(綿栓, 솜마개)

시험관이나 삼각플라스크 등의 배양용기나 분주한 배지의 보존용기에는 솜으로 마개를 한다. 이것을 면전이라고 하며 면전은 용기내외의 미생물의 통과를 막고 또한 내외의 가스를 교환하기 위해서 사용하므로 조잡한 것이 되지않도록 해야 한다.

시험관용의 면전을 만들기 위해서는 먼저 솜(탈지면은 불가, ∵수분흡수로 오염우려, 통기성 불량)을 펴서 솜의 한쪽가로부터 사방폭이 6～8㎝ 되게 찢고, 이것을 다시 장방형으로 잘라 중앙부분에 1～2장의 솜을 놓아 심을 만들고 오른손 엄지손가락으로 조금 강하게 이 심을 눌러 왼손손가락에 끼운 다음 이 심을 싸는 것과 같이하여 오른손가락으로 잘 잡고 형을 만들어 가면서 자른 부분을 천천히 오른쪽으로 돌려서 시험관에 눌러 넣는다. 시험관내에 눌러 들어간 부분은 3㎝ 정도가 적당하고 시험관 내의 솜의 끝부분은 둥글고 주름이 없도록 하는 것

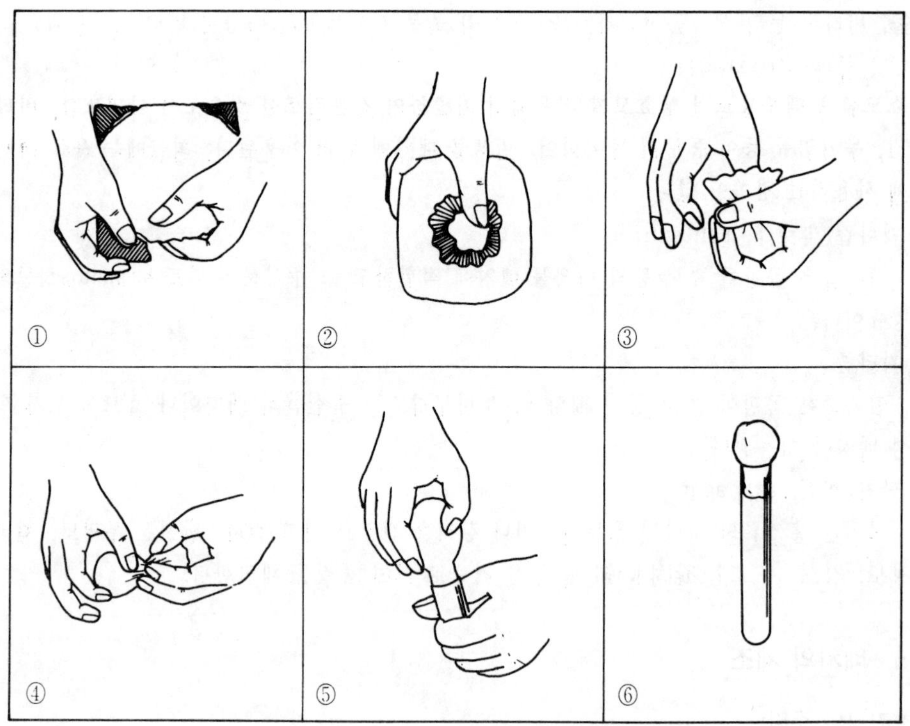


그림 8—2 면전 만드는 방법

이 좋다(그림 8-2).

너무 짧은 면전이나 머리부분이 큰 것은 빠져나가기 쉽다.

면전이 너무 딱딱하게 되면 통기가 나쁘게 되나 약간 딱딱하게 하는 편이 잡균오염의 위험성도 적고 조작도 쉽다.

삼각플라스크의 경우도 시험관의 면전 방법에 준해서 한다. 면전을 하는데는 많은 숙련이 필요하고 특히 시험관, 플라스크 등의 주둥이가 파열되는 경우가 있으므로 많은 주의가 필요하다.

최근에는 면전 대신에 금속이나 플라스틱으로 만든 뚜껑, 종이로 만든 지전(紙栓) 등도 쓰이고 있다.

### (3) 건열살균

면전을 한 시험관이나 삼각플라스크 등은 배지를 분주(分注)하기 전에 면전이나 배양용기에 묻어있는 미생물을 살균하고 또 면전의 형태를 그대로 유지하기 위해서 미리 건열살균한다. 면전한 시험관은 적당한 금속망에 세워서 놓고 샤레는 신문지로 싸며 피펫은 금속통에 넣어 건열살균기에 넣는다.

건열살균후에 면전이나 싼 종이가 엷은 갈색으로 될 정도(160℃, 1~2시간)가 좋다. 살균기내의 온도가 높거나 주변의 벽면에 접촉하여 면전이 타지 않도록 한다. 살균종료후 기내온도가 높을 때 문을 열면 차가운 외기가 유입하여 유리기구가 파손되는 일이 있기 때문에 살균기 내부가 식은 후에 문을 열어 꺼내는 것이 좋다. 피펫, 샤레 경우 최근에는 플라스틱으로 만들어 살균한 1회용이 시판되고 있으므로 이것을 사용하면 편리하다.

### (4) 배지성분의 혼합

합성배지나 반합성배지의 경우는 비이커나 삼각플라스크 등에 물을 넣고 각 성분을 저울로 달아서 차례로 용해시킨다. 조성표의 순서에 따라서 앞의 것이 완전히 용해하면 다음의 것을 넣는 것이 원칙이고 한번에 모든 성분을 넣을 때 녹기 어려운 침전이 생성하는 일이 있다.

미량의 무기염류나 미량원소는 단독 또는 혼합한 고농도의 수용액상태에서 배지에 피펫으로 일정량을 넣도록 하는 것이 편리하다.

### (5) 특수배지성분의 조제

통상 식품의 샘플 중에는 여러종류의 미생물이 섞여 있어 단일 배지에서 함께 자라기 때문에 균의 종류 판정은 쉽지 않다. 또 생육속도가 빠르고, 우세한 균종에 따라 다른 균의 집락발생이 저해되고 계측의 장해도 일어난다. 이러한 장해를 없애고 목적으로 하는 미생물 이외의 생육을 못하도록 하는 각 종의 약제를 첨가한 선택배지(selective media) 또는 특정 미생물의 집락을 구별하기 위해 분별배지(differential meida)가 이용된다(표 8-1). 분별배지에는 PH지시약(B.C.P 등, 표 8-2)을 첨가하여 집락주변의 색조변화를 산(酸)을 생성하는 균의 지표로 하고, 배지에 카제인(현탁)을 첨가하여 배양시 투명하게 되면 단백질 분해균으로 식별하게 한다. 유지분해균의 지표로 유(油)의 현탁액을 첨가하고, 아유산염과 구연산철함유배지에서 흙색의 집락이 발생하면 유화물(硫化物) 변패원인균을 검출할 수 있다. 또 호염균의 배지에는 고농도의 식염을, 효모용 배지에는 당을 첨가한다.

표 8-1 특수배지의 예

| 구 분 | 배 지 명 | 대 상 균 |
|---|---|---|
| 선택배지 | Baird-packer agar<br>(egg yolk free)<br>Salmonella-shigella agar<br>TSC agar | Staphylococcus aureus<br>Salmonella<br>Clostridium perfringen |
| 분별배지 | Eosin Methylene blue agar(EMB agar) | Coliform bacteria |

표 8-2 미생물시험에서 사용되는 PH지시약의 성질

| 지시약명 | 변색범위 (pH) | 변 색 (acid→ alkaline) |
|---|---|---|
| *meta*-Cresol purple(acid range) | 1.2-2.8 | 적색→황색 |
| Thymol blue(acid range) | 1.2-2.8 | 적색→황색 |
| Bromphenol blue | 3.0-4.6 | 황색→청색 |
| Bromcresom green | 3.8-5.4 | 황색→청색 |
| Chlorcresol green | 4.0-5.6 | 황색→청색 |
| Methyl red | 4.4-6.4 | 적색→황색 |
| Chlorphenol red | 4.8-6.4 | 황색→적색 |
| Bromcresol purple | 5.2-6.8 | 황색→자색 |
| Bromthymol blue | 6.0-7.6 | 황색→청색 |
| Phenol red | 6.8-8.4 | 황색→적색 |
| Cresol red | 7.2-8.8 | 황색→적색 |
| *meta*-Cresol purple(alk.range) | 7.4-9.0 | 황색→자색 |
| Thymol blue(alk.range) | 8.0-9.6 | 황색→청색 |
| Cresolphthalein | 8.2-9.8 | 무색→적색 |
| Phenolphthalein | 8.3-10.0 | 무색-적색 |

### (6) 배지의 PH 조정

미생물의 생육에 있어서 PH는 중요한 영향을 미친다. 미생물의 종류에 따라 최적 PH가 다르기 때문에, 배지조제시에 PH를 조정해야 한다. 예를들어 곰팡이 효모용에는 PH 3.5~4.0의 산성배지, 세균용에는 중성의 배지를 쓰는 것은 머생물의 생육을 고려한 기본적인 사항이다.

배지의 PH는 고압살균시 통상 0.2정도 낮아지기 때문에 살균후에도 목적하는 PH가 되도록 조정해야 한다.

배지의 PH를 측정할 때, 반드시 정확한 조정을 필요로 하지 않는 배양에서는 PH 시험지를 이용하는 방법으로 충분하다.

조정에 이용되는 산 및 알카리에는 1N 염산·황산·가성소다(NaOH)·가성카리(KOH) 등이 사용된다. PH를 정확히 조정할 필요가 있는 배지에서는 PH meter를 이용한다.

### (7) 분주(分注)

① 액체배지(液體培地)

액체배지는 분주기(깔대기, 피펫 등)를 써서 필요량을 시험관이나 삼각플라스크 등의 배양용기에 분주한다. 배지량이 적은 경우에는 피펫을, 많은 경우에는 메스실린다를 쓰면 좋다.

분주하는 액량은 18×180㎜의 시험관에 15㎖, 200㎖ 삼각플라스크 40㎖가 적당하나 배양용기나 실험목적에 따라 증감한다.

분주시에는 용기주둥이의 내벽에 배지가 묻지 않도록 주의한다. 만약 묻었을 때에는 종이로 닦아서 면전이 오염되지 않도록 한다.

용기주둥이에 배지가 붙으면 면전이 잘 빠지지 않고 기벽에 솜이 묻는 등 이 부분이 오염될 가능성이 많다.

② 한천 배지(寒天培地)

액체배지에 한천을 1~2%(표준 1.5%)넣어 끓는 물에서 교반하면서 가열하고 한천이 완전히 녹아 투명한 액이 되면 분주한다. 스테인리스제의 비이커를 쓸 때에는 직화로서 가열하면 신속히 녹일 수 있어 편리하다. 또 소량의 경우에는 전자렌지를 이용할 때 짧은 시간에 한천이 녹는다.

상기의 한천농도에서 한천의 용해온도는 약 96℃이고, 50℃ 이하로 내려가면 굳어지기 시작하기 때문에 녹인 후 45~50℃로 유지시키면서 한천배지를 빨리 분주해야 한다.

액량은 18㎜ 구경의 시험관에서 15㎖ 정도가 적당하다. 분주시 기벽을 오염시키지 않도록 주의가 필요하다.

### (8) 살　균

배지의 살균에는 고압살균이 가장 일반적이고 통상은 121℃에서 15~20분간 살균한다. 고압살균에서 중요한 것은 압력이 아니고 온도이기 때문에, 목적의 온도로 하기 위해서는 살균시 고압살균기내에 들어있는 공기를 완전히 빼내야 한다. 공기와 증기가 혼재하면 동일압력에서도 낮은 온도가 되기 때문에 압력만 믿고 작업하다가는 큰 실수를 범하게 된다(표 8-3).

살균시 응축수가 면전을 젖지 않도록 하는 대책도 필요하다.

고압살균기(autoclave) 사용시는 내부에 물이 충분히 들어있는가를 확인하고 가열해야 하며 살균중에는 뚜껑에서 스팀이 새더라도 안전상 절대로 만져서는 안된다.

### (9) 사면배지의 제조

한천배지를 넣은 서험관을 고압살균기에서 꺼낸 직후에 각재(角材)나 유리봉을 눕혀 이 위에 시험관을 놓아서 방냉할 때 한천배지가 사면(斜面)으로 굳어 사면배지가 된다(그림 8-3). 또한 고층배양기를 만드는 데는 바로 세운대로 방냉시키면 된다. 사면의 경사가 급경사로 되었을 때 균이 생육하는 표면이 좁게 되고, 너무 완만한 경사가 되었을 때 표면적인 넓어 건조하기 쉽기 때문에 적당한 경사가 지도록 할 필요가 있다. 시험관벽이나 고화(固化)된 배지 위에는 물기가 있는 경우가 있기 때문에 사용전 수일간 30~37℃의 항온기를 넣어 물기를 말린 후 사용한다. 이 과정에서 잡균의 오염이 되어 있는지를 확인하고 사용한다.

### (10) 평판배지의 제조

샤레 중에서 한천배지를 고화시킨 것을 평판배지라고 한다. 평판배지를 만드는 데에는 한천배지를 샤레에 직접 분주하여 직접 살균하는 경우도 있으나 대부분은 시험관, 삼각플라스크에 분주하여 살균한 배지를 필요량 만큼 녹여서 살균한 샤레에 흘려 넣어 한천 평판으로 만든다(그림 8—3). 시험관의 배지를 녹이는 데는 끓는 물을 이용하거나 고압살균기나 전자렌지를 쓴다.

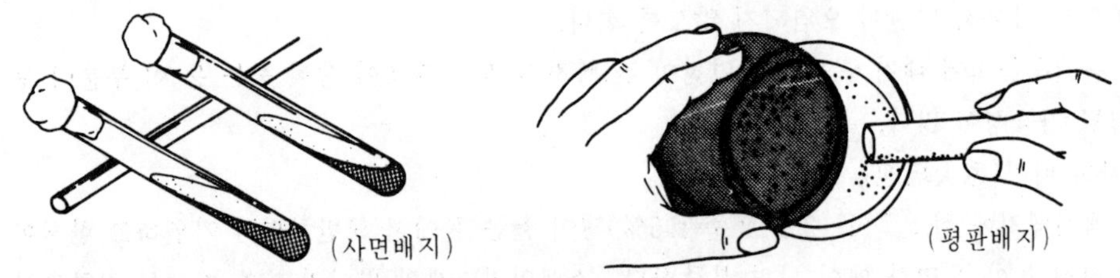


그림 8—3 배지 만드는법

표 8—3 autoclave의 압력과 온도와의 관계

| 압력(gauge압력) | 순수한 수증기 (공기가 없는 경우) | 공기가 50%혼입 하고 있는 경우 | 공기만의 경우 |
|---|---|---|---|
| 5 lb/in²(0.35kg/㎠) | 108℃ | 94℃ | 72℃ |
| 10 lb/in²(0.70kg/㎠) | 115℃ | 105℃ | 90℃ |
| 15 lb/in²(1.05kg/㎠) | 121℃ | 112℃ | 100℃ |
| 20 lb/in²(1.41kg/㎠) | 126℃ | 118℃ | 109℃ |
| 25 lb/in²(1.76kg/㎠) | 130℃ | 124℃ | 115℃ |
| 30 lb/in²(2.11kg/㎠) | 134℃ | 128℃ | 121℃ |

샤레에 배지를 주입하고 나서 조심스럽게 좌우로 흔들어 배지가 샤레에 고르게 퍼지도록 한다.

고화한 샤레의 뚜껑이나 배지에는 응축수가 있는 경우가 많기 때문에 샤레를 꺼꾸로 항온기에 넣어 수일간 보관하여 물기를 날려 보낸 후 사용토록 한다. 사용전에는 반드시 잡균의 번식이 있는지를 확인한다.

(11) 배지보관

액체배지는 조제직후에 사용하는 것이 바람직하고 평판배지용의 시험관 배지나 사면배지는 어느정도 보존할 수 있다.

이러한 배지는 저온의 청결하고 시원한 장소에 정리하여 보관하는 것이 좋으며 반드시 배지명칭, 조제년월일, 조제자명을 쓴 라벨을 붙여 둔다. 보존기간은 2~3개월이고 배지가 건조하여 시험관벽과의 사이에 틈이 있으면 사용하지 않는 것이 좋다.

## 1.6 무균조작

균의 분리 배양시 다른 미생물의 혼입을 막고 취급중 오염을 피한다는 것은 미생물실험의 가장 중요한 기본조작이다.

(1) 무균조작을 위한 설비

① 무균상(無菌箱, isolator)

무균상은 사용하기 전에 살균제를 분무도포하고 20~30분 방치한 다음 살균등을 20~30분 조사한 후 사용한다. 손의 소독에 주의하면 무균상 내의 무균성 유지는 비교적 잘된다. 그러나 무균상의 내부가 좁고 물품의 반입반출, 알콜램프(또는 가스 바나)등을 이용하기 때문에 조작성은 좋지 않다.

이 때문에 비교적 신중을 요하는 샘플이나 균주조작 등을 소규모로 하는데는 적합하다. 무균상 내에서 조작시에는 손을 잘 씻고 살균하며, 이때 무균상내에 들어가는 팔도 살균해야 한다.

② 크린 벤치(clean bench)

항상 제균된 공기가 흐르고 있기 때문에 내부의 샘플이나 물품이 외부로부터 오염되지 않는다. 조작 도중에 물품의 출입도 용이하다. 무균조작에는 좋은 작업대이다.

③ 무균 조작실(aseptic room, bio clean room)

조그마한 방에 살균등을 설치하고 무균조작 전용의 방으로서 한 것이다. 사용전에 살균제를 분무도포하고 자외선 조사를 함으로서 실내의 오염을 저감시킨다.

내부에 조작자가 들어가 조작을 하기 때문에 완전한 무균성을 유지하기는 어려우나 청결한 가운을 착용하고 신중한 몸놀림을 하면 외부로부터 오염의 위험은 경감된다. 무엇보다도 내부가 넓어 사용하기 좋기때문에 다수의 평판배지를 만드는 조작에 좋다.

④ 백금이, 백금선 및 백금구

미생물의 이식에 쓰이는 백금이(白金耳, platinum wire loop)는 직경 0.5~0.7㎜ 길이 5~7㎝의 것이 적당하고 백금 대신에 니크롬선을 대용해도 된다. 백금이는 직경 6㎜ 길이 20㎝ 정도의 유리봉에 끝을 녹여 끼워 붙이든가 에보나이트가 달린 금속봉에 끼워서 사용한다.

백금이는 백금선의 끝부분을 구부려서 외부직경이 4㎜ 정도의 원을 만든 것이 표준형이다. 1백금이량(one loopful)이라는 말이 있는 바와같이 백금이의 크기는 대충의 균량을 나타내는 지표이기 때문에 너무 크거나 작아도 부적당하다.

천자배양(stab culture)과 같이 백금선을 그대로 쓰는 경우도 있으나 가장 많이 쓰이는 것은 백금이이다. 또 곰팡이 등을 이식(移植)할 때는 백금선을 갈고리 모양으로 구부린 백금구(鈎)를 쓴다(그림 8-4)

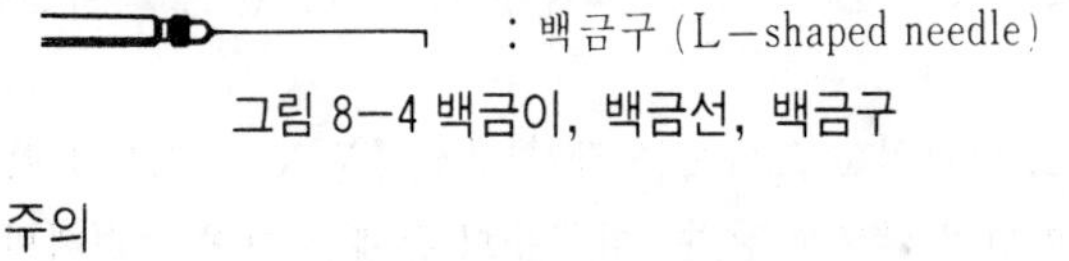

: 백금이(loop)
: 백금선(needle)
: 백금구 (L-shaped needle)

그림 8-4 백금이, 백금선, 백금구

(2) 조작상의 주의

① 면전이나 실리콘 마개를 한 용기의 마개를 열 때에는 면전의 외부를 살짝 태워 부착되어 있는 잡균을 사멸시키고 바나(burner)의 불꽃중에서 뺀다.

② 마개나 뚜껑을 뺀 용기는 반드시 주둥이 부분을 불꽃에 넣어 화염살균(火炎殺菌)한다.

③ 다시 용기를 막을 경우에는 면전을 손에 잡은 그대로 하고 작업대 위에 놓지 않도록 한다. 용기에 마개를 끼울 때는 마개의 표면을 화염살균하면서 한다.

④ 샤레를 열 때에는 뚜껑을 조용히 최소한으로 열도록 한다. 시험관이나 플라스크의 마개를 뺀 용기는 될 수 있으면 주둥이 부위를 수평으로 하여 조작한다.

⑤ 백금이 등 이식기구의 화염살균은 간단히 끝부분만이 아니고, 적어도 용기중에 삽입되는 부분은 화염에서 붉온색이 될 때까지 확실히 살균한다.
녹인 시험관 배지를 샤레에 옮길 경우 시험관의 주둥이에 대하여도 적어도 샤레에 들어가는 부분은 확실히 화염살균하여 둔다. 살균후 어딘가에 접촉되었을 때에는 반드시 화염살균을 다시 한다. 조작이 끝나면 백금이는 화염살균한다.

⑥ 미생물의 접종·이식 등은 무균적으로 하기위하여 기본적 수단에 숙련되도록 하여야 한다.

⑦ 실험이 끝난 다음에는 작업대 실험기구 손을 소독하고 가스발브를 잠근다.(가스폭발사고를 예방하기 위해서 가스 취급은 신중을 기해야 함)

⑧ 살균된 가운, 모자, 마스크를 착용하고 손소독 등을 하여 조작자 자신에 의한 오염에 주의한다.

⑨ 실험기록을 하기 위해서 갖고 들어가는 종이는 작은 크기로 잘라 샤레속에 넣고 121℃의 고압증기로 살균한 다음 건조하여 사용한다.

## 1.7 샘플의 채취와 운반

### (1) 샘플의 선택과 채취장소

시험용 샘플을 채취시 어떤 샘플을 언제 어떤 장소에서 채취할 것인가를 계획을 세워야 한다. 이를 위해서 샘플을 채취전에 공정의 흐름과 작업조건을 파악하여야 한다.

### (2) 채취용구

핀셋, 시험용 스푼, 시험관, 삼각플라스크, 가제, 폴리에틸렌 튜브 등이 필요하고 이것들은 미리 살균해 두었다 사용하고 채취된 샘플이 오염되지 않도록 주의가 필요하다.

### (3) 샘플채취(sampling)방법

① 샘플은 무균적으로 채취하여야 한다. 이 때문에 용기에 들어 있는 것은 개봉하지 않은 채 그대로 실험실로 갖고 오고 제조 공정 또는 대량제품의 일부를 샘플로 할 때에는 액상식품은 살균한 피펫으로 고형식품은 살균한 스파튜라, 핀셋, 칼 등을 이용하여 샘플을 채취한다.

② 식품이 몇개의 부분으로 되어있는 것에서는 각각 구성성분 또는 오염이 있는 오염부분을 따로 채취하여 상호 혼합되지 않도록 한다. 미생물의 존재가 거의 표면에만 한정된 식품, 예를들면 어류, 육류, 과실 등에서는 표면의 일정부위를 채취한다.

③ 샘플의 채취수량은 샘플을 대표하는 최소량을 채취하는 것이 원칙이나 존재미생물과 식품중의 분포의 균일성의 정도에 따라 채취량은 다르다. 식품이 미생물적으로 균일할 때

에는 어느 일부분을 채취해도 무방하다. 식품의 로트에 따라 미생물수의 차이가 있을 때에는 다수의 로트에서 샘플을 채취하고 단일 로트 또는 균질하게 잘 혼합한 것을 검사에 쓴다.

### (4) 샘플의 운반

원칙적으로 5℃ 이하의 저온에서 빨리 운반하고 채취하고 나서 수시간 이내에 검사를 하여 샘플중의 미생물의 변화(증식, 사멸)를 방지한다. 통조림이나 수분이 적은 식품은 그럴 필요가 없다. 냉장된 것은 얼음을 이용하고 동결된 것은 드라이아이스(dry ice)를 써서 신속히 운반한다. 이때 2차 오염을 방지하기 위해서 얼음이나 그 녹은 물이 샘플에 직접 접촉되지 않도록해야 한다.

## 1.8 샘플의 조제법

### (1) 샘플의 처리

시험할 식품이 들어있는 관, 병 기타 밀폐용기는 세정 건조하고 개봉하는 부분을 알콜로서 살균, 가능하면 알콜은 화염 중에 날려 보낸다. 지함, 세로판, 플라스틱, 필름 포장품은 개봉할 부분의 주위를 살균제에 담갔던 가제나 스폰지로 씻어서 살균한다.

### (2) 샘플의 균일화

시험할 샘플이 액체나 유동성 있는 것은 내용물이 균일하게 될때까지 용기 또는 샘플채취병을 잘 진탕한다. 반유동성(paste)의 것은 무균상내에서 용기를 개봉하고 살균된 스푼으로 잘 혼합한다.

분말상의 것은 잘 흔들어 혼합하거나 살균된 스푼으로서 혼합한다.

고형상의 것으로서 분쇄가 잘 될 수 있는 것은 살균한 균질기(homogenizer)로 빻아 균일하게 하고, 분쇄가 잘 안되는 것은 핀셋 가위 칼로서 가늘게 절단하여 혼합기에 넣고 균일하게 한다.

### (3) 샘플원액의 조제

균일화한 액체상태의 샘플은 그대로 일정량을 피펫으로 취하거나 또는 적당히 희석하여 샘플로 한다. 기타의 것은 먼저 일정량을 무균상 내에서 평량하여 샘플을 조제한다. 샘플희석액은 생리식염수를 사용한다.

### (4) 샘플의 희석

생균수(生菌數)를 측정하기 위해서 샘플을 희석할 때에는 한개의 샤레(직경 90㎜, 깊이 15㎜)에 30~300개의 집락(集落, colony)이 얻어지도록 샘플 중의 추정균수에 따라서 희석을 한다. 추정균수에 따른 가장 적당한 샘플의 희석배수는 표 8-4와 같다.

표 8-4 평판법(平板法)에서 희석단계의 선택

| 샘플중의 추정균수(1g 당) | 샘플의 희석배수 |
|---|---|
| 30～300 | – |
| 300～3,000 | 1 : 10 |
| 3,000～30,000 | 1 : 100 |
| 30,000～300,000 | 1 : 1,000 |
| 300,000～3,000,000 | 1 : 10,000 |
| 3,000,000～30,000,000 | 1 : 100,000 |

샘플의 추정균수가 적을 때는 그대로 사용하고 많을 경우에는 10진법으로 또 몇 단계의 희석을 한다. 단계희석의 경우 1mℓ를 9mℓ에 넣거나 10mℓ액을 90mℓ에 넣어 10배로 만든다. 희석에는 살균한 메스피펫(mess pippette : 통상 1mℓ, 최소눈금 0.01mℓ)를 쓰고 희석 단계마다 피펫을 새 것으로 바꿀 필요가 있다.

(5) 샘플의 전처리

샘플에 들어있는 내열성균이나 포자가 있는 세균의 포자수를 알려고 할 때에는 가열 전처리가 필요하다. 즉, 샘플의 희석액을 가열하여 내열성(耐熱性)이 없는 균을 도태시키고 내열성균을 평판법으로 계측한다.

또 포자가 있는 세균의 포자수를 계측하는데는 가열처리로서 영양세포를 사멸시킨 후 평판법을 행한다.

예를들면 생유(生乳)의 내열성균 계측을 위해서는 저온살균(pasteurization)을 하고, 설탕·전분·소맥분·향신료·통조림 등의 세균포자수를 세는 데는 샘플원액 20mℓ를 살균한 시험관(18mm φ)에 넣고 끓는 물속에 10분간 넣어 가열한 후 한천 평판법으로 시험한다.

## 1.9 미생물의 이식, 분리 및 균수의 측정

(1) 미생물의 이식조작(移植操作)

백금이를 이용하여 미생물을 분리하고 시험관에서 시험관으로 이식하는 것은 미생물 실험조작에서 중요한 기본조작이다. 미생물 실험의 모든 조작은 항상 무균적으로 하고 있으나 그 요점은 화염(火炎) 부근에서 무균적으로 조작하거나 무균상과 같은 무균환경에서 조작하는 것이다. 이식조작시 사용하는 백금이의 취급방법은 다음과 같다.

① 왼손에 미생물이 심겨져 있는 시험관과 미생물을 옮겨 심으려는 사면배지를 잡는다(그림 8-5).

② 백금이를 오른손에 쥐고 백금이의 끝을 불꽃에서 붉은색이 될때까지 가열한다(그림 8-6). 이때 백금이의 끝뿐만 아니고 백금이 전체가 붉은 색이 될때가지 가열하고 손잡이(holder)부분도 살균하기 위해서 가볍게 손잡이를 돌리면서 화염을 통과시킨다.

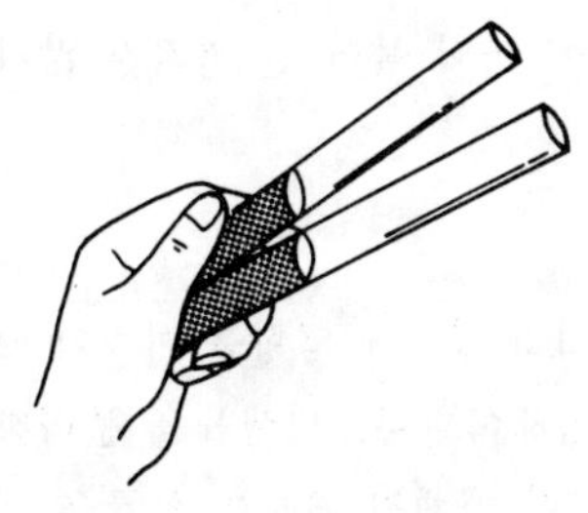

그림 8-5 시험관 쥐는법

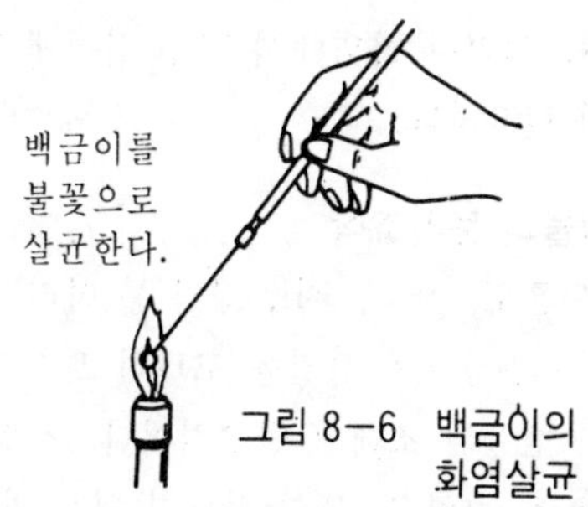


그림 8-6 백금이의 화염살균

③ 왼손에 있는 2개의 시험관의 면전을 오른손으로 가볍게 돌리면서 빼고, 오른손의 손가락 사이에 끼고 뺀다.(그림 8-7) 이때 시험관내에 들어간 면전부분이 나왔을때 절대로 손등에 접촉하지 않게 해야한다. 그리고 시험관의 주둥이를 화염을 통과시켜 살균한다. 2개의 시험관은 공중(空中)의 잡균오염을 막기위해서 바닥평면과 거의 평행되게 잡는다.

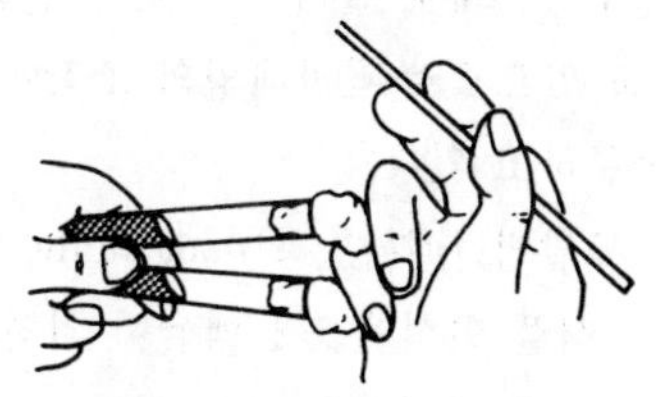

그림 8-7 면전 빼는 법

④ 살균한 백금이는 화염근처에서 그대로 식히든가 또는 균이 심겨져 있지 않은 새 배지위에 가볍게 대어 열을 식힌다.

⑤ 미생물이 심겨져 있는 배지에서 백금이로 아주 소량의 균체를 취하고 새 배지위에 대고 가만히 한천의 표면에 좌우로 그림 8-8과 같이 지그재그로 움직여 균체를 접종(接種, inoculation)한다.

고층배지(천자배지)에 접종 경우에는 백금이가 아니고 백금선이 쓰인다. 즉 백금선의 선단에 소량의 균을 묻혀, 고층배지의 표면 중앙에서 배지의 밑 가까이 까지 깊이 찌른다.(그림 8-9)

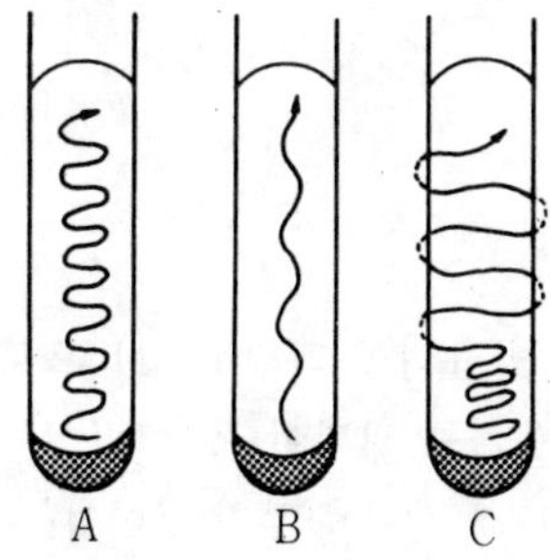


그림 8-8 사면배지에 획선법

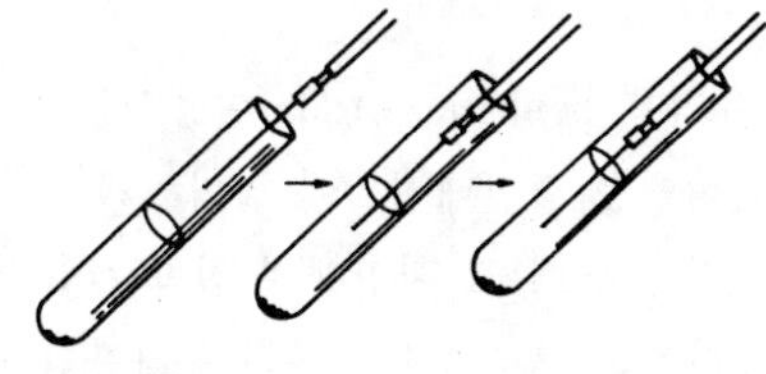

그림 8-9 천자배지에 이식

⑥ 이식조작이 끝나면 백금이를 화염중에서 붉은 색으로 될때까지 가열하고 시험관의 주둥이도 살균하여 면전을 약 2/3 정도 넣고 면전과 주둥이 부분을 가볍게 화염살균하고 면전을 충분히 끼운다. 이때 면전의 머리도 살균하기 위해 화염에서 면전을 가볍게 돌리면서

태운다. 그러나 화염에서 너무 심하게 태우면 면전에 불이 붙어 잘 꺼지지 않기 때문에 주의가 필요하다.

### (2) 미생물의 분리조작

미생물은 온도, 산소, PH, 영양 등 여러가지 인자에 따라 생육에 영향을 미치기 때문에 목적으로 하는 미생물의 성질을 고려하고 분리조건을 결정해야한다. 미생물을 분리하기 위한 준비로서는 샘플의 조제가 필수적이다. 시험하려는 샘플이 액체인 경우는 살균수, 살균생리식염수(0.85% 식염수) 또는 살균한 인산 완충액(PH 6.8~7.2) 등으로 희석한다. 또 샘플이 고체인 경우에는 살균된 균질기(homogenizer)에서 희석수와 함께 잘게 분쇄하여 이것을 원액으로 하여 희석한다. 희석액을 장시간 방치하면 사멸하는 미생물도 있기때문에, 희석한 샘플은 될수있는대로 빨리 사용토록 한다. 호기성미생물의 대부분은 평판배양(平板培養)으로 분리하고 있으므로 평판배양의 조작에 대하여 설명한다. 평판배양법의 조작방법은 다음과 같이 구분하고 있다.

① 도말법(塗抹法, streak method)

샘플 희석액을 1 백금이 취하여 미리 표면을 건조시킨 평판배지에 백금이를 가볍게 접촉시켜 평행선을 긋는 것과 같이 지그재그로 도말한다.

(그림 8-10)이때 백금이의 끝부분을 60도 정도 구부려 놓으면 도말하기 쉽다.

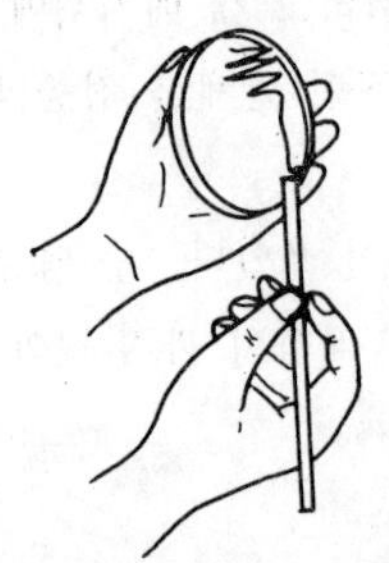
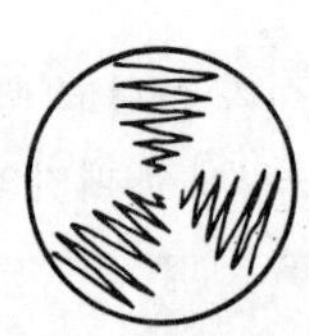
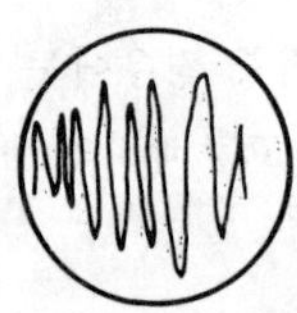

그림 8-10 백금이로 도말법

② 구부린 유리봉(bent glass rod) 이용하는 방법

샘플 희석액을 평판배지위에 떨어뜨리고 끝부분을 구부린 유리봉(그림 8-11)으로 샘플을 배지의 표면에 잘 확산시켜 집락(colony)을 만들도록 하는 방법이다.(그림 8-12) 구부린 유리봉은 직경이 4~5㎜의 유리봉의 끝을 그림 8-11과 같이 구부린 것이다. 이것은 알루미늄포일(aluminum foil)과 같은 것에 싸서 건열살균하여 두었다가 사용토록 한다. 샘플을 정량적으로 희석하고 그 일정량을 평판배지의 표면에 확산하면 샘플중의 균수(菌數)를 알 수 있다. 그러나 샘플 희석액을 너무 많이 가할때 배지의 표면이 마르지 않아, 독립된 집락을 얻기 어렵기 때문에 배지의 건조상태에 따라 0.2~0.5㎖의 량이 좋다.

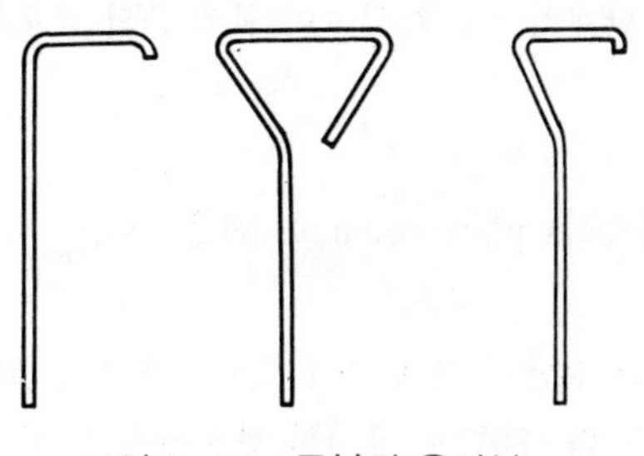
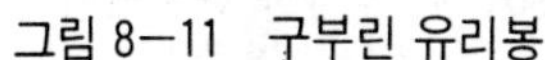
그림 8-11 구부린 유리봉

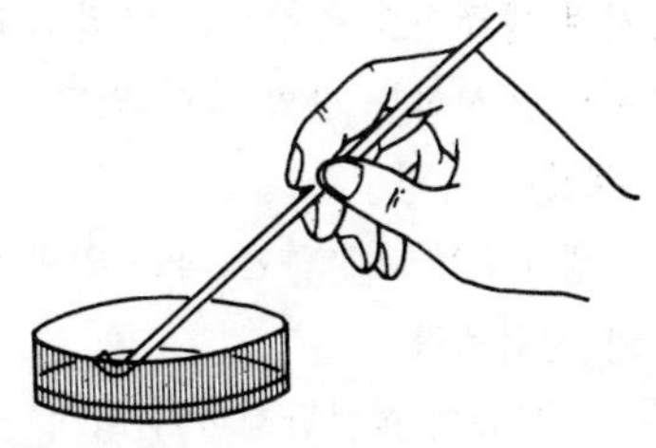
그림 8-12 구부린 유리봉으로 도말법

③ 혼합희석법(混合稀釋法, pour plate method)

살균한 희석수 3개와 시험관에 들어있는 살균한 한천배지 3개를 준비한다. 이때 한천배지의 량은 15~20mℓ가 적당하다. 한천배지는 미리 뜨거운 물로 녹여놓고, 45~50℃ 정도로 냉각하여 둔다. 먼저 샘플의 희석액 1 백금이를 새 희석액과 잘 혼합한다. 그리고나서 똑같은 방법으로 차례로 희석액에 1 백금이씩 가하여 희석한다. 그리고 마지막의 희석액에서 1백금이를 미리 녹여 놓은 한천배지에 가하여 잘 혼합한다. 그리고 각각의 한천배지를 샤레에 넣어 고화시킨다.(그림 8-13) 한천이 너무 뜨거우면 미생물이 사멸될 우려가 있고, 또 너무 식어지면 샤레에서 균일하게 굳어지지 않기 때문에 무균적으로 취급함과 더불어 빨리 처리해야 한다.

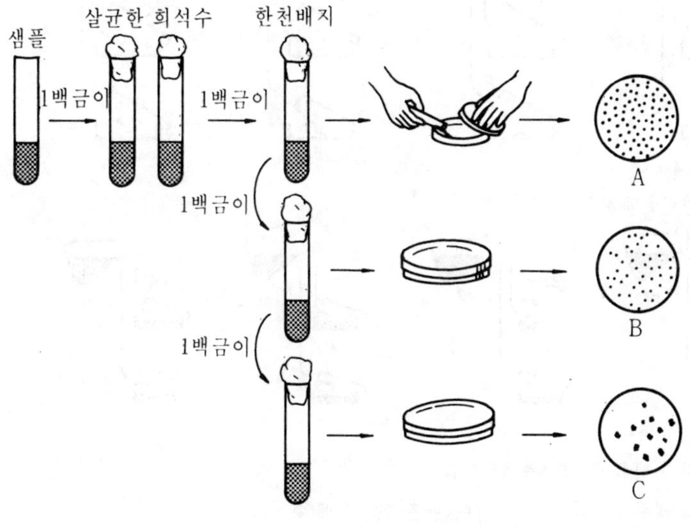

그림 8-13 혼합 희석법

(3) 균수 측정법

균수(菌數)를 측정하는 방법에는 현미경으로 관찰하여 세는 방법, 한천배지에 균의 집락을 발생시켜 생균수를 측정하는 방법 그리고 샘플 원액을 단계적으로 희석하여 원액 중의 균수를 최확수로 표시하는 방법 등이 있다.

① 생균수 측정

생균수를 측정하는 데는 일반적으로 한천평판법(agar plate count)이 이용된다.

㉮ 시험조작

샘플의 희석단계마다 희석한 각 희석액 1㎖씩을 살균한 샤레(직경 9㎝) 2개 이상 3개씩(통상 3개)에 무균적으로 취하고, 여기에 미리 45~50℃로 유지한 한천배지 약 15㎖를 무균적으로 분주(分注)하고, 샤레 뚜껑에 묻지 않도록 주의하면서 가볍게 회전하여

1. 샘플의 조제(원액제조)
2. 원액(原液)의 희석

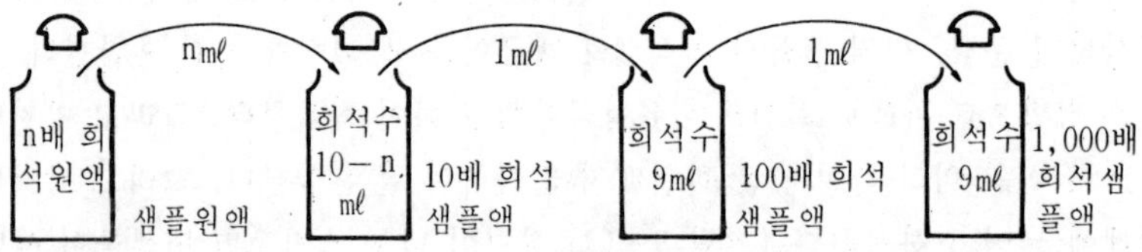


3. 샘플액의 채취(피펫사용)

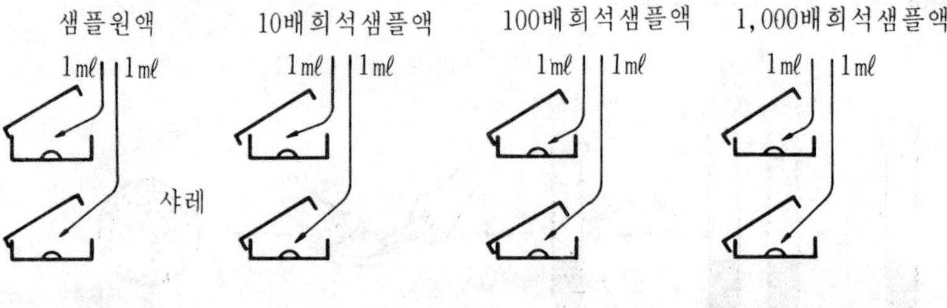


4. 표준한천배지의 주가(注加)

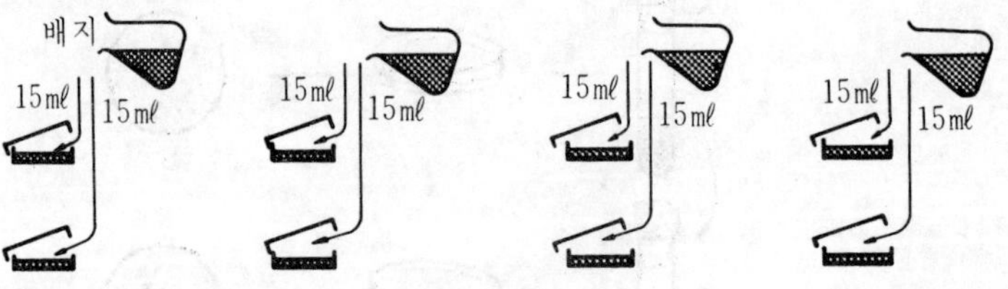


5. 배지와 샘플액, 샘플액의 혼합 · 고화
6. 고화 평판배지를 거꾸로 하여 항온기에서 배양

7. 소정의 시간 배양후 집락수를 계측

그림 8－14 생균수의 측정순서

좌우로 기울이면서 샘플과 배지를 잘 혼합하여 냉각, 응고시킨다. 응고된 샤레는 뚜껑이 밑으로 가도록 거꾸로 하여 항온기(incubator)에서 배양한다(그림 8-14 참조)

이 때 대조시험으로 샘플을 넣지 않는 동일 희석액 1㎖를 배지에 넣은 것을 대조로 하여, 샤레, 희석용액, 조작과정이 무균적으로 되었는지의 여부를 확인한다. 배양 후 집락이 배지표면을 뒤덮은 현상을 확산집락(擴散集落)이라고 한다. 이것은 주로 운동성이 강한 proteus, bacillus, psedomonas 등에 의해 일어난다. 확산집락이 발생되면 집락수의 측정이 어렵게 된다.

확산집락의 방지방법으로서 샘플과 배지를 혼합하여 냉각·응고시킨 다음 다시 표준한천배지 3~5㎖를 첨가하여 중층(重層)으로 한다.

㉯ 배양온도 및 시간

미생물이 접종된 샤레는 4개 이상 포개놓지 않고, 샤레와 샤레 사이에는 2~3㎝ 정도 떼어 놓아서 배지에 온도 전달이 잘 되도록 한다. 샤레는 뚜껑이 밑으로 가도록 뒤집어 넣어서 샤레 내의 수증기가 응축하여 배지 표면에 떨어지지 않도록 한다. 배양시에 주의할 점으로, 항온기의 온도계는 반드시 보정한 것을 사용하고 항온기 내의 상하에 2본의 온도계를 놓아 온도를 점검토록 한다. 또 샤레는 항온기의 내벽에서 적어도 3㎝ 정도 거리를 두어 놓도록 한다. 미생물의 배양온도 및 배양시간은 미생물의 종류와 그 성질에 따라 다르기 때문에 여기에 맞추어 시험해야 한다. 일반적으로 배양온도 및 시간은 다음과 같다.

| 구 분 | 온도(℃) | 시간(일) |
|---|---|---|
| 일반세균(중온세균) | 35±1 | 1~2 |
| 저온세균(低温細菌) | 25±1 | 3 |
| 고온세균(高温細菌) | 45 | 2~3 |
| 호냉세균(好冷細菌) | 10 | 10~14 |
| 내열성세균(耐熱性細菌) | 35±1 | 2 |
| 곰팡이·효모 | 25 | 5~7 |

㉰ 균수산출법

샤레에서 배양이 끝나면발생 집락의 수를 집락계산기(colony counter)를 이용해서 측정한다. 만일 한꺼번에 대량으로 집락수를 측정할 수 없을 경우에는 배양이 끝난 평판배지를 5℃로 보존하고 다음날 측정하여도 좋으나 보존기간은 24시간을 한도로 한다.

집락수(균수)를 측정시에는 확산집락(확산이 샤레의 1/2 이하면 계수한다)이 없고, 평판배지 1매당 30~300개의 집락이 발생한 것을 선택하여 계수한다. 균수의 산출은 평판배지에 발생한 집락의 평균에 희석배수를 곱하여 샘플 1㎖(또는 1g) 중의 생균수(生菌數)를 산출한다.

$$\text{즉 미생물수 (개/g 또는 개/m}\ell\text{)} = \frac{\text{집락수} \times \text{희석배수}}{\text{샘플량(g 또는 m}\ell\text{)}}$$

균수를 측정하는 요령은 다음과 같다.

ⓐ 평판배지 1매에 30~300개의 집락이 발생한 것에 대하여 측정한다.

ⓑ 배양한 모든 평판배지의 집락수가 300을 넘을 경우는 제일 희석배율이 높은 평판배지의 밀집집락(密集集落)의 일정 면적에 들어있는 집락수를 구하고 면적배율을 곱한다. 보통 1㎠의 구획이 있는 계수판에 샤레를 놓은 다음 1㎠의 집락수를 구하고 여기에 샤레의 면적 즉 내경 9㎝의 샤레에서의 63을 곱해주면 그 평판배지의 추정 집락수를 알 수 있다.

ⓒ 모든 평판배지의 집락수가 30 이하면 그 희석배율이 가장 낮은 것에서 측정한다. 이때 측정된 집락수의 평균을 그대로 기재하지 않고 10배 희석의 경우는 300 이하(30 이하×10 배 희석=300 이하), 100배 희석의 경우는 3,000(30×100=3,000) 이하로 한다.

ⓓ 평판배지의 집락수를 세면서 30~300의 것에 대해 동일희석의 균수를 상호 비교하여 그 차이가 2배 미만이면 평균집락수를, 2배 이상인 경우에는 적은 쪽의 집락수를 선택한다.

예1 : 동일 희석 평판배지의 집락수 차이가 2배 미만인 경우, 100배 희석시 집락수가 각각 194, 221 이고, 1,000배 희석시에 각각 21, 13 이었다면 균수는 얼마인가?

해답 : $\frac{194+221}{2}\times100=20,750$

통상 균수를 나타낼 때는 숫자가 높은 단위로 부터 3자리에서 4사5입하고 그 이하는 0으로 표기한다. 그러므로 20,750은 21,000이 된다.

예2 : 2단계의 희석에 걸쳐서 30~300의 집락이 얻어진 경우, 100배 희석시의 집락수가 각각 254, 287 이고, 1,000배 희석시에 각각 43, 37 이었다면 균수는 얼마인가?

해답 : $\dfrac{\frac{254+287}{2}\times100+\frac{43+37}{2}\times1,000}{2}=33,525 \Rightarrow 34,000$

예3 : 동일희석 평판배지의 집락수의 차이가 2배 이상인 경우, 100배 희석시의 집락수가 각각 104, 251 이고 1,000배 희석시에 집락수가 각각 19, 13 이라면 균수는 얼마인가?

해답 : 104×100=10,400 ⇨ 10,000

② 직접 검경법

직접 검경법은 우유나 기타 식품에 오염되어 있는 미생물을 유리슬라이드에 고정하고 염색하여 현미경으로 총균구(總菌數)를 측정하는 방법이다. 총균수란 샘플중에 살아 있는 미생물과 죽은 미생물을 합계한 것이다. 이 총균수가 많다는 것은 미생물이 많이 증식하였고 원료의 품질이 불량하다는 것을 나타낸다. 예를들어 살균우유에 세균이 많다는 것은 생유(生乳)의 품질이 불량하였음을 나타내고 또 분유에 다수의 세균이 발견되면 건조까지의 처리중에 현저하게 증식이 있었다는 것을 나타낸다.

이 검경법은 배양법과 같이 시간이 오래 걸리지 않으며 미생물의 종류를 판별할 수 있는 장점이 있으나 살아 있는 균과 죽은 균의 구별이 안되기 때문에 배양법보다 균수가 더 높게 나타나고, 샘플 중에 오염균이 많아야만 적용이 가능하다는 단점도 있다. 이 방법으로 균수측정의 정확성을 높이려면 조작과정이 무균적이어야 하며, 현미경 취급에 대한 정확한 지식이 필요하다. 시험 방법은 시험할 샘플 0.01㎖를 청결한 유리슬라이드(1㎠의 표시가 되어 있는것)의 1㎠내에 균일하게 도말하고 완전히 건조시킨 다음, 뉴만염색액으로 염색하여 시야(視野)의 직경이 측정된 현미경으로 관찰해서 미생물수를 측정한다.

㉮ 뉴만 염색액의 조성

methlyene blue 1.0~1.2g
ethyl alcohol 54㎖
tetrachloroethane 40㎖
빙초산 6㎖

㉯ 뉴만 염색액의 조제법

플라스크에 tetrachloroethane과 ethyl alcohol을 넣어 76℃까지 가온하고, 여기에 methylene blue를 넣어 강하게 진탕하여 색소를 완전히 용해시킨다. 냉각 후 빙초산 6㎖를 서서히 가하여 여과 후 마개를 꼭 닫아 어둡고 시원한 곳에 저장한다. 저장시 침전이 생긴 것은 사용치 않는다.

③ 최확수법

최확수(最確數, MPN, most probable number)란 통계적 확률(poisson 분포)을 이용한 이론상 가장 가능한 수치를 말한다. 샘플원액을 단계적으로 희석하여 그 일정량을 수본씩 시험관의 액체배지에 접종하고 그 배양결과로부터 확률론적으로 원액 중의 균수를 최확수로 표시하는 방법이다. 최확수는 95% 신뢰한계로 작성된 최확수표에 따라서 구하며 최확수법은 대장균군, 장구균 등의 정량시험에 사용된다.

최확수법은 다수시험관법(multiple-tube method)이라고도 한다.

## 1.10 세균 형태의 관찰방법

세균은 사람의 육안으로 볼 수 없기 때문에, 세균의 형태와 크기를 관찰하는 데는 현미경이 필요하다. 현미경관찰시에는 세균을 염색하지 않고 보는 방법과 염색해서 보는 방법이 있다.

### (1) 무염색(無染色)방법

유리 슬라이드(glass slide)에 살균수를 한 방울 떨어뜨리고 여기에 관찰하려는 세균을 백금이로 분산시켜 거품이 일지않게 유리덮게(glass cover)로 씌워서 그대로 현미경으로 관찰하는 방법이다.

슬라이드에 미생물을 도말·고정시키는 방법은 그림 8-15와 같다.

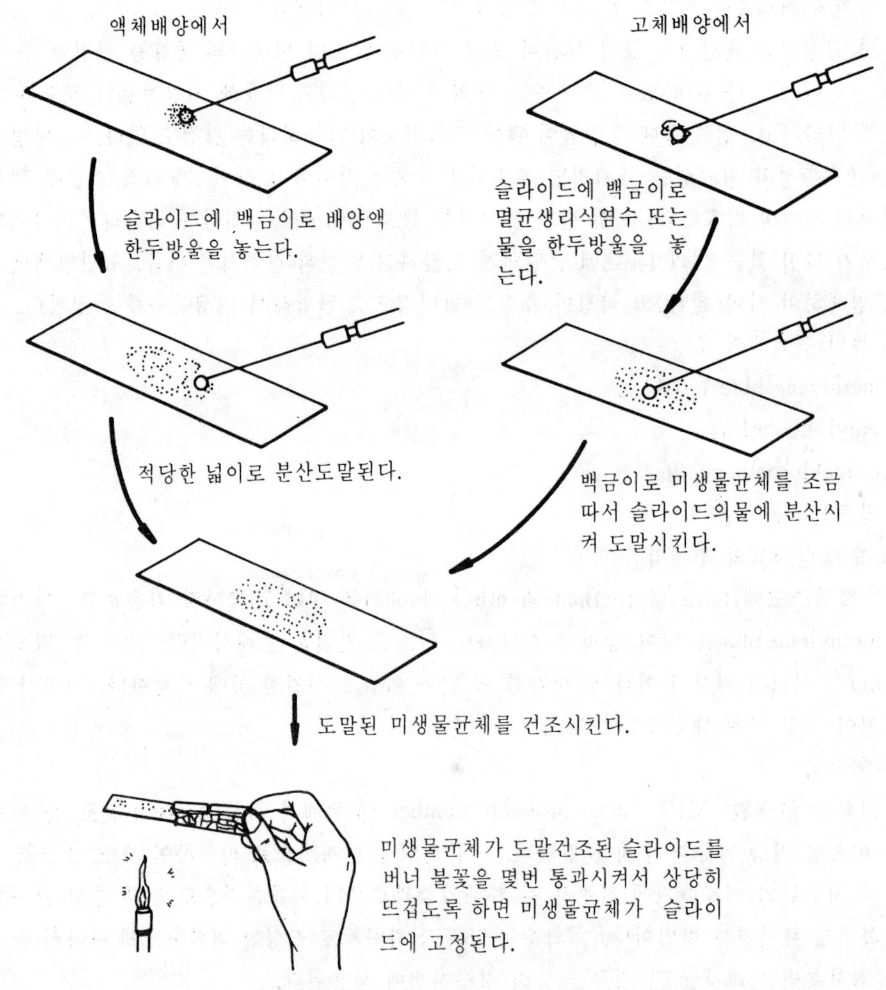


그림 8–15 미생물의 도말·고정

(2) 염색방법

세균을 염료(染料)로 염색해서 현미경으로 관찰하는 방법으로 세균생체를 그대로 염색하는 방법과 유리슬라이드에 도말하여 건조 고정시킨 후 염색하는 방법이 있다.

① 생체염색(生體染色)

유리슬라이드에 살균수 한방울을 떨어뜨리고 여기에 관찰하려는 세균 1백금이를 분산시킨 후, 여기에다 메틸렌 블루(methylene blue)염색액 1 백금이를 가하여 잘 혼합시킨 다음, 유리 덮개를 씌워 현미경으로 관찰한다.

② 일반고정염색

도말, 풍건(風乾), 고정, 염색, 수세, 건조의 순서로 표본을 만든 후 현미경으로 관찰한다.

③ 그램염색(Gram stain)

세균의 염색법에서 가장 중요한 방법 중의 하나가 이 염색법으로서 세균을 크게 그램양성(Gram positive)과 그램음성(Gram negative)으로 나눌수가 있다. 즉 크리스탈 바이오렛(Crystal violet)이란 염료로 염색시 푸른색으로 염색되면 그램 양성이고 염색이 안되면 그램음성이다.

그램염색법은 아래와 같다.

(시　약)

㉮ Crystal violet 용액 : Crystal violet 0.5 g 을 증류수 100mℓ에 용해

㉯ 그램요드(Gram's iodine)용액 : 요드 1 g 및 요드카리 2 g 을 증류수 300mℓ에 용해

㉰ Safranin액 : 4.5% Safranin 및 아세틸 알콜(acethyl alcohol) 10mℓ에 증류수 10mℓ 가한것

(조　작)

㉮ 18~24시간 배양한 신선한 균체를 유리슬라이드에 도말 · 건조 · 고정한다.

㉯ Crystal violet액으로서 균체를 1분간 염색한다.

㉰ 물로서 염색을 씻어낸다.

㉱ 그램요오드액을 떨어뜨려 1분간 반응시킨다.

㉲ 물로써 그램요드액을 씻어낸다.

㉳ 95% 알콜로서 색소가 흘러내리지 않을 때까지 탈색한다.

㉴ 물로서 알콜을 씻어낸다

㉵ Safranin액으로 45초간 대비염색(counterstain)을 한다.

㉶ 물로서 Safranin액을 씻어낸다.

㉷ 여과지로 물기를 흡수, 건조시킨다.

㉸ 현미경으로 검경한다.

Crystal violet 염색액의 푸른색이 탈색되지 않는 세포는 그램양성, 탈색되어 Safranin으로 붉게 염색된 세포는 그램음성이다.

상기 ㉯에서 ㉷ 까지의 조작과정을 그림으로 나타내면 그림 8-16과 같다.

④ 포자염색

유리슬라이드에 균체를 도말, 건조, 고정시킨 다음 malachite green 염색액(5% 수용액)으로 30초간 3~4회 김이 날 정도로 가열하면서 염색한 후 냉각하고 물로 씻어낸다. 다음에 0.5% Safranin 액으로 3초간 염색하고 물로 씻은 다음 현미경으로 관찰한다. 포자는 녹색으로 염색되고 생육세포는 붉게 염색된다.

⑤ 항산성균염색(acid-fast staining)

결핵균과 같이 유지질(lipoid substance)로 둘러싸인 미생물을 염색하는 방법으로 지일－닐슨법(Ziehl-Neelsen's method)이 쓰인다.

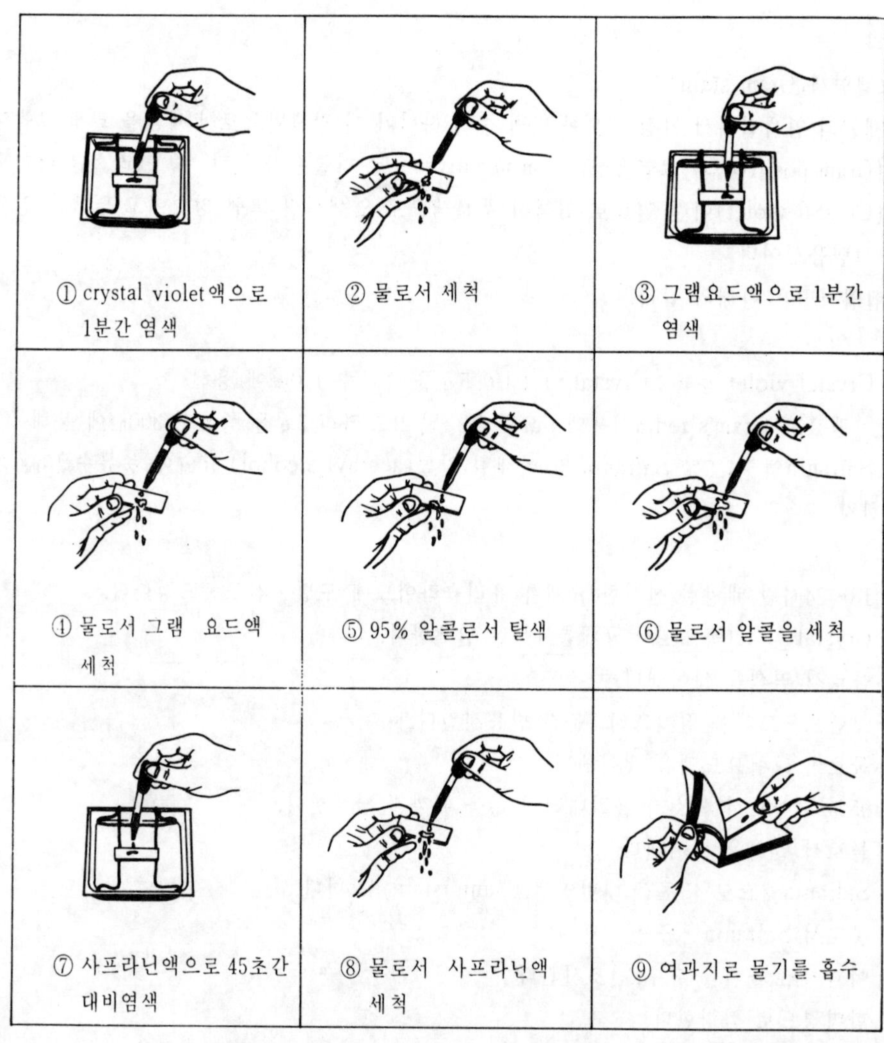


그림 8-16 그램염색 순서도

(시 약)

㉮ Carbolfuchsin

- 용액 A
  - Basic fuchsin(90%) 0.3 g
  - Ethyl alcohol(95%) 10mℓ
- 용액 B
  - 용액 A 10mℓ
  - 5% 석탄산 수용액 90mℓ

용액 A와 B를 섞고 수일간 방치한 다음 사용하기 전에 여과지로 여과하여 사용한다.

㈏ 탈색액 : acid alcohol

- 염산(conc.) 3mℓ
- ethyl alcohol(95%) 97mℓ

㈐ 대비염색 : Loeffler's alkaline methylene blue

- Methylene blue 0.3 g
- 증류수 100 mℓ

(조　　작)

㉮ 균체를 유리슬라이드에 도말・건조・고정한다.

㉯ Carbolfuchsin 염색액으로 3~5분 동안 가열・염색한다.

㉰ 물로서 염색액을 씻어낸다.

㉱ acid alcohol로 탈색 후 흐르는 물로 씻어낸다

㉲ Loeffler's alkaline methylene blue로 20~30초간 대비염색한다.

㉳ 물로 씻어내고 자연 건조시킨다.

청색배경에서 항산성균은 적색으로 보인다.

## 2. 미생물의 종류별 시험법

보건사회부에서 규정한 식품공전의 미생물시험 방법은 다음과 같다.

### 2.1 세균수(일반 세균수)

#### (1) 표준평판법

표준평판균수는 검체 중에 존재하는 세균 중 표준한천배지 내에서 발육할 수 있는 중온균의 수를 말한다. 수질검사시에는 이 균수를 일반세균수라고 부른다. 특히, 이·방법은 보통 검체와 표준한천배지를 페트리 접시(샤레)중에서 혼합 응고시켜 배양 후 발생한 세균의 집락수로부터 검체중의 생균수를 산출하는 방법이다.

① 시험조작

액체검체는 잘 진탕시켜 혼합하고 고체검체는 적당한 전처리를 하여 가능한 한 균질화하고, 멸균인산완충희석액을 사용하여 10배 단계 희석법에 따라 희석한다. 각 희석액 1mℓ씩을 멸균 페트리접시 2매 이상씩에 무균적으로 취하여 약 43~45℃로 유지한 표준한천배지(배지1) 약 15mℓ를 무균적으로 분주하고, 페트리접시 뚜껑에 부착하지 않도록 주의하면서 조용히 회전하여 좌우로 기울이면서 검체와 배지를 잘 섞고 냉각 응고시킨다. 특히, 확산집락의 발생을 억제하기 위하여는 다시 표준한천배지 3~5mℓ를 가하여 중첩시킨다. 이 경우 검체를 취하여 배지를 가할 때까지의 시간은 20분 이상 경과하여서는 안된

다. 냉각·응고시킨 페트리접시는 거꾸로 하여 35±1℃에서 24~48시간(검체에 따라서는 34℃에서 72±3시간)동안 배양한다. 이 때 대조시험으로 검액을 가하지 아니한 동일 희석액 1mℓ를 배지에 가한 것을 대조로 하여 페트리접시, 희석용액, 배지 및 조작이 무균적이였는지의 여부를 확인한다. 또한 배지는 배양 중에 그 중량이 15%이상 감소되어서는 안된다.

시험에 사용하는 페트리접시는 지름 9~10㎝, 높이 1.5㎝인 것을 사용한다. 배양 후 즉시 집락 계산기를 사용하여 생성된 집락수를 계산한다. 부득이 할 경우에는 5℃에 보존시켜 24시간 이내에 산정한다. 집락수의 계산은 확산집락이 없고(전면의 1/2이하일 때에는 지장이 없음)1평판 당 30~300개의 집락을 생성한 평판을 택하여 집락수를 계산하는 것을 원칙으로 한다. 전 평판에 300개 이상 집락이 발생할 경우, 300에 가까운 평판에 대하여 밀집평판 측정법에 따라 안지름 9㎝의 페트리접시인 경우에는 1㎠내의 평균집락수에 65를 곱하여 그 평판의 집락수로 계산한다. 전평판에 30개 이하의 집락만을 얻었을 경우에는 가장 희석배수가 얕은 것을 측정한다. 그러나 보고는 반드시 몇 개 이하라고 보고한다.

② 세균수의 기재 · 보고

표준평판법에 있어서 검체 1mℓ 중의 세균수를 기재 또는 보고할 경우에, 그것이 어떤 제한된 것에서 발육한 집락을 측정한 수치인 것을 명확히 하기 위하여, 1평판에 있어서의 집락수는 상당 희석배수로 곱하고 그 수치가 표준평판법에 있어서 1mℓ 중(1g 중)의 세균수 몇 개라고 기재 보고하며 동시에 배양온도를 기록한다. 이 산출법에 의하지 않을 때에는 "표준"이란 문자를 사용해서는 안된다.

숫자는 높은 단위로부터 3단계를 4사5입하여 유효숫자를 2단계로 끊어 이하를 0으로 한다.

## 2.2 저온 세균수

저온 세균수는 보통 20~25℃의 저온에서 비교적 신속하게 발육하는 세균을 말한다.

시험조작 : 2.1세균수의 (1)표준평판법에 준한다. 그러나 배양온도는 25±1℃에서 72±3시간 배양하여 발육한 집락의 수를 측정하여 저온세균수로 한다.

## 2.3 내열성 세균수(세균아포수)

내열성세균수는 다음의 처리 및 배양조건에서 발생한 호기성 아포형균의 집락수로부터 산출된 수를 말한다.

시험조작 : 위의 1.8 샘플의 조제법에 따라 조제한 시험원액 20mℓ를 멸균중형시험관(18×170㎜)에 넣고 끓는 물속에서 10분간 끓인 후, 위의 표준평판법에 준한다. 그러나 배양은 35±1℃로 48±3시간 배양하여 발육한 집락의 수를 측정하여 내열성세 균수로 한다.

## 2.4 대장균군

대장균군이라 함은 그람음성, 무아포성, 간균으로서 유당을 분해하여 가스를 발생하는 모든 호기성 또는 통성 혐기성세균을 말한다. 대장균군 시험에는 대장균군의 유무를 검사하는 정성시험과 대장균군의 수를 산출하는 정량시험방법이 있다.

### (1) 정성시험

① 유당부이온법

대장균군의 정성시험은 추정시험, 확정시험, 완전시험의 3단계로 나눈다. 검체는 필요에 따라 전처리를 하고 희석하여, 그 1~0.1mℓ를 2본이상의 유당부이온발효관 배지에 가할 필요가 있을 때에는 2배농도의 배지에 동량의 검체를 가한다.

㉮ 추정시험(presumptive test)

유당부이온배지(배지2)를 가한 발효관에 검체를 넣고 35±1℃로 48±3시간 동안 배양하여 가스 발생이 있으면 대장균군의 존재가 추정된다. 시험에 사용하는 발효관은 다람발효관 또는 스미스발효관으로서 희석액을 가하여 유당부이온의 농도가 되도록 한다.

발효관의 수는 각 희석액에 따라 5개씩을 쓴다. 즉, 검액을 10, 1, 0.1mℓ씩 접종하여 35±1℃로 24±2시간 배양하여 발효관 내에 가스가 발생하면 추정시험양성이고, 만약 24±2시간내에 가스가 발생하지 아니하였을 때에는 더 배양을 계속하여 48±3시간까지 관찰한다.

이 때까지 가스가 발생하지 않았을 때에는 추정시험 음성이고 가스발생이 있을 때에는 추정시험 양성이며, 다음의 확정시험을 실시한다.

㉯ 확정시험(confirmed test)

추정시험에서 가스발생이 있는 발효관으로부터 B.G.L.B배지(배지3)에 이식하여 35±1℃에서 48±3시간 동안 배양하였을 때에 가스발생을 보거나, 가스를 발생한 B.G.L.B배지로부터 평판배지에 획선분리 배양하여 전형적인 대장균군 집락이 확인될 경우에는 확정시험 양성으로 하고, 비전형적인 집락의 경우에는 완전시험을 하지 않으면 안된다.

확정시험에는 B.G.L.B배지, Endo배지(배지5) 또는 E.M.B 한천평판배지(배지6)를 사용한다.

평판배양의 경우에는 35±1℃로 24±2시간 배양 후 전형적인 집락이 발생되면 확정시험 양성으로 한다. B.G.L.B배지에서 35±1℃로 48±3시간동안 배양하였을 때 배지의 색이 갈색으로 되면 완전시험을 하지 않으면 안된다.

㉰ 완전시험(completed test)

대장균군의 존재를 완전히 증명하기 위하여, 위의 평판상의 집락이 Gram음성 무아포성의 간균임을 확인하고, 유당을 분해하여 가스의 발생 여부를 재확인 한다. 확정시험 때 Endo 평판배지나 E.M.B 평판배지상에서 전형적인 집락을 인정하였을 때에는 1개, 또는 비전형적인 집락일 경우에는 2개 이상을 따서 각각 유당부이온발효관과 보통한천배지사면(배지8)에 이식하여 35±1℃로 48±3시간 동안 배양하였을 때에, 가스가 발생한 발효관에 해당되는 한천배지사면에 생성된 집락에 대하여 그람염색을 실시하였을 때에, 그람음성 무아포성간균을 증명하면 완전시험은 양성이며, 대장균군 양성으로 판정한다.

② B.G.L.B 배지법

이 방법으로는 특별히 추정·확정 및 완전시험이 분리되지 않는다.

㉮ 정성시험

검체는 필요에 따라 적당한 전처리를 하고 희석시 그 1~0.1㎖를 2본씩 B.G.L.B 발효관에 가한다. 대량의 검체를 가할 필요가 있을 때에는 대량의 배지를 넣은 발효관을 사용한다.

검체를 가한 배지는 35±1℃로 48±3시간까지 관찰하고 가스의 발생을 인정하였을 때에는(배지를 흔들 때 거품 모양의 가스의 존재를 이정하였을 때에도) E.M.B배지 또는 Endo 배지평판에 획선도말하고 분리 배양한다.

이하의 조작은 유당부이온을 사용한 시험법의 확정시험 또는 완전시험 때와 같이 행하고 대장균군의 유무를 시험한다.

③ 데스옥시콜레이트 유당한천배지법

㉮ 정성시험

검체를 필요에 따라 적당한 전처리를 행하고, 희석한 검체 1㎖씩을 2매 이상의 멸균 페트리접시에 취하고, 미리 가온 용해하여 약 50℃에 보존한 데스옥시콜레이트´유당한천배지(배지9) 약 15㎖를 무균적으로 분주하고, 페트리접시 뚜껑에 부착하지 않도록 주의하면서 조용히 회전하여 좌우로 기울이면서 검체와 배지를 잘 혼합한 후 냉각응고시킨다. 그리고 그 표면에 동일한 배지 또는 보통한천배지를 3~5㎖를 가하여 중첩시킨다(평판상에 배지를 중첩하는 방법을 생략할 수 있다).

이것을 35±1℃로 20±2시간 배양하여 전형적인 암적색의 집락을 인정하였을 때에는 1개 이상의 집락을, 의심스러운 집락일 경우에는 2개 이상을 E.M.B배지 또는 Endo 배지평판에서 분리 배양한다. 이것을 35±1℃로 24±2시간 배양한다. 이하의 조작은 유당부이온의 확정시험 및 완전시험법에 따라 실시하고 대장균군의 유무를 결정한다.

### (2) 정량시험

① 최확수법

최확수법이란 수단계의 연속한 동일희석도의 검체를 수본씩 유당부이온발효관에 접종하여 대장균군의 존재 여부를 시험하고, 그 결과로부터 확률론적인 대장균군의 수치를 산출하여 이것을 최확수(M.P.N)로 표시하는 방법이다.

**최확수(표 8-5)는** 검체 10, 1 및 0.1mℓ씩을 각각 5본씩 또는 3본씩의 발효관에 가하여 배양 후 얻은 결과에 의하여 검체 100mℓ중 또는 100g 중에 존재하는 대장균군수를 표시하는 것이다.

최확수란 이론상 가장 가능한 수치를 말한다.

㉮ 시험조작

대장균군의 정량시험에는 희석검체(0.1mℓ 이하의 경우에는 10배수 희석액 1mℓ씩을 사용한다) 10, 1, 0.1, 0.01mℓ와 같이 연속해서 4단계 이상을 5본 또는 3본씩의 유당부이온발효관에 접종시킨다. 이 때 검체의 최대량을 가한 발효관의 대다수 또는 전부에서 가스를 발생하고, 최소량을 접종한 발효관의 전부 또는 대다수가 가스를 발생하지 않도록 적당히 희석하여 사용한다.

가스발생 발효관 각각에 대하여 추정, 확정, 완전시험을 행하고 대장균군의 존부를 확인한 다음 최확수표로부터 검체 100mℓ 중의 최확수를 구한다. 예로서 대장균군의 최확수법에 의한 정량시험에 의하여 검체 또는 희석검체의 각각의 발효관을 5본씩 사용하여 다음과 같은 결과를 얻었다면

| 검체접종량 | 10mℓ | 1mℓ | 0.1mℓ |
|---|---|---|---|
| 가스양성관수 | 5본 | 3본 | 1본 |

최확수표에 의한 검체 100mℓ 중의 M.P.N은 110으로 된다.

이때 검체접종량이 1, 0.1, 0.01mℓ일 때에는 110×10=1,100으로 한다. 검체의 3접종이 3단계 이상으로 행하여졌을 때에는 다음 표와 같이 취급한다. 이 때의 숫자는 양성관수, ○내의 숫자는 유효숫자이다.

| 접종량 / 예 | 1mℓ | 0.1mℓ | 0.01mℓ | 0.001mℓ |
|---|---|---|---|---|
| Ⅰ | 5 | ⑤ | ② | ⓪ |
| Ⅱ | ⑤ | ④ | ③ | 0 |
| Ⅲ | ⓪ | ① | ⓪ | 0 |
| Ⅳ | (5 | 3 | 1 | 1) |
| | ⑤ | ③ | ② | |

예 Ⅰ, Ⅱ : 5본 양성을 표시한 최소 접종량으로부터 시작한다.

예 Ⅲ : 양성을 인정한 접종량을 중간으로 한다.

예 Ⅳ : 최소 유효접종량(이 경우는 0.01mℓ)보다 1단계 적은 접종량(0.001mℓ)일 때에는 양성관을 인정할 경우 최초 접종량에 의한 양성관수(이 경우1)를 상단위에 가한다. 즉, 접종량 0.01mℓ 양성관수 1에 최종량 0.001mℓ의 양성관수를 가하여 2로 한다.

〔최확수표〕

표 8-5에 의하여 또 3본씩 접종했을 때에는 위 5본 법에 준하여 표 8-6에 따라 최확수를 구한다.

② B.G.L.B 배지에 의한 정량법

시험용액 10, 1 또는 0.1㎖를 5본씩의 B.G.L.B배지에 접종한다. 0.1㎖ 이하를 접종할 필요가 있을 때에는 10배 희석단계액을 각각 1㎖씩 사용한다. 이 때에 시험용액의 최대량을 가한 배지의 전부 또는 대부분에서 가스발생을 인정하고, 최소량을 가한 배지의 전부 또는 대부분이 가스를 발생하지 않도록 접종량과 희석도를 고려하여야 한다. 이하의 조작은 각 발효관에 대하여 B.G.L.B배지에 의한 정성시험법에 따라 하고 대장균군의 유무를 조사하여 최확수표에 따라 검체 100㎖ 또는 100g 중의 대장균군수를 산출한다.

**표 8-5 대장균시험의 최확수표(1) 다음의 희석과 시험관수에 의한 양성수에 대한 최확수와 95%의 신뢰한계 A 10㎖씩 5개, B 10㎖씩 5개, 1㎖씩 5개, 0.1㎖씩 5개**

| 양성관수 A 10㎖씩 5개 | MPN 100㎖ | MPN의 신뢰한계 하한 | MPN의 신뢰한계 상한 |
|---|---|---|---|
| 0 | <2.2 | 0 | 6.0 |
| 1 | 2.2 | 0.1 | 12.6 |
| 2 | 5.1 | 0.5 | 19.2 |
| 3 | 9.2 | 1.6 | 29.4 |
| 4 | 16 | 3.3 | 52.9 |
| 5 | <16 | 8.0 | ∞ |

| B 10㎖ 씩5개 | B 1㎖ 씩5개 | B 0.1㎖ 씩5개 | MPN 100㎖ | MPN의 신뢰한계 하한 | MPN의 신뢰한계 상한 |
|---|---|---|---|---|---|
| 0 | 0 | 1 | 2 | <0.5 | 7 |
| 0 | 0 | 2 | 4 | <0.5 | 11 |
| 0 | 1 | 0 | 2 | <0.5 | 7 |
| 0 | 1 | 1 | 4 | <0.5 | 11 |
| 0 | 1 | 2 | 6 | <0.5 | 15 |
| 0 | 2 | 0 | 4 | <0.5 | 11 |
| 0 | 2 | 1 | 6 | <0.5 | 15 |
| 0 | 3 | 0 | 6 | <0.5 | 15 |
| 1 | 0 | 0 | 2 | <0.5 | 7 |
| 1 | 0 | 1 | 4 | <0.5 | 11 |
| 1 | 0 | 2 | 6 | <0.5 | 15 |
| 1 | 0 | 3 | 8 | 1 | 19 |
| 1 | 1 | 0 | 4 | <0.5 | 11 |
| 1 | 1 | 1 | 6 | <0.5 | 15 |
| 1 | 1 | 2 | 8 | 1 | 19 |
| 1 | 2 | 0 | 6 | <0.5 | 15 |
| 1 | 2 | 1 | 8 | 1 | 19 |
| 1 | 2 | 2 | 10 | 2 | 23 |
| 1 | 3 | 0 | 8 | 1 | 19 |
| 1 | 3 | 1 | 10 | 2 | 23 |
| 1 | 4 | 0 | 11 | 2 | 25 |
| 2 | 0 | 0 | 5 | <0.5 | 13 |
| 2 | 0 | 1 | 7 | 1 | 17 |
| 2 | 0 | 2 | 9 | 2 | 21 |
| 2 | 0 | 3 | 12 | 3 | 28 |
| 2 | 1 | 0 | 7 | 1 | 17 |
| 2 | 1 | 1 | 9 | 2 | 21 |
| 2 | 1 | 2 | 12 | 3 | 28 |
| 2 | 2 | 0 | 9 | 2 | 21 |
| 2 | 2 | 1 | 12 | 3 | 28 |

| B | | | MPN 100㎖ | MPN의 신뢰한계 | | B | | | MPN 100㎖ | MPN의 신뢰한계 | |
|---|---|---|---|---|---|---|---|---|---|---|---|
| 10㎖ 씩5개 | 1㎖ 씩5개 | 0.1㎖ 씩5개 | | 하한 | 상한 | 10㎖ 씩5개 | 1㎖ 씩5개 | 0.1㎖ 씩5개 | | 하한 | 상한 |
| 2 | 2 | 2 | 14 | 4 | 34 | 4 | 5 | 1 | 48 | 16 | 124 |
| 2 | 3 | 0 | 12 | 3 | 28 | 5 | 0 | 0 | 23 | 7 | 70 |
| 2 | 3 | 1 | 14 | 4 | 34 | 5 | 0 | 1 | 31 | 11 | 89 |
| 2 | 4 | 0 | 15 | 4 | 37 | 5 | 0 | 2 | 43 | 15 | 114 |
| 3 | 0 | 0 | 8 | 1 | 19 | 5 | 0 | 3 | 58 | 19 | 144 |
| 3 | 0 | 1 | 11 | 2 | 25 | 5 | 0 | 4 | 76 | 24 | 180 |
| 3 | 0 | 2 | 13 | 3 | 31 | 5 | 1 | 0 | 33 | 11 | 93 |
| 3 | 1 | 0 | 11 | 2 | 25 | 5 | 1 | 1 | 46 | 16 | 120 |
| 3 | 1 | 1 | 14 | 4 | 34 | 5 | 1 | 2 | 63 | 21 | 154 |
| 3 | 1 | 2 | 17 | 5 | 46 | 5 | 1 | 3 | 84 | 26 | 197 |
| 3 | 1 | 3 | 20 | 6 | 60 | 5 | 2 | 0 | 49 | 17 | 126 |
| 3 | 2 | 0 | 14 | 4 | 34 | 5 | 2 | 1 | 70 | 23 | 168 |
| 3 | 2 | 1 | 17 | 5 | 46 | 5 | 2 | 2 | 94 | 28 | 219 |
| 3 | 2 | 2 | 20 | 6 | 60 | 5 | 2 | 3 | 120 | 33 | 281 |
| 3 | 3 | 0 | 17 | 5 | 46 | 5 | 2 | 4 | 148 | 38 | 366 |
| 3 | 3 | 1 | 21 | 7 | 63 | 5 | 2 | 5 | 177 | 44 | 515 |
| 3 | 4 | 0 | 21 | 7 | 63 | 5 | 3 | 0 | 79 | 25 | 187 |
| 3 | 4 | 1 | 14 | 8 | 72 | 5 | 3 | 1 | 109 | 31 | 253 |
| 3 | 5 | 0 | 25 | 8 | 75 | 5 | 3 | 2 | 141 | 37 | 343 |
| 4 | 0 | 0 | 13 | 3 | 31 | 5 | 3 | 3 | 175 | 44 | 503 |
| 4 | 0 | 1 | 17 | 4 | 46 | 5 | 3 | 4 | 212 | 53 | 669 |
| 4 | 0 | 2 | 21 | 7 | 63 | 5 | 3 | 5 | 253 | 77 | 788 |
| 4 | 0 | 3 | 25 | 8 | 75 | 5 | 4 | 0 | 130 | 35 | 302 |
| 4 | 1 | 0 | 17 | 5 | 46 | 5 | 4 | 1 | 172 | 43 | 486 |
| 4 | 1 | 1 | 21 | 7 | 63 | 5 | 4 | 2 | 221 | 57 | 698 |
| 4 | 1 | 2 | 26 | 9 | 78 | 5 | 4 | 3 | 278 | 90 | 849 |
| 4 | 2 | 0 | 22 | 7 | 67 | 5 | 4 | 4 | 345 | 117 | 999 |
| 4 | 2 | 1 | 26 | 9 | 78 | 5 | 4 | 5 | 426 | 145 | 1,161 |
| 4 | 2 | 2 | 32 | 11 | 91 | 5 | 5 | 0 | 240 | 68 | 754 |
| 4 | 3 | 0 | 27 | 9 | 80 | 5 | 5 | 1 | 348 | 118 | 1,005 |
| 4 | 3 | 1 | 33 | 11 | 93 | 5 | 5 | 2 | 542 | 180 | 1,405 |
| 4 | 3 | 2 | 39 | 13 | 106 | 5 | 5 | 3 | 920 | 300 | 3,200 |
| 4 | 4 | 0 | 34 | 12 | 96 | 5 | 5 | 4 | 1,600 | 640 | 5,800 |
| 4 | 4 | 1 | 40 | 14 | 108 | 5 | 5 | 5 | 22,400 | 800 | ∞ |
| 4 | 5 | 0 | 41 | 14 | 110 | | | | | | |

표 8-6 3단계희석(10, 1, 0.1mℓ)시험관 3개씩 시험하였을 때의 양성에 대한 최확수와 95%의 신뢰한계

| 양성관수 | | | MPN 100mℓ | MPN의 신뢰한계 | | 양성관수 | | | MPN 100mℓ | MPN의 신뢰한계 | |
|---|---|---|---|---|---|---|---|---|---|---|---|
| 10mℓ 씩5개 | 1mℓ 씩5개 | 0.1mℓ 씩5개 | | 하한 | 상한 | 10mℓ 씩5개 | 1mℓ 씩5개 | 0.1mℓ 씩5개 | | 하한 | 상한 |
| 0 | 0 | 0 | | 0 | | 2 | 0 | 0 | 9.1 | 1.0 | 36 |
| 0 | 0 | 1 | 3 | | 9 | 2 | 0 | 1 | 14 | 2.7 | 37 |
| 0 | 0 | 2 | 6 | | | 2 | 0 | 2 | 20 | | |
| 0 | 0 | 3 | 9 | | | 2 | 0 | 3 | 26 | | |
| 0 | 1 | 0 | 3 | 0.085 | 13 | 2 | 1 | 0 | 15 | 2.8 | 44 |
| 0 | 1 | 1 | 6.1 | | | 2 | 1 | 1 | 20 | | |
| 0 | 1 | 2 | 9.2 | | | 2 | 1 | 2 | 27 | | |
| 0 | 1 | 3 | 12 | | | 2 | 1 | 3 | 34 | | |
| 0 | 2 | 0 | 6.2 | | | 2 | 2 | 0 | 21 | 3.5 | 47 |
| 0 | 2 | 1 | 9.3 | | | 2 | 2 | 1 | 28 | | |
| 0 | 2 | 2 | 12 | | | 2 | 2 | 2 | 35 | | |
| 0 | 2 | 3 | 16 | | | 2 | 2 | 3 | 42 | | |
| 0 | 3 | 0 | 9.4 | | | 2 | 3 | 0 | 29 | | |
| 0 | 3 | 1 | 13 | | | 2 | 3 | 1 | 36 | | |
| 0 | 3 | 2 | 16 | | | 2 | 3 | 2 | 44 | | |
| 0 | 3 | 3 | 19 | | | 2 | 3 | 3 | 53 | | |
| 1 | 0 | 0 | 3.6 | 0.085 | 20 | 3 | 0 | 0 | 23 | 3.5 | 120 |
| 1 | 0 | 1 | 7.2 | 0.87 | 21 | 3 | 0 | 1 | 39 | 6.9 | 130 |
| 1 | 0 | 2 | 11 | | | 3 | 0 | 2 | 64 | | |
| 1 | 0 | 3 | 15 | | | 3 | 0 | 3 | 95 | | |
| 1 | 1 | 0 | 7.3 | 0.88 | 23 | 3 | 1 | 0 | 43 | 7.1 | 210 |
| 1 | 1 | 1 | 11 | | | 3 | 1 | 1 | 75 | 14 | 230 |
| 1 | 1 | 2 | 15 | | | 3 | 1 | 2 | 120 | 30 | 380 |
| 1 | 1 | 3 | 19 | | | 3 | 1 | 3 | 160 | | |
| 1 | 2 | 0 | 11 | 2.7 | 36 | 3 | 2 | 0 | 93 | 15 | 380 |
| 1 | 2 | 1 | 15 | | | 3 | 2 | 1 | 150 | 30 | 440 |
| 1 | 2 | 2 | 20 | | | 3 | 2 | 2 | 210 | 35 | 470 |
| 1 | 2 | 3 | 24 | | | 3 | 2 | 3 | 290 | | |
| 1 | 3 | 0 | 16 | | | 3 | 3 | 0 | 240 | 36 | 1,300 |
| 1 | 3 | 1 | 20 | | | 3 | 3 | 1 | 460 | 71 | 2,400 |
| 1 | 3 | 2 | 24 | | | 3 | 3 | 2 | 1,100 | 150 | 4,800 |
| 1 | 3 | 3 | 29 | | | 3 | 3 | 3 | 22,400 | 460 | |

③ 데스옥시콜레이트유당한천배지에 의한 정량법

검체는 필요에 따라 적당한 전처리를 하고, 그 10배 희석단계액의 각 1mℓ에 대하여 이 배지에 의한 정성시험법과 같은 조작으로 35±1℃에서 20±2시간 배양한 후 생성된 집락 중 전형적인 집락 또는, 의심스러운 집락에 대하여 정성시험 때와 같은 조작으로 대장균군의 유무를 결정한다. 균수산출은 세균수(일반세균수)측정법에 따라 한다.

## 2.5 대장균

식품의 종류에 따라 대장균의 검출이 대장균군보다 정확한 오염지표가 되는 경우가 있다. 대장균의 시험법에는 최확수법에 의한 정량시험과 일정한 한도까지 균수를 정성으로 측정하는 한도시험방법이 있다.

### (1) 최확수법

검체(200g)와 동량의 멸균인산완충액을 가하여 homogenizer를 사용해서 균질화시키고, 이것을 시험원액으로 한다. 시험원액 20mℓ에 멸균인산완충 희석액 80mℓ를 가하여 10배 희석액을 만들고 다시 10배 희석하여 100배 희석액을 만든다. 시험원액을 2mℓ, 10배 희석액 및 100배 희석액을 1mℓ씩 각각 5본의 EC(배지 10) 발효관에 접종한 다음, 항온 수조 중에서 44.5±0.2℃로 24±2시간 배양한다. 그 때에 가스발생을 인정한 발효관을 E.coli 양성이라고 판정한다. 이 양성관으로부터 표 8-5 최확수표에 따라 검체 100g 중의 대장균수를 산출한다.

### (2) 한도시험

검체 25g을 무균적으로 homogenizer 컵속에 넣고 멸균인산완충희석액 225mℓ를 가하여 균질화한다. 균질화된 검체 10mℓ를 멸균피펫을 사용하여 150mℓ 멸균공전 시료병에 넣고 멸균인산완충 희석액 90mℓ를 혼합하여 이것을 시험원액으로 한다. 시험원액 1mℓ씩을 3본의 EC발효관에 접종하고 44.5±0.2℃로 24±2시간 배양한다. 이 때에 가스발생을 인정한 발효관은 추정시험 양성으로 하고 가스발생이 인정되지 않을 때에는 추정시험 음성으로 한다.

추정시험이 양성일 때에는 해당 EC발효관으로부터 1백금이를 EMB 평판배지에 획선접종하여 35±1℃로 24±2시간 배양한 후, 전형적 집락(전형적 집락이 없을 때에는 전형적인 집락에 유사한 집락 2개이상)을 취하여 유당부이온발효관 및 보통한천사면배지에 각각 이식한다(전형적 집락과 유사한 집락을 취한 경우에는 서로 다른 배지에 각각 이식한다). 유당부이온발효관에 접종한 것은 35±1℃로 48±3시간 배양하고 보통한천사면배지에 접종한 것은 35±1℃로 24±2시간 배양한다. 유당부이온발효관에서 가스발생을 인정하였을 때에는, 이에 해당하는 보통한천사면에서 배양된 집락을 취하여 그람염색을 실시하고, 검경 후 그람음성 무아포성 간균을 인정하였을 때에는 대장균 양성으로 판정한다.

## 2.6 총균수

주로 생유 중 오염된 세균을 측정하기 위하여 일정량의 생유를 슬라이드그라스 위에 일정면적으로 도말하고, 건조시켜 염색한 후 현미경으로 검경하여 염색된 세균수를 측정한다. 측정된 세균수를 현미경 시야의 면적과의 관계에 따라 검체 중에 존재하는 세균수를 측정하는 방법이다.

### (1) 시험조작

① 표본제작

검체를 그 용기와 같이 25회 이상 잘 흔들어 우유세균검사용 마이크로피펫으로 검액적당량을 흡입시키고, 백포(백색헝겊)로 피펫 외벽에 부착한 우유를 깨끗이 씻은 다음, 피펫 내의 우유를 그 선단으로부터 백포를 사용하여 흡인시키면서 정확히 0.01㎖로 하고 그 전부를 슬라이드그라스 위에 방출, 도말침을 사용하여 1㎠ 면적에 도말하고 이것을 약 5분간 가온하여 건조시킨 다음, 뉴만염색액 중에 순간적으로 적셔서 염색하고, 남은 액을 즉시 흔들어 떨어뜨린 다음 건조시켜서 물로 씻고 다시 건조시켜 표본을 만든다.

② 측정

유침렌즈를 장치한 현미경을 미리 대물측미계를 사용하여 시야의 지경을 0.206㎜로 조절하고, 여기에 위에서 제작한 표본을 장착하여 그 도말면의 중심을 통과하는 직선상의 등간격의 16시야에 모든 세균수를 측정하고, 1시야 범위에 대한 평균수를 구한다. 여기에 30만을 곱한 수의 첫째자리 숫자로부터 3째단위를 4사5입하고, 상위 2단위수로 표시한다. 1시야에 나타난 세균의 수를 측정하는 방법은 다음과 같다.

㉠ 개체법

1시야에 나타난 세균이 균괴를 형성하였을 때 그것이 쌍쌍을 이루고 있거나 연쇄상을 이루고 있는 세균은 1개, 1개 측정한다. 균괴로 되어 있을 때에는 개개의 균을 눈으로 보아 균을 구별할 수 없기 때문에 1개로 측정한다.

㉡ 균괴법(group count)

1시야에 나타난 세균이나 균괴를 형성하고 있을 때, 즉 쌍쌍 또는 연쇄균괴를 형성하고 있을 때에는 각각 1군을 1개로 계산한다. 그러나 옆에 인접한 균 또는 균괴가 최소의 균경(균의 지름)에 2배 이상 떨어져 있을 때에는 별도균의 clamp로 측정한다. 따라서 떨어져 있는 1개의 균은 clamp로 측정하는 것으로 한다.

## 2.7 유산균수

이 시험은 발효유 또는 유산균음료중의 유산균수를 측정하기 위하여 실시한다.

유산균수의 측정방법은 2.1 세균수(일반세균수)측정방법에 준한다. BCP가 평판측정용배지 (배지11)를 사용하여 35~37℃에서 72±3시간 배양한 후 발생한 황색의 집락을 유산균의 집락으로 계측한다.

## 2.8 진균수(효모 및 사상균수)

진균수의 측정방법은 세균수(일반세균수)측정방법에 준하여 시험한다. 다만, 배지는 포테이토 덱스트로오즈한천배지(배지12)를 사용하여 25℃에서 5~7일간 배양한 후 발생한 집락수를 계산하고 그 평균집락수에 희석배수를 곱하여 진균수로 한다.

## 2.9 살모넬라균

그람 음성 간균으로 아포를 형성하지 않으며 대부분이 주모균(周毛菌)이고 호기성 또는 통성혐기성이며, 운동성이 있고 균체항원, 편모항원에 의하여 분류되는 균을 말하며, 시험방법은 다음과 같다.

### (1) 검액의 조제

액체는 잘 진탕하여 혼합하고, 고체검체는 적당히 전처리하여 가능한 한 균질화한 다음 검액으로 한다. 희석할 필요가 있을 때에는 멸균된 생리식염수액을 사용하여 적당한 농도로 희석하여 검액으로 한다.

### (2) 조 작

① 증균배양

검액적당량을 증균용 액체배지인 셀레나이트에프 배지(배지13) 10㎖ 또는 테트라치오네이트증균 배지(배지14) 10㎖에 접종하여 35~37℃에서 48시간 증균배양한다.

② 분리배양

증균된 균액을 분리용 배지 데옥시콜레이트 시트레이트 한천배지(배지 17) 또는 메칸키한천배지(배지16)로 35~37℃에서 24시간 배양하여 살모넬라균으로 의심되는 집락을 확인배지(배지15)에 이식한다.

③ 확인배양

분리용 배지에서 의심되는 집락 및 유당 비분해균만을 선택하여 보통 한천배지에 이식하고 35~37℃에서 18~24시간 배양한 다음, 배양된 균을 확인하여 철, 한천배지(배지18)에 천자 이식하고 37±1℃에서 18~24시간 배양하여 생물학적 성상을 검사한다.

㉠ 확인시험

다음과 같은 결과를 얻었을 때에는 살모넬라균의 존재를 인정할 수 있다.

· 유당은 분해하지 않으며 포도당은 분해하여 배지저면이 황색으로 변한다.

· 가스를 발생하여 배지천자부는 갈라진다.

· 유화수소를 발생하여 천자한 자리 근처가 흑변한다.

㉡ 형태학적 시험

분리된 균을 그람염색법에 따라 염색하여 검경한 결과 그람음성간균이어야 한다.

㉢ 응집반응시험

보통 한천배지에 배양된 균을 슬라이드를 써서 다음과 같은 살모넬라 진단용 혈청반응 결과에 따라 균종을 결정한다.

· 살모넬라 O 혼합혈청시험 : 다가 O항혈청을 써서 슬라이드 응집반응 검사를 한다.
· 살모넬라 O 인자혈청시험 : O군 혈청 즉 A, B, C, D, E군의 항혈청을 써서 슬라이드 응집반응 검사를 한다.
· 살모넬라 H 인자혈청시험 : 편모 H항원을 갖고 있는 균은 편모항원 즉 a, b, c, d, e, h, G, k, L, r, y 등에 대한 시험관법 응집반응 검사를 한다.

## 2.10 탄저균(Bacillus anthracis)

육 및 육제품의 경우, 그 유제를 만들어 식염을 첨가하지 않은 보통한천평판배지에 도말하여, 37℃에서 24시간 배양한다. 탄저균은 그의 특이한 회백색의 축모상 혹은 곰보 유리모양의 집락을 형성하며, 혈액한천배지(배지19)에서는 용혈성이 없고 Bouillon에서는 침전하여 발육하며 상층부는 투명하고 균막을 형성하지 않는다. 이를 도말하여 염색하면 그람양성의 대간균으로서 양단이 직각으로 짤려져 있고, 낚싯대 모양의 연쇄상을 나타낸다. 상기의 유제를 신선한 경우는 그대로, 그렇지 않은 경우는 80℃에서 30분간 가열한 후 guinea pig(250~300g 체중)의 복강내에 0.5~1.0mℓ를 접종하면, 양성인 경우 24시간 후에 접종부위에 부종이 생기고 점차 복부내에 퍼져 수일 후에 폐사한다. 이를 해부하여 병리학적 소견을 관찰하고 도말하여 검경한 후 다시 균을 분리 동정한다.

## 2.11 결핵균

우유와 같은 액상의 시료는약 30mℓ 이상을 3,000rpm에서 30분간 원심분리한 유지부를 시험관에 넣은 다음, 침전물에서 1백금이를 취하여 도말표본을 만들고, Ziehl Neelsen법으로 항산성 염색하여 검경한다. 유지부에는 이와 동량의 8% NaOH액을, 침전물에는 그의 약 10배 정도의 4% NaOH액을 가하여 잘 혼합한 후 각각 0.1mℓ씩을 3% Okawa배지(배지20)에 적하하고 37℃의 부란기내에서 배지를 옆으로 눕혀두고 대부분의 검액이 흡수되기를 기다렸다가 배지의 시험관을 밀전하여 2개월간 배양을 계속하면서 때때로 균 집락의 발생을 관찰한다. 배양하고 남은 위의 시료는 BTB를 가한 염산수용액을 적하하여 중화시킨 후, 1~2mℓ씩을 guinea pig의 피내에 접종한다. 여기에 쓰는 guinea pig는 Tuberculin반응이 음성인 것으로서 체중 300g 이상인 것을 사용하며, 접종 후 2주간부터 가끔 Tuberculin반응과 체중을 조사한다.

결핵균에 감염을 받은 경우에는 보통 2~5주간부터 양성으로 되고, 체중은 점차로 감소하며 접종국소에 경결 또는 괴양이 생기며 국소 임파절이 종창한다. 4~8주 후에 guinea pig를 죽이고 부검하여 임파절 및 각 장기의 결핵성 변화를 관찰한다. 병변 부위의 장기를 무균적으로 채취하여 1% NaOH으로 유제를 만들고 그 0.1mℓ씩을 1% Okawa 배지(배지21)에 배양하여 다시 결핵균을 확인한다.

### 2.12 불루셀라(Brucella)균

우유의 경우는 20~30㎖를 3,000rpm으로 30분간 원심분리하여 유지부와 침전물을 아래의 배양법에 의하여 직접 도말·배양하고, 두마리 이상의 guinea pig(250~300g 체중)에 3~5㎖씩을 복강내에 세마리 이상의 마우스(12~15g)의 피하에 0.25~0.5㎖를 주사한다. 고체 시료는 그 유제를 조제하여 직접 도말·배양하고 위의 실험동물에 주사하거나, 유제를 멸균 가제로 여과한 후 그 여액 또는 1,000rpm에서 5분간 원심분리하여 얻은 상층액을 실험동물에 접종한다. 이 균의 분리용 배지는 liver agar 평판배지(배지22)를 사용하나, 만약 시료가 잡균에 의하여 오염되어 있다고 인정될 때는 liver agar에 그 중량의 20만분의 1에 해당하는 젠치안 바이오렛를 첨가하여 10%탄산가스 조건하에 37℃에서 4~6일간 배양한다. 이 때 형성된 집락은 소원형으로서 다소 융기되어 있고 투명한 빛깔이 있으며 착색되어 있지 않으나, 시일이 경과된 집락은 약간 불투명하고 갈색을 띈 회백색을 보인다. 염색하여 검경하면 그람음성의 단간균으로서 구균처럼 보인다. bouillon에서 37℃로 24시간 배양하면 균일 혼탁하게 발육하고 10일 이상 경과하면 더욱 혼탁하여지면서 적조한 균괴가 균막과 같이 표면으로부터 관벽에 엉긴다. 이 균은 운동성이 없으며 당류도 거의 분해하지 않고 indole반응, MR반응 및 VP반응이 음성이다. 접종 3주 후에 실험동물의 혈청에 이 균에 대한 항체가 형성되었는지의 여부를 혈청학적으로 진단하고, 비장에서 본균을 분리배양한다.

## 3. 미생물배양용배지

보건사회부에서 정한 미생물시험법에 사용되는 배지의 종류 및 그 내용은 다음과 같다.

(1) 표준한천배지(균수측정용)

| | |
|---|---|
| 트립톤(tryptone) | 5.0g |
| 효모엑기스(yeast extract) | 2.5 |
| 포도당(dextrose) | 1.0 |
| 한천(정제분말) | 5.0 |

위의 성분에 증류수를 가하여 1,000㎖로 만들고 멸균한 후 pH가 7.0이 되도록 맞추고 15파운드(121℃)로 15분간 고압증기멸균한다.

(2) 유당부이온배지

| | |
|---|---|
| 펩 톤(peptone) | 5.0g |
| 쇠고기 엑기스(beef extract) | 3.0 |
| 유 당(lactose) | 5.0 |

위의 성분에 증류수를 가하여 1,000㎖로 만들고 멸균한 후 pH가 6.9가 되도록 맞추고 발효관에 분주하여 15파운드(121℃)로 15분간 고압증기멸균한다.

### (3) BGLB(Brilliant Green Lactose Bile)배지

① 펩톤 10 g 및 유당 10 g 을 증류수 500mℓ에 녹인다.

② 신선한 우담즙 200mℓ(또는 건조 우담즙말 20 g )를 증류수 200mℓ에 녹인 것으로서 pH7.0 ~7.5가 되도록 한 것이다.

③ 이에 물을 가하여 전량이 약 975mℓ로 되도록 하고 pH7.4로 수정한다.

④ 0.1% Brilliant Green 수용액 13.3mℓ를 가한다.

⑤ 전량 1,000mℓ를 탈지면으로 여과하여 분주할 때 발효관을 넣고 상법에 따라 멸균한다(멸균후의 pH7.1~7.4).

### (4) 배농도 BGLB배지

펩톤 10 g 및 유당 10 g 을 증류수 250mℓ에 녹인 것에다가 신선한 우담즙 200mℓ 또는 건조 우담즙말 20 g 을 물 200mℓ에 녹인 것으로서, pH7.4~7.5의 것을 가하여 약 480mℓ로 하여 pH7.4로 수정하고, 여기에 0.2% 브릴리안트그린수용액 13.3mℓ를 가하여 전량을 500mℓ로 한 후,탈지면으로 여과하여 발효관에 약 10mℓ씩 분주한 후 멸균한다(멸균후의 pH는 7.1~7.4이다).

### (5) Endo배지

인산수소2칼륨(dipotassium phosphate) 3.5 g
펩톤 10.0
유당 10.0
아황산나트륨(sodium sulfite) 2.5
베이식푹신(basic fuchsin) 0.5
정제한천 15.0

위의 성분에 증류수를 가하여 1,000mℓ로 만들고 멸균한 후 pH7.4가 되도록 맞추고 15파운드(121℃)로 15분간 고압증기멸균한다.

### (6) EMB한천배지

펩톤 10.0 g
유당 5.0
자당(sucrose) 5.0
인산수소2칼륨 2.0
에오신 Y(Eosin Y) 0.4
메칠렌블루(methylene blue) 0.065
정제한천 13.5

위의 성분에 증류수를 가하여 1,000mℓ로 만들고 멸균한 후 pH가 7.2되도록 맞추고 15파운드(121℃)로 15분간 고압증기 멸균한다.

### (7) 보통부이온배지(nutrient broth)

펩톤 5.0 g

쇠고기 엑기스 3.0

위의 성분에 증류수를 가하여 1,000㎖로 만들고 멸균한 후 pH가 6.9~7.4가 되도록 맞춘 다음 시험관에 분주하여 15파운드(121℃)로 15분간 고압증기멸균한다.

#### (8) 보통한천배지(nutrient agar)

보통부이욘배지 1,000㎖에 정제한천 15g을 가하여 가열용해하고 증류수량을 보정한다. pH가 7.0~7.4가 되도록 수정하고 배지(1)의 멸균법에 따라 멸균한다.

#### (9) 데스옥시콜레이트유당한천배지(desoxycholate agar)

| | |
|---|---|
| 펩톤 | 10.0g |
| 유당 | 10.0 |
| 염화나트륨 | 5.0 |
| 구연산나트륨(sodium citrate) | 2.0 |
| 데스옥시콜산나트륨(sodium desoxycholate) | 0.5 |
| 정제한천 | 15 |
| 뉴트랄렛 | 0.03 |

위의 성분에 증류수를 가하여 1,000㎖로 만들고 pH가 7.3~7.5가 되도록 맞춘 다음 1분간 끓여서 용해시켜, 멸균하지 않고 즉시 사용할 수 있다(고압증기멸균하면 배지의 pH가 떨어져 데스옥시콜산나트륨이 침전할 수 있으므로 피하는 것이 좋다).

#### (10) EC배지(EC broth)

| | |
|---|---|
| 펩톤 | 20.0g |
| 유당 | 5.0 |
| 담즙산염혼합물(bile salt mixture) | 1.5 |
| 인산수소2칼륨(dipotassium phosphate) | 4.0 |
| 인산수소1칼륨(monopotassium phosphate) | 1.5 |
| 염화나트륨 | 5.0 |

위의 성분에 증류수를 가하여 1,000㎖로 만들고 멸균한 후 pH가 6.9~7.1이 되도록 맞추고 발효관에 분주하여 15파운드(121℃)로 15분간 고압증기멸균한다.

#### (11) BCP가 평판측정용배지

| | |
|---|---|
| 효모엑기스 | 2.5g |
| 펩톤 | 5.0 |
| 포도당 | 1.0 |
| 트윈 80 | 1.0 |
| L씨스틴(L-cystine) | 0.1 |
| 정제한천 | 15.0 |

위의 성분에 증류수를 가하여 1,000mℓ로 만들고 가열용해한 다음 pH를 6.0~7.0으로 맞춘다. 여기에 BCP(Brom cresol purple)을 0.004~0.006%가 되도록 가하고 15파운드(121℃)로 15분간 고압증기멸균한다.

(12) 포테이토덱스트로오즈한천배지

| | |
|---|---|
| 감자침출액(potato. infusion from) | 200.0 g |
| 포도당 | 20.0 |
| 정제한천 | 15.0 |

위의 성분에 증류수를 가하여 1,000mℓ로 만들고 멸균한 후 pH가 5.6±2가 되도록 맞추고 15파운드(121℃) 15분간 멸균시킨 다음, 사용 직전에 멸균된 10%주석산을 무균적으로 가하여 pH 3.5±0.1로 맞추고 멸균 페트리접시에 약 15mℓ씩을 분주하여 굳혀서 평판을 조제한다.

(13) 셀레나이트에프액체배지(Selenite F broth)

| | |
|---|---|
| 트립톤(tryptone) | 5.0 g |
| 유당 | 4.0 g |
| 인산일수소칼륨 | 10.0 g |
| 아셀렌산나트륨 | 4.0 g |
| 정제수 | 1 ℓ |

100℃에서 30분간 끓인 다음 pH7.0이 되도록 한다.

(14) 테트라치오네이트액체배지(tetrathionate broth)

| | |
|---|---|
| 프로테오스펩톤 | 5.0 g |
| 우담즙 | 1.0 g |
| 탄산칼슘 | 10.0 g |
| 치오황산나트륨 | 30.0 g |
| 정제수 | 1 ℓ |

100℃로 끓인후 45℃로 식히고 요오드용액 2mℓ을 넣는다.

요오드용액

| | |
|---|---|
| 요오드 | 6.0 g |
| 요오드화칼륨 | 5.0 g |
| 정제수 | 20.0mℓ |

(15) SS한천배지(Samonella-shigella agar)

| | |
|---|---|
| 육엑기스 | 5.0 g |
| 프로테오스펩톤 | 5.0 g |
| 유당 | 10.0 g |
| 우담즙 | 8.5 g |
| 구연산나트륨 | 8.5 g |

| | |
|---|---|
| 치오황산나트륨 | 8.5 g |
| 구연산철 | 1.0 g |
| 한천 | 13.5 g |
| 브릴리안트그린 | 0.00033 g |
| 뉴트랄렛 | 0.025 g |
| 정제수 | 1 ℓ |

100℃로 끓여 완전용해하고 pH7.0이 되도록 한다.

### (16) 메칸키한천배지(MacConkey agar)

| | |
|---|---|
| 펩톤 | 17.0 g |
| 프로테오스펩톤 | 3.0 g |
| 유당 | 10.0 g |
| 우담즙 | 1.5 g |
| 염화나트륨 | 5.0 g |
| 한천 | 13.5 g |
| 뉴트랄렛 | 0.03 g |
| 크리스탈바이올렛 | 0.001 g |
| 정제수 | 1 ℓ |

121℃에서 20분간 고압증기 멸균하고 pH7.0~7.2가 되도록 한다.

### (17) 데옥시콜레이트시트레이트한천배지(Deoxycholate citrate agar)

| | |
|---|---|
| 육엑가스 | 5.0 g |
| 펩톤 | 5.0 g |
| 유당 | 10.0 g |
| 구연산나트륨 | 8.5 g |
| 치오황산나트륨 | 5.4 g |
| 구염산철 | 1.0 g |
| 데옥시콜산나트륨 | 5.0 g |
| 뉴트랄렛 | 0.02 g |
| 한천 | 12.0 g |
| 정제수 | 1 ℓ |

100℃로 끓인후 pH2.5가 되도록 한다.

### (18) 트리플슈가철한천배지(Triple sugar iron agar)

| | |
|---|---|
| 육엑기스 | 3.0 g |
| 효모엑기스 | 3.0 g |

| | |
|---|---|
| 펩톤 | 20.0 g |
| 유당 | 10.0 g |
| 서당 | 10.0 g |
| 포도당 | 1.0 g |
| 황산제일철 | 0.2 g |
| 염화나트륨 | 5.0 g |
| 치오황산나트륨 | 0.3 g |
| 페놀렛 | 0.024 g |
| 한천 | 13.0 g |
| 정제수 | 1 ℓ |

121℃에서 15분간 고압증기멸균하고 pH7.4가 되도록 한다.

(19) 혈액한천배지(blood agar) : DIFCO 에서 제조한 시판배지

| | |
|---|---|
| beef heart infusion | 500 g |
| tryptose | 10 |
| 염화나트륨 | 5 |
| 한천 | 15 |

위의 성분40 g 에 증류수 또는 탈염수 1,000mℓ를 현탁시켜 완전히 녹을 때 까지 가열하고, 멸균 후 pH가 6.6~7.0이 되도록 맞춰 15파운드(121℃)로 15분간 고압증기멸균한다. 다음에 45~50℃로 냉각한다. 살균하고, 응고되지 않도록 섬유소가 제거된(defibrinated) 실온의 혈액 5%(v/v)를 무균적으로 가하여 잘 혼합한 다음, 목적하는 샤레 또는 시험관에 분주한다.

(20) 3% OKAWA 배지

| | |
|---|---|
| monopotassium phosphate($KH_2PO_4$) | 3 g |
| monosodium glutamate | 1 g |

위 성분을 증류수 100mℓ에 용해하여 100℃에서 30분간 끓인다.

여기에 전란액(全卵液)200mℓ, glycerin 6mℓ, 2% malachite green 수용액 6mℓ씩을 충분히 혼합하여 5~6mℓ씩 멸균시험관에 분주한 다음 사면배지를 만들어 85~90℃에서 60분간 응고멸균한다.

* 전란액 제조법

신선한 계란을 비눗물로 솔질하여 계란의 겉면을 깨끗이 닦고 수도물로 충분히 헹군다. 70% 알콜에 10~15분간 담구어 소독한 다음 멸균된 homomixer 또는 flask 에 깨어 넣고 힘껏 흔들어 혼합한 후 멸균한 가제나 체로 걸러서 메스 실린더에 넣어 계량한다(이 조작은 무균적으로 해야 한다).

(21) 1% OKAWA 배지

| | |
|---|---|
| monopotassium phosphate | 1 g |

| | |
|---|---|
| monosodium glutamate | 1 g |

조제법은 3% OKAWA 배지와 동일하다.

(22) 간한천배지(liver agar) : DIFCO에서 제조한 시판배지

| | |
|---|---|
| beef liver infusion | 20 g |
| proteose peptone | 10 g |
| 염화나트륨(NaCl) | 5 g |
| 한천 | 20 g |

위의 배지성분 55 g 에 1,000㎖의 찬 증류수로 현탁시켜, 완전히 녹을 때까지 가열한다. 멸균한 후 pH가 6.7~7.1이 되도록 맞추고, 15파운드(121℃)로 15분간 고압증기멸균한다.

(23) Kligler's iron agar

| | |
|---|---|
| beef extract | 3 g |
| yeast extract | 3 g |
| peptone(polypeptone) | 15 g |
| proteose peptone | 5 g |
| lactose | 10 g |
| glucose | 1 g |
| ferrous sulfate | 0.2 g |
| sodium chloride | 5 g |
| sodium thiosulfate | 0.3 g |
| agar | 15 g |
| phenol red | 0.024 g |

위의 배지성분 55 g 을 1,000㎖의 증류수 또는 탈염수에 현탁시켜, 완전히 녹을 때까지 가열한다. 멸균한 후 pH가 7.2~7.6이 되도록 맞추고, 시험관에 분주하고 15파운드(121℃)로 15분간 고압증기 멸균한다.

(24) 요소한천배지(urea agar)

| | |
|---|---|
| peptone | 1 g |
| glucose | 1 g |
| 염화나트륨 | 5 g |
| potassium phosphate, monobasic | 2 g |
| urea, Difco | 20 g |
| phenol red | 0.012 g |

900㎖의 증류수 또는 탈염수에 agar 15 g 을 가열하여 녹이고, 위의 배지성분중 urea를 제외한 성분을 가한 다음 121℃에서 15분간 고압증기멸균한다. 다음에 50~55℃로 냉각한다(멸균 후 pH6.7~6.8되도록). urea를 증류수에 잘 섞은 다음 filter로 무균적으로 걸러서 앞서 냉각

한 배지와 잘 섞어 멸균된 시험관에 분주한다.

(25) indole test 배지

| | |
|---|---|
| peptone | 20 g |
| 염화나트륨 | 5 g |
| 증류수 | 1000mℓ |

위의 성분을 121℃에서 15분간 고압증기멸균한다.

(26) Methyl-red test 배지

| | |
|---|---|
| potassium phosphate, dibasic | 5 g |
| poly peptone | 7 g |
| glucose | 5 g |
| 증류수 | 1,000mℓ |

위의 성분을 가열해 녹인 다음 분주하여 116℃에서 15분, 또는 121℃에서 10분간 고압증기멸균한다(배지는 물과 같이 투명해야 하며, 노랗게 되었을 때는 좋지 않다).

제 3 편

# 신제품개발과 공장설계

# 제1장
# 신제품 개발

## 1. 신제품 개발의 필요성

사람의 일생에는 유년기, 청년기, 장년기, 노년기라는 단계가 있고, 이것은 누구도 피할 수 없는 자연의 섭리이다. 기업경영의 기반이 되는 제품에도 똑같은 시계열적(時系列的)인 도입기, 성장기, 성숙기, 쇠퇴기의 단계가 있다.

기업을 둘러싸고 있는 사업환경은 가속도적으로 변하고 복잡화되어 가고 있으며, 현재의 상품이 영구적으로 팔린다는 보장은 전혀 없다. 현재 잘 팔리고 있어도 갑자기 판매가 끊기거나 서서히 떨어져 갈 가능성은 얼마든지 있다. 이와 같은 사유로 한 가지 사업에 의지하고 있을 때에는 생각지 않던 위험에 조우(曹遇)하여 돌이킬 수 없는 상태에 빠질 위험도 크다.

기업의 최종목표는 영속성(永續性)이다. 기업은 항상 치열한 경쟁상황에 놓여있기 때문에, 기업의 성장발전이 정지되면 그 기업은 생명력을 잃고 결국은 도태되고 만다. 기업의 생명을 지탱해주고 있는 것이 이익이고, 이 이익을 확보하지 못하면 기업체질이 약화되어 경쟁에서 지게된다. 물가상승과 인건비상승을 계산에 넣으면 적어도 해마다 10% 정도의 성장을 해야만 한다. 기업이 계속적으로 성장하고 이익을 얻는 방법으로서는

첫째 : 기존제품의 판매량 확대

둘째 : 원가절감

셋째 : 신제품의 개발 판매

등의 방법이 있으나 판매량 확대는 시장규모가 정해져 있고, 경쟁상대가 있기 때문에 물량증대(物量增大)로 10%성장을 하기란 용이한 일이 아니며, 원가절감 역시 해마다 인건비 등의 원가 가중요인을 전부 흡수하기는 어렵게 되어 어느 수준에 가면 한계(限界)에 부딪혀 이익의 확보가 어렵게 된다.

그러나 이들 판매량증대나 원가절감활동은 기업이 존속하는 한 끊임없이 추구해야 할 중요한 일임에는 틀림이 없으나 이것만으로는 일정규모이상 성장할 수 없다. 따라서 기업이 성장하기 위해서는 신제품개발이 필수적이다. 신제품을 개발하기 위해서는 연구개발투자가 필요하다. 단기적으로 보면 개발비는 이익을 감소시킨다. 또한 개발된 제품이 시장에 나가 반드시 성공한다는 보장도 없다. 이러한 요인들이 신제품을 개발하는 데 저해요인이 되고 있다. 그러나 수익에 편중된 사업경영을 하면 신제품개발 신규 사업에의 선행투자(先行投資)가 소극적으로 되고 단기 수익성위주의 경향으로 빠진다. 반대로 성장성만을 추구하면 수익성이 줄어든다. 따라서, 성장단계의 사업분야를 구성시켜 기존사업과 신사업의 조합(組合)에 의한 수익성과 성장성의 균형을 적절한 수준으로 유지하는 것이 기업을 영속적으로 발전시키는 방법이다. 이를 위해 신제품 개발, 신규사업의 추진은 필수적이다. 신제품개발은 기존사업의 범

위내에서 하는 것과 그 범위를 벗어난 것이 있다. 기존범위에 속하지 않는 신제품개발은 지금까지 경험이 없는 상품을 생산 판매하는 것이기 때문에 동시에 신규사업개발을 해야 한다.

신제품의 유형은 지금까지 시장에 없었던 제품을 만들거나, 타사에서는 이미 생산해서 시장에 내놓고 있지만 자사(自社)에서는 처음인 제품 또는, 종래의 품질기능이나 모델을 대폭 개선한 제품들으로 구분할 수 있다.

신제품개발은 그 자체가 창조적인 활동이다. 미지에 대한 도전이므로 100%의 성공을 기대할 수 없기 때문에 위험을 안고 있고, 그 위험을 완전히 배제한다는 것은 불가능하다. 이러한 위험때문에 현재의 제품에만 매달려 있다면 반드시 다른 기업에 뒤진다. 성장 발전하는 회사를 보면 환경변화에 신속하게 대응을 잘 해 나가고 신제품 개발이나 신규사업에 적극 진출하고 있는 것을 볼 수 있다.

## 2. 신제품개발의 성공 필요조건

기업에 있어서 신제품 개발은 기업의 존속과 성장의 수단이며, 그 중요성은 날로 부각되고 있는데 비해 성공적인 신제품개발을 추진하기 위한 방법에 대한 연구는 그리 많지 않다.

Davidson은 1960년부터 1970년까지 10년간에 영국에서 신발매된 39군 100품목의 식품을 분석하고 50품목은 성공제품, 50품목은 실패제품이었다고 보고하고 있다. 그 내용은 표1-1, 표1-2와 같다. 여기서 실패제품이라는 것은 시험판매에서 중지된 것, 전국판매했으나 2년이내에 중지한 것이다.

표 1-1 품질비교

| 경합제품과의 비교 | 성공사례50품목(%) | 실패사례50품목(%) |
|---|---|---|
| 높은 가격, 품질은 대단히 우수 | 44 | 8 |
| 높은 가격, 품질은 약간 우수 | 6 | 12 |
| 동일 가격, 높은 품질 | 24 | 0 |
| 낮은 가격, 동일 품질 | 8 | 0 |
| 동일 가격, 동일 품질 | 16 | 30 |
| 높은 가격, 동일 품질 | 2 | 30 |
| 동일 가격, 낮은 품질 | 0 | 20 |
| 합 계 | 100 | 100 |

표 1-2 차별화 비교

| 차별화 정도 | 성공사례50품목(%) | 실패사례50품목(%) |
|---|---|---|
| 전혀 다르다 | 20 | 8 |
| 대단히 다르다 | 48 | 22 |
| 약간 다르다 | 12 | 38 |
| 유사하다 | 20 | 32 |
| 합 계 | 100 | 100 |

Davidson은 분석결과로부터 대단히 흥미깊은 다음과 같은 3개의 성공원칙을 이끌어 냈다. 그 내용을 보면

① 경합제품에 비하여 가격이 싸든가 품질이 우수하든가 확실히 뛰어난 점을 갖고 있다.

② 기존제품과 확실한 차별화가 되어있다.

③ 지금까지의 상품에 없었던 참신한 아이디어로 만들어져 있다.

신제품의 성공적 도입을 위한 평가지표로서 Davidson의 3원칙은 적용해 볼 만하다. 그러나 이와 같은 신제품을 만드는 것은 쉬운 일이 아니다. 일반적으로 신제품이 태어나기 어려운 배경으로서는 발상의 빈곤, 시야의 좁음, 인재의 결여, 개발설비의 부족, 개발비의 부족, 그리고 경영자의 이해부족 및 판단의 잘못 등이 있으나, 이 중에서 발상의 빈곤이 큰 비중을 차지한다. 참신한 아이디어의 발상으로 개발대상테마만 결정되면 제품개발의 상당한 부분이 진척된 것과 다름없다.

발상을 풍부히 하기 위해서는 앉아서 생각하는 것만으로서는 효과가 적고, 연구개발자의 의식을 시장에 가깝게 밀착시켜 소비자가 지니고 있는 잠재요구 또는, 표면에 나타난 현재화된 요구를 올바르게 알아내기 위한 행동이 필요하다. 연구자 자신이 수퍼마켓을 자주 둘러보아 시장에 나와 있는 상품을 잘 관찰하거나 국내외의 식품전시회에 참석하는 기회를 갖도록 하여 안목을 넓히는 동시에, 마케팅에 관한 지식과 경험을 갖고 있는 사람과 의견교환을 하도록 한다. 또한 일정기간동안 판매현장에서 근무토록 하는 것도 방법이다.

그러나 소비자의 요구(needs)라는 것은 눈에 확실하게 보이는 것이 아니고, 사회환경 중에서 또는 시장에서 달라지고 있는 변화를 포착해야 하기 때문에, 여기에 관한 메이카의 입장(seeds)를 구상해서 소비자의 참의 요구를 만족시키는 상품을 제공할 수 있는 개발테마의 선정이 중요하다. 이것은 쉬운 일이 아니다. 연구개발자 자신이 소비자의 입장에서 끊임없이 생각하고 의문을 갖고 그 의문을 추구하면서 도전하지 않으면 정보는 손에 들어오지 않는다.

신제품 개발 테마는 현재 자기회사에서 생산하고 있는 제품과 관련시켜 나가되 점차 그 범위를 확대해 나아가는 것이 바람직하다.

신제품의 개발로 아무리 사업을 다양화해도, 현재 생산하고 있는 제품과 지술적으로나 시장적으로도 관련성이 없는 신제품을 만들려는 것은 무모하여 성공할 확률도 대단히 낮다. 확실한 방법은 현재의 기술을 가지고 관련시장으로 진출하거나, 현재의 시장에 관련제품을 가지고 진출하는 편이 비교적 성공할 확률이 높다.

신제품의 성공확률

| | |
|---|---|
| · 신제품을 미지의 시장에 | 5% |
| · 기존제품을 신시장(판매지역 및 용도확대)에 | 25% |
| · 신제품을 종래의 시장에 | 50% |
| · 기존제품의 모델 변경 | 75% |

미국의 NICB(National industrial conference board)가 공표한 조사결과에 의하면 신제품

개발에서 실패한 원인을 중요도 순으로 나열하면 다음과 같다.

① 부적당한 시장분석

② 제품자체의 결함

③ 예상치 않았던 높은 원가

④ 발매(發賣) 타이밍의 나쁨

⑤ 경합상대의 반격

⑥ 불충분한 마케팅 노력

⑦ 판매력의 부적합

⑧ 유통경로의 결함

이상의 실패원인을 요약해 보면 시장이나 소비자가 아닌 회사자체라는 것을 알 수 있다. 따라서 신제품개발과 시장도입을 성공적으로 이끌기 위한 필요조건은 위에서 지적된 실패요인을 반대로 하면 되겠으나, 표 1-3의 사항을 고려하여 회사전체적인 관점에서 개발대상을 선정하고, 시장과 제품을 독립적으로 다루지 않고 유기적으로 묶어서 다루며, 기술과 경영전략을 하나의 맥락에서 보도록 하는 동시에 조직의 힘을 집중시키도록 해야 한다.

표 1-3 신제품개발시 검토항목

| 항 목 | 세 부 내 용 |
|---|---|
| 1. 사업분야의 장래성 | ① 진출분야의 성장성<br>② 진출분야의 사업성(마켙 니즈에 부합)<br>③ 타이밍 |
| 2. 기업의 체력 | ① 재무적 부담능력<br>② 기술개발능력(연구개발자, 조직구조, 프로젝트리더)<br>③ 마케팅 능력<br>④ 제조기술능력(기술의 축적)<br>⑤ 서어비스 능력 |
| 3. 사업기획의 타당성 | ① 시장조사<br>② 경합전략<br>③ 매상계획(시장규모, 시장점유율)<br>④ 원가계획 |
| 4. 기업의 조직풍토 | ① 신사업, 아이디어에의 호기심<br>② 신사업추진시의 이해와 지원<br>③ 신사업과 기업풍토의 적합성<br>④ 개발담당자의 집념<br>⑤ 신뢰감 있는 조직활동 |
| 5. 최고경영자의 리더쉽 | ① 톱자신이 신사업 아이디어에 대한 호기심과 이해 및 관여도<br>② 전사조직의 기풍을 바꾸어나가는 추진력<br>③ 곤란이나 장애를 극복하는 기력<br>④ 자신의 잘못을 시인하고 시정하는 유연성 |

모든 일의 주체는 사람이다. 개발테마를 발굴하는 것도 사람이고, 이 테마를 수행하고, 사업화하고, 판매하는 것도 사람이다. 따라서 신제품개발, 신규사업이 성공하기 위해서는 최고경영자는 개발방침과 개발방향을 명확하게 명시하는 것이 선행되어야 한다. R & D측면에서 소비자가 바라는 제품을 만들려고 노력하는 연구개발자와 책임자의 열성, 또한 마케팅측면에서 개발된 제품을 시장에 도입, 판매하는 판매책임자의 의욕, 특히 무슨 일이 있어도 성공시키겠다는 최고경영자의 의지가 중요하다.

## 3. 신제품개발 과정

신제품개발은 기업의 장기 경영목표와 장단기의 개발방침을 기초로하여 현재의 연구개발능력, 생산기술능력, 마케팅 및 영업능력, 자금조달능력의 실체를 알고 신제품개발 기획을 하는 것이 바람직하다

그러나 개발기획을 하는 것 자체가 쉬운 일이 아니다. 기획은 인간의 종합능력에 의한 것으로 계획과는 구별되고 있다. 멀리 떨어져 있는 목표를 찾으려는 것이 기획이고, 계획은 목표에 도달하는 순서이다. 이 때문에 기획서와 계획서는 엄연히 차이를 보인다. 기획을 잘하기 위해서는 발상력과 기획서 작성 능력이 있어야 한다. 발상력과 작성능력이 없으면 단순히 사고(思考)로 끝나버리고 만다. 그러므로 신제품개발기획은 발상력이 풍부하고 표현력이 있는 사람이 작성해야 한다.

신제품개발의 과정(過程)에서 중요한 것은 개발팀, 연구관리자 뿐만 아니라 다른 관련부서의 사람을 포함한 평가위원회를 설치하는 것이다. 평가위원회는 개발과정의 중요단계마다 개최하고 위원장은 정보의 피드백, 개발의 중지, 보류 등의 결정권을 갖도록 한다.

사람들은 항상 자기방어 본능과 보수적인 기질이 있다. 특히 연구개발자는 일반적으로 자기가 한 연구에 애착을 갖고 개발방향의 변경이나 개발의 보류에 저항을 나타내고 편견이 들어갈 위험성이 있으므로 연구개발 부문만의 평가를 피하기 위해서 위원장은 다른 부문의 사람을 임명하는 것이 좋다. 신제품개발은 말은 쉽지만 실제로 많은 어려움이 뒤따르므로 기업이 강력한 방침을 세워 유능한 인재를 발굴 및 육성하고 적극적으로 뒷받침 해야만 성공할 수 있다. 일반적인 신제품 개발의 흐름은 그림 1-1과 같다.

### 3.1 개발대상의 선정

신제품개발에서 가장 어려운 것 중의 하나가 개발대상의 선정이다. 이것이 잘못 정해지면 상품화가 되지 않거나, 상품화가 되었다 하더라도 성공하기가 어렵기 때문에 개발하는 데 투자한 인력과 경비가 허사가 될뿐만 아니라, 연구개발자의 사기도 떨어진다. 따라서 개발대상의 선정은 신중을 기해야 한다. 일반적으로 다음 해의 개발대상은 연말에 잡는 경우가 많으나, 이 때에는 시간에 쫓기는 경우가 많기 때문에 신제품개발에 관한 아이디어는 일년내내 계

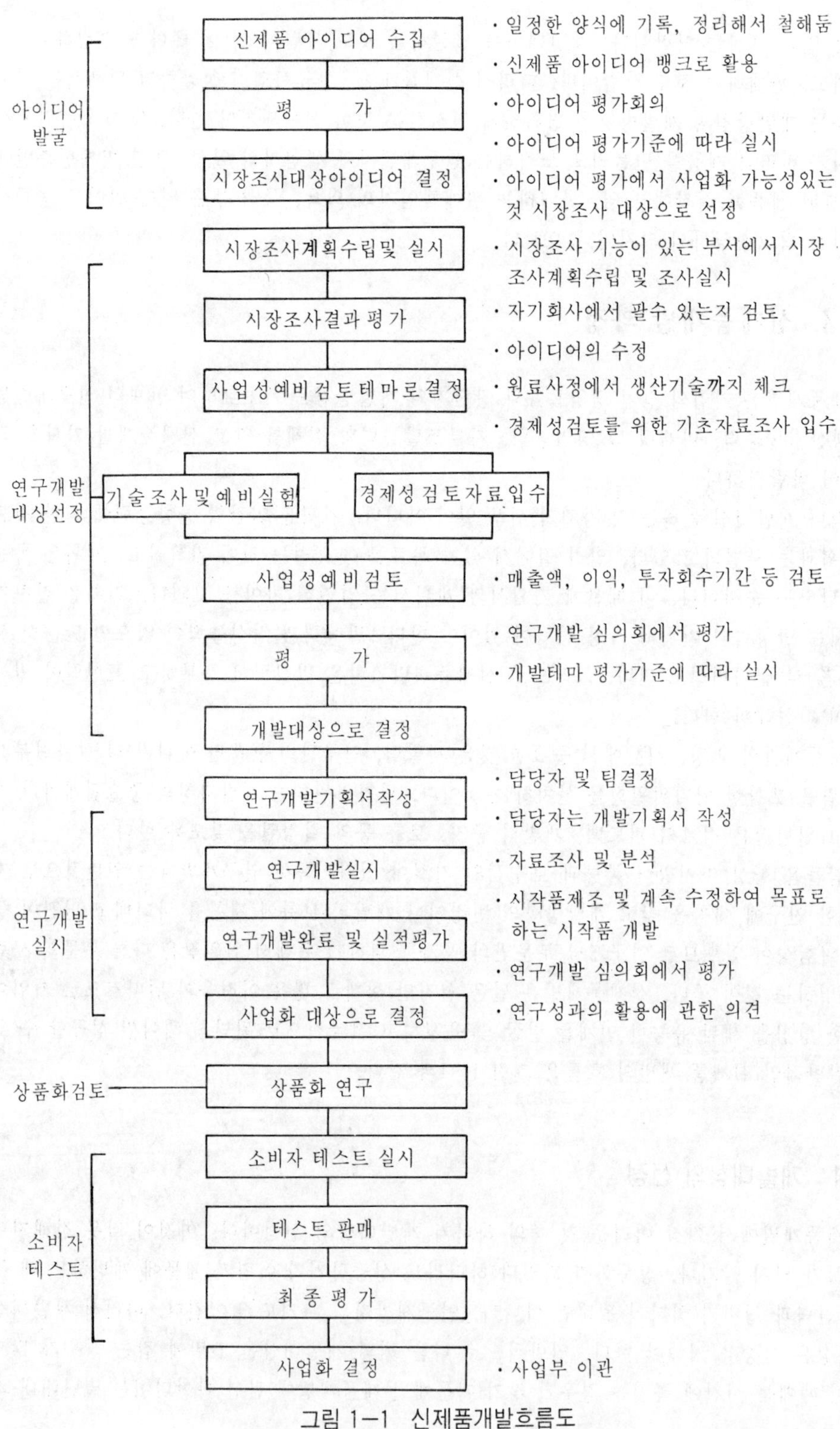


그림 1—1 신제품개발흐름도

속 수집하고, 매월 평가하여 철(file)해 놓고 평소에 탐색연구(探索硏究)도 병행하면 테마선정에 여유가 생긴다.

연구개발테마를 선정시에 부딪치는 문제로서는 표 1－4와 같이 연구개발에 관한 방침의 결여, 테마제안의 적음, 평가기준의 불명확 등이다. 이러한 문제를 해결하기 위해서는 첫째로, 회사의 중장기 경영방침을 명확히 세우고 여기에 부합되는 연구개발계획을 설정하는 것이다. 둘째로, 생산, 판매, 마케팅, 연구부문간의 정보를 원활히 소통할 수 있는 체계의 구축을 하는 동시에, 이들 부문간의 의견을 조정할 수 있는 조정부서(coordinator)를 정한다. 세째로, 신제품개발에 관한 아이디어의 평가와 개발테마의 합리적 선정을 위한 객관적인 평가기준을 설정하는 일이다.

표 1－4 개발테마선정시의 문제점

1. 연구개발에 관한 방침, 목적이 명확하지 않다.
   · 최고경영자의 방침이 분명하지 않고 일관성이 없음
   · 연구개발에 관한 계획이 없거나 있다고 하더라도 불충분함
2. 개발테마 선정의 중요성에 대한 인식이 부족하다.
   · 최고경영자로서 가장 중요한 임무 중의 하나라는 인식이 부족
   · 현업에만 집착해서 신제품 개발의 중요성에 대한 인식 결여
3. 단기적 사업중시의 경향이 너무 강하다.
   · 장기적 비젼(vision)이 부족함
   · 즉흥적인 발현효과만 노림
4. 선정의 대상이 되는 개발테마의 제안이 적다.
   · 신제품개발에 관한 의지가 부족함(연구소등 특정부서에서만 제안)
   · 생산, 판매, 마케팅, 연구부문간에 의사소통이 안되고 협조체제가 구축되지 않음(정보의 공유(共有)가 안됨)
   · 아이디어 뱅크(Idea bank)가 없음
5. 테마선정을 위한 사전조사를 완전히 할 수 없다.
   · 신제품의 요구특성의 파악이 불충분함
   · 시장조사를 위한 조직이 없거나 있어도 활동이 미흡함
6. 테마선정을 위한 평가기준이 명확하지 않다.
   · 좋은 평가척도를 발견하기가 어려움
   · 평가기준이 없거나 있어도 모호함
7. 테마선정의 결정이 늦는다.
   · 연구개발부서와 사업부간의 의견조정이 안됨
   · 테마선정을 위한 객관적인 평가기준이 없음

### (1) 개발대상의 발굴

신제품을 개발하기 위해서는 우선 개발 대상을 찾아야 한다. 대상선정에서 어려운 점은 소비자가 바라고 있는 욕구가 무엇인지를 파악하는 것이다. 그러나 실제로 소비자의 욕구를 알

아내는 것은 대단히 어려운 일이다. 왜냐하면 욕구가 큰 것은 이미 개발이 되어 있으나, 소비자 자신도 잘 모르는 약한 욕구만 남아 있기 때문이다. 눈에 보이지 않는 욕구를 효율적으로 탐색하기 위해서는 기본적인 기호동향배경을 파악할 필요가 있다. 이것을 통해서 개발대상을 찾고 여기에 대한 시장규모, 성장성, 수익성, 경쟁성, 판매력, 자금력 등에 대해 검토한다.

① 소비자 기호동향

신제품개발시에 검토되어야 할 사항은 소비자의 식품에 대한 기호로서 기호동향을 파악해 놓으면 많은 도움이 된다. 기호동향은 사회경제 및 가정생활양식에 따라 달라지므로 신제품개발시에 이에 초점을 맞출 필요가 있다.

표 1-5 기호동향배경

| 1. 사회경제적 변화 |
|---|
| ① 소득수준의 향상<br>② 세대의 소규모화와 도시집중<br>③ 소규모 판매점의 증가<br>④ 고령자의 증가<br>⑤ 맞벌이 부부의 증가 |
| 2. 가정생활양식의 변화 |
| ① 전기제품보급확대에 따른 가사 성력화<br>② 소득수준향상으로 여가활동증대<br>③ 식생활 패턴의 변화<br>④ 건강에의 관심커짐 |

우리나라 청소년을 대상으로 하여 15종의 음식(밥, 사라다, 국수장국, 비빔밥, 콜라, 사이다, 우유, 카레라이스, 떡볶이, 짜장면, 돈까스, 라면, 불고기, 갈비구이, 햄버거, 핫도그, 배추김치, 튀김)을 선정하여 식품의 가치구조(價値構造)에 관한 연구결과를 보면, 식품선택의 경우에는 영양가나 위생성, 경제성보다는 관능적인 만족이 가장 중요하게 작용하는 것으로 나타났고, 관능적 요인 중에서도 맛이 가장 큰 역활을 하며, 그 다음이 냄새, 모양과 색의 순으로 나타났다.

한편 우리 나라 사람이 좋아하는 맛에 대한 조사결과를 보면 표 1-6과 같이 매운맛 계통을 가장 좋아하고, 그 다음이 단맛계통의 맛을 즐기는 것으로 집계됐다.

② 시장규모

회사의 크기에 상응하는 적정시장 규모이어야 한다. 너무 크거나 작아도 좋지 않다. 즉, 대기업이 너무 작은 시장에 진출시에는 세세한 곳까지 손이 미치지 못하며, 그것을 담당하는 사람도 의욕이 생기지 않는다. 이와반대로 소기업이 큰시장을 노려도 제조능력, 판매능력에서 전 시장을 커버할 능력이 없으므로 대기업에 눌릴 가능성이 있다.

표 1-6 좋아하는 맛

① 전체집계

| 순위 | 맛 | % | 비 고 |
|---|---|---|---|
| 1 | 매운맛 계통 | 56.6 | |
| 2 | 단맛계통 | 29.9 | |
| 3 | 신맛계통 | 24.0 | |
| 4 | 짠맛계통 | 6.3 | |
| 5 | 쓴맛계통 | 3.1 | |

② 성별집계

| 순위 | 남 자 | | 여 자 | | 비 고 |
|---|---|---|---|---|---|
| | 맛 | % | 맛 | % | |
| 1 | 매운맛 계통 | 59.2 | 매운맛 계통 | 51.7 | |
| 2 | 단맛 계통 | 24.5 | 단맛 계통 | 33.7 | |
| 3 | 신맛 계통 | 18.9 | 신맛 계통 | 27.2 | |
| 4 | 짠맛 계통 | 8.0 | 짠맛 계통 | 4.5 | |
| 5 | 쓴맛 계통 | 4.0 | 쓴맛 계통 | 2.4 | |

③ 연령별집계 (단위 : %)

| 순위 | 10대 | 20대 | 30대 | 40대 | 50대 | 60세 이상 |
|---|---|---|---|---|---|---|
| | 맛 | 맛 | 맛 | 맛 | 맛 | 맛 |
| 1 | 매운맛 계통 48.8 | 매운맛 계통 60.2 | 매운맛 계통 55.0 | 매운맛 계통 58.1 | 매운맛 계통 42.6 | 단맛 계통 42.1 |
| 2 | 단맛 계통 29.1 | 단맛 계통 27.9 | 단맛 계통 29.8 | 단맛 계통 27.5 | 단맛 계통 40.1 | 매운맛 계통 36.8 |
| 3 | 신맛 계통 24.4 | 신맛 계통 25.3 | 신맛 계통 23.9 | 신맛 계통 20.9 | 신맛 계통 21.3 | 짠맛 계통 10.5 |
| 4 | 짠맛 계통 8.6 | 짠맛 계통 4.7 | 짠맛 계통 5.6 | 쓴맛 계통 7.2 | 쓴맛 계통 7.3 | 신맛 계통 5.2 |
| 5 | 쓴맛 계통 0.4 | 쓴맛 계통 1.1 | 쓴맛 계통 3.0 | 짠맛 계통 6.9 | 짠맛 계통 7.3 | 쓴맛 계통 2.6 |

③ 성장성

시장이 성장하고 있는 곳에는 참가하기 쉽지만, 성장이 중지된 곳에 참가하기란 어렵다. 성장이 되고 있는가, 성장이 클 것인가, 작을것인가를 예측하기는 상당히 어려우나 신제품개발기획 경우에는 어느 정도 성장 가능성이 있는가를 생각에 두어야 한다.

④ 수익성

신제품개발은 어디까지나 비지니스활동의 일부이며, 원칙적으로는 돈벌이가 되지 않으면 안된다.

⑤ 경쟁성

신제품을 개발함에 있어서는 품질면이나 가격면에서 경쟁할 수 있는 우위성이 있어야 한다.

⑥ 기술력

기술없이 신제품을 만들 수 없다. 종래의 기술밖에 이용할 수 없다면 그 기술로 관련시장이나 신시장으로 진출해야 할 것이다. 기술력이란 단지 타사와 같은 제품을 만드는 데 그치지 않고 타사에 대해 우위에 설수 있도록 특허를 따거나 노하우(know-how)를 축적하는 일이 필요하다.

⑦ 판매력

현재 있는 판매력으로 충분히 대응해 나갈 수 있는 신제품 또는 다소의 강화로 소화시킬 수 있는 것이 바람직하다. 신제품개발로 대폭적인 생산 및 판매인력의 확보를 필요로 하는 것은 재고할 필요가 있다.

⑧ 자금력

신제품개발에 있어서 자사의 자금력을 충분히 고려하여 착수해야 한다. 자금계획이 충분하지 않은채로 시작한 신제품개발 계획은, 중도에서 자금이 모자라 계획을 변경하거나 경우에 따라서는 회사의 경영을 위태롭게 하는 수도 있다.

### (2) 개발대상의 선정절차

신제품개발에 관한 아이디어가 마케팅, 판매, 생산, 경영층, 연구소, 소비자상담실, 모니타 등에서 제안되면 이것을 일정한 양식에 맞춰 정리한다. 정리하는 과정에서 아이디어가 구체화되고 상품의 이미지가 확실해 진다. 이 아이디어는 과부장중심의 개발회의체에서 평가하여 개발대상으로 검토할 가치가 있는지를 선별한다(아이디어 평가기준 사례 표1−7, 표 1−8 참조). 가치가 있다고 선별된 아이디어는 시장조사를 실시하는 동시에, 개략적인 사업성 검토를 하여 상품화시 성공의 가능성이 있다고 판단되면 신제품개발회의에 상정하여 개발대상으로 선택할 것인가, 포기할 것인가를 결정한다. 시장조사나 사업성검토는 여기에 관련되는 전담부서가 있는 경우에는 이들 부서에서 조사 검토하는 것이 효율적이다. 그러나 이와 같은 부서가 없는 경우에는 연구개발부서에서 담당한다.

### (3) 개발대상의 평가방법

개발대상으로 선정된 테마의 좋고 나쁨이 연구개발의 성패를 좌우하는 큰 요인의 하나이기 때문에, 착수 전에 어떻게 하면 좋은 테마를 선정할 수 있을까 하는 소위 사전 평가의 중요성이 개발대상의 선정시에 대두되는 문제이다. 평가는 정확한 정보가 기초가 되어야 함은 필수적이고, 이들 정보는 시장면 기술면, 사회경제면 등 다양하기 때문에 결코 한사람의 힘으로 수집할 수 없고 더우기 개발실무를 담당하고 있는 사람의 힘만으로는 한계가 있다. 일부 계층의 사람이나 조직에서 대상을 선택할 경우에는 독단과 선입견이 들어가 상품화시 실패할 가능성도 크기 때문에, 객관적으로 판단을 내릴 수 있는 합리적인 평가방법이 필요하다.

평가방법은 개발내용(개발, 상품화 등)업종, 기업체질, 기업규모에 따라 다르기 때문에 평가방법이 일률적으로 정해진 것은 없으며, 자기회사의 실정에 맞도록 평가기준을 작성해서 활용토록 한다. 평가기준은 평가항목마다 검토, 평가, 채점하여 그 결과를 비교하여 우선순위를 정하고 채택여부를 판단하면 된다. 이 때 평가결과에 대한 판정기준도 미리 정해 놓으면 편리하다. 즉, 평가점수에 따라 무조건 채택, 채택, 조건부채택, 불채택 등으로 등급을 나눈다. 평가기준의 사례는 표1－9, 1－10과 같다.

### 표 1－7 아이디어평가표

아이디어 No.

19 . . 평 가 자

1. 아이디어 내용

2. 평가특성 및 항목별 평가결과

| 평가특성 | 평 가 항 목 | 평 가 기 준 | | | | | 평가점수 |
|---|---|---|---|---|---|---|---|
| | | 극히 양호 | 양호 | 보통 | 불량 | 극히 불량 | |
| | | 5 | 4 | 3 | 2 | 1 | |
| 1. 적합성 (15점) | ① 경영계획과의 관계<br>② 회사 이미지와의 관계<br>③ 현생산제품 계열과의 관계 | | | | | | |
| | 소 계 | | | | | | |
| 2. 아이디어의 질(15점) | ① 아이디어의 특징 및 매력<br>② 기술개발의 가능성<br>③ 상품화시 가족, 친지에게 구매 권유 | | | | | | |
| | 소 계 | | | | | | |
| 3. 시장성 (45점) | ① 현재의 수요량<br>② 수요신장의 가능성<br>③ 수요형태<br>④ 경쟁상태 및 진출의 난이도<br>⑤ 판 매 망<br>⑥ 상품의 보존성<br>⑦ 상품의 차별화 가능성<br>⑧ 시장의 영속성<br>⑨ 현제품 판매에의 영향 | | | | | | |
| | 소 계 | | | | | | |
| 4. 경제성 (15점) | ① 기대되는 이익<br>② 기술개발비용<br>③ 판매개발비용 | | | | | | |
| | 소 계 | | | | | | |

| | | | | | | | |
|---|---|---|---|---|---|---|---|
| 5. 생산력 (10점) | ① 생산설비의 필요성<br>② 원료조달의 난이 | | | | | | |
| | 소 계 | | | | | | |
| 평 가 점 수 합 계 | | | | | | | |
| 3. 평가자의견 | | | | | | | |

* 평가점수는 아이디어 평가채점 기준표에 따라서 정함

## 표 1-8 아이디어평가채점기준표

| 평가및 항목 | 극히 양호 | 양 호 | 보 통 | 불 량 | 극히 불량 |
|---|---|---|---|---|---|
| | 5 | 4 | 3 | 2 | 1 |
| 1. 적합성(15) | | | | | |
| ① 경영계획과의 관계 | 대단히 적합함 | 적 합 함 | 대체로 적합함 | 적합하다고 볼 수 없음 | 전혀 적합하지 않음 |
| ② 회사이미지와의 관계 | 대단히 적합함 | 적 합 함 | 대체로 적합함 | 적합하다고 볼 수 없음 | 전혀 적합하지 않음 |
| ③ 현생산품계열과의 관계 | 대단히 적합함 | 적 합 함 | 대체로 적합함 | 적합하다고 볼 수 없음 | 전혀 적합하지 않음 |
| 2. 아이디어(15) | | | | | |
| ① 아이디어의 특징 및 매력 | 대단히 매력이 있고 특징이 있음 | 매력이 있고 특징이 있음 | 특징이 있기는 하나 매력없음 | 특징과 매력이 별로 없음 | 특징과 매력이 전혀없음 |
| ② 기술개발의 가능성 | 대단히 높음 | 높은 편임 | 높지도 낮지도 않을 것임 | 낮 음 | 대단히 낮음 |
| ③ 상품화시 가족, 친지에게 구매 권유 | 가족과 친지에게 대단히 자신있게 구입을 권할 수 있음 | 가족과 친지에게 자신있게 구입을 권할 수 있음 | 어느정도 구입을 권유할 수 있음 | 자신있게 권유할 수 없음 | 권유하기 어려움 |
| 3. 시장성(45) | | | | | |
| ① 현재의 수요량 | 대단히 큼 | 큰 편임 | 크다고볼수없음 | 작 음 | 아주 작음 |
| ② 수요신장의 가능성 | 급신장 | 신 장 | 보 통 | 낮 음 | 대단히 낮음 |
| ③ 수용 형태 | 자가소비용 | 일반소비자와 실수요용 | 실수요용 | 특수 소비층 및 수출용 | 특수업소용 |
| ④ 판 매 망 | 현재의 판매망 그대로 이용 | 대부분은 현재의 판로, 일부는 신판로 | 현재 판로와 신판로 반반씩 | 대부분 신판로에 의존 | 전량을 신판로에 의존 |
| ⑤ 경쟁상태 및 진출의 난이도 | 경쟁상대가 없어 진출용이함 | 소수의 경쟁자가 있기는 하나 진출에는 별 문제 없음 | 소수의 경쟁자 있어 경쟁예상 됨 | 많은 경쟁상대가 있어 진출에는 대단한 노력이 필요함 | 과당 경쟁으로 진출하기 어려움 |

| 평가및 항목 | 극히 양호 | 양 호 | 보 통 | 불 량 | 극히 불량 |
|---|---|---|---|---|---|
| | 5 | 4 | 3 | 2 | 1 |
| ⑥ 상품의 보존성 | 대단히 좋음 | 좋 음 | 대체로 좋음 | 좋지 않음 | 대단히 나쁨 |
| ⑦ 상품차별화 가능성 | 원가, 품질면에서 큰 차별화 가능 | 원가, 품질면에서 약간 차별화 | 원가, 품질면에서 대등한 수준임 | 품질은 우수하나 가격은 비쌈 | 품질, 원가모두 떨어짐 |
| ⑧ 시장의 영속성 | 영원히 사용됨 | 오래동안 사용됨 | 수년간 사용됨 | 간헐적으로 사용됨 | 일시적으로 사용 |
| ⑨ 현제품 판매에의 영향 | 큰 도움이 될 것임 | 도움이 됨 | 현제품과는 무관함 | 현제품의 일부가 대체됨 | 현제품이 대부분 대체됨 |
| 4. 경제성(15) | | | | | |
| ① 기대되는 이익 | 대단히 유망 | 유 망 | 유망하다고 볼 수 없음 | 적 음 | 아주 적음 |
| ② 기술개발비용 | 대단히 적은 비용으로 가능 | 적은 비용으로 개발 가능 | 다소 비용이 필요 | 비교적 큰 비용이 필요 | 대단히 큰 비용이 필요 |
| ③ 판매개발비용 | 대단히 적은 비용으로 가능 | 적은 비용으로 가능 | 다소 비용이 필요 | 비교적 큰 비용 필요 | 대단히 큰 비용이 필요 |
| 5. 생산력(10) | | | | | |
| ① 생산설비의 필요성 | 현재 보유설비로 가능 | 현재 보유설비로 가능하나 일부 설비보완 필요 | 50% 정도는 현재의 설비로 가능하나 50%는 신설필요 | 많은 설비를 신규로 설치해야 함 | 모든 설비를 새로 설치해야 함 |
| ② 원료조달의 난이 | 대단히 용이 | 비교적 용이 | 대체로 문제 없음 | 약간의 문제 예상됨 | 문제가 있고 해결이 어려움 |

## 표 1—9 개발과제평가표

연구개발과제명 : ____________

평가자

평가일

| 평가 특성 (A) | 평 가 항 목 (B) | | 평 가 기 준(C) | | | | | 평가 항목 지수 (D) | 특성 평가점 |
|---|---|---|---|---|---|---|---|---|---|
| | | | 극히 양호 | 양호 | 보통 | 불량 | 극히 불량 | | |
| | | | 10 | 8 | 6 | 4 | 2 | BXC | DXA |
| 1. 적합성 (비중 0.1) | ① 경영계획 및 방침과의 적합성 | 7 | | | | | | | |
| | ② 회사의 이미지와의 적합성 | 3 | | | | | | | |
| | 소 계 | 10 | | | | | | | |

| 평가특성 (A) | 평가항목 (B) | | 평 가 기 준(C) | | | | | 평가 항목 지수 (D) | 특성 평가점 |
|---|---|---|---|---|---|---|---|---|---|
| | | | 극히 양호 | 양호 | 보통 | 불량 | 극히 불량 | | |
| | | | 10 | 8 | 6 | 4 | 2 | BXC | DXA |
| 2. 시장성 (비중 0.3) | ① 현재의 시장수요 | 2 | | | | | | | |
| | ② 수요신장율 | 1 | | | | | | | |
| | ③ 판매루트 | 1 | | | | | | | |
| | ④ 현제품에 대한 영향 | 1 | | | | | | | |
| | ⑤ 계절 변동 | 0.5 | | | | | | | |
| | ⑥ 시장진출의 난이 | 1 | | | | | | | |
| | ⑦ 품종다양화 요구 | 0.5 | | | | | | | |
| | ⑧ 품질과 가격 | 1.5 | | | | | | | |
| | ⑨ 상품의 특성 | 1.5 | | | | | | | |
| | 소 계 | 10 | | | | | | | |
| 3. 안정성 (비중 0.1) | ① 시장의 영속성 | 3 | | | | | | | |
| | ② 시장개척의 가능성 | 3 | | | | | | | |
| | ③ 모방의 난이도 | 2 | | | | | | | |
| | ④ 시장의 범위 | 2 | | | | | | | |
| | 소 계 | 10 | | | | | | | |
| 4. 경제성 (비중 0.2) | ① 수익성 | 5 | | | | | | | |
| | ② 부가가치 | 2 | | | | | | | |
| | ③ 시장개발투자 | 3 | | | | | | | |
| | 소 계 | 10 | | | | | | | |
| 5. 개발력 (비중 0.2) | ① 연구 개발 기간 | 4 | | | | | | | |
| | ② 연구 개발 비용 | 4 | | | | | | | |
| | ③ 연구 인력 | 2 | | | | | | | |
| | 소 계 | 10 | | | | | | | |
| 6. 생산성 (비중 0.1) | ① 설비의 필요성 | 4 | | | | | | | |
| | ② 원료조달 | 2 | | | | | | | |
| | ③ 생산소요 인원 | 2 | | | | | | | |
| | ④ 현장적응 능력 | 2 | | | | | | | |
| | 소 계 | 10 | | | | | | | |
| 개 발 특 성 평 가 점 수 합 계 | | | | | | | | | |
| 평가자의 의견 : | | | | | | | | | |

*평가 점수는 개발과제 평가 채점기준표에 따라서 정함

표 1-10 개발과제 평가채점기준표

| 평가특성 및 항목 | 대단히 양호 | 양 호 | 보 통 | 불 량 | 대단히 불량 |
|---|---|---|---|---|---|
| | 10 | 8 | 6 | 4 | 2 |
| 1. 적합성 | | | | | |
| ① 경영계획 및 방침과의 적합성 | 대단히 적합함 | 적 합 함 | 대체로 적합함 | 적합하다고 볼 수 없음 | 전혀 적합하지 않음 |
| ② 회사의 이미지와의 적합성 | 대단히 적합함 | 적 합 함 | 대체로 적합함 | 적합하다고 볼 수 없음 | 전혀 적합하지 않음 |
| 2. 시장성 | | | | | |
| ① 현재의 시장 수요 | 대단히 큼 (100억원 이상) | 큰 편임 (50~100억) | 보 통 임 (20~50억) | 작 음 (5~20억) | 아주 작음 (5억 이하) |
| ② 수요신장율 | 연수요신장율 (30% 이상) | 연수요신장율 (20~30%) | 연수요신장율 (10~20%) | 연수요신장율 (5~10%) | 연수요신장율 (5% 이하) |
| ③ 판매 루트 | 현재의 판로 이용 가능 | 대부분은 현재의 판로, 일부는 새로운 판로를 이용해야함 | 현재의 판로와 신판로가 같은 정도 필요함 | 대부분은 신판로에 의존해야 함 | 전부를 신판로에 의존해야 함 |
| ④ 현제품에 대한 영향 | 현제품의 판매에 크게 도움이 됨 | 현제품의 판매에는 약간 도움이 됨 | 현제품의 판매에는 거의 영향없음 | 현제품의 판매에 약간 해를 줌 | 현제품의 판매에 큰 피해를 줌 |
| ⑤ 계절 변동 | 1년 중 안정되게 팔 수 있음 | 특별한 사정이 없는한 안정되게 팔림 | 계절적 변동이 있으나 공장가동에는 큰 문제없음 | 계절적 변동으로 공장가동에 문제 없음 | 일시해고가 필요할 정도로 변동이 심함 |
| ⑥ 시장진출의 난이' | 진출에 전혀 장애가 없음 | 진출에 특별한 장애가 없음 | 진출할 수 있으나 노력이 필요함 | 진출하는데 많은 장애요인이 많음 | 진출이 곤란함 |
| ⑦ 품종의 다양화 요구 | 하나의 품종으로 만족됨 | 2~3종의 품종으로 만족됨 | 4~6종의 품종으로 만족됨 | 7~10종으로 만족됨 | 10 이상의 품종이 필요 |
| ⑧ 품질과 가격 | 같은 품질의 경쟁품보다 대단히 싸게 만들 수 있음 | 같은 품질의 경쟁품보다 싸게 만들 수 있음 | 같은 품질의 경쟁품과 거의 같은 값으로 만들 수 있음 | 같은 품질의 경쟁품보다 비쌈 | 다른 제품보다 훨씬 비쌈 |
| ⑨ 상품의 특성 | 훌륭한 상품 특성이 있고 사용자 기대에 충분히 만족 | 훌륭한 상품특성 있고 사용자의 기대에 대부분 만족 | 상품특성에 좋은 점이 있고 사용자의 기대에 만족 | 상품특성에 좋은 점이 있으나 사용자의 기대는 그다지 없음 | 상품특성에 좋은 점은 있으나 사용자의 기대는 없음 |
| 3. 안정성 | | | | | |
| ① 시장의 영속성 | 언제까지나 계속 사용됨 | 5연 정도는 계속 사용됨 | 3년 정도는 계속 사용됨 | 2년 정도는 계속 사용됨 | 1년 정도는 계속 사용됨 |
| ② 시장개척의 가능성 | 타사에서 제조 판매치 않음 | 1~2사에서 제조 판매하고 있음 | 3~5사에서 제조 판매하고 있음 | 6~8사에서 제조 판매하고 있음 | 9사 이상에서 제조 판매하고 있음 |
| ③ 모방의 난이도 | 타사의 진출이 5년 정도 걸림 | 타사의 진출이 4년 정도 걸림 | 타사의 진출이 3년 정도 걸림 | 타사의 진출이 2년 정도 걸림 | 1년 이내에 모방할 수 있음 |

| 평가특성 및 항목 | 대단히 양호 | 양 호 | 보 통 | 불 량 | 대단히 불량 |
|---|---|---|---|---|---|
| | 10 | 8 | 6 | 4 | 2 |
| ④ 시장의 범위 | 국내에 넓은 수요가 있고 해외시장에 대한 가능성도 있음 | 전국적인 시장과 넓은 수요자가 있음 | 전국적인 시장과 수요자가 있음 | 지방적인 시장과 좁은 범위의 수요가 있음 | 작은 시장 범위에 있어서 특수시장 |
| 4. 경제성 | | | | | |
| ① 수익성 | 대단히 유망<br>(연 10억 이상) | 유 망<br>(연 5~10억) | 보 통<br>(년 2~5억) | 적 음<br>(연 1~2억) | 아주 적음<br>(연 1억 이하) |
| ② 부가가치 | 원재료가 판매가격의 20% 이내 | 원재료가 판매가격의 21~30% | 원재료비가 판매가격의 31~40% | 원재료비가 판매가격의 41~50% | 원재료비가 판매가격의 51% 이상 |
| ③ 시장개발투자 | 1억 이하 | 1~3억 이하 | 3~5억 이하 | 5~8억 이하 | 8억 이상 |
| 5. 개발력 | | | | | |
| ① 연구개발기간 | 1년 이내 | 1년 이상 2년 이내 | 2년 이상 3년 이내 | 3년 이상 4년 이내 | 4년 이상 |
| ② 연구개발비용 | 1억 이하 | 1억 이상 2억 이하 | 2억 이상 4억 이하 | 4억 이상 7억 이하 | 7억 이상 |
| ③ 연구 인력 | 현재의 연구원으로 충분 | 현재의 연구원을 효율적으로 운영하면 가능 | 본 테마에 중점 배치하면 가능 | 약간의 인력보충<br>(일부테마 중지) | 상당 인력보충 |
| 6. 생산성 | | | | | |
| ① 설비의 필요성 | 현재 보유하고 있는설비로 생산 가능함 | 현재의 설비로 가능하나 일부설비로 보완필요 | 대부분은 현재의 설비로 가능하나 일부는 신설필요 | 많은 신설비를 설치해야 함 | 모든 설비를 새로 설치해야 함 |
| ② 원료 조달 | 80% 이상 국산 사용하고 원료조달에 전혀 문제 없음 | 60~79% 국산사용하고 원료 조달에 문제 없음 | 40~59% 국산사용하고 원료조달에 대체로 문제 없음 | 20~39% 국산사용하고 원료조달에 약간의 문제 예상됨 | 19% 이하 국산사용하고 원료조달에 문제 있음 |
| ③ 생산소요인원 | 현재 인원으로 가능함 | 재 배치하면 가능 | 1~10명 신규채용필요 | 11~30명 신규채용필요 | 31명 이상 신규채용필요 |
| ④ 현장적용능력 | 유사품 생산에 관여하고 있음 | 유사품 생산에 관여하고 있으나 완전치 못함 | 유사품의 일부공정을 잘 알고 있음 | 제조경험이 없음 | 새로 기술습득해야 함 |

### (4) 개발대상 평가기준의 작성 및 채점법

① 평가특성과 중요도 결정

신제품의 가치를 대표한다고 생각되는 평가특성을 선정하고 특성별로 중요도 비중을 정한다. 평가특성은 5명 정도의 패널을 선정하여 특성요인도(特性要因圖)를 그려서 토의하면서 정한다. 특성이 정해지면 전체특성합계를 1로 하고, 각 특성이 차지하는 중요도에 따라 비중을 정한다(표1—11참조). 중요도는 회사의 실정에 맞도록 경험과 지식으로 결정한다.

표 1-11 평가특성과 중요도 비중사례

| 평 가 특 성 | 중 요 도 비 중 |
|---|---|
| 1. 적 합 성 | 0.1 |
| 2. 시 장 성 | 0.3 |
| 3. 안 정 성 | 0.1 |
| 4. 경 제 성 | 0.2 |
| 5. 개 발 력 | 0.2 |
| 6. 생 산 성 | 0.1 |
| 계 | 1.0 |

② 평가항목과 중요도 결정

평가특성은 구성요소로서 많은 평가항목으로 구성되어 있다. 이 평가항목도 회사의 성격에 따라 중요도 비중을 정한다(표1-12 참조).

표 1-12 평가항목과 중요도 비중사례

| 평 가 특 성 | 평 가 항 목 | 항 목 비 중 |
|---|---|---|
| 1. 적합성 (0.1) | ① 경영계획 및 방침과의 적합성 | 7 |
| | ② 회사 이미지와의 적합성 | 3 |
| | 소 계 | 10 |
| 2. 시장성 (0.3) | ① 현재의 시장수요 | 2 |
| | ② 수요신장률 | 1 |
| | ③ 판매루트 | 1 |
| | ④ 현 제품에 대한 영향 | 1 |
| | ⑤ 계절 변동 | 0.5 |
| | ⑥ 시장진출의 난이 | 1 |
| | ⑦ 품종다양화의 요구 | 0.5 |
| | ⑧ 품질과 가격 | 1.5 |
| | ⑨ 상품의 특성 | 1.5 |
| | 소 계 | 10 |
| 3. 안정성 | ① 시장의 영속성 | 3 |
| | ② 시장개척의 가능성 | 3 |

③ 평가채점기준

평가항목 하나 하나에 대하여 신제품을 표1-13과 같이 평가하여 채점한다.

표 1-13 평가채점기준

| 평 가 구 분 | 극 히 양 호 | 양 호 | 보 통 | 불 량 | 극 히 불 량 |
|---|---|---|---|---|---|
| 평 가 점 수 | 10 | 8 | 6 | 4 | 2 |

어느 평가구분에 넣을까의 평가기준은 표 1－10「개발과제평가 채점기준표」에 따라 한다.

④ 특성평가계산

평가항목에 대해서「개발과제평가 채점기준표」에 따라 채점하여 표1－14「개발과제평가표」에 기입한다. 예를 들어 천연조미료의 시장성에서 현재의 시장수요가 큰 편이라고 하면 평가점수는 8이 된다. 여기에 평가항목의 비중을 곱해서 평가항목지수를 구한다. 즉, 2×8=16이다. 다음에 평가항목지수에 평가특성 비중을 곱하면 특성평가점수가 계산된다. 즉, 16×0.3=4.8이다.

표 1－14 개발과제 평가표

| 평가특성 | 평가항목 | | 평가 기준 | | | | | 평가항목지수 | 특성평가점수 |
|---|---|---|---|---|---|---|---|---|---|
| | | | 극히양호 | 양호 | 보통 | 불량 | 극히불량 | | |
| | | 항목비중 | 10 | 8 | 6 | 4 | 2 | | |
| 1. 적합성 | ①경영계획 및 방침과의 적합성 | 7 | | | | | | | |
| (비중 0.1) | ②회사 이미지와의 적합성 | 3 | | | | | | | |
| | 소 계 | 10 | | | | | | | |
| 2. 시장성 | ①현재의 시장수요 | 2 | | 0 | | | | 16 | 4.8 |
| (비중 0.3) | ②수요신장률 | 1 | | | | | | | |
| | ③판매루트 | 1 | | | | | | | |

이와 똑같이 각 특성에 대해서도 점수를 계산하여 그 총합계를 개발특성 평가점수로 한다. 이와 같이 계산시 평가점수는 극히 양호시에는 100점, 극히 불량시에는 20점이 된다.

## 3.2 신제품 개발순서

신제품 개발테마가 결정되면 다음과 같은 순서로 연구개발이 진행된다.

### (1) 개발팀의 편성

신제품개발의 창조활동은 개인의 능력에 의존하는 점이 매우 크기 때문에, 여기에 관련되는 개개인의 능력을 높이는 일이 절대로 필요하다. 그러나 신제품 개발에는 극히 넓은 분야에 걸친 깊은 지식을 종합화하는 일이 요청되므로, 필연적으로 개인의 능력한계를 초과할 때가 있기 때문에, 여러 사람의 협력이 필요하므로 개발테마에 적합한 담당자로 팀을 편성하고 팀장을 정한다. 팀장의 가장 중요한 업무는 현재 또는 장래에 있어 일어날 수 있는 소비자의 요구(needs)를 예측해서 그 요구에 부합될 수 있는 제품을 만들어 내기 위해서 개발테마를 확인하고, 개발계획을 세우고 개발의 추진과 진도관리, 개발성과의 평가 그리고 개발담당자의 문제에 대해 지도, 교육, 훈련할 수 있는 자질과 능력이 있어야 한다.

### (2) 자료조사

개발은 조사에서부터 시작된다. 기존의 시장에서 판매되고 있는 유사제품의 조사와, 그것을 생산하고 있는 회사의 동향 및 선행기술조사 그리고 기타 관련자료를 통하여 개발하려는 제품과 관련되는 정보를 입수한다. 이러한 정보입수활동은 연구개발의 성과를 올리기 위하여 필수적인 것이다. 필요에 따라서는 장래 경합된다고 생각되는 제품에 대하여 시식테스트, 조리테스트, 조리기능, 맛, 냄새, 세균, 성분분석 등을 한다.

자료조사시의 정보원(情報源)으로서는 다음과 같은 것을 활용한다.

① 신문, 잡지, 학회지, 편람, 연감, 사전, 특허공보, 문헌 등의 출판물
② 식품관련 연구소 및 학계의 연구활동 사항
③ 국내외 각종 전시회 및 견본시에 참관하여 샘플 입수
④ 기계메이커의 카탈로그 및 오파상 정보
⑤ 각종학회 세미나, 심포지엄에 참석
⑥ 공장견학
⑦ 백화점, 수퍼 등의 시장관찰
⑧ 고문 또는 콘설탄트 활용
⑨ 업계, 관계, 단체
⑩ 전문가 협회
⑪ 수요처

참고로 시장정보입수시에 조사할 항목은 다음과 같다.

① 소비자특성 정보
㉠ 사용특성
• 왜 (먹는 목적)
• 언제 (먹는 시간, 계절성)
• 누가 (먹는 사람, 지역성, 연령, 성, 소득, 어린이수, 거주 등)
• 어디서 (먹는 장소)
• 어느정도 (사용량/회, 또는 구입단위)
• 몇회 (사용빈도 또는 구입빈도)
• 어떻게 (조리, 가공, 그대로)
㉡ 이미지 특성
• 인상,느낌 (brand이미지, 보수적, 고급적)
• 시각 (색, 형태, 맛있어 보이는 것)
• 촉각 (양감, 질감, 만복감, 조직감)
• 미각및후각 (냄새, 맛, 기호성)
• 가격 (고객이 허용하는 가격)
② 유통특성정보

- 유통경로 (직판, 특수경로 등)
- 유통종류 (주류, 가공식품, 과자 등)
- 유통특징 (업자실태, 동향, 취급의욕, 거래관습)
- 유통가격 (마진 등)

③ 경합특성정보

- 경합정도 (과점, 난립, 격열, 미개척)
- 경합메이커특성 (대기업, 중소, 이업종, 메이커의 힘은)
- 경합특성(선전인가, 판촉, 가격, 품질, 서비스)
- 경합가격특성(가격범위, 안정, 난매)

④ 시장규모

- 과거발전의 역사
- 현재의 규모
- 장래의 동향

### (3) 개발제품의 컨셉트(concept)결정

신제품 아이디어가 발견되면 그것을 어떤 제품으로 만들어 낼 것인가 그 컨셉트를 명확히 해둘 필요가 있다. 컨셉트란 영어의「concept」로서 우리말로는 개념(概念)이란 뜻이다. 이 말 가운데는 제품의 성상, 용도, 포장디자인 등을 포함하여 그 제품을 처음 대할시 심리적으로 느끼는 상품의 이미지 즉, 상품의 성격을 의미한다. 따라서 제품 컨셉트가 매력이 없으면 소비자에 대한 구매동기부여가 안되므로 팔리는 물건을 만들기 위해서는 소비자의 성격과 상품의 성격을 일치시키는 것이 중요하다.

그러나 컨셉트는 생활환경, 시대 및 생활수준에 따라 달라진다. 먹는 것 조차 어려웠던 시절에는 값이 싸고 양이 많은 것, 영양적인 면에 촛점이 주어졌으나, 오늘날과 같은 풍요한 시대에는 먹는 것 자체가 위생적, 건강지향적이며 즐기는 것으로 변했다. 이와 같은 소비자의 성향변화에 따라 제품의 품질과 컨셉트도 여기에 맞추어야 한다.

예를 들면

- 신선하고 좋은 원료로 만든 한국인의 입맛에 맞는 식품
- 시원하고 단맛을 즐기면서 살이 찌지 않는 저칼로리 음료수

등의 제품을 개발한다면 이 컨셉트에 맞는 품질의 제품을 만들어야 한다.

품질자체는 좋지 않은데 컨셉트만 강조되면 사실과는 다른 과대광고가 된다. 이런 경우에는 설령 컨셉트가 마음에 들어 구입했다고 하더라도, 사용해본 결과 제품의 본질적인 품질기능이 좋지 않아 소비자가 한번 외면하면 반복구입의 기회는 주어지지 않게 된다. 또, 이와는 반대로 품질은 좋은데 콘셉트 자체가 약하면 소비자에게 알려지지 않아 사용해 볼 기회조차 주어지지 않게 된다. 이와 같은 관계로 신제품은 그 제품의 컨셉트와 품질기능은 균형이 이루어진 종합적인 컨셉트(total concept) 방식의 접근이 필요하다.

### (4) 개발기획서의 작성

신제품개발에 관한 상세 기획서를 작성하고 이 계획에 따라 업무를 수행해 나가도록 한다. 이 기획서에 포함되어야 할 내용은 표 1－15과 같다.

**표 1－15 개발기획서에 포함되어야 할 항목**

1. 과 제 명 :
2. 과제개요 : 개발필요성, 제품용도, 개발내용, 개발방법
3. 개발목표 :
4. 시장상황 : 국내외수요, 국내외 생산업체 및 시장점유율
5. 기술상황 : 국내외 경쟁사동향, 핵심기술, 특허관계, 원료확보
6. 개발효과 : 매출액, 이익 등 경제적 효과, 기술적 효과
7. 개발인력 : 연구책임자, 팀구성원(성명, 직위, 주요경력, 연도별소요인력)
8. 개발일정 : 개발기간, 업무내용별 상세일정, 중간보고시기
9. 개 발 비 : 인건비, 시험설비, 재료비, 자료조사비, 연수비, 전문가자문비
10. 제품화계획 : 설비투자, 허가, 상품화, 출시
11. 예상문제점 및 대책

### (5) 개발시작(開發試作)

신제품의 제품컨셉트가 결정되면 개발목표가 정해지고, 당해 제품의 견본시작(見本試作)에 들어간다. 이 때 신제품 모델(model)이 있으면 편리하다. 예를 들면 불고기 양념을 5배 농축한 레토르트 파우치(retort pouch) 형태로 제품을 만들려고 한다. A회사는 이미 3배 농축한 것을 팔고 있고, B회사는 2배 농축한 것을 병에 넣어 팔고 있으나, B 회사의 것이 맛이 좋다. 만일 B 회사 정도의 맛을 갖는 것을 5배 농축한 형태로 만들고 싶다고 한다면 B회사의 제품이 모델이 된다. 만일 A, B 회사의 정도로서는 부족하다면 C음식점의 불고기 양념맛을 목표로 하면, 이 C음식점의 불고기 양념이 모델로 된다.

신제품을 개발할 때의 모델이 되는 것은 시장에서 판매되고 있는 것도, 외국제품인 것도 음식점의 상품인 것도 있다. 요는 개발담당자가 모델로서 타당하다고 인정하는 것으로서 신제품의 예정가격에 상응하는 것이 바람직하다.

이 모델을 가지고 견본이 만들어지면 이것을 중심으로 하여 검토가 이루어지고, 목표로 하는 제품 컨셉트가 명확히 설정된다. 견본품을 만들어 보지 않으면 상품의 특성을 추정할 수 없고, 원가도 낼 수 없다. 식품의 경우는 관능적인 품질이 주가 되기 때문에 맛, 냄새, 색상, 모양, 촉감 등의 관능특성을 알아보기 위해서 관능검사를 실시하고, 그 데이터를 해석하여 품질, 원가 등의 면에서 만족할 만한 제품이 개발될 때까지 계속 반복 실험한다.

관능검사는 일차 회사자체내에서 실시하고, 다음에 사외의 요리전문가나 조사전문기관 등에 의뢰하여 시제품을 테스트한다. 신제품 개발에서 가장 큰 제약요인은 원가이고 제품품질도 개발과정에서 예비적으로 기호, 조리, 제품기능 및 보존테스트를 실시토록하여 문제되는 사항이 발견되면 개선토록 한다.

### (6) 제품개발 연구

개발시작(開發試作)에서 만족할 만한 것이 만들어지면 제품컨셉트에 기초를 둔 구체적인 품질설계, 제조법 및 공정연구, 조리사용법의 연구, 보존시험, 포장용기 등을 포함한 일련의 과정을 거쳐 개발을 완성시킨다.

① 품질설계연구

- 제품개념, 기획안의 구체화와 특성치의 추출
- 제품특성치와 원료와의 관계
- 개발완료한 시제품과 추정경합품과의 비교평가
- 부재료의 선택
- 원가절감 및 배합비율 조정

② 제조법, 공정연구

- 제품특성치의 주처리 가공공정과의 관계
- 가공법, 처리법의 실험실적 조건

③ 조리, 사용법의 검토

묘사시험(profile test)에 의한 조리법의 장점, 결점 추출하고 개량점은 품질설계에 피드백한다.

④ 기호시험

연구자 전문패널에 의한 각종 테스트방법 가운데서 적합한 것을 선정하고 반복하여 행한다. 이 후 2중, 3중의 소비자 테스트를 반복하여 제품의 품질을 확인해야 한다. 이 시험이 졸속으로 되면 실패하기 쉽다.

⑤ 보존시험

- 사용예정의 원료를 이용한 보존시험
- 품질설계에서 결정된 기본 배합비율(formula)의 보존시험
- 가공처리방법의 차에 따른 제품의 보존시험

⑥ 포장용기 검토

내용물의 안정성, 기능성, 사용성의 검토와 동시에 경제성, 취급기계적성 등으로부터 최적재질, 형태 및 한손으로 취급의 용이성 등을 검토한다.

⑦ 사용보존시험

개발제품이 상품화 되었을 때 소비자가 구입 후 소비할 때까지, 사용기간이 긴 것은 모델사용테스트를 고려한 보존시험이 필요하다.

⑧ 수송테스트

상품의 수송, 배송조건이 상품의 내용물, 포장용기에 미치는 영향을 알고 포장설계에 참고로 한다. 포장내용물이 액체이거나 포장용기가 깨지기 쉬운 재질일 경우에는 수송테스트가 필요하다. 만일 수송테스트가 어려울 경에는 인위적으로 충격을 주어 테스트 한다.

### (7) 원료조사

새로 사용 하기로 예정된 원료에 대해서는 국산품인가, 수입품인가, 공급가능량과 납기, 가격변동, 품질보증, 장래에 원활히 공급이 가능한지의 여부 및 법적 규제에 대하여 검토한다.

### (8) 잠정품질, 잠정제조법의 설정

이상의 제품 개발 연구의 과정이 끝나면 당초 설계품질을 만족시켜, 제품컨셉트를 적절히 나타내고, 원료조사결과로부터 문제가 없으면 품질이 잠정적으로 확정된다.

이 품질설계에 따라 pilot plant규모의 제조법이 검토되고 잠정적으로 제조법이 결정된다. 잠정품질, 제조방법에 따라 만들어진 시제품에 대하여 연구담당자 이외의 멤바에 의해 품질의 평가가 이루어지고 동시에 원료원가, 포장원가, 제조원가의 대략적인 계산에 대하여도 검토한다. 여기에서 문제가 없으면 다음 단계로 넘어가고 개선점이 있으면 피드백하여 수정하여 다음 단계로 간다.

### (9) 각종 규격안 작성

본격적인 생단단계로 이행(移行)할 때에 필요한 것은 원료별, 반제품규격 및 공정검사기준 등을 설정하는 것과, 이러한 규격기준에 따라 제품의 품질관리가 이루어지도록 되어 있어야 한다. 따라서 이 단계에서는 량산시작(量産試作)의 전단계로서, 이러한 규격기준안을 작성하고 거기에 따라서 양산시작을 계속하여 미비점이 발견되면 개정하여 최종적인 규격 기준으로서 확립되어 가도록 하는 것이다.

① 원료규격안

제품의 설계품질을 만족시킬 수 있는 품질특성치를 규정한다. 품질특성치는 무한히 있기 때문에, 제품의 품질에 영향을 주는 중점 품질특성만을 잡아성 규정한다.

② 제조표준안

원료투입순서, 혼합, 반응, 가열시간 등의 여러 조건 기타 필요한 제조공정의 표준안을 작성한다.

③ 공정시험 기준안

제조 공정이 표준대로 진행되고 있는가를 확인하기 위한 특성치를 설정한다. 이 때의 측정법은 특히 간편, 신속한 것이 필요하다.

④ 반제품 규격

제품의 설계품질을 만족시킬 수 있는 특성치를 잡아서 규격을 설정한다.

⑤ 포장재료 수입검사 안

포장재의 강도, 용량, 재질, 기타에 대하여 허용범위를 정하고 수치화 되지 않는 것에 대하여는 한도견본(限度見本)을 작성한다.

### (10) 량산시작(量産試作)

실험실 또는 파이로트규모에서 공장생산규모로 스케일업(scale-up)한 경우의 품질특성의 재현성(再現性)을 확인한다. 또, 전항에서 논의된 각종 규격기준안의 적합여부를 확인하고 정식 규격기준작성을 위한 자료를 얻는다. 만약 스케일 엎에 의한 문제점이 나타난 경우에는 파이로트 프랜트 규모로 돌아와 제조 조건을 재검토하도록 한다.

(11) 최종배합비율, 제조법확립

잠정적인 배합비율로 보존성의 품질평가 결과 및 량산시작품의 평가결과, 기타 결과로부터 총합적으로 배합비율과 제조방법이 결정된다. 이 시점에서 각종 규격기준안이 정식의 규격기준으로 확정된다.

(12) 시험판매(test market)

시험판매는 대대적인 판매에 들어가기 전에 최종적인 시장조사라고 말할 수 있는 중요한 시험이다. 새로운 제품인 경우에는 얼마나 만들면 좋을지 예상하기 어렵다. 그래서 위험부담이 큰 상품인 경우는 신제품을 본격적으로 생산하여 판매하기에 앞서서, 그 시장에서의 수용성을 보기 위해 실제의 판매를 국지적(局地的)으로 하는 것이 시험판매로서, 이것을 언제 어디서 해야할 것인가를 결정해야 한다.

특히, 계절성이 있는 상품인 경우에는 시험판매 시기가 중요하므로 주의가 필요하다. 이 시험판매 결과에 따라 전국적으로 확대할 것이냐 그렇지 않으면 중지할 것이냐의 방침이 정해진다.

(13) 판매방법 검토

판매지역, 유통경로, 가격, 마진, 수송, 광고 등의 계획을 검토한다.

신제품의 용도는 최종소비자에게 직접 가는 것과 식품가공업체의 원료로 공급되는 경우가 있다. 전자의 경우는 적당한 광고로 소비자가 사용할 수 있는 기회를 주도록 하고, 후자의 경우는 수요처를 개척해야 한다. 특히, 신제품이 업소용으로 쓰이는 소재식품인 경우에는 소비자인 식품업체에 판매하기전에 기술지원 활동이 중요하다. 기술지원이란 주로 소비자에게 유용한 각종 기술정보를 제공하는 일로서, 신제품의 발매시 판매촉진을 위해서는 필수적이다. 이것은 소비자에 대한 서어비스 활동으로 끝나는 것이 아니고 시장에 대한 생생한 정보를 기술자가 직접적으로 접하는 좋은 기회가 되고, 여기서 얻은 정보는 품질개선 또는 향후의 신제품 개발에 큰 도움이 될 수 있다.

(14) 사업계획작성 및 방침결정

제품 개발이 완료되면 사업계획을 검토하여 사업을 할 것인가의 방침을 결정한다.

## 4. 신제품의 연구개발 관리

사람이 하는 행위에는 필연적으로 관리가 따르기 마련이다. 계획없이 활동할 수 없고, 행동만 있고 반성이 없으면 발전이 없다. 따라서 신제품을 개발하는데도 관리가 필요하다. 연구개발관리란 연구개발의 성과를 올리기 위해서 연구자의 능력을 최대한으로 발휘하도록 연구환경을 조성하고, 연구를 계획하고 조직화하며, 연구의 목적을 달성하기 위해서 연구원을 지도하고 육성하는 것이다.

연구개발관리도 품질관리와 마찬가지로 관리의 사이클인 plan, do, check, action 즉, PDCA 사이클을 잘 돌려야 개발이 완료되게 된다. 하나의 신제품이 개발되기 까지에는 이 사이클이 수십회 돌아간다.

일반적으로 이 관리는 연구원 자신이 PDCA 사이클을 돌리고 있으나, 이 때에는 주관적인 면이 많이 작용하기 때문에, 제3자가 평가해서 궤도를 수정하는 일이 필요하다. 이 평가는 연구개발을 맡고 있는 부서의 책임자가 매주, 매월 자체적으로 실시하고, 이 외에 평가위원회에서 분기, 반기단위로 평가하여 피드・백(feed-back) 또는 피드・훠어드(feed forward)하고, 이러한 절차를 여러번 거치면서 연구개발업무가 수행된다.

신제품의 개발관리에서 어려운 점은, 연구업무의 특성이 일반관리나 행정업무와는 달라서 수행과정에서 수많은 미지의 예상치 못했던 상황이 발생함에 따라, 당초계획대로 진척도 관리가 어렵다. 진척도 관리는 연구개발실시 계획서에 따라서 하도록 하되 PERT-CPM (program evaluatuion and review technique-critical path method) 또는 간트 도표(Gantt chart) 방식으로 작성 관리한다.

연구개발의 시간관리는 투자효율과 밀접한 관계가 있어 중요한 관리항목 중에 하나이다. 연구개발착수 초기에는 대부분의 테마가 순조롭게 진행되어 비교적 용이하게 70~80%까지 목표달성이 되지만 나머지 20~30%에서 진척이 안되는 경우가 많다. 소위 말하는 연구개발의 벽에 부딪히는 것이다. 연구개발에서 일정의 진척도로 보아 99% 달성되었다 하더라도 나머지 1% 때문에 결실을 거두지 못하는 경우도 있고 어떤 경우에는 전연 진척이 안되다가도 급진전되어 당초계획보다도 빨리 끝나는 경우도 있다.

연구개발의 성과는 해당 테마를 수행하는 연구원들의 자질과 열의에 따라 크게 다르기 때문에, 연구원들이 견문을 넓히고 자질을 높일 수 있는 기회를 만들어 주고, 지속적인 동기부여로 열의를 갖고 연구개발활동에 정진하도록 하는 분위기 조성이 필요하다. 따라서 연구원들의 사기진작을 위한 활동없이 관리부서의 관리 활동만 강화되면 오히려 의욕을 저하시키게 되므로, 연구개발관리는 이러한 점을 염두에 넣을 필요가 있다.

### 4.1 연구개발조직 및 구성원의 특성

연구개발업무는 일반업무에 비하여 그 성격이 다르기 때문에 조직의 성격도 다르다. 즉 일반조직은 정형적인 조직으로 대부분이 반복적인 업무성격이 강하고 단기성을 띠는데 비해 연구개발조직은 변동조직으로 새로운 신규업무성격이 강하며 장기성을 띠고 있다.

또한 연구개발에 종사하는 사람들의 인성적특성(人性的 特性)이 일반조직의 구성원과는 다르다. 연구개발요원은 일반조직요원에 비해 지적수준이 높아 엘리트의식이 강하고, 이론지향적이며, 독립심이 강하고 개성이 뚜렷하며, 조직목표보다는 학구적인 목표에 더 큰 관심을 갖고 있는 것으로 분석되고 있다. 따라서 이와 같은 특성의 이해없이 유연성이 없는 획일적인 관리나 자율성 없는 딱딱한 연구환경에서는 좋은 성과를 기대하기 어렵다. 연구의 주체는 어디까지나 사람이기 때문이다.

연구개발활동은 창의성(創意性)과 불확실성(不確實性)이 특징이기 때문에 연구요원들의 창의성을 높여 불확실성을 줄여가기 위해 끊임없는 동기부여가 필요하다. 동기부여의 목적은 참여도 유도로 이직을 방지하고 근무성적을 향상시키므로서 연구개발업무의 창조적인 성과를 높이는 데 있다. 창조성은 일에 대한 인간의 의욕과 자유스러운 분위기 속에서 발휘된다. 그러나 기업은 궁극적으로 이익을 추구하는 집단이므로 기업의 목적에 벗어난 연구는 곤란하다. 어디까지나 큰 틀은 있고, 그 범위내에서 자유롭게 활동할 수 있도록 하는 것이 바람직하다. 따라서 연구과제의 선택에서도 어느 정도의 자유를 부여하는 것이 연구원의 사기 앙양과 창의성을 높이는 데 도움이 될 수 있다. 연구개발테마는 1년 정도의 개발기간이 소요되는 단기적인 것과 1년 이상 3년 미만의 중기적인 것, 그리고 3년 이상의 기간이 소요되는 장기적인 테마가 있기 때문에 인력의 배치도 여기에 따라 조정할 필요가 있다. 배치비율은 업체의 사정에 따라 다르겠으나 일반적으로 단기 및 중기 테마에는 70~90%, 장기테마에는 10~30%의 인력을 배분하고 있다.

## 4.2 연구개발 관리자의 요건과 역할

연구소의 운영을 책임지고 있거나 연구실의 책임을 맡고 있는 관리자는 연구를 직접하는 연구원이 일을 쉽게 할 수 있도록 도와주고 활성화시켜, 조직의 목표를 경제적으로 달성하는 것이 기본적인 업무이다. 모든 조직이 마찬가지지만 연구개발조직 책임자의 일에 대한 자세와 철학이 큰 영향을 미치기 때문에 연구관리자의 자격요건과 역할이 중요하다.

### (1) 연구관리자의 자격요건

① 과학적인 사고의 소유자
② 연구의 내용, 방법과 연구원을 이해하기 위해서 연구개발 경험이 있어야 함
③ 장래에 대한 전망과 비전(vision)이 있어야 함
④ 연구심이 왕성하고 지식 경험이 풍부해야 함
⑤ 포용력, 통제력, 설득력이 있고 종합관리할 수 있는 능력이 있어야 함
⑥ 건강하고 명랑해야 함
⑦ 적극적이고 활동적이며 책임감이 강해야 함
⑧ 통계적인 센스가 있어야 함
⑨ 다른 사람의 아이디어를 존중하며, 창조성이 있어야 함.

### (2) 연구관리자의 역할

① 충분한 조사와 정보를 수집, 평가하여 개발테마를 선정

② 개발테마의 연구개발계획의 입안, 업무분담
③ 개발의 추진과 진도관리
④ 연구개발 성과를 정리, 평가하여 기업화에 연결시킴
⑤ 연구원의 지도, 육성 및 수준향상도모
⑥ 연구수단의 수준향상, 즉 실험계획법과 통계적수단의 습득, 컴퓨터(computer)의 활용
⑦ 연구원에게 적절한 자극을 주어 활동을 활성화 외부정보의 신속한 전달, 학회의 멤버로 가입시켜 발표회에 참석시키거나 발표하게 하고, 사내 발표회 보고회 개최
⑧ 연구에만 전념할 수 있도록 연구환경 정비
연구의 낭비요소 배제, 연구지원부서의 충실화
⑨ 연구성과의 특허 출원 또는, know-how로 보유여부 결정

## 4.3 연구관리의 요점

효율적인 연구활동을 위해서 연구관리자는 항상 다음 사항을 체크하여 연구활동이 제대로 흘러가는지를 점검할 필요가 있다. 이 때 점검할 포인트는 다음과 같다.

(1) 회사의 장래방향과 비젼의 제시

(2) 연구→개발→생산→판매의 업무가 막히는 곳이 없도록 함

(3) 현업에 관련되는 연구개발 뿐만 아니라 회사의 장래비전과 목표를 달성할 수 있는 연구활동

(4) 연구개발테마의 내용에 적합한 관리방법 모색

(5) 연구개발상의 문제점을 정확히 파악

(6) 시장의 요구(needs)를 조사하여 연구하고 구체적으로 기업의 개발목표를 설정하고 이것을 전사적으로 인정받도록 함

(7) 개발기술자료의 축적과 보관 활용

(8) 연구원이 해결하는데 어려운 문제(사람, 돈, 설비, 시간, 기술 등)에 대한 지원과 조언

(9) 부분최적(部分最適)이 되지 않도록 균형 유지

(10) 관련 부문간의 진행사항의 파악

(11) 채산성 있는 연구의 실천(경제적가치 효율이 큰 연구수행)

(12) 우수한 기술진의 편성

(13) 기술교류, 협력에 의한 비약적인 연구의 진전

(14) 연구설비의 활용도 제고 및 보수유지관리

(15) 연구원의 자주성 존중과 적절한 평가

(16) 연구원의 사기 앙양

(17) 연구개발테마 중지의 결정안의 제시

상황 판단에 따라 테마수행을 중지하는 경우에는 어떤 형태로 중단해야 하는가가 지극히 어려운 일이다. 왜냐하면 중단시는 그 테마를 담당하고 있는 연구원의 사기도 배려할 필요가 있

기 때문에, 이를 대체할 좋은 테마의 준비가 없으면 부지중에 계속 끌려가는 위험성도 있다. 그러나 불행하게도 성공하기 어려운 것으로 예상되는 경우에는 조기에 궤도수정 내지 철회하는 것이 중요하다.

## 4.4 일정계획관리

연구개발은 정형적이 아닌 미지의 업무이기 때문에 아무리 일정계획을 상세하게 세운다고 해도 그대로 되는 경우는 드물다. 그러나 계획한 일정대로 과제(project)가 진행되는지, 진행되지 않으면 어디에 어떤 문제가 있어 그런지를 파악하는 등의 일정관리는 프로젝트·리더(project leader)의 가장 중요한 업무의 하나이다. 일정관리를 하기 위해서는 일정이 관리하기 쉽게 작성되어 있어야 한다. 일정관리를 쉽게 한다는 것은 수행할 프로젝트의 업무 하나 하나에 대하여 상세히 세분(細分)하고, 담당자와 개시시기 및 종료시기를 정하여 각 담당자의 책임을 명확하게 하여 두는 것이고, 또 하나는 무리한 계획이 되지 않도록 하는 것이다.

일정관리의 수법은 여러 가지 방법이 있으나, PERT/CPM에 의한 일정관리는 무리한 계획이 되지 않도록 배려된 방법이다. 일정은 세분된 계획대로 진행하기가 어렵다고 하더라도 가급적 전체 일정은 엄수하도록 관리할 필요가 있다. 그러나 너무 일정만을 강조하여 타이트하게 관리하면 연구개발내용의 수준이 부실해질 가능성이 있기 때문에, 연구업무의 특성을 이해하고 관리할 필요가 있다.

## 4.5 연구개발의 평가

연구개발이라는 것은 아무리 조사를 하고 예비사업성검토(prefeasibility study)를 한 후 실시하여도 예기치 못했던 문제에 부딪히는 경우가 많아, 계획대로 진행되지 않는 것이 보통이다. 이 때문에 일정한 간격으로 연구개발에 대한 평가를 실시한다.

연구개발의 평가 목적은 수준이 낮은 연구를 방지할 수 있고, 경제성이 없는 연구를 배제할 수 있으며, 한정된 연구비를 적정하게 배분하여 유효하게 활용할 수 있으며, 연구자의 평가를 공정하게 할 수 있을 뿐만 아니라, 기업의 경영방침, 경영전략의 관점에서 재조명하여 연구계획을 변경할 수 있는 장점이 있기 때문에 실시한다.

연구개발의 평가내용은 개발기술내용의 평가와 사업성에 대한 평가로 크게 구분할 수 있다. 기술내용 평가는 연구부문이나 전사적 연구관리, 통제 기능을 가진 부문에서 평가한다. 연구부문 자신의 평가는 주관적인 면이 많이 가미되는 경우가 있으므로, 객관적인 평가는 능력이 있는 사람이 있는 연구관리 부문에서 기술내용을 평가, 실시하는 것이 바람직하다. 연구내용의 사업성 평가는 회사의 능력을 충분히 파악하고 있으며, 조사기능을 갖고 있는 기획참모부서에서 하는 것이 객관성 있고 현실성 있는 평가결과를 얻을 수 있다.

## 4.6 연구개발 결과의 보고 및 보존

연구개발 결과는 최종적으로 보고서로 정리, 보관하게 된다. 이 보고서는 회사의 귀중한 무형의 재산이며, 연구원들에게는 일의 결과에 대한 자부심과 영수증 구실을 하게 된다. 보고서는 그 내용이 충실하고 핵심기술이 기록되어 있어야 한다. 연구한 사람만이 그 내용을 이해하고 재현시킬 수 있어서는 아니되고, 해당 분야의 연구원이라면 누가 보아도 그 내용을 명확히 알 수 있고, 그 기술내용대로 실시하면 재현할 수 있도록 기록되어야 한다. 개발된 기술은 know-how로 하여 가지고 가거나 특허출원토록 하게한다. 100% 비밀을 유지할 수 있다면 몰라도 그렇지 않은 경우는 특허권으로 기술을 보호받는 것이 유리하다. 따라서 특별한 사유가 없는한 개발된 기술은 특허로 연결시키도록 한다.

또한 기술개발활동의 객관적 지표는 특허보유건수로 나타나기 때문에, 개발된 기술로 신제품을 생산하기 전에 특허출원을 의무적으로 하도록 한다. 이를 위해 연구직에 종사하는 사람에 대해서는 특허에 대한 교육과 특허명세서 작성에 대한 교육훈련은 필수적이다. 또한 제품개발 중이라도 상품명, 상표, 의장에 신경을 써서 선등록(先登錄)된 것이 있는지를 조사하고, 없을 때에는 공업소유권(工業所有權)으로 출원한다. 이 관리가 잘못되면 애써 만든 제품이 타인의 권리를 침해하는 경우가 발생하기 때문에 유의할 필요가 있다. 특히, 상품명, 상표, 의장은 상품 컨셉트를 암시하거나 컨셉트에 적합한 이미지를 주는 것을 선택해야 하기 때문에, 상품을 연구 개발하는 초기 단계에서 검토할 필요가 있다.

연구결과는 많은 투자로 얻은 자산이기 때문에 일반적으로 기업 PR을 위한 목적이외에는 개발된 기술내용을 공표하기를 꺼린다. 그러나 연구원들에게 자신들이 수행한 연구결과를 회사내 보고회나 국내외의 학회에 연구논문을 발표할 수 있는 기회를 부여해 줄 필요가 있다. 이것은 연구의욕을 자극하여 줄 뿐만아니라 사기를 앙양시키는 방법이기도 하다. 따라서 연구개발된 기술 중에서 핵심적인 것을 피하고 주변기술에 한하여 발표토록 장려한다. 연구보고서는 회사의 실정에 맞게 기밀도 유지하면서 활용하는데도 큰 불편함이 없도록 보관관리시스템을 정해서 열람토록 하는 것이 바람직하다.

### 4.7 연구·개발결과의 이관

연구를 하는 사람은 연구가 성공했을 때 연구의 성과가 있었다고 생각한다. 그러나 연구결과가 아무리 좋더라도 사업에 활용되지 않는다면 진정한 의미에서 성과가 있었다고 말하기는 어렵다. 연구개발의 성과가 있도록 하는 것은, 연구결과가 공장에 이관되어 실제로 제품생산이나 제조공정에 채용되어 기업에 공헌하고 있을 때 비로서 성과가 있다고 평가받게 된다.

연구개발결과를 사업에 적용하는 경우 연구개발이 공장자체에서 이루어진 것이라면 반영하기 쉽지만은, 공장이 아닌 연구소에서 개발된 것을 공장으로 이관시에는 원활하게 되는 것만은 아니다.

이관이 잘 되지 않는 첫째 이유는 기술이 완성되지 않은 경우, 예를 들면 플라스크규모에서는 성공했더라도 좀 더 규모가 큰 파이로트 설비에서는 실험되지 않았거나, 연구소에서는 이정도 개발이 되었으면 현장에서 약간 노력하면 될 것이다라는등 기술개발이 미완성된 경우이다. 이러한 상황이 몇번 되풀이 되면 상호간에 불신풍토가 조성된다.

둘째 이유는 기술은 완성되었더라도 연구소와 공장간에 눈에 보이지 않는 벽이 있는 경우이다. 공장에도 기술을 다루는 조직과 사람이 있고, 기술자의 프라이드(pride)도 있기 때문에 공장에서 개발된 것이 아니라는 거부감도 있다. 이러한 문제를 해소하기 위해서는 연구개발의 단계에서 정기적으로 공장에 진척상황을 보고하거나 협의하는 방법, 연구개발과정에서 연구소의 연구원과 공장의 기술자들이 상호 방문하여 이해의 폭을 넓히는 것도 한 방법이다.

연구・개발 결과를 이관시에는 보고서로 인수, 인계하는 것이 사무적으로 확실해서 좋으나, 보고서에는 글로 표현하기 어려운 것도 있기 때문에 연구소와 공장의 관계자가 함께 일을 하면서 인계하는 것도 좋은 방법이다.

## 5. 신제품 개발시의 체크 항목

어떠한 제품을 개발할 것인가가 결정되면 연구개발, 공업화, 상품화 및 시장 도입 등의 단계를 거치게 된다. 이러한 각 단계에서 체크항목을 정하여 관리하면 오류를 방지할 수 있다. 체크리스트를 사용하는 효과로는 개발단계마다 또는 실시항목마다 검토할 것을 미리 정해두면 개발 프로그램 중에서 누락되는 것을 미연에 방지할 수 있고, 검토와 분석의 정도를 높이고 또한 체크의 스피드를 높일 뿐만 아니라 무엇이 문제인가를 명확히 알 수 있다.

### 5.1 연구개발 단계

| 구　분 | 항　목 | 체크 포인트 |
|---|---|---|
| 1. 개발계획 | ① 계획입안 | • 개발목표 • 개발설비 • 소요예산<br>• 조직 및 인력 • 개발일정 |
| 2. 자료조사 | ① 특허정보 | • 특허유무(특허공보확인, 데이터베이스)<br>• 특허계약관계<br>• 출원상황(특허공개공보확인) |
| | ② 문헌・해외정보 | • 기술자료 • 제조방법<br>• 원부재료 • 추정원가 |
| | ③ 오파상 정보<br>(offer) | • 원부재료 • 설비조사<br>• 타사정보 • 기술자료 |
| | ④ 시장정보 | • 타사제품 특성조사, 소비자의 불만, 성분, 시식 및 조리시험<br>• 적정가격 • 제품수명<br>• 진출시기 • 판매경로 |
| | ⑤ 기술적 가능성 | • 납기(개발기간) • 개발비용<br>• 신기술의 취득방법(자체개발, 공동개발 위탁개발) |
| | ⑥ 자　문<br>(연구기관, 고문,<br>해외지사) | • 연구방향 • 견본입수<br>• 공동연구검토 • joint venture<br>• know-how & licence 계약 |

| 구 분 | 항 목 | 체크 포인트 |
| --- | --- | --- |
| 3. 제품개발연구 | ① 품질설계 | • 제품개념 |
| | ②기존제품의 분석 | • 제품특성치와 원료와의 관계<br>• 분석법 확립 및 분석<br>• 관능검사(맛, 향, 조직감, 색)<br>• 개발품의 품질구상 |
| | ③ 원료의 조사, 선정 및 실험 | • 원부재료 선정 • flavor 선정<br>• 첨가물 선정<br>• 원부재료 산지별 특성조사<br>• 원료구입방법, 조건, 시기조사<br>• 수입여부 조사 • 대체 원료조사<br>• 부산물 처리 • 폐기물 처리<br>• 원료 가공실험(건조, 분쇄 등)<br>• 원료의 물성 • 원료의 법적 규제여부 |
| | ④ 물성실험 | • 혼합균질화 실험 • 물성 안정성 실험<br>• 조직감(texture)실험<br>• 점성 실험 • 건조실험 |
| | ⑤ formula확정 및 품질평가 | • 기초 formula 완성<br>묘사시험(profile test)<br>사내 panel test<br>요리전문가 품평, 소비자 반응조사<br>• formula 확정<br>• 소비자 반응조사<br>• 타사제품 품질과의 비교 |
| 4. 제조법, 공정연구 | ① 공정실험 | • 가공법, 처리법의 조건<br>• 제조공정(제품특성과 가공공정과의 관계)<br>• 설비조사 및 비교분석<br>• 설비납기<br>• 공정설계<br>공정도, 물질수지, 배치도, 입면도<br>설비리스트, 공정 및 계장 그림<br>(P & ID), 작업시간계획 |
| | ② 특허출원 | • 특허명세서 작성 • 특허출원 |
| | ③ 공업화 실험 | • pilot 설비설치<br>• 기초시험결과 재현성 확인<br>• scale-up 효과검토<br>• 품질평가(품질목표 달성여부)<br>• 포장용기검토(재질, 형태, 원가) |
| 5. 평 가 | ① 품질평가 | • 제품품질 • 원단위 |
| | ② 추정원가계산 | • 원부자재원가 • 인건비<br>• 유티리티원가 • 포장원가<br>• 제조원가 |

| 구 분 | 항 목 | 체크 포인트 |
|---|---|---|
| | ③ 보존성 실험 | • 충격실험(냉동, 가열, 가압, 가습)<br>• 정상 및 강제 실험 • 관능검사<br>• 미생물 실험 • 보존기간 설정<br>• 사용보존 실험 • 수송실험 |
| 6. 규격안 작성 | ① 제품규격 | • 함량, 성상, 관능품질특성 • 이물, 미생물 |
| | ② 원부재료규격 | • 함량, 성상, 관능품질특성 • 이물, 미생물 |
| | ③ 포장재 규격 | • 포장형태 • 포장재질, 용량, 크기<br>• 인쇄 : 한도견본 작성 |
| | ④ 반제품 규격 | • 제품의 설계 품질을 만족시킬 수 있는 특성치의 기준 |
| | ⑤ 검사 규격 | • 제품검사 • 원부재료 검사<br>• 포장재 검사 |
| | ⑥ 작업표준 | • 제조작업 표준 • 검사작업 표준 |
| 7. 사업검토서 작성 | ① 예비사업검토서 | • 수요추정 및 시장점유율<br>• 투자규모 및 투자액<br>• 원가, 이익 및 자금계획<br>• 마케팅계획 • 원부자재 구매계획<br>• 추진일정계획 |
| | ② 신제품 개발 위원회 상정 | • 사업검토서 보완 • 투자여부 확정 |

## 5.2 공업화 단계

| 구 분 | 항 목 | 체크 포인트 |
|---|---|---|
| 1. 사업확정 | ① 사업계획성 작성 (경제적 측면에서 볼 때 기업으로서의 성립 검토) | • 수요추정 • 시장점유율 추정<br>• 생산계획 • 기술확보계획(기술도입 포함) • 투자규모검토<br>• 원부재료 수급계획 • 판매계획<br>• 조직계획 • 건설계획<br>• 투자소요자금 계획 • 자금수지 계획<br>• 운영자금 계획 • 투자수익성 계획<br>• 감가상각 계획 • 이익계획<br>• 추진일정 계획 • 관련법규 검토<br>• 문제점 및 대책 |
| | ② 이사회 승인 | • 투자규모 • 투자시기 |
| 2. 공장건설 및 생산준비 | ① 건설팀 구성 | • 공정, 공사, 관리, 자금, 자재 |
| | ② 재원확보 | • 재원(財源)검토<br>• 자금의 효율성 검토(상환조건, 기간) |

| 구 분 | 항 목 | 체크 포인트 |
|---|---|---|
| | ③ 공장입지선정 | • 원부재료 및 제품 수송거리<br>• 경제기능, 제품시장과의 관계<br>• 교통 및 운송편 • 전력 및 연료<br>• 용수 및 배수 • 인적자원<br>• 기후 풍토, 공해(배기, 소음, 폐수)<br>• 교육 의료기관, 사회생활기능<br>• 관련기업의 존재 |
| | ④ 제조방법 확정 | • 기술도입 재검토 • 품질 수준<br>• 제조기술 검토 • 원료규격<br>• 원단위 및 수율<br>• 타사의 제조 기술 및 원가비교 |
| | ⑤ 설비규모 확정 | • 공장규모 • 기본설계<br>• 주요기계장치 • 부대설비장치 |
| | ⑥ 생산계획 | • 생산개시시기 및 생산계획<br>• 생산요원 교육훈련 |
| | ⑦ 공장설계 | • 건물형식, 구축물 기초(항타)<br>• 예비설계(공장배치, 기계배치결정)<br>• 본설계<br>(건물설계, 토목설계, 배치, 전기,<br>기계, 하수배수계획, 조명, 부대설비 등) |
| | ⑧ 기계발주 | • 기계장치 및 재질의 선정<br>• 메이커 대비<br>• 오파 대비(가격, 성능, 납기)<br>• 기종선정, 발주 |
| | ⑨ 공장착공 | • 건축시공자 선정 • 자재공급 원활화<br>• 안전관리 |
| | ⑩ 기계장치 | • 통관, 수송 • 배치도에 따른 설치<br>• 운전작업 표준작성 • 안전관리<br>• 일정관리 |
| | ⑪ 생산조직 | • 소요인원확정 • 인원 충원계획<br>• 교육훈련 |
| | ⑫ 표준화 | • 품질규격(제품, 원부재료, 포장재)<br>• 검사규격( 〃 )<br>• 작업표준(제조, 검사) |
| | ⑬ 원부재료 및 포장재수급 | • 원부재료 수급예측 • 포장재 수급예측<br>• 원부재료, 포장재 가격동향<br>• 원료구입 계획, 원재료 구입계약 |
| | ⑭ 시운전 | • 기기점검 및 청소 • 시운전 계획<br>• 시운전 결과 문제점 및 대책 |
| | ⑮ 법규관련 검토 | • 건축법 • 농지보존법 • 환경보존법<br>• 하수도법 • 식품위생법 • 소방법 |

| 구 분 | 항 목 | 체크 포인트 |
|---|---|---|
| | | • 도시계획법 • 고압가스안전관리법<br>• 특허법, 의장법, 상표법 |
| | ⑯ 허가취득 | • 영업허가 및 품목허가<br>• 건축허가 • 고압가스 사용허가<br>• 배출시설 허가 |
| 3. 생산개시 | ① 품질관리 | • 제품품질 • 원료품질<br>• 포장재품질 • 반제품품질 |
| | ② 생산관리 | • 생산능력 • 생산량 • 생산성<br>• 원단위 및 수율 • 설비주유 · 점검 |
| | ③ 문제점 파악 | • 설비면, 품질면, 조업성, 위생면,<br>• 시장(다음공정)의 문제점 |

## 5.3 상품화 단계

| 구 분 | 항 목 | 체크 포인트 |
|---|---|---|
| 1. 신제품 연구 및 기초조사 | ① 제품속성 파악 | • 종류, 성분, 성능, 보존성, 규격<br>• 물리적 또는 화학적성질, 안전성 |
| | ② 시장상황 조사 | • 수요추세파악 및 예측<br>• 경쟁사, 수입품상황, 시장판도<br>• 유통경로 및 상습관<br>• 해외소비추세 및 소비용도<br>• 해외주요메이커 상황 |
| | ③ 기존제품조사 | • 기존제품의 종류<br>• 기존제품의 디자인, 포장<br>• 단량별 판매상황 • 가격체계<br>• 광고, 판촉상황 |
| | ④ 소비자조사 | • 소비자사용 및 구매패턴 • 사용률<br>• 소비자 needs 파악<br>• 사용소비자 특성 |
| | ⑤ 전문가 조사 | • 대학교수, 요리전문가의 의견<br>• 전문연구기관의 의견 |
| | ⑥ 수요추정 | • 수요에 영향미치는 요인분석<br>• 소비추세 파악<br>• 수요추정의 방법결정 |
| 2. 상품명 및 상표 결정 | ① 아이디아모집 선정<br>② 최종결정 | • 회사이미지, 기존상품과의 관계<br>• 시대감각<br>• 소비자의 인식 용이성(기억용이, 친근감)<br>• 타제품, 타기업 사용 여부조사<br>• 상품콘셉트에 적합한 이미지 부각 |
| 3. 포 장 | ① 포장 샘플수집 | • 국내 기존 포장 • 외국 포장 |

| 구 분 | 항 목 | 체크 포인트 |
|---|---|---|
| | ② 포장재질의 선택 | • 경쟁제품과 대비<br>• 원가비중 • 공급가능 여부<br>• 포장재성질<br>인쇄, 접착, 외관, 위생, 방습성, 내광성, 포장기적성, 보존성, 충격성, 적재용이성 |
| | ③ 포장단량결정 | • 경쟁사, 해외 주요단량 및 형태 검토<br>• 포장기능력<br>• 소비자, 중간상 실수요자 요구파악<br>• 경제성 검토<br>• 일반가정의 사용실태 |
| | ④ 포장규격설정 | • 취급의 편리성(소비자, 중간상)<br>• 진열노출의 최대 효과<br>• 과대 포장 여부<br>• 포장기 능력<br>• 수송의 안전 및 편리성 |
| | ⑤ 포장디자인 | • 색채, 배열<br>미적조화, 인쇄적성, 내용물과의 조화<br>• 형태의 안정성, 편리성<br>• 포장문안, 특징, 보존방법<br>사용시 주의사항, 법적 제약조건<br>• 의무표시사항<br>영업허가 품목허가 등<br>• 마개, 부속포장재의 실용성<br>편리성, 누출방지기능, 개봉용이<br>• 계열상품과의 조화<br>• 경쟁제품 연구<br>• 포장자체의 판촉물화 |
| | ⑥ 용기의 금형 제작 | • 금형의 적정수량 및 납기<br>• 작업난이도와 비용 |
| 4. 공업소유권 | ① 상표권<br>② 의장권<br>③ 실용신안권 | • 상표등록여부 • 의장등록여부<br>• 용기 또는 판촉물 실용신안등록여부 |

## 5.4 시장도입 단계

| 구 분 | 항 목 | 체크 포인트 |
|---|---|---|
| 1. 판매조직 | ① 판매조직편성 | • 기존조직에 기능 귀속 또는 새로운 조직 편성<br>• 판매관리자, 판매원선정배치 |
| | ② 신제품 판매 | • 제품지식 • 셀링 포인트<br>• 판매기술 • 시장경쟁사 정보 |

| 구　분 | 항　목 | 체크 포인트 |
|---|---|---|
| | | • 공장견학 |
| 2. 판매정책 | ① 정책기본방향 | • 량적, 질적시장규모 파악<br>• 중점전략 지역　• 중점품목 단량<br>• 경쟁사 판매정책 대응 |
| | ② 판매계획 | • 총량계획(시장점유율 목표)<br>• 품목단량별 계획<br>• 이익계획　• 기간별, 년도별 계획<br>• 지역별, 부서별 계획<br>• 유통경로별 계획　• 자금회전 계획 |
| | ③ 유통경로 설정 | • 유통비용 책정<br>• 직접판매, 간접판매 여부<br>• 대리점 모집, 선정기준<br>담보능력, 자금력, 경력<br>의욕, 영업능력, 지역, 계약체결<br>• 대리점 교육 |
| | ④ 가격결정 | • 소비자의 가격 이미지 조사<br>• 원가검토　• 목표 가격 검토<br>• 경로별 마진검토　• 소비자가 결정. |
| 3. 테스트마케팅 | ① 필요성 검토 | • 테스트 마케팅의 가능성, 필연성 |
| | ② 계획수립 | • 지역선정, 계획수립 |
| | ③ 실시 및 결과 활용 | • 엄선된 판매환경에 적용<br>• 결과분석<br>• 방향설정 및 문제점에 대한 개선책강구<br>• 판매정책 지표로 활용 |
| 4. 광고판촉계획 | ① 광고계획결정 | • 광고비 예산 책정<br>• 소구목적 대상 포인트 설정<br>• 광고기간별, 매체별 계획<br>• 광고안 준비　• 경쟁사 광고 조사 |
| | ② 판촉계획 | • 판촉비 예산 책정<br>• 판촉대상, 방향, 수단확정<br>• 기간별 판촉계획　• 경쟁사 판촉 상황<br>• 제품고지 판촉행사 준비<br>• 판촉물(전단, 포스터, 리프렛, pop)제작 |
| 5. 제품수불체계 | ① 수불체계 | • 수불원칙　• 제품창고 완비<br>• 재고관리 지침 |
| | ② 물량 이동 | • 수송기초시설　• 차량확보, 수송계약<br>• 하역상의 문제점 검토 |
| 6. 시장도입 전략완료 | ① 마케팅전략 체크 | • 마케팅환경 파악분석.<br>• 마케팅 수단 준비 |
| 7. 판매시기 | ① 출시준비 상품화체크 | • 품질보증　• 관련법규 체크<br>• 포장의 문제점 여부 |

| 구 분 | 항 목 | 체크 포인트 |
|---|---|---|
| | ② 출시시점결정 | • 출시시기 • 첫 출시물량 및 지역 |
| 8. 품질조사 | ① 사내테스트 | • 관능품질특성(맛, 향, 색깔 등)<br>• 사용상의 문제점 여부 |
| | ② 사용전문가, 요리전문가 테스트 | • 경쟁사 해외제품 비교<br>• 제품자체품질, 포장상태, 가격 등 |
| 9. 사내홍보 | ① 제품 설명회 | • 이사회, 간부회의, 사내방송, 사내보<br>• 판매사원 |
| | ② 샘플 배포 | • 경영간부, 사원<br>• 오피니언리더에 샘플, 안내장 배포 |
| 10. 출시사후 관리 | ① 품질보증 | • 출시후 품질의 안정성(기간별)<br>• 출시후 문제점 여부 |
| | ② 클레임처리 | • 품질, 포장 등에 대한 클레임 원인분석 |
| | ③ 소비자 조사 | • 시장점유율<br>• 소비자 인지도, 선호도<br>• 소비자 불만<br>• 사용, 구매패턴<br>• 제품이미지 |
| | ④ 개발신제품의 종합평가 | • 문제점정리 및 개선방향<br>• 향후 전략 방향 설정<br>• 관련제품 개발검토 |

# 6. 신제품 · 신규사업의 타당성 검토

## 6.1 사업성 검토의 필요성

신제품이나 신규사업의 추진에 따른 신공장의 건설이나 기존공장의 증설 등 설비투자를 할 경우, 당초계획한 대로 성과를 올리지 못하면 그것을 개발하는 과정에서 들어간 비용이 희생될 뿐만 아니라 마케팅에도 많은 짐을 안긴다. 따라서 사업을 개시하기 전에 투자 후 제품의 제조 원가 · 총원가 · 판가 · 이익 등을 추정하여 사업의 타당성검토가 필요하다.

이익 추정은 그 신제품 계획의 평가를 최종적으로 결정하는 자료가 된다. 그러나 과거실적이 없는 신제품의 경우 추정이 잘못되기 쉽다. 그 때문에 표준치 하나로서 추정하는 것보다 폭이 있는 추정을 함으로서 추정 표준편차가 얻어지도록 하는 것이 필요하다. 추정에는 가장 낙관적인 것, 가장 비관적인 것, 그리고 가장 가능성이 있는 것이 있다. 이 3개의 추정 수치에서 추정의 평균치와 표준편차를 구해 평균치에 의해 매상고, 원가, 이익계산을 하는 편이 사업계획에 대한 정당한 평가가 가능하다. 사업계획서 작성시에 포함되어야 할 사항은 다음과 같다.

① 사업의 개요 ② 소요자금 및 조달 ③ 제품개요 및 사업특성 ④ 수급실적 및 전망 ⑤ 기술 및

설비계획 ⑥ 생산 및 판매계획 ⑦ 원가계획 ⑧ 인원계획 ⑨ 자금계획 ⑩ 이익계획 ⑪ 마케팅 계획 ⑫ 자재조달계획 ⑬ 추진계획 ⑭ 기타계획(품질관리, 공해방지, 유티리티계획, 건설비내역, 원가계산근기 등)

## 6.2 원가계산의 목적

사업성 검토를 하는 과정에서 원가계산은 큰 비중을 차지한다. 일반적으로 원가계산의 목적은 대차대조표, 손익계산서 등의 재무제표(財務諸表)의 작성에 필요한 원가정보를 제공하는데 필수적인 것이다. 신제품 개발 경우에는 가격결정의 기초가 되는 원가정보를 제공하는 데 있다. 또한 원가는 기술수준을 나타내는 지표도 된다. 모든 기술수준은 최종적으로는 원가로 나타나기 때문이다. 원가를 계산해 보면 경쟁제품과의 기술 우열을 파악할 수 있기 대문에, 신제품 개발시 원가 계산은 중요한 관리사항중의 하나이다.

원가계산시에 고려해야 할 사항중의 하나는, 유통중인 제품의 일부가 보존기간이 경과되었거나 포장의 난대로 반품된 제품을 처리하는 경비 및 반품 그 자체의 원가 처리가 문제로 된다. 반품률은 제품의 성격에 따라 다르나, 포장 내용물의 보존성이 높은 것은 0.5% 내외이고, 육가공 제품과 같이 변질되기 쉬운 제품은 4% 내외로 추정된다. 따라서 원가계산시에는 반드시 반품률을 감안하여 원가에 산입(算入)해야 한다.

또한 폐수 등의 공해처리 비용도 고려해야 한다. 업종에 따라서는 원가에 큰 비중을 차지하기 때문에 신중한 검토가 필요하다. 같은 제품이라도 제조방법에 따라서 공해처리비용은 크게 달라지는 경우가 있다.

## 6.3 원가의 구성과 계산

### (1) 원가의 구성

제품을 제조하는 데 필요한 비용을 제조원가, 제품을 판매하는 데 필요한 비용을 판매비라고 한다. 제조에도 판매에도 나눌 수 없는 관리비를 일반관리비라고 한다. 이것을 모두 합한 것이 총원가이고, 제품단위당(kg, ℓ, ton)의 금액으로 나타낸다. 원가는 다음과 같이 구성된다.

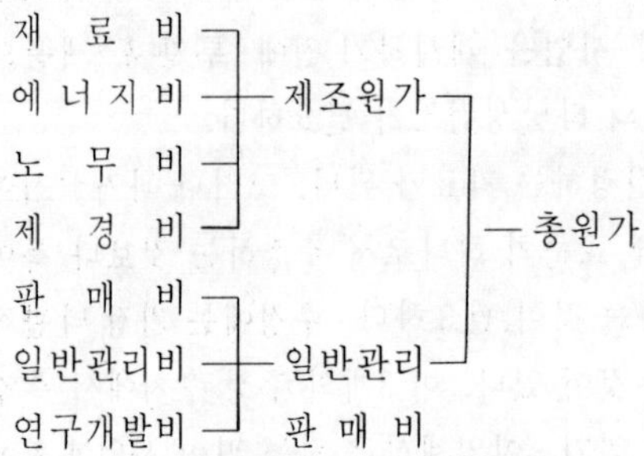


원가구성항목의 내용을 좀더 상세히 나누어 보면 다음과 같다.

① 재 료 비 : 주원료, 부자재, 보조재료, 포장재료

② 에너지비 : 증기비, 전력비, 수도료, 연료비, 용수비
③ 노 무 비 : 제조부문 요원의 급여, 제수당, 복리후생비
④ 제 경 비 : 감가상각비, 보수수선비, 임대료, 보험, 조세공과, 외주가공비, 운반비, 보관비, 특허사용료, 폐기물처리비, 공해처리비
⑤ 판 매 비 : 판매원의 노무비, 광고비, 배송비, 기타 판매경비 등 판매활동에 필요한 경비
⑥ 일반관리비 : 임원보수, 사무부문요원노무비, 감가상각비, 수선비, 여비교통비, 통신비, 교제비, 사무용 소모품비, 제잡비, 반품처리비 등 관리활동에 필요한 경비

### (2) 원가의 계산

제조원가에서는 사용하는 기계장치의 가동률에 따라 큰 영향을 미치기 때문에 앞에서 논의된 비목(費目)을 가동률에 따라서 변화하는 변동비와 변하지 않는 고정비로 나누면 문제점을 검토하기가 쉽다. 여기서 가동률은 일정한 생산설비의 이용정도이고, 통상 생산량으로 나타낸다.

변동비(變動費)는 생산량의 증감에 따라서 그 원가총액(原價總額)이 증감하는 원가이고 재료비, 에너지비, 포장재료비, 외주가공비, 특허사용료, 부산물 공제액 등이 여기에 해당한다.

변동비의 계산은 원단위(原單位)에 단가(單價)를 곱하여 산출한다. 여기서 원단위란 제품 1㎏(또는 1톤, 1리터 등)을 만드는 데 필요한 원재료, 부재료, 포장재, 에너지 등의 량을 나타낸다.

예를들면 조미료 1㎏을 만드는 데 원재료가 3㎏ 소요된다면 원재료 원단위는 3㎏이고, 전기에너지가 1.5kWh 소요된다면 전기 원단위는 1.5kWh이다.

원단위는 해당제품의 재료, 유티리티 등의 수지(material and utility balance)를 작성하여 추정하거나 유사한 제품을 생산하고 있는 경우에는 그것을 참고로 하여 산출한다.

또한 고정비(固定費)는 일정의 생산량권에 있어서 생산량의 증감에 관계없이 원가총액의 증감이 없는 원가로서 감가상각비, 보수수선비, 조세공과, 노무비, 설비금리, 기타 경비 등이 여기에 해당한다. 단위당 고정비의 계산은 다음과 같이 한다.

$$\text{고정비} = \frac{\text{연간비용}}{\text{연간생산량}} = \frac{\text{연간비용}}{\text{생산규모(년)} \times \text{가동률(\%)}}$$

주요 고정비의 산출방법 및 기준은 다음과 같다.

① 감가상각비

(가) 감가상각

토지, 건물, 기계장치, 차량 등 기업이 사용하는 자산에서 원칙으로 장기간에 걸쳐 이용할 수 있는 것을 고정자산이라고 부른다. 토지를 제외한 타의 고정자산은 사용에 의한 손모(損耗), 경시열화 진부화 등에 의하여 그 경제적 가치는 해마다 서서히 감소하여 간다. 이 감소분을 비용으로 계상하여 투하한 자본을 회수하는 것이 감가상각의 의미이다. 따라서 상각비를 계산하는 데는 고정자산에 대한 다음 항목이 결정되어야 한다.

• 취득가액 • 미상각가액(장부가액)

• 잔존가액 • 내용년수

잔존가액은 쓰고 난 후의 처분 가액으로 일반적으로 취득가액의 10%로 계산한다. 내용년수는 그 자산이 몇년간 사용에 견딜 수 있는가를 나타낸 것으로 세법상 업종 특성에 따라 내용년수가 규정되어 있다.

건물과 구축물은 그 구조와 용도에 따라서 내용년수가 크게 다르나 사업성 검토를 위한 원가계산시 건물은 평균 30년 정도로 보면 되고 기계장치의 경우는 다음과 같다.

| 번호 | 구조와 용도 | 년수 | 번호 | 구조와 용도 | 년수 |
|---|---|---|---|---|---|
| 1 | 식육·식조 또는 계란처리 가공설비 | 8년 | 15 | 기타의 농산물 가공설비 | 11년 |
| 2 | 유(乳)처리 또는 유제품 제조설비 | 8년 | 16 | 설탕제조설비 | 10년 |
| 3 | 발효유 또는 유산균 음료 제조설비 | 8년 | 17 | 물엿·포도당 또는 카라멜 제조설비 | 9년 |
| 4 | 수산연제품 또는 한천 제조설비 | 7년 | 18 | 빵·과자류 제조설비 | 8년 |
| 5 | 기타의 수산물 가공설비 | 7년 | 19 | 다류 제조설비 | 9년 |
| 6 | 과실 또는 소채처리 가공·설비 | 8년 | 20 | 청량음료 제조설비 | 9년 |
| 7 | 통조림 제조설비 | 7년 | 21 | 맥주 제조설비 | 12년 |
| 8 | 화학조미료 제조설비 | 6년 | 22 | 청주 제조설비 | 11년 |
| 9 | 식초 제조설비 | 8년 | 23 | 기타의 주류제조설비 | 9년 |
| 10 | 된장 간장류 또는 마요네즈 설비(콘크리트제) | 13년 | 24 | 기타의 음료제조설비 | 11년 |
| | (기타설비) | 8년 | 25 | 효모, 효소, 종균 맥아 제조설비 | 8년 |
| 11 | 기타의 조미료 제조설비 | 8년 | 26 | 동식물 유지제조 또는 정제설비 | 11년 |
| 12 | 정곡설비 | 9년 | 27 | 냉동, 제빙 또는 냉장업용 설비(결빙관 또는 결빙팬) | 3년 |
| 13 | 제분설비 | 11년 | | (기타의 설비) | 11년 |
| 14 | 면류제조설비 | 9년 | 28 | 두부류, 기타 두류처리 가공설비 | 8년 |
| | | | 29 | 기타의 식료품 제조설비 | 13년 |

(나) 정액상각과 정률상각

ⓐ 정액상각(定額償却)

내용년수의 전 기간을 통하여 각 사업년도마다 일정액의 상각을 하는 방법으로 다음의 계산식에 의한다.

$$상각액 = \frac{취득가액 - 잔존가액}{내용년수} = \frac{취득가액 \times 0.9}{내용년수}$$

위의 식에서 0.9를 곱하는 이유는 설비수명이 다 끝나더라도 이것을 매각하면 0.1은 회수할 수 있다는 즉, 10%의 가치는 남아있다는 것을 감안한 것이다. 정액상각의 예를들면 어떤 기계장치를 새로 구입, 설치하는데 1억원이 들었고, 세법상 그 기계의 수명이 8년이라고 되어 있다면 연간 상각액은 다음과 같이 계산된다.

100,000,000(원)×0.9÷8(년)=11,250,000(원/년)

ⓑ 정률상각(定率償却)

자산의 장부가액(帳簿價額)에 일정률을 곱한것을 각 사업년도마다 상각액으로 하는 방법으로 내용년수별 상각률은 아래와 같다.

**내용년수별 상각률**

| 내용년수(년) | 상각률 | 내용년수 | 상각률 |
|---|---|---|---|
| 3 | 0.536 | 9 | 0.226 |
| 4 | 0.438 | 10 | 0.206 |
| 5 | 0.369 | 11 | 0.189 |
| 6 | 0.319 | 12 | 0.175 |
| 7 | 0.280 | 13 | 0.162 |
| 8 | 0.250 | 30 | 0.074 |

정액상각법의 예를 정률상각으로 하면 100,000,000×0.25=25,000,000(원/년)이 된다.

감가상각의 계상시에 정액법 정률법은 각각 장단점이 있으나, 기존공장의 증설 또는 신규사업의 검토시에는 정액법으로 하는 것이 원가추정상 계산이 쉬우므로 이것을 많이 채택한다.

② 수리수선비

공장건설이 끝나고 운전을 시작한 후에 드는 비용으로서 유지비, 보수비, 개량비 등이다. 이 비용은 원칙적으로 기존설비에 관한 평가이나 새로 설치한 설비에 대해서는 원가계산을 위해서 평가한다.

일반적으로 수리비는 해마다 증가하나 추정원가계산에서는 이것들의 평균적인 값을 취한다. 수리비의 표시는 보통 고정자산(건설비)에 대하여 몇% 정도 드는가로 나타내는 것이 좋다.

**건설비에 대한 년간수리비(%)**

| | 간단한 설비 | 복잡한 설비 | 평 균 |
|---|---|---|---|
| 제조장치 | 4 | 10 | 7 |
| 부대설비 | 2 | 6 | 4 |
| 건 물 | 1 | 3 | 2 |

③ 노무비

추정원가계산에 필요한 소요인원수와 노무비 단가에 의해 결정한다. 노무비 단가는 이외에 퇴직금, 복리후생비도 포함시켜 계상한다.

④ 조세공과 보험 등

건물, 기계장치, 원료 제품 등에 대한 세금과 화재보험 등이다.

세와 보험은 고정자산에 대하여 년액 1.5~2.0%를 계상하면 좋다.

참고로 조세 및 보험료율을 보면 다음과 같다.

- 취득세 : 취득당시가액의 2%
- 재산세 ┌토지 : 가액의 0.3~0.6%
  └건물 : 가액의 0.3~0.6%
- 등록세 : 취득가액의 0.8%
- 화재보험요율 : 가액의 0.3~0.6%

⑤ 설비금리

설비의 대부분은 타인자본(차입금)에 의해 건설되므로 설비금리는 은행 또는 사채금리를 계상한다.

⑥ 영업외 비용

영업활동을 하기 위해서는 많은 자금이 필요하다. 운영자금 등을 차입시에 지급되는 이자이다.

## 6.4 사업계획서 양식

신제품개발을 끝내고 이것을 사업화하기 위해서는 구체적으로 사업계획을 작성해야 한다. 이 계획은 사업을 착수할 것인지 그렇지 않으면 보류할 것인지를 결정하기 위해서 꼭 필요하다. 이 계획을 잘 세우고, 못 세우고에 따라서 같은 사업이라도 그 내용이 달라지기 때문에, 작성시에는 될 수 있는대로 주관적인 것 보다는 객관적으로 인정받을 수 있는 합리적인 내용이 들어 있어야 할 뿐만 아니라, 최소한 사업검토시에 짚고 넘어가야 할 사항이 빠지지 않도록 해야 한다. 본 사업계획서 양식은 계획수립에 최소한 검토 기록해야 할 사항들이 포함되어 있으나, 검토대상과 검토하는 사람에 따라 양식이 달라지므로, 여기서는 아주 보편적인 일예를 참고용으로 열거해본 것에 지나지 않는다. (부록 p.592 참조)

## 6.5 기존사업의 증설시 간이투자효과 분석예

이미 사업을 하고 있는 제품의 생산시설을 증설하는 경우의 투자효과를 간단히 알아보는 방법은 투자함으로서 증가하는 비용과 판매로 증가되는 이익과의 차이를 계산하면 되고 그 양식은 다음과 같다.

| 증설규모 / 구 분 | | 금 액 | 비 고 |
|---|---|---|---|
| 투 자 액 | | | |
| 비용증가 | 일반관리·판매비 | | 단위당의 비용×증설물량 |
| | 금 리 | | (투자비+추가수선비, 인건비)×금리 |
| | 상 각 비 | | |
| | 수 선 비 | | 투자비×일정율(4~10%) |
| | 인 건 비 | | 추가인원×평균임금 |
| | 계 | | |
| 한계이익 | | | 판가-변동비=한계이익 |
| 효과(순이익) | | | 한계이익-비용증가 |
| 투자회수기간 | | | 투자액/(순이익+상각비) |

사례 어떤 식품을 년간 30,000톤 생산하는 공장이 있다. 그 동안 품질의 개선으로 시장점유율의 증가와 수출수요가 있어 년간 4,000~10,000톤의 생산시설을 증설할 필요성이 발생했다. 증설규모별로 투자비를 산출해 본 결과 다음과 같다.

| 증설규모 | 4,000톤 | 5,500 | 10,000 |
|---|---|---|---|
| 시설투자비 | 17억원 | 27 | 105 |

어느 규모로 증설하는 것이 좋겠는가 그 타당성을 검토하시오

(검토결과)

**증설규모별 투자효과**(증설분한) (단위 : 백만원)

| 증설규모 / 구 분 | | 4,000톤 | 5,500톤 | 10,000톤 | 비 고 |
|---|---|---|---|---|---|
| 투 자 액 | | 1,700 | 2,700 | 10,500 | |
| 비용증가 | 일반관리판매비 | 433 | 596 | 1,083 | @108.33원/kg |
| | 금 리 | 220 | 348 | 1,335 | 년 12%(시설투자+수선비, 인건비) |
| | 상 각 비 | 255 | 405 | 1,575 | 6년, 년15% |
| | 수 선 비 | 85 | 135 | 525 | 년5%(대 투자비) |
| | 인 건 비 | 50 | 67 | 101 | |
| 계 | | 1,043 | 1,551 | 4,619 | 판가 : 2,146원/kg |
| 한 계 이 익 | | 2,269 | 3,113 | 5,660 | 변동비 : 1,580원/kg |
| 효 과(순 이 익) | | 1,226 | 1,562 | 1,041 | 한계이익 : 566원/kg |
| 투자회수기간(년) | | 1.1 | 1.4 | 4.0 | 투자액/(순이익+상각비) |

1) 증설물량만큼 판다고 하더라도 10,000톤 증설시에는 효과가 줄어듬.

2) 10,000톤 증설 후 판매가 4,000, 5,500톤만 된다고 가정시 각각 1,649백만, 985백만 적자 예상됨.

(결 론)

수요증가에 따라 단계적으로 증설을 하는 것이 일시에 큰 규모로 증설하는 것보다 유리함

## 6.6 판매가격으로 제조원가 추정예

신제품의 품질이 좋더라도 판매가격이 너무 비싸면 실패의 원인이 될 수 있다. 일반적으로 판매가격의 결정은 원가를 기준으로 하거나 소비자를 기준으로 하여 정하게 된다. 원가기준방식은 원가에 일정한 이윤 또는 마진을 가산하여 가격을 결정하는 방법이고, 소비자 기준방식은 소비자가 얼마면 사는 지를 조사하여 가격을 여기에 일치시키거나 그 가격에 맞는 상품을 개발하는 방법이다. 소비자는 제품에 대한 타당한 가격을 상정(想定)하는 가격대(price zone)를 갖고 있다. 이 가격대에서 벗어나면 가격저항으로 판매가 격감되기 때문에, 소비자가 상품에 대해서 갖고 있는 가격 이미지를 확실히 파악해서 가격을 정해야 한다. 상품기획시에 소비자 가격이 결정되어 여기에 알맞는 제품을 개발시에는, 회사의 수익과 유통과정에서의 유통마진을 고려하여 제조원가가 어느 정도 되어야 하는가를 추정할 필요가 있다. 이런 경우에는 소비자가격을 역으로 계산해서 제조원가를 추정한다

예를들면 소비자가격이 한개당 1,000원인 제품이라면 제조원가는 다음과 같이 계산된다.

• 계산전제 :

소매상, 도매상의 마진 25%(판매가 기준)

부가가치세 10%(판매가 기준)

매출이익률 40%라고 가정시

• 판매가격은

1,000₩/개÷1.25=800₩/개(부가가치세 포함)

800₩/개÷1.1=727.$^{27}$₩/개(부가가치세 제외)

• 제조원가는

$$\text{매출이익률} = \frac{\text{판매가격} - \text{제조원가}}{\text{판매가격}}$$

이므로, 이것을 다르게 표시하면

제조원가=판매가격(1−매출이익률)이 된다.

그러므로 제조원가는

727.$^{27}$₩/개×(1−0.4)=436.$^{36}$₩/개이 된다.

신제품의 예상제조원가가 지나치게 높은 경우에는 원가구성을 재검토하고 보다 합리적인 품질, 공정, 투자가 되도록 검토해서 원가수준을 맞추는 노력이 필요하다.

# 7. 신제품 개발과 기술정보조사

신제품을 개발하기 위해서는 새로운 아이디어를 발굴하고 구체화 시킬 수 있는 정보가 필요하다. 시장(市場)과 기술은 날이 갈수록 급속히 다양화 고도화 되어가고 있으므로, 풍부한 정보를 입수하여 적절히 활용하는 것이 중요하다.

## 7.1 정보의 필요성

신제품을 개발하기 위해서는 우선 개발대상을 찾아야 한다. 개발대상의 발굴에서 어려운 점은 소비자가 바라고 있는 욕구가 무엇인가를 파악하는 것이다. 그러나 실제로 소비자의 욕구를 알아내는 것은 대단히 어려운 일이다. 왜냐하면 소비자의 욕구가 강한 것은 개발되어 있고, 욕구가 약한 것이 개발의 대상이 되기 때문에 그것을 발견하기가 어렵다.

예를 들면 식욕은 가장 강한 욕구이다. 배가 고프면 다른 사람이 가르쳐주지 않아도 스스로 알기 때문에, 다른 사람에게 배고픔을 전달할 수 있다. 따라서 소비자의 욕구를 찾고 있는 기업의 입장에서 보면 강한 욕구는 발견이 용이하다. 그러나 소비자가 느끼지 못하는 약한 욕구는 기업의 광고선전에 의해서 비로서 알게 된다. 이와 같은 약한 욕구는「소비자 여러분들은 무엇을 필요로 하고 있읍니까」라고 질문해 봤자 발견할 수 없다. 이 때문에 신제품개발에서는 개발테마를 발굴하는데 큰 비중을 차지하게 된다.

신제품을 개발하는 연구자나 기술자는 판매부서에 종사하는 사람과는 달리, 욕구 발생원인 소비자로부터 보다 먼 위치에 떨어져 있기 때문에, 욕구를 효율적으로 탐색하기 위해서는 기본적인 욕구동향을 탐구할 필요가 있다. 이를 위해서 정보가 필요하다. 기본적인 욕구의 동향은 식품과 관련있는 책, 잡지, 특허 등을 조사하거나 히트(hit)상품을 입수하여 철저히 분석하면 일반적인 요구동향은 알 수 있다. 그러나 연구개발부문의 사람이 시장성이 있는 새로운 제품을 개발하기 위해서는, 판매부문에 종사하는 사람들의 적극적인 협력이 필요하다. 왜냐하면 판매부문은 소비자와 일상 빈번히 접촉하기때문에 소비자의 욕구를 발견하기 쉬운 입장에 있으므로, 발견된 정보를 연구개발부문에 전달할 수 있는 시스템(system)의 구축이 필요하다. 이 시스템이 잘 되어 있으면 정보교환의 원활과 협조체제가 잘 유지되어 개발된 제품을 산업화시 용이하게 추진할 수 있다.

## 7.2 기술정보원과 그 특징

기업에서 이용되는 정보의 종류에는 시장정보, 경영정보, 기술정보 등 여러 가지로 분류할 수 있으나, 여기서는 기술정보에만 한하기로 한다. 기술정보는 일반기술정보와 특허기술정보로 크게 나눌 수 있다. 일반 기술정보는 도서, 잡지, 매스컴 등을 통하여 입수할 수 있는 정보이고, 특허기술정보는 공개특허(公開特許)나 출원공고특허(出願公告特許)에 실려있는 정보이다. 특허정보의 특징은 기술의 공개가 빠르고, 정확하며, 창조적 성과에 관한 정보로서 많은 개발 힌트를 얻을 수 있을 뿐만 아니라, 동업타사의 기술개발동향 및 기술수준파악에 유용하기 때문에 특허정보는 기술정보의 핵심을 이루고 있다. 기술정보원 별 특징을 보면 표 1-16과 같다.

## 7.3 기술정보조사방법

기술개발에 종사하는 사람이면 누구나 확실한 정보를 바탕으로 방향설정과 판단을 정확히 하는 문제는 항상 직면하는 중요과제이다. 기술조사에는 그 목적에 따라서 문헌조사 특허조

표 1-16 기술정보원과 특징

| 정 보 원 | | | 특 징 |
|---|---|---|---|
| 공개정보 | 도 서 | 전문서, 편람, 사전 | ·과거의 기술은 거의 망라<br>·기술적 요점은 신속히 파악<br>·권리정보는 불충분 |
| | 잡 지 | 학회지, 정기간행물, 초록지, 색인지, 년감 | ·기술의 내용, 이론 파악<br>·화제기술의 경시적 동향파악<br>·권리정보는 불충분 |
| | 학 회 | 연구발표회, 강연회, 심포지엄 | ·첨단기술정보, 공적기관의 기술정보파악<br>·연구동향파악 |
| | 매스컴 | 신문, 텔리비젼 | ·첨단정보, 빠름, 풍부한 정보<br>·전문외의 기술정보의 수집에 유용 |
| | 데이터베이스(data base) | 초록, 색인 | ·기술정보, 특허정보 망라<br>·과거의 선행기술 소급조사<br>·새로운 기술정보 추적해 가면서 연속조사 |
| | 특 허 | 공개공보, 공고공보. 초록지, 색인지 | ·기술공개가 빠르고 정확함<br>·개발힌트의 보고<br>·권리정보<br>·중복투자 예방에 유용<br>·타사의 기술개발동향 파악에 유용<br>·기술수준의 파악에 유용<br>·실시가능한 기술정보 |
| | 전시회 | 국내외 식품전시회 | ·식품의 시식, 샘플입수<br>·개발 힌트의 보고 |
| | 업 체 | 카다로그, 공장견학, 백화점, 수퍼마켙 | ·기계 및 식품메이카의 정보<br>·기계 및 식품의 가격정보 |
| 미공개정보 | 인 맥 | 시험연구기관, 기업, 매스컴, 고문 | ·전문가의 넓은 지식 정보<br>·유용정보의 확인<br>·정보교환<br>·상당히 정확한 생정보의 입수 |

표 1-17 조사의 종류

| 종 | 류 | 조사자료 | 조사목적 |
|---|---|---|---|
| 일반기술 정보 | 주제조사 (기술내용조사) | 1차자료<br>┌기술도서<br>└기술잡지<br>2차자료<br>┌색인지<br>├초록지<br>└데이터베이스<br>미공개자료<br>┌연구기관<br>├기업체<br>└매스컴 | <br>과거의 기술조사<br>화제기술, 첨단기술 동향조사<br><br>과거 및 현재의 기술망라조사<br><br><br><br>정확한 생정보의 조사<br>전문가의 폭넓은 지식습득 |
| 특허기술 정보 | 주제조사 | 색인지(索引誌)<br>초록지(抄錄誌)<br>데이터 베이스 | 선행기술(先行技術)조사<br>신규성(新規性)조사<br>공지예(公知例)조사<br>침해방지(侵害防止)조사 |
| | 출원인 지정조사 | 출원색인지<br>데이터베이스 | 경쟁기업의 기술동향 파악<br>기술도입선의 기술보유현황 및 기술수준파악 |
| | 분류지정조사 | 분류대조표<br>데이터베이스 | 특정기술분야의 기술개발 동향이나 기술수준 파악 |
| | 번호조회조사 | 번호대조표<br>데이터베이스 | 심사경과파악<br>권리상황파악 |
| | 대응특허조사 (對應特許) | 대응특허리스트<br>데이터 베이스 | 제품 수출입시의 확인<br>라이센스 계약의 체결<br>번역료금의 절약 |

사 규격조사 등이 있으며, 각각 조사의 대상이 되는 자료도 다르다(표 1-17 참조).

조사자료로는 대상이 되는 테마범위가 적은 소규모조사인 경우에는 문헌이나 잡지를 중심으로 한 1차 자료에 의해 진행되지만, 어느 정도 망라성(網羅性)을 필요로 하는 경우에는 초록지, 색인지 등 2차 자료의 대부분이 온라인(on-line)화 되어 있어 기계검색도 가능하므로, 이러한 외부정보서어비스를 잘 활용하는 것이 좋은 방책이다. 일반적인 정보조사의 흐름은 그림 1-2와 같다.

### (1) 사내 소장 문헌·잡지(社內所藏文獻·雜誌)의 이용

식품 및 첨가물에 관련되는 간행물은 대단히 다양하다. 이 중에서 정기적으로 간행되는 것을 열거하면 표1-18과 같다. 이와 같은 간행물은 사내에 소장하는 것을 이용하거나, 없는 경우에는 외부기관에 소장자료를 활용한다.

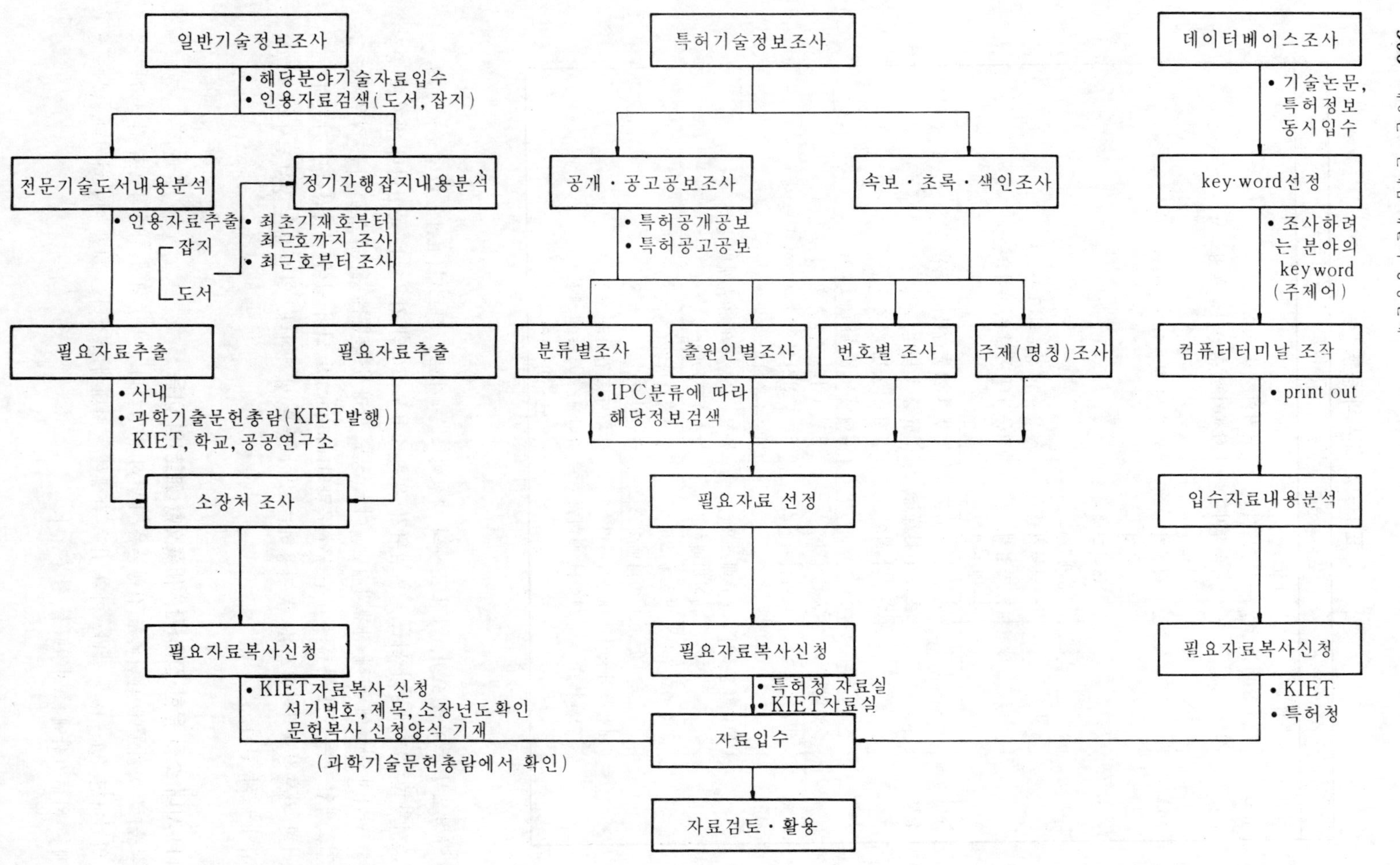


그림 1-2 기술정보조사 흐름도

표 1-18 식품·식품첨가물 관련 정기간행물

| 잡 지 명 | 발 행 처 | 잡 지 명 | 발 행 처 |
|---|---|---|---|
| 식품과학과 산업 | 한국식품과학회 | 日本營養食糧學會誌 | 日本營養食量學會 |
| 식품기술 | 한국식품개발연구원 | 醱酵と工業 | 醱酵工業協會 |
| 식품공업 | 한국식품공업협회 | 日本釀造協會雜誌 | 日本釀造協會 |
| 식품산업 | 월간식품산업 | 缶結時報 | 日本缶詰協會 |
| 식품과 위생 | 식품과 위생사 | 果汁協會報 | 日本果汁協會 |
| 한국식품과학회지 | 한국식품과학회 | 果實日本 | 日本園藝農業協同組合連合會 |
| 식품위생학회지 | 한국식품위생학회 | 食品と低温 | 日本コールドチエーン研究會 |
| 한국생물공학회지 | 한국생물공학기술협의회 | 食品衛生研究 | 日本食品衛生協會 |
| 생화학뉴스 | 한국생화학회 | 味噌の科學と技術 | 全國味噌技術會 |
| 산업미생물학회지 | 한국산업미생물학회 | 食品と容器 | 缶結技術研究會 |
| 미생물과 산업 | 한국미생물학회 | 食の科學 | 農政調査委員會 |
| 미생물과 발효 | 한국종균협회 | 水產ねり製品技術研究會誌 | 水產ねり製品技術研究會 |
| 미생물 학회지 | 한국미생물학회 | 日本食肉加工情報 | 日本ハム・ソーセージ工業組合 |
| 한국영양학회지 | 한국영양학회 | 調理科學 | 調理科學研究會 |
| 영양식량학회 | 한국영양 식량학회 | 學校の食事 | 學校食事研究會 |
| 한국조리과학회지 | 한국조리과학회 | 大豆月報 | 大豆供給安定協會 |
| 한국식문화학회지 | 한국식문화학회 | 香料 | 日本香料協會 |
| 한국낙농학회지 | 한국낙농학회 | 食生活研究 | 食生活研究會 |
| 축산학회지 | 한국축산학회 | 包裝技術 | 日本包裝技術協會 |
| 수산학회지 | 한국수산학회 | 糖業資報 | 精糖工業會 |
| 한국농화학회지 | 한국농화학회 | 精糖技術研究會誌 | 精糖技術研究會 |
| 과학기술 문헌속보 | 산업연구원 | 農流技研會報 | 農產物流通技術研究會 |
| 기술·특허 동향 | 산업연구원 | 冷凍 | 日本冷凍協會 |
| 특허정보 | 산업연구원 | 製菓製パン | (株)製菓實驗社 |
| 특허속보 | 산업연구원 | 蛋白質核酸酵素 | 共立出版(株) |
| 공개특허공보 | 한국특허청 | 食肉界 | (株)食肉通信社 |
| 특허공보 | 한국특허청 | 食品流通技術 | (株)流通システム研究セソター |
|  |  | デイリーアード | アードヅヤーナル |
| 食品工業 | (株)光琳, 日本 | Beverage Japan | ビバリツジジヤパン社 |
| 食品機械裝置 | (株)ビヅネスセンター社 | 油脂 | (株)幸書房 |
| 食品商業 | (株)商業界 | 臨床營養 | 醫齒藥出版(株) |
| 日本食品工業學會誌 | 日本食品工業學會 | 食品と科學 | (株)食品と科學社 |
| 日本水產學會誌 | 日本水產學會 | 營養と料理 | 女子營養大學出版部 |
| 日本畜產學會報 | 日本畜產學會 | パツケージング | (株)パツケージソグ社 |
| 化學と生物 | 學會出版セソター | 酒類食品統計月報 | 日刊經濟通信社 |
| 澱粉科學 | 日本澱粉學會 | 食品につぽン | 食品出版社 |
| 日本農藝化學會誌 | 日本農藝化學會 | 食品と技術 | 食品產業セソター |
| 營養學會誌 | 日本營養振興會 | FUJI MR | 富士經濟 |
| 醱酵工學會誌 | 日本醱酵工學會 | ジャパンフードサイエンス | 日本食品出版(株) |
| 防菌防黴 | 日本防菌防黴學會 | 公開特許公報 | 日本國 特許廳 |
| 食品衛生學雜誌 | 日本食品衛生學會 |  |  |

| 잡 지 명 | 발 행 처 | 잡 지 명 | 발 행 처 |
|---|---|---|---|
| Food technology | Institute of food technologist U.S.A. | Chemical abstracts | American chemical society |
| Food engineering international | Chilton company, U.S.A. | Applied biochemistry & biotechnology | The humana press, Inc. |
| Journal of food processing & preservation | Food & nutrition press, Inc. U.S.A | Biotechnology & bioengine ering | John Wileys & sons |
| Processed prepared food | Gorman publishing | Applied & environmental microbiology | American society for microbiol-ogy |
| Food science and technology a-bstracts | International food information service, U.S.A | Quick frozen foods | Cahners publishing Co. |
| Cereal chemistry | American association of cereal chemists | perfumer & flavorist | Allured publishing Corp. |
| Cereal foods world | 〃 | Internation journal of food sci-ence & technology | Institute of food science and te-chnology, U.K. |
| Journal of agricultural & food chemistry | American chemical society | Journal of dairy research | Cambridge University press, U.K. |
| Journal of dairy science | American dairy science association | Food processing | Techpress publishing Co.Ltd., U.K. |
| Poultry science | Poultry science association, Inc. U.S.A. | Food manufacture | Leonard hill Ltd., U.K. |
| Lipids | American oil chemists' society | Food | United trade press Ltd., U.K. |
| Journal of food biochemistry | Food & nutrition press, Inc., U.S.A | Journal of biotechnology | Elsevier science publishers, Netheland |
| Journal of the American oil chemists' society | Amerrican oil chemists' society | process biochemistry | Turret-Wheatland Ltd. U.K |

### (2) 공공열람소(公共閱覽所)의 소장자료 이용

자사(自社)에 없는 자료는 외부의 공공기관의 소장자료를 활용토록 한다. 기술정보자료를 많이 소장하고 있는 곳은 KIET(산업연구원)와 특허청 자료실이다.

### (3) 정보검색 시스템 이용

세계 각처에서 발생하는 각종 기술정보를 수집, 가공, 처리하여 공급하는 회사에서 만든 데이터 베이스(data base)가 있다(표1-19참조). 이것은 가공, 처리된 정보를 대형 컴퓨터에 입력해 놓은 것으로, 이용자가 자신의 컴퓨터 단말기를 이용, 통신수단을 통하여 직접검색, 활용할 수 있게 만들어진 시스템이다. 이러한 data base를 이용자에게 제공하는 기관이 데이터 뱅크(data bank)이다.

현재 국내에서 이용할 수 있는 정보검색 시스템으로서는 한국데이터통신주식회사의 DNS (Dacom-Net Service)와 산업연구원의 KIETLINE이 있다. 이것을 활용하려면 한국 데이터 통신이나 산업연구원에 회원으로 가입하고 단말기(computer terminal)를 설치하면 된다.

① 한국데이터 통신에서 제공하는 데이터 베이스

표 1—19 식품·첨가물 기술 및 특허관련 데이터 베이스

| 구 분 | 데이터베이스 명 칭 | 내용개요 | 프로듀서 | 벤 더 |
|---|---|---|---|---|
| 식 품 | Food Adlibra | 식품, 식품공업, 미국문헌 중심 | Komp Inf. | DIALOG |
| 식 품 | FSTA | 식품과학, 식품공학문헌 | International Food Information Service | DIALOG<br>SDC<br>JICST |
| 생물공학 | BIOTECHNO-LOGY | 생물공학에 관한 문헌정보 | Derwent | SDC |
| 화 학 | CA,CAOLD Regist-ry/File | Chemical Abstracts 전문, 구조검색 | Chemical Astracts Service | STN |
| 화 학 | CA Search | Chemical Abstracts 서지사항 | Chemical Abstracts Services | DIALOG<br>SDC<br>BRS<br>DATA-STAR<br>JICST |
| 과학기술 전 반 | JOIS | JICST 작성과학기술정보전반 | 일본과학기술정보센터(JICST) | JICST |
| 과학기술 전 반 | NTIS | 미국정부자금에 의한 과학기술 등 연구결과 | NTIS | INKA<br>DIALOG<br>SDC<br>DATA-STAR<br>JICST<br>BRS |
| 과학기술 전 반 | SCISEARCH | 과학기술문헌일반 | Institute for Scientific Information | DIALOG |
| 과학기술 전 반 | SSIE Current Research | 미국 및 미국외에서 공적자금에 의한 연구·개발진행 현황 | Smithsonian Science Information Exchange | DIALOG |
| 전세계특허 | WPI/L | 26개국+2기관특허 등, 서지사항 초출특허영문초록, 내용분류, 대응검색 | Derwent | DIALOG<br>SDC<br>Questel |
| 미국특허 | CLAIMS/ USP ABSTRACT | 미국특허의 서지사항 및 소록의 검색 | IFI/PLENUM | DIALOG |
| 구주특허 | INPI—2 | 구주특허(출원), EUROPCT특허(출원) | INPI | Questel |

| 구 분 | 데이터베이스 명 칭 | 내용개요 | 프로듀서 | 벤 더 |
|---|---|---|---|---|
| | | 의 서지사항및 심사경과 | | |
| 일본특허 | PATOLIS/ KJP | 일본특허(출원)의 서지사항, 공개초록오프라인출력, 공개초록 중 용어코드의 검색 심사경과 | JAPIO | JAPIO |
| 한국특허 | KPTN | 한국공보특허의 서지사항 | KIET | KIET |

데이터통신은 인공위성을 통하여 미국, 일본, 유럽의 데이터 뱅크(data bank)와 이용자의 단말기를 연결하여 주며, 이용자는 이러한 DNS를 통하여 각각의 데이터 뱅크가 소장하고 있는 데이터 베이스 화일(data base file, DB file)중에서 필요한 부분을 열어서 검색을 실시한다. DNS를 통하여 자주 이용되는 데이터 뱅크의 종류로서는 미국의 DIALOG, 일본의 JOIS, 프랑스의 QUESTEL이 있다. 현재 세계최대의 데이터 뱅크는 미국의 DIALOG 이다.

② 산업연구원에서 제공하는 KIETLINE

산업연구원에서는 미국의 CHEMICAL ABSTRACT SERVICE, DERWENT PUBLICATIONS LTD., 미국 상무성 산하 NATIONAL TECHNICAL INFORMATION SERVICE 등에서 제작한 데이터 베이스 화일을 보유하고 있어 온라인(on-line)으로 정보를 제공하고 있다.

#### (4) 전문검색기관에 의뢰

자사의 인력만으로 정보조사가 어려운 경우에는 외부의 전문검색기관에 의뢰하여 조사하면 편리하다. 그러나 이 방법은 회사의 기업비밀이 노출되는 단점이 있다.

### 7.4 특허정보의 분류 및 검색

특허정보는 기술정보로서의 성격을 갖는 동시에 권리정보로서의 성격을 갖고 있다. 기술의 고도화 다양화가 급속히 진전되고 있는 이 때에, 앞으로의 연구개발을 진행하는 데에도 특허정보활동을 빼고서는 불가능하다. 매일 발생하는 국내외의 특허정보를 잘 파악하여 장래의 동향을 예측하고, 그것들을 전략적으로 활용하는 것이 앞으로 기업의 운명을 좌우한다고 하여도 과언이 아니다. 외국의 특허 정보를 포함하여 특허관련정보는 해를 거듭할수록 누적적으로 증가하고 있다. 이와 같은 다량의 특허정보중에서 필요한 정보를 어떻게 취사선택하느냐 하는 것이 특허정보의 활용에서 최대의 과제로 되어 있다.

특허정보는 그 내용에 따라 고유한 번호로 분류되어 있다. 이 분류는 세계각국에서 공통적으로 특허문서의 분류, 검색(檢索)에 사용할 목적으로 설정된 것이다. 이것이 국제특허분류(international patent classification, IPC)로서 IPC의 구성은 A에서 H까지의 8개의 섹숀(section)과 서브섹숀(subsection), 클라스(class), 서브클라스(subclass), 메인그룹(maingroup), 서브그룹(subgroup)으로 전개되어 있다.
IPC의 구성예를 보면 표1-20과 같다.

표 1-20 IPC의 구성예

| 1. 분류상의 의미 | |
|---|---|
| A | section 기호 |
| | subsection |
| A23 | class 기호 |
| A23C | subclass 기호 |
| A23C 1/00 | maingroup 기호 |
| A23C 1/02 | sub group 기호 |

| 2. 표 기 | | | | | |
|---|---|---|---|---|---|
| A | | 23 | C | 11/ 00 | 11/06 |
| Section | Subsection | class | subclass | maingroup | subgroup |
| 생활필수품 | 개인용품 및 가정용품 | 식품 또는 식료품 | 유(乳)제품 | 유대용품 | 유단백질을 함유하지 않는 것 |

* subsection은 기호를 부여치 않으며 section과는 기술을 구별하기 위한 차이임

IPC를 이용하면 특허공보(공개공보, 공고공보, 특허속보 등)에 게재된 특허정보중에서 알고자 하는 해당부문의 정보를 쉽게 검색해 낼 수 있다. 예를 들면 식품·식품첨가물에 관련되는 특허는 A21, A22, A23, C07, C08, C11, C12, C13으로 분류되어 있다(표1-21참조)
IPC는 지금까지 4차에 걸쳐 개정되었으며, 개정판별 표기방법은 다음과 같이 되어있다.

제1판 : Int. Cl

제2판 : Int. $Cl^2$

제3판 : Int. $Cl^3$

제4판 : Int. $Cl^4$

* Int. Cl : International classification의 약자임.

## 8. 신제품개발과 공업소유권

하나의 새로운 상품이 태어나기 위해서는 새로운 기술개발, 새로운 포장디자인, 새로운 상표와 상품명칭 선정 등을 위해서 많은 정신적 노력과 육체적노력 그리고, 많은 경비가 따른

표 1 -21 식품·식품첨가물 분류표

| | |
|---|---|
| A21 베이킹 : 食用가루반죽(doughs)<br>A21D 곡분 또는 반죽의 처리, 예. 보존, 예. 재료의 첨가에 의하는것 : 베이킹 : 베이커리 제품 : 제품의 보존<br>A22 도살(屠殺) : 육처리 : 가금(家禽) 또는 어류의 처리<br>A22C 식육, 가금(家禽), 어류의 가공<br>(보존 A23B:식품용단백질조성물의 채취 A23J 1/ 00 : 어육 및 가금(家禽)의 조제품<br>A23L : 세단(細斷), 예. 육의 절단B02C 18/00단백질의 조정 그 자체C07K 3/00)<br>A23 식품 또는 식료품 : 타류에 속하지 않는 그것들의 처리<br>A23B 식육, 어류, 난류(卵類), 과실, 야채 식용 종자의 보존, 예. 통조림에 의한 것 : 과실 또는 야채의 화학적 숙성;보존, 숙성 또는 통조림제품<br>A23C 유제품, 예. 유, 버터, 치이즈 유 또는 치이즈대용품 : 그것들의 제조<br>A23D 버터대용품 식용유지(채유, 정제, 보존 CIIB : CIIC : 수소첨가 CIIC3/12)<br>A23F 코오피 : 차 : 그것들의 대용품 : 그것들의 제조, 조제 또는 다려내기(코오피 포트 또는 차(茶)포트 A47G 19/14 : 차주입기(茶注入器) A47G19/16 : 코오피 또는 차(茶)를 만드는 장치(裝置) A47G 19/16 : 코오피 또는 차(茶)를 만드는 장치 A47J 31/00 : 코오피빼는 기구 A47J 42/00)<br>A23G 코코아 : 초코렛 : 과자 : 아이스크림<br>A23J 식품용 단백질조성물 : 식품용단백질 끝맺음 : 식용품 인지질 조성물(사료 A23K 의약용단백질조성물 또는 인지질조성물 C07K) | A23L A23B부터 A23J까지에 속하지 않는 식품 식료품 또는 비알콜상 음료 : 그 조제 또는 처리, 예. 가열조리 영양개선 물리적처리(이 서브클라스에는 완전히 포함되지 아니한 식품의 성형 또는 가공 A23P : 식품 또는 식료품의 보존일반<br>A23N 달리 분류되지 않는, 수확한 과실야채 또는 꽃의 구근(球根)을 대량으로 처리하기 위한 기계 또는 장치 : 야채 또는 과실의 피(皮)를 대량으로 벗기기 위한것 : 사료를 조제하기 위한장치<br>C07H 당류 : 그 유도체 : 뉴크레오시드 : 뉴크레오티드 : 핵산(알돈산 또는 당산(糖酸)의 유도체 C07C, D : 알돈산, 당산 C07C 59/105 C07C59/285 : 시안히드린 C07C 121/36 : 글리콜 C07D : 구조불명의 화합물 C07G : 다당류, 그 유도체 C08B : 당 및 전분공업 C13)<br>C08B 다당류, 그 유도체(글리코시드결합에 의하여 상호결합된 5개 이하의 당류기를 함유하는 다당류 C07H : 생물학적 합성 C12D : 발효 또는 효소를 사용하는 프로세스 C12D 19/00 : 당공업 C13:셀룰로우스의 제조D21<br>C11 동물성 및 식물성유, 지방, 지방성물질 및 납 : 그것에 유래하는 지방산 : 세정제 : 양초(식용유 또는 지방조성물 A23)<br>C12 생화학:맥주:주정 : 포도주:미생물학:효소학:돌연변이 또는 유전자공학<br>C13 당공업(다당류 예 전분, 그 유도체 C08B : 맥아C12C) |

다. 이러한 신상품이 시장에 나갔을 때 다른 사람이 그대로 모방한다면 그 동안의 투자가 헛되이 되는 경우가 발생한다. 이러한 문제를 사전에 예방하기 위해서는 새로 개발한 기술, 디자인, 상표에 대해서 법적으로 보호받을 수 있는 조치 즉, 공업소유권의 획득이 필요하다. 또한 이와는 반대로 타인의 공업소유권을 침해해서도 아니되기 때문에 새로운 제품을 개발시에는 관련분야의 공업소유권을, 검토해서 대처해 나아가야 한다. 공업소유권은 형체가 없는 재산권으로, 자유로운 영업 활동을 하기 위해서는 꼭 필요한 권리이다. 이 때문에 신제품개발에 관련되는 사람은 공업소유권의 중요성을 인식하고, 새로이 개발하여 생산판매하는 모든 제품은 반드시 공업소유권을 확보할 수 있도록 한다.

## 8.1 공업소유권(工業所有權)이란

공업소유권이란 어떤기술적 창작(創作)을 한사람이 그 기술내용을 세상에 공개하는 댓가로, 국가가 이들 창작자에게 그 창작기술인 발명·고안을 일정한 기간동안 독점적으로 사용할 수 있도록 보장해 주는 권리이다.

새로운 기술적 창작을 함에 있어서는 많은 정신적 노력과 돈과 시간이 소요된다. 이러한 창작기술을 아무런 댓가의 보상도 없이 공개해야 한다면, 개인이나 기업을 불문하고 새로운 기술개발이나 발명에 시간과 노력을 소비하려고 하지 않을 것이므로, 제도적으로 누구든지 자기의 발명·고안을 세상에 공개하도록 하고, 이에 의하여 관련 산업계의 기술의 진보향상으로 국가산업 발전에 기여한 사람을 적극적으로 보호하도록 한 것이다.

즉, 국가는 창작자와 국민들이 함께 이익을 받을 수 있도록 하기 위하여, 창작자에게는 자기의 발명·고안을 일정기간 독점적으로 사용 토록하여 기술개발에 소요된 비용과 노력의 대가 이상으로 회수할 수 있는 기회를 마련해 주고, 일반 국민은 공개된 발명·고안을 일정한 제한하에 새로운 기술 개발에 이용할 수 있게할 뿐만아니라, 일정한 기간이 지난 후에는 그 창작기술을 누구나 아무런 대가없이 자유롭게 이용할 수 있도록 함으로써 창작자와 일반국민을 함께 보호한다는 것이다. 이 공업소유권은 특허청에 제일먼저 출원한 사람에게 거절사유가 없으면 주어진다.

## 8.2 공업소유권의 종류

공업소유권에는 네가지의 권리가 있다. 즉, 특허권, 실용신안권, 의장권 및 상표권의 총칭이 공업소유권이다. 이 권리는 각각 특허법, 실용신안법, 의장법 및 상표법에 의하여 보호 받는다.

### (1) 특허권(特許權)

특허권이란 새로운 발명(發明)을 한 사람이 특허법의 절차에 따라 그 내용을 사회에 공개한 댓가로, 그 발명의 실시를 일정 기간동안 독점적으로 이용할 수 있도록 발명자에게 국가가 보장해주는 권리가 특허권이다.

여기서 발명이란「자연법칙을 이용한 기술적 사상의 창작으로서 고도의 것을 말한다」라고 특허법에서 정의되어 있다.

특허권의 존속기간은 출원공고가 있는 날로부터, 출원공고가 없는 경우에는 등록한 날로부터 15년이며, 특허발명을 실시하기 위하여 다른 법령에 의하여 허가 또는 등록을 위하여 장시간이 소요되는 경우에는 5년의 기간내에서 존속기간을 연장할 수 있다.

특허권은 재산권이므로 양도할 수 있으며, 전용실시권의 설정, 통상실시권의 허락이 가능하다.

그러나 산업정책적 면에서 특허를 받을 수 없는 발명도 있다.

즉,

① 음식물 또는 기호물의 발명(특허법 개정으로 90년 9월 부터 삭제 예정)

② 원자핵 변환방법에 의하여 제조될 수 있는 물질의 발명

③ 공공의 질서 또는 선량한 풍속을 물란하게 하거나 공중의 위생을 해할 염려가 있는 발명

특허의 요건은 신규성, 진보성 및 산업상 이용가능성 등 세가지를 들 수 있는데, 발명의 신규성은 어떤 발명이 특허가 되기위해서는 우선 다른 사람들에게 공연(公然)히 알려져 있지 않아야 한다. 이를 특허법에서는 신규성이라고 하는데, 발명의 내용이 특허출원전에 국내에 공연히 알려졌거나, 또는 외국에서 발간된 간행물에 기재된 발명은 신규성이 없으므로 특허를 받을 수 없다. 그러나 발명을 시험하거나 간행물에 발표 또는 학술단체에서 문서로 발표하거나 박람회에 출품하였을 경우에는 6개월내에 특허 출원하면 신규한 것으로 인정된다.

발명의 진보성은 창작이 쉽지 않은 것, 즉 공지의 기술로 부터 그 기술분야의 통상지식을 가진 자가 그 기술을 쉽게 창작할 수 없는 경우에, 그 새로운 기술을 진보성이 있는 것이라고 한다.

그리고 산업상 이용가능성이란 앞에서 말한 신규성 및 진보성이 있더라도 산업에 이용할 수 없으면 특허가 되지 않는 것을 말한다. 산업에 이용할 수 있다함은 반복생산에 의한 다량생산을 할 수 있음을 말한다.

특허법에서는 선출원(先出願)한 사람에게 특허권이 주어지기 때문에 발명이 완성되면 즉시 특허청에 출원해야 한다. 일단 출원된 모든 발명은 1년 6개월이 되면 그 내용이 공개(公開)되고, 보통 2년 6개월이 걸려야 심사가 끝나게 된다.

### (2) 실용신안권(實用新案權)

실용신안권이란 새로운 고안(考案)을 한 사람이 실용신안법의 절차에 따라 그 내용을 사회에 공개한 댓가로 그 고안의 실시를 일정기간동안 독점적으로 이용할 수 있도록 고안자에게 국가가 보장해 주는 권리가 실용신안이다. 여기서 고안이란「자연법칙을 이용한 기술적 사상의 창작을 말한다」라고 실용신안법에서 정의되어 있다. 법에서는 특허의 대상인 발명과 실용신안의 대상인 고안이 고도의 창작 여부에 따라 구별되나 실제로는 그 구분이 명확하지 않은 경우가 많다. 일반적으로 기존의 물품을 개량하여 사용가치를 높인 것을 실용신안이라고 한다. 예를 들면 전화기에 있어서 송화기와 수화기가 분리되어 있던 것을 하나로 하여 편리하게

한 것과 같은 형상이나 구조에 관한 기술상의 고안을 말한다. 그래서 특허의 대상인 발명을 대발명, 실용신안의 대상인 고안을 소발명으로 구분하기도 한다. 또 발명은 그 대상이 방법 및 물건 등의 제한을 받지 않는 반면, 실용신안은 반드시 특정품의 물품이 전제되고 있다. 이것이 특허와 실용신안의 차이점이다. 실용신안의 권리존속기간은 출원공고가 있는 날로부터, 출원공고가 없는 경우에는 등록한 날로부터 10년이며 특허처럼 권리 양도는 물론 각종 실시권도 허락할 수 있다.

그러나 실용신안권을 받을 수 없는 것도 있는데

즉,

① 국기 또는 훈장과 동일하거나 유사한 고안

② 공공질서 또는 선량한 풍속을 문란하게 하거나 공중의 위생에 해가 있을·염려가 있는 고안이다.

실용신안도 특허의 특허요건과 마찬가지로 실용신안등록 요건이 구비된 고안만이 등록 받을 수 있는데, 특허와 같이 신규성과 진보성 및 산업상 이용가능성이 있어야만 등록이 가능하다.

### (3) 의장권(意匠權)

의장법에 의하면 의장이라 함은 물품의 형상 및 모양이나 색채, 또는 이들을 결합한 것으로서, 시각을 통하여 미감(美感)을 일으키게 하는 것으로 되어 있다.

의장권은 특허나 실용신안과는 달리 기술적인 효과 발생을 필요로 하지 않는 대신, 의장이 표현되는 물품의 외관으로 부터 시각을 통한 미감 즉, 심미감(審美感)을 느낄 수 있는 경우 이를 새로운 고안으로 인정하여 독점권이 부여되는 권리를 말한다. 의장권의 존속기간은 등록된 날로부터 8년이다. 권리양도 및 통상실시권 허여 등은 특허나 실용신안과 같다.

의장의 등록요건은 공업상 이용가능성, 신규성 및 창작성이 있어야 한다. 이 창작성은 특허나 실용신안의 진보성에 해당되는 것으로서, 출원전에 그 의장이 속하는 분야에서 통상의 지식을 가진 자가 종래의 것으로 부터 용이하게 창작할 수 없는 정도의 것이어야만 창작성이 있다고 인정받게 된다. 이 창작성의 판단은 어디까지나 일반대중의 평균적 수준으로 판단하되, 시각을 통하여 느끼는 객관적 창작성을 기준으로 한다.

그리고 의장과 실용신안의 차이점을 보면, 의장은 물품의 형상 및 모양이나 색채, 또는 이들의 결합으로 이루어지는 외관이 그 고안의 대상이 되는 공업적 의장인데 비하여, 실용신안은 물건의 형상 및 구조 또는 조합으로 이루어지고 물건의 외관보다는 그 내부구조와 효능이 중요시되는 기술적 고안이다.

의장에 있어서도 의장등록을 받을 수 없는 것이 있는데

① 국기, 국장, 군기, 훈장 포장 등과 공공기관등의 표장 및 외국의 국기 및 국장 또는 국제기구의 문자나 표지와 동일 또는 유사한 의장

② 공공의 질서나 선량한 풍속을 문란하게 할 염려가 있는 의장

③ 타인의 업무에 관계되는 물품과 혼동을 가져올 염려가 있는 의장이 이에 속한다.

의장권도 선출원한 사람에게 권리가 주어지기 때문에 의장권의 설정없이 사용시에는 다른 사람이 유사한 의장을 사용하더라도 이를 제지 할 수 없다. 따라서 독점적으로 사용하기 위해서는 권리의 확보가 선행되어야 한다.

(4) 상표권(商標權)

상표법상 상표라 함은 상품을 업으로서, 생산·제조·가공·증명 또는 판매하는 자가, 자기의 상품을 타업자의 상품과 식별되게 하기 위하여 사용하는 기호·문자·도형 또는 이들의 결합(이하 표장(標章)이라 한다)으로 된 것으로서 특별현저한 것을 말한다.

상표는 상품에 부착하기 위한 것이므로 등록출원 시에 그 상표를 어느 상품에 사용한다고, 그 상품을 지정해야 하는데, 지정상품은 53개 분류로 되어 있다. 그리고 서비스표도 출원하여 등록받을 수 있는데, 자타의 서비스업을 식별시키기 위하여 미용업·요식업·오퍼업·식당경영업 등 서비스업을 지정하여 출원해야 한다. 이와같이 상품에 붙이는 것이 상표이고, 상품이 없는 서비스업을 식별하도록 사용하는 표장이 서비스표이다.

그리고 발명·실용신안·의장이 '창작'임을 요하는 반면, 상표는 창작이 아닌 '선택'이라는 점이 특징이다. 그러나 물품의 외부에 표현되어 사용되는 점은 의장과 유사하다. 상표권의 존속기간은 10년이며, 갱신등록에 의하여 연장사용살 수 있어서 반영구적으로 권리를 유지할 수 있는 것도 다른 공업소유권과 다른점이다. 그리고 상표의 특수한 제도로서 연합상표제도가 있는데, 자기 상표와 유사한 상표를 서로 관련시켜 등록해 두어서 상표권이 미치는 범위를 넓혀서 타인의 모방이나 침해로부터 방어토록 하는 것이다.

상표는 다음과 같은 경우에는 등록될 수 없다.

① 보통명칭만으로 된 것

② 상품의 산지, 품질, 원재료, 효능, 용도, 수량, 형상, 가격, 생산방법, 가공방법 또는 시기를 보통으로 사용하는 방법으로 표시한 것

③ 현저한 지리적 명칭, 그 약어 또는 지도만으로 된 상품

④ 흔히 있는 성. 명칭을 보통으로 사용하는 방법으로 표시한 것

⑤ 국기 훈장 등과 동일 또는 유사한것, 적십자, 올림픽 또는 저명한 국제기관의 칭호나 표장과 동일 또는 유사한 것

⑥ 국가 민족 종교를 비방 또는 모욕하거나 악평을 받을 염려가 있는 것

⑦ 공공의 질서 또는 선량한 풍속을 문란하게 할 염려가 있는 것 등등

상표와 의장의 차이점은 의장이 물품의 형상·모양·색채 또는 이들의 결합이 시각을 통하여 미적 감각을 일으키게 하는 것인데 비하여, 상표는 자기의 상품을 타업자의 상품과 식별시키기 위하여 사용사는 기호·문자·도형 또는 이들의 결합으로서 특별현저한 것을 말하고, 또 의장은 물품의 외관에 직접 표현되는 것인데 반하여, 상표는 상품에 직접사용하는 외에 간접적으로 상품의 용기나 포장물, 또는 거래서류, 광고 등에도 사용되는 것이 다르다. 또 의장은

창작에 의하여 만들어지는 것이나, 상표는 창작임을 필수요건으로 하지 않고 선택에 의해서 만들어진다.

상표권도 선출원한 사람에게 권리가 주어지기 때문에 상표권의 설정없이 사용시에는 다른 사람이 유사한 상표를 사용하더라도 이를 제지할 수 없다. 따라서 독점적으로 사용하기 위해서는 권리의 확보가 선행되어야 한다. 이와는 반대로 등록이 안된 상표를 사용시에는 다른 사람의 권리를 침해하는 결과가 발생될 위험성이 있으므로, 상표를 선택하여 사용할 때에는 그 상표와 동일 또는 유사한 상표가 이미 특허청에 등록되어 있는지를 조사해야 한다.

## 8.3 타인의 공업소유권 침해 예방

애써서 개발한 제품에 대한 권리확보로 타인(他人)의 모방을 막는 것도 중요하지만 타인이 갖고 있는 권리를 침해해서도 아니된다. 신제품개발 또는 기존제품의 변경시에 권리로서 등록되지 않은 특허, 의장 또는 상표를 사용시는 타인이 권리를 침해하는 결과가 발생될 위험도 있다. 따라서 타인이 갖고 있는 권리를 침해하지 않도록 하기 위해서는 신상품개발시에 개발하려는 관련제품과 동일 또는 유사한 특허, 실용신안, 의장 및 상표권에 대하여 선출원(先出願), 선등록(先登錄)을 한 사람이 있는지의 여부를 조사할 필요가 있다. 조사방법은 공업소유권에 관련되는 공개공보(公開公報), 공고공보(公告公報) 및 등록원부(登錄原簿)의 해당부문을 찾아보아 선출원 선등록자가 있는지를 조사한다.

그러나 이것만으로 완벽한 조사가 되는 것은 아니다. 특허와 실용신안은 출원후 1년 6개월이 지나야만 공개되기 때문에 공개되지 않은 것은 알 수 없다. 또한 의장은 출원후 등록시까지는 1년이 소요되나 등록되기 이전에는 어떤 것이 출원되었는지 알수 없으며 상표의 경우는 출원후 1년정도 되면 출원공고공보에 게재되기 때문에 그 이전까지는 그 내용을 알수가 없다. 이 때문에 완벽한 조사가 되기 위해서는 특허·실용신안은 최소한 1년6개월, 의장·상표는 1년의 시간이 필요하다.

따라서 신상품에 관련되는 공업소유권은 개발단계에서 출원하되 출원한 내용이 타인의 권리에 저촉되는지의 여부를 계속 검색(檢索)해야 하고 예상되는 문제점이 없을 때에 비로서 신상품을 시장에 내보내도록 하는 방법이 타인의 권리를 침해하지 않는 최선책이나 부득이한 경우에는 출원후에 출시(出市)토록 한다.

# 제2장
# 식품공장의 설계 · 시공

식품공업은 농수축산물을 주원료로하여 여기에 물리적, 화학적, 물리화학적, 또는 생물화학적 변화를 주어서 본래 가지고 있는 특성을 그대로 살리고, 변패되기쉬운 식품에서는 저장성을 높이는 공업으로, 장치적으로는 화학공학적인 단위조작(單位操作, unit operation)의 조합이 주체가 된다.

식품공장의 품질관리의 주된 대상은 4M(man, machine, material, method)으로, 업종과 회사의 특성에 따라 4M의 비중은 달라진다. 중소기업이고 노동집약적인 공장일수록 man(사람)의 비중이 크고, 대기업이고 장치산업적인 공장에서는 machine(기계), method(방법, 공정)의 비중이 커지게 된다. 따라서 식품공장의 설계도 이러한 점을 고려할 필요가 있다.

공장설계는 효율적이고 합리적인 공장을 건설하기 위해서, 공장설계에 관련되는 모든 인자(표2-1)를 최적의 상태로 계획 및 조정하는 것이다. 공장설계가 잘못되면 원천적으로 품질

표 2-1 공장설계인자

| 구분 | | 항목 |
|---|---|---|
| 기술적인자 | 개발 | 공정연구, 원료연구, 공정의 선택, 소규모, pilot 공장 |
| | 위치 | 시장, 수송, 원료, 인력, 용수, 전기, 유티리티, 경제적 상호관계, 땅의 자연특징, 폐기물처리, 소요건물 |
| | 건물 | 기초, 배수, 건축형태, 공기조화, 조명, 전기, 소방설비, 위생 |
| | 설비 | 사용형태, 표준설계, 특별설계, 재질, 규격, 배치 및 입면도, 부대설비, 관리, 위험 |
| | 공정도 | 재료 흐름, 공정 흐름, 물질 수지, 에너지수지, 물질취급, 저장, 증설, 소요인력 |
| | 시장 | 사용형태, 품질, 수량, 이용가능성, 수입, 수출, 관세, 무역협정 |
| 경제적인자 | 원가 | 원료, 연료 및 전기, 용수, 작업장, 판매, 노동력, 감독, 선적, 감가상각, 세금, 보험, 자본비용, 보수유지, 폐기, 자연적인 이점, 광고가치 |
| | 위험 | 보험료증가, 제조원가상승, 품질손상, 제품손실, 인력손실, 신체장해클레임 |
| 안전 및 위생인자 | 위험 | 화재, 폭발, 정전기, 독물증기, 분해, 붕괴, 라인누설, 환기, 조명, 배관, 건설, 철거 |
| | 위생 | 폐기물처리, 하수처리, 음료수, 배수 |
| 법율적 인자 | 특허 | 제품, 공정 및 설비형태, 유효 또는 소멸, 이용가능성(대여, 구입) |
| | 공공관계 | 법, 공해(수질, 대기, 소음 진동) |
| | 계약 | 판매 및 구매, 부동산, 보험 |

보증은 어렵게 된다. 일반적으로 식품공장을 설계하는 경우는

- 기존공장의 증설
- 기존공장의 개량
- 기존공장의 공정을 새로운 공정으로 전환
- 다른 회사에서 생산하고 있으나 그 기업은 처음으로 기업화
- 전혀 새로운 신제품을 처음으로 기업화

등의 경우이나, 공장설계를 잘하고 잘못함에 따라 그 결과는 엄청난 차이가 발생하기 때문에, 모든 입장에서 신중하게 검토해서 결정해야 한다.

# 1. 공장설계

## 1.1 공장설계 절차

공장설계의 일반적 절차는 공정설계(工程設計), 장치설계(裝置設計), 구조물설계(構造物設計) 등의 순서로 진행된다. 공장설계 절차중에서 가장 핵심적인 것은 기본공정 설계 단계이다. 이 단계에서 공정이 결정되어 공정도, 물질 및 에너지 수지, 대략적인 장치의 선정과 배치가 끝나고, 공사비가 예측되면 종합적인 예비 경제성 평가가 이루어 진다. 공정설계시에 사용되는 용어의 개념에 대해 설명하면 다음과 같다.

### (1) 제조공정도(manufacturing process flow diagram)

제조공정도는 공정의 흐름순서를 단위공정(unit process)으로 나타낸 그림으로, 이것을 보면 개략적인 제조방법과 설비를 알 수 있다. 이 공정도는 공정설계의 첫 단계에서 작성되며, 이것을 작성하기 위해서는 활용할 수 있는 문헌이나 시험자료 등이 반드시 있어야만 가능하다. 공정도에는 정성적(定性的)인 것, 정량적(定量的)인 것 및 정성적인 것과 정량적인 것이 혼합된 것이 있다(그림 2-1, 2-2).

정성적인 공정도에는 공정설비나 공정단계마다 원료의 흐름, 단위조작, 필요설비, 운전온도 및 압력 등에 대한 정보가 표시되고, 정량적인 공정도에는 공정조작에 필요한 원료의 수량이 나타나 있다. 이 공정도는 공정별로 물질 및 에너지수지를 나타내는데도 이용된다.

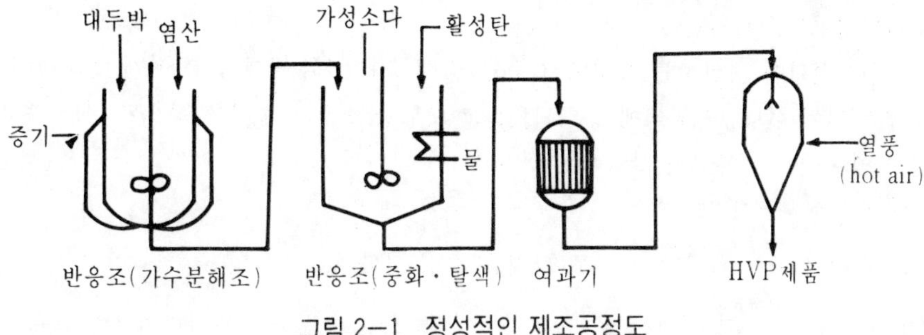


그림 2-1 정성적인 제조공정도

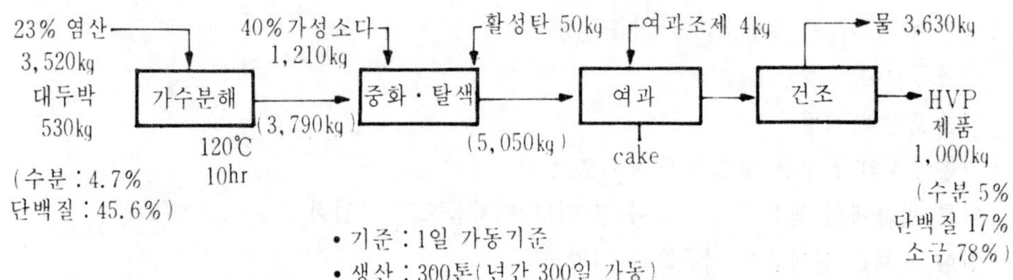


그림 2-2 정량적인 제조공정도

(2) 물질 및 에너지 수지(material and energy balance)

물질 및 에너지 수지는 제품을 만드는 데 들어가는 원부재료 및 에너지와 제품생산량과의 관계를 공정별로 수지(收支, balance)를 작성한 것으로, 이것을 보면 어떤 공정에서 어떤 재료와 에너지가 얼마나 필요한가를 알 수 있다. 이 수지는 하루 또는 단위제품당의 원부재료 및 에너지량으로 나타냄으로서 수율과 원단위(原單位)를 알 수 있다.

이 수지는 처음으로 공정을 설계시 필요한 설비의 크기와 수량을 계산해 내거나 일상적인 공정관리의 기초자료가 되기때문에 식품공업에서는 대단히 중요하다. 물질수지는 새로운 공정의 개발단계에서 추정되고, 파이로트 프랜트(pilot plant) 시험으로 개선되며, 계속 생산함으로서 관리지표로서 유지된다. 공정의 변화가 있을 때 물질수지는 다시 설정해야 한다. 물질과 에너지수지는 질량보존(質量保存)의 법칙으로 간단히 설명된다. 만약 공정에 축적이 없으면 공정에 들어간 것은 반드시 나온다.

즉,

질량수지(mass balance)는

질량투입(mass in) = 질량산출(mass out) + 질량축적(stored mass)

으로 나타낼 수 있고

물질수지(material balance)는

원료(raw materal) = 제품(product) + 재공품(stored product) + 폐기물(waste product)

으로 나타낼 수 있다.

예를 들면, 설탕을 생산하는 공장에서 원당(原糖, 사탕수수에서 즙을 짜서 농축하여 결정화한 정제가 덜된 설탕)이 공정에 투입되면, 그 투입한 원당의 총량은 정제된 설탕 총량과는 맞지 않고 액체중에 남아있는 설탕과 손실(loss)이 있다.

이것을 식으로 나타내면

원당 = 정제설탕 + 재공품 + 부산물(당밀) + 손실 이다.

물질수지는 총질량, 건조고형물의 질량 또는 특정 성분의 질량에 의거하여 작성할 수 있다.

작성기준 및 단위는 회분 시스템(batch system)에서는 공정에 들어간 원부재료의 질량으로, 연속공정에서는 시간(한시간, 하루 등)당의 어떤 질량으로 나타낸다.

예제 1 30%의 설탕용액을 1,000㎏/Hr의 유량으로 증발관(evaporator)에 투입하여 50%의 설탕용액으로 농축(concentration)하려고 한다. 어느 정도로 물을 증발시키면 되는가. 또 이 때 50% 설탕액의 유량은 얼마인가.

답 예제의 내용을 그림으로 표시하면

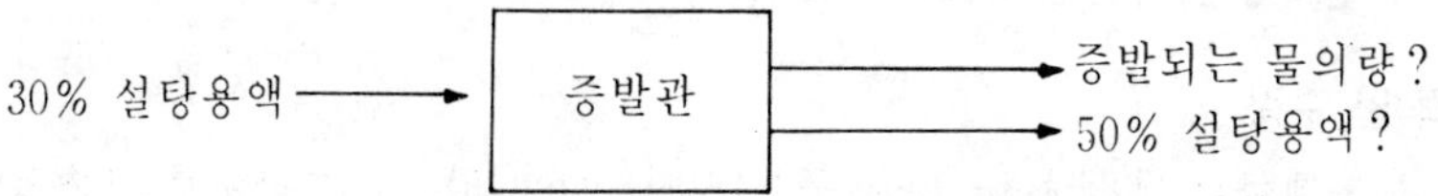


증발되는 물의 량을 x, 50% 설탕용액의 량을 y라 하면

· 전체의 물질수지는

30%설탕용액 (1,000㎏/Hr) = 증발되는 물의 량 (x㎏/Hr) + 50% 설탕용액 (y㎏/Hr)

· 물 성분의 물질수지는

$1,000 \times 0.7 = x \times 1.0 + y \times 0.5$

상기의 물질수지식

$$\begin{cases} x + y = 1,000 \\ x + 0.5y = 700 \end{cases}$$

을 풀면, x=400, y=600이 된다.

∴ 증발되는 물의 량은 400㎏/Hr으로 하면되고, 50% 설탕액의 유량은 600㎏/Hr으로 된다.

예제 2 80℃의 식용유가 시간당 6,000㎏의 유량(流量)으로 나오는 공정이 있다. 이 식용유를 열교환기를 써서 30℃로 냉각하려고 한다. 냉매(冷媒)는 20℃ 냉각수를 사용하고, 배출되는 냉각수의 온도는 50℃로 하려고 한다. 어느 정도의 냉각수가 필요한가.

단, 공정에서는 단열(斷熱)이 잘 되어 열 손실이 없는 것으로 하고 식용유 및 냉각수의 평균비열은 각각 0.5Kcal/㎏.℃, 1.0Kcal/㎏.℃인 것으로 한다.

답 예제의 내용을 그림으로 나타내면

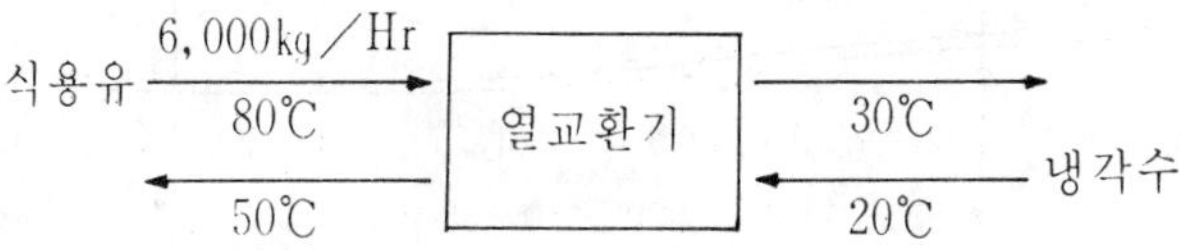


열수지(heat balance)는 공정에서 열 손실이 없으므로

식용유가 빼앗긴 열량 = 냉각수가 빼앗은 열량

· 식용유가 빼앗긴 열량

6,000kg/Hr×0.5Kcal/kg.℃×(80−30)℃

· 냉각수가 빼앗은 열량

냉각수량(kg/Hr)×1.0Kcal/kg.℃×(50−20)℃

6,000×0.5×50=냉각수량×1.0×30

∴ 냉각수량=5,000(kg/Hr)

냉각수의 필요량은 시간당 5,000kg 이다.

### (3) 설비규격 및 수량

제조·가공하려는 제품의 단위당(kg. t. $m^3$ 등), 뱃지(batch)당, 또는 하루를 기준으로 물질 및 에너지수지를 작성하고, 공정의 조작조건과 그 결과를 추정하면 필요한 설비의 규격과 수량을 계산해낼 수 있다. 이 때 설비별 사이클 타임(cycle time)이 필요하다. 사이클 타임이란 회분공정(batch process)에서는 1뱃지 작업하는 데 소요되는 시간으로, 이 시간에는 가동준비시간, 가동시간, 가동이 끝난 후 청소 및 점검시간 등이 포함된다. 예를 들면 사이클 타임이 10시간이라면 같은 설비로 작업시 10시간 간격으로 작업이 이루어지는 것을 뜻한다.

설비규격과 수량은 생산능력, 공정능력 및 투자비와 직접적인 관련성이 있기 때문에 세심한 검토가 있어야 한다. 설비규격과 수량을 표로 나타낸것이 설비리스트이며, 일반적으로 저장조, 반응조, 기계류, 펌프류, 유티리티, 밸브, 배관, 계장설비 등으로 구분해서 규격과 수량을 표시한다. 설비리스트 작성시에 설비마다 고유 코드번호를 부여해 주면 P&ID 작성시에 큰 도움이 된다. 식품공장은 회분공정과 연속공정이 혼합되어 있기 때문에, 어느 한 공정에서 트라블(trouble)이 생기면 반제품처리와 설비의 청소 등으로 모든 공정이 가동 할 수 없는 경우가 있으므로, 공정간에 균형이 이루어 지도록 하는 소위 라인수지(line balance)를 위한 필요설비를 추가할 필요가 있다.

**표 2-2 설비리스트 사례**

| No. | 이 름 | 규 격 | 수 량 | 비 고 |
|---|---|---|---|---|
| F−1 | 종배양(seed)조 | SUS 304, 1060$\phi$×2300$^h$mm<br>3.7 kW×150rpm | 1 | 2$m^3$ |
| V−2 | 저장조 | SS−41+RL, 2400$\phi$×3500$^h$ | 1 | 15$m^3$ |
| E−15 | evaporator | −730mmHg, 증발량 500l/h<br>SUS 316L, 3.7kW×10~30rpm | 1 | 5$m^3$ |

사례 1 어떤 식품공장에서 게맛이 나는 조미료를 하루에 10톤 생산하려고 한다. 제품생산에 필요한 원료 20가지(게 에끼스, 소금, 설탕, 양파가루, 마늘가루 등)는 모두 외부의

다른 회사에서 임가공시켜 사용토록 계획하고 있다. 조미료를 제조하는 공정은 이들 원료를 혼합하는 공정을 거쳐야 한다. 물질수지로 볼 때 이 공정에서 처리해야 할 물량은 하루에 11톤이다. 이 혼합공정에 필요한 혼합기의 규격 및 필요 대수를 구하시오.

**단,** • 혼합기는 회분(batch)식으로 batch당 작업량은 200㎏, 1뱃지 작업하는 데 소요되는 시간은 40분(원료투입 5분, 혼합시간 20분, 배출시간 5분, 청소 및 점검시간 10분)이다.

• 하루 실 작업시간은 8시간이다.

1. 설비규격

· 설비재질

소금을 사용함으로 부식성이 강하므로 혼합기 내부에서 제품과 접촉하는 부분은 SUS 316L로 함

· 작업용량

혼합기의 실 작업용량은 200㎏, 리본타입으로 함.

2. 혼합기의 필요대수

· 혼합기 1대로 1시간에 처리하는 물량

200(㎏/대)÷40(분)×60(분／시)=300㎏／시 · 대

· 혼합기 1대로 8시간에 처리하는 물량

300(㎏/시 · 대)×8(시간／일)=2,400㎏／일·대

∴ 필요 혼합기의 대수는

11,000(㎏／일)÷2,400(㎏／일·대)=4.58대⇨5대

사례 2 포도당을 원료로 하여 뱃지식의 발효법으로 어떤 아미노산을 하루에 30톤 생산하려고 한다. 현재의 발효조 설계 기술 수준으로는 용량이 100㎥인 발효조의 제작은 가능하다. 물질수지에서 볼 때 하루에 30톤의 제품을 만들기 위해서는 발효공정에서 하루에 37.5톤의 아미노산을 만들어야 한다. 필요한 발효조의 기수를 구하시오.

단, 1㎥의 pilot 발효조에서 시험결과는 평균적으로 다음과 같다.

· 발효완료액중 아미노산 농도 : 100g／ℓ

· 발효조의 사이클 타임 : 40시간

· 발효조의 작업가능한 용적률 : 65%

1. 발효조규격

· 재질 : SUS 304

· 크기 : 4,000$\phi$×8,000$^{h}$mm, 100kW×110rpm

2. 발효조의 필요기수

· 발효조 1뱃지 작업시(40시간)생산할 수 있는 아미노산 량

100(㎥/B/T)×65(%)×100(g／ℓ)=6,500(㎏/B/T)

· 하루를 기준으로 한 1뱃지의 생산량

6,500㎏/B/T÷40(시간/B/T)×24(시간/일)=3,900(㎏/일)

· 아미노산 37.5톤을 생산하기 위한 발효조 수는

37.5(톤/일)÷3.9(톤/일)=9.6⇨10기

(4) 타임 스케줄(time schedule)

타임스케줄이란 공정 또는 설비에 대한 시간계획으로, 일반적으로 간트 차트(Gantt chart) 모양의 그림으로 공정순서에 따라 공정 또는 설비별로 작업간격(operation cycle time)을 나타낸 것이다(그림 2-3참조).

**타임스케쥴의 시간은 설비별로 실제가동시간 외에 작업준비시간, 사용 후의 청소 및 점검·보수 시간 등이 포함된 것이다. 타임스케쥴은 공정설계시 관련되는 설비의 용량을 계산하기 위해서 필요하다. 또한 타임스케쥴은 원료가 투입되어서 제품이 언제 나오는지를 알 수 있고, 일상적인 공정관리에서는 공정의 진도관리, 설비관리에서는 점검, 보수 및 예방조건 계획을 세우는데도 활용된다. 이 외에 유틸리티의 부하(負荷)를 체크하여 부하의 분포를 조정하는 데도 이용된다.**

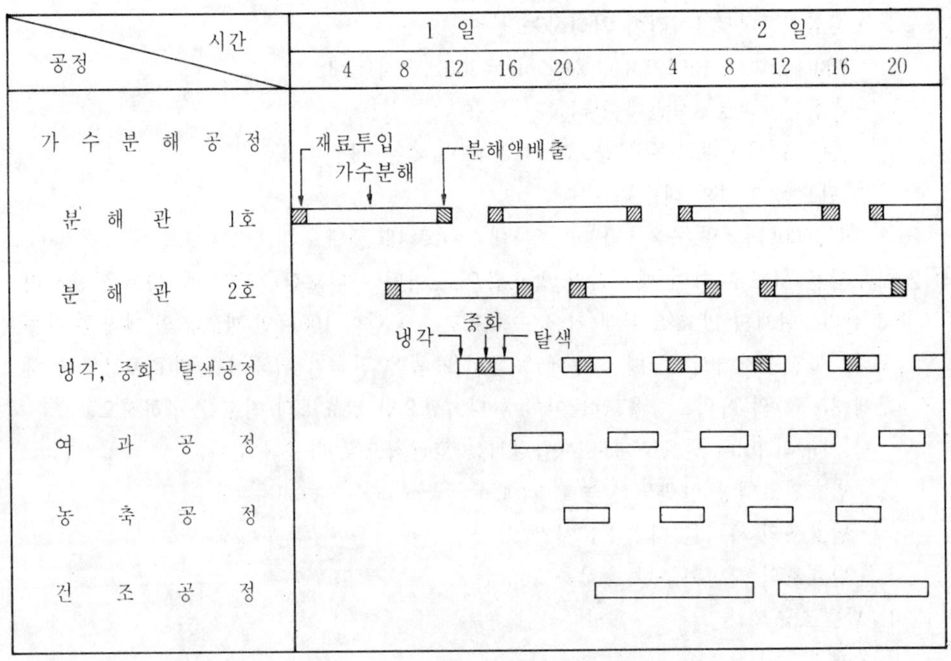


그림 2-3 HVP 제조타임·스케쥴

예를 들어 식품공장에서 많이 사용하는 증기(steam)에 대하여 설명하면, 타임스케줄에 그 시간대에 걸리는 부하의 양을 숫자로 기입해서 공정 또는 설비별로 같은 시간에 걸리는 부하를 합해보면, 어떤 시간에는 부하가 최대로 걸리고 어떤 시간에는 최소로 걸린다. 이 부하의 차이가 큰 경우에 이것을 잘 조정하면 합리적인 설비능력결정으로 투자비를 줄이고 설비의 가동효율도 좋게 할 수 있다(그림 2—4참조).

(단위 : 톤/hr)

| 공정 \ 시간 | 4 8 12 16 20 4 8 12 16 20 |
|---|---|
| 가수분해공정 | |
| 분해관 1 호 | 6 6 6 6 |
| 분해관 2 호 | 6 6 6 |
| 냉각·중화·탈색공정 | |
| 여과공정 | |
| 농축공정 | 3 3 3 3 |
| 건조공정 | 9 9 |
| 합계 | 6 6 6 12 12 6 6 12 9 9 21 24 18 17 21 18 9 21 24 18 15 21 18 |
| | 6 6 6 12 12 6 6 12 6 9 17 21 18 18 21 15 18 15 21 18 18 21 15 18 |

그림 2—4 HVP 제조시의 증기부하

### (5) 시설 및 설비의 배치(lay out)

공정도와 물질 및 에너지 수지의 작성, 그리고 설비규격 및 수량이 결정되면 상세배관구조 및 전기계획이 시작되기 전에 단위공정의 배치 및 이들 단위공정안에 설비가 계획되어야 한다. 이 배치계획을 할 때에는 안전성, 경제성, 조작성 및 유지관리의 난이 등을 검토하는 외에, 향후 증설될 것을 감안해야 한다. 또한 최근에는 공장을 소비자에게 공개하는 경우가 흔히 있기 때문에 공장견학을 위한 통로도 고려할 필요가 있다.

공장배치(plant layout)에는 공장건물, 구축물 등 공장전체를 나타내는 배치와, 건물내에 있는 공정구획(process section) 또는 기기종류별 블록(block)으로 나타내는 배치가 있다. 블록으로 나타내는 배치는 공정구획이나 설비를 축척(縮尺)하여 작은 그림으로 나타낸 평면도로서, 면적배치그림(area-allocation diagram), 골격평면도(skeleton floor plan), 블록프랜(block plan) 또는 프롯프랜(plot plan)이라고도 한다. 이 그림으로 기계장치가 설치되는 공장의 건물면적을 계산해 낼수 있다.

배치에는 두가지 방법이 있다. 그 첫번째는 용기, 반응기, 열교환기, 칼람(colum), 펌프 등의 설비를 운전 및 유지관리가 용이하게 끔 구획된 장소의 한 곳에 몰아서 배치하는 방법이고, 두번째는 공정의 흐름에 따라서 관련되는 설비를 배치하는 방법이 있다. 그러나 전자의 배치방법은 유사한 단위설비의 수가 많은 큰 공장에서 흔히 이용된다. 배치시에는 작업의 흐름을 잘 파악하여 작업상의 생산 효율이 높도록 동선(動線)을 고려하여 배치토록 한다.

배치도(配置圖)는 일반적으로 평면도로 나타낸다. 배치는 건설비 및 운전경비에도 영향을 미치기 때문에 신중히 고려해서 확정해야 한다. 특히, 많은 기계장치로 구성되어 있는 장치공업에서는 배관비가 총공사비의 20~30%를 차지할 뿐만아니라 에너지손실 및 잡균오염(雜菌汚染)등의 문제를 예방하기 위해서 배관거리는 짧도록 배치하고, 가급적이면 수평배관을 하지 않고 중력을 이용할 수 있도록 배치하는 것도 에너지절감을 위해 필요하다.

공장배치는 일상의 반복업무와는 달리 아주 드물게 발생하는 일이고, 표준화된 것이 없을 뿐만 아니라 공장이 일단 건설되면 대폭적인 개조는 거의 불가능하다는 점 등이 공장배치시에 직면하는 어려움이다. 따라서 공장의 배치는 해당식품의 제조·가공 공정을 잘 아는 전문가들의 견해와 기업의 모든 힘을 모아서 검토할 필요가 있다. 공장배치의 효율을 높이기 위해서는 실물을 축소하여 만든 모델(model)을 이용하면 대단히 유용할 경우가 있다.

#### (6) 공정 및 계장 그림(process and instrument diagram, P&ID)

기기의 배치가 끝나면 공정의 흐름에 맞춰 배관 및 공정을 제어하는 계장설비에 대한 설치계획을 세우게 된다. 공정 및 계장그림은 공정전체 또는 일부공정의 기계, 반응조, 저장조 등의 설비에 배관과 계장을 상세하게 표시하여 평면 또는 입체적으로 그린 그림으로, MFD(mechanical flow diagram), engineering flow sheet 또는 piping flow diagram 이라고도 한다.

P&ID는 공정이 많은 경우에는 대단히 복잡하기 때문에 이것보다 대폭적으로 간소하게 주요기기, 계장 및 배관만 나타내는 경우가 있다. 이 그림을 SFD(simplified flow diagram)라고 한다. P&ID를 그릴시에는 반응조, 저장조 등의 설비는 그 모양을 축소해서 나타내며, 배관은 배관의 크기, 밸브(valve)는 그 종류 및 크기, 온도계, 압력계, 유량계 등의 계장설비는 그것을 구별해서 알아볼 수 있는 기호로 나타낸다. 또한 반응조, 저장조 등의 설비에도 고유한 코드(code)를 부여해서 표시토록 한다.

코드부여의 예를 들면 용기(vessel)는 V, 반응조(reactor)는 R, 칼람(column)은 C 등으로 나타낸다. P&ID에 부여한 코드는 해당설비리스트의 코드와 일치시키면 설비규격 및 수량을 확인할 경우에는 유용하게 활용할 수 있다. P&ID는 기기, 배관 및 계장설비 등의 수량과 설치위치를 확정하는 데 필요할 뿐만 아니라, 시공자의 경우는 공사수행의 이정표로서 기계, 전기, 배관, 계장 및 공정기술자의 경우에는 공사관리의 자료로서 활용된다. 이 자료가 잘 작성되어 있으면 시공이 용이하지만, 그렇지 않은 경우에는 많은 시행착오로 공사가 지연되고 공사의 질을 떨어뜨리는 결과를 초래한다. 따라서 P&ID를 확정하는 데는 관련되는 기술자들이 모여, 중지를 모아 검토할 필요가 있다. 이 때 검토효율을 높이기 위해 실물을 축소해서 만든 모델을 활용하면 큰 도움이 된다.

## 1.2 공장설계의 종류

공장설계는 기본설계와 상세설계로 크게 구분한다.

#### (1) 기본설계(基本設計, basic design)

기초연구개발 및 문헌조사 등을 통해서 입수한 데이터를 바탕으로 공장의 전체개요를 나타낸 자료로서, 다음과 같은 항목이 포함되어 있다.

· 제조공정 · 물질 및 에너지 수지 · 조작조건 · 소요원료 및 제품특성 · 생산수율 및 원단위 · 공장규모 · 주요시설 및 장치 · 공장배치 · 유티리티 · 공장입지 및 대지 · 공사비

이상의 자료를 기초로 하여 기술적 경제적인 요소에 대하여 예비사업성검토(prefeasibility study)를 실시한다.

### (2) 상세설계(詳細設計, detailed design)

기본설계자료로서 예비사업성검토결과 사업성이 있다고 판정되면 상세설계에 들어간다. 이 상세설계는 공사실시에 필요할 뿐만아니라 시공자가 공사비를 산출할 수 있을 정도의 설계도가 되어 있어야 한다. 따라서 정확한 설계데이터를 얻기 위해서 경우에 따라서는 파이롯 프랜트(pilot plant)규모의 보완시험이 필요하고, 여기에서 얻은 자료를 갖고서 최종적으로 기본설계에서 검토되었던 항목 하나 하나에 대하여 확정하고, 소요시설 및 장치를 결정한다. 상세설계서에는 다음과 같은 항목이 포함된다.

· 제조공정 · 물질 및 에너지 수지 · 조작조건 · 소요원료 및 제품특성 · 생산수율 및 원단위 · 공장규모 · 가동률(가동일수, 사이클 타임) · 주요시설 및 장치 · 공장배치 · 공정 및 계장그림 · 유티리티 · 공장입지 및 대지 · 건물상세설계서(배치도, 평면도, 입면도, 단면도, 구조설계도, 급배수, 공조, 전기, 기타의 설비설계도, 옥외시설, 조경설계도 등) · 설비별 상세설계서(재질, 용량, 수량 등 결정근거, 설비배치도) · 계산서(구조계산, 열부하, 조명조도 등 시설계산서, 설비용량 및 기계대수결정 등 설비계산서, 기타계산서) · 공사예산서(표준이 되는 공사비로서 설계자가 산출한 조서) · 시방서(시공자에 대한 지시사항으로 설계도에 표시할 수 없는 부분을 글이나 표로 나타낸 것)

이상과 같은 자료를 근거로 정확한 비용 및 원가가 결정되면 공장계획이 완성된다.

## 1.3 건설비의 추정

공장건설비를 추정하는 방법은 크게 나누어 상세견적법(詳細見積法)과 개략견적법(概略見積法)이 있으나, 그 어떤 방법도 이용할 수 있는 상세정보가 있어야만 가능하다. 대표적인 방법을 간단히 설명하면 다음과 같다.

### (1) 상세항목견적법(detailed-item estimate)

공장시설이나 설비 하나 하나에 대한 완성된 도면과 규격에 따라 건설비를 추정하는 방법이다. 가격은 현재의 원가자료나 이미 건설된 자료로 산출된다. 설치비는 정확한 인건비를 인·시(人時, man·hour)로 부터 결정되고, 엔지니어링 제도 및 현장감독인시도 같은 방법으로 상세히 산출할 수 있다. 이 방법에 의한 건설비의 추정은 완성된 도면과 규격을 제시하여 납품업자의 견적을 받음으로서 확실해 진다.

### (2) 개략견적법

개략견적은 공정의 비교검토용으로 단시간에 완전한 자료나 정보가 없이 추정하는 방법

이다.

① 단위원가견적법(unit cost estimate)

이 방법은 과거의 원가기록자료가 있어야만 예측이 가능하다. 즉, 동일의 제품을 동일공법으로 제조하는 경우 단위당의 생산량에 대한 건설비를 알고 있을 때 채용될 수 있기 때문에, 샤내에서 공장을 증설하거나 입지를 바꾸어 건설할 때 이용할 수 있다.

건설비＝단위생산량당의 건설비×월간생산량

② 생산능력비에 0.7승법(0.7 power factor applied to plant capacity ratio)

동일한 제품을 생산하는 공정에서는 생산능력이 다른 공장의 건설비를 알고 있으면 타공장의 건설비는 Williams의 six-tenth factor로서 계산할 수 있다.

Williams 식은

$\frac{C_2}{C_1}=(\frac{P_2}{P_1})^n$으로 나타낸다.

이 식에서 n은 지수로서 Williams의 경우는 0.6으로 하였으나 각 공장기기에 독특한 값이 있다. 일반 식품공장에서는 n＝0.7로 계산한다.

$C_1$＝생산능력 $P_1$의 공장 건설비
$C_2$＝생산능력 $P_2$의 공장 건설비

③ Lang 계수법(Lang factors approximation of capital investment)

개략적인 공장건설비의 추정에 이용되는 방법으로서 기본설비원가에 일정계수를 곱해서 산출한다. 이 방법에서도 주요 기계의 기종 및 능력과 제작비를 알아야 계산해 낼 수 있다.

건설비＝기계제작비×Lang 계수

Lang 계수는 공정에 따라 다르다.

| 공정 | 계수 |
|---|---|
| 고체취급공정 | 3.9 |
| 고체와 유체취급공정 | 4.1 |
| 유체취급공정 | 4.8 |

④ 구입설비원가의 백분률법(percentage of delivered-equipment cost)

구입설비원가에 대한 백분률로서 예측하는 방법이다. 즉, 본 방법은 주요설비 본체의 원가(A)를 기준으로하여 여기에 원가를 구성하는 본체비 이외의 항목에 일정의 계수를 곱하여 적산(積算)하는 방법이다. 이 방법은 과거의 자료가 있으면 추정이 가능하나. 없을 경우에는 견적의 정밀도가 중요한 관건이 된다. 자료가 부족시에는 장치를 만드는 곳에서 정보를 얻는다. 발효공장의 경우에 예를 들면 다음과 같다.

| | | | |
|---|---|---|---|
| · 본체비 | A | · 운반 및 설치공사비 | 0.05A |
| · 전기설비 및 공사비 | 0.3A | · 보온 및 보냉공사비 | 0.05A |
| · 계장설비비 및 공사비 | 0.3A | · 도장공사비 | 0.01A |
| · 건축비 ┌ 옥외 | 0.1A | · 설계감독비 | 0.1 A |
| 　　　　└ 옥내 | 0.5A | · 잡공사비 | 0.05A |
| · 배관공사비 | 0.3A | · 기타(예비비 및 시운전비) | 0.15A |
| · 기초공사비 | 0.1A | | |

⑤ 회전비율법(turnover ratio)

회전비율은 고정자산에 대한 연간 총 매출액의 비율로서 정의된다. 이 방법은 대충의 공사비의 추정에 이용된다.

$$회전비율 = \frac{연간\ 총\ 매출액}{고정투자자산}$$

회전비율은 일반사업의 경우 5이고 화학공업은 1이다.

# 2. 공정의 선택

## 2.1 공정의 선택기준

공정(process)의 선택은 기업이 처해있는 환경에 따라서 차이가 있다. 기업환경으로서는 기업의 체질, 입지조건, 원료확보 방법, 제품의 소비형태 그리고 장래의 확장계획 등을 고려하여 결정하게 된다. 일반적인 선택의 기준은 제품의 품질, 원가, 생산효율 등이 좋은 것을 택하게 되는데, 해당분야에 관한 기술축적이 적을 때는 판단하기가 대단히 어렵다. 이러한 경우에는 해당분야에 많은 경험을 갖고 있는 전문가의 자문을 얻으면 큰 도움을 받을 수 있으나, 기업의 기밀이 노출되는 문제점이 있다.

식품공업은 복잡하고 변동인자가 많은 분야이기 때문에 좋은 공정이 무엇인지를 정의하기는 곤란하나 좋은 공정이 갖는 성질의 일례를 열거한다.

① 단순성 :

최소의 반응단계, 최소단위조작 및 구조가 간단한 장치로 콘트롤이 용이 해야 한다.

② 융통성 :

공정에는 특수한것이 아닌 보통의 장치를 사용할 수 있고 생산변동에 대처될수 있는 융통성이 있어야 한다.

③ 신뢰성 :

장기적인 연속가동이 가능하고 수율 및 품질의 균일성이 있어야하며 또한 안전해야 한다.

④ 경제성 :

품질이 일정수준으로 유지되면서 운전경비가 적게들고 총원가가 낮아야 한다.

⑤ 확장의 가능성 :

확장이 용이하고 투자코스트가 낮아 투자효율이 높아야 한다.

## 2.2 공정선택시의 고려사항

식품공업에서 이용되는 기술은 표2-3과 같으나, 주로 채용하는 단위조작은 표2-4와 같다. 식품공장에서 실제로 활용하는 단위공정, 단위조작은 약간의 개별성을 내재하는 것이 있

표 2-3 식품공업에서 이용되는 기술

| 기술분야 | 기술내용 |
|---|---|
| 물리적 기술 | 분쇄, 절단, 세정, 분리, 혼합, 추출, 여과, 수송, 냉각, 냉동, 해동, 가열, 가압, 진공, 농축 |
| 화학적 기술 | 합성, 분해, 고분자화, 저분자화, 기타 반응 |
| 물리화학적기술 | 흡착, 흡수, 용리, 이온교환, 전기영동, 투석, 숙성 |
| 생물화학적 기술 | 발효, 배양(세포, 조직), 세포융합, 유전자조작, 바이오리액타(Bio reactor), 효소처리 |

표 2-4 식품공업에서 중요한 단위조작 및 반응조작

| 조 | 작 | | | 목 적 | 예 |
|---|---|---|---|---|---|
| 단위조작 | 열적조작 | 전 열 | | 냉각저장 | 과실, 야채, 축산물, 수산물 |
| | | | | 동결저장 | 수산식품, 축산식품, 과자 |
| | | | | 열살균저장 | 액상식품, 통조림, 햄 |
| | | 증 발 | | 탈 수 | 농축쥬스,농축밀크 |
| | | 증 류 | | 농축,정제 | 소주,위스키,브랜디 |
| | 확산적 조작 | 가스흡수 | | 탄산화 | 탄산음료 |
| | | 건조 | 기화 | 탈수저장 | 수산물, 야채, 고형스프, 전분 |
| | | | 승화 | 탈수저장 | 새우, 야채 |
| | | 추 출 | | 분 리 | 식물유, 동식물 엑기스 |
| | | 훈연화 | | 훈향, 저장 | 어육, 축육 |
| | | 염 침 | | 저 장 | 염침식품(어육, 축육, 야채) |
| | | 설탕침 | | 저 장 | 설탕침 식품(과실, 열매) |
| | 기계적 조작 | 혼 합 | | 반 죽 | 수산 및 축산 연제품 |
| | | 분 쇄 | | 분쇄,정제 | 소맥분 |
| 반응조작 | 미생물 반응 | 알콜발효 | | 주정생산 | 알콜성음료 |
| | | 젖산 발효 | | 젖산 생산 | 요구르트 |
| | | 초산 발효 | | 초산 생산 | 식초 |
| | | 아미노산 발효 | | 아미노산의 생산 | 글루타민산,라이신,페닐아라닌 |
| | | 핵산발효 | | 핵산생산 | 이노신산, 구아닐산 |
| | 화학반응 | 가수분해 | | 유용물질 생산 | 포도당, 과당, 아미노산액 |
| | | 합 성 | | 〃 | 아미노산,감미료(삭카린, 아스파탐) |

으나, 보편성이 큰 것이 특징이다. 따라서 다른 공정을 알고 그 중의 단위공정, 단위조작 및 그 조합을 많이 아는 것은 공정선택의 순서를 크게 경감시킨다. 공정의 선택시에 짚고 넘어가야 할 사항은 다음과 같다.

- 원료의 형상, 물성, 화학적 및 생물학적 성질
- 제품의 품질
- 원료의 처리량 또는 제품의 생산량
- 회분조작인가 연속조작인가
- 공정의 안정성 및 안전성
- 공정의 경제성

### (1) 원료의 형상, 물성 화학적 및 생물학적 성질

식품의 원료는 물리적인 강도가 작아 형상이 이그러지기 쉽고, 고체, 반고체나 비 뉴톤(non-Newton)유체가 많고 일반적으로 취급조작이 어렵다. 또 리오로지적(rheological)인 성질을 충분히 인식하고 있지 않을 때 생각지 않은 문제가 발생한다. 특히, 주의를 해야할 것은 물리적, 화학적 성질과 그 유동성이 그 물질의 농도 불순물이나 조작압력 온도 등의 조건에 따라 변하기 쉽고 경시적으로 변한다는 것이다. 따라서 공정을 설계하고 기계를 선정하기 전에 이러한 성질을 실험하여 확실히 해야 한다. 또한 원료와 제품은 변패하기 쉬우므로 위생적으로 취급이 될 수 있는 공정이라야 하는 것이 중요하다.

### (2) 제품의 품질

식품은 다른 화학약품과는 달리 그 고유의 맛, 향, 색, 형상의 특징이 생명이고, 더욱이 이러한 것들은 어느 것도 대단히 불안정하여 공정중이나 보존중에 변한다. 이것을 방지하는 것이 중요하나 대단히 어려운 문제이다. 소위 식품가공기술이라는 것은 식품의 보존성을 올리는 기술이라하여도 과언이 아니다. 따라서 식품공업의 공정계획에서 가장 중요한 것은 어떻게 식품의 고유성질을 잃지않고 더욱이 보존성을 높이느냐이다. 그 때문에 미생물대책을 포함하여 각 공정의 최적조작조건을 선택해야 한다.

또한 식품의 다양화에 따라 그 상품형태도 그 목적에 맞게 적당한 것을 선택하고 용도, 사용방법을 고려하여 사용하기 쉽고 보존성이 높은 제품성상이나 포장형태를 선정해야 한다.

### (3) 원료의 처리량 또는 제품의 생산량

원료생산이 시간적으로 평균화되어 있지 않고, 지역적이고 더욱이 원료자체가 생물이기 때문에 집하량이 제약된다. 이와 같은 원료에서는 생산규모가 규정되고 거기에 따라 공정이 고려되어야 한다. 즉, 처리량이 적거나 또는 계절적으로 가동하는 경우에는 공정의 간이화, 처리능력의 폭이 있는 공정이 필요하고, 곡류가공과 같이 저장성이 있는 원료에서는 복잡하게 되어도 효율좋은 공정이 좋다.

원료는 같은 물건이라도 산지, 수확시기, 기후 등에 따라 변하고 또 원료 하나 하나를 취하여도 그 부위에 따라 조성이 다르다. 특히, 공업적으로 다량 사용할 경우에는 품질의 산포가 적도록 하는 배려가 필요하다.

(4) 회분조작(回分操作, batch operation)인가 연속조작(連續操作, continuous operation)

연속공정은 대량처리, 자동제어, 기계장치의 세정 및 액의 투입과 배출 등의 무용시간의 절약, 인건비절약, 경제성이 좋은 잇점이 있을 뿐만 아니라, 자동제어에 의해 품질관리의 용이로 균일한 제품을 얻을 수 있다. 그러나 원료가 적거나 그 량 및 질의 변동이 있는 경우에는 충분한 대응이 어렵기 때문에 회분조작이 유리하게 된다. 회분조작은 단속조작(斷續操作)이라고도 한다.

표 2-5 회분조작과 연속조작의 비교

| 구 분 | 회분조작 | 연속조작 | 구 분 | 회분조작 | 연속조작 |
|---|---|---|---|---|---|
| 1. 원료의 량 및 질 변화에 대한 대응성 | 좋 음 | 나 쁨 | 4. 제품단위량당의 경비 | 많 음 | 적 음 |
| | | | 5. 자동제어의 난이 | 어려움 | 쉬 움 |
| 2. 처리 능력 | 작 음 | 큼 | 6. 제품의 균일성 | 나 쁨 | 좋 음 |
| 3. 설비 구조 | 간 단 | 복 잡 | | | |

(5) 공정의 안정성 및 안전성

소정의 제품을 확실히 얻을 수 있는가, 운전이 용이한가, 제어의 안정성(安定性)이 있는가, 운전상의 안전성(安全性)은 어떤가, 충분히 위생적인 제품을 얻을 수 있는가를 검토하여 공정을 선택한다. 공정의 안정성과 안전성이 확보되지 않으면 품질, 원가, 납기는 도저히 계획한대로 맞출 수 없다.

(6) 공정의 경제성

상기(1)-(5)의 공정을 종합적으로 검토하여 기업으로서 성립될 수 있는가의 경제성을 검토한다. 검토의 기초자료를 얻는 방법으로서는

① 공정도(flow sheet)를 만듬(폐수처리 포함)

② 물질수지, 에너지수지(material & energy balance)의 계산

③ 연료, 전력, 기타 에너지량, 공정용수량, 냉각수량, 냉매량, 및 용매량 기타계산

## 3. 기계장치의 선택

### 3.1 기계장치의 선택순서

공정(process)의 선택시에 이것을 구성하는 단위조작, 반응조작에 대하여 기계장치의 형식선택도 포함하여야 한다. 공정의 안정성, 안전성, 경제성을 좌우하는 기계장치의 형식선정에는 명확한 일반적인 기준은 없고, 제조업체의 자료나 유사공정의 사용정보 및 습관적 경험적으로 정하는 경우도 적지않다. 그러나 기계장치는 일단 설치하면 상당히 오랜 기간 동안 사용하기 때문에 선택시에는 신중한 검토가 필요하다.

선택의 순서로는

- 조작목적에 대한 운전조건을 파악함.
- 목적조작을 할 수 있는 방식과 기계장치의 형식을 다수 뽑아 그 특징을 파악함
- 원료 및 제품의 성질, 처리량, 기타를 고려하여 용도에 적합한 방식을 선정하고 그 방식이 가능한 기계장치의 형식을 소수선정함
- 소수선정된 형식에 대하여 상세히 종합 판단하고 형식을 선정함

### (1) 조작목적에 대한 운전조건 파악

식품제조의 단위조작에는 특수한 용어를 쓰는 것이 많고, 일견 단순하게 보이는 조작중에서도 오랜 경험에서 쌓아올린 여러 목적을 갖는 복잡한 내용을 포함하고 있는 것이 많다. 바꾸어 말하면 표2-6과 같이 목적이 반드시 하나가 아닌 경우가 있고, 그 내용을 충분히 이해하고 있지 않을 때 장치 및 조작조건의 선정을 잘못하는 일이 있다.

일반적으로 식품에 관계되는 화학공학적인 데이터는 편람 등에도 게재된 것이 적어 실험으로 확실히 해야만 하는 경우가 많다.

표 2-6 단위조작과 그 조작 목적

| 단위조작명 | 조작의 목적 |
|---|---|
| 숙성(熟成) | 단맛(당화), 방향(발효), 풍미(단백질 분해) 등의 증가 |
| 건조(乾燥) | 탈수, 풍미증가, 수분의 평균화, 살균등 |
| 사별(篩別) | 분급, 협잡물제거 등 |
| 반죽(kneading) | 혼합, 융해, 점성, 탄성 등 증가, 코팅 등 |

### (2) 조작방식과 기계장치의 형식 특징 파악

건조조작방식의 예를 들면 다음과 같다.

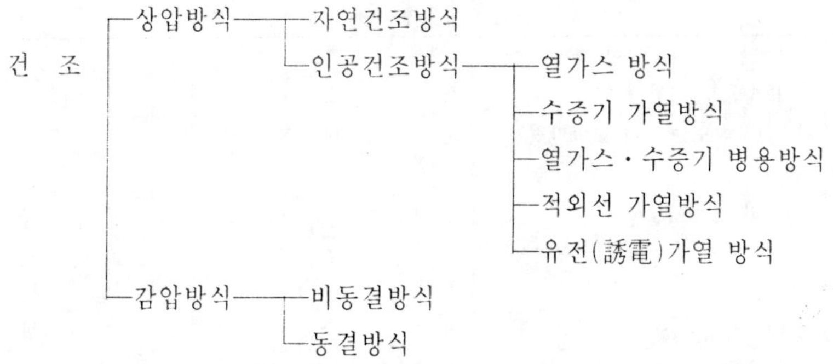


건조방식에 따라 건조제품의 품질뿐만 아니라 시설투자, 생산성 및 건조비용에 큰 차이가 나므로 우선 건조제품의 용도를 고려하여 종합적으로 검토한 후 선정하는 것이 바람직하다. 이러한 사항은 다른 기계장치에서도 마찬가지이다. 기계장치의 형식선정에서 건조장치와 증발장치의 예를 들면 표2-7 및 표2-8과 같다.

## 표 2-7 건조장치 선정표

| 형식 | | 처리량 | 연속 | 회분 | 건조속도 | 복원성 | 재료: 액·스라리 | 재료: 비점결성입자 | 적용사례 |
|---|---|---|---|---|---|---|---|---|---|
| 재료정치형(材料定置型) | 통기상형(通氣箱型) | 소 | | ○ | 소 | | | ○ | 건조야채 |
| 재료정치형(材料定置型) | 진공상형(眞空箱型) 비동결 | 소 | | ○ | 소 | | ○ | | 건조야채 |
| 재료정치형(材料定置型) | 진공상형(眞空箱型) 동 결 | 소 | | ○ | 소 | ○ | ○ | | 야채, 과실, 육류, 어류, 된장 |
| 재료정치운반형(定置運搬型) | 통기벨트형(通氣belt) | 대 | ○ | | 중 | | | ○ | 야채, 건면, 홍차 |
| 재료정치운반형(定置運搬型) | 턴넬형(tunnel) | 내 | ○ | | 중 | | | ○ | 과실, 야채 |
| 재료송풍운반형(送風運搬型) | 분무형(噴霧型) | 대 | ○ | | 대 | | ○ | | 분유, 분말음료, 활성글루텐 |
| 재료송풍운반형(送風運搬型) | 기류형(氣流型) | 대 | ○ | | 대 | | | ○ | 화학조미료, 분말전분 |
| 재료교반형(攪伴型) | 수증기관부(管付)회전형 | 대 | ○ | | 중 | | | ○ | 전분 |
| 재료교반형(攪伴型) | 통기회전형(通氣回轉型) | 대 | ○ | | 중 | | | ○ | 설탕, 포도당 |
| 재료교반형(攪伴型) | 유동층형(流動層型) | 소 | ○ | ○ | 대 | | | ○ | 과립형조미료 |
| 재료교반형(攪伴型) | 원통 및 구형(円筒, 溝型) | 소 | | ○ | 중 | | | ○ | 분말성조미료 |

## 표 2-8 증발장치 선정표

| 형식 | | | 처리량 | 연속 | 회분 | 증발속도 | 고점도액 | 발포성액 | 스케일생성액 | 청소 | 적용사례 |
|---|---|---|---|---|---|---|---|---|---|---|---|
| 쟈케트형(jacket型) | 탱크형(槽型) | 무교반형(無攪伴型) | 소 | | ○ | 소 | | | | ○ | |
| 쟈케트형(jacket型) | 탱크형(槽型) | 교반형(攪伴型) | 소 | | ○ | 소 | ○ | | | ○ | 잼 |
| 쟈케트형(jacket型) | 관형(수직 또는 수평 교반막형)(管型) | | 대 | ○ | | 대 | ○ | | | | |
| 가열관형(加熱管型) | 관외비등(管外沸騰) | 코일형 | 중 | ○ | ○ | 중 | | | | | 설 탕 |
| 가열관형(加熱管型) | 관외비등(管外沸騰) | 수평관형(水平管型) | 중 | ○ | ○ | 중 | | | | | 화학조미료<br>설 탕 |
| 가열관형(加熱管型) | 관내비등(管內沸騰) 자연순환 | 수직단관형 | 대 | ○ | | 중 | | | | ○ | 설 탕 |
| 가열관형(加熱管型) | 관내비등(管內沸騰) 자연순환 | 수직장관형 | 대 | ○ | | 중 | | ○ | | ○ | 우 유 |
| 가열관형(加熱管型) | 관내비등(管內沸騰) 자연순환 | 경사관형 | 대 | ○ | | 중 | | ○ | | ○ | |
| 가열관형(加熱管型) | 관내비등(管內沸騰) 강제 | 수직단관형 | 대 | ○ | | 대 | ○ | ○ | ○ | ○ | |
| 가열관형(加熱管型) | 관내비등(管內沸騰) 강제 | 수직장관형 | 대 | ○ | | 대 | ○ | ○ | ○ | ○ | 토마토쥬스 |

| | | | | | | | | | | | | |
|---|---|---|---|---|---|---|---|---|---|---|---|---|
| | | 순환 | 수평관형 | 대 | ○ | | 대 | ○ | ○ | ○ | ○ | |
| | | 무순환형(케스나형) | | 대 | ○ | | 대 | ○ | ○ | ○ | ○ | |
| | | 박막 낙하형 | | 대 | ○ | | 대 | | ○ | | ○ | 아미노산, 과즙 |
| 원심형(遠心型) | | | | 대 | ○ | | 대 | ○ | ○ | | | |
| 프레트형(plate型) | | | | 대 | ○ | | 대 | | ○ | ○ | ○ | 과 즙 |

### (3) 원료 및 제품의 성질을 파악하여 방식선정

예를 들면 건조에서는 열에대한 안정성, 탈수만을 목적으로 하는가 또는 건조시켜 향미를 부여시키는가의 목적에 따라 방식선정을 한다. 다음에 선정된 방식에 따라서 처리량, 온도 및 기타조건에 만족될 수 있는 기계장치의 형식을 소수 선정한다.

### (4) 선정된 형식을 총합판단하고 최종적인 형식선정

이미 선정된 형식의 각각에 대하여 공정전체를 고려하여 안정성, **안전성**, 조작의 간편성, 투자비, 유티리티, 소모품 및 인력 등의 운전비용을 감안한 경제성, 스페어파트(spare parts)의 조달용이성, 설치면적 및 설치건물높이 등을 상세히 검토하여 최종적으로 형식을 선정한다.

## 3.2 기계장치 선택시의 고려사항

기계장치를 선정시에는 사용목적에 맞는 기기를 선정하는 것이 중요하다. 선정이 잘못되면 생산능력, 생산효율이 떨어지고 품질에도 좋지 않은 영향을 미칠뿐만 아니라 심한 경우에는 막대한 투자를 하여 설치한 설비를 가동하지 못하는 경우도 발생한다. 이러한 문제를 사전에 예방하려면 다음과 같은 점에 유의해야 한다.

① 기계장치를 사용하는 목적을 분명히하고 요구하는 성능을 확인 해야 한다.

② 처리하고자 하는 원료, 반제품, 제품의 성질을 잘 파악하여 메이커에 제시하고 필요시 샘플을 제공하여 pilot test를 실시한다.

③ 현재의 처리능력과 앞으로 증설을 감안하여 처리능력을 결정하고 기계재료의 내식성 등 설계조건을 명확히 한다.

④ 기술성 경제성을 검토하여 최종적으로 선정한다. 사용경험이 없고 기계의 구조와 그 원리를 잘 모를때에는 관련기계 메이커의 카다로그나 기술자료 등을 충분히 검토하고, 동종기계 또는 유사기계를 사용하는 공장을 방문하여 견학하고 의견을 들어 보는 것도 큰 도움이 된다. 또한 경제성은 기계자체뿐만 아니라 스페어 파트를 용이하게 확보할 수 있는지, 소모품은 어떤 것이 얼마나 소비 되는가 등 종합적으로 검토할 필요가 있다.

식품공장에서 많이 사용하는 기계의 선정시에 고려해야 할 사항에 대한 예를 들면 다음과 같다.

사례 1 원심분리기 선택시 고려사항

① 원심분리기에 요구되는 성능의 확인

- 분리액의 청등도와 그 허용도
- 결정고체의 파쇄의 허용도
- 단위시간당의 처리량
- 연속가동시간

② 처리원액의 성상

- 비중·비중차
- 고체의 밀도, 입도분포, 입도 및 입도분포의 변동범위, 형상
- 온도, 허용온도, 점도, 허용온도내의 점도변화
- 원액의 각종재료에 대한 부식성
- 고체의 경도
- 폭발, 휘발성, 독성등 인체에 대한 위험성
- 불순물의 혼입정도(허용범위)

③ 설계조건

- 원심분리기의 전후공정의 역할
- 운전조건(연속, 단속)
- 분리물의 배출방법(수동, 자동, 상측 또는 하측배출)
- 설치장소(옥내, 옥외)
- 사용재료
- 세정, 살균의 적합여부
- 액·고형분중 필요부분
- 일반용, 방폭용

① 경제성

- 기계 및 설치비용
- 운전비(인건비, 전력비, 소모품비 등)
- 스페어파트(가격, 입수용이성)

원심분리기의 기종을 최종적으로 확정시에는 처리원액의 상세한 물성을 메이커에 제시해야 함은 당연하나, 경우에 따라서는 공정이 확정안된 상태에서 기종이 선정되거나 회사기밀유지상 정확한 물성의 제시없이 발주시에는 분리목적에 맞지 않는 기계가 선택될 가능성이 많기 때문에 주의가 필요하다. 가능하면 샘플을 메이커에 보내 파이롯 시험(pilot test)을 거친 후 정하는 것이 가장 확실한 방법이다.

메이커 선정시에도 해당분야의 경험이 풍부하고 가급적 계획하고 있는 것과 유사한 물성을 갖고 있는 물질의 분리에 경험이 있으면 더욱 좋다. 설비가격을 비교시 분리기의 본체만 비교해서는 판단하기가 어려운 경우가 있다. 업체간에 경쟁이 심하다 보면 본체에 대해 낮은 견적

가(見積價)를 제시하고 스페어파트(spare parts)가격을 높게 책정하는 경우도 있기 때문에, 많이 소모되는 스페어 파트를 미리 파악하여 종합적인 경제성을 검토한 후 결정하는 것이 바람직하다. 실제로 같은 기종의 분리기를 사용하고 있는 업체가 있으면 그 곳의 의견을 들어보는 것도 큰 도움이 된다.

사례 2 분쇄기 선택시의 고려사항

① 분쇄기에 요구되는 성능의 확인
- 분쇄물의 입자크기 및 분포범위
- 단위시간당의 분쇄량
- 연속가동시간

② 공급원료의 성상 및 성질
- 원료의 딱딱한 정도
- 분쇄에 사용되는 힘의 성질파악(충격력, 압축력, 전단력)
- 수분함량 :
  수분이 많으면 분쇄기가 막혀 효율이 저하되고 덩어리짐, 수분이 적을 때는 유동성이 좋고 미분쇄가 잘 되나 먼지발생이 많아 호흡기 질환 유발 및 분진폭발의 위험성이 있다.
- 원료의 열에 대한 안정성 :
  분쇄시의 마찰열로 인해 기계에 눌어 붙거나 덩어리가 생겨 효율이 떨어지는 원료가 있고, 또 어떤 원료는 유효성분이 휘발하는 경우가 있다. 이런 경우에는 냉각장치(자켓 또는 코일 등)의 부착이 필요하다. 분쇄시 냉각장치가 필요한 원료의 일례를 들면 향신료, 5′-구아닐산나트륨 등이다.
- 원료의 각종재료에 대한 부식성

③ 설계조건
- 분쇄의 정도(미분쇄, 조분쇄)
- 분쇄기의 전후공정에서의 역할
- 운전조건
- 설치장소(진동이 심하므로 위치선정고려)
- 분쇄물의 배출방법
- 분진집진장치
- 냉각장치의 필요여부

④ 경제성
- 설비비
- 운전비(인건비, 전력비)
- 스페어 파트 확보(가격, 입수용이성)

분쇄기의 기종을 서류상으로 검토가 끝나면 분쇄하려는 원료의 물성과 샘플을 메이커에 제시하여 파이롯 시험을 거쳐 최종 확인할 필요가 있다. 이 과정을 통해서 만일의 예상치 못했던 문제를 사전에 예방할 수 있다.

## 4. 설비재료의 선택

식품을 제조가공시 사용하는 설비의 재질은 식품의 품질에 영향을 줄 뿐만 아니라, 설비의 수명과도 밀접한 관계가 있다. 식품의 원부재료나 최종제품은 그 종류에 따라 성질이 다르고 성분물질자체가 부식성을 갖는 것이 있다. 또, 제조과정중 산·알카리를 사용하여 분해, 합성하는 공정이 있기도 하고 작업이 끝난다음에 산·알카리로 세척하는 공정도 있기 때문에, 설비의 재질을 선택시에는 사용하는 원부재료 및 최종제품의 물성(物性)과 작업조건을 염두에 두고 신중한 검토가 필요하다.

특히, 식품첨가물을 제조하는 공정에서는 산·알카리뿐만아니라 여러 종류의 용제(溶劑, solvent)를 사용하는 경우가 많기 때문에, 이들 물질과 설비와 반응이 없어야 한다. 설비는 한번 설치하면 많은 투자가 수반되고 장기간에 걸쳐 사용하기 때문에 처음 설치시에 완벽하게 검토하고 선택하지 않으면 생산량 및 품질은 물론 경제적으로 큰 손실을 초래하게 된다.

일반적인 재료선택방법은 경험, 제조자의 자료, 문헌, 동종 또는 유사업체의 정보를 조사하여 대상범위를 좁힌 다음, 내식성 시험 등을 하여 품질, 안전성, 안정성 등을 확인하고 재료비, 설치비, 유지비 및 예상수명 등을 검토하여 최종적으로는 경제적인 가치를 기준으로 하여 선택하게 된다.

식품공장에서 쓰이는 설비의 재질로서는 식품과 접촉하는 부분이 표2-9와 같이 목재, 철재, 스테인리스, 알루미늄, 고무, 유리, 플라스틱 등이 있으나, 특수한 경우를 제외하고는 대부분 스테인리스를 채용하고 있다.

표 2-9 설비재질별 장단점

| 재 질 | 장 점 | 단 점 | 비 고 |
|---|---|---|---|
| 목 재 | 가격저렴 | 마모가 심하고 곰팡이 쓸기 쉬움 | 흡습성이 있어 식품접촉면의 재료로는 좋지 않음 |
| 철 재 | 가격저렴 | 녹이 나고 부식이 심함 | 식품과 직접 접촉시 변색되는 경우 있음 |
| 스테인리스 | 녹이 안나고 부식성이 적음 | 값이 비쌈 | 종류가 다양하기 때문에 물성 특성에 맞는 것 선택필요 |
| 고 무 | 녹이 안나고 부식성이 적음 | 마모되기 쉬움 | 철재의 내부에 라인닝하여 사용 (내산성) |
| 유 리 | 녹이 안나고 부식성이 적음 | 깨지기 쉬움 | 철재의 내부에 라인닝하여 사용 (용제사용하는 반응기등) |
| 플라스틱 | 가격저렴, 부식성이 적음 | 고온, 유기용제에 사용불가 | 내산성 저장용기(FRP. TEFLON 등) 및 산·알카리 배관 |

## 4.1 설비재료와 식품의 품질·위생과의 관계

설비재료는 식품의 품질과 위생에 영향을 미치기 때문에 식품위생법에서는 설비재료에 관해 법으로 정해놓고 있다. 식품위생법에서 사용하는 용어의 정의를 보면「식품위생이라 함은 식품·첨가물, 기구(器具) 또는 용기·포장을 대상으로 하는 음식에 관한 위생을 말한다」라고 되어있고, 「기구(器具)라 함은 음식기와 식품 또는 첨가물의 채취·제조·가공·조리·저장·운반·진열·수수 또는 섭취에 사용되는 것으로서 식품 또는 첨가물에 직접 접촉되는 기계·기구, 기타의 물건을 말한다」라고 되어 있다. 장치재료와 관계있는 식품위생법의 내용을 발취해 보면 다음과 같다.

- 영업상 사용하는 기구 및 용기·포장은 깨끗하고 위생적으로 다루어야 한다(법 제3조 2항).
- 유독·유해물질이 들어있거나 묻어 있어 인체의 건강을 해할 우려가 있는 기구 및 용기·포장과, 식품 또는 첨가물에 접촉되어 이에 유해한 영향을 줌으로써 인체의 건강을 해할 우려가 있는 기구 및 용기·포장을 판매하거나, 판매의 목적으로 제조·수입·저장·운반 또는 진열하거나 영업상 사용하지 못한다(법 제8조).
- 보건사회부장관은 국민보건상 필요하다고 인정하는 때에는, 판매를 목적으로 하거나 영업상 사용하는 기구 및 용기·포장의 제조방법에 관한 기준과 기구, 용기·포장 및 그 원재료에 관한 규격을 정하여 이를 고시할 수 있다(법 제9조 1항).
- 보건사회부장관은 제1항의 규정에 의하여 기준과 규격이 정하여 지지 아니한 것으로서, 국민보건상 필요하다고 인정하는 것에 대하여는 그 제조·가공업자로 하여금 그 기구, 용기·포장의 제조방법에 관한 자가기준과 기구, 용기·포장 및 그 원자재에 관한 자가 규격을 제출하게 하여, 식품위생기관의 검사를 거쳐 이를 당해 기구, 용기·포장 및 그 원재료의 기준과 규격으로 인정할 수 있다(법 제9조 2항).
- 기준과 규격이 정하여진 기구 및 용기·포장은 그 기준에 의하여 제조하여야 하며, 그 기준과 규격에 맞지 아니하는 기구 및 용기·포장은 판매하거나 판매의 목적으로 제조·저장·운반·진열하거나 영업상 사용하지 못한다(법 제9조 4항).
- 작업장에 설치하는 기계·기구류의 식품과 직접 접촉하는 부분은 위생적인 내수성재질(스테인리스, 알루미늄, FRP, 테프론 등)로서 세척하기 쉬우며 열탕, 증기 또는 살균제 등으로 소독·살균이 가능한 것이어야 한다(시행규칙 제20조 별표 7).
- 법 제8조의 규정에 위반한 자는 5년이하의 징역 또는 1천 500만원 이하의 벌금에 처하거나 이를 병과할 수 있다(법 제74조).

## 4.2 식품 및 첨가물이 설비재료에 미치는 영향

식품은 대체로 약산성 내지 약 알카리성의 범위에 있기 때문에 일반화학공업과 같이 강산, 강알카리에 의해 설비가 급격히 부식하는 경우는 거의 없다. 그러나 어떤 식품이나 첨가물의 경우는 제조과정에서 강산이나 강알카리를 사용하고 있다.

예를 들면 식물단백질을 강산으로 가수분해하여 강알카리로 중화한 간장이나 HVP (hydrolysed vegetable protein) 등의 조미료를 만드는 경우 또는 아미노산 제조시에도 강산, 강 알카리를 사용한다. 이러한 특수한 경우에는 설비의 부식이 심하나 대부분의 식품에서는 급격히 부식하는 일은 없다. 그러나 식품성분에는 강산, 강알카리와는 다른 부식특성을 갖고 있는 것이 있기 때문에 이러한 성분 물질에 대하여는 유의할 필요가 있다.

식품이나 첨가물이 설비재료에 미치는 영향은 미약하여도 거기에 따라 생기는 금속이온이나 반응생성물은 그것이 미량이라도 독성을 갖기도 하고 식품의 색, 맛, 냄새 등을 나쁘게 하기 때문에, 식품이 직접 접촉하는 부분의 재질은 신중하게 선택해야 한다.

식품중에 들어 있는 부식성 물질은 표2-10과 같이 여러 가지가 있다. 부식(腐蝕, corrosion)이란 환경과의 전기화학적 또는 화학적 반응에 의해 금속에 가해지는 파괴적인 공격현상으로 부식의 종류도 다양하다(표 2-11 참조).

표 2-10 식품 중의 부식성 물질

| 구 분 | 부식성 물질 |
|---|---|
| 유기산 | 초산, 개미산, 유산, 낙산, 프로피온산, 주석산, 호박산, 사과산, 구연산, 구루콘산, 탄닌산 |
| 지방산 | 스테아린산, 오레인산 |
| 염 류 | 소금, 무기염류 |
| 첨가물 | 제조과정에 사용되는 첨가물 중 일부 (염산, 황산 등) |

표 2-11 부식의 종류

| 구 분 | 내 용 |
|---|---|
| 1. 균일부식 | 금속의 표면전체에 걸쳐서 균일하게 발생하는 부식 |
| 2. 갈바닉 부식 (galvanic corrosion) | 두 가지 다른 금속을 용액 속에 담궈 두면 전위차(電位差)가 존재하게 되고 따라서 이들 사이에 전자의 이동이 일어나서 발생하는 부식 |
| 3. 틈부식 | 전해액에 노출된 금속 표면상의 어떤 틈 또는 가려진 부분내에서 국부적(局部的)으로 발생하는 부식 |
| 4. 공식(孔蝕, pitting) | 부식이 금속표면의 국부에만 집중하고, 이 부분에서의 부식속도가 특히 빨라서 금속내로 깊이 뚫고 들어가는 심한 국부부식의 형태를 이루는 부식 |
| 5. 입계부식(粒界, intergranular corrosion) | 금속은 결정구조(結晶構造)를 갖고 있으며 결정입계 부분에서 발생하는 국부적인 부식<br>입계부식에서 가장 문제가 되는 것은 스테인리스강이다. 이러한 현상은 주로 용접에 의해서 발생하므로 용접부식이라고 하며 용접부식 부분은 |

| 구 분 | 내 용 |
|---|---|
| | 용접부위와 다소 떨어진 곳에서 띠를 이루는 것이 보통이다. 입계부식을 막기 위해서는 탄소함량이 0.03% 이하인 재질을 사용한다. |
| 6. 선택부식 | 합금(合金)중의 한 성분이 부식으로 인해 선택적으로 제거되는 현상 |
| 7. 침식부식 | 부식용액과 금속표면사이의 상대적인 운동으로 인하여 금속의 부식속도가 더욱 촉진 또는 증가되는 현상으로 마모부식이라고도 한다. |
| 8. 응력부식 (應力, stress corrosion) | 인장응력(引張應力)과 부식 전해액이 동시에 존재하게 됨으로서 야기되는 균열(cracking) |

## 4.3 내식성 재료의 종류

특수한 경우를 제외하면 일반 식품공장에서는 무기의 강산, 강 알카리는 사용하지 않는다. 그러나 식품마다 그 구성성분중의 부식성 물질이 다르다. 어떤 식품은 유기산이 많이 들어있고 또, 어떤 식품은 식염이나 유황화합물이 많이 들어있는 경우도 있다. 유기산은 약산(弱酸)이기 때문에 무기의 강산, 강알카리 정도의 부식성은 없으나, 그 종류에 따라서 다르다. 지방산의 경우도 스테아린산(stearic acid)이나 오레인산(oleic acid)과 같은 장쇄(長鎖)의 지방산은 고온으로 되면 부식성을 나타낸다.

식품중에 들어있는 각종 산에 대한 내식성을 평가하는 데는 10%초산(酢酸, acetic acid)이 이용된다. 초산용액중에서 끓였을 시에 견디는 내산 재질로서는 스테인리스강, 내산합금, 유리·자기, 탄소제품, 플라스틱 등이 있다.

### (1) 스테인리스강

① 스테인리스강(stainless steel)이란

철에 탄소(C), 규소($S_i$), 망간($M_n$), 인(P), 유황(S)의 5원소가 들어있는 강(鋼, steel)을 보통 강이라하고, 보통강에 특수원소가 들어가서 특수한 성질을 나타나게된 것을 특수강이라고 한다.

스테인리스강은 특수강의 일종으로서 크롬(chrome. $C_r$)원소를 포함하고 있다. 스테인리스강이 녹슬지 않는 이유는 표면에 크롬산화막(酸化膜)이 생기기 때문이나, 니켈(nickel. $N_i$)이 첨가되면 이 산화막의 밀착성이 좋아지므로 내식성(耐蝕性)이 강하게 된다. 그러나 스테인리스강에도 약점이 있어 모든 산(酸)에 내식성이 있는 것이 아니며, 질산(窒酸, $HNO_3$)과 같은 산화성(酸化性)의 산에는 강하지만, 염산(鹽酸. HCl)이나 황산(黃酸, $H_2SO_4$)같은 비산화성산(非酸化性酸)에는 약하다. 니켈이 들어 있는 것은 비산화성의 산에서도 비교적 강하다.

그러나 스테인리스강은 염소이온(鹽素ion. $Cl^-$)등의 할로겐(halogen)이온에 의해 부분부식이 일어나기 때문에, 이것을 방지하기 위해서 몰리브덴(molybdenum. $M_o$)을 첨가한 것이 있다. 이 강종(鋼種)은 SUS 316, SUS 316L이다.

② 스테인리스강의 종류

스테인리스강을 분류하면 표 2−12에 나타난 바와 같이 $C_r$계와 $C_r-N_i$계의 두가지가 있으며 식품공업에서 가장 많이 이용되는 것은 $C_r-N_i$계의 SUS 304, SUS 304L, SUS 316, SUS 316L이다.

스테인리스강의 조직(組織)의 견지에서 분류하면 표 9−13과 같이 말텐사이트계, 페라이트계, 오스테나이트계의 3가지이다. 오스테나이트계의 대표적인 것은 $C_r$ 18%, $N_i$ 8%를 포함하는 SUS 304, SUS 304L이다. 스테인리스강 중에서도 말텐사이트계, 페라이트계는 자석에 붙으나, 오스테나이트계는 자석에 달라붙지 않는다. 또한 내식성의 양호순서로서는 오스테나이트계>페라이트계>말텐사이트계의 순이다.

표 2−12 스테인리스강(stainless steel)의 화학성분

| AISI Type No. | Cr | Ni | C | % Mn (최대) | P (최대) | S (최대) | Si (최대) | 기타성분 |
|---|---|---|---|---|---|---|---|---|
| 말텐사이트계 | | | | | | | | |
| 403 | 11.5−13.0 | − | 0.15max | 1.0 | 0.04 | 0.03 | 0.5 | |
| 410 | 11.5−13.5 | − | 0.15max | 1.0 | 0.04 | 0.03 | 1.0 | |
| 414 | 11.5−13.5 | 1.25−2.5 | 0.15max | 1.0 | 0.04 | 0.03 | 1.0 | |
| 416 | 12.0−14.0 | − | 0.15max | 1.25 | 0.06 | 0.15min | 1.0 | 0.6Mo(max) |
| 416Se | 12.0−14.0 | − | 0.15max | 1.25 | 0.06 | 0.06 | 1.0 | 0.15Se(min) |
| 420 | 12.0−14.0 | − | Over0.15 | 1.0 | 0.04 | 0.03 | 1.0 | |
| 431 | 15.0−17.0 | 1.25−2.5 | 0.20max | 1.0 | 0.04 | 0.03 | 1.0 | |
| 440A | 16.0−18.0 | − | 0.6−0.75 | 1.0 | 0.04 | 0.03 | 1.0 | 0.75Mo(max) |
| 440B | 16.0−18.0 | − | 0.75−0.95 | 1.0 | 0.04 | 0.03 | 1.0 | 0.75Mo(max) |
| 440C | 16.0−18.0 | − | 0.95−1.2 | 1.0 | 0.04 | 0.03 | 1.0 | 0.75Mo(max) |
| 페라이트계 | | | | | | | | |
| 405 | 11.5−14.5 | − | 0.08max | 1.0 | 0.04 | 0.03 | 1.0 | 0.1−0.3Al |
| 430 | 16.0−18.0 | − | 0.12max | 1.0 | 0.04 | 0.03 | 1.0 | |
| 430F | 16.0−18.0 | − | 0.12max | 1.25 | 0.06 | 0.15min | 1.0 | 0.6Mo(max) |
| 430F.Se | 16.0−18.0 | − | 0.12max | 1.25 | 0.06 | 0.06 | 1.0 | 0.15Se(min) |
| 446 | 23.0−27.0 | − | 0.20max | 1.5 | 0.04 | 0.03 | 1.0 | 0.25N(max) |
| 오스테나이트계 | | | | | | | | |
| 201 | 16.0−18.0 | 3.5−5.5 | 0.15max | 5.5−7.5 | 0.06 | 0.03 | 1.0 | 0.25N(max) |
| 202 | 17.0−19.0 | 4.0−6.0 | 0.15max | 7.5−10 | 0.06 | 0.03 | 1.0 | 0.25N(max) |
| 301 | 16.0−18.0 | 6.0−8.0 | 0.15max | 2.0 | 0.045 | 0.03 | 1.0 | |
| 302 | 17.0−19.0 | 8.0−10.0 | 0.15max | 2.0 | 0.045 | 0.03 | 1.0 | |
| 302B | 17.0−19.0 | 8.0−10.0 | 0.15max | 2.0 | 0.045 | 0.03 | 2.0−3.0 | |
| 303 | 17.0−19.0 | 8.0−10.0 | 0.15max | 2.0 | 0.20 | 0.15min | 1.0 | 0.6Mo(max) |
| 303Se | 17.0−19.0 | 8.0−10.0 | 0.15max | 2.0 | 0.20 | 0.06 | 1.0 | 0.15Se(min) |
| 304 | 18.0−20.0 | 8.0−10.5 | 0.08max | 2.0 | 0.045 | 0.03 | 1.0 | |

| AISI Type No. | Cr | Ni | C | % Mn (최대) | P (최대) | S (최대) | Si (최대) | 기타성분 |
|---|---|---|---|---|---|---|---|---|
| 304L | 18.0−20.0 | 8.0−12.0 | 0.03max | 2.0 | 0.045 | 0.03 | 1.0 | |
| 305 | 17.0−19.0 | 10.5−13.0 | 0.12max | 2.0 | 0.045 | 0.03 | 1.0 | |
| 308 | 19.0−21.0 | 10.0−12.0 | 0.08max | 2.0 | 0.045 | 0.03 | 1.0 | |
| 309 | 22.0−24.0 | 12.0−15.0 | 0.20max | 2.0 | 0.045 | 0.03 | 1.0 | |
| 309S | 22.0−24.0 | 12.0−15.0 | 0.08max | 2.0 | 0.045 | 0.03 | 1.0 | |
| 310 | 24.0−26.0 | 19.0−22.0 | 0.25max | 2.0 | 0.045 | 0.03 | 1.5 | |
| 310S | 24.0−26.0 | 19.0−22.0 | 0.08max | 2.0 | 0.045 | 0.03 | 1.5 | |
| 314 | 23.0−26.0 | 19.0−22.0 | 0.25max | 2.0 | 0.045 | 0.03 | 1.5−3.0 | |
| 316 | 16.0−18.0 | 10.0−14.0 | 0.08max | 2.0 | 0.045 | 0.03 | 1.0 | 2.0−3.0Mo |
| 316L | 16.0−18.0 | 10.0−14.0 | 0.03max | 2.0 | 0.045 | 0.03 | 1.0 | 2.0−3.0Mo |
| 317 | 18.0−20.0 | 11.0−15.0 | 0.08max | 2.0 | 0.045 | 0.03 | 1.0 | 3.0−4.0Mo |
| 321 | 17.0−19.0 | 9.0−12.0 | 0.08max | 2.0 | 0.045 | 0.03 | 1.0 | |
| 347 | 17.0−19.0 | 9.0−13.0 | 0.08max | 2.0 | 0.045 | 0.03 | 1.0 | |
| 348 | 17.0−19.0 | 9.0−13.0 | 0.08max | 2.0 | 0.045 | 0.03 | 1.0 | |

표 2−13 스테인리스강의 조직에 따른 분류

| 구 분 | 조 직 성 상 | 자성(磁性) |
|---|---|---|
| 1. 말텐사이트계 (Martensite) | 보통의 강철을 고온에서 급냉시에 얻어지는 금속조직과 동일한 것 | 있음 |
| 2. 페라이트계 (Ferrite) | 통상의 강철이 상온에서 나타내는 조직과 동일한 것 | 있음 |
| 3. 오스테나이트계 (Austenite) | 보통의 강철이 900℃ 전 후 온도에서 나타내는 조직의 모양과 동일 | 없음 |

③ 스테인리스강의 가공성

스테인리스강은 내식성(耐蝕性), 강도(强度) 및 가공성(加工性)이 있는 재료로서 특히, 우수한 내식성때문에 식품공업의 제조가공설비에 널리 쓰인다. 모든 스테인리스강에는 다소의 탄소(炭素, C)가 첨가되어 있다. 탄소는 합금(合金)의 강도를 높이기 위해서 첨가되는 물질로, 그 함량은 0.03%에서 1.2%의 범위이다. 강도를 높이기 위해 탄소함량을 증가시키면 내식성을 주기위해 사용된 크롬에 의해 탄화물(炭化物)이 생성하는 결과로서 내식성이 떨어진다. 탄소가 높은 강종(鋼種)에서는 용접(溶接)할 때 열을 받은 부위가 빨리 부식 또는 변형되기 때문에, 식품을 제조가공하는 용접구조물에는 부적당하므로 탄소함량이 낮은 것을 사용해야만 한다.

예를 들면 식품을 가열·혼합하는 용기로서 이용되는 2중솥(jacketed kettle)의 내벽

(內壁)은 거의 SUS 304가 이용되나, 그림 2-5에서 사선(斜線)으로 나타낸 개소에 재질 불량에 기인하는 현상인 작은 물고기 비늘과 같은 파편이 생긴다. 이로 인해서 그 주위가 부식되어 벽면이 매끄럽지 않고 요철(凹凸)이 생성되어 식품의 찌꺼기가 끼기 때문에, 미생물이 사는 균소(菌巢)로 되기쉽다.

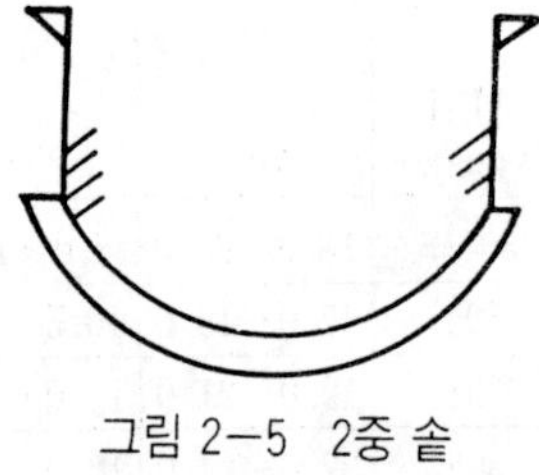

그림 2-5 2중 솥

또한, 여러 개의 관(管, tube)으로 되어있는 열교환기(熱交換器)의 경우에도, 탄소함량이 높은 재질로 제작시 용접부분이 쉽게 부식되어 짧은 기간내에 작은 구멍(pin hole)이 발생하여 열교환기로서의 기능을 상실하는 경우도 있다. 이와 같은 현상을 방지하기 위해서는 원인물질인 탄소함량이 낮은 강종을 사용하거나, 티탄(titanium, $T_i$)을 첨가한 재질을 이용하면 방지할 수 있다.

④ 스테인리스강의 선정기준

스테인리스강을 선정시에 올바로 선택하기 위해서는 다음과 같은 것을 검토해야 한다.

· 내식성 : 요구되는 내식성의 정도와 예상되는 환경에 대하여 알아둘 필요가 있다. 내식성은 부식물의 성질, 농도 및 온도에 따라 다르다.

· 기계적성질 : 내식성 다음에 중요한 것은 합금강도이다. 따라서 기계적 성질에 맞는 재질을 결정해야 한다.

· 가공성 : 재료의 형성 및 가공방법이다. 가공방법은 기계가공인가, 용접가공인가 단조(鍛造)인가 또는 냉간압연(冷間壓延)인가에 따라 재질이 다르다.

· 총원가 : 재료, 설치 및 예상수명 등을 종합평가해서 비교한다. 합금원소량이 많은것일수록 값이 비싸진다.

· 입수가능성 : 재료의 입수가능성은 총원가에 영향을주고 특히 프로젝트(project)의 완성일이 지정되어 있을 때에는 그 중요성이 커진다.

몇 종류의 스테인리스강의 특징을 비교해 보면 표2-14와 같다.

⑤ 스테인리스강의 사용상의 주의

스테인리스강의 재질이 아무리 우수해도 사용방법이 잘못되어 있으면 수명이 현저하

표 2-14 스테인리스강의 종류별 특징 비교

| 용 도 | AISI코드 | 비교원가 | 비 고 |
|---|---|---|---|
| 부식성이 적은 것 | 302 | 1.0 | 기본등급 |
| | 303 | 1.2 | 용접하지 않는 식품기계 부품 |
| 보통의 부식성이 있는 것 | 304 | 1.2 | 기본등급, 비산성식품접촉, 가공기계의 외부 |
| | 304L | 1.3 | 용접가능 |
| | 305 | 1.2 | |
| 심한 부식성이 있는 것 | 316 | 1.6 | 기본등급, 높은 산성에서도 사용가능 |
| | 316L | 1.7 | 용접가능 |

짧아지기 때문에, 다음과 같은 점에 주의할 필요가 있다.

㉠ 스테인리스강과 다른 재질과의 접촉사용에 의한 공식(孔蝕, pitting):스테인리스강은 갈바닉부식(galvanic corrosion)에 약한 성질이 있다. 따라서 스테인리스강은 원칙적으로 다른 재질과 접촉하여 사용함은 금물이다. 녹이 발생하거나 피팅(pitting)을 일으킬 우려가 있다. 갈바닉 부식이란 두 이종금속(異種金屬)이 용액속에 담구어져 있게되면 전위차(電位差) 차이로 전자의 이동이 일어나는 현상의 부식을 말한다.

- 스테인리스강과 녹과의 접촉 : 스테인리스강과 보통강과를 접촉시켜서 사용할 시 보통강이 우선 녹을 발생하고, 이 녹과 스테인리스강이 서로 접촉하면서 외계에 노출되면 스테인리스강에 녹이 오염되어 심하게 부식된다.
- 스테인리스강과 동(銅) 및 동합금과의 접촉 : 스테인리스강과 동 및 동화합물이 접촉되면 그 접촉부위에 스테인리스강의 국부부식(局部腐蝕)이 일어난다.
- 유황(硫黃)과의 접촉 : 스테인리스강 특히, 니켈($N_i$)을 포함하는 스테인리스강을 유황 또는 유황을 포함하는 것과 접촉하여 사용하는 것은 금물이다. 예를 들면 천연고무 에보나이트 등과 스테인리스강을 접촉시키면서 침식성환경에 놓였을 때는 비교적 빨리 부식된다.

㉡ 이종(異種)스테인리스강의 접합사용 경우

페라이트계와 오스테나이트계의 스테인리스강을 리벳으로 조립하여 고온으로 사용하거나 용접하여 사용하는 경우에, 열팽창계수의 차이로 인해서 접합부위에 균열이 생기거나 절단이 일어나기도 한다.

### (2) 유리, 자기

유리는 성분조성이나 약품에 견디는 성질에 따라 여러 가지로 분류하고 있다(표2-15). 유리의 주성분은 실리카(silica, $S_iO_2$)이며, 그 조성성분에 따라 연질(軟質)과 경질(硬質)유리로 나누고 있다(표2-16).

경질유리는 유리성분에 붕소(硼素, boron)가 가해진 유리로서, 보통의 연질유리에 비해 내열성(耐熱性), 내열충격성(耐熱衝擊性), 내약품성(耐藥品性)이 강해 쉽게 깨지지 않기때문에 이화학용 실험기구로는 물론 식품공업, 화학공업의 시설재로 쓰인다. 이 경질유리의 대

표 2-15 유리의 종류

| 분류 | 종류 |
|---|---|
| 1. 포괄적 분류 | • 보통(普通)유리<br>• 특질(特質)유리 |
| 2. 성분조성에 따른 분류 | • 석회(石灰)유리(soda lime glass)<br>• 붕규산(硼硅酸)유리(borosilicate glass)<br>• 연(鉛)유리(lead glass) |
| 3. 내약품성에 따른 분류 | • 연질(軟質)유리<br>• 경질(硬質)유리 |

표 2-16 유리의 구성성분

| 성 분 | 연질유리 | 경질유리 |
|---|---|---|
| $S_iO_2$ | 68~70% | 80.5~81% |
| $Na_2O$ | 13~15 | 4 |
| $CaO$ | 10~13 | 0.3 |
| $Al_2O_3$ | 2~ 3 | 2~3 |
| $B_2O_3$ | | 12.5 |

표 2-17 자기의 구성성분

| 성분 | 함량 |
|---|---|
| $S_iO_2$ | 72~74% |
| $Al_2O_3$ | 22~23 |
| $Fe_2O_3$ | 0.9~1.4 |

표적인 것이 코닝글라스사(Croning Glass Works)에서 개발한 상품인 파이렉스(Pyrex)이다. 그러나 경질유리는 산(酸)에는 잘 견디나 높은 온도의 알카리에는 침식되기 쉬운 단점을 갖고 있다.

유리가 식품공업에서 이용되는 것은 포장용기로서 또는 철판에 유리로 엷게 라이닝(glass lining)한 것의 형태로 이용된다. 유리라인닝은 탄소함량이 낮은 강판의 라이닝면을 고압의 모래로 뿌려(sand brast)처리 후, 습식분쇄한 유리현탁액(glass slip)을 분무하고 건조한 다음 850~950℃의 로(爐)에서 용착(溶着)한 것으로, 피복 두께는 1~1.2㎜정도이다. 유리라이닝은 내식성(耐蝕性)이 좋은 장점이 있으나, 제작상에 대단히 어려운 점이 있고 더욱이 사용상의 잘못으로 깨졌을시는 보수하기가 어려운 점 등 단점도 갖고 있다.

자기(磁器)도 유리성분과 같이 실리카가 주성분으로 되어 있으며, 보통자기와 경질자기가 있고 경질자기는 내식성이 있다.

식품위생법에서는 "기구·용기 및 포장의 제조에 있어 화학적 합성품인 착색료를 사용하는 경우에는 식품위생법상 허용된 착색료 이외의 착색료를 사용해서는 아니된다. 다만, 유약유리 또는 법랑에 녹이는 방법, 기타 식품에 혼화할 우려가 없는 방법에 의한 경우에는 무방하다."라고 규정하고 있으며, 유리 및 자기로 만든 기구·용기의 규격기준은 다음과 같다.

① 유리제 기구·용기
- 납 : 7PPM이하
- 비소 : 0.05PPM이하
- 알카리 : 4PPM이하

② 도자기제 기구·용기
- 납 : 7PPM이하
- 비소 : 0.05PPM이하
- 카드뮴 : 0.5PPM이하

### (3) 내산합금(耐酸合金)

금속 또는 합금의 조직은 부식특성을 결정짓는 중요한 인자이다. 보통 철(鐵) 및 강(鋼)의 합금은 두가지 형태 즉, 강(steel)과 주철(鑄鐵, cast iron)로 나누어 진다. 이 기준은 탄소함량으로 하고 있으며, 탄소 2%이하를 강이라하고 2%이상을 주철이라 한다. 강은 다시 합금강(合金鋼, alloyed steel)과 비합금강(非合金鋼)으로 나누어진다. 비합금강은 보통 탄소강이라 부르며, 탄소(C)와 철(鐵)이외의 다른 원소를 포함하지 않는 강을 말한다. 합금강은 탄소이외에 하나 또는 둘 이상의 다른 원소가 첨가된 것을 말하며, 첨가원소는 규소($S_i$), 망간($M_n$), 구리($C_u$), 바나듐(V), 몰리브텐($M_o$), 텅스텐(W), 크롬($C_r$), 니켈($N_i$), 티타늄($T_i$) 등이다.

일반적으로 많이 사용되는 내식성 니켈합금은 표 2-18과 같다.

내식성있는 합금을 선택하는 데 있어서 먼저 금속과 부식용액 사이의 몇 가지 조합을 통해서 가장 경제적으로 내식성 재질을 선정할 수 있는 데 이러한 조합의 몇가지 예를 들면 표2-19와 같다.

그러나 내식성이 있더라도 식품위생법에서 규정한 기구·용기 및 포장의 규격 기준을 보면 납을 10%이상, 안치몬을 5%이상 함유한 금속으로 기구·용기 또는 포장을 제조하거나 수리하여서는 아니되도록 되어 있다.

표 2-18 내식성 니켈합금 (단위 : %)

| 구 분 | Ni | Mo | Co | Cr | W | Fe | Si | Mn | C | Cu | 사용예 |
|---|---|---|---|---|---|---|---|---|---|---|---|
| 모넬합금400 | 66 | | | | | 1.4 | 0.2 | 0.9 | 0.12 | 31.5 | 지방을 가수분해하여 지방산과 글리세롤제조 |
| 인코넬합금600 | 76 | | | 16 | | 7.2 | 0.2 | 0.2 | 0.04 | | |
| 하스텔로이 B (hastelloy) | 61 | 26~30 | 2.5 | 1.0 | | 4~7 | 1.0 | 1.0 | 0.05 | | |
| 하스텔로이 C | 54 | 15~17 | 2.5 | 15.6 | 3~4.5 | 4~7 | 1.0 | 1.0 | 0.08 | | 높은 온도의 염산 |

표 2-19 합금의 선택기준

| | |
|---|---|
| 1. 스테인리스강 : 질산(窒酸, $HNO_3$)<br>2. Ni과 그 합금 : 알카리<br>3. 모넬(70Ni-30Cu : 불화수소산(弗化水素酸, HF)<br>4. 하스텔로이 : 높은 온도의 염산(HCl) | 5. 납(Pb) : 묽은 황산(황산은 60~70% 에서 침식 강함<br>6. 주석(Sn) : 증류수<br>7. 티탄늄(Ti) : 높은 온도의 강산화용액<br>8. 탄탈(Ta) : 가장 큰 내식성 있음<br>9. 강(鋼) : 진한 황산($H_2SO_4$) |

### (4) 플라스틱

플라스틱(plastic)의 종류는 대단히 많고 그 내약품성은 복잡하기 때문에 최종적으로는 실험을 하여 결정해야 한다. 그러나 플라스틱의 내식성은 분자구조를 보면 대략적인 추정이 될 수 있다.

예를 들면 알킬기(alkyl radical), 할로겐기(halogen radical)가 붙을 때 내산, 내알카리성이 강하게 되고, 수산기(hydroxyl radical), 아미노기(amino radical)등 친수기(親水其)가 붙을 때 내산, 내알카리성이 약하게 된다. 플라스틱은 내식성이 있어도 용제에 약한 것, 내유성(耐油性)이 약한 것이 있기 때문에 플라스틱의 재질을 선택시에는 이러한 시험도 해야 한다.

가소제(可塑劑)가 들어있는 플라스틱류는 식품제조용으로서는 적당치 않다. 또한 플라스틱을 기계의 부품(副品)으로 사용하는 경우, 연화점(軟化點)에 주의해야 한다. 내식성은 있어도 연화점이 낮을시에 변형(變形)하여 사용할 수 없다. 100℃ 이상에서도 변형되지 않는 플라스틱으로서는 4불화 에틸렌수지(tetrafluoroethylene resin; 테프론, 폴리프론 등 220℃정도), 3불화에틸렌수지(다이프론 등 170℃정도), 폴리프로필렌(130℃ 정도)등이 있다.

플라스틱중에서도 포르말린(formalin)을 반응시켜 제조하는 페놀수지, 뇨소수지, 키시렌수지 등은 식품용으로는 적당치 않다. 동물유(動物油), 식물유(植物油)에 대하여 폴리에틸렌이나 폴리이소부틸렌은 약하고, 주류(酒類)에 대하여는 폴리에틸렌, 에틸세루로즈, 에폭시수지는 약하다.

플라스틱으로 기구·용기 및 포장을 제조시 화학적 합성품인 착색료를 사용하는 경우에는 식품위생법상 허용된 착색료 이외의 착색료를 사용해서는 아니되도록 되어있다.

### (5) 탄소제품

탄소는 화학약품에 대하여 유리에 버금가는 내식성을 갖고 있기 때문에 열교환기(熱交換器), 메카니컬실(mechanical seal)등에 많이 이용된다.

### (6) 유리섬유보강 플라스틱

유리섬유에 플라스틱을 결합시킨 것이 유리섬유보강 플라스틱(FRP, fiber glass reinforced plastic)이다. 이것은 알루미늄보다 가볍고 강철보다도 강하며, 부식되지 않는 재료로서 약품저장조나 배관 등에 이용된다. 유리섬유의 굵기는 5$\mu$(5/1,000㎜)정도의 것이 사용되고, 합성수지는 주로 폴리에스터(polyester)수지가 사용된다.

### (7) 구리와 그 합금

구리(銅)는 알루미늄과 더불어 비철금속재료(非鐵金屬材料)중 가장 중요한 것의 하나이다. 구리는 전기 및 열전도가 매우 좋고 화학적인 저항성이 커서 내식성도 좋다. 구리의 미량은 생리적으로 오히려 유익하기 때문에 단시간 사용하면 장치재료로서 지장이 없다.

구리제품은 아연($Z_n$), 주석($S_n$), 니켈($N_i$), 은(Ag) 등과 합금으로 해서 사용한다. 일반적으로 구리관은 해수(海水) 연수, 경수 등을 수송하는데 있어서 온도에 관계없이 만족스럽게 사용되고 있다. 그러나 구리는 질산($HNO_3$), 진한황산의 끓는 용액, 암모니아가 녹아있는 물, 염화철 황산철 및 황(黃, S)화합물에는 부식하는 성질이 있다. 많은 구리제품은 통상 주석으로 도금한 것이 많이 이용되고 있으며, 식염수, 당(糖), 술 등에 이 합금이 이용된다.

식품위생법에서 규정하고 있는 기구·용기 및 포장의 규격기준에는, 구리 및 구리합금 사용시에 식품에 접촉하는 부분을 전면 주석 도금 또는 기타처리를 하여 위생상 위해가 없도록 적절한 처리를 하도록 규정하고 있다(다만 고유한 광택을 가지고 녹이 슬지 아니한 것은 무방하다).

특히, 니켈－구리 합금(monel metal)은 구리보다도 내식성이 뛰어난다. 그러나 옥수수, 콩 등의 취급시에는 소량의 구리가 있어도 변색하므로 사용하지 않는다.

### (8) 알루미늄과 그 합금

알루미늄은 대기중이나 중성 및 대부분의 산성용액(酸性溶液)에서 내식성이 좋을 뿐만 아니라, 가공이 용이하기 때문에 방습포장재(防濕包裝材)로도 많이 쓰인다. 알루미늄은 강도(强度)가 약하기 때문에 제조설비용으로서는 망간($M_n$), 마그네슘(Mg)등을 가한 것이 이용된다. 알루미늄은 염소이온($Cl^-$), 구리이온($C_u^{++}$)및 철이온($F_e^{+++}$)이 존재하면 부식성이 증가한다. 알루미늄이 내식성을 갖는 환경은 암모니아수($NH_4OH$), 초산(醋酸), 지방산(脂肪酸), 질산(窒酸), 유황화합물 등이고 다음과 같은 환경에서는 부식된다.

· HCl, $HB_r$, $H_2SO_4$(실온에서 10%이하의 농도에서는 사용가능함)
· HF, $HClO_4$, $H_3PO_4$, 개미산, 수산(蓚酸)
· 알카리
· 바닷물
· $C_u^{++}$, $F_e^{+++}$ 등이 포함된 물

알루미늄의 표면에는 자연의 상태에서 공기중의 산소에 의해 알루미나(Alumina, $Al_2O_3$)의 피막이 형성되어 금속자체의 보호역할을 한다.

### (9) 고무

고무는 단독으로 사용되는 경우는 거의 없으며, 강이나 주철등에 3～5㎜의 두께로 라이닝하여 사용한다. 라이닝에 사용되는 고무재료는 라이닝조건, 사용약품의 종류, 농도 등에 따라 다르며, 고무재료의 일반적 성질은 표 2－20과 같다.

표 2－20 고무의 성질

| 종 류 | 일반적 성질 | 사용온도범위(℃) |
|---|---|---|
| 1. 천연고무 (Natural rubber) | 대부분의 무기화학약품에는 저항성이 있으나, 질산과 같은 강산화성산에는 부적합하다. 또한 알콜, 에스테르와 같은 유기화학약품에는 저항성이 있으나 지방족탄화수소, 방향족탄화수소 및 어떤 종류의 동식물성유에는 사용할 수 없으며, 연질고무라고도 한다. | －30～＋80 |
| 2. 에보나이트 (Ebonite) | 생고무에 다량의 유황을 가해서 얻은 것으로, 경질 고무라고도 한다. 연질고무보다도 내약품성이 뛰어나다. | <＋100 |

| 종 류 | 일반적 성질 | 사용온도범위(℃) |
|---|---|---|
| 3. 클로로프렌고무 (Chloroprene rubber) | 클로로프렌의 중합체로서 합성고무의 하나이다. 연질고무보다 내열성, 내유성, 내약품성이 좋다. | −20∼+100 |
| 4. 부틸고무 (Butyl rubber) | 합성고무의 하나로서 연질고무보다 내열성, 내산화성이 우수하나 유리할로겐원소, 지방족이나 방향족 탄화수소에 사용해서는 안된다. | |
| 5. 클로로술폰화 폴리에틸렌 | 내열, 내약품성 및 내마모성이 우수한 합성고무로서 차아염소산나트륨용액과 같은 산화제나 황산, 질산 등 강산에 대하여 상당한 저항성이 있다. 지방족탄화수소에는 저항성이 있지만 에스테르류에는 사용해서는 안된다. | |

## 4.4 내식성 재질의 선택

내식성(耐蝕性, corrosion resistance)재질을 선택하기 위해서는 취급하는 식품성분과 제조·가공과정에서 첨가되는 물질의 성분을 잘 파악하고, 그 성분이 미치는 영향을 사전에 조사검토하고 최종적으로는 부식시험을 하여 적합한 재질을 선택한다(표2−21). 부식시험은 표 2−22와 같이 실험실시험과 사용시험으로 나누고 실험실시험에는 모형시험과 가속시험이 있다.

표 2−21 재질의 선택절차

1. 예비선택
   경험, 제조업체데이터, 문헌, 이용가능성, 예비실험실 시험
2. 실험실 시험
   실제에 가까운 공정조건에서 실험실 시험으로 적정재질의 재평가
3. 실험실 시험결과 및 기타 데이터의 해석
   불순물의 영향, 설비의 고온, 고압, 교반 및 공기의 존재하에서의 영향, 제작방법에 따른 영향
4. 적정재질의 경제성 비교
   재료 및 유지원가, 예상수명, 설치비용
5. 최종선택

표 2−22 부식시험방법

| | |
|---|---|
| 1 | 실험실 시험(Laboratory test)<br>• 모형시험(模型試驗)<br>• 가속시험(加速試驗) |
| 2 | 사용시험(service test) |

모형시험(model test)은 실험실내에 소형의 모형장비를 설치하고, 그 조건이 실제공장조건과 같게 만들어서 하는 시험으로 부식을 촉진시키지 않고 하기때문에 시험이 장기간 소요된다.

가속시험(accelerated test)은 하나 또는 둘 이상의 부식인자를 강화시킴으로서, 실제의 사용조건의 경우보다 더 빠른 속도로 부식을 진행시키는 방법이다. 그러나 가속시험에서 나온 결과는 사용시험 및 모형시험에 의해서 다시 확인해야 한다.

가속시험의 결과를 근거로 하여 실제 사용조건에 있어서의 재료 및 피복(coating)의 수명을 예측해 낸다는 것은 거의 불가능하다. 단지 재료의 상대적인 부식성을 비교할 수 있을 뿐이다. 사용실험은 실제로 발생하고 있는 자연적인 부식환경에서 하는 시험으로 대단히 중요하며, 때로는 필수적인 경우도 있다. 실험실내에서 실제 사용조건의 부식환경을 정확히 만드는 것은 거의 불가능하기 때문이다. 참고로 스테인리스 및 내산자기에 대한 부식시험방법은 KS D 0219~0225 및 KS L 1553에 정해져 있고, 플라스틱의 내약품성 측정방법은 KS M 3007에 규정되어 있다.

참고로 문헌에 나와있는 취급물질 및 사용기기의 재질별 내식성 자료는 표 2-23 및 표 2-24와 같다.

표 2-23 재료별 내식성

| 물질 | 철강 | 주철 | 스테인리스 | | 모넬 | 알루미늄 | 공업용유리 | 탄소 | 페놀수지 | 아크릴수지 | 염화비닐리덴 | 사용가능한 비금속패킹재료 |
|---|---|---|---|---|---|---|---|---|---|---|---|---|
| | | | 18-8 | 18-8 Mo | | | | | | | | |
| 초산(acetic acid,crude) | C | C | C | C | C | A | A | A | A | A | C | b.c.d.e |
| 〃 ( 〃 ,pure) | X | X | C | A | A | A | A | A | A | X | X | b.c.d.e |
| 암모니아(가스) | A | A | C | A | A | C | A | · | A | · | C | a.e |
| 암모니아수 | A | A | A | A | C | C | A | · | A | A | C | a.c.d.e |
| 염화칼슘 | C | A | C | C | A | C | A | A | A | A | A | b.c.d.e |
| 수산화칼슘 | A | A | A | A | A | · | · | · | · | · | · | a.c.d.e |
| 차아염소산칼슘 | X | C | C | A | C | C | A | A | C | · | C | b.c.d.e |
| 구연산 | X | C | C | A | A | A | A | A | A | A | A | b.c.d.e |
| 에탄올(ethanol) | A | A | A | A | A | A | A | A | A | · | A | a.c.e |
| 지방산 | C | C | A | A | A | A | A | A | A | · | A | a.e |
| 포름알데히드 | C | C | A | A | A | A | A | A | A | · | A | a.c.e |
| 글리세롤 | A | A | · | A | A | A | A | A | C | A | C | a.c.e |
| 염 산 | X | X | X | X | C | X | A | A | A | A | C | b.c.d.e |
| 과산화수소 | C | · | C | C | C | A | A | A | A | A | C | a.e |
| 유산(lactic acid) | X | C | C | A | C | C | A | A | A | · | · | a.b.c.d.e |
| 메탄올(methanol) | A | A | A | A | A | A | A | A | A | · | A | a.c.e |
| 질 산 | X | C | C | C | X | C | A | C | C | · | C | b.e |
| 인 산 | C | C | C | A | C | X | C | A | A | · | A | b.c.e |
| 수산화칼륨 | C | C | A | A | A | X | · | · | · | · | C | a.e |

| 물 질 | 철강 | 주철 | 스테인리스 18-8 | 스테인리스 18-8 Mo | 모넬 | 알루미늄 | 공업용유리 | 탄소 | 페놀수지 | 아크릴수지 | 염화비닐리덴 | 사용가능한 비금속패킹 재료 |
|---|---|---|---|---|---|---|---|---|---|---|---|---|
| 소 금 | A | A | C | C | A | C | A | A | A | · | · | a,c,d,e |
| 가성소다 | A | A | A | A | A | X | C | A | A | A | C | a,c,d,e |
| 차아염소산 나트륨 | X | C | C | A | C | X | A | C | X | · | A | b,c,d,e |
| 아세톤 | A | A | A | A | A | A | A | A | C | X | C | a,e |
| 수산(oxalic acid) | C | C | C | C | A | C | A | A | A | · | · | b,c,e |
| 탄산나트륨 | A | A | A | A | A | C | C | A | A | X | · | a,c,d,e |
| 황산(98%이상) | A | C | X | C | X | C | A | X | X | X | C | b,e |
| 〃(75~95%) | A | C | X | X | C | X | A | C | X | X | C | b,e |
| 〃(10~75%) | X | C | X | X | C | X | A | A | C | C | A | b,e |
| 〃(10% 이하) | X | C | X | C | C | C | A | A | C | A | A | a,b,c,e |

〔주〕 A : 사용가능(acceptable)
C : 주의(caution) 내식성은 조건에 따라 변함. 약간의 부식이 허용될 때 사용
X : 적합치 않음
· : 자료없음
a : 석면(asbestos), 흰색(압축 또는 뜬 것)
b : 〃 , 청색( 〃 )
c : 〃 , (압축 및 고무접착)
d : 〃 , (뜬 것 및 고무입힌 것)
e : 테프론(Teflon)

## 표 2-24 플라스틱의 용제별 내식성

| 물 질 | PVC 경화 | PVC 가소 | PE | PP | PET | EP | PS | ABS | PA | PF | PC | Saran |
|---|---|---|---|---|---|---|---|---|---|---|---|---|
| 아세톤 | U | U | S | S | U | F | U | U | $S_1$ | U | S | S |
| 메칠알콜 | S | $S_1$ | $S_1$ | $S_1$ | $S_1$ | S | S | $S_1$ | $S_1$ | F | $S_1$ | $S_1$ |
| 에칠알콜 | S | $S_1$ | $S_1$ | $S_1$ | $S_1$ | S | S | $S_1$ | $S_1$ | F | $S_1$ | $S_1$ |
| 부틸알콜 | S | $S_1$ | $S_1$ | $S_1$ | $S_1$ | S | S | S | $S_1$ | F | $S_1$ | $S_1$ |
| 벤젠 | U | U | U | U | $S_1$ | S | U | U | S | S | U | F |
| 에틸에테르 | U | U | S | S | · | S | U | U | $S_1$ | S | $S_1$ | U |
| 핵산(hexane) | S | U | F | F | S | S | U | F | S | S | $S_1$ | $S_1$ |
| 윤활유 | $S_1$ | S | S | S | S | $S_2$ | F | S | S | S | $S_1$ | $S_1$ |
| 키시렌(xylene) | U | U | U | U | $S_2$ | S | U | U | $S_1$ | S | U | F |

〔주〕 : S : 26.6℃ 까지 양호
$S_1$ : 60℃ 까지 양호
$S_2$ : 60℃ 이상에서 양호
F : 대단히 양호
U : 부적합
EP : epoxy

ABS : acrylonitrile-butadiene-styrene
PS : polystyrene
PA : poly acetal(=엔지니어링 플라스틱)
PF : phenol-formaldehylde(페놀수지)
PC : poly carbonate

(1) 침지시험

침지시험(浸漬試驗, immersion test)이란 시험하려는 재료샘플을 부식성있는 기체 또는 액체에 담구워 놓는 시험으로, 샘플을 완전히 담구는가 일부만 담구는가에 따라 완전침지시험과 부분침지시험으로 나눈다.

(2) 시험조건의 조정

① 시험샘플

시험결과의 재현성을 높이기 위해서 시험편의 조성, 조직, 표면상태 등의 특성을 정확히 알아야 한다. 모든 시험샘플은 시험에 들어가기 전에 표면의 녹, 유지류(油脂類)를 제거해야 한다.

② 시험기간

대부분의 경우 시험샘플의 무게가 줄어드는 것으로서 부식속도를 결정하는 경우가 많다. 이 경우 무게측정에 앞서 표면상의 부식생성물을 제거해야 한다. 부식생성물이 제거된 시험샘플을 다시 시험액에 노출시키는 것은 아무런 의미가 없으므로 무게측정에 충분한 수의 동일샘플을 준비해 놓아야 한다. 시험이 끝나면 알콜이나 아세톤으로 시험샘플을 씻은 다음 건조시켜 무게를 측정한다. 이러한 과정에서 시험샘플은 맨손으로 만져서는 아니된다.

③ 시험조건

실제로 작업이 이루어질 상태의 환경조건, 예를 들면 시험액의 조성 및 농도, 시험액의 온도, 시험액의 유속, 시험액의 용량, 시험액의 통기 여부 등이 고려되어야 한다.

## 5. 설비의 설치와 품질보증

식품의 품질·위생을 확보하기 위해서는 건설의 모든 단계－계획·조사·설계·발주·제작·설치·시공·시험·검사·시운전 등－에서 철저한 품질관리를 해야한다.

공장의 설계·건설은 종합기본계획(master plan)이 잘 되어 있는가 어떤가에 따라 그 성과가 다르기 때문에, 종합기본계획은 관련되는 부문의 중지를 모아서 세우는 것이 중요하다. 그러나 공장건설시에 계획·조사·설계·발주 등 소프트(soft)면의 계획이 잘 되어 있다고 하더라도 제작·설치·시공 등 하드(hard)면에 있어서, 정해진 도면 기준에 따라 계획대로 확실히 실행되지 않는다면 품질보증은 어렵게 된다. 따라서 앞에서 설명한 적정한 제조공정과 설비 그리고 설비재료의 선택이 잘 되었다 하더라도 이 후의 과정이 잘못되면 결과적으로 전체가 나쁜 결과가 나오게 된다.

### 5.1 일반식품공장설비의 제작·설치·시공관리

식품공장의 특징은 일반공장과 달라서 위생성과 보존성이 중요하기 때문에 식품위생에 관한 감이 있는 업자를 선정할 필요가 있다. 식품공장을 건설해본 경험이 있는 업자는 위생에 관한 의식을 갖고 있어 수월하나, 그렇지 않을 경우에는 관리상 어려움이 따른다. 식품제조·가공 설비는 외관상으로 청결하게 보이도록 하여야 하겠지만, 눈에 보이지 않는 설비내부의 끝마무리가 잘 되어야 한다. 식품공장의 디자인 및 구조에서 중요한 점을 열거하면 다음과 같다.

(1) 공장내부는 세정하기 쉬운 구조로 해야 한다.

(2) 제조·가공설비가 제품과 접촉하는 표면은 매끄러우며 요철(凹凸)이 없고 틈이 없어야 한다.

(3) 용접부분은 매끄러워야 한다.

(4) 설비의 도장은 제품이 닿는 부분에는 하여서는 아니된다.

(5) 가스켓(gasket), 패킹(packing)재는 구멍이나 독성이 없고 흡수성이 없는 것을 사용하여, 제품이나 세정제가 침투되지 않도록 해야 한다. 또한 교반기의 축봉(軸封)에서 윤활유가 새어나와 식품에 오염되지 않도록 해야 한다.

(6) 공장의 바닥면과 배관 탱크의 밑면은 경사가 지게하여 액이 고이지 않도록 해야 한다.

(7) 간단히 점검하고 분해할 수 있는 구조여야 한다.

(8) 원료나 설비의 세정수는 냉각수와 섞이지 않도록 한다.

(9) 공장내에 증기(steam)가 유출되어 벽이나 천정에서 응축되지 않도록 하고 특히, 외벽의 단열(斷熱)이 부족하여 결로(結露)가 발생하지 않도록 해야 한다. 결로가 생긴 부분은 오랫 동안 습기가 있는 상태로 되어 곰팡이가 발생하기 때문에 올바른 단열시공이 필요하다.

(10) 제품과 직접 닿는 면의 재질은 식품에 대하여 안정해야 한다. 일반적으로 제품이 닿는 부분의 재질은 스테인리스강(sus 304이상)이 이용되고 고무, 플라스틱 재료를 사용하는 경우에는 식품위생법에서 정하는 규격에 합격되는 재질을 선정해야 한다.

(11) 벽은 먼지가 퇴적하지 않도록 수평돌출부위가 없도록 하고 구석은 R지게 한다(그림 2-6).

(12) 배수관(排水管)은 냄새, 위생해충 등의 이동을 차단할 수 있도록 금망(金網)을 설치하고 특히, 트랩(trap)을 설치하여 배수관중의 공기(악취)가 실내에 들어오지 않도록 해야한다(그림 2-7).

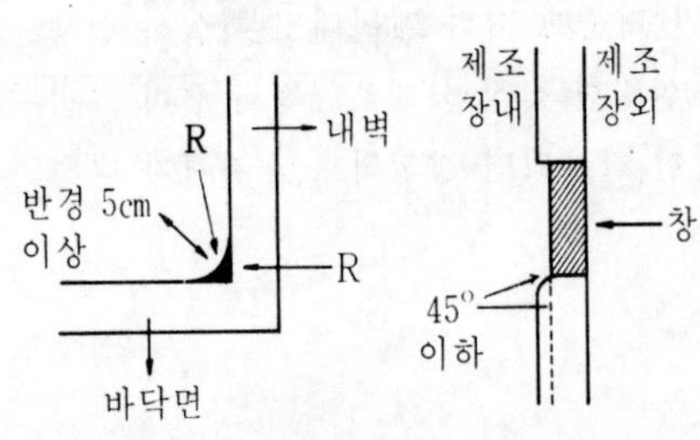


그림 2-6 벽의 구석처리 및 창의구조

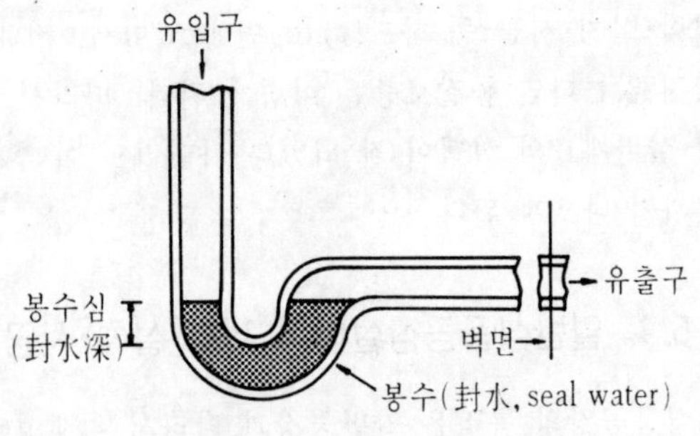


그림 2-7 트랩의 기능과 구조

(13) 식품위생법(법제21조 및 시행규칙 제20조)에서 규정한 시설기준에 맞도록 해야 한다. 주요 내용을 열거하면 다음과 같다.

① 작업장

㉠ 작업장은 독립건물이거나 완전히 구획되어서 식품위생에 영향을 미칠 수 있는 다른 목적의 시설과 구분되어야 한다.

㉡ 콘크리트등과 같은 내구력이 있는 구조물로 되어야 한다.

㉢ 바닥은 사기타일, 인조석현장갈기 또는 시멘트 콘크리트 구조로서 습기가 차지 아니하도록 배수로를 설치하여야 한다.

㉣ 내벽은 내수성 자재이어야 하며 원료처리장, 배합실 및 포장실의 내벽은 바닥으로부터 1.5m까지 밝은 색의 내수성 자재로 설비하거나, 방균페인트로 도색하여야 한다.

㉤ 천정은 청소하기 쉬운 구조로서 틈이 없고 매끄러워서 이물이나 먼지등이 떨어지지 아니하는 구조이어야 한다.

㉥ 출입문은 견고한 자재로서 외부로 부터 먼지 등을 막을 수 있는 시설이어야 한다.

㉦ 충분한 조명시설을 갖추어야 한다. KS A 3011에서 규정하고 있는 공장의 조도기준은 표 2－25와 같다.

㉧ 작업장내에서 발생하는 악취·유해가스·매연 및 증기 등을 환기시키기에 충분한 창문(바닥면적의 5%이상)을 갖추거나 환기시설을 갖추어야 하며, 창문에는 쥐 또는 해충을 막을 수 있는 설비를 하여야 한다.

㉨ 원재료, 기구 및 용기류를 세척하기 위한 세척설비를 갖추어야 하며, 수도를 이용할 수 있는 충분한 수의 고정된 손씻는 시설을 갖추어야 한다.

㉩ 제조가공에 사용되는 소기구·용기류·포장류 및 첨가물 등을 위생적으로 보관할 수 있는 설비가 있어야 한다.

㉪ 작업장에 설치하는 기계·기계류의 식품과 직접 접촉하는 부분은 위생적인 내수성재질(스테인리스, 알루미늄, FRP, 테프론 등)로서 세척하기 쉬우며, 열탕·증기 또는 살균제 등으로 소독 살균이 가능한 것이어야 한다.

② 창고

㉠ 창고는 내구력이 있어야 하고 원료용 창고와 제품용 창고는 구획되어야 하며, 원료와 제품을 위생적으로 보관·관리할 수 있는 충분한 설비 및 면적을 갖추어야 한다.

③ 급수시설

㉠ 작업과정중 물을 필요로 하는 경우에는 작업장마다 급수 시설을 설치하여야 한다.

㉡ 지하수를 사용하는 경우, 취수원은 화장실·오물장·동물사육장 및 기타 지하수가 오염될 우려가 있는 장소로부터 최소한 20m이상 떨어진 곳에 위치하여야 한다.

④ 화장실

㉠ 화장실은 콘크리트 등 내수성 자재로 시설하여야 하고, 바닥과 내벽(바닥으로 부터 1.5m까지)에는 타일을 부착하여야 하며, 환기창에는 쥐 또는 해충을 막을 수 있는 설비

### 표 2-25 공장의 소요조도

| 조도 $l_x$ | 장 소 | 작 업 |
|---|---|---|
| | — | — |
| 3000<br>2000<br>1,500 | ○제어실등의 계기반 및 제어반 | 정밀기계, 전자부품의 제조, 인쇄공장에서의 극히 세밀한 시작업, 보기를 들면<br>○조립a, ○검사a, ○시험a, ○선별a, ○설계, ○제도 |
| 1000<br>750 | 설계실, 제도실 | 섬유공장에서의 선별, 검사, 인쇄공장에서의 식자, 교정, 화학공장에서의 분석과 같은 세밀한 시작업, 보기를 들면<br>○조립b, ○검사b, ○시험b, ○선별b |
| 500<br>300 | 제 어 실 | 일반적인 제조공정 등에서 보통의 시 작업, 보기를 들면<br>○조립c, ○검사c, ○시험c, ○선별c, ○포장a, ○창고 내의 사무 |
| 200<br>150 | 전기실, 공기조절 기계실 | 거칠은 시 작업, 보기를 들면<br>○한정된 작업<br>○포장b, ○하조a |
| 100<br>75 | 출입구, 복도, 통로, 계단, 세면장, 변소, 작업을 수반하는 창고 | 극히 거친 시 작업, 보기를 들면<br>○한정된 작업,<br>○포장c, ○하조b.c |
| 50<br>30 | 옥내 비상 계단, 창고, 옥외 동력설비 | ○짐 싣기, 짐 내리기, 짐 이동 등의 작업 |
| 20<br>10 | 옥외(통로, 구내경비용) | — |

〔비고〕: 1. 같은 종류의 작업 명칭에 대하여 보는 대상물 및 작업의 성질에 따라 3가지로 나눈다.

① 표 중의 a는 세밀한 것, 어두운 색인 것, 비교의 구별이 분명치 않은 것, 특히 비싼 값인 것, 위생에 관계 있는 경우, 정밀도가 높은 것이 요구되는 경우, 작업시간이 긴 경우 등을 나타낸다.

② 표 중의 b는 ①과 ③의 중간인 것을 나타낸다.

③ 표 중의 c는 거칠은 것, 밝은 색인 것, 비교의 구별이 분명한 것, 튼튼한 것, 별로 비싸지 않은 것을 나타낸다.

2. 위험한 작업일 때는 2배의 조도로 한다.

3. 이 조도는, 주로 시(視) 작업면(특별히 시작업면의 지정이 없을 때에는 바닥 위 85㎝, 앉아서 하는 일일 때는 바닥 위 40㎝, 복도·옥외 등은 바닥면 또는 지면)에 있어서의 수평면 조도를 나타내며 작업내용에 따라서는 연직면 또는 경사면의 조도를 표시하는 것도 있다.

또한, 이 조도는 설비 당초의 값은 아니고, 항상 유지해야만 하는 값을 나타낸다. 표 중의 ○표의 작업장은 국부 조명을 하여서 이 조도를 맞추어도 좋다. 이 경우 전체 조명의 조도는 국부 조명에 의한 조도의 1/10 이상인 것이 바람직하다. 또한, 인접한 방, 방과 복도와의 조도차가 현저하지 않도록 한다.

를 하여야 한다.

㉡ 화장실은 남녀용으로 구분되어 사용하는데 불편이 없는 구조로서 그 수가 충분하여야 하며, 손씻는 시설을 갖추어야 한다.

⑤ 기타시설

㉠ 종업원이 불편없이 사용할 수 있는 위생적인 갱의실이 있어야 한다.

㉡ 원료처리장·제조가공장·포장실 등의 폐기물용기는 내수성 자재로 된 것으로, 뚜껑이 있고 오물·악취등이 누출되지 아니하도록 설비하여야 한다.

㉢ 영업장소 안팎의 배수구에는 쥐 또는 해충이 들어가지 못하도록 덮개를 설치하여야 하며, 배수가 잘 되도록 하여야 한다.

## 5.2 바이오 공장의 시공관리

바이오 공장(BIO-PLANT)이란 생물공학(BIO-TECHNOLOGY)을 이용하여 식품이나 첨가물을 만들어 내는 공장으로, 옛날부터 식품공업에서 생산하여온 술, 장류, 식초, 아미노산 등은 바이오공장의 전형적인 생산품이다.

바이오공장은 지금까지 미생물을 주로 이용하여 왔으나, 최근에는 미생물 이용기술에서 생물기능이용기술로 발전하여 유전자재조합(遺傳子再組合), 세포융합(細胞融合), 세포배양(細胞培養), 고정화효소(固定化酵素) 및 균체(菌體)이용기술 등이 추가되어 식품공업에서의 생물공학분야가 확대발전을 해오고 있다. 그러나 여기서는 미생물이용기술에 한정하여 기술하고자 한다.

바이오 공장의 특징은 첫째로, 일반화학공업과는 달리 미생물이라는 생명체를 촉매로 하여 생화학반응(生化學反應)을 시키는 것으로, 이 반응은 모두 발효조(醱酵槽, fermenter)라는 장치에서 이루어지는 것이다.

둘째로는, 미생물의 배양(培養)중에는 잡균오염(雜菌汚染)이 되어서는 아니된다는 것이다.

바이오공장의 작업에서 가장 주의를 요하는 것이 오염방지이기 때문에 사용하는 장치나 원부재료는 살균을 하고 배양중에 공급하는 공기도 여과장치로 제균(除菌)하여 사용함으로서, 모든 공정을 무균상태(無菌狀態)에서 운전하는 것이 중요하다. 바이오 공장의 건설도 공장특성에 맞게 끔 설계 시공하여 기계장치로 인한 오염이 발생되지 않도록 배려되어야 한다. 탱크, 배관 등에 구조적인 결함이 있으면 관리가 안되기 때문에, 바이오 공장을 설계·시공시에 주의할 점을 열거하면 다음과 같다.

### (1) 배양조(培養槽, fermenter)

① 탱크안에 설치하는 부품, 예를 들면 온도계의 보호관이나 각 계기의 센사(sensor)는 세정을 용이하게 하기위해서 될 수 있는 한 단순한 구조가 되도록 하되, 액이 머무르지 않고 쉽게 흐르도록 경사지게 설치한다. 그러나 그림 2−8과 같이 경사각 $\theta$를 크게하여 설

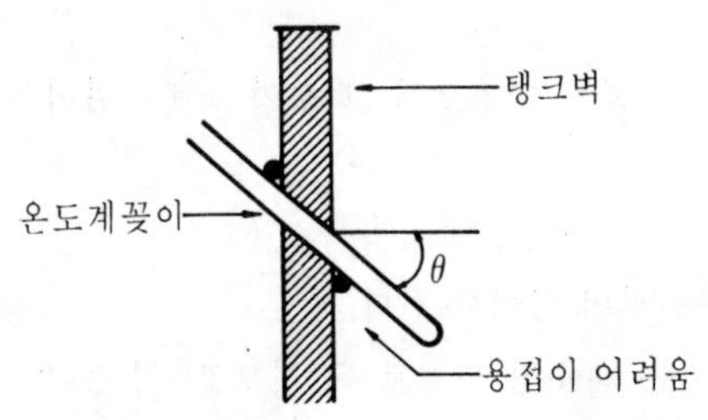

그림 2-8 탱크의 부착물 경사각

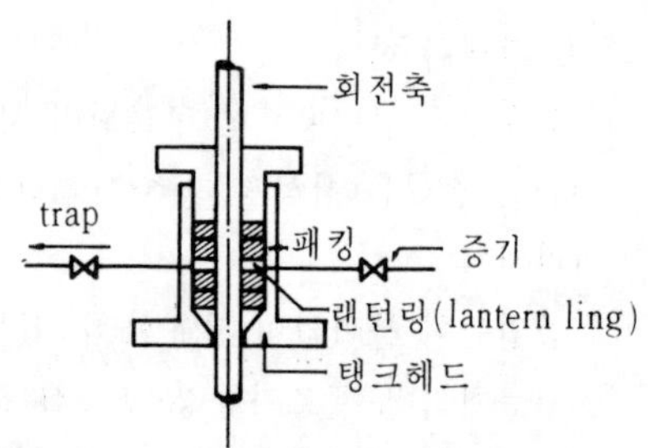

그림 2-9 증기 밀봉 그랜드

치하면 탱크벽과의 사이가 좁게 되어 용접하기가 곤란하기때문에, 자칫하면 용접결함이 발생하기 쉬운 상태로 된다. 또한 좁은 부분은 세정이 잘 안되어 스케일(scale)이 누적되기 때문에 경사각은 30° 전 후가 좋다.

② 탱크안의 벽면에 액이 묻지않도록 하기 위해서는 벽면을 잘 연마(buffing)해야 한다. 특히, 스테인리스로 만든 탱크의 벽면은 거울면과 같이 되도록 연마하면 세정이 용이하게 된다.

③ 탱크의 밑에 붙어있는 배출밸브(排出 valve)는 최대한 탱크벽에 가깝게 붙여 배관(配管)속에 액이 고여있지 않도록 한다.

④ 미생물의 배양장치는 무균조작(無菌操作)을 위해서 외부와 완전히 차단할 필요가 있기 때문에 탱크에 설치하는 밸브, 플랜지(flange), 교반기 등은 밀봉(密封, seal)해야 한다. 특히, 교반기의 축봉(軸封)에는 메카니컬 실(mechanical seal)을 하고 있으나, 교반기의 축(shaft)이 잘못 가공되어 조금이라도 휘어져 있으면 교반기가 회전할 때 밀봉이 불완전하게 되어 잡균의 오염가능성이 있다. 이 때문에 교반기는 바란싱머신(balancing machine)을 사용하여 균형을 잡아 주어야 한다. 또한, 교반기의 축에서 오염되는 것을 막기 위해서 그랜드(Grand)부분에는 증기 밀봉(steam seal)을 한다(그림 2-9참조).

⑤ 미생물을 배양시에 온도조절을 위해서 배양조에 설치된 쟈켙(jacket) 또는 코일관(coil pipe)에는 냉각수를 넣게 된다. 코일관으로 된 열교환기는 시공 후 또는 운전중에 용접부분의 불량으로 작은 구멍(pin hole)이 생겨 오염될 가능성이 크기 때문에, 코일관에는 반드시 구멍이 있는지의 여부를 시험 할 수 있는 배관을 설치를 해야 한다. 일반적으로 누설시험(leak test)방법은 코일관에 공기나 알카리액을 넣고 압력을 걸어 비눗물이나 페놀프탈레인액을 코일관의 용접부분에 묻히면 쉽게 알 수 있다.

⑥ 탱크의 설치가 끝나면 몰탈(mortar)마무리를 해서 액이 고여있지 않도록 경사를 주고, 특히 바닥이 갈라진 틈이 없도록 해야 한다.

(2) 배관

① 관(管, pipe)내에는 액이 고여있지 않도록 배관은 배출점을 향하여 1/200~1/100의 경사를 주고 액은 중력(重力)으로 흐르도록 배관한다.

② 관내를 세정하기 위해서 관의 일부를 해체해야 하는 곳에는 반드시 플랜지(flange)를 사용한다.

③ 밸브는 액이 고여있지 않도록 설치한다.

#### (3) 용접

① 용접부위에는 액이 고여있지 않고 세정하기 쉽도록 평탄해야 한다. 특히, 스테인리스를 용접시는 산화를 방지하고 표면이 평탄하게 하기위해서 불활성의 알곤아크용접(argon arc welding)등이 이용된다.

② 금속은 높은 열을 받으면 변형되어 내식성이 약해지는 경우가 있으므로, 미리 용접 시험편(test piece)을 만들어 실제 접촉하는 액에 담가서 부식의 정도를 파악해야 한다. 특히, 스테인리스강은 그 종류와 용접방법에 따라서 큰 차이가 나기 때문에 주의가 필요하다.

### 5.3 위생적 설계·시공기준사례

위생관리의 측면에서 제조설비 설계시의 구조, 재질, 시공 등에 대한 기준을 설정한 사례를 보면 다음과 같다.

#### (1) 통조림공장사례

미국의 통조림협회(NATIONAL CANNERS ASSOCIATION)산하에 있는 통조림공장 설비에 관한 위원회에서 기준을 정하여 추천하는 시설 및 설계에 관한 사항은 다음과 같다.

① 통조림시설은 쉽게 청소할 수 있고, 기계고장시 쉽게 수리할 수 있으며, 안전성이 있도록 설계해야 한다.

② 모든 설비의 표면에 쉽게 접근할 수 있어야 한다.

즉, 공구가 없이도 또는 간단한 공구의 도움으로 접근할 수 있어서 표면의 체결(締結) 상태를 알아볼 수 있고, 청소할 수 있어야 한다.

③ 목재(木材)를 사용한 부분이 없어야 한다.

④ 제품과 직접 접촉하는 모든 금속표면은 스테인리스강 이거나, 또는 이와 대등한 내식성과 표면이 매끄러운 금속이어야 한다.

⑤ 제품과 직접 접촉하지 않는 구조부분도 표면이 매끄럽고, 부식성이 없는 금속이거나 또는 부식하지 않도록 코팅된 금속이어야 한다.

⑥ 모든 외부부품은 둥글거나 관 모양의 재료로 되어 있어서 스케일이 축적되지 않고 쉽게 청소할 수 있도록 해야 한다.

이러한 부품들은 부식되는 것을 막기위해서 밀폐해야 한다.

⑦ 움푹 들어간 부분들은 메워서 잘 세척되고 물이 잘 빠지도록 하여야 한다.

⑧ 기계의 내부는 튀어나오거나 파인부분 또는 용접이 완료되지 않은 부분이 없어야 한다.

⑨ 모든 연결부위는 용접한 후 매끄럽게 갈아서 용접하지 않은 부분과 같이 위생적 구조를 유지해야 한다.

⑩ 다리는 높이를 조절할 수 있어야 하고, 바닥에 고정이 잘 될 수 있어야 한다.

⑪ 가장 낮은 수평부분은 바닥에서 15㎝이상 위에 있어야 한다.

⑫ 모터(motor)나 기타 동력부분은 제품의 윗부분에 설치해서는 안된다.

⑬ 베아링(bearing)은 위생적이고, 저절로 배수가 되는 그리스(grease)없이 작동할 수 있는 베아링(inboard bearing)을 사용해야 한다.

⑭ 모든 벨트(belt)는 물기에 저항성이 있고 흡착성이 없는 위생적인 것이어야 한다.

⑮ 컨베어가이드(conveyor guide)나 튀기는 것을 막는 장치(splash guard)등은 쉽게 분리하여 청소할 수 있어야 한다.

⑯ 모든 활차(pulley)는 밀폐된 둥근 금속구조를 가져야 한다.

⑰ 수증기나 물의 밸브는 누설되지 않도록 설계·설치하여야 한다.

⑱ 원료의 세정설비는 먼지, 잎, 또는 조각등이 쌓이지 않도록 수시로 청소해야 한다.

⑲ 물이 들어오고 빠지는 구멍은 신속히 물을 채우고 빠질 수 있도록 적당한 크기여야 한다.

⑳ 기계에 연결된 배수관은 폐수를 신속히 처리할 수 있는 크기여야 한다.

### (2) 우유 및 우유가공공장사례

미국의 3개 단체인 낙농공업위원회, 미국공중위생부(U.S.PUBLIC HEALTH SERVICE) 및 우유와 식품위생국제협회에서 정한 위생설비 설계에 대한 "3－A표준(3－A SANITARY STANDARD)" 가운데 우유 및 우유제품 증발관(evaporators and vacuum pans)의 3－A 위생표준은 다음과 같다.

#### 재료(material)

① 제품과 접촉하는 표면을 갖는 모든 금속성재질은 탄소함량이 0.12%이하이고, 니켈합금인 18－8 스테인리스강(stainless steel)이거나 또는 이와 대등한 독성이 없는 내식성있는 금속이어야 한다.

다음의 경우를 제외하고는 필요한 곳에 비금속성재질을 투시용 및 봉합용으로 사용할 수 있다.

㉠ 투시 및 투광유리는 무색투명유리로 하여야 한다.

㉡ 다목적 가스켓(gasket)의 재질은 무독성으로 비교적 흡착성이 없으며, 표면이 매끈한 탄력고무 또는 고무대용재질로 구성되어 있어야 한다.

㉢ 제품과 접촉하는 표면을 갖는 비금속성부품의 재질은 무독성으로 비교적 내유성(fat-resistant)이 좋고, 흡착성이 없는 불용성의 물질로 구성되어 제품에 이취를 주지 않아야 한다. 이 경우 비금속성물질은 표면이 매끈해야 하며, 그 성분조성도 표면과 구조특성을 유지할 수 있고 아울러, 제품이나 평소에 사용 또는 세척작업시 이용되는 세제와 살균제에 의한 침투 및 부식작용에 견딜 수 있어야 한다.

② 외부에 노출되는 표면을 갖는 모든 부품은 내식성재질로 되어 있거나 또는, 내식처리가

되어야 한다. 표면을 도장할 경우 도료는 사전에 처리된 표면에 도장하여 내구성이 있도록 해야 한다.

## 제작(fabrication)

① 제품과 접촉하는 모든 표면은 적어도 스테인리스강판(stainless steel sheets)에서 No.4 mill finish(AISI에서 분류한 표면연마정도)수준 또는 120 grit finish 수준으로 연마되어 있어야 한다. 모든 접속부는 표면이 매끈해야 한다. 특히, 금속성 제품표면에 있는 영구적인 접속부위는 내구성, 내식성 및 무독성을 동시에 갖춘 재료로 납땜 또는 용접하여야 한다.

② 제품과 접촉하는 표면을 갖는 모든 부속품은 세척작업시 분해가 가능하거나, 아니면 결합된 상태로 쉽게 세척할 수 있어야 한다.

③ 제품과 접촉하는 표면을 갖는 모든 부품은 손이 닿기 쉬워야 하며, 아울러 조립상태 또는 분리된 상태에서 세척이 용이해야 한다.

④ 제품과 접촉하는 표면에 있는 135°이하의 모든 내각(internal angle)은 최소 1/4인치의 반지름 이어야 한다.

⑤ 제품의 열교환 배관의 최소내경은 공칭 1인치의 외경이어야 한다.

⑥ 코일간의 최소간격은 2 1/2인치, 코일과 진공증발관의 벽면과의최소간격은 3인치 그리고 코일뱅크(bank)간의 최소간격은 3 1/2인치가 되어야 한다.

⑦ 구멍(opening)

㉠ 제품이 들어오고 나가는 연결부위는 우유 및 유제품 제조설비와, 우유 및 우유제품을 수송하는 위생라인에 적용되는 "3-A 위생표준"에 따라야 한다.

㉡ 투시 및 투광유리의 입구는 내부표면이 안쪽으로 경사지게 하고, 외부는 액체가 고여 있지 않도록 경사지게 설계하여야 한다. 또한 유리는 세척시 쉽게 분리가 될 수 있도록 해야 한다.

㉢ 온도계의 연결부위는 온도계 설치에 대한 3-A 위생표준에 따라야 한다.

㉣ 맨홀(manhole)뚜껑 부위는 뚜껑이 출구 바깥쪽으로 개폐될수 있도록 제작되어야 하며, 맨홀구멍의 최소내경은 16인치가 되어야 한다.

㉤ 진공파괴 및 샘플링 밸브의 구멍은 제품과 접촉하는 표면 내부에 있어야 한다.

⑧ 맨홀 뚜껑 투시 및 투광구멍용의 가스켓은 제품과 접촉하는 표면을 갖는 비금속성 부품으로 간주해야 한다. 가스켓은 분리가능해야 한다. 가스켓의 홈과 가스켓을 유지하는 홈의 깊이는 그 넓이 보다 커서는 아니되며, 깊이는 1/2인치 이하, 넓이는 1/4인치 이상이어야 된다. 가스켓 홈에 있는 내각(內角)의 최소반경은 1/8인치 이상이어야 한다.

⑨ 제품과 접촉하는 표면위에 있는 증기라인은 제품과 접촉하는 표면에서 벗어나 배수되어야 한다.

# 제 4 편

# 부 록

| 등록번호 | 1 －16－ 1 |
| --- | --- |
| 제정일자 | 1980. 5 . 2 |
| 개정일자 | 1985. 10. 24 |
| 개정일자 | |

# 品質管理規程

國際食品株式會社

# 1. 총 칙

## 1.1 목 적

이 규정의 목적은 품질관리를 회사 전체에서 종합적으로 추진(이하 TQC라 함)하기 위한 기본방침 및 운영의 기본을 규정하는 것이다.

## 1.2 적용범위

이 규정은 국제식품주식회사(이하 당사(當社)라고 한다)에 있어서의 제품품질의 유지향상을 위한 관리를 함에 있어 모든 업무품질(작업을 하는 방법)의 개선을 위한 기본방침으로서 적용한다.

## 1.3 개 폐(改廢)

이 규정에 대한 개폐(改廢)는 주관부서가 기안하고 TQC추진위원장위회에서 협의 결정한 후 부사장의 승인을 얻어 이를 시행한다.

## 1.4 용어의 정의

품질관리를 추진함에 있어 특히 중요하다고 생각되는 용어에 대해서는 별도 『QC용어집』을 발행, 필요한 것은 사내정의(대상범위, 산정식포함)를 첨부해서 그에 대한 이해의 공통화를 도모한다. 다만 아래와 같은 용어는 이 규정의 철저화를 위해 기술 한다.

(1) 품질관리(QC : Quality Control)

사용자의 요구에 알맞는 품질의 제품이나 서비스를 경제적으로 만들어내기 위한 체계적인 수단을 말한다. 근대적인 품질관리는 통계적 방법을 채용하고 있으므로 특히 통계적 품질관리(SQC : Statistical Quality Control)라고 부르기도 한다.

(2) 전사적품질관리(全社的品質管理, TQC:Total Quality Cont rol)

사용자가 기꺼이 사용할 수 있는 제품을 만들고 전원이 협력해서 개발, 생산, 판매 서비스하기 위해 모든 지위에 있는 사람들과 모든 직무를 담당하고 있는 사람들이 각기 자신의 부서에서 서로의 역활을 수행, 개선함으로써 회사전체의 QC활동을 전개해 나가는 것을 말한다.

(3) 품 질

제품이나 서비스의 사용목적을 이룩하기 위해 구비해야 할 성질을 말하며, 따라서 좋은 품질이란 사용목적에 대해 사용하는 입장에서 최적인 것이라야 하며, 산포(散布)가 적은 것을 말한다. 또한 품질은 사용자의 가치판단에 있어 그 가격과 밀접한 관련을 가지며 가격은 양과 납기에도 영향을 받는다. 이들은 품질관리의 근본이념으로서도 극히 중요한 것이다.

(4) 관　　리

작업이 어느 목적에 대해 계속적으로 방침, 목표, 계획 또는 표준대로 진행되고 있는가의 여부를 체크하고 벗어나 있을 경우에는 제대로 진행되도록 수정조치하며 계획과 표준대로 실행해 나가는 것을 말한다. 이들 활동의 관련성은 그림 1과 같으며, 이를 관리의 사이클이라고도 한다.

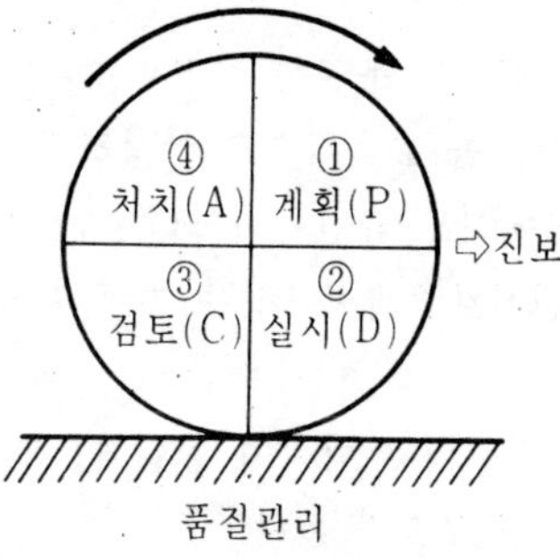


그림 1. 관리의 사이클

(5) 관리수준(관리한계)

상기 (4)항의 활동에 있어 관리해야 할 항목(특성)이 현재의 힘으로 이루어 질 수 있는 수준 또는 한계를 말하며 가령 표준대로 실시하더라도 피할 수 없는 어느 산포폭(散布幅)이나 그 평균치로 표시된다.

이는 그 시점에서의 공정(작업을 하는 방법)의 정상·이상상태를 통계적인 뒷받침에 의해 구별하는 것이며, 관리자가 조치를 취할 경우 판단기준으로 사용될 때가 많다.

(6) 품질보증(QA : Quality Assurance)

"사용자에 있어 제품의 품질이 만족스러우며 신뢰 할 수 있는 한편 경제적인 면을 보증하는 것"을 말한다.

또한 사내에서의 이른바 업무품질분야를 포함해서 생각한다면 "후공정(後工程)에 괴로움을 주지 않는것"이어야 한다.

이같은 보증을 하기 위해서는 품질관리를 철저히 실시해야 하며, 이런 견지에서 생각할 때 「품질보증은 품질관리의 진수」라고도 할 수 있다.

또한 품질보증은 목적이며 품질관리는 수단인 것이다.

(7) 기능별관리

어느 목표를 달성하기 위해 관련되는 작업을 연결하고 관리활동의 효율화를 도모하며, 품질관리를 전개해가는 방법을 말한다.

(8) 종합관리

통일된 경영방침, 계획에 의해 사람·물건·돈의 세가지 주요자원을 이용, Q(품질), C(원가), D(양)의 밸런스를 취하며 인재를 육성하는 것으로써, 기업의 종합전력을 높이고 회사가 일체가 되어 업적향상을 도모하는 것을 말한다. 그 구조를 종합관리체제라고 한다.

## 2. 품질관리에 대한 당사(當社)의 총괄적인 사고방식

### 2.1 경영톱 니이드

과학적인 관찰과 사고방식 및 행동의 우열은 경영효율화를 크게 좌우한다. 당사에 있어 이 같은 관리기술(또는 목적이나 목표를 효율적으로 달성하기 위한 기술)의 수준향상과 정착화는 저성장시대에 대응하는 마당에서도 급선무가 되는 것이며, 품질관리의 사고방식은 그의 모델로서 가치성이 높고 또한 품질보증체제구성을 함에 있어서도 이같은 품질관리의 실시는 필수요건이 된다.

또한 전기능참가를 기본으로 전원이 협력하여 종합적으로 품질관리를 실시하는 TQC야말로 경영의 체질개선을 위해 유력한 무기가 된다.

### 2.2 TQC추진의 목적

당사에서의 TQC 추진의 목적은 「저성장기에 있어 우량기업으로 전진할 수 있는 경영체질 만들기」이며 그 주된 것은,

· 종래의 양중심의 관리에서→품질보증체제의 확립
· 닥치는대로 부분적인 관리에서→종합관리체제의 정비
· 불투명한 인사에서→참된 인재육성과 활용

등인데 구체적으로는

(1) 시장요구를 충족시켜주는 Q(품질), C(원가), D(양)를 확보하는 것
(2) 일하는 보람과 사는 보람을 느끼게 하는 직장을 만드는 것
(3) 신뢰의 바탕위에 과학적으로 사고하고 행동하는 풍조를 정착시키는 것 등이다.

이는 시장요구를 충족시켜 주는 Q(품질), C(원가), D(양)의 기능별 관리와 인재에 대한 요소를 중시한 새로운 관리구조와 제도를 만들려는 노력인 것이며, 위의 목적을 달성하기 위해서는 톱 경영자를 비롯 전 종업원이 강한 품질의식을 갖고 관계선과의 코뮤니케이션을 원만히 이루는 동시에 다음과 같은 기본점을 충실히 실행해야 한다.

## 3. 품질 및 품질관리의 기본방침

품질방침 : 당사(當社)에서 생산판매되는 상품은 해당 업계에서 세계최고의 수준을 확보하

고 있어야 한다.

품질관리방침 : 시장조사, 상품개발에서 납품, 서비스에 이르기까지 모든 단계에서 관리 사이클을 돌려 전원의 협력아래 품질보증체제를 확립한다.

## 4. TQC추진의 기본점과 목표 및 슬로건

전종업원이 다음과 같은 QC와 TQC의 뜻을 제대로 이해하며 익숙한 활동을 해야 한다.

(1) QC는 기업에 있어 불량부분과 그의 병원(病源)을 발견, 진단하는 관리기술이다. 그 치료는 방침(하려는 의지)과 고유기술 및 기타 각종 관리기술(IE, VE, OR 등)을 구사해서 달성한다.

(2) QC는 사실에 입각한 관리이며 예방활동이다. 서로가 솔직하게 사실을 인정하고 참된 원인을 포착해서 이를 제거토록 노력하지 않고는 예방(재발방지)할 수 없다.

(3) QC는 자신을 유지 향상시키기 위해 노력하는 것을 말한다. 매일의 작업(업무)을 열심히 하는 식의 노력과는 다른 것이다.

(4) QC는 결과에서 공정(일하는 방법)을 문제로 삼는다. 결과만을 문제 삼는 것은 QC가 아니라 검사라고 할 수 있다.

(5) 관리에 있어 기본이 되는 것은 발생원인을 만든 책임소재를 규명하는데 있다. 이를 위해서는 스스로가 반성하고 개선하고 해결하려는 의지없이는 불가능하다.

(6) Q.C.D는 각기 독립적으로 존재하는 것은 아니다. 그 사이에 있어 밸런스를 생각하고 또한 각 과정에서 Q.C.D가 존재하고 있음을 인식하는 것이 관리, 개선을 위한 지름길이 된다.

(7) TQC는 전사적으로 기업이 지향하는 방향으로 총력을 집중하고 유기적인 연대와 협력체제를 갖추는 것이며, 톱 경영자 및 관리자의 열의와 이해없이는 이루어질 수 없다.

(8) TQC란 실천적 경영관리이며 경영과 품질을 강하게 결속시키는 쇠사슬이다.

품질부재의 QC, 경영부재의 품질보증은 넌센스이다.

메이커로서 제품품질을 확보한다는 것은 제일의적으로 경영의 문제이지 결코 기술의 문제가 아니라는 인식을 갖지 않고는 기업의 영속은 있을 수 없다.

### 4.1 추진에 있어서의 목표 및 슬로건

| 목 표 | 슬 로 건 |
|---|---|
| 1) 목표이익의 확보 | 1) PDCA를 돌리자 |
| 2) ┌ (이하는 추진과정에 따라 그때마다 | 2) 전원연찬(硏讚), 전원협력 |
| 3) └ 결정한다) | 3) 사실이나 데이타로써 말하자 |

### 4.2 추진을 위한 기본점

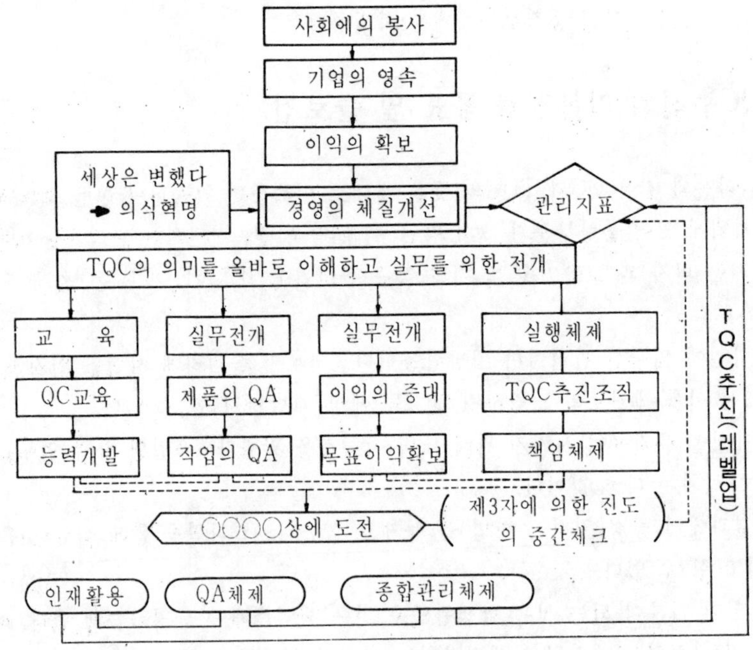


그림 2 TQC추진을 위한 기본점

### 4.3 추진을 위한 스텝

다음과 같은 3단계로 크게 구분하여 기초를 굳혀가며 전진을 도모한다.

제1단계 : 검사와 작업관리활동을 충실히 한다.

→결과로써 공정(또는 작업하는 방법)을 관리한다.

제2단계 : 기능별, 업무별로 관리시스템을 정비하는 활동을 말한다.

→결과를 좋게 하고 정보의 흐름을 좋게 한다.

제3단계 : 종합관리시스템을 정비하는 활동을 한다.

→개개 시스템의 자율적 운영과 종합화를 도모한다.

## 5. 경영의 체질개선과 그 기본

당사 경영의 체질개선에 관해서는 그림 3에 도시하는 바와 같은 3측면에서 포착하는 것으로 하되

(1) 먼저 인적 자원구성면에서부터 착수하여 작업하는 방법을 바꾸며, 나아가서는 사업 그 자체의 개선을 위해 발전시키는 것으로써 계속해서 벌어들일 수 있는 기업체질로의 전환을 도

모함을 기본점으로 했다.

(2) 제질개선의 본질은 인간의 문제이다. 그러므로 개개인의 조직안에서 일에 대한 전문가가 되는 동시에 기업에 있어 가치 있는 인간으로 성장해 나가야 한다.

(3) 체질개선을 위해 중요한 것은 기업환경의 변화에 대응케하고 장점을 키우고 단점을 시정해서 사업 그 자체를 핵심으로 하여 경영이나 관리의 구조 및 인적 자원구성 등 3가지를 유기적으로 밸런스를 맞추면서 변화시키는 일이다.

물론 고유기술에 의한 사업 그 자체의 개선 및 사업실태에 맞는 조직구성, **생산형태**, 유통경로의 개선, 공법개발이나 그리고 품종의 통합정리 등 개별적인 프로젝트도 병행해서 추진해 나가야 한다.

(4) 이 활동은 기업의 영속을 위해 독선과 안이한 타협을 배제하는 동시에 종말이 없는 전 종업원의 활동이라는 점을 충분히 인식해야 한다.

단 4.1항에서 언급한 바 있는 「○○○상에 도전」은 추진과정중에서 하나의 목표로 위치부여하는 것이며, 제3자에게 공정한 입장에서 체질개선의 진도를 평가받기 위해서이다.

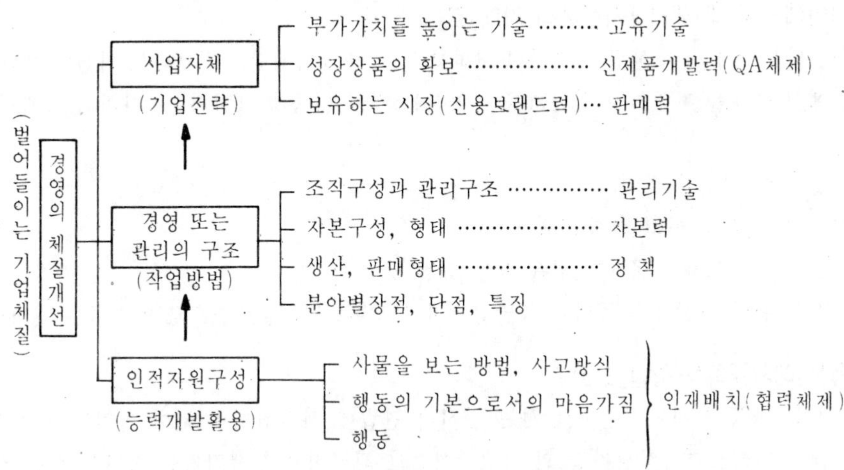


그림 3 경영의 체질개선을 위한 세가지 측면

## 6. 의식혁명에 있어서의 기본

의식혁명이란 다음 공정이 요구하고 있는 것을 올바로 이해함으로써 의욕적, 과학적, 조직적으로 일하기 위한 방법을 강구하기 위해 사고방식에 변혁을 일으키는 것을 말한다. 특히 다음과 같은 10항목에 관해 부, 과장 이상의 경영 간부가 해야 할 역할은 지대한 것이며, 이를 수행하기 위한 열의와 이해와 연구, 즉 리더십이 극히 중요한 것이다.

(1)「만들어서 파는것」이 아니라 「팔리는 것을 만든다」로

메이커로서의 존속은 신제품의 개발, 판매에 따른 이익확보의 실현여하에 의해 결정된다. 그러므로 만들고 파는 기술은 당연히 가지고 있어야 하지만 그 기본이 되는 것은, 잘 팔리는 제품 또는 사용자가 기뻐할 제품이란 무엇인가를 생각하며 결정해 가는 것이 출발점이 되어야 한다. 즉, 사용자가 있어야 비로소 제품인 것이며 서비스라는 것을 잊어버린 작업은 있을 수 없는 것이다.

(2)「뒤쫓는 타입」에서 「선행형」으로

작업을 하자면 잘못도 생기고 또한 예기치 않은 사고나 불량품이 따르게 마련이다. 따라서 아래로 내려갈수록 그곳에서 발생되는 문제는 관계선에 대한 손실을 크게 가져오게 하는 것이므로, 상류로 거슬로 올라가서 예방(원인을 제거)한다는 것이 얼마나 중요한 것인가를 인식해야 한다.

또한 문제점을 다룸에 있어서도 단순히 결과만이 아니라 원초적인 것을 병행해서 생각하는 등 목표설정과 계획의 구체화를 기하는 동시에 계획의 질을 높이려는 노력이 중요하다.

(3)「타인에의 기대」에서 「자신에의 기대」로

타인이나 타부서에 대한 불만을 분명히 전하는 것도 중요하지만, 그 보다도 자신에 대해 현재 관계선에서 무엇을 기대하고 있는가를 인식하는 것이 더욱 중요하다. 각자의 입장에서 내가

① 무엇을 해야 할까를 결정

② 결정 후엔 그대로 따라 확실하게 할 것

③ 결과를 폴로우업하고 문제가 있을 때는 고칠 것

등과 같은 관리 사이클을 돌리는 출발점이며 이것이 곧 품질보증으로 연결되는 것이다.

(4)「독선」에서 「목적 중심」으로

목적을 모든 행동의 판단기준으로 하는 동시에 관습에 사로잡힘이 없이 자기만족(일종의 체념)이 아닌, 마케트·인(시장지향)의 사고방식으로 적극적으로 생각하는 습관을 키울 것.

(5)「중요주의」에서 「중점주의」로.

경영을 함에 있어 중요사항이라는 것은 무한정으로 있는 법이다. 그러나 어느 기간까지의 목적달성을 위해 기여율이 높은 중점사항과는 뜻이 다르다. 중점이라는 뜻은 현재까지 해온 작업방법을 바꾸는 것 정도로 이해하고 반드시 중점을 정해 필요에 따라 프로젝트화한 다음 철저히 행동으로 옮길 것.

(6)「가능하다면 …주의」에서 「이것만은 …주의」로

이 정도의 자원을 가지고 이 정도로 유효적절히 사용, 어떻게 해서든 이 정도의 목표를 성취하고야 말겠다는 용기와 결단이야말로 일 하는 보람과 사는 보람으로 연결되는 것이며 실천적인 행동을 하게 되는 것이다.

(7) 「……어야 할텐데」에서 「사실과 데이터」로

예상하는 것이 아니라, 사실에 입각하여 가능한 한 목적을 위해 합당한 데이터로써 증명하는 습관을 키울 것. 이것이야말로 일하는 방법의 조잡성을 정량적으로 인식하는 것이 되며, 관계자의 공통이해 및 협력체제와도 연결되는 것이다.

그러나 여기서 말하는 사실과 데이터란 어디까지나 만들어진것(거짓)이어서는 안된다. 왜냐하면 진실을 말하지 않고서는 신뢰나 협력체제는 이루어지지 않기 때문이다.

(8) 「결과만」에서 「프로세스를 포함한 결과」로

상급자가 될수록 결과를 중시하지 않으면 안 된다. 그러나 결과에 이르게 되는 과정 즉, 작업방법에 대한 연구 및 개선의 흔적이 있는가를 아울러 관찰하는 데에 QC의 목적이 있음도 중시하지 않으면 안된다. 이같은 견해나 평가없이 인재육성은 불가능한 것이며 능력개발 또한 기대할 수 없는 것이다.

(9) 「조절중심」에서 「관리중심」으로

단순한 현상제거를 웬만큼 제대로 하게 됐다고 해서 QC에서 말하는 이른 바 작업방법에 개선(진보)을 가져 온 것이라고는 볼 수 없다. 같은 원인으로 두번 다시 같은 실패를 되풀이 하지 않는다는 관리의 본질이 극히 자연스럽게 몸에 익혀졌을 때 비로소 조절과 관리의 구별이 이루어지는 것이며, 수준이 향상된 것으로 볼 수 있는 것이다. 그러나 조절은 응급조치로서 관리의 일부이며 그 시점에서는 중요한 것이다.

(10) 「고유기술중심」에서 「고유기술과 관리기술의 형평」으로

경영을 함에 있어서는 여러 분야의 고유기술(영업·설계·생산기술·자재·제조·경리)이 확고할 때 QC와 같은 관리기술이 위력을 발휘하는 것이며, 때문에 항상 형평을 기하고 있어야 한다.

또한 관리기술은 고유기술의 축적과 수준향상에 대해 기술표준의 형태로서 기여하고 있는 것이다.

## 7. 작업방법의 기본점

우리가 회사에서 일한다는 것은 살아 가기 위한 생활의 수단이라고는 하지만, 그 일에 대해 주체성을 갖고 있느냐 없느냐 하는 것은 그 사람의 인간으로서의 생활에 큰 영향을 미치는 것이다. 일에 대한 도전의 자세와 순서 및 그의 실시결과를 통한 평가에 관한 관점 등에 대해 도시(圖示)해본다.

## 7.1 작업에 대한 도전자세와 순서

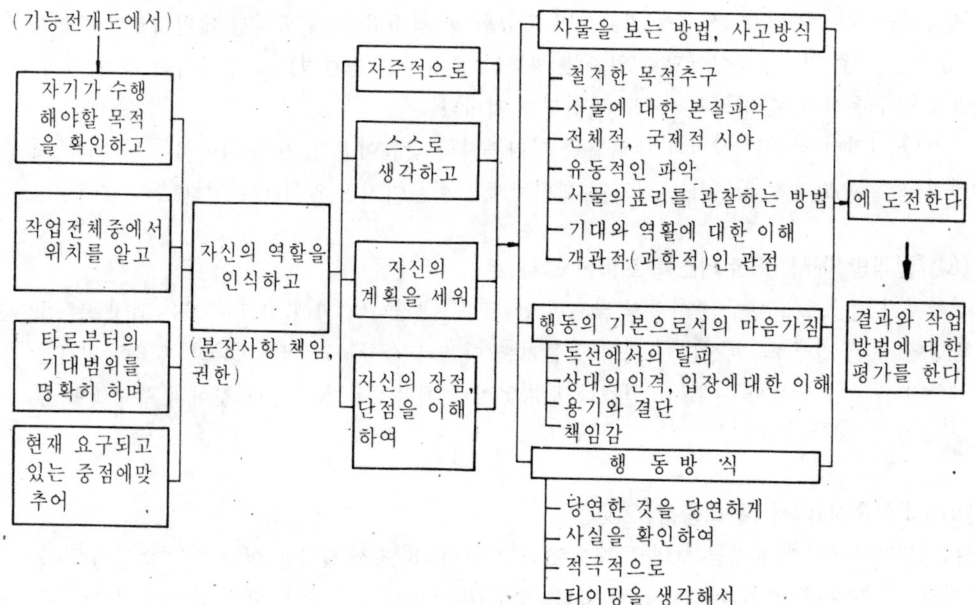


그림 4 도전의 자세와 순서

## 7.2 작업에 대한 관리 및 개선

관리란 결과를 양호한 것으로 하기 위한 계획이나 표준(관리해야 할 특성 및 그의 수준)을 결정하는 부분과 이에 대한 실적의 차를 적게하는 활동 등으로 성립되며, 수준의 유지를 도모하는 것을 말한다. 그 순서는 P.D.C.A의 되풀이이며 행동이 반복되는 작업일수록 적용하기 쉬우며 효용도 크다.

이에 대해 개선이란 전체를 통한 관점에서 문제를 해결(손을 쓸수 있는 원인의 제거)하고 수준향상을 도모하는 것이며, 그 순서는 QC스토리적인 것이며 목표를 달성한 다음에는 일상적인 관리로 이어진다.

작업에 대한 관리와 개선이라는 활동은 분리해서 생각하는 것이 실시하기에 용이하며 또한 그 성격상 교호(交互)로 실시됨으로써 효과를 올리게 되는 것이지만, 우선 관리를 철저히 한 다음 개선에 착수하는 것이 기본이다.

① 수준에는 산포폭과 평균치가 있으며 양자 모두 관리, 개선의 대상이 된다.

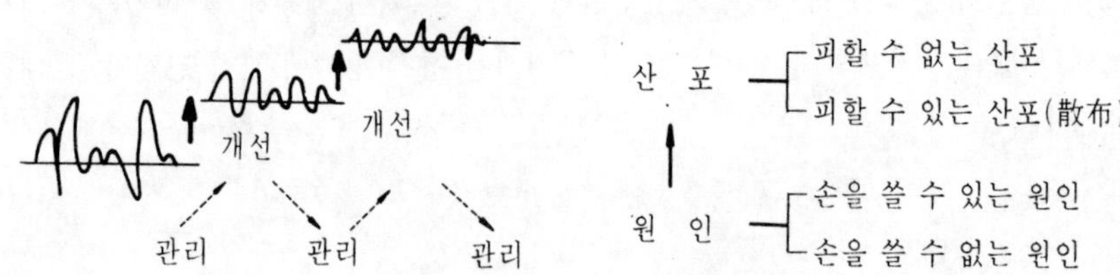

② 관리는 결과인 산포의 경향이나 패턴에 착안해서 분류(층별)하는 것과 구분하는 것(正常·異常에 대한 구별)에 따라 잘 해나갈 수 있다.

③ 관리자의 일과 QC의 관계는 다음과 같이 생각할 것.

계획업무——일상업무
이상처리——일상의 관리 ┤ 이것을 하는 것이 QC이다.
문제해결——업무의 개선

### 7.3 작업에 대한 평가의 관점

평가를 하는 원칙은 평가하는 사람과 평가받는 사람과의 사이에 공통의 척도(평가척도)를 사용해야 한다는 점과, 한편으로는 평가를 받는 사람만이 갖고 있는 독자적인 척도로써 자기 자신의 일하는 보람과 사는 보람에 대해 이를 측정 하며 자주성 및 자율성을 정해가고 있다는 점이다. 관리자는 이 점을 명심하면서 다음과 같은 점을 평가해야 한다.

① 목표자체가 합당한 것인가……계획 및 표준의 양호함→기획설계품질

② 목표대로인가……계획 및 표준에 대한 적합성 정도→제조품질에 대한 입구 및 출구에 해당되는 부분

③ 작업구조(시스템, 순서, 책임권한, 판단기준 등)의 양호도
④ 작업방법의 양호도
계획이나 목표의 수립방법·표준에 대한결정방법
작업준비·행동·이상조치……의 방법
데이타를 잡는 방법·분석방법·자료 정리 방법등과 같은 프로세스의 부분
┘ →생산준비품질(작업의 질)

⑤ 사용자의 요구대로인가……요구품질에 대한 적합성 정도→시장품질(사용품질)이라는 아웃풋(제품·자료 서비스 등)된 것이 사용자가 사용 또는 제공받은 후 만족하고 있는가의 부분

⑥ 전보다 ③이나 ④의 면에서 진보가 있었는가.

## 8. TQC실시의 기본

### 8.1 방침·목표의 명시와 철저화

TQC를 효율적으로 실시하기 위해서는 톱과 부문장은 해마다 품질에 관한 경영전략을 바탕으로 한 구체적인 문제해결을 위한 방침과 목표를 명시하고 철저화를 도모해야 한다. 방침의 설정, 전개, 관리에 관해서는 별도로 정한 「방침관리규정」에 따른다.

### 8.2 조직기능과 분장사항의 명확화

목적달성을 위한 적절한 조직을 편성하고 그 기능과 분담사항을 명백히 함으로써 전 종업원의 능력발휘 및 모럴 향상을 기하여 유기적인 조직운용을 도모할 것.

품질관리기능의 주요 분장사항에 대해서는 부표 1에, TQC 추진조직과 운영요망에 대해서는 부표 2에 각각 명시한다.

### 8.3 품질수준과 품질책임의 명확화

품질이라는 추상적인 것을 가능한 한 수치로써 측정할 수 있도록 하며 만들어 넣는 품질수준을 신제품개발 싯점에서 반드시 명확화하여 이를 관리할 수 있는 시스템을 정비함으로써 각자의 품질책임과 결부시키도록 할 것.

각 부분의 품질에 대한 기본적인 책임은 부표에 명시한다.

### 8.4 교육의 실시

품질의식을 높이며 필요한 고유기술 및 각종 관리기법과 통계수법을 습득시키기 위해 전 종업원을 대상으로 계층별로 연수장을 마련, 적절한 교육을 실시하는 동시에 훈련을 시킨다.

품질관리교육의 전사적(全社的)인 수준으로서의 계획과 실시 및 평가에 관해서는 그의 체계에 따라 TQC추진본부가 주관한다.

### 8.5 관리기술의 습득 및 향상

바람직한 상태 및 의도한 결과를 실현시키기 위해 적절한 관리항목의 설정과 운용, 관리도 등 각종 관리기법을 계층별로 습득 활용시키는 동시에 이상의 검출과 그 조치기준을 명확히 함으로써 관리기술의 향상을 도모할 것.

관리항목과 관리도의 활용에 관해서는 각기 별도로 정한 「관리항목 운용의 지침」「관리도활용 매뉴얼」을 참고할 것.

### 8.6 문제해결기술의 습득과 향상

사용자의 요망, 동향과 현상을 충분히 파악하여 통계수법이라든가 각종 관리기법을 활용함으로써 다음의 순서에 따라 계획적으로 중요문제 해결을 위해 강력한 추진을 도모할것. 품질관리를 함에 있어 문제해결을 위한 순서는 한편으로 QC 스토리라고도 불리며, 과거→현재→장래의 과정에 마디를 지은모양으로 정리된 것으로서 목적에 알맞는 각종 수법과 창의, 연구가 구사되어야 한다.

순서 1 문제점을 명확히한다. ——테마를 결정한다
현상파악(히스토그램) 중점지향(파레토그림)

순서 2 문제점의 정리 ——요인분석
인과관계의 파악(특성요인도)

순서 3 요인의 기여율 파악 ——확실한 원인에 손을 쓴다.
데이터를 잡아본다(층별, 가설검정)

순서 4 개션안의 작성과 효과의 예측 —가치기준에 의해 목표설정
사전 체크(실험계획, 추정)

순서 5 개선안의 실시
방법을 결정한다(표준화)

순서 6 개선결과의 확인 ——하다가 남긴 것에 대한 구별(장래계획으로)
개선안(계획)과의 대비

순서 7 개선후의 관리——쐐기
바람직한 상태의 유지(관리항목, 관리도)

순서 8 개선결과 및 활동에 대한 평가
평가기준에 맞추어 본다(검정, 추정)
과거 현재 장래

## 8.7 표준화(標準化)의 보급

신제품개발에서 부터 모든 공정의 안정화, 단순화, 공통화(전문화)를 고려하여 여러 표준을 합리적으로 설정함으로써 품질관리 수준의 향상과 원가절감을 도모하며 경영의 체질개선을 위해 기여토록 할 것.

표준화에 관한 전사적(全社的)인 수준에서의 사고 및 추진방법, 관리방법 등에 관해서는 별도로 정하는 「표준화규정」, 「표준관리규정」, 「기능·업무별관리규정의 제정지침」 및 「표준화추진을 위한 지침」에 따르며 전사표준(全社標準)의 등록, 제정 개폐, 유효성의 심사 등의 사무 서비스는 본사에 주관부서를 설치 담당토록 한다.

## 8.8 기능별관리 및 업무별관리 실시

특히 품질보증(Q), 원가관리(C), 양관리(D)의 세 기능과 이에 준해 인사관리(人)를 기능별 관리로서 실시한다.

그러나 이들은 각 기본규정에 따른 자율적 운영을 도모하는 것으로 하고, 구체적인 실시 방법에 관해서는 본사에 주관부서를 설치하여 별도로 편성하는 각 소위원회의 협력을 얻어 각 기능담당임원이 결정하는 것으로 한다.

또한 인사관리를 포함한 4기능의 관련 및 흐름에 관해서는 부표4에 명시하겠지만 이들 기능

별관리에 있어서는 작업의 흐름을 관리하기 쉬운 몇 가지 스텝으로 나누어 실시한다.(부표4에는 품질보증 케이스가 예시되어 있다).

신제품개발관리, 구매관리, 생산관리……등과 같이 서로 관련되는 작업의 관련범위가 위 4기능에 비해 한정되는 분야에 관해서는 업무별관리라고 부르기로 한다. 이 경우도 각 업무별 관리규정에 의한 자율적 운영을 도모하는 것으로 하며, 구체적인 실시방법은 본사의 주관부서가 방향을 설정하고 각 연락회의(추진회의)에서 확인한 후 실시키로 한다.

다만 방향설정을 함에 있어 소위원회를 별도로 편성할 수도 있다. 또한 업무별 관리의 분류는 「표준화규정」에 따르는 것이지만 각기 Q.C.D 및 인적인 요소가 결부된다는 점을 유의해야 한다.

## 8.9 종합관리의 실시

기능별관리를 중심으로 각 업무별 관리를 종합한 관리의 수준향상을 도모하며 기업으로서의 종합전력 및 경영효율을 높일 것.

구체적인 실시방법에 관해서는 별도로 정하는 종합관리규정에 따르기로 한다.

## 8.10 품질보증활동

제품품질, 업무품질을 보증하기 위해 그 구조를 분명히 하는 동시에 확실하게 실시할 것. 품질관리시스템에 대한 기본체계는 부표5에 명시하지만 품질보증활동을 뒷받침하는 것은 이 같은 시스템의 구체화와 철저한 운용에 있다. 또한 각 부문에 걸친 품질보증체제의 정비를 우선하고 품질보증체제의 확립을 위한 기본적 사항은 다음과 같다.

(1) 내외의 시장정보를 수집, 해석해서 시장, 사용자의 동향을 정확히 파악하여 적절한 신제품이나 개량제품의 기획이 계속적으로 이루어질 수 있도록 할 것.

(2) 항상 신제품·신공법의 개발을 추진하여 기술축적을 도모할 것.

(3) 부품, 또는 중간제품으로서의 보증뿐 아니라 제조되는 최종제품에 대한 기능이 만족 할 수 있도록 할 것.

(4) 생산준비기능을 충실화하며 공정능력, 신뢰성 시방, 설계시작 정보등에 관해 조기 검토할 것을 염두에 두고 양산시작 및 양산 초기의 이른바 개시가 효율적으로 이루어질 수 있도록 할 것.

(5) 외작의존도(外作依存度)가 높기 때문에 구매관리기능을 향상 시키며 당사와 일체가 되어 품질보증을 할수 있도록 할 것.

구입처의 품질관리체제정비에 관한 것은 별도로 정하는 구입품의 품질관리시방서에 의해 당사에서의 품질관리에 대한 요망사항을 명시, 철저화시키도록 한다.

(6) 공정에 있어서의 일상 관리체제를 충실화하여 관리불량의 박멸을 도모할 것. 이와 함께 계측기술의 향상을 도모하는 동시에 합리적인 측정정밀도를 확보할 수 있도록 할 것.

(7) 출하시점에서의 기능, 성능의 보증뿐 아니라 시장의 실용성에 즉응한 신속성 보증 및 제품책임예방(PLP:Product Liability Prevention)까지를 고려한 테스트 평가를 할 수 있도록 할 것.

(8) 자사 브랜드의 최종 상품을 국제시장에 공급함에 있어 서비스 기술과 체제를 더욱 충실화함으로써 소비자를 위해 상품의 유용성을 정확히 보증할 수 있도록 할 것.

### 8.11 원가관리활동

이익관리의 일환으로서 제품 총원가의 유지, 절감을 할 수 있는 구조를 명확히 하며, 이의 확실한 실시에 의해 생산성 향상과 이익에의 공헌을 도모할 것.

### 8.12 양관리활동

필요한 자원을 물량이라는 측면에서 포착함으로써 전체를 통해 상호 대응하는 모습으로 파악해야 하며 활용 가능한 구조를 명백히 하는 동시에 이의 확실한 실시에 의해 기회손실의 저감(低減)을 도모할 것.

### 8.13 인사관리활동

경영을 위해 도움되는 인재를 확보하고 각 인재의 능력을 충분히 발휘토록 해서 이를 활용하는 동시에, 능력을 보다 더욱 높여주어 본인 자신도 일하는 보람과 사는 보람을 느낄 수 있도록 조직을 명백히 하는 동시에 이의 확실한 실시를 할 것.

### 8.14 QC분임조활동

TQC의 일환으로서의 QC분임조 활동을 정립하여 특히 현장이나 사무의 QC활동은 활발화를 도모할 것.

QC분임조에 관한 전사수준(全社水準)에서의 문제는 본사주관부문이 담당하며, 운영에 관해서는 별도로 정하는 「QC분임조 매뉴얼」에 따를 것.

또한 전사수준(全社水準)에서의 기본적인 진행방법 등은 「QC분임조 추진위원회」에서 검토한다.

### 8.15 TQC추진계획의 작성

위 각 항목에서 정한 사항을 실시함에 있어 전사적(全社的)으로 매년도의 추진계획을 기능별, 업무별로 전사공통부분(全社共通部分)과 본사 및 지점을 포함한 각부문별로 분류해서 작성하며, 각 부문은 카피 1부를 QC추진본부에 제출하여 조언을 받는다.

또한 계획의 작성은 전사(全社)의 경영계획편성시에 작성하며 그 위치부여와 추진 시스템에 관해서는 부표6, 부표7에 각각 명시한다. 기입법등에 관한 것은 TQC추진본부가 발행하는 「TQC 추진계획작성지침」에 따르되 전사공통부분에 관해서는 본사 주관부문이 각각 분담하여 정리한다.

### 8.16 TQC활동의 평가실시

평가는 자기평가를 원칙으로 하며 부표8에 제시한 바와 같이 작업방법의 진보상태를 중시한 「평가기준」에 의거해 실시함을 원칙으로 한다. 평가에 있어서는 「표준화추진을 위한 지침」을 참고할 것.

### 8.17 품질관리감사의 실시

TQC의 실시상황을 진단하고 문제점의 발견과 이의 해결을 위해 최고경영자 및 부문장(部門長)은 각기의 입장에서 감사를 한다.

감사체계와 구체적인 실시방법에 관해서는 별도로 정하는 「품질관리감사 매뉴얼」에 따르며, 최고경영자가 실시하는 「QC최고감사」의 사무국 업무는 TQC 추진본부가 이를 담당하되 각 부문장니이드에 의한 「QC부문장 감사」는 해당 부문에서 실시한다.

### 8.18 TQC추진상의 전사적 문제의 조정

실시과정에서 발생하는 부문간(部門間)의 문제에 대한 조정은 최고경영자의 의견도 참고로 받아들여 TQC추진본부가 「임원회, 경영회의」에 회부, 방향 설정한 후 이를 조정한다.

### 8.19 품질코스트 파악과 활동

TQC실시성과를 파악하는 방법으로서 품질 코스트에 대한 파악을 실시한다. 이를 위한 사고 및 진행방법에 관해서는 별도로 정하는 「품질 코스트 관리규정」에 따른다.

## 9. 제품사업부에 있어서의 품질관리규정의 제정 및 운용

각 제품별 품질보증의 최종책임은 해당 사업부장이 지며, 제품품질 확보를 위한 관리법을 각 사업부는 최소한 다음과 같은 항목에 관해 별도로 「품질관리규정」으로서 제정하고, 이의 확실한 운용을 기하도록 한다.

이에 관한 표준(규정, 규격……)의 체계는 각 부문에 일임한다.

### 9.1 원재료의 관리

구입, 수입, 보관, 외부에의 지급법 등에 대해 규정한다.

### 9.2 부재료의 관리

여기서 말하는 부재료란 제품품질에 크게 영향을 미치는 조미료, 착향료, 착색료 등 식품첨가물을 말하며 9.1항에 준해서 관리한다.

### 9.3 제조공정의 관리

제조작업, 공정검사, 공정관리, 공정 중의 불량품 조치, 공정해석……등에 관해 작업표준, QC공정도, 관리도, 이상조치, 작업자의 교육 훈련 등을 연관시켜 규정한다.

### 9.4 구입품의 관리

9.1항에 준하되 특히 구입처에 대한 품질관리지도 및 원조하는 경우와 관련을 지어 규정한다.

### 9.5 계측기·계측법의 관리

별도로 정하는 「검사, 계측관리매뉴얼」을 참고하여 규정한다.

### 9.6 검사관리

별도로 정하는 「검사, 계측관리매뉴얼」을 참고하여 규정한다.

### 9.7 설비, 치공검구(治工檢具)의 관리

정밀도관리면, 기간, 구입, 수입검사, 일상점검, 보전……등에 관해 규정한다.

### 9.8 시방서, 도면, 한도견본의 관리

정확한 품질요구가 관계자에게 분명히 전달되는 것을 중점으로 해서 규정한다.

### 9.9 품질정보, 기록의 관리

품질에 관한 정보의 흐름을 정립, 시장품질, 제조품질, 설계품질, 검사보고, 이상보고, 관리보고, 물량해석자료, 품질통계자료, 보존법……등에 관해 규정한다.

### 9.10 초기유동관리

별도로 정하는 「품질보증규정」에 따라 규정한다.

### 9.11 제품의 품질보증

제품검사, 보관, 출하검사, 신뢰성시험, 평가, 불량품의 조치, 클레임품 및 사용자 공정반품의 조치, 클레임처리, 품질감사……등에 관해 규정한다.

이 경우 각각 관련을 지은 다음 개별적으로 규정을 만들어 정리해도 무방하다.

### 9.12 출하정지, 특채처리, 기타 이상조치권한자의 지정

## 10. 부 칙

### 10.1 시행년월일

(1) 이 규정은 1980년 5월 2일부터 시행한다.

(2) 이 규정은 1985년10월 4일(개정, 추가)

### 표 1. 품질관리의 주요분장(分掌)사항

| 담당부서 | 품질관리기능 주요분장사항 |
|---|---|
| 최고경영자 및 부문장 | 1. 품질관리방침, 목표설정, 지시<br>2. 품질보증을 위한 조직, 편성<br>3. 중요품질문제의 파악, 해결<br>4. 일상품질관리업무의 총괄책임<br>5. 품질관리감사의 실시 |
| TQC추진 부서 | 1. 품질관리에 관한 종합적 계획책정<br>2. 품질보증에 관한 통계업무<br>3. TQC추진(지도, 조언, 권고)<br>4. 품질정보의 파악, 중요품질문제의 보고, 해결촉진<br>5. 품질통계, 품질관리보고<br>6. 사외클레임, 사내이상조치의 촉진<br>7. 제품규격, 기타 표준류의 검토(합법적 규제)<br>8. 품질감사의 계획, 실시<br>9. 품질관리교육계획, 실시촉진 |
| 기술부분 | 1. 품질에 관한 조사, 개선계획<br>2. 품질정보(사내외)의 수집, 해석, 평가<br>3. 신제품, 설비, 공법연구, 개발, 개선<br>4. 품질표준류의 개정, 개선, 공정능력을 위한 조사, 개선<br>5. 기술서비스, 지도<br>6. 제품, 재료, 치공구, 설비, 공법 등에 관한 기술지도 |
| 품질보증 부문(관리) | 1. 재료, 부품, 제품의 테스트 및 연구<br>2. 클레임처리, 사내이상처리, 클레임해석의 촉진<br>3. 사외제출용 품질데이터류의 작성<br>4. 품질보증시스템의 입안과 운용<br>5. 품질보증을 위한 교육, 훈련 |
| 영업부문 | 1. 시장, 고객공정의 품질상황의 파악, 요구품질의 파악, 전달<br>2. 클레임, 기타 품질정보의 파악, 전달촉진<br>3. 사용자에 대한 제품지식, 사용법을 위한 계몽, 서비스<br>4. 품질에 관한 PR<br>5. 경합품의 조사, 분석, 정보전달 |
| 제품부문 | 1. 공정의 관리와 제조품질을 보증<br>2. 검사 및 검사관리, 계측법 관리<br>3. 설비, 기기류의 보전, 관리<br>4. 공정해석, 공정개선, 공정능력의 개선<br>5. 품질정보의 전달<br>6. 클레임 대책처리, 사내이상 대책조치 |
| 자재부문 | 1. 구입품의 Q·C·D확보<br>2. 구입품에 대한 요구품질, 시방의 정확한 파악과 전달<br>3. 구입품의 사내공정, 시장에서의 품질정보파악과 전달<br>4. 구입처에 대한 품질관리지도, 품질보증체제 확립 |
| 유통 및 관리부문 | 1. 보관품의 품질유지<br>2. 수송, 납품의 정확성과 품질유지의 보증<br>3. 수송사고방지와 수송업자를 위한 지도<br>4. 보관, 포장, 곤포, 수송에 관한 개선과 물류 코스트의 개선<br>5. 반품의 수입상황전달<br>6. 품질코스트의 통계, 활용 |

표 2. TQC추진조직과 운영요강

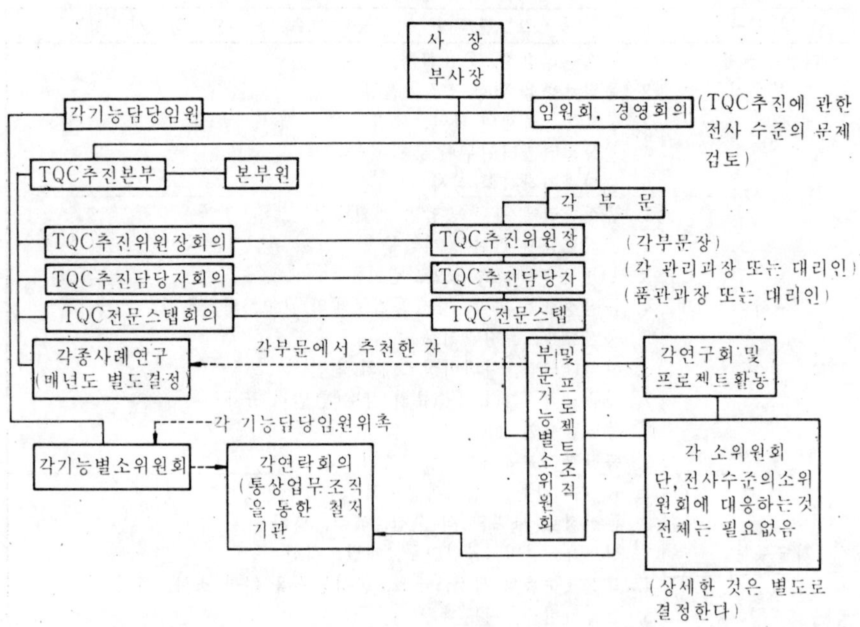


| 명 칭 | 기 능 | 주요 임무 | 비 고 |
|---|---|---|---|
| T Q C<br>추 진 본 부 | 전사 TQC추진을 위한<br>· 전사추진조직의 운영<br>· 장기계획입안 · 부문간조정<br>· 최고경영자에 의한 QC감사계획, 조언, 지도, 권고<br>· QC교육계획 · QA체제확립원조<br>· 대외 QC의 창구 | · 전사레벨에서의 TQC추진 | |
| 위원장회의 | · 최고경영자에 대한 추진상황보고<br>· 최고경영자로부터 지시<br>· 위원장자신의 연수<br>· 각부문간의 정보교환철저 | · 부문TQC추진 | · 월별실적보고회의 활용 |
| 추진담당자회의 | · 위원장회의에서의 결정사항에 대한 철저<br>· 담당자자신의 연수<br>· 각부문간의 정보교환 | · 위원장의 보좌<br>· 추진계획의 입안 | · 표준화추진 |
| 전문스탭회의 | · 추진을 위한 실무면의 정보교환, 본부의 연락 철저<br>· 전문스탭 자신의 연수 | · 실무면의 추진지도 | |
| 각소위원회 | · 기능별·업무별 전사수준의 문제점정리<br>· 사고·기본사항의 표준화·보급지도·활동 평가 | · 각기능담당위원에 대한 답신 | |
| 담당임원회의 | · 각기능별 관리를 위한 문제점 종합조정 | | · 필요에 따라 |

표 3. 품질에 대한 기본적 책임

| 부 문 | 책 임(임 무) |
|---|---|
| 최고경영자 및 부문장 | 시장클레임 PL문제의 예방을 중점으로 품질방침을 설정, 그 상황을 체크함으로써 조직운용, 인재배치를 적절히 시행 원조한다. |
| TQC추진부문 | 품질관리에 관한 종합적인 계획을 책정, 이를 추진 원조한다. |
| 영업부문 | 사용자가 요구하는 품질과 자사제품에 대한 평가, 클레임, 실제의 사용방법 등을 정확히 파악하여 관계부서에 품질정보로서 제공한다.<br>사용자에 대해 자사제품의 시방, 세일즈포인트를 PR하는 동시에 경합품과의 비교를 실시, 차기 상품에의 반영을 기획한다. |
| 기술부문 | 영업부문에서 조사한 품질을 도면, 시방서로 작성한다.<br>특히 기술부서는 공정설계에 있어서의 생산준비를 통해 공정능력을 확보 |
| 자재부문 | 적절한 구매처를 선정하여 시방(示方)에 적합한 올바른 재료, 부품 등 자재를 조달한다. 또한 구매처에 대해서는 계속 안정된 품질이 확보될 수 있도록 지도한다. |
| 제조부문 | 시방(示方)과 똑 같은 제품을 정확히, 그리고 싸게 만들어 낸다. 이를 위한 치공구 및 작업방법에 관해 연구, 개선한다. |
| 검사부문 | 재료, 부품, 제품이 시방에 합치되고 있는가를 조사, 양품, 불량품의 판정을 한다. 또 그 정보를 기술, 자재, 제조부문에 정확히 제공한다. |
| 품관부문<br>(품질보증부문) | 품질, 품질관리방침을 철저화시키는 동시에 품질보증 시스템을 입안, 이를 운용한다. 또한 품질, 품질관리감사를 통해 품질관리활동의 향상을 도모한다. |
| 출하부문 | 포장, 수송, 보관을 적절히 함으로써 품질의 열화, 손상, 오차, 혼입첨부품이 누락되지 않도록 주의한다. |
| 원가부문 | 품질을 만들어내는데 영향을 미치는 원가요인과 상황을 파악하여 활용하기 용이하게 정리하여 관계 부문에 품질원가정보로서 제공한다. |
| 인사, 근로부문 | 품질에 관한 동기부여와 품질관리에 대한 능력개발, 향상에 연결되는 뒷받침을 한다. |

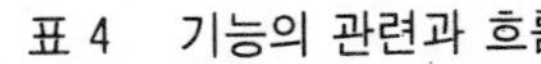

# 표 4 기능의 관련과 흐름

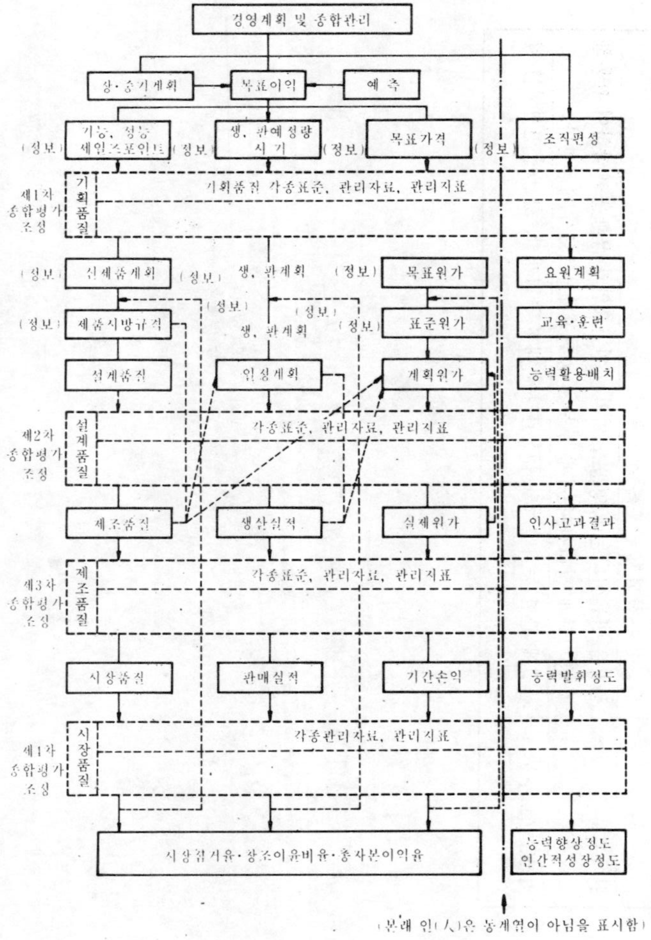

경영계획 및 종합관리

상·중기계획 → 목표이익 ← 예 측

(정보) 기능, 성능 세일즈포인트 (정보) 생, 판매성량 시기 (정보) 목표가격 (정보) 조직편성

제1차 종합평가 조정 — 기획품질 — 기획품질 각종표준, 관리자료, 관리지표

(정보) 신제품계획 (정보) 생, 판계획 (정보) 목표원가 — 요원계획

(정보) 제품시방규격 (정보) (정보) 생, 판계획 (정보) 표준원가 — 교육·훈련

설계품질 — 인상계획 — 계획원가 — 능력활용배치

제2차 종합평가 조정 — 설계품질 — 각종표준, 관리자료, 관리지표

제조품질 — 생산실적 — 실제원가 — 인사고과결과

제3차 종합평가 조정 — 제조품질 — 각종표준, 관리자료, 관리지표

시장품질 — 판매실적 — 기간손익 — 능력발휘정도

제4차 종합평가 조정 — 시장품질 — 각종관리자료, 관리지표

시장점거율·창조이윤비율·총자본이익율 — 능력향상정도 인간적성장정도

(본래 인(人)은 동계열이 아님을 표시함)

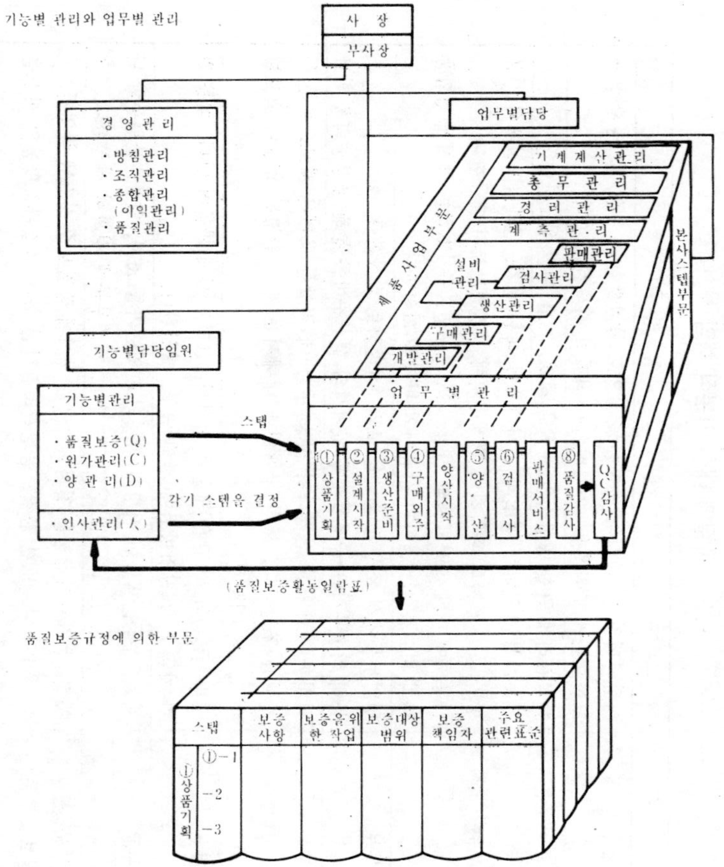

기능별 관리와 업무별 관리

사 상 / 부사상

경영관리
· 방침관리
· 조직관리
· 종합관리 (이익관리)
· 품질관리

업무별담당

기능별담당임원

기능별관리
· 품질보증(Q)
· 원가관리(C)
· 양 관 리(D)
· 인사관리(人)

스텝

각기 스텝을 결정

제품사업부문: 개발관리, 구매관리, 생산관리, 설비관리, 검사관리, 판매관리

본사스텝부문: 기계계산관리, 총무관리, 경리관리, 계측관리

업무별관리: ① 상품기획, ② 설계시작, ③ 생산준비, ④ 구매외주, 양산시작, ⑤ 양산, ⑥ 검사, 판매서비스, ⑧ 품질감사, QC감사

(품질보증활동일람표)

품질보증규정에 의한 부문

| 스텝 | | 보증사항 | 보증을위한 작업 | 보증대상범위 | 보증책임자 | 주요관련표준 |
|---|---|---|---|---|---|---|
| ①상품기획 | ①—1 | | | | | |
| | —2 | | | | | |
| | —3 | | | | | |

표 5 품질관리시스템의 기본체계도

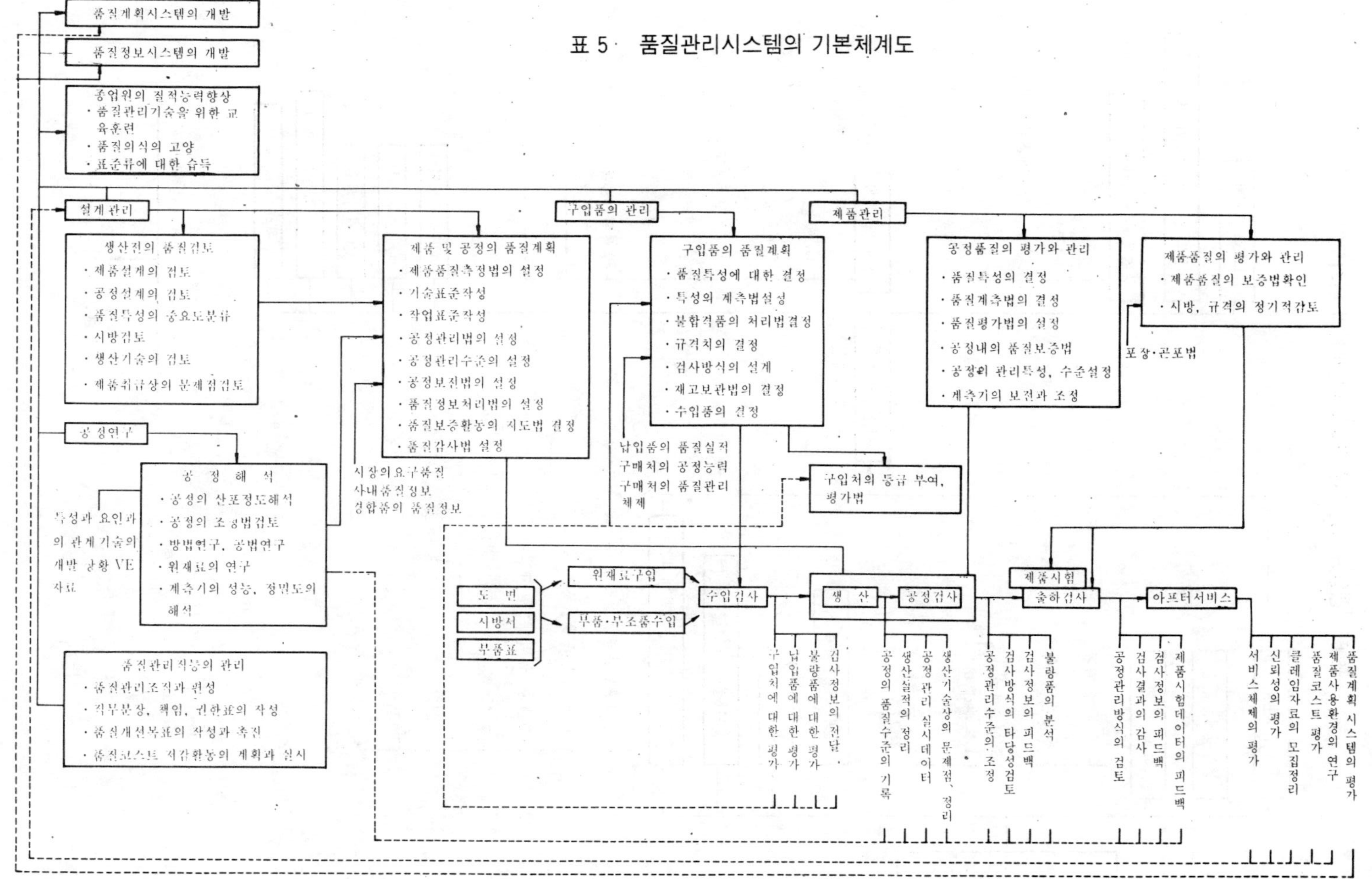

표 6 경영계획을 위한 TQC추진계획의 위치부여

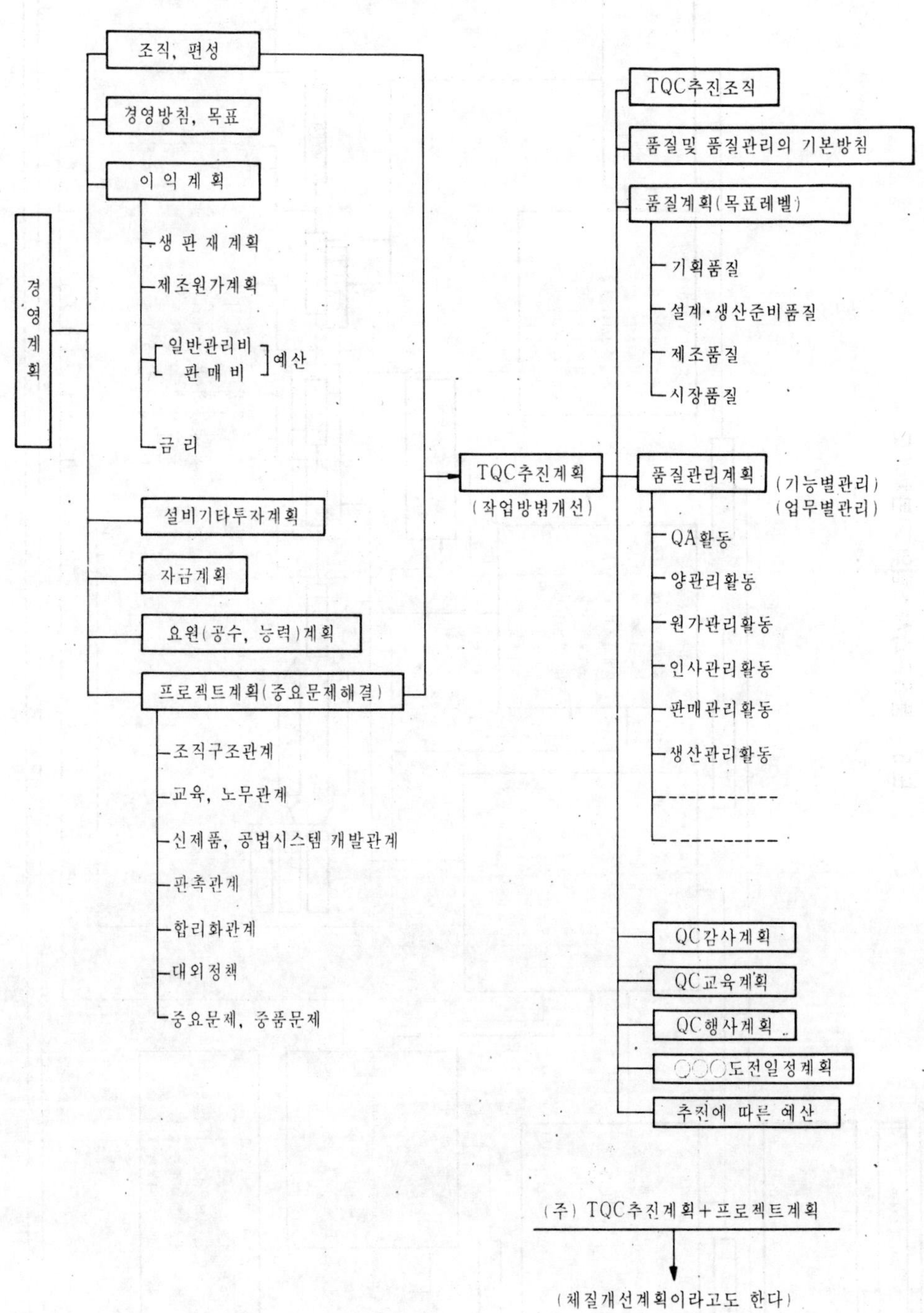

## 표 7 전사 TQC추진 시스템 체계도

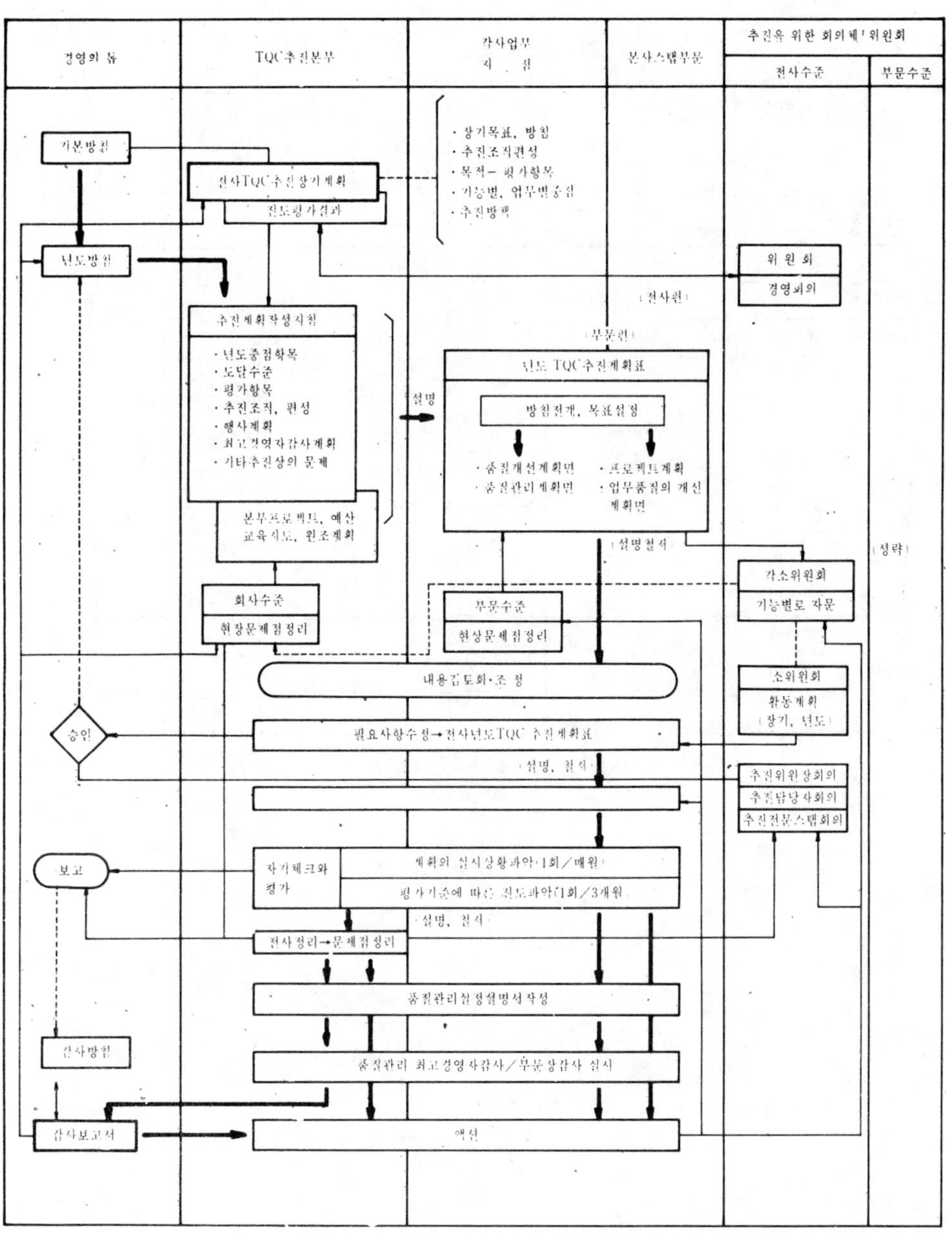

# TQC 활동평가표

(年 月 時點)

| | 1 | 2 | 3 | 4 | 5 | 6 | 7 |
|---|---|---|---|---|---|---|---|
| 중점 실시항목 / 평가항목 | | | | | | | |
| 방 침 관 리 | | | | | | | |
| 조직과그운영 | | | | | | | |
| 교 육 보 급 | | | | | | | |
| 정보의활용 | | | | | | | |
| 해 석 | | | | | | | |
| 표 준 화 | | | | | | | |
| 관 리 | | | | | | | |
| 품 질 보 증 | | | | | | | |
| 효과의파악 | | | | | | | |
| 장 래 계 획 | | | | | | | |
| 평 균 | | | | | | | |
| 웨이트부여 | | | | | | | |
| 종 합 평 점 | | | | | | | |

표 8 TQC활동평가기준표

| 평점 / 평가분류 | 1 | 2 | 3 | 4 | 5 |
|---|---|---|---|---|---|
| A | 전체에 대한 관련성 및 개개의 표준이 없다. 또는 승인되지 않고 있다. | 전체에 대한 관련성 및 개개의 표준이 있으며 승인 배부되고 있다. | 표준과 똑 같이 실시되고 있다. | 실시한 결과 개선된 예가 있으며 표준이 개정되고 있다. | 개선이 효과와 연결되어 있으며 표준이 계속 개정되어 PDCA가 돌고있다. |
| B | 계획서(실시계획서)가 없다. 또는 승인되지 않고 있다. | 계획서(실시계획서)가 승인, 배포되고 있다. | 실시계획서에 따라 작업이 진행되고 있다. | 작업 진행 상황이 체크되어 있으며 결과가 개선과 결부되어 있다. | 평가 결과가 효과적으로 살려져 PDCA가 돌고 있다. |
| C | 현상분석이 되지 않고 있으며 중요 문제가 결정되지 않고 있다. | 현상분석이 되어 있으며 중요문제가 결정 승인되어 있다. | 중요문제해결을 위한 업무분담책임권한이 명확히 실시되고 있다. | 통계적수법의 활용에 의해 업무개선, 문제해결을 위한 효과적인 사례가 있으며 제도의 개정이 실시되고 있다. | 책임권한불명확에 의한 트러블이 대폭 감소, 그 결과가 과학적으로 체크되어 PDCA가 돌고 있다. |
| D | 목표설정(수치)이 되지 않고 있다. | 목표설정(수치)이 되어 있으며 목표의 (%)가 달성되고 있다. | 목표설정(수치)이 되어 있으며 목표의 (%)가 달성되고 있다. | 목표설정(수치)이 되어 있으며 목표의 (%)가 달성되고 있다. | 목표설정(수치)이 되어 있으며 목표의 (%)가 달성되고 있다. |

(단, D의 수치(달성률)에 관해서는 항목별로 평가분류의 ABC를 가미하여 각 부문에서 결정한다)

# ○○○사업계획서

198 . . .

덕수식품주식회사

# (　　)事業 計劃書 要約表

1. 事業概要

2. 商品說明

(1) 商品名:

(2) 用　途:

(3) 製品特徵:

3. 需要預測

| 區分 \ 年度 | | | | | 備考 |
|---|---|---|---|---|---|
| 全國需要<br>當社供給<br>當社M/S | | | | | |

4. 事業規模

(1) 生 產 能 力:

(2) 敷地 및 建物:

5. 所要資金

(1) 施 設 資 金:

(2) 運轉資金 및 其他:

合計:

6. 原價 및 利益計劃

| 區分 \ 年度 | | | | | 計 | 備考 |
|---|---|---|---|---|---|---|
| 製造原價<br>總 原 價<br>販　價<br>單位當 利益<br>賣 出 額<br>(販賣量)<br>稅前利益<br>累計利益 | | | | | | |
| 投資收益率<br>投資回收期間 | | | | | | |

**7. 마케팅計劃**

(1) 商品計劃
- 出　市 :
- 商　標 :
- 디자인 :
- 包　裝 : 形態, 材質, 單量(個包, 中包, 外包)

(2) 價格計劃

| 區　分 | kg(ℓ)當 | 包裝單位當(個) | 備　考 |
|---|---|---|---|
| 販　價 | | | 附價稅 10% 包含 |
| 都賣價 | | | 流通마진 25% |
| 小賣價 | | | |

(3) 流通計劃

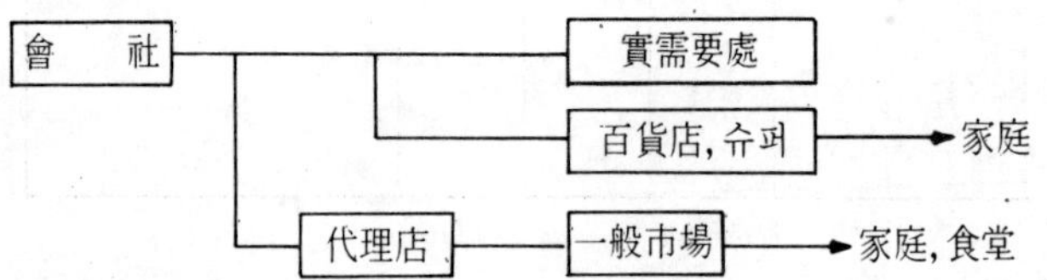


(4) 廣告販促計劃

－販促行事 : 去來先 商品說明會, 販促物配布, 見本配布, 試食販賣

－廣　　告 : TV, 라디오, 新聞, 雜誌, 其他

**8. 技術 및 設備計劃**

(1) 技術 : (自體技術, 導入技術)

(2) 設備 : (國內設備, 導入設備, 旣存設備)

＊主要設備名

**9. 人員計劃**

(1) 所要人員數 :　　名(生產 :　　販賣 :　　管理 :　　)

**10. 推進日程**

| 項　目 | 日　程 | | | | 備　考 |
|---|---|---|---|---|---|
| | | | | | |
| | | | | | |

＊項目別 : 팀構成, 工程檢討, 主要設備導入先決定

主要設備 L/C OPEN, 許可(建築, 營業, 其他)

建物工事, 機械製作設置, 資材購買, 試運轉, 稼動

## 1. 사업 개요

(1) 사업명칭

(2) 사업내용

(3) 규　　모

- 생산능력
- 부　　지
- 건　　물

(4) 기술확보

(5) 주요설비확보

(6) 소요자금

(7) 년간 매출액

(8) 소요인력

(9) 추진일정

## 2. 소요자금 및 조달

(백만원)

| 구 | 분 | 금　　액 | 비　　고 |
|---|---|---|---|
| 소요 | 토　　지 | | ○평 · ○원/평 |
| | 건　　물 | | ○평 · ○원/평 |
| | 구 축 물 | | |
| | 기계장치 | | |
| | 설 치 비 | | |
| | 건설이자 | | |
| | 기 술 료 | | |
| | 운전자금 | | 선 불 금 |
| | 기　　타 | | |
| | 계 | | |
| 조달 | 내부유보 | | |
| | 증　　자 | | |
| | 장기은행채 | | |
| | 단기차입 | | |
| | 기　　타 | | |
| | 계 | | |

## 3. 제품개요 및 사업특성

(1) 제품 개요

- 제　　품
- 공　　정

(2) 사업 특성

## 4. 수급실적 및 전망

(1) 수급상황 및 전망

| 년도<br>구분 | | | | | | | | 비 고 |
|---|---|---|---|---|---|---|---|---|
| 국내총수요 | | | | | | | | • 년평균 신장률(%)<br>실적 :<br>계획 : |
| 공급능력<br>당사<br>A사<br>B사 | | | | | | | | |
| 수 급 차 | | | | | | | | |

(2) 업계 현황

| 구 분 | 당 사 | A 사 | B 사 | 계 | 비 고 |
|---|---|---|---|---|---|
| 생산능력<br>생산실적<br>(가동률)<br>판 매 량<br>(M/S) | | | | | |

## 5. 기술 및 설비계획

(1) 기술확보 계획

* 기술 도입

| 도입 기술명 | 도 입 선 | 도 입 조 건 | | 비 고 |
|---|---|---|---|---|
| | | 선 불 금 | 경상 기술료 | |
| | | | | |

(2) 주요 설비 계획

| 설 비 명 | 규 격 | 수 량 | 금액 | 비 고 |
|---|---|---|---|---|
| (국내설비)<br><br>(도입설비) | | | | |

• UTILITY, 공해방지시설 포함

## 6. 생산 및 판매계획

| 년도<br>구분 | | | | | 계 | 비 고 |
|---|---|---|---|---|---|---|
| 생산능력<br>생 산 량<br>가 동 률<br>판 매 량<br>(M/S)<br>판 매 액 | | | | | | |

• 판가 계획

| 년도<br>구분 | | | | | 비 고 |
|---|---|---|---|---|---|
| 국 판<br>수 출 | | | | | |

## 7. 원가 계획

| 구 분 | | | 금 액 | |
|---|---|---|---|---|
| | | | 단 위 당 | 총 액 |
| 제조원가 | 변 동 비 | 재료비<br>· 원재료 · 부재료<br>에너지비<br>· 전기 · 연료<br>· 용수 · 폐수<br>포장재료비<br>기타비용<br>· 로이얄티<br>· 운반비<br>· 폐기물처리<br>· 하수도료 | | |
| | | 소 계 | | |
| | 고정비 | 감가상각비<br>수리수선비<br>노 무 비<br>설 비 금 리<br>기 타 경 비 | | |
| | | 소 계 | | |
| | 계 | | | |
| 일반관리판매비<br>영 업 외 비 용 | | | | |
| 총 원 가 | | | | |

## 8. 인원계획

| 구분 \ 년도 | | | | | 비 고 |
|---|---|---|---|---|---|
| 생산직접인원<br>생산간접인원<br>·총 무<br>·경 리<br>·업 무<br>·공 무<br>·품질관리 | | | | | |
| 판 매 인 원<br>관 리 인 원 | | | | | |
| 계 | | | | | |

*** 소요인원 내용**

| 구 분 | | | | | | |
|---|---|---|---|---|---|---|
| 대 졸 | 이 공 계<br>상 경 계<br>인 문 계 | | | | | |
| 고 졸 | 공 고<br>상 고<br>일 반 고<br>기 타 | | | | | |
| 계 | | | | | | |

## 9. 자금 계획

| 구분 \ 년도 | | | | | | | 비 고 |
|---|---|---|---|---|---|---|---|
| 소<br>요 | 시설투자<br>운전자금<br>장기채 상환 | | | | | | |
| | 계 | | | | | | |
| 조<br>달 | 내부유보<br>(세전이익)<br>(감가상각)<br>(법인세등)<br>사 채<br>국내장기채<br>단기차입 | | | | | | |
| | 계 | | | | | | |
| 과 부 족 자 금 | | | | | | | |
| 누적과부족 자금 | | | | | | | |

## 10. 이익 계획

| 구분 \ 년도 | | | | | | 계 |
|---|---|---|---|---|---|---|
| 매 출 액 | | | | | | |
| (판 매 량) | | | | | | |
| 매 출 이 익 | | | | | | |
| (이 익 률) | | | | | | |
| 관리판매비 | | | | | | |
| 영 업 이 익 | | | | | | |
| 영업외비용 | | | | | | |
| 세 전 이 익 | | | | | | |
| 법 인 세 | | | | | | |
| 세 후 이 익 | | | | | | |
| 투자수익률 | | | | | | |
| 투자회수기간 | | | | | | |

## 11. 마케팅 계획

(1) 상품 계획

① 상품명칭　　② 품　　질
③ 용　　도　　④ 특　　징
⑤ sales point　　⑥ 시장출하시기
⑦ 상　　표　　⑧ design
⑨ 포　　장

| 구 분 | 형 태 | 재 질 | 단 량 |
|---|---|---|---|
| 개포장 | | | |
| 중포장 | | | |
| 외포장 | | | |

(2) 가격계획

| 구 분 | 단위당 | 개 당 | 비 고 |
|---|---|---|---|
| 판 가 | | | 부가세 10%포함 |
| 도매가 | | | 유통마진　　% |
| 소매가 | | | 유통마진　　% |

(3) 유통 계획

• 경　로　┌ 회사 ⟶ 대리점 ⟶ 시　장
　　　　　└ 회사 ⟶ 백화점, 수퍼, 실수요처

• 사용처
  - 가정용
  - 식당용
  - 실수요용

(4) 광고 판촉

| 구 분 | 내 용 | 시 기 | 소요금액 |
|---|---|---|---|
| 판촉행사 | • sample 제공<br>• 거래선대상 설명회<br>• phamplet 제작<br>• 판촉물 제작<br>• 견본 배포<br>• 시식 판매 | | |
| | 계 | | |
| 광 고 | • TV<br>• 라디오<br>• 신 문<br>• 잡 지<br>• 거 타 | | |
| | 계 | | |
| 합 계 | | | |

(5) 판매방향
- 기본방향
- 예상되는 경쟁사 전략분석

## 12. 자재 구매 계획

(1) 원부재료 소요량 및 금액

| 품 명 | 규 격 | 단 위 | 단 가 | 원단위 | 소요량 | 금 액 |
|---|---|---|---|---|---|---|
| | | | | | | |

* 국내, 수입구분

(2) 포장재 소요량 및 금액

| 품 명 | 규 격 | 단 위 | 단 가 | 원단위 | 소요량 | 금 액 |
|---|---|---|---|---|---|---|
| | | | | | | |

(3) 원부재료, 포장재 예상거래선 조사

| 품명 | 거래선명 | 최소발주량 | 발주후입고기간 | 비 고 |
|---|---|---|---|---|
| | | | | |

(4) 원부재료 취급 및 저장조건

| 품 명 | 단 량 | 저장조건 | 비 고 |
|---|---|---|---|
| | | | |

## 13. 추진계획

| 구 분 | 일 정 | | | | | 비 고 |
|---|---|---|---|---|---|---|
| 사업계획수립 | | | | | | |
| 사업방침결정 | | | | | | |
| 추진팀 구성 | | | | | | |
| 공정기술검토 및 설계 | | | | | | |
| 주요설비도입선 결정 | | | | | | |
| 주요설비 LC Open | | | | | | |
| 마케팅 계획 | | | | | | |
| 정 부 허 가 | | | | | | |
| • 건 축 | | | | | | |
| • 영업 및 품목 | | | | | | |
| • 기 타 | | | | | | |
| 건물공사 | | | | | | |
| 기계제작 설치 | | | | | | |
| 부대공사 | | | | | | |
| 자재구매 | | | | | | |
| 시 운 전 | | | | | | |
| 정상가동 | | | | | | |

### * 공정기술 검토

(1) flow sheet
(2) material balance(utility포함)
(3) lay-out 및 elevation
(4) 건물구조 및 규모
(5) equipment list & spec

(6) P & I diagram
(7) schedule
(8) construction cost & problems

## 14. 생산 공정 계획

(1) flow sheet
(2) material balance
(3) lay-out
(4) elevation
(5) equipment list & spec

| 설비명 | 규 격 | 수 량 | 비 고 |
|---|---|---|---|
| | | | |

(6) P & I diagram
(7) operation time schedule

| PROCESS | TIME | | | | |
|---|---|---|---|---|---|
| | | | | | |
| | | | | | |

(8) operation manual
(9) 공정별 인원배치 계획
(10) 인력교육 훈련계획

## 15. 품질 관리 계획

(1) 제품 품질 규격

| 항 목 | 단 위 | 기 준 | 비 고 |
|---|---|---|---|
| | | | |

(2) 원부재료 품질규격

| 품 명 | 항 목 | 단 위 | 기 준 | 비 고 |
|---|---|---|---|---|
| | | | | |

(3) 검사설비 및 약품 계획

| 품 명 | 규 격 | 수 량 | 용 도 | 비 고 |
| --- | --- | --- | --- | --- |
| | | | | |

(4) 검사 작업 표준
(5) 검사원 확보 계획

| 업무내용 | 소요자격 | 인 원 수 | 시 기 | 비 고 |
| --- | --- | --- | --- | --- |
| | | | | |

## 16. 공해방지 계획

(1) 대기 공해

| 방지시설명 | 규 격 | 수 량 | 비 고 |
| --- | --- | --- | --- |
| | | | |

(2) 폐수 공해
- 처리물량 및 물성
- 처리 방법
- 처리 flow
- 처리비용(폐수톤당, 일, 년)
- 처리설비

| 방지시설명 | 규격 | 수량 | 비고 |
| --- | --- | --- | --- |
| | | | |

(3) 폐기물
- 처리물량 및 물성
- 처리방법

## 17. 유티리티 계획

(1) 사용량

| 구 분 | 규 격 | 최 대 | | | 최 소 | | | 평 균 | | |
|---|---|---|---|---|---|---|---|---|---|---|
| | | 시간 | 일간 | 월간 | 시간 | 일간 | 월간 | 시간 | 일간 | 월간 |
| 증 기 | | | | | | | | | | |
| 전 기 | | | | | | | | | | |
| 용 수 | | | | | | | | | | |
| •공 정 수 | | | | | | | | | | |
| •냉 각 수 | | | | | | | | | | |
| 압축공기 | | | | | | | | | | |
| 브 라 인 | | | | | | | | | | |

(2) 확보 계획

## 18. 건설비 내역

(1) 토 지

- 평수, 단가, 금액

(2) 건 물

- 평수, 단가, 금액

(3) 구 축 물

(4) 기계장치

① 기 계

| 설비명 | 규 격 | 수 량 | 금 액 | 비 고 |
|---|---|---|---|---|
| | | | | |

② utility

| 설비명 | 규 격 | 수 량 | 금 액 | 비 고 |
|---|---|---|---|---|
| | | | | |

③ 전기, 계장

| 설비명 | 규 격 | 수 량 | 금 액 | 비 고 |
|---|---|---|---|---|
| | | | | |

④ 시험설비

| 설비명 | 규 격 | 수 량 | 금 액 | 비 고 |
| --- | --- | --- | --- | --- |
| | | | | |

## 부표 1 정규분포표(u→P)

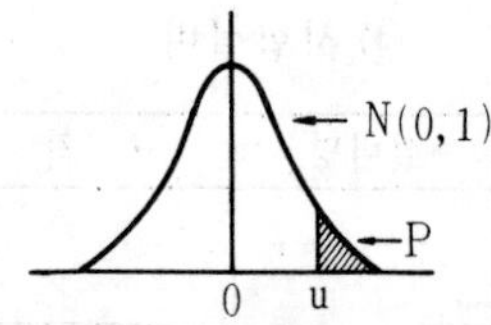


| u | 0 | 1 | 2 | 3 | 4 | 5 | 6 | 7 | 8 | 9 |
|---|---|---|---|---|---|---|---|---|---|---|
| 0.0 | .5000 | .4960 | .4920 | .4880 | .4840 | .4801 | .4761 | .4721 | .4681 | .4641 |
| 0.1 | .4602 | .4562 | .4522 | .4483 | .4443 | .4404 | .4364 | .4325 | .4286 | .4247 |
| 0.2 | .4207 | .4168 | .4129 | .4090 | .4052 | .4013 | .3974 | .3936 | .3897 | .3859 |
| 0.3 | .3821 | .3783 | .3745 | .3707 | .3669 | .3632 | .3594 | .3557 | .3520 | .3483 |
| 0.4 | .3446 | .3409 | .3372 | .3336 | .3300 | .3264 | .3228 | .3192 | .3156 | .3121 |
| 0.5 | .3085 | .3050 | .3015 | .2981 | .2946 | .2912 | .2877 | .2843 | .2810 | .2776 |
| 0.6 | .2743 | .2709 | .2676 | .2643 | .2611 | .2578 | .2546 | .2514 | .2483 | .2451 |
| 0.7 | .2420 | .2389 | .2358 | .2327 | .2296 | .2266 | .2236 | .2206 | .2177 | .2148 |
| 0.8 | .2119 | .2090 | .2061 | .2033 | .2005 | .1977 | .1949 | .1922 | .1894 | .1867 |
| 0.9 | .1841 | .1814 | .1788 | .1762 | .1736 | .1711 | .1685 | .1660 | .1635 | .1611 |
| 1.0 | .1587 | .1562 | .1539 | .1515 | .1492 | .1469 | .1446 | .1423 | .1401 | .1379 |
| 1.1 | .1357 | .1335 | .1314 | .1292 | .1271 | .1251 | .1230 | .1210 | .1190 | .1170 |
| 1.2 | .1151 | .1131 | .1112 | .1093 | .1075 | .1056 | .1038 | .1020 | .1003 | .0985 |
| 1.3 | .0968 | .0951 | .0934 | .0918 | .0901 | .0885 | .0869 | .0853 | .0838 | .0823 |
| 1.4 | .0808 | .0793 | .0778 | .0764 | .0749 | .0735 | .0721 | .0708 | .0694 | .0681 |
| 1.5 | .0668 | .0655 | .0643 | .0630 | .0618 | .0606 | .0594 | .0582 | .0571 | .0559 |
| 1.6 | .0548 | .0537 | .0526 | .0516 | .0505 | .0495 | .0485 | .0475 | .0465 | .0455 |
| 1.7 | .0446 | .0436 | .0427 | .0418 | .0409 | .0401 | .0392 | .0384 | .0375 | .0367 |
| 1.8 | .0359 | .0351 | .0344 | .0336 | .0329 | .0322 | .0314 | .0307 | .0301 | .0294 |
| 1.9 | .0287 | .0281 | .0274 | .0268 | .0262 | .0256 | .0250 | .0244 | .0239 | .0233 |
| 2.0 | .0228 | .0222 | .0217 | .0212 | .0207 | .0202 | .0197 | .0192 | .0188 | .0183 |
| 2.1 | .0179 | .0174 | .0170 | .0166 | .0162 | .0158 | .0154 | .0150 | .0146 | .0143 |
| 2.2 | .0139 | .0136 | .0132 | .0129 | .0125 | .0122 | .0119 | .0116 | .0113 | .0110 |
| 2.3 | .0107 | .0104 | .0102 | .0099 | .0096 | .0094 | .0091 | .0089 | .0087 | .0084 |
| 2.4 | .0082 | .0080 | .0078 | .0075 | .0073 | .0071 | .0069 | .0068 | .0066 | .0064 |
| 2.5 | .0062 | .0060 | .0059 | .0057 | .0055 | .0054 | .0052 | .0051 | .0049 | .0048 |
| 2.6 | .0047 | .0045 | .0044 | .0043 | .0041 | .0040 | .0039 | .0038 | .0037 | .0036 |
| 2.7 | .0035 | .0034 | .0033 | .0032 | .0031 | .0030 | .0029 | .0028 | .0027 | .0026 |
| 2.8 | .0026 | .0025 | .0024 | .0023 | .0023 | .0022 | .0021 | .0021 | .0020 | .0019 |
| 2.9 | .0019 | .0018 | .0018 | .0017 | .0016 | .0016 | .0015 | .0015 | .0014 | .0014 |
| 3.0 | .0013 | .0013 | .0013 | .0012 | .0012 | .0011 | .0011 | .0011 | .0010 | .0010 |

## 부표 2 정규분포표(P→u)

| P | 0 | 1 | 2 | 3 | 4 | 5 | 6 | 7 | 8 | 9 |
|---|---|---|---|---|---|---|---|---|---|---|
| 0.00 | ∞ | 3.090 | 2.878 | 2.748 | 2.652 | 2.576 | 2.512 | 2.457 | 2.409 | 2.366 |
| 0.0 | ∞ | 2.326 | 2.054 | 1.881 | 1.751 | 1.645 | 1.555 | 1.476 | 1.405 | 1.341 |
| 0.1 | 1.282 | 1.227 | 1.175 | 1.126 | 1.080 | 1.036 | 994 | .954 | .915 | .878 |
| 0.2 | .842 | .806 | .772 | .739 | .706 | .674 | .643 | .613 | .583 | .553 |
| 0.3 | .524 | .496 | .468 | .440 | .412 | .385 | .358 | .332 | .305 | .279 |
| 0.4 | .253 | .228 | .202 | .176 | .151 | .126 | .100 | .075 | .050 | .025 |

## 부표 3 $X^2$ 표

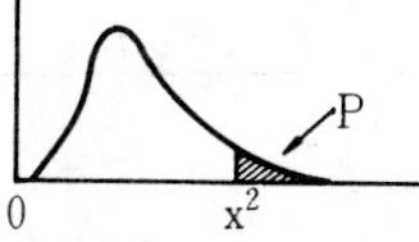


| ϕ \ P | .995 | .99 | .975 | .95 | .90 | .75 | .50 | .25 | .10 | .05 | .025 | .01 | .005 | P / ϕ |
|---|---|---|---|---|---|---|---|---|---|---|---|---|---|---|
| 1 | $0.0^{1}393$ | $0.0^{3}157$ | $0.0^{3}982$ | $0.0^{2}3$ | 0.0158 | 0.102 | 0.455 | 1.323 | 2.71 | 3.84 | 5.02 | 6.63 | 7.88 | 1 |
| 2 | 0.0100 | 0.0201 | 0.0506 | 0.103 | 0.211 | 0.575 | 1.386 | 2.77 | 4.61 | 5.99 | 7.38 | 9.21 | 10.60 | 2 |
| 3 | 0.0717 | 0.115 | 0.216 | 0.352 | 0.584 | 1.213 | 2.37 | 4.11 | 6.25 | 7.81 | 9.35 | 11.34 | 12.84 | 3 |
| 4 | 0.207 | 0.297 | 0.484 | 0.711 | 1.064 | 1.923 | 3.36 | 5.39 | 7.78 | 9.49 | 11.14 | 13.28 | 14.86 | 4 |
| 5 | 0.412 | 0.554 | 0.831 | 1.145 | 1.610 | 2.67 | 4.35 | 6.63 | 9.24 | 11.07 | 12.83 | 15.09 | 16.75 | 5 |
| 6 | 0.676 | 0.872 | 1.237 | 1.635 | 2.20 | 3.45 | 5.35 | 7.84 | 10.64 | 12.59 | 14.45 | 16.81 | 18.55 | 6 |
| 7 | 0.989 | 1.239 | 1.690 | 2.17 | 2.83 | 4.25 | 6.35 | 9.04 | 12.02 | 14.07 | 16.01 | 18.48 | 20.3 | 7 |
| 8 | 1.344 | 1.646 | 2.18 | 2.73 | 3.49 | 5.07 | 7.34 | 10.22 | 13.36 | 15.51 | 17.53 | 20.1 | 22.0 | 8 |
| 9 | 1.735 | 2.09 | 2.70 | 3.33 | 4.17 | 5.90 | 8.34 | 11.39 | 14.68 | 16.92 | 19.02 | 21.7 | 23.6 | 9 |
| 10 | 2.16 | 2.56 | 3.25 | 3.94 | 4.87 | 6.74 | 9.34 | 12.55 | 15.99 | 18.31 | 20.5 | 23.2 | 25.2 | 10 |
| 11 | 2.60 | 3.05 | 3.82 | 4.57 | 5.58 | 7.58 | 10.34 | 13.70 | 17.28 | 19.68 | 21.9 | 24.7 | 26.8 | 11 |
| 12 | 3.07 | 3.57 | 4.40 | 5.23 | 6.30 | 8.44 | 11.34 | 14.85 | 18.55 | 21.0 | 23.3 | 26.2 | 28.3 | 12 |
| 13 | 3.57 | 4.11 | 5.01 | 5.89 | 7.04 | 9.30 | 12.34 | 15.98 | 19.81 | 22.4 | 24.7 | 27.7 | 29.8 | 13 |
| 14 | 4.70 | 4.66 | 5.63 | 6.57 | 7.79 | 10.17 | 13.34 | 17.12 | 21.1 | 23.7 | 26.1 | 29.1 | 31.3 | 14 |
| 15 | 4.60 | 5.23 | 6.26 | 7.26 | 8.55 | 11.04 | 14.34 | 18.25 | 22.3 | 25.0 | 27.5 | 30.6 | 32.8 | 15 |
| 16 | 5.14 | 5.81 | 6.91 | 7.96 | 9.31 | 11.91 | 15.34 | 19.37 | 23.5 | 26.3 | 28.8 | 32.0 | 34.3 | 16 |
| 17 | 5.70 | 6.41 | 7.56 | 8.67 | 10.09 | 12.79 | 16.34 | 20.5 | 24.8 | 27.6 | 30.2 | 33.4 | 35.7 | 17 |
| 18 | 6.26 | 7.01 | 8.23 | 9.39 | 10.86 | 13.68 | 17.34 | 21.6 | 26.0 | 28.9 | 31.5 | 34.8 | 37.2 | 18 |
| 19 | 6.84 | 7.63 | 8.91 | 10.12 | 11.65 | 14.56 | 18.34 | 22.7 | 27.2 | 30.1 | 32.9 | 36.2 | 38.6 | 19 |
| 20 | 7.43 | 8.26 | 9.59 | 10.85 | 12.44 | 15.45 | 19.34 | 23.8 | 28.4 | 31.4 | 34.2 | 37.6 | 40.0 | 20 |
| 21 | 8.03 | 8.90 | 10.28 | 11.59 | 13.24 | 16.34 | 20.3 | 24.9 | 29.6 | 32.7 | 35.5 | 38.9 | 41.4 | 21 |
| 22 | 8.64 | 9.54 | 10.98 | 12.34 | 14.04 | 17.24 | 21.3 | 26.0 | 30.8 | 33.9 | 36.8 | 40.3 | 42.8 | 22 |
| 23 | 9.26 | 10.20 | 11.69 | 13.09 | 14.85 | 18.14 | 22.3 | 27.1 | 32.0 | 35.2 | 38.1 | 41.6 | 44.2 | 23 |

| P / $\phi$ | .995 | .99 | .975 | .95 | .90 | .75 | .50 | .25 | .10 | .05 | .025 | .01 | .005 | P / $\phi$ |
|---|---|---|---|---|---|---|---|---|---|---|---|---|---|---|
| 24 | 9.89 | 10.86 | 12.40 | 13.85 | 15.66 | 19.04 | 23.3 | 28.2 | 33.2 | 36.4 | 39.4 | 43.0 | 45.6 | 24 |
| 25 | 10.52 | 11.52 | 13.12 | 14.61 | 16.47 | 19.94 | 24.3 | 29.3 | 34.4 | 37.7 | 40.6 | 44.3 | 46.9 | 25 |
| 26 | 11.16 | 12.20 | 13.84 | 15.38 | 17.29 | 20.8 | 25.3 | 30.4 | 35.6 | 38.9 | 41.9 | 45.6 | 48.3 | 26 |
| 27 | 11.81 | 12.88 | 14.57 | 16.15 | 18.11 | 21.7 | 26.3 | 31.5 | 36.7 | 40.1 | 43.2 | 47.0 | 49.6 | 27 |
| 28 | 12.46 | 13.56 | 15.31 | 16.93 | 18.94 | 22.7 | 27.3 | 32.6 | 37.9 | 41.3 | 44.5 | 48.3 | 51.0 | 28 |
| 29 | 13.12 | 14.26 | 16.05 | 17.71 | 19.77 | 23.6 | 28.3 | 33.7 | 39.1 | 42.6 | 45.7 | 49.6 | 52.3 | 29 |
| 30 | 13.79 | 14.95 | 16.79 | 18.49 | 20.6 | 24.5 | 29.3 | 34.8 | 40.3 | 43.8 | 47.0 | 50.9 | 53.7 | 30 |
| 40 | 20.7 | 22.2 | 24.4 | 26.5 | 29.1 | 33.7 | 39.3 | 45.6 | 51.8 | 55.8 | 59.3 | 63.7 | 66.8 | 40 |
| 50 | 28.0 | 29.7 | 32.4 | 34.8 | 37.7 | 42.9 | 49.3 | 56.3 | 63.2 | 67.5 | 71.4 | 76.2 | 79.5 | 50 |
| 60 | 35.5 | 37.5 | 40.5 | 43.2 | 46.5 | 52.3 | 59.3 | 67.0 | 74.4 | 79.1 | 83.3 | 88.4 | 92.0 | 60 |
| 70 | 43.3 | 45.4 | 48.8 | 51.7 | 55.3 | 61.7 | 69.3 | 77.6 | 85.5 | 90.5 | 95.0 | 100.4 | 104.2 | 70 |
| 80 | 51.2 | 53.5 | 57.2 | 60.4 | 64.3 | 71.1 | 79.3 | 88.1 | 96.6 | 101.9 | 106.6 | 112.3 | 116.3 | 80 |
| 90 | 59.2 | 61.8 | 65.6 | 69.1 | 73.3 | 80.6 | 89.3 | 98.6 | 107.6 | 113.1 | 118.1 | 124.1 | 128.3 | 90 |
| 100 | 67.3 | 70.1 | 74.2 | 77.9 | 82.4 | 90.1 | 99.3 | 109.1 | 118.5 | 124.3 | 129.6 | 135.8 | 140.2 | 100 |

# 부표 4 t표

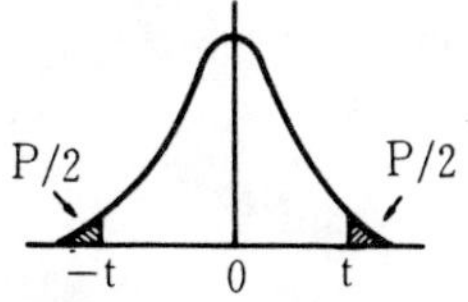


| P / φ | 0.50 | 0.40 | 0.30 | 0.20 | 0.10 | 0.05 | 0.02 | 0.01 | 0.001 | P / φ |
|---|---|---|---|---|---|---|---|---|---|---|
| 1 | 1.000 | 1.376 | 1.963 | 3.078 | 6.314 | 12.706 | 31.821 | 63.657 | 636.619 | 1 |
| 2 | 0.816 | 1.061 | 1.386 | 1.886 | 2.920 | 4.303 | 6.965 | 9.925 | 31.598 | 2 |
| 3 | 0.765 | 0.978 | 1.250 | 1.638 | 2.353 | 3.183 | 4.541 | 5.841 | 12.941 | 3 |
| 4 | 0.741 | 0.941 | 1.190 | 1.533 | 2.132 | 2.776 | 3.747 | 4.604 | 8.610 | 4 |
| 5 | 0.727 | 0.920 | 1.156 | 1.476 | 2.015 | 2.571 | 3.365 | 4.032 | 6.859 | 5 |
| 6 | 0.718 | 0.906 | 1.134 | 1.440 | 1.943 | 2.447 | 3.143 | 3.707 | 5.959 | 6 |
| 7 | 0.711 | 0.896 | 1.119 | 1.415 | 1.895 | 2.365 | 2.998 | 3.499 | 5.405 | 7 |
| 8 | 0.706 | 0.889 | 1.108 | 1.397 | 1.860 | 2.306 | 2.896 | 3.355 | 5.041 | 8 |
| 9 | 0.703 | 0.883 | 1.100 | 1.383 | 1.833 | 2.262 | 2.821 | 3.250 | 4.781 | 9 |
| 10 | 0.700 | 0.879 | 1.093 | 1.372 | 1.812 | 2.228 | 2.764 | 3.169 | 4.587 | 10 |
| 11 | 0.697 | 0.876 | 1.088 | 1.363 | 1.796 | 2.201 | 2.718 | 3.106 | 4.437 | 11 |
| 12 | 0.695 | 0.873 | 1.083 | 1.356 | 1.782 | 2.179 | 2.681 | 3.055 | 4.318 | 12 |
| 13 | 0.694 | 0.870 | 1.079 | 1.305 | 1.771 | 2.160 | 2.650 | 3.012 | 4.221 | 13 |
| 14 | 0.692 | 0.868 | 1.076 | 1.345 | 1.761 | 2.145 | 2.624 | 2.977 | 4.140 | 14 |
| 15 | 0.691 | 0.866 | 1.074 | 1.341 | 1.753 | 2.131 | 2.602 | 2.947 | 4.073 | 15 |
| 16 | 0.690 | 0.865 | 1.071 | 1.337 | 1.746 | 2.120 | 2.583 | 2.921 | 4.015 | 16 |
| 17 | 0.689 | 0.863 | 1.069 | 1.333 | 1.740 | 2.110 | 2.567 | 2.898 | 3.965 | 17 |
| 18 | 0.688 | 0.862 | 1.067 | 1.330 | 1.734 | 2.101 | 2.552 | 2.878 | 3.922 | 18 |
| 19 | 0.688 | 0.861 | 1.066 | 1.328 | 1.729 | 2.093 | 2.539 | 2.861 | 3.883 | 19 |
| 20 | 0.687 | 0.860 | 1.064 | 1.325 | 1.725 | 2.086 | 2.528 | 2.845 | 3.850 | 20 |
| 21 | 0.686 | 0.859 | 1.063 | 1.323 | 1.721 | 2.080 | 2.518 | 2.831 | 3.819 | 21 |
| 22 | 0.686 | 0.858 | 1.061 | 1.321 | 1.717 | 2.074 | 2.508 | 2.819 | 3.792 | 22 |
| 23 | 0.685 | 0.858 | 1.060 | 1.319 | 1.714 | 2.069 | 2.500 | 2.807 | 3.767 | 23 |
| 24 | 0.685 | 0.857 | 1.059 | 1.318 | 1.711 | 2.064 | 2.492 | 2.797 | 3.745 | 24 |
| 25 | 0.684 | 0.856 | 1.058 | 1.316 | 1.708 | 2.060 | 2.485 | 2.787 | 3.725 | 25 |
| 26 | 0.684 | 0.856 | 1.058 | 1.315 | 1.706 | 2.056 | 2.479 | 2.779 | 3.707 | 26 |
| 27 | 0.684 | 0.855 | 1.057 | 1.314 | 1.703 | 2.052 | 2.473 | 2.771 | 3.690 | 27 |
| 28 | 0.683 | 0.855 | 1.056 | 1.313 | 1.701 | 2.048 | 2.467 | 2.763 | 3.674 | 28 |
| 29 | 0.683 | 0.854 | 1.055 | 1.311 | 1.699 | 2.045 | 2.462 | 2.756 | 3.659 | 29 |
| 30 | 0.683 | 0.854 | 1.055 | 1.310 | 1.697 | 2.042 | 2.457 | 2.750 | 3.646 | 30 |
| 40 | 0.681 | 0.851 | 1.050 | 1.303 | 1.684 | 2.021 | 2.423 | 2.704 | 3.551 | 40 |
| 60 | 0.679 | 0.848 | 1.046 | 1.296 | 1.671 | 2.000 | 2.390 | 2.660 | 3.460 | 60 |
| 120 | 0.677 | 0.845 | 1.041 | 1.289 | 1.658 | 1.980 | 2.358 | 2.617 | 3.378 | 120 |
| ∞ | 0.674 | 0.842 | 1.036 | 1.282 | 1.645 | 1.960 | 2.326 | 2.576 | 3.291 | ∞ |

# 부표 5 F 표

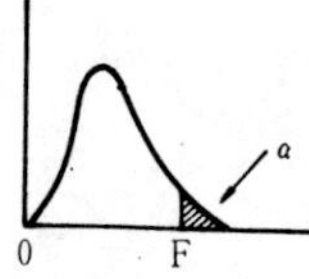


위의숫자5% : 아래숫자 1%

| $\phi_2$ \ $\phi_1$ | 1 | 2 | 3 | 4 | 5 | 6 | 7 | 8 | 9 | 10 | 12 | 15 | 20 | 24 | 30 | 40 | 60 | 120 | ∞ | $\phi_1$ / $\phi_2$ |
|---|---|---|---|---|---|---|---|---|---|---|---|---|---|---|---|---|---|---|---|---|
| 1 | 161. | 200. | 216. | 225. | 230. | 234. | 237. | 239. | 241. | 242. | 244. | 246. | 248. | 249. | 250. | 251. | 252. | 253. | 254. | 1 |
| | 4,052. | 5,000. | 5,403. | 5,625. | 5,764. | 5.859. | 5,928. | 5,982. | 6,022, | 6,056. | 6,106. | 6,157. | 6,209. | 6,235. | 6,261. | 6,287. | 6,313. | 6,339. | 6.366. | |
| 2 | 18.5 | 19.0 | 19.2 | 19.2 | 19.3 | 19.3 | 19.4 | 19.4 | 19.4 | 19.4 | 19.4 | 19.4 | 19.4 | 19.5 | 19.5 | 19.5 | 19.5 | 19.5 | 19.5 | 2 |
| | 98.5 | 99.0 | 99.2 | 99.2 | 99.3 | 99.3 | 99.4 | 99.4 | 99.4 | 99.4 | 99.4 | 99.4 | 99.4 | 99.5 | 99.5 | 99.5 | 99.5 | 99.5 | 99.5 | |
| 3 | 10.1 | 9.55 | 9.28 | 9.12 | 9.01 | 8.94 | 8.89 | 8.85 | 8.81 | 8.79 | 8.74 | 8.70 | 8.66 | 8.64 | 8.62 | 8.59 | 8.57 | 8.55 | 8.53 | 3 |
| | 34.1 | 30.8 | 29.5 | 28.7 | 28.2 | 27.9 | 27.7 | 27.5 | 27.3 | 27.2 | 27.1 | 26.9 | 26.7 | 26.6 | 26.5 | 26.4 | 26.3 | 26.2 | 26.1 | |
| 4 | 7.71 | 6.94 | 6.59 | 6.39 | 6.26 | 6.16 | 6.09 | 6.04 | 6.00 | 5.96 | 5.91 | 5.86 | 5.80 | 5.77 | 5.75 | 5.72 | 5.69 | 5.66 | 5.63 | 4 |
| | 21.2 | 18.0 | 16.7 | 16.0 | 15.5 | 15.2 | 15.0 | 14.8 | 14.7 | 14.5 | 14.4 | 14.2 | 14.0 | 13.9 | 13.8 | 13.7 | 13.7 | 13.6 | 13.5 | |
| 5 | 6.61 | 5.79 | 5.41 | 5.19 | 5.05 | 4.95 | 4.88 | 4.82 | 4.77 | 4.74 | 4.68 | 4.62 | 4.56 | 4.53 | 4.50 | 4.46 | 4.43 | 4.40 | 4.36 | 5 |
| | 16.3 | 13.3 | 12.1 | 11.4 | 11.0 | 10.7 | 10.5 | 10.3 | 10.2 | 10.1 | 9.89 | 9.72 | 9.55 | 9.47 | 9.38 | 9.29 | 9.20 | 9.11 | 9.02 | |
| 6 | 5.99 | 5.14 | 4.76 | 4.53 | 4.39 | 4.28 | 4.21 | 4.15 | 4.10 | 4.06 | 4.00 | 3.94 | 3.87 | 3.84 | 3.81 | 3.77 | 3.74 | 3.70 | 3.67 | 6 |
| | 13.7 | 10.9 | 9.78 | 9.15 | 8.75 | 8.47 | 8.26 | 8.10 | 7.98 | 7.87 | 7.72 | 7.56 | 7.40 | 7.31 | 7.23 | 7.14 | 7.06 | 6.97 | 6.88 | |
| 7 | 5.59 | 4.74 | 4.35 | 4.12 | 3.97 | 3.87 | 3.79 | 3.73 | 3.68 | 3.64 | 3.57 | 3.51 | 3.44 | 6.44 | 3.38 | 3.34 | 3.30 | 3.27 | 3.23 | 7 |
| | 12.2 | 9.55 | 8.45 | 7.85 | 7.46 | 7.19 | 6.99 | 6.84 | 6.72 | 6.62 | 6.47 | 6.31 | 6.16 | 6.07 | 5.99 | 5.91 | 5.82 | 5.74 | 5.65 | |
| 8 | 5.32 | 4.46 | 4.07 | 3.84 | 3.69 | 3.58 | 3.50 | 3.44 | 3.39 | 3.35 | 3.28 | 3.22 | 3.15 | 3.12 | 3.08 | 3.04 | 3.01 | 2.97 | 2.93 | 8 |
| | 11.3 | 8.65 | 7.59 | 7.01 | 6.63 | 6.37 | 6.18 | 6.03 | 5.91 | 5.81 | 5.67 | 5.52 | 5.36 | 5.28 | 5.20 | 5.12 | 5.03 | 4.95 | 4.86 | |
| 9 | 5.12 | 4.26 | 3.86 | 3.63 | 3.48 | 3.37 | 3.29 | 3.23 | 3.18 | 3.14 | 3.07 | 3.01 | 2.94 | 2.90 | 2.86 | 2.83 | 2.97 | 2.75 | 2.71 | 9 |
| | 10.6 | 8.02 | 6.99 | 6.42 | 6.06 | 5.80 | 5.61 | 5.47 | 5.35 | 5.26 | 5.11 | 4.96 | 4.81 | 4.73 | 4.65 | 4.57 | 4.48 | 4.40 | 4.31 | |
| 10 | 4.96 | 4.10 | 3.71 | 3.48 | 3.33 | 3.22 | 3.14 | 3.07 | 3.02 | 2.98 | 2.91 | 2.84 | 2.77 | 2.74 | 2.70 | 2.66 | 2.62 | 2.58 | 2.54 | 10 |
| | 10.0 | 7.56 | 6.55 | 5.99 | 5.64 | 5.39 | 5.20 | 5.06 | 4.94 | 4.85 | 4.71 | 4.56 | 4.41 | 4.33 | 4.25 | 4.17 | 4.08 | **4.00** | 3.91 | |
| 11 | 4.84 | 3.98 | 3.59 | 3.36 | 3.20 | 3.09 | 3.01 | 2.95 | 2.90 | 2.85 | 2.79 | 2.72 | 2.65 | 2.61 | 2.57 | 2.53 | 2.49 | 2.45 | 2.40 | 11 |
| | 9.65 | 7.21 | 6.22 | 5.67 | 5.32 | 5.07 | 4.89 | 4.74 | 4.63 | 4.54 | 4.40 | 4.25 | 4.10 | 4.02 | 3.94 | 3.86 | 3.78 | 3.69 | 3.60 | |
| 12 | 4.75 | 3.89 | 3.49 | 3.26 | 3.11 | 3.00 | 2.91 | 2.85 | 2.80 | 2.75 | 2.69 | 2.62 | 2.54 | 2.51 | 2.47 | 2.43 | 2.38 | 2.34 | 2.30 | 12 |
| | 9.33 | 6.93 | 5.95 | 5.41 | 5.06 | 4.82 | 4.64 | 4.50 | 4.39 | 4.30 | 4.16 | 4.01 | 3.86 | 3.78 | 3.70 | 3.62 | 3.54 | 3.45 | 3.36 | |
| 13 | 4.67 | 3.81 | 3.41 | 3.18 | 3.03 | 2.92 | 2.83 | 2.77 | 2.71 | 2.67 | 2.60 | 2.53 | 2.46 | 2.42 | 2.38 | 2.34 | 2.30 | 2.25 | 2.21 | 13 |
| | 9.07 | 6.70 | 5.74 | 5.21 | 4.86 | 4.62 | 4.44 | 4.30 | 4.19 | 4.10 | 3.96 | 3.82 | 3.66 | 3.59 | 3.51 | 3.43 | 3.34 | 3.25 | 3.17 | |
| 14 | 4.69 | 3.74 | 3.34 | 3.11 | 2.96 | 2.85 | 2.76 | 2.70 | 2.65 | 2.60 | 2.53 | 2.46 | 2.39 | 2.35 | 2.31 | 2.27 | 2.22 | 2.18 | 2.13 | 14 |
| | 8.86 | 6.51 | 5.56 | 5.04 | 4.70 | 4.46 | 4.28 | 4.14 | 4.03 | 3.94 | 3.80 | 3.66 | 3.51 | 3.43 | 3.35 | 3.27 | 3.18 | 3.09 | 3.00 | |
| 15 | 4.54 | 3.68 | 3.29 | 3.06 | 2.90 | 2.79 | 2.71 | 2.61 | 2.59 | 2.54 | 2.48 | 2.40 | 2.33 | 2.29 | 2.25 | 2.20 | 2.16 | 2.11 | 2.07 | 15 |
| | **8.68** | 6.36 | 5.42 | 4.89 | 4.56 | 4.32 | 4.14 | 4.00 | 3.89 | 3.80 | 3.67 | 3.52 | 3.37 | 3.29 | 3.21 | 3.13 | 3.05 | 2.96 | 2.87 | |
| 16 | 4.49 | 3.63 | 3.24 | 3.01 | 2.85 | 2.74 | 2.66 | 2.59 | 2.54 | 2.49 | 2.42 | 2.35 | 2.28 | 2.24 | 2.19 | 2.15 | 2.11 | 2.06 | 2.01 | 16 |
| | 8.53 | 6.23 | 5.29 | 4.77 | 4.44 | 4.20 | 4.03 | 3.89 | 3.78 | 3.69 | 3.55 | 3.41 | 3.26 | 3.18 | 3.10 | 3.02 | 2.93 | 2.84 | 2.75 | |
| 17 | 4.45 | 3.59 | 3.20 | 2.96 | 2.81 | 2.70 | 2.61 | 2.55 | 2.49 | 2.45 | 2.38 | 2.31 | 2.23 | 2.19 | 2.15 | 2.10 | 2.06 | 2.01 | 1.96 | 17 |
| | 8.40 | 6.11 | 5.18 | 4.67 | 4.34 | 4.10 | 3.93 | 3.79 | 3.68 | 3.59 | 3.46 | 3.31 | 3.16 | 3.08 | 3.00 | 2.92 | 2.83 | 2.75 | 2.65 | |

| $\phi_1$ / $\phi_2$ | 1 | 2 | 3 | 4 | 5 | 6 | 7 | 8 | 9 | 10 | 12 | 15 | 20 | 24 | 30 | 40 | 60 | 120 | ∞ | $\phi_1$ / $\phi_2$ |
|---|---|---|---|---|---|---|---|---|---|---|---|---|---|---|---|---|---|---|---|---|
| 18 | 4.41 | 3.55 | 3.16 | 2.93 | 2.77 | 2.66 | 2.58 | 2.51 | 2.46 | 2.41 | 2.34 | 2.27 | 2.19 | 2.15 | 2.11 | 2.06 | 2.02 | 1.97 | 1.92 | 18 |
| | 8.29 | 6.01 | 5.09 | 4.58 | 4.25 | 4.01 | 3.84 | 3.71 | 3.60 | 3.51 | 3.37 | 3.23 | 3.08 | 3.00 | 2.92 | 2.84 | 2.75 | 2.66 | 2.57 | |
| 19 | 4.38 | 3.52 | 3.13 | 2.90 | 2.74 | 2.63 | 2.54 | 2.48 | 2.42 | 2.38 | 2.31 | 2.23 | 2.16 | 2.11 | 2.07 | 2.03 | 1.98 | 1.93 | 1.88 | 19 |
| | 8.18 | 5.93 | 5.91 | 4.50 | 4.17 | 3.94 | 3.77 | 3.63 | 3.52 | 3.43 | 3.30 | 3.15 | 3.00 | 2.92 | 2.84 | 2.76 | 2.67 | 2.58 | 2.49 | |
| 20 | 4.35 | 3.49 | 3.10 | 2.87 | 2.71 | 2.60 | 2.51 | 2.45 | 2.39 | 2.35 | 2.28 | 2.20 | 2.12 | 2.08 | 2.04 | 1.99 | 1.95 | 1.90 | 1.84 | 20 |
| | 8.10 | 5.85 | 4.94 | 4.43 | 4.10 | 3.87 | 3.70 | 3.56 | 3.46 | 3.37 | 3.23 | 3.09 | 2.94 | 2.86 | 2.78 | 2.69 | 2.61 | 2.52 | 2.42 | |
| 21 | 4.32 | 3.47 | 3.07 | 2.84 | 2.68 | 2.57 | 2.49 | 2.42 | 2.37 | 2.32 | 2.25 | 2.18 | 2.10 | 2.05 | 2.01 | 1.60 | 1.92 | 1.87 | 1.81 | 21 |
| | 8.02 | 5.78 | 4.87 | 4.37 | 4.04 | 3.81 | 3.64 | 3.51 | 3.40 | 3.31 | 3.17 | 3.03 | 2.88 | 2.80 | 2.72 | 2.64 | 2.55 | 2.46 | 2.36 | |
| 22 | 4.30 | 3.44 | 3.05 | 2.82 | 2.66 | 2.55 | 2.46 | 2.40 | 2.34 | 2.30 | 2.23 | 2.15 | 2.07 | 2.03 | 1.98 | 1.94 | 1.89 | 1.84 | 1.78 | 22 |
| | 7.95 | 5.72 | 4.82 | 4.31 | 3.99 | 3.76 | 3.59 | 3.45 | 3.35 | 3.26 | 3.12 | 2.98 | 2.83 | 2.75 | 2.67 | 2.58 | 2.50 | 2.40 | 2.31 | |
| 23 | 4.28 | 3.42 | 3.03 | 2.80 | 2.64 | 2.53 | 2.44 | 2.37 | 2.32 | 2.27 | 2.20 | 2.13 | 2.05 | 2.00 | 1.96 | 1.91 | 1.86 | 1.81 | 1.76 | 23 |
| | 7.88 | 5.66 | 4.76 | 4.26 | 3.94 | 3.71 | 3.54 | 3.41 | 2.30 | 3.21 | 3.07 | 2.93 | 2.78 | 2.70 | 2.62 | 2.54 | 2.45 | 2.35 | 2.26 | |
| 24 | 4.26 | 3.40 | 3.01 | 2.78 | 2.62 | 2.51 | 2.42 | 2.36 | 2.30 | 2.25 | 2.18 | 2.11 | 2.03 | 1.98 | 1.94 | 1.89 | 1.84 | 1.79 | 1.73 | 24 |
| | 7.82 | 5.61 | 4.72 | 4.22 | 3.90 | 3.67 | 3.50 | 3.36 | 3.26 | 3.17 | 3.03 | 2.89 | 2.74 | 2.66 | 2.58 | 2.49 | 2.40 | 2.31 | 2.21 | |
| 25 | 4.24 | 3.39 | 2.99 | 2.76 | 2.60 | 2.49 | 2.40 | 2.34 | 2.28 | 2.24 | 2.16 | 2.09 | 2.01 | 1.96 | 1.92 | 1.87 | 1.82 | 1.77 | 1.71 | 25 |
| | 7.77 | 5.57 | 4.68 | 4.18 | 3.86 | 3.63 | 3.46 | 3.32 | 3.22 | 3.13 | 2.99 | 2.85 | 2.70 | 2.62 | 2.54 | 2.45 | 2.36 | 2.27 | 2.17 | |
| 26 | 4.23 | 3.37 | 2.98 | 2.74 | 2.59 | 2.47 | 2.39 | 2.32 | 2.27 | 2.22 | 2.15 | 2.07 | 1.99 | 1.95 | 1.90 | 1.85 | 1.80 | 1.75 | 1.69 | 26 |
| | 7.72 | 5.53 | 4.64 | 4.14 | 3.82 | 3.59 | 3.42 | 3.29 | 3.18 | 3.09 | 2.96 | 2.82 | 2.66 | 2.58 | 2.50 | 2.42 | 2.33 | 2.23 | 2.13 | |
| 27 | 4.21 | 3.35 | 2.96 | 2.73 | 2.57 | 2.46 | 2.37 | 2.31 | 2.25 | 2.20 | 2.13 | 2.06 | 1.97 | 1.93 | 1.88 | 1.84 | 1.79 | 1.73 | 1.67 | 27 |
| | 7.63 | 5.49 | 4.60 | 4.11 | 3.78 | 3.56 | 3.39 | 3.26 | 3.15 | 3.06 | 2.93 | 2.78 | 2.63 | 2.55 | 2.47 | 2.38 | 2.29 | 2.20 | 2.10 | |
| 28 | 4.20 | 3.34 | 2.95 | 2.71 | 2.56 | 2.45 | 2.36 | 2.29 | 2.24 | 2.19 | 2.12 | 2.04 | 1.96 | 1.91 | 1.87 | 1.82 | 1.77 | 1.71 | 1.65 | 28 |
| | 7.64 | 5.45 | 4.57 | 4.07 | 3.75 | 3.53 | 3.36 | 3.23 | 3.12 | 3.03 | 2.90 | 2.75 | 2.60 | 2.52 | 2.44 | 2.35 | 2.26 | 2.17 | 2.06 | |
| 29 | 4.18 | 3.33 | 2.93 | 2.74 | 2.55 | 2.43 | 2.35 | 2.28 | 2.22 | 2.18 | 2.10 | 2.03 | 1.94 | 1.90 | 1.85 | 1.81 | 1.75 | 1.70 | 1.64 | 29 |
| | 7.60 | 5.42 | 4.54 | 4.04 | 3.73 | 3.50 | 3.33 | 3.20 | 3.09 | 3.00 | 2.87 | 2.73 | 2.57 | 2.49 | 2.41 | 2.33 | 2.23 | 2.14 | 2.03 | |
| 30 | 4.17 | 3.32 | 2.92 | 2.69 | 2.53 | 2.42 | 2.33 | 2.27 | 2.21 | 2.16 | 2.09 | 2.01 | 1.93 | 1.89 | 1.84 | 1.79 | 1.74 | 1.68 | 1.62 | 30 |
| | 7.56 | 5.39 | 4.51 | 4.02 | 3.70 | 3.47 | 3.30 | 3.17 | 3.07 | 2.98 | 2.84 | 2.70 | 2.55 | 2.47 | 2.39 | 2.30 | 2.21 | 2.11 | 2.01 | |
| 40 | 4.08 | 3.23 | 2.84 | 2.61 | 2.45 | 2.34 | 2.25 | 2.18 | 2.12 | 2.08 | 2.00 | 1.92 | 1.84 | 1.79 | 1.74 | 1.69 | 1.64 | 1.58 | 1.51 | 40 |
| | 7.31 | 5.18 | 4.31 | 3.83 | 3.51 | 3.29 | 3.12 | 2.99 | 2.89 | 2.80 | 2.66 | 2.52 | 2.37 | 2.29 | 2.20 | 2.11 | 2.02 | 1.92 | 1.80 | |
| 60 | 4.00 | 3.15 | 2.76 | 2.53 | 2.37 | 2.25 | 2.17 | 2.10 | 2.04 | 1.99 | 1.92 | 1.84 | 1.75 | 1.70 | 1.65 | 1.59 | 1.53 | 1.47 | 1.39 | 60 |
| | 7.08 | 4.98 | 4.13 | 3.65 | 3.34 | 3.12 | 2.95 | 2.82 | 2.72 | 2.63 | 2.50 | 2.35 | 2.20 | 2.12 | 2.03 | 1.94 | 1.84 | 1.73 | 1.60 | |
| 120 | 3.92 | 3.07 | 2.68 | 2.45 | 2.29 | 2.18 | 2.09 | 2.02 | 1.96 | 1.91 | 1.83 | 1.75 | 1.66 | 1.61 | 1.55 | 1.50 | 1.43 | 1.35 | 1.25 | 120 |
| | 6.85 | 4.79 | 3.95 | 3.48 | 3.17 | 2.96 | 2.79 | 2.66 | 2.56 | 2.47 | 2.34 | 2.19 | 2.03 | 1.95 | 1.86 | 1.76 | 1.66 | 1.53 | 1.38 | |
| ∞ | 3.84 | 3.00 | 2.60 | 2.37 | 2.21 | 2.10 | 2.01 | 1.94 | 1.88 | 1.83 | 1.75 | 1.67 | 1.57 | 1.52 | 1.46 | 1.39 | 1.32 | 1.22 | 1.00 | ∞ |
| | 6.63 | 4.61 | 3.78 | 3.32 | 3.02 | 2.80 | 2.64 | 2.51 | 2.41 | 2.32 | 2.18 | 2.04 | 1.88 | 1.79 | 1.70 | 1.59 | 1.47 | 1.32 | 1.00 | |
| $\phi_2$ / $\phi_1$ | 1 | 2 | 3 | 4 | 5 | 6 | 7 | 8 | 9 | 10 | 12 | 15 | 20 | 24 | 30 | 40 | 60 | 120 | ∞ | $\phi_2$ / $\phi_1$ |

## 부표 6 2점 대비시험법의 유의검정표

| 유의수준 / 검사회수(n) | 유의차이를 위한 최소정답수 5% | 1% | 0.1% | 유의수준 / 검사회수(n) | 유의차이를 위한 최소정답수 5% | 1% | 0.1% |
|---|---|---|---|---|---|---|---|
| 6 | 6 | — | — | 49 | 32 | 34 | 37 |
| 7 | 7 | — | — | 50 | 32 | 35 | 37 |
| 8 | 8 | 8 | — | 51 | 33 | 35 | 38 |
| 9 | 8 | 9 | — | 52 | 34 | 36 | 38 |
| 10 | 9 | 10 | — | 53 | 34 | 36 | 39 |
| 11 | 10 | 11 | 11 | 54 | 35 | 37 | 40 |
| 12 | 10 | 11 | 12 | 55 | 35 | 38 | 40 |
| 13 | 11 | 12 | 13 | 56 | 36 | 38 | 41 |
| 14 | 12 | 13 | 14 | 57 | 36 | 39 | 41 |
| 15 | 12 | 13 | 14 | 58 | 37 | 39 | 42 |
| 16 | 13 | 14 | 15 | 59 | 38 | 40 | 43 |
| 17 | 13 | 15 | 16 | 60 | 38 | 40 | 43 |
| 18 | 14 | 15 | 17 | 61 | 39 | 41 | 44 |
| 19 | 15 | 16 | 17 | 62 | 39 | 42 | 44 |
| 20 | 15 | 17 | 18 | 63 | 40 | 42 | 45 |
| 21 | 16 | 17 | 19 | 64 | 40 | 43 | 46 |
| 22 | 17 | 18 | 19 | 65 | 41 | 43 | 46 |
| 23 | 17 | 19 | 20 | 66 | 41 | 44 | 47 |
| 24 | 18 | 19 | 21 | 67 | 42 | 45 | 47 |
| 25 | 18 | 20 | 21 | 68 | 43 | 45 | 48 |
| 26 | 19 | 20 | 22 | 69 | 43 | 46 | 49 |
| 27 | 20 | 21 | 23 | 70 | 44 | 46 | 49 |
| 28 | 20 | 22 | 23 | 71 | 44 | 47 | 50 |
| 29 | 21 | 22 | 24 | 72 | 45 | 47 | 50 |
| 30 | 21 | 23 | 25 | 73 | 45 | 48 | 51 |
| 31 | 22 | 24 | 25 | 74 | 46 | 49 | 52 |
| 32 | 23 | 24 | 26 | 75 | 46 | 49 | 52 |
| 33 | 23 | 25 | 27 | 76 | 47 | 50 | 53 |
| 34 | 24 | 25 | 27 | 77 | 47 | 50 | 53 |
| 35 | 24 | 26 | 28 | 78 | 48 | 51 | 54 |
| 36 | 25 | 27 | 29 | 79 | 49 | 51 | 55 |
| 37 | 25 | 27 | 29 | 80 | 49 | 52 | 55 |
| 38 | 26 | 28 | 30 | 82 | 50 | 53 | 56 |
| 39 | 27 | 28 | 31 | 84 | 51 | 54 | 58 |
| 40 | 27 | 29 | 31 | 86 | 53 | 55 | 59 |
| 41 | 27 | 29 | 32 | 88 | 54 | 57 | 60 |
| 42 | 28 | 30 | 32 | 90 | 55 | 58 | 61 |
| 43 | 28 | 30 | 33 | 92 | 56 | 59 | 62 |
| 44 | 29 | 31 | 33 | 94 | 57 | 60 | 63 |
| 45 | 30 | 32 | 34 | 96 | 58 | 61 | 65 |
| 46 | 30 | 32 | 35 | 98 | 59 | 62 | 66 |
| 47 | 31 | 33 | 35 | 100 | 60 | 63 | 67 |
| 48 | 31 | 33 | 36 | | | | |

# 부표 7 1.2점 시험법의 유의검정표

| 유의수준 / 검사회수(n) | 유의차이를 위한 최소정답수 | | | 유의수준 / 검사회수(n) | 유의차이를 위한 최소정답수 | | |
|---|---|---|---|---|---|---|---|
| | 5% | 1% | 0.1% | | 5% | 1% | 0.1% |
| 1 | | | | 39 | 26 | 28 | 30 |
| 2 | | | | 40 | 26 | 28 | 31 |
| 3 | | | | 41 | 27 | 29 | 31 |
| 4 | | | | 42 | 27 | 29 | 32 |
| 5 | 5 | | | 43 | 28 | 30 | 32 |
| 6 | 6 | | | 44 | 28 | 31 | 33 |
| 7 | 7 | 7 | | 45 | 29 | 31 | 34 |
| 8 | 7 | 8 | | 46 | 30 | 32 | 34 |
| 9 | 8 | 9 | | 47 | 30 | 32 | 35 |
| 10 | 9 | 10 | 10 | 48 | 31 | 33 | 36 |
| 11 | 9 | 10 | 11 | 49 | 31 | 34 | 36 |
| 12 | 10 | 11 | 12 | 50 | 32 | 34 | 37 |
| 13 | 10 | 12 | 13 | 52 | 33 | 35 | 38 |
| 14 | 11 | 12 | 13 | 54 | 34 | 36 | 39 |
| 15 | 12 | 13 | 14 | 56 | 35 | 38 | 40 |
| 16 | 12 | 14 | 15 | 58 | 36 | 39 | 42 |
| 17 | 13 | 14 | 16 | 60 | 37 | 40 | 43 |
| 18 | 13 | 15 | 16 | 62 | 38 | 41 | 44 |
| 19 | 14 | 15 | 17 | 64 | 40 | 42 | 45 |
| 20 | 15 | 16 | 18 | 66 | 41 | 43 | 46 |
| 21 | 15 | 17 | 18 | 68 | 42 | 45 | 48 |
| 22 | 16 | 17 | 19 | 70 | 43 | 46 | 49 |
| 23 | 16 | 18 | 20 | 72 | 44 | 47 | 50 |
| 24 | 17 | 19 | 20 | 74 | 45 | 48 | 51 |
| 25 | 18 | 19 | 21 | 76 | 46 | 49 | 52 |
| 26 | 18 | 20 | 22 | 78 | 47 | 50 | 54 |
| 27 | 19 | 20 | 22 | 80 | 48 | 51 | 55 |
| 28 | 19 | 21 | 23 | 82 | 49 | 52 | 56 |
| 29 | 20 | 22 | 24 | 84 | 51 | 54 | 57 |
| 30 | 20 | 22 | 24 | 86 | 52 | 55 | 58 |
| 31 | 21 | 23 | 25 | 88 | 53 | 56 | 59 |
| 32 | 22 | 24 | 26 | 90 | 54 | 57 | 61 |
| 33 | 22 | 24 | 26 | 92 | 55 | 58 | 62 |
| 34 | 23 | 25 | 27 | 94 | 56 | 59 | 63 |
| 35 | 23 | 25 | 27 | 96 | 57 | 60 | 64 |
| 36 | 24 | 26 | 28 | 98 | 58 | 61 | 65 |
| 37 | 24 | 27 | 29 | 100 | 59 | 63 | 66 |
| 38 | 25 | 27 | 29 | | | | |

## 부표 8 3점 시험법 유의검정표

| 유의수준 / 검사회수(n) | 유의차이를 위한 최소정답수 | | | 유의수준 / 검사회수(n) | 유의차이를 위한 최소정답수 | | |
|---|---|---|---|---|---|---|---|
| | 5% | 1% | 0.1% | | 5% | 1% | 0.1% |
| 3 | 3 | — | — | 47 | 23 | 24 | 27 |
| 4 | 4 | — | — | 48 | 23 | 25 | 27 |
| 5 | 4 | 5 | — | 49 | 23 | 25 | 28 |
| 6 | 5 | 6 | — | 50 | 24 | 26 | 28 |
| 7 | 5 | 6 | 7 | 51 | 24 | 26 | 29 |
| 8 | 6 | 7 | 8 | 52 | 24 | 27 | 29 |
| 9 | 6 | 7 | 8 | 53 | 25 | 27 | 29 |
| 10 | 7 | 8 | 9 | 54 | 25 | 27 | 30 |
| 11 | 7 | 8 | 10 | 55 | 26 | 28 | 30 |
| 12 | 8 | 9 | 10 | 56 | 26 | 28 | 31 |
| 13 | 8 | 9 | 11 | 57 | 26 | 29 | 31 |
| 14 | 9 | 10 | 11 | 58 | 27 | 29 | 32 |
| 15 | 9 | 10 | 12 | 59 | 27 | 29 | 32 |
| 16 | 9 | 11 | 12 | 60 | 28 | 30 | 33 |
| 17 | 10 | 11 | 13 | 61 | 28 | 30 | 33 |
| 18 | 10 | 12 | 13 | 62 | 28 | 31 | 33 |
| 19 | 11 | 12 | 14 | 63 | 29 | 31 | 34 |
| 20 | 11 | 13 | 14 | 64 | 29 | 32 | 34 |
| 21 | 12 | 13 | 15 | 65 | 30 | 32 | 35 |
| 22 | 12 | 14 | 15 | 66 | 30 | 32 | 35 |
| 23 | 12 | 14 | 16 | 67 | 30 | 33 | 36 |
| 24 | 13 | 15 | 16 | 68 | 31 | 33 | 36 |
| 25 | 13 | 15 | 17 | 69 | 31 | 34 | 36 |
| 26 | 14 | 15 | 17 | 70 | 32 | 34 | 37 |
| 27 | 14 | 16 | 18 | 71 | 32 | 34 | 37 |
| 28 | 15 | 16 | 18 | 72 | 32 | 35 | 38 |
| 29 | 15 | 17 | 19 | 73 | 33 | 35 | 38 |
| 30 | 15 | 17 | 19 | 74 | 33 | 36 | 39 |
| 31 | 16 | 18 | 20 | 75 | 34 | 36 | 39 |
| 32 | 16 | 18 | 20 | 76 | 34 | 36 | 39 |
| 33 | 17 | 18 | 21 | 77 | 34 | 37 | 40 |
| 34 | 17 | 19 | 21 | 78 | 35 | 37 | 40 |
| 35 | 17 | 19 | 22 | 79 | 35 | 38 | 41 |
| 36 | 18 | 20 | 22 | 80 | 35 | 38 | 41 |
| 37 | 18 | 20 | 22 | 82 | 36 | 39 | 42 |
| 38 | 19 | 21 | 23 | 84 | 37 | 40 | 43 |
| 39 | 19 | 21 | 23 | 86 | 38 | 40 | 44 |
| 40 | 19 | 21 | 24 | 88 | 38 | 41 | 44 |
| 41 | 20 | 22 | 24 | 90 | 39 | 42 | 45 |
| 42 | 20 | 22 | 25 | 92 | 40 | 43 | 46 |
| 43 | 21 | 23 | 25 | 94 | 41 | 44 | 47 |
| 44 | 21 | 23 | 25 | 96 | 42 | 44 | 48 |
| 45 | 22 | 24 | 26 | 98 | 42 | 45 | 49 |
| 46 | 22 | 24 | 26 | 100 | 43 | 46 | 49 |

## 부표 9 Kramer의 검정표( $\alpha$ =5% )

| 샘플수 \ 회수 | 2 | 3 | 4 | 5 | 6 | 7 | 8 | 9 | 10 | 11 | 12 |
|---|---|---|---|---|---|---|---|---|---|---|---|
| 3 | | | | 4-14 | 4-17 | 4-20 | 4-23 | 5-25 | 5-28 | 5-31 | 5−34 |
| 4 | | 5-11 | 5-15 | 6-18 | 6-22 | 7-25 | 7-29 | 8-32 | 8-36 | 8-39 | 9-43 |
| 5 | | 6-14 | 7-18 | 8-22 | 9-26 | 9-31 | 10-35 | 11-39 | 12-48 | 12-48 | 13-52 |
| 6 | 7-11 | 8-16 | 9-21 | 10-26 | 11-31 | 12-36 | 13-41 | 14-46 | 15-51 | 17-55 | 18-60 |
| 7 | 7-13 | 10-18 | 11-24 | 12-30 | 14-35 | 15-41 | 17-46 | 18-52 | 19-58 | 21-63 | 22-69 |
| 8 | 9-15 | 11-21 | 13-27 | 15-33 | 17-39 | 18-46 | 20-52 | 22-58 | 24-64 | 25-71 | 27-77 |
| 9 | 11-16 | 13-23 | 15-30 | 17-37 | 19-44 | 22-50 | 24-57 | 26-64 | 28-71 | 30-78 | 32-85 |
| 10 | 12-18 | 15-25 | 17-33 | 20-40 | 22-48 | 25-55 | 27-63 | 30-70 | 32-78 | 35-85 | 37-93 |
| 11 | 13-20 | 16-28 | 19-36 | 22-44 | 25-52 | 28-60 | 31-68 | 34-76 | 36-85 | 39-93 | 42-101 |
| 12 | 15-21 | 18-30 | 21-39 | 25-47 | 28-56 | 31-65 | 34-74 | 38-82 | 41-91 | 44-100 | 47-109 |
| 13 | 16-23 | 20-32 | 24-41 | 27-51 | 31-60 | 35-69 | 38-79 | 42-88 | 45-98 | 49-107 | 52-117 |
| 14 | 17-25 | 22-34 | 26-44 | 30-54 | 34-64 | 38-74 | 42-84 | 46-94 | 50-104 | 54-114 | 57-125 |
| 15 | 19-26 | 23-37 | 28-47 | 32-58 | 37-68 | 41-79 | 46-89 | 50-100 | 54-111 | 58-122 | 63-132 |
| 16 | 20-28 | 25-39 | 30-50 | 35-61 | 40-72 | 45-83 | 49-95 | 54-106 | 59-117 | 63-129 | 68-140 |
| 17 | 22-29 | 27-41 | 32-53 | 38-64 | 43-76 | 48-88 | 53-100 | 58-112 | 63-124 | 68-136 | 73-148 |
| 18 | 32-31 | 29-43 | 34-56 | 40-68 | 46-80 | 52-92 | 47-105 | 61-118 | 68-130 | 73-143 | 79-155 |
| 19 | 24-33 | 30-46 | 37-58 | 43-71 | 49-84 | 55-97 | 61-110 | 67-123 | 73-136 | 78-150 | 84-163 |
| 20 | 26-34 | 32-48 | 39-61 | 45-75 | 52-88 | 58-102 | 65-115 | 71-129 | 77-143 | 83-157 | 90-170 |
| 21 | 27-37 | 34-50 | 41-64 | 47-78 | 54-94 | 61-106 | 67-122 | 73-136 | 83-153 | 87-165 | 93-180 |
| 22 | 29-38 | 36-52 | 43-67 | 50-82 | 57-96 | 64-111 | 70-127 | 76-142 | 85-157 | 92-173 | 100-188 |
| 23 | 30-40 | 37-56 | 45-70 | 52-85 | 59-100 | 67-115 | 73-132 | 80-148 | 90-163 | 97-180 | 105-195 |
| 24 | 31-42 | 39-57 | 48-73 | 55-88 | 62-104 | 70-120 | 76-138 | 84-153 | 94-170 | 101-187 | 110-203 |
| 25 | 32-43 | 41-59 | 49-76 | 57−92 | 65-108 | 74-125 | 80-143 | 88-159 | 98-176 | 105-195 | 115-211 |
| 26 | 34-45 | 42-61 | 52-79 | 59-95 | 68-112 | 77-129 | 83-148 | 92-165 | 103-183 | 109-202 | 120-220 |
| 27 | 35-47 | 44-64 | 53-82 | 62-98 | 71-116 | 80-134 | 86-154 | 95-171 | 107-190 | 113-210 | 126-228 |
| 28 | 36-48 | 46-66 | 55-85 | 64-102 | 73-120 | 83-138 | 90-158 | 99-177 | 111-197 | 118-217 | 131-235 |
| 29 | 38-50 | 47-68 | 58−87 | 66-105 | 76-124 | 86-143 | 93-165 | 103-183 | 116-203 | 123-225 | 137-243 |
| 30 | 39-52 | 49-70 | 60-91 | 69-109 | 79-128 | 90-148 | 97-170 | 106-189 | 120-210 | 127-232 | 142-252 |
| 31 | 40-53 | 50-73 | 62-93 | 71-112 | 82-132 | 93-152 | 100-175 | 110-196 | 124-217 | 132-240 | 148-260 |
| 32 | 42-55 | 52-75 | 64-96 | 74-116 | 85-136 | 96-157 | 103-181 | 114-202 | 129-223 | 137-247 | 153-267 |
| 33 | 43-57 | 54-77 | 66-99 | 76-119 | 88-140 | 99-162 | 107-186 | 118-208 | 133-230 | 141-254 | 158-277 |
| 34 | 44-58 | 56-79 | 68-103 | 78-123 | 90-144 | 102-166 | 110-191 | 122-213 | 138-237 | 146-262 | 163-204 |
| 35 | 46-60 | 57-81 | 70-105 | 81-126 | 93-148 | 106-171 | 113-197 | 125-220 | 142-243 | 150-269 | 168-293 |
| 36 | 47-62 | 59-84 | 72-108 | 83-130 | 96-153 | 109-176 | 117-202 | 129-226 | 147-250 | 155-276 | 171-300 |
| 37 | 48-64 | 61-86 | 74-111 | 85-134 | 98-157 | 112-180 | 120-207 | 133-232 | 151-257 | 160-283 | 179-308 |
| 38 | 50-65 | 62-88 | 76-114 | 88-137 | 101-160 | 115-185 | 124-213 | 137-238 | 155-263 | 164-292 | 183-318 |
| 39 | 51-67 | 64-91 | 78-117 | 90-140 | 104-165 | 119-190 | 127-218 | 140-244 | 160-270 | 169-299 | 189-324 |
| 40 | 52-69 | 66-93 | 80-120 | 93-144 | 107-169 | 122-194 | 130-224 | 144-250 | 164-277 | 174-307 | 195-332 |
| 41 | 54-70 | 68-95 | 83-123 | 95-147 | 110-173 | 125-199 | 134-230 | 148-256 | 169-283 | 178-315 | 200-340 |
| 42 | 55-72 | 69-97 | 85-126 | 97-151 | 112-177 | 128-204 | 137-235 | 152-262 | 173-290 | 183-322 | 205-346 |
| 43 | 56-74 | 71-99 | 87-129 | 100-154 | 115-181 | 132-208 | 140-240 | 156-268 | 178-297 | 187-330 | 211-357 |
| 44 | 58-76 | 73-102 | 89-132 | 102-158 | 118-185 | 135-213 | 144-246 | 160-275 | 182-303 | 192-338 | 216-365 |
| 45 | 59-77 | 74-104 | 91-135 | 105-161 | 121-189 | 138-218 | 147-251 | 163-280 | 186-310 | 196-345 | 221-373 |
| 46 | 61-79 | 76-106 | 93-137 | 107-165 | 124-193 | 142-223 | 151-256 | 167-286 | 191-317 | 201-353 | 227-381 |
| 47 | 62-81 | 78-108 | 95-140 | 110-168 | 127-197 | 145-227 | 154-262 | 171-292 | 195-324 | 205-360 | 232-390 |
| 48 | 63-82 | 79-111 | 97-143 | 112-172 | 129-202 | 148-232 | 158-267 | 175-296 | 200-331 | 210-368 | 238-397 |
| 49 | 65-84 | 81-113 | 99-146 | 114-175 | 132-206 | 152-237 | 161-272 | 178-304 | 204-338 | 215-375 | 240-405 |
| 50 | 66-86 | 83-115 | 101-149 | 116-178 | 135-210 | 155-241 | 168-278 | 183-310 | 209-345 | 192-383 | 249-418 |

## 부표 10 원자량표
(알파벳순)

| 원소 | 원소기호 | 원자번호 | 원자량 | 원소 | 원소기호 | 원자번호 | 원자량 |
|---|---|---|---|---|---|---|---|
| Actinium | Ac | 89 | 227.0278 | Manganese | Mn | 25 | 54.9380 |
| Aluminum | Al | 13 | 26.98154 | Mendelevium | Md | 101 | (258) |
| Americium | Am | 95 | (243) | Mercury | Hg | 80 | 200.59 |
| Antimony | Sb | 51 | 121.75 | Molybdenum | Mo | 42 | 95.94 |
| Argon | Ar | 18 | 39.948 | Neodymium | Nd | 60 | 144.24 |
| Arsenic | As | 33 | 74.9216 | Neon | Ne | 10 | 20.179 |
| Astatine | At | 85 | (210) | Neptumium | Np | 93 | 237.0482 |
| Barium | Ba | 56 | 137.33 | Nickel | Ni | 28 | 58.69 |
| Berkelium | Bk | 97 | (247) | Niobium | Nb | 41 | 92.9064 |
| Beryllium | Be | 4 | 9.01218 | Nitrogen | N | 7 | 14.0067 |
| Bismuth | Bi | 83 | 208.9804 | Nobelium | No | 102 | (259) |
| Boron | B | 5 | 10.81 | Osmium | Os | 76 | 190.2 |
| Bromine | Br | 35 | 79.904 | Oxygen | O | 8 | 15.9994 |
| Cadmium | Cd | 48 | 112.41 | Palladium | Pd | 46 | 106.42 |
| Calcium | Ca | 20 | 40.08 | Phospohorus | P | 15 | 30.97376 |
| Californium | Cf | 98 | (251) | Platinum | Pt | 78 | 195.08 |
| Carbon | C | 6 | 12.011 | Plutonium | Pu | 94 | (244) |
| Cerium | Ce | 58 | 140.12 | Polonium | Po | 84 | (209) |
| Cesium | Cs | 55 | 132.9054 | Potassium | K | 19 | 39.0983 |
| Chlorine | Cl | 17 | 35.453 | Praseodymium | Pr | 59 | 140.9077 |
| Chromium | Cr | 24 | 51.996 | Promethium | Pm | 61 | (145) |
| Cobalt | Co | 27 | 58.9332 | protactinium | Pa | 91 | 231.0359* |
| Copper | Cu | 29 | 63.546 | Radium | Ra | 88 | 226.0254* |
| Curium | Cm | 96 | (247) | Radon | Rn | 86 | (222) |
| Dysprosium | Dy | 66 | 162.50 | Rhenium | Re | 75 | 186.207 |
| Einsteinium | Es | 99 | (252) | Rhodium | Rh | 45 | 102.9055 |
| Element104 |  | 104 | (261) | Rubidium | Rb | 37 | 85.4678 |
| Element105 |  | 105 | (262) | Ruthenium | Ru | 44 | 101.07 |
| Element106 |  | 106 | (263) | Samarium | Sm | 62 | 150.36 |
| Erbium | Er | 68 | 167.26 | Scandium | Sc | 21 | 44.9559 |
| Europium | Eu | 63 | 151.96 | Selenium | Se | 34 | 78.96 |
| Fermium | Fm | 100 | (257) | Silicon | Si | 14 | 28.0855 |
| Fluorine | F | 9 | 18.998403 | Silver | Ag | 47 | 107.868 |
| Francium | Fr | 87 | (223) | Sodium | Na | 11 | 22.98977 |
| Gadolinium | Gd | 64 | 157.25 | Strontium | Sr | 38 | 87.62 |
| Gallium | Ga | 31 | 69.72 | Sulfur | S | 16 | 32.06 |
| Germanium | Ge | 32 | 72.59 | Tantalum | Ta | 73 | 180.9479 |
| Gold | Au | 79 | 196.9665 | Technetium | Tc | 43 | (98) |
| Hafnium | Hf | 72 | 178.49 | Tellurium | Te | 52 | 127.60 |

| 원 소 | 원소기호 | 원자번호 | 원자량 | 원 소 | 원소기호 | 원자번호 | 원자량 |
|---|---|---|---|---|---|---|---|
| Helium | He | 2 | 4.00260 | Terbium | Tb | 65 | 158.9254 |
| Holmium | Ho | 67 | 164.9304 | Thallium | Tl | 81 | 204.383 |
| Hydrogen | H | 1 | 1.0079 | Thorium | Th | 90 | 232.0381* |
| Indium | In | 49 | 114.82 | Thulium | Tm | 69 | 168.9342 |
| Iodine | I | 53 | 126.9045 | Tin | Sn | 50 | 118.69 |
| Iridium | Ir | 77 | 192.22 | Titanium | Ti | 22 | 47.88 |
| Iron | Fe | 26 | 55.847 | Tungsten | W | 74 | 183.85 |
| Krypton | Kr | 36 | 83.80 | Uranium | U | 92 | 238.0289 |
| Lanthanum | La | 57 | 138.9055 | Vanadium | V | 23 | 50.9415 |
| Lawrencium | Lr | 103 | (260) | Xenon | Xe | 54 | 131.29 |
| Lead | Pb | 82 | 207.2 | Ytterbium | Yb | 70 | 173.04 |
| Lithium | Li | 3 | 6.941 | Yttrium | Y | 39 | 88.9059 |
| Lutetium | Lu | 71 | 174.967 | Zinc | Zn | 30 | 65.38 |
| Magnesium | Mg | 12 | 24.305 | Zirconium | Zr | 40 | 91.22 |

원소의 원자량은 1979년 IUPAC 원자량 위원회의 자료에 의함 ( )는 최장 반감기를 갖는 동위원소의 질량임.

# 부표 11 원자량표
(원자번호순)

| 원자 번호 | 원소 | 원소 기호 | 원자량 | 원자 번호 | 원소 | 원소 기호 | 원자량 |
|---|---|---|---|---|---|---|---|
| 1 | Hydrogen | H | 1.0079 | 54 | Xenon | Xe | 131.29 |
| 2 | Helium | He | 4.00260 | 55 | Cesium | Cs | 132.9054 |
| 3 | Lithium | Li | 6.941 | 56 | Barium | Ba | 137.33 |
| 4 | Beryllium | Be | 9.01218 | 57 | Lanthanum | La | 138.9055 |
| 5 | Boron | B | 10.81 | 58 | Cerium | Ce | 140.12 |
| 6 | Carbon | C | 12.011 | 59 | Praseodymium | Pr | 140.9077 |
| 7 | Nitrogen | N | 14.0067 | 60 | Neodymium | Nd | 144.24 |
| 8 | Oxygen | O | 15.9994 | 61 | Promethium | Pm | (145) |
| 9 | Fluorine | F | 18.998403 | 62 | Samarium | Sm | 150.36 |
| 10 | Neon | Ne | 20.179 | 63 | Europium | Eu | 151.96 |
| 11 | Sodium | Na | 22.98977 | 64 | Gadolinium | Gd | 157.26 |
| 12 | Magnesium | Mg | 24.305 | 65 | Terbium | Tb | 158.9254 |
| 13 | Aluminum | Al | 26.98154 | 66 | Dysprosium | Dy | 162.50 |
| 14 | Silicon | Si | 28.0855 | 67 | Holmium | Ho | 164.9304 |
| 15 | Phosphorus | P | 30.97376 | 68 | Erbium | Er | 167.26 |
| 16 | Sulfur | S | 32.06 | 69 | Thulium | Tm | 168.9342 |
| 17 | Chloine | Cl | 35.453 | 70 | Ytterbium | Yb | 173.04 |
| 18 | Argon | Ar | 39.948 | 71 | Lutetium | Lu | 174.967 |
| 19 | Potassium | K | 39.0983 | 72 | Hafnium | Hf | 178.49 |
| 20 | Calcium | Ca | 40.08 | 73 | Tantalum | Ta | 180.9479 |
| 21 | Scandium | Sc | 44.9559 | 74 | Tungsten | W | 183.85 |
| 22 | Titanium | Ti | 47.88 | 75 | Rhenium | Re | 186.207 |
| 23 | Vanadium | V | 50.9415 | 76 | Osmium | Os | 190.2 |
| 24 | Chromium | Cr | 51.996 | 77 | Iridium | Ir | 192.22 |
| 25 | Manganese | Mn | 54.9380 | 78 | Platinum | Pt | 195.08 |
| 26 | Iron | Fe | 55.847 | 79 | Gold | Au | 196.9665 |
| 27 | Cobalt | Co | 58.9332 | 80 | Mercury | Hg | 200.59 |
| 28 | Nickel | Ni | 58.69 | 81 | Thallium | Tl | 204.383 |
| 29 | Copper | Cu | 63.546 | 82 | Lead | Pb | 207.2 |
| 30 | Zinc | Zn | 65.38 | 83 | Bismuth | Bi | 208.9804 |
| 31 | Gallium | Ga | 69.72 | 84 | Polonium | Po | (209) |
| 32 | Germanium | Ge | 72.59 | 85 | Astatine | At | (210) |
| 33 | Arsenic | As | 74.9216 | 86 | Radon | Rn | (222) |
| 34 | Selenium | Se | 78.96 | 87 | Francium | Fr | (223) |
| 35 | Bromine | Br | 79.904 | 88 | Radium | Ra | 226.0254* |
| 36 | Krypton | Kr | 83.80 | 89 | Actinium | Ac | 227.0278* |
| 37 | Rubidium | Rb | 85.4678 | 90 | Thorium | Th | 232.0381* |
| 38 | Strontium | Sr | 87.62 | 91 | Protactinium | Pa | 231.0359* |
| 39 | Yttrium | Y | 88.9059 | 92 | Uranium | U | 238.0289* |
| 40 | Zirconium | Zr | 91.22 | 93 | Neptunium | Np | 237.0482* |
| 41 | Niobium | Nb | 92.9064 | 94 | Plutonium | Pu | (244) |
| 42 | Molybdenum | Mo | 95.94 | 95 | Americium | Am | (243) |
| 43 | Technetium | Tc | (98) | 96 | Curium | Cm | (247) |
| 44 | Ruthenium | Ru | 101.07 | 97 | Berkelium | Bk | (247) |
| 45 | Rhodium | Rh | 102.9055 | 98 | Californium | Cf | (251) |
| 46 | Palladium | Pd | 106.42 | 99 | Einsteinium | Es | (252) |
| 47 | Silver | Ag | 107.868 | 100 | Fermium | Fm | (257) |
| 48 | Cadmium | Cd | 112.41 | 101 | Mendelevium | Md | (258) |
| 49 | Indium | In | 114.82 | 102 | Nobelium | No | (259) |
| 50 | Tin | Sn | 118.69 | 103 | Lawrencium | Lr | (260) |
| 51 | Antimony | Sb | 121.75 | 104 | | | (261) |
| 52 | Tellurium | Te | 127.60 | 105 | | | (262) |
| 53 | Iodine | I | 126.9045 | 106 | | | (263) |

## 부표 12 그리스어 알파벳

| 대문자 | 소문자 | 영어명 | 읽 는 법 |
|---|---|---|---|
| Α | $\alpha$ | alpha | 알파 |
| Β | $\beta$ | beta | 베타 |
| Γ | $\gamma$ | gamma | 감마 |
| Δ | $\delta$ | delta | 델타 |
| Ε | $\epsilon$ | epsilon | 입실론, 엡실론, 엡사이론 |
| Ζ | $\zeta$ | zeta | 제타, 지타 |
| Η | $\eta$ | eta | 이타, 에타 |
| Θ | $\theta$ | theta | 시타, 테타 |
| Ι | $\iota$ | iota | 이오타, 요타, 아이오타 |
| Κ | $\kappa$ | kappa | 카파 |
| Λ | $\lambda$ | lamda | 람다 |
| Μ | $\mu$ | mu | 뮤, 무 |
| Ν | $\nu$ | nu | 뉴, 누 |
| Ξ | $\xi$ | xi | 구사이, 구자이, 구시, 자이 |
| Ο | $o$ | omicron | 오미크론, 오마이크론 |
| Π | $\pi$ | pi | 파이, 피 |
| Ρ | $\rho$ | rho | 로 |
| Σ | $\sigma$ | sigma | 시그마 |
| Τ | $\tau$ | tau | 타우, 토 |
| Υ | $\upsilon$ | upsilon | 입실론, 윱실론 |
| Φ | $\phi, \varphi$ | phi | 파이, 피 |
| Χ | $\chi$ | chi | 카이, 차이, 키 |
| Ψ | $\psi$ | psi | 프사이, 프시, 사이 |
| Ω | $\omega$ | omega | 오메가 |

## 부표 13 수(數)를 나타내는 접두어

| | 그리스어계 | 라틴어계 |
|---|---|---|
| 1/2 | hemi | semi |
| 1 | mono | uni |
| 8/2 | — | sesqui |
| 2 | di | bi(bis) |
| 3 | tri | ter |
| 4 | tetra(tetr) | quadri(quadr) |
| 5 | penta(pent) | quinque(quingu) |
| 6 | hexa(hex) | sexa(sexi, sex) |
| 7 | hepta(hept) | septa(septi, sept) |
| 8 | octa(octo,oct) | — |
| 9 | ennea(enne) | nona(non), novem |
| 10 | deca(dec) | decem |

| | 그리스어계 | 라 틴 어 계 |
|---|---|---|
| 11 | hendeca | undeca(undec), undecem |
| 12 | dodeca | duodecem |
| 13 | tideca | – |
| 14 | tetradeca | – |
| 15 | pentadeca | – |
| ⋮ | ⋮ | – |
| 20 | eicosa | – |
| 21 | heneicosa | – |
| 22 | docosa | – |
| 23 | tricosa | – |
| ⋮ | ⋮ | |
| 30 | triaconta | |
| 40 | tetraconta | |
| equal | homo | equi |
| many | poly | multi |

| | | | | | |
|---|---|---|---|---|---|
| $10^{12}$ | (1兆倍) | tera | 1/10 | $(10^{-1})$ | deci |
| $10^{9}$ | (10億倍) | giga | 1/100 | $(10^{-2})$ | centi |
| $10^{6}$ | (百万倍) | mega | 1/1000 | $(10^{-3})$ | milli |
| $10^{4}$ | (1万倍) | myria | $1/10^{6}$ | $(10^{-6})$ | micro |
| $10^{3}$ | (千　倍) | kilo | $1/10^{9}$ | $(10^{-9})$ | nano |
| $10^{2}$ | (百　倍) | hecto | $1/10^{12}$ | $(10^{-12})$ | pico |
| 10 | (十　倍) | deca | $1/10^{15}$ | $(10^{-15})$ | femto |

## 부표 14 단위환산표

### 길 이(LENGTH)

| unit | cm | m | inch | ft | yd | mℓ | 자 | 간 | 정 | 리 |
|---|---|---|---|---|---|---|---|---|---|---|
| 1 cm | 1 | 0.01 | 0.3937 | 0.0328 | 0.0109 | …… | 0.033 | 0.0055 | 0.00009 | …… |
| 1 m | 100 | 1 | 39.37 | 3.2808 | 1.0936 | 0.0006 | 3.3 | 0.55 | 0.00917 | 0.00025 |
| 1 inch | 2.54 | 0.0254 | 1 | 0.0833 | 0.0278 | …… | 0.0838 | 0.0140 | 0.0002 | …… |
| 1 ft | 30.48 | 0.3048 | 12 | 1 | 0.3333 | 0.00019 | 1.0058 | 0.1676 | 0.0028 | …… |
| 1 yd | 91.438 | 0.9144 | 36 | 3 | 1 | 0.0006 | 3.0175 | 0.5029 | 0.0083 | 0.0002 |
| 1 mile | 160930 | 1609.3 | 63360 | 5280 | 1.760 | 1 | 5310.8 | 885.12 | 14.752 | 0.4098 |
| 1 尺 | 30.303 | 0.303 | 11.93 | 0.9942 | 0.3314 | 0.0002 | 1 | 0.1667 | 0.0028 | 0.00008 |
| 1 間 | 181.818 | 1.818 | 71.582 | 5.965 | 1.9884 | 0.0011 | 6 | 1 | 0.0167 | 0.0005 |
| 1 町 | 10909 | 109.091 | 4294.9 | 357.91 | 119.304 | 0.0678 | 360 | 60 | 1 | 0.0278 |
| 1 里 | 329727 | 3927.27 | 154619 | 12885 | 4295 | 2.4403 | 12960 | 2160 | 36 | 1 |

## 무 게(WEIGHT)

| unit | g | kg | t | grain | oz | Ib | 돈 | 근 | 관 |
|---|---|---|---|---|---|---|---|---|---|
| 1 g | 1 | 0.001 | 0.000001 | 15.432 | 0.03527 | 0.0022 | 0.26666 | 0.00166 | 0.000266 |
| 1 kg | 1000 | 1 | 0.001 | 15432 | 35.273 | 2.20459 | 266.666 | 1.6666 | 0.26666 |
| 1 t | 1000000 | 1000 | 1 | …… | 35273 | 2204.59 | 266666 | 1666.6 | 266.666 |
| 1 grain | 0.06479 | 0.00006 | …… | 1 | 0.00228 | 0.00014 | 0.01728 | 0.00108 | 0.000017 |
| 1 oz | 28.3495 | 0.02835 | 0.000028 | 437.4 | 1 | 0.0625 | 7.56 | 0.0473 | 0.00756 |
| 1 Ib | 453.592 | 0.45359 | 0.00045 | 7000 | 16 | 1 | 120.96 | 0.756 | 0.12096 |
| 1 돈 | 3.75 | 0.00375 | 0.000004 | 57.872 | 0.1323 | 0.00827 | 1 | 0.00625 | 0.001 |
| 1 근 | 600 | 0.6 | 0.0006 | 9259.556 | 21.1647 | 1.32279 | 160 | 1 | 0.16 |
| 1 관 | 3750 | 3.75 | 0.00375 | 57872 | 132.28 | 8.2672 | 1000 | 6.25 | 1 |

## 부 피(VOLUME)

| unit | 홉 | 되 | 말 | ㎤ | ㎥ | ℓ | $in^3$ | $ft^3$ | $yd^3$ | gal(미) |
|---|---|---|---|---|---|---|---|---|---|---|
| 1 홉 | 1 | 0.1 | 0.01 | 180.39 | 0.00018 | 0.18039 | 11.0041 | 0.0066 | 0.00023 | 0.04765 |
| 1 되 | 10 | 1 | 0.1 | 1.8039 | 0.00180 | 1803.9 | 110.041 | 0.0637 | 0.00234 | 0.47656 |
| 1 말 | 100 | 10 | 1 | 18039 | 0.01803 | 18.039 | 1100.41 | 0.63707 | 0.02359 | 4.76567 |
| 1 ㎤ | 0.00554 | 0.00055 | 0.00005 | 1 | 0.00001 | 0.001 | 0.06102 | 0.00003 | 0.00001 | 0.00026 |
| 1 ㎥ | 5543.52 | 554.325 | 55.4325 | 1000000 | 1 | 1000 | 61027 | 35.3165 | 1.30820 | 264.186 |
| 1 ℓ | 5.54352 | 0.55435 | 0.05543 | 1000 | 0.001 | 1 | 61.027 | 0.03531 | 0.00130 | 0.26418 |
| 1 $in^3$ | 0.09083 | 0.00908 | 0.00091 | 16.386 | 0.00001 | 0.01638 | 1 | 0.00057 | 0.00002 | 0.00432 |
| 1 $ft^3$ | 156.966 | 15.6966 | 1.56966 | 28316.8 | 0.02931 | 28.3169 | 1728 | 1 | 0.03703 | 7.48051 |
| 1 $yd^3$ | 4238.09 | 423.809 | 42.3809 | 764511 | 0.76451 | 764.511 | 46656 | 27 | 1 | 201.974 |
| 1 gal(미) | 20.9833 | 2.0983 | 0.20983 | 3785.43 | 0.00378 | 3.78543 | 231 | 0.16368 | 0.00495 | 1 |

## 넓 이(SURFACE)

| unit | 평방자 | 평 | 단 보 | 정 보 | ㎡ | a | $ft^2$ | $yd^2$ | acre |
|---|---|---|---|---|---|---|---|---|---|
| 1 평방자 | 1 | 0.02778 | 0.00009 | 0.000009 | 0.09182 | 0.00091 | 0.98841 | 0.10982 | …… |
| 1 평 | 36 | 1 | 0.0033 | 0.00033 | 3.3058 | 0.03305 | 35.583 | 3.9537 | 0.00081 |
| 1 단 보 | 10800 | 300 | 1 | 0.1 | 991.74 | 9.9174 | 10674.9 | 1186.1 | 0.24506 |
| 1 정 보 | 108000 | 3000 | 10 | 1 | 9917.4 | 99.174 | 106794 | 11861 | 2.4506 |
| 1 ㎡ | 10.89 | 0.3025 | 0.001008 | 0.0001 | 1 | 0.01 | 10.764 | 1.1958 | 0.00024 |
| 1 a | 1089 | 30.25 | 0.10083 | 0.01008 | 100 | 1 | 1076.4 | 119.58 | 0.02471 |
| 1 $ft^2$ | 1.0117 | 0.0281 | 0.00009 | 0.000009 | 0.092903 | 0.000929 | 1 | 0.1111 | 0.000022 |
| 1 $yd^2$ | 9.1055 | 0.25293 | 0.00084 | 0.00008 | 0.83613 | 0.00836 | 9 | 1 | 0.000207 |
| 1 acre | 44071.2 | 1224.2 | 4.0806 | 0.40806 | 4046.8 | 40.468 | 43560 | 4840 | 1 |

## 압 력(PRESSURE)

| 바 (bar) | kg/㎠ | lb/in² | 기압 (atm) | 수은주(Hg) | | 수주($H_2O$) | |
|---|---|---|---|---|---|---|---|
| | | | | m | in | m | ft |
| 1 | 1.0197 | 14.50 | 0.9869 | 0.7501 | 29.53 | 10.197 | 33.48 |
| 0.9807 | 1 | 14.22 | 0.9678 | 0.7356 | 28.96 | 10.000 | 32.81 |
| 0.06895 | 0.07031 | 1 | 0.06805 | 0.05171 | 2.036 | 0.7031 | 2.307 |
| 1.0133 | 1.0332 | 14.70 | 1 | 0.760 | 29.92 | 10.33 | 33.90 |
| 1.3332 | 1.3595 | 19.34 | 1.3158 | 1 | 39.37 | 13.60 | 44.60 |
| 0.03386 | 0.03453 | 0.4912 | 0.03342 | 0.02540 | 1 | 0.3453 | 1.133 |
| 0.09806 | 0.10000 | 1.422 | 0.09678 | 0.07355 | 2.896 | 1 | 3.281 |
| 0.02989 | 0.03048 | 0.4335 | 0.02950 | 0.02242 | 0.8827 | 0.3048 | 1 |

## 부표 15 포화수증기표(온도기준)

| 온도 (℃) | 압 력 | | 비체적 (m³/kg) | 엔탈피(kcal/kg) | | |
|---|---|---|---|---|---|---|
| | 절대 (kg/㎠) | 수은수 (mmHg) | | 액체 | 증기 | 잠열 |
| 0 | 0.006228 | 4.58 | 206.3 | 0.00 | 597.1 | 597.1 |
| 1 | 0.006697 | 4.93 | 192.5 | 1.01 | 597.6 | 596.6 |
| 2 | 0.007194 | 5.29 | 179.9 | 2.01 | 598.0 | 596.0 |
| 3 | 0.007724 | 5.68 | 168.1 | 3.02 | 598.5 | 595.4 |
| 4 | 0.008289 | 6.10 | 157.2 | 4.02 | 598.9 | 594.9 |
| 5 | 0.008891 | 6.54 | 147.1 | 5.03 | 599.3 | 594.3 |
| 6 | 0.009530 | 7.01 | 137.7 | 6.03 | 599.8 | 593.8 |
| 7 | 0.010210 | 7.51 | 129.0 | 7.03 | 600.2 | 593.2 |
| 8 | 0.010932 | 8.04 | 120.9 | 8.04 | 600.7 | 592.6 |
| 9 | 0.011699 | 8.61 | 113.4 | 9.04 | 601.1 | 592.1 |
| 10 | 0.012513 | 9.20 | 106.4 | 10.04 | 601.5 | 591.5 |
| 11 | 0.013376 | 9.84 | 99.87 | 11.04 | 602.0 | 590.6 |
| 12 | 0.014292 | 10.5 | 93.79 | 12.04 | 602.4 | 590.4 |
| 13 | 0.015263 | 11.2 | 88.13 | 13.04 | 602.9 | 589.8 |
| 14 | 0.016290 | 12.0 | 82.86 | 14.04 | 603.3 | 589.3 |
| 15 | 0.017378 | 12.8 | 77.94 | 15.04 | 603.8 | 588.7 |
| 16 | 0.018529 | 13.6 | 73.34 | 16.04 | 604.1 | 588.1 |
| 17 | 0.019747 | 14.5 | 69.06 | 17.04 | 604.6 | 587.5 |
| 18 | 0.021034 | 15.5 | 65.05 | 18.03 | 605.0 | 587.0 |
| 19 | 0.022395 | 16.5 | 61.31 | 19.03 | 605.5 | 586.4 |
| 20 | 0.023830 | 17.5 | 57.81 | 20.03 | 605.9 | 585.9 |
| 21 | 0.025347 | 18.6 | 54.53 | 21.03 | 606.3 | 585.3 |
| 22 | 0.026948 | 19.8 | 51.46 | 22.02 | 606.8 | 584.8 |
| 23 | 0.028637 | 21.1 | 48.59 | 23.02 | 607.2 | 584.2 |
| 24 | 0.030415 | 22.4 | 45.90 | 24.02 | 607.6 | 583.6 |
| 25 | 0.032291 | 23.8 | 43.37 | 25.02 | 608.1 | 583.1 |

| 온도(℃) | 압 력 | | 비체적 ($m^3$/kg) | 엔탈피(Kcal/kg) | | |
|---|---|---|---|---|---|---|
| | 절 대 (kg/cm²) | 수은주 (mmHg) | | 액체 | 증기 | 잠열 |
| 26 | 0.034266 | 25.2 | 41.01 | 26.01 | 608.5 | 582.5 |
| 27 | 0.036347 | 26.7 | 38.79 | 27.01 | 608.9 | 581.9 |
| 28 | 0.038536 | 28.3 | 36.70 | 28.01 | 609.4 | 581.4 |
| 29 | 0.040838 | 30.0 | 34.75 | 29.01 | 609.8 | 580.8 |
| 30 | 0.043261 | 31.8 | 32.91 | 30.00 | 610.2 | 580.2 |
| 32 | 0.048482 | 35.7 | 29.55 | 32.01 | 611.1 | 579.1 |
| 34 | 0.054240 | 39.9 | 26.58 | 33.99 | 611.9 | 578.0 |
| 36 | 0.060585 | 44.6 | 23.96 | 35.99 | 612.8 | 576.8 |
| 38 | 0.067561 | 49.7 | 21.61 | 37.98 | 613.7 | 575.7 |
| 40 | 0.075220 | 55.3 | 19.53 | 39.98 | 614.5 | 574.5 |
| 42 | 0.083620 | 61.5 | 17.68 | 41.97 | 615.4 | 573.4 |
| 44 | 0.092813 | 68.3 | 16.02 | 43.97 | 616.2 | 572.2 |
| 46 | 0.10287 | 75.7 | 14.55 | 45.96 | 617.1 | 571.1 |
| 48 | 0.11384 | 83.7 | 13.22 | 47.95 | 617.9 | 570.0 |
| 50 | 0.12581 | 92.5 | 12.04 | 49.95 | 618.8 | 568.8 |
| 55 | 0.16054 | 118.1 | 9.572 | 54.94 | 620.8 | 565.9 |
| 60 | 0.20316 | 149.4 | 7.673 | 59.94 | 622.9 | 563.0 |
| 65 | 0.25506 | 187.6 | 6.198 | 64.93 | 625.0 | 560.0 |
| 70 | 0.31780 | 233.8 | 5.043 | 69.93 | 627.0 | 557.1 |
| 75 | 0.39313 | 289.2 | 4.132 | 74.94 | 629.1 | 554.1 |
| 80 | 0.48297 | 355.3 | 3.407 | 79.95 | 631.1 | 551.1 |
| 85 | 0.58947 | 433.6 | 2.828 | 84.96 | 633.0 | 548.1 |
| 90 | 0.71493 | 525.9 | 2.361 | 89.98 | 635.0 | 545.0 |
| 95 | 0.86193 | 634.0 | 1.982 | 95.00 | 636.9 | 541.9 |
| 100 | 1.03323 | 760.0 | 1.673 | 100.04 | 638.8 | 538.8 |
| 105 | 1.2318 | | 1.419 | 105.07 | 640.7 | 535.6 |
| 110 | 1.4609 | | 1.210 | 110.12 | 642.5 | 532.4 |
| 115 | 1.7239 | | 1.036 | 115.18 | 644.4 | 529.2 |
| 120 | 2.0245 | | 0.8916 | 120.25 | 646.1 | 525.9 |
| 125 | 2.3666 | | 0.7704 | 125.33 | 647.9 | 522.5 |
| 130 | 2.7544 | | 0.6681 | 130.42 | 649.5 | 519.1 |

# 찾아보기

## ㄱ

## ㅂ



## ㅅ

## ㅇ

## ㅈ



## ㅊ

## ㅋ



## ㅌ



## ㅍ

## ㅎ

# INDEX

## C



## D

## H



## I



## J



## K



## L

## O



## P

## Q



## R



## S

## T

## U



## V



## W



## X



## Y



## Z

# 참 고 문 헌


- 황의철, 最新品質管理, 박영사(1979)
- 송서일, 現代品質管理, 학문사(1979)
- 박성현, 統計的品質管理, 대영사(1985)
- 박성현, 現代實驗計劃法, 대영사(1987)
- 황의철, 最新實驗計劃法, 박영사(1980)
- 한국공업표준협회, TQC와 部·課長의 役割, 한국공업표준협회(1986)
- 한국공업표준협회, 품질관리개론, 한국공업표준협회(1984)
- 朝香鐵一, 샘플링검사, 한국공업표준협회(1984)
- 石原勝吉, TQC推進매뉴얼, 한국공업표준협회
- 石川聲, 초등실험계획법(1983) 한국공업표준협회
- 이철호외, 食品工業品質管理論, 유림문화사(1982)
- 장건형, 食品의 嗜好性과 官能檢査, 개문사(1975)
- 김동훈, 食品化學, 탐구당(1983)
- 신효선 외, 最新食品化學, 신광출판사(1982)
- 김동훈, 食品貯藏學, 대한교과서(1975)
- 변유량, 食品工學, 탑출판사(1982)
- 한국식품과학회, 食品工學, 형설출판사(1984)
- 櫻內 雄二郎, 最新플라스틱 技術, 대광서림(1988)
- 연상현, 유리의 概念과 實際, 학연사(1986)
- 하진필, 包裝開發의 構想과 經營戰略(1984)
- 김지철, 包裝 디자인, 미진사(1986)
- 김현구 외, 저장상대습도 및 온도에 따른 분말고추의 흡습특성, 한국식품과학회지 16(1), 1984
- 신효선 외, 상대습도와 저장온도에 따른 건조마늘 플레이크의 갈변 및 흡습특성, 한국식품과학회지 19(2), 1987
- 조길석 외, 건멸치의 저장안정성에 미치는 온도 및 습도의 영향, 한국식품과학회지 19(3), 1987
- 이상규, 식품별 shelf-life 예측사례, 한국식품과학회지 20(4), 1987
- 백운하 외, 農林害虫學, 향문사(1983)
- 문범수, 食品添加物, 수학사(1986)
- 하덕모, 新編醱酵工學, 문운당(1986)
- 大和久重雄, 鐵鋼材料選擇의 포인트, 한국공업표준협회(1985)
- 중앙기상대 기상연보(1986)
- 손운택, 金屬腐蝕學, 남영문화사(1981)
- 食品衛生法, 韓國食品工業協會(1988)
- 국립보건원, 병원미생물검사기준, 서울인쇄공업협동조합(1985)
- 한국산업기술진흥협회, 일본기업의 연구개발평가(1985)
- 한국산업기술진흥협회, 연구개발의 프로세스(1983)
- 한국산업기술진흥협회, 연구개발에 관한 규정(1983)
- 한국산업기술진흥협회, 아이디어 제안(1984)
- 한국산업기술진흥협회, 사업개발계획시스템(1984)
- 한국산업기술진흥협회, 신제품개발의 체크리스트(1984)
- 한국산업기술진흥협회, 연구개발의 평가방법(1984)
- 한국산업기술진흥협회, 연구원의 인센티브제도에 관한 연구(1988)
- 한국공업규격 KS A 0061 XYZ 표색계
  - KS A 0067 Lab계 표색계
  - KS A 0201 활자의 기준 치수, 한국공업표준협회
  - KS A 1006 포장용어
  - KS A 1013 방습포장재료의 투습도 시험방법
  - KS A 1032 방습포장방법
  - KS A 2110 포장용 실리카겔 건조제
  - KS A 3001 품질관리용어
  - KS A 3011 조도기준
  - KS A 3101 샘플링 검사통칙
  - KS A 5005 살균 자외선의 측정방법
  - KS A 7000 관능검사용어
  - KS A 7001 관능검사 일반법
  - KS H 2118 간장
  - KS L 7102 공업용 라이닝 기기
  - KS M 3007 플라스틱의 내약품성 측정방법
  - KS M 6691 고무 라이닝 제품의 제작기준

- 日本規格協會, 品質管理便覧(1974)
- 日本規格協會, 新版品質管理便覧(1983)
- 日本食品工業學會, 食品分析法,(株)光琳(1982)
- 山本敞, 食品工業に おける トラブルシューテイソグ, 工學圖書(1985)
- 河端俊治, 食品工場における 微生物制御, 建帛社(1975)
- 好井久雄, 食品微生物學,(株)技報堂(1973)
- 芝崎 勳, 新・食品殺菌工學,(株)光琳(1983)
- 西田 博, 着眼點－食品衛生, 中央法規出版(1982)
- 西田 博, 手洗いのバイブル,(株)光琳(1984)
- 渡邊忠雄, 食品の 汚染と 安全性, 講談社(1980)
- 谷村顯雄, 食品添加物の 實際知識, 東洋經濟新報社(1980)
- 青島淸雄, 菌類硏究法, 共立出版(1983)
- 山口和夭, 食品微生物學, 共立出版(1980)
- 木下祝郎, 新版 醱酵工業, 大日本圖書(1983)
- 寺本四郎, 釀造工學,(株)光林(1969)
- 米倉茂男, 工業用水の 分析,(株)講談社(1974)
- 淺岡忠知, 用水廢水處理技術, 三共出版(1975)
- 河端俊治, 無菌化包裝食品の 製造管理技術, サイエソスフオーラム(1983)
- 河端俊治, 加工食品と 食品衛生, 新思潮社(1984)
- 幡野佐一, 化學裝置材料耐蝕表,(株)化學工業社(1980)
- 西田耕三, R&Dテマ發掘のマネシメント,(株)文眞堂(1984)
- 太田静行, 新製品開發バイブル, 水交社(1984)
- 太田静行, 食品產業における 新製品開發, 恒星社厚生閣(1983)
- 國際食糧農業協會, 國際食品規格(1978)
- 木村進, 乾燥食品辭典,(株)朝倉書店(1984)
- 粟飯原景昭, 食品の 安全性評價,(株)學會出版(1983)
- 倉田 浩, 食品の 微生物檢査, 講談社(1983)
- 日本包裝技術協會, 包裝技術便覧, 日刊工業新聞社(1983)
- 青木 皐, 食品工場の トータルサ二テーショソ管理, 食品機械裝置20(10), 20(7), 20(8), 20(9), 20(10), 20(11) 1983
- 古海 浩, 紫外線による 殺菌法と その條件の決ぬ方, 食品機械裝置 20(9), 1983
- 森田 繁, 食品工業におけるクリーンルーム, 食品機械裝置 20(10), 1983
- 朝尾正外, 最新實驗計劃法, 日科技連(1973)
- 高橋文男, プラスチシクアイルムの 氣體透過性について, 化學工業(1966.4)
- 茅野 健, 硏究・開發, 日本規格協會(1988)
- 矢澤淸弘, 人間性を 尊重した硏究・開發, 日本規格協會(1984)

- Wilbur A. Gould. *Food Quality Assurance*. 'The AVI Publishing Company'
- Owen R.Fernema. 'Principles of Food Science Part Ⅱ' *Physical Principles of Food Preservation*
- John A. Troller. *Sanitation In Food Processing*. Academic Press (1981)
- Theodore P.Labuza. *Shelf-Life Dating of Foods*. Food and Nutrition Press. Inc.(1982)
- Norman W. Desrosier. *The Technology of Food Preservation*. The AVI Publishing Company. Inc. (1970)
- S.M.Herschdoerfer. *Quality Control in The Food Industry*. Academic Press(1967)
- Stanley E. Charm. *The Fundumentals of Food Engineering*. The AVI Publishing Company. Inc. (1971)
- Dennis R.Heldman. *Food Process Engineering*. The AVI Publishing Company. Inc.(1975)
- Bruce R. Cords. *Antimicrobials in Foods*. Marcell Dekker Inc.(1983)
- *Code of Federal Regulations* 21, Part 100~169. The Office of The Federal Register. National Archives and Records Administration(1986)
- James G.Cappucino. *Microbiology : A Labolatory Manual*. The Benjamin/Cummings Publishing Company(1987)
- R.L.Earle. *Unit Operations in Food Processing. Pergamon Press*(1966)

*Héctor A. Iglesias. Handbook of Food Isotherms : Water Sorption Parameters for Food and Food Components*. Acadmic press(1982)

- Joel L.Sidel. *Sensory Evaluation Practices*. Academic Press(1985)
- J.G.Brenann. *Food Engineering Operations*. Elseveier Publishing Company Ltd.(1969)
- T.I.Stainless Tubes Ltd. 'Stainless Steel'. *Food Manufacture* 43(2), 1968
- J.G.Davis. *'Iodophors as Detergent-Sterilizers'*. Journal of Bacteriology 25(2), 1962
- C.K.Wilson. *'Your Sanitary Food Equipment'*. Food Engineering 29(3), 1957
- Max S. Peters and Klaus D. Timmerhaus. *Plant Design and Economics for Chemical Engineers*. International Student Edition(1968)
- Irwin Miller and John E.Freund. *Probability and Statistics for Engineers*. Prentice-Hall. Inc. (1985)
- Howard E.Bauman and Carl Taubert. *Why Quality Assurance is Necessary and Important to Plant Management*. Food Technology (1984. 3)
- L.J.Bianco. *Developing. Implementing. and Monitoring A Basic Plant Quality Control program. Food Technoloty*(1984. 3)

*Arthur W.Farrall. Food Engineering Systems*. AVI. Publishing Company. Inc.(1979)

- J.R.Backhurst and J.H.Harker. *Process Plant Design*. AVI Publishing company. Inc.(1973)
- F.I.Brandt and R.G.Arnold. 'Sensory Tests Used in Food Product Development'. *Food Product Development* Vol.11/No.8(1977)
- IFT. *Sensory Evaluation Methods for the Practicing Food Technologist*. IFT Short Course committee (1979)
- Milton E.Parker and John H.Litchfield. *Food Plant Sanitation*. Reinhold Publishing Corporation(1962)
- Difco Laboratories. *Difco Manual*. 10th Edition(1984)

## □ 저자 약력 □


· 張熙鎭
황해도 연백 출생
동국대학교 식품공학과 졸업
제일제당(주) 품질관리실장, 기술실장, 특허실장,
식품연구실장 역임
덕수식품컨설팅 대표
품질관리기사 1급
식품제조 · 가공 기술사
중소기업 기술지도사
한국기술사회 식품분회 이사
현재 천일식품공업(주) 전무이사



**食品工業의**
**品質管理와 新製品開發**

정가 19,000원

著 者 張 熙 鎭
發行人 文 亨 振

1990년 3월 20일 제1판 제1인쇄발행
1992년 1월 15일 제1판 제2인쇄발행
1995년 1월 20일 제1판 제3인쇄발행
1998년 1월 17일 제1판 제4인쇄발행
2004년 8월 20일 제1판 제5인쇄발행

판 권
검 인

발행처 도서출판 세 진 사
136－087 서울특별시 성북구 보문동 7가 112－8
(세진빌딩)
TEL : 922－6371～3, 923－3422 · 7224 / FAX : 927－2462
〈1976. 9. 21 / 등록 · 서울 제6－28호 / 등록번호〉





http://www.sejinbook.com
E-mail : sejinbook@hanmail.net